工业给水处理

朱月海　郅玉声　范建伟　编著

内 容 提 要

本书共10章，较系统而全面地论述了工业给水处理的重要性和现实意义，工业给水处理的原理、方法和设计计算；内容包括工业给水的预处理、水的除铁除锰、水的软化处理、水的离子交换除盐和膜法除盐、循环水冷却构筑物、热力计算、冷却塔测试及水质稳定处理等；每章都附有设计计算的实例。

本书的数据资料基本上来自实践，是通过试验、在工程设计中应用和实际运行中总结得来的，具有实用性和现实指导意义；综合系统性强，以工业给水处理为主线，以掌握水处理的基本原理和方法为出发点，对工业给水处理进行了全面而系统的论述，内容齐全，重点突出，弥补了过去自成系统按内容各自出书造成的不足；内容新颖，编入了新的内容和研究成果，如"冷却塔测试"、同济大学研发的SCII多功能微晶水处理器、"反渗透除盐"中的设计计算实例等。

本书可供各有关设计研究院水处理方面的决策和设计人员、给水排水工程科技人员、暖通专业有关人员，化工、纺织、轻工业石化、冶金等系统从事水处理的工程技术人员，企业管理、设计、生产、运行操作等人员使用。本书内容属给水排水专业和有关水处理专业的"工业给水处理"，故可供给水排水和相关专业师生教学参考。

图书在版编目(CIP)数据

工业给水处理/朱月海，郅玉声，范建伟编著.
--上海：同济大学出版社，2016.9
ISBN 978-7-5608-5999-6

Ⅰ.①工… Ⅱ.①朱… ②郅… ③范… Ⅲ.①工业用水—给水处理 Ⅳ.①TU991.41

中国版本图书馆CIP数据核字(2016)第214815号

工业给水处理

朱月海　郅玉声　范建伟　编著

策划编辑 赵泽毓　**责任编辑** 高晓辉　熊磊丽　**责任校对** 徐春莲　**封面设计** 陈益平

出版发行　同济大学出版社　www.tongjipress.com.cn
(地址：上海市四平路1239号　邮编：200092　电话：021-65985622)
经　销　全国各地新华书店
印　刷　浙江广育爱多印务有限公司
开　本　787 mm×1 092 mm　1/16
印　张　42
字　数　1 048 000
版　次　2016年9月第1版　2016年9月第1次印刷
书　号　ISBN 978-7-5608-5999-6

定　价　180.00元

本书若有印装质量问题，请向本社发行部调换　版权所有　侵权必究

前　言

众所周知，我国水资源是紧缺、贫乏的，按人均计世界排名在88位之后；同时水资源分布又很不均衡，南方4个流域（长江流域、华南诸河、东南诸河、西南诸河）占全国水资源总量的81%；北方4个流域（东北诸河、海滦河流域、淮河和山东半岛、黄河流域）仅占全国水资源总量的14.4%；而每年排放的处理与未经处理的污水365亿 m^3 又污染了大批水体，因此不少地区，特别是"三北"（华北、东北、西北）地区出现了不同程度的水危机，影响了工农业生产和人民生活，威胁着国民经济的高速持续发展，因此缓解水资源紧缺和供需矛盾是当务之急。我国海岸线长18 000 km，具有丰富的海水资源，但含盐量平均高达35 000 mg/L；而沿海地区淡水资源紧缺；我国西北地区多咸水湖及地下水较多为苦咸水，也缺乏淡水，长期来影响着经济的发展和人民生活水平的提高，因此"工业给水处理"中的"冷却水循环"利用、"海水、苦咸水淡化处理"以及"电渗析、反渗透"等膜法除盐处理非常具有针对性和现实意义。

工业用水中70%～80%为冷却用水，主要用来冷却生产设备和产品，是用水大户。把冷却设备和产品后温度升高的水，经过冷却构筑物（主要是冷却塔）冷却，把水温降低下来，进行持续地循环使用，是行之有效的节水方案，是节能、节电、保护环境、节省水资源、缓解水危机、缓解供需矛盾的重要措施，具有重大的现实意义和深远意义。海水、苦咸水淡化处理和水的除盐技术，长期以来我国起步晚，相对较落后，近几年来随着经济的不断增长，工业发展的迫切需要，投入人力和物力进行较为深入研究，获得了较快发展、应用和提高，特别是膜法除盐水处理技术发展较快，为工业生产的用水需要作出了卓越的贡献，必将较大范围地应用于沿海地区海岛和西北地区的海水、苦咸水淡化处理，为这些地区的经济持续发展和人民生活水平的不断提高作出积极的贡献。

本书基本上包括了工业给水处理的所有内容，结构严密、资料翔实、概念清楚、说理透彻、理论联系实际，实用性较强，是一本工业给水处理的综合性著作。本书在编著和出版的过程中得到同济水处理技术开发公司、同济大学出版社的大力支持和帮助，特别是赵泽毓、熊磊丽两位编辑的帮助，深表感谢，对于所有参考文献的作者表示诚挚和衷心的感谢！

编者

2015年12月

目　录

第1章 概　　述

1.1 工业用水概况

1.1.1 工业用水水量

目前,我国全年供水量近6 200亿m^3/年,其中农业用水近4 000亿m^3/年,工业用水约1 400亿m^3/年,生活用水约750亿m^3/年。在工业用水中,循环冷却水是大头,约合工业用水量的75%,工业用水面广量大,用水量大的企业,往往自建水厂。

有的大型企业,如发电、石油、化工等主要是冷却用水。一个发电量100万kW的原子能发电站,每小时需要冷却水60万t;上海石化总厂第一期工程需要循环冷却水每小时达7万t,第二期工程后每小时循环冷却水量超过10万t。一些企业的用水分配见表1-1。

表1-1　　一些工业企业的用水分配率

工业名称	用途及分配比率					
	冷却水	锅炉房	洗涤水	空　调	工艺用水	其他
石油	90.1%	3.9%	2.8%	0.6%		2.6%
化工	87.3%	1.5%	5.9%	3.2%		2.1%
冶金	85.4%	0.4%	9.8%	1.7%		2.7%
机械	42.8%	2.7%	20.7%	12.8%		21.0%
纺织	5.0%	5.1%	29.7%	51.8%		8.4%
造纸	9.9%	2.6%	82.1%	1.3%		4.1%
食品	48.0%	4.4%	30.4%	5.7%	6.0%	5.5%
电力	99.0%	1.0%				

1.1.2 工业用水对水质的要求

工业用水种类繁多,不同的工业用水,对水质的要求也各不相同。如果以生活用水水质标准作为分界线,则工业用水水质可分为高于生活用水水质和低于(等于)生活用水水质两大类。低于或等于生活用水水质的,用水量不大的可直接采用自来水,用水量大的、会影响城镇生活用水的,企业应自建水厂,如钢铁、石油化工、电力等用水。

对于工业用水水质高于生活用水水质标准的,要求也各不相同,有的要求进一步去除水中的铁和锰;有的要求去除水中的钙(Ca^{2+})和镁(Mg^{2+});而有的要求基本上去除水中所有的阳离子和阴离子,达到纯水、高纯水、超纯水的要求,如高压锅炉、电子工业的用水。因此,这些用水需在生活用水(自来水)水质基础上,再要采用不同的工艺进行处理,达到不同用途的水质要求。

以锅炉用水来说，它与锅炉的压力、构造、蒸汽用途等有关。锅炉的主要用途是供给蒸汽，因蒸汽的用途不同而使锅炉的压力也不同。用作生产过程中加热或蒸煮的锅炉压力一般都在 13 kg/cm^2 以下，称为工业锅炉，用蒸汽作动力的机车锅炉就属于这种类型。对于压力小于 25 kg/cm^2 的为低压锅炉，对水质的要求主要是进行软化处理，除去水中的钙(Ca^{2+})、镁(Mg^{2+})离子。用于发电的锅炉，压力都在 25 kg/cm^2 以上，最高可达 100 kg/cm^2 以上，对水质的要求是基本去除水中所有的阴阳离子，达到纯水、高纯水的要求，即除盐水。对锅炉水的水质要求是：防止结成水垢；防止锅炉钢板腐蚀；防止污染蒸汽；防止锅炉的苛性脆化。

各种锅炉的进水水质需符合特殊锅炉设备的水质标准。

1.2 天然水中的物质来源及主要离子特性

1.2.1 水中的溶解物质及来源

由于水分子是极性分子，而且处于高速运动状态，因此，水是一种溶解力很强的物质。天然水源来自雨水，尽管雨水是很净的凝结水，但在下降过程中，在地面或地下流动过程中，接触和溶入较多物质，还会受到人为的污染，使水中含有很多溶解杂质。因此水中杂质来源可分为两种：一是自然过程中进入水中，如地层矿物质在水中溶解，微生物在水中的繁殖及其死亡残骸，水流对地表及河床冲刷带入的泥沙、腐殖质等；二是人为因素造成的进入水中的物质，如工业废水、生活污水、固体废弃物排入水体而带入。无论哪种来源，从水中杂质名称来讲，可分为无机物、有机物及微生物。按杂质的尺寸大小分为悬浮物、胶体物和溶解物三类，见表1-2。

表 1-2　　水中杂质按尺寸分类

杂　质	溶解物 (低分子、离子)	胶体	悬浮物	
颗粒尺寸	0.1 nm　　1 nm	10 nm　　100 nm	1 μm　　10 μm	100 μm　　1 mm
分辨工具	电子显微镜可见	超显微镜可见	显微镜可见	肉眼可见
水的外观	透明	浑浊	浑浊	

注：1 mm=$\frac{1}{1\,000}$ m，1 μm=$\frac{1}{10^6}$ m；1 nm=$\frac{1}{10^9}$ m；1 μm=1 000 nm；1 Å=0.1 nm。

表 1-2 中的颗粒尺寸系按球形计，是一种理想化的状态，故各类杂质的粒度尺寸只是大体的概念，不是绝对的。如悬浮物与胶体之间的尺寸界限，根据颗粒形状和密度不同而略有变化，一般来说，粒径在 100 nm～1 μm 之间应属于胶体与悬浮物的过渡阶段。小颗粒悬浮物往往也具有一定的胶体特性，只有当粒径大于10 μm时，才与胶体有明显差别。

1. 悬浮物和胶体物

悬浮物尺寸较大，易于在水中下沉或上浮。如比重小于水，则可上浮到水面。易于下沉的一般是较大颗粒泥沙、矿物质及废渣等；能够上浮的一般是体积较大而比重小的某些有机物。

胶体颗粒尺寸很小，在水中具有稳定性，经长期静置也不会下沉。水中存在的胶体主要为黏土、某些细菌和病毒、腐殖质、蛋白质等。有机高分子物质通常也属于胶体范围。工业废水、生活污水排入水体，会引入各种各样的胶体或有机高分子物质，如人工合成的高聚物通常来自生产这类产品的企业所排放的废水中，天然水中的胶体一般带负电荷，有时含有少量的金属氧化物胶体。

悬浮物和胶体颗粒是使水产生浑浊现象的根源。浑浊度通称浊度，用 NTU 表示，是衡量水质好与差的一项重要指标，从技术意义上说，是用来反映水中悬浮物、胶体物的水质替代参数。水中有机物如腐殖质、藻类等不仅产生浊度，还会造成水的色、臭、味的变化。水中的病菌、病毒及致病原生动物会通过水传播疾病。

悬浮物和胶体颗粒是生活饮用水处理和工业用除盐水预处理要去除的对象，特别是胶体颗粒。一般粒径大于 0.1 mm 的泥沙等易去除，在水中通常会自行下沉；而粒径较小的悬浮物和胶体杂质，须投加混凝药剂方可除去，对于去除高分子物质需要投加较多的混凝药剂。

2. 溶解杂质

水中溶解杂质是指低分子和离子，它们与水构成均相体系，外观透明，称真溶液。这些物质粒径都很小，一般只有几个埃(用 Å 表示，$1\ \text{Å}=10^{-7}$ mm)。有的溶解杂质会使水产生色、臭、味。溶解杂质是工业除盐水等去除对象。

1) 溶解气体

天然水中的溶解气体主要是氧、氮、二氧化碳(CO_2)，有时会有少量的硫化氢(H_2S)。

天然水中的氧主要来源于空气中氧的溶解，部分来自藻类和其他水生植物的光合作用。地表水中溶解氧含量与水温、气压、有机物含量等有关。未被污染的天然水中，溶解氧含量一般为 5～10 mg/L，最高含量不超过 14 mg/L。受污废水、有机物等污染的水体，溶解氧降低，严重污染的水体，溶解氧可为零。

地面水中的 CO_2 主要来自有机物的分解；地下水中的 CO_2 除来源于有机物的分解之外，还有在地层中所进行的化学反应。地面水(除海水之外)中 CO_2 含量一般小于 20～30 mg/L；地下水中 CO_2 含量从每升几十毫克至 100 毫克，少数竟高达数百毫克。海水中 CO_2 含量很少。水中的 CO_2 约 99%呈分子状态，仅 1%左右与水作用生成碳酸(H_2CO_3)。

水中的氮主要来自空气中氮的溶解，部分是有机物分解及含氮化合物的细菌还原等生化过程的产物。

水中硫化氢的存在与某些含硫矿物(如硫铁矿)还原及水中有机物腐烂有关。由于 H_2S 极易氧化，故地面水中含量很少。如果发现地面水中 H_2S 含量较高，则往往与含有大量硫物质的生活污水或工业废水污染有关。

2) 水中离子

水中离子会对工业生产造成危害，在水处理中应除去，属阳离子的为钙离子(Ca^{2+})、镁离子(Mg^{2+})、钠离子(Na^+)、钾离子(K^+)、锰离子(Mn^{2+})、铜离子(Cu^{2+})等，在天然水中含量最大的是 Ca^{2+}，Mg^{2+}，Na^+ 三种；属于阴离子的为重碳酸根(HCO_3^-)、硫酸根(SO_4^{2-})、氯根(Cl^-)、碳酸根(CO_3^{2-})、硅酸根($HSiO_3^-$)、硝酸根(NO_3^-)等，含量较大的是 HCO_3^-，SO_4^{2-}，Cl^- 三种。

由于各种天然水源所处环境、条件及地质状况各不相同，所含离子种类及含量也有很大差别。工业用水对象不同，要求去除水中的离子也不同，如一般锅炉用水，只要去除水中的 Ca^{2+}，Mg^{2+} 离子，而高压锅炉用水，则基本上要去除水中所有的阴阳离子。

1.2.2 水中主要离子及其特性

1. 钙离子(Ca^{2+})

Ca^{2+}来源主要是地下水在含有CO_2的条件下，与含钙岩层（石灰石）接触，使石灰石溶解的结果，其反应式为

$$CaCO_3 + H_2O + CO_2 \rightleftharpoons Ca(HCO_3)_2 \quad (1\text{-}1)$$

也可能由于某些岩石，如石膏石（主要成分为$CaSO_4$）在水中的溶解。在地面水和浅层地下水中，重碳酸钙（$Ca(HCO_3)_2$）通常是主要成分。Ca^{2+}对工业生产有很大影响，其主要原因是钙盐在加热（如煮沸或进入锅炉）或CO_2释放时，会分解为碳酸根（CO_3^{2-}），从而产生溶解度很低的碳酸钙（$CaCO_3$）或硫酸钙（$CaSO_4$），以致在热交换面上产生沉积而成水垢。

2. 镁离子(Mg^{2+})

Mg^{2+}的来源是白云石（$MgCO_3 \cdot CaCO_3$）在地下水中的溶解或工业废水的污染。在天然水中含量通常比Ca^{2+}少。但海水中的含量却比Ca^{2+}多2～3倍。Mg^{2+}的性质与Ca^{2+}相似，在生产中会产生氢氧化镁（$Mg(OH)_2$）沉积。

水中Ca^{2+}和Mg^{2+}的含量总和称为水的硬度。

3. 钠离子(Na^+)和钾离子(K^+)

Na^+在天然水中广泛存在，在受海水侵入的水中，含量很大。它的来源是水流经过含钠盐土壤时钠盐溶解的结果。钠盐的一个重要特性是在水中溶解度特别高，而且还会随着温度的升高而迅速提高。半导体、各类电子工业生产对Na^+污染很敏感，往往以水中Na^+含量作为水质指标。

K^+在天然水中含量一般并不多，性质同Na^+相似，因此在水质分析时一般以$Na^+ + K^+$总数表示。

4. 重碳酸根(HCO_3^-)

天然水中的HCO_3^-是最主要的阴离子。它一方面来源于CO_2本身在水中的溶解，但主要是由于水中CO_2与碳酸盐反应后所产生的，其反应式如下：

$$CaCO_3 + CO_2 + H_2O \rightleftharpoons Ca(HCO_3)_2 \quad (1\text{-}2)$$

$$MgCO_3 + CO_2 + H_2O \rightleftharpoons Mg(HCO_3)_2 \quad (1\text{-}3)$$

天然水中HCO_3^-的含量随pH值的变化而不同，这部分内容在1.2.3节中论述。

5. 硫酸根(SO_4^{2-})

SO_4^{2-}分布广泛，主要是由于地下石膏岩层的溶解。一般地下水和地面水中均含有硫酸盐。由于硫酸盐在水中离解度很强，故属于强酸性阴离子。水中少量硫酸盐对人体健康没有什么影响，但当水中含量超过250 mg/L时，则有致泻作用；当超过400 mg/L时，水有微涩苦味。

6. 氯根(Cl^-)

Cl^-的来源可能是地下岩石的溶解，也可以是生活污水或工业废水污染，也可能是海水的侵入。海水中含氯化物约18 500 mg/L，所以当河道受海潮影响时，每进入1%的海水，在河水中便增加185 mg/L氯化物。在一般饮用水中，氯化物含量在2～100 mg/L之间，水中Cl^-含量超过600 mg/L时，就有明显的咸味。

7. 铁离子(Fe^{2+})和锰离子(Mn^{2+})

Fe^{2+}的主要来源是地下水在缺氧条件下与黄铁矿岩层接触，使水中溶入低价铁离子(Fe^{2+})的结果，故含铁较多的几乎都是地下水，一般含铁量在 5 mg/L 以内，有些地区(如武汉)高达 10～20 mg/L。

以 $Fe(HCO_3)_2$ 为例，铁离子在水中的反应为：

$$Fe(HCO_3)_2+2H_2O \rightleftharpoons Fe(OH)_2+2CO_2+2H_2O \tag{1-4}$$

$$4Fe(OH)_2+O_2+2H_2O \rightleftharpoons 4Fe(OH)_3\downarrow \tag{1-5}$$

从式(1-4)可见，地下水中所含 Fe^{2+}，只有当水中有足量的碳酸时才能平衡存在，并且要在缺氧的情况下。式(1-5)实质上是 Fe^{2+} 被氧化为 Fe^{3+}，然后起水解作用。地面中一般均有较充裕的溶解氧，而且 CO_2 容易散发，所以溶解的 Fe^{2+} 在地面水中难以存在；它们主要以胶体状态、细分散悬游物状态和有机络合物等状态存在。

锰与铁的性质相近，锰常与铁同存，但锰含量通常比铁少得多。一般原水中锰的含量不超过 2～3 mg/L。但锰被氧化后产生的色度则比铁大 10 倍以上。我国生活用水水质规定，铁的含量⩽0.3 mg/L，锰⩽0.1 mg/L。

8. 硅酸根(SiO_3^{2-})

SiO_3^{2-} 的来源是含硅土壤的溶解，一般地下中硅含量比地面水多。由于硅酸的溶解度较小，只有水中含矿物质少时才有较大的含硅酸量。硅盐在水中存在的形式有胶体状态和溶解的离子状态。溶解的离子有 SiO_3^{2-} 和 $HSiO_3^-$。随 pH 值不同，其含量也不同。当pH⩽8 时，水中硅盐几乎都是 SiO_2 胶体；当pH⩾8时，有一部分为 $HSiO_3^-$；当 pH>11 时，则几乎全部为 $HSiO_3^-$；当 pH 更高时即有一部成为 SiO_3^-。锅炉水中常常出现 Na_2SiO_3，它对蒸汽纯度影响很大。高温高压蒸汽携带这种杂质，在汽轮机中沉淀下来，堵塞蒸汽通道，严重影响汽输出力，降低发电机组的发电量。所以电力系统对去除水中的溶解性硅和胶体硅要求特别高。

1.2.3 水中碳酸及其平衡

天然水中碳酸的来源为：空气中 CO_2 溶解于地面水中；水中水生动物、植物的新陈代谢；土壤、淤泥中有机物被微生物所分解。

碳酸 H_2CO_3 是很弱的酸，即它的离解程度很弱，虽然可以离解为 H^+ 及 HCO_3^- 离子，但离解度很小，而进一步离解成 H^+ 和 CO_3^{2-} 离子更加困难。但当条件改变时，水中 CO_3^{2-} 也会较 HCO_3^- 多得多。

水中的碳酸与溶解性二氧化碳的平衡反应为

$$CO_2+H_2O \rightleftharpoons H_2CO_3 \tag{1-6}$$

水中未离解的 H_2CO_3 浓度仅为水中 CO_2 浓度的 0.1%左右，故式(1-6)中 H_2CO_3 和 CO_2 之间的平衡，在极大程度上趋向左方。实际上溶于水的 H_2CO_3 和 CO_2 不易区别，故混为一谈，常以 CO_2 表示。

因碳酸是弱酸，在水中分两级电离进行：

一级电离：
$$H_2CO_3 \rightleftharpoons H^++HCO_3^- \tag{1-7}$$

二级电离：
$$HCO_3^- \rightleftharpoons H^++CO_3^{2-} \tag{1-8}$$

其平衡常数表达式分别为

$$k_1=\frac{[H^+][HCO_3^-]}{[H_2CO_3]}=4.45\times10^{-7} \tag{1-9}$$

$$k_2=\frac{[H^+][CO_3^{2-}]}{[HCO_3^-]}=4.69\times10^{-11} \tag{1-10}$$

式中，k_1，k_2 分别为 H_2CO_3 的一级电离常数和二级电离常数；方括号表示浓度，单位为克分子/升或克离子/升。

碳酸（H_2CO_3 或 CO_2）、重碳酸根离子（HCO_3^-）和碳酸根（CO_3^{2-}）统称为碳酸化合物。设水中碳酸化合物的总浓度为 C，则得：

$$C=[H_2CO_3]+[HCO_3^-]+[CO_3^{2-}] \tag{1-11}$$

用 λ_0，λ_1，λ_2 分别表示 H_2CO_3，HCO_3^-，CO_3^{2-} 在碳酸化合物总量中所占的比例，联立式(1-9)—式(1-11)，可得

$$\lambda_0=\frac{[H_2CO_3]}{C}=\frac{1}{1+\frac{k_1}{[H^+]}+1+\frac{k_2k_1}{[H^+]}} \tag{1-12}$$

$$\lambda_1=\frac{[HCO_3^-]}{C}=\frac{1}{\frac{[H^+]}{k_1}+1+\frac{k_2}{[H^+]}} \tag{1-13}$$

$$\lambda_2=\frac{[CO_3^{2-}]}{C}=\frac{1}{\frac{[H^+]^2}{k_1k_2}+\frac{[H^+]}{k_2}+1} \tag{1-14}$$

从式(1-12)—式(1-14)可知：λ_0，λ_1，λ_2 都是氢离子（H^+）浓度的函数，故把 λ_0，λ_1，λ_2 与 pH 值的关系作图，得图 1-1。

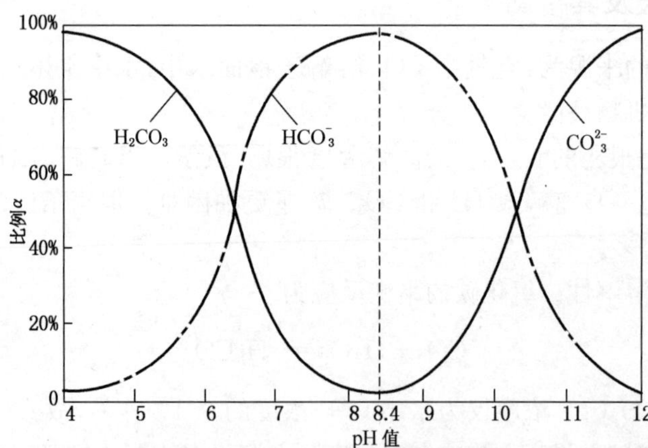

图 1-1　水中碳酸化合物各组份在总量中所占的比例和 pH 值的关系

按图 1-1 得表 1-3 中的值。当 pH<4.5 时，水中几乎只有 H_2CO_3，而 HCO_3^- 和 CO_3^{2-} 很少；当 4.5<pH<8.4 时，水中主要是 H_2CO_3 和 HCO_3^-，而 CO_3^{2-} 甚少，这时主要受第一级电离控制；当 pH=8.4 时，水中主要(只有)HCO_3^-，而 H_2CO_3 和 CO_3^{2-} 很少；当 pH>8.4

时，水中主要是 HCO_3^- 和 CO_3^{2-}，H_2CO_3 甚少，这主要受第二级电离控制。地下水中的 pH 值多数在 5～8 之间，所以碳酸以第一级电离为主。

表 1-3　不同 pH 值、各种形式碳酸成分相互间的百分比

碳酸的形式	pH 值						
	4	5	6	7	8	9	10
$CO_2+H_2CO_3$	99.7	97.9	76.7	24.99	3.32	0.32	0.02
HCO_3^-	0.3	3.08	23.3	74.98	96.70	95.70	71.43
CO_3^{2-}				0.03	0.08	3.84	28.55

通常把上述反应式(1-6)—式(1-8)的三种化学平衡叫做水中的碳酸平衡，在这平衡中，氢离子浓度起着决定性的作用。水中的 HCO_3^- 是不稳定的，如果增加 H^+ 的浓度，则平衡向左方移动，HCO_3^- 和 CO_3^{2-} 转化为 H_2CO_3。反之，减少 H^+ 浓度，则使 H_2CO_3 分解为 HCO_3^-，HCO_3^- 又分解为 CO_3^{2-}。所以，平衡是相对的，实际上处在动态平衡中，当它们的结合和分解速率相对时，水中 H_2CO_3、H^+ 和 HCO_3^- 的浓度保持相对稳定，处于平衡状态。当条件变化时，这种平衡将会破坏，从而在新的条件下，又达到新的平衡。

1.3 水中溶解物质数量及其组合

酸的定义：指在溶液中电离生成 H^+ 离子的化合物。

碱的定义：指在溶液中电离生成 OH^- 离子的化合物。

从广义理论说，任何在反应中放出质子 H^+ 的物质都是酸；任何在反应中接受质子 H^+ 的物质都是碱。总酸度(H^+)和氢离子浓度(pH)是不同的概念，pH 值是表示呈离子状态的 H^+ 的数量；而总酸度是表示中和过程中可以与强碱进行反应的全部 H^+ 数量，它包括原来已经电离的 H^+ 和将会电离的 H^+ 两部分。在中和前溶液中已经电离的 H^+ 数量称为氢离子浓度，它的数值就是 pH 值，总酸度＞pH 值。

碱度是指水中所能与强酸发生中和作用的全部物质，即能接受质子 H^+ 的物质总量。碱度可分为三类：氢氧化合物中的 OH^- 离子；碳酸盐碱度 CO_3^{2-} 离子；重碳酸盐碱度 HCO_3^- 离子。

弄清楚酸与碱的定义和概念是很有必要的，它为后续的讨论和论述提供了方便，创造了条件。

1.3.1 水中溶解杂质的表示方法

水中溶解杂质的含量，在水质分析中有四种表示方法。

1. 用 mg/L 表示(ppm，即百万分数)

这是一种普遍常用的表示法。表示个别离子时，应注明为哪种离子，如40 mg/L 钙离子。水中全部阳离子与阴离子的 mg/L 总数，称为“含盐量”。含盐量小于 200 mg/L 的水称为低含盐量水；200～500 mg/L 的水称为中等含盐量的水；500～1 000 mg/L 的水称为较高含盐量的水；大于 1 000 mg/L 的水称为高含盐量水。

2. 用毫克当量/L(epm)表示

某离子的 mg/L 重量浓度除以该离子的毫克当量值，就是用毫克当量/L 表示的浓度。

如钙的原子量是40，Ca^{2+}为正2价，它的当量为40/2=20克，即Ca的克当量值(或毫克当量值)为20。则反过来，用毫克当量/L(epm)表示为40/20=2 epm。在化学反应中，化合物之间均以相等的当量数相互作用，这种表示方法有利于化学计算，因此广泛地用于理论计算和水质分析中。

3. 用“度”表示

“硬度”与“碱度”都用度，而且各国都有自己的“度”，所以这种表示方法很不科学。我国采用的是德国度。

硬度的通用单位为epm，这种表示方法是由化学观点出发的，应用较方便。过去曾以10 mg/L 氧化钙(CaO)作为一度(德国度)，也曾以1 mg/L 碳酸钙($CaCO_3$)作为一度(美国度)，这两种单位显然是不合理的，但至今仍在沿用。以epm为换算基础，则三者的关系为：

1 epm=2.804德国度=50.045美国度

美国、日本等常用$CaCO_3$的mg/L表示，$CaCO_3$的1个毫克当量=[40/2+(12+48/2)]=50 mg，因为40 mg的Ca^{2+}=2个毫克当量，所以用$CaCO_3$表示为2×50=100 mg/L，应注明用$CaCO_3$表示。

归纳上述，40克/m^3 Ca用四个方法表示如下：用Ca表示，为40 mg/L；用epm表示，为2 epm；用“度”表示，为5.6度(德国度)；用$CaCO_3$表示，为100 mg/L。

一般将小于1 epm的水称为极软水，1～3 epm的水称为软水，3～6 epm的水称为中等硬度水，6～9 epm的水称为硬水，大于9 epm的水称为极硬水。

4. 水的电阻率与电导率

水中离子的总量，即含盐量(mg/L)，是反映水质的重要指标，是选择工业给水处理工艺流程的重要依据。但是，生产上有些高纯水，水中溶解离子含量已经很少，要用化学方法测定其重量浓度，不但费事而且慢。尤其在水处理过程中，要求及时反映处理效果，及时采取措施，这时用一般化学水分析方法就不能适应需要，往往利用电表通过水的导电性能来间接反映水质。其优点是操作简单、速度快、灵敏度等。

金属导电是由于电子移动的结果，属第一类导体；溶液导电则以离子的移动来实现，属第二类导体。水中离子越少，则导电越难，电阻越大；反之，水中离子越多，则水的电阻越小，导电越好。因此，水中接上电源后，在二电极的电压作用下，所测得的电阻大小，便反映了水中离子的多少，也反映了水的纯度。这种方法操作简单，可以瞬时反映水质。

在比较各种水样的电阻时，要有一定的标准，目前采用在边长1 cm的正立方体的水体(图1-2)通直流电源后，所测得的电阻欧姆数称为电阻率，单位为“欧姆-厘米”(Ω-cm)。水的电阻率与水温有关，所以测定电阻率时要记下水温。为统一起见，通常要把测定值换算到水温25℃才能比较。水温25℃时的电阻率与某一个水温下的电阻率之比，称为温度修正系数。实验证明，水的含盐量不同时，其修正系数也不同。一般来讲，含盐量越小，温度修正系数越大。某一水源的温度修正系数应在水处理工艺运行测定。电阻率单位的百万倍称为“兆欧-厘米”(MΩ-cm)。

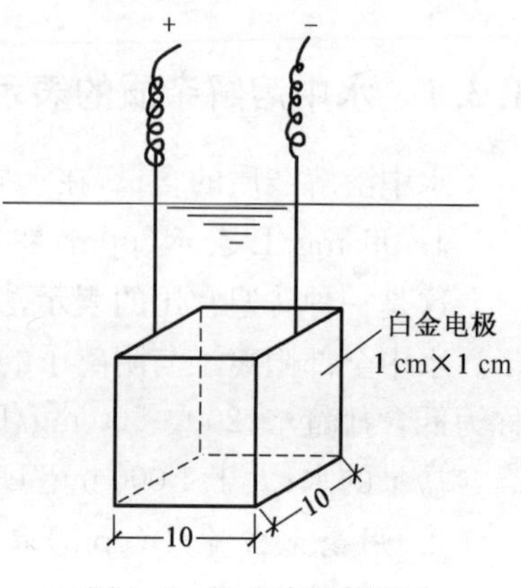

图1-2 电阻率的测定

电阻率的倒数叫做电导率，是水导电能力大小的指标，电导率的大小除了和水中离子量有关外，还和离子的种类有关，故单凭电导率不能计算其含盐量，但当水中各种离子相对量一定时，则离子总浓度愈大，其电导率也愈大，所以实际应用中可直接以电导率反映水中含盐量。对同一种水，电导率愈大，含盐量就越多，水质愈差。

用电导率来表示水的纯度，单位是“$\Omega^{-1}\cdot cm^{-1}$”。纯水的电导率很小，常用10^{-6}“$\Omega^{-1}\cdot cm^{-1}$”做单位，叫做“微$\Omega^{-1}\cdot cm^{-1}$”。电阻率“$M\Omega\cdot cm$”相当于电导率“微$\Omega^{-1}\cdot cm^{-1}$”。目前，电导率的标准单位采用 s/m（即西门子）。一般实际使用单位为 $\mu s/cm$。

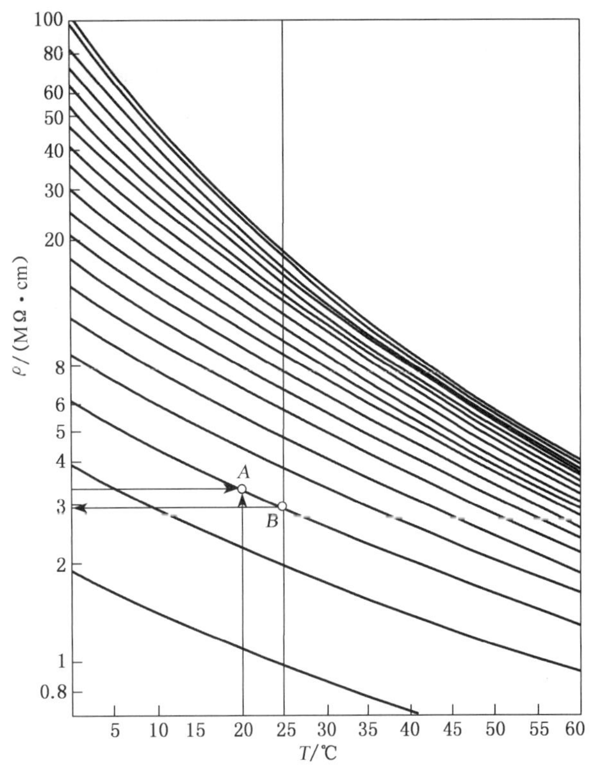

图 1-3 纯水电阻率与温度的关系

纯水电阻率与温度的关系见图 1-3。水温以 25℃为准，几种水的电阻率大致如下：天然水在 1 000 $\Omega\cdot cm$ 以下；自来水厂出水约在 1 万 $\Omega\cdot cm$ 以下；市售蒸馏水（又称局部脱盐水）的剩余含盐量应在 1～5 mg/L 之间，水的电阻率为 10 万～100 万 $\Omega\cdot cm$；纯水（又称去离子水或深度脱盐水）的剩余含盐量一般应在1 mg/L以下，水的电阻率为$(1.0\sim10)\times10^5\Omega\cdot cm$；高纯水（又称超纯水）一般系指将水中的导电质几乎完全去除，其剩余含盐量在 0.1 mg/L 以下，水的电阻率在 $10\times10^6\Omega\cdot cm$以上。目前制出的纯水纯度已达到99.999 99%，电阻率达到 $10^8\Omega\cdot cm$。

测量水的电阻率时，要注意三种因素的影响：①纯水的纯度很高，与空气接触后，极易被空气中的 CO_2 及灰尘污染，从而影响水的质量，降低水的电阻率。水的纯度愈高，在空气中的稳定性愈差，但经过一定时间后，水质降到 $2.5\times10^5\sim3.0\times10^5\Omega\cdot cm$时，下降即很缓慢，基本处于稳定状态。②水温愈高，离子活动愈快，电阻率愈小，水温愈低，则相反。③水的电阻率在静止状态下较在搅动状态下下降为快，原因主要是由于测量用的电极发热而使电极附近部分的水温不断增高，时间愈长，水温提得愈高，离子活动变快，因而使电阻率降低较快。在搅动状态下，电极的热量得到发散，离子活动较慢，导电性降低，因而电阻率较高。

水中各种离子的导电性能不同，而且许多弱电解质（如硅酸）在水中对电阻率影响极微，所以电阻率虽然与含盐量有关，但不能直接反映含盐量。对同一个水源，应测定含盐量与电阻率之间的关系式，以便比较。以某一地下水源为例，测得电阻率为 8 000，其关系式为

$$R=8\,000/C(\Omega) \tag{1-15}$$

式中 R——用雷磁 27 型电导仪的实测读数；

C——含盐量(epm)。

因该电导仪的电极并非图 1-2 所要求的距离和大小，故式(1-15)应除以电级常数 0.62，实际电阻率 r 为

$$r = 12\,900/C\ (\Omega \cdot \mathrm{cm}) \tag{1-16}$$

对于一定的水质，可测定在各种水温下的含盐量与电阻率的关系曲线。含盐量愈微小，曲线坡度愈陡。纯度较高的水对电阻率影响较显著。

1.3.2 水中离子的假想组合

水中所有的阴阳离子中，含量较大的主要为 6 种离子，阳离子为 Ca^{2+}，Mg^{2+}，Na^{+}(包括 K^{+})，阴离子为 HCO_3^{-}，SO_4^{2-}，Cl^{-}。其他离子因含量很少，在水处理工艺计算中，即使忽略不计，也不影响计算精度。这 6 种离子，在数量的相互关系中，存在着一定的规律性，以下从两个方面说明：

1. 阴、阳离子之间的正负电荷的平衡关系

这种关系概括一句话为："以 epm 为单位水中阳离子含量总数等于阴离子含量总数"。因为整个天然水源是电中性的，它们都是从许多分子状态物质，以等当量地溶解为阴离子和阳离子，因此，如果以毫克当量/升为单位，阳离子浓度总和等于阴离子浓度总和。由分析上的误差，一般并不能满足阳离子 epm＝阴离子 epm。对于阴阳离子各小于 6 epm 的水质，其允许误差的计算式为$|\sum$阴离子$-\sum$阳离子$|<0.2$ epm，包括 6 种离子以外的其他阴阳离子在内。

2. 阴、阳离子之间的组合关系

水中的阴阳离子是各自独立存在的，但在水处理往往假想把它们组合成某些化合物，故称假想化合物。即实际上并不存在，而是人为地把它们组合起来，把它们假想组合起来的原因为以下三点：

(1) 根据假想化合物的成分拟定处理方法。如水中的碳酸盐硬度(用 H_c 表示)加热能去除，而水中非碳酸盐硬度(用 H_m 表示)加热不能去除，只能用加药剂或离子交换法才能去除。而离子交换法也是根据假想化合物成分来选择的。

(2) 水因温度升高而使溶解物质沉淀出来，要知道沉淀物的成分，就要分析阴阳离子之间的假想组合关系。如加热后首先转为沉淀物析出的是 H_c，到温度 $t=200$℃应是 $CaSO_4$(0℃时溶解度：750 ppm，200℃为 76 ppm)和 $MgSO_4$(0℃溶解 24.4%，200℃时仅溶解 1.5%)，而最后为 NaCl。则按加热后沉淀物析出的先后程序和规律，可分析阴阳离子之间的组合关系。

(3) 化学反应式、水质指标等多数用分子式表示，比较直观，故应用阴阳离子之间的假想组合关系写出水处理的化学方程式就较容易理解。

现在讨论一下假想组合的规律和程序，如 CO_3^{2-} 与 Ca^{2+}，Mg^{2+} 的结合，CO_3^{2-} 是先结合 Ca^{2+} 还是先结合 Mg^{2+} 呢？这要看它们的溶度积。$CaCO_3$ 的溶度积$=4.8\times10^{-9}$，而 $MgCO_3$ 的溶度积$=1.0\times10^{-5}$，$4.8\times10^{-9}<1.0\times10^{-5}$，浓度积小的先组合，故 CO_3^{2-} 先与 Ca^{2+} 组合成 $CaCO_3$，待 Ca^{2+} 全部组合完之后，多余的 CO_3^{2-} 与 Mg^{2+} 组合为 $MgCO_3$。故得：阳离子向阴离子组合的次序为 $Ca^{2+}\rightarrow Mg^{2+}\rightarrow Na^{+}$；阴离子向阳离子组合的次序为 $HCO_3^{-}\rightarrow SO_4^{2-}\rightarrow Cl^{-}$。阴阳离子均以等当量组合，故组合时的单位一律用 epm。

现举例说明水中的离子组合，水质资料如下：

Ca^{2+}	72 mg/L	HCO_3^-	158 mg/L
Mg^{2+}	14.6 mg/L	SO_4^{2-}	38 mg/L
$Na^+ + K^+$	4.6 mg/L	Cl^-	57.6 mg/L

第一步，把 mg/L 换算成 epm，计算各种离子含量。

Ca^{2+}	$72 \div 20 = 3.6$	HCO_3^-	$158 \div 61 = 2.6$
Mg^{2+}	$146 \div 12 = 1.2$	SO_3^{2-}	$38 \div 47 = 0.8$
$Na^+ + K^+$	$4.6 \div 23 = 0.2$	Cl^-	$57.6 \div 36 = 1.6$
阳离子总和	5.0 epm	阴离子总和	5.0 epm

第二步，按先后次序进行组合（表1-4）。

表1-4　　组合表

Ca^{2+}(3.6)			Mg^{2+}(1.2)	$Na^+ + K^+$(0.2)
HCO_3^-(2.6)	SO_4^{2-}(0.8)	Cl^-(1.6)		
$Ca(HCO_3)_2$(2.6)	$CaSO_4$(0.8)	$CaCl_2$(0.2)	$MgCl_2$(1.2)	$NaCl$(0.2)

0　1　2　3　4　5

Ca^{2+} 3.6 首先与 HCO_3^- 2.6 组合得 $Ca(HCO_3)_2$ 为 2.6。HCO_3^- 已组合完，而 Ca^{2+} 还余 1.0 epm。

Ca^{2+} 1.0 与 0.8 的 SO_4 相组合，得 0.8 epm 的 $CaSO_4$，这样 SO_4^{2-} 已组合完，而 Ca^{2+} 还余 0.2 epm。

Ca^{2+} 的 0.2 epm 与 Cl 1.6 epm 组合，得 0.2 epm 的 $CaCl_2$，Ca^{2+} 已组合完，而 Cl^- 还余 1.4 epm。

1.4 epm Cl^- 与 Mg^{2+} 的 1.2 epm 组合，得 1.2 epm 的 $MgCl_2$，Mg^{2+} 已组合完，还余 0.2 epm Cl^-。

0.2 epm 的 Cl^- 与 0.2 epm 的 Na^+ 组合，得 0.2 NaCl，这样阴、阳离子全部组合完毕，见“组合表”。组合结果得

$$Ca(HCO_3)_2 = 2.6 \text{ epm}$$
$$CaSO_4 = 0.8 \text{ epm}$$
$$CaCl_2 = 0.2 \text{ epm}$$
$$MgCl_2 = 1.2 \text{ epm}$$
$$NaCl = 0.2 \text{ epm}$$

1.3.3　水质分析的校核

为校核方便，设 $\sum A$ 为阴离子 epm 总数；$\sum K$ 为阳离子 epm 总数；H_0 为水中的总硬度。

水质分析的结果，一般应进行校核。核算的主要内容包括如下方面。

1. 阴、阳离子 epm 总数的校正

阴、阳离子 epm 的总数应该相等，即 $\sum A = \sum K$。$\sum A$ 与 $\sum K$ 分别为

$$\sum K=\frac{K^{+}}{39.09}+\frac{Na^{+}}{23}+\frac{Ca^{2+}}{20.04}+\frac{Mg^{2+}}{12.16}+\frac{NH_4^{+}}{18.04}+\cdots \tag{1-17}$$

$$\sum A=\frac{OH^{-}}{17.06}+\frac{NO_3^{-}}{62}+\frac{Cl^{-}}{35.45}+\frac{HCO_3^{-}}{61.02}+\frac{CO_3^{-}}{30.01}+\frac{SO_4^{2-}}{48.03}+\cdots \tag{1-18}$$

式(1-17)、式(1-18)中的所有离子均以 mg/L 计。

其分析误差值 δ 应小于 2%，即

$$\delta \leqslant \frac{(\sum K-\sum A)\times 100}{\sum K+\sum A}\% \leqslant 2\% \tag{1-19}$$

如超出 5%，说明水质分析项目不够全面或结果有错误。

2. 总含盐量与溶解固体的校正(均以 mg/L 计算)

总含盐量是根据水分析报告，计算阴阳离子的 mg/L 总数：

$$总含盐量=\sum A+\sum K\ (mg/L) \tag{1-20}$$

溶解固体是过滤后的水样，在一定温度下烘干，称得固体残渣重量。但这里应注意：从式(1-6)—式(1-8)可见，在烘干的过程中，HCO_3^- 含量中有一半分解为 CO_2 逸光，只有一半才分解为 CO_3^{2-} 保留下来，所以总含盐量与溶解固体之间的关系应是：

$$溶解固体=\sum A+\sum K-\frac{1}{2}HCO_3^- \tag{1-21}$$

式中，右边的计算值与左边的溶解固体的实测结果之间通常可相差 5%，对于含盐量很小的水来说(如含盐量<100 mg/L)，可允许相差 10%。

3. 钙、镁离子含量的校正

钙、镁离子的总和，应近于总硬度 H_0，则为

$$H_0=\frac{Ca^{2+}}{20.04}+\frac{Mg^{2+}}{12.16}(epm) \tag{1-22}$$

如有误差，一般可认为 Ca^{2+} 值分析正确，而修正 Mg^{2+} 值。

4. pH 值的校核

对于 pH<8.3 的水样，其 pH 可根据水样中的总碱度和游离的 CO_2 含量进行近似计算得到：

$$pH'=6.35+\lg[HCO_3^-]-\lg(CO_2) \tag{1-23}$$

$$\delta=pH-pH'\leqslant 0.2 \tag{1-24}$$

式中 6.35——在 25℃水溶液中 H_2CO_3 的一级电离常数的负对数；

pH——原水中的实测值；

pH′——原水中 pH 的计算值；

$[HCO_3^-]$——原水中 HCO_3^- 含量(epm)；

$[CO_2]$——原水中游离的 CO_2 含量(epm)；

δ——分析误差，一般 δ 的绝对值≤0.2 是允许的。

现举例进行说明。

某地下水的分析结果数据如下：

Ca^{2+}=61.10 mg/L；HCO_3^-=219.6 mg/L；Mg^{2+}=13.70 mg/L；CO_3^{2-}=0；Na^+=18.50 mg/L；SO_4^{2-}=46.50 mg/L；K^+=3.50 mg/L；Cl^-=17.70 mg/L；总硬度 H_0=11.70 度；pH=7.05；游离 CO_2=51.40 mg/L；总固体(105℃)=280.0 mg/L，检查其分析结果的合理性。

解：(1) 阴、阳离子总数检查(表1-5)

$$\sum K=\frac{K^+}{39.09}+\frac{Na^+}{23}+\frac{Ca^{2+}}{20.04}+\frac{Mg^{2+}}{12.16}$$

$$\sum A=\frac{Cl^-}{35.45}+\frac{HCO_3^-}{61.02}+\frac{SO_4^{2-}}{48.03}+\frac{CO_3^{2-}}{30.01}$$

表1-5　　阴、阳离子总数

阳离子			阴离子		
离子名称	mg/L	epm	离子名称	mg/L	epm
Ca^{2+}	61.10	3.049	HCO_3^-	219.6	3.599
Mg^{2+}	13.70	1.126	CO_3^{2-}	0	0
Na^+	18.50	0.804	SO_4^{2-}	46.50	0.968
K^+	3.50	0.09	Cl^-	17.70	0.499
$\sum K$	96.80	5.069	$\sum A$	283.80	5.066

分析误差值 δ：

$$\delta=\frac{\sum K-\sum A}{\sum K+\sum A}\times100\%=\frac{5.069-5.066}{5.069+5.066}\times100\%=0.03\%<5\%$$

(2) 溶解固体与总含盐量的校核

$$\sum K+\sum A-\frac{1}{2}HCO_3^-=96.80+283.80-\frac{1}{2}\times219.6=270.8\ \mathrm{mg/L}$$

因为是地下水，悬浮固体很少，可视作溶解固体等于总固体，即280 mg/L。

$$误差=\frac{280-270.8}{\frac{1}{2}\times(280+270.8)}\times100\%=3.4\%<5\%$$

(3) 钙、镁离子含量的校核

水分析报告中总硬度 H_0=11.70度，则：

$$[Ca^{2+}+Mg^{2+}]=3.049+1.126=4.175\ \mathrm{epm}$$

$$4.175\times\frac{28}{10}=11.69\ 度\approx11.70\ 度$$

(4) pH值的校核

$$pH'=6.35+\lg[HCO_3^-]-\lg[CO_2]=6.35+\lg\frac{219.6}{61.02}-\lg\frac{51.4}{44}$$

$=6.35+0.556-0.0675=6.869$

$\delta=pH'-pH=6.869-7.05=-0.181$

$|\delta|<0.2$

上述式及计算中，如不用 epm 表示，则可用 mmol/L 表示。

1.4 工业给水处理方法概述

工业给水处理的内容，根据不同用水对水质的要求，去除水中物质的不同，处理工艺也各不相同。主要内容为：水的除铁除锰；水的软化处理；水的除盐处理；水的冷却及循环水水质稳定处理等。

1.4.1 水的除铁除锰

天然水中，一般铁和锰共存，物质也相似，但铁的含量远大于锰。我国不少地区地下水含有过量的铁和锰，称为含铁含锰地下水，给生活饮用水及工业用水带来很大危害，故要进行处理。这里仅简要地提及一下除铁除锰的方法，详实地论述水的除铁除锰在第 3 章中陈述。

1. 除铁的方法

地下水的铁为二价铁(Fe^{2+})，要除铁首先把低价的铁氧化为高价的铁(Fe^{3+})，然后沉淀及过滤而去除。所以除铁采用的为氧化法，而氧化的方法较多，有曝气氧化法、氯氧化法、接触过滤氧化法及高锰酸钾氧化等。实际应用的是前三种为多。

曝气氧化法是利用空气中的氧将二价铁氧化成三价铁使其析出，然后经沉淀过滤予以去除；氯是比氧更强的氧化剂，氯氧化法可在广泛的 pH 值范围内将二价铁氧化成三价铁；接触过滤氧化法是以溶解氧为氧化剂，以固体催化剂为滤料，以加速二价铁氧化的除铁方法。

2. 除锰的方法

地下水中的锰，一般以二价形态存在。锰不能被溶解氧氧化，也难以被氯直接氧化。工程实践中主要采用的除锰方法为高锰酸钾氧化法、氯接触氧化法和生物固锰除锰法等。

高锰酸钾是比氯更强的氧化剂，它可以在中性和微酸性条件下迅速将水中二价锰氧化为四价锰。氯接触氧化法是利用覆盖在滤层的 $MnO(OH)_2$，Mn^{2+} 首先被 $MnO(OH)_2$ 层吸附，在 $MnO(OH)_2$ 的催化作用下，被强氧化剂迅速氧化为 Mn^{4+}。在此过程中，滤层表面又新生 $MnO(OH)_2$，仍具有催化作用，继续催化氯对 Mn^{2+} 的氧化反应。滤料表面的吸附反应与再生反应交替循环进行，从而完成除锰过程。生物固锰除锰法是利用除锰的生物氧化机制。以空气为氧化剂的生物固锰除锰方法，是东北市政设计研究院、哈尔滨工业大学、吉林大学经多年研究成功的技术。

1.4.2 水的软化

水的软化处理的目的是去除水中钙(Ca^{2+})、镁(Mg^{2+})离子，以降低或去除水中的硬度。因水中的 Ca^{2+}、Mg^{2+} 在温度提高的条件下，从离子状态转变为碳酸钙($CaCO_3$)及氢氧化镁[$Mg(OH)_2$]的沉淀物，在生产设备中产生水垢或水渣，从而产生危害，故要进行软化处理。水的软化主要是药剂软化法和离子交换软化法。

1. 药剂软化法

药剂软化法属化学沉淀，根据溶度积原理，在水中投加需要的适量药剂，使水中所含的硬度在药剂作用下形成难溶的化合物经过沉淀过滤而被去除的过程。即水中加入药剂后，破坏了水中的碳酸平衡，使水中的 Ca^{2+}，Mg^{2+} 与新形成的 CO_3^{2-}，OH^- 结成溶解度很低的 $CaCO_3$ 和 $Mg(OH)_2$，经过沉淀与过滤而被去除。

经过药剂软化的水，可用作工业锅炉和低压锅炉的给水、循环冷却水的补充水、工业洗涤用水，或者作为除盐水或膜法处理之前的预处理。

药剂软化常用的药剂为石灰、苛性钠、磷酸三纳、磷酸氢二纳等。根据原水水质和处理后水质的不同要求，可选用一种或几种药剂同时使用。通常对硬度高、碱度高的水采用石灰软化法，对于硬度高、碱度低的水采用石灰—纯碱软化法，对于碱度高的负硬度水则采用石灰—石膏处理法。

2. 离子交换软化法

离子交换树脂分阳离子交换和阴离子交换两种。阳离子交换树脂是指树脂上可交换的离子是阳离子，即把水中的阳离子去交换树脂上的阳离子；阴离子交换树脂是指树脂上的可交换离子是阴离子，即把水中的阴离子去交换树脂上的阴离子。除盐是要去除水中的阳离子和阴离子，故阳离了交换和阴离子交换都要用；软化是仅去除水中阳离子之中的 Ca^{2+} 和 Mg^{2+} 两种阳离子，故只要使用阳离子交换树脂中含有可交换离子 Na^+ 和 H^+ 的两种树脂即可，即水中的 Ca^{2+}，Mg^{2+} 去交换树脂上的 Na^+ 或 H^+，Ca^{2+} 和 Mg^{2+} 离子附到树脂去，Na^+ 或 H^+ 交换到水中，达到了去除水中的 Ca^{2+}，Mg^{2+} 目的。此法称为离子交换软化法。

1.4.3 水的除盐

去除和降低水的含盐量的处理统称为除盐。

水的除盐方法有离子交换法、膜分离法和水的蒸馏法，但蒸馏采用相对较少，这里不作论述。

1. 离子交换法除盐

离子交换法除盐采用较多，它是采用阳离子交换树脂和阴离子交换树脂去交换水中阴、阳离子，而达到水的除盐目的。如水中的阳离子与氢型离子交换剂上的 H^+ 进行交换，使出水中含有 H^+；水中的阴离子与 OH^- 型交换剂上的 OH^- 离子进行交换，使出水中含有 OH^-；等当量的 H^+ 与等当量的 OH^- 组合成水分子（$H^+ + OH^- \longrightarrow H_2O$），达到了除盐的目的。

由于离子交换剂的交换容量的限制，从经济角度看，适用于含盐量小于 500 mg/L 的原水。因此，对于含盐量较高的水源，通常要进行预处理，降低含盐后再进行离子交换法除盐。对于海水（含盐量达 35 000 mg/L）和西北地区的苦咸水（含盐量达 10 000 mg/L），则先要进行海水、苦咸淡化处理，使含盐量达到要求后才能离子交换，但制水成本大幅上升。

2. 膜分离法除盐

无论是天然的还是人工制造的无机或有机高分子薄膜，以外界的能量或化学位差为推动力，能对双组分或多组分的溶质和溶剂进行分离、分级、净化和浓缩的方法，均叫做膜分离法。膜分离水处理技术近几年来发展较快，获得了较广泛的应用。

膜分离法水处理包括电渗析(ED)、反渗透(RO)、纳滤(NF)、超滤(UF)、微滤(MF)。就世界范围来说,20世纪60年代,仅有生产能力为日产淡水量数百吨的小型设备;70年代,沙特阿拉伯建造了日产淡水量 2×10^5 m^3 的大型苦咸水淡化厂;80年代,美国在Yumg建造了生产能达 3.78×10^5 m^3/d的苦咸水淡化厂。我国在20世纪60年代中期,仅开始探索膜分离技术,70年代步入应用阶段,80年代自行设计生产能力仅240 m^3/d(10 m^3/h)小型的反渗透纯水生产线示范工程。90年代利用国产和进口的反渗透组件建立了数百个大小不等的反渗透水处理系统,在电子、电力、化工、医药和食品饮料等领域得到较为广泛地应用。20世纪90年代末21世纪初,我国自行设计生产了日产水量10 000 m^3 的海水淡水处理系统,应用于浙江舟山。与此同时,同济大学环境科学与工程学院采用反渗透技术,设计了数套日产水量1 000 m^3 以上的纯水处理系统,应用于河南等电子、电力工业用水。

3. 膜分离与离子交换组合除盐

膜分离与离子交换相结合除盐系统中的膜分离是电渗析和反渗透,离子交换采用什么组合视水质等要求而定。

1) 电渗析—离子交换除盐系统

电渗析作为水处理中一种除盐的技术,可单独组成除盐装置,也可与离子交换组成适应范围更广的水处理除盐系统,以制取纯水、高纯水。电渗析与离子交换组合除盐系统,应根据进水水质和出水要求,使每个设备充分发挥各自的效能。电渗析与离子交换组合系统基本上为以下两种:

(1) 原水→预处理→电渗析装置→离子交换系统。此系统一般适用于含盐量较高的进水或苦咸水,以制取工业用除盐水、高纯水。此除盐工艺较为经济合理,使电渗析装置和离子交换各自发挥其特点。

(2) 原水→预处理→预软化→电渗析装置→离子交换(系统)。此系统适用于高硬度的苦咸水制取生活用水或工业用水。预软化是为了去除 Ca^{2+},Mg^{2+} 离子,防止电渗析器内产生结垢,以提高电渗析装置的工作效率。

2) 反渗透—离子交换除盐系统

反渗透装置除用于苦咸水、海水淡化之外,与离子交换联合组成除盐系统,扩大了除盐系统对进水水质的适应范围,简化了离子交换系统,并延长了设备的运行周期,降低了再生液耗量,减少废液排放量,提高系统的出水水质。对于水源水质总溶解固体(TDS)$>$500 mg/L,可采用反渗透—混合离子交换(一级或二级混合床)处理系统。

目前,常选用的反渗透—离子交换组合除盐系统大致有如下几种:

(1) 海水或苦咸水→预处理系统→反渗透装置→阳离子交换器→阴离子交换器→除盐水;

(2) 地下水→预处理系统→反渗透装置→阳离子交换器→阴离子交换器→混合床离子交换器→除盐水;

(3) 地面水→预处理系统→反渗透装置→阳离子交换器→阴离子交换器→混合床离子交换器→除盐(注:水源不同,工艺与上相同);

(4) 地面水→预处理系统→反渗透装置→一级混合床离子交换器→二级混合床离子交换器→除盐水。

1.4.4 水的冷却

水的一个重要属性是比热很大,即1 kg水的水温升降1℃可以吸收或散发1千卡

(kcal)热量。水的这种容易储存、传递和散发与吸收的特性，被广泛地用来生活和生产之中。在工业生产中，生产设备、产品及空调的制冷设备等温度会升高，如果不把温度降低下来，则会损坏设备和影响产品质量，故用水来冷却设备或产品，把温度降低来，而水吸收和带走了势量。这种用来冷却的水称为冷却水，数量很大，在工业用水中约占75%。为节省用水，把温度升高的水经常冷却构筑物进行冷却后再利用，称为水的冷却。水温的不断升高和冷却，无数次的往复利用称为循环冷却水。水的冷却是靠传导和蒸发两作用进行热交换，而蒸发散热是主要作用，每蒸发1 kg水，能从水中带走565 kcal的热量，这是水冷却的主要依据。

水的冷却有冷却池、河道冷却和喷水池等水面冷却和冷却构筑物(主要是冷却塔)冷却，目前除大型火力发电厂及汽车制造等采用自然通风冷却塔之外，普遍而广泛地采用的是机械通风冷却塔。原因是冷却效率高、效果好，占地面积小，便于集中管理等。

为提高水在冷却塔中的冷却效果，要求冷却塔的构造和内部设施有利于形成细小水滴和水膜，有利于增大水与空气的接触面积和接触时间，不存在“死”角，提高水与空气的相对运动速度，使水与空气进行充分的热交换，从而有效达到水冷却效果。关于水冷却的基本原理，冷却塔的构造、组成及设计计算在后续章节中详述。

1.4.5 水质的稳定处理

无论是地面水还是地下水，水中含有各种物质，包括有机物和无机物。经水厂净化处理后的水，去除了水中的悬浮物和胶体物，但水中的无机盐类基本上没有减少，虽然水质达到各种不同的用水水质标准，但遇到不同的情况和条件时仍会产生沉淀物，成为水垢和污渣。循环冷却水在水冷却过程中与空气充分接触，溶解氧增加，会造成对金属的电化学腐蚀；水在蒸发散热过程中含盐量逐渐增加，水中二氧化碳在塔中解析逸散，使水中碳酸钙在传热面上结垢析出；冷却水与空气接触，水中溶入了空气中大量的灰尘、泥沙、微生物及其孢子，使系统的垢泥增加；冷却塔内的光照、适宜的温度、充足的氧和养分有利于细菌和藻类生长，不仅产生微生物腐蚀，而且使系统黏泥增加，在热交换内沉淀，造成黏泥危害等。

上述这些，都会在生产设备、冷却产品、热交换器、制冷机、管道、冷却塔中产生结垢，腐蚀设备，滋生微生物等，造成生产设备、换热器效率降低，能源浪费、管道过水断面缩小，阻力增加，通水能力降低，严重的管道腐蚀穿孔，酿成事故。为避免产生这些危害，需对水质进行稳定处理。

水质稳定处理的任务是结垢控制、腐蚀控制和微生物控制等，这三者的危害、控制的方法和措施、使用的药剂、投加量的计算等，详见第10章“循环冷却水水质稳定处理”中的论述。

第 2 章　工业给水的预处理

工业用水面广、量大，不同的工业对用水的水质要求和标准是不同的，对于用水水质标准要求高的，如纯水、高纯水、超纯水，即除盐水和深度除盐水，在进入除盐处理设备之前，需要进行预处理，以达到进入除盐设备的水质要求；对于水质标准要求不高的工业用水，则不存在预处理，可直接采用自来水或一般水质的水。如除铁除锰的水，可直接采用自来水或地下水，进入除铁除锰设备进行处理即可。又如循环冷却水，对水质的要求不高，不仅可直接采用自来水，而且可把污水处理达到排放标准的基础上再进行深度处理即可。因此，预处理不是对所有工业用水来说的，而是对工业用水标准高的水来说的。

预处理的原水是以自来水（生活用水）水质标准为基础的，没有达到此要求的，则达到此标准后再作为预处理水源进行预处理。

通常把离子交换、膜分离法中的电渗析、反渗透等处理工艺作为主要的处理工序，为保证这些主要工序安全、高效、经济地运行，需把原水处理到进入这些处理装置允许的进水要求。为此进行的水质净化、预软化、水质调整等称为水的预处理。预处理的对象是进一步去除杂质、胶体、二氧化硅、微生物、有机物和活性氯等对后续处理装置会产生不利影响的物质。预处理是重要的环节，处理得好与差将直接影响后续处理装置的处理效果和运行安全。

2.1　水中物质对后续处理的影响及对水质要求

水中浊度、悬浮物、色度、高价金属离子、有机物、微生物、游离氯等物质，会对除盐工艺和设备造成不利影响和危害，应进行预处理。

2.1.1　对离子交换树脂的影响和危害

水中的悬浮物：会附着于树脂颗粒表面，降低树脂的交换容量；堵塞树脂颗粒之间的空隙，使阻力增大；如果冲洗不当，污物可进入树脂层内部，使树脂结块造成偏流，恶化出水水质。

水中的有机物：有机物对阴离子交换树脂的污染分物理与化学两方面，使离子交换容量下降，再生剂耗量增加，出水水质变差，严重时恶化，树脂使用寿命缩短。油份附着在树脂层表面，减少水与树脂层的接触面积；细菌及其他维生物会堵塞树脂层空隙造成树脂结块。

水中活性氯等氧化剂：使阳离子交换树脂活性基氧化分解，长链断裂，引起树脂的不可逆膨胀，结构破裂。

水中的铁与锰：铁和锰离子比钙、镁、钠离子更易与阳离子树脂交换，再生时也比钙、镁离子难，积累在树脂颗粒内容，降低了树脂的交换容易，缩短了树脂使用寿命、恶化了出水水质。形成氢氧化物胶体后易产生沉淀，堵塞树脂微孔和空隙，压降增大。

溶解状和胶体状有机物带负电荷，对阴离子的污染主要是化学方面的。有机物吸附在树脂表面并可深入到树脂网状结构内部，覆盖了内部功能团，同时堵塞树脂的网状微孔即离子扩散通道，从而降低树脂交换功能，甚至使离子交换无法进行。而溶解状有机物特别是带负电荷的COOH型弱酸基因，与强碱性树脂的强碱基因结合较紧，进入树脂网状微孔中，在再生液的作用下，生成羧酸基的钠盐，分子体积增大，卡在树脂中积聚，增大了清洗水耗量；在清洗与运行中COONa又缓慢水解放泄出钠离子，影响了出水水质。

2.1.2　对电渗析的影响和危害

在电渗析装置内水流通道和空隙中会产生结垢及堵塞现象，水中挟带的小砂粒会使膜造成机械性破损。

水中悬浮物质会黏附在膜面上，使离子迁移受到障碍，促使膜面电阻增加并导致水质恶化。电渗析膜是细菌的养料，水中所含细菌会转移到膜面上繁殖，会产生较严重的后果。

水中所带的极性有机物被膜吸附后，会改变膜的特性，使膜的选择透过性能降低，并使膜电阻增加。

铁、锰等高价金属离子会使离子交换阳膜中毒，游离氯会使膜发生氧化，进水硬度高时会导致极化和沉淀结垢而造成多方面危害。

从上述可见，如果主要处理工序为电渗析时，原水预处理的主要对象是水中的悬浮物质和胶体物质，其中包括无机物、有机物及细菌等。

2.1.3　对反渗透的影响和危害

水中的物质，对不同的反渗透膜，造成的影响和危害是不同的。

悬浮物和胶体物质：这两类物质，非常容易堵塞反渗透膜，使透水率大幅下降，脱盐率显著降低。水的预处理中是必须要大幅度去的物质。

游离氯等氧化剂：复合膜和芳香聚酰胺膜对游离氯等较为敏感，大于0.1 mg/L的游离氯就能使膜性能恶化。而醋酸纤维类膜对游离氯等的耐受力较强，可达0.5～1.0 mg/L，通常游离氯的进水含量控制在0.2～0.5 mg/L。

铁、锰、铝等金属氧化物：这些物质含量高时，在膜表面易形成氢氧化物胶体，产生沉积后，导致膜部分或全部被堵塞，造成严重后果。故预处理应除去铁、锰、铝等，使其达到规定的指标值。

硫酸根（SO_4^{2-}）、二氧化硅（SiO_2）：如果水中含有较多硫酸根，则易产生硫酸钙（$CaSO_4$）沉淀，而$CaSO_4$是石膏，沉积在膜表面成水垢，相对较难清除；而水中含有较多的SiO_2时易产生沉淀，而且二氧化硅一旦在膜面上析出，缺少有效的清除方法。这二者都会造成膜污染，水通量降低，压差明显上升，反渗透装置的效率迅速降低。

细菌等微生物：微生物污染会形成致密的凝胶层，吸附高浓度离子，使浓差极化更严重，降低流动混合效果，同时因酶的作用也会促进膜的降解和水解。此过程使水通量逐渐下降，脱盐率逐渐下降和压降逐渐增加。醋酸纤维素膜易受细菌的侵蚀而降解，并使膜的醋酸化度减少，脱盐率大大下降；复合膜和聚酰胺膜不易受微生物侵蚀而降解，但微生物积聚繁殖，也会导致脱盐率降低，组件内部通道堵塞，水通量下降，缩短膜的使用寿命。

2.1.4　各水处理装置的进水水质要求

预处理的目的是去除原水中的有关物质，并调整pH、水温等水质参数，使预处理后的水质满足离子交换、电渗析、反渗透装置的进水水质要求(表 2-1)。

表 2-1　　膜分离、离子交换装置允许进水水质指标

序号	项　目	填充床电渗析(EDI)	电渗析(ED)	离子交换	反渗透(RO)	
					卷式膜(醋酸纤维素系)	中空纤维膜(聚酰胺系)
1	浊度(NTU)		1～3	逆流再生宜小于 2 顺流再生宜小于 5	<1.0	<0.3
2	色度(度)			<5		
3	淤塞密度指数(SDI 值)		<5		<5	<3
4	pH 值	5～9			4～6	4～11
5	水温(℃)		5～40	5～45	5～40	5～35
6	COD_{Mn}(O_2 mg/L)		<3	<2	<3	<1.5
7	硬度($CaCO_3$)(mg/L)	<1.0				
8	TOC(mg/L)	<0.5				
9	游离氯(mg/L)	<0.05	<0.3	宜小于 0.1	0.2～1.0	<0.1
10	铁(总铁计)(mg/L)	<0.01	<0.3	<0.3	<0.05	<0.05
11	锰(mg/L)	<0.01	<0.1			
12	铝(mg/L)				<0.05	<0.05
13	表面活性剂(mg/L)			<0.5	检不出	检不出
14	洗涤剂、油分、H_2S 等(mg/L)	<0.01			检不出	检不出
15	硫酸钙溶度积				浓水 $<19\times10^{-5}$	浓水 $<19\times10^{-5}$
16	沉淀物(SiO_2、Ba 盐等)(mg/L)	<0.5			浓水不发生沉淀	浓水不发生沉淀
17	朗格利个指数				浓水<0.5	浓水<0.5

注:强碱Ⅱ型树脂、丙烯酸树脂的进水温度应不大于 35℃。

2.2　水的混凝及混凝药剂

加药、混凝、沉淀、过滤是普遍而常用的处理工艺,也是成熟的行之有效的方法。处理对象主要是去除水中的悬浮物和胶体物,不仅能有效地降低水的浊度,对水中某些有机物、细菌及病毒等的去除也相当有效。原水加药后(如需要可同时加氯),经过混和反应,凝聚水中的悬浮物和胶体物,形成大颗粒絮凝体,在沉淀池(或絮凝与沉淀为一体的澄清池)中进行重力分离。出水进入滤池过滤,进一步去除微小杂质,如果需要还可进入生物活性炭等深度处理。出水水质达到《生活饮用水卫生标准》(GB 5749—2006)。如某些用水仍不满足要求的,再另行处理。

2.2.1　水的混凝

混凝的对象是水中的悬浮物质和胶体物质,要使混凝得好,关键是选择和投加合适而高效的混凝药剂。在混凝过程中使水中的悬浮物、胶体物形成大颗粒絮凝体，再采用沉淀法或气浮法进行固液分离。混凝沉淀或气浮是预处理中很重要的一步，直接关系到沉淀（或气浮）与过滤的效果。水的混凝过程中包括加药、混和、胶体的脱稳、凝聚等全过程。

1. 胶体的稳定性

大颗粒悬浮物可在重力作用下沉降而去除，而胶体杂质和微小悬浮物，能在水中长时期内持续保持分散悬游状态，这种现象统称为"分散颗粒的稳定性"或"胶体的稳定性"。实际上"稳定性"是相对的。如 1 μm 的黏土微粒，在水中沉降 10 cm 约需要一天时间，而高分子物质实际上不存在沉降现象。按胶体化学的概念，黏土类憎液胶体是"不稳定"的，高分子亲液胶体才是真正"稳定"的。从水处理的观点来说，胶体以及沉降十分缓慢的悬浮物均可认为是"稳定"的，因为这些沉降极缓慢的颗粒不可能在停留时间很短的水处理设备中沉降下来，它们的沉降性可忽略不计。

胶体微粒稳定性的主要原因有：一是微粒的布朗运动；二是胶体颗粒间的静电斥力；三是胶体颗粒表面的水化作用。

胶体微粒尺寸很小，质量也小，致使微粒在水中作无规则的高速运动并趋于均匀分散状态，这种运动即为"布朗运动"。由于导致的稳定性称为动力稳定性，又称沉降稳定性。

按理说布朗运动提供了微粒在无规则运动中相互碰撞接触的机会，但由于胶体微粒太小，虽作布朗运动但彼此无法接触，妨碍它们相互接触的因素是带有同性电荷胶体微粒间的静电斥力和水化膜。

当两个胶体微粒在运动中互相接近的时候，它们实际上是以滑动面为界面的带同样电荷的两个颗粒相接近，按库仑定律，带相同电荷的两个颗粒之间存在相互排斥的静电力，斥力的大小按颗粒中心距离的平方呈反比关系，即越靠近斥力越大。但颗粒接近时，同时还存在一个吸引力，所以两个微粒之间的实际作用力是上述二者的合力。吸引力也称范德华引力，范德华引力是分子与分子之间结合的力，它和原子与原子之间结合为分子相类似，只是数值更小得多。图 2-1表示出库仑斥力和范德华引力的大小及其合力与胶团距离之间关系示意图。由于范德华引力与距离的 6 次方呈反比关系，所以在距离加大时，它比库仑斥力的绝对数值减小得快，故斥力仍然占优势，合力为斥力，在图 2-1 中相应于胶体距离大于 Oa 的情况。当距离逐渐减小时，范德华引力的绝对数值增长又比库仑斥力大得多，使引力占优势，合力为吸力，相应于胶体距离小于 Oa 的情况。当胶体距离恰为 Oa 时，合力为零，吸力与斥力恰好相等。

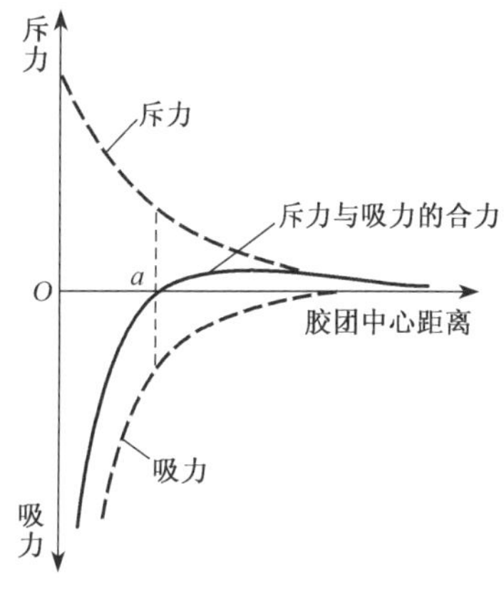

图 2-1　胶体间作用力与距离的关系

从图 2-1 可知，如果两个胶体接近时的中心距离（以胶体的滑动面为界计算）小于 Oa，两个颗粒将相互吸引，如果中心距离大于 Oa，则在两个颗粒接近后仍然会由斥力而分开。一般胶体所以保持稳定状态，说明两个胶体颗粒的半径都很大，以致它们本身的半径加起来总是大于 Oa 值，其合力总是为斥力，使这些颗粒长期保持悬浮状态。

2. 水中胶体的脱稳与凝聚

胶体失去稳定性称为脱稳。胶体颗粒的相互粘结，形成较大的颗粒，叫做凝聚，凝聚与稳定是互相对立的现象，凝聚是胶体脱稳的结果。

天然水中的胶体微粒大多属于负电荷胶体如黏土类胶体。黏土类胶团结构见图 2-2。胶团内部滑动面上存在 ζ 电位，胶团 ζ 电位变化见图中曲线Ⅰ。由胶体化学可知，ζ 电位越高，两胶粒间静电斥力越大，胶粒越不易相互接触而凝聚。可见要使脱稳而凝聚，关键是降低 ζ 电位。目前对胶体税稳凝聚的机理主要为以下方面。

1）压缩双电层及电性中和作用

从图 2-1、图 2-2 可知，要使胶体微粒相互碰撞结合，必须降低或消除斥力，使胶团中心距离在 Oa 范围内。而降低斥力的有效措施是降低或消除胶粒的 ζ 电位，而降低 ζ 电位则在水中加入电解质方可达到目的。

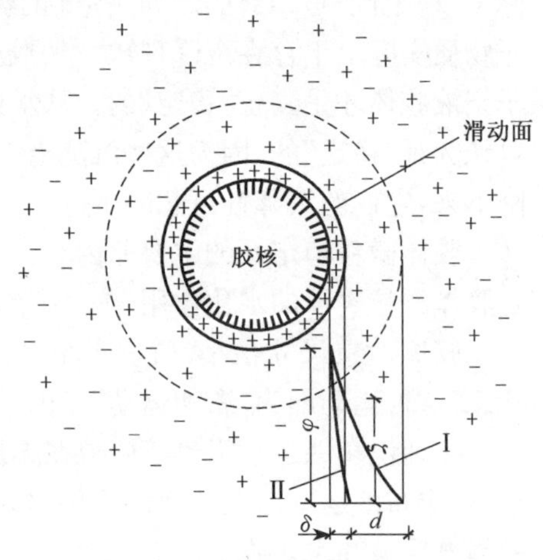

图 2-2　胶体结构及双电层示意图

水中加入电解质——混凝药剂能提供大量正离子。从图 2-2 可见，电解质可使憎水胶体的扩散层厚度缩小，同时也缩小了滑动面内的尺寸，使胶体滑动面上的 ζ 电位降低。ζ 电位的降低，引起了胶粒间相互作用的能量变化，增加了颗粒间的吸引力。当电解质浓度达到一定程度时，在任意距离内，均为吸引力，滑动面可能与吸附层界面完全重合，胶团达到了最小尺寸，这时 ζ 电位为零，称等电状态，吸力达到最大值，为凝聚的最好条件，如图 2-2 中曲线Ⅱ所示，排斥力完全消失。实际上，只要 ζ 电位降至某一程度而使胶粒间排斥力小于布朗运动动能时，胶粒便开始明显凝聚，这时的 ζ 电位称临界电位。这种通过投加电解质压缩扩散层以导致胶粒间相互凝聚作用，简称压缩双电层作用机理。胶体因 ζ 电位降低以致失去凝聚稳定性的过程，称胶体脱稳。

各种离子压缩双电层的能力是不同的，它们的压缩双电层的能力随离子价数的增加而加大很快，高价离子远比低离子有效。如要使负电荷胶体脱稳，所需正 1 价、2 价和 3 价离子的投加量之比，大致为 $1:10^{-2}:10^{-3}$。

当三价铝盐或铁盐投加量过多时，水中原来带负电荷的胶体将有可能变成带正电荷的胶体，这是胶核表面吸附了过多正离子的结果，从而使胶体重新稳定。这种吸附作用绝非单纯静电作用，还存在其他物理化学作用，如范德华力、共价健或氢健等。只要混凝剂投量适当，通过吸附作用，可直接使胶体电荷中和，简称吸附—电性中和作用。其结果同样使胶体扩散层厚度减小，ζ 电位降低。

低价离子主要局限于按静电学原理直接压缩双电层以降低 ζ 电位，高价离子及聚合离子或多核配离子可通过吸附—电性中和作用降低 ζ 电位。前者不存在胶体颗粒电荷变号问题；后者有可能产生胶体电荷变号问题，当混凝剂投加量超过电性中和所需剂量时。在水处理中，虽然不能完全排斥直接压缩扩散层对凝聚的影响，但更重要的是高价离子或聚合离子通过吸附—电性中和作用而胶粒脱稳凝聚。

2）吸附架桥作用

作为混凝剂的高分子物质一般具有链状结构。当它的某一链节上的基因吸附某一胶粒后，另一链节上的基因可伸展于水中又吸附另一胶粒，于是形成"胶粒—高分子物质—胶粒"的聚集体。高分子物质在这里似乎起了胶粒与胶粒之间互相结合的桥梁作用，故称吸附架桥作用。

由于高分子链状结构较长，且吸附能力较强，所以两胶粒之间的排斥力无须消除即可进行吸附架桥，如果排斥力适当降低或混凝剂为高聚合阳离子，则凝聚效果更好。如果混凝剂为高聚合阴离子或胶粒负电荷较强，则胶粒适当脱稳是必要的，否则因同性电荷斥力过大而影响吸附架桥作用。

3）沉淀物的卷扫作用

当铝盐或铁盐混凝剂投加量很多而形成大量高聚合度的氢氧化物时，可以吸附卷带水中胶粒进行沉淀分离，这种现象称沉淀物卷扫作用。卷扫作用所需混凝剂投量很大，只有当原水浊度很低而难于处理时，方可考虑采用。

上述三种混凝机理，对不同类型的混凝剂以及在不同条件下，发挥的程度也不相同。对高分子混凝剂特别是有机高分子混凝剂，吸附架桥起决定性作用；对于硫酸铝等金属盐类混凝剂，同时具有吸附架桥和电性中和脱稳作用。当投加量很多时，还具有卷扫作用。

2.2.2　混凝剂和助凝剂

从浑浊水中加入药剂起，到水中产生大颗粒凝聚体止，称为混凝过程，这个过程起关键作用的是混凝药剂。对混凝药剂的基本要求为：混凝效果良好；对人体健康无害；使用方便；货源充足；价格低廉。

混凝剂种类较多，但归纳起来为金属盐类混凝剂和高分子混凝剂两大类。

1. 金属盐类混凝剂

金属盐类混凝剂也称无机盐类混凝剂，应用最广的是铝盐和铁盐。铝盐主要有硫酸铝、明矾、铝酸钠等；铁盐主要有三氯化铁、硫酸亚铁和硫酸铁等。铝酸钠与硫酸铁我国很少应用。尽管金属盐类混凝剂品种和性能各不相同，但它们的作用机理与硫酸铝基本相似，即利用高价金属离子的水解聚合物起混凝作用。

1）硫酸铝 $Al_2(SO_4)_3 \cdot 18H_2O$

硫酸铝在给水处理中是使用最多、最普遍的混凝剂，分为精制和粗制两种，精制硫酸铝为白色结晶体，比重约为 1.62，Al_2O_3 含量不小于 15%，不溶杂质含量不大于 0.3%，价格相对较贵。粗硫酸铝的 Al_2O_3 含量不小于 14%，不溶杂质含量不大于 24%，价格较低，但质量不稳定，且因不溶杂质含量多，增加了药液配置和废渣排除方面的操作麻烦。

明矾是硫酸铝和硫酸钾的复盐 $Al_2(SO_4)_3 \cdot K_2SO_4 \cdot 24H_2O$，为无色或白色结晶体，比重 1.76，$Al_2O_3$ 含量约 10.6%，属天然矿物。明矾起混凝作用的乃是硫酸铝成分，混凝特点与硫酸铝相同。

硫酸铝的特点是混凝效果较好，使用方便，对处理后的水质无任何不良影响。但水温低时，硫酸铝水解困难，形成的絮凝体比较松散，效果不及铁盐。

因硫酸铝是最常用的混凝药剂，故把硫酸铝的混凝特性简述如下。

硫酸铝是具有吸附架桥作用、电性中和脱稳作用的混凝剂。溶于水后，立即离解出 Al^{3+}，但 Al^{3+} 并非以这种简单形态存在，而是结合 6 个配位水分子的水合离子 $[Al(H_2O)_6]^{3+}$。这是一种最简单的单核配合物。水合铝离子水解时，配位水分子可以失去 H^+ 而形成单羟基单核配合物，反应如下：

$$[Al(H_2O)_6]^{3+} + H_2O \rightleftharpoons [Al(OH)(H_2O)_5]^{2+} + H_3O^- \qquad (2\text{-}1)$$

单羟基单核配合物进一步水解：

$$[Al(OH)(H_2O)_5]^{2+}+H_2O \rightleftharpoons [Al(OH)_2(H_2O)_4]^{+}+H_3O^{-} \quad (2\text{-}2)$$

$$[Al(OH)_2(H_2O)_4]^{+}+H_2O \rightleftharpoons [Al(OH)_3(H_2O)_3]\downarrow+H_3O^{-} \quad (2\text{-}3)$$

从上述反应可知，降低水中 H^+（或 H_3O^-）浓度或提高 pH 值，水解反应向右边进行。配位水分子逐渐减少，羟基逐渐增多，而水合羟基配合物的电荷却逐渐降低，最终生成中性氢氧化铝沉淀物。

根据研究，当 pH<4 时，水解受到抑制，水中存在的主要是 $[Al(H_2O)_6]^{3+}$；当 pH=4～5 时，水中出现 $[Al(OH)(H_2O)]^{2+}$、$[Al(OH)_2(H_2O)_4]^{+}$ 及少量 $[Al(OH)_3(H_2O)_3]$；当 pH=7～8 时，水中主要是中性的 $[Al\cdot(OH)_3(H_2O)_3]$ 沉淀物。在某一 pH 值下，各种物质实际上同时存在，只是各自浓度所占比例不同而已，其值由化学平衡常数决定。当 pH>8.5 时，由于氢氧化铝是典型的两性化合物，又重新溶解为负离子 $[Al(OH)_4(H_2O)]^{-}$，反应如下：

$$Al(OH)_3(H_2O)_3+H_2O \rightleftharpoons [Al(OH)_4(H_2O)]^{-}+H_2O \quad (2\text{-}4)$$

上述反应式(2-1)—式(2-4)虽有助于理解 pH 值对铝离子水解的影响状况，但远不能反映铝离子在天然水中化学反应的全过程。在由 $[Al(H_2O)_6]^{3+}$ 最终趋于 $Al(OH)_3(H_2O)_3$ 的中间过程中，羟基 OH^- 具有桥链性质，可把单核配合物通过桥键配合或缩聚成多核配合物或高聚物。据有关资料认为，可能存在的多核羟基配合物有略去配位水分子的 $[Al_6(OH)_{14}]^{4+}$，$[Al_6(OH)_{15}]^{3+}$，$[Al_8(OH)_{20}]^{4+}$，$[Al_7(OH)_{17}]^{4+}$，$[Al_{13}(OH)_{34}]^{5+}$ 及 $[Al_{18}(OH)_{49}]^{5+}$ 等。实际上可能存在配合物形态还要复杂得多。这些物质，在水中都可能以一定比例同时共存，且随水的 pH 值变化而变化。

三价铝盐发挥混凝作用的是各种形态的多核配合物或水解聚合物。凡带正电荷的水解聚合物，可同时起到电性中和脱稳和吸附架桥作用，只是在不同条件下，两种作用各有侧重。在化学平衡状态下，水的 pH 值低时，侧重于高电荷低聚合度物质的电性中和脱稳作用，吸附架桥居次，但混凝效果并不理想。在水的 pH 值较高时，侧重于低电荷高聚合度物质的吸附架桥作用，电性中和脱稳居次，其混凝效果较前者好。天然水的 pH 值一般在 6.5～7.8 之间，在此条件下，水解最终产物将以聚合度很大的氢氧化铝沉淀物为主，但在由简单水合铝离子反应生成氢氧化铝时，中间产物——多核配合物或带正电荷的聚合物也会很快地发挥电中和脱稳和吸附架桥作用。因此，当硫酸铝投入水中后，应进行快速混合，使药剂迅速地均匀分布于水中，以利混凝剂水解，聚合并充分发挥各种高电荷低聚合度物质对胶体颗粒的电性中和脱稳作用。而后进行慢速搅拌以发挥高聚物吸附架桥作用。

2）铁盐

(1) 三氯化铁 $FeCl_3\cdot 6HO$：三氯化铁通常具有金属光泽的褐色结晶体，一般杂质较少，极易溶解。形成的絮凝体较紧密，易沉淀去除，处理低温水或低浊度水效果比铝盐好。但三氯化铁的腐蚀性较强，且容易吸水潮解，不易保管。

(2) 硫酸亚铁 $FeSO_4\cdot 7HO$：硫酸亚铁是半透明绿色结晶体，俗称“绿矾”，溶解度较大。离解出的是二价离子 Fe^{2+}，据研究只能生成简单的单核配合物，不具有三价铁盐良好的混凝作用。同时，残留于水中的 Fe^{2+} 会使处理后的水带色，且当 Fe^{2+} 与水中有色物质作用后，将生成颜色更深的溶解物。因此，使用硫酸亚铁时，应将二价铁氧化成三价铁。

(3) 硫酸铁 $Fe_2(SO_4)_3 \cdot 7H_2O$。

用铁盐作混凝剂其反应生成的均为 $Fe(OH)_3$，然后沉淀去除。从水中加入铁盐产生 Fe^{3+} 开始，到水解过程达到平衡为止，中间所产生的变化与铝盐的过程很类似，产生了 $Fe(OH)^{2+}$，$Fe(OH)_2^{+}$，$Fe(OH)_3$，$Fe(OH)_4^{-}$ 等以及一些聚合离子，这些成分同样参与了混凝过程，与铝盐的混凝过程的机理相同。

2. 高分子混凝剂

高分子混凝剂分为无机和有机两类。

1) 无机高分子混凝剂

聚合氯化铝(或碱式氯化铝)是当前国内研制和使用比较广泛的一种无机高分子混凝剂。它是以铝灰或含铝矿物作为原料，采用酸溶或碱溶法加工制成的。由于原料不同和生产工艺不同，产品规格也不一致。

聚合氯化铝的混凝作用机理与硫酸铝基本相同。根据原水水质特点，在人工控制条件下，预先制成最优形态的聚合物而后投入水中，将可发挥优异的混凝作用，人工合成聚合氯化铝正基于这一概念。

聚合氯化铝实际上可看作氯化铝 $AlCl_3$ 经水解逐步趋向氢氧化铝过程中，各种中间产物通过羟基(OH^-)桥联缩合成高分子化合物。它们的化学式有好几种形式，通常采用以下两种：

(1) 聚合氯化铝$[Al_2(OH)_nCl_{6-n}]_m$。这种形式可看作以羟基配合物$Al_2(OH)_nCl_{6-n}$为单体，m 为聚合度的高分子聚合物。式中，$n=1\sim5$，$m\leqslant10$。如$Al_2(OH)_5Cl$ 即为 $m=1$，$n=5$ 的简单的羟基配合物，$Al_{16}(OH)_{40}Cl_8$ 即为 $m=8$，$n=5$ 的聚合物或多核配合物。

(2) 碱式氯化铝 $Al_n(OH)_mCl_{3n-m}$。这种形式可看作复杂的多核配合物，如$Al_6(OH)_{14}$，$Al_{13}(OH)_{34}Cl_5$ 等。

上述物质溶于水后，便离解为复杂的高聚物离子，例如：

$$Al_{13}(OH)_{34}Cl_5 = [Al_{13}(OH)_{34}]^{5+} + 5Cl^- \tag{2-5}$$

聚合氯化铝中羟基 OH 和铝 Al 的当量之比称碱化度，用 B 表示为

$$B=\frac{[OH]}{3[Al]}\times100\% \tag{2-6}$$

例如，$Al_2(OH)_5Cl$ 的 $B=5/(2\times3)=83.3\%$；$Al_{13}(OH)_{34}Cl_5$ 的 $B=34/(3\times13)=87.2\%$。如果 $B=100\%$，则表达式$[Al_2(OH)_nCl_{6-n}]_m$ 中的 $n=6$，于是该物质成为$[Al(OH)_3]_m$ 沉淀物，实际上这是 $AlCl_3$ 经水解缩聚后的最终产物。在制造过程中，不应产生这种物质，因易于沉淀。碱化度越高，越有利于吸附架桥；但碱化度过高，也容易生成沉淀物。目前生产的聚合氯化铝的碱化度一般控制在 50%～80%之间。

聚合氯化铝一般对各种水质以及水的 pH 值适应性较强；絮凝体形成较快，且颗粒大而重；投加量比硫酸铝低，目前应用较广泛。

2) 有机高分子混凝剂

有机高分子混凝剂有天然和人工合成两种，目前采用的为人工合成有机高分子混凝剂。这类混凝剂均为巨大的线性分子，每个大分子由许多链节组成，链节间以共价链结合。每个链节为一个单位，链节数为聚合度，聚合度可多达数千至数万，其分子量为单体分子量之和。目前采用较多的聚丙烯酰胺(俗称三号混凝剂)的分子结构为

$$\cdots\cdots\boxed{+CH_2-\underset{\displaystyle CONH_2}{\underset{|}{CH}}-}\ CH_2-\underset{\displaystyle CONH_2}{\underset{|}{CH}}-CH_2-\underset{\displaystyle CONH_2}{\underset{|}{CH}}-\cdots\cdots$$

链节

通式为

$$\left[-CH_2-\underset{\displaystyle CONH_2}{\underset{|}{CH}}-\right]_n \tag{2-7}$$

聚丙烯酰胺的聚合度 n 多达 20 000～90 000，相应的分子量高达 150 万～600 万。

按高分子物质带电情况可分为阳离子型（离解后带正电）、阴离子型（离解后带负电）和非离子型（链节上不含可离解基团）三类。聚丙烯酰胺为非离子型高聚物，但可通过水解构成阴离子型，也可通过引入基团制成阳离子型。

有机高分子混凝剂的优异性能在于分子上的链节与水中胶体微粒有强烈的吸附作用。即使是阴离子型高聚物，对负电胶体也具有吸引作用。阳离子型的吸附作用尤为强烈，而且在吸附同时对负电胶体还起电中和脱稳作用，故阳离子型高聚物作为混凝剂尤为合适。

阴离子型对未经脱稳胶体来说，由于静电斥力有碍于吸附架桥作用的充分发挥，常作为助凝剂使用。非离子可作为混凝剂，也可作为助凝剂。聚丙烯酰胺作为助凝剂使用时，效果较好的是改制品——通过部分水解而形成的阴离子型产品。高分子混凝剂的混凝效果不仅与聚合有关，而且与分子链形状也有关系。聚丙烯酰胺每一链节中均含有一个酰胺基 $CONH_2$，由于酰胺基之间的氢链结合，使线性分子易呈卷曲状而不能伸展开来，致使架桥作用削弱。改制的方法是，在聚丙烯酰胺内加入碱剂，使部分链节上的酰胺基进行如下水解：

$$\left[-CH_2-\underset{\displaystyle CONH_2}{\underset{|}{CH}}-CH_2-\underset{\displaystyle \boxed{CONH_2}}{\underset{|}{CH}}-CH_2-\underset{\displaystyle CONH_2}{\underset{|}{CH}}-\right]_n + nH_2O + NaOH$$

$$\longrightarrow \left[-CH_2-\underset{\displaystyle CONH_2}{\underset{|}{CH}}-CH_2-\underset{\displaystyle \boxed{COONa}}{\underset{|}{CH}}-CH_2-\underset{\displaystyle CONH_2}{\underset{|}{CH}}-\right]_n + nNH_4OH \tag{2-8}$$

水解产生的—COONa 在水中离解为$[-COO]^-$，于是部分水解产物形成阴离子型的高分子共聚物。这样，不仅使许多酰胺基上氢键被切断，而且在链节上的静电斥力下，卷曲的高分子得以充分伸展开来，吸附架桥作用得到充分发挥。但如果水解度过高，带电性过强，则对絮凝也会产生阻碍作用，故一般认为水解度——由酰胺基转化为羟基的百分数在 30%～40%较好。这种产品作为助凝剂以配合铝盐或铁盐使用，效果显著。

有机高分子混凝剂效果优异，但制造复杂，价格昂贵。同时毒性问题也始终为人们所关注，目前使用并不很普遍。

3. 助凝剂

当使用单一混凝剂不能取得良好效果时，需要投加某些辅助药剂以提高混凝效果，这种辅助药剂称为助凝剂，助凝剂有很多种，按它们在混凝过程中所起的作用，大致可分为两类。

1）调节或改善混凝条件的药剂

当原水碱度不足(即 pH 值偏低)而使混凝药剂水解困难时，则投加碱剂(常用石灰)以提高 pH 值；当水中 pH 值过高也不利于混凝时，则加酸(常用硫酸和 CO_2)，以降低 pH 值；当原水受到严重污染，有机物多时，用氧化剂(常用氯气)以破坏有机物干扰；当采用硫酸亚铁时，用氯气将亚铁 Fe^{2+} 氧化成高价铁 Fe^{3+} 等。这类碱、酸、氧化剂本身不起混凝作用，只起辅助混凝作用。

2）改善絮凝体结构的高分子助凝剂

混凝要求产生一种粒度大、比重大和结实的凝聚体颗粒，既利于沉淀，又不易被破碎。而当使用铝盐或铁盐混凝剂产生的絮凝体细小而松散时，则需利用高分子助凝剂的强烈吸附絮凝作用，使细小松散的絮凝体变得粗大而密实。常用的高分子助凝剂有聚丙烯酰胺、活化硅酸、硅胶等。活化硅酸配合铝盐或铁盐使用效果较好，对于低温、低浊水较为有效。但活化硅酸制造和使用较麻烦，只能现场调制，即日使用，否则易形成冻胶。

有时在水中加黏土和沉淀污泥等，可以起到加大加重絮凝颗粒的作用。故黏土和沉淀污泥也是助凝剂。所以助凝剂含义较广。但生产中所指的助凝剂，主要是高分子一类的助凝剂。

4. 影响混凝效果的因素

影响混凝效果的因素错综复杂，其中包括水温、水质、水力条件、pH 值、碱度等，下面从几方面加以简要论述。

1）水力条件对混凝效果的影响

混凝药剂投入水中后，必须使水与药剂充分混合和充分反应，才能使水中悬浮物和胶体物凝聚，这必须创造一定的水力条件，即人为地使水流紊动，而且在混凝作用的整个过程中，要求有不同程度的水流紊流。

从混凝剂溶于水中到颗粒絮凝结大靠重力下沉的过程，实际上是分成混合和反应两个阶段进行的。混合阶段是混凝剂水解，生成金属氢氧化物胶体，吸附和黏着水中杂质，形成微小颗粒的阶段。这阶段时间很短，一般在混合设备内进行，完成得好与差取决速度梯度 G 值。G 值的计算公式为

$$G=\sqrt{\frac{\gamma h}{\mu T}} \tag{2-9}$$

式中　γ——水的容重(N/m^3 或 kg/m^3)；

h——混凝设备中的水头损失(m)；

T——水流在设备中停留时间(s)；

μ——水的动力粘度($Pa \cdot S$ 或 $N \cdot S/m^3$)。

由于水流运动及水中颗粒组成等情况十分复杂，故 G 值只能粗略估计由输入功率(如机械搅拌混合)而导致的水流紊动程度。迄今为止，在设计和操作混凝设备过程中，G 值仍具有一定的现实意义。在混合阶段，适宜的速度梯度 $G=700\sim1\,000\ s^{-1}$，混合时间长则取低限值，混合时间短应取高限值。混合阶段，颗粒之间的碰撞主要依赖于布朗运动，因此，尽管 G 值很大，其主要目的是快速均布药剂，并非加强同向凝聚。

反应阶段在反应池(或反应设备)内完成，这阶段形成的细微凝聚颗粒不断吸附、黏着水中杂质，凝聚体逐渐增大，同向凝聚占主要地位，G 值反映了同向凝聚中颗粒碰撞速率。

G 值大，颗粒碰撞速率大，反应效果好。同时反应效果与反应时间 T 亦有关系。N 为单位体积水流、单位时间内颗粒碰撞次数，则 NT 为整个反应时间内单位体积水流中颗粒碰撞次数。故在实际设计或运行中，通常以 G 值或 GT 值作为控制指标。但由此得出的结论是 G 值和 GT 值越大，效果越好。而实际上 G 值大时，水流剪力也随之增大，已形成的絮凝体又有破碎的可能，絮凝与破碎同时随 G 值增大而增加。因此，反应池内水流的紊动程度应是开始时大，随后逐渐减小。根据生产经验，反应阶段所需平均速度梯度一般在 20～70 s^{-1} 范围内，GT 值在 10^4～10^5 范围内。由于大的絮凝体易破碎，故从反应开始至反应结束，随着絮凝体逐渐增大，G 值应渐次减小。

2）水温对混凝效果的影响

在生产实践中，可发现冬季的加药量远比夏季多，有时最高与最低的混凝剂投加量相差几倍，主要原因是冬季水温低、夏季水温高，说明水温对混凝效果有很大影响。

冬季水温低时，尽管增加投药量、絮凝体的形成还是很缓慢而且结构松散、颗粒细小。水温影响的主要原因为以下两个方面：一是金属盐类混凝剂的水解是吸热反应，水温低时，混凝剂水解困难。特别是硫酸铝，当水温低于 5℃时，水解速率极其缓慢，因而混凝作用明显降低。当水温在 10℃～15℃以下时，生成的絮凝体不易沉淀；水温高时，化学反应进行较快，生成的凝聚颗粒较密实，易于沉淀去除，混凝效果较好。二是低温水粘度大，水中杂质微粒的布朗运动强度减弱，彼此碰撞机会减少，不利于脱稳胶粒相互凝聚。同时，水的粘度大时，水流剪力增大，影响絮凝体的成长。

冬季用硫酸盐混凝剂时，沉淀池出水中有大量松散絮凝体带出，称作“跑矾花”，加重了滤池的负担。因铁盐生成的絮凝体较密实、比重较大，故冬季用铁盐混凝剂或铁盐、铝盐混用较好。

为提高低温时的混凝效果，一般实施的措施为：一是增加混凝剂的投加量，改善颗粒之间的碰撞条件；二是投加黏土以增加絮凝体重量，投加高分子助凝剂如活化硅酸等，增加絮凝体强度，提高混凝沉淀效果。

3）水的 pH 值对混凝效果的影响

水的 pH 值对混凝的影响很大，但视混凝剂的品种不同而异。如硫酸铝加入水中后生成的氢氧化铝，是否总是以胶体的状态存在于水，这要视水的 pH 值的大小。当水中的 pH＜4 时，氢氧化铝就溶解了，不再是胶体，而是以铝离子 Al^{3+} 状态存在：

$$Al(OH)_3 + 3H^+ = Al^{3+} + 3H_2O \tag{2-10}$$

因而起不了吸附架桥去除水中杂质的作用，混凝去浊的效果不好。

用于除色时，pH 值在 4.5～5 之间为佳；用于除浊时，最佳 pH 值范围在6.5～7.5之间，在此 pH 值范围内氢氧化铝的溶解度最小，以胶体状态存在于水中，混凝效果好。但当水的 pH 值再大些，如 pH＞8.5 时，氢氧化铝又明显地溶解，生成铝酸离子 AlO_2^-：

$$Al(OH)_3 + OH^- = AlO_2^- + 2H_2O \tag{2-11}$$

这时，混凝去浊效果又很差了。这表明氢氧化铝是典型的两性化合物，因此用硫酸铝作混凝时，为了保证混凝除浊效果，水的 pH 值最好在 6.5～7.5。

采用三价铁盐作混凝剂时，同样受 pH 值的控制，反应如下：

$$[Fe(H_2O)_6]^{3+} + H_2O \rightleftharpoons [Fe(OH)(H_2O)_5]^{2+} + H_3O^+ \tag{2-12}$$

$$[Fe(OH)(H_2O)_5]^{2+} + H_2O \rightleftharpoons [Fe(OH)_2(H_2O)_4]^{+} + H_3O^{+} \tag{2-13}$$

$$[Fe(OH)_2(H_2O)_4]^{+} + H_2O \rightleftharpoons [Fe(OH)_3(H_2O)_3] + H_3O^{+} \tag{2-14}$$

和铝盐相似，在由$[Fe(H_2O)_6]^{3+}$向$[Fe(OH)_3(H_2O)_3]$的转变过程中，伴有许多羟基桥联或缩聚反应以形成高分子物质。不过铁盐水解性能优于铝盐，水解产物溶解度极小。只有当 $pH<3$ 时，水解受到严重抑制，在 pH 值大于 3 时，才可以生成氢氧化铁胶体。同时，氢氧化铁并非典型两性化合物，在 pH 值较高时，不像氢氧化铝那样易于溶解，只有在强碱性情况下，形成的 $Fe(OH)_3$ 才有可能重新溶解。因此，三价铁盐混凝剂适应的 pH 值范围较宽，最佳 pH 值范围在 6.0～6.4。

使用硫酸亚铁时，在 $pH<8.5$ 时，略去配位水分子的化学反应为：

$$Fe^{2+} + H_2O \rightleftharpoons Fe(OH)^{+} + H^{+} \tag{2-15}$$

$$Fe(OH)^{+} + H_2O \rightleftharpoons Fe(OH)_2 + H^{+} \tag{2-16}$$

氢氧化铁溶解度较大，Fe^{2+} 只能形成较简单的配合物，混凝效果甚差，但当水中有足够溶解氧或 $pH>8.5$ 时，Fe^{2+} 被迅速氧化成 Fe^{3+}：

$$4Fe^{2+} + O_2 + 2H_2O \rightleftharpoons 4Fe^{3+} + 4OH^{-} \tag{2-17}$$

$$4FeSO_4 + O_2 + 10H_2O \rightleftharpoons 4Fe(OH)_3 + 4H_2SO_4 \tag{2-18}$$

天然水的 pH 值一般小于 8，而在 pH＝6～8 时，上述氧化反应极其缓慢，很难在反应设备内完成。解决的办法为：一是投加碱剂（常用石灰）以提高原水 pH 值，但此法设备和操作复杂；二是采用氯气 Cl_2 进行氧化，通称“亚铁氧化法”：

$$6FeSO_4 + 3Cl_2 = 2Fe_2(SO_4)_3 + 2FeCl_3 \tag{2-19}$$

根据反应式，理论投氯量与硫酸亚铁（$FeSO_4 \cdot 7H_2O$）投加量之比约 1∶8。为使氧化迅速而充分，实际投氯量等于理论计量增加 1.5～2.0 mg/L。如果原水受到较严重污染而需要加氯时可与“亚铁氯化”所需氯量一并投加，然后混合、反应。

高分子混凝剂尤其是有机高分子混凝剂，混凝效果受 pH 值影响较小。

4）水的碱度对混凝效果的影响

混凝剂投加到原水中之后，由于混凝剂的水解作用，水中氢离子 H^{+} 数量增加，提高了水的酸度，pH 值降低。这就会阻碍水解过程的进行，不利于形成更多的铝盐或铁盐的氢氧化物胶体。因此水中必须有一定量的碱度，用来中和因水解而产生的酸度。一般天然原水中均含有一定量的酸式碳酸盐，如重碳酸钙$Ca(HCO_3)_2$、重碳酸镁 $Mg(HCO_3)_2$ 等，可以从加混凝剂后的水中不断排除氢离子，使混凝能顺利进行：

$$HCO_3^{-} + H^{+} \rightleftharpoons H_2O + CO_2 \uparrow \tag{2-20}$$

如果天然水中的碱度足够，则混凝剂投入水中就能充分水解，形成氢氧化铝或氢氧化铁胶体，混凝效果就较好，反应为

$$Al_2(SO_4)_3 + Ca(HCO_3)_2 = 2Al(OH)_3 \downarrow + 3CaSO_4 + 6CO_2 \uparrow \tag{2-21}$$

$$2FeCl_3 + 3Ca(HCO_3)_2 = 2Fe(OH)_3 \downarrow + 3CaCl_2 + 6CO_2 \uparrow \tag{2-22}$$

如果原水中碱度不够，则就要进行碱化处理，即向水中投加碱性物质，如石英 CaO、漂

白粉 $CaOCl$ 等，用来提高水的碱度，以保证氢氧化物胶体的形成：

$$Al_2(SO_4)_3 + 3CaO + 3H_2O = 2Al(OH)_3 \downarrow + 3CaSO_4 \tag{2-23}$$

$$2FeCl_3 + 3CaO + 3H_2O = 2Fe(OH)_3 \downarrow + 3CaCl_2 \tag{2-24}$$

从上述化学反应式可以算出，水中每投加 1 mg/L $Al_2(SO_4)_3$ 或 $FeCl_3$ 时，大约需要以 CaO 计算的碱度 0.5 mg/L。一般可用下式进行初步估算：

$$[CaO] = [a] - [x] + [\delta] \tag{2-25}$$

式中 [CaO]——纯石灰 CaO 投加量(mg 当量/L)；

$[a]$——混凝剂投加量(mg 当量/L)；

$[x]$——原水碱度(mg 当量/L)；

$[\delta]$——剩余碱度，一般取 0.5～1.0 mg 当量/L。

2.3 沉淀与气浮

原水经加药混合、反应后形成絮凝体颗粒，靠重力作用从水中分离出来的过程称为沉淀。颗粒比重大于 1 时表现为下沉；小于 1 时，表现为上浮。在给水处理中，沉淀常表现为以下两种：一种是颗粒在沉淀过程中彼此没有干扰，只受到颗粒本身在水中的重力和水流阻力的作用，称为自由沉淀；另一种是颗粒在沉淀过程中彼此相互干扰，或者受到容器、设备壁的干扰，虽然其粘度和第一种相同，但沉淀速度却较小，称为拥挤沉淀。

气浮的原理是把空气引入水中，产生无数多的微气泡，附着在絮凝体颗粒上。带有气泡的杂质颗粒，其密度比水小，空气密度为 1.29 kg/m^3，约为水的 1/775，当水中杂质颗粒粘附相当数量的微气泡后，上浮速度比无气泡的杂质颗粒下沉速度大得多，因此能较迅速地上浮到水面成为浮渣，使水得到澄清。

以下对沉淀与气浮的原理、机理的基本理论进行简要的论述。

2.3.1 颗粒在静水中的自由沉淀

1. 假设条件

颗粒在静水的自由沉淀，建立在以下假设的基础上：

(1) 颗粒表面上都吸附了一层很薄的水，颗粒下沉时，实际上是水与水之间的滑动关系。

(2) 当颗粒开始下沉时，其速度是由零开始的加速度运动，但在很短时间内即变为等速运动，一般所说沉淀速度，指的就是这个不变的速度。

(3) 颗粒形状理想化，自然形状虽然接近球状，但却是不规则的，为了便于分析问题进行研究，假定它的形状是球体。

(4) 自由沉淀有以下两个含义：一是颗粒沉淀时不受设备、容器壁的干扰影响；二是颗粒沉淀时不受其他颗粒的干扰。一般认为，如果颗粒距容器壁的距离大于 50 d(d 为颗粒直径)时，就认为不受容器壁的干扰，当泥沙浓度小于5 000 mg/L时，颗粒之间也不致于有干扰。

2. 重力 F_1 与阻力 F_2

颗粒在静水中的重力为 F_1，颗粒在下沉时所受的阻力为 F_2。直径为 d 的球形颗粒在

静水中所受的重力 F_1 为

$$F_1 = \frac{1}{6}\pi d^3(\rho_s - \rho)g \tag{2-26}$$

式中　d——与颗粒等体积的圆球直径(cm)；

$\frac{1}{6}\pi d^3$——颗粒理想化后的体积(cm^3)；

ρ——水的密度($1\ g/cm^3$)；

ρ_s——颗粒的密度(g/cm^3)；

g——重力加速度($981\ cm/s^2$)。

颗粒下沉时所受水的阻力 F_2 与颗粒的粗糙度、大小、形状及沉淀速度有关，也与水的密度和粘度有关。阻力 F_2 的表达式为

$$F_2 = \lambda \cdot \rho \cdot \frac{u^2}{2} \cdot \frac{\pi d^2}{4} \tag{2-27}$$

式中　λ——阻力系数，与雷诺数 Re 有关，$\lambda = f(Re)$；

$\frac{1}{4}\pi d^2$——球体颗粒在垂直方向的投影面积(cm^2)；

u——颗粒下沉速度(cm/s)。

3. 颗粒下沉速度 u

重力与阻力的差($F_1 - F_2$)使颗粒产生向下运动的加速度 dv/dt。但在下沉过程中，阻力不断增加，在短暂时间后，达到与重力平衡(即 $F_1 = F_2$)，加速度 dv/dt 变为零。这时使式(2-26)等于式(2-27)则得

$$\frac{1}{6}\pi d^3(\rho_s - \rho)g = \lambda\rho\frac{\pi u^2 d^2}{8} \tag{2-28}$$

简化后得

$$u^2 = \frac{4}{3\lambda} \cdot \frac{\rho_s - \rho}{\rho} gd \tag{2-29}$$

$$u = \sqrt{\frac{4}{3} \cdot \frac{g}{\lambda} \cdot \frac{\rho_s - \rho}{\rho} \cdot d} \tag{2-30}$$

式(2-30)为颗粒下沉速度公式，当颗粒大小 d 和密度 ρ_s 已知时，只要再知道 λ 就可算出下沉速度 u。阻力系数 λ 是水流雷诺数的函数 $\lambda = f(Re)$，而雷诺数为

$$Re = \frac{u \cdot d}{\gamma} \tag{2-31}$$

式中，γ 为水的运动粘度(cm^2/s)。

通过实验，把观测到的 u 值分别代入式(2-30)和式(2-31)中，求得 λ 值和 Re 数，点绘成曲线如图 2-3 所示。

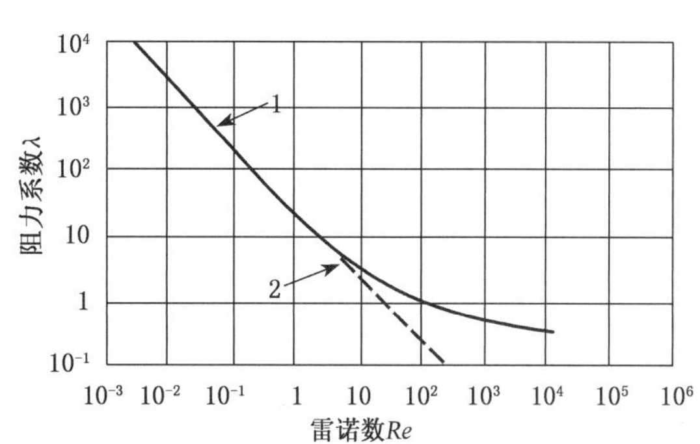

图 2-3　λ 与 Re 的关系(球形颗粒)

图 2-3 中，λ 值可划分为层流区、过渡区及紊流区三个区。

1) 层流区

层流状态指图 2-3 中 $Re < 0.2$ 的一段，

λ与Re呈直线关系。其关系式为

$$\lambda=\frac{24}{Re} \tag{2-32}$$

用式(2-32)代入式(2-30)得斯笃克斯(Stokes)公式：

$$u=\frac{1}{18}\frac{\rho_s-\rho}{\mu}gd^2 \tag{2-33}$$

式中，μ为水的绝对粘度(g/cm·s)，随水温而变化，水温低μ值大，水温高μ值小。

从式(2-33)可见，当水温一定时，μ与d^2成正比，当d不变而水温变时，u与μ成反比。$Re=0.2$相当于水温为20℃、d为0.06 mm的砂粒，在实用上可取0.1 mm为该式的适用上限，相当于Re约为1。斯笃克斯公式适用的下限可取0.001 mm，因为小于0.001 mm的颗粒具有胶体布朗运动的特性，计算其下沉速度就没意义了。

在层流区水的阻力F_2与颗粒下沉速度u有以下的简单关系：

$$F_2=3\pi\mu ud \tag{2-34}$$

2) 过渡区

指图2-3中$0.2<Re<500$的一段，在这段范围内其关系式为

$$\lambda=\frac{18.5}{Re^{0.6}} \tag{2-35}$$

代入式(2-30)并简化后可得：

$$u^{1.4}=\frac{1}{13.9}\frac{(\rho_s-\rho)gd^{1.6}}{\rho^{0.4}\cdot\mu^{0.6}} \tag{2-36}$$

式(2-36)称过渡区沉淀公式，由此式可见，当水温不变时，颗粒下沉速度u约与d的一次方成正比，不像在层流区那样与直径d的平方成正比。过渡区公式适用的上限约相当于$d=2$ mm的颗粒。

3) 紊流区

指图2-3中$Re>500$的一段，这一区内λ基本上是个常数，已经不是Re的函数：

$$\lambda=0.44 \tag{2-37}$$

代入式(2-30)得：

$$u=1.74\sqrt{\frac{(\rho_s-\rho)gd}{\rho}} \tag{2-38}$$

此式称为牛顿公式。

2.3.2 颗粒在静水中的拥挤沉淀

严格来说，自由沉淀是单个颗粒在无边际的水体中的沉淀。此时颗粒排挤开同体积的水，被排挤的水将以无限小的速度上升。当大量颗粒在有限的水体中下沉时，被排挤的水便有一定的速度，使颗粒所受到的水阻力有所增加，颗粒处于相互干扰状态，此过程称为拥挤沉淀，此时的沉速称为拥挤沉速。

拥挤沉速可用实验方法测定，当水中含沙量很大时，泥沙即处于拥挤沉淀状态，拥挤沉

淀过程中有明显的清水和浑水分界面，称为浑液面或交界面，沉淀过程也就是交界面下缓慢下移的过程，这个现象也称为浓缩，直到泥沙最后完全压实为止。

水中凝聚性颗粒的浓度达到一定数量后亦产生拥挤沉淀。由于凝聚颗粒的比重远小于泥沙的比重，所以凝聚性颗粒从自由沉淀过渡到拥挤沉淀的临界浓度远小于非凝聚性颗粒的临界浓度。

结合图 2-4，对高浊度水的拥剂沉淀过程进行以下分析：把高浊度水注入一只透明的沉淀筒中进行静水沉淀[图 2-4(a)]，沉淀现象见图 2-4(b)。整个沉淀筒中可分为四个区：清水区 A、等浓度区 B、变浓度区 C 及压实区 D。清水区 A 下面的各区可以总称为悬浮物区或污泥区。整个等浓度区中的浓度都是均匀的，这一区内的颗粒大小虽然不同，但由于互相干扰的结果，大的颗粒沉降变慢而小的颗粒沉降却变快了。当最大粒度与最小粒度之比为6∶1以下时，就会出现等速下沉的现象。颗粒等速下沉的结果，在沉淀筒内出现了一个清水区，清水区与等浓度区之间形成一个清晰的交界面(即浑液面)。这个下沉速度代表了颗粒的平均沉降速度。颗粒间的絮凝过程越好，交界面就越清晰，清水区内的悬浮物就越少。紧靠沉淀筒底部的悬浮物很快就被筒底截住，这层被截住的颗粒又反过来干扰上面的颗粒沉淀过程，同时在底部出现一个压实区。压实区内絮凝颗粒有两个特点：一是从压实区的上表面起至筒底上，颗粒沉降速度是逐渐减小的，到筒底为零；二是压实区内颗粒缓慢下沉的过程就是这一区内颗粒缓慢压实的过程。

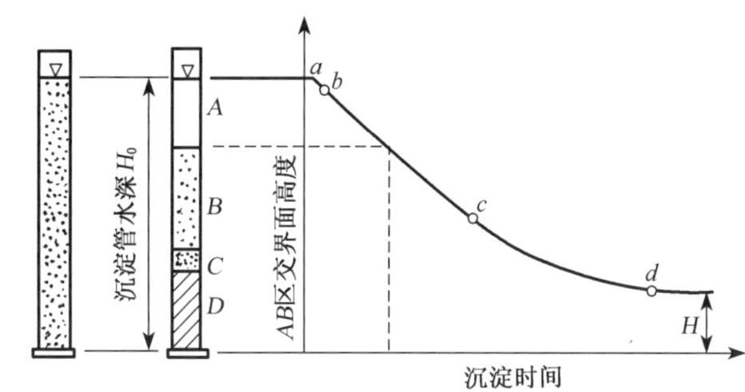

图 2-4　高浊度水的拥剂沉淀过程

在沉淀过程中，清水区和压实区高度均逐渐增加，而等浓度区高度逐渐减小，最后不复存在。变浓度高度开始是基本不变的，但当等浓度区消失后，也就逐渐消失。

如以交界面高度为纵坐标，沉淀时间为横坐标，可得交界面沉降过程曲线如图 2-4(c)所示。曲线 a—b 段为上凸曲线，可解释为颗粒间的凝聚，由于颗粒凝聚变大，使下降速度逐渐变大。b—c 段为直线，表明交界面等速下降。a—b 曲线段一般很短，且有时不甚明显，所以有人认为可以作为 b—c 直线段的延伸。曲线 c—d 段为下凹的曲线，表明交界面下降速度逐渐变小。此时 B 区和 C 区已消失，C 点称为沉降临界点，交界面下的浓度均大于 c。c—d 段表示 B，C，D 三区重合后，沉淀物压实的过程。随着时间的增长，压实变慢，最后压实高度达到 H 为止。

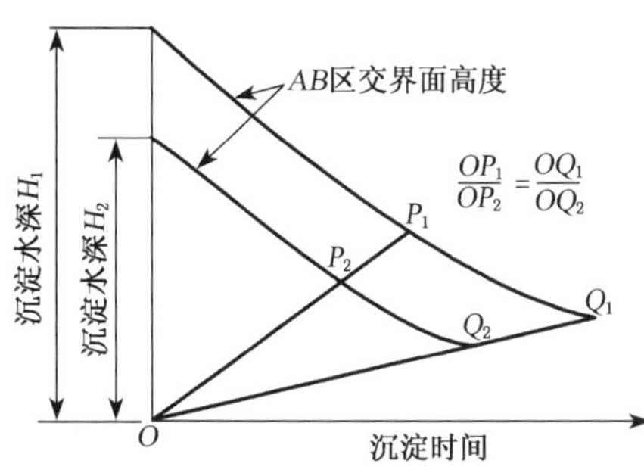

图 2-5　不同沉淀高度的拥剂沉淀过程的相似关系

当取同样的原水，做不同高度 H_1 和 H_2 的沉淀试验时，会发现两个试验的等浓度区浑液面的下沉速度完全相等，把它们的沉淀过程曲线画在同一对坐标轴上，得图 2-5 所示的两条形状相似的曲线，即由坐标的原点 O 作 OP_2P_1 及作 OQ_2Q_1 两条直线，可得到以下的相似关系：

$$\frac{OP_1}{OP_2}=\frac{OQ_1}{OQ_2}$$

这说明当原水浓度相同时，A，B 区交界的浑液面的下沉速度是不变的，但由于沉淀水深高时，最后沉淀物的压实要比沉淀水深低时的压得密实些。由于这种沉淀过程与沉淀高度无关的现象，使有可能用较短的沉淀管作试验，来推测实际沉淀浓缩的沉淀效果。同时说明，当某一沉淀高度的沉淀过程曲线已经知道时，就可以利用上述关系画出任何沉淀高度的沉淀曲线，而不必去做实际的试验。

2.3.3　斜板、斜管沉淀原理

斜板、斜管沉淀是根据浅层(池)沉淀和分格多层沉淀理论而发展来的。它大大地降低了雷诺数 Re，提高了弗劳德数 F_r，在沉淀的过程中使水流在层流状态中进行，大大地提高了沉淀的效率，减少了占地面积。故对斜管(板)沉淀的原理、特点、形式作简要论述。

1. 雷诺数与弗劳德数

1) 雷诺数 Re

水流的紊动性用雷诺数 Re 来判别。该值表示推动水流的惯性力与粘滞力两者之间的对比关系，则式(2-31)成为

$$Re=\frac{vR}{\gamma}=\frac{\text{惯性力}}{\text{粘滞力}} \tag{2-39}$$

式中　v——水平流速(cm/s)；

R——水力半径(cm)；

γ——水的运动粘度(cm^2/s)。

$$R=\frac{BH}{B+2H} \tag{2-40}$$

式中　B——沉淀池宽(cm)；

H——沉淀池高(cm)。

$Re<500$ 为层流状态，$Re>500$ 属于紊流状态。平流沉淀池中水流的 Re 一般为 4 000～15 000，此时水流除水平流速外，尚有上、下、左、右的脉动分速，且伴有小的涡流体，这些情况不利于颗粒的沉淀。

2) 弗劳德数 F_r

水流稳定性以弗劳德数 F_r 来判别，该值反映推动水流的惯性力与重力二者之间的对比关系：

$$F_r=\frac{\text{惯性力}}{\text{重力}}=\frac{v^2}{R\cdot g} \tag{2-41}$$

式中，符号同前。

F_r 数增大，表明惯性力作用相对增加，重力作用相对减小，说明水流的流型朝着稳定的方向发展，故作为判别水流稳定程度的指标。稳定性使水流对温差、密度差异重流、风浪等影响的抵抗能力强，使水在沉淀过程中流态保持稳定。平流沉淀池的弗劳德数平均为 1.63×10^{-5}，低于 3×10^{-5}，故沉淀过程的水流条件是不好的。

2. 斜板斜管沉淀原理

把平流沉淀池按浅池原理改成多层多格，增加了沉淀面积，但无法解决排泥问题，故无

法应用和推广。为此，把多层沉淀池底板做成一定倾斜度，以利排泥，即成了斜板沉淀池。斜板与水平夹角（倾角）一般为60°，放置于池中，水流自下而上流动（也有自上而下，或水平方向流动），沉淀颗粒累积在斜板上到一定程度时，便自动滑下，沉到池底。这样浅池理论获得实际应用。斜板沉淀水流方向示意见图2-6。

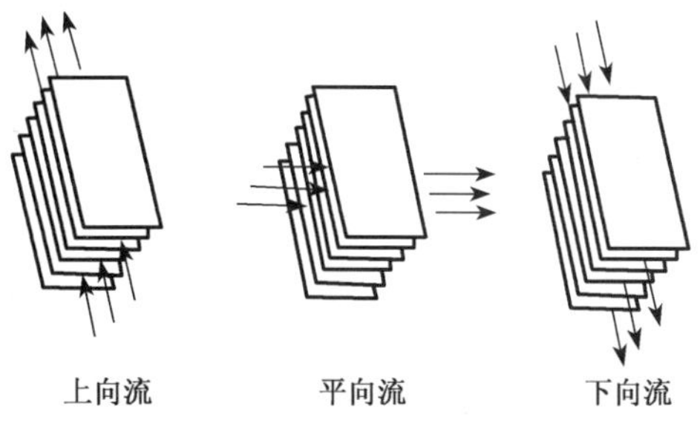

图2-6　斜板沉淀池水流方向示意

斜管沉淀是把斜板沉淀再进行横向分隔，形成管状（矩形、六角形、MWS型、正四边形等）。目前采用六边形的较多较普遍。

从改善沉淀的水力条件来分析，由式(2-39)和式(2-41)可知，减小水力半径R，有利于降低Re值和提高F_r值，由于斜板沉淀使水力半径R值大大减小，从而使雷诺数大幅度降低，而弗劳德数大幅度提高。而斜管沉淀是把斜板沉淀进行再分隔，使水力半径R值更小。在斜板沉淀中水流基本上属层流状态，而斜管沉淀的雷诺数Re值多在200以下，甚至低于100。斜板沉淀的F_r数一般在10^{-3}～10^{-4}，斜管的F_r数更大。因此，斜板斜管沉淀满足了水流的稳定性和层流要求，而斜管沉淀比斜板更好。

图2-7为斜管沉淀池的一个布置实例，采用的为六角蜂窝状斜管（内切圆直径为25 mm）。斜管与水平倾角为60°，放置在沉淀池中。原水经加药、混合、反应后从反应池出水进入斜管沉淀池下部。水流自下向上流动，清水在池顶用穿孔集水管收集后流入过滤池；污泥在池底也用穿孔排泥管收集，排入污泥池。

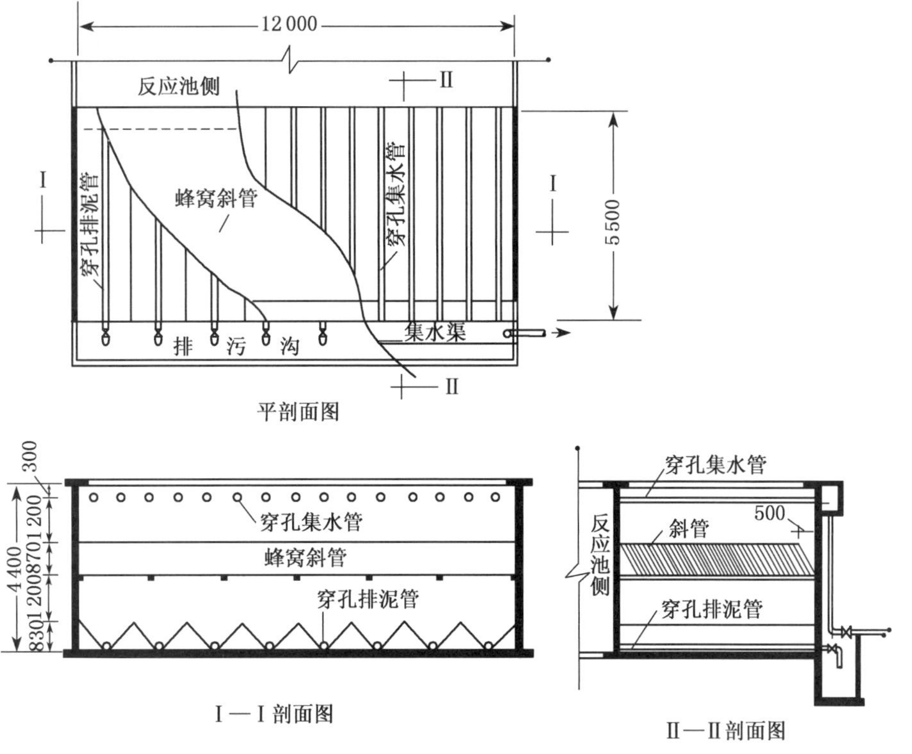

图2-7　斜管沉淀池布置图

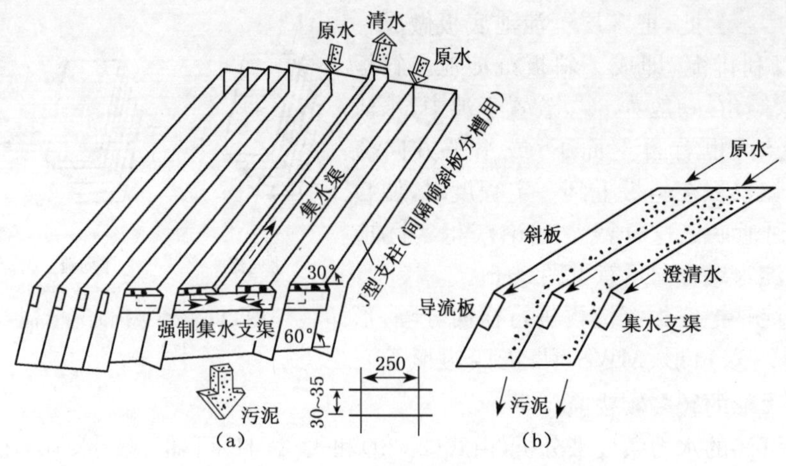

图 2-8　下向流沉淀池构造

斜板斜管沉淀按水流流向，可分为上向流、平向流、下向流三种，见图2-6。上向流的水流方向与沉泥下滑方向相反，称为异向流，斜管沉淀均属异向流。下向流的水流方向与沉泥下滑方向相同，称为同向流。下向流斜板沉淀由两种不同倾斜角度的矩形管组成(图 2-8)。在不同角度的斜板连接处设有强制集水装置，清水经集水支渠、集水池流出。与异向流相比，同向流构造复杂，容易堵塞。相对来说，同向流采用较少。

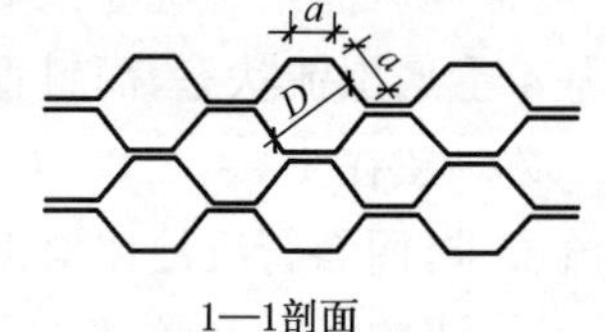

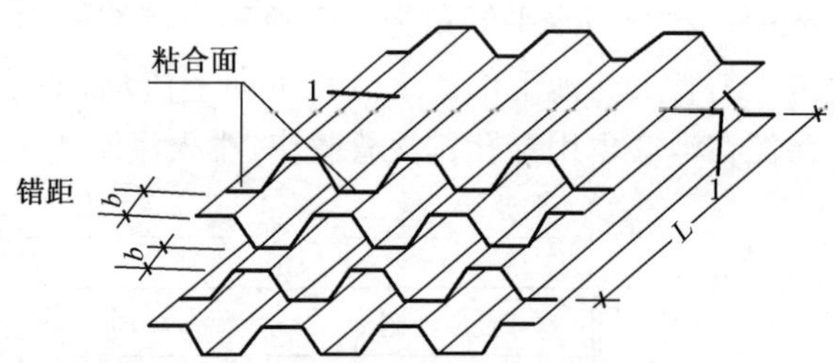

图 2-9　塑料片正六角形斜管粘合示意

斜管一般做成正六角形，内切圆直径为 25 mm，倾角为 60°，浸渍纸质蜂窝斜管质地较脆，经不起碰撞。薄玻璃钢片、薄塑料板制成的蜂窝斜管强度较高，占用结构面积较少，重量较轻，支承较为简单。薄塑料板一般用厚为 0.4 mm 左右的硬聚氯乙烯片，热轧成半六角形，然后粘合，其粘合方法和规格如图 2-9 所示。

2.3.4　水的澄清

上述是把絮凝和沉淀当作两个过程对待的，即水中脱稳杂质通过碰撞结合成相当大的絮凝体，然后在沉淀过程中去除。澄清是将两个过程综合于一个构筑物(澄清池)中完成，主要是依靠活性泥渣层达到澄清目的。这种把泥渣层作为接触介质的净水过程，实质上也是絮凝过程，一般称为接触絮凝。在絮凝的同时，杂质从水中分离出来，使水得到澄清后在澄清池上部被收集。

在水的澄清过程中，不断地形成新的活性污泥，同时不断地排除多余的陈旧污泥，使污泥层始终处于新陈代谢状态中，因而使泥渣层始终保持接触絮凝的活性。

澄清池基本上可分为泥渣悬浮型澄清池和泥渣循环型澄清池两大类。属前者的有悬浮澄清池、脉冲澄清池等，属后者的有机械搅拌(加速)澄清池、水力循环澄清池等。

图 2-10 为悬浮澄清池透视图，图2-11为悬浮澄清池流程示意图。泥渣悬浮型澄清池的工作情况是：加药后的原水由下向上通过处于悬浮状态的泥渣层，水中杂质有充分机会与泥渣悬浮层的颗粒碰撞凝聚。泥渣悬浮层中的颗粒由于拦截随水进入的杂质颗粒而不断变大，颗粒沉速不断提高，从而可提高水流上升流速或产水量。悬浮澄清池、脉冲澄清池属于此类。

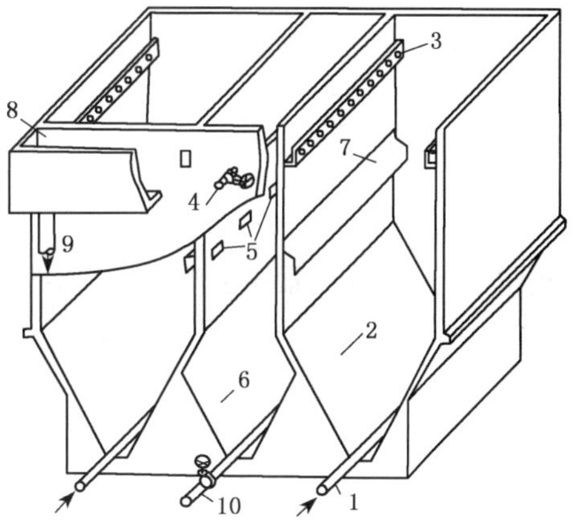

图 2-12 为水力循环澄清池示意图。泥渣循环型澄清池的工作情况是：泥渣在一定范围内循环利用。在循环过程中，活性泥渣不断与原水中脱稳微粒进行接触絮凝作用，使杂质颗粒从水中分离出去。机械加速澄清池、水力循环澄清池属于此类。关于脉冲澄清池、机械搅拌澄清池等这里不详述，需要时可见《给水排水设计手册》第三册。预处理水量一般较小，采用设备化处理相对较多。

1—穿孔配水管；2—泥渣悬浮层；3—穿孔集水槽；4—强制出水管；5—排泥窗口；6—泥渣浓缩室；7—挡板；8—集水总槽；9—出水管；10—排泥管

图 2-10　悬浮澄清池透视图

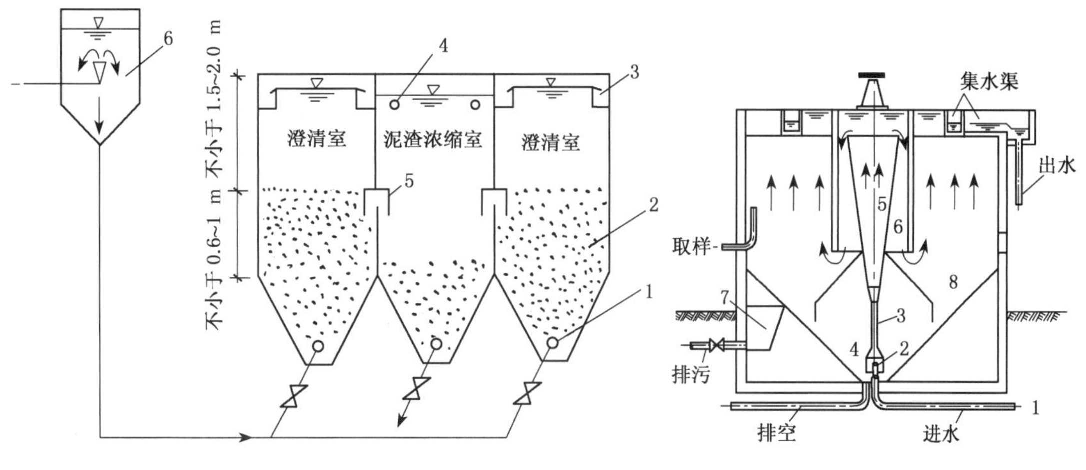

1—穿孔配水管；2—泥渣悬浮层；3—穿孔集水槽；4—强制出水管；5—排泥窗口；6—气水分离层

图 2-11　悬浮澄清池流程

1—进水管；2—喷嘴；3—喉管；4—喇叭口；5—第一反应室；6—第二反应室；7—泥渣浓缩室；8—分离室

图 2-12　水力循环澄清池示意

2.3.5　气浮净水原理

气浮与沉淀相反，沉淀是絮凝颗粒靠重力下沉而去除；气浮是把絮凝颗粒附着在微气泡中，靠比重小于水而上浮去除。“浮”与“沉”是相反的两种方法，但目的完全相同，均是去除水中凝聚杂质，使水得到净化。

气浮法净水的关键是设法在水中融入或产生大量的微细气泡，使其粘附于杂质颗粒上，造成整体比重小于水，依靠浮力上浮至水面，达到固液分离。气浮净水的加药、混和、粘附气泡等是十分复杂的物理化学过程，但关键是产生大量的微细气泡。

1. 上浮速度

粘附气泡的絮粒在水中上浮时，它受到重力 F_1、浮力 F_2 和阻力 F_3 的三种力的影响。按牛顿第二定律导出的絮粒上浮速度为

$$m\frac{\mathrm{d}v}{\mathrm{d}t}=F_2-F_1-F_3 \tag{2-42}$$

式中 v——带气絮粒上浮速度(cm/s)；

m——带气絮粒质量(g)；

t——时间(s)。

重力 F_1 的表达式为

$$F_1=\rho_1 gV \tag{2-43}$$

式中 ρ_1——带气絮粒密度(g/cm^3)；

V——带气絮粒体积(cm^3)；

g——重力加速度(981 cm/s^2)。

浮力 F_2 的表达式为

$$F_2=\rho_2 gV \tag{2-44}$$

式中，ρ_2 为水的密度(g/cm^3)。

阻力 F_3 与水的流态有关，在牛顿阻力平方区(雷诺数 Re=1 000～250 000)时，F_3 为

$$F_3=\frac{CA\,\rho_2 v^2}{2} \tag{2-45}$$

式中 C——阻力系数；

A——在水流方向带气絮粒的投影面积(cm^2)。

将 F_1，F_2，F_3 代入式(2-42)得：

$$m\frac{\mathrm{d}v}{\mathrm{d}t}=\rho_2 gV-\frac{CA\,\rho_2 v^2}{2}-\rho_1 gV \tag{2-46}$$

在开始的瞬时后，絮粒即以匀速运动上浮，加速度 $\mathrm{d}v/\mathrm{d}t=0$，则可求得上浮絮粒的速度为

$$v=\sqrt{\frac{2g(\rho_2-\rho_1)}{C\rho_2}\,\frac{V}{A}} \tag{2-47}$$

设带气絮粒为球，直径为 d(cm)，则 $V/A=2d/3$，球形絮粒的 C 值约为 4，得牛顿公式为

$$v=1.83\sqrt{\frac{\rho_2-\rho_1}{\rho_2}\cdot gd} \tag{2-48}$$

斯托克斯提出层流($Re<1$)时的 F_3 为

$$F_3=3\pi\mu\mathrm{d}v \tag{2-49}$$

式中，μ 为动力粘滞系数[g/(cm·s)]。

则将式(2-43)、式(2-44)、式(2-49)代入式(2-42)，又因 $V=\pi d^3/6$，得斯托克斯的絮粒上浮速度为

$$v=\frac{g}{18\mu}(\rho_2-\rho_1)d^2 \tag{2-50}$$

牛顿公式和斯托克斯公式分别适用紊流和层流两种情况，阿伦提出了适用于 $Re=10\sim 1\,000$ 的过渡区上浮速度公式为

$$v=0.22\left(\frac{\rho_2-\rho_1}{\rho_2}\right)^{2/3}\frac{d}{\gamma^{1/3}} \tag{2-51}$$

式中，γ 为运动粘滞系数(cm^2/s)。

以上式(2-48)、式(2-50)、式(2-51)，均表明带气絮粒的上浮速度 v 取决于水与带气絮粒的密度差、带气絮粒的直径 d 及水的流态。絮粒上粘附的微气泡数量越多，则带气絮粒的密度 ρ_1 越小，而特征直径(d)则越大，两者都有利于上浮速度。

因空气的密度只有水的 1/775，故粘附了一定数量的微气泡的絮粒，其上浮速度要比原絮粒的下沉速度快，故气浮法比沉淀法的固、液分离时间短得多。

2. 气泡的特性

液体均具有表面张力，它是液体表面层中大量分子的作用的表现。表面张力 T 的大小正比于表面层的长度 l，即：

$$T=\alpha\cdot l \qquad \alpha=T/l \tag{2-52}$$

式中　α——表面张力系数(达因/cm)；

T——表面张力(达因)；

l——表面层长度(cm)。

未溶解空气在水中受到水分子引力作用而在二相界面处产生表面张力，而产生表面张力的这一薄层水分子，构成了气泡的膜。膜的曲面，由于表面张力而对气泡内空气产生附加压强 P_s，为平衡这个附加压强，气泡内空气压强 P 必须大于气泡外压强 P_0，即 $P=P_0+P_s$，附加压强的大小与表面张力系数 α 成正比，而与气泡半径成反比：

$$P_s=\frac{2\alpha}{r}\ (\text{达因}/cm^2) \tag{2-53}$$

附加压强是在气泡形成后产生的。从式(2-53)可看出：

(1) 气泡半径越小，泡内所受附加压强越大，空气分子对气泡膜的碰撞也越剧烈。因此要获得稳定的微细气泡，就要有足够牢度的气泡膜。水中存在高分子长链物质，有助于增强气泡的牢度。

(2) 在附加压强 P_s 不变情况下，如能降低表面张力系数 α，则气泡半径 r 可以进一步缩小。由于气泡小，浮速小，对水体的扰动也小，因此，不易撞碎絮粒。气泡越小，同体积的空气形成的气泡数也越多，因此，气泡与絮粒碰撞粘附的机会也越多。投加表面活性剂，可以降低水的表面张力系数，从而进一步缩小气泡尺寸。

(3) 如果水中增加了溶解性无机盐，则会使表面张力系数提高，结果，相同半径的气泡，因附加压强增大而使气泡容易破裂或并大。

固体、液体和气体的接触界面都有界面能。水中的气泡粉碎得越细，它们的比表面也就越大，具有的自由界面能也就越多，越显出热力学的不稳定性。因此，它们具有吸附水中物质，特别是吸附性能强的或憎水性好的物质，而降低其表面能的趋势。

3. 絮粒的特性

在水的絮凝体沉淀中，已较详细地陈述了水中杂质在加药、混合、降低 ζ 电位、胶体颗粒的脱稳及絮凝成"矾花"而沉淀去除。气浮使用的基本也均为铝盐、铁盐，形成"矾花"的过程和特性也基本相同，故这个过程不再重述。

在气浮中，对于相同的絮粒，若粘附的脱稳胶粒越多，则其密实性和容重越大，气浮时要求粘附的微气泡数也越多。

相同的絮粒，若粘附的脱稳胶粒越多，则剩余的憎水基团越少，相对地其憎水性能也越差；反之剩余憎水基团越多，则粘附力越强，粘附的气泡数越多、越牢，因而在气浮时，带气絮粒的上浮性能也越好。

4. 气泡与絮粒的粘附

憎水性强的杂质可以直接与水中的气泡粘附，胶体必须脱稳并凝聚成絮粒后才能与气泡粘附。气泡与絮粒的粘附主要由以下三个因素综合作用的结果。

1）气泡与絮粒的碰撞粘附作用

因絮粒与微气泡都带有一定的憎水性能，比表面又都很大，并且都有过剩的自由界面能，因此，它们都有相互吸附而降低各自表面能的倾向。在一定的水力条件下，具有足够动能的微气泡和絮粒相互撞击时，彼此挤开对方结合力较弱的外层水膜而靠近，当排列有序的气泡内层水膜碰到絮粒的剩余憎水基团（包括活性较大的脱稳胶粒）时，相互间通过范德华引力而粘附。絮粒与汽泡碰撞后实现多点粘附，粘附点越多，粘附越牢。为此，絮粒的尺寸不能太小，剩余憎水基团不能太少，否则在上浮过程中，气泡易与絮粒脱离而影响气浮净水效果。

2）絮粒的网捕、包卷和架桥作用

网捕、包卷、架桥作用，絮粒可将微气泡包围在中间，可用以下三种情况说明：

（1）动能较大的微气泡撞进大絮粒网络结构的凹槽内，被游动的絮粒所包卷。

（2）两絮粒互撞结大时，将游离在中间的自由气泡网捕进去。

（3）已粘附着气泡的絮粒之间互撞时，通过絮粒、气泡或二者的吸附架桥而结大，成为夹泡性带气絮粒。

3）表面活性剂参与作用

水中存在表面活性剂时，会影响絮粒的憎水性能及微气泡的大小、数量和牢度。当表面活性剂的剂量适中时，絮粒的附加憎水基团增加，憎水性能得以加强，从而能提高气泡的粘附牢度及数量，使原先附不牢的带气絮粒因粘附性能的改善而得以去除，并因此提高了气浮净水的效果。但如果表面活性剂过量，则在水中会形成大量的胶束。这些胶束是亲水性胶团，它能稳定地存在于水中。

这些胶束如果粘附在絮粒的亲水基团上，会使絮粒的亲水性能增强。同时，大量游离的表面活性剂粘附到絮粒的憎水基团上，亦使絮粒的附加亲水性大为增加；另一方面，由于气泡周围粘附了大量的表面活性剂而使气泡变为亲水性，在它的外围还有可能被表面活性剂所形成的胶束所包围。因胶束是非常稳定的体系，因此，它们相互之间不能粘附，这样，气泡就无法将絮粒粘附上浮，致使气浮净水的效果显著降低。

5. 共聚作用

微絮粒与微气泡的碰撞粘附，在上浮过程中因速度梯度而引起继续聚大，这种由微气泡直接参与凝聚而和絮粒共聚并大的过程简称为“共聚”。“共聚”作用可简化气浮净水工艺和节省混凝剂，具有实用性。

气泡与絮粒的粘附有三种方式：一是单气泡粘附单絮粒；二是气泡粘附在絮粒周围；三是气泡粘附在絮粒中间和周围。这三种粘附方式在气浮净水中均存在，但各自所占比例不同，这与微气泡和絮粒的各自特性、尺寸、数量及水流流态等因素有关。第三种粘附方式充分发挥了共聚作用，最为理想。因为气泡夹在絮粒中间，既充分发挥了气泡的凝聚作用，又牢固地把气泡粘附在絮粒上，从而使带气絮粒不仅在上浮过程中稳定，而且成为浮渣后也不轻易下沉。

为创造共聚条件，原水加药后，采取快速混合和中速反应（不用慢速反应），历时约3 min，使形成的微絮粒的当量直径（以平面积当作圆形面积求出的直径 d）大致等于微气泡直径20～50 μm。在这样条件下经共聚后，夹气絮粒在100 μm以上。这种共聚作用产生的良好气浮，称为“共聚气浮”。而把反应完善（一般混和与慢速反应20～30 min）、絮粒已结大（当量直径约500 μm以上）、气泡主要粘附在絮粒周围的气浮，称为“常规气浮”，以资区别。

共聚气浮形成的夹气絮粒具有稳定性好，受风雨影响小，所需要混合反应时间短等优特点，因此，应进一步改善共聚作用，主要为以下方面。

(1) 正确地选择混合反应所需的 GT 值。使形成的絮粒尺寸既满足微气泡有效吸附范围，又尽量保持尺寸均匀和数量多，从而提高气泡和絮粒的有效碰撞率。

(2) 设法改善释放器的释气性能，进一步减小气泡尺寸，其目的是：

① 提高气泡和絮粒的碰撞率和延长接触时间。

② 在相等释气量时，可大大增加微气泡数量，从而具有更多的自由界面能而增加气泡的吸附性能。

③ 气泡越小，越易进入絮粒凹槽或被絮粒网捕、包卷而成稳定的共聚絮粒。

④ 小气泡有利于粘附小絮粒，从而减少出水中的剩余小絮粒，达到进一步改善水质的目的。

(3) 投加表面活性剂，目的是：

① 降低水的表面张力，使气泡尺寸缩小；同时借助长链分子的韧性提高气泡膜牢度。

② 增强絮粒和气泡的憎水性，提高它们的吸附架桥性能。

(4) 将一次投加释气水改为两次投加，先在反应时投加部分释气水，反应结束后再加入其余部分释气水。这样可在反应阶段微絮粒刚形成时，因微气泡加入而增加碰撞机率与加快凝聚速度。采用此法时，须注意选择合适的 GT 值和两次释气水投加量的比例。应避免造成气泡自身碰撞变大以及反应期产生的带气絮粒在反应中就上浮至水面的情况。

(5) 为增加初生带气絮粒间的碰撞机率，要求延长它们在气浮接触室中的接触时间。

2.4 过滤工艺

2.4.1 过滤与吸附概述

过滤一般是指以石英砂等为滤料的粒状过滤层进一步截留水中微小的悬浮杂质，从而使水在沉淀、澄清或气浮的基础上进一步澄清的工艺过程，使水质达到《生活饮用水卫生标准》(GB 5749—2006)或工业给水预处理要求。在净化工艺中,根据原水水质的不同,有时沉淀或澄清可以省去,但过滤是必不可缺少的。

按不同的滤料有多种过滤方式,如石英砂过滤、无烟煤过滤、活性炭吸附过滤、硅藻土涂膜过滤、微滤机过滤等;为充分发挥滤料层截留杂质,按滤料粒径循水流方向减小来分,除单层石英砂滤料滤池之外,有双层滤料、多层滤料滤池、向上流和双向流滤池等;从减少滤池阀门便于操作管理来分,有虹吸滤池、无阀滤池、单阀滤池、双阀滤池、移动冲洗罩滤池、V 型滤池、水力自动冲洗滤池等。

上述各种滤池,其滤料和滤池形式虽不相同,但过滤原理都是一样的,基本工作过程也是相同的,主要是过滤与冲洗两个过程,并交错进行。为说清楚这两个过程,按图 2-13 常用的普通快滤池为例来加以说明。

1. 过滤

过滤的过程是把水变清的过程,即截住水中微小杂质的过程。但截留杂质逐渐增加时,滤速也逐渐减小(指变速过滤),产水量降低,故到时要进行反冲洗,把截留杂质冲洗干净后,再进行过滤,循环往复进行。

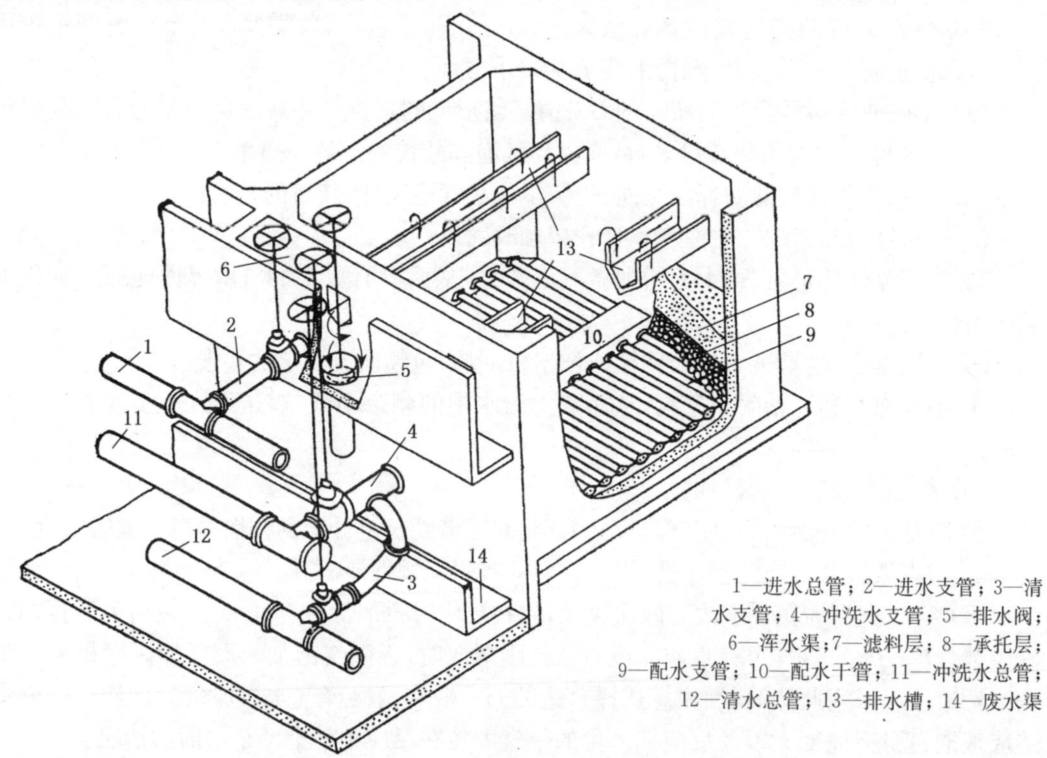

1—进水总管;2—进水支管;3—清水支管;4—冲洗水支管;5—排水阀;6—浑水渠;7—滤料层;8—承托层;9—配水支管;10—配水干管;11—冲洗水总管;12—清水总管;13—排水槽;14—废水渠

图 2-13 普通快滤池构造剖视图(箭头表示冲洗时水流方向)

按图 2-13 所示,过滤时开启进水支管 2 和清水支管 3 的阀门。关闭冲洗水支管 4 阀门与排水阀门 5。浑水经进水总管 1、支管 2,再经浑水渠道 6 而进入滤池。浑水经过滤料层 7 过滤、再经承托层 8 后,由配水系统的配水支管 9 汇集起来再经配水系统干管 10、清水支管 3、清水总管 12 后流入清水池。过滤过程中,随着滤层截留杂质量的逐渐增加,滤层水头损失也相应增加。当水头损失增加到一定程度致使滤池产水量锐减,或由于滤后水水质不合要求时,则滤池便停止过滤进行冲洗。

2. 冲洗

冲洗的水流方向与过滤时的水流方向相反，故也称反冲洗。冲洗时，按图2-13先关闭进水支管2和清水支管3阀门。开启排水阀5与冲洗水支管4阀门。冲洗水来自水塔冲洗水箱或清水池，由冲洗水总管11经支管4，再经配水系统干管、支管及支管上的许多孔眼流出，由下而上穿过承托层及滤料层，均匀地分布于整个滤池平面上。滤料在自下而上均匀分布的水流作用下处于悬浮状态，在互相碰撞、摩擦中得到清洗。冲洗废水流入排水槽13，再经浑水渠6、排水管和废水渠14排入污泥池或污泥浓缩池。冲洗一直进行到滤料洗干净为止。冲洗结束后，过滤重新开始。从过滤开始到冲洗结束这段时间称为滤池的一个工作周期；从过滤开始到过滤结束称为过滤周期。

3. 滤速

滤池产水量的大小决定于滤速(m/h)，滤速相当于滤池负荷。滤池负荷以单位时间、单位过滤面积上的过滤水量计，单位为 $m^3/(m^2 \cdot h)$。当进水浊度小于15度时(目前沉淀池的出水一般均小于5度)，单层砂滤池的滤速8～10 m/h，双层滤料滤速10～14 m/h，多层滤料滤速一般采用18～20 m/h。

在过滤过程中，滤速保持不变的称为“等速过滤”，如无阀滤池，在过滤过程中，以上升水位来平衡过滤水头的增加，使滤速保持不变。在过滤过程中，滤速随滤层阻力的增加而减小的称为“变速过滤”，普通快滤池等通用滤池均为变速过滤。滤池工作周期直接影响产水量，因工作周期的长短涉及滤池实际工作时间及冲洗水量的消耗。周期过短，滤池日产水量减少。一般工作周期为12～24 h，视进滤池水的浊度而定。在保证滤后水水质的前提下，应设法提高滤速和延长工作周期。

2.4.2　过滤机理

首先以单层砂滤池为例来讨论过滤机理。滤料粒径通常为0.5～1.2 mm，滤层厚度一般为70 cm。经反冲洗水力分选后，滤料粒径自上而下按由细到粗依次排列。滤层中孔隙尺寸也因此由上而下逐渐增大。设表层细砂粒径为0.5 mm，以球体计，滤料颗粒之间的孔隙尺寸约80 μm。但是，进入滤池的悬浮物颗粒尺寸大部分小于30 μm，仍然能被滤层截留下来，而且在滤层深处(粒径大于80 μm)也会被截留，说明过滤显然不是机械筛滤作用的结果。经过众多学者研究，认为过滤主要是悬浮颗粒与滤料之间粘附作用的结果。

水流中的悬浮颗粒能够粘附于滤料颗粒表面上，涉及两个问题：一是被水流夹带的颗粒如何与滤料颗粒表面接近或接触，这就涉及颗粒脱离水流流线而向滤料颗粒表面靠近的迁移机理；二是当颗粒与滤粒表面接触或接近时，依靠哪些力的作用使它们粘附于滤粒表面上，这就涉及粘附机理。

1. 迁移机理

在过滤过程中，滤层孔隙中的水流一般属层状态。被水流挟带的颗粒将随着水流流线运动。它所以会脱离流线而与滤粒表面接近，完全是一种物理—力学作用。一般认为由拦截、沉淀、惯性、扩散和水动力等几种作用引起，见颗粒迁移机理示意图2-14。颗粒尺寸较大时，处于流线中的颗粒会

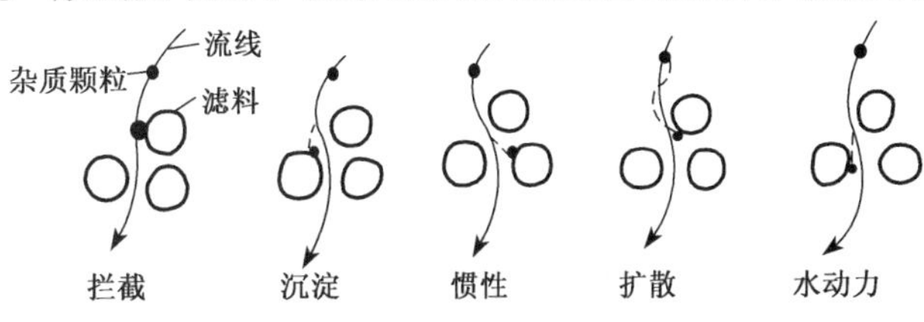

图2-14　颗粒迁移机理示意

直接碰到滤料表面产生拦截作用；颗粒沉速较大时会在重力作用下脱离流线，产生沉淀作用；颗粒具有较大惯性时也可以脱离流线与滤料接触（惯性作用）；颗粒较小、布朗运动较剧烈时会扩散至滤粒表面（扩散作用）；在滤粒表面附近存在速度梯度，非球体颗粒由于在速度梯度作用下，会产生转动而脱离流线与颗粒表面接触（水动力作用）。对于上述迁移机理，目前只能定性地描述，其相对作用大小尚无法定量估算。虽然也有某些数学模式，但还不能解决实际问题。可能几种机理同时存在，也可能只有其中某些机理起作用。如进入滤池的凝聚颗粒尺寸一般较大，扩散作用几乎无足轻重。这些迁移机理所受影响因素较复杂，如滤料尺寸、形状、滤速、水温、水中颗粒尺寸、形状和密度等。

2. 粘附机理

粘附作用是一种物理化学作用。当水中颗粒迁移到滤粒表面上时，在范德华引力和静电力相互作用下，以及某些化学键和某些特殊的化学吸附力下，被粘附于滤料颗粒表面上，或者粘附在滤粒表面上原先粘附的颗粒上。此外，某些絮凝颗粒的架桥作用也会存在。粘附过程与澄清池中的泥渣所起的粘附作用基本类似，不同的是滤料作为固定介质，排列紧密，效果更好。因此，粘附作用主要决定于滤料和水中颗粒的表面物理化学性质。未经脱稳的悬浮物颗粒，过滤效果很差，这就是证明。基于这一概念，过滤效果主要取决于颗粒表面性质无须增大颗粒尺寸。相反，如果悬浮颗粒尺寸过大而形成机械筛滤作用，反而会引起表层滤料孔隙很快堵塞。不过，在整个过滤过程中，特别是过滤后期，由于滤层中孔隙尺寸逐渐减小，表层滤料的筛滤作用也不能完全排除，但这种现象在快滤中并不希望发生。

粘附力的来源、其相对数值及作用范围至今仍在研究中。

3. 剪力的影响

在颗粒粘附的同时，还存在因孔隙中水流剪力作用而导致颗粒从滤料表面上脱落趋势。粘附力与水流剪力的相对大小，决定了颗粒粘附和脱落的程度。图2-15为颗粒粘附力和平均水流剪力示意图。图中，F_{a1}表示颗粒 1 与滤料表面的粘附力；F_{a2}表示颗粒 2 与颗粒 1 之间的粘附力；F_{s1}表示颗粒 1 受到的平均水流剪力；F_{s2}表示颗粒 2 所受到的平均水流剪力。过滤初期，滤料较干净，孔隙率较大，孔隙流速较小，水流剪力较小，因而粘附作用占优势。随着过滤时间的延长，滤层中杂质逐渐增多，孔隙率逐渐减小，水流剪力逐渐增大，以至最后粘附上的颗粒（图2-15中的颗粒 3）将首先被脱落下来，或者水流挟带的后续颗粒不再有粘附现象，于是，悬浮颗粒便向下层推移，下层滤料截留作用渐次得到发挥。

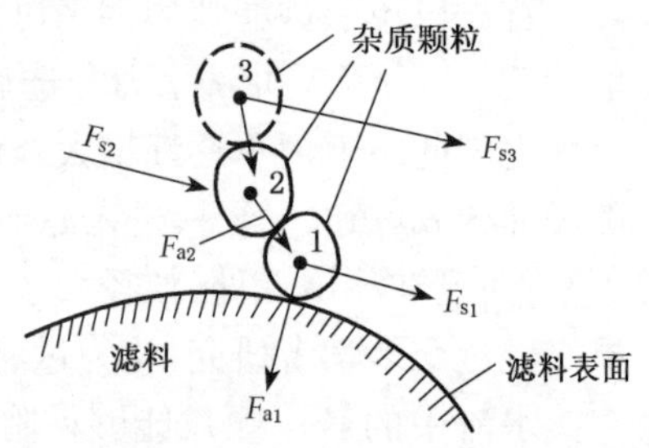

图 2-15　颗粒粘附力和脱附力示意

然而，在实践中滤层下层滤料截留悬浮颗粒作用远未得到充分发挥时，过滤就得停止。原因是表层滤料粒径最小，粘附表面积最大，截留悬浮颗粒量最多，而孔隙尺寸又最小，因而过滤一定时间后，表层滤料间孔隙将逐渐被堵塞，甚至产生筛滤作用而形成泥膜，使过滤阻力剧增。造成在一定过滤水头下滤速剧减。或在一定滤速下水头损失达到极限值，或者因滤层表面受力不均匀而使泥膜产生裂缝时，大量水流将从裂缝中流出，以致悬浮杂质穿过滤层而使出水水质恶化。当上述两种情况之一出现时，过滤将被迫停止。过滤周期结束后，滤层中所截留的悬浮颗粒量在深层深度方向变化很大，见图 2-16。图中截污量系指单位体积滤层中所截留的杂质量。

在过滤过程中，滤层中悬浮颗粒截留量随着过滤时间和滤层深度而变化的规律，以及由此而导致的水头损失变化规律，试图用数学模式加以描述，并提出了多种过滤方程，但由于影响过滤的因素太多太复杂，使不同研究者所提出的过滤方程往往差异很大，故在目前的设计和操作中，仍采用实验或经验确定。

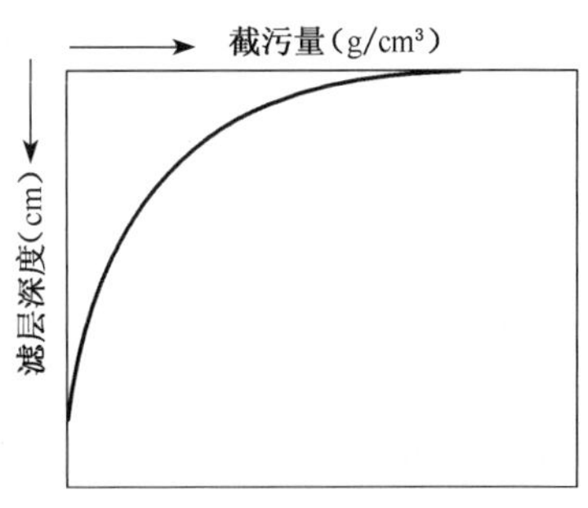

图 2-16　滤层中截污量变化

2.4.3　过滤水力学

滤层在过滤中悬浮颗粒的量不断增加，必导致过滤水力条件的改变。过滤水力学阐述的是水流通过滤层的水头损失变化及滤速变化。

1. 清洁滤层水头损失

初始过滤时，滤层是干净的，水流通过干净滤层的水头损失称为“清洁滤层水头损失”或称“起始水头损失”。砂滤池的流速在 8～10 m/h 时，该水头损失仅30～40 cm。

在通常的滤速范围内，清洁滤层中的水流属层流状态，其水头损失按卡曼—康采尼(Carman-Kozemy)计算公式为

$$h_0 = 180\frac{\gamma}{g}\frac{(1-m_0)^2}{m_0^3}\left(\frac{1}{\varphi d_0}\right)^2 l_0 v \tag{2-54}$$

式中　h_0——水流通过清洁滤层的水头损失(cm)；

γ——水的运动粘度(cm^2/s)；

g——重力加速度($981\ cm/s^2$)；

m_0——滤料孔隙率；

d_0——与滤料体积相同的球体直径(cm)；

l_0——滤层深度(cm)；

v——滤速(cm/s)；

φ——滤料颗粒球度系数(一般采用 0.75～0.8)。

实际滤层是非均匀滤料，计算非均匀滤料层水头损失可按筛分曲线分成若干层，取相邻两筛子的筛孔孔径平均值作为各层的计算粒径，则各层水头损失之和即为整个滤层的总水头损失。设粒径为 d_i 的滤料重量占全部重量之比为 p_i，则清洁滤层的总水头损失为

$$H_0 = \sum h_0 = 180\frac{\gamma}{g}\frac{(1-m_0)^2}{m_0^3}\left(\frac{1}{\varphi}\right)^2 l_0 v\sum_{i=1}^{n}\left(\frac{p_i}{d_i^2}\right) \tag{2-55}$$

分层数 n 愈多，计算精确度越高。

计算清洁滤层水头损失亦可采用欧根(Ergun)公式：

$$h = \frac{150\gamma}{g}\frac{(1-m_0)^2}{m_0^3}\left(\frac{1}{\varphi d_0}\right)^2 L_0 v + 1.75\frac{1}{g\varphi d_0}\frac{(1-m_0)}{m_0^3}l_0 v^2 \tag{2-56}$$

式中　m_0——滤层孔隙率；

l_0——滤层厚度(cm)；

d_0——滤料同体积球体直径(cm)；

φ——滤料球度系数；

v——滤速或反冲洗流速(cm/s)；

h——水头损失(cm)；

γ——水的运动粘度(cm^2/s)；

g——重力加速度(981 cm/s^2)。

式(2-56)适用于层流区、过渡区及紊流区，更适合用于计算滤池反冲洗水头损失。

随着过滤时间的延长，滤层中截流的悬浮物量逐渐增多，滤层孔隙率逐渐减小。由式(2-55)可知，当滤料粒径、形状、滤层级配和厚度、水温已定时，如果孔隙率减小，在水头损失保持不变的条件下，必引起滤速的减小。反之，在滤速保持不变时，则引起水头损失的增加。于是产生了等速过滤和变速过滤两种过滤方式。

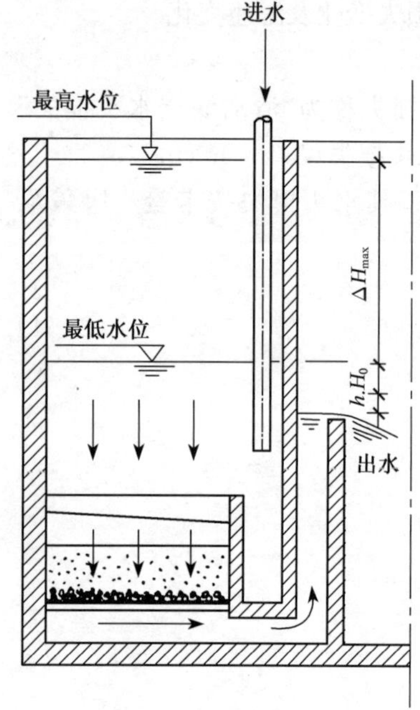

图 2-17　等速过滤

2. 等速过滤中的水头损失变化

当滤池进、出水量保持不变，即过滤速度保持不变时，称为"等速过滤"。属等速过滤的有虹吸滤池、无阀滤池等。在等速过滤状态下，水头损失随过滤时间的进展而逐渐增加，滤池中的水位随之逐渐上升，如图 2-17 所示。当水位上升到设计最高允许水位时，过滤停止进入滤池反冲洗。

冲洗后滤池刚开始过滤时，滤层水头损失为 H_0。当过滤时间为 t 时，滤层中的水头损失增加 ΔH_t，此时滤层中的总水头损失为

$$H_t = H_0 + h + \Delta H_t \tag{2-57}$$

式中　H_0——清洁滤层水头损失(m)；

h——配水系统、承托层及管(渠)路水头损失之和(m)；

ΔH_t——在时间为 t 时的水头损失增值(m)。

H_0 和 h 在整个过滤过程中其值保持不变。ΔH_t 值随时间 t 的增加而增大，ΔH_t 与时间 t 的关系，实际上反映了滤层截留杂质量与过滤时间的关系，亦即滤层孔隙率的变化与时间。根据实验，ΔH_t 与 t 呈直线关系，如图 2-18 所示。图中，H_{max}为水头损失增值达到最大时的过滤水头损失，设计采用的此值一般为 1.5～2.0 m；T 为过滤周期。如果不出现滤后水水质恶化等状况，则过滤周期不仅决定于最大允许水头损失值，还与滤速有关。设滤速 $v'>v$，同时 $H_0'>H_0$，在同一个单位时间内被截留的杂质量较多，故水头损失增加也较快，即 $\tan\alpha'>\tan\alpha$，因而，过滤周期 $T'<T$。这里未考虑配水系统、承托层及管(渠)等水头损

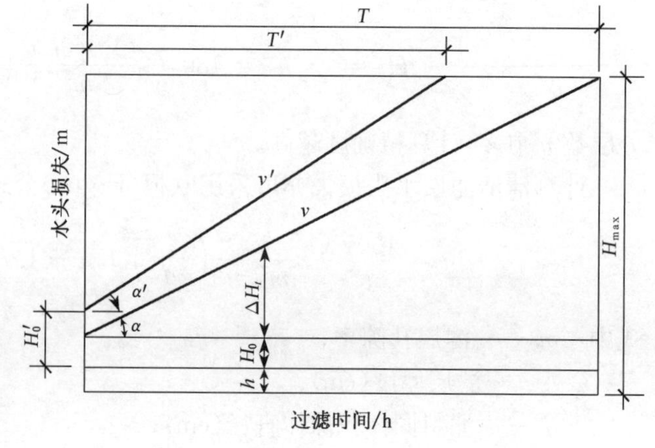

图 2-18　水头损失与过滤时间关系

失的微小变化。

上述仅讨论整个滤层水头损失的变化情况。至于由上而下逐层滤料的水头损失变化情况就比较复杂，鉴于上层滤料截污量多，愈往下层截污量愈少，因而水头损失增值也由上而下逐渐减小。如果图 2-17 中出水堰口低于滤料层，则各层滤料水头损失的不均匀有时会导致某一深度出现负水头现象。

3. 变速过滤中的滤速变化

滤速随时间而逐渐减小的过程称为“变速过滤”或“减速过滤”。变速过滤情况比较复杂，采用不同的操作方式，滤速变化规律也不相同。普通快滤池、移动冲洗罩滤池等属于变速过滤的滤池。

在过滤过程中，如果过滤水头损失始终保持不变，由式(2-55)可知，滤层孔隙率的逐渐减小，必然使滤速逐渐减小，这种情况称“等水头变速过滤”。这种变速过滤方式，在普通快滤池中，既要保持每座滤池水位恒定又要保持总的进出水流量保持平衡是不可能的。但当快滤池进水渠相互连通，且每座滤池进水阀均处于滤池最低水位下(图 2-19)，则减速过滤将按如下方式进行：设四座滤池组成一个滤池组，进入滤池的总流量不变。由于进水渠相互连通，四座滤池内的水位或总水头损失在任何时间内基本上都是相等的，见图 2-19。因此，最干净的滤池滤速最大，截污最多的滤池滤速最小。四座滤池按截污量由少到多依次排列，它们的滤速则由高到低依次排列。在整个过滤过程中，四座滤池的平均滤速始终不变以保持总的进出水流量平衡。对于某一座滤池来说，其滤速是随着过滤时间的延续而逐渐降低。对于水位和流速的变化，结合图 2-19 分析如下。

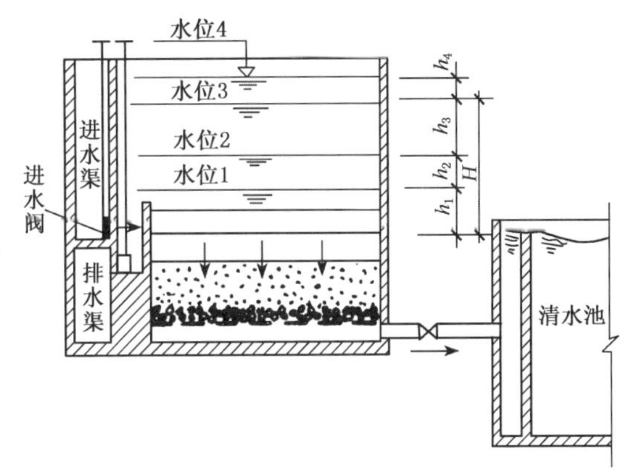

图 2-19　减速过滤(一组四座滤池)

1) 水位的变化

水位 1——四座滤池的滤料都干净，且均在平均滤速下过滤时的水位。于是，图 2-19 中 h_1 便表示清洁滤料、承托层、配水系统及管道配件等水头损失之和。这种状况在实际运行中不会出现，或者偶而出现，如刚建成投产时。

水位 2——四座滤池实际运行时的最低水位，即其中一座滤池刚冲洗完毕投入运行时的水位。因四座滤池交错(先后)冲洗，一座冲洗完毕投入运行时，其余三座均截留不同程度的杂质。因刚冲洗完的滤池恰是原来截污量最多的滤池，现变为最干净的滤池投入运行，滤池组的水位便降至最低。图 2-19 中 h_2 表示干净滤池在实际滤速下的水头损失与四座干净滤池在平均滤速下的水头损失之差。

水位 3——截留悬浮颗粒量最多的一座滤池将进行冲洗前的滤池组最高水位。图 2-19 中 h_3 表示滤池组在相邻两次冲洗之间的水头损失增值。假定单座滤池过滤周期为 12 小时，则滤池组每隔 3 小时有一座滤池进行冲池。h_3 即表示 3 小时内滤池水位的上升值。

水位 4——一座滤池正在冲洗而停止运行，则图 2-19 中 h_4 表示在一座滤池正冲洗的短时期内另三座滤池共同承担原来四座滤池的负荷而增加的水头损失。h_4 的大小和滤池数、滤前处理构筑物可否容许水位上升等条件有关。滤池数多或容许沉淀池水位上升时，

则 h_4 值很小。后者相当于滤前有一定的储水容量。冲洗时间一般 5～7 min,包括阀门操作时间在内,该水位持续时间一般不超过 10 min。

根据上述对四种水位的分析,在滤池组实际运行中,最有意义的是水位 2 和水位 3。如果 h_4 可忽略不计,则滤池最高设计水位应为水位 3。最大允许水头损失为图 2-19 中的 H。

2）滤速的变化

为便于分析,假定四座滤池的编号分别为 A, B, C, D,且四座滤池的性能完全相同;清洁滤层水头损失和承托层、配水系统、管道、阀门等水头损失和与滤速关系如图 2-20 所示曲线;平均滤速以 10 m/h 计;最大允许水头损失为 180 cm;设计中控制的最高滤速为平均滤速的 1.3 倍(13 m/h),且各座滤池的滤速按等间隔逐级减小(是一种理想的状况),于是,各座滤池的滤速将按下述次序逐渐降低。设滤池 D 刚冲洗完毕投入运行时,滤池水位应在水位 2 处(120 cm),此时滤池 D 滤速最高(v=13 m/h), C, B 和 A 滤池的滤速分别为 v_C=11 m/h, v_B=9 m/h,v_A=7 m/h。各滤池水头损失情况见图 2-20,曲线以上为悬浮颗粒所引起的水头损失增值。随着过滤的持续进行,滤池自水位 2 开始逐渐上升,但各滤池的滤速仍保持不变,这与前述的等速过滤完全相同。当滤池水位上升到最高允许水位——水位 3 时,A 滤池内悬浮颗粒引起的水头损失增值最大,为 h_A,其余分别为 h_B, h_C, h_D。这时 A 滤池进行冲洗,冲洗后投入运行时,水位很快由水位 3 跌落到水位 2,此时 A 滤池为干净滤池,滤速 v_A=13 m/h,其余三座滤池的滤速分别下降至 v_D=11 m/h, v_C=9 m/h, v_B=7 m/h。如此往复循环,由此可知,在滤池组相邻两次冲洗之间,各滤池实际上是等速过滤,而每冲洗一座滤池后,其余各滤池的滤速才降低一级。如果不考虑其他影响因素,各滤池的滤速随过滤时间的变化如图 2-21 所示。

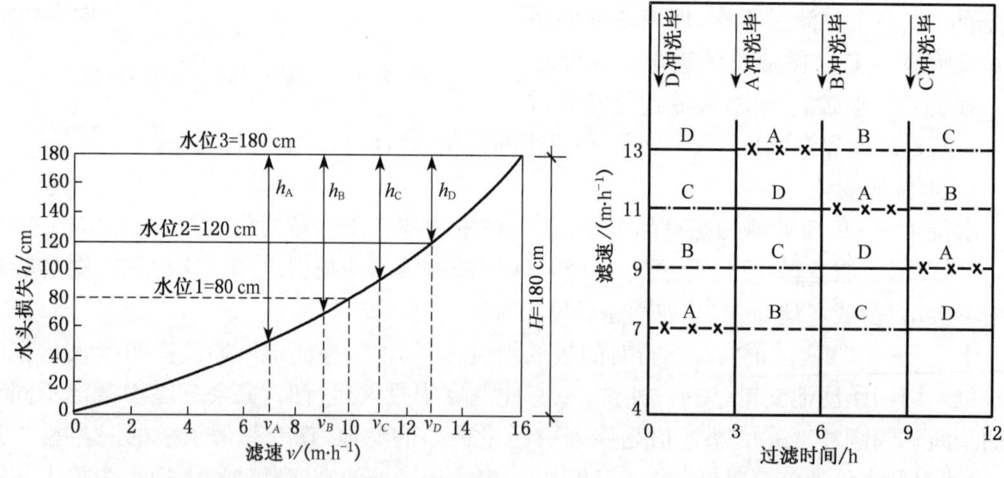

图 2-20　减速过滤下水头损失和滤速关系　　　图 2-21　各滤池滤速与过滤时间关系

由上述分析可知,如果一组滤池中的滤池数很多,则相邻两座滤池的冲洗间隔时间很短,图 2-19 中 h_3 值很小,即图 2-20 中水位 2 和水位 3 相差很小,这样就接近等水头变速过滤。

克里斯贝(J. L. Cleasky)等学者对减速过滤进行深入研究后认为,与等速过滤相比,在平均滤速相同情况下,减速过滤的滤后水水质较好,而且,在相同过滤周期内,过滤水头损失也较小。这是因为,当滤料干净时,滤层孔隙率较大,虽然滤速较高(在容许范围内),但孔隙中流速并非按滤速增高倍数而增大。相反，滤层内截留杂质数量较多时，虽然滤速降低，但因滤层孔隙率减小，孔隙流速未必过多减小。因而，过滤初期，滤速较大可使悬游杂质深入下层滤料；过滤后期滤速减小，可防止悬浮颗粒穿透滤层。等速过滤则不具备各种自然调节功能。

4. 滤层中的负水头

在过滤过程中，当滤层截留了大量杂质以致砂面以下某一深度处的水头损失超过该处水深时，便出现负水头现象。由于上层滤料截留杂质最多，故负水头多数出现在上层滤料中。现以图 2-22 中过滤层滤层中的压力变化来加以说明。图中直线 1(夹角为 45°的斜线)为静水压力，曲线 2 为清洁滤料过滤时压力线，曲线 3 为过滤到某一时间后的水压线，曲线 4 为滤层截留了大量杂质时的水压线。各水压线(曲线 2，3，4)与静水压力线 1 之间的水平距离表示过滤时滤层中的水头失。图 2-22 中测压管水头 h_b 和 h_c 表示曲线 4 状态下 b 点和 c 点处的水头。由曲线 4 可知，在砂层中 c 点(a 点与之相同)处，水流通过 c 点以上砂面的水头损失恰好等于 c 点以上水深(a 点也如此)，而 a 点与 c 点之间，水头损失大于各相应位置的水深，于是在 ac 范围内出现负水头现象。在砂面以下 25 cm 的 b 点处，水头损失 h_b 大于 b 点以上水深 15 cm，即测压管水头低于 b 点 15 cm，该点出现最大负水头，其值即为 −15 cm水柱。

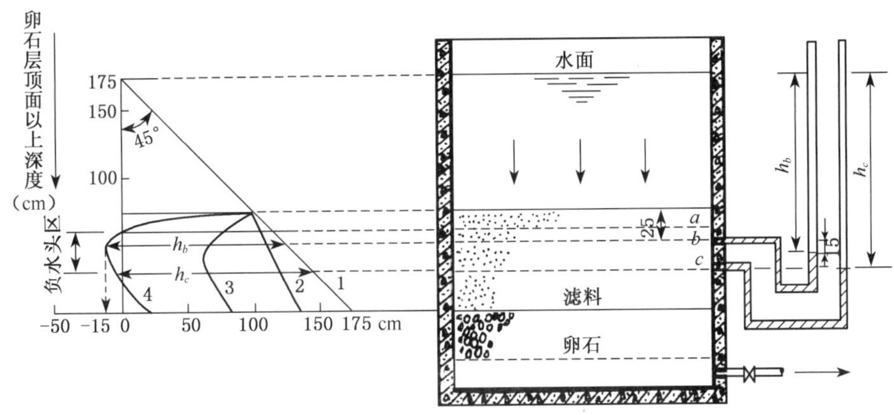

1—静水压力线；2—清洁滤料过滤时水压线；3—过滤时间为 t_1 时的水压线；
4—过滤时间为 t_2($t_2>t_1$)时的水压线

图 2-22 过滤时滤层中压力变化

负水头会导致溶解于水中的气体释放出来而形成气囊。气囊对过滤有破坏作用：一是减少有效过滤面积，使过滤时的水头损失及滤速增加，严重时会破坏滤后水水质；二是气囊会穿过滤层上升，有可能把部分细滤料或轻质滤料带出，破坏滤层结构。反冲洗时，气囊更易将滤料带出滤池。

避免出现负水头的方法是增加砂面以上水深，或把滤池出水位置等于或高于滤层表面。虹吸滤池和无阀滤池所以不会出现负水头现象，就是这个原因。

2.4.4 提高滤池性能的途径

1. 单层滤料存在的主要问题

滤池滤层的含污能力是指过滤周期结束时，整个滤层单位体积滤料中所截留的杂质量，以 kg/m³ 或 g/cm³ 计。含污能大，表明整个滤层所发挥的作用大，滤池的过滤效率高，工作周期长，产水量也大。

单层滤料砂滤池的主要缺点是截留在滤层中的杂质上下极不均匀，表层(上层)最多，越向下越少，在 30 cm 以下已基本上无杂质被截留，因此在过滤过程中，表层水头损失增加很快，可以说水头损失主要集中在表层，故过滤周期明显缩短。其主要原因是滤层的滤料粒径上细下大，即循水流方逐渐增大所造成。如果反过来，滤料粒径循水流方向逐渐减小(由大到小)，进行所谓的"反粒度"过滤，即过滤时的水流先经过粗粒径滤料，再依次流过小粒径滤料，即滤料粒径循水流方向逐渐减小。"反粒度"过滤的优点为：滤层中杂质分布趋于均匀；滤层含污(纳污)能力提高；滤层中水流阻力的增加将会减缓；工作周期将可延长或过滤速度得到提高。

基于"反粒度"过滤的概念，在实践中便出现了向上流过滤、双向流过滤、双层滤料过滤和多层滤料过滤等(图 2-23)。在实践中，除单层石英砂过滤之外，应用较多的是无烟煤与石英砂双层滤料过滤。

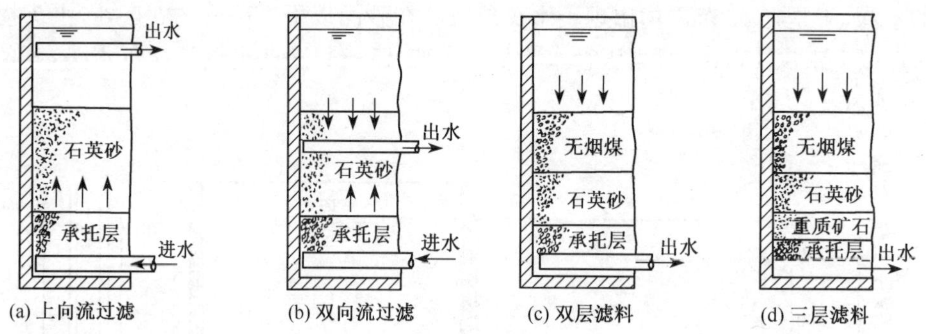

图 2-23　反粒度过滤方式

2. 上向流过滤

一般滤池的滤料粒径按上细下粗排列，过滤从上进水，下部出水。现滤层的滤料粒径排列不变，进、出水方向相反，即改为下部进水，上部出水，就构成了"反粒度"过滤方式，如图 2-23(a)所示。

这种"反粒度"过滤要控制好滤速，因当滤速较高时，滤层会膨胀，特别要防止上层细砂流失，并影响出水水质，故表层应设置格网或格栅。此过滤方式虽然具有反粒度过滤的优点，但缺点是：冲洗时滤层膨胀受到格网的限制，增加冲洗困难；冲洗水流与过滤水流方向一致，影响冲洗效果；冲洗时大量污泥要通过整个滤料层才能排出，往往会使污泥排除不干净。这些缺点较难克服，因此上向流过滤在实践中很少采用。

3. 双向流过滤

向上流过滤因设置格网，冲洗时滤层膨胀度受到影响，造成冲洗和排泥不彻底。为克服这些缺点和不足，出现了双向流过滤，即水流从滤池底部和顶部分别进入，而由滤池中间出水，如图 2-23(b)所示。上部滤层是采用普通滤池的向下流方式，下部滤层是采用反粘度过滤方式。上部滤层可防止下部滤层在向上流过滤过程中的滤层膨胀。此种过滤方式效果虽然较好，但滤池构造复杂，操作麻烦，故在实践中也很少采用。

4. 双层滤料滤池

普通采用双层或多层滤料过滤，是目前国内外普遍关心和重视的过滤技术。滤池的构造、水流流向、反冲洗及过滤方式等，与普通单层滤料滤池基本相同，仅滤层的滤料组成进行了改变。

双层滤料的滤层组成为：上层采用比重小、粒径大的轻质滤料；下层采用比重大、粒径小的重质滤料。由于两种滤料比重存在差异，在一定的反冲洗强度下，冲洗后轻质滤料仍在上层，而重质滤料仍在下层，构成双层滤料滤池，如图2-23(c)所示。虽然每层滤料粒仍由上而下递增，但上层平均粒径大于下层平均粒径。目前普遍采用的是无烟煤和石英砂双层滤料滤池。

实践证明：双层滤料含污能力比单层滤料约高一倍以上，在相同滤速下，过滤周期长；在相同过滤周期下，滤速可以提高。图2-24表示单层滤料与双层滤料含污能力对比示意图。滤层深度为纵坐标，截污量为横坐标，图中绘出了单层滤料与双层滤料两条截污曲线。曲线与坐标轴所包围的面积除以滤层总厚度为滤层的含污能力(以 g/cm^3 计)。由图中可见，双层滤料截污曲线与坐标轴所包围的面积远大于单层滤料相应的面积，表明在滤层厚度相同的条件下，双层滤料含污能大于单层滤料，一般在一倍。以上如果进滤池的水质相同条件下，双层滤料滤池工作周期是单层滤料的2倍。

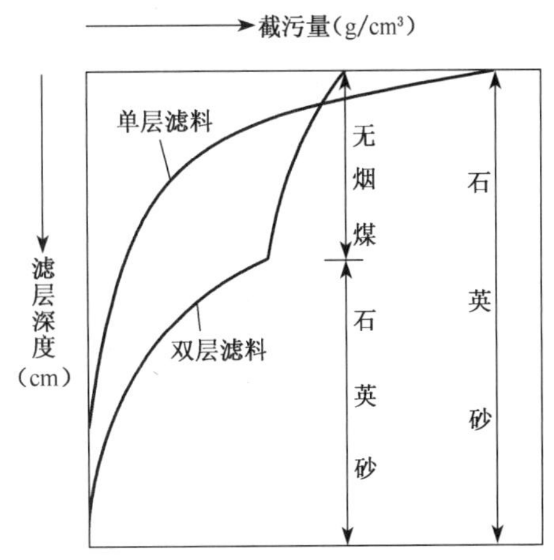

图2-24　单层滤料和双层滤料截污量比较

5. *多层滤料滤池*

多层滤料一般指三层滤料，上层为大粒径、小比重的轻质滤料，如无烟煤；中层为中等粒径、中等比重的滤料，如石英砂；下层为小粒径、大比重的重质滤料，如石榴石或颗粒磁铁矿。各层滤料平均粒径由上而下递减，如图2-23(d)所示。三层滤料不仅含污能力大，而且下层重质细滤料对保证滤后水水质有很大作用，故滤速比双层滤料滤速还可适当高些。

当原水浊度较低，而且水质较好较稳定时，可采用原水直接过滤以达到一次净化目的。直接过滤一般应用反粒度过滤方式，否则滤池将很快堵塞。当前，双层及多层滤料用于直接过滤较多。为保证滤后水水质符合生活饮用水卫生标准，在原水进入滤池前也可投加高分子助滤剂，如聚丙烯酰胺或活化硅酸等。

原水直接过滤省去了沉淀或澄清工艺，使处理工艺简单化，节省了投资。采用双层滤料多层滤料直接过滤，与普通双层滤料或多层滤料滤池相同。但滤层组成及厚度应按原水水质合理选定，滤速应低，一般在5 m/h左右。

经过上述预处理工艺的出水水质基本上可达到自来水水质标准，有的可直接供工业用水；有的满足了后续处理设备的进水水质要求；有的可能还达不到后续处理设备的进水水质要求，则需要进一步深度处理或精密过滤等，在后面再阐述。

2.5　氧化与杀菌

氧化剂既有氧化分解水中有机物又有杀灭水中细菌等微生物的双重作用。氧化分解有机物和杀菌所用的氧化剂基本是相同的，故合并在一起论述。

在水质预处理中，氧化分解水中有机污染物的同时，还可除去水中的色、臭、味及铁、酚、藻类、细菌等微生物。而且可与混凝、过滤、吸附等处理结合使用,杀菌还可在后道水质把关中使用。目前使用的氧化和杀菌剂主要是氯系氧化剂和氧系氧化剂两类。氧化有机污染物的目的是把难降解物质转化为可降解物质,在混凝、过滤、吸附等工艺中去除;杀灭细菌等微生物的目的是防止细菌转移到电渗析膜,在膜面上繁殖,使膜电阻增加;细菌、微生物对醋酸纤维素反渗透膜有侵蚀作用;细菌繁殖会污染膜。对微电子工业用水,细菌会对产品质量有很大影响。因此,不仅在预处理而且在后续处理过程中均需要求杀菌并滤去细菌尸体。

2.5.1 氯系氧化杀菌剂

1. 液氯

氯气是一种黄绿色气体,具有刺激性,有毒,重量为空气的 2.5 倍,密度为 3.2 kg/m^3(0℃,1 个大气压)。极易被压缩成琥珀色的液氯。

氯易溶于水,在 20℃和 98 kPa 时,溶解度为 7 160 mg/L。当氯溶解于水中时,会瞬时发生以下反应:

$$Cl_2 + H_2O \rightleftharpoons HClO + HCl \tag{2-58}$$

$$HClO \rightleftharpoons H^+ + ClO^- \tag{2-59}$$

次氯酸(HClO)有较强的氧化性,能与水中氨、氨基酸、蛋白质、含碳物质、亚硝酸盐、铁、锰、硫化氢及氰化物等起氧化作用,可用于控制臭味、除藻、杀菌、除铁、除锰及去色等。氯是传统而常用的杀菌剂,起杀菌作用的也是 HClO。

液氯与水中有机物的反应是以亲电取代反应为主,会生成大量的有机氯化物,如三卤甲烷(THMs),它的生成量随投氯量及水中溶解性有机物浓度的升高而增加。pH 值的升高,THMs 呈增加趋势。THMs 是致癌物质,这使液氯在给水处理中的应用受到一定的控制。

2. 次氯酸钠(NaClO)、漂粉精[$Ca(ClO)_2$]

NaClO、$Ca(ClO)_2$ 等,也是较强的氧化剂,其氧化原理也是通过 HClO 起作用,反应式为

$$NaClO + H_2O \rightleftharpoons HClO + NaOH \tag{2-60}$$

$$Ca(ClO)_2 + 2H_2O \rightleftharpoons 2HClO + Ca(OH)_2 \tag{2-61}$$

NaClO 易分解,故可采用 NaClO 发生器现场制取,就地投加。$Ca(ClO)_2$ 有效氯为 60%左右,使用方便。从反应式可见:氧化水中有机物及杀菌起作用的均为 HClO。

3. 二氧化氯(ClO_2)

二氧化氯是一种橙黄色气体,具有类似氯的刺激味,易溶于水。它的溶解度是氯气的 5 倍。二氧化氯水溶液的颜色随浓度的增加由黄绿色转成橙色。二氧化氯易挥发,稍一曝气就会从溶液中逸出。气态和液态的二氧化氯均易爆炸,温度升高、曝光等都会发生,故通常现场制取,即时使用。

二氧化氯的氧化能力理论上比氯强 2.63 倍。它氧化有机物时,把高分子有机物降解为有机酸、水和二氧化碳,二氧化氯则被还原成氯离子。几乎不形成三卤甲烷(THMs)和四氯化碳等致突变和致癌物质。

二氧化氯能把二价锰氧化成不溶于水的四价锰（即二氧化锰 MnO_2）；把二价铁氧化成三价铁而形成氢氧化铁沉淀，反应式为：

$$2ClO_2 + 5Mn^{2+} + 6H_2O \longrightarrow 5MnO_2 + 12H^+ + 2Cl^- \quad (2\text{-}62)$$

$$ClO_2 + 5Fe(HCO_3)_2 + 3H_2O \longrightarrow 5Fe(OH)_3 + 10CO_2 + Cl^- + H^+ \quad (2\text{-}63)$$

二氧化氯对锰的去除率为 69%～81%，而氯仅为 25%；二氧化氯对铁的去除率为78%～95%，而氯仅为 50%左右。二氧化氯对硫化物、氰化物、苯酚等均有较好的氧化效果。

二氧化氯用于工业给水处理，一般采用二氧化氯发生器现场制取现场使用。从发生原理可分为电解法和化学法两类。电解法二氧化氯发生器是根据电极反应原理，电解食盐溶液产生 ClO_2，Cl_2，O_3 及 H_2O_2 混合气体，是一种氧化能力很强的气体。这种混合气体中，二氧化氯含量很低，而氯气的含量较高，故仍会导致产生三卤甲烷等各种问题，影响活性吸附有机物的效果等。

化学法二氧化氯发生器以氯酸钠（$NaClO_3$）或亚氯酸钠（$NaClO_2$）为原料经化学反应来制取 ClO_2。反应时需有酸化剂（如 H_2SO_4 或 HCl）和还原剂（NaCl，HCl，SO_2，Cl_2，H_2O_2，CH_3OH，Na_2SO_3）参加。以亚氯酸钠为原料生产 ClO_2 的反应为

$$5NaClO_2 + 4HCl \longrightarrow ClO_2 + 5NaCl + 2H_2O \quad (2\text{-}64)$$

$$2NaClO_2 + Cl_2 \longrightarrow 2ClO_2 + 2NaCl \quad (2\text{-}65)$$

在理想的条件下，利用上述两个反应式可得到纯 ClO_2 水溶液。但因反应物的转化有一定限度，药剂剩余和各种副反应的发生，在水处理及输送过程中发生 ClO_2 的歧化、氧化还原或分解反应，生成 ClO_2^-，ClO_3^- 及后氧化过程中可能带入 Cl_2。因此，实际 ClO_2 水溶液中常含有一定数量的 ClO_2^-，ClO_3^-，Cl^- 与 ClO_2 共存。

用二氧化氯处理水时，有 50%～70%参与反应的 ClO_2 转化为 ClO_2^- 和 Cl^- 残留在水中。研究表明，过量的 ClO_2^- 对人体健康有潜在影响，但 ClO_2^- 含量达到多少会产生不利影响，目前无明确。国外对总氯氧化物（ClO_2，ClO_2^-，ClO_3^-）的限制标准在 0.5～0.8 mg/L，我国可参照使用。

用于氧化的二氧化氯的投加量，应以控制总氯氧化物不超标为关键指标，常用 1～1.5 mg/L。

二氧化氯在与有机物作用时发生的是氧化还原反应，反应的结果是，高分子有机物降解为有机酸和二氧化碳，二氧化氯则被还原成氯离子。几乎不形成三卤甲烷（THMs）和四氯化碳等致突变和致癌物质。这是与氯相比最突出的优点。另一个优点是药效有持续性，管道中剩余的二氧化氯对水中的微生物有持续杀灭作用，可保证较长时间内抑制微生物再繁殖。

用于杀菌的二氧化氯的投加量，仍以控制副产物浓度不超标为关键指标，同时应保证色度合格。色度出现的原因是滤后水中 Mn^{2+} 浓度较高时，二氧化氯作为滤后水消毒，则会导致水的色度升高。故锰应预先给以去除，使二氧化氯消毒不造成色度超标，也不造成 ClO_2^- 超标。

二氧化氯用于杀菌的投加量为 0.4～0.45 mg/L，水中的余量≤0.2 mg/L。

二氧化氯杀菌效果在 pH 6～10 范围内不变，在较高 pH 处使用较氯有效。

二氧化氯杀菌时，宜选用化学法二氧化氯发生器为妥，可控制二氧化氯混合气体中氯

气含量，避免产生 THMs。

用二氧化氯作为杀菌剂以取代氯气，是今后的发展方向，目前因成本、检测手段、自动控制等还存在困难。

2.5.2 氧系氧化剂

氧系氧化剂主要是臭氧(O_3)和双氧水(H_2O_2)，在水处理中用的都是臭氧(O_3)，故主要对臭氧进行论述。

臭氧(O_3)由三个氧原子组成，是氧的同素异构体。在常温常压下是淡紫色有强烈刺激性的气体，密度是氧的 1.5 倍，在水中的溶解度是氧的 10 倍。臭氧极不稳定，分解时放出新生态氧，反应式为：

$$O_3 = O_2 + [O] \tag{2-66}$$

在水处理的氧化剂中，臭氧的氧化能力是最强的。臭氧可除色、除臭、除铁、除锰、降解有机物。

由于臭氧极不稳定，易分解，故采用臭氧发生器在现场制造、就地使用。臭氧氧化法水处理工艺主要设施由臭氧发生器(设备)与气水接触设备组成。臭氧发生器主要由空气干燥净化装置、臭氧发生器单元和电器控制系统三部分组成。

制造臭氧的原料是空气或氧气。用空气制成的臭氧浓度一般为 10～20 mg/L，用氧制成的臭氧浓度为 20～40 mg/L。含有 1%～4%(重量比)臭氧的空气或氧气是水处理使用的臭氧化气。通常用于水处理氧化作用的臭氧，投加量一般为 1～3 mg/L，接触时间为 5～15 min。

臭氧发生器已有系列化、规格化的定型产品，可根据所需臭氧量选择合适的型号和台数。用于氧化的臭氧需要可按下式计算：

$$G_{O_3} = 1.06QC \tag{2-67}$$

式中 G_{O_3}——臭氧需要量(g/h)；

1.06——安全系数；

Q——处理水量(m^3/h)；

C——臭氧投加量(mg/L)。

臭氧在水处理的几种杀菌剂中，是氧化能力、杀菌能力最强，效果最好的药剂，即使低浓度也能瞬时反应，受 pH 值、水温及水中氨量的影响小。它的主要缺点是稳定性差，极易分解，没有持续的杀菌作用，而氯杀菌因水中存在余氯，又持续杀菌作用，这方面臭氧不及氯。因此臭氧处理的水应及时使用，以防止微生物再次繁殖。否则臭氧杀菌消毒后再加少量余氯，以保持持续杀菌。在纯水制备系统中，臭氧消毒会增加水中氧含量，从而增加氧腐蚀危害的因素。

2.5.3 紫外线杀菌

紫外线是一种物理杀菌法，只用来杀菌，不起氧化有机物作用。细菌受紫外光照射后，紫外光谱能量为细菌核酸所吸收，其活力发生改变，菌体内的蛋白质和酶的合成发生障碍，因而导致微生物发生变异或死亡。根据试验，波长在 200～295 nm的紫外线具有杀菌能力，而波长为 253.7 nm 的紫外线杀菌效果最好。

紫外线光源由紫外线汞灯提供，分为高压、低压两种(按灯管点燃时管内汞蒸气的压力区分)，灯管由石英玻璃制成。紫外线汞灯点燃时放射大量具有杀菌能力的紫外线和少量可见光。

紫外线杀菌分水面照射法和水中照射法两种。水面照射法灯与水不接触，紫外线照在水面上；水中照射法是把灯管装在不锈钢外壳中，水从壳内流过时接受紫外线的照射。紫外线杀灭微生物的强度单位是$(\mu W \cdot s)/cm^2$。微生物所接受的紫外线剂量大小，决定于紫外线杀菌灯的功率、灯和微生物的距离及照射时间。

紫外线杀菌的优点是接触时间短，杀菌能力强，设备简单，操作管理方便，并能自动化；处理时不改变水的物理、化学性质，不会造成二次污染。缺点是没有持续的杀菌作用，国产灯管使用寿命较短，价格较贵。

影响紫外线杀菌效果的因素有以下方面：

(1) 紫外线的波长。核酸对波长 253.7～260 nm 的紫外线吸收率最高，此时杀菌效果最好。把该波段紫外线的灭菌能力定为 100%，再同其他波长紫外线的灭菌能力做比较，则随波长的增加或减少，灭菌效果均急剧下降。

(2) 微生物的类型。各种菌种对紫外线的抗性水平不同，应分别采用不同的剂量。根据试验，对几种菌的灭菌率最高的剂量与波长为：大肠杆菌，紫外线照射剂量 1 550$(\mu W \cdot s)/cm^2$，紫外线波长为 254 nm，灭菌率 99%～100%；金黄色葡萄球菌，剂量为 3 670$(\mu W \cdot s)/cm^2$，波长 265 nm，灭菌率 90%～100%；绿脓杆菌，剂量 4 400 $(\mu W \cdot s)/cm^2$，波长265 nm，灭菌率 90%～100%；酵母菌，剂量 14 700$(\mu W \cdot s)/cm^2$，波长 265 nm，灭菌率90%～100%；巨大杆菌，剂量 2 900 $(\mu W \cdot s)/cm^2$，波长 254 nm，灭菌率为 80%。可见不同菌种，要达到理想的灭菌率，其紫外线照射剂量和紫外线的波长是不同的。

(3) 微生物的数量。紫外线杀菌器对进水细菌含量要求不大于 900 个/mL。

(4) 照射时间。在同样的发光功率下，照射时间越长，强度越大。

(5) 水的深度。紫外线在水中的穿透率，随着水层厚度的增加而降低。水层越薄，紫外线的穿透率越大，但是对一定流量通过的水，照射时间缩短，水接受紫外线照射的剂量就降低。要满足杀菌所需剂量，就必须提高强度，这样电耗就增加。故应从液层厚度、照射时间等方面综合考虑。液层厚度与照射强度的关系是：与灯管中心距离越近，强度系数越大，越远强度系数越小。如与灯管中心距离为5.1 cm时，强度系数为 32.3%；中心距离为 100 cm时，强度系数为 1%；中心距离为304.8 cm时，强度系数仅为 0.115%。

(6) 水的物理、化学性质。水的色度、浊度、总铁含量对紫外光均有不同程度的吸收，使杀菌效果降低。其中，色度对紫外线影响最大，浊度次之，铁离子也有一定的影响。总的趋势是：紫外线波长为 253.7 nm 的吸收系数(α)随着色度、浊度、铁离子的增加而减小。紫外线杀菌器对水质的要求为：色度小于 15 度，浊度小于 5 度(NTU)，总含铁量小于0.3 mg/L。

2.6 活性炭吸附处理

2.6.1 活性炭的吸附作用

1. 吸附机理

活性炭是一种经过气化(碳化、活化)，造成发达孔隙、以炭作骨架结构的黑色固体物质。活性炭发达的孔隙导致其很大的表面积，活性炭的表面积一般为500～1 700 m^2/克炭，故具有良好的吸附特性。

活性炭的吸附作用是指水中污染物质在活性炭表面富集或浓缩的过程。

产生吸附的原因是由于分子间和分子内键与键之间存在作用力(即吸附力)。这种吸附力即范德华(Vandeswalls)力，它由三种力组成：静电力(也称葛生力)、诱导力(也称德拜力)和色散力(也称伦敦力)。因活性炭的微晶结构为稠环结构，基本上属于非极性分子，因此只有范德华力中的伦敦力(U_L)才是有效的。

而伦敦力又决定于物质极化率的大小，只有偶极矩小而极化率又大的物质才利于活性吸附。

2. 影响吸附的因素

活性炭在水处理中的吸附是极为复杂的。参与吸附的固相(活性炭)、液相(水)、溶质(污染物——微量、多成分)之间是相互影响的。影响吸附的主要因素为：溶质在水中的溶解度、缔合、离子化；水对界面上配位的影响；活性炭对溶质的引力；活性炭对水的引力(可忽略不计)；各溶质在界面上的竞争吸附；各溶质间的相互作用、共吸附；系统内各分子大小；活性炭孔径分布、活性炭的表面积及其表面化学组成等。

水中有机物能否被活性炭吸附，决定于其化学位或偏摩尔自由能：如果有机物在活性炭中的化学位比其在水中的化学位低，则有机物由水相往活性炭的迁移是自发的；如果有机物在两相之间的化学位相等，说明有机物在两相中的分配已达平衡(即吸附平衡)；如果有机物在活性炭中的化学位高于在水中的化学位，则吸附不能发生。

3. 吸附特性

(1) 活性炭能去除常见的部分有机微污染物的吸附性能

腐殖酸：腐殖酸是天然水中常见的有机物，对人体健康危害不大，但与其他有机物一起采用氯消毒过程中产生氯仿、四氯化碳等有害物质。活性炭具有去除水中腐殖酸的较好性能，水中 pH 值对其吸附几乎无影响。

异臭：活性炭对植物性臭(藻臭和青草臭)、鱼腥臭、霉臭、土臭、芳香臭(苯酚臭和氨臭)等都有较好的效果。活性炭的除臭范围较广，几乎对各种发臭的原水都有很好的处理效果。当采用臭氧与活性炭组合处理工艺时，对水中异臭味的去除更为有效。

色度：活性炭对由水生植物和藻类繁殖产生的色度具有良好的去除效果，去除率至少在 50%以上。

农药：农药经混凝沉淀和过滤只能微量地去除，但能被活性炭有效地去除。

烃类有机物：活性炭对烃类等石油产品具有明显的吸附作用。

有机氯化物：活性炭对氯化消毒过程中产生的有机氯化物的去除不尽相同，其中对四氯化碳的去除效果要比三氯甲烷好。

洗涤剂：有资料报导，活性炭对水中洗涤剂的去除效果，当滤速 17 m/h 时，去除率为 50%；当滤速为 12 m/h 时，去除率为 100%。滤速慢去除率高。

由于活性炭对致突变物质及氯化致突变前驱物具有良好的吸附能力，因而可进一步降低出水的致突变活性。用氯消毒生成三卤甲烷(THMs)的前驱物，主要是天然腐殖质和高分子有机物。因而倾向于在加氯之前，用活性炭先去除这些前驱物，避免 THMs 的生成。

(2) 活性炭去除水中部分无机污染物

重金属：活性炭对某些重金属离子及其化合物有很强的吸附能力，如对锑(Sb)、铋(Bi)、六价铬(Cr^{6+})、锡(Sn)、银(Ag)、汞(Hg)、钴(Co)、锆(Zr)、铅(Pb)、镍(Ni)、钛(Ti)、钒(V)、钼(Mo)等均有良好的去除效果。但活性炭吸附重金属的效果与它们的存在形式和水的 pH 值有很大关系。

余氯:活性炭可以脱除水处理中剩余的氯和氯胺,但去除过程不是单纯的吸附作用,而是在活性炭表面上的一种化学反应。

氰化物:若在炭床中通入空气,则炭可起催化作用,将有毒的氰化物氧化为无毒的氰酸盐。

放射性物质:某些地下水中含有放射性元素,如铀、钍、碘、钴等,浓度很低,危害很大,可用活性炭吸附去除。

氨氮:活性炭对 NH_3-N 几乎无去除效果,但与臭氧联合使用,当 $NH_3:O_3>1$ 时效果很差,当 $NH_3:O_3<1$ 时效果显著。

2.6.2 活性炭预处理工艺

活性炭吸附过滤在自来水厂水处理工艺中,是最后一道把关工艺,属自来水的深度处理。在工业给水处理中,对用水水质要求不高的,自来水水质就可使用,则不存在预处理,也就不存在活性炭预处理了;但对制取纯水、高纯水来说,不仅要预处理,而且还应采用活性炭吸附和精过滤等预处理。

活性炭分粉末活性炭(粒度为 10~50 μm)和颗粒活性炭两种。粉末活性炭常投加在絮凝或澄清前、或絮凝过程中。用水泵、管道或接触装置充分地混合,进行接触吸附水中微污染物后,通过沉淀、澄清和过滤去除。也可在沉淀、澄清后二次投加,提高吸附处理效果,经过滤去除。投加粉末活性炭能及时有效地去除大量有机物,有时还具有助凝作用。在操作管理良好的情况,一般投加 5~50 mg/L,可使溶解的有机物总量减少 60%左右。

颗粒活性炭不仅有吸附作用,当条件合适(不具余氯并有充足溶解氧)时,在炭床(活性炭滤池)内还存在生物活动。细菌等微生物易依附在颗粒活性炭的不规则外表面上,常以水中有机物为营养增殖形成生物膜,对于可生物降解有机物具有去除作用。在工业用水预处理中,采用颗粒活性炭滤池为妥,相对较多。

活性炭与臭氧联合应用的特点是:既利用活性炭的吸附作用,又利用活性炭外表面上附着的生物膜的降解作用,以除去范围较大的污染物,同时还可延长活性炭的再生周期。

把臭氧化处理与活性炭结合形成的工艺,称臭氧化—生物活性炭法。该工艺中臭氧的作用是利用臭氧的强氧化作用改变大分子有机物的性质和结构,以利于活性炭微孔的吸附,并保证滤池中细菌所需要的溶解氧。在进入滤池的水中有充足的溶解氧条件下,细菌的浓度可增加 10~100 倍,活性炭的使用寿命可延长 5 倍以上。

微生物(细菌)的大小在 1 μm 以上。不能进入作为活性炭主要吸附基础的微孔内,因此不是微生物直接分解被吸附的有机物,而是由于微生物分泌出来的胞外酶(10 Å 左右)进入微孔内,与孔内吸附位上的有机物反应形成酶——基质复合体,进一步反应,加速了有机物的生物降解速率。因此,臭氧—活性炭工艺是吸附物理化学过程同以微生物所进行的生物分解相结合的过程。

1. 活性炭处理工艺流程

这里讨论的是设在常规处理工艺之后的颗粒活性炭滤池(床)和臭氧氧化—生物活性炭滤池(床)两种工艺,因在工业预处理中粉末活性炭很少采用,故不进行讨论。

图 2-25—图 2-31 所示的 7 个预处理工艺组成的共同特点为,除图 2-27 无混凝沉淀工

序之外，均有混凝沉淀和过滤等常规处理工艺，都有颗粒活性炭吸附的深度处理，均有后道起把关作用的精密过滤(后文再述)。不同的是，图 2-28—图2-31 在活性炭前均设置 O_3 臭氧化，成为臭氧生物活性炭滤池，使大分子有机物经 O_3 氧化后改变了性质和结构，以利活性炭微孔的吸附，充分发挥活性炭的作用，提高了活性炭的利用率，并保证了滤床中细菌所需要的溶解氧；图 2-27 和图 2-31 均可用来地下水除铁、除锰。曝气是把低价的铁锰氧化成高价的铁锰，图2-27 是用锰砂过滤除去铁和悬浮物等杂质，再颗粒活性炭吸附去除锰和微小杂质；图 2-31 把地下水中含有一定的悬浮物及胶体物，故曝气氧化后经过混凝沉淀及过滤去除铁和悬浮物与胶体物，再用 O_3 进一步氧化有机物和锰，经生物活性炭吸附过滤去除锰及其他微小物质；图 2-28 是采用 O_3 进行二次氧化，第一次称为预氧化，在混凝沉淀(澄清)前进行，对原水有机物等含量高时采用，被氧化的有机物等经过沉淀、过滤去除，剩余未被氧化在进入活性炭滤池前进行第二次氧化，经生物活性炭吸附过滤去除；图 2-29 前置设生物预处理是原水受到有机物等微污染，采用生物接触氧化等预处理，去除部分有机物，以利后续处理，保证处理效果。

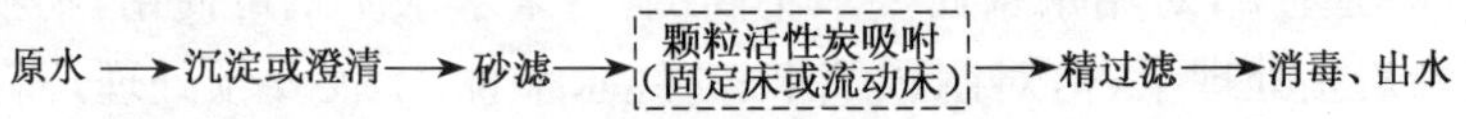

原水 → 沉淀或澄清 → 砂滤 → 颗粒活性炭吸附(固定床或流动床) → 精过滤 → 消毒、出水

图 2-25　常规处理＋活性炭吸附＋精密过滤

原水 → 沉淀或澄清 → 双层滤床{上层活性炭吸附；下层石英砂} → 精过滤 → 消毒、出水

图 2-26　混凝沉淀或澄清＋活性炭吸附和砂＋精密过滤

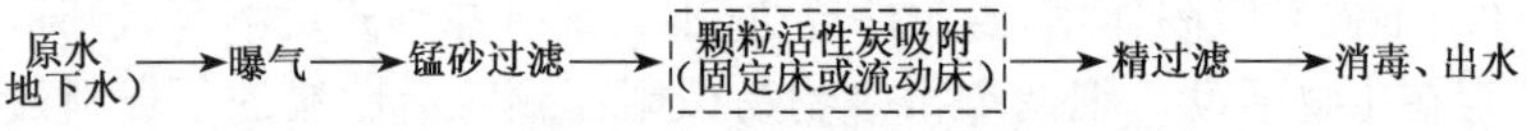

原水(地下水) → 曝气 → 锰砂过滤 → 颗粒活性炭吸附(固定床或流动床) → 精过滤 → 消毒、出水

图 2-27　地下水曝气、锰砂过滤＋活性炭吸附＋精密过滤

(此工艺含地下水除铁、除锰)

原水 → 沉淀或澄清 → 过滤 → O_3臭氧化 → 生物活性炭滤池 → 精过滤 → 消毒、出水（原水 — O_3预氧化 → 沉淀或澄清）

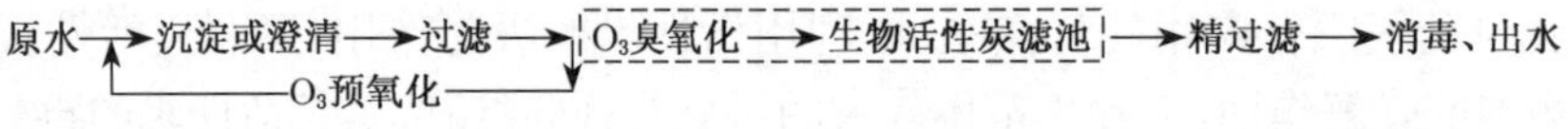

图 2-28　预氧化＋常规处理＋臭氧化生物活性炭＋精密过滤

原水 → 生物预处理 → 混凝沉淀或澄清 → 过滤 → O_3臭氧化 → 生物活性炭滤池 → 精过滤 → 消毒出水

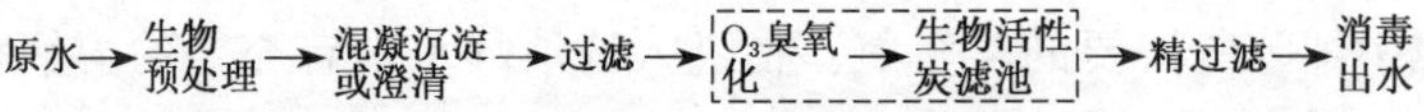

图 2-29　生物预处理＋常规处理＋臭氧化生物活性炭＋精密过滤

(此工艺原水受到微污染，需生物预处理)

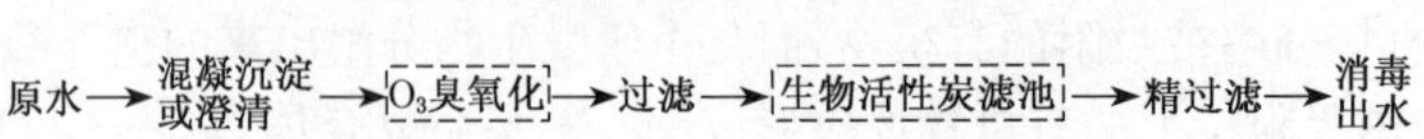

原水 → 混凝沉淀或澄清 → O_3臭氧化 → 过滤 → 生物活性炭滤池 → 精过滤 → 消毒出水

图 2-30　沉淀(或澄清)＋臭氧化＋过滤＋生物活性滤池＋精密过滤

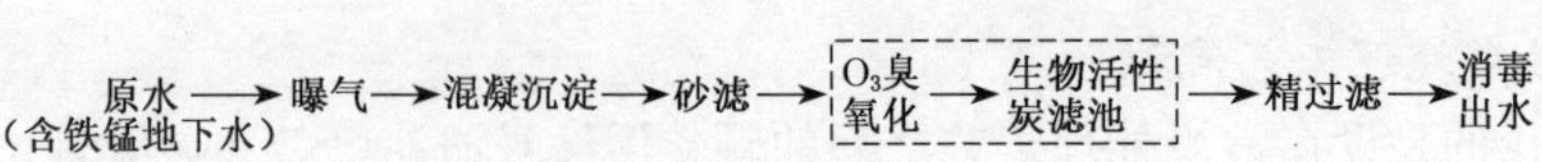

原水(含铁锰地下水) → 曝气 → 混凝沉淀 → 砂滤 → O_3臭氧化 → 生物活性炭滤池 → 精过滤 → 消毒出水

图 2-31　地下曝气＋常规处理＋臭氧化生物活性炭＋精密过滤

(此工艺含地下水除铁除锰)

进入活性炭吸附过滤的水中，基本去除了悬浮物和大多数胶体物，活性炭吸附过滤的任务是进一步去除微小杂质、重金属元素、色、臭、味等，要求浊度(NTU)<3°，耗氧量 COD_{Mn}<3 mg/L。

2.6.3　活性炭的主要指标

1. 活性炭的吸附能力

活性炭的吸附性能主要由其孔隙结构和表面化学性质决定。活性炭的孔隙结构，通常按孔径大小分为大孔、中孔和微孔，它们的容积及比表面积在炭中所占的比例见表 2-2。

表 2-2　　活性炭的孔隙

孔隙名称	孔隙半径 /nm	水蒸气活化活性炭		
		孔容积/($cm^3 \cdot g^{-1}$)	比表面积/($m^2 \cdot g^{-1}$)	比表面积比率
微孔	<2	0.25～0.60	700～1 400	95%
中孔(过滤孔)	2～100	0.02～0.20	1～200	5%
大孔	100～10 000	0.2～0.50	0.5～2	甚微

注：比表面积比率$=\dfrac{\text{孔隙的比表面积}}{\text{孔隙的全部比表面积}}\times 100$。

在活性炭吸附过程中，大孔主要起通道作用；中孔除了使被吸附物质到达孔微，起到通道作用外，对于分子直径较大的吸附质也具有吸附作用；微孔在活性炭中是最重要的，吸附主要是 10 nm 以下微孔的表面进行，所以微孔的容积及比表面积，一般情况下标志活性炭吸附性能的优劣。

因水处理中被吸附物质的分子直径要比气相吸附过程中相同的被吸附物分子直径大，所以用于水处理的活性炭，要求中孔有适当的比例。

活性炭的吸附不仅受其孔隙结构的影响，也受其表面化学性质的影响。活性炭表面氧化物，通常分为碱性和酸性两类。碱性的表面氧化物在液相中能吸附酸性物质，而酸性的表面氧化物在液相中易吸附碱性物质。

活性炭的吸附能力用吸附容量与吸附速度等特性来表示。它与活性炭颗粒大小、形状、被吸附物质的浓度及溶液的温度等有关。在一定温度下活性炭的吸附容量与其周围浓度之间的相应关系可用吸附等温线来表示。在水处理中，常用近似的弗罗德里胥(Fraundlich)的等温吸附公式：

$$Q = KC^{\frac{1}{n}} \tag{2-68}$$

式中　Q——活性炭单位重量的吸附量(mg/g)；

C——活性炭吸附后溶质(污染物)的剩余浓度(mg/L)；

K，$\dfrac{1}{n}$——表现吸附特性的系数。

式(2-68)可写成：

$$\tan Q = \tan K + \frac{1}{n}\tan C \tag{2-69}$$

根据测定结果，绘出 $\tan Q$ 对 $\tan C$ 的对数坐标图，可获得一条线，称吸附等温线。K 为直线的截距，$\dfrac{1}{n}$为直线的斜率。

吸附等温线的作用如下：

(1) 由等温吸附线的测定，可得知活性炭对水中某污染物的吸附效果，按处理水中污染物的浓度，可求出活性炭的极限吸附容量。

(2) 由此估算出工程中活性炭的需用量(处理每立方米水的活性用量)，只进行炭床滤池的设计。

(3) 可掌握处理水的 pH 和污染物浓度变化对活性炭吸附容量的影响。

(4) 等温吸附线在炭种选择中，可借以评价各炭的吸附性能。按等温线斜率可确定该炭适宜的过滤形式。

(5) 用类似的方法还可研究运行条件改变(如时间、pH)时对吸附效果的影响。

在水处理中，活性炭对污染物质(溶质)的吸附，是污染物质从水中迁移到活性炭颗粒表面，再扩散到活性炭内部孔隙的表面而被吸附。因此活性炭的吸附速率包含着被吸附物质(污染物质)向活性炭颗粒表面的迁移速度、颗粒内部孔隙的扩散速度及颗粒内部孔隙表面上吸附反应速率等三个过程的影响。其中，最慢的过程决定着活性炭吸附的总速率。

2. 水处理用的活性炭

用于水处理的活性炭应具有吸附性能好、再生能力强、机械强度高、化学稳定性好等特点。

表 2-3 为《颗粒活性炭吸附池水处理设计规程》(CECS 124：2001)规定的颗粒活性炭规格、特性参数，表 2-4 为《净水用木质活性炭标准》(GB/T 13803.2—1999)，表 2-5 为《净水用煤质颗粒活性炭标准》(GB/T 7701.4—1997)。

表 2-3　CECS 124—2001 规定的颗粒活性炭规格、特性参数

规　格			吸附、物理、化学特性	
柱径/mm	1.5		1. 碘值(mg/g)	≥900
柱长度分布	柱长度/mm	分布	2. 亚甲兰值(mg/g)	≥150
			3. 酸吸附值(mg/g)	≥120
			4. pH	8～10
			5. 强度(%)	≥90
	≥2.5	≤2%	6. 总孔容积(cm^3/g)	≥0.65
	2.5>1.25	≥83%	7. 比表面积(m^2/g)	≥900
	1.25～1.0	<14%	8. 颗粒密度(g/cm^3)	0.77
	<1.0	≤1%	9. 真密度(g/cm^3)	2.2～1.9
			10. 堆积密度(g/cm^3)	0.45～0.53
			11. 水分(%)	≤5
			12. 灰分(%)	8～12

表 2-4　《净水用木质活性标准》(GB/T 13803.2—1999)

项　目		指　标	
		一级品	二级品
碘吸附值/($mg \cdot g^{-1}$)	≥	1 000	900
亚甲基蓝吸附率①/($mL \cdot (0.1\ g)^{-1}$) /($mg \cdot g^{-1}$)	≥	9.0 (135)	7.0 (105)

（续表）

项　　目		指　　标	
		一级品	二级品
强度	≥	94.0%	85.0%
表观密度/(g·mL^{-1})		0.45～0.55	0.32～0.47
粒度[②] 2.00～0.63 mm 0.63 mm 以下	 ≥ ≤	 90% 5%	 85% 5%
水分	≤	10%	10%
pH 值	≥	5.5～6.5	5.5～6.5
灰分	≤	5.0%	5.0%

注：① $A=15V$，A 为每克活性炭吸附亚甲基蓝毫克数(mg/g)；V 为 0.1 g 活性炭吸附亚甲基蓝毫升数(mL)；
② 粒度大小范围也可由供需双方商定。

表 2-5　　《净水用煤质颗粒活性炭标准》(GB/T 7701.4—1997)

项　　目		指　　标		
		优级品	一级品	合格品
孔容积/(cm^3·g^{-1})		≥0.65		
比表面积/(m^2·g^{-1})		≥900		
漂浮率		≤2%		
pH 值		6～10		
苯酚吸附值/(mg·g^{-1})		≥140		
水分		≤5.0%		
强度		≥85%		
碘吸附值/(mg·g^{-1})		≥1 050	900～1 049	800～899
亚甲蓝吸附值/(mg·g^{-1})		≥180	150～179	120～149
灰分		≤10%	11～15%	—
装填密度/(g·L^{-1})		380～500	450～52	480～56
粒度	≥2.50 mm 1.25～2.50 mm 1.00～1.25 mm <1.00 mm	≤2% ≥83% ≤14% ≤1%		

注：① 用户如对粒度、吸附值、漂浮率等有特殊要求，可在订货时商定；
② 不规则形颗粒活性炭的漂浮率不大于 10%。

3. 活性炭的主要技术指标

颗粒活性炭常以碘值与亚甲兰值作为活性炭吸附的控制指标，当碘值小于 600 mg/g 或亚甲兰值小于 85 mg/g 时，活性炭就需要进行再生。

活性炭主要技术指标如下方面：

(1) 碘值(iodine value)是指在一定浓度的碘溶液中，在规定的条件下，每克活性炭吸附碘的毫克数。碘值是用以鉴定活性炭对半径小于 2 nm 吸附分子的吸附能力，且由此值的降低来确定活性炭的再生周期。

碘吸附量(碘值)可表征活性炭的比表面积(m^2/克炭)为：

① 碘值 y_1 和活性炭的比表面积 x 之间可用换算式为 $y_1 = 17 + 1.07x$。

② 碘值表示的比表面积为活性炭孔径 $D > 1$ nm 的孔隙所提供的。碘在活性炭表面上占据的面积为(0.27 ± 0.1) nm^2。

(2) 亚甲兰值(methylene blue number)是指在一定浓度的亚甲兰溶液中，在规定的条件下，每克炭吸附亚甲兰的毫克数。亚甲兰值是用以鉴定活性炭对半径为 2～100 nm 吸附质分子的吸附能力。亚甲兰值越高，对中等分子的吸附能力越强，表明活性炭的中孔量越大。

① 亚甲兰值又称亚甲基兰($C_{10}H_{18}CLN_3S \cdot 3H_2O$)脱免力(mg/g 炭)，它表征的是活性炭的孔径 $D > 1.5$ nm 的孔隙所提供的比表面积。亚甲兰值 $Y_{兰}$(mg/克炭)和比表面积 X(m^2/克炭)之间的换算关系为 $Y_{兰} = 0.4 + 0.34X$。

国内有一部分界壳水处理炭的亚甲兰值用 mL 表示，其换算方法为 mL 数×15 即等于以 mg 表示的亚甲兰值。

② 亚甲兰分子在活性炭表面所占据的面积为 0.78(相当于垂直取向)～1.3 nm^2(相当于水平取向)。

③ 亚甲兰值指标在水处理用活性炭中很关键，因为 $D > 1.5$ nm 孔隙对吸附水中的有机物非常有效。水处理用活性炭的有效孔隙直径 D 和需去除污染物分子直径 d 之比，需等于和大于 1.70，否则污染物分子将无法进入。污染物能进入的活性炭孔隙称为有效隙，此部分孔隙提供的比表面积可解释为总面积可资利用部分。

(3) 赤藓红(四碘萤光素钠盐 $C_{20}H_6I_4Na_2O_5$)脱免力：表征的比表面积是 $D > 1.9$ nm 的活性炭孔隙所提供的表面积。亦藓红脱色力 $Y_{红}$(mg/g·炭)和比表面积 X 之间的换算关系为 $Y_{红} = 17 + 0.30X$。

(4) 糖蜜值：表征的比表面积是 $D > 2.8$ nm 的活性炭孔隙所提供之表面积，它的比表面积之间换算关系为 $Y_{蜜} = 17 + 0.30X$。

(5) 吸酚值：表征该活性炭脱除水中异味的能力。单位是：当 $C = 1$ μg/L 时，吸附量为 4.5%(wt)。

(6) SV(Space Velocity)值：是指单位时间内，每单位体积的活性炭层能处理多少倍体积水的指标，表示式为

$$SV = Q/C_v \tag{2-70}$$

式中 Q——处理水量(m^3/h)；

C_v——活性炭体积(m^3)。

SV 数值大，处理水量大，吸附带(工作带)也长，穿透时间短，再生频繁。需要根据处理的目的和规模选定适当的数值。

其具体数值随去除物及浓度不同而不同。如去除臭味时，$SV = 4 \sim 10\ h^{-1}$；去除 THMs 前驱物质时，$SV = 4 \sim 8\ h^{-1}$；去除 THMs 时，$SV = 2.7\ h^{-1}$。

2.6.4 颗粒活性炭滤床

1. 滤床形式及比较

预处理的颗粒活性滤床可分为固定式、移动式和流动式，见图 2-32。活性炭滤床通常均设在砂滤池之后。

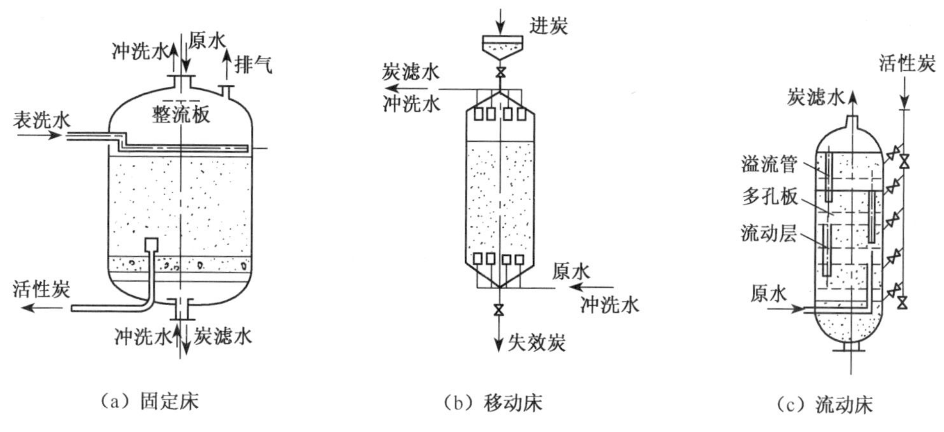

(a) 固定床　　(b) 移动床　　(c) 流动床

图 2-32　活性炭滤床形式

固定床:通水方式为升流式或降流式,重力式或压力式。当在普通砂滤池上增加活性炭层时,需加高池壁及减少冲洗强度。固定床运行稳定,管理方便,出水水质优良;活性炭再生后可循环使用。但活性炭在固定床中吸附容量利用相对较低;需定期投炭、整床(池)排炭。

移动床:水在加压状态下,由底部升流式通过炭层过滤吸附,冲洗废水及滤后水均由上部流出;新活性炭由部间歇或连续投加,失效炭借重力由底部间歇或连续排出。可以填充床或膨胀床两种方式运行,运转稳定、管理方便、出水水质优良;底部排出的失效炭可达到完全饱和,最大限度利用了炭的吸附容量;间歇或连续投炭、排炭,减少再生设备容积;建筑面积较小。基建及设备投资较高,并筒式筛网破裂时产生跑炭。

流动床:水由底部升流式通过炭床,炭由上部向下移动;水流与流化状态的活性炭在逆流接触中吸附;可采用一级或多级床层。炭床不需要冲洗;最大限度利用了炭的吸附容量;间歇或连续投炭、排炭,减少再生设备容积;占地面较小。要求炭粒均匀,否则易引起粒度分级。

2. 固定床设计要点

目前使用最为普遍的是固定床(即颗粒活性炭滤池),故主要对固定床设计进行必要的论述。

工业给水的处理水量与城镇自来水厂相比要小得多,故很少会采用处理水量较大的普通快滤池、虹吸滤池、双阀滤池等大型池,最多采用普通压力滤池或无阀滤池。处理水量小的,可用钢板制作的设备化活性炭滤池,但设计类似普通滤池。池型可分为重力式和压力式;圆形或短形。

采用定型颗粒活性炭时,粒径为 1.5 mm,粒长度为 1.0～2.5 mm。通水方式可为升流或降流式,应考虑进水水质,构筑物衔接方式、排水要求、运行管理经验等因素。

各炭滤池之间可以采用并联运行,也可以采用串联运行,各种通水方式示意见图 2-33。

图 2-33(a)为降流式中单池或多池串联布置。单池适用于被吸附物浓度较低水质;多池适用于被吸附物浓度较高的水质;为充分发挥活性炭吸附容量,可在运行一段时间后改变串联程序(方向相反)。

图 2-33(b)为降流式并联布置,适用于被吸附浓度较低而处理水量较大用水。

图 2-33(c)为升流式串联或并联的布置,适用条件固降流式。运行中要注意控制流速和防止活性炭流失。

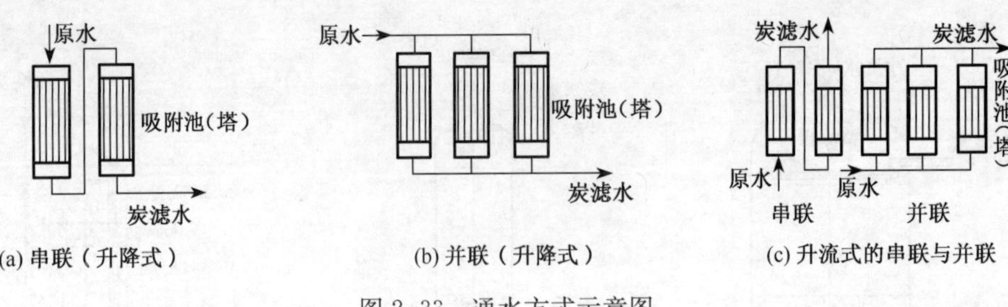

(a) 串联（升降式）
(b) 并联（升降式）
(c) 升流式的串联与并联

图 2-33　通水方式示意图

进入炭滤池的水,要求浊度小于 3 NTU。一般 3～6 d 冲洗一次。炭滤池中活性炭从开始使用至需要再生的时间称为使用周期,根据有机物含量的不同,使用周期一般为 4～6 个月。当水中有机物可生物降解或经臭氧化转化为可生物降解时,与臭氧联用的炭滤池中的活性炭使用周期,可达 2～3 年,甚至更长。

主要设计参数为接触时间、滤层厚度和滤速。

接触时间与处理水质有关。水中有机物浓度高,接触时间越长,活性吸附效果越好。为保证出水质,空床接触时间不应少于 7.5 min,一般采用 10～15 min。

影响炭滤池滤速的因素有活性炭的吸附能力、滤层厚度、水中有机物数量和种类、滤后水水质要求等。采用固定床时,空床流速为 8～20 m/h。移动床设计滤速可采用 12～22 m/h。

活性炭滤池炭层厚度取决于进水水质、滤速、活性炭质量、冲洗方法等。固定床炭层厚度一般为 1.0～2.5 m,流动床为 1.0～1.5 m。

承托层宜采用分导级配,以 5 层为例,其粒径级配排列由下至上为 8～16 mm,厚为 50 mm;4～8 mm,厚为 50 mm;2～4 mm,厚为 50 mm;4～8 mm,厚为50 mm;8～16 mm,厚为 50 mm。

炭滤池总高度:

$$H_{总} = h_1 + h_2 + H + h_3 + h_4 \tag{2-71}$$

式中　$H_{总}$——炭滤池总高度(m);

h_1——配水系统高度(m);

h_2——承托层厚度(m),取决于配水式;

H——炭滤层厚度(m);

h_3——炭滤层以上水深(m);

h_4——保护高度(m),取 0.2～0.3 m。

炭吸附滤池采用小阻力配水系统,配水孔眼面积与炭滤池面积之比采用1%～1.5%。

冲洗水尽可能采用炭滤水:冲洗强度为 11～13 L/(m^2 · s);冲洗时间为 8～12 min;膨胀率为 15%～20%。

2.7　精密过滤

精密过滤也称微孔过滤,如果预处理对水质要求高,砂滤池设颗粒活性炭吸附过滤的,则精密过滤器设在活性炭吸附过滤池之后;如果预处理工艺中不设活性炭吸附过滤池,则精密过滤设在砂滤池之后。可见精密过滤是最后一道工序,起把关作用。

精密过滤的任务主要为:一是进一步去除很微小的胶体颗粒,使出水浊度小于 1 NTU。

砂滤池出来的每毫升水中仍有几十万个粒径为 1～5 μm 的颗粒，砂滤池不能去除，但精密过滤能去除，这是设在砂滤后精密过滤的主要任务。活性炭吸附过滤后的水中，也仍有微小胶体颗粒需要去除，但任务相对于砂滤池后的精密过滤来说要轻，但仍有去除物。二是设有活性炭吸附过滤的，在运行过程中常有活性炭破碎而带入出水中，则精密过滤器必须把它除去，保证下道工序的进水水质，起保安作用，故精密过滤常称为保安过滤。总的要求是防止细小微粒进入下道工序中。

表 2-6 为部分精密过滤材料去除微粒的范围。

表 2-6　　部分精密材料去除微小颗粒的范围

材　　料	去除颗粒的最小粒径/μm	材　　料	去除颗粒的最小精径/μm
天然及合成纤维织布	100～10	泡沫塑料	10～1
一般网过滤	10 000～10	玻璃纤维纸	8～0.03
尼龙编织网滤芯	75～1	烧结陶瓷(或烧结塑料)	100～1
纤维纸	30～3	微孔滤膜	5～0.1

精密过滤器一般由外壳及微孔滤元两部分组成。以下介绍几种较常见的几种精密过滤器及技术性能。

2.7.1　滤布过滤器

滤布过滤器是把尼龙网布等包扎在多孔管上，组成过滤单元。把数个单元装在一块多孔板上，再置于承压容器内成为过滤器，也可以单个装在一根进水管上。设置几只过滤器应根据处理水量确定。但因过滤器芯需冲洗、更换等，应设置备用过滤器。

图 2-34 为聚氯乙烯套管式滤布过滤器剖面。这种滤布过滤器去除大于 80 μm 粒径的杂质，因此活性吸附过滤后的水不采用此种过滤器，但砂滤池后可采用。按图 2-34，正常运行过滤时水由进水口 1 进入，经滤布 6 除去杂质后由出水口 2 流出。当滤布被逐步堵塞出水量减小到设定时，关闭进、出水上阀门，开启反冲洗进水阀和排水阀进行反冲洗。

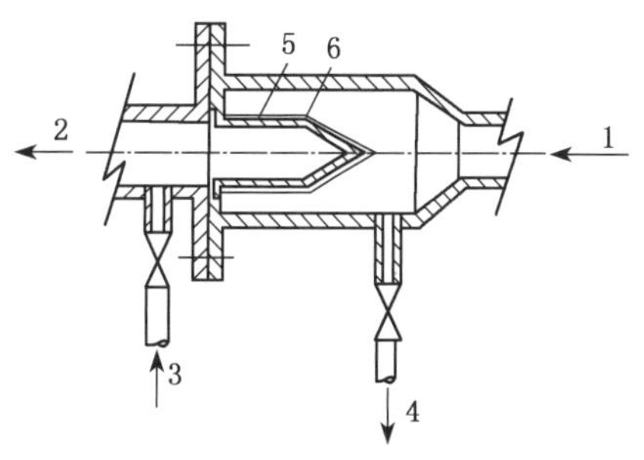

1—进水口；2—出水口；3—反冲洗进水口；4—反冲洗水排放口；5—多孔管；6—包在多孔管外面的滤布(滤布内衬窗纱)

图 2-34　滤布过滤器

2.7.2　烧结滤管过滤器

烧结滤管过滤器去除的微粒很小，出水优良。根据壳体和产水量的大小，过滤器内可设置单支滤管和多支滤管组成，产水量较大的可同时采用若干个多支滤管过滤器。这种过滤器目前采用较多较普遍。滤管材料有陶瓷、玻璃砂、塑料(聚乙烯或聚氯乙烯)等多种。

1. 塑料滤管

PE 和 PA 型微孔滤管是采用聚乙烯材料烧结制成，适用于水质要求高的各种工业用水和饮用净水，水中大于 0.5 μm 的微粒均可去除。

此类滤管的特点为：微孔孔径 5～120 μm；能耐酸、碱、盐及一般化学溶剂；用压缩气体反吹方式除渣和再生，操作简便；机械强度高，不易损坏，使用寿命长；无味、无毒，无异物溶出；耐温性能好，PE 管使用温度为 80℃，PA 管为 120℃。

这类微孔滤管的规格有 10 多种，其外径 24～150 mm，相应的内径为 8～120 mm，长度大多数为 1 000 mm，每根滤管的有效过滤面积 0.039～0.30 m^2。

由 PE 或 PA 管组成的精密过滤器，可适用于不同水处理对象，每台精密过滤器的过滤面积为 0.5～100 m^2。

2. 陶瓷滤管

烧结陶瓷滤管的微孔孔径一般小于 2.5 μm，孔隙率为 47%～52%，其构造有几种形式，其中一种见图 2-35，其规格见表 2-7。

烧结过滤管过滤器的外壳材料及构造有多种形式，用铝合金材料制成的过滤器如图 2-36 所示，适用于以烧结陶瓷滤管作滤元，由单支滤管或多支滤管组成。处量水量为 600～1 500 L/h，一般适用工作压力 0.3 MPa 以下。

烧结陶瓷滤管过滤器工作一定时间后阻力增大，出水量减少，阻力和水量减小到设定值时，则停止运行将滤管卸出，用水砂纸磨去表层堵塞物并清洗干净后继续使用。当滤管的壁厚减薄至 2～3 mm 时，须更换滤管。

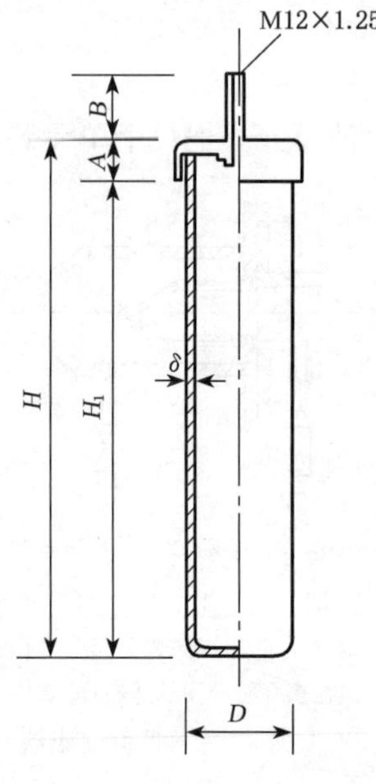

图 2-35　烧结陶瓷滤管

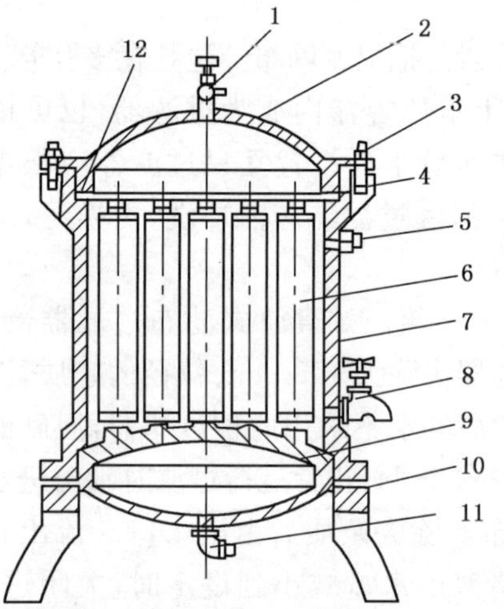

1—放气阀门；2—上盖；3—紧固螺栓；4—上箅子；
5—进水口；6—滤管；7—过滤器壳体；8—排污龙头；
9—下箅子；10—下盖；11—出水口；12—密封胶圈

图 2-36　烧结滤管过滤器

表 2-7　烧结陶瓷滤管规格

尺寸/mm						过滤面积/m^2
H	H_1	A	B	δ	D	
290	273	17	25	10	75	0.06
210	197	13	25	6	50	0.03

3. 蜂房过滤器(即线绕过滤器)

蜂房滤芯也称线绕滤芯,由纺织纤维粗纱精密缠绕在多孔骨架上而成,控制滤芯的缠绕密度而制成不同精度的滤芯,滤芯的孔径外层大,愈往中心愈小,滤芯的这种深层网孔结构具有较高的过滤效果。

蜂房滤芯有多种不同材料可选择,如骨架有聚丙烯塑料、不锈钢、马口铁等;缠绕纤维有化学纤维、合成纤维、天然纤维等。过滤精度分为 11 个等级(表 2-8),线绕式蜂房滤芯规格见表 2-9。

表 2-8　过滤精度与流量的关系

精度/μm		0.5	0.8	1	3	5	10	20	30	50	75	1 000
流量/($m^3 \cdot h^{-1}$)	棉纤维	0.22	0.43	0.54	0.72	0.90	1.08	1.15	1.30	1.44	1.62	1.80
	腈纶	0.36	0.72	0.90	1.20	1.50	1.80	1.92	2.16	2.40	2.70	3.00
	聚丙烯	0.47	0.94	1.17	1.56	1.95	2.34	2.50	2.80	3.12	3.51	3.90

注:测试条件为压差 0.014 MPa,骨架长 L=250 mm,介质为自来水。

表 2-9　线绕式蜂房滤芯规格

滤芯尺寸/mm	外径 65,内径 29
骨架长度/mm	250, 500, 750, 1000
工作温度/℃	0～65(聚丙烯骨架), 0～120(金属骨架,棉纤维绕线)
工作压力/MPa	≤0.5
制作材料	粗砂、聚丙烯纤维、棉纤维、聚丙烯腈纤维(腈纶)

蜂房滤芯的特点为:有效地去除水中微小的悬浮和胶体颗粒;可承受较高的过滤压力;过滤精度 0.5～100 μm;独特的深层网孔结构使滤芯有较高的滤渣负荷能力;滤芯可用多种材质制成,适用于多种过滤需要。

选用蜂房过滤器时应注意:有机玻璃蜂房过滤器运行压力≤0.2 MPa,温度≤50℃,还适用于有机溶液类;不锈钢蜂房过滤器运行压力≤0.3 MPa;在选用过滤器时,宜采用较小流速。

蜂房过滤器具有体积小、过滤面积大、阻力小、含污率高、使用寿命长等优点。在一般条件下,经反冲洗后可重复使用,故在预处理中应用较多。

4. 叠片式过滤器

叠片式过滤器又称卡盘式过滤器,是一种高效、简便、耐用的新型净水设备。其技术特性为:进水浊度<3 NTU;过滤流量为 40～120 m^3/h;过滤精度为 20～50 μm;最大操作压力 0.4 MPa;启动初始压力 0.03 MPa;最高使用温度≤40℃。

叠片式过滤器的型号规格有 5 种,流量 40 m^3/h, 60 m^3/h, 80 m^3/h, 100 m^3/h, 120 m^3/h。外壳系不锈钢或钢衬胶制成的压力容器,内装有聚丙烯滤片(图 2-37),每个滤片正反面均有专门设计的微细通水槽,通水槽进水方向与中心线具有一定的角度,目的是最大限度地延长过滤途径,且有利于水流方向达到最佳效果。

每台叠片式过滤器内由若干根滤元组成,每根滤元又各装有数百片滤片,由于滤片上通水槽的间隙大小是根据不同型号专一设计的,因此不能装错。而同一型号的滤片正反两

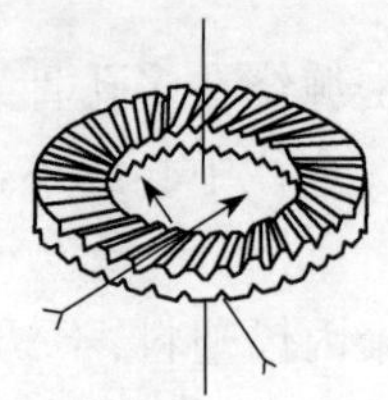
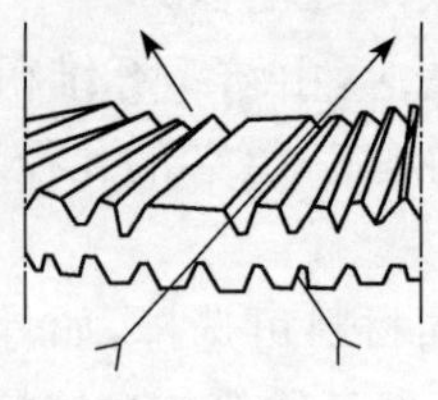

图 2-37　聚丙烯滤片

面都是由相同间隙的通水槽组成，所以不必考虑正反面，只要一片片地串在一根人字形的三棱主轴上即可，滤片之间的紧密度是依靠每根滤元头部的弹簧张力来保证，使运行时滤片间隙始终保持在一定范围内。

原水进入过滤单元，水力和弹簧张力压紧滤片，水穿过压紧的叠片，杂质则截留在沟纹内。叠片式过滤器运行一个阶段后，压降由 0.03 MPa 左右上升到0.1 MPa时则需要进行反洗，此时控制器发出信号，进水阀关闭，反洗排污阀打开，压力活塞松动，卸去压在叠片上的压力，使其可以自由转动，从喷嘴喷出的沿切线方向的水流推动叠片转动，同时清洗了叠片。反洗后压力又降到 0.03 MPa 左右时，即可再投入运行。连续运行半年后，可折开封头，将滤元取下，并将滤片分别卸出，用毛刷清洗或用超声波洗净器处理。连续运行两年后，将滤片用 10%工业盐酸清洗一次，清洗后效果可达到初始时相同。

第3章　水的除铁除锰

3.1　铁、锰的危害、来源及水中的溶解

3.1.1　铁、锰的危害

1. 生活方面的危害

铁和锰都是人体必须的微量元素，水中含有微量的铁和锰，对人体并无害。我国生活饮用水卫生标准规定：铁 $\leqslant 0.3$ mg/L；锰 $\leqslant 0.1$ mg/L。

过量的铁（>1 mg/L）使水带有铁腥味。人体摄入过多的铁，容易引起肠胃障碍而下痢。有报导说，在锰矿地区，人体长期摄入过量的锰，可致慢性中毒。过量的锰不仅呈毒性，长期过量摄取将造成前脑皮质等神经损伤。

含铁锰的水洗涤白色织物会使衣物发黄及生成锈色斑点，在光洁的卫生用具及卫生设备上会留下不悦的黄斑。

2. 工业方面的危害

在纺织、造纸、印染、钛白粉、胶卷等工业，若以含铁和锰高的水作为洗涤用水，或生产过程中加进原料中去，会降低产品的白色和光泽，影响颜色的鲜艳性，进一步还会影响生产设备的运行。食品工业和酿造工业如果用含铁锰高的水作料，会严重地影响产品的色、香、味。在锅炉用水中，铁和锰是生成水垢和罐泥的成分之一；在冷却用水中，铁会附着在加热管壁上，降低管壁的传热系数，当水中含铁量高时，甚至会堵塞冷却水管；在油田的油层注水中，铁和锰会堵塞地层孔隙，减少注水量，降低注水效果；在电解用水中，铁和锰会在阴极生成霜，并增大隔膜的电阻，降低电解效率等。可见铁和锰对工业用水的影响是多方面的。

3. 对给水管网及水质的危害

在供水管网中，铁和锰会沉积在管壁上，增加粗糙度，缩小过水断面积，从而降低输水能力，同时增加阻力，降低供水压力。沉积物被剥落下来或者铁锰在管道末稍及近用户水龙头处沉淀下来，会严重影响供水水质，即所谓出“黑水”（主要由锰所引起）或出“黄汤”（主要由铁引起），严重时会堵塞水管和用水设备，在城市供水的管网中仅含有 0.2 mg/L 锰，就会引起上述弊病。如果当水中的铁锰引起铁细菌和硫酸盐还原菌的大量繁殖时，腐蚀和堵塞管网的现象更为严重。

4. 在水处理中的危害

采用离子交换进行水软化、除盐等处理中，水中的铁与锰会沉积在离子交换树脂和电渗析等膜上，降低树脂的交换容量和引起堵塞，降低水处理设备的效能。

为了避免水中的铁和锰对生活与生产带来危害，不同的用水对象对铁和锰规定了限值，表 3-1 为部分生产和生活用水的允许含铁量和含锰量限值，超过此规定值的，应进行除铁除锰处理。

表 3-1　生活和工业生产用水允许的含铁量和含锰量　单位:mg/L

序号	名　称	含铁量	含锰量	含铁锰总量
1	生活饮用水	0.3	0.1	
2	酿造用水	0.1	0.1	0.1
3	食品工业用水	0.2	0.2	0.2～0.3
4	罐头工业用水	0.2	0.2	0.2
5	汽水工业用水	0.2	0.2	0.2
6	制冰用水	0.03～0.2	0.2	0.2
7	制糖工业用水	0.1		
8	面包工业用水	0.2	0.2	0.2
9	洗衣行业用水	0.2	0.2	0.2
10	棉毛织品工业用水	0.25	0.25	0.25
11	纤维制品漂白用水	0.05～0.1	0.05	0.1
12	染色工业用水	0.05		
13	人造丝浆料工业用水	0.05	0.03	0.05
14	人造丝工业用水	0.00	0.00	0.00
15	塑料工业用水(透明)	0.02	0.02	0.02
16	感光胶片制造用水	0.05	0.03	0.05
17	制皮工业用水	0.2	0.2	0.2
18	硫酸盐法纸浆用水	0.2	0.1	0.2
19	亚硫酸盐法纸浆用水	0.1	0.05	0.1
20	高级有光纸制造用水	0.1	0.05	0.1
21	电镀工业用水	痕量	痕量	痕量
22	油田油层注水	0.5	0.5	0.5
23	一般锅炉用水	0.3	0.3	0.3
24	一般冷却用水	0.5	0.5	0.5
25	空气调节用水	0.5	0.5	0.5

这里应提及的是,地下水中的铁和锰均呈二价,故地下水是清彻透明的,但经空气中的氧氧化后,分别成为带黄色和褐色的沉淀物。根据测定,锰所造成的色度,比同量的铁所造成的色度约大 10 倍。水中每增加 0.1 mg/L 的锰,增加的色度约 20 度,而每增加 0.1 mg/L 的铁,仅增加色度 1～2 度。可见,锰比铁的危害更大。

3.1.2　地下水中铁、锰的来源及溶解

1. CO_2 的溶解作用

水在自然循环过程中,部分降水由地表渗入地下的过程中,一般会经过含有有机物的表层土壤。土壤中的有机物在微生物作用下,被分解而产生大量的 CO_2。另外,当地下水流经碳酸盐岩层时,在复杂的水文地质的化学作用下,也会使地下水含有大量的 CO_2。这

些 CO_2 溶于水中使地下水含有大量的碳酸。

含有碳酸的地下水在地层的渗流过程中，能逐渐溶解岩层中的二价铁的氧化物，生成可溶性的重碳酸亚铁：

$$FeO + 2CO_2 + H_2O \longrightarrow Fe(HCO_3)_2 \tag{3-1}$$

当地下水流的岩层为菱铁矿（$FeCO_3$）和菱锰矿（$MnCO_3$）时，在碳酸的作用下也能溶解于水，转化成重碳酸亚铁和重碳酸亚锰：

$$FeCO_3 + CO_2 + H_2O \longrightarrow Fe(HCO_3)_2 \tag{3-2}$$

$$MnCO_3 + CO_2 + H_2O \longrightarrow Mn(HCO_3)_2 \tag{3-3}$$

2. 高价铁锰的来源

在含有富量有机物的地层中，常由于微生物的强烈作用而处于厌氧条件之下。这时，水中的溶解氧被消耗殆尽，由于有机物的厌氧分解作用，产生出相当的硫化氢、二氧化碳和沼气。在此条件下，地层中的三价铁能被还原为二价铁而溶于水中。三价铁的氧化物被 H_2S 还原为

$$Fe_2O_3 + 3H_2S \longrightarrow 2FeS + 3H_2O + S \tag{3-4}$$

生成的硫化铁在碳酸作用下溶于水中为

$$FeS + 2CO_2 + 2H_2O \longrightarrow Fe(HCO_3)_2 + H_2S \tag{3-5}$$

这是河漫滩地区地下水中铁的重量来源。特别是不少河漫滩地区的含铁地下水中，还含有微量的硫化氢，更证实了地层中厌氧还原状态的存在。

锰的来源形式及其反应物比铁要复杂得多，一般流动的水(具有正常的 pH 值和碱度)，锰的存在并不明显，一旦把水贮存起来便会发现多少有些锰。这是因为蓄水池或水库的下层滞水带都处在厌氧条件下，微生物作用使植物、土壤和沉泥中的锰溶于水中。水中溶解性锰的数量与植物的种类数量及土壤和沉泥的性质有关。北方水库中的植物不多且生长期短，故水库中水的含锰量较南方少。另外，三价锰由于本身的不稳定性会自发还原成二价锰。

3. 有机物对铁锰的溶解作用

有些有机酸能溶解岩层中二价铁和锰；有些有机物质能将岩层中三价铁还原成为二价铁而使之溶于水中，还有一些有机物质能和铁生成复杂的有机铁而溶于水中。

4. 铁的硫化物被氧化而溶于水中

较典型的铁的硫化物被氧化为

$$2FeS_2 + 7O_2 + 2H_2O \longrightarrow 2FeSO_4 + 2H_2SO_4 \tag{3-6}$$

这是酸性矿水中铁的主要来源。酸性矿水的含铁浓度每升可达数百毫克，一般不作为工业和城镇的给水水源。除酸性矿水之外，一般来说地下水中含有硫酸亚铁的情况十分少见。

根据地下水中铁锰的来源，一般来说含铁锰的地下水主要为二价铁锰的重碳酸盐，此外还有可能含有可溶性的铁。三价铁的重碳酸盐是较强的电解质，在水中可离解为

$$Fe(HCO_3)_2 \longrightarrow Fe^{2+} + 2HCO_3^- \tag{3-7}$$

所以二价铁[Fe(Ⅱ)]在地下水中主要是以二价铁离子(Fe^{2+})的形式存在。三价铁[Fe(Ⅲ)]在 pH>5 时在水中的溶解度很小，故在水中含量甚微。

在不含碳酸盐的水中，二价铁离子能与水中的氢氧根离子(OH^-)生成难溶的氢氧化物，从而限制了二价铁在水中的浓度：

$$Fe^{2+} + 2OH^- \longrightarrow Fe(OH)_2 \tag{3-8}$$

二价铁离子在含碳酸盐水中能和碳酸根离子化合生成难溶于水的碳酸亚铁：

$$Fe^{2+} + CO_3^{2-} \longrightarrow FeCO_3 \tag{3-9}$$

天然水中铁的表现为：二价和三价铁离子(Fe^{2+}、Fe^{3+})状态；胶体铁(无机的$Fe(OH)_3$，$Fe(OH)_2$，FeS 及有机的)状态；络合物状态(主要是铁的有机络化物，如腐殖酸等)；$Fe(OH)_3$，$Fe(OH)_2$，FeS 的细分散悬浮物。铁盐在水中会产生水解作用，在 pH≥3.5 时三价铁盐就会迅速分解，生成极不易溶的 $Fe(OH)_3$ 胶体。当 pH 值高于 6.5～7.0 时，氢氧化铁胶体便凝生成絮状沉淀物，而天然水的 pH 值一般在 6.5～7.5，所以天然水中不可能含有溶解性的三价铁盐。在水中缺氧(地下水)和其他氧化剂时，含有稳定的二价铁盐。所以天然水中含铁的形态或是二价铁或是呈胶体的氢氧化铁，或是络合物。地下水中铁主要以 $Fe(HCO_3)_2$、$FeSO_4$ 的形式存在于水中。

水中的锰普遍的形式是重碳酸亚锰、硫酸亚锰或胶态的有机锰。除水体被含锰废水污染之外，一般江河等地面水含锰很少，在地下水中铁和锰相伴出现，但含量比铁少。溶解的锰与铁不同，即使曝气也仍为溶解状态，生成的化合物溶解度，所以除锰比除铁难。

3.2 水中铁和锰的氧化及影响氧化的因素

3.2.1 铁、锰的氧化动力学

铁和锰的氧化还原反应与电极电位和 pH 值有关，水与铁的氧化电位差随 pH 值的升高而增大，提高 pH 值有利于铁的氧化。但未涉及到反应速率，而反应速率是化学反应在实际应用中的重要条件，如二价锰，当电极电位提高到 0.5～0.6 V 时，pH 值只要维持在 7 左右，二价锰就完全可能被氧化生成 MnO_2 沉淀。但此时的氧化速率极慢，在生产上没有实际意义，只有将 pH 值提高到 9.5 以上，反应速率才会加快，这必将水处理工艺复杂化。因此，只有同时了解掌握铁锰的氧化速率，才能正确选择除铁除锰的方法。

1. 铁和锰的自然氧化反应速率

水中溶解氧对 Fe(Ⅱ)的氧化反应式为

$$4Fe^{2+} + O_2 + 2H_2O \longrightarrow 4Fe^{3+} + 4OH^- \tag{3-10}$$

据研究，Fe(Ⅱ)的氧化速率与 Fe(Ⅱ)的浓度和水中的溶解氧的分压力的一次方成正比；与氢氧根离子浓度的 b 次方成正比，可用下式表示：

$$-\frac{d[Fe^{2+}]}{dt} = k[Fe^{2+}]P_{O_2}[OH^-]^b \tag{3-11}$$

式中　$[Fe^{2+}]$——Fe(Ⅱ)的浓度(mol/L)；

t——反应时间(min)；

P_{O_2}——水中溶解氧的分压力(kPa)；

$[OH^-]$——氢氧根离子浓度(mol/L)；

k——反应速率常数，其值与温度有关，当温度为 20℃时，$k = 7.9(\pm 2.5) \times 10^{11}$ $(L^2/mol^2 \cdot min \cdot kPa)$。

设溶解氧分压和氢氧根离子浓度不变，将水的离子积公式 $[OH^-][H^+] = K_W$ 代入式(3-11)进行积分，得

$$\lg \frac{[Fe^{2+}]_t}{[Fe^{2+}]_0} = -k' P_{O_2} \cdot 10^{b \cdot pHt} \tag{3-12}$$

式中　$[Fe^{2+}]_0$——Fe(Ⅱ)的起始浓度(mol/L)；

$[Fe^{2+}]_t$——经过反应时间 t 后 Fe(Ⅱ)的浓度(mol/L)；

$k' = 0.434\,8k \cdot K_W^b$。

根据实验，当 pH<4 时，$b \approx 0$，即在较强酸性条件下，Fe(Ⅱ)的氧化速率一般与 pH 值无关；当 pH>5.5 时，$b = 2$，即在弱酸性、中性、弱碱性条件下，Fe(Ⅱ)的氧化速率与$[OH^-]$的 2 次方成正比；当 4<pH<5.5 时，b 由 0 增大到 2。一般地下水的 pH>5.5，故 $b = 2$。因为：

$$[OH^-]^b = \frac{K_W^b}{[H^+]^b} = K_W^b \cdot 10^{bpH} \tag{3-13}$$

所以式(3-11)可改写成为

$$-\frac{d[Fe^{2+}]}{dt} \propto [OH^-]^b \propto 10^{bpH} \tag{3-14}$$

从式(3-14)可见，当 $b = 2$ 时，pH 值每升高 1，Fe(Ⅱ)的氧化速率将增大 100 倍，可见 pH 值的影响之大。

由式(3-12)可见，pH 值一定时，$\lg([Fe^{2+}]_t/[Fe^{2+}]_0)$ 和 t 是一条直线关系。图 3-1 是在 $t = 20$℃，$P_{O_2} = 20$ kPa 时，根据式(3-12)绘制的$\lg([Fe^{2+}]_t/[Fe^{2+}]_0)$ 和 t 的关系图。从图 3-1 可知，当 pH=7 时，t 不到 30 min，Fe(Ⅱ)的浓度就可以减少到 1%；但 pH=6.5 时，$t = 30$ min，Fe(Ⅱ)只能减少到 60%。

通常地下水的 pH 值多数略低于 7，因此在工程实践中，自然氧化除铁工艺中氧化池中逗留时间 1～2 h，使池的溶积增大。

Mn^{2+} 可以被氧化成 MnO_2 固体，其氧化反应为

$$Mn^{2+} + O_2 + H_2O \longrightarrow MnO_2 \cdot H_2O \tag{3-15}$$

此反应在自然氧化条件下进行极其缓慢，完成整个反应过程大约需要 46 天。图 3-2 是自然氧化条件下 Mn(Ⅱ)氧化曲线。从图 3-2 可见，只有将 pH 值提高到 9 以上，氧化速率才明显加快，说明在相同 pH 值条件下，Mn(Ⅱ)比 Fe(Ⅱ)更难氧化，因此自然氧化法对 Mn(Ⅱ)的氧化无多大实用意义。

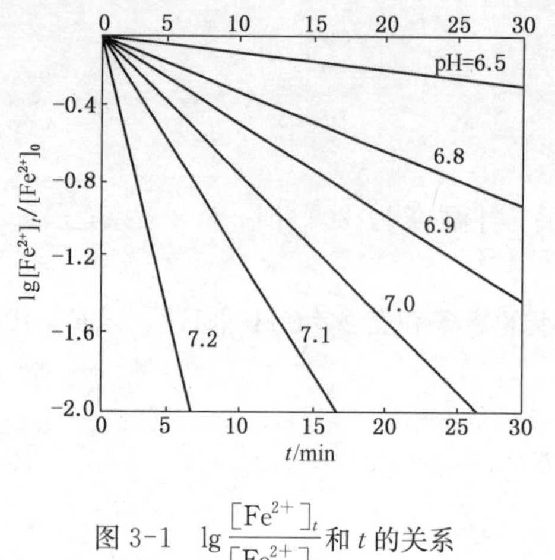

图 3-1　$\lg\frac{[Fe^{2+}]_t}{[Fe^{2+}]_0}$和 t 的关系

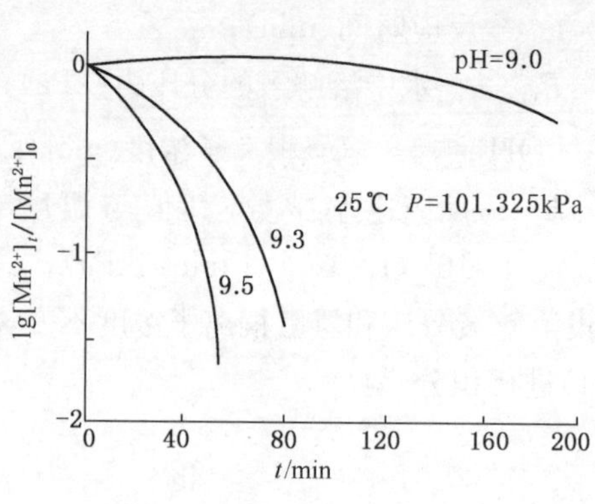

图 3-2　Mn(Ⅱ)氧化曲线

2. 二价铁锰的接触氧化

长期实践证明，MnO_2 对水中二价铁的氧化反应能起催化作用，从而大大加速了水中二价铁的氧化反应。在接触条件下进行的氧化称为接触氧化。含有高价锰氧化物的天然锰砂，在除铁工艺中用作催化剂，几十年来证明效果好，被广泛采用。但锰砂接触氧化除铁的机理至今说法不一，主要有本体催化和表面活性滤膜催化两种。

锰砂刚投入运行时，锰砂中的 MnO_2 首先被水中的溶解氧化成七价锰，七价锰再将水中的二价铁氧化成三价铁：

$$3MnO_2 + O_2 \longrightarrow MnO \cdot MnO_7 \tag{3-16}$$

$$MnO \cdot MnO_2 + 4Fe^{2+} + 2H_2O \longrightarrow 3MnO_2 + Fe^{3+} + 4OH^- \tag{3-17}$$

由于这两个反应进行得很快，所以大大加速了二价铁的氧化。这种靠天然锰砂含 MnO_2 起催化作用的称为本体催化。

天然锰砂在除铁过程中，其颗粒表面会逐渐形成一层具有接触催化除铁作用，不仅与锰砂本体催化有关，并且与锰砂颗粒表面的活性滤膜的催化作用有关。这还可以从反冲洗前后来说明：天然锰砂在催化除铁过程中阻力逐渐增大，当锰砂的过滤阻力增加到设计值时则进行反冲洗，冲洗过程中部分表层滤膜被冲洗掉，冲洗后发现催化除铁能力大大降低，需经过一定时间滤膜重新形成后才能恢复原有的催化除铁效能。这证明包裹在天然锰砂表面的一层棕黄色的外壳膜确实具有催化氧化作用。所以冲洗强度不宜过大，时间不宜过长，尽可能减少滤膜受到破坏。

经研究，活性滤膜是一种羟基氧化铁，羟基氧化铁(FeOOH)具有 α，β，γ，δ 四种结晶形式，其中只有 γ-FeOOH 的除铁效果显著。它在一般地下水的 pH 值条件下能吸附二价铁离子，进行离子交换，并置换出等当量的氢离子：

$$Fe^{2+} + FeO(OH) \longrightarrow FeO(OFe)^+ + H^+ \tag{3-18}$$

被吸附的二价铁继续进行水解和氧化，产生羟基氧化铁，使催化剂得到再生：

$$FeO(OFe)^+ + \frac{1}{4}O_2 + \frac{8}{2}H_2O \longrightarrow 2FO(OH) + H^+ \tag{3-19}$$

这种依靠滤料表面生成的羟基氧化铁起催化作用的称为表面活性滤膜催化。

实际证明：羟基气化铁活性滤膜在石英砂表面也能形成，因此接触氧化法也可以采用石英砂为滤料，经过一段时间运行为熟砂（称为人工锈砂）之后，同样对二价铁离子能起催化作用，且不比 MnO_2 逊色。

接触氧化除铁的反应很快，水一经曝气即可进行过滤，历时只有 4～5 min，而且在较低的 pH 值条件下就能顺利进行氧化反应，因此无需提高地下水的 pH 值。

MnO_2 同样能对水中二价锰的氧化反应起催化作用，其反应式为

$$Mn^{2+} + MnO_2 \cdot H_2O + H_2O \longrightarrow MnO \cdot MnO_2 \cdot H_2O + H^+ \tag{3-20}$$

$$MnO \cdot MnO_2 \cdot H_2O + \frac{1}{2}O_2 + H_2O \longrightarrow 2MnO_2 \cdot H_2O \tag{3-21}$$

式(3-20)是离子交换吸附阶段。水合二氧化锰 $MnO_2 \cdot H_2O$ 具有羟基表面，这是由于暴露在晶格表面的锰离子与水中 OH^- 结合的结果。它是两性化合物（即 $pH<2.8\pm0.3$ 时带负电；$pH>2.8\pm0.3$ 时带正电），在地下水的 pH 值为 5～8 之间时，水合二氧化锰能够和水中的 Mn^{2+} 进行离子交换吸附，生成 $MnOMnO_2 \cdot H_2O$，这个吸附的速率很快。

式(3-21)是 Mn^{2+} 的氧化阶段。在将 MnO 氧化成 MnO_2 的过程中，原来的二氧化锰获得再生，所以这个阶段也是催化剂再生阶段。但是，这个阶段的反应速率比吸附阶段的速率难得多，因此是整个反应速率的控制阶段。此反应过程的反应速率为

$$-\frac{d[Mn^{2+}]}{dt} = k_1[Mn^{2+}] + k_2[Mn^{2+}][MnO_2] \tag{3-22}$$

式中　$[Mn^{2+}]$——二价锰离子浓度(mol/L)；

$[MnO_2]$——二氧化锰浓度(mol/L)；

t——反应时间(min)；

k_1，k_2——反应速率常数。

式(3-22)与式(3-11)Fe(Ⅱ)氧化反应速率公式不同的是：Mn[Ⅱ]的氧化是一个催化氧化过程，所以反应速率不仅与 Mn(Ⅱ)的浓度有关，还和催化剂的浓度有关。

与 Fe(Ⅱ)的自然氧化反应速率一样，Mn(Ⅱ)的氧化反应速率也和水中溶解氧的分压和氢离子浓度有关，式(3-22)中的反应速率常数 k_2 为

$$k_2 = k_0 \cdot P_{O_2}[OH^-]^2 \tag{3-23}$$

设 P_{O_2} 和 $[MnO_2]$ 为常数，将式(3-23)代入式(3-22)进行积分，得

$$\lg\frac{[Mn^{2+}]_t}{[Mn^{2+}]_0} = 0.434\,8(k_1 + k_2)k_w \cdot 10^{2pH} \cdot P_0[MnO_2]_t \tag{3-24}$$

上述是 Mn(Ⅱ)接触氧化法的传统理论，该理论认为：MnO_2 是催化剂，氧化反应是先将 Mn^{2+} 吸附在催化剂表面，再和水中溶解氧进行反应。

现有人认为，催化剂不是 MnO_2，而是 α 型 Mn_3O_4（可写成 Mn_x，$x=1.33$），并发现它是锰（MnO_x，$x=1.33\sim1.42$）和水里锰矿（MnO_x，$x=1.15\sim1.45$）的混合物；催化剂不是先吸附 Mn^{2+}，再和水中溶解氧进行反应，而是先吸附水中溶解氧，然后吸附在催化剂表

面的溶解氧与 Mn^{2+} 进行反应，其氧化反应式为

$$2(MnO_x \cdot yH_2O) + (x-1)O_2 + 2(1-y)H_2O \longrightarrow 2\left(MnO_x \cdot \frac{x}{2}O_2\right) + 4H^+ \tag{3-25}$$

$$2\left(MnO_x \cdot \frac{x}{2}O_2\right) + 2Mn^{2+} + 4yH_2O \longrightarrow 4(MnO_x \cdot yH_2O) \tag{3-26}$$

式(3-25)为催化剂吸附水中溶解氧阶段，式(3-26)为催化剂表面的溶解氧氧化 Mn^{2+} 成为高阶锰的氧化物。上述两式合并得总反应式为

$$2Mn^{2+} + (x-1)O_2 + 2(1-y)H_2O \longrightarrow 2(MnO_x yH_2O) + 4H^+ \tag{3-27}$$

其反应速率为

$$-\frac{d[Mn^{2+}]}{dt} = k[Mn^{2+}][O_2]^0([OH^-] - 10^{-7})(4.32 \times 10^{-3} + [HCO_2^-]e^{(7\,000/T)} \tag{3-28}$$

式中 $[O_2]$——水中溶解氧(mg/L)；

T——绝对温度(K)；

k——反应速率常数；

t——反应时间(min)。

式(3-28)适用于溶解氧为 1～10 mg/L。因当 $[O_2] < 1$ mg/L 时，由于氧的表面积很小，氧化反应速率显著降低；当 $[O_2] > 10$ mg/L 时，催化剂 Mn_3O_4 将被氧化，而失去催化作用，也会大大降低反应速率。

式(3-28)中的 $[OH^-] - 10^{-7}$ 值为

$$[OH^-] - 10^{-7} = 10^{(pH-14)} - 10^{-7} = \frac{10^{pH} - 10^7}{10^{14}}$$

当 pH≤7 时，$([OH^-] - 10^{-7}) \leqslant 0$，式(3-28)无意义，所以只有 pH>7 时才能进行除锰。

3.2.2 影响二价铁、锰氧化反应的因素

影响二价铁、锰氧化反应的因素实际上就是影响除铁除锰的因素，归纳起来为以下几个方面。

1. pH 值的影响

pH 值是对二价铁、锰氧化反应的主要影响因素，前面已较全面地进行了论述。总的来说，pH 值对二价铁、锰的自然氧化反应速率影响极大，只有把 pH 值提高到 8～9 以上才能氧化二价的铁和锰，则先要加碱，后要加酸，极为复杂。对于接触氧化除铁除锰，则 pH 值对铁、锰的氧化反应影响大大降低了。对于氧化二价的锰 pH 值只要维持在 7 左右，就完全可被氧化生成 MnO_2 而沉淀去除；对于二价铁在 pH 值低于 7 的水中完全被氧化，顺利地完成除铁过程。迄今投产的接解氧化除铁设备，大部分都是在水的 pH<7 的条件下运行的，而所遇到的地下水的最低 pH 值为 6，实验表明，当地下水的 pH>6 时，一般对接触氧化除铁过程无影响。对于 pH<6 时天然锰砂的除铁，曾向水中投酸比较 pH 值降低前后滤层的除

铁效果。试验结果见表3-2。试验水的含铁量为12～13 mg/L，滤速约为5 m/h。试验表明，水的pH值降低到5.5时，虽然活性滤膜的催化活性有所减低，但仍具有相当的除铁能力。

表3-2　水的pH值对接触氧化除铁效果的影响

试验编号	使用8 d的新天然锰砂		形成的锈砂	
	水的pH值	接触催化活性系数β	水的pH值	接触催化活性系数β
1	6.5 5.8	1.8 1.35	6.5 5.8	3.1 2.3
2	6.4 5.5	2.1 1.1	6.4 5.5	4.0 3.2

2. 水的碱度影响

地下水中的碱度，主要是重碳酸根HCO_3^-。

Fe(Ⅱ)被水中溶解氧氧化，生成$Fe(OH)_3$时，产生等当量的H^+，反应式为

$$4Fe^{2+}+O_2+10H_2O \longrightarrow 4Fe(OH)_3+8H^+ \tag{3-29}$$

同样，Mn(Ⅱ)被氧化时也产生等当量的氢离子，如式(3-20)和式(3-21)所示。氢离子将和水中的HCO_3^-生成H_2CO_3，进而生成CO_2和H_2O，从而等当量地减少了水中的碱度。当水中的碱足够大时，水的pH值变化不大，所以一般不会影响Fe(Ⅱ)和Mn(Ⅱ)的氧化反应，即不会影响除铁除锰的效果，表(3-3)是不同碱度条件下接触氧化效果的实验结果。由表(3-3)中数据可知，试验原水的碱度在0.25～8.0 epm/L的较大范围内变化，都获得了基本相同的除铁效果，证实了水的碱度对接触氧化除铁效果基本上没有影响的结论。只有当水的碱度过低，不足以中和Fe(Ⅱ)氧化水解产生的酸时，才可能对除铁效果有影响。对Mn(Ⅱ)也如此。

表3-3　水的碱度对接触氧化除铁效果的影响

水的碱度/$(epm\cdot L^{-1})$	含铁量/$(mg\cdot L^{-1})$		附　注
	原水	滤后水	
8.0	4.0	0.01	原水的pH=6.5～7.6， $[CO_2]=30\sim40$ mg/L， 水温10℃
5.0	2.5	0.01	
3.2	2.0	0.01～0.05	
1.35	2.4	0.06	
0.25	1.45	0.01	

3. 水温的影响

水温对除铁除锰有较大影响，水温高，Fe(Ⅱ)和Mn(Ⅱ)的氧化反应速率提高，除铁、除锰效果好。实验证明，水温每升高15℃，Fe(Ⅱ)的氧化反应速率增加约10倍。

4. 水中硫化氢的影响

硫化氢(H_2S)是一种弱酸，在水中能微弱地离解：

$$H_2S \rightleftharpoons H^+ + HS^- \quad k=1\times10^{-7}(20℃) \tag{3-30}$$

$$HS^- \rightleftharpoons H^+ + S^{2-} \quad k = 1\times10^{-13}(20℃) \tag{3-31}$$

在天然水的pH条件下，硫化氢主要进行一级离解，而第二级离解极其微弱，所以天然水中硫化氢的存在形式主要是分子态的H_2S和离子态的HS^-。

硫化氢的标准氧化还原电位约－0.36 V，是一种比较强的还原剂，所以它对铁(Ⅱ)的氧化反应有阻碍作用。

铁质活性滤膜能吸附水中的硫化氢并将它氧化，生成胶体硫及硫化亚铁：

$$3H_2S + 2Fe(OH)_3 \cdot 2H_2O \longrightarrow FeS + S + 10H_2O \tag{3-32}$$

硫化亚铁能被水中溶解氧进一步氧化，生成胶体硫：

$$4FeS + 3O_2 + 6H_2O \longrightarrow 4Fe(OH)_3 + 4S \tag{3-33}$$

但是氧化硫化亚铁的速率比较缓慢。附着于铁质活性滤膜上的胶体硫和硫化亚铁，使其催化活性降低，从而导致除铁效果恶化。

一般水中含铁量较高时，活性滤膜更新较快，硫化氢的影响要小些；相反地，水中含铁量较低时，影响要大些。有人用二价铁浓度为3 mg/L左右的水进行实验，发现硫化氢含量为0.4 mg/L时，接触氧化除铁效果就明显恶化，所以，当水中硫化氢含量较高时，宜加强曝气散除硫化氢，以避免其影响。

5. 水中有机物的影响

水中有机物能与Fe(Ⅱ)和Mn(Ⅱ)生成有机络合物，有机络合物中的铁、锰不容易被水中的溶解氧氧化，从而阻碍了铁、锰的氧化过程，影响了除铁除锰的效果。

水中的有机物，特别是带有羟基(—OH)或羧基(—COOH)，或者二者都有的有机物，能将Fe(Ⅲ)还原为Fe(Ⅱ)。有人认为，在有机物参与下，Fe(Ⅲ)和Fe(Ⅱ)之间的氧化还原反应表示如下：

$$\text{Fe(Ⅱ)} + \frac{1}{2}O_2 + \text{有机物} \longrightarrow \text{Fe(Ⅲ)} + \text{有机络合物} \tag{3-34}$$

$$\text{Fe(Ⅲ)} + \text{有机络合物} \longrightarrow \text{Fe(Ⅱ)} + \text{被氧化的有机物} \tag{3-35}$$

从式(3-34)和式(3-35)可见，在Fe(Ⅱ)和Fe(Ⅲ)之间的氧化还原过程中，铁离子起着电子载体的作用。当Fe(Ⅱ)的氧化速率小于Fe(Ⅲ)的还原速率时，Fe(Ⅱ)能保持较高的浓度，直到水中全部有机物被氧化完毕，致使Fe(Ⅱ)的氧化速率显著降低。

6. 水中溶解性硅酸的影响

水中的溶解性硅酸(SiO_2)在一般条件下，并不明显影响铁质活性膜对二价铁离子的离子交换吸附过程，故接触氧化法在含有溶解性硅酸的水中，仍能获得良好的除铁效果。但是，铁质活性滤膜对溶解性硅酸也是一种良好的吸附剂，被吸附的硅酸在滤膜表面会生成硅铁络合物。在有溶解性硅酸的水中生成的铁质活性滤膜，都含有高达10%左右的SiO_2。因为吸附了硅酸的那部分铁质活性滤膜表面会丧失其对铁(Ⅱ)的接触催化活性，对锰(Ⅱ)也如此。所以当水中含有溶解性硅酸时，滤层的接触催化活性会降低。

水中溶解性硅酸对接触氧化除铁效果的影响程度，与水质有关，一般水中含铁较高时，活性滤膜更新得较快，溶解性硅酸的影响程度要小些；水中含铁量较低时，活性滤膜更新得较慢，溶解性硅酸的影响程度大些。

3.3 除铁、除锰的方法

地下水除铁除锰的方法较多，有氧化过滤法、药剂氧化法、碱化法、离子交换法、微生物法、充气回灌法等。这些方法各有优缺点及适用场合。往往一种处理方法可以同时达到除铁除锰的目的。有时只要在其他水处理的整个工艺中加强或增加某道工序也可达到除铁和除锰的目的。因此，在选择除铁、除锰工艺时，须结合其他杂质的处理方法统一考虑。

目前实际应用中，采用空气氧化法、氯氧化法、接触氧化法为多。

3.3.1 空气氧化—过滤法

氧化法分为空气氧化过滤法和药剂氧化过滤法两种，是使用得最早最普遍的方法。其特点是工艺简单、成本低，容易上马。这里先论述空气氧化过滤法。

空气氧化法是指不投加任何氧化剂，利用空气进行氧化，又分为自然氧化法和接触氧化法两种。

1. 自然氧化法

这是除铁工艺中最早采用的方法，其工艺流程如图 3-3 所示。氧化池有时还起沉淀作用，或者在氧化池与滤池之间另加沉淀池以减轻滤池的负荷。

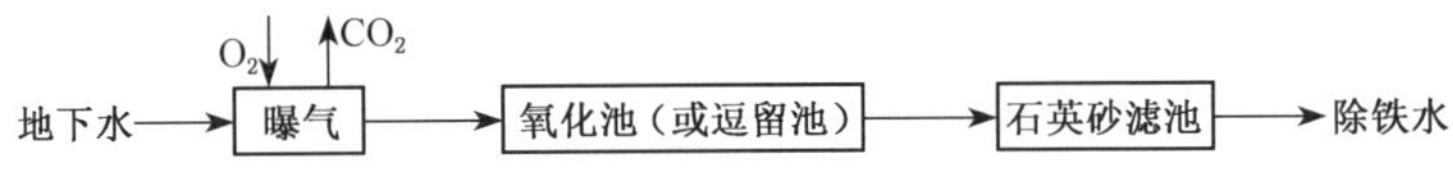

图 3-3　早期除铁工艺流程示意图

曝气氧化除铁所需要的溶解氧量，可按下式计算：

$$[O_2] = 0.14\alpha[Fe^{2+}] \tag{3-36}$$

式中　$[O_2]$——除铁所需溶解氧量(mg/L)；

$[Fe^{2+}]$——水中二价铁含量(mg/L)；

α——过剩溶氧系数，一般 $\alpha = 3 \sim 5$。

含 Fe^{2+} 地下水，在曝气过程中溶入 O_2 并逸出 CO_2，后者可提高水的 pH 值，加快氧化反应速率。溶解氧使 Fe^{2+} 转变成 $Fe(OH)_3$ 凝聚物，然后进入石英砂滤池过滤除去 $Fe(OH)_3$。这里的石英砂滤池和常规水处理中的过滤池功能完全相同，仅起到拦截 $Fe(OH)_3$ 矾花的作用，故又称澄清滤池。

因铁的自然氧化速率很慢，故自然氧化法除铁需要设置庞大的氧化池，其逗留时间需 1～2 h。

二价锰在自然氧化条件下，只有将 pH 值提高到 9 以上甚至 10，氧化速率才会明显加快，因此，实际上除锰不可能采用此法。

为加速氧化反应速率，简化工艺流程，节省造价，该法正逐步被接触氧化法所取代。但当水中含铁量过高或含有大量其他悬浮固体杂质时，为了减轻滤池的负荷，延长过滤周期，把此法和混凝沉淀法结合起来还是可取的。

2. 接触氧化法

接触氧化法能够有效地克服自然氧化法氧化反应速率缓慢、易受水中多种影响因素干扰等弊病,从而显著提高氧化反应速率。此法好像常规水处理的接触过滤法,原水经过曝气后立即进入滤池,依靠有催化作用的滤料对低价铁、锰进行离子交换吸附和催化氧化,达到除铁、锰的目的。图 3-4 和图 3-5 分别为接触氧化法除铁和除锰的工艺流程。图中滤池的滤料是具有催化作用的天然锰砂或人工锈砂。

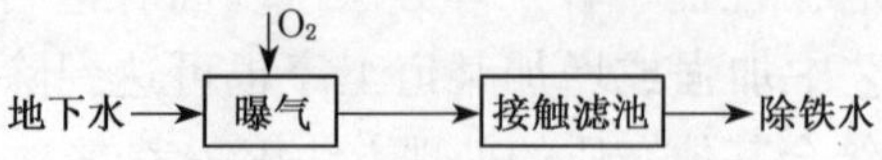

地下水 → 曝气（O_2） → 接触滤池 → 除铁水

图 3-4　接触氧化法除铁工艺

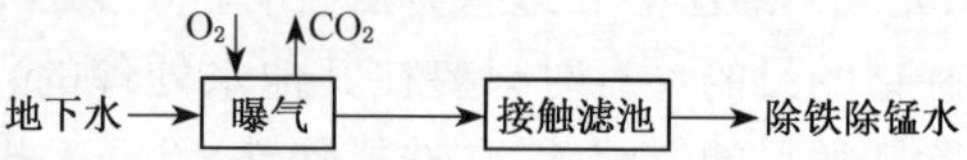

地下水 → 曝气（O_2↓ CO_2↑） → 接触滤池 → 除铁除锰水

图 3-5　接触氧化法除锰工艺

铁比锰易氧化,在天然水的 pH 值(一般高于 5.5～6.0)的条件下,采用接触氧化法就能很快地将二价铁氧化成三价铁和羟基氧化铁,因此,图 3-4 中的曝气仅仅是为了充氧。而接触氧化法除锰则要求将 pH 值提高到 7 甚至 7.5,因此,图3-5中的曝气不仅为了充氧,也为了排逸水中的 CO_2,以提高 pH 值。显然,后者的曝气装置比前者要大和复杂。

如前所述,MnO_2 对 Fe(Ⅱ)的吸附能力要大于对 Mn(Ⅱ)的吸附能力,同时 Mn(Ⅱ)的氧化速率比 Fe(Ⅱ)的氧化速率要慢得多,故水中铁的存在要严重干扰锰的去除。地下水往往是铁锰共存,因此图 3-5 的除锰工艺中接触滤池所去除的首先是铁,然后才是锰。对于铁锰共存的地下水,为了保证稳定的除锰效果,必须采取以下措施:

(1) 当水中含有相当数量的 Fe(Ⅱ)时,在除锰之前,必须有足够的吸附能力把 Fe(Ⅱ)去除。如图 3-5 的除锰工艺中,使用单个滤池除铁除锰时,务必使上层滤料能将铁除尽,以保证下层滤料的吸附催化基本不被铁质占据,而保持良好的除锰能力。即形成所谓的上层除铁带,下层除锰带。

同时,采用单个滤池除锰时,必须控制地下水中 Fe^{2+} 的浓度及滤速。因为原水含铁量越高,除铁带越向滤层深部延伸,结果将除锰带压向最下层,造成滤后水出现锰泄漏。原水中含铁量越高,锰的泄漏量越大,这时就不适合采用单个滤池。因此图 3-5 一般适用于含铁量不超过 2 mg/L。

其次,滤速过大会使二价铁离子穿透滤层过深,使过多的滤料被羟基氧化铁γ-FeOOH 包裹起来,丧失除锰能力,故一般应控制滤速在 8～10 m/h 以内,最好采用等速过滤。

(2) 尽可能采用高品位、高质量的天然锰砂作滤料。锰砂所含的 MnO_2 愈多,则具有较高的吸附容量,能够有较长时间吸附水中二价铁、锰离子,为催化剂的再生提供充足的时间,以便在锰砂的吸附容量尚未消耗完以前,催化剂已得到再生。使除铁除锰过程能够继续不断地进行下去,以保证铁、锰不致在运行时候穿透滤层,从而提高出水水质。

(3) 当采用单个滤池进行一级过滤达不到除锰效果和要求时,可采用分级过滤,以同时确保铁和锰的去除。这时第一级滤池的主要功能为除铁,而第二级滤池用以除锰,其工艺流程如图 3-6 所示。由于除锰要求 pH 值在 7.0～7.5 以上,故要求排除 CO_2 的曝气装置不仅曝时间较长,且其曝气装置下的集水池往往起到氧化反应池的作用,因此在进入第一级滤池之水中的二价铁可能完成自然氧化反应。这时,除铁已不是靠接触氧化,第一级滤池将是普通滤池,其滤料不一定要用锰砂。

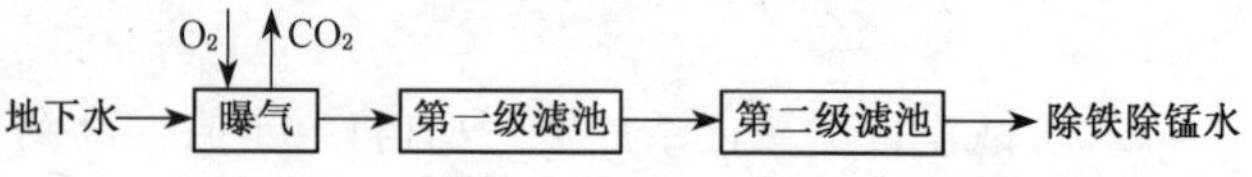

地下水 → 曝气（O_2↓ CO_2↑） → 第一级滤池 → 第二级滤池 → 除铁除锰水

图 3-6　二级接触氧化过滤工艺流程示意图

当二价铁的自然氧化受到其他因素干扰，使第一级滤池除铁效果不佳时，可采用分级曝气，其工艺流程如图3-7所示。这里，第一次简单曝气与图3-4中的曝气一样，只是为了充氧，而不需要提高pH值，使第一级滤池达到接触氧化除铁的目的。第二次充分曝气是为了排除CO_2，提高水的pH，以保证第二级过滤实现接触氧化除锰的目的，这部分曝气装置的要求基本上与图3-5中的曝气相同。

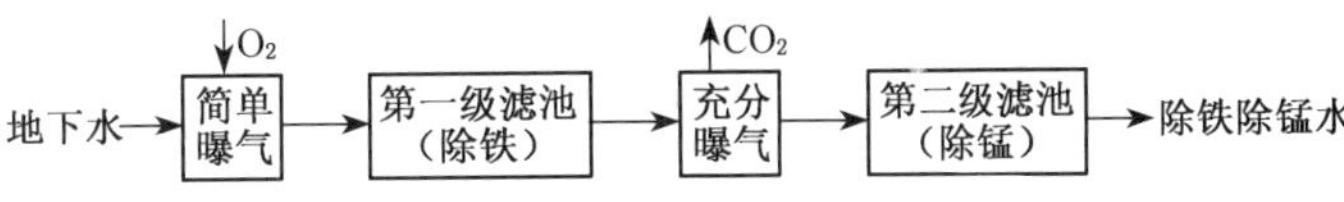

图3-7　分级曝气二级接触氧化过滤工艺流程示意图

3.3.2　药剂氧化—过滤法

当水中含铁、锰量高或者为了结合整个水处理工艺的要求，可投加一定数量的强氧化剂以去除铁和锰。药剂氧化法的效果优于空气氧化法，也容易与常规水处理方法相结合；缺点是增加药耗的成本。

通常采用的强氧化剂有氯气、高锰酸钾、臭氧等。过去因臭氧系统复杂、设备大、电耗高、成本大而不采用，现因臭氧技术又有很大提高，耗电量也大幅度降低，并诞生了各种规格化的臭氧发生器装置（产品），在除铁除锰中配套使用。

1. 氯气氧化法

氯是比氧更强的氧化剂，它能把水中的亚铁亚锰氧化成高价铁和锰，使其从水中析出，再用沉淀或过滤而去除。此法的除铁除锰效果比空气氧化法要好，氯的氧化还原反应的标准电极电位为1.3595 V，比氧的标准电位（1.229 V）高。

在原来就有采用氯消毒设备的，则采用氯氧化就更为方便和恰当。

Fe（Ⅱ）和Mn（Ⅱ）的氧化反应为

$$2Fe^{2+} + Cl_2 \longrightarrow 2Fe^{3+} + 2Cl^- \tag{3-37}$$

$$Mn^{2+} + Cl_2 + 2H_2O \longrightarrow MnO_2 + 2Cl^- + 4H^+ \tag{3-38}$$

按式（3-37）和式（3-38）计算，1 mg/L氯能氧化约1.6 mg/L Fe^{2+}或0.77 mg/L Mn^{2+}。但实际上投氯量要高于上述理论值，同时要设法保持所需要的pH值，才能获得较理想的效果。

氯氧化法除锰最好与锰砂接触催化作用相结合，以进一步提高对Mn（Ⅱ）的氧化反应速率。其反应分两步进行：第一步是锰砂表面的催化剂MnO_2吸附水中Mn（Ⅱ），反应式为前述的式（3-20）；第二步是氧化被吸附的Mn（Ⅱ），并使催化剂得到再生，反应式为

$$MnO \cdot MnO_2 \cdot H_2O + Cl_2 + 2H_2O \longrightarrow 2MnO_2 \cdot H_2O + 2HCl \tag{3-39}$$

式（3-39）的氧化再生反应较慢，所以是整个反应速率的控制阶段。

在锰砂接触催化下，以氯为氧化剂的除铁除锰过程称为氯接触氧化法，此法使用的滤料可以用石英砂经运行形成的熟砂或天然锰砂。氯接触氧化法的工艺流程如图3-8所示，图中的曝气装置并非必要，但曝气充氧能氧化部分铁（Ⅱ），可以节省投氯量，同时曝气排除水中CO_2，可提高pH值，有助于提高除铁除锰效果。

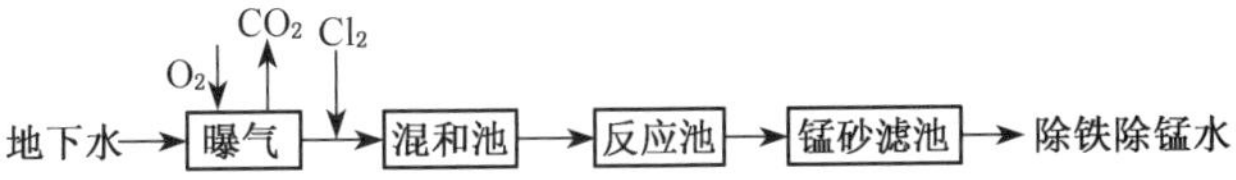

地下水→曝气（O_2↓，CO_2↑）→混和池（Cl_2↓）→反应池→锰砂滤池→除铁除锰水

图3-8　氯接触氧化法除铁除锰工艺流程

用氯氧化法除铁除锰，对 pH 值的要求虽然比自然氧化法降低了，但仍有一定要求。表 3-4 为含铁水采用氯氧化法处理的结果。从表中可见，在 pH＝5 的条件下，10 mg/L 的 Fe^{2+}，经 15 min 就能完成氧化，而自然氧化法则必须将 pH 值提 7 及以上在 30 min 才能完成氧化。

表 3-4　　pH 值对氯氧化法除铁的影响

原　水		滤后水含铁量/(mg・L^{-1})		
pH 值	Fe^{2+} /(mg・L^{-1})	氧化 15 min	氧化 30 min	氧化 60 min
4.0	10	—	—	0.8
4.5	10	—	—	0.5
5.0	10	<0.1	<0.1	<0.1

图 3-9 表示氯接触氧化法的除锰效果与 pH 值关系。由图可见，除锰过程可以在水的 pH 值低到 7～7.5 的条件下顺利地进行，但是，氯氧化法氧化二价铁生成 $Fe(OH)_3$ 时，产生的 H^+ 为 Fe^{2+} 的 1.5 倍(按当量数计)，其反应式为

$$2Fe^{2+} + Cl_2 + 6H_2O \longrightarrow 2Fe(OH)_3 + 2Cl^- + 6H^+ \tag{3-40}$$

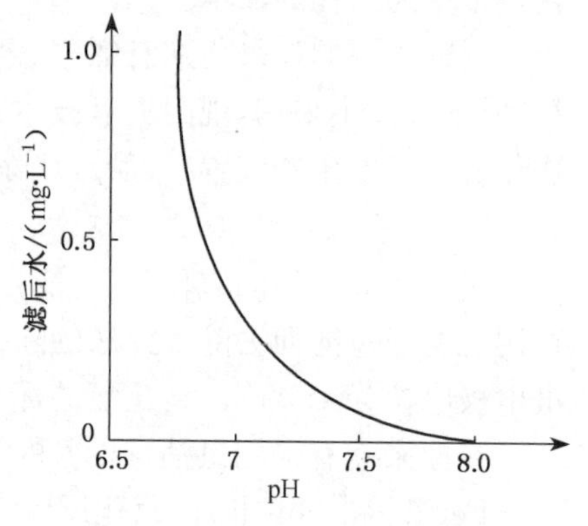

图 3-9　氯接触氧化法除锰效果与 pH 值关系

而氧化二价锰时所产生的 H^+ 为 Fe^{2+} (按当量数计)的 2 倍，其反应式为式(3-38)或式(3-20)和式(3-39)，因此，氯氧化法所消耗的碱度比空气氧化法要多。当水中碱度不大时，pH 值将会有较大幅度的下降，在这种情况下，采用曝气以提高 pH 值就可能成为必要。

2. 高锰酸钾氧化法

高锰酸钾的氧化能力比氯还要强。当用其他氧化方法效果不佳时，可用此法除铁除锰。其氧化还原反应式及标准电极电位为

$$MnO_4^- + 4H^+ + 3e \rightleftharpoons MnO_2 + H_2O \quad E^0 = 1.695(V) \tag{3-41}$$

高锰酸钾对 Fe^{2+} 的氧化反应为

$$3Fe^{2+} + MnO_4^- + 2H_2O \longrightarrow 3Fe^{3+} + MnO_2 + 4OH^- \tag{3-42}$$

按式(3-42)计算，每氧化 1 mg/L Fe^{2+} 需要 0.94 mg/L 高锰酸钾。当水中含有其他还原物质时，投加量会增加。但有发现，高锰酸钾投加量很小时仍能获得相当好的效果，这可能是因反应生成的 MnO_2 具有接触催化作用所致。

高锰酸钾将 Fe^{2+} 氧化成 $Fe(OH)_3$ 时，生成的 H^+ 只有 Fe^{2+} 的 5/6 倍(按当量数计)，其反应式为

$$3Fe^{2+} + MnO_4^- + 7H_2O \longrightarrow Fe(OH)_3 + MnO_2 + 5H^+ \tag{3-43}$$

可见，高锰酸钾氧化 Fe^{2+} 所生成的 H^+，只有氯氧化法的 5/9 倍。

在 pH 值为 7.0～8.3 的水中，高锰酸钾（$KMnO_4$）能迅速地氧化 Mn^{2+}，形成 MnO_2 水合物沉淀，其反应式为

$$3Mn^{2+} + 2MnO_4^- + 2H_2O \longrightarrow 5MnO_2 + 4H^+ \tag{3-44}$$

则氧化 1 mg/L Mn^{2+} 需要 $KMnO_4$ 为 1.92 mg/L。但因水中有还原物和有机物存在，实际投加量要比理论值大得多，因此最好根据原水水质的试验数据确定投加量。

高锰酸钾与 Mn^{2+} 的反应极为迅速。当水中 pH 值在 7.0 以下时，$KMnO_4$ 加入后只要 10～30 s 即可完成反应。反应生成的 MnO_2 具有凝聚作用，并对 Mn^{2+} 有吸附作用，故所产生的絮凝体能在沉淀池内迅速沉淀。

$KMnO_4$ 氧化除铁除锰，无论是反应效果、反应时间、对 pH 值的要求等，都比空气氧化法和氯氧化法为佳。但其耗药成本太贵，故采用较少。为减少 $KMnO_4$ 投加量，可将原水预加氯，但加氯量不宜过大，以免造成 pH 值降低太大而影响除铁除锰效果。

$KMnO_4$ 氧化法除铁除锰的工艺，反应沉淀之后仍需滤池过滤。

3. 臭氧氧化法

臭氧的分子式为 O_3，是氧的一种同素异性体，无色但有一种特殊的气味。臭氧是强氧化剂，其标准电极电位 $E^0 = 2.07(V)$，其氧化能仅次于氟（F，$E^0 = 3.06$ V），比氧（$E^0 = 1.229$ V）、氯（$E^0 = 1.3595$ V）及高锰酸钾（$E^0 = 1.695$ V）等氧化剂都高。说明臭氧是常用氧化剂中氧化能力最强的。同时，臭氧反应后的生成物是氧气，故臭氧既是高效的氧化剂又是无二次污染的氧化剂。

纯臭氧在水中的溶解度比氧大 10 倍，比空气大 25 倍。并且随水温和 pH 值的提高在水中的分解速率加快。为了臭氧的利用率，在水处理过程中要求臭氧分解得慢些，而为了减轻臭氧对环境的污染，则要求水处理后产生的尾气中的臭氧分解得快些。

臭氧在水处理中，将水中溶解杂质氧化成固态物质而去除，特别是用于除铁除锰；将水中有害物质氧化成无害物质（H_2O，CO_2 等）；氧化细菌起消毒作用；除色、除嗅、改善水味、去除有机物、降低 COD 等。

臭氧将水中二价铁和锰氧化成三价铁和高价锰，使溶解性的铁、锰变成固态物质，经过沉淀和过滤去除。其反应式为

$$2Fe^{2+} + O_3 + 3H_2O \longrightarrow 2Fe(OH)_3 \tag{3-45}$$

$$3Mn^{2+} + 2O_3 \longrightarrow 3MnO_2 \tag{3-46}$$

$$3Mn^{2+} + 4O_3 \longrightarrow 3MnO_4^- \tag{3-47}$$

臭氧氧化水中二价的铁和锰基本上不受 pH 值等因素的影响，反应速率很快，在几秒钟内就完成，除铁除锰效果很好。但臭氧氧化系统复杂，管理操作麻烦，耗电量大，单用来除铁除锰较少，而既要除铁除锰，又要去除去水中的其他杂质，则采用臭氧氧化法较为合适。

4. 碱化法

在曝气过程中去除一部分 CO_2 后，pH 值虽有所提高，但仍不能满足除铁除锰要求时，可采用碱化法。其次，当含铁水中有相当数量的 HCO_3^- 时，若将 pH 值提高到一定程度，水中首先形成碳酸亚铁沉淀。而 $FeCO_3$ 是结晶型的沉淀物，较之凝胶状的无定形的 $Fe(OH)_3$

有更好的可过滤性。因此，由 $FeCO_3$ 所形成的滤膜或在滤层空隙中形成的沉淀物，其透水性好，单位时间水头损失增长值小，不易使滤层堵塞而要求过早冲洗。若能有意识地将水中溶解性的 Fe^{2+} 变成为 $FeCO_3$ 沉淀物而不是 $Fe(OH)_3$，则可以延长过滤周期，节约冲洗水量。这样便要在 Fe^{2+} 的氧化反应之前，先调整水的 pH 值，使它达到 $FeCO_3$ 产生沉淀的范围。然后再氧化剩余的 Fe^{2+} 为 Fe^{3+}，并经水解生成 $Fe(OH)_3$ 沉淀物。$Fe(OH)_3$ 有絮凝作用，能使 $FeCO_3$ 团聚起来形成大矾花，从而提高了 $FeCO_3$ 的沉淀效果。已经形成的 $FeCO_3$ 其氧化速度很慢，不容易向 Fe(Ⅲ)转化。

碱化法可以加注少量石灰(CaO)或烧碱(NaOH)，而石灰价格低廉，货源充沛，故常采用。

当含有 $Fe(HCO_3)_2$ 的水进行碱化处理时，其反应式为

$$2Fe(HCO_3)_2 + Ca(OH)_2 \longrightarrow 2FeCO_3 + Ca(HCO_3)_2 + 2H_2O \tag{3-48}$$

由该式可知，处理 1 meq Fe^{2+}，需要 0.5 meq CaO。

当水中有硫酸亚铁($FeSO_4$)时，则 $FeSO_4$ 将水解产生 H_2SO_4，反应式为

$$FeSO_4 + 2H_2O \longrightarrow Fe(OH)_2 + H_2SO_4 \tag{3-49}$$

当水中 H_2SO_4 的浓度不断增大时，pH 值迅速下降，因而 H_2SO_4 的水解随之停止。为使 $FeSO_4$ 能完全水解，必须将 H_2SO_4 去除。但一般曝气无法去除水中的 H_2SO_4，所以这时必须向水中投加石灰进行碱化，其反应式为

$$FeSO_4 + Ca(OH)_2 \longrightarrow CaSO_4 + Fe(OH)_2 \tag{3-50}$$

当 pH>8.0 时，$Fe(OH)_2$ 迅速氧化生成 $Fe(OH)_3$ 胶体，凝聚后成絮状沉淀物。

$$4Fe(OH)_2 + O_2 + 2H_2O \longrightarrow 4Fe(OH)_3 \downarrow \tag{3-51}$$

上述反应过程中，如水中溶解氧不足时，可另外辅以曝气或药剂氧化法。经石灰碱化和氧化后生成的 $FeCO_3$ 和 $Fe(OH)_3$ 絮状沉淀物，可用沉淀和过滤法去除。

3.3.3 生物过滤法

这里指的生物主要是微生物中的铁细菌，它能把溶解性的亚铁亚锰氧化成不溶性的高铁高锰化合物，同时积聚在细菌表面或体内。含有这种细菌的水，会变成黄色或黑褐色，而且这种细菌会产生大量排泄物而形成水垢。过去一直认为这是一种有害的微生物，着眼于消灭这种细菌或防止其产生。由于偶然的机会，发现可用于除铁除锰的水处理中。

铁细菌之所以能够除铁除锰，乃是依靠铁细菌的生物氧化(酶氧化)作用。其方法是把溶解于水中的低价铁、锰离子通过细菌的吸附氧化而去除。因此，此法首先是设法使细菌与水充分接触，待吸附铁、锰以后，再从水中分离出来。

其接触分离设备主要有间歇接触池和生物砂滤池。前者由于水中物理化学条件随细菌的吸附氧化作用而不断改变，细菌的活动受到影响。同时，随着接触池中水的铁、锰含量的降低，细菌的除铁除锰效果越来越差，故一般很少采用，目前采用的主要是生物砂滤池。

生物砂滤池是让含铁水缓慢地通过滤料表面和内部繁殖有铁细菌的石英砂滤层，利用铁细菌吸附水中的铁和锰，达到除铁除锰的目的。此法是使接触和分离过程几乎同时而且连续地进行，运行操作方便，效果好。

此法采用的滤池，其构造和普通快滤池完全相同，运行和反冲洗方法也和快滤池一样。不同的是滤速慢，具体须根据细菌类型和浓度，水中铁、锰含量而定，一般滤速仅在 1 m/h 左右。

新的生物砂滤池投产初期，除铁除锰效果不佳。持续运行(过滤)10～15 d 后，因细菌的自然繁殖，砂层表面逐渐呈现赤褐色，在肉眼可看到这种细菌沉积物时，处理效果就提高了。若引入菌种，去除铁、锰的作用将会加快。

如果滤层堵塞，可像慢滤池那样刮去表层以除掉多余的细菌。铁细菌一旦繁殖，即使把滤层表面的细菌层刮掉也能立即恢复。在条件好的场合，铁细菌繁殖的速度非常快，因以可通过反冲洗把带细菌的污泥冲洗掉。

铁细菌的种类很多，常见的有纤毛铁菌、球铁细菌和厚膜细菌等。不同菌种的处理效果差异很大。如采用纤铁菌，滤速为 30 m/d 时，除铁去除率为 90%。即原水含铁量为 1～2 mg/L时，滤后水含铁量小于 0.3 mg/L，符合生活饮用水的规定值，达到了除铁目的。有人曾用厚膜细菌除锰，采用滤速 30～15 m/d，能把0.35 mg/L 的锰处理后的出水含锰量小于 0.02 mg/L 以下。

用微生物法除铁除锰，过滤时“穿透”先于阻塞。虽然单位面积截留的锰泥渣量比纯化学法好几倍，但由于其可滤性好，故水头损失增长较慢。铁细菌对滤池的反冲洗很敏感，应予重视和掌握。

决定铁细菌繁殖的条件为：

(1) 水中的含氧量和含 CO_2 量。铁细菌是微好气菌，在氧气不足而富有 CO_2 水中容易生长，因此含氧多是不必要的，否则反而会把二价铁氧化成三价铁而妨害细菌繁殖。

(2) 溶解性 Fe^{2+} 的含量。一般含铁量在 0.2 mg/L 左右铁细菌也能繁殖。Fe^{2+} 含量为 1.6 mg/L 时，完全适合铁细菌繁殖。当含铁量超过 10～12 mg/L 时，铁细菌便停止生长。而含重碳酸铁或腐殖酸铁的水中，铁细菌更易繁殖。

(3) 有机物。水中溶解的有机物是细菌的重要营养剂，故水中存在有机铁、锰化合物对铁细菌的繁殖有利。

(4) 温度。适合细菌繁殖的温度取决于细菌种类。

(5) pH 值。铁细菌易在 pH 值 5.4～7.2 范围内繁殖。

目前微生物除铁除锰采用少，经验不足。

还有离子交换法、充氧回灌法等，不作论述。目前采用的除铁除锰多为空气氧化法和药剂氧化法两类，是讨论的重点。

3.4　除铁除锰的曝气

前述的空气氧化法和药剂氧化法的工艺流程中，不但均有曝气装置，而且设在首位，可见这两类氧化法除铁除锰，曝气是首要和必要的条件。不同的是有的只要充氧曝气，有的既曝气又排除 CO_2。因此对地下水除铁除锰曝气的方法、条件、设计要点等进行讨论。

3.4.1　气水比的确定和计算

地下水除铁除锰处理工艺的不同，曝气的要求和方法不同。如有的只要向水中溶气，而有的既要溶氧又要散除水中的 CO_2，提高 pH 值，这就存在着差异。

参与曝气的空气体积和水体积之比称为曝气时的气水比，用V表示，它对曝气效果有重要影响。空气中氧的总量为g_0，溶于水中的氧量为$[O_2]$，则空气中氧的利用率η为

$$\eta=\frac{[O_2]}{g_0}=\frac{[O_2]}{C^*}\cdot\frac{C^*}{g_0}=\alpha\eta_{max} \tag{3-52}$$

曝气水中实际的溶解氧浓度$[O_2]$与平衡饱和浓度C^*的比值，便是溶解饱和度α；C^*亦是曝气过程中能溶于水的氧气的最大数量，它与氧气总量g_0的比值，是氧气的理论最大利用η_{max}。所以，需要向水中加注氧的数量应为

$$\frac{[O_2]}{\eta}=\frac{[O_2]}{\alpha\eta_{max}} \tag{3-53}$$

氧在空气中所占的重量百分比为23.1%，空气的密度为ρ_k，所以单位体积水所需要的空气体积，即气水比为

$$V=\frac{[O_2]}{0.231\times\rho_k\eta_{max}} \tag{3-54}$$

式中 V——气水比（l/L或无因次比值）；

ρ_k——空气密度（g/L），其值平均取$\rho_k=1.2$ g/L；

α——水中的溶解氧饱和度，查表3-5。

用式(3-54)计算V值时，式右端的η_{max}值也与V值有关，故V值不能直接求得，则可把式(3-54)改写为

$$V\eta_{max}=\frac{[O_2]}{0.231\rho_k\alpha} \tag{3-55}$$

这样，右端已不再包含与V有关的参数，$V\eta_{max}$值可由式(3-55)直接计算出来。

当曝气主要是为了向水中溶氧时，根据水中铁、锰的含量，工程设计中采用下式计算所需的气水比。

$$V\eta_{max}=3.6\times10^{-3}\,\frac{a\{0.14[Fe^{2+}]+0.1[Mn^{2+}]\}}{\alpha} \tag{3-56}$$

式中，符号同前；a为实际$[O_2]$浓度与理论之比。

水中的溶氧饱和度α与曝气方法有关，按表3-5选用。

表3-5 曝气水中氧的饱和度 α

曝气方式	气水混合方法	气水混合时间/s	饱和度α
压缩空气	喷嘴式混合器	10～15	40%
压缩空气	喷嘴式混合器	20～30	70%
水气射流泵	管道混合器	15	70%
水气射流泵	水泵混合	～0	～100%

从式(3-54)和式(3-55)可见，$V\eta_{max}$为V的函数，根据空气中氧的理论最大利用率η_{max}及气水比V绘制的$V\eta_{max}$与V之间的函数曲线见图3-10。由式(3-55)或式(3-56)求得积

值 $V\eta_{max}$，可按图 3-10 求得气水比 V。图 3-10 是在水温为 10℃条件下绘制的，当水温不是 10℃时，应先将 t℃时积值（$V\eta_{max}$）换算为 10℃时积值（$V\eta_{max}$）$_{10℃}$，然后再用图 3-10 查出 V 值，换算式为

$$(V\eta_{max})_{10℃} = \lambda(V\eta_{max})_t \tag{3-57}$$

式中，λ 为温度修正系数，查表 3-6 可得。

表 3-6　　温度修正系数 λ 值

水温 t/℃	0	5	10	15	20	25	30
λ 值	0.86	0.93	1.00	1.08	1.15	1.23	1.30

地下水除铁除锰所需空气流量为

$$Q_a = VQ \tag{3-58}$$

式中　Q_a——除铁除锰所需空气流量（L/s 或 m^3/h）；

Q——地下水取水量（L/s 或 m^3/h）；

V——气水比。

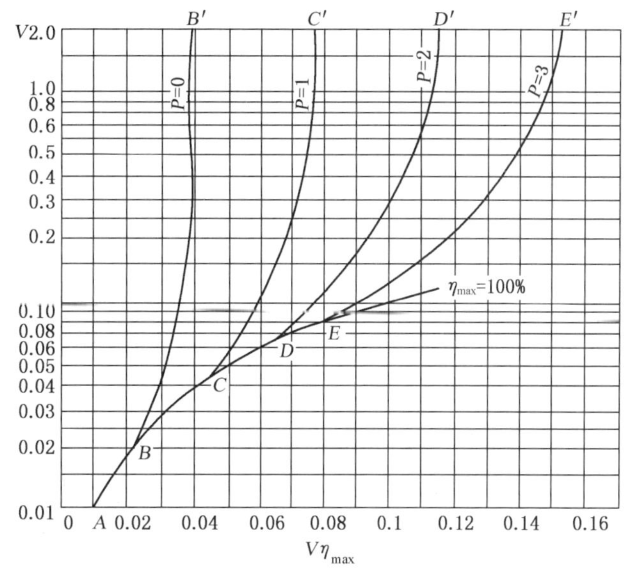

图 3-10　$V\eta_{max}$-V 关系曲线（水温 10℃）

【例 3-1】　某除铁设备处理水量 1 200 m^3/d（即 50 m^3/h），地下水含铁量10 mg/L，水温为 10℃，试计算除铁所需空气量。

【解】　① 用射流泵向深井泵吸水管中加注空气，利用水泵混合，泵后的压力为 2 atm。

已知 $Q = 1\,200\ m^3/d = 50\ m^3/h = 13.9\ L/s$；$[Fe^{2+}] = 10\ m/L$，选定水中溶解氧的实际浓度$[O_2]$与理论值$(0.14[Fe^{2+}])$的比值 $a = 4$，则 $[O_2] = 0.14[Fe^{2+}] = 0.14 \times 4 \times 10 = 5.6\ mg/L$。按水的曝气方式和混合方法，选 $\alpha = 100\%$，由式(3-55)得

$$V\eta_{max} = \frac{[O_2]}{0.231\rho_k\alpha} = \frac{5.6}{0.231 \times 1.2 \times 10^3 \times 1} = 0.02$$

图 3-10 中的 V-$V\eta_{max}$ 曲线由两段组成。例如，当 $P = 2$ atm 时，V-$V\eta_{max}$ 曲线的全段为 $ABCDD'$，其在 $ABCD$ 段上，由于空气中氧全部溶解于水，故 $\eta_{max} = 100\%$，从而 $V = V\eta_{max}$。在 DD' 段曲线上，因空气中氧气不能全部溶解于水，故 η_{max} 随 V 的增大而减小。

当 $V\eta_{max} = 0.02$ 时，是利用 $ABCD$ 段曲线进行计算，故得 $V = 0.02$。

除铁所需空气流量为

$$Q_a = VQ = 0.02 \times 13.9 = 0.278\ L/s$$

② 用射流泵向重力滤池前的管道中加注空气，利用管道混合，混合时间为15 s。

这时，滤前水的压力可近似地取 $P \approx 0$，溶解氧在水中的饱和度取 $\alpha = 60\%$，按式

(3-55)计算得：

$$V\eta_{max} = \frac{5.6}{0.231 \times 1.2 \times 10^3 \times 0.6} = 0.034$$

当 $P = 0$ 时，图 3-10 中 V-$V\eta_{max}$ 曲线为 ABB'。$V\eta_{max} = 0.034$ 时，由 BB'段上可找到对应的值 $V = 0.14$。除铁所需要的空气量为

$$Q_a = 0.14 \times 13.9 = 1.946\ \text{L/s}$$

③ 如水温为 20℃，计算 1 中的积值 $(V\eta_{max})_{20°} = 0.02$，换算系数 $\lambda = 1.15$，换算为 10℃时的积值为

$$(V\eta_{max})_{10°} = \lambda(V\eta_{max})_{20°} = 1.15 \times 0.02 = 0.023$$

查图 3-10，得 $V = 0.024$，除铁所需空气量为

$$Q_a = VQ = 0.024 \times 13.9 = 0.3336\ \text{L/s}$$

④ 向压力滤池前加注压缩空气，用喷嘴式气水混合器混合，混合时间为 10～15 s，滤前水的压力为 1 atm。

选取 $\alpha = 35\%$，按式(3-55)计算得 $V\eta_{max} = 0.060$，由图 3-10 查得 $V = 0.12$，除铁所需空气量为

$$Q_a = VQ = 0.12 \times 13.9 = 1.668\ \text{L/s}$$

3.4.2 曝气装置的形式及适用条件

提高曝气效果的方法是增大气与水的接触面积，按此要求，其方法和装置可分为以下两类。

1. 气泡式曝气装置

将空气以气泡的形式分散于水中，称为气泡式曝气装置。此类装置一般采用的气水比较小，去除 CO_2 的效果低，主要用于含铁含锰地下水中溶气。多用于压力式系统中。

溶气所需曝气时间的计算式为

$$t = \frac{d_0(1+P)}{6K_{O_2} \cdot V} \times \frac{C_2}{\Delta C_P} \times 3.6(\text{s}) \tag{3-59}$$

式中 d_0——气泡直径(mm)；

P——水中压力(MPa)；

K_{O_2}——折算传质系数(m/h)；

V——加入水中的空气量(L/L)；

C_2——曝气后水中溶解氧浓度(mg/L)；

ΔC_P——水中溶解氧增加的溶度(mg/L)。

溶氧所需的曝气时间与气泡直径有正比例关系，气泡直径愈小，所需曝气时间愈短。曝气时间与气泡直径的关系见表 3-7。由表可见，当气泡直径小至0.1 mm，只需要近 15 s 时间便能完成曝气过程。当气泡直径为 10 mm 时，需要2 min 多时间才能完成曝气过程。所以减小气泡直径，对加速和完善曝气过程很重要。

表 3-7　　溶气所需曝气时间与气泡直径的关系

气泡直径/mm	0.01	0.1	1.0	10
溶气所需时间/s	0.13	1.3	13	130

注:表中计算条件为 $V = 0.1$ L/L；$\alpha = 90\%$；$K_{O_2} = 1$ m/h；$P = 0$(常压下)；水温 = 10℃。

气泡式曝气装置,其主要形式有水气射流泵曝气装置、压缩空气曝气装置、跌水曝气装置、叶轮表面曝气装置。

2. 喷淋式曝气装置

喷淋式曝气装置是将水以水滴或水膜形式分散于空气。一般采用较大的气水比,曝气的目的不仅向水中溶气,同时还去除水中 CO_2。一般多用重力式系统中。

喷淋式曝气装置的主要形式有莲蓬头或穿孔管曝气装置、喷嘴曝气装置、板条式曝气装置、接触曝气塔、机械通风式曝气塔。

各种曝气装置的曝气效果及适用条件,见表 3-8。

表 3-8　　地下水曝气装置的曝气效果及适用条件

曝气装置	曝气效果		适用条件			备　注
	溶氧饱和度	二氧化碳去除率	功　能	处理系统	含铁量/(mg·L⁻¹)	
水-气射流泵加气						
泵前加注	～100%		溶　氧	压力式	<10	泵壳及压水管易堵
滤池前加注	60%～70%		溶　氧	压力式、重力式	不限	
压缩空气曝气						设备费高、管理复杂
喷嘴式混合器	30%～70%		溶　氧	压力式	不限	水头损失大
穿孔管混合器	30%～70%		溶　氧	压力式	<10	孔眼易堵
跌水曝气	30%～50%		溶　氧	重力式	不限	
叶轮表面曝气	80%～90%	50%～70%	溶氧、去除二氧化碳	重力式	不限	有机电设备;管理较复杂
莲蓬头曝气	50%～65%	40%～55%	溶氧、去除二氧化碳	重力式	<10	孔眼易堵
板条式曝气塔	60%～80%	30%～60%	溶氧、去除二氧化碳	重力式	不限	
接触式曝气塔	70%～90%	50%～70%	溶氧、去除二氧化碳	重力式	<10	填料层易堵
机械通风式曝气塔(板条填料)	90%	80%～90%	溶氧、去除二氧化碳	重力式	不限	有机电设备、管理较复杂

3.4.3　气泡式曝气装置设计要点

1. 水-气射流泵曝气装置

水-气射流泵就是通常说的水射器,其构造如图 3-11 所示。其工作原理为:压力水经喷嘴 1 以高速 ($V > 6$ m/s) 喷出,由于压力水的势能转变为动能,使射流的压力降低大气压以下,从而吸入室 2 中形成真空;空气在压力差作用下经空气吸入口 3 进入吸入室,并在高速射流的紊动挟带作用下随水流进入混合管 4;空气与水在混合管中进行剧烈地掺混,将空气粉碎成极小气泡,从而形成均匀的气水乳浊液进入扩散管 5 中;扩散管的作用是将高速水流的动能再转变为势能。

1) 设计要求

(1) 喷嘴锥顶夹角可取 15°～25°;喷嘴前端应有为 $0.25d_0$ 的圆柱段短管(d_0 为喷嘴直径)。

(2) 混合管为圆柱形,管长 L_2 为管径 d_2 的(4～6)倍,即 $L_2=(4\sim6)d_2$。

(3) 喷嘴距混合管入口的最佳距离 z 为喷嘴直径 d_0 的(1～3)倍,即 $z=(1\sim3)d_0$;当面积比 m 较大时,取最大的 z 值。

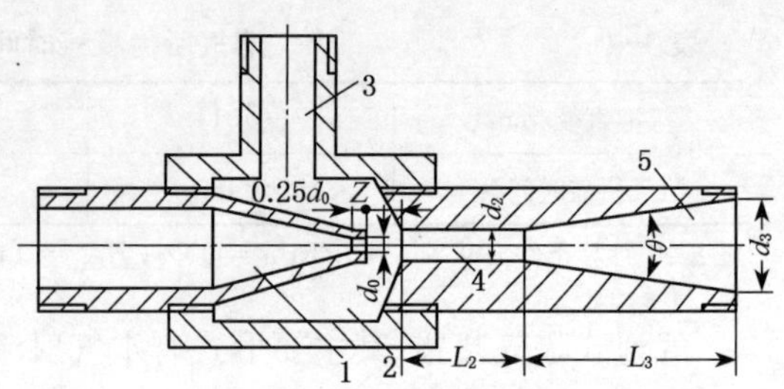

1—喷嘴;2—吸入室;3—空气吸入口;4—混合管;5—扩散管

图 3-11 水-气射流泵构造

(4) 空气吸入口 3,应位于喷嘴之后。

(5) 扩散管 5 的锥顶夹角为 $\theta=8^\circ\sim10^\circ$。

(6) 喷嘴内壁、混合管内圆面、扩散管内圆面的加工光洁度应达到(5～6)级。喷嘴、混合管和扩散管的中心线要严格对准。

2) 计算公式

(1) 面积比 m

混合管的断面积与喷嘴断面积之比,称为面积比 m,计算式为

$$m=\frac{\pi d_2^2}{4}\Big/\left(\frac{\pi d_0^2}{4}\right)=\left(\frac{d_2}{d_0}\right)^2 \tag{3-60}$$

面积比 m 对射流泵的工作性能有重大影响。面积比 m 值较小时,会产生大的压力比 P 和小的气水流量 q,故宜在出口压力较高和要求的抽气量较小的情况下工作;面积比 m 较大时,会产生小的压力比和大的流量比 q,故宜在出口压力较低和要求的抽气量较大的情况下工作。

(2) 压力比 p

喷嘴前工作压力水的相对压力为 P_1,吸入室内空气的相对压力为 P_2,扩散管出口的相对压力为 P_3,则 P_3 和 P_1 分别与 P_2 之差的比,称为压力比 P,其计算式为

$$p=\frac{(P_3+1)-(P_2+1)}{(P_1+1)-(P_2+1)}=\frac{P_3-P_2}{P_1-P_2}=\frac{P_3}{P_1} \tag{3-61}$$

式中,P_2 为吸入室压力,吸入室一般都直接与大气相通,其压力与大气压相差甚微,故 P_2 可认为等于零,则成了 $p=\dfrac{P_3}{P_1}$。

(3) 流量比 q

吸入的空气体积流量 Q_2 与压力水流量 Q_1 之比,称为流量比:

$$q=\frac{Q_2}{Q_1} \tag{3-62}$$

(4) 水-气射流泵的效率 η

射流泵以压力水对空气做功,所以有效率问题。压力水压缩空气所做的功与压力水的能量损耗之比,称为水-气射流泵的效率 η,其计算式为

$$\eta = \frac{2.3Q_2 \lg(P_3 + 1)}{Q_1(P_1 - P_3)} (\%) \tag{3-63}$$

式中　Q_2——吸入的空气体积流量(L/s)；

Q_1——压力水流量(L/s)；

P_3——扩散管出口压力(MPa)；

P_1——喷嘴前水压力(MPa)。

一般来说，在下列条件下，可获得较高的效率：

$$p \approx \frac{1}{m} \tag{3-64}$$

$$q = \frac{k}{\sqrt{p}} - 1 \tag{3-65}$$

式中，k 为系数，可取 $k = 0.77$。

此外，有人建议高效率的条件为

$$q = 0.805p^{-0.578} - 1 \tag{3-66}$$

$$m = 10.42 - 35.77p + 37.01p^2 \tag{3-67}$$

$$\frac{L_2}{d_2} = 49.60 - 97.91p \tag{3-68}$$

水-气射泵的压力比 p 应大于极限值 p_c($p < p_c$)，否则便不能抽气。极限压力比按下式计算：

$$p_c = \frac{1.77}{m} - \frac{1.12}{m^2} \tag{3-69}$$

3) 射流泵曝气的三种形式

水-气射流泵用于地下水除铁除锰中的曝气溶氧，主要为下列三种形式：

(1) 用水-气射流泵抽气注入深井泵的吸水管中，经水泵叶轮搅拌曝气。

(2) 用射流泵抽气注入重力式或压力式滤池前的进水管中，经管道或气水混合器混合曝气。

(3) 使全部地下水通过射流泵曝气。

4) 射流泵的构造尺寸计算

已知所需要的空气流量 Q_2，工作水的压力 P_1，出口压力 P_3，可按下列步骤计算射流泵的构造尺寸。

(1) 按式(3-61)计算压力比 p。

(2) 按式(3-65)计算流量比 q。

(3) 计算工作压力水的流量 $Q_1 = \frac{Q_2}{q}$。

(4) 按下式计算喷嘴面积 f_0：

$$f_0 = \frac{Q_1}{\mu\sqrt{20gP_1}} \times 10^3 \tag{3-70}$$

式中 f_0——喷嘴面积(mm^2)；

Q_1——工作压力水流量(L/s)；

P_1——工作水压力(MPa)；

μ——喷嘴流量系数，$\mu=0.98$；

g——重力加速度，9.81 m/s^2。

喷嘴直径 d_0 为

$$d_0=\sqrt{\frac{4f_0}{\pi}}\text{(mm)} \tag{3-71}$$

(5) 按式(3-64)求面积比 m。

(6) 按式(3-60)求混合管管径 d_2。

(7) 按射流泵的合理构造要求，选定喷嘴端圆柱长度、喷嘴锥顶夹角、喷嘴长度、吸入口及吸入室的位置和尺寸、喷嘴到混合管的距离、混合管的长度、扩散管的夹角和长度等的构造尺寸。

已知 Q_3 和 P_3，而 P_1 未定，需要选一个专用高压水泵向压力式滤池前的进水管道中加气，为了不使工作水的压力 P_1 过高，宜选择较小的面积比 m。再计算出工作水压力 $P_1(P_1=P_3/p)$。

已知 Q_2 和 P_1，而 P_3 未定，如用射流泵向深井泵吸水中加气，如图 3-12 所示。

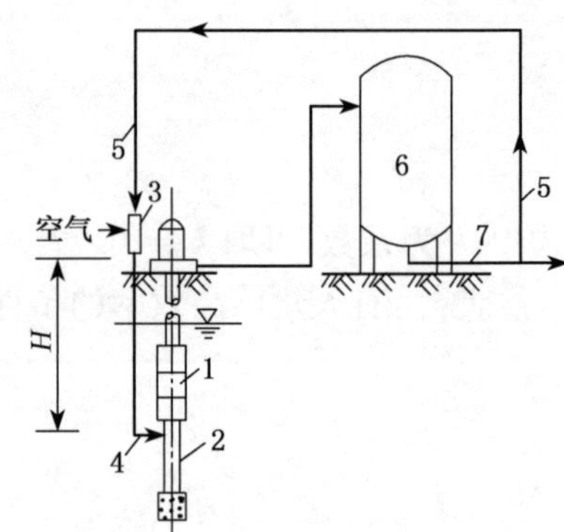

1—深井泵；2—吸水管；3—水-气射流泵；4—气水乳浊液输送管；5—压力除铁水管；6—压力除铁滤池；7—除铁压力水送往用户

图 3-12 用水-气射流泵向深井泵吸水管中加注空气

此时，P_3 的选择，应满足下列条件：

$$f(P_3)=P_3+\frac{H-il}{100(1+q_a)}=P_4 \tag{3-72}$$

式中 P_4——深井泵吸水管空气注入的压力(MPa)；

H——射流泵出口到吸水管空气注入处的高度(m)；

l——射流泵出口至空气注入处管段的长度(m)；

i——将水气乳浊液的体积流量当作水的流量，在射流泵后管段中流动时的水力坡度；

q_a——射流泵后管段中的平均气水比，按下式计算：

$$q_a=\frac{q}{2}\left(\frac{1}{1+10P_3}+\frac{1}{1+10P_4}\right) \tag{3-73}$$

P_3 值可用试算法确定。先选择 P_3 值，可求出压力比 $p=\frac{P_3}{P_1}$；再按式(3-65)求流量比 q；按式(3-73)求出 q_a；再按下式求管段中气水乳浊液的平均体积流量 Q_a：

$$Q_a=\frac{Q_2}{q}(1+q_a) \tag{3-74}$$

暂选择一个管段管径，以 Q_a 由水力计算表中查出 i，代入式(3-72)中求出 $f(P_3)$ 值。若

$f(P_3)$恰与 P_4 相等，则选择的 P_3 和管径为所要求之值。如果$f(P_3)$与 P_4 不相等，则另选 P_3 值，继续进行试算，直到二者相等为止。可见，试算过程十分烦琐。为简化计算，可采用作图试算法，如给定几个 P_3 值，便可求得几个相应的函数值 $f(P_3)$，将这些对应值绘于 $f(P_3)$-P_3 坐标上，可得一曲线，该曲线与水平直线 $f(P_3)=P_4$ 上的交点，便为所要求定的 P_3 值。

【例 3-2】 用射流泵向深井泵的吸水管中送气，如图 3-12 所示。已知射流泵出口高于注气点 20 m，水气乳浊液输送管长度近似为 20 m，注气点位于井中动水位以下 15 m，工作水的压力为 0.2 MPa，要求向含铁地下水中注入的空气量为0.5 L/s，试计算该射流泵。

【解】 由题已知：$P_1=0.2$ MPa，$P_4=0.15$ MPa，$Q_2=0.5$ L/s，$H=20$ m，$l=20$ m。

① 用作图法求 P_3

选取 $P_3=0.05$ MPa，可求出压力之比为

$$p=\frac{P_3}{P_1}=\frac{0.05}{0.2}=0.25$$

按压力比 $p=0.25$，查有关高效率曲线得气水流量比为 $q=0.47$。

空气体积流量在由射流泵出口至深井泵吸水管的输送管道中，因压力不断变化，其流量也随之变化，其平均流量比 q_a 按式(3-73)计算：

$$q_a=\frac{q}{2}\left(\frac{1}{1+10P_3}+\frac{1}{1+10P_4}\right)=\frac{0.47}{2}\times\left(\frac{1}{1+10\times0.05}+\frac{1}{1+10\times0.15}\right)$$
$$=0.235\times\left(\frac{1}{1.5}+\frac{1}{2.5}\right)=0.25$$

按式(3-74)求平均体积流量 Q_a：

$$Q_a=\frac{Q_2}{q}(1+q_a)=\frac{0.5}{0.47}\times(1+0.25)=1.33\ \text{L/s}$$

选择气水乳浊液输送管的管径为 25 mm，查水力计算表得流速为 2.7 m/s，水力坡度降 $i=0.725$。按式(3-72)求函数 $f(P_3)$值：

$$f(P_3)=P_3+\frac{H-il}{100(1+q_a)}=0.05+\frac{20-0.725\times20}{100\times(1+0.25)}$$
$$=0.0944\ \text{MPa}$$

再另选一 P_3 值，重复上述运算，又得到一个对应的 $f(P_3)$ 值。这样，求得 3～4 组的对应值便可在 P_3（横坐标）与 $f(P_3)$（纵坐标）坐标上绘出一条$f(P_3)$-P_3 曲线，如图 3-13 所示。图中曲线 1 就是上述计算所得，该曲线位于水平直线 $f(P_3)=P_4$ 以下，无法与 $f(P_3)=P_4$ 水平直线相交，表明射流泵在这种条件下工作不能实现设计要求。

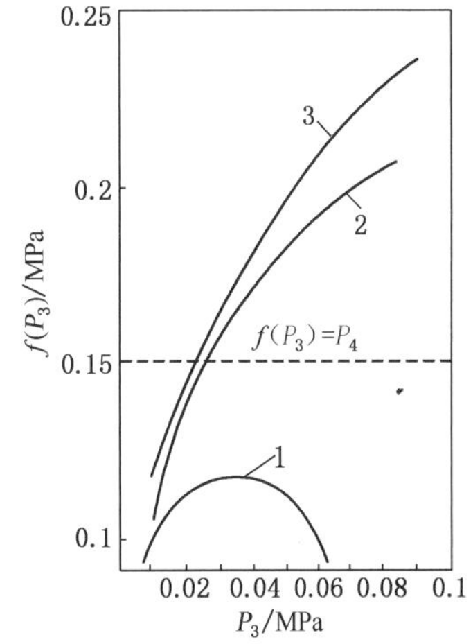

曲线 1—输送管管径 25 mm；
曲线 2—输送管管径 32 mm；
曲线 3—输送管管径 38 mm

图 3-13　作图法求 P_3

将输送管管径增大到 32 mm，重新按上述进行运算，得曲线 2，与水平线 $f(P_3)=P_4$（即 0.15 MPa）交点对应的 P

值为 0.025 MPa，即 $P_3 = 0.025$ MPa 为所要求而定的出口压力值。

若选用输气管管径为 38 mm，得 $P_3 = 0.022$ MPa。与管径为 32 mm 相差不多，所以仍选用32 mm。

当出现 $f(P_3)$-P_3 曲线位于水平线 $f(P_3) = P_4$ 以上而没有交点时，表明 P_3 有负值，即射流泵出口压力低于大气压力，故射流泵的工作是没有问题的。

② 求压力比 p

$$p = \frac{P_3}{P_1} = \frac{0.025}{0.2} = 0.125$$

按 $p = 0.125$ 查高效率曲线得流量 $q = 0.8$。

③ 计算工作压力水的流量 Q_1：

$$Q_1 = \frac{Q_2}{q} = \frac{0.5}{0.8} = 0.625 \text{ L/s}$$

④ 计算喷嘴面积

将式(3-70)计算喷嘴面积：

$$f_0 = \frac{Q_1}{\mu\sqrt{20gP_1}} \times 10^3 = \frac{0.625}{0.98 \times \sqrt{20 \times 9.8 \times 2}} \times 10^3 = 32.2 \text{ mm}^2$$

⑤ 计算面积比

$$m = \frac{1}{p} = \frac{1}{0.125} = 8$$

⑥ 计算混合管管径：

按式(3-60)计算得

$$d_2 = d_0\sqrt{m} = 6.4 \times \sqrt{8} \approx 18 \text{ mm}$$

喷嘴前的工作压力水管管径取 32 mm，水在管中的流速为 0.66 m/s。

喷嘴锥顶夹角取 18°，喷嘴长 90 mm，其中喷嘴前端圆柱体为 2 mm。

吸入室内径取 60 mm。空气吸入管管径 32 mm，空气流速 0.6 m/s，吸入管口设于喷嘴之后方。

⑦ 混合管长度

$$L_2 = 4d_2 = 4 \times 18 \approx 70 \text{ mm}$$

扩散管的锥顶夹角取 8°，扩散管的长度 $L_3 = 130$ mm，与出水口处 32 mm 的输水管相接。

射流泵的计算构造尺寸图见图 3-14。

射流泵送出的气水乳浊液与含铁地下水混合得好与差，对溶气效率有很大影响。将气水乳浊液注入水泵吸水管中，经水泵叶轮混合搅拌，能得到最大的曝气效果。

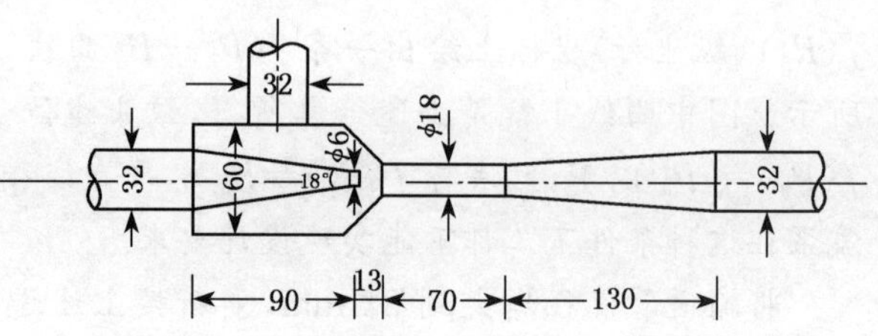

图 3-14　水射器构造尺寸计算图(单位：mm)

7) 全部地下水通过水-气射流泵曝

全部地下水通过射流泵是指射流泵安装在地下水输水管中，射流泵的流量就是地下水的水量。射流泵的进水流量 Q_1 和所需要抽入的空气流量 Q_2 已定，射流泵的计算步骤如下：

(1) 计算流量比 $q=\frac{Q_2}{Q_1}$，一般此值甚小，通常只有百分之几。

(2) 选择面积比 m，为不使水在射流泵内的压力损失过大，宜选择小的 m 值，一般取 $m=1.5$ 左右。

(3) 全部水通过射流泵进行曝时，一般射流泵都不在高效区工作，故压力比 p 不能用式(3-64)计算。这时，可选条件相似的射流泵性能曲线以求定压力比 p。

(4) 计算射流泵出口压力 P_3。由于 q 值很小，故射流泵后面管道中的水头损失可近似地按水的流量进行算，从而可求得 P_3 值。

(5) 计算射流泵前水的压力 $P_1=\frac{P_3}{p}$。实验证明，当 $P_1<0.05$ MPa 时，射流泵抽气作用不大，故一般应使 $P_1>0.05$ MPa。

2. 压缩空气曝气装置

1) 曝气所需气水比

在压力式除铁除锰系统中，常在过滤设备前向水中注入压缩空气，一般压缩空气由空压机供给。曝气所需气水比可按式(3-56)计算，也可采用下式计算：

$$V=K[Fe^{2+}] \tag{3-75}$$

式中 $[Fe^{2+}]$——地下水中二价铁的含量(mg/L)；

K——系数，可取 $K=0.02\sim0.05$（只考虑溶解气）。

2) 气水混合器

空气与水的混合，应采用气水混合器。图 3-15 是常用的一种喷嘴式气水混合器，其容积可按气水混合时间为 10～15 s 计算。喷嘴直径 d_0 为来水管管径 d 的一半，即 $d_0=\frac{d}{2}$。当来水管中流速为 0.5～1.0 m/s 时，喷嘴出口流速在2～4 m/s。图 3-15 中气水混合器使水与空气相继通过两个喷嘴，以提高曝气溶气效果。

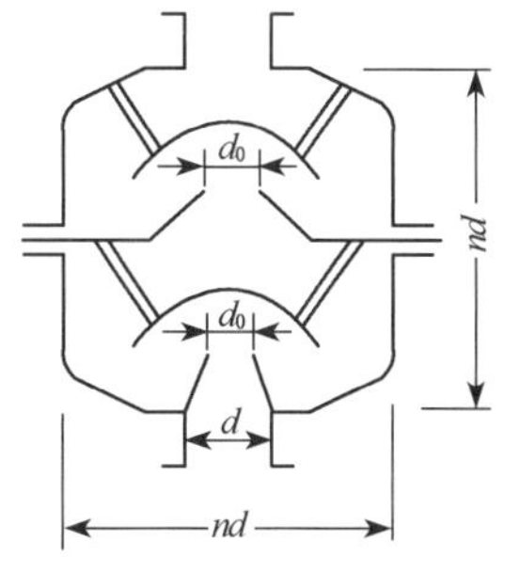

图 3-15 喷嘴式气水混合器

水经喷嘴式气水混合器的水头损失计算式的常用公式为

$$h=\xi\frac{V^2}{2g} \tag{3-76}$$

式中 h——混合器的水头损失(m)；

V——来水管中水的流速(m/s)；

ξ——混合器的局部阻力系数，可取 $\xi=50$。

3) 混合器的混合时间

喷嘴式混合器一般为圆柱形，圆柱体的直径和高度为来水管管径的 n 倍(nd)，故其体积应为$\frac{\pi(nd)^3}{4}$，从而可得到水在气水混合器中的停留时间 t 为

$$t=\frac{\frac{\pi}{4}(nd)^3}{V\times\frac{\pi d^2}{4}}=\frac{n^3 d}{V} \tag{3-77}$$

式中，t 以 s 计；d 以 m 计；V 以 m/s 计。

若取来水管中流速 $V=1$ m/s，则 t 与 n 的关系如表 3-9 所示。

表 3-9　　水在气水混合器中停留时间　　单位：s

来水管管径 d/mm	n		
	3	4	5
150	4.0	9.6	18.7
200	5.4	12.8	25.0
250	6.8	16.0	31.2
300	8.1	19.2	37.2

设计中 n 不宜取得过小，当 $n=3$ 时，水在混合器中的停留时间仅几秒钟，因空气泡直径较大(数毫米)，短时间里难以完成溶气过程，使曝气水中溶解氧的饱和度仅 40%左右。一般可取 $n=4$，以延长水在混合器中的停留时间，提高曝气效果，使水中溶解氧的饱和度增高，从而减小气水比，改善曝气溶氧作业的经济效果。

【例 3-3】 喷嘴式气水混合器前的来水管管径为 250 mm，管中水的流速为1.0 m/s，向管中加注压缩空气，要求水和空气在混合器中混合曝气时间为 15 s，计算混合器尺寸。

【解】 已知 $d=0.25$ m；$V=1.0$ m/s；$t=15$ s，代入式(3-77)，得 n 为

$$n=\sqrt[3]{\frac{t\cdot V}{d}}=\sqrt[3]{\frac{15\times1.0}{0.25}}\approx4$$

喷嘴式气水混合器的直径 D 和高度 H 为

$$D=H=nd=4\times0.25=1.0\text{ m}$$

水在混合器中的水头损失为

$$h=50\times\frac{V^2}{2g}=50\times\frac{1^2}{19.62}=2.55\text{ m}$$

3. 跌水曝气装置

(1) 水自高处自由下落，能挟带一定量的空气进入下部水池中，空气以气泡形式与水接触，使水得以曝气，如图3-16所示。

(2) 跌水曝气的溶氧效率，与跌水的宽度流量、跌水高度以及跌水级数等有关，一般可采用跌水 1～3 级，每级跌水高度 0.5～1.0 m，单宽流量 20～50 $m^3/(h\cdot m)$，也有单宽流量达 400 $m^3/(h\cdot m)$。曝气后水中溶解氧量可增 2～5 mg/L。

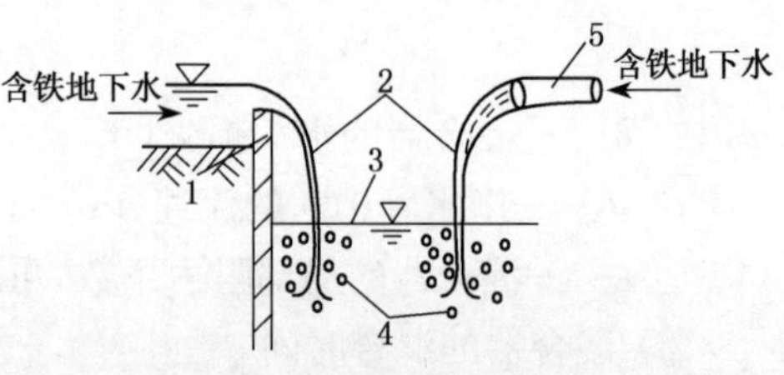

1—溢流堰；2—下落水舌；3—受水池；4—气泡；5—来水管

图 3-16　跌水曝气装置

4. 叶轮表面曝气装置

1）叶轮表面曝气原理

图3-17为叶轮表面曝气装置。在曝气池的中心装有曝气叶轮，叶轮由电动机带动急速旋转，叶轮中的水便在离心力的作用下高速向四周流动。由于叶轮安装在池中水的表面上，叶轮的急速转动能使表层的水与空气剧烈混合，将大量空气卷带入水中，并以气泡形式随水流向四周。表层水流流到池壁便转而螺旋向下运动，同时也将部分气泡带向池的深处。池中心的水向上流往叶轮以予补充。这样，在池内便形成了水的循环运动。由于循环水流的流量很大，所以水能在池内反复循环地进行曝气，故能获得很大的气水比，不仅能使氧溶于水中，并且能充分去除水中的二氧化碳。

2）表面曝气叶轮

图3-18为平板型和泵型两种叶轮形式。叶轮直径与池边长(圆池为直径)之比一般为1∶6～1∶8；叶轮外缘线速度为4～6 m/s；曝气池容积可按水在池中停留20～40 min计算。

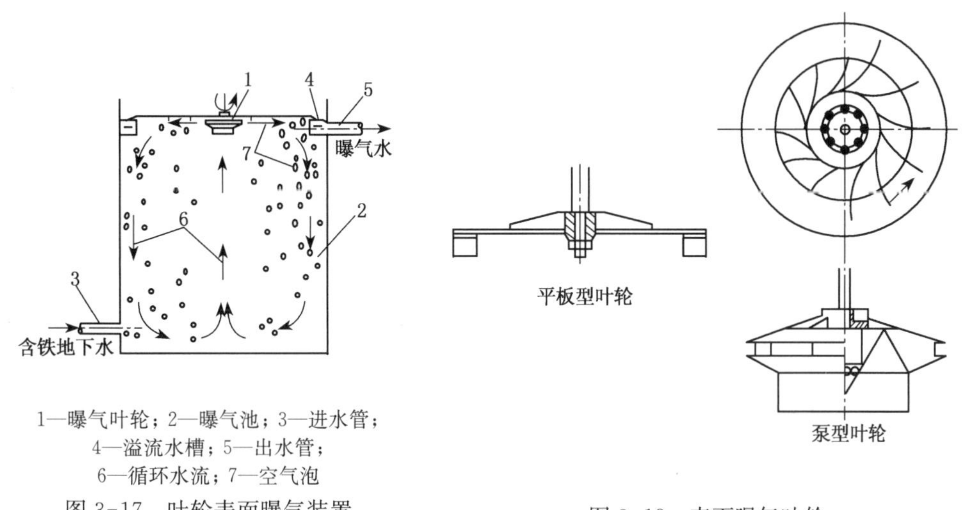

1—曝气叶轮；2—曝气池；3—进水管；
4—溢流水槽；5—出水管；
6—循环水流；7—空气泡

图3-17　叶轮表面曝气装置

图3-18　表面曝气叶轮

3）停留时间计算

对于平板型叶轮，可根据对曝气后水中二氧化碳含量要求，按下式计算水在池中的停留时间：

$$t=\left[\frac{\left(\frac{D}{d}\right)\lg\frac{C_0-C^*}{C-C^*}}{1.3\times 1.75V\times 1.09^{T-20}}\right]^{2.5} \tag{3-78}$$

式中　t——水在曝气池中的停留时间(min)；

D——曝气池直径(m)；

d——叶轮的直径(m)；

V——叶轮周边线速度(m/s)；

T——水的温度(℃)；

C_0——曝气前水中CO_2的浓度(mg/L)；

C——曝气后水中CO_2的浓度(mg/L)；

C^*——CO_2 在空气和水之间达到传质平衡时在水中的浓度(mg/L)。

平板叶轮的主要设计参数见表 3-10。

表 3-10　平板叶轮的主要设计参数

叶轮直径 d/mm	叶片数目 /片	叶片高度 /mm	叶片长度 /mm	进气孔数 /个	进气孔直径 /mm	叶片浸没深度 /mm
300	16	58	58	16	20	45
400	18	68	68	18	24	50
500	20	76	76	20	27	55
600	20	84	84	20	30	60
700	24	92	92	24	33	65
800	24	100	100	24	36	70
1 000	26	110	110	26	40	77

(4) 对于地下水除铁除锰,平板叶轮上进气孔数量较多、孔径较大,不易堵塞,工作较可靠,宜优先采用。

(5) 叶轮表面曝气装置,在水停留时间为 20 min 情况下,水中溶氧饱和度可达 80%～90%,CO_2 散除率可达 50%～70%。

3.4.4　喷淋式曝气装置设计要点

1. 莲蓬头和穿孔管曝气装置

莲蓬头和穿孔管是一种喷淋式曝气装置,地下水通过莲蓬头小孔和穿孔管上小孔向下喷淋,在水滴降落过程中进行气、水之间的气体交换(接触),从而实现水的曝气。

1) 莲蓬头曝气装置

如图 3-19 所示,莲蓬头的锥顶夹角为45°～60°,锥底面为弧形,直径为 150～250 mm,孔眼直径为 4～6 mm,孔隙率 10%～20%,在池内水面以上的安装高度为 1.5～2.5 m。水在孔眼中的流速可取2～3 m/s,一个莲蓬头的出水量为4～8 L/s,单位集水面积上的喷淋水量一般为 1.5～3 $m^3/(h \cdot m^2)$。当将莲蓬头安装在滤池水面上时,每个莲蓬头的服务面积为 1～3 m^2。

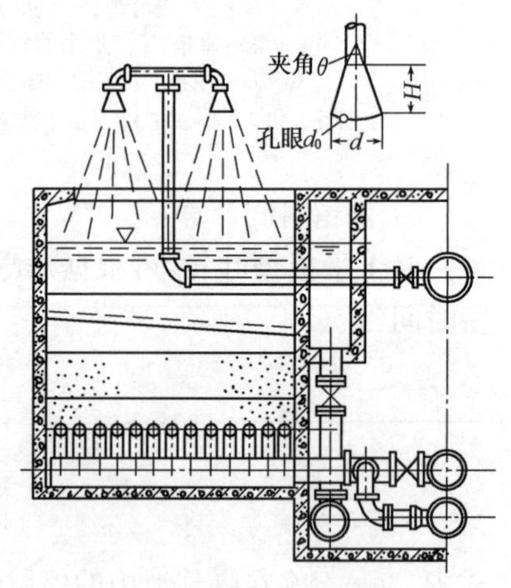

图 3-19　莲蓬头曝气装置

2) 莲蓬头曝气效果的计算

(1) 由莲蓬头喷出的水滴在空气中降落所需的时间 t 计算:

$$t = \frac{d_0(C_2 - C_1)}{6K'\Delta C_a} \times 10^3 \tag{3-79}$$

式中　t——水滴在空间中降落的时间(s);

d_0——莲蓬头孔眼直径(mm);

C_1——曝气前水中溶解氧浓度(mg/L);

C_2——曝气后水中溶解氧浓度(mg/L);

ΔC_a——曝气过程中氧在水中的平均浓度差(mg/L)。

对于曝气散除二氧化碳过程来说，ΔC_a 可按下式算：

$$\Delta C_a = \frac{C_1 - C_2}{2.3\lg \dfrac{C_1}{C_2}} \tag{3-80}$$

式中，C_1 和 C_2 为曝气前后水中 CO_2 浓度。

对于曝气溶氧的过程来说，ΔC_a 的计算式为

$$\Delta C_a = \frac{\Delta C_1 - \Delta C_2}{2.3\lg \dfrac{\Delta C_1}{\Delta C_2}} \tag{3-81}$$

式中　ΔC_1——水中氧的溶解度与曝气前水中实际溶解氧的差值，$\Delta C_1 = C - C_1$；

ΔC_2——水中氧的溶解度与曝气后水中实际溶解氧的差值，$\Delta C_2 = C - C_2$；

C——氧在水中的溶解度，其值与水温有关，按表 3-11 选用；

K'——折算传质系数(m/s)；若莲蓬头直径 d，孔眼流速 v_0 已经选定，且已知水温，可由图 3-20 求出 K'值。图 3-20 是按 $d_0 = 4$ mm 绘制的，当 $d_0 \neq 4$ mm 时，可用表 3-12 中系数修正。

表 3-11　　氧在水中的溶解度(气压：0.1 MPa)

水温 t/℃	0	5	10	15	20	25	30	40
氧溶解度/($mg \cdot L^{-1}$)	14.6	12.8	11.3	10.2	9.2	8.4	7.6	6.6

图 3-20 的用法：图中(1)—(4)连线与(2)相交；(2)—(5)连线与(3)相交，得 K'_4值；$K' = \lambda K'_4$，λ 为修正系数，查表 3-12。

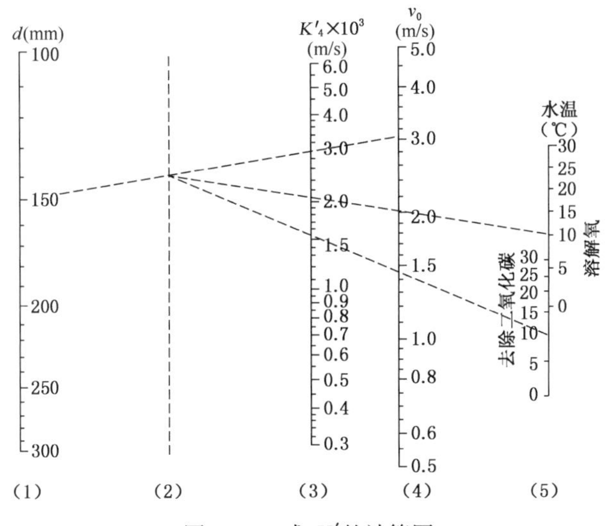

图 3-20　求 K'的计算图

表 3-12　　λ 修正系数

孔眼直径 d_0/mm	3	4	5	6
λ	0.88	1.0	1.1	1.2

（2）莲蓬头孔眼数 n：

$$n=\frac{4Q}{\pi v_0 d_0^2}\times 10^3 \tag{3-82}$$

式中　Q——一个莲蓬头出水量(L/s)；

v_0——莲蓬孔眼流速(m/s)；

d_0——莲蓬头孔眼直径(mm)；

10^3——单位换算系数。

（3）莲蓬头直径 d：

$$d=\sqrt{\frac{n}{\varphi}}\cdot d_0\,(\mathrm{mm}) \tag{3-83}$$

式中　φ——莲蓬头孔眼孔隙率(10%～20%)；

d——一般以超过 250 mm 为宜。

（4）莲蓬头的安装高度 H：

$$H=v_0 t+\frac{1}{2}gt^2\,(\mathrm{m}) \tag{3-84}$$

式中　H——莲蓬头安装高度(m)；

v_0——孔眼流速(m/s)；

t——降落时间(s)；

g——重力加速度(9.81 m/s^2)。

（5）莲蓬头水头损失 h：

$$h=\frac{1}{\mu^2}\cdot\frac{v_0^2}{2g} \tag{3-85}$$

式中，μ 为孔眼的流量系数，其值与孔眼直径 d_0 与壁厚 δ 的比值有关，见表3-13。其他符号同前。

表 3-13　　孔眼的流量系数 μ

d_0/δ	1.25	1.5	2	3
μ	0.76	0.71	0.67	0.62

【例 3-4】　含铁地下水含有 $CO_2=28.2$ mg/L，水中不含溶解氧，水温为 10℃。除铁滤池尺寸为 3.5 m×3.5 m，滤速为 10 m/h。要求曝气后水溶解氧浓度能达到 6 mg/L，CO_2 去除率能达到 50%。若将莲蓬头装于滤池上，计算此莲蓬头曝气装置。

【解】　滤池过滤水量为 $3.5\times3.5\times10=122.5\ \mathrm{m^3/h}=34\ \mathrm{L/s}$。在这个滤池设 4 只莲蓬头进行曝气，每只莲蓬头的流量为

$$Q=\frac{34}{4}=8.5\ \mathrm{L/s}$$

设孔眼流速 $v_0=3$ L/s，$d_0=6$ mm，一只莲蓬头上孔眼数为

$$n=\frac{4Q}{\pi v_0 d_0^2}\times10^3=\frac{4\times8.5}{3.14\times3\times6^2}\times10^3=100(个)$$

选取孔隙率 $\varphi = 15\%$，莲蓬头直径 d 为

$$d = \sqrt{\frac{n}{\varphi}} \cdot d_0 = \sqrt{\frac{100}{0.15}} \times 6 = 154\ \text{mm}$$

取 $d = 150$ mm。

莲蓬头上孔眼呈方格形排列，孔眼中心距为 13.5 mm。莲蓬头锥顶夹角取 $\theta = 45°$，喷水面采用弧形。

首先按曝气溶氧的要求进行计算。由 d，d_0，v_0 和水温的数值，从图 3-20 查得 $K'_{O_2} = 2.47 \times 10^{-3}$ m/s。已知 $C_1 = 0$，$C_2 = 6$ mg/L，10℃时氧在水中的饱和溶解度按表 3-11 查得 $C = 11.3$ mg/L，故 $\Delta C_1 = C - C_1 = 11.3 - 0 = 11.3$ mg/L；$\Delta C_2 = 11.3 - 6 = 5.3$ mg/L，则平均浓度差 ΔC_a 为

$$\Delta C_a = \frac{\Delta C_1 - \Delta C_2}{2.3\lg\dfrac{\Delta C_1}{\Delta C_2}} = \frac{11.3 - 5.3}{2.3 \times \lg\dfrac{11.3}{5.3}} = 7.95\ \text{mg/L}$$

水滴在空气中降落的时间为

$$t = \frac{d_0(C_2 - C_1)}{6K'_{O_2}\Delta C_a} \times 10^{-3} = \frac{6 \times (6 - 0)}{6 \times 2.47 \times 10^{-3} \times 7.95} \times 10^{-3} = 0.31\ \text{s}$$

再按曝气去除 CO_2 的要求进行计算。由图 3-20 查得 $K'_{CO_2} - 1.85 \times 10^{-3}$ m/s。又知 $C_1 = 28.2$ mg/L，若去除 50%的 CO_2，则 $C_2 = 14.1$ mg/L，平均浓度差为

$$\Delta C_a = \frac{C_1 - C_2}{2.3\lg\dfrac{C_1}{C_2}} = \frac{28.2 - 14.1}{2.3 \times \lg\dfrac{28.2}{14.1}} = 20.4\ \text{mg/L}$$

水滴在空气中降落的时间为

$$t = \frac{6 \times (28.2 - 14.1)}{6 \times 1.85 \times 10^{-3} \times 20.4} \times 10^{-3} = 0.37\ \text{s}$$

因曝气去除 CO_2 要求水滴在空气中降落的时间较长，故按 0.37 s 来计算莲蓬头的设置高度：

$$H = v_0 t + \frac{1}{2}gt^2 = 3 \times 0.37 + \frac{1}{2} \times 9.81 \times 0.37^2 = 1.78\ \text{m}$$

取莲蓬头安装在滤池以上 2.0 m 高处，以锥顶夹角 45°向下喷淋，洒于池内水面上圆的直径为 1.65 m。

设 4 只莲蓬头呈正方形布置，莲蓬头之间的中心距为 1.75 m，使喷淋下来的水滴既不重叠，也不会喷出池外。

设莲蓬头壁厚 $\delta = 2$ mm，则 $\dfrac{d_0}{\delta} = \dfrac{6}{2} = 3$，查表 3-13 得 $\mu = 0.62$，水经莲蓬头上孔眼喷出所需要的水头为

$$h=\frac{1}{\mu^2}\cdot\frac{v_0^2}{2g}=\frac{1}{0.62^2}\times\frac{3^2}{19.62}=1.2\ \text{m}$$

3) 穿孔管曝气装置

穿孔管曝气装置与莲蓬头相类似，管上孔眼直径为 5～10 mm，孔眼倾斜向下与垂线夹角不大于 45°。孔眼流速 2～3 m/s，安装高度 1.5～2.5 m。穿孔管曝气装置可以单独设置，也可设于曝气塔上或跌水曝气池上，与其他曝气装置进行组合设置。

2. 喷嘴曝气装置

(1) 用特制的喷嘴将水由下向上喷洒，水在空气中分散成水滴，然后回落到下部池中。喷嘴口径 25～40 mm，喷嘴前水头为 5～7 m，一个喷嘴服务面积为 1.5～2.5 m^2，喷水密度为 5 $m^3/(h\cdot m^2)$，曝气后水中溶解氧饱和度可达 80%～90%，二氧化碳散除率达到 70%～80%。

(2) 喷嘴曝气装置宜设于室外，并要求下部有较大面积的集水池。

3. 接触式曝气塔

(1) 图 3-21 为接触式曝气塔构造图。塔中填料粒径为 30～50 mm，每层填料厚度 300～400 mm，共设 2～5 层，填料层间的高度为 0.3～1.5 m。常以焦炭或矿渣作填料。将地下水送至塔顶，经穿孔管均匀分布后，经填料逐层淋下，汇集于下部集水池中。由于水中部分铁质沉积于填料表面，对水中二价铁的氧化有接触催化作用。

(2) 接触式曝气塔的淋水密度一般为 5～15 $m^3/(h\cdot m^2)$。当采用 2 层填料，淋水密度小于 1 $m^3/(h\cdot m^2)$时，曝气后水中溶解氧饱和度可达 75%～85%，二氧化碳散除率可达 50%～60%。

(3) 当地下水含铁量为 5～10 mg/L 时，填料因铁质堵塞需一年左右更换一次。更换填料，费工费时，所以接触式曝气塔多用于含铁量小于 10 mg/L 的地下水曝气。

(4) 塔的平面形状，小型可为圆形或方形，大型可为长方形。塔宽一般为 2～4 m，塔可单独设置，也可设在滤池上。

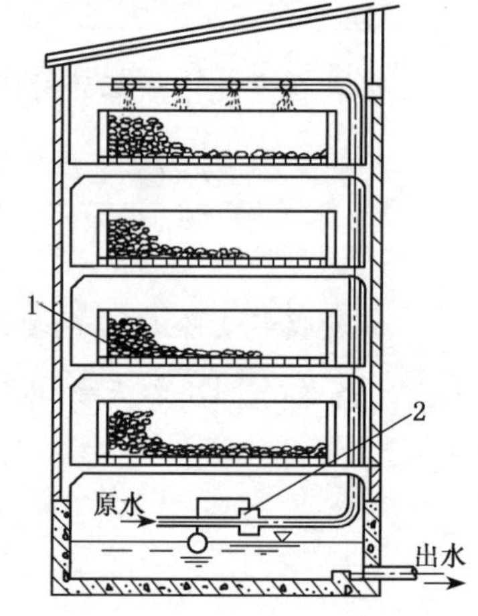

1—焦炭层厚 300～400 mm；2—浮球阀

图 3-21 接触式曝气塔

4. 板条式曝气塔

(1) 图 3-22 为 5 层板条曝气塔。每层板条之间有空隙，使水由上而下逐层下跌曝气。曝气塔的板条层数可采取 4～10 层，层间净距 0.3～0.8 m，淋水密度5～15 $m^3/(h\cdot m^2)$。曝气后水中溶解氧饱和度可达 80%，二氧化碳散除率可达40%～60%。

(2) 由于板条式曝气塔不易被铁质所堵塞，故可用于高含铁地下水的曝气。因在板条式曝气过程中水能以很大表面积与空气较长时间的接触，故能获得较好的曝气效果。

5. 机械通风曝气塔

(1) 图 3-23 为机械通风曝气塔构造图。塔身为封闭式柱体，地下水由塔上部送入，经塔中填料层逐层向下淋，空气用通风机自塔下部通入，由塔顶排出，在塔内水与空气形成对流，曝气和散除二氧化碳效果好。填料多为木板条。设计气水比可采用 10～15；淋水密度采用 40 $m^3/(h\cdot m^2)$；填料层厚度，根据原水总碱度，按表 3-14 采用。

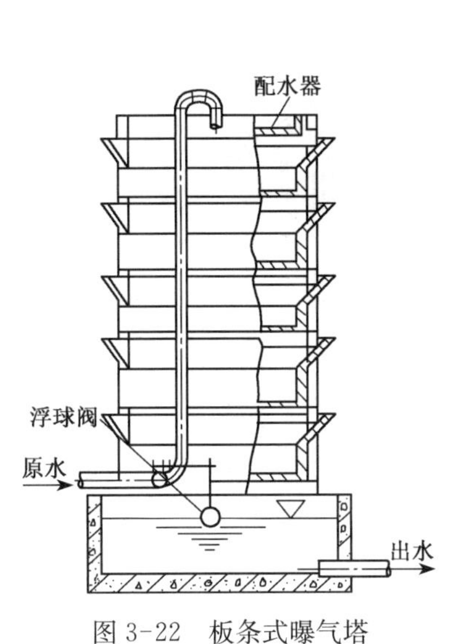

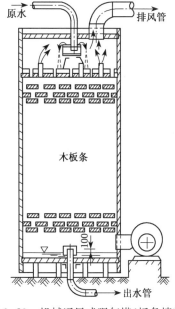

图 3-22　板条式曝气塔

图 3-23　机械通风式曝气塔(板条填料)

表 3-14　　木板条填料层厚度

总碱度/(mmol·L^{-1})	2	3	4	5	6	8
填料层厚度/m	2.0	2.5	3.0	3.5	4.0	5.0

(2) 机械通风式曝气塔,因气水比大,对流式曝气效果好,故曝气后水中溶解氧饱和度可达90%以上;二氧化碳散除率可达80%～90%。木板条填料不易为铁质堵塞,可用于高含铁地下水的曝气。

3.5　无阀滤池除铁除锰设计

3.5.1　无阀滤池概述

在城镇生活用水中,如果原水的含铁、锰较高,需要除铁、除锰后才能符合生活用水标准(铁<0.3 mg/L,锰<0.1 mg/L),则除铁、除锰结合水处理工艺流程进行,如投加水处理药剂同时投加氯(称为预加氯),目的是:一方面用氯氧化水中的有机物,以便去除;另一方面是用氯氧化铁和锰。氯与药剂一起经过混合、反应、沉淀、过滤,达到除铁、除锰的目的。因城镇用水量大,水厂采用的滤池也就是除铁、除锰的滤池,一般为普通快滤池、移动罩滤池、双阀滤池、虹吸滤池等,故这里不进行论述。

工业用水的除铁除锰,其处理水量相对较小,少的每小时几立方米,一般为几十立方米,较大的100 m^{3}以上,因此常用设备进行除铁、除锰处理,较大水量的可用无阀滤池(1万～2万 m^3/d)进行处理。因此这里主要论述无阀滤池和设备化的除铁除锰。

无阀滤池构造简单、靠水力全自动运行,管理方便,在除铁、除锰中只要水量、标高等条件适合是常用的除铁、除锰滤池。特别是因出水水位高,在曝气、两级过滤处理工艺中,为减少提升数次创造了条件。

无阀滤池是于不设阀门而得名，分重力式和压力式两种。重力式无阀滤池的过滤状态见图 3-24，反冲洗状态见图 3-25。

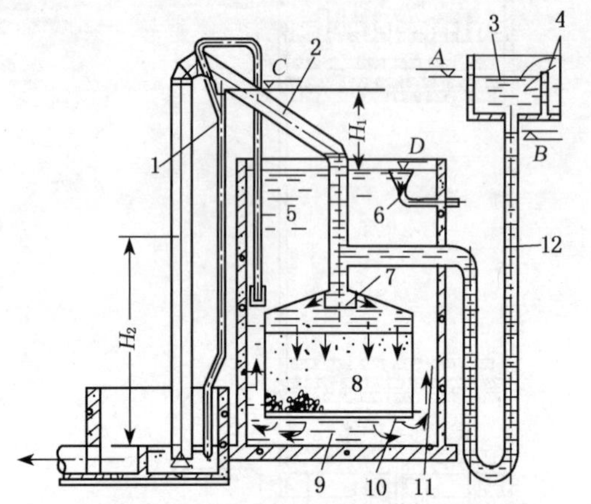

1—辅助虹吸管；2—虹吸上升管；3—进水槽；4—分配堰；5—清水箱；6—出水管至清水池；7—挡板；8—滤池；9—集水区；10—格栅；11—连通管；12—进水管

图 3-24　无阀滤池过滤状态

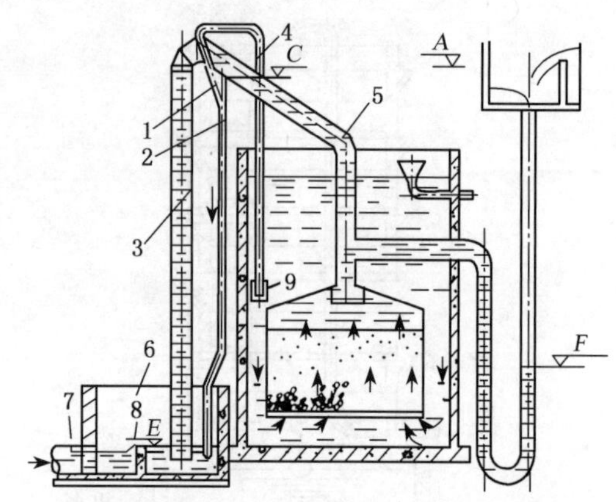

1—抽气管；2—虹吸辅助管；3—虹吸下降管；4—虹吸破坏管；5—虹吸上升管；6—排水井；7—排水管；8—水封堰；9—虹吸破坏斗

图 3-25　无阀滤池反冲洗状态

1. 无阀滤池设备的特点

无论是重力式无阀滤池还是压力式无阀滤池，其工作原理是基本相同的。按图 3-24 和图 3-25，无阀滤池的特点为：

(1) 进水、出水、反冲洗及排水均不设置阀门，运行和反冲洗过程全由水力自动控制。也不像虹吸滤池、双阀、单阀滤池那样，需用虹吸管代替阀门，需要设置一套抽真空设备。

(2) 变水头等速过滤。水头的变化体现在虹吸管中的水位变化，即随着过滤的进展，虹吸管中的水位逐渐上升，直至虹吸形成进行反冲洗，在整个过滤过程中，保持相等的水量。即水头是变的，水量是不变的。

(3) 反冲洗水箱设在滤池的上部，省去了专用冲洗水箱或冲洗水泵，减少了占地，节省了电耗，并不需要运行操作。

(4) 低水头反冲洗，小阻力配水系统。

(5) 运行、冲洗全由水力自动控制，不需要操作、管理和维修，仅需适当维护。

(6) 处理水量相对较小的，可用钢板制作，运到现场安装，进行设备化生产。但应做好防腐处理。

2. 无阀滤池的适用条件和范围

(1) 无阀滤池由水力自动控制运行和反冲洗，不需要运行、管理和操作，非常适合缺乏水处理技术人员的工矿企业应用。

(2) 无阀滤池仅起除铁除锰的过滤作用，故很适用于地下水除铁除锰，如果需要沉淀、澄清相配套使用，则采用水力循环澄清池为合适，因为水力循环澄清池在高程和流量(处理水量)上较匹配。

(3) 无阀滤池采用接触氧化过滤(除铁除锰)，可采用射流泵曝气。同时无阀滤池的分配堰与进水槽之间有一个水位跌落曝气。

(4) 无阀滤池除铁除锰的滤料，最好采用天然锰砂，在无天然锰砂时也可采用石英砂。采用重力式还是压力式无阀滤池，视水量及需要确定。

3. 无阀滤池的构造

无阀滤池的构造结合图3-24、图3-25进行讨论。

重力式无阀滤池设备主要由上部冲洗水箱、中部过滤室、底部集水室及进水装置、冲洗虹吸装置五部分组成。

1) 上部冲洗水箱

无阀滤池每组由两格或三格组成，进水与过滤及反冲洗各自自成系统，互相是分开的，过滤后的水(除铁除锰水)经各格连通管11(如果方形滤池，则连通管为等腰三角形，设在正方形滤池的四角)流入上部水箱5，而水箱是互相连通的，供反冲洗用水，即各格冲洗合用一个水箱，水箱的水量仅满足一格冲洗水的需要。故各格冲洗是先后交错进行的。

当水箱水贮存到冲洗水量后，水就经出水管6(或出水槽)流入清水池。在相同处理水量的情况下，一组三格的水箱高度比一组二格的水箱高度低。

在冲洗过程中，水箱的水位是由高向低而变化的，因而冲洗强度也是由大变小的，但变化幅度并不大，不会影响冲洗效果，设计是按平均冲洗强度计算的。

2) 中部过滤室

除铁除锰的过滤室8是无阀滤池的主要组成部分，是保证除铁除锰水水质的核心，起把关作用。

滤层宜采用天然锰砂、无锰砂可采用石英砂。滤速根据原水含铁、锰量的大小和对滤后水水质要求而定。

3) 集水室

集水室9设在底部滤层以下，过滤水经承托层、配水系统进入集水室。集水室高度根据处理水量的大小而不同，一般为0.30～0.5 m。集水室的水由设置的连通管11进入上部水箱。对于方形滤池来说，连通管可设在四角处，也可设置在对角线上，要求出水均匀，以保证过滤均匀。

4) 进水装置

进水装置由进水槽3和进水管12等组成，无阀滤池由2格或3格组成，故进水槽亦称进水分配槽或进水分配箱。为满足虹吸辅助管管口标高要求，进水槽的高度较高。进水管12设计成U形存水弯管，是为了防止滤池冲洗时空气通过进水管而进入虹吸管，从而破坏虹吸。

5) 冲洗虹吸装置

按图3-25，冲洗虹吸装置是由虹吸上升管5、抽气管1、虹吸辅助管2及虹吸破坏管4、虹吸下降管3组成。虹吸上升管为防止积气，影响虹吸的形成，故采用倾斜向上的锐角形式，这样可使将要冲洗的虹吸中存气少，使虹吸形成较快。

虹吸辅助管是用来抽吸虹吸管中的空气，使虹吸管形成虹吸而反冲洗。在过滤过程中，虹吸管中水位不断上升，待上升至辅助管管口时，水从辅助管流出的同时由抽吸管不断地把虹吸管中空气抽出，到一定真空值时便形成虹吸。

虹吸破坏管起虹吸破坏作用。在冲洗过程中，水箱中的水位不断下降，当水位下降到破坏管始端的破坏斗时，空气进入虹吸破坏管，虹吸被破坏，冲洗停止。

4. 重力式无阀滤池工作原理

1) 滤池过滤工艺流程

按图 3-24,其除铁除锰的过滤工艺流程为:原水由分配堰 4 进入进水槽 3,然后流入进水管 12,经 U 形管进入虹吸上升管 2,向下流经顶盖下面设在正中的配水挡板 7,把水均匀地分布在滤料层 8 上,经滤层 8 过滤的水经承托层和小阻力排水系统(格栅)10,进入底部集水区(室)9,集水室的水通过连通管 11 进入上部水箱 5。随着过滤的进行,水箱水量增加,水位不断上升,当水位上升至出水管(或出水渠)6 的喇叭口上缘时,水就溢流进入出水管(或溢入集水渠),最后流入清水池。

上述过滤的工艺流程直至到虹吸管形成虹吸进行反冲洗为止。待反冲洗结束,又自动进行过滤,重复上述过程。

2) 工作原理

过滤开始,虹吸上升管与冲洗水箱中的水位(水箱中水是满的,水位与出水管喇叭口或集水渠的堰口持平)有一个差值,设 H_0,则 H_0 为过滤起始水头损失。随着过滤时间的延续,滤层截留悬浮物增多,阻力逐渐增大,水头损失增加,虹吸上升管中水位亦相应地逐渐升高。管中原存在的空气受到压缩,一部分空气则从虹吸下降管出口端穿过水封进入大气。

随着滤层阻力的增加,虹吸上升管内水位不断上升,当水位上升到虹吸辅助管 2(图 3-25)的管口时,水从辅助管下流,依靠下降水流在管中形成的真空和水流的挟气作用,抽气管 1(图 3-25)不断将虹吸管中空气抽出,使虹吸中真空度逐渐增大,造成虹吸上升管中水位升高。同时,虹吸下降管 3(图 3-25)将排水水封井 6 中的水吸上至一定高度。当上升管中水位越过虹吸管顶端而下落时,下落水流与下降管中上升水柱汇成一股冲出下降管管口,把管中残留空气全部带走,形成连续虹吸水流。这时,由于滤层上部压力骤降,促使水箱中的水循着过滤时的相反方向进入虹吸管,滤料层因而受到反冲洗。冲洗废水由排水水封井 6 流入下水道。

在冲洗过程中,水箱内水位逐渐下降,当水位下降到虹吸破坏斗 9 时,小斗中水被吸完,管口与大气相通,虹吸破坏,冲洗结束,过滤重新开始。

3) 过滤周期及冲洗强度

(1) 过滤周期及期终水头损失

从过滤开始至虹吸上升管中水位升到虹吸辅助管管口这段时间,为无阀滤池的过滤周期。虽然当水从辅助管下流到形成虹吸反冲洗还有一段时间,但仅为数分钟,故不计在内。

开始过滤时有一个起始水头 H_0(虹吸上升管内水位与水箱最高水位之差),随着过滤的进行,上升管中水位不断升高,当上升到辅助管管口时(一个过滤周期),上升管内水位与水箱最高水位之差为 H_1(图 3-24),称为期终允许水头损失,此值一般采用 1.5～2 m。

(2) 强制反冲洗

在过滤过程中,滤池的水头损失还未达到最大允许值,而因某种原因(如出水水质不符合要求,参观及实习的需要等)需要冲洗时,可实行人工强制冲洗。一般在辅助管与抽气管相连接的三通管上部,接有一根压力水管,成为强制冲洗管。当需要强制冲洗时,打开强制冲洗管(压力管)上阀门,在抽气管与虹吸辅助管连接的三通管处产生高速水流,产生强烈的抽气作用,使虹吸很快形成,进行反冲洗。

5. 设计参数

为安全和留有余地,除铁除锰滤速为 6～10 m/h,视原水含铁、锰量和滤后水水质要求而定;冲洗时间为 4～6 min;冲洗强度采用平均值 14～16 L/(s·m^2);期终允许水头损失

1.5～2.0 m H_2O；滤料层分为单层(天然锰砂或石英砂)和双层无烟煤石英砂)，粒径与厚度考照表 3-15。

表 3-15　　滤料层参数

滤料层	滤料名称	粒径/mm	筛网/(目·英寸$^{-1}$)	厚度/mm
单层滤料	天然锰砂	0.6～1.2	34～16	700～1 000
	石英砂	0.5～1.0	36～18	700～1 000
双层滤料	无烟煤	1.2～1.6	16～12	300～500
	石英砂	0.5～1.0	36～18	400～600

1）承托层

无阀滤池为小阻力配水系统，承托层以小阻力配水设计。一般由滤板、格栅、尼龙网、滤帽等组成。不同的配水方式与承托层材料组成及厚度的关系见表3-16。

表 3-16　　不同配水方式与承托层材料组成及厚度

配水方式	承托层材料	粒径/mm	厚度/mm
豆石滤板	粗砂	1～2	100
格栅	卵石	1～2 2～4 4～8 8～16	80 70 70 80
尼龙网	卵石	1～2 2～4 4～8	每层 50～100
滤头(帽)	粗砂	1～2	100

2）浑水区

顶盖与滤层面之间的为原水，未经过处理，此空间的水称为浑水区。

顶盖面(板)的正中是虹吸上升管的始端，下面是配水挡板。顶盖面与水平面的夹角一般为 10°～15°。浑水区(不包括顶盖锥体部分的高)高度按反冲洗滤层膨胀率 50%计，再加上 100 mm 进行设计。如滤料层厚度为 800 mm，则浑水区高 500 mm。

3）集水室高度

集水室是指配水下缘至底板的空间，如果滤池是正方形，则集水室是正方形的立方体，集水室的高度与滤池出水量的关系见表 3-17。

表 3-17　　集水室高度与滤池出水量关系

滤池出水量/(m^3·h^{-1})	≤30	40～60	80	100～120	160
集水室高度/m	0.25	0.30	0.35	0.40	0.50

6. 管道直径及流速

与其他滤池相比，无阀滤池系统的管道相对较多，除进水管、出水管、虹吸上升管及下降管之外，还有滤池出水的速通管、虹吸辅助管、抽气管、虹吸破坏管、强制冲洗管、压力管等。管径大小都不同，流速也各有要求。

1）连通管

连通管是指集水室连接水箱底的这段短管，其布置目前有三种形式，即池外、池内和池角。不论采用何种，均要求出水均匀。池外采用较少，对于方形滤池来说，目前基本上均采用池角式布置的连通管，其断面为等腰三角形。这种布置的优点为：

(1) 池内外均无管道，便于滤料进出。

(2) 等边(等距离)设置，使过滤和出水都较均匀。

(3) 方形滤池的四个角，原来是水流条件较差死角，现用来设置连通管，既解决了死角问题，又能保证冲洗时均匀布水。

池角式连通管产水量与尺寸的关系可参考表 3-18。

表 3-18　池角式连通管按产水量的参考尺寸

滤池出水量/($m^3 \cdot h^{-1}$)	≤30	40～80	100～120	160
直角边长度/m	0.20～0.25	0.30	0.35	0.40

2）虹吸上升管与下降管

虹吸上升管与下降管是无滤池中的主要管道，根据产水量大小，其管可参考表 3-19 选用，表中管径未考虑冲洗时停止进水。

表 3-19　虹吸管的管径

滤池出水量/($m^3 \cdot h^{-1}$)	≤30	40	60	80	100	120	160
虹吸上升管管径/mm	100～150	200	250	300	350	350	400
虹吸下降管管径/mm	100～150	200	250	250	250	300	350

3）虹吸辅助管及抽气管

虹吸辅助管与抽气管管径，可参考表 3-20 选用。虹吸破坏管管径采用 10～20 mm。

表 3-20　虹吸辅助管及抽气管管径

滤池出水量/($m^3 \cdot h^{-1}$)	≤30	40	60	80	100	120	160
虹吸辅助管管径/mm	25/32		30/40			40/50	
抽气管管径/mm	20		32			40	

4）管中流速

管中流速主要指进、出水管及虹吸上升管与下降管，可参考表 3-21。

表 3-21　管中流速　　单位：m/s

管道名称	流速	管道名称	流速
进水管	0.5～0.7	虹吸上升管	1.0～1.5
出水管	0.5～0.7	虹吸下降管	2.0～2.5

3.5.2　重力式无阀滤池设计要点

1. 进水系统

1）进水分配槽

进水配水槽(图 3-26)的作用，是通过槽内堰顶溢流使滤池各格独立进水，并保持进水流量相等。为此，要求堰口的标高、厚度及粗糙度等尽可能相同。

堰中标高设置较为重要，可采用下述关系确定(图 3-24)：

堰口标高＝虹吸辅助管管口标高 C＋进水管虹吸上升管内各项水头损失
＋保证堰上自由出流高度(10～15 cm)

槽底标高力求降低，以便于气水分离。过去设计的槽底标高通常仅低于虹吸辅助管管口标高约0.5 m。这样，当进水管中水位低于槽底时，在水流由分配槽落入进水管中的过程中将会挟带大量空气。由于进水管流速较大，空气不易从水中分离出去，挟气水流进入虹吸管中之后，一部分空气可上逸并通过虹吸管出口端排出池外，一部分空气将进入滤池并在伞形顶盖下聚焦且受压缩。受压空气会时断时续地膨胀并将虹吸管中的顶出池外，影响正常过滤。此外，反冲洗时，如果滤池继续进水且进水挟气量很大时，虽然大部分空气可随冲洗水流排出池外，但总有一部分空气会在虹吸管顶端聚集，以致虹吸有可能提前破坏。但是在虹吸管顶端聚集的空气量毕竟有限，因此虹吸破坏往往并不彻底，如果顶盖下再有一股受压空气把虹吸管中水柱顶出池外而使真空度增大，就可能再次形成虹吸，于是产生连续冲洗现象。

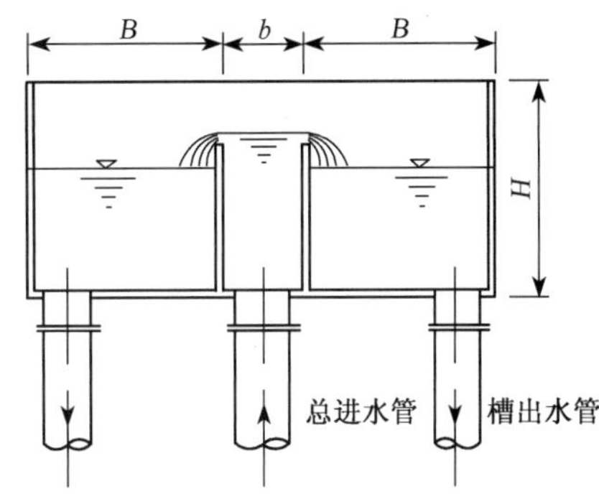

图 3-26　进水配水槽

为避免上述现象的发生，应实行以下几方面措施：

(1) 降低配水槽槽底标高。通常将槽底标高降至滤池水箱出水渠(管)堰顶以下约0.5 m，可足以保证在正常过滤期间空气不会带入滤池，因为进水管入口端始终处于淹没状态。但是，反冲洗期间以及冲洗结束后，由于水箱水位尚在上升过程中，进水管中水位仍有可能低于槽底，但历时较短，进气量较少，生产实践表明，对冲洗影响不大。当然如果条件许可，将槽底标高降至冲洗水箱最低水位以下，对防止进水挟气效果更好。但需多种因素综合考虑，合理比较后确定。如果另外设气水分离器，则配水槽标高不必降低。

(2) 降低进水管流速。如果进水管流速大，不仅易挟气，而且挟气量也大，并且不易分离出来。因此，进水管流速应适当减小，一般采用 0.5～0.7 m/s。

(3) 进水 U 形管存水弯标高。为使 U 形管存水弯的水封更加安全，不使空气进入虹吸管，存水弯的底部中心线标高可设计在排水井标高处。

2) 进水箱及 U 形存水弯

设置进水管 U 形存水弯的作用，是防止滤池冲洗过程中空气通过进水管进入虹吸管，从而破坏虹吸。

在图 3-24 或图 3-25 中，到虹吸管与进水管连接三通的断面 2—2 和排水水封井水面 1—1 的能量方程，并忽略水封井上升流速可得

$$H_2+\frac{p_2}{\gamma}+\frac{V_2^2}{2g}=\frac{P_a}{\gamma}+\sum_2^1 h \tag{3-86}$$

断面 2-2 的真空度 H_V 为

$$H_V=\frac{P_a-P_2}{\gamma}=H_2+\frac{V_2^2}{2g}-\sum_2^1 h \tag{3-87}$$

式中 P——断面 2—2 压强(MPa)；

P_a——大气压强(MPa)；

γ——水的密度(kg/m^3)；

V_2——断面 2—2 处流速(m/s)；

H_2——断面 2—2 与水封井水面 1—1 高差(m)；

$\sum_2^1 h$——由断面 2—2 至水封井水面 1—1 的总水头损失。

设计中，通常 $\sum_2^1 h < \left(H_2 + \frac{V_2^2}{2g}\right)$，因此，当过滤不冲洗时，如果进水管停止进水，U 形存水弯即相当于一根测压管，存水弯中的水位将在断面 2—2 标高以下的 H_V 处。这说明断面 2—2 处有强烈的抽吸作用。如果不设 U 存水弯，无论进水管停止进水还是继续进水，都会将空气吸入虹吸管，就会产生上述危害。为此，为了水封更加安全，也使安装方便，存水弯底部应置于在水封井水面以下。

2. *冲洗系统*

1) 虹吸管计算

虹吸上升管与下降管通称虹吸管。无阀滤池在反冲洗过程中，如前所述，水箱水位不断下降水头(水箱水位与排水水封井堰口水位差，亦即虹吸水位差)也不断降低，从而使冲洗强度也不断减小。设计中，通常以刚开始时的最大水头 H_{max} 与将结束时的最小水头 H_{min} 的平均值作为计算依据，称为平均冲洗水头 H_a。所选定冲洗强度，系按 H_a 作用下所能达到的计算值，称为平均冲洗强度 q_a。由 q_a 计算所得的冲洗流量称为平均冲洗流量，以 Q_1 表示。冲洗时，若滤池继续以原进水流量(以 Q_2 表示)进入滤池，则虹吸管中的计算流量应为平均冲洗流量与进水流量之和 ($Q = Q_1 + Q_2$)。其余部分(包括连通管、配水系统、承托层、滤料层等)所通过的计算流量为冲洗流量 Q_1。

冲洗水头即为水流在整个流程中的水头损失之和，即连通管、配水系统、承托层、滤料层、挡水板、虹吸等水头损失之和。按平均冲洗水头和计算流量可求得虹吸管管径。管径一般采用试算法确定：先初步选定管径，算出总水头损失 $\sum h$，当 $\sum h$ 接近 H_a 时，所选定的管径适用，否则重新计算。

总水头损失为

$$\sum h = h_1 + h_2 + h_3 + h_4 + h_5 + h_6 \tag{3-88}$$

式中 h_1——连通管水头损失(m)，沿程水头损失按谢才公式 $i = \frac{Q_1^2}{A^2 \cdot C^2 \cdot R}$ 计算；进口局部阻力系数取 0.5，出水局部阻力系数为 1；

h_2——小阻力配水系统水头损失(m)。视所选配水系统型式而定，可按式(3-89)计算。或采用实测经验数据。当冲洗强度为 12～15 L/(s·m²)时，格栅式配水系统水头损失可忽略不计：

$$h_2 = \left(\frac{q}{10\alpha\mu}\right)^2 \cdot \frac{1}{2g} \tag{3-89}$$

q——反冲洗强度[L/(s·m^2)]；

α——配水系统开孔比1%；

μ——孔口流量系数；

g——重力加速度(m/s^2)；

h_3——承托层水头损失(m)，$h_3 = 0.022H_1q$；

H_1——承托层厚度(m)；

h_4——滤料层水头损失(m)，$h_4 = \left(\frac{\gamma_1}{\gamma} - 1\right)(1 - m_0)H_2$；

h_5——挡水板水头损失(m)，一般取0.05 m；

h_6——虹吸管沿程和局部水头损失之和(m)。

在上述各水头损失中，当滤池构造与平均冲洗强度已定时，h_1—h_6便已确定，虹吸管管径的大小决定于冲洗水头H_a。因此，在有地形可利用的情况下，如高地、丘陵、山地，降低排水水封井堰口标高以增加可资利用的冲洗水头，可减小虹吸管管径以节省建造费用。由于管径规格限制，管径适当选得大些，使$\sum h < H_a$。其差值消耗于虹吸下降管出口端的三角形锥体的冲洗强度调节器中(图3-24)。

2）冲洗水箱及连通管

(1) 冲洗水箱

冲洗水箱的长度和宽度与多格组合的无阀滤池长和宽完全相同，水箱与滤池整体制作，位于滤池上部。水箱容积按一格一次冲洗所需要的水量确定：

$$V = 0.06qFt \tag{3-90}$$

式中　V——冲洗水箱容积(m^3)；

q——冲洗强度[L/(s·m^2)]，采用平均冲洗强度q_a；

F——单格滤池面积(m^2)；

t——冲洗时间(min)，一般为4～6 min。

一般冲洗强度的设计计算式为

$$q = 10kV_{mf} \tag{3-91}$$

式中　q——设计冲洗强度[L/(s·m^2)]；

V_{mf}——最大滤料粒径的最小流态化冲洗流速(cm/s)；

k——安全系数，取决于滤料均匀程度，一般取$k = 1.1 \sim 1.3$。

如果平均冲洗强度采用式(3-91)的计算值，则当冲洗水头大于平均冲洗水头H_a时，整个滤层将全部膨胀起来。若冲洗水箱水深ΔH较大时，在冲洗初期的最大冲洗水头H_{max}下，有可能将上层部分细滤料冲出滤池。当冲洗水头小于平均冲洗水头H_a时，下层部分粗滤料将下沉而不再悬浮。如果冲洗水箱水深ΔH较大而使冲洗后期滤层总膨胀度过小，这将会影响冲洗效果。因此，减小冲洗水箱水深，可减小冲洗强度或滤层的不均匀膨胀程度，从而避免上述现象的发生。两格以上滤池合用一个冲洗水箱，冲洗强度变幅小，可收到较好效果。

设n格滤池合用一个水箱，则水箱平面积应等于单格滤池面积的n倍。水箱有效深度ΔH为

$$\Delta H=\frac{V}{nF}=\frac{0.06qFt}{nF}=\frac{0.06}{n}qt \tag{3-92}$$

式(3-92)并未考虑一格滤池冲洗时，其余 $(n-1)$ 格滤池在继续过滤，仍在向水箱供给冲洗水量的情况，故水箱容积偏于安全。若考虑 $(n-1)$ 格滤池继续供水，则水箱容积可以减小。如果冲洗时该格滤池继续进水(随冲洗水经虹吸管排出)而其余各格滤池仍保持原来滤速过滤，则减小容积为 $(n-1)$ 格滤池在冲洗时间 t 内以原滤速过滤的水量。于是水箱有效深度为

$$\Delta H=\frac{V-\dfrac{60VF(n-1)}{3\,600}}{nF}=\frac{0.06}{n}t\left[q-\frac{(n-1)\cdot V}{3.6}\right] \tag{3-93}$$

式中，V 为滤速(m/h)；其他符号同上。

由以上可知，滤池格数愈多，冲洗水箱深度愈小，滤池总高度得以降低，这样，不仅降低造价，也有利于滤前处理构筑物在高程上的配合，冲洗强度的不均匀程度也减小。如果合用冲洗水箱的滤池数多到其余几格出水量足以供给一格冲洗用水量，则水箱可取消，似同虹吸滤池，冲洗水来自其余滤池过滤水。但无阀滤池构造和运行不同于虹吸滤池，会造成不正常冲洗。一般合用水箱的滤池数 $n=2\sim3$ 格，而以 2 格合用水箱居多。

(2) 连通管

连通管的作用是：在过滤时将滤后水送入冲洗水箱；冲洗时将水箱水送入滤池。

连通管的布置是图 3-27 所示的三种形式。在前述“6. 管道直径及流速”中已作了介绍，故这里不作进一步论述，但无论何种形式，均应满足水头损失和均匀布水的要求。

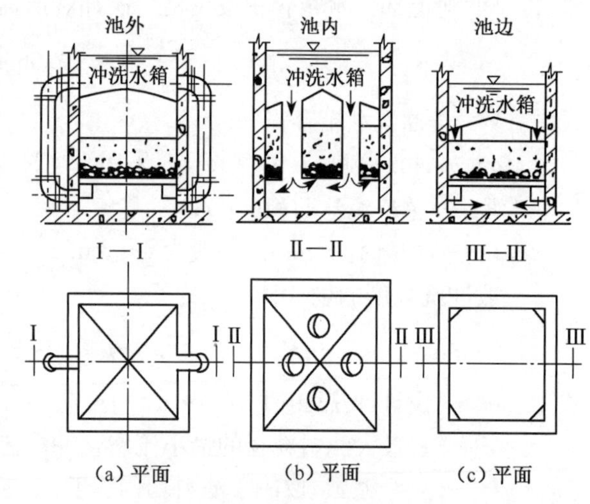

图 3-27 连通管布置形式

3) 虹吸辅助管

虹吸辅助管如图 3-28 所示，它的作用是减少虹吸形成过程中的水量流失，加速虹吸形成，是虹吸系统不可缺少的重要组成部。图 3-28 中表明了虹吸上升管的水平夹角为 30°，虹吸下降管的管径比上升管管径小 1～2 级。图中表明了虹吸辅助管、抽气管、强制冲洗压力管及虹吸破坏管四种管子及其设计布置位置。这里应说明：在所有的重力式无阀滤池设计中，这四种管子除直径大小有所不同之外，其布置形式和位置都是相同的。

4) 破坏管、强制冲洗管、冲洗强度调节器

(1) 虹吸破坏管

在冲洗水箱近底部处设有虹吸破坏小斗(图 3-24 或图 3-25)，虹吸破坏管伸入小斗内。虹吸破坏小斗如图 3-29 所示。

当冲洗快要结束时，水箱小位逐渐逼近小斗，当水位下降到虹吸破坏斗上沿以下时，虹

吸破坏管把小斗内水吸气，管口与大气相通，虹吸破坏、冲洗停止。

虹吸破坏管管径不宜过小，以免虹吸破坏不彻底，但管径过大也会造成较多水量流失，一般采用 15～20 mm。图 3-29 的破坏小斗中装两根虹吸管，称虹吸破坏小斗，目的是延长虹吸破坏进气时间，使虹吸破坏彻底。

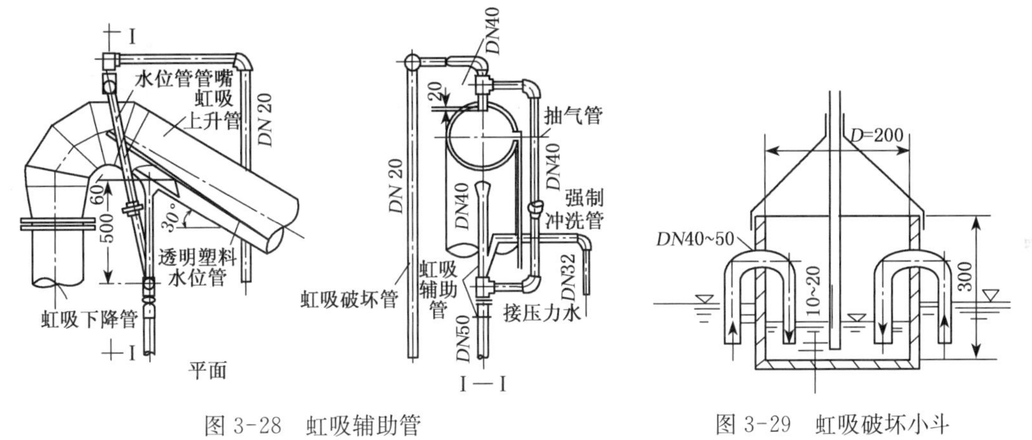

图 3-28　虹吸辅助管　　图 3-29　虹吸破坏小斗

(2) 强制冲洗管

强制冲洗管如图 3-30 所示。是在过滤过程中滤池水头损失还未达到最大值时，而因某种原因需要冲洗时采用，称强制冲洗。强制冲洗管中的水来自压力水，流速较大，造成辅助管内产生较大的负压，把虹吸管内的空气抽出(通过抽气管)而形成虹吸。

(3) 冲洗强度调节器及水封井

冲洗强度调节器如图 3-31 所示。它是设在虹吸下降管管口下部的一个锥形挡板。用螺栓来调节锥形挡板与管口之间的距离，来达到控制冲洗强度。

水封井的作用，除排除(泄)冲洗水之外，还兼作虹吸下降管管口的水封作用。排水井水封水位决定于虹吸水位差 H_a。

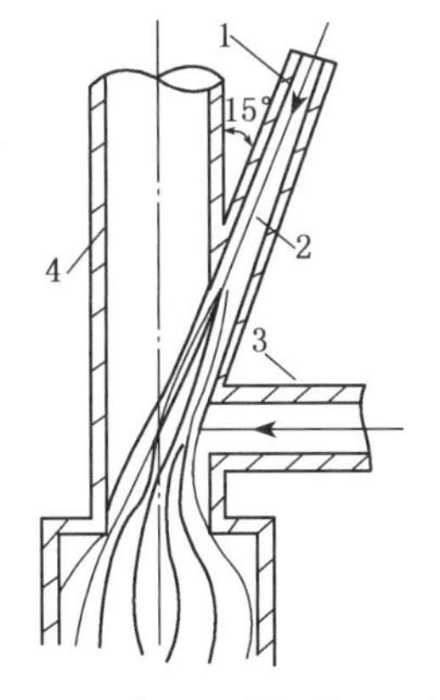

1—压力水；2—叉管；3—抽气管；4—虹吸辅助管

图 3-30　强制冲洗

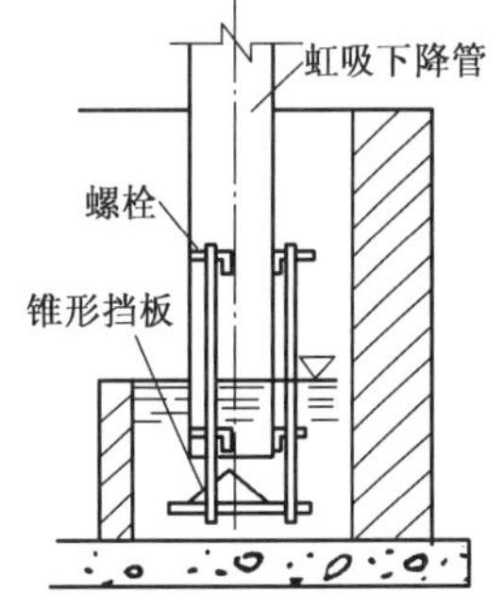

图 3-31　冲洗强度调节器

3. 冲洗时自动停止进水装置

冲洗时该格仍在继续进水，随反冲洗水一起经虹吸管排出，不仅浪费了水量，而且使虹吸管管径增大。故设计及使用单位采用冲洗时自动停止进水装置。

自动停止进水的方法有浮球闸板式、浮球闷板式、自动联锁器及水力虹吸式等多种。使用实践证明,由同济大学研制的水力虹吸式自动停止进水装置(图3-32),效果较好较理想,予以介绍。

由图 3-32,在进水总渠 1 内安装进水虹吸管 2。虹吸管顶部连接抽气管 5 和破坏管 6。抽气管 5 与连通管 7 相连接。过滤开始前,进水总渠 1 中的水由连通管 7 不断流出,借抽气管 5 抽吸进水虹吸管中空气,使其形成虹吸而进水。冲洗开始后,根据前述对式(3-87)的分析,进水 U 形管 8 中的水面将迅速下降,破坏管 6 的管口很快露出水面,空气进入破坏管使虹吸进水管 2 的虹吸被破坏,进水被停止。

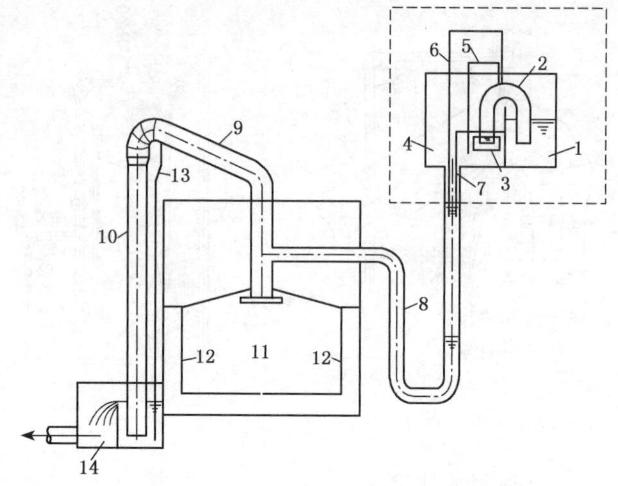

1—进水总渠;2—进水虹吸管;3—水封箱;4—配水槽;5—抽气管;6—虹吸破坏管;7—连通管;8—进水 U 形管;9—虹吸上升管;10—虹吸下降管;11—滤池;12—连通管;13—虹吸辅互管;14—水封井

图 3-32 虹吸式自动停止进水装置

冲洗结束后,其余格滤池过滤水重新注满水箱,冲洗格滤池进水管水位上升,当破坏管 6 的管口被上升水位水封后,因抽气管 5 始终在抽气(即连通管 7 始终在出水),进水虹吸管 2 又形成虹吸,过滤重新开始。

进水虹吸管 2 的设计流速可采用 1.0～1.5 m/s。抽气管 5 和破坏管 6 的直径应根据虹吸进水管尺寸决定,水厂中无阀滤池因水量相对较大,一般采用≥25 mm,小水量、设备化的无阀滤池可采用≤20 mm。图 3-32 中各管道的尺寸、虹吸破坏管 6 在进水管中的插入深度等,在滤池投产前的调试中可加以调整。

3.5.3 重力式无阀滤池除铁除锰设计计算

无阀滤池分重力式和压力式两种。用于工业除铁除锰的水量,一般较小,多数是每小时几立方米至几十立方米,不大会超过 100 m^3/h。故可把无阀滤池设计为规格化设备,工厂化生产用钢材加工制作,运输到现场安装调试。

这里按重力式无阀滤池的除铁除锰举一个计算实例来论述设计计算的全过程。

1. 水量、水质等基本情况

某人造丝浆料工业用水,平均用水量约 48 m^3/h,考虑到反冲洗等自用水,按处理水量为 50 m^3/h 设计。

采用的水源为地下水,含锰量很少,铁和锰的总含量为 3.2 mg/L。除铁除锰处理后二者的总含量要求小于或等于 0.05 mg/L。要求去除率大于 98.4%。

2. 工艺及设计参数

本题属地下水除铁除锰(除铁为主),地下水浊度很小(<3 NTU),故无阀滤池之前没有必要设加药、反应、沉淀等设施,仅在深井泵之前预加氯。利用水泵混合,用氯去氧化二价的铁和锰,然后经过无阀滤池过滤而达到除铁除锰的目的,工艺流程见图 3-33。

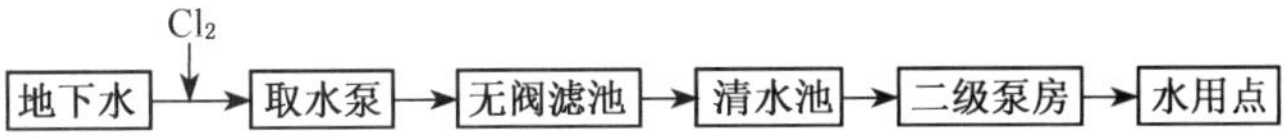

图3-33　重力式无阀滤池除铁(锰)工艺流程

滤池分两格，每格产水量 $\frac{50}{2}=25\ \text{t/h}=6.94\ \text{L/s}$，两格合用一只水箱。

设计参数：

滤速：10 m/h；

平均冲洗强度：15 L/s・m^2；

冲洗历时：$t=5$ min；

期终允许水头损失：$H=1.6$ m；

排水井堰口标高：−0.1 m(地面标高为：±0.00)；

无阀滤池底标高：+0.3 m(底脚高为0.3 m)。

采用无烟煤、石英砂双层滤料过滤。穿孔板上加二层尼龙丝网配水。

每格滤池为正方形，连通管设在四角，为等腰三角形。

3. 滤池及水箱高度计算

1) 滤池面积

单格滤池净面积 F_1：$Q=25\ \text{m}^3/\text{h}$，$V=10$ m/s，$F_1=\frac{Q}{V}=\frac{25}{10}-2.5\ \text{m}^2$。

连通管设在正方形滤池的4个角处，为等腰三角形，设腰长为0.2 m，则连通管面积：

$$F_2=\frac{1}{2}\times 0.2^2=0.02\ \text{m}^2$$

4根连通管的总面积：$4F_2=4\times 0.02=0.08\ \text{m}^2$。

单格滤池的总面积：$F=F_1+4F_2=2.5+0.08=2.58\ \text{m}^2$。

正方形滤池的边长：$L=\sqrt{F}=\sqrt{2.58}=1.6052\approx 1.61$ m。

则两格组合的无阀滤池总面积为 $2.58\times 2=5.16\ \text{m}^2$，宽 $B=1.61$ m，长 $L=1.61\times 2=3.22$ m。

2) 滤池高度

滤池底部集水室高度 $h_1=0.25$ m。采用穿孔板上面设2层尼龙网配水，穿孔钢板厚10 mm(A_3 钢板)，则 $h_2=0.012$ m。

承托层采用卵石，分三层，自上而下为：粒径1～2 mm，厚50 mm；粒径2～4 mm，4厚50 mm；粒径4～8 mm，厚50 mm。

$$h_3=150\ \text{mm}=0.15\ \text{m}$$

双层滤料厚度：上层无烟煤，粒径1.2～1.6 mm，厚500 mm；下层石英砂，粒径0.6～1.2 mm，厚500 mm。

$$h_4=1.0\ \text{m}$$

浑水区高度 h_5，按滤层冲洗时40%膨胀率加100 mm，则为

$$h_5=1.0\times 40\%+0.1=0.4+0.1=0.50\ \text{m}$$

顶盖高度 h_6，采用盖板面与水平面夹角15°，$\frac{1}{2}L=0.5\times 1.61=0.805$ m，则为

$$h_6 = 0.805 \times \tan 15 = 0.22\ \text{m}$$

滤池顶盖以下高度 H_1 为

$$H_1 = \sum h_i = 0.25 + 0.012 + 0.15 + 1.0 + 0.50 + 0.22$$
$$= 2.082\ \text{m} = 2.08\ \text{m}$$

3）水箱高度计算

水箱面积：$F = 1.61 \times 3.22 = 5.1842\ \text{m}^2 \approx 5.18\ \text{m}^2$，水箱两格合用，冲洗强度为 15 $\text{L/(s} \cdot \text{m}^2) = 0.05\ \text{m}^3/(\text{s} \cdot \text{m}^2)$，冲洗时间为 $t = 5\ \text{min} = 300\ \text{s}$，滤池面积 $2.5\ \text{m}^2$，则冲洗一次所需要水量为

$$Q_{冲} = q \cdot t \cdot F_1 = 0.015 \times 300 \times 2.5 = 11.25\ \text{m}^3$$

则水箱高度 H_2 为

$$H_2 = \frac{Q_{冲}}{F} = \frac{11.25}{5.18} = 2.172\ \text{m}$$

水箱超高 $H_3 = 0.15\ \text{m}$；底脚高 $H_4 = 0.3\ \text{m}$。

滤池总高度 H 为

$$H = H_1 + H_2 + H_3 + H_4 = 2.08 + 2.172 + 0.15 + 0.3 \approx 4.70\ \text{m}$$

4. 配水箱、进水管及控制标高

1）进水分配箱

设计暂不考虑冲洗时自动停止进水装置。

采用流速 $V = 0.05\ \text{m/s}$，单格流量 $Q = \frac{25}{3\,600} = 0.00694\ \text{m}^3/\text{s}$，则进水分配箱面积 $F_{分} = \frac{Q}{V} = \frac{0.00694}{0.05} = 0.139\ \text{m}^2$。

采用正方形，边长 $= \sqrt{0.139} = 0.373\ \text{m}$。

2）进水管

进水管（即配水箱出水管）流量 $Q = 0.00694\ \text{m}^3/\text{s}$，选用 DN 125 mm 钢管，则流速为

$$V_{进} = \frac{Q}{F} = \frac{0.00694}{(0.785 \times 0.125^2)} = 0.566\ \text{m/s}$$

符合进水管流速 0.5～0.7 m/s 的要求。

根据管径和流速得水力坡度 $i_{进} = 5.75‰$，进水管长度 $L = 15\ \text{m}$，局部损失计算中有 90°弯头三个，三通一个（暂设虹吸上升管 DN 150 mm），三通直径为 150×125 mm。

沿程水头损失：

$$h_f = i_{进} \cdot l_{进} = 0.00575 \times 15 = 0.086\ \text{m}$$

局部水头损失，$\xi_{进口} = 0.5$，$\xi_{90} = 0.6$，$\xi_{三通} = 1.5$，局部水头损失为

$$h_j = \sum \xi \frac{V_{进}^2}{2g} = (0.5 + 3 \times 0.6 + 1.5) \times \frac{0.566^2}{19.62} = 0.062\ \text{m}$$

进水管总水头损失为 $h = h_f + h_j = 0.086 + 0.062 = 0.148$ m。

3) 几个控制标高

地面标高为±0.00 m，设备底脚高度为 0.3 m，则池底标高为+0.3 m。

(1) 滤池出水口标高：

滤池出水口(水箱溢流口)标高=滤池总高度-超高=4.70-0.15=4.55 m。

(2) 虹吸辅助管管口标高为

$$\text{虹吸辅助管管口标高} = \text{滤池出水口标高} + \text{期终允许水头损失} = 4.55 + 1.6 = 6.15 \text{ m}$$

(3) 进水分配箱箱底标高为

$$\text{进水分配箱箱底标高} = \text{虹吸辅助管管口标高} - \text{防止空气旋入的保护高度} = 6.15 - 0.5 = 5.65 \text{ m}$$

(4) 进水分配箱堰顶标高为

$$\text{进水分配箱堰顶标高} = \text{虹吸辅助管管口标高} + \text{进水管水头损失} + (10 \sim 15)\text{cm 的安全高度} = 6.15 + 0.148 + 0.1 = 6.368 \text{ m}$$

(5) 排水井有关标高为排水井堰口(即水封井)标高为-0.1 m；井底标高为-0.5 m；井顶标高为+0.3 m。

(6) 进水U形管中心线标高为排水井底标高-0.5 m，水封井标高-0.1 m，为使U形管存水弯水封安全，不使空气进入虹吸管，存水弯底部管道中心线标高为-0.4 m。

5. 水头损失计算

1) 虹吸管管经、流速计算

(1) 虹吸管额定流量

反冲洗水量：$Q_{冲} = q \cdot F_1 = 15 \times 2.5 = 37.5$ L/s；因冲洗时仍在进水，与反冲洗水一起经虹吸管排除，$Q_{进} = 6.94$ L/s。则虹吸管的额定流量为

$$Q_{虹} = Q_{冲} + Q_{进} = 37.5 + 6.94 = 44.44 \text{ L/s}$$

(2) 虹吸上升管管径及流速

设虹吸上升管管径 $DN = 200$ mm，则其流速为

$V_{上} = \dfrac{Q_{虹}}{F_{上}} = \dfrac{0.044\dot{4}}{0.785 \times 0.2^2} = 1.415 \approx 1.42$ m/s，符合虹吸上升管流速1.0~1.5 m/s要求。按 $DN = 200$ mm，$V_{上} = 1.42$ m/s，查钢管水力计算表得：$i = 19.6‰$。

设该管段长 $L_{上} = 6$ m。

(3) 虹吸下降管管径及流速

设虹吸下降管管径为 $DN = 150$ mm，其流速为

$$V_{下} = \frac{Q_{虹}}{F_{下}} = \frac{0.044\,44}{0.785 \times 0.15^2} = 2.515\,0 \approx 2.52 \text{ m/s}$$

与虹吸下降管流速 2.0～2.5 m/s 的要求接近，按 $DN=150\,\text{mm}$，$V=2.52\,\text{m/s}$，查钢管水力计算表得 $i=91‰$，设虹吸下降管长 $l_{下}=6\,\text{m}$。

(4) 三角连通管流速及 i 值

三角连通管 4 根，边长尺寸为 0.2×0.2×0.283 m，每根面积 $f_2=0.2\times\dfrac{0.2}{2}=0.02\,\text{m}^2$。$Q_{冲}=0.0375\,\text{m}^3/\text{s}$，反冲洗时流速 $V_{连}=\dfrac{Q_{冲}}{4f_2}=\dfrac{0.0375}{4\times0.02}=0.469\,\text{m/s}$。

由 $V=C\sqrt{Ri}$，得

$$i=\frac{V_{连}^2}{C^2\cdot R}$$

式中　水力半径 $R=\dfrac{W}{x}$，W 为三角连通管断面积，即为 $0.02\,\text{m}^2$，x 为湿周，

$x=0.2+0.2+0.283$，则得 $R=\dfrac{0.02}{0.683}=0.0293$；

流速系数 $C=\dfrac{1}{n}R^{1/6}$，n 为钢板的粗糙系数，取 $n=0.013$，得：

$$C=\frac{1}{0.013}\times0.0293=42.71$$

$$i=\frac{V_{连}^2}{C^2\cdot R}=\frac{0.469^2}{42.71^2\times0.0293}=4.12‰$$

每根连通管长度 $l_{连}=1.5\,\text{m}$。

2) 冲洗时各管段水头损失

这里的水头损失指水箱至排水井的沿程损失和局部损失。

(1) 沿程水头损失 h_f

连通管：$h_{f_1}=i_{连}\cdot L_{连}=0.00412\times1.5=0.00618\,\text{m}$

虹吸上升管：$h_{f_2}=i_{上}\cdot L_{上}=0.0196\times6=0.118\,\text{m}$

虹吸下降管：$h_{f_3}=i_{下}\cdot L_{下}=0.091\times6=0.546\,\text{m}$

$$h_f=h_{f_1}+h_{f_2}+h_{f_3}=0.00618+0.118+0.546\approx0.67\,\text{m}$$

(2) 局部水头损失

连通管进口与出口：进口阻力系数 $\xi_{进}=0.5$，出口阻力系数 $\xi_{出}=1.0$，

$h_{j_1}=(\xi_{进}+\xi_{出})\cdot\dfrac{V_{连}^2}{2g}=(0.5+1.0)\times\dfrac{0.469^2}{19.62}=0.0158\,\text{m}$。

配水挡水板：$h_{j_2}=0.05\,\text{m}$。

虹吸管进口：$Q_{冲}=37.5\,\text{L/s}$，$DN=200\,\text{mm}$，则流速 $V_{进}=\dfrac{0.0375}{0.785\times0.2^2}=1.194\,\text{m/s}$，进口 $\xi=0.5$，$h_{j_3}=\xi_{进}\cdot\dfrac{V_{连}^2}{2g}=0.5\times\dfrac{1.194^2}{19.62}=0.0363\,\text{m}$。

三通：$Q_{虹}=44.4\ L/s$，$V_{上}=1.42\ m/s$，三通处阻力系数 $\xi_{通}=0.1$，则三通的水头损失为

$$h_{j_4}=\xi_{通}\frac{V_{连}^2}{2g}=0.1\times\frac{1.42^2}{19.62}=0.011\ m$$

弯头：60°弯管一只，$\xi_{60}=0.5$；120°弯管一只 $\xi_{120}=2.0$，则弯头的水头损失为

$$h_{j_5}=(\xi_{60}+\xi_{120})\frac{V_5^2}{2g}=(0.5+2.0)\frac{1.42^2}{19.62}=0.257\ m$$

收缩管：虹吸下降管流速 $V_{下}=2.52\ m/s$，收缩段阻力系数 $\xi_{收}=0.25$，水头损失为

$$h_{j_6}=\xi_{收}\frac{V_{下}^2}{2g}=0.25\times\frac{2.52^2}{19.62}=0.081\ m$$

出口：出口阻力系数 $\xi_{出}=1.0$，水头损失为

$$h_{j_7}=1.0\times\frac{2.52^2}{19.62}=0.324\ m$$

上述局部损失的总和为

$$\begin{aligned}h_j&=\sum h_{j_i}\\&=0.0158+0.05+0.0363+0.011+0.257+0.081+0.324\\&=0.7751\ m\end{aligned}$$

虹吸管系统的沿程损失和局部损失之和为

$$h_f+h_j=0.67+0.7751=1.4451\ m$$

3) 配水系统及滤层水头损失 h_g

(1) 配水采用小阻力配水系统的圆形孔板，上铺 30～40 目二层尼龙网。流量系数 $\mu=0.75$，开孔比为 2.2%，冲洗强度 $q=15\ L/(s\cdot m^2)$，可按式(3-89)计算。也可查“小阻力配水系统水头损失”表而得。按冲洗强度为 15 $L/(s\cdot m^2)$，开孔比为 2.2%的圆孔板查得 $h_{g_1}=0.13\ m$。

(2) 承托层水头损失 h_{g_2}。承托层水头损失按 $h=0.022H_1q$ 计算，H_1 为承托层厚度，这里为 $H_1=150\ mm$，q 为冲洗强度[$q=15\ L/(s\cdot m^2)$]，代入得：

$$h_{j_2}=0.022\times0.15\times15=0.05\ m$$

(3) 滤层水头损失 h_{g_3}。滤层水头损失计算式为：$h_{g_3}=\left(\frac{\gamma_1}{\gamma}-1\right)(1-m_0)H_2$，$\gamma_1$ 为石英砂或无烟煤密度，石英砂为 $\gamma_1=2.65\ t/m^3$，无烟煤为 $\gamma_1=1.4\sim1.6\ t/m^3$，取 $\gamma_1=1.5\ t/m^3$；m_0 为孔隙率，石英砂 $m_0=0.41$，无烟煤 $m_0=0.45$；无烟煤及石英砂厚度均为 $H_2=500\ mm=0.5\ m$，总厚为 1 000 mm = 1 m，则水头损失为

$$\begin{aligned}h_{g_3}&=\left(\frac{2.65}{1}-1\right)\times(1-0.41)\times0.5+\left(\frac{1.5}{1}-1\right)\times(1-0.45)\times0.5\\&=0.625\ m\end{aligned}$$

上述水头损失之和为

$$H_g = h_{g_1} + h_{g_2} + h_{g_3} = 0.13 + 0.05 + 0.625 = 0.805\ \text{m}$$

4）冲洗总水头损失及计算结果

(1) 反冲洗总水头损失：

$$h_{总} = h_f + h_j + h_g = 0.67 + 0.775\,1 + 0.805 = 2.250\,1\ \text{m} \approx 2.25\ \text{m}$$

(2) 虹吸平均水位差 $H_{均差}$。水箱平均冲洗强度时标高 $H_{均} = 0.3 + 2.08 + \dfrac{2.172}{2} = 3.466\ \text{m}$。排水井堰口标高 $H_{排堰}$为-0.1 m，则虹吸平均水位差 $H_{均差}$为

$$H_{均差} = H_{均} - H_{排堰} = 3.466 - (-0.1) = 3.566\ \text{m}$$

(3) 计算结果。经过上述计算，当选用虹吸上升管管径 $DN = 200$ mm，虹吸下降管管径 DN 150 mm 时，得到 $h_{冲} = 2.25\ \text{m} < H_{均差} = 3.566\ \text{m}$。

这说明：可利用的虹吸平均水位差大于虹吸系统在保证反冲洗水量(即冲洗强度)条件的水头损失，故冲洗是得到安全和保证的。但冲洗强度比原设计值大，应用设在下降管出口处的冲洗强度调节器进行调整。

5）其他有关管道

(1) 滤池出水管。滤池出水管管径同进水管，DN 125 mm，流速为 $V = 0.566$ m/s。始端为喇叭口，位于水箱最高水位处，水箱水溢入喇叭口经出水管流入清水池。

(2) 排水管：$Q = 44.4$ L/s。管道采用 DN 250 的钢筋混凝土管，查水力计算表得：$V = 0.91$ m/s，水力坡度 $i = 5.6‰$。

(3) 辅助管及破坏管。虹吸辅助管管径采用 25×32 mm，抽气管管径采用20 mm，虹吸破坏管及强制冲洗管管径均采用 15 mm。

本题重力式无阀滤池计算结果的简图见图 3-34。

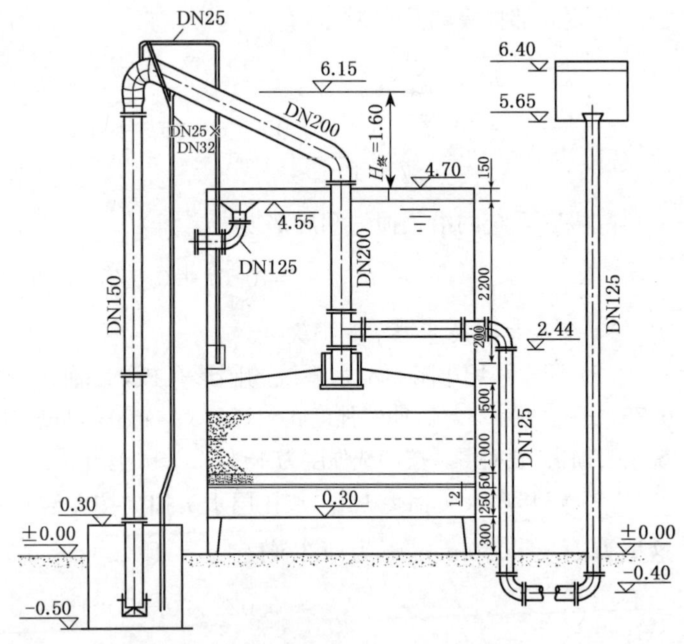

图 3-34　重力式无法滤池计算简图

3.5.4　压力式无阀滤池除铁除锰设计计算

1. 与重力式的不同点

压力式无阀滤池的工作原理与重力式无阀滤池基本相同，并均不设阀门。但与重力式相比较，有以下几方面的不同之处。

1）综合性一次净化

重力式无阀滤池在给水的净化处理中，多数情况下，前置设反应、沉淀等设备，往往与

澄清池相组合。原水水质较好的(如水库水)可直接过滤。而压力式无阀滤池前置不设混合、反应、沉淀设施,而用作综合性一次净化设备,压力式无阀滤池工艺流程简单,如图 3-35 所示。但作为地下水除铁除锰来说,前置处理均不存在,故此不同点也不存在了。

2) 双层滤料过滤

在给水净处理中,压力式因无前置处理,故采用双层滤料(一般为无烟煤和石英砂各 500 mm,见图 3-36),适用于原水浊度≤120 NTU,出水浊度≤3 NTU。重力式有前置处理的,采用石英砂单层滤料(700 mm)处理,原水水质好的,不设前置处理,也采用双层滤料过滤。对于地下水除铁除锰来说二者是相同的,区别在于重力式与压力式。

3) 水塔与冲洗水箱

重力式无阀滤池的冲洗水箱设在滤池上部,与无阀滤池合建。压力式无阀滤池要另设反冲洗水箱。但冲洗水箱可与水塔合建,如图 3-35 所示,内圆柱为冲洗水箱,外圆柱为供水水塔。滤后水先进入冲洗水箱,注满后溢流至环形圆柱体水塔。冲洗时待水箱水位下降至虹吸破坏斗后,虹吸停止,冲洗结束。

4) 水泵一次加压

利用水泵吸水管的负压吸入氯气或氯液,经水泵叶轮混合,用氯氧化低价铁和锰(注:泵后加氯用管道静态混合器混合),经过滤的除铁除锰的水,靠原水泵压力经集水系统送入水塔(图 3-35 和图 3-36)。在自动冲洗前后,利用对水泵的开启与关闭,控制原水的送入与停止。

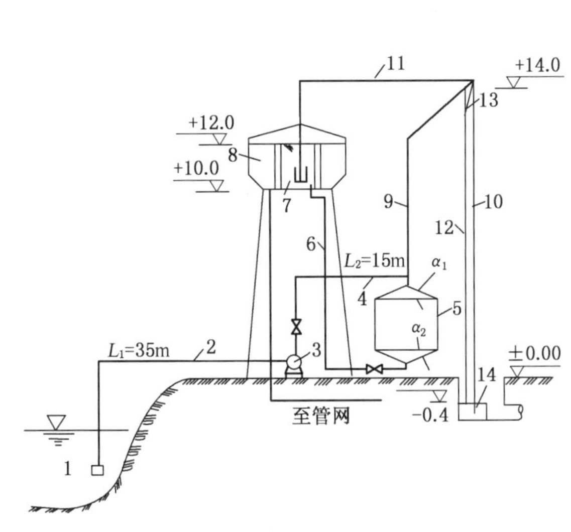

1—吸水底阀；2—吸水管；3—水泵；4—压水管；5—滤池；6—滤池出水管；7—冲洗水箱；8—水塔；9—虹吸上升管；10—虹吸下降管；11—虹吸破坏管；12—虹吸辅助管；13—抽气管；14—排水井

图 3-35　压力式无阀滤池的系统组成

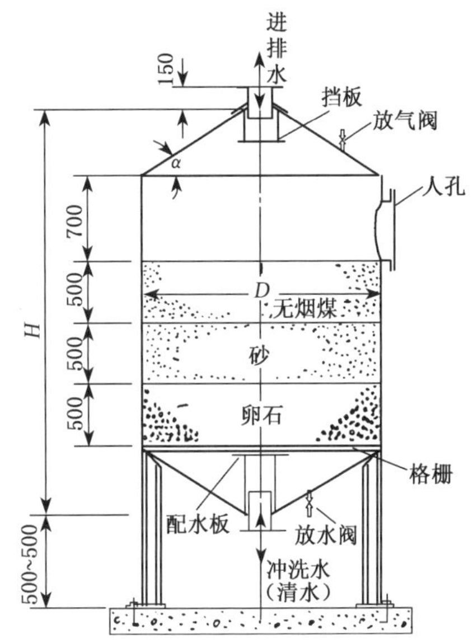

图 3-36　压力式无阀滤池本体

5) 钢结构圆筒体

重力式无阀滤池多数为正方形两格或三格组合。而压力式无阀滤池是单只钢结构的圆筒体(图 3-35)。顶及底成圆锥形(锥顶可用 $\alpha=25°$,锥底采用 $\alpha=20°$)。

6) 设计内容

压力式无阀滤池的设计内容,与重力式无阀滤池基本相同,但增加以下两个部分:

(1) 根据设计水量和压力，对水泵系统进行设计计算，根据计算结果选择水泵。

(2) 进入滤池的水，从净化处理来讲，已进行了加药混合，但未进行反应，故滤池上部的浑水区兼为反应室，反应时间按 5 min 要求进行设计；除铁除锰采用氯氧铁和锰，不存在 5 min的反应室，故不需设计，但要设计考虑满足冲洗时滤层的膨胀高度。

2. 设计参数

(1) 滤速：6～10 m/h，小于重力式。

(2) 冲洗强度：15～18 L/(s · m^2)，冲洗时间≥6 min，均大于重力式。

(3) 期终水头损失：2.0～2.5 m，大于重力式。

(4) 滤料层：无论是给水净化处理还是地下水的除铁、除锰处理，一般都采用无烟煤和石英砂双层滤料，其级配及厚度见表 3-22。

表 3-22　　压力式无阀滤池滤料组成

滤料名称	滤料粒径/mm	K_{80}	滤料厚度/mm	滤速/(m · h^{-1})	强制情况下拔核滤速/(m · h^{-1})
石英砂	$d_{小}=0.5$ $d_{大}=1.0$	1.5	400～600	6～10	8～12
无烟煤	$d_{小}=1.2$ $d_{大}=1.8$	1.3	400～600		

(5) 支承层：如采用格栅式配水系统，卵石厚度为 40 cm，其粒径规格及厚度见表 3-23。

表 3-23　　支承层粒径及厚度(自上而下)　　单位：mm

粒径	厚度
64～32	100
32～16	100
16～8	50
8～4	50
4～2	50
2～1	50

如采用滤头作为配水系统，则不采用卵石，可采用粗砂，其粒径及厚度见表3-24。

表 3-24　　粗砂粒径及厚度　　单位：mm

粒径	厚度
4～2	50
2～1	50

(6) 管道设计要求。压力式无阀滤池管道主要有水泵吸水管、压力管、主虹吸管、冲洗管、清水管(滤池出水管)、虹吸破坏管、虹吸辅助管、抽气管等，主要管道及设计要求见表 3-25。

表 3-25　　管道参数及设计要求

管道名称	流速/(m · s^{-1})	设 计 要 求
水泵吸水管	1.0～1.2	管长一般控制在 40 m 以内
水泵压水管	1.5～2.0	流速不宜过小，防止矾花形成，管长尽量短些为宜

（续表）

管道名称	流速/$(m \cdot s^{-1})$	设 计 要 求
主虹吸管		其形式、直径、标高等计算同重力式无阀滤池
冲洗及清水管（滤池出水管）		管径与虹吸上升管相同（冲洗与清洗同一根管子）。因考虑人工强制冲洗及维修，管上应设阀门
虹吸破坏管		管径与重力式无阀滤池相同，其末端应高出冲、清水管管中 15 cm 以上，以免冲、清水管吸入空气

3.5.5　压力式无阀滤池设计计算例题

某纤维制品工业用水，水量为 30 t/h。要求含铁量为 0.05～0.1 mg/L，含锰量 ≤0.05 mg/L，但二者之和应≤0.1 mg/L，浊度≤3 NTU。

现取自由山区多条溪流汇集而成的某河段水，含铁量为 2.5 mg/L，含锰0.15 mg/L，浊度≤30 NTU。根据要求，铁与锰的去除率应大于 96%；为去除浊度，同时需加药进行净化处理，但不设反应沉淀，而采用双层滤料接触过滤。

水源最低水位标高：−2.0 m。

1. 主要设计参数及设计标高

(1) 滤速：$V = 10$ m/s；

(2) 冲洗强度：$q = 15$ L/(s · m^2)；

(3) 冲洗时间：$t = 6$ min；

(4) 期终水头损失：$H_{终} = 2.0$ m；

(5) 初期水头损失：0.4 m。

主要设计标高：

(1) 水塔底标高：+10.0 m；

(2) 水塔最高水位：+12.0 m；

(3) 排水井水面标高：−0.4 m。

2. 滤池设计计算

1) 滤池平面尺寸

$Q = 30$ t/h，$V = 10$ m/s，滤池面积 $F = \dfrac{Q}{V} = \dfrac{30}{10} = 3\ \text{m}^2$。

采用直径 $\phi = 2.0$ m，实际面积 $F = \dfrac{\pi}{4}\phi^2 = 0.785 \times 2^2 = 3.14\ \text{m}^2$。

则滤池实际产水量 $Q = F \cdot V = 3.14 \times 10 = 31.4\ \text{m}^3/\text{h} = 8.72\ \text{L/s}$。

2) 滤料及滤料层

采用无烟煤（上层）与石英砂（下层）双层滤料过滤。

无烟煤粒径 1.2～1.6 mm，厚度 500 mm；石英砂粒径 0.5～1.0 mm，厚度500 mm，则滤层厚度：$H_{滤} = 0.5 + 0.5 = 1.0$ m。

3) 滤池的顶与底计算

滤池为直径 2.0 m 的圆筒，用 A_3 钢板加工（焊接）制作。筒体及顶与底均采用厚为 8 mm钢板。在筒体滤料层上部设一个直径为 500 mm 的人孔。

设虹吸上升管与清水管、冲洗管，管径相同，初定为 $DN = 150\ \mathrm{mm}$。

(1) 筒体顶部计算。设锥体顶部夹角 $\alpha_1 = 25°$，则锥体高度为

$$h_1 = \tan\alpha_1\left(\frac{\phi}{2} - \frac{DN}{2}\right) = \tan 25° \times \left(\frac{2}{2} - \frac{0.15}{2}\right) = 0.43\ \mathrm{m}$$

(2) 筒体底部计算：设底部锥体夹角 $\alpha_2 = 20°$，则锥底高度为

$$h_2 = \tan\alpha_2\left(\frac{\phi}{2} - \frac{DN}{2}\right) = \tan 20° \times \left(\frac{2}{2} - \frac{0.15}{2}\right) = 0.34\ \mathrm{m}$$

4) 浑水区高度

(1) 锥顶浑水停留时间 t_1。

锥顶体积近似计算为：$V_{顶} = \dfrac{\pi\phi^2 \cdot h_1}{12} = \dfrac{3.14 \times 2^2 \times 0.43}{12} = 450\ \mathrm{L}$

浑水在锥顶体内停留时间 t_1 为

$$t_1 = \frac{V_{顶}}{Q} \times 3\,600 = \frac{0.45}{30} \times 3\,600 = 54\ \mathrm{s}$$

(2) 浑水区停留时间。

设浑水区高 $h_2 = 0.7\ \mathrm{m}$，体积 $V_{浑} = 0.785 \times 2^2 \times 0.7 = 2.198\ \mathrm{m^3}$，停留时间 t_2 为

$$t_2 = \frac{V_{浑}}{Q} \times 3\,600 = \frac{2.198}{30} \times 3\,600 = 264\ \mathrm{s}$$

总停留时间 $t = t_1 + t_2 = 54 + 264 = 318\ \mathrm{s} = 5.3\ \mathrm{min} > 5\ \mathrm{min}$

(3) 浑水区高度：

$$H_{浑} = h_1 + h_2 = 0.43 + 0.7 = 1.13\ \mathrm{m}$$

5) 配水系统

采用平格栅配水系统，卵石支承层总厚度 $H_{承} = 0.4\ \mathrm{m}$（表 3-12）

格栅高度 $H_{栅} = 0.1\ \mathrm{m}$。

6) 滤池高度

$$\begin{aligned} H &= H_{浑} + H_{滤} + H_{承} + H_{栅} + h_3 \\ &= 1.13 + 1.0 + 0.4 + 0.1 + 0.34 = 2.97 \approx 3.0\ \mathrm{m} \end{aligned}$$

3. 管路水头损失计算

1) 流量

$$Q = 31.4\ \mathrm{m^3/h} = 8.72\ \mathrm{L/s}$$

2) 吸水管路水头损失

(1) 沿程水头损失计算：

吸水管管径采用 $DN = 100\ \mathrm{mm}$ 钢管，则流速 $V = 1.01\ \mathrm{m/s}$，水力坡度 $i = 20.8‰$，设管长 $l_{吸} = 35\ \mathrm{m}$，其沿程水头损失为

$$h_f = il_{吸} = 0.020\,8 \times 35 = 0.728\ \mathrm{m} \approx 0.73\ \mathrm{m}$$

(2) 局部水头损失计算：

带滤网吸水底阀：$\xi = 8$，$V = 1.01\ \text{m/s}$，$h_1 = \xi\dfrac{V^2}{2g} = 8 \times \dfrac{1.01^2}{19.62} = 0.42\ \text{m}$。

90°弯头3个，$\xi = 0.3$，$h_2 = 3 \times 0.3 \times \dfrac{1.01^2}{19.62} = 0.05\ \text{m}$。

100×80偏心渐缩管1个，$\xi = 0.1$，$V = 1.75$，$h_3 = 0.1 \times \dfrac{1.75^2}{19.62} = 0.02\ \text{m}$。

局部阻力损失 $h_j = 0.42 + 0.05 + 0.02 = 0.49\ \text{m}$。

吸水管水头损失为

$$h_{吸} = h_f + h_j = 0.73 + 0.49 = 1.22\ \text{m}$$

3) 水泵至滤池压力管路水头损失

(1) 沿程水头损失 h_f

采用DN 80 mm钢管，设管长 $l = 15\ \text{m}$，得 $V = 1.75\ \text{m/s}$，$i = 88.4‰$，沿程水头损失为

$$h_f = 0.0884 \times 15 = 1.33\ \text{m}$$

(2) 局部水头损失 h_j

80×50 mm渐缩管一个，$V = 4.49\ \text{m/s}$，$\xi = 0.3$，

$$h_{j_1} = \xi\frac{V^2}{2g} = 0.3 \times \frac{4.49^2}{19.62} = 0.31\ \text{m}$$

DN 80弯头3只，$V = 1.75\ \text{m/s}$，$\xi = 0.3$，

$$h_{j_2} = (0.3 \times 3) \times \frac{1.75^2}{19.62} = 0.14\ \text{m}$$

DN 80×150三通一只，$V = 1.75\ \text{m/s}$，$\xi = 1.5$，

$$h_{j_3} = 1.5 \times \frac{1.75^2}{19.62} = 0.23\ \text{m}$$

局部水头损失 h_j 为

$$h_j = h_{j_1} + h_{j_2} + h_{j_3} = 0.31 + 0.14 + 0.23 = 0.68\ \text{m}$$

压水管水头损失：

$$h_{压} = h_f + h_j = 1.33 + 0.68 = 2.01\ \text{m}$$

4) 滤池出水管(冲洗管)水头损失

$Q = 8.72\ \text{L/s}$，DN 150 mm，则 $V = 0.46\ \text{m/s}$，$i = 3.0‰$，设 $l = 20\ \text{m}$，则出水管沿程水头损失 $h_f = il = 0.003 \times 20 = 0.06\ \text{m}$。

因 V 很小，则 $\dfrac{V^2}{2g}$ 值更小，故局部阻力损失可忽略不计。

4. 水泵选择

1) 水泵所需要的扬程

$$H = H_1 + H_2 + H_3 + H_4 + H_5$$

式中 H_1——地面与水源最低水位之差(地面标高±0.00)，H_1 为地面以下 2 m；

H_2——地面与水塔最高水位差，$H_2 = 10 + 2 = 12$ m；

H_3——吸水管、压水管、出水管水头损失之和，$H_3 = 1.22 + 2.01 + 0.06 = 3.29$ m；

H_4——期终水头损失，$H_4 = 2$ m；

H_5——富余水头，取 $H_5 = 2.0$ m。

$$H = 2 + 12 + 3.29 + 2 + 2 = 21.29 \text{ m。}$$

2) 水泵选择

按 $Q = 31.4 \text{ m}^3/\text{h} = 8.72 \text{ L/s}$，$H = 21.29$ m 选泵。

选用 XA40/13 型卧式单级单吸离心泵，转速 $n = 2\,900$ r/min，配用 Y112M-2 电动机，功率为 4 kW，允许吸上高度 $H_s = 7 \sim 5$ m，该型号水泵的主要性能以下：

$Q_1 = 18 \text{ m}^3/\text{h}$，$H_1 = 25.5$ m，轴功率 $N_1 = 2.08$ kW，效率 $\eta_1 = 60\%$；

$Q_2 = 30 \text{ m}^3/\text{h}$，$H_2 = 23.5$ m，轴功率 $N_2 = 2.74$ kW，效率 $\eta_2 = 70\%$；

$Q_3 = 36 \text{ m}^3/\text{h}$，$H_3 = 21.5$ m，轴功率 $N_3 = 3.03$ kW，效率 $\eta_3 = 69.5\%$。

水泵应选用 2 台，一用一备。

5. 主虹吸管计算

1) 设计管径

虹吸辅助管管口标高 = 水塔最高水位 + 期终水头损失 = 12 + 2 = 14 m。

冲洗强度：$q = 15 \text{ L/(s} \cdot \text{m}^2)$，滤池面积 $F = 3.14 \text{ m}^2$，冲洗水量 $Q_{冲} = q \cdot F = 3.14 \times 15 = 47.1$ L/s。

设计初选管径：虹吸上升管，DN 150 mm，$V = 2.77$ m/s；虹吸下降管，DN 125 mm，$V = 3.84$ m/s (偏大些)；冲、清水管，DN 150 mm，$V = 2.77$ m/s。

2) 管路水头损失计算

(1) 沿程水头损失 h_f

冲、清洗管：$l_1 = 20$ m，$V = 2.77$ m/s，$i = 99‰$，$h_{f_1} = il = 0.099 \times 20 = 1.98$ m。

虹吸上升管：$l_2 = 12$ m，$V = 2.77$ m/s，$i = 99‰$，$h_{f_2} = il = 0.099 \times 12 = 1.19$ m。

虹吸下降管：$l_3 = 15$ m，$V = 3.84$ m/s，$i = 236‰$，$h_{f_3} = il = 3.54$ m。

$$h_f = h_{f_1} + h_{f_2} + h_{f_3} = 1.98 + 1.19 + 3.54 = 6.71 \text{ m}$$

(2) 局部水头损失 h_j

DN 150 的 90°弯头 4 个，$\xi = 0.3$，$V = 2.77$ m/s，$h_{j_1} = 4 \times 0.3 \times \dfrac{2.77^2}{19.62} = 0.47$ m。

冲洗水箱出口，$\xi = 0.5$，$V = 2.77$ m/s，$h_{j_2} = 0.5 \times \dfrac{2.77^2}{19.62} = 0.20$ m。

池底出口(ϕ150)，$\xi = 1.0$，$V = 2.77$ m/s，$h_{j_3} = 1.0 \times \dfrac{2.77^2}{19.62} = 0.39$ m。

池顶进口(ϕ150)，$\xi = 0.5$，$V = 2.77$ m/s，$h_{j_4} = 0.5 \times \dfrac{2.77^2}{19.62} = 0.20$ m。

DN 150 的 45°弯头 1 个，$\xi = 0.56$，$V = 2.77\ \text{m/s}$，$h_{j_5} = 0.56 \times \dfrac{2.77^2}{19.62} = 0.22\ \text{m}$。

DN 150 的 135°弯头 1 个，$\xi = 1.4$，$V = 2.77\ \text{m/s}$，$h_{j_6} = 1.4 \times \dfrac{2.77^2}{19.62} = 0.55\ \text{m}$。

DN 150×125 渐缩管 1 个，$\xi = 0.1$，$V = 3.84\ \text{m/s}$，$h_{j_7} = 0.1 \times \dfrac{3.84^2}{19.62} = 0.08\ \text{m}$。

下降管出口：$\xi = 1.04$，$V = 3.84\ \text{m/s}$，$h_{j_8} = 1.04 \times \dfrac{3.84^2}{19.62} = 0.75\ \text{m}$。

挡水板及配水的水头损失取 0.3 m，则上述水头损失之和为

$$\begin{aligned} h_j &= \sum h_{ji} \\ &= 0.47 + 0.20 + 0.39 + 0.20 + 0.22 + 0.55 + 0.08 + 0.75 + 0.3 \\ &= 3.16\ \text{m} \end{aligned}$$

管路的总水头损失

$$h = h_f + h_j = 6.71 + 3.16 = 9.87\ \text{m}$$

3）滤层系统水头损失

(1) 配水格栅：取 $h_1 = 0.02\ \text{m}$（一般可忽略不计）。

(2) 承托(支承)层：$H_{支} = 0.4\ \text{m}$，$q = 15\ \text{L/(s·m}^2)$，$h_2 = 0.022 H_{支} \cdot q = 0.022 \times 0.4 \times 15 = 0.13\ \text{m}$。

(3) 滤层水头损失按 $H = \left(\dfrac{\gamma_1}{\gamma} - 1\right)(1 - m_0)h$ 计算，计算结果如下。

砂滤层：$h_3 = 0.431 = 0.43\ \text{m}$；

煤滤层：$h_4 = 0.413 = 0.41\ \text{m}$。

滤层系统水头损失：$H = \sum h_{1\text{-}4} = 0.02 + 0.13 + 0.43 + 0.41 = 0.99\ \text{m}$。

按上述计算得反冲洗时的总水头损失为

$$H_{总} = 6.71 + 3.16 + 0.99 = 10.86\ \text{m}$$

4）虹吸水位差

排水井水面标高：$-0.40\ \text{m}$；

冲洗水箱最低水位标高：$+10.50\ \text{m}$；

则虹吸水位差 $H_{虹} = 10.50 - (-0.4) = 10.90 > H_{总} = 10.86\ \text{m}$。

上述计算和验算的结果，虽然选择的虹吸管管径（上升算 DN 150 mm，下降管 DN 125 mm）是可行的，但从虹吸水位差(10.90 m)与反冲洗时总水头损失(10.86 m)来看非常接近，仅大 0.04 m，而且水头损失计算可能存在误差等因素，故存在不安全性。同时从管中流速来看，虹吸上升管(含冲、清水管)为 2.77 m/s，远大于 1.5 m/s 的要求；虹吸下降管流速为 3.84 m/s，远大于 2.5 m/s，可见流速都偏大很多，是不合理的。

较科学的选择为：虹吸上升管与冲、清水管 DN 200 mm，$Q = 0.0115 \times 3.14 = 0.0471\ \text{m}^3/\text{s}$，管道断面积 $F = 0.785 \times 0.2^2 = 0.0314\ \text{m}^2$，$V = \dfrac{Q}{F} = \dfrac{0.0471}{0.0314} = 1.5\ \text{m/s}$（符合要

求)。虹吸下降管 DN 150 mm, $F = 0.785 \times 0.15^2 = 0.017\,663\ \text{m}^3$, $V = \dfrac{Q}{F} = \dfrac{0.047\,1}{0.017\,663}$ $= 2.7\ \text{m/s}$,略偏大些,基本符合。

按 DN 200 mm, $V = 1.5\ \text{m/s}$ 和 $DN = 150\ \text{mm}$, $V = 2.7\ \text{m/s}$,按上述计算方法重新计算(计算略)。则得到的冲洗时总水头损失 $H_{总} < 10.86\ \text{m}$,也即 $H_{总} < H_{虹} = 10.90\ \text{m}$,这就显得更为安全和合理,同时用下降管出口处的冲洗强度调节器进行调整。

上述计算的压力式无阀滤池的工艺布置,见图 3-35。压力式无阀滤池的本体及构造见图 3-36。

3.6 接触氧化除铁除锰设计

3.6.1 接触氧化过滤除铁除锰的优点及工艺

接触氧化过滤除铁除锰,只要求对水进行曝气充氧,而不要求对水中二价铁或二价锰进行氧化、水解、絮凝等反应、沉淀,也不要求采取任何提高 pH 值的措施,所以除铁除锰只需要曝气和接触氧化过滤两个过程。而曝气多数又采用射流泵,不需要前述的专设曝气装置,又使处理工艺简化。因此压力式接触氧化除铁除锰设备是目前工矿企业采用最多最普遍的设备。接触氧化除铁除锰的优点如下:

(1) 对水质适应性强,不需要调节 pH 值,曝气装置小,如射流泵曝气。

(2) 接触催化氧化,不需要设反应池、沉淀池,减少了占地面。

(3) 接触吸附分离,滤速大、过滤周期长、滤后水含铁、含锰浓度低,无"穿透"滤层现象,出水水质好。

(4) 不使用药剂,省去加药系统设备,降低运行费用和制水成本。

(5) 投资省、占地少、工艺简单、操作运行简便可靠。

接触氧化除铁除锰系统可以是压力式,也可以是重力式。压力式不需要进行二次提升,设备用钢板制作,适用于工矿企业用水量的除铁除锰。重力式较适用于地下水为水源的城镇生活用水除铁除锰处理。接触氧化压力式除铁除锰处理工艺流程,根据不同的实际情况、充氧曝气方法以及除铁与除锰的不同任务和要求,可以有很多种的组合。现以目前同认而普遍采用的射流泵充氧曝气为代表,较典型的、具有代表性的接触氧化压力式除铁、除锰工艺流程见图 3-37—图 3-39。

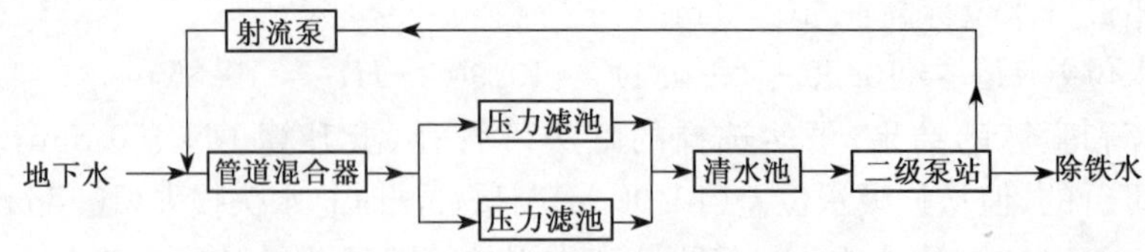

图 3-37 一级并联压力式滤池除铁工艺流程图

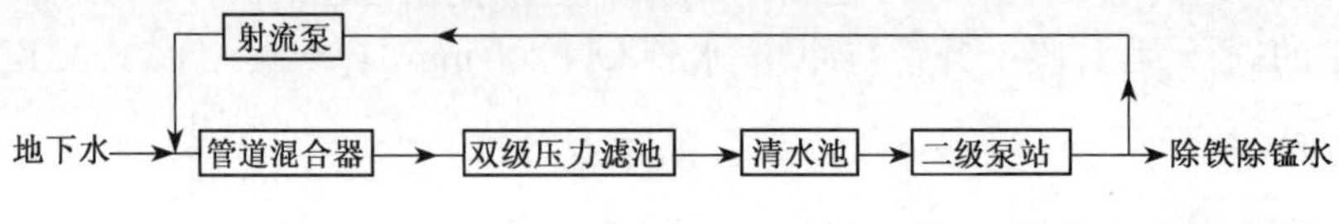

图 3-38 双级式压力滤池除铁除锰工艺流程图

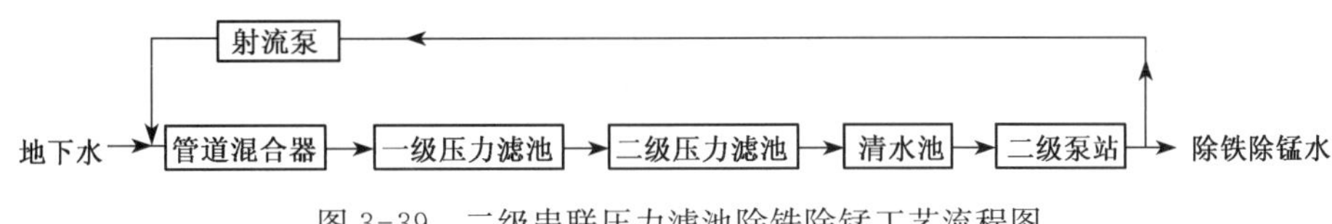

图 3-39 二级串联压力滤池除铁除锰工艺流程图

图 3-37 是一级 2 台并联压力式接触氧化除铁设备。根据处理水量的大小，接触氧化压力式过滤除铁设备可以仅为 1 台，也可多台并联。射流泵根据抽气量的大小，可以多台并联除铁设备配 1 台射流泵，也可每台除铁设备分别配 1 台射流泵溶气，但管道混合器也相应配置。

图 3-38 为双级式压力接触氧化除铁除锰设备。双级式是指一台设备内分上、下两个部分，上部用来除铁，下部用来除锰，除铁除锰在一台设备内完成，如图3-40所示。双级压力式接触氧化除铁除锰是新型的设备。它使两级过滤一体化，造价低，管理方便，适用于原水铁锰为中等含量的中、小型处理水量的除铁除锰。根据水量大小，可以是单台双级设备过滤，也可多台并联双级设备过滤。

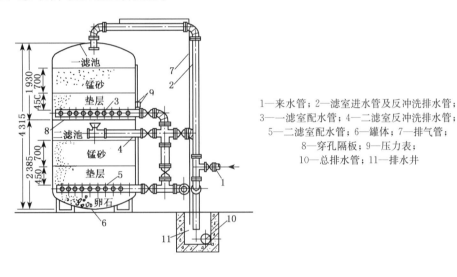

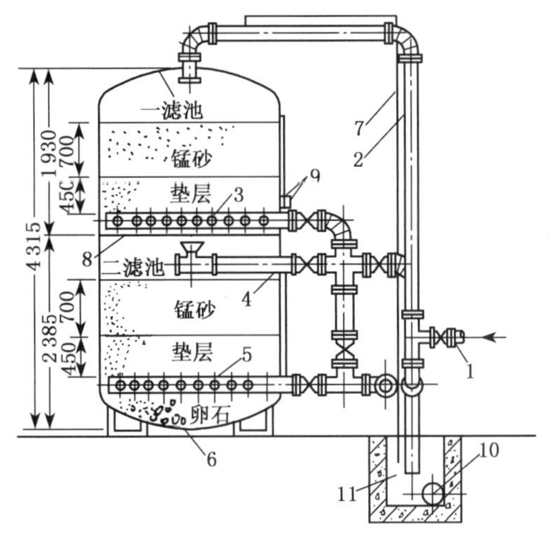

图 3-40 双级压力滤池

图 3-39 是二级串联压力式接触氧化除铁除锰工艺，前级主要用来除铁，后级主要用来除锰，是除铁除锰的常规处理工艺。若处理水量大，可几台设备并联。

图 3-37—图 3-39 的共同点为：射流泵的压力水均来自二级泵站的水；均采用射流泵在过滤设备前曝气溶氧；均采用 Komax 管道混合器进行混合，混合率在 98%以上；均设清水池和二级泵站等。其实可根据实际情况而改变，如用水如果较均匀，压力过滤设备的出水压力又足够满足用水点要求，则可不设清水池和二级泵站，射流泵所需要的压力水可用压力过滤设备的出水供给，大大简化了工艺流程；又如，深井泵距压力过滤设备距离相对较近，则射流泵的气水混合液可注入水泵吸水管中，利用水泵叶轮混合，省去管道混合器等。

3.6.2 滤料、滤层、滤速及承托层

1. 除铁、除锰滤料

1）对滤料的要求

除铁除锰滤料除应满足有足够的机械强度、有足够的化学稳定性、不含毒质、对除铁除

锰水质无不良影响等之外，还应具有对铁、锰有较大的吸附容量和较短的“成熟”期。

目前用于除铁除锰生产实践中的滤料有石英砂、无烟煤、天然锰砂。天然锰砂的性能见表 3-26。

表 3-26　　天然锰砂性能

名　称	MnO_2 含量	相对密度	堆积密度/(kg·m^{-3})	孔隙度
锦西锰砂	32%	3.2	1 600	50%
湘潭锰砂	42%	3.4	1 700	50%
马山锰砂	53%	3.6	1 800	50%
乐平锰砂	56%	3.7	1 850	50%

在曝气氧化法除铁工艺流程中，滤池滤料一般可采用石英砂和无烟煤。

在接触氧化法除铁工艺流程中，上述各种滤料都可用作过滤设备的滤料，但一般天然锰砂滤料对水中二价铁离子的吸附容量较大，故过滤初期出水水质较好。

在接触氧化法除锰工艺流程中，上述各种滤料都可使用，但马山锰砂、乐平锰砂和湘潭锰砂对水中二价锰离子的吸附容量较大，过滤初期出水水质较好，滤料的“成熟”期较短，故宜优先考虑采用。

2）滤料粒径

(1) 除铁除锰中常用的最大粒径 d_{max} 和最小粒径 d_{min}，由于各地生产厂家筛网孔目的不统一和筛分操作的差异，再加上运输过程中的磨损等，往往不合定货的要求。故在滤料装入设备之前再筛一次，去除不合格的颗粒，特别是淘汰细小的颗粒。

(2) 天然锰砂滤粒最大粒径为 1.2～2.0 mm，最小粒径为 0.5～0.6 mm；石英砂滤料最大粒径为 1.0～1.5 mm，最小粒径为 0.5～0.6 mm。

(3) 当采用双层滤料时，石英砂滤料粒径同上；无烟煤滤料最大粒径为 1.6～2.0 mm，最小粒径为 0.8～1.2 mm。

2. 滤层厚度

(1) 重力式：700～1 000 mm。

(2) 压力式：1 000～1 500 mm。

(3) 双级压力式：每级厚度 700～1 000 mm。

(4) 双层滤料：无烟煤层 300～500 mm；石英砂层 400～600 mm；总厚度 700～1 000 mm。

3. 滤速

除铁滤池的滤速一般为 5～10 m/h，但有的高达 10～20 m/h，甚至有的天然锰砂除铁滤速高达 20～30 m/h。设计应根据原水水质、含铁量多少、除铁水要求等确定滤速。为保证水质和留有余地，设计滤速宜采用 5～10 m/s，含铁量低宜取上限，含铁量高宜限下限。

4. 承托层组成

石英砂滤料及双层滤料滤池（设备）的承托层组成，同普通快滤池，即自上而下卵石粒径及厚度为：2～4 mm，厚 100 mm；4～8 mm，厚 100 mm；8～16 mm，厚 100 mm；16～32 mm，配水孔眼以上厚 100 mm。总厚 400 mm。

锰砂过滤设备承托层材粒有所不同，其每层粒径和厚度与上述相同，见表3-27。

表 3-27　　锰砂过滤设备(滤池)承托层组成

自上而下层次	承托层材料	粒径/mm	各层厚度/mm
1	锰矿石块	2～4	100
2	锰矿石块	4～8	100
3	卵石或砾石	8～16	100
4	卵石或砾石	16～32	由配水系统孔眼以上 100 mm 起到池底

3.6.3　工作周期及反冲洗

1. 工作周期

除铁设备及除铁与锰的设备，工作周期一般为 8～24 h。工作周期与原水含铁量、过滤滤速等因素密切相关，表 3-28 为某地区三台石英砂滤料设备的设计参考值。

表 3-28　　除铁设备工作周期与滤速、原水含铁量关系

待滤水总 Fe/($mg \cdot L^{-1}$)	滤　速/($m \cdot h^{-1}$)	工作周期/h
<5	6～12	12～24
5～15	5～10	8～15
20～30	3～6	4～8

设计中，应保证过滤设备运行后工作周期≥8 h，工作周期过短，冲洗次数多，既浪费水量又使运行操作增加工作量。当含铁量高时，应采取以下措施：

(1) 采用粒径较均匀的滤料。采用较均匀粒径的滤料过滤，能提高滤后水水质和增长过滤周期，有可能的话，可采用均粒均质滤粒。如南方某地采用 $d = 0.6 \sim 1.2$ mm 天然锰砂，不均匀系数 $K = 1.44 \sim 1.63$，孔隙率达 61.0%～63.9%，当原水含铁量高达 15 mg/L 以上时，工作周期仍可达 12 h 以上。

(2) 采用双层滤料。上层无烟煤粒径大于下层石英砂，孔隙率也大，不仅吸污量大幅增加，而且截污物穿透深度也增加。这样，除铁容量的增加可使工作周期延长 1 倍左右。

(3) 降低滤速。降低滤速能提高滤后水水质和延长工作周期，但因滤料、滤层等条件没有改变，故除铁的容量没有增加。滤速降低使每小时产水量降低，故延长工作周期的产水量与未延长周期的产水量基本上相同，冲洗水量占一个工作周期的产水量比例没有减少。此法没有上述两种方法好。

2. 曝气二级除铁除锰工作周期

曝气(含射流泵曝气)、二级除铁除锰(重力式或压力式)工艺中，第一级主要用于除铁，第二级主要用于除锰。地下水中虽然铁与锰同时存在，但含铁量远大于含锰量，往往大于 10 倍以上。故第一级除铁的工作周期相对较短(一般在10～24 h)；而第二级除锰的工作周期较长，长的可达 7～20 d，最短也有 3～5 d。但实际运行中，不宜将工作周期延至过长，否则滤层有冲洗不均匀、结板块而冲洗不彻底。为避免此种情况，第二级除锰过程中，有时需在工作周期未到时进行冲洗。

3. 过滤设备的反冲洗

除铁除锰过滤设备的反冲洗，一般以期终水头损失 1.5～2.5 m 为限。亦可根据实际

运行情况，掌握规律后，进行定期反冲洗。

(1) 锰砂除铁设备的反冲洗。天然锰砂除铁设备的反冲洗强度、膨胀率、冲洗时间等见表 3-29。

(2) 石英砂除铁设备的反冲洗。石英砂除铁设备反冲洗强度一般为 13～15 L/(s·m²)，膨胀率为 30%～40%，冲洗时间不小于 7 min。

表 3-29　　天然锰砂除铁设备反冲洗强度

序号	锰砂粒径/mm	冲洗方式	冲洗强度 /[L·(s·m²)⁻¹]	膨胀率	冲洗时间/min
1	0.6～1.2	无辅助冲洗	18	30%	10～15
2	0.6～1.5		20	25%	10～15
3	0.6～2.0		22	22%	10～15
4	0.6～2.0	有辅助冲洗	19～20	15%～20%	10～15

(3) 锰砂和石英砂除锰设备的反冲洗。天然锰砂和石英砂作为除锰设备滤料，成熟后密度约减小 10%左右，所以其反冲洗强度应略低于除铁设备。天然锰砂除锰滤料反冲洗强度一般为 20～25 L/(s·m²)，膨胀率为 15%～25%；石英砂除锰滤料反冲洗强度一般为 12～14 L/(s·m²)，膨胀率为 25%～30%。冲洗时间不宜过长，以免破坏锰质活性滤膜，一般为 5～10 min。

3.6.4　50 m³/h 除铁设备设计

1. 设计资料

(1) 水量、水质。水量：$Q = 50\ m^3/h = 0.013\,9\ m^3/s$。水质：地下水原水含铁量 10 mg/L；除铁处理后含铁量<0.3 mg/L。

(2) 滤料及粒径。采用石英砂滤料，粒径为 0.6～1.2 mm。

(3) 滤速及反冲洗强度。滤速采用 10 m/h；反冲洗强度采用 13 L/(s·m²)，膨胀率 30%，冲洗时间8 min。

(4) 用水量不均匀，需设 600 m³ 清水池进行调节，设备 24 小时运行。

2. 工艺设计

(1) 设计水量。自用水量及反冲洗水量按 5%计，则设计水量为 $1.05 \times 50 \times 24 = 1\,260\ t/d = 52.5\ t/h = 0.014\,6\ t/s$。

(2) 采用钢制压力式接触氧化除铁设备，穿孔管配水系统。采用射流泵曝气溶氧(射流泵设计计算见“例 6-5 题”，这里略)。气-水混合液在过滤设备前的进水管中注入，用 Komax 管道静态混和器混合。

射流泵的压力水来自二级泵站出水。

(3) 工艺流程。工艺流程与图 6-32 相同，仅并联改为单级，不再重复绘制。

3. 滤料层、承托层、膨胀层设计

(1) 滤料层 h_1。采用石英砂滤料，粒径 0.6～1.2 mm。压力式过滤设备石英砂滤层厚度为1 000～1 500 mm，设计采用 $h_1 = 1\,200$ mm。

(2) 承托层 h_2。承托层厚度 $h_2 = 400$ mm。其中，自上而下粒径 2～4 mm 厚 100 mm；4～8 mm 粒径 100 mm；8～16 mm 粒径厚 100 mm；16～32 mm 粒径在配水管孔眼以上厚 100 mm。

(3) 膨胀层 h_3。反冲洗时滤料膨胀率为 30%，滤料层厚度 1 200 mm，则膨胀层 $h_3 = 0.3 \times 1\,200 = 360$ mm。

上述总高度 h 为

$$h = h_1 + h_2 + h_3 = 1\,200 + 400 + 360 = 1\,960 \text{ mm}$$

4. 过滤设备直径

滤速 10 m/h，设计流量 52.5 m^3/h，则设备直径 ϕ 为

$$\phi = \sqrt{\frac{Q}{V} \times \frac{4}{\pi}} = \sqrt{\frac{52.5}{10} \times \frac{4}{3.14}} = 2.586 \text{ m} \approx 2.6 \text{ m}$$

则实际滤速为

$$V = \frac{52.5}{0.785 \times 2.6^2} = 9.89 \text{ m/h}$$

5. 进、出水管计算

$Q = 0.014\,6$ m^3/s，设进水管流速 $V = 1.2$ m/s，则进水管管径 DN_1 为

$$DN_1 = \sqrt{\frac{Q}{V} \times \frac{4}{\pi}} = \sqrt{\frac{0.014\,6}{1.2} \times \frac{4}{3.14}} = 0.125 \text{ m} = 125 \text{ mm}$$

设出水管直径同进水管，则也为 125 mm。

6. 配水系统计算

设备断面积 $F = \frac{\pi}{4} \times \phi^2 = 0.785 \times 2.6^2 = 5.31$ m^2。

冲洗强度为 13 L/(s·m^2) = 0.013 m^3/(s·m^2)。

则反冲洗流量 $Q = 5.31 \times 0.013 = 0.069$ m^3/s。

1) 反冲洗管直径计算

设管内流速 $V = 1.5$ m/s，则反冲洗管直径 DN_2 为

$$DN_2 = \sqrt{\frac{Q}{V} \times \frac{4}{\pi}} = \sqrt{\frac{0.069}{1.5} \times \frac{4}{3.14}} = 0.242 \text{ m} = 242 \text{ mm}$$

取 $DN_2 = 250$ mm，则实际流速为

$$V = \frac{Q}{\left(\frac{\pi}{4} DN_2^2\right)} = \frac{0.069}{0.785 \times 0.25^2} = 1.41 \text{ m/s}$$

符合 1.0～1.5 m/s 要求。

2) 配水管计算

(1) 支管中心距。设配水支管管径为 $d_N = 50$ mm，设 10 根对称布置(即为 20 根)，设备直径 $\phi = 2\,600$ mm，则支管中心距离为

$$l = \frac{L}{10} = \frac{2\,600}{10} = 260 \text{ mm}$$

符合 250～300 mm 的要求。

(2) 支管起始流速。

支管直径 $d_N = 50$ mm，则单根支管断面积为

$$f = \frac{\pi}{4}d_N^2 = 0.785 \times (0.05)^2 = 0.001\,962\,5 \text{ m}^2$$

20 根支管的总断面积为

$$F = f \times 20 = 0.001\,962\,5 \times 20 = 0.039\,25 \text{ m}^2$$

反冲洗流量 $Q = 0.069 \text{ m}^3/\text{s}$，则支管的平均始端流速为

$$V = \frac{Q}{F} = \frac{0.069}{0.039\,25} = 1.76 \text{ m/s}$$

符合 1.5～2.0 m/s 的要求。

根据换算，支管的总长度 $L = \sum l = 18\,680$ mm。

配水管的布置见图 3-41。

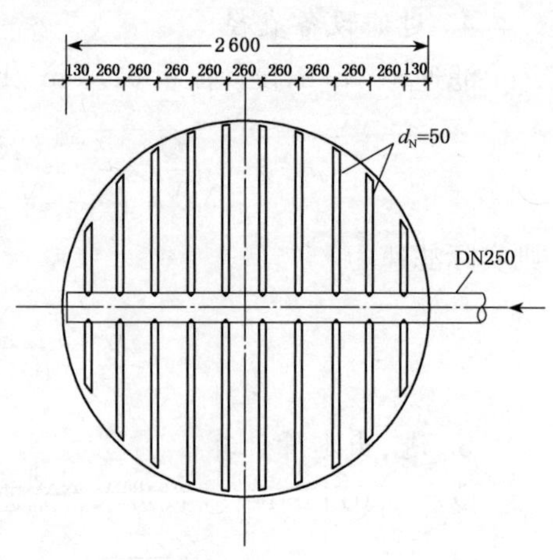

图 3-41　配水管布置示意图(1∶40)

(3) 孔眼数 n 计算。

按配水孔眼总面积与设备断面积之比为 0.20%～0.28%要求，取 0.25%计算，则开孔的总面积为

$$F = \frac{\pi}{4} \times \phi^2 \times 0.002\,5 = 0.785 \times 2.6^2 \times 0.002\,5 = 0.013\,267 \text{ m}^2$$

按孔眼直径 9～12 mm 的设计要求，取孔眼直径为 10 mm，则单孔面积为

$$f = \frac{\pi}{4}\phi^2 = 0.785 \times 0.01^2 = 0.000\,078\,5 \text{ m}^2$$

则设计孔眼数 n 为

$$n = \frac{F}{f} = \frac{0.013\,267}{0.000\,078\,5} = 169(\text{个})$$

(4) 孔眼流速。$Q = 0.069 \text{ m}^3/\text{s}$，$F = 0.013\,267 \text{ m}^2$，则孔眼流速为

$$V = \frac{Q}{F} = \frac{0.069}{0.013\,267} = 5.2 \text{ m/s}$$

符合 5～6 m/s 的要求。

(5) 孔眼中心距 l。

配水支管总长 18 680 mm，为使配水均匀，总管 (DN 250 mm) 应同样开孔眼，总管长为 2 600 mm，则总长度为

$$L_{总} = \sum l = 18\,680 + 2\,600 = 21\,280 \text{ mm}$$

孔眼中心距为

$$l=\frac{L_{总}}{n}=\frac{21\,280}{169}\approx 126\text{ mm}$$

孔眼布置在支管(含总管)两侧,与垂线呈45°角向下交错排列。

7. 水头损失计算

1) 孔眼平均水头 h_1

干管起端流速 $V_1=1.41$ m/s,支管起端流速 $V_2=1.76$ m/s,则按经验公式计算为

$$\begin{aligned}h_1&=8\times\frac{V_1^2}{2g}+10\times\frac{V_2^2}{2g}=8\times\frac{1.41^2}{19.62}+10\times\frac{1.76^2}{19.62}\\&=1.013+1.579\approx 2.59\text{ m}\end{aligned}$$

2) 承托层水头损失 h_2

承托层厚度 $H_1=400$ mm $=0.4$ m,反冲洗强度 $q=13$ L/(s·m²),则承托层水头损失 h_2 为

$$h_2=0.022H_1q=0.002\,2\times0.4\times13=0.011\,4\text{ m}$$

3) 滤层水头损失 h_3

石英砂滤料的相对密度 $\gamma_1=2.65$ t/m³,水的相对密度 $\gamma=1$ t/m³,石英砂滤料孔隙率 $m_0=0.41$,滤层厚度 $H_2=1\,200$ mm $=1.2$ m。滤料层水头损失 h_3 为

$$h_3=\left(\frac{\gamma_1}{\gamma}-1\right)(1-m_0)H_2=(2.65-1)\times(1-0.41)\times1.2\approx1.17\text{ m}$$

则上述水头损失之和 H 为

$$H=\sum h_i=2.59+0.011+1.17\approx3.77\text{ m}$$

8. 设置总剖面图及操作过程

1) 纵向总剖面图

按上述计算结果,绘制的纵向总剖面图如图3-42所示。如果同时需要除锰,则在工艺流程中在该设备之后再串联一台相同设备即可。

设备外筒体用厚度 $\delta=10\sim12$ mm A_3 钢板制作,要严格进行防腐蚀处理。底脚一般设4只(90°角度),根据设备运行重量进行基础设计,见第3章中给水一体化设备的设计计算。

2) 运行过程操作

运行时开启阀门2和阀门12,关闭阀门3和阀门13。地下水经进水1从上部进入设备,经布水挡板8,较均匀地散落在滤层上(注:这是开始过滤情况,在进水的同时从顶部排气管排出空气,以后设备内是受压的满流),水经滤层过滤除铁后,经承托层、配水管孔眼、配水管9流入干(总)管10,再经阀门12,由出水管16流入清水池。直到工作周期结束。

3) 反冲洗操作

运行周期结束后,需对除铁滤层进行冲洗,冲洗的水流方向与过滤时水流方向相反,故称反冲洗。冲洗时关闭阀门2和阀门12,开启阀门13和阀门3。冲洗水来自冲洗总管,经90°弯头14、阀门13、干管10,进入配水支管9,经支管上孔眼高速喷出经承托层后对滤层进

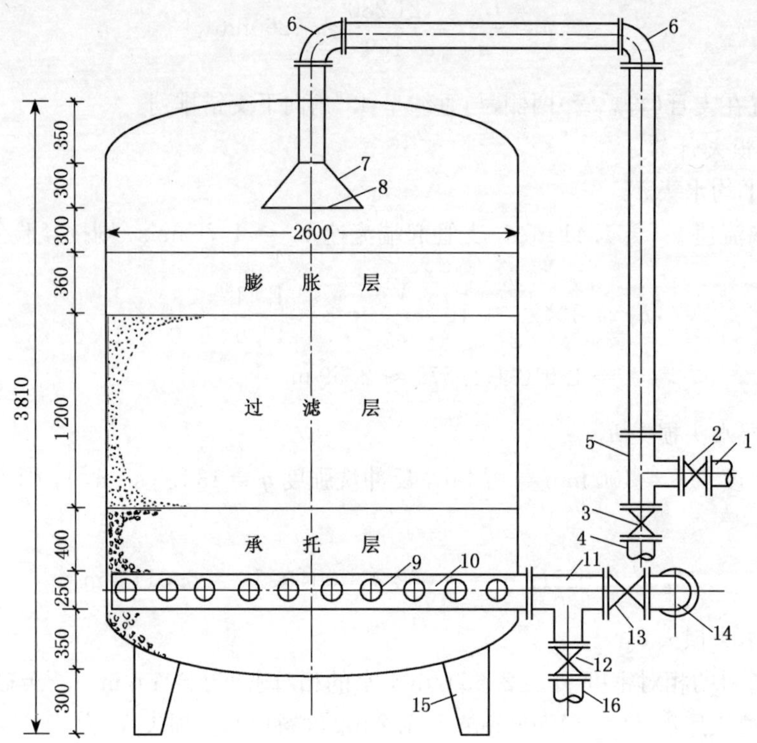

1—进水管 DN 125；2—阀门 DN 125；3—阀门 DN 150；4—反冲洗排水管 DN 150；5—三通，DN 150×125；6—90°弯头 2 只 DN 150；7—拉杆 4～6 根；8—布水挡板，ϕ800；9—配水支管，共 20 根 DN 50；10—配水干管 DN 250；11—三通，DN 250×125；12—出水管阀门 DN 125；13—反冲洗管阀门 DN 250；14—90°弯头，DN 250；15—底脚 4 只；16—出水管 DN 125

图 3-42　50 m^3/h 除铁设备纵剖面示意图

行冲洗，在冲洗强度为 13 $L/(s \cdot m^2)$ 条件下，滤层进行上浮，即膨胀率为 30%。在滤料上浮的相互磨擦翻腾过程中，原截留的污物被洗落下来，随冲洗水从顶部原进水管流出，经阀门 3 和排水管 4 流入污泥浓缩池或下水道。直到冲洗结束。

冲洗时间为 8 min = 480 s，则冲洗一次用去的水量为

$$Q_{冲} = q \cdot F \cdot t = 0.013 \times 0.785 \times 2.6^2 \times 480 = 33.113 \text{ m}^3$$

若一个工作周期为 15 h，则产水量为

$$Q = 52.5 \times 15 = 787.5 \text{ m}^3$$

则冲洗水量占产水的百分比为

$$\frac{Q_{冲}}{Q} = \frac{33.113}{787.5} = 4.2\%$$

3.6.5　40 m^3/h 双级压力式除铁除锰设备设计

1. 设计资料及参数

(1) 水量、水质。处理水量：40 m^3/h = 0.011 1 m^3/s = 960 m/d。水质：地下水原水含

铁量 9 mg/L；含锰量 0.8 mg/L。处理后要求：含铁量<0.3 mg/L；含锰量<0.1 mg/L。

(2) 滤料及粒径。采用乐平天然锰砂作为除铁除锰滤料，含锰(MnO_2)量 56%，相对密度 3.7，堆积密度 1 850 kg/m^3，孔隙度 50%。选用粒径 0.6～1.2 mm。不均匀系数 $K=1.44\sim1.63$，孔隙率 61%～64%。

(3) 滤速及反冲洗强度。除铁及除锰滤速为 8 m/h。因采用锰砂除铁除锰，相对密度大，故反冲洗强度采用 20 L/(s·m^2)，膨胀率为 25%，冲洗时间 10 min。

(4) 用水量情况。供某企业生产和生活用水，要求除铁除锰，否则对产品造成严重影响。用水量不均匀，需要设调节水池。二级泵房采用变频调速。

2. 工艺设计

(1) 设计水量。因冲洗强度达 20 L/(s·m^2)，故自用水及冲洗水按 6%计，则设计水量为

$$Q_{计}=Q\times1.06=40\times1.06=42.4\ m^3/h$$

(2) 采用设备。采用钢制压力式接触氧化双级式除铁除锰设备(图 6-36)。上部(一级过滤)用于除铁；下部(二级过滤)用于除锰。根据水质资料，含铁量(9 mg/L)是含锰量(0.8 mg/L) 11.25 倍，设除铁工作周期为 15 h，则在相同的过滤条件下，除锰的工作周期可达 7 d。即除铁 15 h 冲洗一次；除锰 168 h(7 d)冲洗一次。

(3) 曝气设备。采用射流泵曝气，射流泵的压力水来自二级泵站出水。气水混合液投注在二级压力滤池前的进水管中，采用 Komax 管道混合器混合。射流泵设计计算见"例 3-2 题"。

(4) 工艺流程。工艺流程与图 3-38 相同，不重复绘制。

3. 过滤系统设计

(1) 过滤层 h_1。采用乐平天然锰砂，粒径 0.6～1.2 mm。设计要求：双级压力式每级滤层厚度为 700～1 000 mm。本设计因采用锰砂滤料，故设计采用滤层每级厚度为 $h_1=700$ mm。

(2) 承托层 h_2。配水支管孔眼以上总厚度 $h_2=400$ mm。自上而下为：第一层，粒径 2～4 mm，厚度 100 mm；第二层，粒径 4～8 mm，厚度 100 mm；第三层，粒径 8～16 mm，厚度 100 mm；第四层，粒径 16～32 mm，厚度 100 mm。

(3) 膨胀层 h_3。锰砂粒径 0.6～1.2 mm，冲洗强度 20 L/(s·m^2)，其反冲洗时膨胀率为 25%，则 h_3 为

$$h_3=h_1\times25\%=700\times0.3=210\ mm$$

上述总高度 h 为

$$h=h_1+h_2+h_3=700+400+210=1\,310\ mm=1.31\ m$$

4. 过滤设备直径 ϕ

滤速 $V=8$ m/h，设计流量 $Q=42.4\ m^3/h$，则设备的直径为

$$\phi=\sqrt{\frac{Q}{V}\times\frac{4}{\pi}}=\sqrt{\frac{42.4}{8}\times\frac{4}{3.14}}=2.597\,7\approx2.6\ m$$

5. 进、出水管计算

$Q=42.4\ m^3/h=0.011\,2\ m^3/s$，设进水管流速 $V=1.2$ m/s，则进水管管径为

$$DN_1 = \sqrt{\frac{Q}{V} \times \frac{4}{\pi}} = \sqrt{\frac{0.011\,2}{1.2} \times \frac{4}{3.14}} = 0.109\text{ m} = 109\text{ mm}$$

取 $DN_1 = 100$ mm，则实际流速为

$$V = \frac{Q}{F} = \frac{0.011\,2}{(0.785 \times 0.1^2)} = 1.43\text{ m/s}$$

设出水管管径同进水管，也为 $DN_1 = 100$ mm，$V = 1.43$ m/s。

6. 配水系统设计计算

1) 反冲洗水量 $Q_{冲}$

过滤设备断面积 $F = \frac{\pi}{4}\phi^2 = 0.785 \times 2.6^2 = 5.31\text{ m}^2$

冲洗强度 $q = 20\text{ L/(s} \cdot \text{m}^2) = 0.02\text{ m}^3/(\text{s} \cdot \text{m}^2)$

则反冲洗流量为

$$Q_{冲} = 5.31 \times 0.02 = 0.106\,2\text{ m}^3/\text{s}$$

2) 反冲洗总(干)管直径计算

设管内流速为 1.5 m/s，则反冲洗总管直径为

$$DN_2 = \sqrt{\frac{Q}{V} \times \frac{4}{\pi}} = \sqrt{\frac{0.106\,2}{1.5} \times \frac{4}{3.14}} = 0.3\text{ m} = 300\text{ mm}$$

3) 配水支管计算

(1) 配水支管中心距。设配水支管管径为 $d_{\text{N}} = 60$ mm，设单侧布置 10 根，则对称(两侧)布置为 20 根，设备直径 $\phi = 2\,600$ mm，支管中心距为

$$l = \frac{L}{10} = \frac{2\,600}{10} = 260\text{ mm}$$

符合 250～300 mm 的要求。

(2) 支管起端流速

支管直径 $d_{\text{N}} = 60$ mm，则单根支管断面积为

$$f = \frac{\pi}{4}d_{\text{N}}^2 = 0.785 \times 0.06^2 = 0.002\,826\text{ m}^2$$

20 根的总面积为

$$F = f \times 20 = 0.002\,826 \times 20 = 0.056\,52\text{ m}^2$$

反冲洗流量 $Q_{冲} = 0.106\,2\text{ m}^3/\text{s}$，则支管平均起端流速为

$$V = \frac{Q}{F} = \frac{0.106\,2}{0.056\,52} = 1.88\text{ m/s}$$

符合流速在 1.5～2.0 m/s 范围要求。

根据换算，支管的总长度 $L = \sum l = 18\,600$ mm。

干管与配水支管的平面布置与图 6-36 相同，这里不再重复。

(3) 开孔孔眼数 n 计算

设配水孔眼总面积与设备断面积之面为 0.35%，则孔眼总面积 F 为

$$F=\frac{\pi}{4}\times\phi^2\times 0.35\%=0.785\times 2.6^2\times 0.003\,5=0.018\,573\ \mathrm{m}^2$$

设孔眼直径 $\phi=12\ \mathrm{mm}$，则单孔面积 f 为

$$f=\frac{\pi}{4}\phi^2=0.785\times 0.012^2=0.000\,113\,04\ \mathrm{m}^2$$

则设计孔眼数 n 为

$$n=\frac{F}{f}=\frac{0.018\,573}{0.000\,113\,04}=164(\text{个})$$

(4) 孔眼流速 V。反冲洗流量 $Q_{冲}=0.106\,2\ \mathrm{m}^3/\mathrm{h}$，$F=0.018\,573\ \mathrm{m}^2$，则孔眼流速为

$$V=\frac{Q_{冲}}{F}=\frac{0.106\,2}{0.018\,573}=5.72\ \mathrm{m/s}$$

符合 5～6 m/s 的设计要求。

(5) 孔眼中心距 l。

配水支管总长度 18 600 mm，为使配水均匀，配水干管上同样开孔眼，干管长度为 2 600 mm，则总长度为

$$L_{总}=\sum l=18\,600+2\,600=21\,200\ \mathrm{mm}$$

孔眼中心距为

$$l=\frac{L_{总}}{n}=\frac{21\,200}{164}\approx 130\ \mathrm{mm}$$

孔眼布置在支管两侧，与垂线呈 45°角向下，两侧交错排列；干管孔眼开在上部两侧，与垂线成 45°角向上。

7. 水头损失计算

1) 孔眼平均水头损失 h_1

干管起端流速 $V_1=1.5\ \mathrm{m/s}$，支管起端流速 $V_2=1.88\ \mathrm{m/s}$，则按经验公式计算为

$$\begin{aligned}h_1&=8\times\frac{V_1^2}{2g}+10\times\frac{V_2^2}{2g}=8\times\frac{1.5^2}{19.62}+10\times\frac{1.88^2}{19.62}\\&=0.92+1.8=2.72\ \mathrm{m}\end{aligned}$$

2) 承托层水头损失 h_2

承托层厚度 $H_1=400\ \mathrm{mm}=0.4\ \mathrm{m}$，反冲洗强度为 $q=20\ \mathrm{L/(s\cdot m^2)}$，承托层水头损失 h_2 为

$$h_2=0.022\cdot H_1\cdot q=0.022\times 0.4\times 20=0.176\approx 0.18\ \mathrm{m}$$

3）滤层水头损失 h_3

乐平天然锰砂相对密度 $\gamma_1 = 3.7\ t/m^3$；水的相对密度 $\gamma = 1.0\ t/m^3$，锰砂孔隙率为 $m_0 = 0.5$；滤层厚度 $H_2 = 700\ mm = 0.7\ m$。滤层水头损失 h_3 为

$$h_3 = \left(\frac{\gamma_1}{\gamma} - 1\right)(1 - m_0)H_2 = \left(\frac{3.7}{1} - 1\right) \times (1 - 0.5) \times 0.4 = 0.54\ m$$

上述水头损失之和 H 为

$$H = \sum h_i = 2.72 + 0.18 + 0.54 = 3.44\ m$$

8. 设备总剖面图及操作过程

1）设备纵向总剖面图

按上述设计计算数据，绘制的双级式压力接触氧化除铁除锰设备如图 3-43 所示。处理水量为 960 t/d(49 t/h)，一级过滤除铁，二级过滤除锰，一级与二级之间用穿孔钢板隔开，穿孔板上设 30 目和 40 目两层尼龙网。

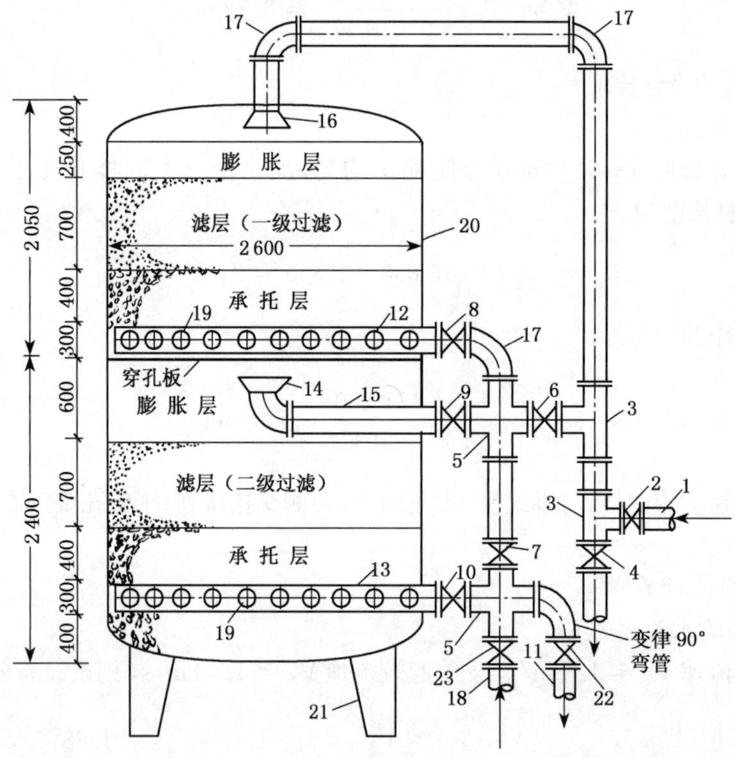

1—进(来)水管 DN 100；2—阀门 DN 100；3—三通 DN 100×300，2 只；4—阀门 DN 300；5—四通,DN 300×300，2 只；6—阀门 300；7—阀门 300；8—阀门 300；9—阀门 300；10—阀门 300；11—滤后水出水管 DN 100；12—反冲洗干管 DN 300(一级)；13—反冲洗干管 DN 300(二级)；14—喇叭口(300×400)；15—二级反洗排水管 DN 300；16—喇叭口(300×400)；17—90°弯管，3 只 DN 300；18—反冲洗进水管 DN 300；19—配水支管 DN 60，4×10 根；20—外筒体 ϕ2 600；21—底脚(三只或四只)

图 3-43　40 t/h 双级压力式接触氧化除铁除锰设备

2）过滤过程及操作

过滤时开启阀门2、阀门10及滤后水出水管11上的阀门22，其他所有阀门全部关闭。地下水原水从进水管1流经阀门2、三通3、90°弯管17，从设备顶部进入一级过滤层过滤，进行除铁处理。除铁水穿过中间穿孔板进入二级处理除锰，除铁除锰水从底部配水支管上的孔眼流入支管19，再流入干管13，经阀门10、四通、90°异径管、阀门22、滤后水出水管11，流入清水池。这个过滤过程直到一级除铁工作周期结束，进行反冲洗。

3）一级除铁滤层反冲洗

一级除铁过滤工作周期到时，二级处理除锰的工作周期远未到，所以需对一级处理滤料进行反冲洗后才能继续工作。

一级过滤反冲洗时：开启反冲洗总管18上的阀门23、阀门7及8、排水管上阀门4，其他所有阀门开闭。冲洗水从冲洗总管18流经阀门23、四通(2只)5、阀门7、8，流入干管12，再流入配水支管19，冲洗水从配水管上孔眼高速射流喷出，对滤层进行冲洗，冲洗后的污水流入顶部喇叭口，经2只90°弯头17、三通3、阀门4及排水管流入污泥浓缩池。冲洗10 min后停止，重新过滤。

4）二级除锰滤层反冲洗

按上述打算，二级除锰滤层七天才反冲洗一次。冲洗时，开启阀门23，10，9，6及4，其他所有阀门关闭。冲洗水从冲洗总管18流经阀门23，10及干管13，再流入配水支管19，水从配水管孔眼高速射流喷出，对滤层进行冲洗。冲洗后的污水经喇叭口14、排水管15及阀门9，6，4排入污泥浓缩池。冲洗时间也为10 min，然后重新开始过滤。

5）冲洗一次水量

一个工作周期设15 h，产水量为636 t，冲洗流量0.106 2，冲10 min，则一次冲洗水量为$0.1062\times600=63.72$ t，占产水量的$\frac{63.72}{636}\approx10\%$。此比例高于3，方法为：想法延长工作周期和增加设计水量。

第4章 水的软化处理

4.1 水软化的目的意义和方法

4.1.1 "硬水"及其危害

1. 什么叫"硬水"与软化

含有Ca^{2+}和Mg^{2+}的水，叫做硬水。把水中Ca^{2+}、Mg^{2+}的含量降低或基本上全部去除，叫做水的软化处理。

水中钙、镁离子的总含量称为水的硬度，水的硬度分为碳酸盐硬度和非碳酸盐硬度。碳酸盐硬度是由钙、镁的重碳酸盐形成的，如重碳酸钙[$Ca(HCO_3)_2$]和重碳酸镁[$Mg(HCO_3)_2$]，由于这些成分在水煮沸后基本上可以除去，所以称为暂时硬度。非碳酸盐硬度是由钙、镁的硫酸盐、氯化物或硝酸盐等形成的，如$CaSO_4$和$CaCl_2$等。由于在水中溶解度很大，除$CaSO_4$在200℃以上水温可能产生沉淀之外，都不会因煮沸而沉淀，所以称为永久硬度。所谓"暂时"和"永久"是一种通俗的叫法，含义不很确切。

对于生活用水来说，含有一定量的钙、镁离子的水对人体是有益的，称为健康的水。但是用肥皂[$Na(C_{17}H_{35}COO)$]洗衣服时，肥皂与水中钙、镁起软化作用，待水中钙、镁离子去除后，肥皂再与衣服上的脏物起作用而产生泡沫。故用硬水洗衣服多消耗肥皂。软化是对工业用水来说的。

2. 水中硬度在工业用水中的危害

开水壶用久了，里面会出现一层沉淀物，而壶底的沉淀物特别难刮下来。发电厂的锅炉、机车的锅炉及其他所有锅炉都有类似的现象，而情况要比小壶更加严重。这些沉淀物通常叫做水垢，但也有叫水锈或水碱的。

产生水垢的一个重要原因是水的加热，使水中的$Ca(HCO_3)_2$，$Mg(HCO_3)_2$等加热后形成沉淀物而分离出来。分离出来的原因有两个：①当水加热后，某些钙、镁盐溶解变小了。如表4-1中硫酸钙($CaSO_4$)，在0℃时溶解度为2 120 mg/L，100℃时为1 700 mg/L，200℃时仅为76 mg/L。200℃水温相当于压力13 kg/cm^2锅炉里的水温；25 kg/cm^2压力的锅炉，水温为223℃，压力达到100 kg/cm^2的锅炉，水温约为310℃。因此，在高压锅炉中，像$CaSO_4$这样的盐类其溶解度也几乎接近于零了。②当水加热达100℃时，$Ca(HCO_3)_2$分解成$CaCO_3$，$Mg(HCO_3)_2$首先分解为$MgCO_3$，而后又形成$Mg(OH)_2$。从表4-1看，$CaCO_3$和$Mg(OH)_2$溶解度都很小，因此将首先从水中沉淀出来。其反应为

$$Ca(HCO_3)_2 \xrightarrow{加热} CaCO_3\downarrow + H_2O + CO_2\uparrow \tag{4-1}$$

$$Mg(HCO_3)_2 \xrightarrow{加热} MgCO_3 + H_2O + CO_2\uparrow \tag{4-2}$$

$$MgCO_3 + H_2O \xrightarrow{加热} Mg(OH)_2\downarrow + CO_2\uparrow \tag{4-3}$$

表 4-1　　钙、镁、钠化合物在水中的溶解度

化合物		溶解度		
		0℃	100℃	200℃
重碳酸钙	[$Ca(HCO_3)_2$]	2 630 mg/L	分解	
重碳酸镁	[$Mg(HCO_3)_2$]	5 400 mg/L	分解	
碳酸钙	($CaCO_3$)	15 mg/L	13 mg/L	
碳酸镁	($MgCO_3$)	85 mg/L	63 mg/L	
氢氧化钙	[$Ca(OH)_2$]	1 770 mg/L	660 mg/L	
氢氧化镁	[$Mg(OH)_2$]	10 mg/L	<5 mg/L	
硫酸钙(石膏)	($CaSO_4$)	2 120 mg/L	1 700 mg/L	
硫酸镁	($MgSO_4$)	18.0%	33.5%	1.5%
氯化钙	($CaCl_2$)	37.4%	61.2%	75.7%
氯化镁	($MgCl_2$)	34.2%	42%	
氯化钠	(NaCl)	26.3%	28.2%	31.6%
碳酸钠(苏打)	(Na_2CO_3)	6.5%	30.7%	23.3%
重碳酸钠	($NaHCO_3$)	6.5%	20.4%	43%
氢氧化钠(烧碱)	(NaOH)	29.5%	77.4%	84.8%
硫酸钠	(Na_2SO_4)	4.8%	29.8%	30.7%

注:溶解度比较低的化合物用 mg/L 表示,1 mg/L 相当于 1 t 水中溶解 1 g;溶解度很大的化合物用百分数表示,1%指溶液重量为 100 g 时,溶解物为 1 g。

从表 4-1 可见,只要当水温达到 100℃时,每升水中由 $Ca(HCO_3)_2$ 分解出来的 $CaCO_3$,除去尚溶有 13 mg 外,其余都成了水垢;由 $Mg(HCO_3)_2$ 形成的$Mg(OH)_2$,每升水中除去尚溶有 5 mg 外,其余亦都成了水垢。这就是锅炉产生水垢的根源。从锅炉蒸汽中不带或很少带有盐分也可知道,盐分基本上都留在锅中,并且不断浓缩,浓缩后钙、镁盐类浓度提高,于是结晶沉淀形成水垢。尤其是锅炉中紧贴火焰加热的管壁另一面上,有一层几乎不流动的水,它的温度比锅炉中平均水温高得多,因此这层水很快形成水垢。

从表 4-1 中的数据分析,可得出两条规律:①钙、镁盐类除氯化物 $CaCl_2$, $MgCl_2$ 外,溶解度都比较小,而且温度越高,溶解度越低。其中,$CaCO_3$ 和$Mg(OH)_2$ 的溶解度特别小,都在 20 mg/L 以下,这种溶解度较小的钙、镁盐类容易变成难溶解的盐类而沉淀下来。②钠盐溶解度特别大,而且温度越高,溶解度越增加。这两条规律可用来解释很多结垢现象。

生产实践说明,除炉壁结垢外,水中还会出现悬浮物所形成的泥垢,它们是相互错综的结合。对于锅炉水来讲,钙、镁盐类的沉淀物主要有两种形式存在:一种是形成坚硬的水垢,附着于管壁及锅筒壁上;另一种是形成沉渣,它可能结于壁上,也可能悬浮在水中。前者称为黏性沉渣,后者称为流动性沉渣,它随水流动,可用排泥的方法排掉。黏性沉渣易粘结于管子斜度小或水流速度低的地方,而形成二次水垢,这种水垢比较讨厌,所以不希望沉渣变成粘结性的。

对于蒸汽锅炉来说,由于温度很高,除了钙、镁盐类外,其他很多盐类也都有产生水垢的可能，这样水垢的成分就复杂了，因此硬度的含义也扩大为凡是能产生水垢的金属离子（如铁、铝、锰、铜等）都应包括在硬度之内。不过，水中钙、镁盐类形成水垢是主要成分，所以软化的对象一般指钙、镁盐类，水的硬度也主要指 Ca^{2+}，Mg^{2+} 含量。

硬水对工业的危害主要为以下四种。

1）水垢对锅炉的危害

钙、镁盐类所形成的水垢对锅炉的安全、经济运行危害很大，主要为：

（1）水垢导热性能差，比钢铁导热能力小 30～50 倍，像隔着一层耐火砖阻挡着炉壁内外的热量传导（使受热面传热情况变坏），因而使排烟温度增高，降低了锅炉效率、浪费了燃料。根据试验，在锅炉内壁产生 1 mm 厚的水垢，就要多消耗煤3%～5%。

（2）由于水垢导热性能差，传热不良，就要提高管壁温度，导致金属过热，这样不仅降低了锅炉的机械强度，而且使管壁起泡或出现裂缝。

（3）水垢附在锅炉受热面上，特别是管内水垢，难于清除，增加了检修费用，不仅耗费人力、物力，而且会使受热面损伤，降低锅炉寿命。

（4）水垢产生后，会减小受热管内流通截面，增加管内水循环的流动阻力，严重时流通截面很小，甚至完全堵塞，破坏锅炉水循环的正常工作，而使管子烧坏。

（5）炉中有 $Mg(OH)_2$ 等沉淀物的存在，增加了锅炉中悬游含量（即水渣过多），这些物质就容易随蒸汽带出锅炉，影响蒸汽品质。

因炉中水垢的存在，就必须经常停炉清除水垢或定期排污，从而影响生产或动力设备的周转利用率。据报导，某合成洗涤剂厂在进行锅炉用水软化处理后，锅炉水垢的清除次数由原来的每年 4～5 次减少到每年 1 次，可见锅炉给水的软化处理关系到锅炉经济与安全运行。汽压越高的锅炉，要求水中 Ca^{2+} 及 Mg^{2+} 数量就越小。

2）碱度的腐蚀危害

碱度的腐蚀是在软化过程中要解决的问题。在温度和压力升高的条件下，炉水碱度主要是以 OH^- 离子存在，OH^- 离子与锅炉本身的 Fe^{3+} 离子起反应而生成 $Fe(OH)_3$ 沉淀。在锅炉给水中如果有大量重碳根 HCO^- 存在，就会起如下反应：

$$2HCO_3^- = CO_3^{2-} + H_2O + CO_2\uparrow \tag{4-4}$$

$$CO_3^{2-} + H_2O = 2OH^- + CO_2\uparrow \tag{4-5}$$

$$Fe^{3+} + 3OH^- = Fe(OH)_3\downarrow \tag{4-6}$$

从上述反应式可见，碱度对锅炉起腐蚀作用。这种腐蚀是由碱度所引起的生成 $Fe(OH)_3$ 沉淀。对铆结锅炉而言因碱度过大而造成苛性脆化，也就是统称的“晶间腐蚀”。而晶间腐蚀常发生在锅炉胀口处、接缝处等应力集中的地方，碱性物质沿金属晶粒间隙产生腐蚀。晶间腐蚀发生初期，不容易觉察，但一旦出现，发展速度极快，会使锅炉筒爆炸而造成严重事故。

3）对工业设备的危害

工业企业中的内燃机、压气机、冷凝器及化工装置等经常需要用水来引走热量，降低温度，工艺称为“冷却”，包括“循环冷却水”。如果水中含有 Ca^{2+}，Mg^{2+} 等离子，就会在热交换装置的表面上产生 $CaCO_3$，$Mg(OH)_2$ 等沉淀物，这样，不仅降低了冷却效率，而且会使这些装置机械强度减弱，影响使用寿命。同时因沉淀物积多，会堵塞水流通道，增加平时维修管理费用，因此对于冷却用水也必须限制其硬度。

4) 对工业产品的危害

硬水对很多工业产品的质量造成不良影响。对纺织工业来说其洗涤用水的钙盐或镁盐会与肥皂中的硬脂酸根($C_{17}H_{35}COO^-$)起作用而产生皂花[硬脂酸钙$Ca(C_{17}H_{35}COO)_2$]，其化学反应为

$$Ca^{2+} + 2C_{17}H_{35}COO^- \longrightarrow Ca(C_{17}H_{35}COO)_2 \tag{4-7}$$

硬脂酸根是由肥皂[$Na(C_{17}H_{35}COO)$]在水中离解而成。式(4-7)的反应直到水中的钙、镁离子作用完为止。所以用硬水作为纺织工业中洗涤用水时，部分肥皂不起泡沫(用于去除钙、镁离子)，引起肥皂的浪费，据实测：如果水的硬度为 10 度，那么 1 t 水需要消耗肥皂的 2 000 g 左右。不仅如此，更重要的是由于皂花是难溶的化合物，具有黏着性，它附着在纺织纤维表面上，在产品上形成斑点或使颜色不均匀，织品色彩黯淡，洁白度下降，从而严重影响漂白和印染工业的产品质量。

对造纸工业来讲，使用硬水会在机械设备上产生水垢，漂白过程中使纸张污染。同时，硬水还会增加纸浆的灰分，对某些高级张纸如绝缘纸等的生产十分有害。说明硬水对工业产品的质量有很大影响。

根据上述四个方面可见，硬水对于工业用水危害明显，为减小或消除危害，满足工业用水的水质要求，就须对硬水进行软化处理，这就是工业用水为什么要软化的理由所在。

工业用水对水质的要求(即水质标准)在第 1 章已述，其中包括对硬度的要求，故不重述。这里对软化的几种基本方法进行阐述。

4.1.2　软化的几种基本方法

软化的基本方法为加热软化法、药剂软化法和离子交换法三种。加热法和药剂软化法是把水中的钙、镁离子转变成难溶的化合物而从水中沉淀出来，故也称为沉淀软化法。现结合表 4-1 进行讨论。

软化的基本方法从表 4-1 的溶解度得到较好的启示。从表中可知，$Ca(HCO_3)_2$ 和 $Mg(HCO_3)_2$ 是碳酸盐硬度的化合物，在温度达到 100℃时，分解出溶解度很小的 $CaCO_3$ 和 $Mg(OH)_2$，如果将水预先加热，水中大部分的 Ca^{2+} 和 Mg^{2+} 随着 $CaCO_3$ 和 $Mg(OH)_2$ 的沉淀而去除了。这就得出：加热可以除去碳酸盐硬度的第一种软化方法。

这种方法是借加热把碳酸盐硬度转化为溶解最小的 $CaCO_3$ 和 $Mg(OH)_2$ 而达到软化的目的。但加热不能解决 $CaSO_4$，$MgSO_4$，$CaCl_2$，$MgCl_2$ 等非碳酸盐硬度的软化问题。从表 4-1 可见，$CaCO_3$ 和 $Mg(OH)_2$ 即使在 0℃时溶解度也是很小的，分别为 15 mg/L 和 10 mg/L，如果在不加热条件下，把所有的钙、镁盐类(包括碳酸盐和非碳酸盐硬度)转化成 $CaCO_3$ 和 $Mg(OH)_2$ 沉淀物而去除，这就是第二种软化方法，即药剂软化法，也就是使用石灰和苏打(纯碱)进行软化。石灰可使 $Ca(HCO_3)_2$ 转化成 $CaCO_3$，使 $Mg(HCO_3)_2$ 转化成 $CaCO_3$ 和 $Mg(OH)_2$。

虽然 $CaCO_3$ 和 $Mg(OH)_2$ 的溶解度很小，但仍然有少量溶解在水里，即水中仍然有少量的 Ca^{2+} 和 Mg^{2+} 残余硬度。这部分残余硬度对锅炉给水仍然会产生水垢，须引起注意。

上述两种软化方法的共同点都是把钙、镁盐类转化成 $CaCO_3$ 和 $Mg(OH)_2$ 以达到除去 Ca^{2+}，Mg^{2+} 的目的。它们是钙、镁盐类内部实行转化，是钙、镁盐类溶解规律的应用。那么

从表 4-1 中利用钠盐的溶解度规律，把水中的钙、镁盐类转化成钠的盐类达到去除 Ca^{2+}，Mg^{2+} 的目的呢？是可以的。

因所有钠的化合物溶解度本来就很高，而且还随着温度的上升而增加，根据这个规律，如果能够把水里的 Ca^{2+}，Mg^{2+} 离子都交换成 Na^+ 离子，它们一般不会沉淀出来，也就没有残余的 Ca^{2+}，Mg^{2+} 离子而产生任何水垢了，这就是第三种软化方法，叫做离子交换法，这种方法比前两种方法优越。是目前普遍采用的软化方法。

综合上述，加热软化法是利用钙、镁碳酸盐类溶解度随温度变化的规律；药剂软化法是利用 $CaCO_3$，$Mg(OH)_2$ 溶解度小的特点；离子交换软化是利用钠盐溶解度大的特性。

药剂软化法的实质是当水进入生产设备前，预先在水中加入药剂，从而破坏水中的碳酸平衡，Ca^{2+}，Mg^{2+} 与新形成的 CO_3^{2-}，OH^- 结成溶解度很低的 $CaCO_3$ 和 $Mg(OH)_2$ 沉淀物。

离子交换是使水中的钙、镁离子与离子交换树脂上的钠离子进行交换，产生的溶解钠盐不会产生水垢和水渣。

如果进入锅炉水中有大量 $NaHCO_3$，会因温度升高而分解为游离 CO_2 和 NaOH，NaOH 会产生晶间腐蚀，因此除降低硬度同时还应解决碱度问题。为避免锅炉晶间腐蚀，一般规定：

$$\text{给水的相对碱度} = \frac{\text{给水碱度以 NaOH 表示的量}}{\text{给水中溶解固体(即含盐量)}} < 0.2$$

如原水的含盐量为 150 mg/L，那么给水碱度应小于：

$$\frac{150 \times 0.2}{40} = 0.75\ \text{mg/L}$$

4.2 药剂软化设备的设计计算

4.2.1 药剂软化法的基本原理

药剂软化的实质是：在硬水中投加石灰（CaO）和苏打（Na_2CO_3）等药剂，使硬水中的 Ca^{2+}，Mg^{2+} 离子转变为 $CaCO_3$ 和 $Mg(OH)_2$ 沉淀物，将它们从水中分离出去。

1. *石灰软化法*

石灰由天然矿石“石灰石”（$CaCO_3$）经过煅烧，转变为氧化钙（CaO），称为生石灰，煅烧时放出 CO_2，反应为

$$CaCO_3 \xrightarrow{\text{煅烧}} CaO + CO_2\uparrow \tag{4-8}$$

氧化钙（CaO）与水作用称为石灰的“消化”，伴有热量放出。在石灰消化后，生成氢氧化钙溶液（称消石灰或熟石灰），这就是石灰软用的药剂，消化过程反应式为

$$CaO + H_2O \xrightarrow{\text{放热}} Ca(OH)_2 \tag{4-9}$$

石灰软化处理过程有多个反应式，首先与水中游离的 CO_2 反应，生成碳酸钙 $CaCO_3$ 沉淀物，使水中的碳酸平衡破坏。

$$CO_2 + Ca(OH)_2 \longrightarrow CaCO_3 \downarrow + H_2O \quad (4\text{-}10)$$

水中 CO_2 去除后，剩余的大量石灰用来软化水中的重碳酸盐，软化反应为

$$Ca(HCO_3)_2 + Ca(OH)_2 \longrightarrow 2CaCO_3 \downarrow + 2H_2O \quad (4\text{-}11)$$

$$\left.\begin{aligned} Mg(HCO_3)_2 + Ca(OH)_2 &\longrightarrow CaCO_3 \downarrow + MgCO_3 + 2H_2O \\ MgCO_3 + Ca(OH)_2 &\longrightarrow CaCO_3 \downarrow + Mg(OH)_2 \downarrow \end{aligned}\right\} \quad (4\text{-}12)$$

式(4-11)为等当量反应，即去除 1 meq 的 $Ca(HCO_3)_2$ 用去 1 meq 的 $Ca(OH)_2$，按当量浓度 1∶1 进行计算；式(4-12)对 $Mg(HCO_3)_2$ 的软化是分二步完成的，第一步反应生成 $CaCO_3$ 沉淀和 $MgCO_3$，按 1∶1 等当量反应。因 $MgCO_3$ 溶解度大，需要继续除去，则就进行第二步反应，按当量浓度计仍为 1∶1，可见去除 1 meq 的 $Mg(HCO_3)_2$，需要 2 meq 的 $Ca(OH)_2$，则二步拼写成一步为

$$Mg(HCO_3)_2 + 2Ca(OH)_2 \longrightarrow 2CaCO_3 \downarrow + Mg(OH)_2 \downarrow + 2H_2O$$

水中的碳酸盐硬度反应完毕后，过量的石灰 $Ca(OH)_2$ 还会与非碳酸盐的镁硬度反应，反应结果虽然产生 $Mg(OH)_2$ 沉淀，但生成等当量的非碳酸盐的钙硬度，结果永久硬度没有变，反应式为

$$MgSO_4 + Ca(OH)_2 \longrightarrow Mg(OH)_2 \downarrow + CaSO_4 \quad (4\text{-}13)$$

$$MgCl_2 + Ca(OH)_2 \longrightarrow Mg(OH)_2 \downarrow + CaCl_2 \quad (4\text{-}14)$$

可见，单纯用石灰软化处理，只能去除水中的碳酸盐硬度，并相应地使碱度和含盐量降低，但不能除去水中的永久硬度。

如果水中存在 O_2，石灰同时会与铁和硅化合物反应，生成 $Fe(OH)_3$ 和$CaSiO_3$ 沉淀，反应为

$$4Fe(HCO_3)_2 + 8Ca(OH)_2 + O_2 \longrightarrow 4Fe(OH)_3 \downarrow + 8CaCO_3 \downarrow + 6H_2O \quad (4\text{-}15)$$

$$Fe_2(SO_4)_3 + 3Ca(OH)_2 \longrightarrow 2Fe(OH)_3 \downarrow + 3CaSO_4 \quad (4\text{-}16)$$

$$H_2SiO_3 + Ca(OH)_3 \longrightarrow CaSiO_3 \downarrow + 2H_2O \quad (4\text{-}17)$$

可见水中有 O_2 存在，石灰能去除水中部分的铁和硅化合物，但水中 H_2SiO_3 含量很少。从式(4-16)可见，去除 1 meq 的 $Fe_2(SO_4)_3$，即增加了 3 meq 的钙永久硬度，硬度反而增加了。

石灰软化处理后，水中的暂时硬度大部分被去除，但碳酸钙在水中有少量的溶解度(25℃时，在蒸馏水中的溶解度为 0.014 g/L)。根据加药量和水温的不同，一般来说，水中残留暂时硬度可减小到 0.25～0.5 mmol/L，残余碱度可降到 0.35～0.6 mmol/L，有机物去除 25%，硅酸化合物降低 30%～35%，镁的残留量小于0.1 mg/L。

石灰是一种廉价的原料，货源充足，因此，用此法处理碳酸盐硬度高而永久硬度低的原水是合理的，可减少软化水的成本。

2. 苏打软化法

苏打就是碳酸钠 Na_2CO_3，也称纯碱。钙的非碳酸盐硬度只用 $NaCO_3$ 就能去除，反应为

$$CaSO_4 + Na_2CO_3 \longrightarrow CaCO_3 \downarrow + Na_2SO_4 \tag{4-18}$$

$$CaCl_2 + Na_2CO_3 \longrightarrow CaCO_3 \downarrow + 2NaCl \tag{4-19}$$

用纯碱 Na_2CO_3 也能去除部分重碳酸钙硬度：

$$Ca(HCO_3)_2 + Na_2CO_3 \longrightarrow CaCO_3 \downarrow + 2NaHCO_3 \tag{4-20}$$

因 Na_2CO_3 价格远比石灰高，故用来软化重碳酸钙是不经济的，故不采用。

如果原水中 pH 值较高（pH≥8），则苏打也能去除镁的非碳酸盐硬度，反应生成 $MgCO_3$ 和 Na_2SO_4 与 NaCl，在 pH 值较高的情况下，$MgCO_3$ 很快水解，生成 $Mg(OH)_2$ 沉淀。但是原水 pH 值一般为 7 左右，要使 pH>8 只有投加石灰才能达到，所以 Na_2CO_3 不能去除镁的非碳酸盐硬度，只有石灰和苏打同时使用才能去除。

3. *石灰—苏打软化法*

石灰—苏打软化法是药剂软化法中最广泛采用的方法。石灰先软化碳酸盐硬度（反应式见式(4-11)和式(4-12)），然后与苏打一起软化非碳酸盐硬度，反应式为

$$MgSO_4 + Na_2CO_3 \longrightarrow MgCO_3 + Na_2SO_4 \tag{4-21}$$

$$MgCO_3 + Ca(OH)_2 \longrightarrow Mg(OH)_2 \downarrow + CaCO_3 \downarrow \tag{4-22}$$

$$MgCl_2 + Na_2CO_3 \longrightarrow MgCO_3 + 2NaCl \tag{4-23}$$

$$MgCO_3 + Ca(OH)_2 \longrightarrow Mg(OH)_2 \downarrow + CaCO_3 \downarrow \tag{4-24}$$

$$\left.\begin{matrix} CaSO_4 \\ CaCl_3 \end{matrix}\right\} + 2NaCO_3 \longrightarrow 2CaCO_3 \downarrow + \left\{\begin{matrix} Na_2SO_4 \\ 2NaCl \end{matrix}\right\} \tag{4-25}$$

经石灰—苏打软化的水，残余硬度 0.15～0.2 mmol/L，如果采用热态的石灰—苏打软化，水中的残余硬度约 0.1 mmol/L。

4.2.2 药剂用量计算

石灰软化法往往与混凝沉淀工艺同时进行，因此，所投加的混凝药剂随原水碱度的多少也会消耗一部分 $Ca(OH)_2$，故也要计算在内。

1. *石灰、苏打软化时的石灰用量*

石灰、苏打软化法，石灰用在两个方面：一是用在软化水中的碳酸盐硬度；二是用在由苏打软化镁的永久硬度产生的 $MgCO_3$ 的软化。因此，石灰、苏打同时软化时，石灰用量的计算式为

$$CaO = 28(H_2 + H_{Mg} + CO_2 + Fe + K + \alpha) \quad (g/m^3) \tag{4-26}$$

式中 28——$\frac{1}{2}$CaO 的摩尔质量(mmol/L)；

H_2——原水中碳酸盐硬度(mmol/L)；

H_{Mg}——原水中镁的非碳酸盐硬度(mmol/L)；

CO_2——原水中游离二氧化碳含量(mmol/L)；

Fe——原水中铁的含量(mmol/L)；

K——混凝剂投加量(mmol/L);

α——石灰过剩量,一般 $\alpha = 0.2 \sim 0.4$ mmol/L。

2. *石灰、苏打软化时苏打用量*

在石灰、苏打同时软化中,苏打用来钙和镁的非碳酸盐硬度,即原水中总的非碳酸盐硬度。此外,投加的混凝剂也要消耗一部分 Na_2CO_3,则苏打用量为

$$Na_2CO_3 = 53(H_t + K + \alpha) \quad (g/m^3) \tag{4-27}$$

式中 53——$\frac{1}{2}Na_2CO_3$ 的摩尔质量(mmol/L);

H_t——原水非碳酸盐总硬度(mmol/L);

K——混凝剂用量(mmol/L);

α——苏打过剩量(0.8~1 mmol/L)。

3. *仅石灰软化时的石灰用量*

如果不用苏打,只用石灰进行软化,则只能去除水的碳酸盐硬度。去除钙的碳酸盐硬度是等当量,即1∶1;而去除1当量镁的碳酸盐需要2当量的石灰(2∶1),则石灰的用量为

$$CaO = 28(H_{Ca} + 2H_{Mg} + CO_2 + Fe + K + \alpha) \quad (g/m^3) \tag{4-28}$$

式中 H_{Ca}——原水中钙的碳酸盐硬度(mmol/L);

H_{Mg}——原水中镁的碳酸盐硬度(mmol/L);

其他符号同式(4-26)。

4. *石灰软化后的残余硬度*

经石灰软化处理后,水中的碳酸盐硬度大部被去除,而非碳酸盐基本上无变化。地下水中碳酸盐硬度占大部分,非碳酸盐含量相对较小。对于中、小型一般性的低压锅炉用水,有时经石灰软化后基本上可满足要求。石灰软化残余硬度计算式为

$$H_C = H_t + H_{cz} + K \quad (mmol/L) \tag{4-29}$$

式中 H_C——石灰处理后的残余硬度(mmol/L);

H_t——原水中的非碳酸盐硬度(mmol/L);

H_{cz}——软化后水中残留的碳酸盐硬度(mmol/L),一般为0.5~1.0 mmol/L。

4.2.3 药剂软化设备的设计计算

1. *药剂软化工艺系统*

药剂软化法的工艺过程,是将药剂完全溶解并配制成一定浓度的溶液,按需要的投药量投入原水中,使药剂与水中的钙、镁离子反应生成沉淀物。故工艺过程所用的设备与净水沉淀工艺基本相同,也要经过混合、反应、沉淀、过滤的过程。因工艺系统有多种组合,不可能都进行论述,仅举代表性的例子供参考。但有三点须值得注意:一是生石灰需要事先加水熟化,成为石灰乳;二是石灰乳中含有较多杂质,容易堵塞设备,必须及时除去;三是准确投药是药剂法软化效果的关键。

石灰投加计量可采用活塞泵计量投加和石灰乳垫圈计量投加。目前采用计量泵投加较多,也较精确。

1）石化软化系统工艺流程

图 4-1—图 4-3 为三种石灰软化系统的工艺流程。应根据处理水量的大小，选择适宜的混合反应、沉淀（澄清）、过滤、溶药和投药设备的工艺组合系统。

图中，石灰乳均由生石灰（CaO）加水，经搅拌器（设备）搅拌后，经过排渣由泵提升到混合设备中，与水进行混合反应，然后经混合过滤后得软化水。图 4-1 是采用机械加速澄清池，石灰乳的混合、反应、沉淀均在此池中完成。

图 4-2 是一个小型的、软化水量为 15 t/h 的设备化系统，配用小型的类似水力循环澄清池设备，过滤采用压力过滤设备。图 4-3 是 1 个处理水量为 120 t/h 的软化系统，采用平流沉淀池。因石灰软化是去除水中的碳酸盐硬度，如需要用钠离子交换器进一步去除水中的非碳酸盐硬度，则在过滤出水中投加磷酸三钠（Na_3PO_4）和硫酸（H_2SO_4），目的是稳定出水水质，避免在钠离子交换器内产生 $CaCO_3$ 和 $Mg(OH)_2$ 等沉淀物，降低交换剂的工作交换容量。

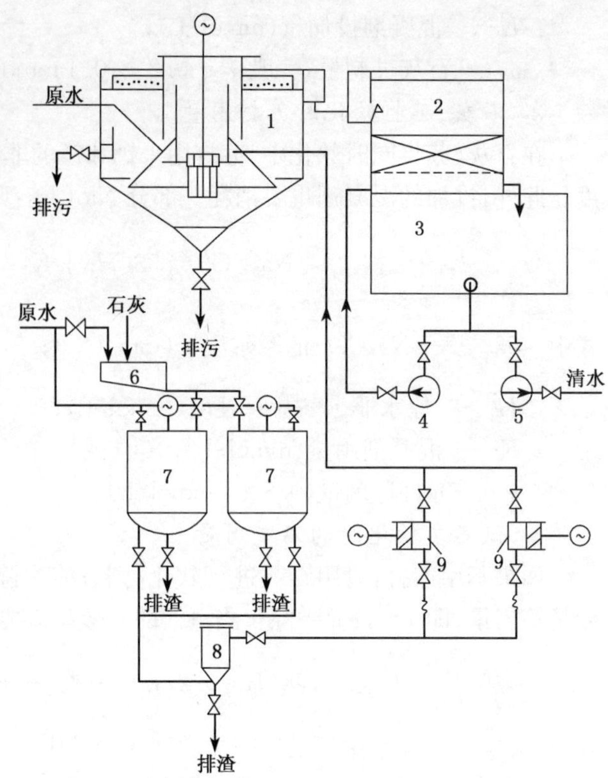

1—机械加速澄清池；2—滤池；3—过滤水箱；4—反冲洗水泵；5—清水泵；6—消石灰槽；7—石灰乳机械搅拌器；8—捕砂器；9—石灰乳活塞式加药泵

图 4-1　石灰软化系统（过滤池）流程

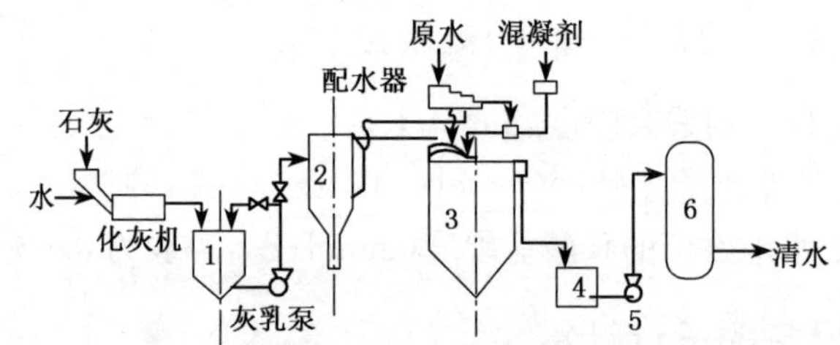

1—石灰乳贮槽；2—饱和器；3—澄清池；4—水箱；5—泵；6—压力过滤器

图 4-2　石灰软化系统（机械过滤）流程

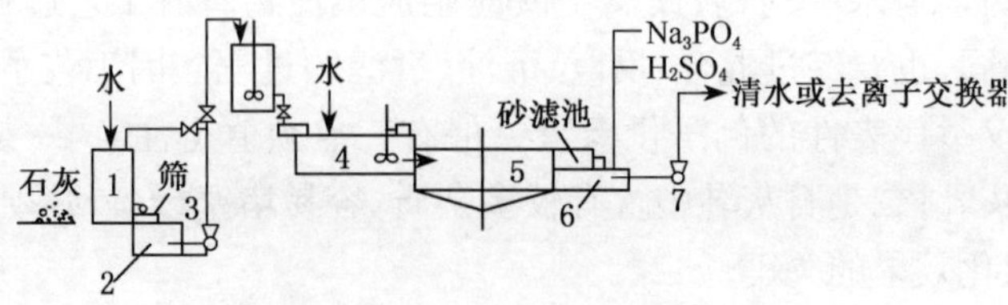

1—化灰桶；2—灰乳池；3—灰乳泵；4—混合池；5—平流式沉淀池；6—清水池；7—泵

图 4-3　石灰软化系统（平流沉淀池）流程

图4-2采用的是石灰饱和器，下部装石灰乳，让一部分原水通过石灰乳，由石灰饱和器上部流出，即得到石灰饱和溶液。水在饱和器内停留时间为5～6 h，用这种方法投药量比较准确，但只适用于石灰量小的情况。该系统因处理水量小，澄清池和压力过滤器等设备，可用A_3钢板或塑料板按设计图纸进行加工制作，在石灰软化中，作为设备设计主要是指小水量这类工艺系统，否则就是采用钢筋混凝土构筑物。

图4-3工艺系统适用于石灰量大的软化，在沉淀过程中，如采用平流沉淀池，沉淀时间须加长到4～6 h，如采用澄清池，停留时间随澄清池类型不同而有不同，如采用图4-1中的机械加速澄清池，可按1～1.5 h考虑。图4-1和图4-3软化水量相对较大，石灰用量也大，故沉淀和过滤体积大，不易采用设备化设计，一般采用构筑物。

2）石灰—苏打软化系统工艺流程

石灰—苏打(纯碱)软化设备系统工艺流程示意见图4-4。原水先进入配水器1，然后按一定比例分成四股水流：一股流入制备石灰溶液的容器——饱和器3；另两股分别流入苏打(纯碱)加药器4和凝聚剂加药器7；还有一股先进入加热器2，然后再经过空气分离器5。四股水流最后都流入沉降——澄清器6。软化是在沉降——澄清器6中进行，水需加热到80℃～90℃，故称石灰—苏打加热软化法。软化水经过中间水箱8，提升水泵及澄清压力过滤器10，然后流入软化水水池。如果对软化水水质要求高，需要进一步进行离子交换软化或除盐，则澄清压力过滤器出水进入离子交换器。

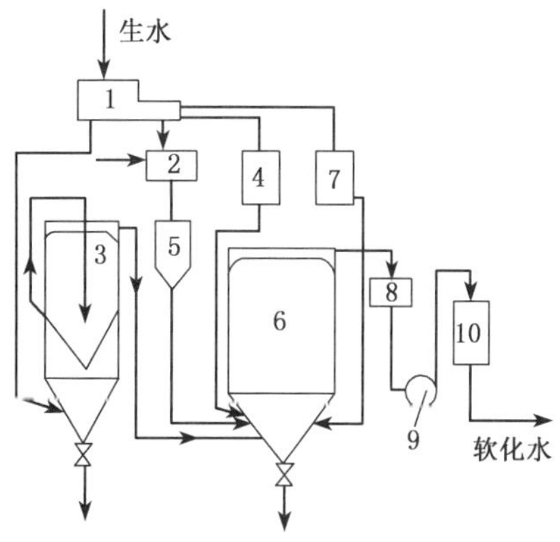

1—配水器；2—加热器；3—饱和器；4—纯碱加药器；5—空气分离器；6—沉降—澄清器；7—凝聚剂加药器；8—中间水箱；9—水泵；10—过滤器

图4-4　石灰—纯碱处理系统

图4-4石灰—纯碱软化系统中，还未包括石灰溶解系统和混凝药剂系统，所以设备很庞杂，占地面积大，造价也相对较高，故工业锅炉房很少采用，在发电厂或热电站有采用这种工艺系统。

3）涡流反应器

混合反应器的作用是使胶体颗粒间发生碰撞，形成絮状体。可分为水力式和机械式两类。这里仅介绍水力式涡流反应器，它又可分为重力式和压力式两种，图4-5为压力式水力涡流反应器。

图4-5的Ⅰ—Ⅰ剖面图中加药管2有两根，一根是讲混凝药剂，另一根是进石灰乳。即原水、混凝药剂、石灰乳液都从倒锥形体底部沿切线方向进入反应器，使水与混凝药剂、石灰乳液混合后，水流以螺旋式上升，通过悬浮的粉砂或大理石粉粒填料层，软化反应产生的$CaCO_3$就会很快地被吸附在这些颗粒上，使出水得到软化。在水流螺旋形上升过程中，过水断面不断扩大，上升流速逐渐减小，形成较好的速度梯度，增加了相互碰撞的机率，有利于絮凝颗粒的形成和被吸附。待悬浮填料颗粒逐渐吸附长大，不能悬浮而下沉

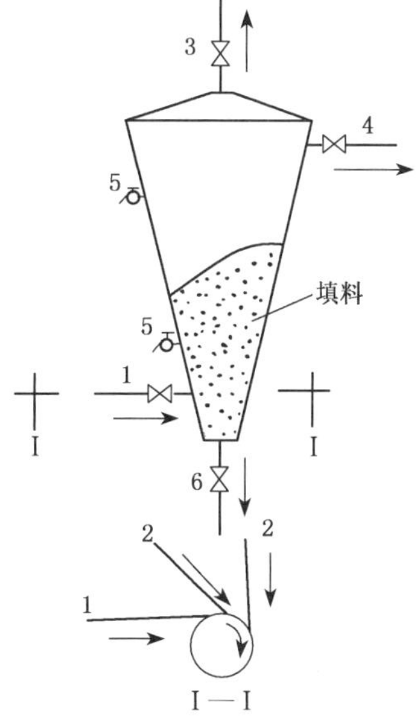

1—进水管；2—加药管；3—排气管；4—出水管；5—取样管；6—排渣管

图4-5　水力式涡流反应器

后，则从上部补充加入一些填料，同时把下沉的颗粒从底部排掉。

涡流反应器的最大优点是停留时间只要 10～15 min，所以是容积最小的一种设备。同时沉渣都是颗粒状，排渣水量小，沉渣容易脱水。但是加石灰产生的 $Mg(OH)_2$ 不易被吸附在砂粒上，会使水变浑。所以一般加石灰量应略低于和重碳酸钙反应的需要量。当水中 Mg^{2+} 含量超过 40 mg/L(或镁硬度大于总硬度 20%)时，一般就不宜采用涡流反应器。涡流反应器的基本设计参数如下：

原水进水管进口流速：3～5 m/s；

锥体锥角：15°～20°；

锥面处(锥角处)上升流速：0.8～1.0 m/s；

出水管处上升流速：4～6 mm/s；

涡流反应器的容积：按停留时间 10～15 min 设计；

填料粒径：0.2～0.3 mm；

填料容积：20～40 L/m³。

2. *石灰乳搅拌设备*

无论是生石灰粉或熟石灰粉制备的石灰乳，由于分散性较高，具有自发凝集、结块的趋势，在贮在过程中必须不断搅拌，使之保持悬浮状。搅拌设备分机械和水力两种。

1）机械搅拌设备

图 4-6 和图 4-7 为机械搅拌液溶槽。图 4-6 是直径为 ϕ1 000 mm 的密封式机械搅拌溶液槽，容积为 1.4 m³，配用电机功率为 1.0 kW，转速 $n = 1\,000$ r/min；图 4-7 是直径为 ϕ2 000 mm 悬浮液机械搅拌溶液槽，容积为 8 m³，配用电机功率为 2.3 kW，转速 $n = 960$ r/min。每台搅拌器的容积应能满足≥8 h 的用量。

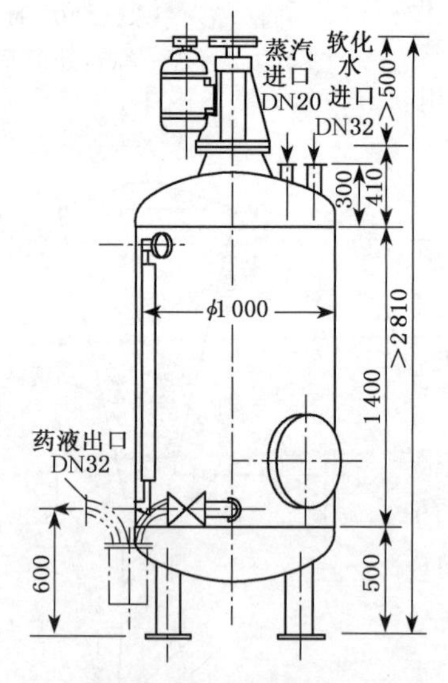

图 4-6　ϕ1 000 密封式机械搅拌溶液槽

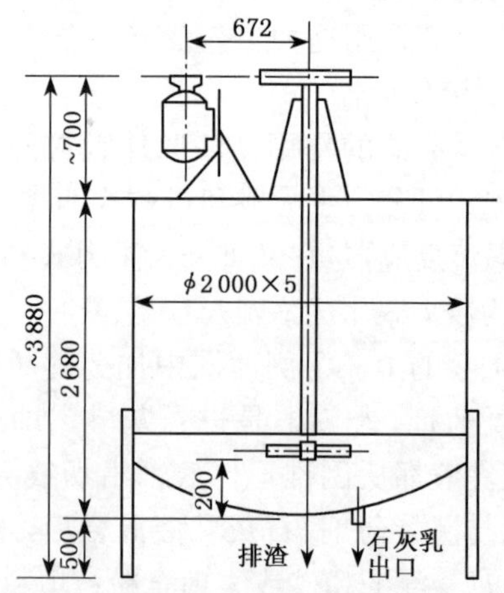

图 4-7　ϕ2 000 悬浮液机械搅拌式溶液槽

2）水力搅拌设备

图 4-8 是直径为 ϕ2 000 mm 的水力搅拌槽，容积为 8 m³，也应满足 8 h 的用量。选用水力搅拌时，要考虑耐磨性能，泵的扬程应大于 25 m，泵的流量应考虑搅拌器横面内的流速不小于 29 m/h。

3. *石灰乳计量*

投加石灰时采用干法或湿法两种计量方法。投加到反应澄清池的均为石灰乳，但进入加药系统则分为干粉与乳液两种。

1) 干法计量

干法计量的流程为：石灰粉仓→螺旋给料机→调速电子皮带称(或变频螺旋给料机)→配浓浆槽→输送泵。

干法计量是把原水流量变化的信号直接送给电子皮带秤或螺旋给料机的变频控制器，以调节干粉加入量的多少。此法多用于熟石灰粉的计量，其系统如图 4-9 所示。

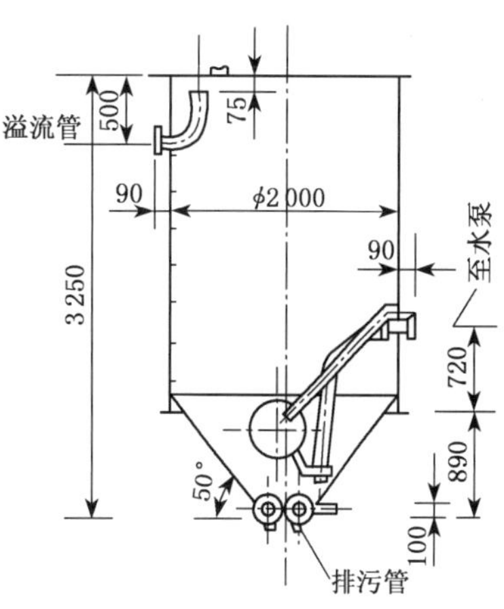

图 4-8　φ2 000 水力搅拌溶液槽

2) 湿法计量

湿法计量的流程为：石灰粉仓→螺旋给料机→消化器→配稀浆槽→计量泵。湿法计量系统有以下两种：

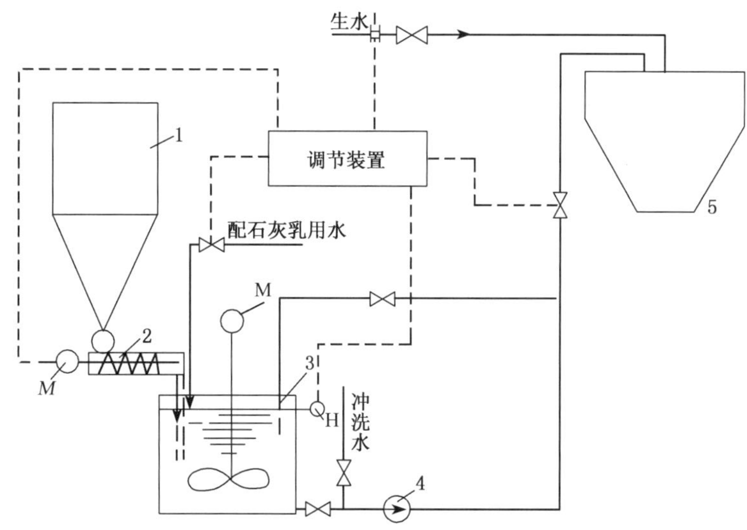

1—熟石灰粉贮存器；2—计量装置(含螺旋给料机及调速电子皮带秤)；
3—石灰乳搅拌箱；4—离心式石灰乳泵；
5—软化反应设备；H—输出信号；M—电动机

图 4-9　石灰的干法计量系统

(1) 带有生石灰装置的湿法计量系统，如图 4-10 所示。

(2) 无生石灰计量装置有两种：一种是石灰乳直接在搅拌箱中配成需要的浓度，由活塞计量泵控制用量；另一种由石灰乳送到乳液贮存槽或石灰乳搅拌箱并配成所需要的浓度，利用泵输送到石灰乳计量器，再通过水射器送到澄清设备中，如图 4-11 所示。

3) 计量设备

常用的计量设备有变频调速螺旋给料器、调速电子皮带秤、计量泵、水射器等。石灰乳计量泵有活塞泵、隔膜泵两类。采用计量时，石灰乳浓度不超过 4%，温度不超过 40℃，最好使加药泵在其额定流量的 20%～80%范围内工作。

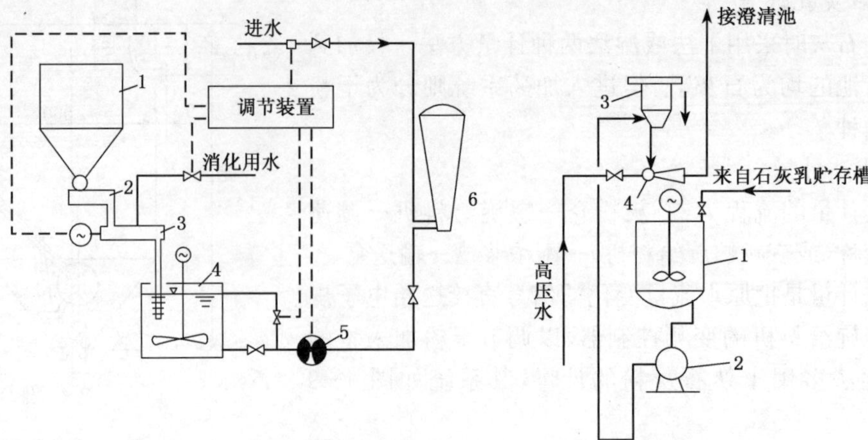

1—生石灰贮存箱；2—计量装置；3—熟化器；
4—石灰乳搅拌箱；5—计量泵；6—软化反应设备

图 4-10　带有生石灰装置的湿法计量系统

1—石灰乳搅拌器；2—石灰乳输送泵；
3—石灰乳计量器；4—石灰乳水射器

图 4-11　石灰乳制备及计量系统

4. 20 t/h 石灰苏打软化设备设计计算

1) 工艺流程

软化处理工艺流程如图 4-12 所示。原水先进入配水器，把水由图中所示分成四股，然后四股水汇集后进入一体化净水设备进行软化处理，处理后的软化水流入软水池（起调节用水量作用，也可称调节池），再设变频调速泵从软水池取水，送至各用水点。

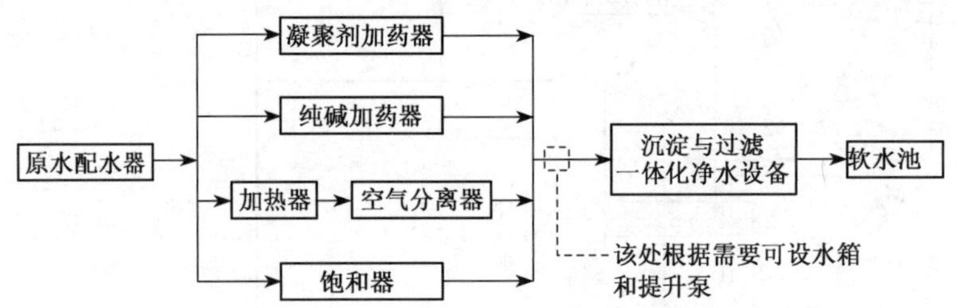

图 4-12　20 t/h 石灰苏打软化工艺流程

一体化净水设备之前是否要设水箱和提升泵，应根据以下两方面：一是虽然采用重力式一体化净水设备，但来水压力不够或高程上无法满足（配合），则需设水箱和提升泵；二是采用压力式一体化净水设备，用水相对较均匀，后面可不设软水池，则设水箱和提升泵。

2) 软化设备

在前述的石灰软化或石灰—苏打软化系统的工艺流程中，软化是由沉淀（或澄清）→过滤二个阶段完成的，这是对处理水量相对较大的常规软化处理工艺来说的。现处理软化的水量为 20 t/h，符合采用设备软化处理的要求，故可采用一体化净水设备来替代。

给水一体化净水设备的特点是：混合反应、沉淀、过滤组合在一个设备内，石灰—苏打的软化全过程都可在该设备内完成。

3) 石灰、苏打用量计算

(1) 原水水量、水质

处理水量：$Q = 20\ m^3/h$。

原水水质：钙硬度 $H_{Ca}=2.2\ mmol/L$；镁硬度 $H_{Mg}=0.95\ mmol/L$；酚酞碱度 $A_p=0$；甲基橙碱度 $A_M=4.6\ mmol/L$；游离二氧化碳 5 mg/L。

(2) 设计计算

① 石灰(CaO)的计量

$$H_{Ca}+H_{Mg}=3.15>\frac{A_M}{2}=2.3$$

$$b_{CaO}=\frac{A_M}{2}+H_{Mg}+\frac{[CO_2]}{44}+\alpha(mmol/L)$$

式中，$[CO_2]$为原水中游离二氧化碳浓度，即 $[CO_2]=5\ mg/L$；α 为石灰过剩量，取 $\alpha=0.15\ mmol/L$。

$$\begin{aligned}b_{CaO}&=\frac{4.6}{2}+0.95+\frac{5}{44}+0.15=3.5136\ mmol/L\\&=3.5136\times 56=197\ mg/L\end{aligned}$$

② 石灰的用量

$$B_{CaO}=\frac{Qb_{CaO}}{1\,000C_{CaO}}\ (kg/h)$$

式中，C_{CaO}为石灰的纯度，取70%。

$$B_{CaO}=20\times 197/(1\,000\times 0.7)=5.63\ kg/h$$

③ 苏打(Na_2CO_3)的计量

$$b_{Na_2CO_3}=H_t+\beta\ (mmol/L)$$

式中，H_t 为原水的永久硬度，$H_t=H_{Ca}+H_{Mg}-\frac{A_M}{2}=3.15-2.3=0.85$；$\beta$ 为苏打的过剩量，$\beta=0.5\sim 0.75\ mmol/L$。

$$\begin{aligned}b_{Na_2CO_3}&=0.85+0.5=1.25\ mmol/L\\&=1.25\times 106=132.5\ mg/L\end{aligned}$$

④ 苏打(Na_2CO_3)的用量

$$B_{Na_2CO_3}=\frac{Qb_{Na_2CO_3}}{1\,000C_{Na_2CO_3}}\ (kg/h)$$

式中，$C_{Na_2CO_3}$ 为工业苏打纯度，取100%。

$$B_{Na_2CO_3}=20\times 132.5/1\,000=2.65\ kg/h$$

4.3 离子交换软化的树脂及原理

4.3.1 离子交换树脂的种类、构造

为提高软化的效果和钙、镁离子的去除率，利用离子交换法进行水的软化处理已成为

广泛而普遍采用的方法。

1. 阳离子交换剂的种类

1) 离子交换剂

凡具有离子交换能力的物质,均称为离子交换剂。与水中阳离子进行交换的称阳离子交换剂,与水中阴离子进行交换的称阴离子交换剂。离子交换剂分为无机和有机两类,无机离子交换剂有天然海绿砂和合成沸石等,这种交换剂使用历史最久,是阳离子交换剂。但由于颗粒核心为细密结构,故只能进行表面交换,交换容量和交换能力很低,现很少使用,故不作论述。

有机离子交换剂又分为碳质和有机合成离子交换剂(即离子交换树脂)两种。碳质离子交换剂主要是磺化煤,因不耐热、机械强度低、交换容量少、再生剂耗量大等缺点,已被有机合成离子交换树脂所代替。有机合成离子交换树脂具有不溶、耐热、机械强度高、交换容量大等优点,是目前性能最好、应用最广泛的离子交换剂。

2) 离子交换树脂种类

称树脂是因为它们很像松树中的松树脂一类东西。按树脂性质可分为:强酸、中等酸、弱酸;强碱、弱碱;螯合型树脂。按树脂结构可分为凝胶型、多孔型、等孔型,它们都包括有强酸、弱酸、强碱、弱碱各类型树脂。按离子交换树脂交换基团的性质,强酸、中等酸、弱酸型树脂为阳离子交换树脂,水的软化就是用这类树脂;强碱、弱碱为阴离子交换树脂,待水的除盐中再介绍。

阳离子交换树脂的每个颗粒由两部分组成:一是不参加交换反应而又互相交联起来成三维空间立体结构的网络骨架的惰性物质,称为本体或母体;二是连接在骨架上的活性基,称为交换基团或功能基。交换基团又由于固定在网络骨架上,不能自由移动的惰性离子和可以与周围的外来离子进行互相交换的活动离子所组成,活动离子就是可交换的 H^+ 和 Na^+ 阳离子。把本体(母体)与不能自由移动的惰性离子用 R 表示,则阳离子交换树脂可用 RH 或 RNa 表示。

2. 离子交换树脂的构造

凝胶型阳离子交换树脂中最常见的本体为苯乙烯—二乙烯苯的共聚体。苯的分子式是 C_6H_6,乙烯的分子式是 C_2H_2(或 $CH_2=CH_2$),把苯和乙烯分子式中各去掉一个 H,让两个直接联起来,得到化合物叫苯乙烯($C_6H_5=CH_2$)。把许多单分子苯乙烯聚合起来,成为长条形结构的苯乙烯聚合物,再用交联剂二乙烯苯把它交联起来成为立体网状结构球形颗粒。用浓硫酸去处理聚苯乙烯与二乙烯苯共聚物用浓硫酸去处理(称"磺化"反应)得到磺酸基团—SO_3H,H 为可交换离子,因磺酸基团(—SO_3H)的离解能力很强,是一个强酸基团,故称"苯乙烯型强酸性阳离子交换树脂。

可见,强酸性阳离子交换树脂是一个立体的交联网的构造,本体(母体)苯乙烯高分子聚合物含量占 80%～92%;交联剂二乙烯苯含量占 20%～8%。交换基团是磺酸基 $SO_3^-H^+$,其中,SO_3^- 与本体联结在一起的不游离的惰性离子,H^+ 是可以游离活动的可交换阳离子,用符号表示为 $R—SO_3^-H^+$,简写为 RH。所以称它为凝胶型离子交换树脂,是因为这种树脂在干燥时收缩,长链互相靠近,浸入水中吸水膨胀,各链离开并允许离子扩散。

在硬水软化中,阳离子交换树脂性能的好与差,是离子交换法水处理中的关键。它对软化装置的大小、水质、再生周期、再生剂耗量等都有很大影响。无论是软化装置的设计或生产管理,必须对所用的离子交换树脂的性能有一定的了解。

4.3.2 离子交换树脂的性能

1. 物理性能

(1) 外观:树脂是一种透明或半透明物质。颜色有白、黄、黑、褐色等数种。

形状多为球形,具有表面积大,有利于离子交换,且充填性好、流量容易均匀、水头损失小和损坏性小等优点。

(2) 粒度:产品样本中所列粒度,是在水中充分膨胀的颗粒直径。树脂愈小,表面积愈大,离子交换愈快,但水头损失增加。目前国产树脂颗粒粒径一般为16～50目,即1.2～0.3 mm。

(3) 含水率(%):树脂交联孔网内,都含有一定量的水分,树脂交联度愈小,内部孔隙率愈大,含水率高。树脂含水率是在充分膨胀状态下测定的,一般为50%左右。

(4) 干真密度:是指在干燥状态下,树脂合成材料本身的密度,用公式表示为

$$\text{干真密度}=\frac{\text{干树脂的重量}}{\text{树脂颗粒本身所占的体积}}(\mathrm{g/mL}) \tag{4-30}$$

此值一般在1.6 g/mL左右,干真密度用得很少。

(5) 湿真密度:也称真密度,是树脂在水中充分膨胀后,颗粒本身的密度,用公式表示为

$$\text{湿真密度}=\frac{\text{湿树脂的重量}}{\text{树脂颗粒本身所占的体积}}(\mathrm{g/mL}) \tag{4-31}$$

树脂的湿密度,对交换器的反冲洗强度大小,混合床再生前分层的好坏影响很大。此值一般为1.04～1.3之间,通常阳树脂(1.3 g/mL)比阴树脂(1.1 g/mL)要大。

(6) 视密度:也称对堆密度。是指树脂在水中充分溶胀时(即树脂工作状态)的堆积密度,是指单位体积重量,包括颗粒之间的孔隙率在内,用公式表示为

$$\text{视密度}=\frac{\text{湿树脂重量}}{\text{树脂层所占的体积}}(\mathrm{g/mL}) \tag{4-32}$$

此值一般在0.60～0.80之间,在实际使用中,常用此值来计算交换器所需要装填湿树脂的重量。

(7) 溶胀性:干燥的离子交换树脂会吸收水份或溶剂。在水中体积会增大,离子型式改变,体积也会显著改变。同一种树脂、同一形式的交换基团(如—$SO_3^- H^+$),当可交换离子不同时,发生的溶胀也不同。溶胀是交换基团吸收水分引起的,交换基团在水中产生离解,并形成水合离子(其体积较原相应离子体积为大),从而使树脂交联网孔增大,发生膨胀。膨胀程度用膨胀率表示,强酸性阳离子为1.8～2.2;强碱性阴离子为1.3～1.8之间。水合度大(即水合离子半径大)的离子,相应的膨胀率也大。弱酸、弱碱性树脂其交换基团离解力很低,故膨胀率很小。

强酸性阳离子交换树脂,当交换基团中可交换的游离离子不同时,其溶胀率的大小顺序为

$$H^+ > Na^+ > NH_4^+ > K^+ > Ag^+$$

一般强酸性阳离子交换树脂由Na^+型变为H^+型时,其体积约增加5%。

树脂的这种性质，在进行交换和再生时，树脂体积都会发生胀缩，经上百、上千次的胀缩变化，树脂会出现老化，从这个角度出发，尽量减少树脂的再生次数，能延长树脂的使用寿命。

(8) 溶解性：离子交换树脂是一种不溶性物质，它几乎在一切有机、无机溶剂(除醛类)中溶解度都极微。

(9) 耐磨性：树脂的耐磨性直接关系到树脂的使用寿命。交换容量大的，耐磨性差；交换容量小的，耐磨性好些。但不论怎样，树脂使用一定时期都会磨损，从而产生损耗，损耗量为每年 3%～7%。

(10) 耐热性：各种树脂都具有一定的耐热性能。温度过高或过低对树脂的强度和交换容量都有很大的影响。温度过低，树脂的机械强度降低，影响使用寿命；温度过高，易使交换基团分离，影响交换容量和使用寿命。一般，阳离子交换树脂较阴离子交换树脂耐热性能高，以钠型树脂为最好。

2. 化学性能

1) 交换容量

树脂的交换容量是指树脂交换能力的大小，是离子交换剂质量的重要指标。离子交换树脂的交换容量，用重量和容积两种方法表示。

重量表示法：是指单位重量干树脂的交换容量。以毫克当量/克或克当量/吨表示。

容积表示法：是指单位体积湿树脂(充分膨胀后)的交换容量。以毫克当量/升或克当量/m^3 表示。

交换容量又可分为以下三种：

(1) 全交换容量：如用符号 $E_{全}$ 表示。全交换容量是指树脂交换基团中所有可交换离子全部被交换的容量，也就是交换数的总数。其数值可用滴定法测定。如苯乙烯型强酸性阳离子交换树脂的全交换容量≥4.5 毫克当量/克，如果能把可交换离子全部利用的活，那么每克干树脂就足够使硬度为 4.5 毫克当量/升的 1 升水完全软化。这虽然是个全理论值，但也说明树脂的交换能力。

(2) 工作交换容量：用符号 E_I 表示。是指动态工作状态下的交换容量。显然工作交换容量小于全交换容量，即 $E_I < E_{全}$。其值因使用条件不同，测得的数值也不同，影响因素较多。主要影响因素是：进水的离子浓度、交换终点的控制指标、树脂层的高度、交换速率、树脂粘度及交换基的形式等。产品样本中的数值，是在某特定条件下试验得来的。使用时按实际工作条件试验确定。如无法试验确定时，亦可参考下式计算：

$$E_I = E_{全} \cdot \eta \tag{4-33}$$

$$\eta = \eta_{饱} - (1 - \eta_{再}) = \eta_{再} - (1 - \eta_{饱}) \tag{4-34}$$

式中 η——树脂利用率，它等于交换后的饱和程度减去交换前的饱和程度，一般为 11.5～0.7；

$\eta_{饱}$——树脂交换后的饱和度，一般为 80%～85%；

$\eta_{再}$——树脂的再生度，一般为 75%～80%；

$1-\eta_{饱}$——再生前的剩余交换能力。

(3) 有效交换容量：工作交换容量(E_I)减去因正洗损失的交换容量为有效交换容量。单位常用毫克当量/升表示。正清损失的交换容量用符号 ΔE 表示，有效交换容量用符号

$E_{有}$ 表示，则用公式表示为

$$E_{有} = E_I - \Delta E \tag{4-35}$$

正洗时所消耗的交换容量 ΔE 计算为

$$\Delta E = 0.5 \times q_1 \times H_0 \tag{4-36}$$

式中　ΔE——每立方米交换剂清洗时所消耗的交换容量，以 meq/L 计；

q_1——正洗每立方米交换剂的平均耗水量，一般为 4～10 m^3 水；

H_0——原水总硬度(meq/L)；

0.5——考虑正洗时，水中还具有一定浓度的再生剂，产生反向交换反应以致不能全部吸收正洗水中硬度所加的系数。

交换容量的重量表示法换算为容积表示法时可采用下式：

$$E_{全}(容积) = E_{全}(重量) \times (1 - 含水率\ \%) \times 树脂视比重 \tag{4-37}$$

如苯乙烯型强酸阳离子交换树脂的 $E_{全}$(重量) = 4.5 meq/g，含水率为45%～52%，取50%，视密度为 0.75～0.84 g/ml，取 0.80 g/ml，则得：

$$E_{全}(容积) = 4.5 \times (1 - 50\%) \times 0.8 = 1.8\ meq/mL$$

2）强酸阳树脂 $R—SO_3^- H^+$ 的化学性能

强酸性阳离子交换树脂 $R—SO_3^- H^+$ 是在水的软化中常用树脂，对它的化学性应深入了解。

离子交换树脂吸着各种离子的能力不一样，有些离子易被树脂吸着，但吸着后要把它置换下来就比较困难；而另一些离子很难被吸着，但吸着后置换下来较容易，这种性能称为离子交换的选择性又称交换势。离子的选择性影响到离子交换和再生过程，有很大的应用和现实意义。

离子交换的选择性与水中离子浓度、温度等有很大关系，这里以常温、低浓度进行讨论。选择性能主要决定于被吸着离子的结构。它有两个规律：一是离子带的电荷越大，即原子价愈大，越易被离子交换剂吸着，即被交换的能力愈强，如二价离子比一价离子易被吸着；二是对于带有相同电荷量的离子，则原子序数大的元素，形成离子的水合半径小，较易被吸着，即被交换的能力愈强。按这两条规律，各种常见离子选择性次序为

$$Fe^{3+} > Al^{3+} > Ca^{2+} > Mg^{2+} > K^+ > Na^+ > H^+ > Li^+$$

这个次序只适合于含盐量浓度不很高的水溶液中。如在浓溶液中，离子间的干扰较大，且水合半径的大小顺序和上述次序也有差别，此时各种离子间的选择性差别较小。从离子交换的活性基团来看，这个次序对于任何交换基团的阳离子交换树脂都适用。但是对于 H^+ 或水合离子来说，有它的特殊性，它被交换(吸附)的性能与树脂交换基团酸性的强弱有关。如含磺酸根($—SO_3^-$)的强酸性离子交换剂，对 H^+ 的吸着能力并不很强。

这种树脂的交换速率很快，在静止状态到反应达到 90%饱和时，只需要2 min。根据原水水质的不同，设备中的工作交换流速为 10～60 m/h。

因磺化煤存在交换容量小、化学稳定性差和机械强度差等缺点，已被有机合成树脂所取代，故不作介绍。

4.3.3 离子交换的基本原理

1. 阳离子交换树脂的换型

阳离子交换树脂都是用酸性基团附在树脂上制成的，制成时的成分都是 RH 型，称为氢型。如把可交换的 H^+ 离子换成别的阳离子，如 Na^+，NH_4^+ 等离子，变成 RNa(称钠型)或 RNH_4(称铵型)，这叫做换型。后两种都是由 RH 型换型得来的，这样 H^+，Na^+，NH_4^+ 都成为可交换离子。

换型过程实际上是离子交换反应过程，氢型换成钠型的反应为

$$RH + NaCl \longrightarrow RNa + HCl \tag{4-38}$$

换型用的是浓度为 8%～10%的 NaCl 食盐溶液，溶液中 Na^+ 代替了 RH 中的 H^+，因 Na^+ 的选择性大于 H^+，浓度又大，故此换型相对较容易。这里的 Na^+ 和 H^+ 都是一价离子，故一个 Na^+ 恰好交换一个 H^+，没有改变树脂内部的正电量，树脂仍然是一个中性的不带电的物质。

同样，用硫酸铵 $(NH_4)_2SO_4$ 溶液，可把氢型 RH 换成铵型 RNH_4。离子交换树脂这个可交换的基本特性，不仅用在树脂的换型中，而且在水的软化处理、树脂的再生及以后讨论的离子交换除盐中，都是用这个基本特性来进行处理和达到目的要求的。

2. 阳离子交换树脂在硬水软化过程中的化学变化

在水的软化过程中，最常用的是 RNa 型，而 RH 用得较少，因为它不仅酸性强，不易保存，更主要的是软化后水中形成强酸，腐蚀性大，只有当原水为碳酸盐硬度或碱度甚高时才采用 RH 型交换树脂，或者与 RNa 型二者组合使用。

现假设水中暂时硬度和永久硬度均存在，则用 RH 型软化，其反应为

$$\left.\begin{matrix} Ca(HCO_3)_2 \\ Mg(HCO_3)_2 \\ CaSO_4 \\ CaCl_2 \\ MgSO_4 \\ MgCl_2 \end{matrix}\right\} + 2RH \longrightarrow R_2\begin{Bmatrix} Ca \\ Mg \end{Bmatrix} + \begin{Bmatrix} H_2CO_3 \\ H_2SO_4 \\ 2HCl \end{Bmatrix} \tag{4-39}$$

如果原水中存在钠盐 NaCl，那么就会发生与换型时的式(4-38)相同的反应：

$$RH + NaCl \longrightarrow RNa + HCl \tag{4-40}$$

从式(4-39)和式(4-40)可见，RH 型软化交换有三个特点：一是从式(4-39)可见，水中一个 Ca^{2+} 或一个 Mg^{2+} 需要换取树脂上两个 H^+，才能去除水中的硬度；二是原水中存在氯化钠，Na^+ 也参加了交换，产生了可用来软化的 RNa 型树脂；三是 RH 型树脂上交换下来的 H^+ 与水中的阴离子构成酸，从水中碳酸平衡概念出发，H_2CO_3 存在较多时，水的 pH 值很低。H_2SO_4 与 HCl 都是强酸，腐蚀性很大，不能直接使用。故 RH 型很少使用，不能单独自成软化系统，常与其他软化系统(如 RNa 型)相配合使用。

RH 型软化如要自成系统，则要实行以下三种措施来降低酸度：首先是设脱气塔，把 CO_2 从 H_2CO_3 中分离出去，降低其酸度；二是与钠型软水中 $NaHCO_3$ 中和；三是投加

NaOH 去中和酸。

RNa 型的软化反应为

$$\left.\begin{array}{l} Ca(HCO_3)_2 \\ Mg(HCO_3)_2 \\ CaSO_4 \\ CaCl_2 \\ MgSO_4 \\ MgCl_2 \end{array}\right\} + 2RNa \longrightarrow R_2\left\{\begin{array}{l} Ca \\ Mg \end{array}\right\} + \left\{\begin{array}{l} 2NaHCO_3 \\ Na_2SO_4 \\ 2NaCl \end{array}\right\} \tag{4-41}$$

式(4-41)用 RNa 型软化生成的是溶解度很大的钠盐，而且温度升高溶解度会进一步增加，既不会沉淀产生水垢，又达到软化目的。

RNa 型软化结果有以下两个特点：一是水里的每一个 Ca^{2+}，Mg^{2+} 都要换成树脂上的两个 Na^+，水里的阳离子全是 Na^+，所以 RNa 软化虽然去除了硬度，但含盐量反而增加(Na 的原子量为 23，$2Na = 46$，而 $Ca = 40$，$Mg = 24.3$)；二是水中阴离子成分没有变化，故软化后水中碱度没有发生变化。但水的软化处理中，有时不光要求软化，还要求降低碱度。为解决这一缺点，最好的办法是与 RH 型软化配合使用，既解决 RH 型软水中的酸度问题，又解决 RNa 型软水中的碱度问题。反应式为

$$H_2SO_4 + 2NaHCO_3 \longrightarrow Na_2SO_4 + 2H_2O + CO_2\uparrow \tag{4-42}$$

$$HCl + NaHCO_3 \longrightarrow NaCl + H_2O + CO_2\uparrow \tag{4-43}$$

产生的 CO_2 用脱气塔去除。

3. 阳离子交换树脂的再生

RH 型和 RNa 型软化饱和后，成为 R_2Ca 型(称钙型)和 R_2Mg 型(称镁型)，要把它们重新用来软化，则必须把 R_2Ca 型、R_2Mg 型重新换型为 RH 型和 RNa 型，这个过程叫做“再生”或称“还原”。对于 RH 型用盐酸 HCl 或硫酸 H_2SO_4 作再生剂，硫酸浓度约 1.5%，再生反应为

$$\left.\begin{array}{l} R_2Ca \\ R_2Mg \end{array}\right\} + 2HCl \longrightarrow 2RH + \left\{\begin{array}{l} CaCl_2 \\ MgCl_2 \end{array}\right. \tag{4-44}$$

$$\left.\begin{array}{l} R_2Ca \\ R_2Mg \end{array}\right\} + H_2SO_4 \longrightarrow 2RH + \left\{\begin{array}{l} CaSO_4 \\ MgSO_4 \end{array}\right. \tag{4-45}$$

对于 RNa 型，再生剂为 NaCl 的食盐溶液，浓度与换型时相同，8%～10%，再生反应为

$$\left.\begin{array}{l} R_2Ca \\ R_2Mg \end{array}\right\} + 2NaCl \longrightarrow 2RNa + \left\{\begin{array}{l} CaCl_2 \\ MgCl_2 \end{array}\right. \tag{4-46}$$

现在要讨论的问题是：Ca^{2+} 和 Mg^{2+} 的选择性都大于 Na^+ 和 H^+，软化时水中的 Ca^{2+} 和 Mg^{2+} 去交换 RH 和 RNa 上的 H^+ 与 Na^+ 较容易，而再生时又如何用选择性小的 H^+，Na^+ 把 R_2Ca，R_2Mg 上选择性大的 Ca^{2+}，Mg^{2+} 交换下来呢？这个“谁交换谁”的问题，主要决定于离子交换的选择性和浓度两个因素。软化主要是利用离子的选择性；再生主要是靠再生液的浓度，把浓度大的 H^+ 离子和 Na^+ 离子大量地扩散到树脂内和附近水中，以多数的优势

把 R_2Ca，R_2Mg 上的 Ca^{2+}，Mg^{2+} 挤下来而获得再生。交换势的大小和离子浓度的大小对离子交换的影响可综合为以下四种情况：

(1) 第一种情况，水中离子浓度很大，同时选择性(交换势)又大于树脂上可交换离子的交换势，这两个因素都对交换有利，所以交换最快最容易。RH 型换型为 RNa 型属于这种情况。Na^+ 的交换势大于 H^+，虽然树脂上的 H^+ 浓度较大，但 8%～10% 的 NaCl 溶液中的 Na^+ 浓度更大，故 RH 型换型为 RNa 型很容易，很快就完成。

(2) 第二种情况，水中 Ca^{2+}，Mg^{2+} 离子浓度不大，但它的交换势大于树脂上的 H^+ 和 Na^+，虽然有不利的一面，但交换仍能顺利进行，水的软化过程属于这种情况。

(3) 第三种情况，水中的 H^+，Na^+ 离子的交换势小于 R_2Ca，R_2Mg 上的 Ca^{2+}，Mg^{2+} 交换势，但水中 H^+ 或 Na^+ 的浓度远大于树脂上 Ca^{2+}，Mg^{2+} 的浓度，大量的 H^+ 或 Na^+ 离子扩散到树脂内部，利用多数的优势把树脂上 Ca^{2+}，Mg^{2+} 挤下来，达到交换的目的，这属于再生的情况。

(4) 第四种情况，水中离子的交换势小于树脂上离子的交换势，水中离子浓度又不大，则交换很难完成。如水中食盐溶液浓度很小，仅相当于软化时水中 Ca^{2+}，Mg^{2+} 离子含量，则 Na^+ 就无法交换树脂上的 Ca^{2+} 和 Mg^{2+}，再生就无法完成。

4. 离子交换的平衡与破坏

阳离子交换树脂的换型、软化和再生的过程，都是离子交换的过程，与溶液中的化学反应基本相似，只不过是在非均相(固相与液相)介质中进行，反应前后，树脂本身结构不发生任何变化。这个“谁交换谁”问题实质上是一种可逆反应过程，要使离子交换顺利进行，就要破坏它们的化学平衡，把交换后新组成的物质尽量从溶液中排除。以 RNa 型树脂与 $CaCl_2$ 交换为例：

$$2R^- Na^+ + Ca^{2+}Cl_2^- \underset{\text{再生}}{\overset{\text{软化}}{\rightleftharpoons}} R_2^- Ca^{2+} + 2Na^+ Cl^- \tag{4-47}$$

从化学平衡概念可知，式(4-47)的静态反应进行到一定程度时会出现平衡状态，RNa 上的 Na^+ 没有全部被交换。如果要提高水的软化程度，使反应向右边进行，就要及时地排除生成物 NaCl。根据这个道理，在生产实践中把 RNa 型树脂装在离子交换柱里，让含有 $CaCl_2$ 的水不断流过，这样生成的 NaCl 也不断排除。这样，树脂上原来的 Na^+ 就不断地与水中的 Ca^{2+} 进行交换，直到树脂上 Na^+ 几乎被交换完。这就是进行离子交换的基本原理。再生也是同样道理，用 Na^+ 去交换 R_2Ca 型树脂上的 Ca^{2+}，生成的 CaCl 及时排除，有利于再生进行。

离子交换的可逆反应遵守于“质量作用定律”，式(4-48)离子交换反应的平衡常数 K 的表示式为

$$K = \frac{[\overline{Ca^{2+}}]\cdot[Na^+]^2}{[\overline{Na^+}]^2\cdot[Ca^{2+}]} \tag{4-48}$$

式(4-48)可改写成：

$$\frac{[\overline{Ca^{2+}}]}{[\overline{Na^+}]} = K\frac{[Ca^{2+}]}{[Na^+]^2} \tag{4-49}$$

式中 $[\overline{Ca^{2+}}]$——平衡时树脂中 Ca^{2+} 的浓度；

$[\overline{Na^+}]$——平衡时树脂中 Na^+ 的浓度；

$[Na^+]$——平衡时水中 Na^+ 的浓度；

$[Ca^{2+}]$——平衡时水中 Ca^+ 的浓度。

式(4-49)的左边表示树脂内部 Ca^{2+} 浓度与 Na^+ 浓度之比，如果此数值很大，说明 Ca^{2+} 浓度比 Na^+ 浓度大得多，则树脂基本上是 R_2Ca 型。同样，如果此数值很小，则树脂基本上是 RNa 型。前者是软化的要求，后者是再生的要求。从式(4-49)看，$[\overline{Ca^{2+}}]/[\overline{Na^+}]^2$ 数值的大小取决于平衡常数 K 和水中$[Ca^{2+}]/[Na^+]^2$ 的数值，这两个因素简述如下。

(1) K 值是一个大于 1 的常数，因此它反映 Ca^{2+} 和 Na^+ 两个离子之间永远存在一种 Ca^{2+} 要代替 Na^+ 的倾向，这种倾向是这两种离子和树脂母体之间的交换势所规定的，它反映了“谁交换谁”的基本倾向。

(2) $[Ca^{2+}]/[Na^+]^2$ 这个因素反映了水中 Ca^{2+} 和 Na^+ 之间浓度的大小，此关系是随着水质变化的，可以人为地改变。

软化时，总的来讲，水中 Ca^{2+} 和 Na^+ 浓度都很小，而 Ca^{2+} 的浓度相对来说比 Na^+ 浓度又大得多，使得$[Ca^{2+}]/[Na^+]^2$ 数值很大，K 值又大于 1，两者相乘就更大，因此得到很大的$[\overline{Ca^{2+}}]/[\overline{Na^+}]^2$ 数值，反映了树脂基本上是 R_2Ca 型。

再生时，希望树腊基本上是 RNa 型，要使$[Ca^{2+}]/[\overline{Na^+}]^2$ 值变得很小，唯一的办法是加大水中 Na^+ 的浓度，这就是再生时食盐浓度必须达到 6%～10%的原因。

这里需提及的是，对于 RH 型树脂的再生，如用 HCl 作再生剂，产生 $CaCl_2$ 和 $MgCl_2$，在水中的溶解度都很大，故不存在产生沉淀问题，所以对 HCl 溶液的浓度没有具体地加以限制。但用 H_2SO_4 作再生剂时，因再生后产生的 $CaSO_4$(石膏)的溶解度很小，这就要提防 $CaSO_4$ 的沉淀。如产生沉淀可能会堵塞树脂交联网孔隙，使树脂失去部分交换能力，因此用 H_2SO_4 作再生剂时，浓度限制在 1%～2%范围内，再生速率不能太小。

4.4　离子交换软化的设备及系统选择

4.4.1　固定床离子交换软化设备

固定床离子交换是最基本的一种软化处理方法。离子交换树脂填装在离子交换器(也称交换罐、交换柱、交换塔等)中形成一定厚度的交换剂层。交换剂(树脂)在交换器内固定不动，其交换、冲洗、再生、清洗过程均在交换器内间断地反复地进行，这种交换剂本身并不动的工艺称为固定床。“床”是指交换剂层。

固定床依照原水与再生液流动的方向可分为两种形式：原水与再生液从上向下以同一方向流经离子交换柱的，称顺流再生固定床；原水与再生液流向相反的，称逆流再生固定床。

1. 顺流再生固定床

1) 顺流再生固定床构造

顺流再生固定床离子交换器有两种：一种是装 RNa 型树脂的叫钠离子交换器；另一种是装 RH 型树脂的叫氢离子交换器(图 4-13)。交换器大多数是在压力条件下工作，故交换器一般是能承受 0.4～0.6 MPa 压力的钢罐，氢离子交换器内部还要作特殊的防酸处理。

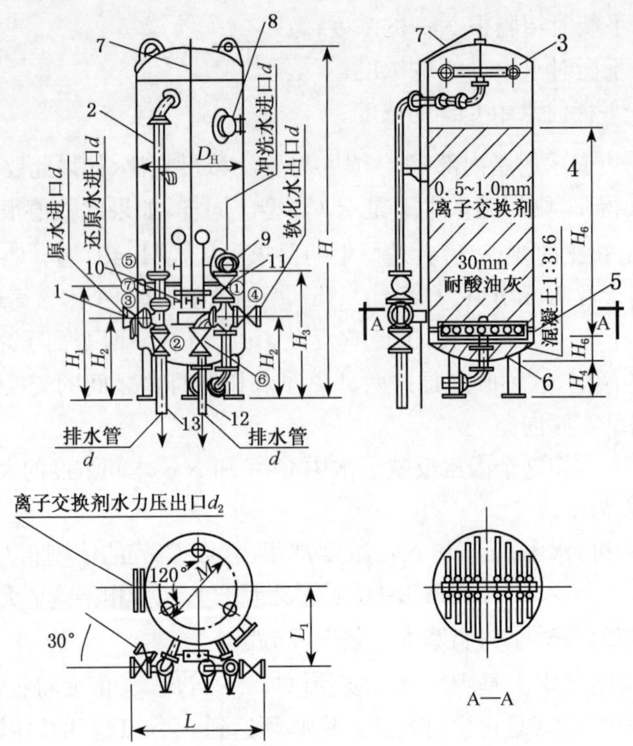

1—原水进水管；2—原水和再生液进水管；3—环形管；4—离子交换剂层；
5—泄水装置；6—混凝土层；7—排气管；8—进料孔；
9—出料孔；10—原水再生液取样管；11—软水取样管；
12—再生和正洗水排水管；13—反洗液排水管

闸门编号说明：
①—反洗进水闸门；②—反洗出水闸门；③—原水、正洗水进水闸门；④—软化水出水闸门；⑤—再生液进水闸门；⑥—再生液、正洗液出水闸门

主要尺寸 单位：mm

序号	D_H	H	H_1	H_2	H_3	H_4	H_5	H_6	L	L_1	M	d	d_1	d_2
1	1 020	3 445	1 090	800	1 255	350	235	2 000	1 456	750	665	80	50	100
2	1 520	4 420	1 320	1 000	1 510	425	360	2 500	1 748	1 000	1 000	100	80	100
3	2 024	4 749	1 360	1 000	1 580	500	487	2 500	2 070	1 250	1 330	125	100	100
4	2 528	5 053	1 580	1 200	1 675	550	614	2 500	2 442	1 500	1 660	150	125	100
5	3 032	5 357	1 660	1 200	2 030	600	741	2 500	2 934	1 750	2 000	200	150	100

注：① 氢离子交换处理，是将要软化的水通过饱和的氢离子交换剂层，使此水中的钙镁离子被氢离子所置换。
② 本设备工作压力为 6 kg/cm²，水压试验压力为 9 kg/cm²，工作温度为 0℃～30℃。
③ 氢离子交换器水压试验后内涂过氧乙烯漆（2 层×CF26 底漆，2 层×C)-26 磁漆，一层 XCⅡ-1 清漆）外涂防锈漆和灰漆各一层。
④ 氢离子交换剂的还原，可用 H_2SO_4 或 HCl，一般是用浓度为 1.0%～2.0%的硫酸溶液。

图 4-13　氢离子交换器

交换器内部构造由上部配水系统、中间离子交换树脂层和下部配水系统组成。交换器外部构造主要是进、出水管和阀门。在图 4-13 中，原水进水和再生液进水合用一根管道 2。其软化、反冲洗、再生和正洗过程详见后述。

离子交换树脂愈厚，软化交换时间愈长，但水头损失也愈大，对强酸性阳离子树脂来说，厚度一般为 1～1.5 m。

泄水装置包括集水管、泄水管、泄水管上装的孔眼或若干泄水罩，是仿效普通快滤池的大阻力穿孔管系，使布水均匀。下部管系按装完毕，校正水平后用水泥砂浆连同交换器底一起封塞，以防在检修时或装料时破坏管件。水泥砂浆灌注穿孔配水底缘或滤头缝隙下部边缘，以免再生液留存下来。要严防水泥砂浆封塞配水孔眼或滤头缝隙。

交换器的交换剂从上部进料孔(人孔)装入，有两种方法：一种是湿法，先在交换器内装入一半水，然后从人孔(进料孔)倒入交换剂；另一种是干法，先进料，再从下部慢慢灌水。这两种方法的目的都是为了赶光交换剂颗粒间的气泡。装料时要装到比设计高度高出 70～100 mm 为止。全部装好后再反冲翻松，把粉末状交换剂和杂质洗掉，直到排水管出水从乳白浑浊到澄清为止，时间 20～25 min。停冲时缓慢关闭反冲洗进水管上阀门，目的是使粗颗粒在下面，细颗粒在上面。最后开启排水管上阀门，把交换器内的反冲洗水放掉，并把上层 50 mm 最细的交换树脂铲除掉。新交换剂在使用之前，必须用高浓度再生液充分还原和从上而下充分冲洗后才能使用。

2) 顺流再生固定床的运行

离子交换软化的操作过程分为：软化交换、反冲洗、再生、正(清)洗四个过程。软化交换是生产软水过程；反洗、再生、正洗是属于再生操作过程。图 4-14 是顺流再生固定床 RNa 型交换器操作的全过程，简述以下：

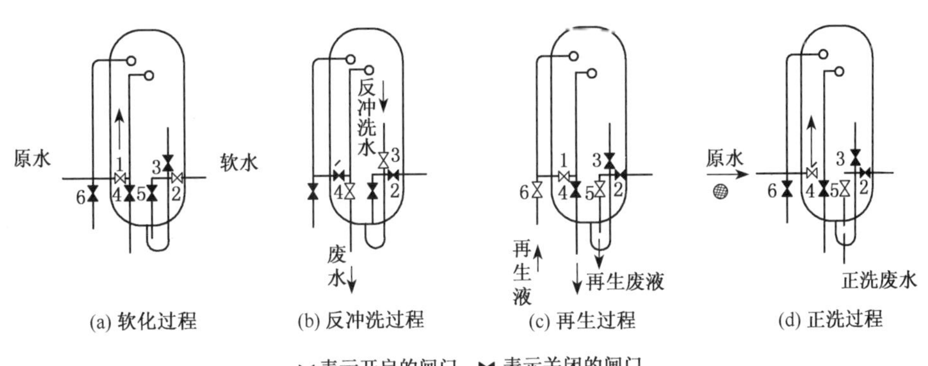

图 4-14　钠离子交换器操作过程示意图

(1) 软化交换过程

软化交换作业主要与原水硬度、交换剂层厚度、水流速度、离子交换剂性能及再生程度等因素有关，而且又相互影响。交换速率主要与原水水质、树脂性质有关。

图 4-14(a)是软化交换过程示意图，操作过程为：开启原水进水阀门 1 和软水出水阀门 2，其他阀门全关闭。原水由进水管从交换器上部进入，自上而下流经交换剂层，进行软化交换，使 RNa 型树脂逐渐换型为 R_2Ca 型和 R_2Mg 型，使出水得到软化。

在整个软化交换过程中，交换速率应基本上控制在规定范围内，以保证软化的效率，一般多采用 20 m/h 左右。如原水硬度为 3～4 meq/L，流速可提高 30～35 m/h。运行期间要经常化验验硬度、碱度、pH 值，一般对原水的硬度、碱度、pH 值每班化验 1～2 次。运行过程中一般 2 h 化验一次，运行后期 1 h 化验一次。

(2) 反冲洗

运行周期结束，在对树脂进行再生、还原之前，为提高再生效率，必须用自下而上的水对离子交换层进行反冲洗。

反冲洗的目的是:冲动冲松离子交换层，以便注入再生液能均匀分布;清除在软化过程中截留在交换剂层内悬浮物及破碎了的树脂细颗粒、气泡等。反冲洗流速为 10～20 m/h,反冲时间 10～20 min,树脂膨胀率为 40%～50%。因树脂的密度比石英砂小得多,故反冲洗强度仅为 3～5 L/(s·m^2)。

图 4-14(b)是反冲洗过程示意图,反冲洗前先关闭阀门 1 和阀门 2,再开启阀门 3 和阀门 4。反冲洗水经阀门 3 进入交换器下部，自下而上冲洗离子交换层,冲洗废水从上部流出,经阀门 4 排除。为防止反冲洗时把交换剂冲走,应把阀门 3 缓慢开启后再缓慢开启阀门 4,不能猛开。

反冲洗一般用自来水,有时开始反冲洗时,利用上次再生后收集在“反冲洗水箱”中的正洗水,用完后再用自来水冲洗,以节约用水及充分利用再生剂,冲洗一直到排水管排出的水澄清为止。

(3) 再生

再生是使失去软化能力的 R_2Ca 和 R_2Mg 型用再生剂进行还原,重新成为 RNa 型或 RH 型。利用高浓度的再生液(食盐或盐酸、硫酸)通过交换剂层,把吸附在树脂上的 Ca^{2+},Mg^{2+} 离子置换出来,而 Na^+ 或 H^+ 附着上去。为防止再生液被冲淡和空气进入交换剂层,在反冲洗结束后和再生前将交换器内的反冲洗水放出一部分,在交换剂上保持 10 cm 水深,并开启排气阀以利排气。再生液流速 3～5 m/h,总接触时间保持在 45 min 左右。

图 4-14(c)为再生过程图,再生前先关闭阀门 3 和阀门 4,打开排气阀及排水阀,待水位降到交换剂层以上 10 cm 时,再关闭阀门 5,开启进再生液阀门 6,再生液从上部进水系统均匀地分布在整个交换剂层上,并把交换器内空气从顶部排气管排出,空气排光后关闭排气阀,开启阀门 5,这时再生液对树脂进行再生,逐渐把 R_2Ca 型和 R_2Mg 型还原为 RNa 型或 RH 型,再生废液经阀门 5 排走。阀门 5 的开启度要适当,要保证整个交换剂层浸泡在再生液中。有时在进再生液的初期,排水阀门打开,待出口处尝到咸味(Na 型)时或发现酸水(H 型)时,把所有阀门关闭15～20 min,称为静态再生。然后仍以原速度继续再生(动态再生),一直到再生液放完为止。此时把再生液进口阀门 6 关闭,待正洗。

(4) 正洗(清洗)

再生后要进行正洗,正洗的目的在于洗净残余的再生剂(如 NaCl)和再生时产生的产物(如 $CaCl_2$, $MgCl_2$)。图 4-14(d)是正洗过程图。正洗时先开启阀门 4,让正洗水沿软化路线进入交换器,经过树脂层后经阀门 5 排掉。

正洗最好用软化水,用原水正洗只能在原水硬度不大的情况下采用,否则树脂交换容量(能力)消耗过大。正洗最初阶段实际上是再生过程的继续,仅仅是再生液的稀释,故正洗初速应小些,一般 3～5 m/h,时间约 15 min。正洗后阶段,实际上是软化交换过程的开始,如用原水正洗,必然会消耗再生后树脂的一部分交换容量,故其正洗的流速增大到 6～8 m/h。如利用 H_2SO_4 再生 RH 型时,为防止 $CaSO_4$ 沉淀,正洗流速应提高到 10 m/h,并再生过程不宜中断。

正洗时间为 30～50 min,每立方米交换剂正洗用水约 5 m^3。停止正洗的标准一般规定为:正洗水的残留硬度小于 0.15 度或小于 0.05 meq/L,且氯根不超过原水中氯根含量时,正洗即可停止。

如果正洗后不立即投入运行,最好再生后不立即正洗,或先用 20%～30%正洗水量稍微正洗一下,使交换剂浸在稀盐溶液中,停 1～2 h 后再正洗,或投入运行前再正洗。

假如正洗水要存集于反洗水箱中，那么初期正洗水排除，待正洗水水样中加入几滴10%纯碱(Na_2CO_3)溶液不再混浊时，可将正洗水输入反冲洗水箱内，用来反冲洗或制配再生液。

再生操作过程中的反洗、再生、正(清)洗三个过程的总时间 1.5～2 h。软化交换、反洗、再生、正洗四个过程加在一起是离子交换器的一个运行循环，这个循环所经历的时间称为离子交换器的工作周期，扣除反洗、再生、正洗时间，离子交换器软化交换的运行周期，一般按 10～12 h 进行设计计算。

3) 再生剂耗量与工作交换容量

再生剂的单位消耗量是指去除一个克当量的硬度，实际消耗的再生剂用量。一般以克/克当量或克当量/克当量表示。前者称为"再生比耗"，后者称为"再生当量比耗"。一般说，再生剂用量是影响再生的重要因素，对交换剂交换容量的恢复和经济性有直接关系。

理论上按等当量交换来说，1克当量的再生剂可使交换剂恢复1克当量的交换容量，但实际上要比理论值大得多。如顺流再生固定床 Na 型树脂，再生剂实际比耗是理论值的 2～3 倍。图 4-15 顺流再生 Na 型交换器食盐比耗与再生程度的关系。从图中可见：提高再生剂耗量可增加(大)交换剂交换容量，但树脂的再生程度与再生剂比耗不是直线关系，当再生剂耗量增加到一定程度后再生效率(程度)的提高就很缓慢，再增加再生剂比耗来提高再生程度就不经济了。所以从经济角度考虑，往往宁愿牺牲一些工作交换容量而节省再生剂耗量是较合理的。在实际生产中，再生程度达 80%左右即可，虽然还有一部分树脂没有被再生，但对下一周期的软化出水水质无明显影响。对于 RH 型树脂，再生剂用量一般为理论值用量的 2～5 倍。

原水水质对再生剂比耗也有影响，如 RNa 型交换剂处理含 Na 量多的硬水，因交换反应过程中有大量反离子存在，抑制了交换的进行，若需要得到残留硬度很小的软水，必须增加食盐再生液比耗，才能使交换剂彻底再生。同理，对永久硬度大的水进行 RH 型软化时，也有类似情况。

再生液浓度对再生程度有较大影响。当再生剂用量一定时，在一定范围内，其浓度愈大，再生程度愈高，当浓度达到某一值时，再生后交换剂交换容量的恢复可达到一个最高值。如用不同浓度的 NaCl 溶液对 RNa 树脂进行再生试验，结果如图 4-16 所示，当溶液浓度为 10%时，交换容量最大。

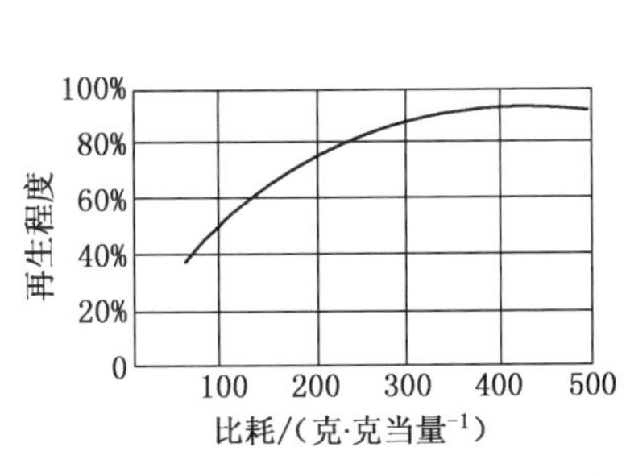

图 4-15 食盐的比耗与再生程度的关系

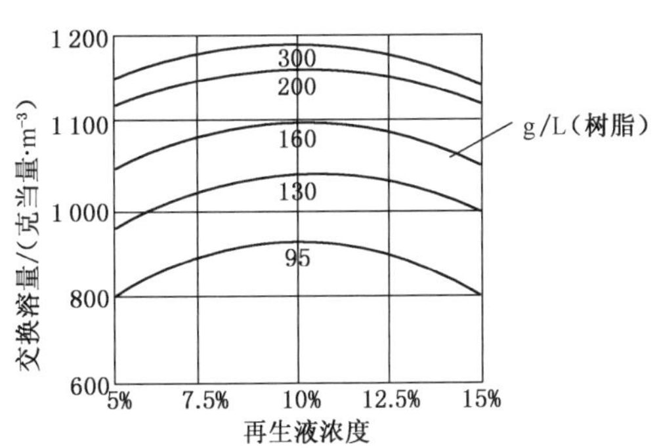

图 4-16 再生剂浓度与树脂交换容量的关系

再生液浓度过高是不合适的，因浓度过高不仅由于再生液体积小，不能均匀地与交换剂反应，而且常会因交换基团受到压缩的现象较严重而使再生效果下降，而且浪费再生剂量。

为提高再生效果，可采用分段再生法，先把每次再生用食盐（RNa 型）总量的 30%配置成浓度为 4%～5%的溶液送入交换器进行再生，驱走大部分交换下来的 Ca^{2+}，Mg^{2+}；然后再把 70%的食盐配置成 6%～8%浓度的溶液进行再生。这种再生效果很好，但操作较麻烦。

再生液浓度对再生程度的影响，与交换剂吸着的离子价数也有一定关系。用一价再生剂再生一价离子时，再生液浓度的影响一般较小，用一价再生剂再生二价离子时，提高再生液浓度对再生效率的提高较显著。

再生液的流速问题：再生的流速（通过交换剂层的速度）是影响再生程度的一个重要因素。维持适当的流速实质上是使再生液与交换剂之间有适当的接触时间，以保证再生反应的顺利进行。表示再生液流速的方法有两种：线速度（m/h）和空间速度[$m^3/(m^3 \cdot h)$]。线速度 $v = Q/F$，即通过交换器的再生液流量（m^3/h）与交换器截面积（m^2）的比值；空间速度（$s \cdot v$）是指单位体积的交换剂在单位时间内通过再生液的体积，如 1 m^3 交换剂每小时通过 5 m^3 再生液，则空间流速 $s \cdot v = 5\ m^3/(m^3 \cdot h)$。

两种流速的表示方法，仅是反映在交换剂颗粒之间的相对流速，却不是交换剂颗粒间再生液的真正流速。再生时控制再生液的流速是非常重要的，特别是当再生液温度低时，更不宜提高流速。有时，因加快流速缩短再生时间，即使将再生剂用量成倍增加也难得到良好的再生效果。再生液流速最好不要小于 3 m/h，通常4～8 m/h[或 $s \cdot v = (3 \sim 8)m^3/(m^3 \cdot h)$]为宜。对于阳离子交换剂可采用偏上限，阴离子交换可采用偏下限。

再生液的温度对再生程度也有较大影响，因提高再生液温度，能同时加快树脂的膜扩散和内扩散。如把 HCl 再生液预热到 40℃，再生 RH 型交换剂，就能大大改善对树脂中铁及氧化物的消除程度，同时还能减少运行时的漏 Na^+。但是因交换剂热稳定性的限制，再生液温度不宜过高，否则易使交换剂的交换基团分解，促使交换剂变质及影响交换容量。

4）树脂层离子交换规律

（1）离子交换分层失效规律

对于顺流再生固定床，离子交换规律早期研究为分层失效法，即离子交换是逐层进行、逐层饱和的，每层厚度 10～15 cm，如图4-17 所示。在某一段时间内，水的软化过程只是在该厚度工作层进行，称为软化进行区，并认为是水平的。待该层饱和（失效）后再进入下一层交换，逐层向下移动，称为分层失效规律。这样整个交换剂层分成三个区：上部是已失效（饱和）的 R_2Ca 型和 R_2Mg 型层，水经过这层已不起软化交换作用；该层下面是正在进行的软化交换层，称软化进行区或工作层；下部是未进行交换的 RNa 型树脂层。在软化运行过程中，饱和层（失效区）愈来愈厚，未工作层愈来愈小，当软化交换层推进到保护层处，出现硬度泄漏，停止运行。

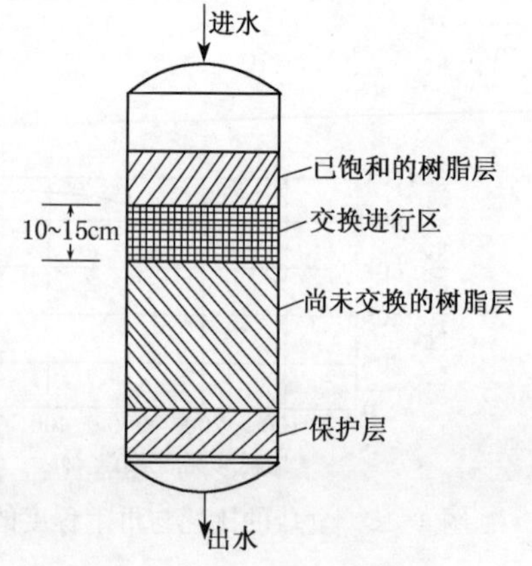

图 4-17　交换器中树脂分层失效示意图

这种分层失效的交换规律是不全面的，这种观点把树脂层看作是各自孤立的工作层堆积和重叠起来的总体，它们之间只是形式上的并列，没有内在的有机联系。

(2) 离子交换带推进规律

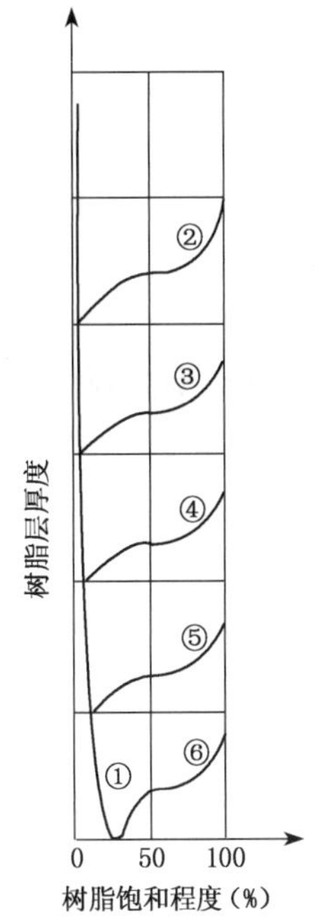

图 4-18　固定床顺流再生树脂层离子交换过程示意图

图 4-18 为交换与再生均自上向下的顺流再生固定床离子交换过程示意图。纵坐标为从顶部算起的树脂层厚度；横坐标为树脂含有 Ca^{2+}，Mg^{2+} 百分率，即树脂饱和程度，以%表示。曲线①表示再生、正洗后整个树脂层残余硬度，它反映了整个树脂层再生后没有被再生的树脂体积所占整个树脂层体积的百分比，以图中的面积表示为：曲线①左边这部分面积就是没有被再生掉树脂层残余硬度所占百分比；曲线①右边部分面积是已被再生的树脂层所占百分比(这是形象化的表示方法，不要误解为在树脂中已再生树脂与未再生树脂的分界线)。曲线②至⑥表示从软化交换开始后不同时间内树脂饱和程度的变化情况(同样不要误解为交换层中已交换与未交换离子的分界线)。曲线⑥表示硬度开始泄漏，必须停止工作时树脂层饱和的全貌。这些曲线称树脂层饱和曲线，统称为离子交换带。其实这些曲线有无数条，在交换过程中每个瞬时都有 Ca^{2+}，Mg^{2+} 与 Na^{+}(或 H^{+})在进行交换，树脂饱和度(层)也每个瞬时都在增大，交换带每个瞬时都在向前推进，未交换的树脂层每个瞬时都在减少，这里绘 5 条曲线只是象征性表示。

根据上述分析，树脂层离子交换过程分两个阶段：第一阶段是交换带形成阶段，却在开始软化的一段时间内，树脂饱和程度曲线形状不断地在变化，然后形成曲线②的形状，称之为交换带前沿形成阶段；第二阶段是已形成的交换带前沿沿着水流方向逐步向前推进。此时，每批进水的 Ca^{2+}，Mg^{2+} 与某一定厚度不断推前的交换进行区进行离子交换。所谓交换带前沿是指在某一定时刻正在进行离子交换的软化工作层，而软化工作层随着时间的推进而推进。交换带前沿宽度(即交换带长度)可以理解为处于动态的软化工作层厚度，如图 4-19 所示。

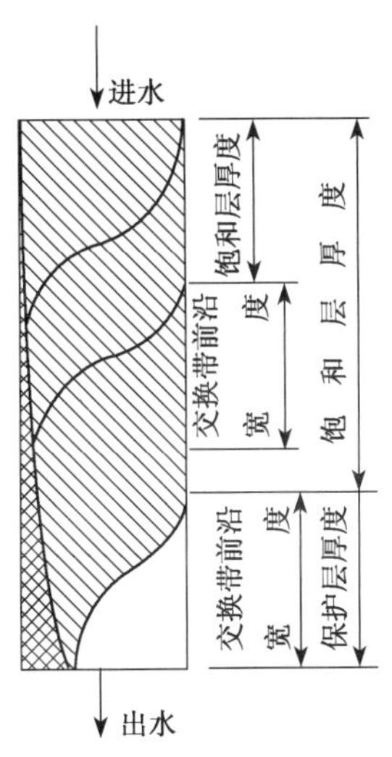

图 4-19　交换带前沿宽度示意图

严格来说，形成一定长度的离子交换带是指水中的钙、镁离子比钠、氢离子容易被树脂吸着的情况，就是说钙、镁离子的亲和力(选择性)比钠、氢离子大。大多数实用的离子交换装置都属于这种情况。

从图 4-19 可见：当交换带前沿的顶端到达树脂层底部时，Ca^{2+}，Mg^{2+} 开始泄漏，此时，树脂层分为交换容量完全被利用的部分和交换容量只有局部利用的部分。前者称饱和层或失效层，后者称保护层。所以，交换带前沿宽度相当于保护层的厚度。

交换带前沿推进速度主要与原水硬度、水流速度有关，硬度和流速大，推进速度大。交换带长度的影响因素，一般认为：选择系数越大，交换带长度越短；反应后生成的离子浓度越大，交换带越长，但此影响不太大；交换速率影响甚大，一般认为交换带长度与交换速度的 0.5～0.8 次方成正比。

交换器运行过程中出水水质的变化如图 4-20 所示。图中可见：离子交换器在正常运行过程中，在树脂失效前软水中的残留硬度是很小的，并且基本上保持平衡，图中用 O—A 距离表示。进水的硬度是不变的，反映在图中为 EDC 直线，AE 表示经离子交换后去除的硬度。B 点反映离子交换树脂开始失效，出现硬度泄漏。如果这时继续运行，出水硬度就会迅速上升，直到出水硬度与进水硬度相同，B 点移到了 C 点。树脂失效以后的曲线 BC 称为"尾部"，这时的交换带前沿就是因交换剂层下缘相重合时的情况。性能越良好交换器，尾部失效曲线 BC 应越近于垂直，即树脂层中软化进行区越薄，出水中残留硬度开始增加的 B 点出现晚，工作交换容量就大。反之，尾部失效曲线倾斜大，软化进行区厚，B 点出现早，交换容量小，未被利用的交换容量大。可见，交换剂软化进行区的厚度是个对实际运行有影响的数据。增加离子交换层高度，离子交换层的平均利用率提高，但水头损失增大，压降太大会给运行带来困难。

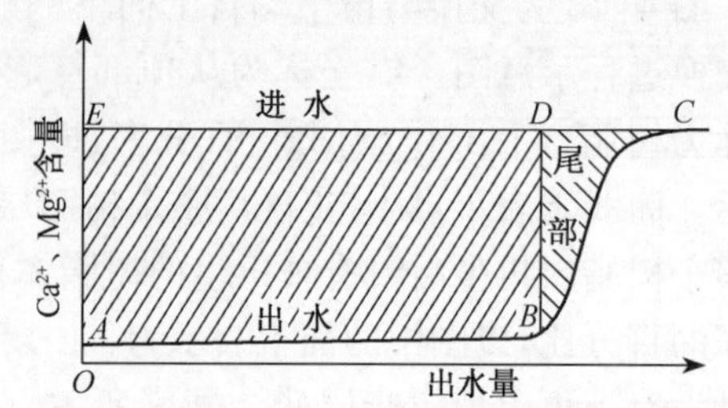

图 4-20　含 Ca^{2+}、Mg^{2+} 的水进行 Na 型交换时，出水中残留 Ca^{2+}、Mg^{2+} 含量的变化曲线

影响整个工作层厚度的主要因素为：水流通过离子交换剂层的速度越大，工作层愈厚；进水中要除去的离子浓度和在交换后水中残留浓度比值愈大，工作层愈厚；离子交换剂的颗粒愈大，工作层愈厚。此外，工作层厚度还与交换剂的孔隙率、温度等因素有关。有些部门设计离子交换装置时，工作层的厚度直接取经验数据 0.2 m。

5）顺流再生固定床的主要缺点

顺流再生固定床软化设备，构造比较简单，运行比较方便，但存在两个主要缺点。

(1) 再生不彻底

软化结束时，保护层以上树脂都被 Ca^{2+}，Mg^{2+} 所饱和，而下部保护层中仅少量 Na^{+} 被 Ca^{2+}，Mg^{2+} 所交换，还存在较多的 RNa 型。顺流再生开始后，NaCl 再生液在上部交换下来数量多、浓度大 Ca^{2+}，Mg^{2+}，这些离子流入保护层中又交换了原来未被交换的 Na^{+}，保护层中的 RNa 型树脂换成了 R_2Ca 型和 R_2Mg 型。由于再生液是自上向下进行再生的，再生能力逐渐降低，愈是向下，再生能力愈差，到底层时，已无能力再把 Ca^{2+}，Mg^{2+} 再生掉。否则势必要增大再生液浓度，迫使上部被交换下来的 Ca^{2+}，Mg^{2+} 直接通过交换层流出；同时增加再生剂用量，把保护层上的 Ca^{2+}，Mg^{2+} 再交换下来。这样就增大再生剂用量，很不经济，同时再生后仍有部分 Ca^{2+}，Mg^{2+} 存在于树脂中，如图 4-18 中曲线①所示。愈到树脂层下部分，Ca^{2+}，Mg^{2+} 含量愈多。

(2) 保护层厚度增大

离子交换软化运行重新开始时，上部的 Na^{+} 被水中 Ca^{2+}，Mg^{2+} 交换下来，这时 Na^{+} 的浓度相对较大，到下部时又把原来存在的 Ca^{2+}，Mg^{2+} 部分离子置换出来，出现在出水的软水中，因此出水水质相对差些。软化工作后期，因树脂层下部交换能力很低，难以交换原水中所有的 Ca^{2+}，Mg^{2+}，使 Ca^{2+}，Mg^{2+} 容易穿透交换层，出现硬度泄漏，导致树脂层过早失效，使保护厚度增大，降低了交换器工作效率，减少了树脂层工作交换容量。这对高硬度原水来说特别明显。

为克服上述缺陷，用逆流再生工艺解决。

2. 逆流再生固定床

逆流再生固定床也称对流再生固定床。所谓逆流再生，就是指软化时水流方向与再生时再生液水流方向相反，水流可以自上而下，也可以自下而上。

1) 逆流再生固定床的优点

逆流再生固定床的优点是克服了顺流再生固定床的缺点。现以软化交换水流自上而下，再生液水流自下而上进行讨论。

软化交换结束时，交换器内树脂层的状况是：上部交换较彻底，Ca^{2+}，Mg^{2+}含量最高，下部Ca^{2+}，Mg^{2+}含量相对比上部少些，保护层中Ca^{2+}，Mg^{2+}含量很少，大部分仍为RNa型。再生时再生液自下而上，新鲜再生液首先接触的是保护层和失效程度低的下部交换层，这样一方面容易得到较高的再生程度，另一方面再生液的再生能力消耗也不大，可以留待后面去再生失效程度高的交换层，最后浓度较差的再生液去再生失效程度高的交换层，仍能得到很好利用和再生效果。

在软化过程中，进水首先与上层再生程度相对较差一层树脂进行软化交换，此时水中反离子浓度很小，仍能进行较好的软化交换，得到了充分的发挥，相对说增加了交换容量。越往下再生程度越高，软化交换就越彻底，从而达到深度软化的目的，出水水质较好。同时避免了交换层因过量泄漏而导致过早失效现象的产生，使图4-20中的*BC*曲线倾斜度趋向于垂线，使保护层厚度变薄，树脂交换容量得到了充分的利用。

2) 逆流再生要解决的主要问题

逆流再生要解决的主要问题是：无论是软化过程还是再生过程，都不能使交换层乱床，这是逆流再生的关键，否则就失去了逆流再生的意义。如再生、清洗自上而下，软化交换自下而上，那么交换时流速要小，如果流速超过5～6 m/h，就会使树脂层浮动起来，硬度离子容易泄漏而影响出水水质；如果再生自下而上，清洗、软化交换自上而下，那么软化交换时速度不存在问题，但矛盾转化到再生流速问题上。当再生流速过大时，交换层易翻动，出现乱床现象，影响再生效果。

目前解决逆流再生乱床的方法，广泛采用的是气顶法稳床。此法再生时(自下而上再生)，在交换器顶部注入0.03～0.05 MPa的压缩空气顶压着树脂，保证再生时树脂不乱层，同时可提高再生流速5 m/h左右。这种气顶法逆流再生交换的结构如图4-21所示。

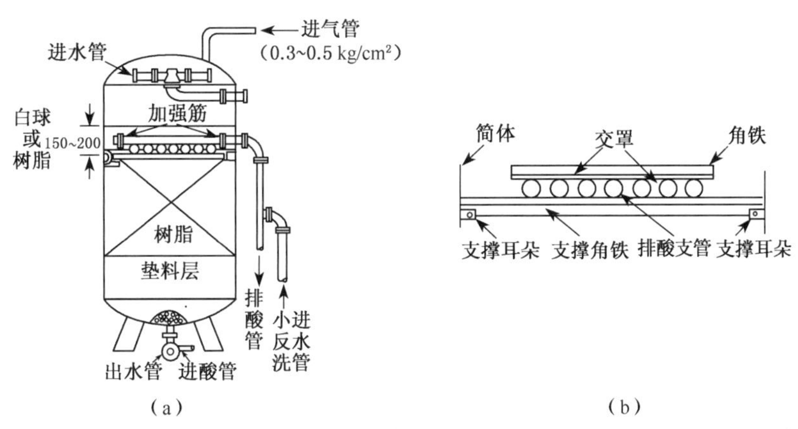

图4-21　气压式逆流再生固定床示意图

从图4-21(a)可见，在排酸管及以上填装一层厚150～200 mm厚树脂或比重轻于树脂而略重于水的白色粒状聚苯乙烯(没有经过磺化处理的树脂)。这层白球或树脂的作用:一是防止逆流再生时交换剂乱层;二是再生时使气压保持稳定,不易漏气,从而减少空气量的补充;三是在交换时截留水中悬浮物。

由于树脂层下部未全部参加软化交换,而白球中所留的污物,可在每次再生前通过上部对150~200 mm白球进行反洗,称小反洗,这样既避免了交换剂的乱层又达到树脂不污染的目的。当运行10~20个周期之后,根据需要可从底部进水对整个树脂层进行一次大反洗。

3) 逆流再生固定床再生操作

气顶法逆流再生操作步骤见图4-22。逆流再生的设备结构与顺流再生设备不同点在于中部设小反洗和排再生废液管,如RH型用HCl或H_2SO_4再生为排酸管。该管系为母管上设支管,母管设计流速取1.0~1.4 m/s,支管流速可略低,支管上开小孔,小孔流速0.5~0.8 m/s,小孔沿支管水平中心线向下倾斜30°角,孔径为6~10 mm,孔距50~100 mm,支管两侧交错开孔。孔外扎以塑料网,再用40目涤纶或尼龙网套住,用尼龙绳扎在管上,以防树脂漏跑。管材采用不锈钢,并采用加强措施,以防大反洗时冲湾,加强方法见图4-21(b),即在管下适当高度处焊4块有孔的角铁耳朵,装上树胶角铁作支架。

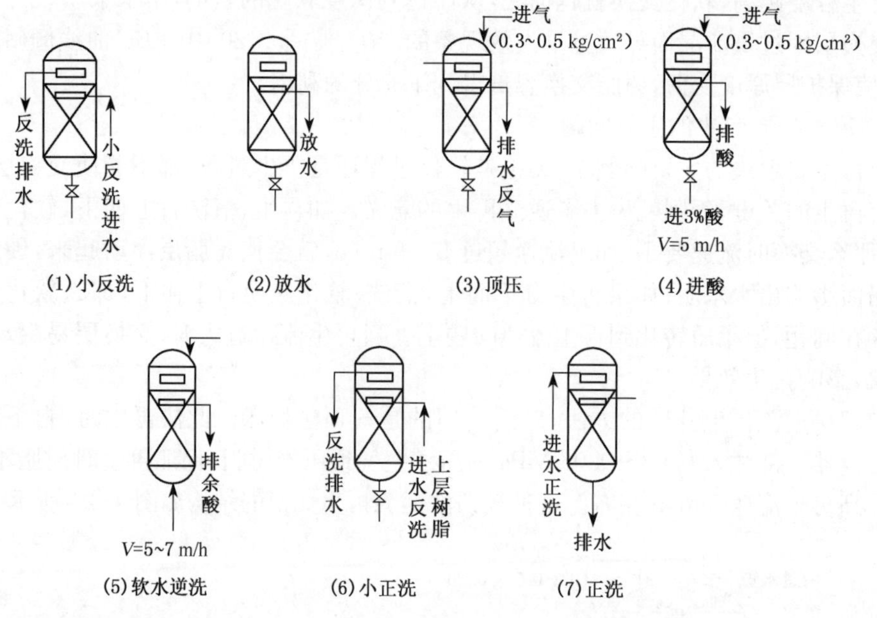

图4-22 逆流再生示意图

逆流再生的操作如图4-22所示,共分七步:

(1) 小反洗:反洗积聚在排酸管上部的树脂或白球的污物,反洗水从中间排酸管上设的支管引进[图4-21(a)],用阀门来调节小反洗流量,要防止树脂跑出,流量以设备大小而定,流速5~10 m/h,反洗时间一般为10~15 min,反洗水从上部配水管排出,待出水清晰为止。

(2) 放水:将排酸管上层的水放空。放水时关闭总进水阀门、小反洗进水阀门及反洗排水阀门,开启排气阀门及排酸阀门,待水放到排酸装置时,关闭排酸阀门,以便进空气压顶。

(3) 顶压:开启进气阀门,将疏水排入地沟,约0.5 min后关闭排气阀进行顶压,使交换器内的压力控制在0.03~0.05 MPa。

(4) 进酸(RNa型进NaCl再生液):HCl进酸浓度为1.5%~3%。进酸时先关闭进酸阀，以酸喷射器来调节进酸流量，待压力、流量正常后开启进酸阀。RNa 型用 NaCl 或 NaOH 再生；RH 型用 HCl 或 H_2SO_4 再生，推荐采用再生液耗量及浓度见表 4-2。

表 4-2　逆流再生固定床的再生液耗量与浓度

再生液种类	再生液耗量/($g \cdot mol^{-1}$)	再生液浓度
食盐(NaCl)	80～100	3%～5%
盐酸(HCl)	50～55	1.5%～3%
硫酸(H_2SO_4)	≤70	三步再生
烧碱(NaOH)	60～65	1%～3%

(5) 逆洗：也称置换清洗，最好用软水、逆洗的流量与进酸时相同，进酸与逆洗过程中顶压气体仍为 0.03～0.05 MPa。逆洗到出水酸度<5 meq/L 或小于 3～5 mmol/L结束(如果 RNa 型，出水硬度<0.5 mmol/L 结束)。关闭酸喷射进水阀和进气阀。

(6) 小正洗：逆洗结束后，排除空气，关闭排气阀，对上部树脂进行小反洗，称小正洗。流速 5～15 m/h，时间 2～10 min。

(7) 正洗：小正洗结束后，开启正洗排水阀，关闭排酸阀进行正洗。流速为10～15 m/h，当正洗出水无硬度时，即为正洗合格。

逆流再生运行时要注意：防止树脂乱层；再生液分配要均匀；底部树脂层充分再生，要用水质好的水清洗；废再生液收集管要用不锈钢并加巩。

4.4.2　离子交换软化系统的选择

离子交换软化系统的选择主要根据原水水质和处理要求，也要考虑交换剂和再生剂供应和设备加工条件等因素。目前常用的为 RNa 和 RH-RNa 两种软化系统。这里讨论的软化系统及软水水质分析，对于固定床及后面论述的移动床、流动床来说，基本上都是适用的。

1. RH 型阳离子交换软化系统

其软化的基本原理及化学反应式(4-39)可见，RH 型离子交换软化结果，水呈酸性。从碳酸平衡概念出发，H_2CO_3 存在较多时，水的 pH 值很低，H_2SO_4，HCl 都是强酸。所以，RH 型离子交换软化基本上不能单独自成系统，要消除酸性水，就要与其他离子交换软化系统配合使用，如与 RNa 型离子交换、ROH 型阴离子交换相配合，或者与其他措施(如加碱中和)相配合。

2. RNa 型阳离子交换软化系统

单级 RNa 型阳离子交换软化是最简单的一种软化系统，其原理与化学反应见图 4-23。其最大的优点是在处理过程中不出酸性水。但软水中的 HCO_3^- 没有变，因此碱度没变，其值与原水碳酸盐硬度相当(以等当量计)；软水中虽然去除了硬度，但含盐量反而略有增加，Na^+ 的当量大于 Ca^{2+}，Mg^{2+} 当量。

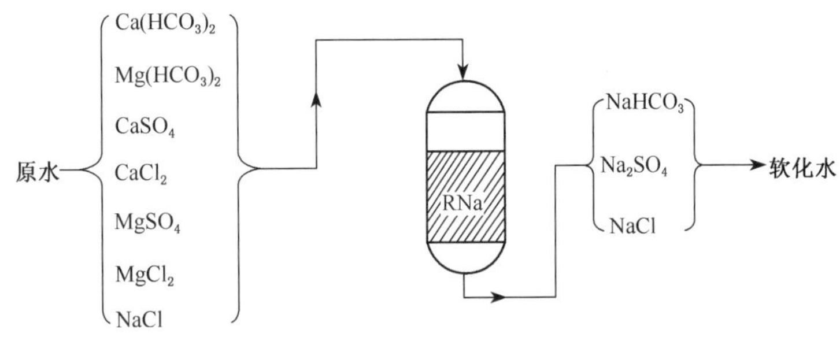

图 4-23　钠离子(RNa 型)交换软化过程示意图

此系统用食盐再生，故设备、管道防腐措施简单，也不存在酸性废水进入下水管需中和处理等问题。这种软化系统设备简单，管理方便，使用较普遍。但单级 RNa 型软化系统在使用上有它的局限性，因当原水硬度高、碱度大的情况下，单靠这种软化处理不能满足要求。

此系统一般适用于：原水碱度不高（符合用水要求），总硬度不超过 6～8 meq/L的情况下使用，软水中的残余硬度与再生剂和操作方式有关，一般可降低到 0.03～0.05 meq/L。

当原水硬度高，碱度大时应采用其他软化系统，如 RH-RNa 离子交换系统。

3. 并联 RH-RNa 阳离子交换软化系统

RH-RNa 阳离子交换软化系统可分为并联和串联两种形式。并联系统软化原理示意图见图 4-24。原水一部分(Q_{Na})进入 RNa 交换器；另一部分(Q_H)流入 RH 交换器，处理后的两股水流入混合器进行中和反应，再流经脱气塔除去 CO_2，得到符合要求的软化水。此工艺设备系统布置如图 4-24 所示。

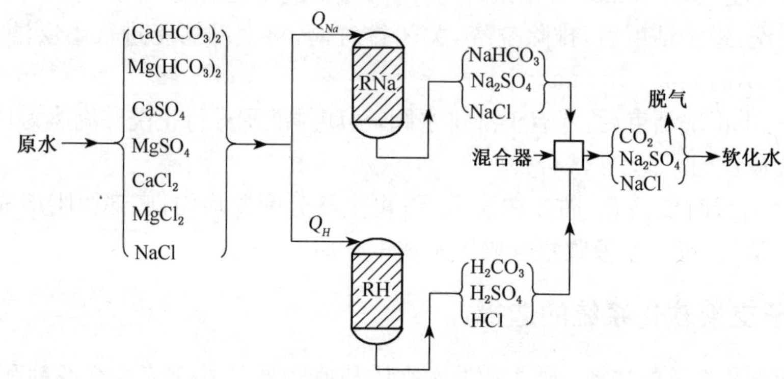

图 4-24 RH-RNa 并联离子交换软化示意图

此系统的适用范围，一般认为原水中 SO_4^{2-}，Cl^- 含量不宜超过 3～4 meq/L，碳酸盐硬度与总硬度之比不宜小于 0.5。出水残余碱度≤0.2 meq/L，残余硬度≤0.03 meq/L。

RH-RNa 并联软化系统与串联相比，设备较紧凑，软化水含盐量也相应地减少，并且可随原水水质变化予以调节。但由于不是双级处理，两台交换器都要达到深度处理，再生剂单位耗量要大些。特别是为了使混合水不出现酸性，控制终点以出现 Na^+ 泄漏为宜，这样交换剂利用率受到一定限制。RH 型系统要有防腐措施。

采用 RH-RNa 并联系统（图 4-25），须按原水水质调节进入 RH 和 RNa 交换器的水量比例来控制软化处理水的比例。总处理水量为 Q，进入 RH 交换器的流量为 Q_H，则进入 RNa 交换器的流量为 $Q-Q_H$。设 A_0 为原水碱度；a 为软水要求的碱度；K_p 为原水酸度，单位均以 meq/L 计。

RNa 离子交换器产生的碱度为 $(Q-Q_H)A_0$，RH 交换器产生的酸度为 $Q_H K_p$。

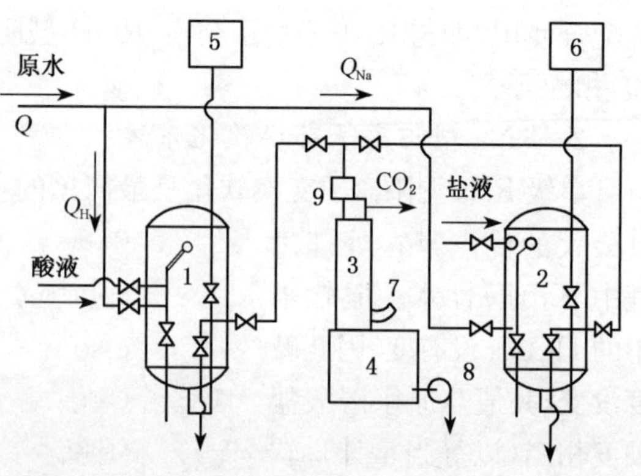

1—RH 离子交换器；2—RNa 离子交换器；3—脱气塔；4—水池；5,6—冲洗水箱；7—鼓风机；8—水泵；9—混合器

图 4-25 并联的 RH-RNa 离子交换软化系统

根据酸碱等当量中和的原理，同时考虑出水中的残留碱度 a，得以下平衡式：

$$(Q-Q_H)A_0 - Q_H \cdot K_p = aQ \tag{4-50}$$

$$Q_H = \frac{A_0 Q - aQ}{A_0 + K_p} = \frac{A_0 - a}{A_0 + K_p} \cdot Q \tag{4-51}$$

$$Q_{Na} = Q - Q_H = Q\left(1 - \frac{A_0 - a}{A_0 + K_p}\right) = Q\left(\frac{K_p + a}{A_0 + K_p}\right) \tag{4-52}$$

【例 4-1】 某工程采用 RH-RNa 型并联脱碱软化处理，设计处理水量 1 800 m^3/d，24 h 工作。原水水质为：总硬度 $H_0 = 6.5$ meq/L；碳酸盐硬度 $H_c = 5$ meq/L；非碳酸盐硬度 $H_2 = 1.5$ meq/L；氯根（Cl^-）为 0.7 meq/L；硫酸根（SO_4^{2-}）为 1 meq/L；重碳酸根（HCO_3^-）为 5 meq/L。

软化水要求：硬度 <0.05 meq/L；碱度控制在 0.5 meq/L。

【解】 每小时生产软水为

$$Q_h = \frac{Q}{20} = 1\,800 = 75\ m^3/h$$

原水中的酸度 $K_p = 1 + 0.7 = 1.7$ meq/L，原水中的碱度 $A_0 = 5$ mcq/L。

软水中的碱度 $a = 0.5$ meq/L，

$$Q_{Na} = \frac{K_p + a}{A_0 + K_p} \cdot Q = \frac{1.7 + 0.5}{5 + 1.7} \times 75 = 24.8\ m^3/h$$

$$Q_H = Q - Q_{Na} = 75 - 24.8 = 50.2\ m^3/h$$

4. RH-RNa 串联软化系统

RH-RNa 串联软化原理及过程见示意图 4-26。原水的一部分（Q_H）流入 RH 型软化交换器，处理后出水（酸性）与原水的另一部分（$Q-Q_H$）在混合器中混和，进行酸碱中和反应，再经脱气塔除去 CO_2，然后流入脱气塔下部的集水箱（池）或中间贮水池，再由水泵提升进入 RNa 交换器进行软化除去水中永久硬度。工艺布置见图 4-27。

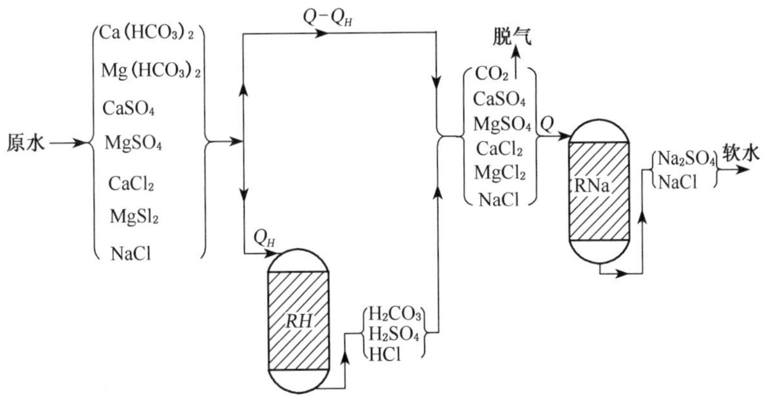

图 4-26　RH-RNa 串联软化过程示意图

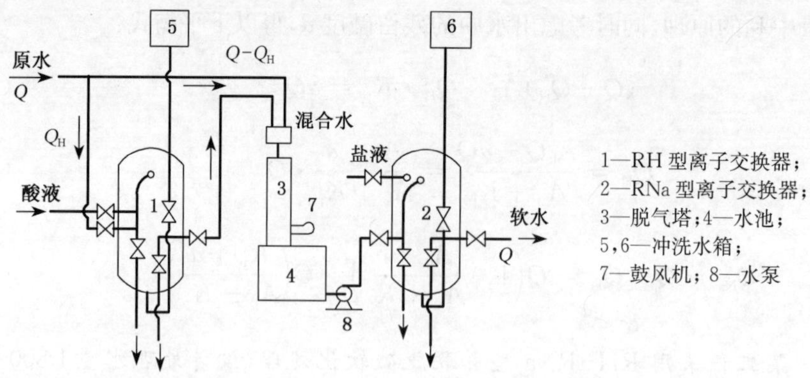

图 4-27　足量酸再生的 H-Na 型串联离子交换系统

经 RH 型交换器软化的这部水含有 H_2SO_4 及 HCl，酸与原水另一部分（$Q-Q_H$）水中的碱度进行中和，反应式为

$$H_2SO_4+\left\{\begin{matrix}Ca(HCO_3)_2\\Mg(HCO_3)_2\end{matrix}\right\}=\left\{\begin{matrix}CaSO_4\\MgSO_4\end{matrix}\right\}+2H_2O+2CO_2 \tag{4-53}$$

$$2HCl+\left\{\begin{matrix}Ca(HCO_3)_2\\Mg(HCO_3)_2\end{matrix}\right\}=\left\{\begin{matrix}CaCl_2\\MgCl_2\end{matrix}\right\}+2H_2O+2CO_2 \tag{4-54}$$

这样，原水另一部分（$Q-Q_H$）的碳酸盐硬度（碱度）变成了永久硬度，这时，碱度和酸度都除去了，留下的永久硬度（非碳酸盐硬度）由 RNa 交换器软化。原水分配的计算方法，与 RH-RNa 型并联软化相同。

这种软化系统也称足量酸再生 RH-RNa 串联软化系统，是相对不足量酸再生来说的。不足量酸再生的 RH-RNa 型串联软化系统因只适用于磺化煤交换剂和顺流再生固定床，而且全部流量都要流经 RH 和 RNa 交换器，故不作论述。

4.4.3　二氧化碳脱气塔的构造、原理及计算

RH 型出水中，含有游离碳酸从几十到二三百毫克每升，水中同时存在 O_2 和 CO_2 时，对金属管道和混凝土有严重的腐蚀性，在除盐中，如果游离碳酸进入阴离子交换器，则加重阴离子树脂的负荷，故应把碳酸去除。

1. 除 CO_2 的原理

碳酸（H_2CO_3）是弱酸，水的 pH 值越低，水中碳越不稳定。平衡方程式为

$$H^++HCO_3^-\rightleftharpoons H_2CO_3\rightleftharpoons CO_2+H_2O \tag{4-55}$$

水中 pH 值低表明 H^+ 浓度大，平衡式(4-55)向右边转移，水中约有 99%的 CO_2 和 1%的 H_2CO_3。因 RH 交换器出来的是酸性水，有大量的 H^+，促进反应向右边进行，有利于碳酸的分解；同时，如果设法不断地排除碳酸中分解出来的 CO_2，不断降低 CO_2 浓度（如用鼓风机吹走 CO_2 及增加 CO_2 分解面积），则也促进反应向右边进行。上述两个条件有利于去除 CO_2。

CO_2 在水中的溶解度与温度有关，温度高 CO_2 溶解小，排除量就大；温度低 CO_2 溶解大，排除量相对少。故冬季为有利于除去 CO_2，要求鼓热风。总的来说，CO_2 在水中的溶解度是低的，水温 15℃时，CO_2 在水中的溶解度仅为 0.6 mg/L，当溶解度大于 0.6 mg/L 时就

要从水中析出。另一方面空气中的 CO_2 含量仅为 0.03%，当空气的总压力为 1 个大气压，则 CO_2 的分压仅占大气压力的 0.03%，水中的 CO_2 很容易扩散到空气中去。根据这些原理和特点，采用脱 CO_2 的塔把 CO_2 散发到空气中去。

2. 瓷环鼓风式除 CO_2 脱气塔的构造

脱气塔种类很多，有瓷环或塑料环填料式、木格板或塑料板填料式、起泡式、真空式等。木格板鼓风式除 CO_2 塔的构造，除中部填料为木格板外，其他均和瓷环鼓风式塔相同。起泡式除 CO_2 塔不需要填料，适用于小型装置。真空式除 CO_2 塔可同时除去水中二氧化碳、氧及其他溶解气体，因此当原水中溶解氧大和水除盐要求高时才采用。对这些塔不作叙述。

这里主要介绍应用最广泛、最常用的瓷环（或塑料环）填料鼓风式除 CO_2 塔，它是一种圆柱形设备，由配水装置、瓷环填料装置和送风装置组成，见图 4-28。需要除去 CO_2 的水从上部进入塔体，由配水装置淋下，经瓷环与空气接触后流入下部集水箱；空气由鼓风机从塔底鼓入，从塔顶排出水中析出来的 CO_2 气体。

（1）配水装置。常用的配水装置有管式、莲蓬头、管板式多种。管式配水与离子交换器的管式相似；莲蓬头配水相当于淋水装置。管板式配水装置采用得最多，由进水管、排气管和配水板等组成，在配水板上通常配置 48 个配水短管和 8 个排气管。配水短管均匀地布置在配水板上，并高出配水板 100 mm（图 4-28）；排气管亦均匀地分布在配水板上，管端高出配水板 400 mm，顶端装管帽。排气管直径按气流速5～6 m/s计算。

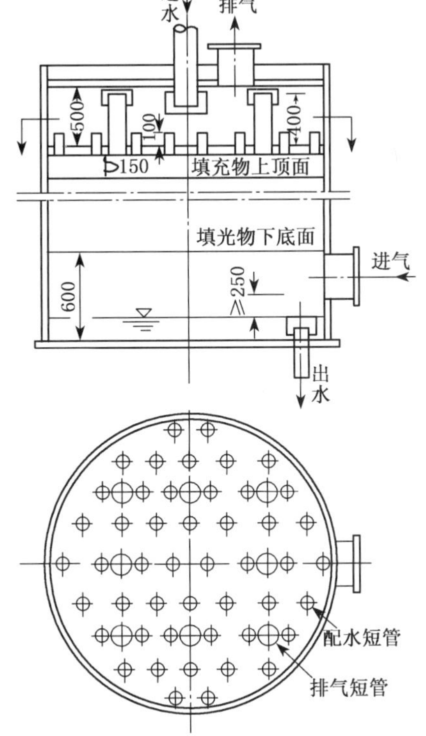

图 4-28　瓷环填料式脱气塔设备示意图

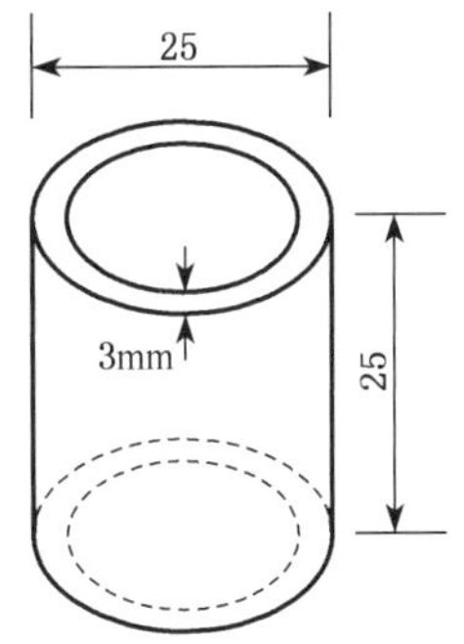

图 4-29　瓷环 25 mm×25 mm×3 mm（高×外径×壁厚）

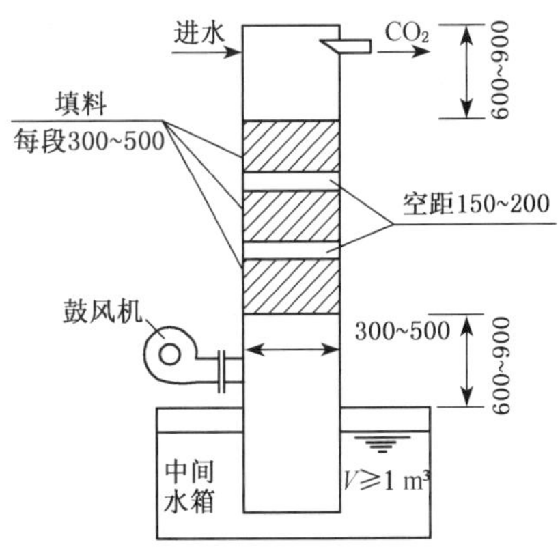

图 4-30　瓷环填料脱气塔主要尺寸示意图

（2）填料装置。填料装置由多孔板（或格栅）和瓷环（或塑料环）组成，瓷环安装在多孔板（或格栅）上，常用瓷环尺寸规格为 25 mm×25 mm×3 mm（高×外径×壁厚），如图 4-29

所示。当瓷环装设高度大时，可分层装设，每层高为 300～600 mm，一般分 3～4 层，层间空距 150～200 mm，见图 4-30。用瓷环与其他填料比较的优点为：单位体积重量比较轻（532 kg/m^3）；工作表面大（204 m^2/m^3）；自由空间较大；整个脱气塔断面和高度相对较小，而且能达到较好的效果。

(3) 鼓风装置。在除 CO_2 塔的底部设鼓风进风装置和出水管。为均匀送风，从填料底到塔底的距离不应小于 600 mm，如图 4-30 所示。为防止除 CO_2 塔内空气从底部出水管逸出，出水管应设置水封，水封高度应比通风机的最大风压（mmH_2O）高 20%。进风口应高出水面的距离不小于 250 mm。

3. 瓷环鼓风式脱气塔设计计算

1) 设计计算数据

(1) 脱气塔进水量（m^3/h）；

(2) 进脱气塔水中二氧化碳含量（mg/L）；

(3) 脱气塔出水中允许二氧化碳含量（mg/L）；

(4) 进脱气塔水温。

2) 脱气塔面积及直径计算

面积为

$$f = \frac{Q}{q} \quad (m^2)$$

式中 Q——进脱气塔水量（m^3/h）；

q——淋（喷）洒密度（$m^3/m^2 \cdot h$），一般采用 40～60 $m^3/(m^2 \cdot h)$，对于 ϕ25 mm × 25 mm × 3 mm 瓷环，取 $q = 60\ m^3/(m^2 \cdot h)$。

直径为

$$D = \sqrt{\frac{4f}{\pi}} \quad (m)$$

按计算出的 D 值选用接近的公称直径，再算出脱气塔的实际面积 f_1，则实际淋洒密度为

$$q_1 = \frac{Q}{f_1} \quad (m^3/(m^2 \cdot h))$$

3) 脱气塔中 CO_2 排除量

(1) 进入脱气塔中 CO_2 含量用 $[CO_2]_1$ 表示。如缺乏分析资料时，可进行以下推导：设 H_c 为碳酸硬度，以 meq/L 计，折算为 HCO_3^-，重量应为 $H_c \times$（HCO_3^- 的当量）$= H_c \times$ 61.02 mg/L。从化学反应时当量数相等（平衡）的概念出发，根据反应式 $HCO_3^- + H^+ \rightleftharpoons CO_2 + H_2O$，则得

$$\frac{\text{碳酸硬度的重量}}{HCO_3^-\ \text{的当量}} = \frac{CO_2\ \text{重量}}{CO_2\ \text{当量}}$$

$$\frac{H_c \times 61.02}{61.02} = \frac{CO_2}{44} \quad CO_2 = H_c \times 44$$

因水中还含有一定的游离 CO_2 含量（mg/L），所以进塔水中所含 CO_2 的总量为两者之和，即为

$$[CO_2]_1 = H_c \times 44 + \text{游离}\ CO_2 \tag{4-56}$$

如缺乏游离 CO_2 分析资料时，可近似按下式计算：

$$CO_2 = 0.268H_c^3 \quad (mg/L)$$

(2) 经脱气后水中残余 CO_2 含量用 $[CO_2]_2$ 表示，一般可规定为 3 mg/L，5 mg/L 和 10 mg/L 三种。

(3) 从水中排除的 CO_2 重量 G(kg/h)为

$$G = \frac{[CO_2]_1 - [CO_2]_2}{1\,000} \cdot Q \quad (kg/h) \tag{4-57}$$

4) 瓷环(或塑料环)工作表面积

$$F = \frac{G}{K \cdot \Delta C} \tag{4-58}$$

式中　G——从水中排除的 CO_2 重量(kg/h)；

ΔC——表示扩散出来的动力实验数据(kg/m³)，水中 CO_2 含量愈大，扩散愈容易，ΔC 也愈大，ΔC 可由图 4-31 查得；

K——与水温与关的实验所得总系数，水温愈大，CO_2 溶解度愈小，则 CO_2 容易排出，K 值也就愈大。K 值可由图 4-32 查得。

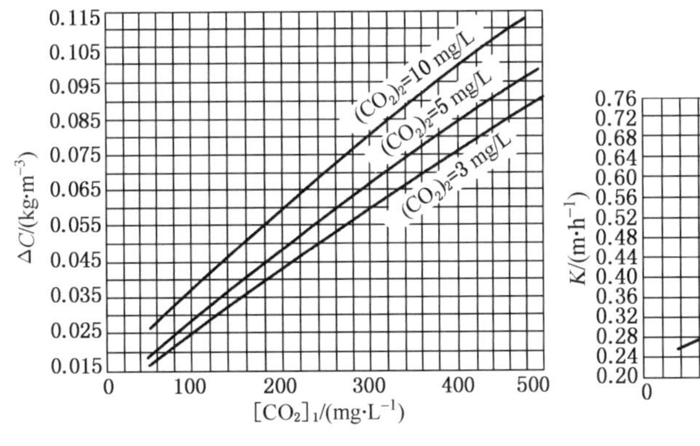

图 4-31　ΔC 值曲线图

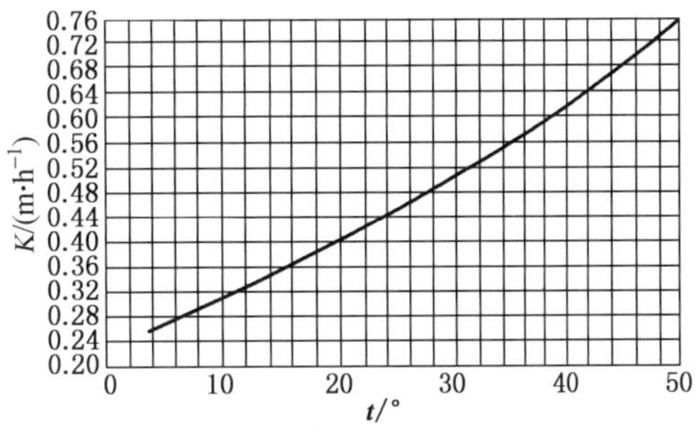

图 4-32　K 值曲线图

5) 所需瓷环的体积

$$W = \frac{F}{E} \quad (m^3) \tag{4-59}$$

式中，E 为瓷环单位体积的工作表面积(m²/m³)，常用的几种瓷环工作表面积可查表 4-3。

表 4-3　　常用几种瓷环工作表面积

瓷环规格 外径×长度×壁厚/(mm×mm×mm)	比表面积/(m²·m⁻³)	单位体积重量/(kg·m⁻³)
ϕ25×25×3	204	532
ϕ35×35×4	140	505
ϕ50×50×5	87.5	530

6）瓷环填料高度

$$H=\frac{W}{f_1}\quad(\mathrm{m})\tag{4-60}$$

除瓷环之外，尚有塑料环和塑料短管等。常用的规格亦为 $\phi25\times25\times3$。瓷环填料脱气塔的尺寸如图 4-28 所示。

7）鼓风机的选择

（1）风量

$$G=QaK'\quad(\mathrm{m^3/h})\tag{4-61}$$

式中 Q——进水量($\mathrm{m^3/h}$)；

a——处理 1 $\mathrm{m^3}$ 水所需要的空气量，一般为 15～30 $\mathrm{m^3/m^3}$；

K'——被处理水的温度修正系数，可由表 4-4 查得。

表 4-4 温度修正系数

水温/℃	0	5	10	15	20	25	30	35	40	45	50	55	60
K'	1.8	1.6	1.3	1.1	0.9	0.8	0.7	0.6	0.5	0.45	0.40	0.35	0.30

（2）风压

$$h\geqslant1.2(AH+\Delta h)\quad(\mathrm{mmH_2O})\tag{4-62}$$

式中 A——填料阻力，对于瓷环、塑料每 1 m 高填料为 30 $\mathrm{mmH_2O}$；

Δh——塔内局部阻力总和，一般按 30～40 $\mathrm{mmH_2O}$ 计算；

1.2——考虑瓷破碎等原因系数。

4.4.4 固定床软化设备的设计

离子交换软化交换器的设计，最关键的数据是树脂的工作交换容量。对于阳离子交换树脂，在缺少资料的条件下，可参考表 4-5 中的有关技术参数进行设计。

1. 交换器尺寸及树脂需要量

一般来说，固定床离子交换器都有规格化的定型设备（产品），故根据原水水质和处理水量，它的尺寸和树脂的需要量都已确定。因各种原因需要自行设计，则可按以下进行。

1）离子交换树脂层厚度 h_{I}

交换剂层越厚，交换接触时间长，水质好，但树脂用量大，压力损失大，故要全面考虑。如果交换器在工作循环周期(T)的软化水量为 Q($\mathrm{m^3/h}$)，那么该周期(T)截留在交换器中的 Ca^{2+}，Mg^{2+} 的量应为

$$TQ(H_0-H_\phi)(\mathrm{g\cdot mol})$$

式中，H_ϕ 为软水中的残余硬度，因此值很小，可忽略不计，则可得 TQH_0。

交换剂能够吸收的 Ca^{2+}，Mg^{2+} 量为

$$h_{\mathrm{I}}\cdot F_{交}\cdot E_{\mathrm{I}}\quad(\mathrm{g\cdot mol})$$

表 4-5　　国内部分离子交换树脂产品型号技术参数

型 号	名 称	功能基团	外 观	出厂形式	质量交换容量/[mmol·g^{-1}(干)]	体积交换容量/(mmol·mL^{-1})	粒度/mm	湿真密度/(g·mL^{-1})	湿视密度/(g·mL^{-1})	含水率	磨后圆球率	使用pH值范围	最高使用温度/℃	国外参照产品	主要用途
001×7	强酸性苯乙烯系阳离子交换树脂	$—SO_3^-$	棕黄色至棕褐色球粒	Na^+	≥4.5	≥1.9	0.315～1.25	1.25～1.28	0.77～0.87	46%～52%	≥90%	1～14	Na:120 H:100	S110 Amberlite IR 120	硬水软化 纯水制备
001×7FC	强酸性苯乙烯系阳离子交换树脂	$—SO_3^-$	棕黄色至棕色球粒	Na^+	≥4.5	≥1.9	0.315～1.25	1.24～1.28	0.77～0.37	45%～50%	≥90%	1～14	Na:120 H:100		浮床专用
001×7MB	强酸性苯乙烯系阳离子交换树脂	$—SO_3^-$	棕黄色至棕褐色球粒	Na^+	≥4.5	≥1.9	0.71～1.25	1.24～1.28	0.77～0.87	45%～50%	≥90%	1～14	Na:120 H:100		混床专用
D001	大孔强酸性苯乙烯系阳离子交换树脂	$—SO_3^-$	驼色至浅棕黄色不透明球粒	Na^+	≥4.3	≥1.7	0.315～1.25	1.23～1.28	0.75～0.85	45%～55%	≥90%	1～14	Na:120 H:100	SP112 Ambersep 200 Na	硬水软化 纯水制备
D001FC	大孔强酸性苯乙烯系阳离子交换树脂	$—SO_3^-$	驼色至浅棕黄色不透明球粒	Na^+	≥4.35	≥1.7	0.45～1.25	1.23～1.28	0.76～0.82	45%～55%	≥90%	1～14	Na:120 H:100		浮动床
D001SC	大孔强酸性苯乙烯系阳离子交换树脂	$—SO_3^-$	驼色至浅棕黄色不透明球粒	Na^+	≥4.35	≥1.7	0.63～1.25	1.25～1.28	0.76～0.82	45%～55%	≥90%	1～14	Na:120 H:100		双层床
D001MB	大孔强酸性苯乙烯系阳离子交换树脂	$—SO_3^-$	驼色至浅棕黄色不透明球粒	Na^+	≥4.35	≥1.7	0.63～1.25	1.25～1.28	0.76～0.82	45%～55%	≥90%	1～14	Na:120 H:100	Amberlite IR-2000	混床专用
D113	大孔弱酸性丙烯酸系阳离子交换树脂	$—COO^-$	乳白或淡黄色不透明球粒	H^+	≥10.8	≥4.2	0.315～1.25	1.15～1.20	0.76～0.80	45%～52%	≥90%渗磨	4～14	Cl:80 OH:60	CNP80	硬水软化 纯水制备

显然,应当截留的 Ca^{2+},Mg^{2+} 与能够吸收的 Ca^{2+},Mg^{2+} 是相等的,则得

$$h_{\mathrm{I}} F_{交} E_{\mathrm{I}} = QTH_0 \tag{4-63}$$

得 $h_{\mathrm{I}} = QTH_0 / F_{交} \cdot E_{\mathrm{I}}$,而 $V_{交} = Q/F_{交}$。

得
$$h_{\mathrm{I}} = TV_{交} H_0 / E_{\mathrm{I}} (\mathrm{m}) \tag{4-64}$$

式中 $V_{交}$——树脂层交换速度(m/h),无试验资料时可参考表 4-6;

T——交换周期,一般不小于 10 h;

H_0——计算 RNa 型为原水总硬度,计算 RH 型为原水阳离子总量(mmol/L);

E_{I}——树脂工作交换容量(mol/m^3)。

表 4-6　原水硬度与交换速度参考值

原水硬度/($mmol \cdot L^{-1}$)	交换速度 $V_{交}$/($m \cdot h^{-1}$)
<1	60～45
1～2	45～35
2～3	35～30
3～6	30～20
>6	20～10

树脂层厚度 h_{I} 一般在 1～2 m 之间(不包括保护层),当式(4-64)计算不能满足时,应调正 T 或 $V_{交}$ 再进行试算,以求得较好合适的树脂厚度和交换器直径。

2) 交换器尺寸

交换器截面积 $F_{交}$:

$$\left.\begin{aligned} F_{交} &= \frac{QTH_0}{h_{\mathrm{I}} \cdot E_{\mathrm{I}}} \quad (\mathrm{m}^2) \\ \text{或} \quad F_{交} &= \frac{Q}{V_{交}} \quad (\mathrm{m}^2) \end{aligned}\right\} \tag{4-65}$$

交换器直径:

$$D = \sqrt{\frac{4F_{交}}{\pi}} \quad (\mathrm{m}) \tag{4-66}$$

3) 交换器树脂装载量 V_{R}

$$V_{\mathrm{R}} = F_{交} \cdot h \quad (\mathrm{m}^3) \tag{4-67}$$

式中 $F_{交}$——交换器截面积(m^2);

h——树脂层高度(m),应是 $h = h_{\mathrm{I}} + h_{保}$,$h_{\mathrm{I}}$ 是树脂工作层厚度,$h_{保}$ 是树脂保护层厚度,一般为 0.2～0.3 m。

$$\left.\begin{aligned} \text{湿树脂重量:} \quad W_{湿} &= V_{\mathrm{R}} \cdot D_{堆} \quad (\mathrm{kg}) \\ \text{干树脂重量:} \quad W_{干} &= W_{湿}(1 - q_{水}) \quad (\mathrm{kg}) \end{aligned}\right\} \tag{4-68}$$

式中 $D_{堆}$——树脂堆积密度(kg/m^3);

$q_{水}$——树脂含水率(%)。

4) 交换器总高度 H

H 与排水方式有关,当采用滤帽或篦子排水方式时

$$H = h + h'_1 + h_{上封} + h_{下封} \quad (\mathrm{m}) \tag{4-69(a)}$$

当采用石英砂垫层排水时

$$H = h + h'_1 + h_{封} + h_{垫} \quad (\mathrm{m}) \tag{4-69(b)}$$

式中　h'_1——反冲洗时树脂膨胀高度,强酸树脂按总装填高度的 50%~60%(0.5~0.6 h)计;弱酸树脂为 1.25~1.5 h;除盐中强碱树脂为 0.8~1.0 h;弱碱树脂>0.8 h;

$h_{封}$——交换器封头高度(m);

$h_{垫}$——石英砂垫层高度,一般为 0.6 m。

当采用逆流再生时,应增加白球压层高度 0.15~0.2 m。

5) 进水系统

进水有喷头式、列管式、挡板式等数种。喷头式的喷头直径为

$$d = \frac{Dq_{冲}}{20} \quad (\mathrm{m}) \tag{4-70}$$

式中　D——交换器直径(m);

$q_{冲}$——反冲洗强度(L/(s·m^2))。

列管式按下列数据设计:

进水管流速 v 为 1.5 m/s 左右;支管流速 $V = 1.5 \sim 2.0$ m/s;支管孔眼总面积为进水管面积的 2.5 倍左右,孔眼直径 $\phi = 6 \sim 10$ mm。

6) 排水系统

当采用排水滤板时,滤板开孔净面积的要求为

$$\frac{开孔总净面积}{进水管截面积} \geqslant 6 \sim 8 \tag{4-71}$$

当采用滤帽时,滤头缝隙的总面积为

$$\sum f_{滤} = \frac{F_{交} \cdot q_{冲} \cdot 1\,000}{V_{缝}} \quad (\mathrm{mm}^2) \tag{4-72}$$

式中　$V_{缝}$——水经缝隙出流的速度,取 1 m/s;

$q_{冲}$——反冲洗强度,一般不小于 6 L/(s·m^2)。

所需要的滤帽个数为

$$n = \frac{\sum f_{滤}}{f_{滤}} (只)$$

式中,$f_{滤}$ 为单个滤帽缝隙面积(mm^2),查《给水排水设计手册》第 12 册。

滤帽布置成方形或等边三角形。

7) 水耗计算

反冲洗水耗按流速 15~20 m/h,反洗 15 min 左右计算。清洗水耗按每立方米树脂耗水 6~10 m^3 计算。

8）交换器水头损失 $h_{损}$

$$h_{损} = 5\nu \frac{v_{交}\ h}{d_p^2} \tag{4-73}$$

式中 ν——水的运动粘滞系数(cm^2/s)，与水温有关；

d_p——交换剂平均直径(mm)，相当于通过交换剂重量50%的筛孔孔径。

根据式(4-63)得到交换器交换周期 T 为

$$T = \frac{F_{交} \cdot h_I \cdot E_I}{QH_0} \tag{4-74}$$

当采用软水正洗时，每天每只交换器的再生次数为

$$n = \frac{24}{T} = \frac{QH_0 24}{F_{交}\ h_I E_I} \tag{4-75}$$

当采用原水正洗时，因不可避免地会消耗掉部分工作交换容量 ΔE_I，则每天每只交换器的再生次数为

$$n = \frac{24}{T} = \frac{QH_0 24}{F_{交}\ h_I(E_I - \Delta E_I)} \tag{4-76}$$

2. 食盐再生溶液的制备

RNa 型交换器用食盐(NaCl)再生，按食盐溶解的方式不同，制备食盐溶液常用以下几种：

1）盐溶解器

盐溶解器也称盐液过滤器，是食盐溶液再生设备中最简单的一种，其作用原理如图4-33所示。盐溶解器上部是配置盐溶液的容积，下部是盐液过滤层，按石英砂的不同粒径分为三层，上层为过滤食盐溶液用，中、下层起垫层作用。再生前将一次再生所需要的食盐量，从顶部漏斗倒入盐溶解器内，然后开启阀门2把溶解器内水灌满为止。待食盐溶解成溶液后，再开启阀门2和3，自来水进入溶解器上部，把食盐溶液下压经过滤层后通过阀门3输送到交换器进行再生。盐溶液通过砂滤层时，滤去了所含杂质。当水流的水头损失太大时，说明砂层堵塞了，要进行反冲洗。阀门1和4是为反冲洗石英砂滤层用的，自来水经阀门1从底部把石英砂冲膨胀进行清洗，带有杂质的水经集水漏斗和阀门4排出后入下水道。

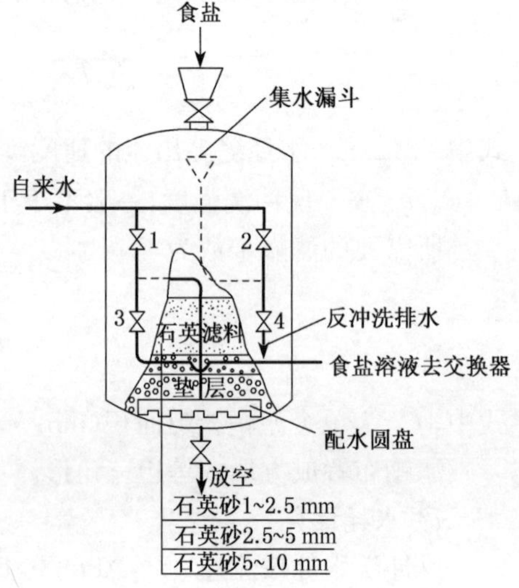

图 4-33 盐溶解器

这种制备方式，不需要另设输送设备，系统和设备简单，占地少，维护管理方便。缺点是清水不断注入溶器内，使食盐浓度由浓变稀，与再生时要求先稀后浓相反，对再生不利，增加耗盐量。同时容纳的食盐量不多，使倒盐操作次数增加。

2）盐溶液池

图4-34为采用盐溶液系统，分浓盐液池和稀

盐液池，浓盐液池下部有过滤层。浓盐液池的饱和浓度约 25%，经浓盐液下部过滤层过滤后流入稀盐液池，在稀盐液池内加入水，稀释到再生所需要的浓度。再生时用盐液泵把稀盐液直接输送到钠交换器。稀盐液池可以起计量作用，由流进浓盐液池的容积即可算出含盐量。

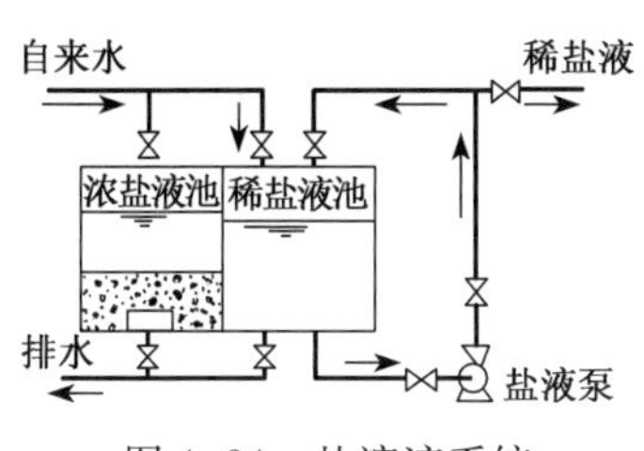

图 4-34　盐溶液系统

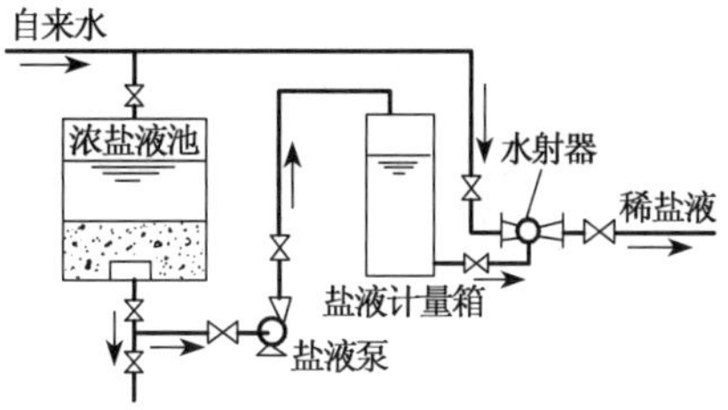

图 4-35　用水射器的盐溶液系统

稀盐液池的容积按交换器再生一次所需要的溶液容积考虑，并适当加大；浓盐液池的容积按池中存 7～14 d 用盐量计算。盐溶液浓度可用比重计测定。

此系统比盐溶解器复杂，但易控制浓度和用盐量。

3) 用水射器的盐溶液系统

图 4-35 和图 4-36 是不设稀盐液池，但增设水射器和计量箱(或转子流量计)的盐液制备系统。图 4-35 是把饱和盐液用盐水泵送至计量箱后，再用水射器按再生所需的浓度稀释并输送到钠交换器进行再生。图 4-36 与上述相同，食盐在溶盐池内灌满水后得到饱和盐液。池底设有过滤层，用穿孔板与池底的水槽隔开，再生时用水射器输送盐液进钠交换器。再生盐液浓度用阀门 1 和 2 进行调节；用取样管取样测浓度；用转子流量计进行定量控制。溶液池的容积按池中 7～14 d 用量计算。该系统比前几种节省投资。用水射器代替水泵提升盐液设备简单，使用方便，投资减少。

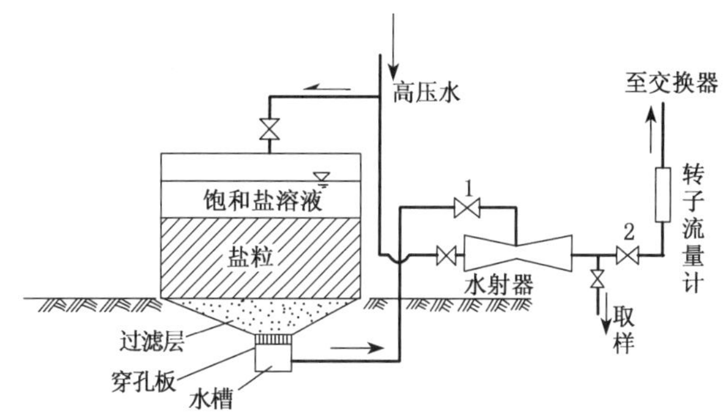

图 4-36　用水射器的盐液制备系统

食盐溶液的腐蚀性很大、盐溶液泵、管线、阀门、盐液池等都要考虑防腐处理。

4) 食盐再生液制备系统的计算

(1) 每只交换器用盐量

每只交换器 1 h 所需要再生用盐量用 G_i 表示，纯度为 100%食盐用量，计算式为

$$G_i = \frac{Q_h \cdot H_0 \cdot N \cdot K}{1\,000} \quad (\text{kg/h}) \tag{4-77}$$

式中　Q_h——设计处理水量(m^3/h)；

H_0——进水总硬度(meq/L 或克当量/L)；

N——再生剂当量值，NaCl 的当量值为 23+35.5=58.5；

K——食盐再生剂单位耗盐量(称再生剂比耗值)，一般取理论用盐量的 1.5～3.5 倍，设计时多数采用偏高的理论当量倍数。

(2) 稀盐液池容积 V_1

一般按保存 1.5 倍的再生时用的稀盐液容积考虑：

$$V_1 = \frac{1.5G_i}{10c_i r_i} \quad (\mathrm{m}^3) \tag{4-78}$$

式中 c_i——稀盐液再生浓度，一般取 6%～10%；

r_i——稀盐液的密度，当 $c_i = 8\%$ 时，$r_i = 1.06$。

(3) 浓盐液池容积 V_2

一般采用湿存法，食盐放入池中后加水，此时溶液为饱和溶液，食盐储存量一般按 1～4 周的用盐量考虑。

$$V_2 = \frac{1.2G_i nA}{\gamma} \quad (\mathrm{m}^3) \tag{4-79}$$

式中 n——每天总的再生次数，可按式(4-76)求得，然后再乘上每天交换器同时工作只数；

A——存盐天数，一般 1～4 周用量考虑；

γ——食盐堆积密度，一般取 860 kg/m³；

1.2——安全备用系数。

(4) 盐泵的选用

流量：

$$Q = \frac{1.2G_i \times 60 \times 100}{1\,000 \times tc_i\gamma_i} \tag{4-80}$$

式中 G_i——每只交换器一次再生用盐量(kg)；

t——每只交换器一次再生时间(min)；

c_i——稀盐再生液浓度(6%～10%)；

γ_i——稀盐液密度。

扬程：15～20 m，与软化站布置有关。

3. 酸再生液的制备

市场上销售的盐酸浓度 31%，硫酸浓度 98%，一般用槽车或酸罐装运。

使用酸时要注意：防止酸溅出，以免发生烧伤事故；防止水进入浓酸罐中，以免发生爆炸事故；稀释浓酸时，只能用少量浓酸加入大量水中，切勿用水加入浓度很高的酸中，防止产生大量的热，毁坏管路和设备；稀硫酸腐蚀性很大，管线、阀门、酸罐等都要采用塑料一类耐腐蚀材料。

按输送方式的不同，酸液制备系统可采用以下几种。

1) 用真空泵卸酸、水射器输配酸

此种卸酸、输酸如图 4-37 所示。其操作过程为：浓酸由铁路槽车运来，用真空泵(1)将输酸管抽为真空，产生负压，当酸液监视器进酸后，关闭阀门 A，停止真空泵，酸即虹吸进入贮槽。再生时起动真空泵(2)将计量器产生负压，贮槽内的酸液虹吸进入计量器，再用水射器直接在计量器内抽吸浓酸并稀释到所需要的浓度，送往交换器进行再生。

负压卸酸，水射器输配酸，计量器计量的系统，不采用酸泵及稀酸池，浓酸贮槽应放在低位。为安全起见，在水射器与酸计量器之间的酸管上加一个防酸阀，可防止因操作疏忽水射器水倒流进计量器而引起爆炸事故。

此种系统的适用条件是：备有真空泵卸酸、提酸的软水所。此配酸、输酸工艺一般多用于固定床。

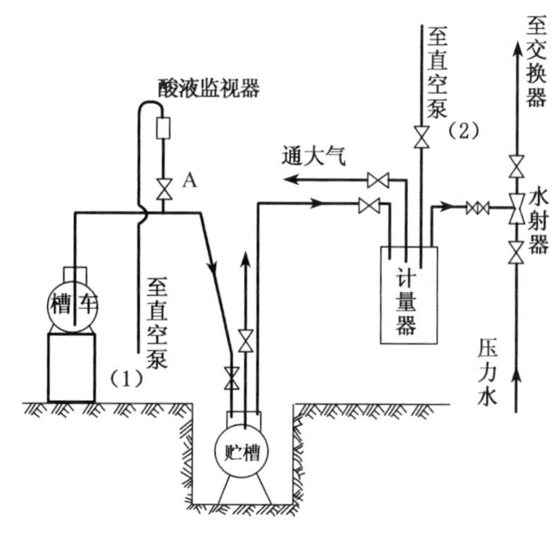

图 4-37　真空泵卸酸，水射器输、配酸系统示意图

2）压缩空气卸酸、输酸

图 4-38 是用压缩空气卸酸、输酸的盐酸再生液制备系统示意图。图 4-39 是用压缩空气卸酸、输酸的硫酸再生液制备系统示意图。操作过程为：用压缩空气正压槽车，把酸液压入酸液贮槽，再自流入压酸液罐，再用压缩空气把压液罐内的酸压入高位酸箱或计量箱，经稀释后自流送至交换器进行再生。

用压缩空气卸酸、输酸，操作方便，运行安全可靠。在有压缩空气的条件或自备有压缩空气的软水站，应优先选用。

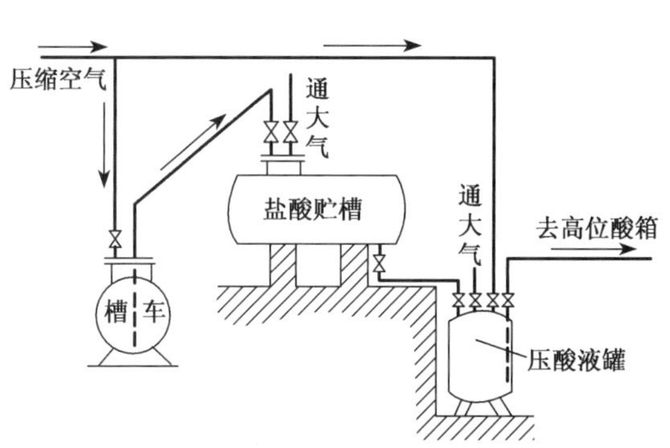

图 4-38　压缩空气卸酸、输酸的盐酸再生液制备系统示意图

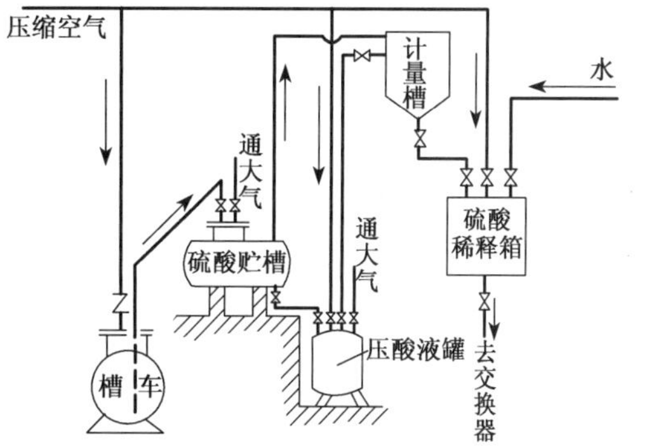

图 4-39　压缩空气卸酸、输酸的硫酸再生液制备系统示意图

3）压缩空气卸酸，用水射器稀释和输酸

图 4-40 是采用压缩空气卸酸，水射器稀释和输送酸液的制备系统图。此系统浓酸槽高于室内计量器，浓酸可自流进入。再生时，用水射器抽酸并稀释至所需要的浓度后送到氢离子交换器使用。此系统不用酸泵及稀酸池。为了便于控制稀酸浓度，可在输酸管上安装酸浓度计。此系统适用于压缩空气气源或有自备压缩空气软水站，一般多用于固定床再生。

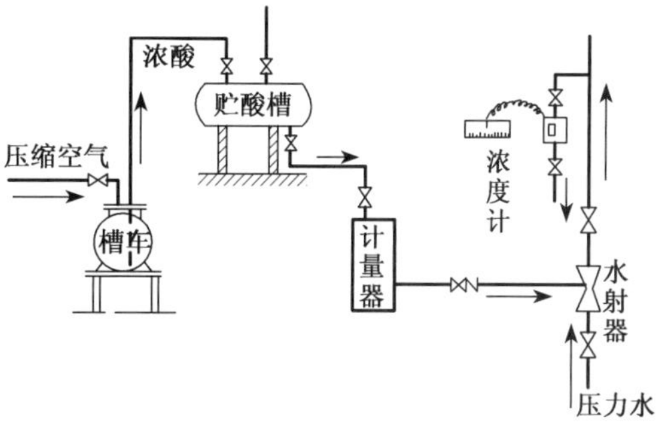

图 4-40　压缩空气卸酸，水射器配、输酸示意图

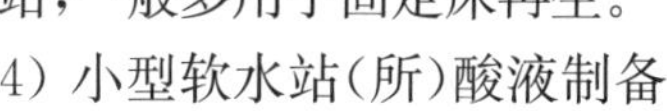

4）小型软水站(所)酸液制备

图 4-41 是适用于小型软水站(所)的酸液制备系统示意图。用酸喷射器直接从小酸缸

中抽取酸液，送至氢交换器进行再生。操作过程为：用聚氯乙稀塑料软管，一端接酸喷射器的吸液口，另一端插入小酸罐中，先开阀门1，后开阀门2。阀门1主要调节水流量，阀门2主要调节所配制的稀酸浓度。操作时阀门3，4一定要预先打开，否则压力水流入小酸罐内，产生大量热量而引起爆炸事故。

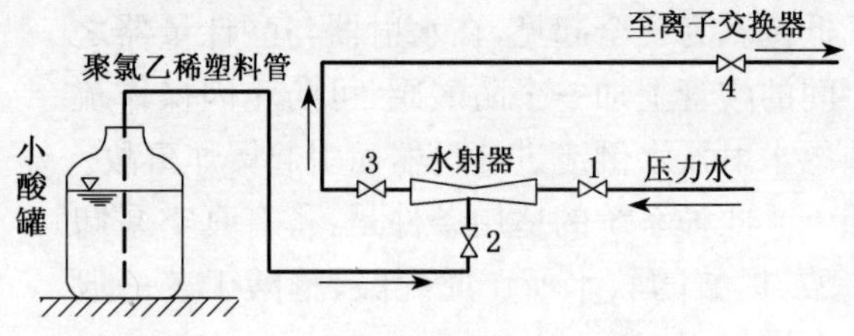

图4-41　小型酸液制备系统示意图

5）酸再生液制备系统计算

（1）再生用酸量 G_s

每只交换器一小时所需要的再生液用酸量为 G_s，酸浓度为100%计：

$$G_s = \frac{Q_h \cdot H_0 \cdot N \cdot K}{1\,000} \quad (\mathrm{kg/h}) \tag{4-81}$$

式中　Q_h——设计处理水流量（m^3/h）；

H_0——进水总硬度（meq/L或克当量/L）；

N——再生剂当量值，盐酸为36.5，硫酸为49；

K——酸再生液单位比耗量（g/克当量），其用量视再生工艺不同而变，一般采用 $K = 1.5$。

（2）浓酸槽容积 V_1

$$V_1 = \frac{100G_s \cdot n \cdot A}{1\,000C_s\gamma_s} = \frac{G_s \cdot n \cdot A}{10C_s\gamma_s} \tag{4-82}$$

式中　G_s——同前；

n——所有工作交换器每天总再生次数；

A——存酸天数，一般按15～30 d计；

C_s——浓酸浓度，市售硫酸 $C_s = 92.5\% \sim 98\%$，盐酸 $C_s = 31\%$；

γ_s——浓酸密度，当硫酸 $C_s = 98\%$ 时，$\gamma = 1.85$；$C_s = 95\%$ 时，$\gamma_s = 1.834$；当盐酸 $C_s = 31\%$ 时，$\gamma_s = 1.15$。

（3）酸计量箱容积 V_2

$$V_2 = \frac{1.5G_s}{10C_s \cdot \gamma_s} \tag{4-83}$$

式中　G_s、C_s、γ_s——同前；

1.5——安全备用系数。

（4）稀酸溶液箱容积 V_3

如果不用酸计量箱，另用稀酸箱配成稀酸，仍采用式（4-83），不同的是 C_s 和 γ_s 值。为防止 $CaSO_4$ 结块，硫酸浓度≤2%；盐酸浓度4%～6%。

4. RH-RNa并联固定床设计计算

1）设计资料

（1）设计处理水量（含自用水）：$Q = 1\,500\ m^3/d$。

(2) 原水水质：

总硬度：$H_0 = 3.2$ meq/L；

碳酸盐硬度：$H_c = 2.58$ meq/L；

非碳酸盐硬度：$H_z = 0.62$ meq/L；

硫酸根：0.25 meq/L；

氯根：0.4 meq/L；

钠和钾：0.03 meq/L；

游离 CO_2：6.3 mg/L；

蒸发残渣：159 mg/L；

水温：$t = 10$℃。

(3) 软化后水质要求：

硬度：<0.05 meq/L；

碱度：≤0.5 meq/L；

剩余 CO_2：<5 mg/L。

(4) 工艺及设备类型：采用氢、钠并联软化，除碱逆流再生固定床。

2) 氢、钠交换器设计计算

(1) 氢、钠处理水量比例

$$Q_{Na} = \frac{K_p + a}{A_0 + K_p} = \frac{0.65 + 0.5}{2.58 + 0.65} = 0.356$$

$$Q_H = 1.0 - 0.356 = 0.644$$

$$Q_{Na} : Q_H = 0.644 : 0.356 = 1.8 : 1$$

(2) 设备能力的组合

一级泵站按三班每日工作 20 h，每小时水量为 $\frac{1\,500}{20} = 75\ m^3/h$。

钠交换器产水量：$Q_{Na} = 75 \times 0.356 = 26.7\ m^3/h$。

氢交换器产水量：$Q_H = 75 \times 0.644 = 48.3\ m^3/h$。

备用设备：为安全供水，设两套氢钠并联设备，一套工作，另一套备用。当然也可只考虑一只同等能力的氢交换器备用。

(3) 钠交换器设计计算

树脂工作层厚度 h_I 计算：采用表 4-5 中 001×7 苯乙烯型强酸阳离子交换树脂，$E_I = E_{全} \cdot \eta$，$E_{全} \geqslant 4.5$ meq/g(干)，容积交换容量为 1.9 meq/L。这里取 $E_{全} = 4.5$ meq/g，取含水率为 50%，取视密度为 0.8 g/mL(一般为 0.75~0.85 g/mL)，则容积交换容量 E_I 为

$$E_I = 4.5 \times (1 - 50\%) \times 0.8 = 1.8\ \text{meq/L}$$

树脂利用率 η 一般为 0.5~0.7，为安全取 0.5，则 $E_I = 1.8 \times 0.5 = 0.9$ 克当量 /L = 900 克当量 /m^3。取流速 $v_{交} = 30$ m/h，工作周期 $T = 10$ h，则 h_I 为

$$h_I = \frac{v_{交} \cdot H_0 \cdot T}{E_I} = \frac{30 \times 3.2 \times 10}{900} = 1.07\ \text{m}, \qquad \text{取 } 1.2\ \text{m}$$

交换器截面积 $F_{交}$：

$$F_{交}=\frac{Q\cdot T\cdot H_0}{h_{\mathrm{I}}\cdot E_{\mathrm{I}}}=\frac{26.7\times 10\times 3.2}{1.2\times 900}=0.785\ \mathrm{m}^2$$

设交换器直径 $D=1.0\ \mathrm{m}$，则截面积 $F=\frac{\pi}{4}D^2=0.785\ \mathrm{m}^2$，则实际交换流速 $v_{交}=\frac{Q}{F}=\frac{26.7}{0.785}=34\ \mathrm{m/h}$，接近推荐值。

交换器树脂装载量 V_R：

$$h=h_{\mathrm{I}}+h_{保},\ h_{\mathrm{I}}=1.2\ \mathrm{m},取\ h_{保}=0.2\ \mathrm{m},\ h=1.2+0.2=1.4\ \mathrm{m}$$

$$V_{\mathrm{R}}=F_{交}\cdot h=0.785\times 1.4=1.1\ \mathrm{m}^3$$

001×7 树脂堆积重量为 $D_{堆}=800\ \mathrm{kg/m^3}$，含水率 0.5：

$$W_{干}=1.1\times 800\times(1-0.5)=440\ \mathrm{kg}$$

加备用交换器，共需 $2\times 440=880\ \mathrm{kg}$。

交换器总高度 H：

上封（含布水）：$h_{上封}=0.35\ \mathrm{m}$

下封（含配水）：$h_{下封}=0.3\ \mathrm{m}$

石英砂垫层：$h_{垫}=0.6\ \mathrm{m}$

压顶白球：$h_{压}=0.2\ \mathrm{m}$

白球上部高：$h_{上}=0.4\ \mathrm{m}$

交换剂层厚：$h=1.4\ \mathrm{m}$

$$H=\sum h_i=3.25\ \mathrm{m}$$

尺寸及管路布置见图 4-42。

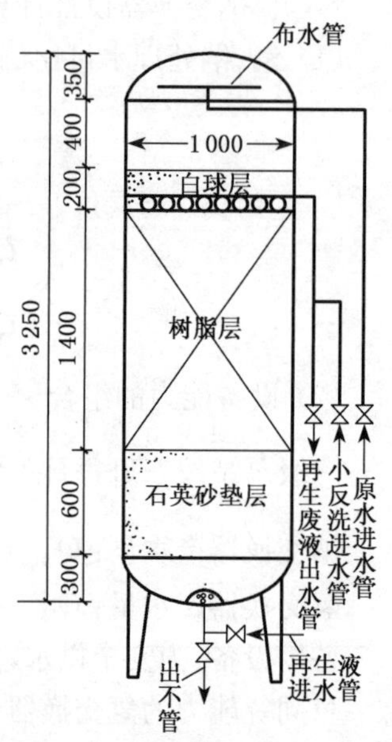

图 4-42 尺寸及管道布置示意图

(4) 氢交换器设计计算

$E_{\mathrm{I}}=E_{全}\cdot\eta$，取 $\eta=0.55$，$E_{\mathrm{I}}=1\,800\times 0.55=990$ 克当量 /m^3

$$h_{\mathrm{I}}=\frac{v_{交}\cdot H_0\cdot T}{E_{\mathrm{I}}}=\frac{30\times 3.2\times 10}{990}=0.97\ \mathrm{m}$$

取 $h_{\mathrm{I}}=1.2\ \mathrm{m}$。

$$F_{交}=\frac{Q\cdot T\cdot H_0}{h_{\mathrm{I}}\cdot E_{\mathrm{I}}}=\frac{48.3\times 10\times 3.2}{1.2\times 990}=1.3\ \mathrm{m}^2$$

$$D=\sqrt{\frac{1.3}{0.785}}=1.29\ \mathrm{m}$$

取 $D=1.4\ \mathrm{m}$。

则实际交换器截面积为

$$F_{交}=\frac{\pi}{4}D^2=0.785\times 1.4^2=1.54\ \mathrm{m}^2$$

实际流速 $v_{交}$ 为

$$v_{交} = \frac{Q}{F_{交}} = \frac{48.3}{1.54} = 31.4\ \text{m/h}$$

氢交换器树脂装载量 V_R：

$$V_R = F_{交} \cdot h = 1.54 \times 1.4 = 2.16\ \text{m}^3$$

$$W_{干} = V_R \cdot D_{堆}(1 - q_{水}) = 2.16 \times 800 \times (1 - 0.5) = 864\ \text{kg}$$

加备用 1 只装量 $W_{干} = 2 \times 864 = 1\,728$ kg。

$h_1 = 1.4$ m，白球上部高取 0.5 m，其他同钠交换器，则交换器高度 H 为

$$H = \sum h_i = 1.4 + 0.5 + 0.2 + 0.6 + 0.35 + 0.3 = 3.35\ \text{m}$$

$D = 1\,400$ mm，$H = 3\,250$ mm，布置示意图同图 4-21，故略。

3) 再生剂(液)用量计算

钠型用食盐再生，再生液浓度 8%；氢型用盐酸再生，再生液浓度 4%。

(1) 食盐再生用量

食盐(NaCl)的当量值 $N = 23 + 35.5 = 58.5$；再生剂比耗 $K = 2.5$ 倍的理论值，则

$$G_{NaCl} = \frac{Q \cdot H_0 \cdot K \cdot N}{1\,000} = \frac{26.7 \times 3.2 \times 2.5 \times 58.5}{1\,000}$$
$$= 12.5\ \text{kg/h} = 125\ \text{kg/周期}$$

市售食盐纯度为 0.95(95%)，则按市售食盐所需食盐用量为

$$G_{NaCl} = \frac{12.5}{0.95} = 13.2\ \text{kg/h} = 132\ \text{kg/周期}$$

取 $C_i = 8\%$，$\gamma_i = 1.06$，稀盐液池的溶积 V_2 为

$$V_2 = \frac{1.5G}{10C_i\gamma_i} = \frac{1.5 \times 13.2}{10 \times 8 \times 1.06} = 0.234\ \text{m}^3/\text{h} = 2.34\ \text{m}^3/\text{周期}$$

每天再生次数 $n = \frac{24}{10} = 2.4$ 次；存盐天数取 $A = 14$ d，食盐堆积密度 $\gamma = 860\ \text{kg/m}^3$，则浓盐液池的容积 V_1 为

$$V_1 = \frac{1.2G \cdot n \cdot A}{\gamma} = \frac{1.2 \times 132 \times 2.4 \times 14}{860} = 6.2\ \text{m}^3$$

(2) 盐酸再生液用量

$Q = 48.3\ \text{m}^3/\text{h}$，取 $K = 1.5$，HCl 的当量值 $N = 36.5$，则

$$G_{HCl} = \frac{Q \cdot H_0 \cdot K \cdot N}{1\,000} = \frac{48.3 \times 3.23 \times 1.5 \times 36.5}{1\,000}$$
$$= 8.55\ \text{kg/h} = 85.5\ \text{kg/周期}$$

市售盐酸纯度 30%，则按市售盐酸用量为

$$G_{HCl} = \frac{8.55}{0.3} = 28.5\ \text{kg/h} = 285\ \text{kg/周期} = 570\ \text{kg/d}$$

$G_{HCl} = 285\ kg/$周期，再生次数 $n = 2.4$ 次，存酸天数 $A = 20\ d$，浓酸浓度 $C_s = 30\%$，浓酸比重 $\gamma_s = 1.15$，浓酸槽容积 V_1：

$$V_1 = \frac{G \cdot n \cdot A}{10 \cdot C_s \cdot \gamma_s} = \frac{285 \times 2.4 \times 20}{10 \times 30 \times 1.15} \approx 40\ m^3$$

酸计量箱容积 V_2：

$$V_2 = \frac{1.5G}{10C_s\gamma_s} = \frac{1.5 \times 285}{10 \times 30 \times 1.15} = 1.25\ m^3$$

NaCl 再生液系统与 HCl 再生液系统的布置按图 4-33—图 4-41 选用，也可重新组合，根据实际情况确定。

4) 除 CO_2 脱气塔设计计算

(1) 混合后软水中 CO_2 含量。氢、钠交换器出水经混合后，水中 CO_2 的含量为

$$[CO_2]_1 = H_c \cdot 44 + \text{游离 } CO_2 \text{ 含量} = 2.58 \times 44 + 6.3 = 119.8\ mg/L$$

(2) 水中应去除的 CO_2 量。软水中剩余$[CO_2]_2$ 要求 $\leqslant 5\ mg/L$，取$[CO_2]_2 = 5\ mg/L$，则应去除的 CO_2 量为

$$G = \frac{Q([CO_2]_1 - [CO_2]_2)}{1\,000} = \frac{75 \times (119.8 - 5)}{1\,000} = 8.6\ kg/h$$

(3) 脱气塔截面积。采用瓷环规格 $\phi 25 \times 25 \times 3$，淋洒密度为 $60\ m^3/(m^2 \cdot h)$，截面积为

$$f = \frac{Q}{b} = \frac{75}{60} = 1.25\ m^2$$

(4) 脱气塔直径 D：

$$D = \sqrt{\frac{4}{\pi} f} = \sqrt{\frac{1.25}{0.785}} = 1.26\ m$$

取 $D = 1.4\ m$，采用砖结构，则实际面积为

$$f = \frac{\pi}{4} D^2 = 0.785 \times (1.4)^2 = 1.54\ m^2$$

(5) 瓷环工作表面积。$t = 10℃$，查图 4-32 得 $K = 0.31$，$[CO_2]_1 = 119.6\ mg/L$，查图 4-31，得 $\Delta C = 0.033$，则面积 F 为

$$F = \frac{G}{K \cdot \Delta C} = \frac{8.6}{0.31 \times 0.033} = 840\ m^2$$

(6) 瓷环体积 W。瓷环表面积 $E = 204\ m^2/m^3$，则瓷环体积为

$$W = \frac{F}{E} = \frac{840}{204} = 4.11\ m^3$$

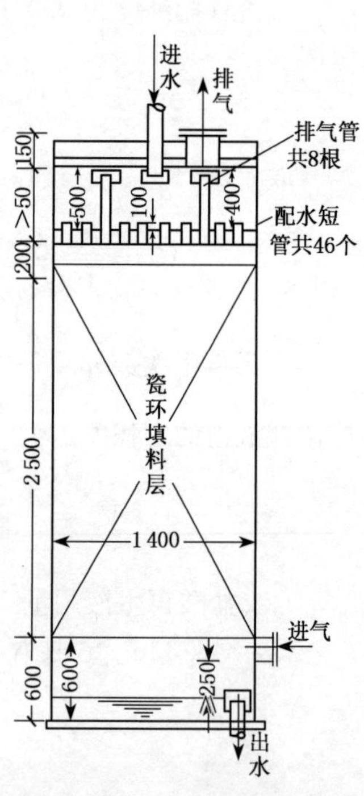

图 4-43　脱气塔尺寸、布置剖面图

(7) 瓷环重量。$\phi 25\times25\times3$ 瓷环的单位体积重量为 $532\ kg/m^3 = 0.532\ t/m^3$，$4.11\ m^3$ 瓷环的重量为

$$A = 0.532\times 4.11 = 2.18\ t$$

(8) 瓷环填料高度：

$$H = \frac{W}{f} = \frac{4.11}{1.54} = 2.67\ m, 取\ H = 2.5\ m$$

(9) 空气需要量

风水比采用 30∶1 即 1 m^3 水需 30 m^3 风量，风量修正系数采用 1.1，1 m 厚填料阻力为 30 mmH_2O。

风量：$G = K\cdot a\cdot Q = 30\times1.1\times75 = 2\,475\ m^3/h$

风压：$H = 1.2(AH+\Delta h) = 1.2\times(30\times2.5+40) = 138\ mmH_2O$

根据以上计算所得的风量($2\,475\ m^3/h$)和风压($138\ mmH_2O$)选择适宜的鼓风机。

4.5 移动床离子交换软化处理设备

固定床离子交换工艺在实践中存在三个基本缺陷：一是在交换软化过程中，交换带不断向前推进，饱和层越来越厚，失效树脂得不到及时再生，这样使交换器的大部分容积经常充当贮存失效树脂的仓库；二是出水中发现泄漏硬度时停止工作，此时，保护层中还有相当一部分树脂未失效，既使交换容量未得到充分利用，又与失效树脂一起再生，浪费冲洗水量；三是运行不是连续的，是周期性的，再生过程需要 1.5～2.0 h，不但设备(交换器)没有充分发挥潜力，而且还要设备用交换器顶替工作，增加了造价和设备费用。

鉴于固定床的上述缺点，研究成功了移动床和流动床离子交换软化技术和设备。

4.5.1 移动床的特点和工艺流程

1. 移动床的特点

(1) 把已饱和的树脂及时从交换器送出，在塔外进行再生，把饱和层的厚度控制到最小限度，充分发挥工作层作用，提高了交换速度。

(2) 在再生塔中采用自下而上流动方式，把反冲洗与再生合并在一起，再生废液中 Ca^{2+}、Mg^{2+} 得到及时排除，使再生液发挥应有作用。

移动床的基本原理如图 4-44 所示。树脂输送到不同专用设备中同时分别完成交换、再生及清洗过程。其流程为：交换器一部分饱和树脂，在选定的交换周期内从下部移送到再生塔(柱)中进行再生，再生好的树脂借水压输送到清洗柱进行清洗，洗净后再返回交换器上部漏斗，定期补充到交换器内。这样不断地循环，连续式地进行水的软化处理。

2. 三塔式移动床

移动床通常有单塔、双塔式和三塔式多种，运行方式有多周期和单周期之分。三塔式如图 4-44 所示，是最早采用的一种形式，由交换塔、再生塔、清洗塔组成。软化在交换塔进行，上部设有清洗塔送来的新鲜树脂贮存斗，斗下部装有浮球阀。主体是交换塔(或称交换罐)，原水自下而上快速通过托起的树脂层进行离子交换软化。运行一段时间后，停止进

水，在进行排水的同时，下部饱和树脂落到塔的底部，顶部漏斗中贮在的树脂，因排水浮球阀开启，落入到交换塔内，此过程称落床。所以，失效树脂的下落和新树脂的添加，是在落床过程中同时进行的，时间 2～3 min。两次落床之间的运行时间称为移动床的一个大周期，约 1 h。落床后继续进水，又将交换塔内的树脂分为工作层、饱和层和保护层，如图 4-45 所示。因移动床为逆流交换（水流自下而上），故工作层下部饱和度比上部为大。丧失能力的饱和层将在下次落床时落入交换塔喷头以下，在下周期输送到再生塔再生。进入上部的新鲜树脂，起到水质的安全保护作用。

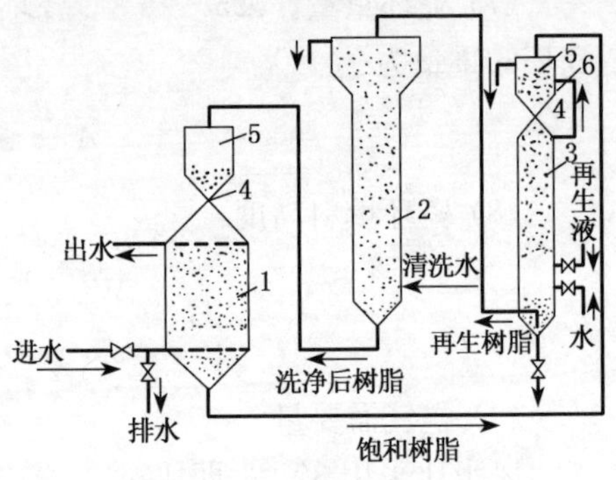

1—交换塔；2—清洗塔；3—再生塔；4—浮球阀；5—贮存斗；6—连通管

图 4-44　移动床工作工艺系统图

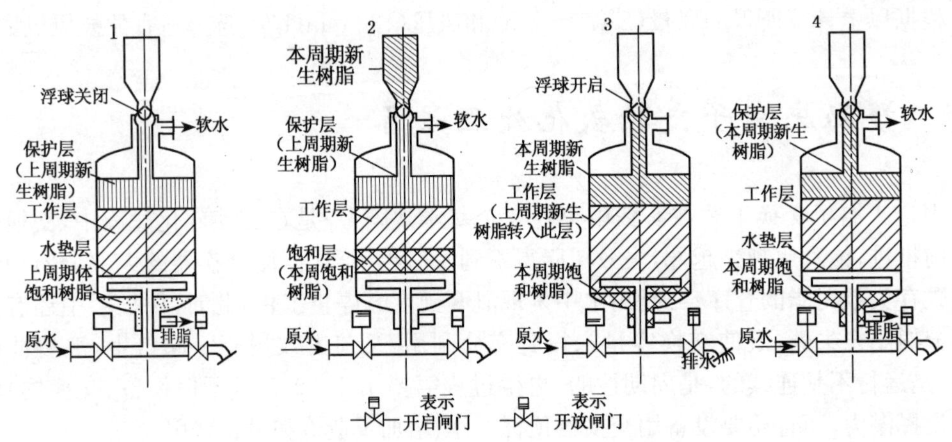

1—交换开始时情况；2—交换终时情况；
3—排水落脂时情况；4—下周期交换开始时情况

图 4-45　交换塔周期工作情况

图 4-45 中的 1 是交换开始时情况，浮球阀关闭，上周期饱和树脂在塔的最底层排出至再生塔进行再生；图中 2 是交换终了的情况，即漏斗中存放的新鲜树脂和塔内树脂下部失效的饱和树脂均还未落床；图中 3，进水阀门关闭，排水阀开启排水，这时浮球阀也开启，漏斗中新鲜树脂落入塔内树脂层上部，树脂层下部的饱和树脂落入喷头以下的底部；图中 4 是下周期交换开始时情况，进水阀门开启，排水阀门关闭，同时把底部的饱和树脂输送到再生塔进行再生。

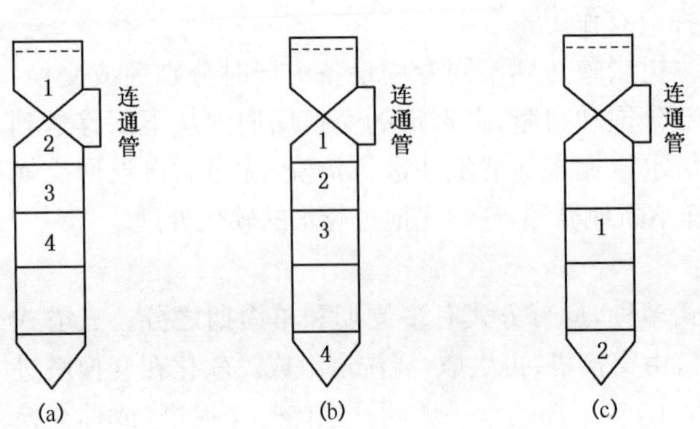

图 4-46　再生塔内树脂移动示意图

再生塔中也采用快速水流将树脂托起的方法，如图 4-46 所示。再生过程为：先送入快速水流使树脂层托起顶在上部，再送入再生液。再生废液经上部连通管进入顶部漏斗,对贮存在漏斗中的失效树脂先进行初步再生,然后把废液排掉。当再生进行一段时间后,停止进水和进再生液。进排水泄压,使再生塔中树脂下落,同时漏斗中失效树脂经自动开启的浮球阀落入再生塔中。而下部再生好的树脂落入底部的输送部分,靠部分进水水流输送到清洗塔中。两次排放再生好树脂的时间间隔称为一个小周期。通常3～4个小周期处理的树脂总量等于交换塔一个大周期所排出的树脂量。

多周期再生为树脂与再生液成逆流状态进行,每个小周期中排放出的树脂都和再生液多次作用:如漏斗中的树脂1,首先与被利用过的再生液进行初步再生[图4-46(a)]。在下一个小周期中,1树脂的位置向下移了一步,到图4-46(b),接触到了较为新鲜的树脂,得到进一步再生。同理,再往下移,最后移到图4-46(c)的1位置,接触到的是最新鲜的再生液,使1这部分树脂得到了充分再生。此种再生的优点是:再生较彻底,再生剂得到充分利用,降低了比耗;缺点是设备多,输送树脂管道长,树脂易磨损,清洗水耗量较大。

3. 双塔式和单塔式移动床

双塔式移动床的组成原理和三塔式相同。不同的是清洗塔设在再生塔的下部,或者清洗过程在交换塔上部的贮存斗中进行,如图4-47所示。

双塔式也可做成多周期工作,但多周期操作频繁,故保证自动控制的可靠性是运行的重要环节。大、小周期之间也应配合好,使树脂各部分的流动保持平衡。

多周期移动床虽然可用调节大、小周期的办法来适应原水水质或流量的变化,但终究因素较多、调节较麻烦。为此,双塔式可采用单周期再生方式,将交换塔一个大周期中排出的树脂一次全部输送到再生塔中,按固定床的运行方式进行再生和清洗。但再生效果比多周期差一些。再生液流向,可以做成向下流或向上流。

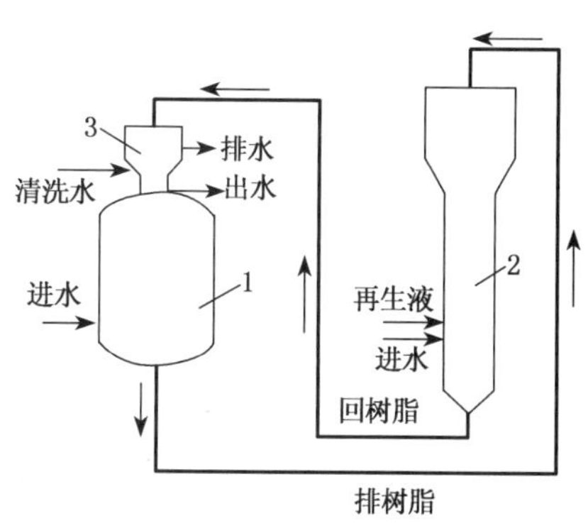

1—交换塔;2—再生塔;3—贮存斗

图4-47 双塔式移动床系统

单塔移动床如图4-48所示,交换、再生、清洗在一个塔内完成,而再生、清洗在交换塔上部的漏斗内进行。由于交换周期和再生、清洗的周期同步,故称单周期。单塔单周期是移动床中最简单的一种,优点是结构紧凑、占地小、投资省。单塔移动床形式较多,图4-48是三种单塔移动床的布置形式。

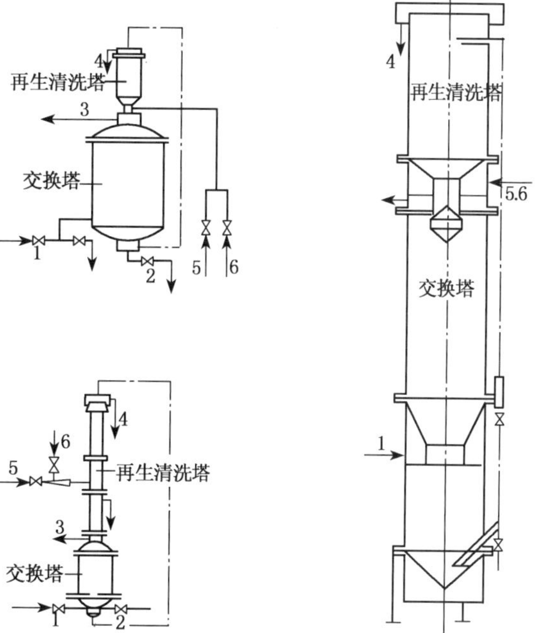

1—进水;2—排水;3—软化水;4—溢、排水;
5—压力清洗水;6—再生液

图4-48 单塔移动床系统图

4.5.2 移动床设备结构

移动床运行较复杂，要得到良好的效果，设备的合理结构很重要。现以三塔式系统为例，论述交换塔、再生塔、清洗塔的结构。

1. 交换塔

交换塔是移动床的主体设备，包括交换罐和树脂贮存斗(图 4-47)。交换罐是一个密闭容器，罐内设置有滤网、浮球阀、配水装置和排水装置等。

1) 交换塔漏斗

交换塔上部漏斗如图 4-49 及图 4-50 所示，用于存放新鲜树脂，漏斗体积计算确定，一般为 1.1～1.3 倍交换周期饱和树脂体积。漏斗上部设有溢水管，为防树脂漏泄还设有滤网，滤网由孔板和一层 50～60 目耐酸网组成。漏斗下部锥角一般为 60°。漏斗采用钢板或塑料等非金属材料制作。

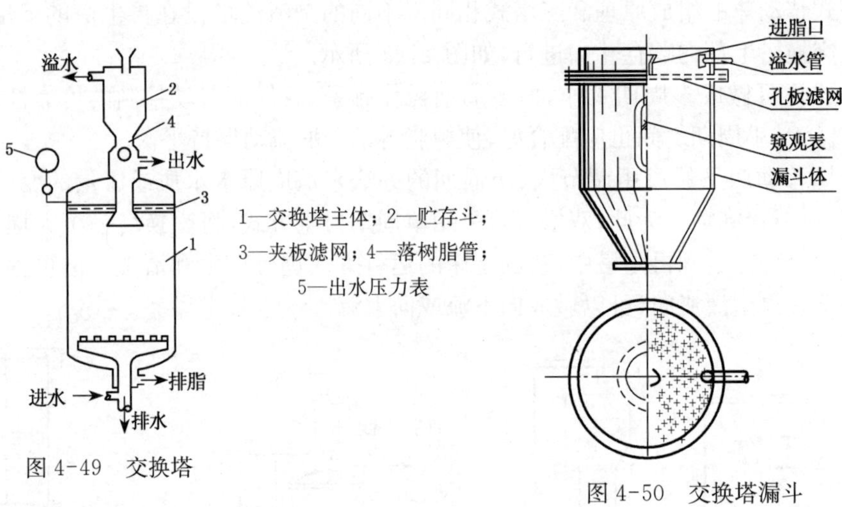

1—交换塔主体；2—贮存斗；3—夹板滤网；4—落树脂管；5—出水压力表

图 4-49 交换塔

图 4-50 交换塔漏斗

2) 滤网

滤网装在交换塔的上部。运行时，当树脂层被托起后顶在此滤网上。对滤网的要求是网目适当，不漏泄树脂，压力损失小，机械强度高，耐腐蚀。常用的金属多孔夹板式滤网如图 4-51 所示。

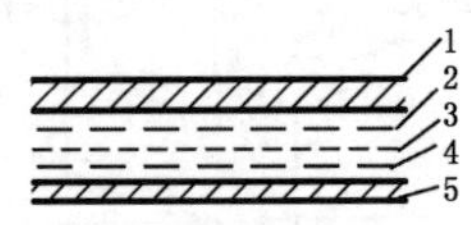

1 和 5—金属多孔板；2 和 4—塑料窗纱(16 目)；3—尼龙布(16 目)

图 4-51 夹板式滤网

3) 浮球阀

图 4-52 所示的浮球阀是树脂贮存斗与交换塔之间的自动逆止阀门，排水时贮存树脂落下，工作时靠水压力浮球关闸。浮球阀有球形、菱形和圆形三种，常用的为球形和菱形。用塑料或木芯圆球外衬橡胶，其比重略小于水，以 0.85～0.95 为宜，浮球直径 ϕ100～250 之间。

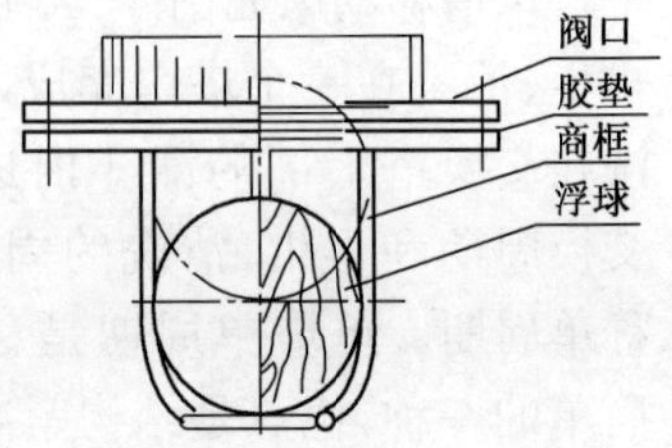

图 4-52 浮球阀

4) 配水装置

配水装置的作用是均匀布水，整体托起树脂层。配水装置有环式、辐射式、列管式等，从制造和防腐等考虑，趋向于采用列管式。列管式设总管和支管，支管上升配水孔。如母管、支管采用同径圆管，支管上等距离开孔，则支管中沿程流速是变化的，末端流速最小，压力最大，末端孔眼流速最大，造成水流不均匀，有可能在起床后出现树脂底面中部凸起呈锅底形。

为解决此问题，采用变径母管，如图4-53所示。如为了进一步改善水流情况，还可采用双母管、变径支管、不等距开孔等措施，尽可能使布水均匀。

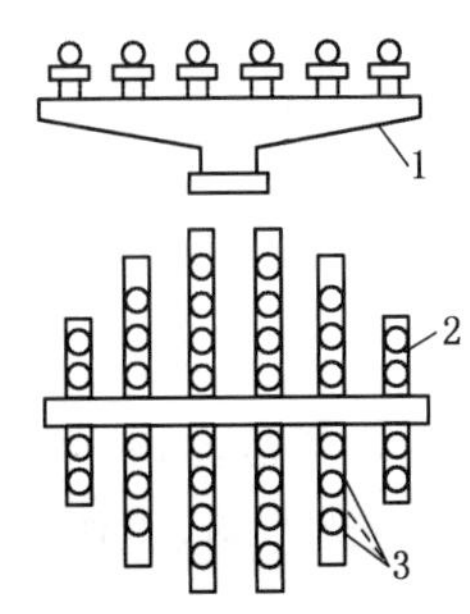

1—变径单母管；2—同径支管；3—等距开孔

图 4-53　变径单母管、同径支管、等距开孔式配水系统

5）排水装置

排水装置设在下部，落床时起排水作用。应保证排水均匀，树脂均匀下落，不发生乱床现象。为简化设备，也可把配水装置兼作排水之用，不另设排水装置。

系统中还设有进、出水管、排水管、落树脂管、排送树脂管及阀门、压力表、观察孔等，应经计算后确定。

交换塔截面积的大小，决定于交换流速，而交换流速的大小与原水硬度相关。适宜的交换流速可通过实验决定。根据运行经验，当树脂层厚度约 1 m 时，交换流速与原水硬度的关系可参照表 4-7。

表 4-7　　**交换流速的选择**

总硬度/(meq · L^{-1})	2.0	3.0	4.6	5.0
交换流速/(m · h^{-1})	70～80	65～75	55～65	50～60

交换塔主体高度主要决定于运行周期，运行周期的长短，应考虑再生和清洗所耗时间；对于多周期再生系统可用 1 h；对于单周期再生系统，应稍大于 1 h。交换塔主体高度包括失效层、保护层、水垫层（指配水系统以上至树脂层下缘）等高度，树脂层高一般为 1.0～1.2 m，水垫层为 0.1 m。

2. 再生塔

再生塔按树脂运行方式分颗粒树脂呈悬浮状态和呈托起层状两种。常用的是后一种，是敞口的圆锥形容器，上部设防止树脂溢流的滤网，下部有浮球阀将该塔分成再生部和输送部，如图 4-54 所示。

再生呈逆流状进行，再生塔做成直径较小、高度较高的圆柱体，多周期再生塔高度为 4～6 m。树脂与再生液的接触时间，与树脂交联度有关，交联度为 12%的树脂，接触时间需 60 min，苯乙烯强酸性树脂交联度为 8%，接触时间为 30 min，交联度 8%～9%的树脂，再生接触时间至少 30～45 min。再生液流速一般取 3～8 m/h。

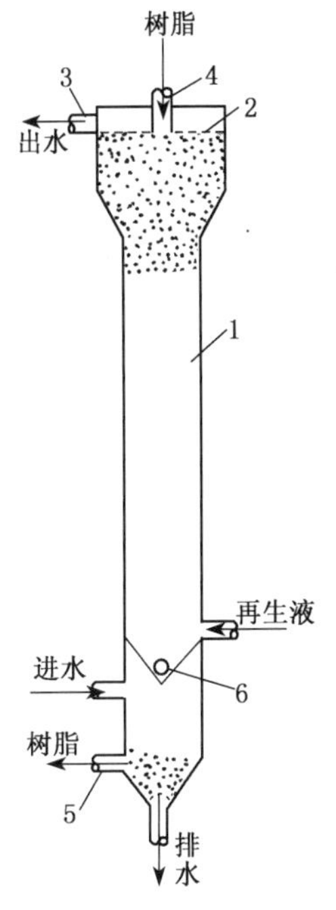

1—塔体；2—滤网；3—溢流管；4—进树脂管；5—出树脂管；6—浮球阀

图 4-54　再生塔

3. 清洗塔

在清洗塔中，树脂可呈悬浮清洗，也可呈压实或近似压实状清洗，悬浮清洗耗水量大，清洗时间长。

清洗结构简单，是一个敞口圆柱形容器。开口处可设滤网或不设滤网，不设滤网易将碎树脂排除；设滤网可采用压实式清洗。

4.5.3 移动床设计计算

1. 交换塔的设计计算

1) 交换塔截面积 F

已知处理水量、工作时间、交换流速可求得交换塔截面积 F。

$$F=\frac{Q_d}{t\cdot v\cdot n}\quad (\mathrm{m^2}) \tag{4-84}$$

式中 Q_d——产水量($\mathrm{m^3/d}$)；

t——交换塔每日工作时间(h)；

v——交换流速(m/h)，可参考表 4-7；

n——交换塔只数。

由此得塔内径 $D=\sqrt{4F/\pi}$。

2) 交换塔高度 H

交换塔高度 H 包括保护层 h_1、工作层 h_2、水垫层厚度 h_3(取 0.1 m)和饱和层容积高度 h_4。

$$H=h_1+h_2+h_3+h_4\quad (\mathrm{m})$$

工作层厚度 h_2 为

$$h_2=\frac{v\cdot t(H_0-H_\phi)}{E_\mathrm{I}} \text{ 或 } h_2=\frac{v\cdot t\cdot H_0}{E_\mathrm{I}}\quad (\mathrm{m}) \tag{4-85}$$

式中 v——交换速度(m/h)；

t——交换周期(h)，一般采用 45～90 min，推荐采用 1 h，它影响到周期饱和树脂量，要与再生能力相适应，与原水水质和交换水量有关，当处理水量大而水质差时，可取小值，反之取大值；

H_0——原水总硬度(克当量/$\mathrm{m^3}$)；

H_ϕ——软水剩余硬度，常压锅炉 0.035 meq/L，高压锅炉 0.005 meq/L；

E_I——交换树脂工作交换容量(克当量/$\mathrm{m^3}$)。

因软水中硬度很小，有时可忽略不计，计算中可不减去 H_ϕ，直接乘上 H_0 进行计算。

保护层厚度 h_1 与交换速率、原水硬度、树脂性能有关，通过试验确定，无试验资料时可参考表 4-8。

表 4-8　保护层厚度　　单位：m

H_0/(meq·$\mathrm{L^{-1}}$)	v				
	30 m/h	45 m/h	60 m/h	75 m/h	90 m/h
≤3	0.20	0.20	0.25	0.30	0.40
6.5	0.20	0.25	0.30	0.35	0.45
11	0.25	0.30	0.35	0.40	0.50

水垫层厚度对配水装置均匀配水，缓和对树脂层的冲击起调节作用。水垫层高时，树脂分层平整，但对稳定落床不利，同时加长了排水时间，故一般取 $h_3 = 0.1$ m。

饱和（失效）树脂厚度一般取 $h_4 = 1.1h_2$。

工作层加上保护层（水垫层以上树脂厚度），一般为 1.0～1.2 m，其中保护层与饱和层各占 1/5～1/4，工作层占 1/2～3/5 的高度。太高不仅设备费用增加，而且增加压力损失；小于 1.0 m，树脂交换容量利用率降低；高度再小，水质难以保证。

3）周期饱和树脂量及所占容积

每个周期应排出的饱和树脂量为

$$V_{饱} = \frac{Q \cdot t \cdot H_0}{E_{\mathrm{I}}} = \frac{F_{交} \cdot v_{交} \cdot t_{交} \cdot H_0}{E_{\mathrm{I}}} = h_{\mathrm{I}} \cdot F_{交} \quad (\mathrm{m})$$

式中，符号同前。

根据实践经验，配水装置以下的容积不能全部有效利用，饱和树脂量为其容积的 70%～80%。

4）交换漏斗容积

$$V_{斗} = \alpha V_{饱} = \alpha \frac{F_{交} \cdot v_{交} \cdot t_{交} \cdot H_0}{E_{\mathrm{I}}} = \alpha h_{\mathrm{I}} \cdot F_{交} \tag{4-86}$$

式中　α——考虑树脂输送不均匀性和输送水量，α 可取 1.15～1.20 范围内的值。

其他符号同前。

漏斗形状为圆柱加锥底，锥角为 60°左右，斗顶部设滤网，其上部高度一般取 0.15 m。

如果考虑兼作清洗用，应计算清洗水量，每个周期清洗水量为

$$q = K \cdot V_{饱} \cdot \eta_1 \quad (\mathrm{m}^3/t_{交}) \tag{4-87}$$

式中　K——清洗水比耗（$\mathrm{m}^3/\mathrm{m}^3$ 树脂）；

η_1——考虑到树脂输送预清洗作用，在交换漏斗中继续清洗程度（%）。

5）进水配水装置计算

一般采用列管式，详见后面的计算实例。配水装置和滤网的水头损失分别约 0.02 MPa。

2. 再生塔的设计计算

再生塔再生周期应与交换周期相适应，又要使再生剂利用率最合理，按小周期再生，分的次数愈多，利用率越高，但以不产生逆反应为限（再生液中含 Ca^{2+}，Mg^{2+} 太多时可能发生逆反应）。同时再生过程中应使非生产时间尽量缩短。树脂与再生剂接触时间要足够。

1）再生塔再生段的容积 $V_{再}$

$$V_{再} = V_{饱} \cdot \frac{T_{接}}{t} \quad (\mathrm{m}^3) \tag{4-88}$$

式中　$V_{饱}$——周期树脂循环量（m^3），即每个大周期交换塔排出的饱和树脂量；

$T_{接}$——再生接触时间（min），阳树脂为 30～45 min，考虑再生剂充分利用，取 80 min；

t——大周期时间（min）。

2）再生塔输送段容积 $V_{送}$

设计时如考虑小周期时，输送段容积应等于 1.1～1.2 倍的小周期的饱和树脂体积：

$$V_{送} = (1.1 \sim 1.2)\frac{V_{饱}}{n} \quad (m^3) \tag{4-89}$$

式中，n 为大周期中所分的小周期数，等于大周期时间与小周期时间的比值。

3）再生剂耗量(以纯度 100%计)

$$G = \frac{nNQ_h(H_0 - H_\phi)}{1\,000} \quad (kg/h)$$

式中 n——再生剂比耗值，即相当于理论用量的倍数，一般在 1.5～2.0；

N——再生剂当量(克/克当量)，$NaCl = 58.5$，$HCl = 36.5$，$NaOH = 40$；

Q_h——设计处理水量(m^3/h)；

H_0——Na 型为原水总硬度(克当量/m^3)，H 型取阳离子总数；

H_ϕ——Na 型指软水中残余硬度，H 型指泄漏阳离子数。

4）再生液流量

$$Q_{再} = \frac{nNQ_h(H_0 - H_\phi)t_{交}}{d \cdot C \cdot t_{再} \cdot 10^6} \quad (m^3/h) \tag{4-90}$$

式中 $t_{交}$——交换周期净交换时间(h)；

$t_{再}$——交换周期中净再生时间(h)；

d——再生剂密度(kg/L)；

C——再生剂浓度(%)。

5）再生塔截面积

再生塔截面积 $F_{再}$ 决定于再生流速 $V_{再}$，其截面积为 $\frac{Q_{再}}{V_{再}}$，得再生塔直径 $D = \sqrt{\frac{4F_{再}}{\pi}}$。

6）再生塔高度 $h_{再}$

$$h_{再} = \frac{A \cdot V_{再}}{F_{再}} \tag{4-91}$$

式中，A 为系数，采用 1.1～1.2。

7）再生塔漏斗容积

$$V_{再斗} = \frac{aV_{再}}{n} \quad (m^3) \tag{4-92}$$

式中 a——树脂输送系数，$a = 1.1 \sim 1.2$；

n——一个大周期分成小周期个数。

3. 清洗塔的设计计算

清洗塔设计应使清洗水进入后流速适当，避免形成涡流及树脂倒流；树脂在塔内均匀下移，防止上下窜动；三塔移动床再生完的树脂进入清洗漏斗后，废液尽量在漏斗中溢出；布液装置应便于检修折换。

1）清洗水量

$$Q_{清} = Mq_{饱} \quad (m^3/h) \tag{4-93}$$

式中　$q_{饱}$——每小时饱和树脂循环量（m^3/h），$q_{饱}=\dfrac{V_{饱}}{t}(m^3/h)$；

M——清洗水比耗（$m^3 H_2O/m^3$ 树脂），含义是清洗单位体积的树脂所用水的体积，在数值上就是用水量相当于树脂体积的倍数，一般阳离子交换移动床为 3～7 倍。

2）清洗塔截面积

清洗塔截面积 $F_{清}=\dfrac{Q_{清}}{V_{清}}$。其中，$Q_{清}$ 为清洗水量（m^3/h）；$V_{清}$ 为清洗流速（m/h），阳树脂 $V_{清}=5\sim15$ m/h；当用单塔时，食盐再生为 8～10 m/h，盐酸再生为10～12 m/h。

3）再生塔有效容积

清洗塔有效容积应是饱和树脂量的 1.2～2 倍，即为

$$V_{清} = (1.2\sim2)V_{饱} \quad (m^3) \tag{4-94}$$

4）清洗塔有效高度

$$h_{清} - \frac{V_{清}}{F_{清}} \quad (m) \tag{4-95}$$

式中，符号同上。

4. 树脂用量计算

一套离子交换移动床设备所需要的树脂用量计算如下。

1）交换塔中的树脂装量

$$W_{交} = V_{饱} + (h_1 + h_2)F_{交} \quad (m^3) \tag{4-96}$$

式中　$V_{饱}$——周期树脂循环量（m^3）；

h_1——保护层厚度（m）；

h_2——工作层（含饱和层）厚度（m）；

$F_{交}$——交换塔的截面积，m^2。

2）再生塔树脂装量

$$W_{再} = V_{再} + V_{送} \quad (m^3) \tag{4-97}$$

3）清洗塔的树脂装量

$$W_{清} = (1.2\sim2.0)V_{饱} \quad (m^3) \tag{4-98}$$

4）一套设备的树脂总装量（湿树脂）

$$W_R = W_{交} + W_{再} + W_{清} \quad (m^3)$$

5. 各管道设计参考数据

1）树脂输（排）送管

$$F_1 = \frac{(1+c)V_{饱}}{3\,600t\nu} \quad (m^2) \tag{4-99}$$

得 $$D=\sqrt{\frac{F_1}{0.785}}\quad(\mathrm{m})$$

式中 c——输送水比耗，取 0.75～1.0；

$V_{饱}$——周期树脂循环量(m^3)；

t——输送一个周期饱和树脂所需时间；

ν——树脂在管中流速，取 1 m/s；

0.785——$\frac{\pi}{4}$值。

2) 再生液管截面积

$$F_2=\frac{Q_{再}}{3\,600\cdot V_{再}}\tag{4-100}$$

$$D=\sqrt{\frac{F_2}{0.785}}\quad(\mathrm{m})$$

式中 $Q_{再}$——再生液流量(m^3/h)；

$V_{再}$——再生液在管中流速，取 $V_{再}\leqslant 0.8$ m/s。

3) 排废液管

根据进入再生塔的再生液和清洗水量进行计算，但排液管直径应不小于 50 mm。

6. 移动床离子交换的优缺点

1) 优点

(1) 树脂利用率高。在相同条件和出力情况下，移动床所需树脂仅为固定床的 1/3～1/2。因树脂在移动床中经常在周转，再生次数多，故利用率高。

(2) 再生剂用量省。如采用多周期方式运行时，再生剂用量仅为顺流再生固定床的 1/2～2/3。

(3) 出水水质好。移动床交换软化出水水质不仅好，而且始终是一样的。而固定床在每一运行循环中往往只有供水的中间阶段出水水质较好，在刚再生后和失效前出水水质不够良好。

(4) 投资相对较省。移动床交换塔中水的流速快(可达 60 m/h)，交换剂层低，故设备小，占地面积少，其全部投资与固定床相比可省 30%左右。

2) 缺点

(1) 树脂损耗率高。在移动床中树脂处于不断流动状态，磨损较大；再生次数频繁，树脂因膨胀和收缩而易损坏。

(2) 自动控制易失灵。移动床有两组自动控制设施：一是交换塔进水水力阀门和排水水力阀门用时间继电器控制；二是再生塔三只电磁阀门也用时间继电器控制。这些自动控制设备常失灵，须及时检修，有时得用手工操作，造成不便。

(3) 移动床系统阀门多。系统中有球阀、活塞阀、水力阀门、电磁阀、单向阀、手动阀等。不仅增加造价，而且失灵时影响树脂的动态平衡，造成树脂堵塞和脱节，对运行带来不少困难。

(4) 对进水水量水质变化适应性差。移动床各运行周期通常是按时间控制的，如流量增大，流速很高，会使交换剂很快淤塞，故对原水预处理要求高。在处理水量大且稳定，或进水水质清且变化不大时，采用移动床较为有利。

图 4-55 是某软化站双塔式移动床示意图，是在三塔式基础上演变而来。其清洗工艺由再生塔下部输送段和交换塔上部漏斗中完成；同时，几只自动阀门采用射流技术，实现程序控制。

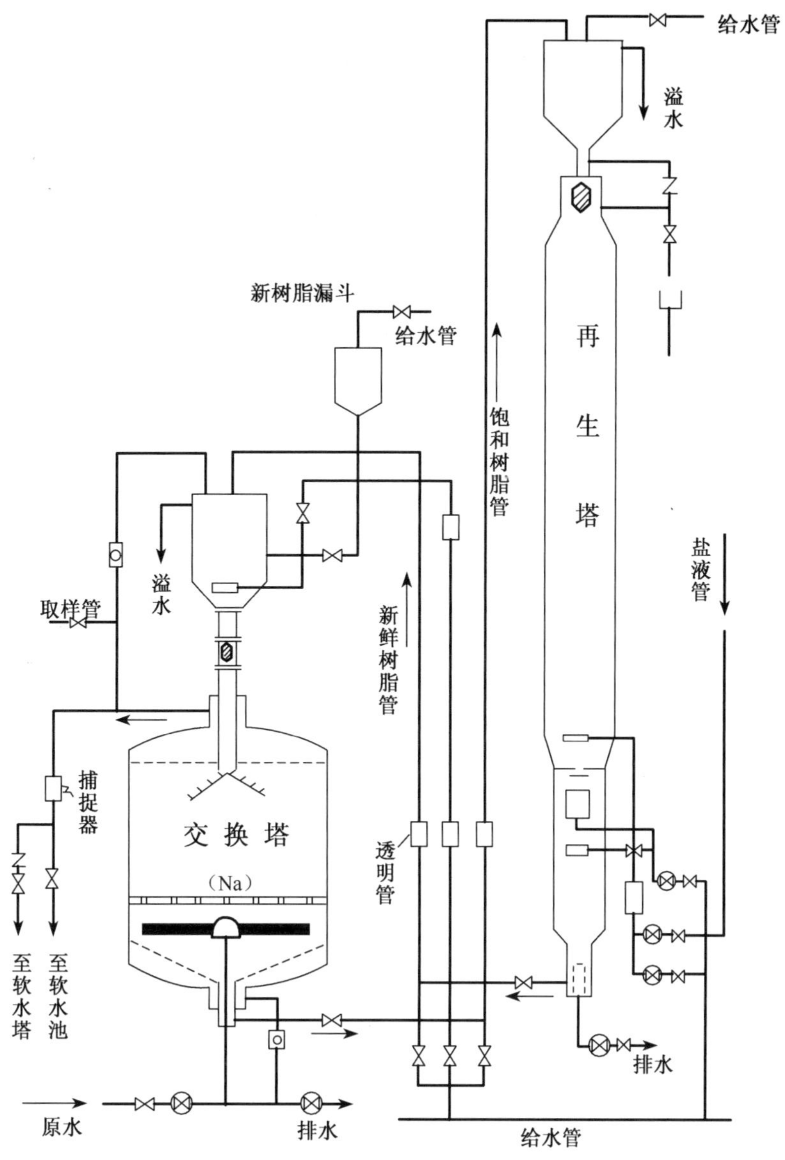

图 4-55　某软化站双塔式移动床流程示意图

7. 移动床设计计算举例

双塔移动床设计计算与三塔式基本相同，输送清洗段设在再生塔下部。现以双塔式移动床为例进行设计计算。

1) 设计依据及资料

(1) 某软化站供给生产用软水，要求剩余硬度 ≤0.05 meq/L (≤50 μs)，出水剩余碱度控制在 0.5 meq/L (500 μs)，即 $HCO_3^- \leqslant 0.5$ meq/L。

(2) 处理水量。包括自用水在内的昼夜用水量为 1 500 t，即 $Q_d = 1\,500$ t/d。

(3) 给水水源为地下水，水质如表 4-9 所示。

表 4-9 **水质资料**

阳离子			阴离子		
项目	数量	单位	项目	数量	单位
Ca^{2+}	3.3	meq/L	Cl^-	0.4	meq/L
Mg^{2+}	1.5	meq/L	SO_4^{2-}	0.48	meq/L
$K^+ + Na^+$	1.05	meq/L	HCO_3^-	4.5	meq/L
总阳离子数	5.85	meq/L	SiO_3^{2-}	0.47	meq/L
总硬度	4.8	meq/L	总阴离子	5.85	meq/L
非碳硬	0.3	meq/L	蒸发残渣	300.4	mg/L

2) 处理工艺

经过比较，决定采用氢、钠并联移动床离子交换法，计算氢钠混合比，得钠型产水量为 384 t/d (17.5 t/h)。由于该软水站不设备用设备，因此氢钠并联中，如果某台发生故障或大修停用时，则另一台单独使用。如氢型单独使用加碱中和，钠型单独使用则加酸处理。现按钠型单独处理进行设计计算，则钠型出水量等于每昼夜所需软水水量 1 500 t。

按每天 22 小时工作，则设计处理水量为

$$Q_h = \frac{Q_d}{22} = \frac{1\,500}{22} = 68 \text{ t/h} = 0.018\,9 \text{ m}^3/\text{s}$$

3) 钠型装置设计计算

(1) 交换塔

① 树脂工作交换容 E_I

采用 001×7 阳离子交换树脂，其参数为：湿视密度，$\gamma = 0.75 \sim 0.85$ g/ml；吸水率，$B = 46\% \sim 52\%$；干树脂交换容量，$E_干 \geqslant 4.5$ meq/g。

采用 $E_干 = 4.5$ meq/g，$\gamma = 0.8$ g/ml，$B = 0.5$；树脂利用率 $\eta = 0.6$，则得工作交换容量为

$$E_I = 4.5 \times 0.8 \times 0.5 \times 0.6 = 1.080 \text{ meq/ml} = 1\,080 \text{ 克当量} /\text{m}^3$$

② 交换周期 $t_交$

每个交换周期取 60 min，纯交换时间为 57 min，即 0.95 h。

③ 交换流速 $v_交$

根据原水水质，选用 $v_交 = 60$ m/h。

④ 交换塔截面积 $F_交$ 及直径 D

$$F_交 = \frac{Q_h}{v_交} = \frac{68}{60} = 1.133 \text{ m}^2$$

$$D=\sqrt{\frac{F_{交}}{0.785}}=\sqrt{\frac{1.133}{0.785}}=1.2\ \text{m}$$

⑤ 交换塔高度

$$\text{工作层厚度}\ h_{\mathrm{I}}=\frac{v_{交}\cdot t_{交}\cdot H_0}{E_{\mathrm{I}}}=\frac{60\times 0.95\times 4.8}{1\,080}=0.254\ \text{m}$$

保护层厚度，采用 $h_1=0.3\ \text{m}$，树脂按计算高度为 $h_1+h_2=0.254+0.3=0.554\ \text{m}$，实际采用 1.0 m。

水垫层厚度，采用 $h_3=0.1\ \text{m}$。

失效（饱和）树脂所占容积高度 $h_4=1.2h_2=1.1\times 0.254=0.28\ \text{m}$。

$$h_{交}=1.0+0.1+0.28=1.38\ \text{m}$$

由于出水部分采用平钢网，此高度不包括滤网以上部分的交换塔高度。尺寸见图 4-56。

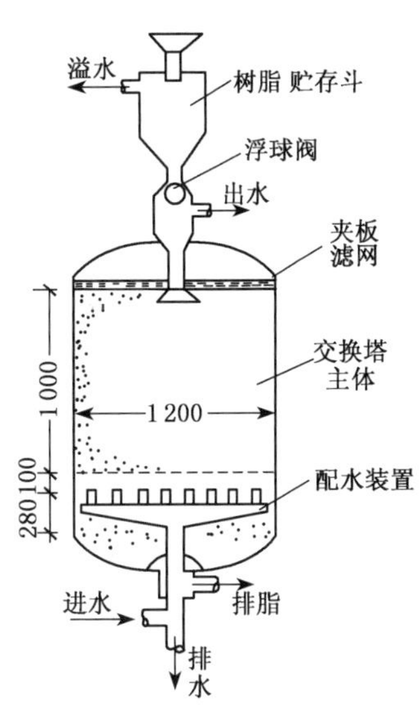

图 4-56　交换塔示意图

⑥ 周期饱和树脂量及所占容积

$$V_{饱}=h_{\mathrm{I}}\cdot F_{交}=0.254\times 1.133=0.288\ \text{m}^3-288\ \text{L}$$

配水装置以下的容积不能全部利用，包括底部容积在内应在 385 L 左右（385 ×75% = 288 L）。

⑦ 交换漏斗容积

$V_{斗}=\alpha V_{饱}$，采用 $\alpha=1.2$，得 $V_{斗}=1.2\times 288=345\ \text{L}$。

⑧ 交换漏斗清洗水量

交换漏斗兼作清洗树脂用，取清洗水比耗为 4 m^3/m^3（树脂），清洗效果 $\eta_1=60\%$，则得

$$q=4\times 0.6\times 288=0.691\ \text{m}^3/\text{周期}=691\ \text{L}/\text{周期}$$

$$\text{清洗流量}=\frac{691}{57}=12.1\ \text{L/min}=0.202\ \text{L/s}$$

⑨ 进水配水装置计算

采用列管式（变径单母管，支管等距离开孔）配水装置，兼作排水之用。

母管设计：

母管直径采用 $\phi=120\ \text{mm}$，面积和流速为

$$F_{母}=0.785\times 0.12^2=0.011\,3\ \text{m}^2$$

$$V_{母}=\frac{Q}{F_{母}}=\frac{68}{3\,600\times 0.113}=\frac{0.018\,9}{0.113}=1.67\ \text{m/s}$$

母管端部截面积为 $0.5F_{母}$（截成半圆），变径母管保留长度 $l=1.3\times 0.12=0.156\ \text{m}$，取 $l=0.16\ \text{m}$。

支管及孔眼设计：

设支管 8 根，每根直径 $\phi = 50\ \text{mm}$，则总截面积为

$$\sum f = 0.785 \times 0.05^2 \times 8 = 0.0157\ \text{m}^2 > F_{母} = 0.0113\ \text{m}^2$$

支管开孔率为交换塔截面积的 2%，则开孔总面积为 $\sum f = 0.785 \times 1.2^2 \times 0.02 = 0.0226\ \text{m}^2$。设孔眼直径 $\phi = 8\ \text{mm}$，则单孔面积 $f = 0.785 \times 0.008^2 = 0.0000503\ \text{m}^2$。则开孔数为

$$n = \frac{\sum f}{f} = \frac{0.0226}{0.0000503} = 450(个)$$

支管单侧长度为

$$\sum l = (565 + 525 + 425 + 205) \times 2 = 3440\ \text{mm}$$

则两侧之和总长度为 $3440 \times 2 = 6880\ \text{mm}$。孔眼的中心距为

$$b = \frac{\sum l}{n} = \frac{6880}{450} = 14.8\ \text{mm}$$

配水装置的尺寸及布置见图 4-57。两侧交错开孔。

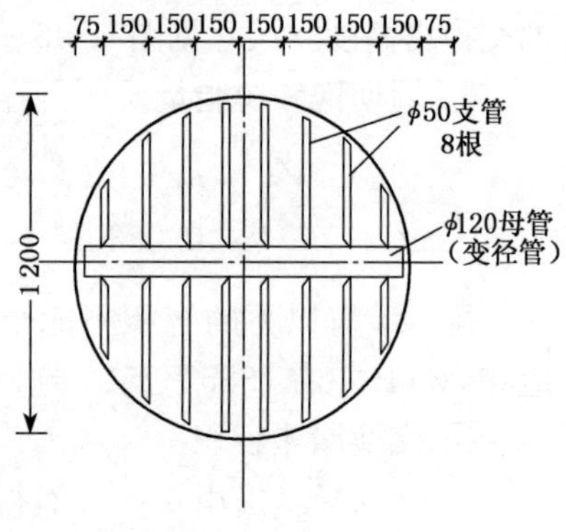

图 4-57　配水装置计算示意图

⑩ 交换塔水头损失估算

树脂层高度 1 m，水头损失 0.08 MPa，进水装置水头损失 0.02 MPa，出水滤网水头损失 0.02 MPa，总水头损失约 0.12 MPa。

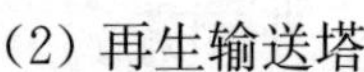

(2) 再生输送塔

① 再生周期

再生周期选用 10 min，净再生时间 9 min，即一个大周期分 6 个小周期。

② 再生部容积

$$V_{再} = V_{饱} = 288\ \text{L}$$

③ 输送部容积

$$V_{输} = \frac{V_{饱}}{n} = \frac{288}{6} = 48\ \text{L}$$

④ 再生塔截面积和高度

采用再生剂比耗为 1.8、食盐当量值 58.5 g/克当量设计流量 68 m^3/h，进水硬度 4.8 meq/L，出水(软水)中残留硬度 0.05 meq/L，交换周期净交换时间为 0.95 h(57 min)，盐液浓度 8%，盐液密度(20℃)1.056，交换周期净再生时间 0.9 h(54 min)，则得

$$Q_{再} = \frac{nNQ_h(H_0 - H_{\phi})t_{交}}{d \cdot c \cdot t_{再} \cdot 10^6} = \frac{1.5 \times 58.5 \times 68 \times (4.8 - 0.05) \times 0.95}{1.056 \times 0.08 \times 0.9 \times 10^6} = 0.354\ \text{m}^3/\text{h}$$

再生液流速采用 5 m/h，计算塔的截面积为

$$F_{再} = \frac{Q_{再}}{V_{再}} = \frac{0.354}{5} = 0.0708\ m^2$$

采用 $\phi300$ 内径的钢管，断(截)面积为

$$0.785 \times 0.3^2 = 0.0707\ m^2$$

再生部分的高度 $h_{再}$ 为

$$h_{再} = \frac{V_{再}}{F_{再}} = \frac{0.287}{0.0707} = 4.06\ m$$

输送部分如果取与再生部分相同截面积，则高度为

$$h_{输} = \frac{V_{输}}{F_{再}} = \frac{0.048}{0.0707} = 0.68\ m$$

按上述计算，再生部和输送部高度之和达 4.7 m 以上，为降低高度，把再生塔顶部和树脂输送部截面积扩大，经过计算，高度降低到 3 m 左右，再生塔构造及计算尺寸见图4-58。

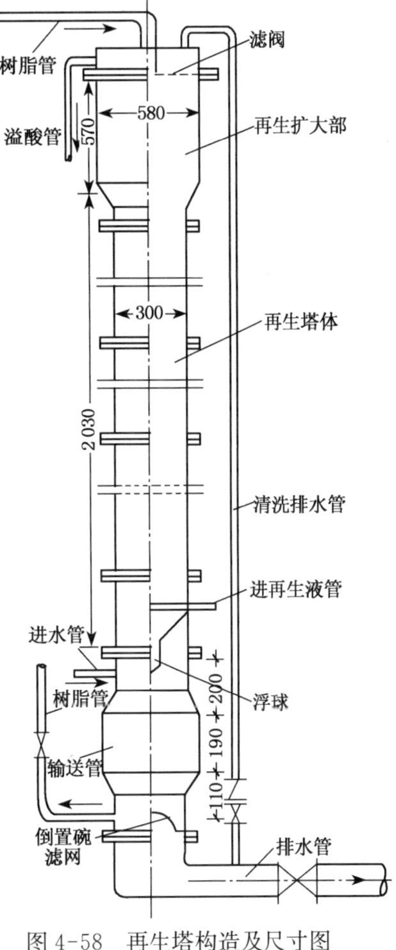

图 4-58　再生塔构造及尺寸图

(3) 输送、清洗用水量

输送、清洗用水量就是进再生塔水量。输送树脂用水量按树脂：水＝1：0.9 计算(一般树脂：水＝1：09～1.3)，则输送树脂水量为

$$\begin{aligned} Q_{输} &= 0.9V_{输} \cdot n = 0.9 \times 0.046 \times 6 \\ &= 0.259\ m^3/大周期 \end{aligned}$$

考虑输送部清洗效果为 40%，清洗水比耗为4 m^3/m^3，则输送部清洗水用水量为

$$Q_{清} = KV_{输} \cdot \eta \cdot n = 4 \times 0.048 \times 40\% \times 6 = 0.46\ m^3/大周期$$

得再生塔进水量为

$$Q = Q_{输} + Q_{清} = 0.259 + 0.46 = 0.719\ m^3/大周期$$

输送清洗每周期净时间为 0.9 h，故

$$Q = \frac{0.719}{0.9} = 0.8\ m^3/h = 0.222\ L/s$$

(4) 树脂用量计算

① 交换塔内树脂量

$$V_{交} = V_{饱} + (h_1 + h_2) \cdot F_{交} = 0.287 + 1 \times 1.133 = 1.42\ m^3$$

② 再生塔树脂量

$$W_{再} = V_{再} + V_{输} = 0.287 + 0.048 = 0.335\ m^3$$

③ 一套设备总装量

$$W_R = W_{交} + W_{再} = 1.42 + 0.335 = 1.755\ \text{m}^3$$

干树脂

$$W_{干} = W_R \times r_{视} \times (1-\beta) = 1.755 \times 800 \times (1-0.5) \approx 702\ \text{kg}$$

(5) 再生剂用量及设备

① 食盐用量

按纯盐用量计：

$$G = \frac{Q_h \cdot (H_0 - H_\phi)Nn}{1\,000} = \frac{68 \times (4.8 - 0.05) \times 58.5 \times 1.5}{1\,000} = 28.4\ \text{kg/h}$$

市售食盐：$G_1 = \dfrac{28.4}{95\%} = 30\ \text{kg/h}$

每天用盐量：$22 \times 30 = 660\ \text{kg/d}$

② 盐库容积

每月用盐：$660 \times 30 = 19\,800$ kg/ 月 $= 19.8$ t/ 月

食盐堆积容量为 0.86 t/m³，则按一个月贮量计，盐库容积为

$$\frac{19.8}{0.86} = 23\ \text{m}^3(\text{体积})$$

③ 盐液池

由食盐溶解过滤器过滤的清浓盐液，流入盐液池，配制成 8% 的浓度，前已计算用量 $Q_{再} = 0.354\ \text{m}^3/\text{h}$，每天用量为 $22 \times 0.354 = 7.8\ \text{m}^3/\text{d}$，选用 8 m³ 盐液池一只，分成两格，设闸门。

4.5.4 流动床离子交换软化处理设备

移动床软化处理还有"起床"、"落床"的过程，并不是完全连续的；自动控制程序较复杂，经常失灵，需人工操作。流动床工艺完全连续，它主要解决了如下两个问题：

(1) 完全拼弃了电气自动控制设备，用水力控制来代替，树脂和水流在设备中自行连续运转；

(2) 离子交换树脂在运行中进行软化交换和再生，反冲洗、再生、正洗三个工序合并成一个工序，并节省了自耗水量。

流动床软化设备分有压和无压两种，重点介绍无压式。

1. 流动床工艺流程

工艺流程见图 4-59。

(1) 软化流程。原水由进水管④经阀门②流入布水管①，经均匀布水后向上流动，与树脂层进行软化交换，软水从塔顶溢流入环形集水槽。

(2) 树脂流程。再生好的树脂靠交换塔与再生塔之间的水位差，从再生塔底部输往交换塔，由交换塔顶部进入，靠重力下落，在下落过程中，与向上流动的原水进行离子交换，使树脂在逐层向下落的交换过程中逐渐接近饱和。饱和后失效树脂经收集管③、阀门⑦及树

脂喷射泵压送至再生塔顶端，通过漏斗缩口⑤进入再生塔上部。阀门⑦是用来控制树脂流量的。在再生塔中，树脂自上而下，再生液自下而上进行对流接触再生。当树脂靠重力继续向下进入清洗装置段后，与自下而上的清水接触而得到清洗。经再生、清洗后的树脂从再生塔底部由定量嘴控制，利用两塔水位差送到交换塔循环使用。

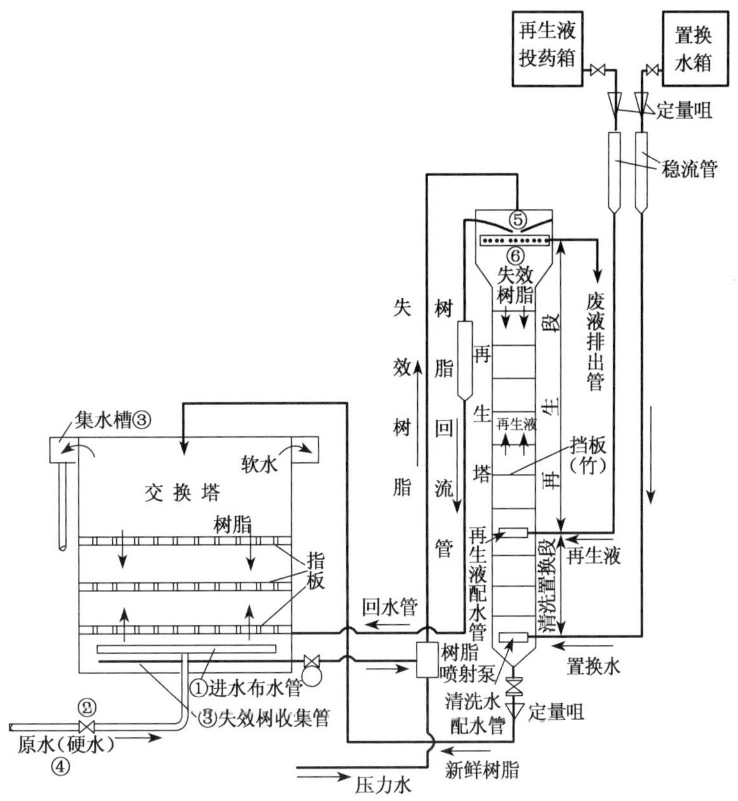

图4-59　某软化站流动床布置及流程图

(3) 再生液流程。高浓度的再生液（NaCl为30%，HCl为20%），从高位箱经定量嘴稳流管流入再生塔，与自下而上的清水混合、稀释向上流动，与下落的树脂对流接触中进行再生。废液从再生塔上部的废液管排出。

(4) 清洗水流程。清洗水从高位水箱经定量嘴、稳流管从再生塔底部配水系统进入再生塔，分成两股：一股向下流，将再生清洗后的树脂送至交换塔；另一股向上流，对逐渐下落的树脂进行清洗，然后与中部进入的浓再生液进行混合稀释，在上升流动中对饱和树脂进行再生，最后从上部废液管⑥排出。

(5) 树脂输送水流程。经树脂喷射泵的压力水，将失效的饱和树脂从交换塔底部抽送至再生塔顶部，由上而下进入再生塔，其中大部分输送水从再生塔顶部接出的回流管从交换塔底部回入重复利用，小部分随饱和树脂经漏斗口⑤进入再生塔后下移。失效树脂一进入漏斗缩口就开始进行再生，越向下再生越彻底，到近再生液进口附近，再生液浓度最高，树脂上顽固的 Ca^{2+}，Mg^{2+} 也全被交换下来，小部分输送与由下而上的废液合流经废液管⑥排除。

从上述可见，交换塔和再生塔流程中一个共同的特点是：水流都是由下而上，树脂都是依靠重力自上而下降落，树脂和水流在相对运动中得到交换软化、再生和清洗。

2. 流动床的设备构造

1) 交换塔

流动床由交换塔和再生塔组成，为敞开式。这种无压力流动床交换塔的特点是：

(1) 在水向上流的同时，树脂能下落。

(2) 要保持树脂循序渐渐下落，在塔内不形成乱层现象。停止运转时，水流停止流动，树脂加速下落。

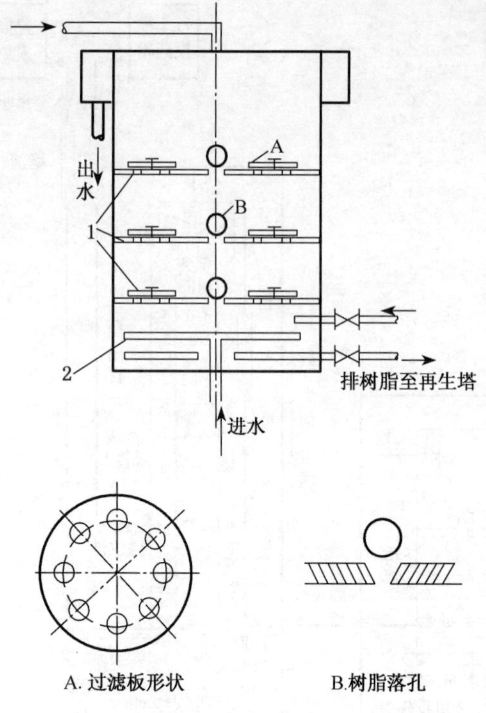

1—多孔隔板；2—支管(管径一般为 $\phi50$，支管中小孔 $\phi2$，总面积为 4%～5%塔截面)

图 4-60 流动床交换塔

(3) 要在树脂呈松散的状态下保证软化交换作用的效果，防止水的偏流。

根据这些特点和要求，采用多孔隔板将交换塔隔成几个部分，如图 4-60 所示。缝隙的大小以防止树脂穿过下落为准，用以通水。这样树脂分区域沉积于各区的隔板上，减少了再起动时的乱层现象。多孔隔板的另一个最主要的作用是保证上升水流均匀通过，而控制树脂通过隔板中央的锥形孔定量降落。在工作过程中逐步饱和的树脂逐渐下降到底部，利用树脂水射泵抽送到再生塔。

锥形孔上设有比重略大于水的浮塞。运行时浮塞被上升水流冲顶起，锥形孔通畅，使逐渐失效的树脂逐层下落；停止运行时，浮塞落在锥形孔上塞牢，防止树脂漏落。运行时，由于浮塞的阻挡，可使上升水流向四周扩散，使隔板上树脂形成层状，有利于软化交换。

一般认为：每层隔板上过水孔的总面积宜为隔板总面积的 11%～12%，落树脂孔的孔径为交换塔内径的 4%左右，交换流速应小于 30 m/h，树脂层厚度为 1.0～1.2 m。

2) 再生塔

再生塔主要由再生段、清洗段、树脂贮存斗等组成，这几部分高度构成再生塔主要高度尺寸，如图 4-61 所示。

(1) 再生段。为使树脂有秩序地向下分层下落，同时使再生液又能较充分的利用，每隔 0.5 m设一层树脂可通过的多孔隔板。树脂降落和混合再生液上升的相对速度宜采用 8 m/h 以内。再生段的高度采用5.5 m，使饱和程度 90%以上的饱和树脂达到 70%以上再生程度。

(2) 清洗段。树脂的降落速度与水流的上升速度要配合适当。树脂下落速度一般为 3～4 m/h，清洗水上升速度为树脂降落速度的 70%～100%。换算的清洗水量与相应树脂体积之比为 1.7～2.0 l/L。清洗段的高度为 1.6～1.8 m，每隔0.5 m设一层多孔隔板。

(3) 树脂贮存斗。贮存斗内设树脂漏斗，使树脂从漏斗孔下落。此漏斗还可防止废液往漏斗上部窜动。

再生塔的上、中、下部各有一道包有尼网的环形穿孔管：上面一道用来排除再生和清洗废液；中间一道用来引入再生液；下面一道用来引入置换清洗水。从图4-59 可见，二塔外面除了必要的管路以外，还有三只玻璃竖管，其中两只是稳流管，一只是树脂回流管。还有树脂喷射泵和四只定控制嘴。

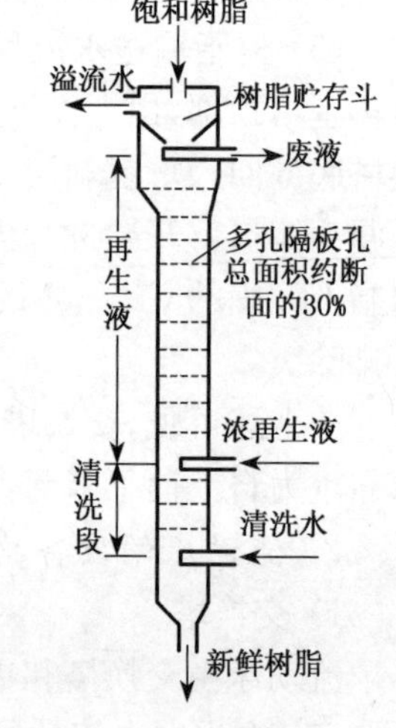

图 4-61 再生塔结构示意图

3. 应注意的有关问题

1) 交换塔应注意的问题

(1) 在上升流速作用下，树脂处于悬游状态，因树脂在充分膨胀下颗粒间空隙增大，易产生“离子泄漏”现象。故流动床交换速度(上升流速)限于20～30 m/h，远小于移动床，这是流动床存在问题的要害。为改善“离子泄漏”问题，采用三道挡板，形成“多级串联”的离子交换方式。

(2) 严格掌握只有失效(饱和)树脂被收集排出塔外。故采用三道挡板，树脂逐层下降，防止树脂上下窜动，从而达到越是下层，树脂饱和程度越高，越是上面，树脂越新鲜，保证软化水质。

2) 再生塔流程中要注意的问题

(1) 树脂始终处于悬游状态，膨胀率约10%。可使再生液与树脂的接触面大一些，同时使废液排泄通畅。

(2) 再生液进口处与清洗水进口处之间为清洗段，清洗流速≤4 m/h(远小于固定床和移动床)。小流速通过树脂层，把树脂交联网眼中的再生液和废液置换出来，故该段也称“置换清洗段”。置换出来的再生液向上进入再生段，再生液得到充分的利用。

(3) 置换清洗段的出水进入再生段，用来稀释浓的再生液，节省了再生液的用水。但要注意，再生液的流量不能超过清洗水流量的1/4，否则树脂会带着再生液流到交换塔。

(4) 再生塔整个高度上装有10块以上隔板，防止降落的部分树脂在整个高度中上窜下跳，隔板可以把上下窜动的现象局限在一个小区段中。使树脂层呈紧密的“列队”状态有秩序地向下“蠕动”。

(5) 再生塔顶部漏斗中的缩口阻力很大，使再生废液全部在环形“废液排除管”中排掉，不会通过缩口混在树脂回流管(图4-49)中流到交换塔。

3) 二塔外部管件设备应注意的问题

新鲜树脂输送至交换塔顶部的流量由再生塔底下的定量嘴控制，失效树脂用射流泵输送到再生塔顶部的流量由阀门⑦控制。新鲜树脂与失效树脂在流量上应保持平衡，使再生塔中顶部的树脂面与“树脂回流管”的管口相平，稍使树脂通过“树脂回流管”有些回流到交换塔的底部。再生液的浓度在“再生液投药箱”中已配好，流量用箱下的“定量嘴”控制，再生液用重力落到“稳流管”中，再送入“再生塔”。置换水的流程也用同样方式。

定量嘴由一根接在投药箱上的短管和接在管口的投药苗子组成。各种口径的苗子与各种投药量相对应，备用在投药箱旁边。根据运行投药量选择苗子，装上短管口，出流量成恒定值。

稳流管上端与大气相通的玻璃管，管底接入再生塔下面内部。定量嘴的流量是恒定的，如果接进再生塔的流量有变动，使进、出水量不平衡，必会使稳定管的水位(水头)上下变动，则流量会自动调整。

4. 流动床的主要设计参数

1) 交换塔

(1) 上升流速：$V = 20 \sim 30$ m/h，是计算交换塔直径的依据。

(2) 树脂层：静止时树脂层总高度1 m左右。

2) 失效树脂输送量

失效(饱和)树脂输送流量计算式为

$$V = \frac{Q \cdot (H_0 - H_\phi)}{E_I} \tag{4-101}$$

式中 V——失效树脂输送量(m^3/h)；

Q——产水量(m^3/h)；

H_0——原水总硬度(meq/L)；

H_ϕ——软水中残留硬度(meq/L)；

E_1——树脂的工作交换容量(克当量/m^3)。

3) 再生塔

(1) 树脂的降落速度宜小于或等于 4 m/h,是计算再生塔直径的依据。

(2) 塔身高度以 6.5 m 左右为宜,不小于 5.5 m,其中包括塔顶漏斗高度 1 m,置换清洗段 1.6～1.8 m。

漏斗的逗留时间宜为 0.6 h;再生塔宜为 0.75～0.9 h;置换清洗段为 0.5 h。塔身的上升流速宜为树脂降落速度的 70%～100%,斗中流速为塔身流速的 1/4,以便失效树脂一进入再生塔就有较高的再生效果。

(3) 再生液用量,以食盐为例,宜为 2 克当量/L 树脂,再生液与清洗水的流量比为 1∶2～1∶3。

(4) 置换水的总流量为 1.7～2 l/L 树脂。

(5) 挡板的小孔直径宜为 20 mm,穿孔总面积宜为再生塔截面积的 30%左右。挡板间距约为 0.5 m。

(6) 环形穿孔管宜用直径 20 mm 的塑料管,孔眼直径 5 mm。外包 80 目尼龙布。网布用四条塑料条撑开,可避免树脂在小孔处堵塞。

再生塔最高液面应高于交换塔液面至少 2.5 m。

5. *流动床工艺存在问题*

移动床具有产水量大的优点,流动床具有设备简单、上马快、操作方便的优点。流动床主要存在以下两个问题:

(1) 树脂(向下)和水流(向上)的相对运动,使树脂处于悬浮状态,故向上的水流速度有个限值,否则会因树脂空隙太大而加速"离子泄漏"致使水质恶化。同时,极限水速又受到温度的影响,温度升高时水的粘度减小,极限水速可随之增大。水速增加,产水量增加,但水质难保证;水速减小,水质可保证,但产水量降低。就是说要解决好水量水质之间的矛盾。

(2) 再生塔高度大,影响房屋造价,如何在保证高效率再生工艺的条件下,尽量降低高度是要解决的问题。

6. *压力式流动床*

图 4-62 为压力式流动床示意图。交换塔中树脂的运行方式和移动床相似,即水快速上升流动,使树脂呈托起压实状态进行交换。但其失效树脂的排放却和移动床方式不同,没有落床排放过程,而是由Ⅱ室上部连续排放至再生塔中。

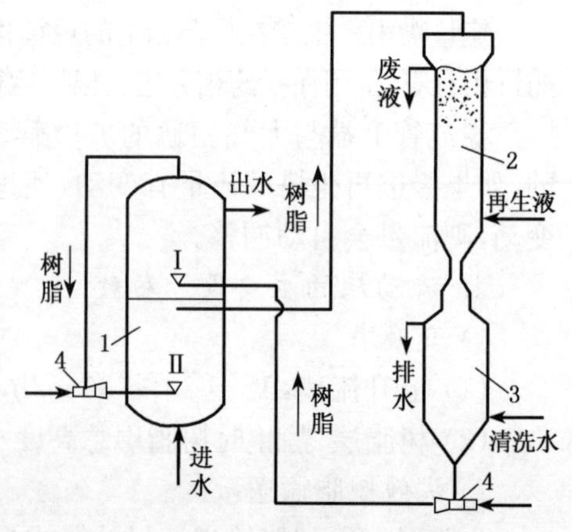

1—交换塔；2—再生塔；3—清洗塔；4—喷射器

图 4-62　压力式流动床示意图

压力式流动床中树脂流向与水的流向是相同的,这对软化交换不利,因水最后接触到的不是新鲜树脂。为解决此问题,采用分室交换方法,使水和树脂在室与室之间呈对流状态。

图 4-62 中，将交换塔分成Ⅰ室和Ⅱ室，水的流向是自Ⅱ室进入Ⅰ室，树脂是自Ⅰ室进入Ⅱ室，二者对流。新鲜树脂补充到Ⅰ室，当水在Ⅱ室进行初步交换后，到Ⅰ室又得到进一步的交换，可获得较好出水水质。失效树脂依靠喷射器或清洗、交换两塔之间压力差，由Ⅱ室排放到再生塔。

如果将交换塔分成三室，则树脂的交换能力可得到更充分的利用，但装置要更复杂些。

在再生清洗塔中，失效树脂自上而下自然落下，再生液自再生塔底部进入向上流动，进行逆流再生。再生后树脂经缩口落入清洗塔进行清洗。清洗水从清洗塔底部进入，一部分从清洗塔上部排出，另一部沿缩口上升，以防止再生液下流，影响清洗效果。

7. 双塔连续式移动床

取移动床交换流速高、出水量大的优点；取流动床再生清洗简便而连续工作，不需要自动化阀门的优点，组合产生了双塔连续式移动床，如图 4-63 所示。使优缺点互补，整个系统更加合理化，即把移动床的交换塔（周期工作）与流动床的再生清洗塔（连续再生清洗）结合起来。

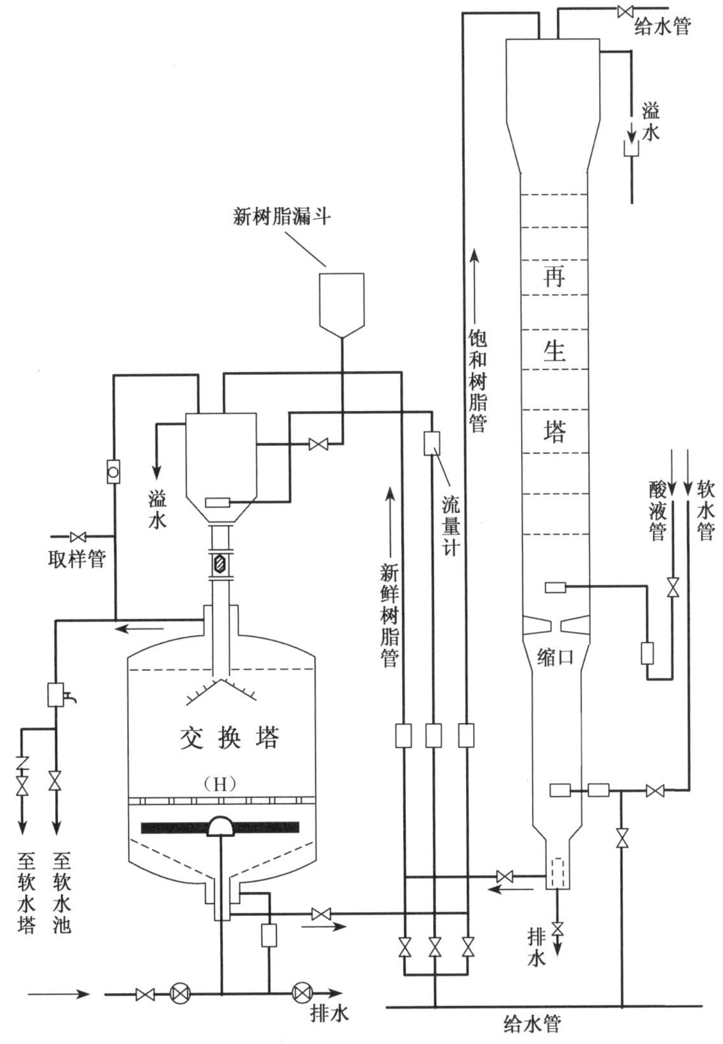

图 4-63　某软化站双塔式连续移动床流程示意图

再生清洗塔可以低盐耗(盐当量比耗 1.5～1.6),低水耗条件下,保证一定的再生效率和清洗质量。再生、清洗连续进行,清洗水从清洗塔下部进入后,一部分水将清洗好的树脂连续不断地输送到交换塔漏斗中,另一部分水逆流向上清洗渐渐下落的再生好的树脂,这股清洗水上升到缩口处提高了流速,托起上部浓再生液不向下扩散,通过缩口后,又用来稀释再生塔下部进入的浓再生液,再生废液从顶部漏斗溢出。

失效树脂输送管上装有自封装置,即当再生漏斗中的树脂上升到一定位置,树脂就停止输入,当树脂面降落到某一位置,树脂又重新输送,这样失效树脂是间断输送的。在一个周期内,大约 2/5 时间在输送,3/5 时间处于封闭状态。

双塔连续式移动床交换塔部分的计算,与一般移动床相同。再生、清洗塔的计算如下。

1) 再生段(塔)

树脂循环量 $W_{循}$ 为

$$W_{循} = 60W_{饱} / T \quad (m^3/h) \tag{4-102}$$

式中 $W_{饱}$——周期饱和树脂量(m^3);

T——周期时间(min),如果工作周期 $T = 60$ min,则得 $W_{循} = W_{饱}$。

再生段截面积为

$$F_{再} = \frac{W_{循}}{v_{再}} \quad (m^2)$$

$v_{再}$ 为再生段树脂降落速度(m/h),一般为 2～3 m/h。得再生段直径为

$$D_{再} = \sqrt{\frac{F_{再}}{0.785}} \quad (m)$$

再生段高度取决于树脂在该段内停留时间:

$$h_{再} = v_{再} \cdot t_{再} \quad (m) \tag{4-103}$$

$v_{再}$ 同上,停留时间 $t_{再}$ 相当于再生时间,一按 $t_{再} = 1$ h 考虑,则再生段高度在数值上等于树脂降落速度。再生段容积相当于树脂循环量:

$$V_{再} = F_{再} \cdot h_{再} = W_{循} \cdot t_{再} \quad (m^3) \tag{4-104}$$

2) 清洗段

清洗直径与再生段相同,以便于加工安装。其高度同样取决于树脂在该段的停留时间:

$$h_{清} = \frac{W_{循} \cdot t_{清}}{60 \cdot F_{清}} \quad (m) \tag{4-105}$$

式中 $t_{清}$——树脂在清洗段停留时间(min),即树脂清洗时间,一般按 30 min 计;

$F_{清}$——清洗段截面积,$F_{清} = F_{再}$。

为保证清洗效果,清洗段高度不小于 1 m。

3) 缩口

为了防止再生液从再生段向清洗段扩散,导致降低再生效果和清洗效果,在再生段与清洗段之间设置中间收缩口,见图 4-64。缩口截面积:

$$F_{缩} = \frac{q_{清}}{v_{缩}} \quad (\mathrm{m}^2)$$

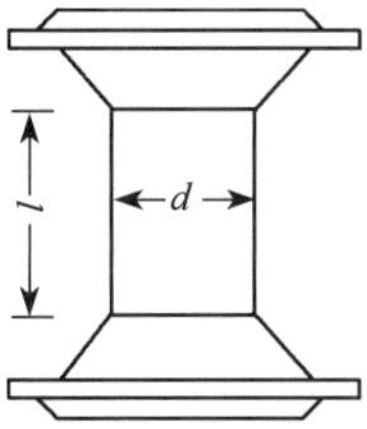

式中　$q_{清}$——清洗稀释流量(m^3/h)；

$v_{缩}$——缩口处水流速度，可取 20 m/h。

缩口总高度一般采用 350～400 mm。缩口直径与长度(喉管部分)之比 $\frac{d}{l} = \frac{1}{2} \sim \frac{1}{3}$。除此种中间缩口之外，还有采用多孔式缩口。

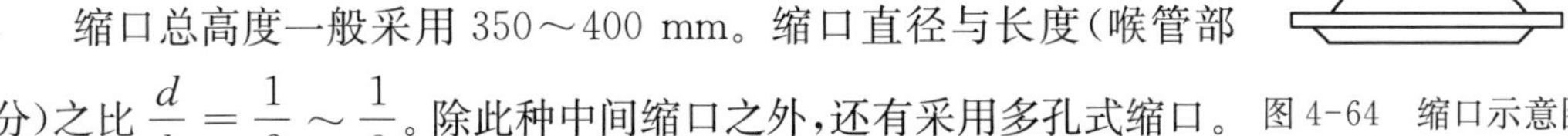

图 4-64　缩口示意图

4) 输送段

从清洗水入口到清洗塔底部(锥底)间的距离。实践表明，输送段高度400 mm时，树脂输送较正常。

5) 再生漏斗

用于贮存和预再生饱和树脂，漏斗容积按树脂在漏斗内停留时间不小于30 min考虑。树脂在漏斗的降落速度不大于 1.0 m/h。

6) 挡板

整个再生清洗塔每隔 500 mm 设置一块挡板，挡板可用塑料板加工，其布孔面积占截面积的 30%左右。

综合上述，再生清洗塔各部分高度参考数据如下：再牛清洗塔全高 5 m，其中漏斗 0.8 m，再生段 2.2 m，缩口 0.4 m，清洗段 1.2 m，输送段 0.4 m。

第5章 水的离子交换法除盐

5.1 水的除盐概述

5.1.1 水的软化、除盐和淡化处理

用来去除水中钙(Ca^{2+})、镁(Mg^{2+})离子的工艺和设备，称为水的软化处理，目的是防治生产设备和产品中生成水渣和水垢，保证产品的质量和使用寿命。天然水源中，除钙(Ca^{2+})、镁(Mg^{2+})离子以外，还有其他各种离子，阳离子中有钠离子(Na^{+})、铁离子(Fe^{2+})、锰离子(Mn^{2+})、钾离子(K^{+})、铜离子(Cu^{2+})等；阴离子中有碳酸根(HCO_3^-)、硫酸根(SO_4^{2-})、氯根(Cl^-)、重硅酸根($HiSO_3^-$)等，它们以等当量组合的假想化合物存在。这些离子在一定的生产场合下，表现出一定的危害性。

降低或基本去除水中的这些离子(即含盐量)的工艺总称为除盐。因此，除盐包括淡水和海水、苦咸水两方面的内容。对于天然淡水来讲，除盐就是基本上去除水中的阳离子和阴离子，达到纯水[含盐量<0.1 mg/L，电阻率$(1.0\sim10)\times10^5$ Ω·cm]、高纯水(含盐量<0.1 mg/L，电阻率>10×10^6 Ω·cm)的要求，通常称为水的除盐；把海水、苦咸水的含盐量降低下来，达到饮用水的要求或符合生产用水水质的要求，通常称为水的淡化处理。海水、苦咸水淡化处理属于除盐内容的一部分，要求相对低些。

我国海岸线长达18 000 km，又是岛屿繁多的国家。沿海地区城市和人口多，如大连、青岛、连云港、宁波、温州、厦门、汕头、海口、北海等城市，经济发达，海水取之不尽，就是缺乏淡水。而海水的平均含盐量高达35 000 mg/L；我国内陆地区，特别多咸水湖，如青海的青海湖、西藏的纳木错湖、色林错湖，内蒙的呼伦湖，新疆的博斯腾湖、赛里木湖等，面积均在1 000 km^2 以上，含盐量与海水相似；而西北地区的地下水，很多为苦咸水，含盐量达到10 000 mg/L。因水资源贫乏，特别是缺淡水，长期来束缚着经济的发展和人民生活水平的提高。因此沿海地区的海水利用与淡化处理、内陆地区的苦咸水淡化处理，随着经济的发展、科技的进步和实力的加强，现已提到议事日程上来，浙江定海的1万 m^3/d 的海水淡化处理厂已建成投产，不久必将在沿海和内陆地区逐渐诞生海水、苦咸水淡化处理厂，以满足经济发展和人民生活提高的需要。

海水、苦咸水淡化处理主要是对生活用水来讲的，淡化处理后的含盐量小于1 000 mg/L，水质指标符合生活饮用水标准。除盐水是对天然淡水(含盐量为500 mg/L左右)基本上去除水中所有的阳离子和阴离子，达到纯水和高纯水，供特殊工业的用水。从这个角度来讲，海水、苦咸水淡化相当于除盐水的预处理。天然淡水除盐，在水质达到生活饮用水标准的基础上，采用较多、较普遍的是离子交换法。近几年来，由于膜技术的迅速发展和广泛应用，电渗析、反渗透、超滤、纳滤、微滤等已较普遍地应用海水、苦咸水淡化处理和除盐工艺中，获得了较为理想的效果。

5.1.2　水的除盐任务和目的

随着经济的发展，科技的进步，除盐水的应用面增广、量增多。水中如果存在某些离子，在一定程度上会影响新技术、新工艺的发展。就高压锅炉来说，对蒸气品质的要求很高，因此除了去除水中硬度仍不合要求，须比较彻底地去除水中所有的阴、阳离子。锅炉的主要用途是供给蒸汽，因为蒸汽的用途不同而使锅炉的压力也不同，加热或蒸煮的锅炉压力一般都在 13 kg/cm^2 以下，称为工业锅炉。用作蒸汽作动力及机车的锅炉都属于这种类型。但发电用的锅炉，压力都在 25 kg/cm^2 以上，最高可达 100 kg/cm^2 以上。故把压力在 25 kg/cm^2 以下的定为低压锅炉。锅炉给水的水质要求是根据进入锅炉里面浓缩后满足炉水的要求制定的。具体主要为四点：①防止结成水垢；②防止锅炉钢板腐锅；③防止污染蒸汽，保证蒸汽质量；④严格防止锅炉的苛性脆化。对于高压锅炉的给水，必须彻底去除离子，要求达到高纯水标准。

对于电子工业给水来说，水中存在的离子如果带到电子产品上，因离子导电而产生漏电现象，影响产品质量。对半导体元件，尤其是大面积集成电路元件的制造过程中，要对半导体单晶片（如硅片）和管芯进行洗涤，如果水质不纯，则硅片和管芯表面就会被玷污，使元件绝缘性能破坏，造成次品。目前集成电路密度越来越高，电路间距越来越小，用 nm 计算，则水质不纯或纯度不够，就会造成断路，国内半导体集成电路原件生产用水的电阻率要求达到 $\geqslant(15\sim18)\times10^6\ \Omega\cdot cm/25℃$。对于医药工业而言，针剂中混入离子杂质会危害人体健康。

由于科学技术的不断发展，新技术的应用和新产品的不断开发，特别是高新技术的发展（包括国防工业的迅速发展），我国纯水高纯水的用量大幅度增加。为保证国防工业和现代化建设的需要，水处理技术也必须同步发展，满足日益增长的用水量的需要。近几年来，水的膜法处理技术获得较快的发展和应用，膜分离法是指在外界的能量或化学位差的推动力作用下，能把双组分或多组分的溶质和溶剂进行分离、分级、净化和浓缩的方法。膜分离法包括电渗析（ED）、反渗透（RO）、纳滤（NF）、超滤（UF）、微滤（MF）等。根据需要可单独使用、组合使用或与离子交换除盐配套使用。一般情况下，含盐量高的海水、苦咸水淡化处理采用膜法处理（如电渗析、反渗透、超滤等），使含盐量降到 1 000 mg/L 以下，符合饮用水要求；一般原水含盐量在 1 000 mg/L 以下时，用离子交换树脂制取纯水比较经济合理。尤其是当原水中含盐量低于 500 mg/L 时更为适宜。如含盐量过高，则由于再生时所用的酸耗用量大，使管理费用较高，经济上不合理。如含盐量高于 3 000 mg/L 时，则由于反离子作用等因素，影响交换效果，极难制取纯水。

5.2　除盐的交换树脂及系统

在离子交换软化处理中已简述了离子交换的基本原理和方法。软化的任务主要是去除水中的 Ca^{2+}，Mg^{2+} 等阳离子，故仅使用阳离子交换树脂；除盐既要去除水中的阳离子，又要去除水中的阴离子，故阴、阳离子要同时使用。国内生产的主要阴离子交换树脂见表 5-1。阳离子交换树脂见第 4 章中表 4-5。

在水的软化中，处理对象仅局限于 Ca^{2+}，Mg^{2+} 等离子，除盐处理对象扩大到所有阴阳离子，因此交换剂的种类也扩大到所有阴阳离子交换剂。

表 5-1　国内部分离子交换树脂产品型号技术参数

型号	名称	功能基团	外观	出厂形式	质量交换容量/[mmol·g^{-1}(干)]	体积交换容量/(mmol·mL^{-1})	粒度/mm	湿真密度/(g·mL^{-1})	湿视密度/(g·mL^{-1})	含水率	磨后圆球率	使用pH范围	最高使用温度/℃	国外参照产品	主要用途
201×7	强碱性苯乙烯系阴离子交换树脂	$-N^+(CH_3)_3$	淡黄色至金黄色球粒	Cl^-	≥3.6	≥1.4	0.315～1.25	1.06～1.10	0.66～0.75	42%～48%	≥90%	1～14	Cl:80 OH:80	M510 Amberlite IRA400	纯水制备
201×7SC	强碱性苯乙烯系阴离子交换树脂	$-N^+(CH_3)_3$	淡黄色至金黄色球粒	Cl^-	≥3.6	≥1.3	0.63～1.25	1.07～1.10	0.67～0.73	42%～48%	≥90%	1～14	Cl:80 OH:80		双层床专用
213	强碱性丙烯酸系阴离子交换树脂	$-N^+[R_3]$	半透明乳白色球粒	Cl^-	≥4.2	≥1.2	0.315～1.25	1.05～1.10	0.68～0.75	54%～64%	≥90%	1～14	38		纯水制备去有机物
214	强碱性丙烯酸系阴离子交换树脂	$-N^+[R_3]$ $-NR_2 \cdot H_2O$	半透明乳白色球粒	Cl^-/游离铵	≥4.4	≥1.3	0.315～1.25	1.05～1.10	0.68～0.73	57%～63%	≥90%	1～14	38	Amberlite IRA-458	纯水制备去有机物
D301	大孔弱碱性苯乙烯系阴离子交换树脂	$-N(CH_3)_2 \cdot H_2O$	乳白或淡黄色不透明	游离铵	≥4.6	≥1.4	0.315～1.25	1.03～1.07	0.65～0.72	50%～60%	≥90% 渗磨	1～9	Cl:80 OH:60	MP64 Amberlite IRA-96	纯水制备
D001—TR	大孔强酸性苯乙烯系阳离子交换树脂	$-SO_3^-$	褐色	Na^+	≥4.3	≥1.7	0.71～1.25	1.20～1.28	0.75～0.85	45%～55%		1～14	100	Ambersep 900	三层床
D201—TR	大孔强碱性苯乙烯系阴离子交换树脂	$-N^+[CH_3]_3$	乳白色	Cl^-	≥3.7	≥1.1	0.45～0.90	1.05～1.09	0.65～0.75	50%～60%		1～14	60	Ambersep 900	三层床
S—TR	共聚物		黄色	惰性			0.71～0.90	1.14～1.17	0.67～0.72	≥12%		1～14	100	Ambersep 359	三层床

5.2.1　除盐系统离子交换树脂的性能与原理

离子交换法除盐的设备构造、工艺流程、再生方法等与软化相似。在除盐工艺中既要用到强酸、弱酸树脂，又要用到强碱、弱碱树脂。阳离子强酸树脂在软化中已进行了论述，这里不再重复。这里主要简要地介绍一下弱酸、强碱、弱碱树脂。

1. 弱酸丙烯酸型阳离子交换树脂

丙烯酸系是用丙烯酸($CH_2=CH—COOH$)或用甲基丙烯酸($CH_2=C(CH_3)—COOH$)与二乙烯苯共聚而成。可见丙烯酸中已包含了交换基团 COO^-H^+。羧酸基团 COOH 是很弱的酸故称弱酸性阳离子交换树脂，完全再生的交换基团几乎是完全非离解的。因此它具有以下几种特点：

(1) 由于自由水合离子少，使树脂溶胀性很低；

(2) 对交换速度很敏感，在静置状态中，当反应达到90%饱和度时需要7 d，所以交换速度很低；

(3) 当 $pH<6$ 时，交换基团离解很少，所以适用高碱度水处理；

(4) 对 H^+ 的吸附能力特别强，当用 $HCl \cdot H_2SO_4$ 再生时用药量少，效率高。

第6章中表6-35 D113型就是该弱酸阳离子交换树脂。可交换离子为 H^+，它的质量交换容量(干树脂)和体积交换容量均远大于强酸 Na 型树脂。弱酸树脂中交换势(即选择系数)大小的排列次序为：$H^+>Fe^{3+}>Al^{3+}>Ca^{2+}>Mg^{2+}>K^+\approx NH_4^+>Na^+>Li^+$。

可见弱酸性阳离子交换树脂的交换基团—COO^-H^+ 的活动离子 H^+ 的交换势大于水中所有的阳离子，因此水中阳离子要去交换—COOH 上的 H^+ 离子较困难，必须要采取措施才起作用(后述)。

2. 强碱苯乙烯型阴离子交换树脂

把聚苯乙烯进行“氧甲基化”，即以无水氯化铝或氧化锌为催化剂，用氯甲基醚处理，反应后得 CH_3OH。再用叔胺$(CH_3)_3N$进行处理得季胺型的$(CH_3)_4Nx$，用 R 表示 CH_3，可改写成 $R\equiv NX$，X 为可交换离子，它可以为 Cl^- 或 OH^- 等。

用三甲胺$(CH_3)_3N$进行胺化，生成物称Ⅰ型强碱树脂；用二甲基乙醇基进行胺化，生成物称Ⅱ型强碱树指。Ⅰ型的碱性比Ⅱ型强，故除 SiO_2 的能力较大，但Ⅱ型的交换容量比Ⅰ型大30%～50%。表5-1中的201×7和201×7SC为Ⅰ型强碱性阴离子交换树脂。它的选择性(交换势)大小的排列次序为

$$SO_4^{2-}>NO_3^->Cl^->OH^->F^->HCO_3^->HSiO_3^-$$

从选择性的排列可见，SO_4^{2-}，NO_3^-，Cl^- 的交换势大于强碱性树脂交换基团—$N\equiv OH$ 上的 OH^- 交换势，故去除水中的 SO_4^{2-}，NO_3^-，Cl^- 较容易，但 F^-，HCO_3^-，$HSiO_3^-$ 的交换势小于 OH^-，要去除很难，应采取必要的措施(后述)。

在 $N\equiv OH$ 中，把“$N\equiv$”用 R 表示，则写成 ROH，弱碱树脂中的可交换离子也是 OH，也用 ROH 表示，为区别它们，在 ROH 之前加上“强碱”或“弱碱”两字。

3. 弱碱性苯乙烯型阴离子交换树脂

弱碱树脂是采用碱性较弱的胺化剂制得的，含有叔胺基($\equiv N$)、仲胺基($=NH$)、伯胺

基(—NH_2)等交换基团。这些交换基团在水中水解形成碱性:

$$R—NH_2 + H_2O \longrightarrow R—NH_3^+ OH^-$$

$$R=NH + H_2O \longrightarrow R=NH_2^+ OH^-$$

$$R\equiv N + H_2O \longrightarrow R\equiv NH^+ OH^-$$

表 5-1 中,D301 属于这类弱碱树脂,它的选择性(交换势)大小排列的次序为

$$OH^- > SO_4^{2-} > NO_3^- > Cl^- > HCO_3^- > HSiO_3^-$$

可见弱碱性树脂交换基团上的活动离子(即交换离子)OH^- 的交换势,大于水中的所有阴离子,因此水中的阴离子要去交换树脂上的 OH^- 离子必须要采取措施(后述)。

上述树脂均具有凝胶型的结构。凝胶型阴离子交换树脂的主要缺点是抗有污染的能力很差,这是它的最大弱点。

4. 反离子及 pH 值的影响

这里还应提及一下反离子问题。溶液中的离子如果与树脂上交换基团的固定离子的电性相反,这个离子称为反离子。如 R-SO_3H 树脂,固定离子为 SO_3^-,则溶液中的 H^+ 即为反离子。对 R≡OH 而言,水中的 OH 为反离子。H^+ 和 OH^- 浓度都可用 pH 值反映,从可逆反应来看,反离子增加会抑制交换基团的离解,反离子减少可促进交换基团的离解。即水的 pH 值下降会抑制阳离子交树脂交换基团的离解,pH 值提高会抑制阴离子交换基团的离解。这种抑制作用对酸(碱)性强的树脂影响较小,而对酸(碱)性弱的树脂影响较大。

强酸阳离子树脂的交换基团(如磺酸基—SO_3H)在溶液中离解度大,即使在较小的 pH 值溶液中,也不受到抑制;而带羧酸基(—COOH)的弱酸性阳离子交换树脂,如果溶液中 pH 值降低,因溶液中 H^+ 离子浓度增加,会受到严重的抑制而不起离子交换反应。所以弱酸性阳离子树脂不能从中性盐(如 Cl, SO_4 盐类)中取代阳离子,只能与 HCO_3 盐类的阳离子交换,即只能与碱度较大的水中起作用,使 HCO_3^- 与 H^+ 结合变成 H_2O+CO_2,从而去掉 H^+ 的抑制作用。

强碱性阴离子交换树脂的特点是能够在中性介质中进行较彻底的阴离子交换反应(因为碱性强、反离子影响小)。但是为了使水达到深度除盐,还是要求尽量减少反离子的抑制作用,这就要求随时消灭反离子。消除反离子的巧妙办法是:将水中含有的所有盐类先通过 H 型离子交换器,变成相应的酸,然后通过阴离子交换器,由阴离子交换树脂上交换下来的阴离子与阳离子交换树脂上交换下来的 H^+ 结合,从而消灭了阴离子交换剂的反离子,消除了抑制作用。设 A 为水中的阴离子,用反应式表示为

$$R\boxed{OH^- + H^+}A^- \longrightarrow RA^- + H_2O \tag{5-1}$$

$$R\boxed{CO_3^{2-} + 2H^+}A^- \longrightarrow RA^- + H_2CO_3 \tag{5-2}$$

$$R\boxed{HCO_3^- + H^+}A^- \longrightarrow RA^- + H_2CO_3 \tag{5-3}$$

式(5-1)中,反离子 OH^- 与 H^+ 结合成水,式(5-2)和式(5-3)中,反离子 CO_3^{2-} 和 HCO_3^- 与 H^+ 结合成为 H_2CO_3,可分解为 H_2O+CO_2,CO_2 不断逸出吹走。阴离子交换剂

的活动离子所以采用 OH^-，HCO_3^- 或 CO_3^{2-}，就是这个道理。这种办法对使用弱碱性阴离子尤其重要，原因是反离子对基团离解的抑制作用很大。

强碱性阴离子交换剂主要是用来去除水中的硅酸，先通过 H 型离子交换器，使 SiO_3^{2-} 以硅酸 H_2SiO_3 形式存在，而不是以硅酸盐 Na_2SiO_3 等形式存在，在这种情况下，使用强碱性阴离子交换剂进行水的除硅是合理的。反应式为

$$ROH + H_2SiO_3 \longrightarrow RHSiO_3 + H_2O \tag{5-4}$$

反离子对离子交换而言，起了抑制作用，然而对再生而言却起促进作用。尤其对弱性交换基团，更容易吸收反离子。弱酸性交换基团容易吸收 H^+ 离子；弱碱性交换基团容易吸收 OH^- 离子，所再生用量都较小。一般弱型树脂的再生剂用量为理论量的 100%～120%，而强型树脂则为 150%左右。

5.2.2　一般脱盐水离子交换系统

这里指的一般脱盐水是指初级纯水，其纯度相当于市售蒸馏水。在原水含盐量为 500～600 mg/L 以下，出水水质不要求达到高纯度水的处理工艺。

1. 处理工艺流程(图 5-1)

原水为自来水(或地下水)，经压力过滤器①进行预处理后，进入强酸 RH 型交换器②进行交换，把水中所有的 Ca^{2+}，Mg^{2+}，Na^+，K^+ 等阳离子交换 RH 上的 H^+，交换下来的 H^+ 离子与 HCO_3^- 结合生成 CO_2 和 H_2O，接着进入脱气塔③去除 CO_2(残留 CO_2<5 mg/L)，水泵⑤从水池④中抽水，送入强碱 ROH 阴离子交换器⑥把水中所有的 SO_4^{2-}，Cl^-，HCO_3^-，SiO_3^- 等阴离子交换 ROH 上的 OH^- 离子，交换下来的 OH^- 与 H^+ 结合成 H_2O，水中的盐类基本上被去除了。其反应式如下：

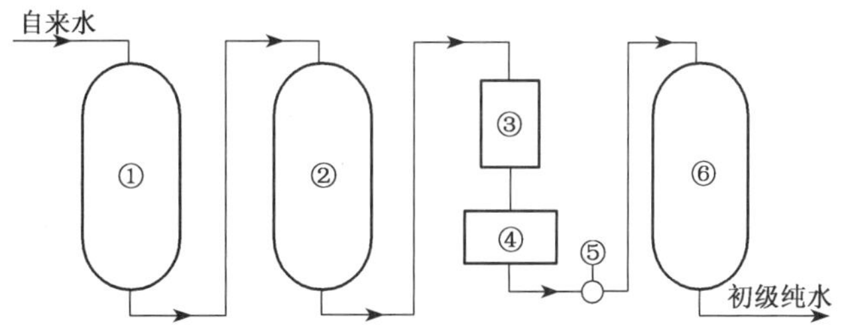

①—压力过滤器；②—强酸性阳离子交换器；③—脱 CO_2 塔；④—水池；⑤—提升水泵；⑥—强碱阴离子交换器

图 5-1　低含盐量水的除盐工艺系统

第一步强酸 RH 型离子交换：

$$2RH + \begin{matrix} Ca^{2+} \\ Mg^{2+} \\ 2Na^+ \end{matrix} \left\} \begin{matrix} 2HCO_3^- \\ SO_4^{2-} \\ 2Cl^- \end{matrix} \right. \longrightarrow R_2 \left\{ \begin{matrix} Ca^{2-} \\ Mg^{2-} \\ 2Na^+ \end{matrix} \right. + H_2 \left\{ \begin{matrix} 2HCO \\ SO_4 \\ 2Cl \end{matrix} \right. \tag{5-5}$$

第二步强碱 ROH 型离子交换：

$$\left. \begin{matrix} 2ROH + H_2SO_4 \longrightarrow R_2SO_4 + 2H_2O \\ ROH + HCl \longrightarrow RCl + H_2O \\ ROH + H_2SiO_3 \longrightarrow RHSiO_3 + H_2O \end{matrix} \right\} \tag{5-6}$$

上述除盐工艺流程及其交换的过程，用综合图反映为图 5-2 所示。

2. 为什么先强酸后强碱

为什么先进行强酸阳离子交换，后进行强碱阴离子交换，理由主要有以下两点：

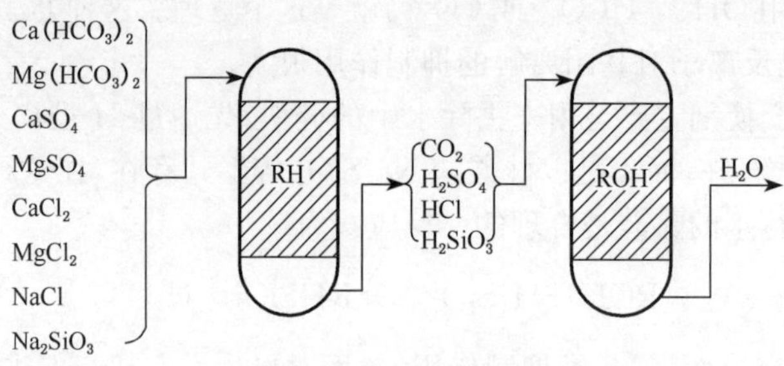

图 5-2 水的除盐过程示意图

(1) 先脱 CO_2,减轻强碱交换器负荷。原水中 HCO_3^- 离子含量相对较多,原水先进入强酸 RH 型阳离子交换器进行交换后,水中所有的 HCO_3^- 都转变成游离的 CO_2,这就可以在脱气塔中把它除去,阳离子交换器出水中的阴离子含量大幅度降低,可以减轻后续的强碱阴离子交换器的负担。如果原水经过强碱阴离子交换器,那么 H_2CO_3 就被阴离子交换树脂吸着,用去了较多的树脂交换容量,这样就需要增加较多的阴树脂,而且在再生时就要消耗更多的再生剂用量。

(2) 有利于消除阴离子交换器中反离子。强酸 RH 型树脂交换下来的为 H^+;强碱 ROH 型树脂交换下来的为 OH^-,OH^- 对强碱交换剂来说是反离子,如不去除,则浓度增大,会抑制交换。现强酸 RH 型在先,出水中含有 H^+ 离子,则在强碱交换器中出现 $H^+ + OH^- \rightleftharpoons H_2O$,即及时消灭了反离子 OH^-,使阴离子交换更加彻底,充分发挥了阴离子交换树脂的交换容量。这对弱碱性交换树脂的工作尤其重要。

3. 交换终点的控制

以 RH 型树脂为例,来说明交换过程中树脂层中离子的分布。水中的阳离子有 Fe^{3+},Ca^{2+}(含 Mg^{2+}),Na^+(含 K^+)等,按照离子选择性(交换势、亲和力)的大小,水中的 Na^+ 交换了 RH 型的 H^+,成为 RNa 型,而水中的 Ca^{2+}(含 Mg^{2+})在交换 RH 上的 H^+ 的同时,也交换 RNa 上的 Na^+,成为 R_2Ca 型,而 Fe^{3+} 选择性最大对 Ca^{2+},Na^+,H^+ 都能交换。根据选择性大小的原理,来看一下图 5-3 的情况。

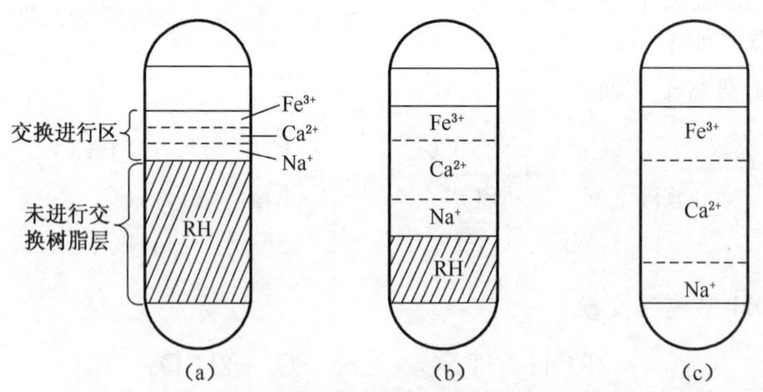

图 5-3 水中多种离子在交换剂层中的分布

(1) 开始阶段[图 5-3(a)]。交换器内为再生好的阳离子交换树脂,开始交换的初期,水中所有的阳离子都被上部交换区的树脂吸附,在这一层树脂中,树脂吸附的离子种类是根据离子被树脂的吸附能力而分层的,即自上而上为 Fe^{3+}—Ca^{2+}—Na^+。

(2) 中间阶段[图 5-3(b)]。在原水不断进入的过程中,由于 Fe^{3+} 的交换能力大于 Ca^{2+} 和 Na^{+},原水中的 Fe^{3+} 就与已被吸附的 Ca^{2+} 树脂层进行交换,使吸附 Fe^{3+} 的树脂层不断扩大。被 Fe^{3+} 交换下来的 Ca^{2+} 连同原水中的 Ca^{2+} 一起,进入已吸附了 Na^{+} 的树脂层,Ca^{2+} 又置换了 Na^{+},使吸附 Ca^{2+} 的树脂层不断向下推移和扩大。

(3) 失效阶段[图 5-3(c)]。当交换进行区推移到树脂层下部边缘时,即达到了交换终点。在整个树脂层中,自上而下形成 $Fe^{3+} \rightarrow Ca^{2+} \rightarrow Na^{+}$ 的分层。三者分层高度的比应与原水中所含各类离子的比例相符合。

交换到达终点后,水质开始变差,按上述次序,首先穿透出来的是 Na^{+}。那么如何来控制交换的终点呢,对 RH 型树脂来说,水中存在的 H^{+} 浓度,实际上都是和强酸阴离子结合的 H^{+}。交换后出水中的 H^{+} 浓度,可以用来表示进水中强酸性阴离子(主要是 SO_4^{2-},Cl^{-},NO_3^{-} 等)的含量(一般第一级 RH 型交换器出水的 pH 值为 2.4～2.5)。所以一般以出水酸度下降(即 pH 值提高)作为交换控制终点。有时,当出水水质要求不高(特别是对 Na^{+})或原水中 $Na^{+}+K^{+}$ 的含量很小(这时酸度的开始降低与阳离子的穿透之间的时间差较小)时,亦可用出水 Na^{+} 穿透作为交换终点。

与上述同样道理,阴离子交换器到达交换终点时,最早穿透出来的是 $HSiO_3^{-}$,然后按次序为 HCO_3^{-},Cl^{-},SO_4^{2-}。对于制取高纯水来说,以漏(穿透)$HSiO_3^{-}$ 为运行终点;对于制取一般纯水来说,可以以 Cl^{-} 穿透为运行终点。

在实际运行中,采用最广泛、最方便的是用出水电阻来控制交换终点。以下几种水用含盐量和电阻率表示为:

(1) 市售蒸馏水,又称局部脱盐水,含盐量在 1～5 mg/L,25℃时,电阻率为 10 万～100 万 Ω · cm;

(2) 纯水,又称去离子水或深度脱盐水,含盐量在 1.0 mg/L 以下,25℃时,水的电阻率为 $(1.0 \sim 10) \times 10^5$ Ω · cm;

(3) 高纯水,又称超纯水,含盐量在 0.1 mg/L 以下,25℃时,水的电阻率在 10×10^6 Ω · cm以上。

上述图 5-1 的除盐工艺的处理效果为:最后出水的电阻率可达 10 万～50 万 Ω · cm,含盐量可低于 5～10 mg/L。如果原水的碱太小或没有时,可考虑不用 CO_2 脱气塔。如果原水的 SO_4^{2-},Cl^{-} 含量较大(50～100 mg/L),可考虑在强碱性阴离子交换器前加一台弱碱性阴离子交换器,以加强对 SO_4^{2-},Cl^{-} 的处理。

5.2.3 高纯水离子交换系统

上述讨论的交换器内,只装一种交换剂,即阳离子交换剂或阴离子交换剂,均称为单床;一阳一阴的离子交换器串联起来称为复床;复床如果出水不合格,再加一个复床,称为分级,级数越多则水质越好。但级数太多会大大增加运转工作量,故顶多采用 2 级串联。这种组合系统的处理效果一般为:电阻率最高能达到 2×10^6 Ω · cm,含硅量最低能达到 0.1 mg/L。如果再要深入除盐,必须在后面再加“混合床离子交换器”。

1. 制取高纯水的工艺流程

高纯水制取的工艺流程,可以有多种的组合。如 2 级复床串联除盐系统;弱酸阳离子交换—除 CO_2 塔—强酸阳离子交换器—阴离子树脂双层床除盐系统;强酸阳离子交换器—CO_2 脱气塔—强碱阴离子交换器—强酸强碱混合床交换器除盐系统等。后者除盐工艺系统流程示意见图 5-4。其工艺过程为：

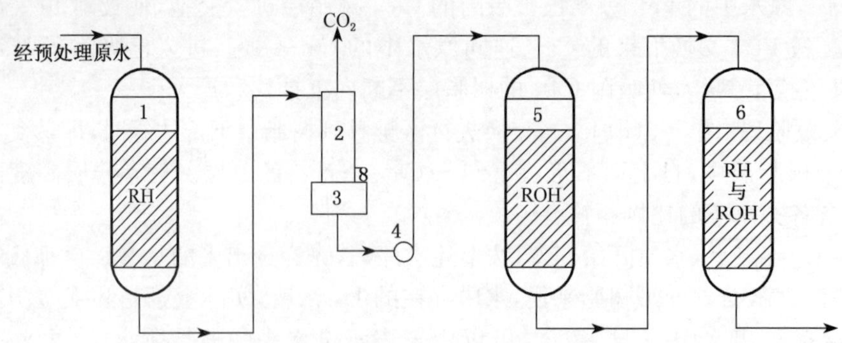

1—强酸阳离子交换器；2—脱 CO_2 塔；3—中间水箱(池)；
4—提升水泵；5—强碱(ROH)阴离子交换器；6—强酸(RH)、强碱(ROH)混合离子交换器

图 5-4 制取高纯水的工艺流程示意图之一

原水(自来水)经细砂过滤预处理后，流入强酸阳离子交换器，除去水中的 Fe^{3+}，Ca^{2+}，Mg^{2+}，Na^{+} 等阳离子，然后流入脱 CO_2 的塔，去除 H_2CO_3 中的 CO_2，再流入强碱阴离子交换器，其出水水质为一般纯水，含盐量 5～10 mg/L，电阻率 10 万～50 万 Ω · cm，所以再进入强酸强碱混合床交换器进行深度除盐，交换相当彻底，使出水达到高纯水的要求。所有水泵、水箱(池)、管配件、阀门、计量计等，全部采用化学稳定性较高塑料材料，以免在水中溶解出新的离子。

2. 混合床离子交换器

把阳离子树脂和阴离子树脂按一定比例混合起来装填在同一个交换器内，再生时使它分层再生，使用(除盐)时将其均匀混合，这种阴阳离子交换树脂混合在一起的交换器称为混合床，简称混床。

1) 混合床构造

混合床内部构造如第 1 章中图 1-40 所示，外部管路系统如图 5-5 所示。混合床交换器内部，上部设有进水装置；中间设有排水装置；下部设有配水系统。还有下部进压缩空气管、顶部排气管、人孔、上下观察窗等。

设中间排水装置的目的是：使阴树脂和阳树脂分层(阴树脂在上，阳树脂在下)以及进行再生。

为使阴阳离子便于分层，混合床中用的阳树脂湿真密度比阴树脂湿真密度大 15%～20%。

阴树脂与阳树脂的分配比例，决定于出水水质的要求和一个周期内交换器的出水量等进行考虑。一般阳树脂的工作交换容量比阴树脂大一倍以上，如果强碱 ROH 树脂的工作交换容量为 0.3～0.45 mmol/mL，

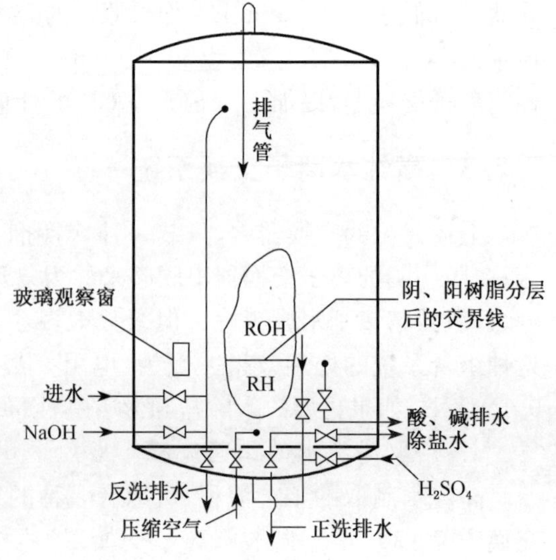

图 5-5 混合床外管道及构造示意图

强酸 RH 树脂的工作交换容量为0.7～1.1 mmol/ml，则国内采用的树脂体积比：阴树脂：阳树脂＝2：1。

2）运行操作过程

混合床虽然为固定式，但因阴、阳树脂混合在一起运行，所以在运行操作上与普通固定床有不同之处。现对交换、反洗、再生、清洗等进行简要论述。

（1）交换

交换过程中，水由上而下流经交换器，进水时开启进水管上阀门进底部出水管上阀门（同时排气），水流入上部配水装置后均匀地分布在树脂层上，水在流经树脂的过程中，进行阴阳离子交换，经除盐处理的水经下部配水系统流出至除盐水池。上述过程完全与普通固定床相同，不同的是混合床可以采用高流速，通常采用50～100 m/h，普通固定床一般为20 m/h，高的为 30～35 m/h，流速增加一倍以上，在同样体积和条件下，产水量可增加一倍 。

（2）反洗分层

树脂失效后需再生，体内再生的关键问题是要把失效的阴、阳树脂分开，以便分别进入再生液进行再生。再生前先对树脂进行反洗（水流自下而上，从除盐水出水管流入），使树脂达到一定的膨胀率，利用阴、阳树脂湿真密度的差进行分层，使阴树脂在上部，阳树脂在下部。

反冲洗流速一般为 10 m/h 左右，反洗时间一般为 10～15 min。反洗水由除盐水出水管进入，上部进水装置排出。开始反洗时流速宜小，待树脂层松动后，流速逐渐加大到10 m/h左右。使整个树脂层膨胀率达到 50%。反洗过程中，从观察窗中观察到阴、阳树脂有明显的分界面时，停上反冲洗。

（3）酸碱同时再生法

再生时，碱（NaOH）液从上部进入交换器，酸（HCl）液从下部进入交换器，再生废液均从中间排水装置排出，因酸碱再生液同时进入，同时分别再生、同时排出，故称同时再生法。排水装置恰好设在树脂分界层中间，为共用排水系统。两种树脂再生完毕后进行正洗，然后从底部进压缩空气，把阴阳两种树脂充分均匀地混和。再生过程见图 5-6 所示，分为五步骤：①反冲洗；②酸（HCl）、碱（NaOH）同时再生；③用水进行分别正洗；④进压缩空气把阴阳树脂均匀混和；⑤自上而下进行整体清洗。

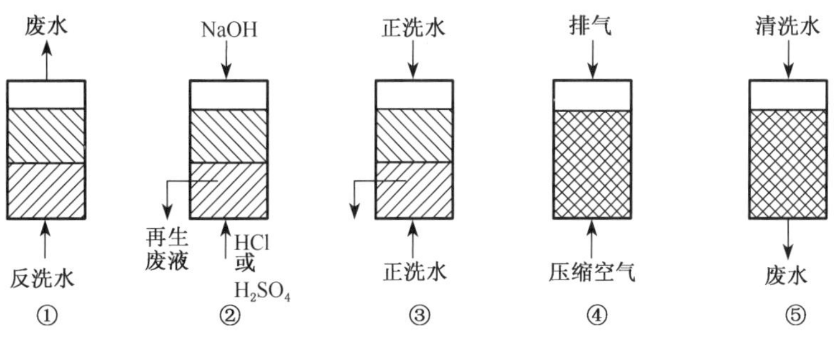

图 5-6　同时再生过程示意图

（4）酸碱分别通过阴阳树脂的两步再生法

此法与上述方法相似，但不是同步进行，先后分两步进行再生，其再生过程如图 5-7 所示。

反冲洗分层完毕后，把交换器内的水排放到树脂层表面以上 10 cm 处，选用 NaOH 液再生 ROH 树脂，再生液由上部进碱管进入，与此同时用原水由下而上通过树脂层作为支持层，抵制 NaOH 再生液流入阳树脂层，尽量避免减液污染阳树脂。下部进入的原水与 NaOH 再生废液同时从阴阳树脂分界面处的排水装置排出。再生后按同样的流程对阴树脂进行清洗，清洗到排出水中 OH^- 碱度在0.5 mmol/L以下时，停止清洗。

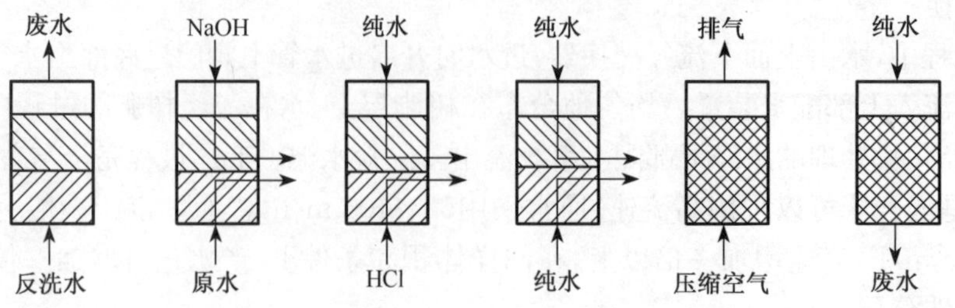

图 5-7 酸碱分别通过阴、阳树脂的两步法再生

NaOH 再生液浓度为 4%，再生流速为 5 m/h，再生比耗为 3∶1，正洗水用除盐水，正洗流速为 12～15 m/h。

然后用 HCl 再生液再生阳树脂，再生由底部进入，为防止酸液进入已再生好的阴树层，需同时自上而下通入一定量的纯水（纯水流速与酸液流速相同），此纯水实际上是继续清洗阴树脂，这两股水均从树脂交界处排水装置排出。阳树脂再生后的清（正）洗流程也和再生时相同，清洗排水的酸度降到 0.5 mmol/L 以下时停止清洗。

盐酸再生液浓度为 5%（硫酸为 1.5%），酸比耗为 2∶1。正洗用除盐水，正洗水量为 15 l/L（树脂），流速为 12～15 m/h。

最后进行整体正洗，水从上部进入，下部排出，一直正洗到排出水的电导率（电阻率的倒数）为 1.5 MΩ/cm 以下为止。

以上两种方法适用于大型装置。

(5) 酸碱流经阴、阳树脂的两步再生法

在小型装置中，多采用“碱液同时流经阴、阳树脂的两步法”。其再生过程如图 5-8 所示。先再生碱型树脂，再生液 NaOH 由上而下流入，对强碱树脂进行再生，并经过阳树脂层排出废液。然后用纯水洗涤树脂，水流从上部进入，底部排出，直到树脂层中碱液洗净。接着从树脂分界面的管子中通入 HCl 溶液再生阳树脂，为防止 HCl 上逸影响阴树脂，故同时从上部通入一定量的纯水，这里要注意的是：由于纯水的稀释作用，故盐酸的浓度应适当提高。这种再生法的最大缺点是：在阴树脂再生时，NaOH 要全部流经阳树脂层，这样 NaOH，Na_2CO_3，Na_2SO_4 等进入阳树脂层时会产生 $CaCO_3$，$CaSO_4$，$Mg(OH)_2$ 等沉淀物而污染阳树脂层，当 NaOH 浓度高时，影响较严重。但 NaOH 浓度小于 5%时，影响较小。由于以再生法设备简单，操作方便，故采用较多。

(6) 体外再生法

把要再生的树脂从交换器中输送到专用的共用再生器中进行再生，称体外再生，如图 5-9 所示。其再生过程与体内再生法相同，整个系统由交换器（床），再生器（床）、再生后树脂贮存器组成。树脂的转移靠水力输送。

采用体外再生的交换器（床）内一般不设中间排水装置，混合床交换流速可高达 130 m/h。

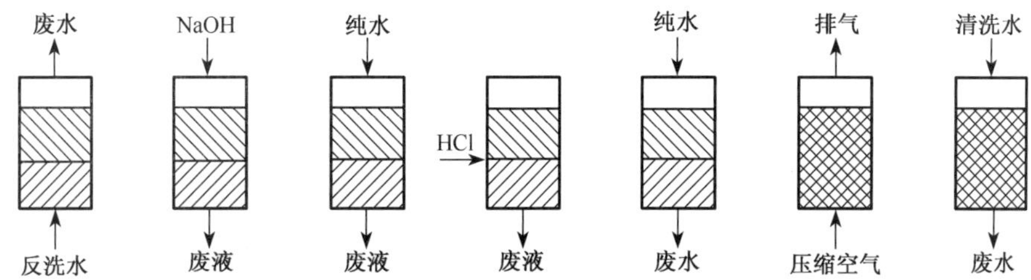

图 5-8　酸碱同时流经阴、阳树脂的两步法再生

图 5-9 中，也可以在再生器中将阴、阳树脂反洗分层后，用水力将阴树脂送到另一只再生器中去再生，这样阴、阳树脂就分开再生了。最后把阴阳树脂送到树脂贮存器中贮存。

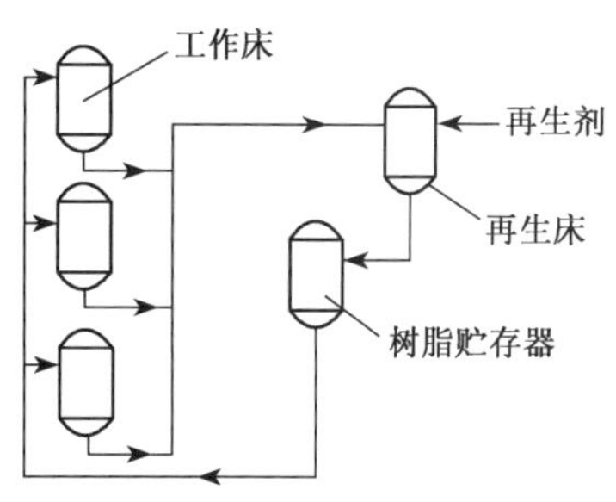

图 5-9　体外再生系统

3）几种再生方法的分析

上述几种再生方法中共同存在以下两个问题：一是碱再生液多少与 RH 型树脂接触；二是酸再生液也多少与 ROH 型树脂接触。这两个问题分体内再生和体外再生两情况进行讨论。

（1）体内再生

碱再生液进入 RH 型树脂中，因再生前 RH 型已换型为 R_2Ca，R_2Mg 型等，则 NaOH 进入后会生成：

$$R_2Mg + 2NaOH \longrightarrow 2RNa + Mg(OH)_2\downarrow \tag{5-7}$$

则就会堵塞树脂的孔隙，Ca^{2+} 亦同样如此，污染了强酸阳树脂。

酸（如 HCl）再生液进入 ROH 型树脂中，则 HCl 会腐蚀和氧化 ROH 型树脂，受到损伤和破坏，树脂损耗量大。

（2）体外再生

RH 型树脂混入到 ROH 型树脂中，则碱再生液再生 ROH 型树脂时，混入在 ROH 树脂中的这部分 RH 型树脂（即为 R_2Ca、R_2Mg 型）也要被 $Mg(OH)_2\downarrow$ 或 $CaCO_3\downarrow$ 堵塞和污染（用 NaOH 作再生液产生 $Mg(OH)_2\downarrow$，用 $NaCO_3$ 作再生液产生 $CaCO_3\downarrow$）。同时，原 RH 型在再生前已换型为 R_2Ca 和 R_2Mg 型，按选择性的大小，R_2Ca 与 R_2Mg 又与 NaOH 中的 Na^+ 换型为 RNa 型，则在除盐交换反应时，出水中就要漏 Na^+。

ROH 混入到 RH 树脂中，用酸再生 RH 型树脂时，混入在 RH 型树脂中的这部分 ROH 树脂被 HCl 腐蚀、氧化。同时在树脂层下部分，ROH 型换型成 $RHCO_3$，$RHiSO_3$ 型，则 HCl 与它反应又换型为 RCl 型，则就会有少量 Cl^- 泄漏，当然主要是 $HSiO_3^-$ 泄漏。

4）改进和比较

（1）体内再生

同时再生最简单，但分层处酸、碱再生液易混杂，进行中和反应而失去再生作用。

采用 ROH 型与 RH 型先后分别进行再生较好，操作也较简单，一般不会发生碱液都流过阴阳树脂再生法那样污染阳树脂。先用碱再生已分层的上部 ROH 型树脂，后用酸再生 RH 型的下部树脂。这样假如在再生 ROH 型时，有少量 NaOH 进入 RH 型树脂，则再用 HCl 再生 RH 型树脂时，可得到改善。

(2) 体外再生

体外部分再生法较复杂，但酸碱不混杂，只有少量 ROH 型树脂混入 RH 型树脂中；全部体外再生过程复杂，但酸碱基本上不混杂，而且交换器内壁得到彻底清洗。体外再生的缺点是树脂损耗大。

体外再生时，不要把 ROH 型和 RH 型树脂一起全部移出去为好，先把 ROH 型树脂移去，尽可能地把它们分开，或者宁肯留下少量的 ROH 树脂(仅少量 ROH 树脂没有得到再生，减少了一点交换容量)，但可以避免 RH 型树脂混入到 ROH 型树脂中去。

5.2.4 混合床除盐的基本原理和特点

1. 混合床除盐的基本原理

混合床中把阴、阳离子交换树脂均匀混合后进行交换，可以看作为许许多多阴、阳树脂交错排列而组成的多级式复床，即无数微型复床的组合，反复进行多级脱盐。如以阴、阳树脂均匀混合情况推算，其级数约 1 000～2 000 级。

实践证明，虽然阴、阳树脂仅仅是机械混合，但其出水水质要比复床好得多，出水纯度相当高，表 5-2 是混合床与复床的出水水责比较。

表 5-2 混合床与复床除盐水质比较

除盐形式	电阻率(25℃) /(Ω·cm)	二氧化硅(SiO_2) /($mg \cdot L^{-1}$)	pH 值
混合床	$(5\sim10)\times10^6$	0.02～0.1	7.0±0.2
复床	$(0.1\sim1)\times10^6$	0.1～0.5	8～9.5

混合床出水水质好的机理至今仍不详，但其原理可从以下反应式来进行研究，如果以 NaCl 来代表水中各种溶解盐类，混合床的反应过程可写成：

$$RH + ROH + NaCl \longrightarrow RNa + RCl + H_2O \tag{5-8}$$

式(5-8)表明：RH 和 ROH 同时与 NaCl 进行反应，RH 型交换了 Na^+，ROH 型交换了 Cl^-，这是第一种情况。

第二种情况是：RH 型先行，H^+ 交换了 Na^+，生成 HCl；然后 ROH 型中 OH^- 交换 HCl 中的 Cl^-，反应式为

$$\left.\begin{array}{l}\text{第一步：} RH + NaCl \rightleftharpoons RNa + HCl \\ \text{第二步：} ROH + HCl \longrightarrow RCl + H_2O\end{array}\right\} \tag{5-9}$$

第三种情况是：ROH 先行，OH^- 交换了 Cl^-，生成 NaOH；然后 RH 型中 H^+ 交换了 NaOH 中的 Na^+，反应式为

$$\left.\begin{array}{l}\text{第一步：} ROH + NaCl \rightleftharpoons RCl + NaOH \\ \text{第二步：} RH + NaOH \longrightarrow RNa + H_2O\end{array}\right\} \tag{5-10}$$

第四种情况是：有 RH 先行，也有 ROH 先行，也有 RH 和 ROH 同时进行，却水中的阳离子交换和阴离子交换是多次交错进行的，其反应式为

$$\left.\begin{array}{ll}RH+NaCl \rightleftharpoons RNa+HCl & ROH+NaCl \rightleftharpoons RCl+NaOH \\ RH+NaOH \longrightarrow RNa+H_2O & ROH+HCl \longrightarrow HCl+H_2O\end{array}\right\} \tag{5-11}$$

从上述反应式可见，混合床内交换反应可看作盐类的分解反应与中和反应的组合，由于阴、阳树脂相互混合均匀，从上述反应式可见，其阴、阳离子的交换几乎是同时进行的，所以影响阳离子交换反应的反离子 H^+ 和影响阴离子交换反应的反离子 OH^- 能立刻化合成 H_2O。因不存在反离子的影响，逆反应得到了避免，交换反应能较顺利地进行到底，所以不仅出水纯度高，而且还具有水质稳定、间断运行影响小、失效终点分明等特点。

对于需要纯水、高纯水的用水单位，离子交换除盐中混合床已成为必不可少的除盐设备。

2. 混合床中的选择系数 K

选择系数亦称平衡常数，即反应达到平衡时的常数，用 K 表示：

$$\begin{aligned}K &= \frac{\text{反应生成物浓度的乘积}}{\text{反应物浓度的乘积}} \\ &= \frac{[RNa]\cdot[RCl]\cdot[H_2O]}{[RH]\cdot[ROH]\cdot[Na^+]\cdot[Cl^-]} \\ &= \frac{[RNa]\cdot[H^+]}{[RH]\cdot[Na^+]}\cdot\frac{[RCl]\cdot[OH^-]}{[ROH]\cdot[Cl^-]}\cdot\frac{[H_2O]}{[H^+]\cdot[OH^-]} \\ &= K_H^{Na}\cdot K_{OH}^{Cl}\cdot\frac{1}{K_{H_2O}}\end{aligned} \tag{5-12}$$

其中，$K_H^{Na}=\dfrac{[RNa]\cdot[H]}{[RH]\cdot[Na^+]}$，$K_{OH}^{Cl}=\dfrac{[RCl]\cdot[OH^-]}{[ROH]\cdot[Cl^-]}$，水的电介常数 $K_{H_2O}=\dfrac{[H^+]\cdot[OH^-]}{[H_2O]}$，得 $[H_2O]=\dfrac{[H^+]\cdot[OH^-]}{K_{H_2O}}$ 代入 $\dfrac{[H_2O]}{[H^+]\cdot[OH^-]}$ 中得 $\dfrac{[H_2O]}{[H^+]\cdot[OH^-]}=\dfrac{[H^+]\cdot[OH^-]/K_{H_2O}}{[H^+]\cdot[OH^-]}=\dfrac{1}{K_{H_2O}}$。

式中　K——阴、阳混合树脂的选择系数（平衡常数）；

K_H^{Na}——RH 型树脂对 Na^+ 的选择系数（平衡常数），RH 型树脂交联度为8%～10%时，$K_H^{Na}=1.5\sim2.0$；

K_{OH}^{Cl}——强碱 ROH 型树脂对 Cl^- 的选择系数（平衡常数），强碱 ROH 型交联度为8%时，则平衡常数 $K_{OH}^{Cl}=2$；

K_{H_2O}——水的电离常数，$K_{H_2O}=[H^+]\cdot[OH^-]/[H_2O]=1.8\times10^{-16}$（注：$[H_2O]=1\,000/18=55.58$ 克分子/L，水的离子常数 $[H^+]\cdot[OH^-]=K_{H_2O}\cdot[H_2O]=10^{-14}$（克离子/L）^{2}]。

把上述数据代入式(5-12)中，得平衡常数 K 值为

$$K=(1.5\sim2)\times2\times\frac{1}{1.8\times10^{-16}}=(1.5\sim2)\times2\times\frac{10^{16}}{1.8}$$

可见 K 值远远大于1，故混合床的交换反应远远比复床彻底，使混合床的出水水质远优于复床。

对式(5-12)的看法与分析如下：

(1) 式(5-12)是以式(5-8)为依据得出来的，因此用此式来解释混合床比复床效果好，首

先在于式(5-8)成立,但此式仅是混合床反应中的一种假想,不是全部,实际并不完全如此。

(2) 按式(5-8)计算结果,混合床比复床好十几个数量级,而从电阻率 ρ 来看,仅只差一个数量级,这说明式(5-8)仅是一种假想,与实际有较大差距。

(3) 为此,式(5-12)不能作为定量分析的依据。作为定性分析,可认为:按式(5-12)的反应,不存在反离子的影响;按式(5-9)—式(5-11)的反应,反离子影响迅速消除,从这两点看,交换反应都有利于向右边进行;可以把混合床看作为无数微型复床的组合。

3. 混合床的主要缺点

(1) 交换容量的利用率比复床差,酸、碱再生液在再生过程中,相互对阴、阳离子交换树脂有一定的影响,造成大约有10%的树脂为无效树脂。

(2) 混合床对有机污染很敏感,特别是阴离子交换树脂抗有机物能力差,故运行初期出水水质好,以后逐渐变差,原因就是受到有机物的污染。

5.3 常用离子交换除盐系统

离子交换除盐系统的组成变化很多,应根据原水水质和用户对水质的要求加以选定。以下仅介绍常用的系统流程。

5.3.1 复床式系统

1. 单级复床系统

单级复床系统的出水水质,一般只能达到局部脱盐水,即市售蒸馏水水质。常将含盐量从500 mg/L左右降低到5~10 mg/L以下,SiO_2 去除到0.2 mg/L左右,出水电阻率在(5~50)×10^4 Ω·cm,最高可达100×10^4 Ω·cm。此系统中,大多数采用强酸阳离子树脂与强碱阴离子树脂。有时也采用弱碱阴离子,或者在一个系统中强、弱碱树脂同时使用。

1) 强酸→脱气→强碱系统

此工艺系统前述已讨论,如图5-1所示。强酸树脂采用001×7;强碱树脂采用201×7。系统中 CO_2 脱气塔的造价较大,因此,如果原水的碱度小于50 mg/L时或产水量不太大时,可考虑不设 CO_2 脱气塔。

2) 强酸→弱碱→脱气系统

此系统如图5-10所示。对强酸性阴离子含量较大(如 SO_4^{2-},Cl^- 等含量50~100 mg/L)或占较大比例时采用。强酸RH型树脂除去水中的阳离子;弱碱ROH型树脂除去 SO_4^{2+},Cl^- 阴离子;H_2CO_3(即 CO_2)用脱气塔去除。

3) 强酸→弱碱→脱气→强碱系统

该系统是在图5-10基础上,在脱 CO_2 塔之后再设强碱ROH型交换器,如图5-11所示。适用于原水中碱度、强酸阴离子的含量都较大,出水对 SiO_2 含量有较严格要求时采用。强碱ROH主要用来除硅。

此系统的优点是:可以充分地发挥弱碱阴离子交换树脂交换容量大、易于再生的特点,而且进入强碱阴离子交换器的水,已把绝大部分水中的强酸阴离子去除,有利于对硅酸等弱酸阴离子的去除。故强碱ROH树脂既除剩于的 SO_4^{2+}、Cl^- 强酸阴离子,又除 $HSiO_3^-$ 等弱酸阴离子,使出水纯度提高。此系统,是单级复床中出水水质纯度最高的一种,其出水的电阴率可达到100×10^4 Ω·cm。

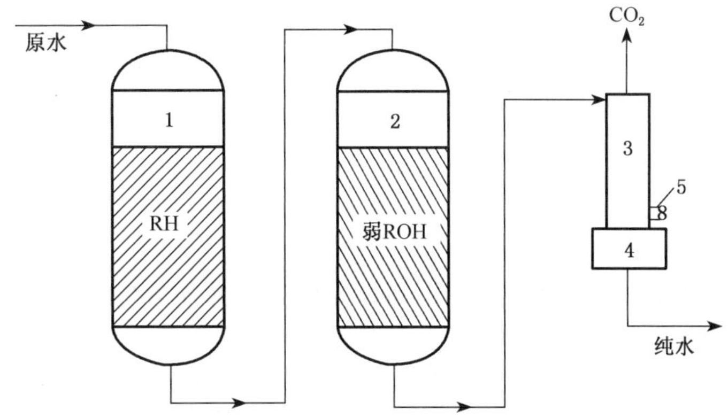

1—强酸 RH 型交换器；2—弱碱 ROH 型交换器；3—CO_2 脱气塔；4—水箱(池)；5—鼓风入口

图5-10　强酸→弱碱→脱气系统

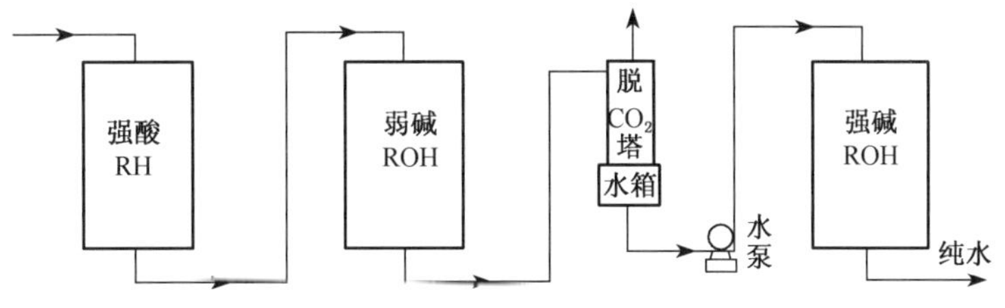

图5-11　强酸→弱碱→脱气→强碱系统

2. 双级复床除盐系统

双级复床除盐系统如图5-12所示，分(a)和(b)两种。适用于除盐要求相对较高，一般出水中剩余含盐量不大于2 mg/L，电阻率为$(1\sim3)\times10^6$ Ω·cm，剩余SiO_2含量不大于0.1 mg/L。

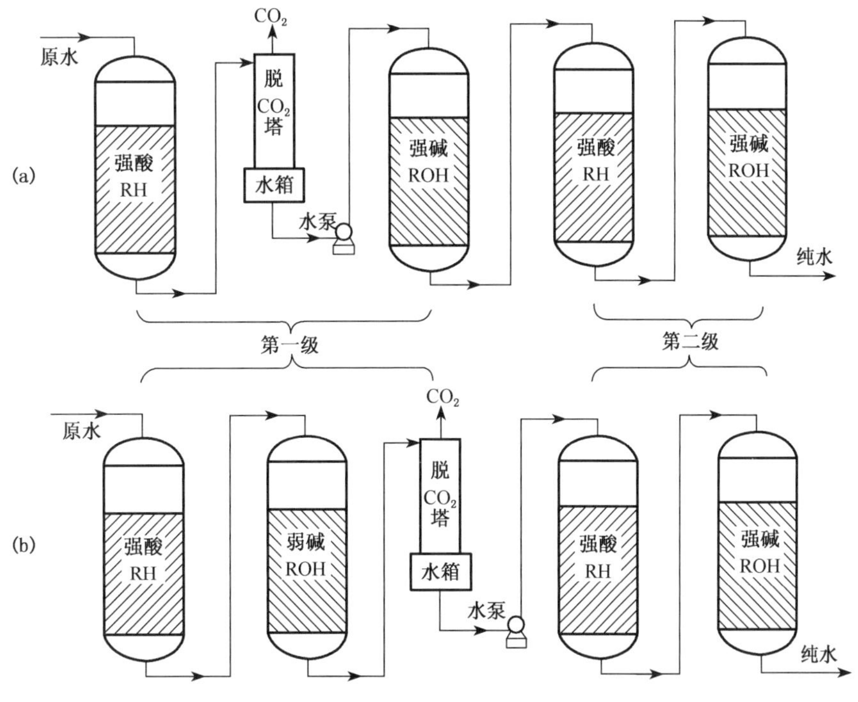

图5-12　双级复床除盐系统

第二级的作用为：一是去除第一级出水中残余的“易于吸附”的离子，如 Ca^{2+}，Mg^{2+}，SO_4^{2-}，Cl^-；二是主要去除难于去除的离子，如 Na^+，K^+，HCO_3^-，$HSiO_3^-$ 等，这是第二级的主要任务。所以第二级处理一般均采用强酸强碱组合系统。

5.3.2 混床及复床—混床系统

1. 混合床系统

混合床除盐的基本原理及水质好的分析以上已述。混合系统的优点是：出水（除盐水）纯度较高，水的电阻率可达$(1\sim10)\times10^6$ Ω·cm，短时间最高可达 10×10^6 Ω·cm 以上；水中硅（SiO_2）的剩余含量一般均在 0.05～0.1 mg/L 以下。缺点是：工作周期较短，因而再生频繁而且复杂。一般单级混合床系统的工作周期仅为5～6 h，甚至更短。为进一步提高水质，有采用二级混床或二级以上混床。

2. 复床—混床系统

上述讲的复床系统（图 5-10—图 5-12）的最后，再加混床系统，构成复床—混床系统。在那种复床后面加混床，根据出水水质要求而定。此系统的特点是出水水质纯度高，工作周期长，水质较稳定。因此是目前纯水制取系统中采用较广泛的一种。有时为进一步提高水质，最后会采用多级混床。

3. 小结

根据上述讨论，一般认为：

(1) 如果原水碱度小于 50 mg/L，可以不设 CO_2 脱气塔；

(2) 如果原水中的强酸性阴离子（SO_4^{2-}、Cl^-）含量大于 50～100 mg/L，宜先采用弱碱性阴离子交换树脂；

(3) 如果纯水水质的电阻率要求大于 8×10^6 Ω·cm，则最后必须采用混合床把关；

(4) 出水水质要求去除硅（SiO_2），则必须采用强碱阴离子交换树脂。

各种除盐系统的适用范围可参考表 5-3。

表 5-3　各种除盐系统适用范围参考表

系统编号	除盐方法（系统）	纯水指标		适用范围
		电阻率 /(10^4 Ω·cm)	硅（SiO_2） /(mg·L^{-1})	
1	强酸→弱碱→脱气	3～15	不能除	水的纯度要求不高、生产维护费用低
2	强酸→强碱	5～50	0～0.2	原水碱度 50 mg/L 以下
3	强酸→脱气→强碱	5～50	0～0.2	含盐量 500～600 mg/L 以下原水
4	强酸→弱碱→脱气→强碱	10～100	0～0.2	同上，SO_4^{2-}，Cl^- 为 50～100 mg/L
5	强酸→弱碱→脱气→强酸→强碱	20～200	0～0.1	高纯水
6	强酸→脱气→强碱→强酸→强碱	20～200	0～0.1	高纯水
7	混合床	80～800	0～0.05	高纯水，总含盐量 200 mg/L 以下、碱度 50 mg/L 以下的原水
8	强酸→脱气→混合床	80～800	0～0.05	碱度 50～100 mg/L 的原水

(续表)

系统编号	除盐方法(系统)	纯水指标		适用范围
		电阻率/($10^4\ \Omega\cdot cm$)	硅(SiO_2)/($mg\cdot L^{-1}$)	
9	强酸→弱碱→脱气→混合床	100～1 000	0～0.05	高纯水,SO_4^{2-},Cl^-在100～200 mg/L的原水
10	强酸→脱气→强碱→混合床	200～2 000	0～0.02	原水碱度50～100 mg/L,总含盐量300～800 mg/L,硅10～15 mg/L
11	强酸→弱碱→脱气→强碱→混合床	200～2 000	0～0.02	原水总含盐量300～800 mg/L硅10～15 mg/L

表5-3中各系统的大致概况如下。

系统1:采用弱碱树脂的二床加脱气塔,出水水质为含盐量2～10 mg/L,但不能降低SiO_2,故最好原水不含硅或含硅量低,适用于纯度要求不高的一般工业用水。

系统2:采用强酸(RH型)、强碱(ROH型)树脂的二床式,出水含盐量2～3 mg/L,含SiO_2可达0.2 mg/L以下,适用原水碱度较小(<50 mg/L)的场合。

系统3:在系统2的二床中间加脱气塔,出水水质同系统2,适用于原水碱度较大(50～100 mg/L)的场合。

系统4:三床式加脱气塔,在原水SO_4^{2-},Cl^-含量较高时,采用此系统可节省碱再生液用量。再生时使碱液先经过强碱树脂再经过弱碱树脂。

系统5:四床式加脱气塔,第一级复床采用弱碱树脂。此系统适用于SO_4^{2-}、Cl^-含量较高的原水,出水水质含盐量为0.2～1.0 mg/L,硅含量降至0.02～0.1 mg/L。原水中大量离子主要由第一级复床去除,第二级复床主要起"纯化"作用,故设备可小些。

系统6:采用串联二级复床加脱气塔,均采用强酸强碱树脂,二级设备同样大小,此系统的特点是:在正常生产时,二级串联使用,保证高纯度的水质,但在某一短时间内需要大量纯水时,可把二级串联改为单级并联使用。当其中一级复床进行再生时,另一级复床可单独继续工作,仍可保证一定的水质。

系统7:单一的混合床。混合床设备设计及运行管理操作都没有复床简单,同时酸、碱再生消耗量大,树脂利用率也较低,因此在纯水的大规模生产中,使用单一混合床是不经济的。但混合床具有出水水质好、设备占地面积小等优点,故在一些规模较小的纯水生产中可采用单一混合床。

系统8:强酸→脱气→混合床。当原水碱度含量较高时,与系统7相比,此系统的优点是可节约酸碱再生剂用量,同时前面的强酸树脂可以滤除一些悬浮杂质,对后面的混合床树脂可起一定的保护作用。

系统9:采用弱碱树脂的二床加脱气之后接混合床。当原水中SO_4^{2-},Cl^-含量较高时采用,与其他系统相比,更可节省碱再生液用量。

系统10:此系统用于原水总含盐量较大,碱度较大,要求深度除盐的场合。

系统11:此系统与系统10相似,弱树脂用来加强处理SO_4^{2-},Cl^-,以减后面设备的负担。

除上述11种系统外,还可以根据不同情况和需要进行其他多种组合。如上述系统中还没有用到弱酸阳离子交换树脂,当原水碱度较大时,可在强酸性树脂交换器前面,设一只弱酸树脂交换器，同时后面设一个脱 CO_2 塔。弱酸树脂交换容量较大，再生剂耗量较省，设脱 CO_2 塔可有效地去除部分碱度，减轻后续阴离子交换的负担。

5.3.3 双层床

如前所述，弱性树脂的交换容量较大，再生剂用量较小，如果将弱酸性、强酸性树脂或弱碱性、强碱性树脂放置在同一交换器中，组成双层床的形式，既可保证水质，并可减少设备台数，简化系统，节省投资，又能提高交换器的工作交换容量，节省再生剂用量。

双层床是一种固定床离子交换设备，弱性树脂在上面，强性树脂在下面，如图5-13所示。分为阳离子交换双层床和阴离子交换双层床两种。

无论是阳离子双层还是阴离子双层床，弱性树脂的湿真密度小于强性树脂的湿真密度，借助于湿真密度之差，反洗后形成分层，使弱性树脂在上面，强性树脂在下面(弱性树脂宜用巨孔型，强性树脂宜用凝胶型)。交换运行时，水自上而下先经过弱性树脂，充分发挥弱型树脂交换容量大的优点和抗有机污染强的特点，然后进入强性树脂；再生时，再生液自下而上，先经过强性树脂，多余的再生剂向上用来再生弱性树脂。由于弱性树脂容易吸收再生剂，可充分发挥再生剂的作用，从而节省再生剂的用量。阳树脂双层床可用强酸001×7＋大孔弱酸 D113 组合；阴树脂双层床可采用强碱 201×7＋D301 大孔弱碱树脂组合。

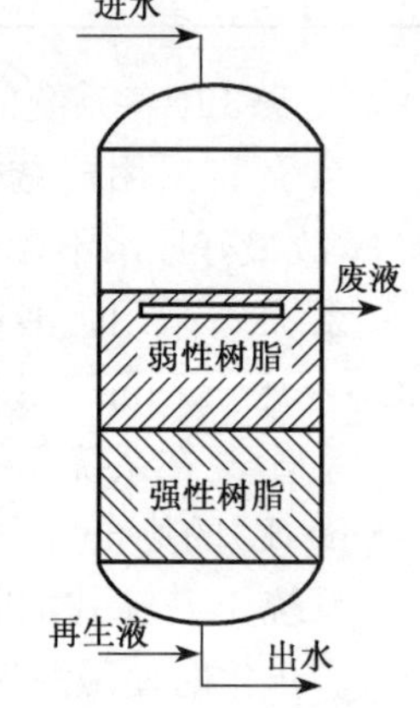

图 5-13　双层床示意图

双层床中弱、强两层树脂的高度，根据经验一般认为：弱性树脂的高度至少应占总高度的 30%，两层的总高度可取 1.6～1.7 m。以弱碱树脂为例，树脂量可按下式估计：

$$\frac{\text{弱碱树脂量}}{\text{强碱树脂量}}=\frac{\text{强酸性阴离子量}}{\text{弱酸性阴离子量}} \tag{5-13}$$

根据经验，弱碱树脂层高度宜≥0.6 m；强碱树脂层高度宜≥1.0 m，否则效果不高。

1. 双层床的特点

(1) 充分发挥弱强树脂的特长。

弱性树脂：交换容量大，再生容易，故放置在上面，先去除部分离子，减轻强性树脂的负担。

强性树脂：交换容量小，再生难，但其选择性大，故放置在下面，起把关作用，保证出水水质。

(2) 再生剂用量省、效果好。因弱性树脂与强性树脂串联起来进行逆流再生，再生剂用量省，总比耗可小到理论值的 1∶1.1。

(3) 设备简单、紧凑。弱强树脂放置在同一交换器内，等于弱性树脂与强性树脂串联，占地面积小。

(4) 依靠强与弱两种树脂湿真密度差，利用反冲洗时进行分层，简单而方便。但因密度差较小，故反洗要有足够(≥50%)的膨胀率。

2. 弱强树脂去除的离子及体积比

水中阴、阳离子是等当量组合的，即阴离子当量等于阳离子当量数。以阴离子计算，用

H 表示离子数，则弱强树脂去除离子对象如下。

弱酸 RH 交换树脂：$H_{弱RH} = HCO_3^- - 0.3$(mmol/L)，0.3 是弱 RH 出水浅漏的碳酸盐阳离子数。

强酸 RH 交换树脂：$H_{强RH} = SO_4^{2-} + Cl^- + 0.3$(mmol/L)。

弱碱 ROH 交换树脂：$H_{弱ROH} = SO_4^{2-} + Cl^- + (NO_3^-)$(mmol/L)。

强碱 ROH 交换树脂：$H_{强ROH} = HCO_3^- + HSiO_3^-$(mmol/L)。

因为通过弱性树脂和通过强性树脂的流量（Q）和运行周期（T）是相同的，故可得强性树脂与弱性树脂的体积（V）之比：

$$\frac{V_{弱} \cdot E_{op弱}}{V_{强} \cdot E_{op强}} = \frac{H_{弱}}{H_{强}} \tag{5-14}$$

该式实质上与式(7-13)相同，但更恰当些，式中，E_{op} 为工作交换容量。对该式的要求为：

(1) $V_{弱}$ 不小于 30%，如果小于 30%，对阳树脂双层床来说，说明水中碳酸盐含量很少，则弱 RH 不起多大作用，就失去了双层床的优越性。

(2) 强酸树脂高度 h 不小于 0.8 m，以保证出水水质，不让离子(如 Na^+ 等)泄漏。

3. 阴树脂双层床的再生

阴树脂双层床必须严格掌握好再生条件，否则会出现大量的胶体硅(胶冻)聚积在弱碱树脂上，使出水水质恶化，严重时无法正常运行。

这种胶体硅的产生过程是：运行到终点（双层床失效）时，下层强碱树脂吸附着大量的 $HSiO_3^-$ 和 HCO_3^-，而再生是逆流串联过程，NaOH 再生液先经过强碱 ROH，然后流入上层弱碱 ROH，而且再生强碱的浓度远高于弱碱。因此很容易把强碱下层的 $HSiO_3^-$ 和 HCO_3^- 再生出来而生成 Na_2SiO_3 和 Na_2CO_3，反应为

$$\left.\begin{aligned} 2RHSiO_3 + 2NaOH &\longrightarrow 2ROH + Na_2SiO_3 + 2H_2O \\ 2RHCO_3 + 2NaOH &\longrightarrow 2ROH + Na_2CO_3 + 2H_2O \end{aligned}\right\} \tag{5-15}$$

而 Na_2SiO_3 呈碱性，则 Na_2SiO_3 随再生液 NaOH 一起流到上层弱碱 ROH 树脂时，再生液 NaOH 浓度已较低，那么 Na_2Si 和 Na_2CO_3 就会发生如下反应(上层以 RCl 以例)：

$$RCl + NaOH(再生液) \longrightarrow ROH(弱) + NaCl \tag{5-16}$$

因 NaCl 是中性盐，则上层再生液中的碱性进一步下降，那么下层带上来的 Na_2SiO_3 和 Na_2CO_3 就会与 RCl 反应：

$$\left.\begin{aligned} 2RCl + Na_2SiO_3 + 2H_2O &\longrightarrow 2ROH + 2NaCl + H_2SiO_3 \\ 2RCl + Na_2CO_3 + 2H_2O &\longrightarrow 2ROH + 2NaCl + H_2CO_3 \end{aligned}\right\} \tag{5-17}$$

式(5-17)中生成的 NaCl 是中性，下层带上来的 Na_2SiO_3 和 Na_2CO_3 因水解作用也生成 NaOH，而 NaOH 也可用来再生 RCl，故式(5-17)中出现 ROH。Na_2SiO_3 和 Na_2CO_3 的水解反应为

$$\left.\begin{aligned} Na_2SiO_3 + 2H_2O &\longrightarrow 2NaOH + 2HSiO_3^- \\ Na_2CO_3 + 2H_2O &\longrightarrow 2NaOH + 2HCO_3^- \end{aligned}\right\} \tag{5-18}$$

生成了等当量的弱酸 H_2SiO_3 和 H_2CO_3，NaCl 是中性盐，使水中碱度（pH 值）迅速下降，使 H_2SiO_3 的聚合作用加强，从而再生废液中析出胶体硅，附着在弱碱树脂的周围，产生沉积作用。

解决的措施为：

(1) 树脂失效后立即再生，目的是避免停留时间过长而在强碱树脂上发生硅酸聚合。

(2) 再生过程中，不仅碱液加热（碱）液加热减少粘滞度，再生效果好，而且使交换器内部保持 40℃温度。目的是一方面有利去除 CO_2，提高 pH 值，另一方面使硅酸不易聚合成胶体硅而析出。

(3) 选用 1%的低浓度再生液快速再生，后用 3%～5%的正常浓度再生。目的是：1%浓度快速再生可使下层强碱树脂未充分再生，但可洗脱强碱树脂上的部分 $HSiO_3^-$；另一方面上层弱碱树脂得到初步再生，但仍保持一定的碱度（pH 值较高）。这样可避免硅胶聚合而析出。后用 3%～5%正常浓度再生液快速再生，目的是因流速高，可把硅酸带出去，使它无法聚合成硅胶体，故也不存在硅胶体沉积了。

另一种办法是采用同一的 2%浓度再生液，先快后慢的流速进行再生，能达到相同目的。

5.3.4 弱酸、弱碱及脱气塔的位置

在上述除盐系统中，根据不同情况，分别用到弱酸 RH、弱碱 ROH 及脱 CO_2 塔，在除盐系统中它们的位置设在何处是很有讲究的，有必要进行讨论和论述。

1. 弱酸 RH 型树脂

弱酸 RCOOH 的简写为 RH，母体为 $RCOO^-$，可交换离子为 H^+，在水中阳离子的选择性 H^+ 为最大；再生剂比仅为理论值的 1∶1.1；交换容量比强酸 RH 大一倍以上。

原水中 HCO_3^- 离子主要与 Ca^{2+}、Mg^{2+}、Na^+ 等当量组合，弱 RH 在水的软化和除盐中主要用来除去 HCO^-，反应为

$$\left.\begin{array}{l}Ca(HCO_3)_2\\Mg(HCO_3)_2\\2NaHCO_3\end{array}\right\}+弱\ RH=\left.\begin{array}{l}R_2Ca\\R_2Mg\\2RNa\end{array}\right\}+2H_2+CO_2 \tag{5-19}$$

所以在水的软化中，弱 RH 与 RNa 串联工艺中，弱 RH→脱 CO_2 塔→强酸 RNa，原水先经过弱 RH，除去碳酸盐硬度，然后经脱气塔除去 CO_2，再经强酸 RNa 除去非碳酸盐硬度；在除盐的双层床中，弱酸 RH 在上，强酸 RH 在下，原水自上而下的流经中，弱 RH 先交换了碳酸盐中 Ca^{2+}、Mg^{2+} 等阳离子，成为 R_2Ca、R_2Mg。再生时再生液自下而上，先再生强酸 RH，待再生弱 RH 时，虽然再生液浓度降低了，但因 H^+ 的选择大于 Ca^{2+}、Mg^{2+}，仍能把 R_2Ca，R_2Mg 上的 Ca^{2+}、Mg^{2+} 交换下来，成为弱 RH。

2. 弱碱 ROH 型树脂

弱碱 ROH 上的 OH^+ 离子的选择性在水的阴离子中选择性最大，故 SO_4^{2-}、Cl^-、HCO_3^-、$HSiO_3^-$ 都无力去交换弱 ROH 上的 OH^- 离子。但如果用 H^+ 去与弱 ROH 的 OH^+ 结合（$H^++OH^-\rightarrow H_2O$），然后 SO_4^{2-}、Cl^- 等阴离子再吸附上去，达到除去 SO_4^{2-}、Cl^- 等阴离子的目的，这是可能的。

H_2SO_4 和 HCl 是强酸，是强电介质，容易离介：$H_2SO_4 \longrightarrow 2H+SO_4^{2-}$；$HCl \longrightarrow H^++$

Cl。可见存在 H^+，用 H^+ 与 OH^- 结合成为 H_2O，SO_4^{2-} 与 Cl^- 被吸附上去：

$$\left.\begin{array}{l}2ROH(弱)+H_2SO_4=2ROH+2H^++SO_4\longrightarrow R_2SO_4+H_2O\\ ROH(弱)+HCl=ROH+H^++Cl^-\longrightarrow RCl+H_2O\end{array}\right\}\quad(5-20)$$

弱碱(树脂本身)＋强酸═酸性环境，有利于 H_2SO_4 和 HCl 离介为 H^+、SO_4^{2-}、Cl(含 NO_3^-)，故弱碱 ROH 阴树脂能除去水中的 SO_4^{2-}、Cl^-(含 NO_3^-)。

对于弱酸 H_2CO_3 来说，弱碱 ROH＋弱酸 H_2CO_3 ═中性环境，在 pH＝7 时，H_2CO_3 有 82%以 HCO^- 状态存在，所以 $H_2CO_3\longrightarrow H^++HCO_3^-$，用 H^+ 去结合 ROH 上的 OH^- 成为 H_2O，然 HCO_3^- 吸附上去。故理论上有 82%的 H_2CO_3 被除去了，但效果不好，故 H_2CO_3 一般放在强碱 ROH 中去除。

H_2SiO_3 最弱的酸，在 pH＝7 的中性环境中无法离解，不存在 $HSiO_3^-$。在 pH＝8 时只有 2.4%$HSiO_3^-$，故弱碱 ROH 不能除去 H_2SiO_3，由强碱 ROH 除去。

再生时因 OH^- 选择性最大，很容易把 R_2SO_4、RCl、RNO_3 等的 SO_4^{2-}、Cl^-、NO_3^- 交换下来。强碱树脂再生比耗为理论值的 3～5 倍，而弱碱仅为 1.2～1.4 倍，故再生强碱树脂后的再生液仍能有效地再生弱碱树脂。故在除盐中常把弱 ROH 与强 ROH 联合起来使用，如双层床中弱 ROH 在上，强 ROH 在下；表 5-3 中的除盐系统编号 4，5，9，11 等。

3. 脱 CO_2 塔的位置

在除盐系统中，往往设置脱气塔除去 CO_2，以减轻后续设备的负担。如表5-3中的系统编号 3，脱气塔设在强酸 RH 与强碱 ROH 之间，RH 的出水主要是 H_2CO_3、H_2SO_4、HCl，进脱气塔后 H_2CO_3 基本上去除了，仅剩余 5 mg/L 左右，则强碱 ROH 只要去除 H_2SO_4、HCl 及 5 mg/L 的 H_2CO_3，大大减轻了强碱 ROH 的负担，此脱气塔的位置是正确的。但是表 7-2 中的系统 4，脱气塔的位置设在弱碱与强碱之间好还是设在强酸与弱碱之间好，值得探讨和商榷，现就以此例进行讨论。

表 5-3 中的系统编号 4，脱气塔的位置分设在强酸与弱碱之间和弱碱与强碱之间两种情况，现分别进行分析与讨论。

1) 脱气塔设在弱碱 ROH 与强碱 ROH 之间

脱气塔设在弱碱 ROH 之后，这与表 5-3 中系统编号 1 相同，但系统编号 1 中如果设在强酸与弱碱之间，则要增加一台水泵提升，设在弱碱之后可省去水泵提升，故脱气位置是对的。而系统编号 4 中脱气塔位置设在弱碱 ROH 之前或之后都要用水泵提升，因后面还有强碱 ROH，故对系统编号 4 来说此优点不存在。

脱气塔设在弱碱 ROH 与强碱 ROH 之间的优点是：经弱碱 ROH 交换后，水中的 SO_4^{2-}、Cl^-(含 NO_3^-)等去除了，进入脱气塔的为弱酸 H_2CO_3、H_2SiO_3，酸性弱，腐蚀性小，而且 H_2CO_3 又以 CO_2 排出。缺点是：水中的 H_2CO_3 都经过弱碱 ROH，增加了弱碱 ROH 的负担。此缺点与表 5-3 中系统编号 1 相同。

2) 脱气塔设在强酸 RH 与弱碱 ROH 之间

其缺点是：强酸 RH 交换器出来的水中含强酸 H_2SO_4 和 HCl 等，进入脱气塔的酸性强，腐蚀性大。

其优点是：弱碱 ROH 与强碱 ROH 靠得很近，如果强碱交换器与弱碱交换器串联起来进行再生，即再生液(NaOH)→强碱 ROH →弱碱 ROH →再生废液。因强碱再生比耗大(理论值的 3～5 倍)，弱碱再生比耗小(理论值的 1.2 倍)，经强碱再生出来的再生废液中的再生液浓度和含量，都足够弱碱阴离子树脂进行再生，这样，一方面大大节省了再生剂用量，同时使排出的再生废液浓度大幅度减低，减轻对环境的污染。因此，从此分析来说，脱气塔设在弱碱 ROH 交换之前(强酸 RH 之后)是有利的，完全对的。

但如果强碱与弱碱交换器不能串联起来进行再生，譬如，强碱与弱碱的再生不同步，强碱运行周期大，强碱运行周期小，强碱再生一次，而弱碱要再生数次；又譬如，强碱再生剂用量很小，而弱碱再生用量大，则强碱再生废液不能满足弱碱再生剂的用量(是指不考虑利用强碱再生废液再补充适量再生剂量来再生弱碱树脂的情况下)。那么强碱与弱碱就无法进行串联再生或串联再生不能满足弱碱再生的要求，在这种情况下，脱气塔位置设在何处，应进行具体的分析和考虑。如果为避免脱气塔被 H_2SO_4、HCl 等腐蚀，则脱气塔还是设在弱碱交换器之后有利。

从上述的分析与讨论可见，脱气塔的位置设在何处，应根据实际情况，进行分析研究后确定。

5.3.5 苦咸水淡化—二氧化碳再生法

二氧化碳再生法亦称 Desal 法。

1. 问题的提出

我国“三北”地区(华北、东北、西北)水资源贫乏紧缺，特别是西北地区，水资源的紧缺长期来阻碍着经济的发展和人民生活水平的提高。河流、湖泊不仅少、流量小，而且二分之一以上的湖泊为咸水湖；地下水不仅埋深深、水量少，而且大多数为苦咸水。因此对西北地区的大片城镇、乡村来说，进行苦咸水淡化处理具有重大的现实意义，直接关系到经济的发展和人民生活水平的提高。这里仅介绍一种离子交换苦咸水淡化——二氧化碳再生法”。

苦咸水的主要成份为 NaCl，含盐量一般在 1 000～3 000 mg/L。

二氧化碳再生法是对弱性树脂来的，因此这里的离子交换苦咸水淡化是指弱酸、弱碱树脂，故有必要重述一下弱性树脂的特性。

弱性树脂的共同特点是：交换容量大，比强性树脂要大一倍左右；再生容易，再生比耗小，再生剂用量省。那么如何用弱性树脂来处理苦咸水呢？弱酸树脂的选择性为 $H^+ > Ca^{2+} > Mg^{2+} > Na^+$，对 Na^+ 的吸着作用最弱，可见不能直接用来交换苦咸水中的 NaCl，但是弱酸树脂能交换弱酸盐类 $NaHCO_3$(即弱酸树脂能与弱酸盐类反应)，那么是否可以先把 NaCl 的中性盐变换成 $NaHCO_3$ 的弱酸盐，然后在弱酸 RH 中去除，这是一方面问题。

弱碱树脂的选择性为 $OH^- > SO_4^{2-} > Cl^- > HCO^-$，可见弱碱树脂 ROH 不能直接交换 NaCl 中的 Cl^-，但如果把弱碱 ROH 换型成 $RHCO_3$，那么 NaCl 上的 Cl^- 可交换 $RHCO_3$ 上的 HCO_3^-(因选择性 $Cl^- > HCO_3^-$)，这就是第二方面的问题。用弱酸、弱碱进行苦咸水淡化处就要解决上述两个问题。

2. 解决上述两方面问题的途径

从上述分析得到：把 NaCl 变成 $NaHCO_3$，用弱酸树脂除去 Na^+；把弱碱 ROH 换型为 $RHCO_3$，除去 NaCl 中的 Cl^-。

如果有了 $RHCO_3$，那么反应过程为：先于 $RHCO_3 + NaCl \longrightarrow RCl + NaHCO_3$，除去了 Cl^-；再于弱酸 $RH + NaHCO_3 \longrightarrow RNa + H_2CO_3$，除去了 Na^+，得到了 H_2CO_3。

假如把 CO_2(即 H_2CO_3)加入到弱碱 ROH 中去，用 H_2CO_3 中的 H^+ 去结合 ROH 上的 OH^-，把 HCO_3^- 附到 R 上去，使弱碱 ROH 换型为 $RHCO_3$，这就达到了目的，反应为

$$弱碱\ ROH + H_2CO_3 \longrightarrow RHCO_3 + H_2O$$

可见要弱 ROH 换型为 $RHCO_3$，必须要通入 CO_2 到 ROH 中去，故称为 CO_2 再生法。

3. 换型方案及交换、再生过程

设计一个如下弱酸、弱碱除盐系统：图 5-14 中，实线条表示苦咸水处理的淡化交换过程；虚线条表示再生过程。弱碱 ROH 交换器有两只，一只在弱酸 RH 交换器之前，另一只在弱酸 RH 之后，开始交换时 $RHCO_3$ 是第一只弱碱 ROH 通入 CO_2（即 H_2CO_3）换型得来的。

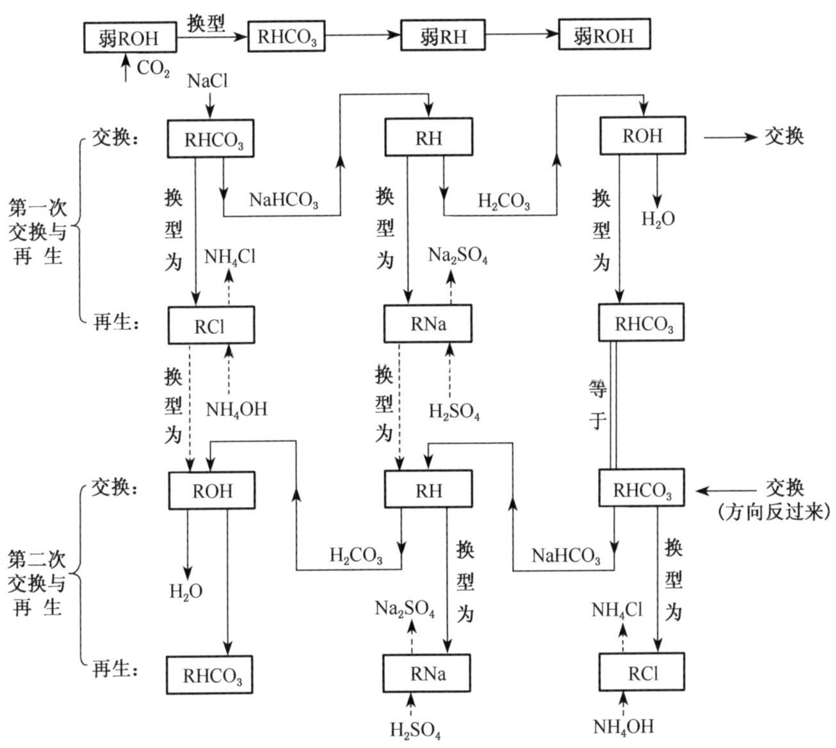

图 5-14　弱酸、弱碱苦咸水淡化交换与再生过程

第一次交换 NaCl 的流程为：NaCl→$\boxed{RHCO_3}$→$\boxed{RH}$→$\boxed{ROH}$，由此同时，$RHCO_3$ 换型为 RCl，RH 换型为 RNa，ROH 换型为 $RHCO_3$。前两者要进行再生，使其恢复为 ROH 和 RH，后者 $RHCO_3$ 又可用来交换，故第二次除盐交换流程相同，但交换方向反过来了。

再生过程为：RCl 型用 NH_4OH 进行再生，排出 NH_4Cl 废液，重新换型为 ROH，作为第二次交换（反方向）的最后一只交换器；RNa 用 H_2SO_4（也可用 HCl）再生，排出 Na_2SO_4（或 NaCl）废液，重新换型为弱酸 RH（RCOOH）。对于单只交换器来说，其交换和再生的综合流程分别为

$$\underset{\uparrow \atop NaCl}{\boxed{RHCO_3}} \xrightarrow{\text{换型为}} \boxed{RCl} \xrightarrow[\text{换型为}]{\text{用 } NH_4OH \text{ 再生}} \boxed{ROH} \xrightarrow[\text{换型为}]{\text{通入 } H_2CO_3} \boxed{RHCO_3}$$

$$\boxed{RH} \xrightarrow[\text{换型为}]{\text{通入 } NaHCO_3} \boxed{RNa} \xrightarrow[\text{换型为}]{\text{用 } H_2SO_4 \text{ 再生}} \boxed{RH}$$

按上述原理及示意图 5-14，弱碱 ROH→弱酸 RH→弱碱 ROH 除盐系统的设备组成

及外管路(含阀门)布置见图 5-15。

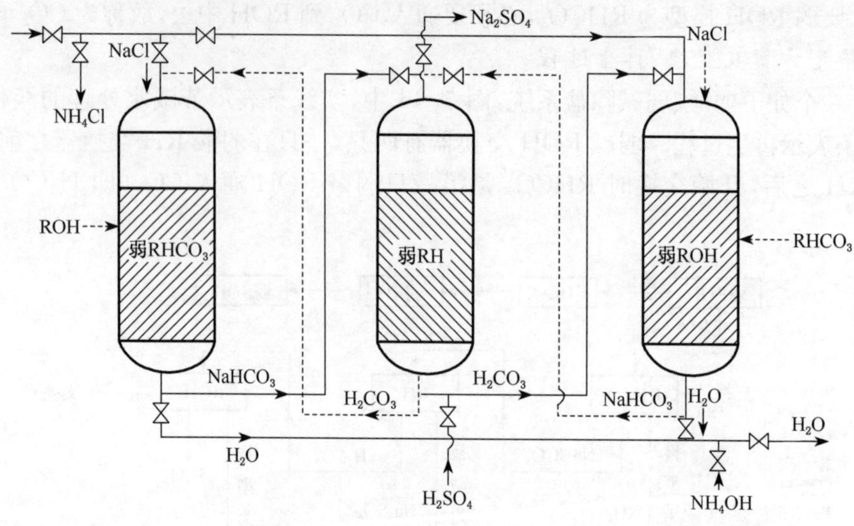

图 5-15　弱碱→弱酸→弱碱除盐系统

从图 5-14、图 5-15 来看,弱碱 ROH($RHCO_3$)→弱酸 RH→弱碱 ROH 苦咸水淡化(除盐)系统,是一个富于创造性的系统,值得借鉴和学习。它利用水中的 H_2CO_3 来使 ROH 型换型为 $RHCO_3$ 型,除去 NaCl 中的 Cl^-,不但不要设脱气塔,而且还作为换型来使用,这是很巧妙的办法。如果 H_2CO_3 不够,那么只要在 ROH 中给予适当补充 CO_2。

弱碱 ROH 交换器的再生液采用 NH_4OH,再生后的废液为 NH_4Cl 是农业肥料。如果加 CaO,则反应后成为氨水:

$$2NH_4Cl + CaO \longrightarrow CaCl_2 + 2NH_4 + H_2O$$

CO_2 再生法,其实质是利用 CO_2 将弱碱 ROH 树脂型为 $RHCO_3$,不是用作为再生剂,因弱碱 ROH 的再生剂是 NH_4OH,弱酸 RH 的再生剂是 H_2SO_4,故称它二氧化碳再生法不大确切,仅是习惯称呼。

5.4　除盐工艺的设计计算

5.4.1　设计任务及有关参数

1. 工艺设计计算的主要任务

(1) 确定纯水制取装置中各主要设备的大小(工艺尺寸、规格);

(2) 计算树脂用量和交换的工作周期;

(3) 计算再生剂的消耗量;

(4) CO_2 脱气塔设计计算。

计算的基本公式仍采用

$$QTH = hFE_{工}$$

式中，Q 为设计处理水量(m^3/h)；T 为交换器工作周期(h)；H 为参与交换的离子数(meg或 mmol/L)；h 为树脂层高度(m)；F 为树脂层平面积(m^2)；$E_{工}$ 为树脂的工作交换容量(meg 或克当量/m^3)。

离子交换数 H 的确定：

对于强酸 RH：H＝全部阳离子

对于弱酸 RH：H＝碳酸盐的阳离子(包括 $NaHCO_3$ 中 Na^+ 等)

按不同的除盐系统 ROH 的阴离子数 H：

强酸 RH—强碱 ROH：H＝全部阴离子

强酸 RH—脱气—强碱 ROH：H＝全部阴离子＋HCO_3^- 的剩余 CO_2(剩余 CO_2 按 5 mg/L计，即为 5/44＝0.114 meg)

强酸 RH—弱碱 ROH—强碱 ROH $\begin{cases} \text{强碱 ROH，} H=SO_4^{2-}+Cl^-+NO_3^- \\ \text{弱碱 ROH，} H=HCO_3^-+HSiO_3^- \end{cases}$

强酸 RH—脱气—弱碱 ROH—强碱 ROH

$\begin{cases} \text{弱碱 ROH，} H=SO_4^{2-}+Cl^-+NO_3^- \\ \text{强碱 ROH，} H=HSiO_3^-+5/44\ \text{meg}(CO_2 \text{的剩余量}) \end{cases}$

从上述分析可归纳为：

① 要分析各交换器除去的是什么离子及其浓度；

② 脱气塔的剩余 CO_2 要计算在内，一般按 5 mg/L(0.114 meg)计：

③ 各交换器的漏量(如漏 Ca^{2+}、Na^+、Cl^-、$HSiO_3^-$ 等)不扣余：

④ 水质分析时无 $HSiO_3^-$，只有 SiO_2，换算时当作一价处理，即 SiO_2＝28＋32＝60。

2. 交换速度 v

交换速度与原水的含盐有关，选用时应根据出水水质要求、运行的经济性等因素进行选用，一般采用固定床时，v＝10～30 m/h(第二级复床 v＝40～60 m/h)；采用浮动床时，v＝30～60 m/h。

3. 运行周期 T

(1) 工作周期 T 一般不小于 20 h，因为一只交换器再生一次需要4 h左右，则两只交换器再生一次要 8 h。

一般二级复床工作周期 T＝3～7 d。

(2) 各只交换器的工作周期 T 要尽可能地接近，这样可同时进行再生。如工作周期略有大小，则运行周期(终点)按 T 较小的控制。

(3) 各交换器的工作周期 T 相差很大时，如 $SO_4^{2-}+Cl^- \gg 5/44\ \text{meg}+HSiO_3^-$，说明在这种情况下，弱碱交换器与强碱交换器不可能串联起来进行再生，则脱气塔如前所述可设在弱碱 ROH 与强碱 ROH 之间，使脱 CO_2 塔不受 SO_4^{2-}、Cl^- 腐蚀。

4. 再生剂用量

建议采用的再生剂用量，对于顺流再生：

1) 强酸 RH

对于强酸 001×7 树脂，采用 HCl 作再生剂，市售 HCl 的浓度为 30%，按强酸树脂资料再生 1 $m^3$001×7 树脂需要 30%浓度的 HCl 为 370 kg，如果化为浓度为 100%的 HCl，则需要 111 kg(即 370×0.3＝111)，再生 1 m^3 001×7 树脂需要111 kg浓度为 100%的 HCl。

这里需说明一下：按 370 kg 30%HCl 浓度，化为 111 kg100%HCl 浓度，是以强酸 RH001×7 树脂的工作交换容量 $E_{工}$=1 000 meg=1 000 克当量/m^3 换算得来的。其换算式为：

$$\frac{111\times10^3(\text{公斤化为克})}{10^3(\text{工作交换容量 1 000 克当量}/m^3)}=111\ \text{克/克当量}$$

那么把工作交换容量取大些，如 $E_{工}$ =1 400 克当量/m^3，代入此式得 $\frac{111\times10^3}{1\,400}$ = 80 克/克当量。HCl 的当量值为 36.5，则再生剂比耗为 111/36.5=3（偏大），建议可采用的 HCl 比耗为 80/36.5=2.2。

2）强碱 ROH

以强碱 201×7 树脂为例，采用 NaOH 再生，市售 NaOH 浓度为 30%，按强碱树脂资料，再生 1 m^3 强碱树脂需 30%浓度的 NaOH 240 kg，则换算 100%浓度的 NaOH 为 240×0.3=72 kg。

如果取工作交换容量 $E_{工}$=400 克当量/m^3，则实际需要 100%浓度计的 NaOH 为

$$\frac{72\times1\,000}{400}=180\ \text{克/克当量}$$

如果取工作交换容量偏大些，$E_{工}$=600 克当量/m^3，则代入为：72×1 000/600=120 克/克当量。NaOH 的当量值为 23+17=40，则 NaOH 的再生比耗分别为理论值的 180/40=4.5 倍和 120/40=3 倍，建议采用后者。

对于逆流再生，根据长期的实践运行经验和数据，按上述顺流再生计算所得的用量，减少 1/3 左右。

5. 备用交换器

在软化处理中，如果单床，则设一台备用；如 RH-RNa 串联或并联，则设一台 RH 交换器作为公共备用。

在除盐中，一般纯水的制取，可不考虑备用，但设计时交换速度 v 要留有余地，以免因再生停止运行时造成水量不足；对于要求高、绝对保证供水安全的高纯水制取，则往往另设一套除盐设备系统作为备用，两套设备可轮流运行，一套再生，一套运行，交错进行。

5.4.2 混合床设计计算有关参数

1. 按 $QTH = FhE_{工}$ 计算

(1) 混合床计算一般是指“复床—混合床”除盐系统，采用“原水—混合床”（即单台混合床除盐）只是在原水含盐量很小时采用。故阳离子 H^+ 的漏泄是指复床的泄漏量，漏泄量一般按 1%计算。

(2) 工作交换容量 $E_{工}$：阳树脂和阴树脂均按树脂交换容量的 80%计算。

(3) 树脂层高度 h：设计常采用 $h = h_{ROH} + h_{RH} = 3h_{RH}$ 。因为 ROH 树脂的交换容量小，常为 RH 树脂交换容量的 1/2。即 RH 交换容量是 ROH 的 2 倍，故$h_{ROH}=2h_{RH}$。

(4) 运行周期 T：设计的运行周期 T=3～7 d，当 $T_{ROH}\neq T_{RH}$ 时，按 T 小的作为运行终点计算。

(5) 交换速度 v：交换速度一般为 $v\leqslant60$ m/h。

(6) 再生剂用量：RH 交换器用 HCl 再生；ROH 交换器采用 NaOH 再生，换算为 100%

纯浓度计，HCl 和 NaOH 用量均为每立方米树脂 96 kg。

2. 按运行经验计算

(1) 树脂层高度 h：$h = h_{ROH} + h_{RH} = 0.8\ m + 0.4\ m = 1.2\ m$。

(2) 混合床截面积 F 的大小，决定交换器的只(台)数，$F = Q/v$，流速一般为 $v = 30 \sim 60\ m/h$。

(3) 混合床混合树脂的工作交换容量 $E_{工}$，一般工作能力 $= 3\ 500\ m^3$(水)$/1\ m^3$ 混合树脂。

(4) 再生剂用量：按生产 1 m^3 水所需要再生剂用量计，HCl 为 8.4 克$/m^3$ 水；NaOH 为 16 克$/m^3$ 水。

(5) 运行周期 T：以 $T = 3 \sim 7\ d$ 计，按进水量 = 产水量，则有：$QT = 3\ 500\ Fh$，$QT = 3\ 500\dfrac{Q}{v} \cdot h = 3\ 500\dfrac{Q}{v} \times 1.2$，则 $T = 3\ 500 \times \dfrac{1.2}{v}$。用 $v = 60\ m/h$ 代入，得 $T = 3\ 500 \times 1.2/60 = 70\ h \approx 3\ d$；用 $v = 30\ m/h$ 代入，得 $T = 140\ h \approx 6\ d$。故取 $T = 3 \sim 7\ d$，$v = 60 \sim 30\ m/h$。

在混合床交换机理还不很清楚的情况下，采用经验法计算比较可靠，因经验法是实践运行的总结。

双层床的计算前已述到一此，结合计算例题再述。

5.4.3　强酸 RH—脱气塔—强碱 ROH 一级复床设计计算

1. 设计资料

1) 设计水量

纯水供水量 50 m^3/h，系统自用水量为 10%，则设计水量为 $Q = 50 \times 110\% = 55\ m^3/h$。

2) 原水水质资料

采用深井水作为水源，不必作混凝处理，折算为 meg(毫克当量/L)的水质成分以下：

阳离子	meg	阴离子	meg
Ca^{2+}	3.31	HCO_3^-	4.42
Mg^{2+}	1.21	SO_4^{2-}	0.264
Na^+	0.51	Cl^-	0.24
F^{3+} 或 Al^{3+}	0.05	NO_3^-	0.058
$\sum K^+$	5.08	$\sum A^-$	5.08
		SiO_2	0.245

其中，$\sum K^+$ 为阳离子总和，$\sum A^-$ 为阴离子总和。SiO_2 不参加阴、阳离子平衡核算。

采用两套此除盐系统，一套运行，一套备用。实际上可再生时交错轮流运行。

经 RH 交换器的出水为 H_2CO_3、H_2SO_4、HCl 及 $HNO_3 H_2SiO_3$，经脱气塔进入 ROH 交换器的水中阴离子量为：$SO_4^{2-} = 0.264$ meg，$Cl^- = 0.24$ meg，$NO_3^- = 0.058$ meg，$SiO_3 = 0.245$ meg，$CO_2 = 5/44 = 0.114$ meg，$\sum A^- = 0.921$ meg。

2. 逆流再生强酸 RH 交换器设计计算

1) RH 交换器直径

选用 001×7 强酸 RH 型交换树脂，工作交换容量 $E_{工} = 800$ 克当量$/m^3$ 树脂。设交换器流速为 20 m/h，则交换器直径为

$$D = \sqrt{\frac{4Q}{\pi v}} = \sqrt{\frac{55}{0.785 \times 20}} = 1.872\ m$$

取 $D = 2.0\ m$。

实际流速 v 为

$$v=Q/F=55/0.785\times 2^2=17.52\ \mathrm{m/h}$$

2) 树脂装料体积 V

树脂层高度采用 $h_{RH}=2.0$ m，RH 树脂装料体积 V 为

$$V=\frac{\pi}{4}D^2\cdot h_{RH}=0.785\times 2^2\times 2=6.28\ \mathrm{m^3}$$

3) 运行(工作)周期 T

采用 HCl 再生，工作交换容量 $E_{工}=800$ 克当量/m³ 树脂，其工作周期为

$$T=\frac{V\cdot E_{工}}{Q\cdot\sum K^+}=\frac{6.28\times 800}{55\times 5.08}=18\ \mathrm{h}$$

每次再生历时为 4 h，则再生频率 n 为

$$n=\frac{24}{T}=\frac{24}{(18+4)}=1.091\approx 1.1\ 次/\mathrm{d}$$

4) 再生剂用量

再生一次 HCl 的用量：

按 HCl 浓度以 100%计，酸耗为 80 克/克当量计，则再生一次的用酸量($Q=55\ \mathrm{m^3/h}$，$\sum K^+=5.08$ meg，$T=18$ h)为

$$80\times 55\times 5.08\times 18=402\ \mathrm{kg}/次$$

按市售 HCl 浓度 30%，则用量为

$$402/0.3=1\,340\ \mathrm{kg}/次$$

配置为 4%浓度的 HCl 再生液的用量为

$$402/0.04=10\,050\ \mathrm{kg}=10.05\ \mathrm{t}/次$$

每个月市售 HCl 耗量：1 340×1.1×30=44.22 t

每年市售 HCl 耗量：44.22×12=530.64 t

3. 逆流再生强碱 ROH 交换器的设计计算

选用 201×7 强碱Ⅰ型阴离子交换树脂，工作交换容量为：$E_{工}=300$ 克当量/m³ 树脂。交换器尺寸与阳离子交换相同，即直径 $D=2$ m；树脂装料度也为 2.0 m。

进入强碱 ROH 交换器的阴离子总量 $\sum A^-=0.921$ meg。

强碱 ROH 交换器的工作周期 T 为

$$T=\frac{F\cdot h\cdot E_{工}}{Q\cdot\sum A^-}=\frac{0.785\times 2^2\times 300\times 2}{55\times 0.921}=37.2\ \mathrm{h}$$

与阳离子交换 $T=18$ 的 2 倍。

阴离子交换器的每次再生时间也约 4 h，则再生频率 n 为

$$n=24/(37.2+4)=0.582\ 次/\mathrm{d}$$

根据上述计算，阳离子交换器 $T=18$ h，再生频率 $n=1.1$ 次/d；阴离子交换器 $T=$

37.2 h，再生频率 $n=0.582$ 次/d，后者工作周期为前者的 2 倍，故基本上为：阳离子交换器再生 2 次，阴离子交换器仅再生 1 次，故可与备用交换器交错运行。

强碱 ROH 树脂装料体积与强酸 RH 相同，$V=6.28\ m^3$。

强碱 ROH 交换器再生剂用量计算：

(1) 一次再生耗碱量。采用 NaOH 作为再生剂，碱耗为 120 克/克当量，按 100%纯度计，再生一次的用碱量为

$$G=120\times Q\times\sum A^{-}\times T=120\times 55\times 0.921\times 37.2=226.12\ \text{kg/次}$$

市售 NaOH 的浓度为 42%，则再生一次的用量为

$$\frac{226.12}{0.42}=538.39\ \text{kg/次}$$

配成再生液浓度 4%的用量为

$$\frac{226.12}{0.04}=5\,653\ \text{kg/次}=5.653\ \text{t/次}$$

(2) 每月的碱耗量为

$$5.653\times 1.1\times 30=186.55\ \text{t/月}$$

(3) 每年的碱耗量为

$$186.55\times 12=2\,238.6\ \text{t/年}$$

4. 关于固定式逆流再生离子交换器

固定式逆流再生离子交换器通称逆流再生固定床。是指交换时水流自上而下，再生时再生液自下而上，与顺流再生相比，其出水水质好，出水稳定，再生较彻底，再生剂比耗小，再生液用量少，故采用较多。

逆流再生固定床由上部布水装置、下部布水装置、中间排液装置、树脂层、压脂层、气体压顶及外管路与较多阀门组成。再生时要小反洗、放水、顶气、进再生液、逆洗、再小反洗、正洗等，操作复杂。

关于离子交换固定床顺流再生和逆流再生，在第 6 章水的离子交换软化法中，已经进行了详细的介绍和论述。同时上海锅炉厂、无锡锅炉厂等均生产多种系列各种规格离子交换设备，一般使用单位均直接向生产厂家购买，不另行设计制造。故对逆流再生固定床及各组成部分的设计计算不再论述。

5. CO_2 脱气塔设计计算

处理水量 55 t/h，采用填料、鼓风式除 CO_2 脱气塔。

进水总碱度（HCO_3^-）4.42 meg；设计进水温度为 15℃～20℃；设计淋水密度为 60 $m^3/(m^2\cdot h)$；脱气塔采用填料为 ϕ25×25×3 陶瓷拉希环。

(1) 按进水量 55 m^3/h，查表 5-4，得除 CO_2 脱气塔直径 ϕ1 100(mm)，鼓风量为 1 128～1 692 m^3/h，配套风机为 CQ19-J。

(2) CO_2 当量值为 12+32=44，进塔 CO_2 量为 4.42 meg，则进塔的 CO_2 含量为：$CO_2=44\times 4.42=194.5$ mg/L。

(3) 根据 $CO_2=194.5$ mg/L，$t=15$℃～20℃，查表 5-5 得填料层高度为 3.15 m。

表 5-4　　HB · Ch 型除二氧化碳塔工艺规范

公称直径/m		600	800	1 000	1 100	1 250	1 400	1 600	1 800	2 000	2 200	2 500	2 800	3 200
设备出力/($t \cdot h^{-1}$)		16.8	30.0	46.8	56.4	73.2	91.8	120.0	151.8	187.2	226.8	293.4	367.8	480.6
空气耗量/($m^3 \cdot h^{-1}$)		336～504	600～900	936～1 404	1 128～1 692	1 464～2 196	1 836～2 754	2 400～3 600	3 036～4554	3 744～5 616	4 536～6 804	5 868～8 802	7 356～11 034	9 612～14 418
配套风机型号		CQ18-J	CQ24-J	CQ19-J	CQ19-J	CQ19-J	CQ20-J	CQ20-J	CQ21-J	CQ21-J	4-72-11 No. 4. 5A	4-72-11 No4. 5A	4-72-11 No5A	4-72-11 No. 54
填料数量 $\phi 25 \times 25 \times 3$ 瓷环(m^3)														
填料层高度/m	1.6	0.45	0.80	1.25	1.50	1.95	2.45	3.20	4.05	4.99	6.05	7.82	9.81	12.82
	2.0	0.56	1.00	1.56	1.88	2.44	3.06	4.00	5.06	6.24	7.56	9.78	12.26	16.02
	2.5	0.70	1.25	1.96	2.35	3.05	3.83	5.00	6.33	7.80	9.45	12.23	15.33	20.03
	2.2	0.89	1.61	2.50	3.01	3.90	4.90	6.40	8.10	9.90	12.10	15.64	19.67	25.63
	4.0	1.12	2.00	3.12	3.76	4.88	6.12	8.00	10.10	12.48	15.12	19.56	24.52	32.04
残留 CO_2 量/($mg \cdot L^{-1}$)		5												

表 5-5　　　　　　　　　　　　**HB·Ch 型除 CO_2 脱气塔应用规范**

<table>
<tr><th>填料层高度/m
CO_2量/(mg·L^{-1})
进水温度/℃</th><th>67</th><th>114</th><th>165</th><th>222</th><th>287</th><th>360</th><th>443</th></tr>
<tr><td>15</td><td>2.25</td><td>3.5</td><td rowspan="2">3.15</td><td>4.00</td><td rowspan="6"></td><td colspan="2" rowspan="2">4.00</td></tr>
<tr><td>20</td><td rowspan="2">2.00</td><td rowspan="2">2.50</td><td rowspan="2">3.15</td></tr>
<tr><td>25</td><td rowspan="2">2.50</td><td colspan="2" rowspan="2">3.15</td></tr>
<tr><td>30</td><td rowspan="3">1.60</td><td rowspan="2">2.00</td><td rowspan="2">2.50</td></tr>
<tr><td>35</td><td rowspan="2">2.00</td><td colspan="2" rowspan="2">2.50</td></tr>
<tr><td>40</td><td>1.60</td><td>2.00</td></tr>
</table>

(4) 根据脱气塔直径 ϕ 1 100，填料层高度 3.15 m，查表 5-6 得脱气塔有关尺寸和数据如下：

脱气塔公称直径：1 100 mm，外径 1 110 mm，内径 1 094 mm；

脱气塔有效断面积：0.94 m^2；

脱气塔填料体积：3.15×0.94＝2.961 m^3；

进水口直径：D_N120；出水口直径：D_N150；排气口直径：D_N300。

脱气塔总高度：4 963 mm＝4.963 m。

脱气塔总荷重：4.1 t。

根据风机型号 CQ20-J，查风机样本可得风量、全风压、转速及配用电动机。

5.4.4　强酸 RH—脱气塔—强碱 ROH—混合床除盐系统设计计算

1. 设计资料

设计资料与上述“3”中相同，即设计水量 55 t/h；$\sum K^+ = 5.08$ meg；$\sum A^- = 5.08$ meg；$SiO_3 = 0.245$ meg 等。

2. 一级复床系统(即强酸 RH—脱 CO_2 塔—强碱 ROH)的设计计算

与上述“3”中相同，故不重复。本系统增加了强酸 RH 与强碱 ROH 混合床，起把关作用，出水水质远优于一级复床，达到高纯水标准。因此本例题主要是对阴、阳树脂混合床进行设计计算。

3. 强酸 RH 与强碱 ROH 混合床设计计算

混合床的运行周期远大于一级复床，故不存在同步再生。阳离子采用 001×7 型树脂，阴离子采用 201×7 型树脂，因 RH 的工作交换容量比 ROH 大 1 倍左右，故混合床中 ROH 的树脂用量是 RH 的 2 倍。

1) 混合床直径 D

设交换速度为 $v = 45$ m/h，则混合床直径为

$$D = \sqrt{\frac{4Q}{\pi v}} = \sqrt{\frac{55}{0.785 \times 45}} = 1.25 \text{ m}$$

取 $D = 1.2$ m，实际流速 $v = 48.7$ m/h。

表 5-6　HB·Ch 型除 CO_2 脱气塔设备规范

公称直径/mm	600	800	1 000	1 100	1 250	1 400	1 600	1 800	2 000	2 200	2 500	2 800	3 200
设备外径/mm	608	808	1 010	1 110	1 260	1 410	1 610	1 812	2 012	2 212	2 512	2 816	3 216
补胶厚度/mm	3												
设备内径/mm	594	794	994	1 094	1 244	1 394	1 594	1 794	1 994	2 194	2 494	2 794	3 194
进水口直径 D_N/mm	80	100	100	125	125	150	150	200	200	250	250	300	350
出水口直径 D_N/mm	100	125	150	150	200	200	200	250	300	300	350	350	400
排气口直径 D_N/mm	200	200	300	300	350	350	400	500	500	600	600	700	700
有效断面积/m^2	0.28	0.50	0.78	0.94	1.22	1.53	2.00	2.53	3.12	3.78	4.89	6.13	8.01
填料层高度/m	设备总高度(mm)/设备荷重(t)												
1.60	3 150/1.0	3 180/1.4	3 297/2.1	3 363/2.4	3 779/3.0	3 504/3.7	3 528/4.5	3 544/5.8	3 576/7.0	3 693/8.4	3 741/10.9	4 070/13.5	4 141/17.2
2.00	3 550/1.1	3 580/1.6	3 697/2.5	3 763/2.9	3 779/3.6	3 904/4.4	3 928/5.4	3 944/6.8	3 976/8.4	4 093/10.0	4 141/12.5	4 476/16.2	4 541/20.7
2.50	4 050/1.3	4 080/1.9	4 197/2.9	4 263/3.4	4 279/4.5	4 404/5.2	4 428/6.5	4 444/8.3	4 476/10.1	4 593/12.1	4 641/15.2	4 976/19.6	5 041/25.0
3.20	4 750/1.5	4 780/2.3	4 897/3.5	4 963/4.1	4 979/5.4	5 104/6.3	5 128/7.9	5 144/10.1	5 176/12.3	5 293/14.7	5 341/18.6	5 676/23.9	5 741/30.6

2）树脂装量(体积) V

交换器直径 $D=1.2$ m，树脂层总高度 $h=1.2$ m，其中，001×7 阳离子交换树脂层高 $h_1=0.4$ m，201×7 阴离子交换树脂层高 $h_2=0.8$ m，除盐交换时，应达到均匀地混合。

树脂的填装量为：

RH 树脂装量：$V_1=\frac{\pi}{4}D^2\times h_1=0.785\times 1.2^2\times 0.4=0.453\ \text{m}^3$

ROH 树脂装量：$V_2=\frac{\pi}{4}D^2\times h_2=0.785\times 1.2^2\times 0.8=0.904\ \text{m}^3$

总装填量：$V=V_1+V_2=0.453+0.904=1.36\ \text{m}^3$

3）工作周期 T

混合床的工作交换容量参考类似工艺的运行资料，一般采用3 500 m^3(水)/m^3(树脂)，即 1 m^3 混合树脂能处理 3 500 m^3 水，现树脂装填的体积为 $V=1.36\ \text{m}^3$，则可处理水量为

$$Q=V\cdot 3\,500=1.36\times 3\,500=4\,760\ \text{m}^3\ \text{水}$$

每小时除盐处理水量为 55 m^3/h，则工作周期为

$$T=4\,760/55=86.55\ \text{h}\approx 87\ \text{h}$$

设混合床每次再生历时为 4 h，则再生频率 n 为

$$n=24/(87+4)=0.264\ \text{次/d}$$

4）再生剂用量

强酸 RH 和强碱 ROH 混合床采用体内再生法。强酸 RH 体积 $V_1=0.453\ \text{m}^3$，强碱 ROH 体积 $V_2=0.904\ \text{m}^3$，分别计算其再生剂耗量。

(1) HCl 耗量

强酸 RH 采用 HCl 再生，按 100%HCl 浓度计，再生 1 m^3 强酸 001×7RH 树脂，需要 75 kgHCl，现强酸 RH 树脂体积 $V=0.453\ \text{m}^3$，则再生一次需要 100%浓度的 HCl 量为

$$75\times 0.453=34\ \text{kg/次}$$

市售 HCl 的浓度为 30%，则再生一次需要 30%浓度的 HCl 量为

$$34/0.3=113.\dot{3}\text{kg/次}$$

配置 HCl 再生液的浓度设 4%，则再生一次浓度为 4%的 HCl 再生液量为

$$34/0.04=850\ \text{kg/次}$$

浓度为 30%的月 HCl 耗量($n=0.264$ 次/d)为

$$113.3\times 0.264\times 30=897\ \text{kg/月}$$

浓度为 30%的年 HCl 耗量为

$$897\times 12=10\,770\ \text{kg/a}=10.77\ \text{t/年}$$

(2) NaOH 耗量

按 NaOH 浓度为 100%计，再生 1 $\text{m}^3$201×7 强碱树脂需要 70 kg NaOH。现强碱

ROH 树脂体积为 0.904 m^3,则再生一次需要 100%浓度的 NaOH 耗量为

$$70\times0.904=63.3\ \text{kg/次}$$

按市售浓度 30%计,一次再生需要 NaOH 的耗量为

$$63.3/0.3=211\ \text{kg/次}$$

按 4%浓度计,NaOH 再生液的耗量为

$$63.3/0.04=1\ 583\ \text{kg/次}$$

浓度为 30%计,NaOH 的月耗量(n =0.264 次/d)为

$$211\times0.264\times30=1\ 671\ \text{kg/月}$$

浓度为 30%计,NaOH 的年耗量为

$$1\ 671\times12=20\ 052\ \text{kg/a}=20.052\ \text{t/年}$$

4. *混合床构造、尺寸、管路布置图*

混合床构造及尺寸见图 5-16。混合床外管路及闸阀布置见图 5-17。

1) 混合床构选

混合床由上部进水布水装置、下部出水布水装置、中间(强酸 RH、强碱 ROH 再生分层交界面处)再生废液排水装、进 NaOH 再生液装、进压缩空气装置等组成。下部布水装置兼作进 HCl 再生液之用,顶部设排气管及人孔,在上部布水装置、进 NaOH 再生液装置及中间排再生液装置处,设上、中、下三个视镜。无论那个装置都要求做到配布水(气)均匀,并不被堵塞。

上部进水布水装置:由进水管、母管、支管和孔眼(或喷头、喷嘴)等组成(小型设备也有在进水管末端设喇叭口布水)。该装置采用母管、支管、支管上向下 45°开孔两侧交错排列布水。

进碱(NaOH)再生液装置:亦采用母管支管式,向下 45°两侧交错开孔布液,也可采用滤头滤帽布液。

中间排再生液装置:采用母管支管式排再生液装置,支管上两侧交错水平(与支管中心线垂直)方向开孔,要求做到孔眼中心线与 RH 和 ROH 树脂交界面重合。也可采用滤头滤帽排液,但滤头滤帽应处两种树脂交界面处。

下部布水装置:采用多孔穿孔板(上下两块、孔眼对准、中间爽 40 目、60 目两层尼龙网)布水(也可采用多孔板排水帽式)。

压缩空气布气装置:有两种方法,一种是图 5-16 所示,采用母管支管(紧靠下部布水装置)式,在支管两侧向下 45°交错开孔布气;另一种是不专门设布气装置,利用下部布水装置布气。一般来说,后者简单方便,不占位置,布气也较均匀。

上述各布水(排水)装置的设计计算,第 3 章"给水一体化水处理技术设备设计计算"中已详述,这里不再重复。

2) 外管路及阀门

从图 5-16 来看,进再生液(NaOH, HCl)、排再生废液等管路基本上均在右边;进水、反洗进水排水、正洗进水排水等管路基本上均在左边。这样布置有利于管理和运行操作。图中设置了 14 只阀门,其不同阶段的阀门开与关如下:

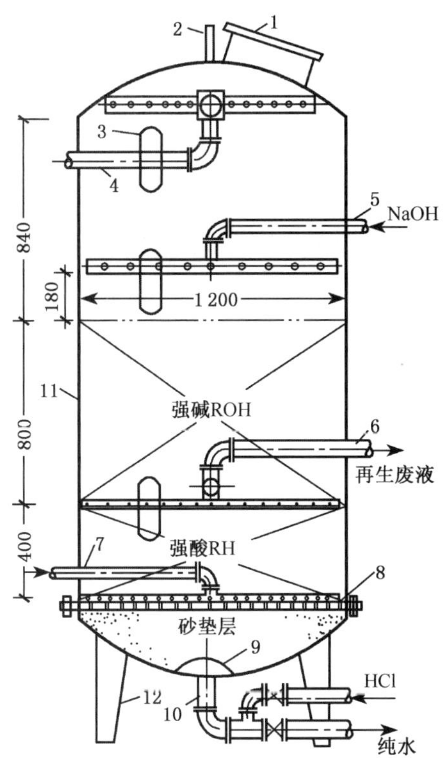

1—人孔；2—排气管；3—上、中、下视镜；
4—进水装置；5—进碱装置；6—中间排水装置；
7—进压缩空气装置；8—下部穿孔板布水装置；
9—出口挡水罩；10—纯水出水管；
11—外筒体；12—底脚

图5-16 混合床构造尺寸图

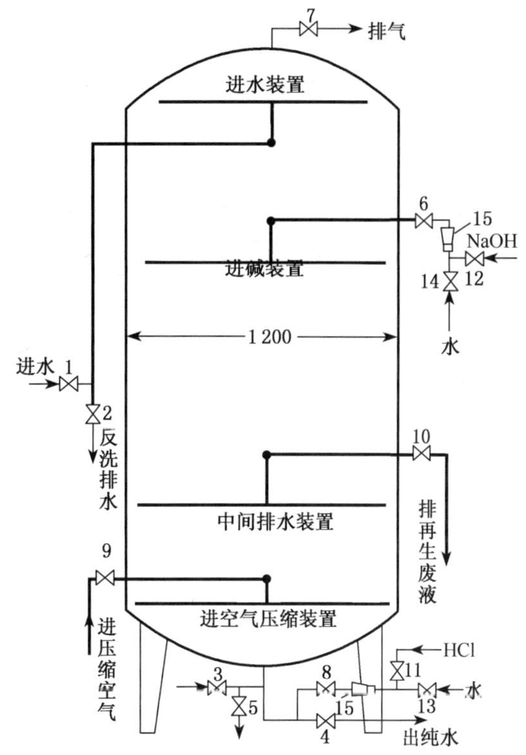

1—进水阀；2—反洗排水阀；3—反洗进水阀；
4—出水阀；5—正洗排水阀；6—进碱液阀；
7—排气阀；8—进酸液阀；9—进气阀；
10—中间排液；11—抽酸阀；12—抽碱阀；
13—酸喷水阀；14—碱喷水阀；15—再生液喷射器

图5-17 混合床外管路及阀门布置

运行：开启阀门1和4，其他均关闭。体内交换流速30～60 m/h。

反冲洗分层：开启阀门2和3，其他均关闭，流速10 m/h左右，时间5 min。

沉降：开启阀门5和7，其他关闭，时间5～10 min。

强迫沉降：开启阀门1和5，其他关闭。

预喷射：开启阀门6，8，10，13，14，其他关闭，预喷射时间为1 min。

再生：开启阀门6，8，10，11，12，13，14，其他关闭；再生流速5 m/h。

置换：开启阀门6，8，10，13，14，其他关闭，流速5 m/h；

清洗：开启阀门1，3，10，其他关闭。

排水：开启阀门5，7，其他关闭。放水至树脂层表面以上100 mm左右处停止(用视镜观察)。

混合：开启阀门7和9，其他关闭。空气压力为0.1～0.12 MPa，气量2～3 $m^3/(m^2 \cdot min)$，时间0.5～1 min。

灌水：开启阀门1和7，其他关闭。

正洗：开启阀门1和5，其他关闭，流速15～30 m/h。

5. 再生液喷射器的设计计算

所有交换器都要进行再生，都要把市售酸或碱的浓度配置成再生液浓度，这个配置浓度是通过喷射器(实为水射器)来完成的。虽然水射器(喷射器)有设计标准图,但流量、尺寸等难以符合要求,故通常情况下采用自行设计。

不同流量的喷射器,其计算的方法和过程是相同,故这里以本例混合床的NaOH再生液喷射器(图5-17中的编号15)为例进行设计计算。

(1) 4% NaOH再生液的通液时间 t。再生液再生流速 $v=5$ m/h,浓度4%,再生一次需要的4%浓度的再生液用量为 $v=1\,583$ kg/次,ROH型树脂的装填量为 $V_C=0.904$ m^3,则 t 为

$$t=\frac{V}{1\,000\,v\cdot V_C}$$

$$=\frac{1\,583}{1\,000\times5\times0.904}=0.35(\text{h})$$

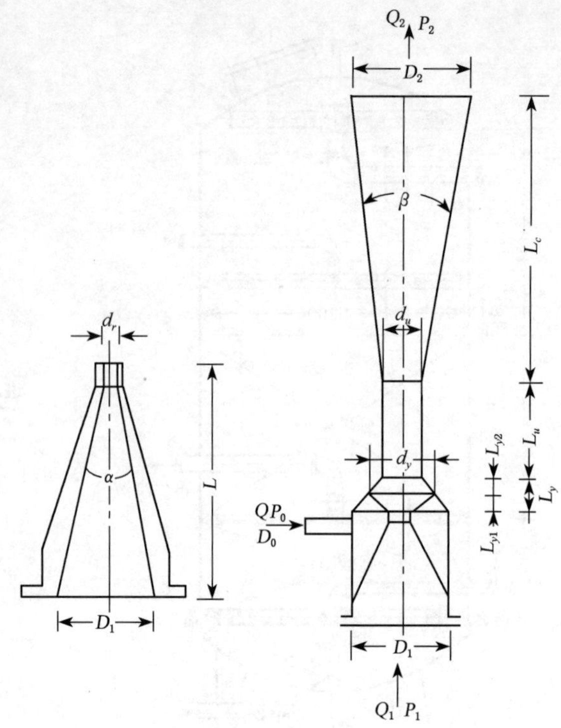

图5-18 喷射器的构造及相关尺寸示意图

(2) 进入强碱ROH树脂层再生液流量 Q_2。浓度为4%再生液的密度 $r=1.023$。再生液流量 Q_2:

$$Q_2=\frac{V\cdot r}{3\,600\,t}=\frac{1\,583\times1.023}{3\,600\times0.35}=1.29\text{ kg/s}$$

(3) 进入喷射器吸入侧(30%浓度)的流量 Q:

$$Q=211/3\,600\times0.35=0.17\text{ kg/s}$$

(4) 喷射器水的流量 Q_1:

$$Q_1=Q_2-Q=1.29-0.17=1.12\text{ kg/s}$$

(5) 喷射系数 u:

$$u=Q/Q_1=0.17/1.12=0.152$$

(6) 喷射器的特性值。根据喷射器的背压 $P_2=1.472\times10^4$ MPa 和喷射系数 $M=0.152$,采用内插法查表5-7,得喷射器的特性值为:$P'_a=2\,856$ kg/m^2;$h_0=27\,953$ kg/m^2;$h_k=956.44$ kg/m^2;$A=7.438$;$B=8.896$。

表5-7 **$P_2=1.472\times10^4$ MPa时各特性值**

μ	P'_p(kg/m^2)	h_0(kg/m^2)	h_k(kg/m^2)	A	B
0.01	21 990	22 011	11.23	7.957	9.035
0.02	22 425	22 433	40.53	7.918	9.031
0.04	23 325	23 299	135.3	7.842	9.016

（续表）

μ	P'_p (kg/m^2)	h_0 (kg/m^2)	h_k (kg/m^2)	A	B
0.06	24 225	24 128	258.8	7.760	8.997
0.08	25 155	24 940	399.1	7.692	8.976
0.10	26 100	25 785	549.2	7.614	8.956
0.12	27 060	26 612	704.6	7.543	8.932
0.14	28 020	27 474	865.6	7.479	8.908
0.16	28 980	28 273	1 017	7.410	8.888
0.18	30 030	29 085	1 178	7.354	8.867
0.20	31 060	29 960	1 349	7.293	8.843
0.21	31 570	30 410	1 429	7.263	8.833
0.22	32 100	30 820	1 506	7.243	8.820
0.23	32 620	31 240	1 584	7.206	8.814
0.24	33 150	31 660	1 662	7.180	8.802
0.25	33 690	32 080	1 738	7.153	8.792
0.26	34 240	32 480	1 810	7.129	8.782
0.27	34 770	32 960	1 897	7.099	8.770
0.28	35 330	33 390	1 977	7.073	8.760
0.29	35 880	33 780	2 035	7.052	8.752
0.30	36 430	34 240	2 112	7.026	8.747
0.35	39 290	36 420	2 474	6.908	8.698
0.40	42 260	38 630	2 821	6.796	8.656
0.45	45 340	40 890	3 193	6.694	8.612
0.50	48 520	43 130	4 373	6.603	8.578

（7）喷嘴直径 d_r：

$$d_r = A\sqrt{Q_1} = 7.438\times\sqrt{1.12} = 7.871\ 6(\text{mm})$$

取 $d_r = 8$ mm。

（8）圆形混合式直径（内径）d_u：

$$d_u = B\sqrt{Q_2} = 8.896\times\sqrt{1.29} = 10.1\approx 10(\text{mm})$$

（9）圆形混合管长度 L_u：

$$L_u = 4d_u = 4\times 10 = 40(\text{mm})$$

（10）原液吸入管管经 D_0。原液（30%浓度）吸入管内时流速设 $v=1.0$ m/h，再生一次所需要的 30%NaOH再生液 $Q_{30\%}=211$ kg。

$$D_0 = 1\ 000\times\sqrt{\frac{4Q_{30\%}}{3\ 600\times 1\ 000\times\pi\times v\times t}} = 1\ 000\times\sqrt{\frac{4\times 211}{3\ 600\times 1\ 000\times 3.14\times 1\times 0.35}}$$
$$= 15(\text{mm})$$

(11) 入口管管径 D_1。再生一次浓度为 4%的再生液量为 1 583 kg,浓度为 30%的量为 211 kg,则喷射的喷射水量为:$Q=1\ 583-211=1\ 372$ kg,设入口管内的流速 $v=2.0$ m/s,则入口管管径 D_1 为

$$D_1=1\ 000\times\sqrt{\frac{4Q}{3\ 600\times1\ 000\times\pi\times v\times t}}$$
$$=1\ 000\times\sqrt{\frac{4\times1\ 372}{3\ 600\times1\ 000\times3.14\times2\times0.35}}$$
$$=26.4(\text{mm})=26(\text{mm})$$

取 $D_1=25$ mm。

(12) 出口管管径 D_2。出口管再生液流量 $Q=1\ 583$ kg/次,设流速 $v=2.0$ m/s,则出口管管径 D_2 为

$$D_2=1\ 000\times\sqrt{\frac{4Q}{3\ 600\times1\ 000\times\pi\times v\times t}}$$
$$=1\ 000\times\sqrt{\frac{4\times1\ 583}{3\ 600\times1\ 000\times3.14\times2\times0.35}}$$
$$=28.3(\text{mm})=28(\text{mm})$$

取 $D_2=30$ mm。

(13) 喷管的长度 L。设收缩角 $\alpha=22°$,喷管的长度 L 为

$$L=\frac{D_1-d_r}{2\tan\frac{\alpha}{2}}+d_r=\frac{26-7.87}{2\times\tan 11}+7.87=\frac{18.13}{2\times0.194\ 3}+7.87$$
$$=54.53=55(\text{mm})$$

(14) 扩散管的长度 L_c。设扩散角 $\beta=10°$,扩散管的长度 L_c 为

$$L_c=\frac{D_2-d_u}{2\tan\frac{\beta}{2}}=\frac{30-10}{2\tan\frac{10°}{2}}=\frac{20}{2\times0.087\ 47}=114\text{ mm}$$

(15) 喷嘴出口"自由喷注"的直径 d_y 为

$$d_y=1.55(1+\mu)d_r=1.55\times(1+0.152)\times8=14.3\text{ mm}$$

(16) "自由喷注"的长度 L_y 为

$$L_y=L_{y1}+L_{y2}$$
$$L_{y1}=\left(\frac{0.18+\mu}{0.36}\right)d_r=\left(\frac{0.18+0.152}{0.36}\right)\times8=6.93(\text{mm})$$
$$L_{y2}=\frac{d_y-d_u}{2}=\frac{14.3-10}{2}=2.15(\text{mm})$$
$$L_y=L_{y1}+L_{y2}=6.93+2.15=9.08\ (\text{mm})$$

5.4.5 弱酸 RH—脱气塔—强酸 RH—弱、强 ROH 双层床除盐系统的设计计算

当原水中含有较多的重碳酸盐和强酸盐类时,如采用强酸 RH—强碱 ROH 一级复床

除盐系统，这势必造成树脂过早地失效，需要进行频繁地再生，不仅运行操作等工作量增加，而且运行费用也大幅度地上升。采用弱酸 RH—脱气塔—强酸 RH—弱、强 ROH 双层床除盐工艺，可发挥不同树脂各自的优点，克服一级复床的缺点，提高除盐水的纯度，降低运行操作工作量和减少运行成本。

弱酸 RH 交换树脂负责除去重碳酸盐中的阳离子，出水中的 H_2CO_3 经脱气塔除去（还留余 5 mg/L 左右 CO_2）；强酸 RH 交换树脂负责除去水中强酸盐类中的阳离子，出水中含 HCl、H_2SO_4、HNO_3 及 5 mg/L 左右 CO_2；弱碱 ROH 负责除去大部分的 Cl^-、SO_4^{2-}、NO_3^- 等酸根离子；强碱 ROH 负责除去剩余的 Cl^-、SO_4^{2-}、NO_3^-、5 mg/L 左右的 CO_2 及 $HSiO_3^-$（即 SiO_2）等。现对该除盐工艺系统的设计计算举例如下。

1. 设计资料

1）设计水量

处理水量 $Q=120\ m^3/h$，系统自用水量按 15%计，则设计水量为

$$Q'=Q(1+15\%)=120\times1.15=138\ m^3/h$$

2）原水水质资料

阳离子		阴离子	
Na^+	$=2.45$ meg	Cl^-	$=1.60$ meg
Ca^{2+}	$=2.80$ meg	SO_4^{2-}	$=1.40$ meg
		HCO_3^-	$=5.20$ meg
Mg^{2+}	$=3.40$ meg	$SiO_2(HSiO_3^-)$	$=0.45$ meg
$\sum K^+$	$=8.65$ meg	$\sum A^-$	$=8.65$ meg

2. 弱酸 RH 阳离子交换器计算

选用 D131 大孔弱酸性丙烯酸系阳离子交换树脂，工作交换容量 $E_工=1\ 500$ 克当量/m^3。其运行适用范围和基本参数为：pH 值范围 4～14；允许温度 120℃；床层的最低高度 800 mm；反洗流速：15～20 m/h；再生比耗：理论值的 1.1 倍，40.15 g/克当量（100%HCl，54 g/克当量（100%H_2SO_4）；再生液浓度，HCl 为1%～5%，H_2SO_2 为 0.5%～1.0%；正洗水耗 4～13 m^3/m^3（树脂），最终正洗流速与运行流速相同。

1）交换器的台数与直径

设交换器为 3 台，2 台同时运行，1 台再生备用。则每台的设计处理水量为 $Q=138/2=69\ m^3/h$。

设交换器的交换流速 $v=25$ m/h，则交换器的直径为

$$D=\sqrt{\frac{4Q}{\pi\cdot v}}=\sqrt{\frac{4\times69}{3.14\times25}}=1.875\ m$$

取 $D=2.0$ m，则实际交换流速 v 为

$$v=Q/\frac{\pi}{4}D^2=69/0.785\times2^2=22\ m/h$$

弱酸树脂的装料高度 $h_1=2.0$ m。

2）交换器的运行周期 T

原水资料中 $HCO_3^-=5.2$ meg，而 $Ca^{2+}+Mg^{2+}=2.8+3.4=6.2$ meg，这说明5.2meg 的 HCO_3^- 全部与 Ca^{2+}、Mg^{2+}组合后还多1 meg(6.2－5.2=1)的 Mg^{2+} 与 Cl^-（或 SO_4^{2-}）组

合，即 5. 2 meg 的 HCO_3^- 都进行了交换反应，还剩余 5 mg/L 的 CO_2，即5/44＝0. 114 meg。则 H_c ＝5. 2 meg，$H_{c余}$ ＝0. 114 meg，其运行周期 T 为

$$T=\frac{F\cdot h\cdot E_{工}}{Q(H_c-H_{c余})}=\frac{0.785\times 2^2\times 2\times 1\,500}{69\times(5.2-0.114)}=26.84(\text{h})$$

每次再生时间为 4 h，则再生频率 n 为

$$n=24/T=24/(26.8+4)=0.78\ 次/\text{d}$$

3）再生液用量

用 HCl 再生，酸耗为 42 g/克当量，Q = 69 m/h，$\sum K^+$ ＝5. 2－0. 114＝5. 086 meg，T＝26. 8 h，HCl 以 100%浓度计的用量为

$$42\times 69\times 5.086\times 26.8/1\,000=395\ \text{kg}/次$$

按市售浓度为 30%计，用量为

$$395/0.3=1\,317\ \text{kg}/次$$

按再生液浓度 4%计，用量为

$$395/0.04=9\,875\ \text{kg}/次$$

按 30%计，每月耗量（市售 HCl 量）为

$$1\,317\times 0.78\times 30=30\,818\ \text{kg}/月=30.82\ \text{t}/月$$

按 30%计，年耗量（市售 HCl 量）为

$$30.82\times 12=369.84\ \text{t/a}\approx 370\ \text{t}/年$$

3. 除 CO_2 脱气塔计算

计算方法及过程，参照“强酸 RH—脱 CO_2 塔—强碱 ROH”计算例题，不再重复。

4. 强酸 RH 交换器计算

选用 001×7 强酸 RH 树脂，取工作交换容量 $E_{工}$ ＝800 克当量/m³，计算方法与前述基本相同。由于采取弱 RH 交换器与强 RH 交换器进行串联再生，所以两者的运行周期应该同步，即 $T_{弱}$ ＝ $T_{强}$。因弱酸 RH 交换器设 3 台（2 用 1 备），故强酸 RH 交换器也设 3 台，也采用 2 台运行，1 台再生备用。

1）001×7 强酸树脂的装料体积 V

已知 $T_{弱}$ ＝ $T_{强}$＝26. 8 h，Q ＝69 m³/h，运行周期为

$$T_{强}=\frac{V\cdot E_{工}}{Q(\sum K^+-HCO_3^-+H_c)}$$

式中 $\sum K^+$ ——原水中阳离子总和（meg），$\sum K^+$ ＝8. 65 meg；

V ——每台强酸 RH 离子交换器树脂装料体积（m³/台）；

HCO_3^- ——碳酸盐阴离子总量（meg）为 5. 2 meg；

H_c——经脱气塔后 CO_2 剩量约 5 mg/L，即 5/44＝0. 114 meg。

代入上式，得 V 为

$$V=\frac{T\cdot Q(\sum K^{+}-HCO_3^{-}+H_c)}{E_{工}}=\frac{26.8\times 69\times(8.65-5.2+0.114)}{800}$$
$$=8.24\ m^3/台$$

2）强酸 RH 树脂装料高度

设交换器直径 $D=2.0$ m，与弱酸 RH 交换器相同，则交换流速 $v=22$ m/h，则交换器内树脂高度 h 为

$$h=\frac{4V}{\pi D^2}=\frac{4\times 8.24}{3.14\times 2^2}=2.62\ m$$

3）再生剂用量

采用 HCl 再生，100%HCl 的再生耗量为 80 g/克当量，则再生一次用量 G_1 为

$$G_1=\frac{V\cdot E_{工}\cdot 80}{1\,000}=\frac{8.24\times 800\times 80}{1\,000}=527.4\ kg/次$$

4）强酸 RH 交换器再生排出液中剩余盐酸量 G_1'

因为强酸 RH 交换器与弱酸 RH 交换器串联再生，强酸 RH 再生后的排液中含酸量，必须满足弱酸 RH 再生的需要，则首先要计算强酸 RH 排出液中 HCl 的剩余含酸量。设强酸 RH 的再生比耗为 2.2∶1，则用去了 36.5 g/克当量，则剩余含酸量为

$$G_2=\frac{V\cdot E_{工}(80-36.5)}{1\,000}=\frac{8.24\times 800\times 43.5}{1\,000}=286.75\ kg/次$$

5）修正后的盐酸耗量 G_3

$G_2=286.75<395$（弱酸再生用量），故有必要修正强酸 RH 交换器再生一次的盐酸耗量 G_1，修正后的耗量 G_3 为

$$G_3=G_1+(395-G_2)=527.4+(395-286.75)$$
$$=635.7\ kg/次$$

6）修正后 001×7 阳树脂的再生耗量

$$\frac{1\,000\times 635.7}{8.24\times 800}=96.5\ g/克当量$$

按市售 30%浓度的 HCl 再生一次的耗量为

$$635.7/0.3=2\,119\ kg/次$$

配置 4%浓度的再生用量为

$$635.7/0.04=15\,893\ kg/次$$

市售 30%浓度一个月的耗量为

$$2\,119\times 0.78\times 30=49\,585\ kg/月=49.6\ t/月$$

市售 30%浓度一年用量为

$$49\,585\times 12=595\,020\ kg/a=595\ t/年$$

5. 弱碱、强碱阴树脂双层床计算

弱碱树脂选用 D_{354} 大孔型树脂，密度（比重）小，放在上面（层），强碱树脂选用 201×7 凝

胶型树脂，密度相对较大，放在下面。运行时水流自上而下，再生时再生自下而上通过交换剂层，属固定床逆流再生。

1）弱碱 ROH 树脂层的计算

弱碱 ROH 大孔型 D_{354} 阴离子交换树脂的工作交换容量 $E_{工}=950$ 克当量/m^3。弱碱 ROH 大孔型 D_{354} 树脂的运行条件如下：

pH 值范围	0～9
允许温度	≤100℃
再生剂耗量	理论量的 1.2 倍
再生时空间流速(量)	4～8 $m^3/(h \cdot m^3)$
置换时穿间流速(量)	4～12 $m^3/(h \cdot m^3)$
运行时空间流速(量)	8～40 $m^3/(h \cdot m^3)$

(1) 弱碱 ROH 树脂装量 V_1。取双层床交换器直径 $D=2.0$ m，与前 2 台交换器直径相同，则流速 $v=22$ m/h。弱碱 ROH 树脂层高度设 $h_1=1.0$ m，则弱碱 ROH 树脂装量为

$$V_1=\frac{\pi}{4}D^2 \cdot h_1=0.785\times 2^2\times 1=3.14\ m^3$$

(2) D_{301} 弱碱 ROH 交换器的运行周期 T_1：

$$T_1=\frac{F \cdot h_1 \cdot E_{工}}{Q(Cl^- + SO_4^{2-}-0.15)}$$

式中 0.15——弱碱 ROH 交换层出水中含有的残留强酸酸根浓度(meg)；

其他符号同前。

$$T_1=\frac{0.785\times 2^2\times 1\times 950}{69\times(1.60+1.4-0.15)}=\frac{298.3}{196.65}=15.2(h)$$

(3) 再生剂 NaOH 耗量 G_1

D_{354} 弱碱 ROH 树脂再生一次 NaOH 的耗量 G_1，按 100%的 NaOH 计，再生比耗为 50 g/克当量，则 G_1 为

$$G_1=\frac{F \cdot h_1 \cdot E_{工} \cdot 50}{1\,000}=\frac{0.785\times 2^2\times 1.0\times 950\times 50}{1\,000}=149.2\ kg/次$$

2）强碱 ROH 树脂层的计算

强碱 ROH 树脂选用双层床专用树脂 201×7 sc，因为强碱、弱碱树脂同时再生，故运行周期应相同，即 $T_1=T_2=15.2$ h。因阴树脂双层床中的强碱树脂主要除去弱酸根离子和残留的强酸离子，故强碱 ROH 树脂层的高度，不能单纯地按交换容量进行计算，而应保证强碱 ROH 树脂与弱酸酸根之间有充分的交换时间。取强碱 ROH 树脂层高度 $h_2=0.8$ m。

(1) 201×7sc 强碱 ROH 树脂装量 V_2：

$$V_2=F \cdot h_2=0.785\times 2^2\times 0.8=2.512\ m^3$$

(2) 进水中硅根占阴离子总量的百分率 α。水中 $SiO_2=0.45$ meg，剩于 $CO_2=5$ mg/L $=5/44=0.114$ meg，经弱碱 ROH 后的残留强酸根为 0.15 meg，则 α 为

$$\alpha=0.45/(0.45+0.114+0.15)=63\%$$

(3) 强碱 201×7 sc 树脂再生一次的耗量 G_2。经强碱 ROH 出水中 SiO_2<0.1 mg/L，按100%NaOH 计，耗量为 80 kg/m^3(树脂)，则再生一次 NaOH(100%)的耗量 G_2 为

$$G_2 = V_2 \times 80 = 2.512 \times 80 = 201 \text{ kg/次}$$

(4) 强碱 ROH 树脂层排出液中 NaOH 含量 G_2'：

$$\begin{aligned} G_2' &= G_2 - \frac{40QT\left(SiO_2 + \dfrac{CO_2}{44} + 0.15\right)}{1\,000} \\ &= 201 - 40 \times 69 \times (0.45 + 0.114 + 0.15) \times 15.2/1\,000 \\ &= 171 \text{ kg/次} \end{aligned}$$

由于 $G_2' = 171 > G_1 = 149.2$，可见采用 80 kg/m^3 耗量，足以再生强碱 ROH 树脂后对弱碱 ROH 进行再生。

按市售 30%浓度再生一次的 NaOH 耗量：

$$201/0.3 = 670 \text{ kg/次}$$

第6章　膜分离法淡化、除盐

无论是无机或有机高分子薄膜，在外界的能量或化学位差的推动力作用下，能把双组分或多组分的溶质和溶剂进行分离、分级、净化和浓缩的方法，均为膜分离法。膜分离的对象可以是液体或气体，本章论述的为液体膜分离。

膜分离技术的特点为：膜分离过程不发生相变化，耗能较少是一种节能技术；膜分离可在常温下进行，应用面广，无机物、有机物的水溶液或非水溶液都可分离；膜分离仅以压力等为推动力，设备和流程简单，操作和维护保养方便，既可人工操作，也可用电脑控制全自动运行；高分子聚合膜是均匀的连续体，使用过程中无任何有害杂质脱落，保证水质洁净。膜分离水处理技术发展很快，向大型化、专业化、分离与能量回收相结合等方向发展，并开辟了新的物质分离工艺，扩大了应用范围和领域。

电渗析（ED）、反渗透（RO）、纳滤（NF）、超滤（UF）、微滤（MF）、生物膜反应器（MBR）等都属于膜分离技术，可用于液体的分离。表6-1列出了膜分离技术的主要应用领域及其作用。

表6-1　　膜分离技术主要应用领域及其作用

应用领域	膜分离技术	作　用
海水、苦咸水淡化	RO, ED	制取淡水
纯水、高纯水制备	RO, ED	用作阴、阳树脂混合床处理预脱盐
	NF	软化RO供水
	UF, MF	用作RO、ED或EDI供水预处理或用作纯水、高纯水制备系统的终端装置
医药、医疗、卫生	RO	医用纯水、注射用素和抗菌素、激素等水分子量物质浓缩
	UF	血液去除毒素、腹水超滤治腹水症、霍乱、外毒素精制、人体生长激素制取、浓缩人血清蛋白、浓缩中草药
	MF	热敏药物除菌，注射液除菌，去微粒、细菌快速测定
食品饮料	RO, UF, MF, ED	生产用水脱盐、净化、各种酒类、酱油、醋去浊、矿泉水去菌净化等
环境工程 废水处理	RO, UF, ED	化工、造纸、电镀、纺织印染废水处理、去除COD和BOD，水回收利用 造纸工业回收水质素、印染工业回收染料、毛纺工业回收羊毛脂、金属涂装工业浓缩电泳漆废水等

水中离子范围内的溶解物主要是无机盐类，大分子范围包括胶体、细菌、病毒及产生色度的物质，小颗粒范围包括产生浊度的较大颗粒，大部分悬浮固体，孢囊等。适用去除离子物质的膜一般为小孔径膜，如用来去除大分子和小颗粒物质，由于膜污染问题，不如大孔径膜经济。图6-1列出了膜处理工艺可截留的物质尺寸范围与不同的处理对象。

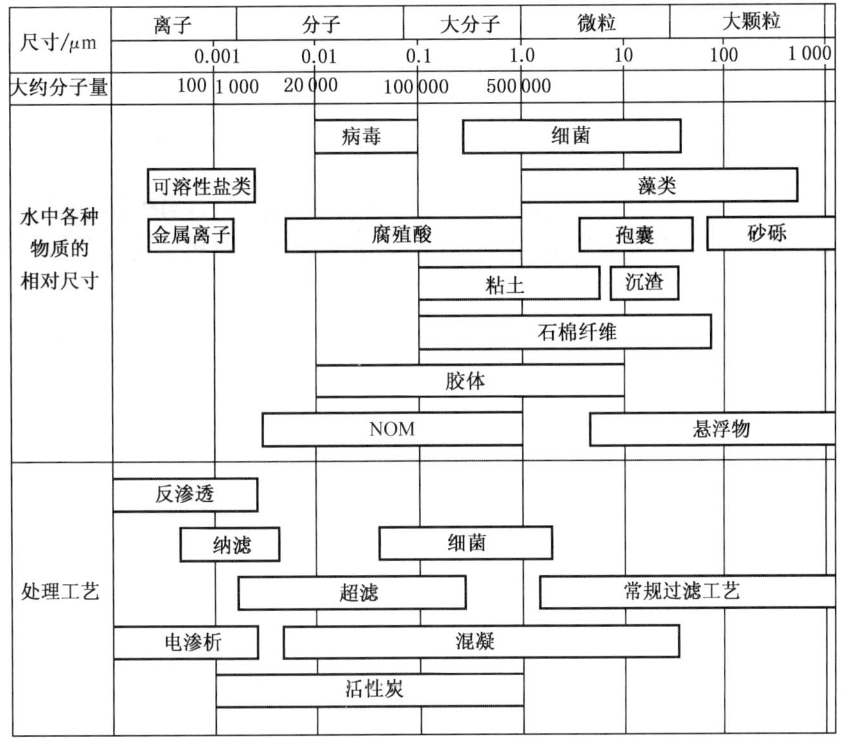

图 6-1 污染物粒径及膜工艺截留尺寸范围

6.1 电渗析水处理技术

含盐量高的原水，如果采用“离子交换法”进行除盐处理，无论在制水成本和设备本身自用水量来说，都是很大的。苦咸水含盐量 3 000 mg/L 及以上，海水平均含盐量 35 000 mg/L，如果采用离子交换法除盐，则一天要进行多次再生，靠离子交换生产出来的除盐水可能还不够再生时正洗反冲洗所需要的水量。从制水成本及再生用的酸碱供应和用量来说，都是不堪设想的。因此，离子交换法除盐，一般只限于含盐量小于 500 mg/L 以及更低的水。电渗析法除盐，不需要酸碱再生，则其费用问题得到了解决。

目前，电渗析除盐已被广泛地应用电力、电子、冶金、化工、轻工、纺织等制取纯水和生活用水；用于酸碱等工业原料回收；用于食品、医药等水的净化；用于苦咸水、海水淡化及废水处理等方面。如山西某煤矿将含盐量为 2 000 mg/L 的苦咸水矿坑水，用电渗析法淡化为符合国家标准的生活饮用水；宁夏某县将含盐量4 944 mg/L的苦咸水淡化为工业用水；沿海某电厂，海水倒灌季节含盐量 5 000～8 000 mg/L，最高可达 12 000 mg/L，采用电渗析除盐，保证了锅炉用水和正常运行。

电渗析除盐是利用离子交换膜的特性而得到的一种除盐方法。离子交换膜是由离子交换树脂制成的，所以电渗析除盐实际上是在离子交换工艺的基础上发展而来的，它保留并发扬了离子交换工艺的优越性，消除了酸碱再生工艺的不利因素。它能将含盐量 10 000～20 000 mg/L 以上的水，淡化到含盐量为 350～500 mg/L 的一般生活和生产用的淡水；对于含盐量为 3 000～5 000 mg/L 的原水，电渗析法可作为离子交换法制取高纯度水的预处理工艺；对于原水含盐量小于500 mg/L时，应结合处理水要求，经过技术经济比较后确定是否采用电渗析法；当原水含盐量波动较大，酸、碱来源和再生废液排放困难等特殊情况下，可考虑采用电渗析法。

6.1.1 电渗析除盐对离子交换膜的要求

离子交换膜是电渗析器的关键部分，其性能直接影响电渗析器的除盐效率、电能消耗、抗污染能力和使用期限等技术经济指标。在工业给水处理中对离子交换膜有严格的要求，主要为以下几方面：

(1) 膜对离子的选择透过性高，实用离子交换膜要求离子迁移数在 90%以上。

(2) 要求膜的电阻低、导电性能好，以利于降低膜堆电压、节省能耗。

(3) 膜具有较高的交换容量，一般为 1.0～2.5 mol/kg(干)。

(4) 尺寸稳定，膨胀和收缩性应尽量地减小而且均匀。

(5) 有足够的机械强度，一般要求膜的爆破强度大于 0.3 MPa。

(6) 有良好的化学稳定性，要求膜具有耐酸、碱及抗氧化能力。

(7) 电解质的扩散和水的渗透量要小，水的电渗透量要小。

(8) 膜的外表完好无损，平整光洁、厚度均匀。

(9) 制作方便，成本低廉。

6.1.2 离子交换膜的分类及性能

离子交换膜按其选择透过性的不同主要分为阳膜和阴膜；按离子交换膜的膜结构可分为异相膜、均相膜和半相膜三类；按膜的体材又可分为无机系和有机系高分子系交换膜。

离子交换膜的主要性能为：

(1) 交换性能：由交换容量(mmol/g)和含水率表示。交换容量是一项反映膜内活性交换基团浓度大小，以及与反离子交换能力高低的化学性能指标。均相膜的交换容量要低于异相膜。含水量大小是反映膜结构疏松与紧密的程度，以及离子交换基团浓度大小的指标。膜中水分含量高，交换容量和导电性能高，但选择透过性较低，而且膜易膨胀。故离子交换膜的含水率一般控制在 25%～50%范围。

(2) 机械性能：包括膜的干湿厚度、线性溶胀率、爆破强度、拉伸强度、耐折强度、平整度等。

(3) 传质性能：是控制电渗析过程的脱盐效果、电耗、最大浓缩度、产水水质等指标的性能因素。它由离子迁移数、水的浓差渗透系数、水的电渗系数、盐的扩散系数、液体的压渗系数等表示。

(4) 电学性能：是决定电渗析工作过程能耗的性能指标，由膜的面电阻($\Omega \cdot cm^2$)表示。

(5) 化学稳定性：是一项重要的指标，包括耐碱性、耐酸性、耐氧化性和耐温性等。它涉及膜对应用介质、温度、化学清洗剂及存放条件的适应性能。

(6) 特种性能：包括电荷离子的选择透过性比、抗高温、耐氧化、耐污染性等性能。

表 6-2 是国产离子交换膜的性能表。不同离子交换膜的有关性能和参数在表中均可找到，根据不同用途的需要，按表中膜选用。

表 6-2　　国产商品化离子交换膜的性能

膜名称	牌号	厚度/mm	含水率	交换容量/[mmol·g^{-1}(干)]	面电阻/(Ω·cm^2)	选择透过性	化学稳定性	爆破强度/MPa	主要用途
苯乙烯异相膜	3361(阳) 3362(阴)	0.4～0.5	35%～50% 35%～45%	≥2.0 ≥1.8	≤12 ≤13	≥92% ≥90%	一般	>0.3	碱水脱盐，一般化工分离，中等酸、碱性废水处理
聚氯乙烯半均相膜	KM(阳) AM(阴)	0.25～0.45	35%～45% 25%～35%	1.3～1.8	<15	≥90%	一般	>0.1	通用电渗析水处理，一般化工分离、提纯、一般酸、碱废水处理
聚砜型均相阴膜	S203	0.2～0.3	20%～35%	1.1～1.5	<8	>90%	耐酸性很好	>0.5	渗析法回收废酸
过氯乙烯均相阴膜	M813～4 M813～6	0.2～0.3	43% 53%	1.49 1.80	<15 <3		耐酸性好	≥0.3	渗析法回收废酸
聚苯醚均相阳膜	P102	0.2～0.4	28%～35%	1.5～1.8	<10	98%	耐酸耐温	≥0.6	电解隔膜
涂浆法过滤乙烯阳膜	DS～SO_2	0.12～0.15	25%～30%	1.1～1.8	3～6	>94%	较好	≥0.3	淡化、浓缩、化工分离，提纯
乙丙橡胶均相阳、阴膜	KM AM	0.45～0.50	33%～34% 26%	2.5～3.0 2.5～2.6	5～6 13	96% 83%	较好	≥0.5	脱盐，化工过程、废水处理
四氟乙烯均相阳、阴膜	F45	0.15～0.25	25%～30%	1～2	<20	98%	极好	≥0.5	废水处理，化工提取电池隔膜

6.1.3　电渗析除盐的基本原理

天然水能够导电，是因为水中溶有各种杂质的阴阳离子(高纯水因基本上除去了水中所有的阴阳离子，故电阻率 ρ 很大，难以导电)。水中阴阳离子的多少，用测定水的电阻率或总含盐量表示。含盐量是水中所有阴阳离子量之和的总称，所谓除盐或脱盐就是指除去或减少水中阴阳离子的总量。离子交换膜电渗析除盐是脱(除)盐技术的一种。电渗析除盐的原理基于以下两个方面的基本点：

1. 水中的离子是带电的

当水中插入正负二个电极后，水中阴阳离子就会在电场的作用下，发生有规律的定向运动，即阳离子向负极方向迁移，阴离子向正极方向迁移，这样就产生了水的导电现象，可见水的导电行为是由离子迁移来实现的。在电渗析器中两侧也存在正、负二个电极，使水中的阳离子向负极迁移，阴离子向正极迁移，使水获得淡化。

2. 离子交换膜具有选择透过性

即阳离子交换膜只能透过水中的阳离子，不能透过水中的阴离子；阴离子交换膜只能透过水中的阴离子，不能透过水中的阳离子，从而使电渗析器中形成了淡水室、浓水室和极水室，淡水室的水就是制取的脱盐水。

现结合图 6-2 进行讨论。图中两侧分别是阳极室和阴极室，A 为阴离子交换膜，即只能透过阴离子不能透过阳离子；K 是阳离子交换膜，即只能透过阳离子不能透过阴离子。

A，K 交错排列从而形成了交错的淡水室和浓水室。从图中可见：在两侧直流电场的作用下，淡水室（又称脱盐室或稀释室）中的阳离子趋向阴极，通过阳离子交换膜 K 后，在浓缩室被阴离子交换膜所阻挡，留在浓缩室中；而淡水室中阴离子趋向阳极，通过阴离子交换 A 后，在浓缩室被阳离子交换膜所阻挡，也留在浓缩室中，于是淡水室中的电解质浓度逐渐减少，而浓缩室内的电解质浓度逐渐增加。以 NaCl 盐水为例，当盐水进入淡水室后（图中虚线），Na^+ 通过阳膜进入右侧浓缩室，Cl^- 通过阴膜进入左侧浓缩室，使淡水室中的盐水逐渐变成淡水，而浓缩室中的盐水浓度增加。这就是电渗析除盐的基本原理。

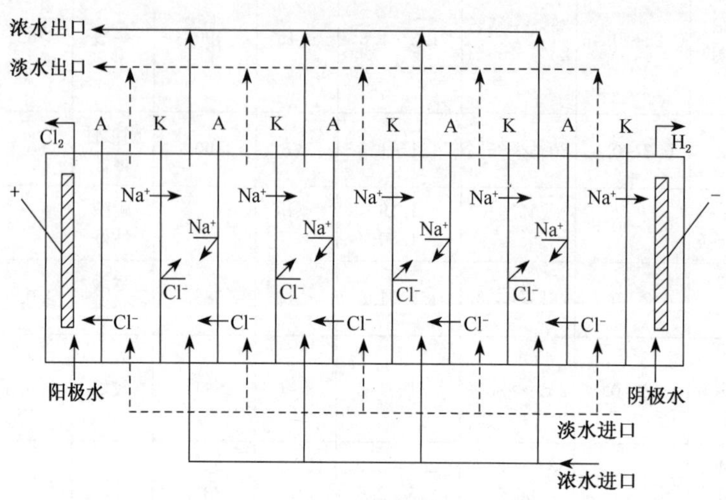

图 6-2 电渗析除盐原理示意图

为什么离子交换膜能起“选择性透过”作用，这是因离子交换膜与离子交换树脂相似，内部有可供离子通行无阻的迂回曲折的通道。通道的长度大于膜的厚度，在通道壁上带有交换基团，阳膜带有磺酸基团$-SO_3^-H^+$，此交换基团在水中离解为$-SO_3^-$ 和 H^+，$-SO_3^-$ 与膜内部相接，而 H^+ 扩散在水中自由行动。用此阳膜在水中形成负电场，能吸引阳离子而排斥阴离子。同样道理，阴膜带有季胺基团$\equiv N^+OH^-$，阴膜在水中形成正电场，能吸附阴离子而排斥阳离子。假如阳膜放在食盐 NaCl 溶液中，在电场的作用下，带负电荷的 Cl^- 受到阳膜微孔中负电场的排斥作用而难以透过；而带正点荷的 Na^+ 则可被微孔中的活性基团所吸附，再经过交替的解吸与吸附而通过迂回曲折的微细孔道进入膜的另一侧水中。可见，离子在膜中传递过程的本质是一种交替进行着的吸附和解吸的过程，并没有像离子交换树脂那样 Na^+ 交换了 H^+。这就是离子交换膜的“选择透过性”的作用原理，而离子交换膜的选择透过性是靠它们膜上的固定活性基团卡关的。可以这样认为：水中杂质离子在电场作用下的迁移是电渗析工艺的内因；离子交换膜的选择透过性是电渗析工艺的外因。

从上面的论述可见，离子交换膜电渗析除盐与离子交换树脂除盐是不同的，离子交换树脂除盐是靠离子交换作用达到目的，所以需要用酸和碱对树脂进行再生；而电渗析法除盐是靠离子交换膜上固定活性基团对离子的吸附和解吸过程达到除盐目的，因而不需要再生，也就节省了大量的酸和碱，而且还大量地减轻繁多而复杂的再生操作工作量。

6.1.4　电渗析除盐的工艺流程和设备构造

1. 电渗析除盐工艺流程

电渗析除盐的工艺流程如图 6-3 所示。水池中水一般经过前处理；水泵根据流量大小和扬程(即压力)选用；编号 1，2，3 的阀门分别用来控制淡水、浓水、极水的进水流量；流量计有多种，根据需要和不同情况选用，图中为转子流量计，垂直安装，两端与进出水管连接即可，流量因筒上有刻度，按浮子的高低读出流量的大小，简单方便，在流量相对较小时普遍采用；压力表用来观察进水压力，淡水进水与浓水进水的压力应力求相近；三根进水管分别与电渗析器底部的三个进水口对号连接，不应错位；电渗析法的淡水出口进入贮存槽，直接使用或作为离子交换处理的进水，浓水和极水排入地沟，也有把浓水的出水作为极水的进水。

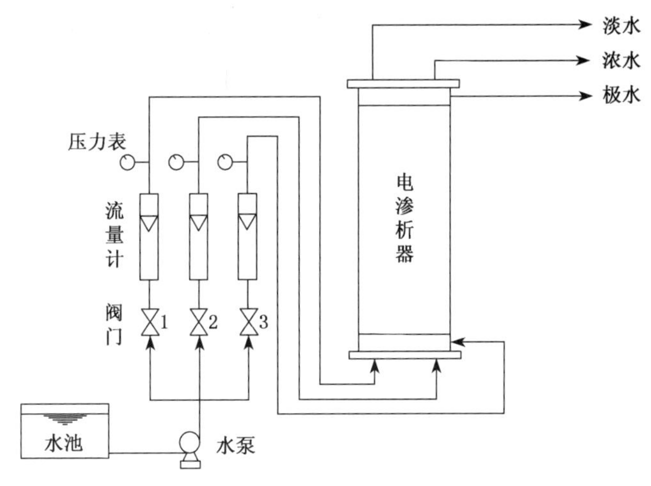

图 6-3　电渗析除盐工艺流程示意图

2. 电渗析器的构造

电渗析器的构造如图 6-4 所示，是目前最常用的结构形式，主要由离子交换膜、隔板、电极、极框、压紧装置(即夹紧板)等组成。在交错排列的阴离子交换膜(简称阴膜)和阳离子交换膜(简称阳膜)之间，分别插入浓水隔板和淡水隔板，膜和隔板的上边和下边各开若干孔，当膜和隔板框多层重叠时，这些孔就构成浓水和淡水管状孔道。由于浓水管道只与浓水室隔板中的流水孔道相通，淡水管道只与淡水室隔板中的流水孔道相通，故浓水与淡水相互之间不会混淆。

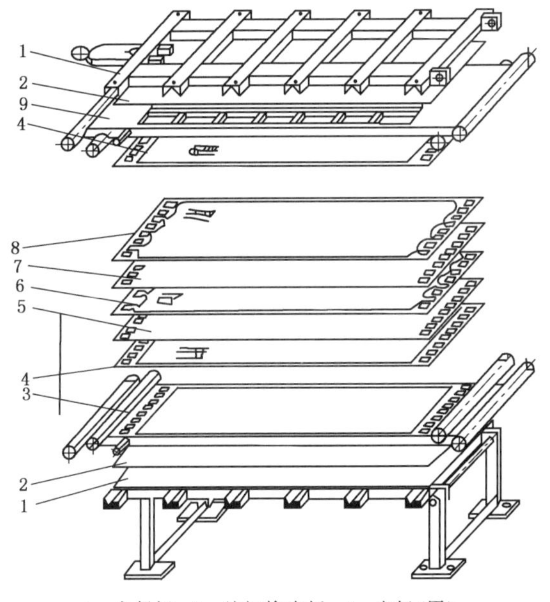

1—夹紧板；2—绝极橡皮板；3—电极(甲)；
4—加网橡皮圈；5—阳离子交换膜；
6—浓(淡)水隔板；7—阴离子交换膜；
8—淡(浓)水隔板；9—电极(乙)

图 6-4　电渗析器结构

一张阴膜和一张阳膜组成一对膜，整个电渗析器装置可根据除盐的要求，由几十到上百对的膜和隔板连接而成，整个装置连同两极用夹紧板加以固紧，以不漏水为准。

有时为了提高电渗析器的出水水质，采用分组分级处理，方法是将不同对数的膜分为若干组，前一组的出水作为后一组的进水，串联连接，这样使出水的含盐量逐组降低。另外，为了使两级间的电压不致于太高，因而在装置的中间添加电极，二级之间称为一级，于是出现了一级一段、二级一段、一级二段、二级二段、三级三段等。

1）离子交换膜

离子交换膜在电渗析器中是作为各室之间的隔膜，是最主要的组成部分，膜的质量直接关系到电渗析的除盐效果。异相膜、均相膜和半均相膜这三类膜中均有阴离子交换膜和阳离子交换膜，阴膜和阳膜的选择透过性前已述及，这里对三类膜作些简要介绍。

（1）异相膜

将阳或阴离子交换树脂粉末（70％～75％）用粘合剂（高分子化合物，如惰性材料聚乙烯粉、聚乙烯醇、聚氯乙烯粉、橡胶等，25％～30％）在炼胶机上，于120℃～140℃混炼均匀，再挤压成厚为 0.3～0.5 mm 膜片。为增加强度，在膜片上下各加一块绵纶丝网或尼龙网，铺平后置于热压机上热压 45 min。

异相膜的优点：制造工艺较简单、方便；膜平整，机械强度较好。缺点为：因离子交换树脂和粘合剂之间在溶胀时有空隙产生，故其选择透过性相对较差，也易在空隙中结垢，影响膜的使用寿命。

（2）均相膜

均相膜是将聚乙烯薄膜含浸在苯乙烯、二乙烯苯及引发剂（常用氮二异丁晴或过氧化笨甲酰）配成的含浸液中，经加热加压发生聚合反应，生成交联枝共聚体，成为基膜，然后分别进行磺化和氯甲基化，胺化接上活性基团制得阳膜和阴膜。因不用粘合剂，故其组成是均一的。膜中交换基团分布均匀，因而离子导电性能好，选择透过性强，具有优良的电化学性能。但平整度和强度还需进一步提高。

（3）半均相膜

半均相膜是将交换树脂和粘合剂一起溶于一种溶剂中，再流延成膜。半均相膜兼有异相膜和均相膜的优点，其结构和性能介于两者之间。

2）隔板

隔板是整个电渗析器的支承骨架和水流通道，淡水室就是采用隔板结构。隔板厚 1.5～2.0 mm 的绝缘塑板制成，无论是无回路或有回路隔板均有流水槽，在流程中使水中阴阳离子透过离子交换膜进行迁移。

（1）隔板的作用

① 支撑膜面，将阴、阳离子交换膜隔开，以形成膜堆内部淡水和浓水的流经通道。

② 隔板网搅拌液流，减小膜-液界面的扩散层厚度，提高极限电流密度。

③ 隔板与膜上的布水孔叠加形成膜堆布、集水内管，使水流均匀分布到淡、浓水室。

④ 隔板框与离子交换膜一起构成隔室的密封周边，保证隔室内部水流不外漏。

（2）隔板的种类

按水流流动方向是否沿程变化可分为无回路隔板（图 6-5）和有回路隔板（图6-6）两种。前者水流在流道上方向不变，后者水流则要改变若干次方向。有回流隔板流程长，水头损失大，适用于产水量小的一次脱盐电渗析器；无回路隔板流程短而且流道宽，水头损失小，适用于各种脱盐工艺流程。美国公司生产的电渗析器多为曲折式有回路隔板，而且水头损失小，适用于高流速应用。西欧和日本的电渗析器产品多数是无回路隔板。我国目前主要生产网式无回路隔板。

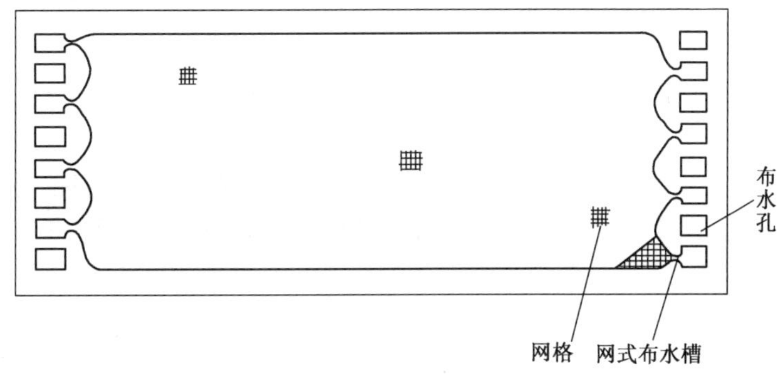

图 6-5　无回路隔板

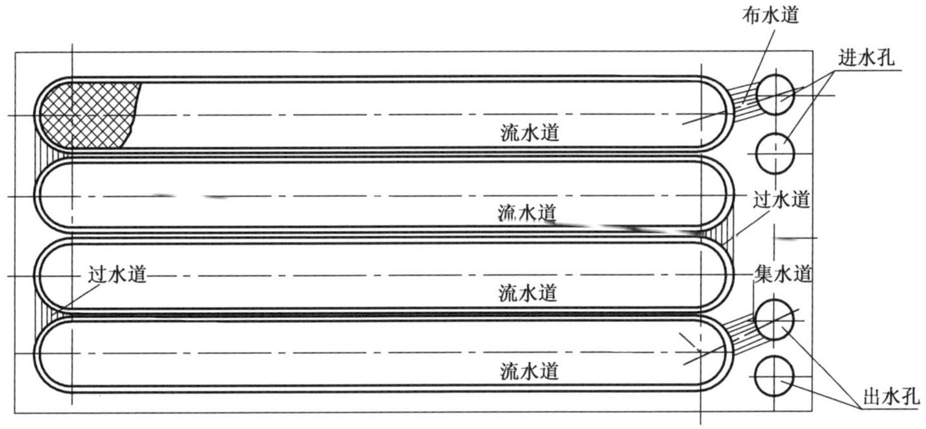

图 6-6　有回路隔板

(3) 布水槽类型

常用的布水槽形式有槽式、网式、敞开式和通道式四种，见图 6-7。

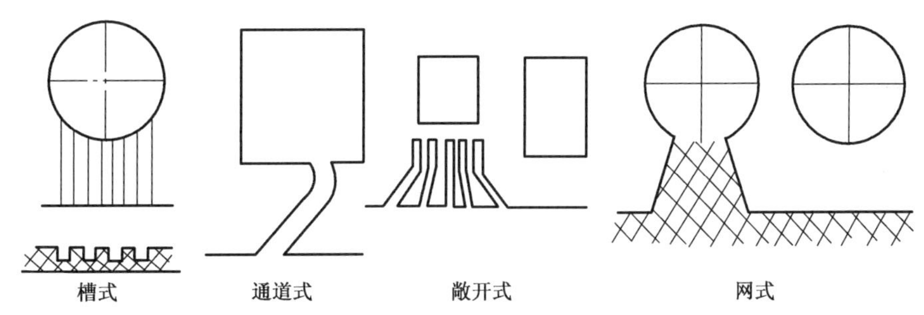

图 6-7　布水槽结构类型

布水槽结构对隔室水流分配的均匀性和水流压头损失起重要作用。一般来说，布水阻力大些，布水均匀性较好，但易被异物堵塞。

槽式布水槽加工容易，缺点是当膜堆锁紧力过大或膜堆内受力不均时，离子交换膜容易塌陷在布水槽内，引起浓、淡水互漏。槽式布水槽较适宜于厚度 1.5 mm 以上的隔板。

通道式布水槽具有加工简单方便的优点，多用于冲膜式隔板。

敞开式布水槽是一种冲轧式布水槽，加工极为简单，但膜的溶胀伸长易遮盖布水槽。组装时应注意肋条不被折断、移位和膜塌陷在布水槽内等问题。

网式布水槽可克服膜塌陷在布水槽内的缺点，加工也较方便。网、框厚度要匹配，平整度要求较高。

通道、隔板由非导体和非吸湿材料制作。这类材料要有一定的弹性，保证有良好的密封性能和绝缘性能。常用材料有天然或合成橡胶、聚乙烯、聚氯乙烯和聚丙烯等。均相离子交换膜较薄，弹性差，以选配天然橡胶或合成橡胶隔板为宜。异相离子交换膜较厚，弹性好，通常配以聚氯乙烯或聚丙烯等隔板。国产聚丙烯隔板由95%的聚丙烯加5%的聚乙烯制成。

3）极框

极框的作用主要是能使极水单独成为一个系统，使极室内生成的电极反应产物（固体沉淀物及气体）能够及时排出。电极的反应产物是：原水中到达阴极区的 H^+ 会获得电子，成为氢气 H_2，而到达阳极区的 OH^- 和 Cl^- 离子会失去电子成为氧气和氯气。其反应为：

阴极框：$2H^+ + e \rightarrow H_2\uparrow$ (6-1)

阳极框：$4OH^- - 4e \rightarrow 2H_2O + O_2\uparrow$ (6-2)

$2Cl^- - 2e \rightarrow Cl_2\uparrow$ (6-3)

$Cl^- - e \rightarrow [Cl^-]$ (6-4)

从上述反应式可见：阴极区的水呈碱性，因而容易产生 $CaCO_3$ 和 $Mg(OH)_2$ 沉淀。阳极区的水是呈酸性的。所产生的 O_2 和初生态氯[Cl]都会加速膜的老化变脆，因此，要求及时排除气体和冲走极板腐蚀剥落物。极框隔板的构造要求加强，厚度最好加至3～4 mm。菱状鱼鳞网的筋厚度要0.5 mm以上，以防膜片被压向极板，阻碍极水流通。为了保护膜片不被粗鱼鳞片摩擦损坏，在靠膜的一边还要加上一道细的鱼鳞网，以便隔开。极框还有一个特点：极框的流水槽不采用来回折流的串联方式，各条流水槽的起端为极水进口，末端为极水出口，各用暗沟与装置外部的极水管相通。

考虑到阳极容易损坏和阴膜抗氧化性能差，为了防止 Cl^- 透过阴膜进入阳极室产生氯腐蚀，所以在阳极框不能接触阴膜，而应用一张阳膜（或一张抗氧化膜）。为达到此目的，还可以加一张保护膜，这种膜可用维尼龙、涤纶滤布或多孔聚氯乙烯膜，或用抗氧膜。

极水的水质直接影响到沉垢的形成，尤其是水中所含的 Ca^{2+}、Mg^{2+} 和 HCO_3^- 等离子，它们在碱性条件下能转化成为 $CaCO_3$、$Mg(OH)_2$ 等沉垢。针对这种情况，极水应采用单独循环使用，同时采用下列措施：

(1) 极水中含 Ca^{2+}、Mg^{2+} 较高时，应加软化处理，将 Ca^{2+}、Mg^{2+} 含量降低；

(2) 加酸调剂极水 pH=2～3，使极水处于酸性条件下，阻碍沉垢形成。

4）电极

电极的作用是连接电源。对电极的要求为：导电性能好，即电阻小；机械强度高；电化学性能稳定，有较好的抗腐蚀性；价格低廉、加工方便。常用的电极材料和适用水质范围见表6-3。

天然水脱盐尽量避免用铅电极，特别是制取生活饮用水，因为铅离子有毒。二氧化钌电极具有广泛的应用范围，优点是耐腐蚀性能好。阳极反应以释氧为主的场合，应优先选用不锈钢电极。

表 6-3　　不同电极材料的适用水质范围

电极材料	二氧化锰	石墨	不锈钢	铅
有害离子		SO_4^{2-}、NO_3^- 引起氧化损耗	Cl^- 有穿孔腐蚀作用	Cl^-、NO_3^-
有益离子	Cl^- 高有利	Cl^- 越高，损耗越少	NO_3^-、HCO_3^-	SO_4^{2-} 越高越好
适用水质	限制较少	广泛	$Cl^- < 100$ mg/L 的 SO_4^{2-} 和 HCO_3^- 水型	少 Cl^- 的 SO_4^{2-} 水型
公害	无	无	无	Pb^{2+}

6.1.5　电渗析器的组装及规格性能

1. 部件的排列顺序和注意事项

由一张阴膜一张浓(或淡)水室隔板，一张阳膜一张淡(或浓)水室隔板组成一个最简单的除(脱)盐单元，称为一个膜对。在一个膜对中有阴、阳两张膜和两块隔板组成。一台电渗析器至少有几十个膜对、多数由上百个膜对堆积而成。

电渗析器中电极、极框、阴、阳离子交换膜、隔板等，均有一定的排列顺序，绝对不能搞错。电渗析器的两端为导水板和电极。中间为阴、阳离子交换膜和浓、淡水隔板交错排列的浓、淡水室，在电极与膜之间放置极框。为使组装后不漏水，用橡皮或塑料做垫片。

组装时要注意下列事项：

(1) 组装前先要把离子交换膜在水中浸泡 24 h 以上，使其充分膨胀，膜表面要轻轻地擦洗干净，然后逐张检查，凡有裂纹或孔眼的不得使用。最后按照隔板切边打孔，孔眼不得过大以免影响压紧，不可过小以免增加水流阻力。

(2) 隔板加工后，要逐张检修，修平因加工不当而造成的突出部分，排除在进出水孔、布水道、流水道、过水道上的堵塞物，使其干净畅通。

(3) 组装时要将隔板、膜、电极、多孔板、橡皮圈洗刷干净。组装次序不可错乱。如果是长流程隔板，上下隔板的肋条要对准重叠，膜和隔板的进、出水孔要对准。

(4) 若为多级多段组装，水流换向以多孔板或倒向膜堵孔，切勿堵错。

(5) 极水管道连接必须保持下进上出，便于排气。

(6) 外部金属螺栓等，不可与膜相碰。

(7) 压紧前，按正膜堆四角的高度，必要时可以加垫片校正。拧紧时还要经常纠正高度，拧紧螺栓时要先拧中间，再拧两头，用力对称均匀，贯彻逐步锁紧。

(8) 连接管用塑料管。

(9) 电极室气体要排列到室外。

2. 电渗析器的组装

电渗析器中采用几个膜堆并联的方式可增加产水量，采用串联的方式可用来提高除盐率。

单台电渗析器，通常用“级”和“段”来说明组装方式。一般一对电极之间的膜堆称为一级，具有同一水流方向的并联膜堆称为一段。因此，一台电渗析器常用的组装方式有一级一段、多级一段、一级多段和多级多段等四种，如图 6-8 所示。

现按电渗析器的四种组装方式简述如下：

(1) 一级一段电渗析器。一级一段电渗析器是指一台电渗析器仅含一段膜，也就是说仅有一级，使用一对端电极，通过每个膜对的电流强度相等。这种电渗析器产水量大，多用于大、中型制水，我国一级一段电渗析器多组装成含 200～360 个膜对。

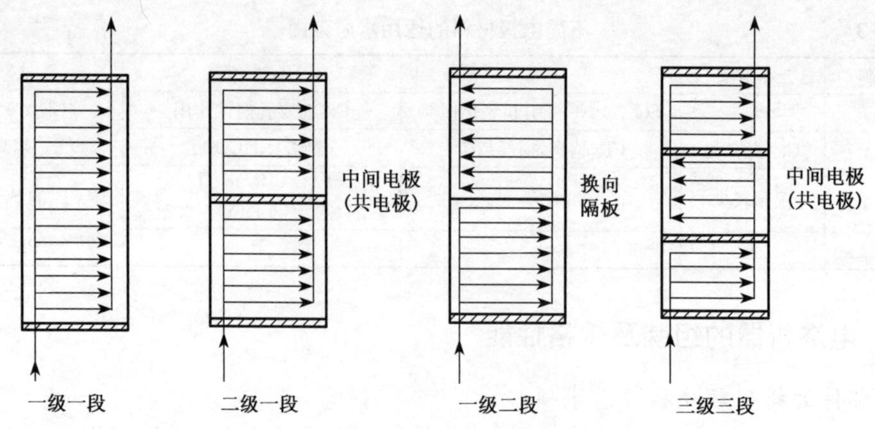

图 6-8　电渗析器组装方式

(2) 一级多段电渗析器。一级多段电渗析器通常指一级中含 2～3 段,段与段之间的水流方向相反。这种电渗析器仍用一对电极,膜堆中通过每对膜的电流强度相同。级内分段是为了增加脱盐流程长度,提高脱盐率。这种电渗析器单台产水量较小,水压降较大,脱盐率较高。适用于脱盐率要求较高的中、小型制水。

(3) 二级一段并联。一台电渗析器设两对电极,两对电极之间的膜堆,其水流方向是一致(相同)的称为二级一段组装。与一级一段组装不同之处是在膜堆中增设了一中间电极作共电极。这样可使电渗析器的操作电压成倍降低,减少了整流器的输出电压。

(4) 多级多段电渗析器。多级多段电渗析器使用共电极使膜堆分级。一台电渗析器可含有 2～3 级、4～6级,如二级四段、二级六段等;也可以级与段数相同,如二级二段、三级三段。将一台电渗析器分成多级多段是为了追求更高的脱盐率,多用于单台电渗析器便可达到产水水量和水质的要求,小型海水淡化器和小型纯水装置多用这种组装。

若用一台整流器供电,则电渗析器各级之间电压降相等,每级各段之间电流强度相等。做到各级、各段的操作电流都比较接近极限电流,需要通过试验数据的分析计算,调整各级、各段的膜对数来解决。

级内分段要用浓、淡水倒向隔板来改变浓、淡水在膜堆的流动方向,如图 6-9 所示。

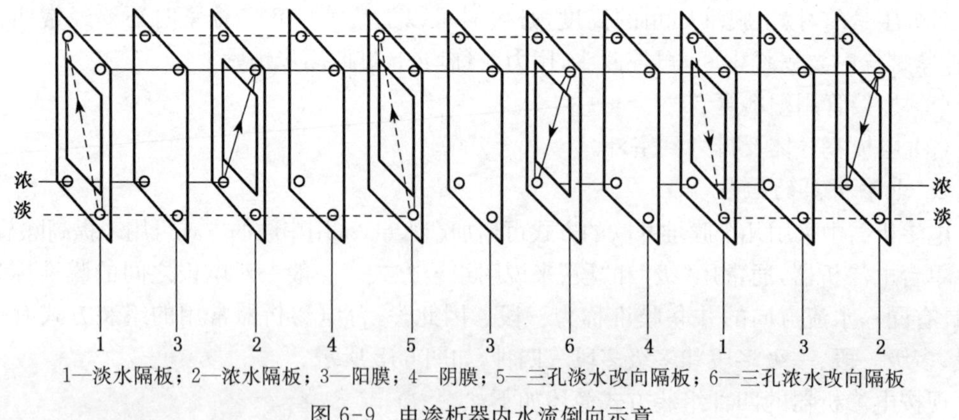

1—淡水隔板；2—浓水隔板；3—阳膜；4—阴膜；5—三孔淡水改向隔板；6—三孔浓水改向隔板

图 6-9　电渗析器内水流倒向示意

3. 电渗析器的安装方式

电渗析器的安装方式有立式(膜对竖立)和卧式(膜堆水平放)两种。有回路隔板的电渗析器都是卧式安装的，无回路隔板的大多数是立式安装的。一般认为立式安装的电渗析器具有水流流动和压力比较均匀，容易排除隔板中的气体等优点。但卧式组装方便，电流密度比立式安装要稍低一点。

为防止设备停止运行时内部形成负压，可在电渗析器出口管路上安装真空破坏装置。

4. 电渗析器的主要规格和性能

目前使用的电渗析器主要为以下三种：DSA 型电渗析器，其规格和性能见表 6-4；DSB 型电渗析器，其规格和性能见表 6-5；DSC 型电渗析器，其规格和性能见表 6-6。

表 6-4　　DSA 型电渗析器规格和性能

性能 \ 规格 \ 型号	DSA Ⅰ			DSA Ⅱ			
	1×1/250	2×2/500	3×3/750	1×1/200	2×2/400	3×3/600	4×4/800
隔板尺寸/mm	800×1 600×0.9			400×1 600×0.9			
电子交换膜	异相阳、阴离子交换膜			异相阳、阴离子交换膜			
电极材料①	钛涂钌(石墨、不锈钢)			钛涂钌(石墨、不锈钢)			
组装膜对数	250	500	750	200	400	600	800
产水量②/($m^3 \cdot h^{-1}$)	35	35	35	13.2	13.2	13.2	13.2
脱盐率②	≥50%	≥70%	≥80%	≥50%	≥75%	87.5%	93.75%
工作压力/kPa	<50	<120	<180	<50	<75	<150	<200
外形尺寸/mm	2 550×1 370×1 100				2 300×1 010×520		
安装形式	立式	立式	立式	立式	立式	立式	立式
本体重量/t	2	2×2	2×3	1	1×2	1×3	1×4
标准图号	91S430(一)			91S430(二)			

① 不锈钢电极只允许用在极水氯离子浓度不高于 100 mg/L 的情况下；
② 脱盐率和产水量的资料是在 2 000 mg/L NaCl 溶液中，25℃下测定的资料。

表 6-5　　DSB 型电渗析器规格和性能

性能 \ 规格 \ 型号	DSC Ⅰ		DSC Ⅱ			
	1×1/200	2×2/300	1×1/200	2×2/300	2×4/300	4×6/300
隔板尺寸/mm	400×1 600×0.5		400×800×0.5			
电子交换膜	异相阳、阴离子交换膜		异相阳、阴离子交换膜			
电极材料①	不锈钢(石墨、钛涂钌)		不锈钢(石墨、钛涂钌)			
组装膜对数	200	300	200	300	300	300
组装形式	一级一段	二级二段	一级一段	二级二段	二级四段	三级六段
产水量②/($m^3 \cdot h^{-1}$)	8.0	6.0	8.0	6.0	3.0	1.5～2.0
脱盐率②	≥75%	≥85%	≥50%	≥70%～75%	≥80%～85%	90%～95%
工作压力/kPa	<100	<250	<50	<100	<200	<250
外形尺寸/mm	600×1 800×800	600×1 800×800	600×1 000×800	600×1 000×1 000	600×1 000×1 000	600×1 000×1 000
安装形式	立式	立式	立式	立式	立式	立式
本体重量/t	0.56	0.63	0.28	0.35	0.35	0.38
标准图号	91S430(三)		91S430(四)			

①②同表 6-4。

表 6-6　**DSC 型电渗析器规格和性能**

性能 \ 规格 \ 型号	DSCⅠ			DSCⅣ		
	1×1/100	2×2/300	4×4/300	1×1/100	2×2/200	3×3/240
隔板尺寸/mm	800×1 600×1.0			400×805×1.0		
电子交换膜	异相阳、阴离子交换膜			异相阳、阴离子交换膜		
电极材料①	石墨(不锈钢、钛涂钌)			石墨(不锈钢、钛涂钌)		
组装膜对数	100	300	300	100	200	240
组装形式	一级一段	二级二段	四级四段	一级一段	二级二段	三级三段
产水量②/($m^3 \cdot h^{-1}$)	25～28	30～40	18～22	1.8～2.0	1.5～2.0	1.4～1.8
脱盐率②	28%～32%	45%～55%	75%～80%	50%～55%	70%～80%	85%～90%
工作压力/kPa	80	120	200	120	160	200
外形尺寸/mm	940×9 600×2 150	1 550×9 600×2 150	1 600×9 600×2 150	960×620×900	960×620×1 210	960×620×1 350
安装形式	立式	立式	立式	卧式	卧式	卧式
本体重量/t	1.0	2.3	2.5	0.2	0.3	0.4
标准图号	91S430(五)			91S430(六)		

①②同表 6-4。

6.1.6　电渗析工艺的极化及参数

1. *法拉第定理及扩散传质*

1）法拉第定理

在电渗析过程中，电量与离子迁移量之间的关系符合“法拉第”定理。电极是第一类导体，溶液是第二类导体，在电流通过电极与电解质溶液的界面时，导体将自由电极的电子导电过渡为溶液的离子导电，或者相反，因而在电极和溶液二相界面上有化学反应发生。法拉第第一定理为：电流通过电解质溶液时，在两相界面间发生化学变化的物质的量与所通过的电量成正比；法拉第第二定理为：当相同的电量通过各种不同的电解质溶液时，在电极上可获得的各种产物的量的比例，等于它们的化学当量之比。

通常把这个电量称为 1 法拉第，是电化学中常见的一种电量，以 F 表示，实验证明：1F＝96 500 C＝26.8 A·h。根据法拉第第二定理可知：为了析出 1 克当量的任何物质，所需之电量与物质的本性无关。

电渗析器溶液中，阴离子和阳离子都起了导电作用，它们的运动方向相反，但导电的方向是一致的。它们所传递的电量之间的资料关系可以用“迁移数”t 来表示。迁移数 t 就是阴阳离子各自传递的电量与总的传递电量之比。以 NaCl 溶液为例，按照法拉第第二定理，钠离子的迁移数 $t_{Na}=0.4$，氯离子的迁移数 $t_{Cl}\approx0.6$。

由法拉第定理可知，当电解液中通过 1 法拉第电量时，在两极上放电物质数量都是 1 克当量。那么可把电解质溶液作为一个导体，整个电解液中所通过的电量为 1 法拉第，则不论导体的形状如何，导体中任一个截面上所通过的电量为 1 法拉第。当 1 法拉第电量在溶液中通过时，阴离子所迁移的电量为 t_- 法拉第，即通过截面的阴离子数量为 t_- 克当量；阳离子迁移的电量为 t_+ 法拉第，也就有 t_+ 克当量的阳离子通过截面。所以说，在通电时离子通过溶液中任一截面的克当量数与离子迁移数之间存在着比例关系。离子迁移数与溶液中各种离子的运动速度有关，而且是同溶液中两种离子迁移数之比就表示该二种离子的运动速度之比。

2) 离子扩散传质

离子微粒由于热运动而产生的物质迁移现象称为离子扩散物质。主要原因是浓度差，因此又称浓差扩散。离子从浓度大的区间向浓度较小的区间迁移，直到各部分的浓度达到一致为止。浓度差愈大，微粒质量愈小，扩散力(速度)也愈快。

按扩散定律，扩散物质的量(用 Φ 表示)与浓度梯度 $\Delta C/d$ 成正比，用公式表示为

$$\Phi = DS\frac{\Delta C}{d} \tag{6-5}$$

式中　Φ——单位时间内的扩散量(克当量/h)；

D——扩散系数[1/(cm · h)]；

S——截面积(cm^2)；

d——距离(cm)；

ΔC——浓度差(克当量/L)。

2. 极化现象及其危害

浓差极化(图 6-10)是电渗析过程中一个极为重要的概念。电渗析工艺参数的确定均以极限电流密度的推算为前提，相应再推导出极限状态下的其他计算式。我国多采用威尔逊(Willson)法来推算极限参数。

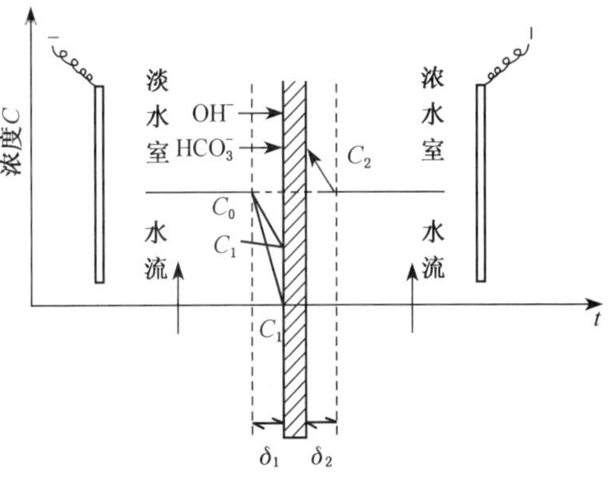

图 6-10　浓差极化示意图

1) 极化现象

图 6-10 表示在电场作用下，一张阴膜的左侧和右侧的溶液变化情况。纵坐标 C 表示溶液的浓度，横坐标 t 表示位置。阴膜能选择透过 SO_4^{2-}、Cl^-、HCO_3^- 等阴离子，故左侧为淡水室，右侧为浓水室。当电渗析器未运转时，溶液浓度为 C_0，当投入运转时膜面浓度为 C_1(左侧)或 C_2(右侧)，图中虚线表示滞流层和湍流层的分界面。滞流层是因水流与膜表面存在摩擦力而形成的。滞流层的外面就是湍流层，湍流层中水的质点运动是不规则的，其速度的大小和方向都随意变化，彼此相互碰撞，发生扰动现象，所以在湍流层中溶液的浓度 C_0 是一致的。

关键是在直流电场作用下，离子通过膜的迁移速度比在溶液中的迁移速度要快得多，造成淡水室一侧膜表面滞流层中离子浓度小于溶液中的浓度。设 $\bar{t}_-$ 为阴离子在膜中的迁移数，t_- 为溶液中的迁移数。当电流为 i 时，阴离子在膜内外所传递的数分别为 $\frac{i}{F}\bar{t}_-$ 和 $\frac{i}{F}t_-$。对阴膜而言，$\bar{t}_- > t$，则 $\frac{i}{F}\bar{t}_- > \frac{i}{F}t_-$，这样就造成膜左侧界面层内(滞流层)阴离子的“短缺”，使阴膜表面附近的浓度降低，造成膜面附近与溶液之间的浓差。另一方面因浓度差的存在，发生了阴离子由溶液向膜面层的浓差扩散，其数量按扩散定律，则为 $D\frac{\Delta C}{\delta}$ (δ 为

滞流层厚度)。当浓差扩散值并不足消除膜面与溶液之间的浓差时,浓差继续增加,一直到浓差扩散值与浓差相等即平衡时,膜面浓度 C_1 才趋于稳定不变。平衡可用下式表示:

左侧:
$$\frac{i}{F}(\bar{t}_- - t_-) = D\frac{(C_0 - C_1)}{\delta_1} \tag{6-6}$$

右侧:
$$\frac{i}{F}(\bar{t}_- - t_-) = D\frac{(C_2 - C_0)}{\delta_1} \tag{6-7}$$

假如膜的两侧液流情况相同,则:

$$\delta_1 = \delta_2 = \delta$$
$$C_0 - C_1 = C_2 - C_0$$

那么上述式子变为

$$\frac{i}{F}(\bar{t}_- - t_-) = \frac{D\Delta C}{\delta}$$
$$\Delta C = \frac{i\delta}{DF}(\bar{t}_- - t_-) \tag{6-8}$$

式中 ΔC——浓度差(克当量/L);
i——电流(mA/cm^2);
δ——滞流层厚度(mm);
D——扩散系数[1/(cm·h)]
F——法拉第常数;
$\bar{t}_-$——膜中离子迁移数;
t_-——溶液中离子迁移数。

由式(6-8)可见:电渗析器的操作电流愈大,浓差愈大。当 ΔC 趋近于零和等于零时,如果再增加电流,浓差扩散值不会再增大,就不足以弥补因膜中离子迁移速度较快所引起离子短缺值。运载电量的离子数量不足,促使水分子开始剧烈离解成为 $H^+ + OH^-$,这时一部分电能消耗在水的电离上,H^+ 离子和 OH^- 离子开始负担运载电流的任务。这种极性水分子开始两极分化的现象称为极化现象,称此为水的极化点,与此相应的操作电流称为“极限电流”。

2) 极化的危害

极化现象造成的后果为:

(1) 使部分电能消耗在水的电离($H_2O \rightarrow H^+ + OH^-$)过程中,降低了电流效率,消耗了电能。

(2) 极化产生的 OH^- 离子和 HCO_3^- 离子透过阴膜进入浓水室一侧,一般水中均有一定含量的 Ca^{2+}、Mg^{2+},会产生如下反应:

$$Mg^{2+} + 2OH^- \longrightarrow Mg(OH)_2 \downarrow \tag{6-9}$$

$$HCO_3^- + OH^- \longrightarrow CO_3^{2-} + H_2O \tag{6-10}$$

$$Ca^{2+} + CO_3^{2-} \longrightarrow CaCO_3 \downarrow \tag{6-11}$$

$Mg(OH)_2$ 和 $CaCO_3$ 在阴膜浓水室一侧产生沉淀结垢,使膜的有效使用面积缩小,膜的电阻增加,电能消耗增大,降低出水水质,缩短膜的使用寿命。结垢严重、水质恶化时,要拆槽清洗。

(3) 极化严重时，淡水呈酸性。

水分子被电离，产生 $Mg(OH)_2$ 和 $CaCO_3$ 为极化现象。产生严重的“极化现象”以前的临界电流称为“极限电流”。因此，极限电流的定义为：“一台电渗析器在运行时，在一定水量、水质下，不发生严重‘极化现象’，这时允许通过的最大电流称为‘极限电流’”。在电渗析器运行过程中，应当防止发生极化现象。

3. 极限电流的测定

极限电流是一个重要的操作指标，需要经常测定。测定的目的，在于找出该电渗析器在某一运行条件(水量、浓度、水温等)下的极化点。运行时，控制在极限电流下的操作，可基本上避免极化沉淀，确保安全运行。

测定极限电流的方法有：电压(V)—电流(A)变化法；电流(A)—流出液 pH 变化法。目前广泛采用的是 V—A 变化法。其测定步骤分为以下三步：

(1) 固定浓、淡水和极水的流量及进水压力。

(2) 在进水水质稳定的条件下，逐次提高操作电压(每次提高 5～10 V)，每升高一次电压，待电流稳定后，记录相应的电流值。

记录的电压、相应的电流强度和流量、压力等资料要齐全。

(3) 在直角坐标纸上，以电压为纵坐标，电流为横坐标，绘出 V—A 线(可近似地连成二直线)，图中拐点所对应的电流值为该运行条件下的极限电流。

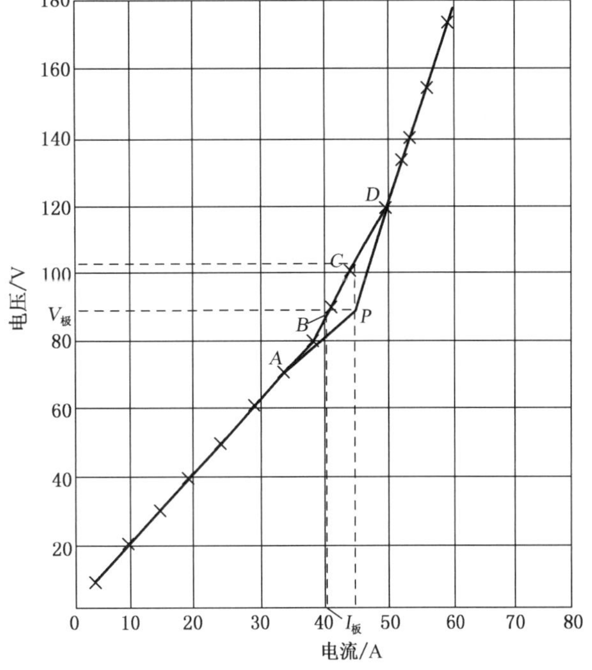

图 6-11　V—A 曲线图

从拐点(图 6-11 中的 P 点)开始，直线的斜率显著增大，这是由于极化沉淀的产生，使膜堆电阻增加所致。

图 6-11 的 V—A 曲线中，除 P 拐点之外，还存在着“上”“下”A、D 两个拐点，AD 段称为极化过渡区，这个过渡曲线给确定极限点带来困难。一般认为：对于处理水源水质较好的电渗析器，极限点尽量选用“上”拐点或接近于“上”拐点 D；对于含盐量大、硬度高而容易结垢的水，可采用“下”拐点或接近“下”拐点 A。通常取 B 点作为极限点，B 点的取得方法是：过 P 点作横坐标的并行线，与过渡区曲线交于 B 点，再过 B 点作垂线，与横坐标的交点为极限电流值；与纵坐标的交点为极限电流时的电压值。

4. 极限电流密度与浓度、流速的关系

一台正在运行的电渗析器，掌握操作电流及进出水浓度和水流速度之间的关系，具有重要的现实意义。从式(6-7)可见，滞流层厚度 δ 愈小，则浓差 ΔC 愈小。可见 δ 愈小愈好，根据实验得知电渗析器的隔板厚度 b 愈小，隔板中水流速度 V 愈大则滞流层厚度 δ 愈小。

$$\delta = \frac{K}{v \cdot b} \tag{6-12}$$

式中 v——流速(cm/s)；

b——隔板厚度(mm)；

k——水力学常数。

按式(6-12)代入式(6-6)，并以膜面浓度 $C_1 = 0$ 为产生极化现象的边界条件代入式(6-8)得：

$$\frac{i}{F}(\bar{t}_- - t_-) = \frac{DCvb}{-k} \tag{6-13}$$

令 $K = \frac{(\bar{t}_- - t_-)k}{FDb}$，则得：

$$iK = vC \tag{6-14}$$

电流以“单位面积的电流”表示，用 $i_{\lim}$ 表示极限电流密度，则得极限电流密度、浓度、流速的关系式为

$$i_{\lim} \cdot K = vC \tag{6-15}$$

式中 v——进入淡水室的水流速度(cm/s)；

$i_{\lim}$——极限电流密度(mA/cm^2)；

C——流水槽中溶液浓度(meq/L 或 mmol/L)。

由于水流从槽的起端到末端水质逐渐变好(即浓度逐渐降低)，因此 C 值应该采取对数平均值，以 C_o 表示起端浓度，C_n 表示终端浓度，则得：

$$C = \frac{C_o - C_n}{2.3\lg\frac{C_o}{C_n}} \tag{6-16}$$

式(6-15)中的 K 值，与电渗析器构造(膜的特性、隔板厚、隔网形式等)有关的水力特征系数。根据对异相膜(340 cm×800 cm)、鱼鳞网式隔板中型电渗析器和大型电渗析器(800 cm×1 600 cm)进行极限电流试验数据的整理结果，得到的 K 值为 33.3。

式(6-15)用于指导生产实践，有以下关系：

(1) 在同一电渗析器中，当水质条件不变，即 C 值不变时。$v \propto i_{\lim}$，即进入电渗析器淡水系统的流速(或流量)改变时，极限电流密度(或极限电流)随之作正比的改变。故当处理水量改变时，可按正比关系估算出相应的极限电流值。如处理水量为 2.1 t/h 的极限电流为 10 A(安)，则当处理水量降至 1.2 t/h 时，其极限电流值可估算为$\frac{1.2}{2.1}\times 10 = 5.7$ A(2.1∶1.2=10∶x)。当处理水量不变，进水浓度改变时，亦可用此法估算相应的极限电流值。

(2) 在其他条件不变时，不可能靠降低流量或流速的办法、靠提高电流或电流密度的办法去提高水质。否则就会在超过极限电流工况下运行，将使电渗析器内的结垢速度加大。

(3) 耗电量与平均电流密度成正比，而平均电流密度与流速或浓度成正比，故耗电量与处理水量或原水含盐量成正比。即耗电量随处理水量或原水含盐量而增加。

按威尔逊(Willson)经验法表达的极限电流式为

$$i_{\lim} = kvC_m \tag{6-17}$$

式中，符号同式(6-15)。

由于推导中作了较多假设，实际应用中发现有较大偏差。电渗析器进水浓度、淡水水流速度直接与极限电流 $i_{\lim}$ 相关联。这样从已知的进水浓度与所要求的产水量可直接算出极限电流强度，经验式可写成：

$$I_{\lim} = kC_0^m v^\alpha \tag{6-18}$$

式中　m——浓度指数(一般为 0.95～1.00)；

α——流速指数(一般为 0.5～0.8)。

对于定型设计的电渗析器，离子交换膜选定后，式(6-18)中各常数数值主要随原水离子组分和温度的不同而异。原水水型、水温确定后，在一定原水浓度和流速范围内，k，m，α 为定值。

电渗析器进水离子组分不同，对极限电流有较大的影响。可将天然水划分为四种水型：

(1) 一价离子水型：Na^+、K^+ 阳离子和 Cl^- 阴离子占天然水中阳、阴离子总当量(或摩尔)浓度的 50%以上。

(2) 二价离子水型：Ca^{2+}、Mg^{2+} 阳离子和 SO_4^{2-} 阴离子占天然水中阳、阴离子总当量(或摩尔)浓度的 50%以上。

(3) 碳酸氢盐水型：HCO_3^- 占天然水中阴离子总当量(或摩尔)浓度的 50%以上。

(4) 混合价水型：不同于上述三种水型的混合价离子天然水。

另外，为获得基准数据，采用人工配制的 NaCl 型水质进行电渗析极限电流试验。NaCl 水型是在纯水中加入 NaCl 配制而成。

例如，对于我国常用的 DSA Ⅱ—1×1/200 型电渗析器(表 6-4)，在 25℃下，极限电流用平均对数浓度表达式为

NaCl 水型：

$$I_{\lim}^{NaCl} = 0.544\,6\, C_m v^{0.66} \tag{6-19}$$

式中　$I_{\lim}^{NaCl}$——电流强度(A)；

C_m——淡水进、出口平均对数浓度(meq/L 或 mmol/L)；

v——淡水流速(cm/s)。

碳酸氢盐水型：

$$I_{\lim}^{HCO_3^-} = 0.289\,3\, C_m^{0.958} v^{0.658} \tag{6-20}$$

极限电流用淡水进水浓度表达式为

NaCl 水型：

$$I_{\lim}^{NaCl} = 0.005\,93\, C_0 v^{0.658} \tag{6-21}$$

式中，C_0 为淡水进水浓度(meq/L 或 mmol/L)。

碳酸氢盐水型：

$$I_{\lim}^{HCO_3^-} = 0.004\,7\, C_0^{0.958} v^{0.658} \tag{6-22}$$

水温对极限电流有较明显的影响，在采用异相膜时，电渗析极限电流温度校正经验式为

$$K_T = 0.987^{T_0 - T} \tag{6-23}$$

式中 K_T——极限电流温度校正系数；

T_0——测定极限电流时的水温(℃)，采用经验式或数据时取 20℃；

T——设计运行的水温(℃)。

根据用 NaCl 水型作出的极限电流表达式，再用极限电流水型系数进行校正，可以得出用于各种水型的极限电流计算式，这是目前经常采用的推算极限电流的方法之一。

在测试和进水浓度 C 条件相同的情况下，天然水型的极限电流与 NaCl 水型的极限电流的比值称为水型系数。定义水型系数为

$$\Phi_{AB} = \left(\frac{1}{C}\right)_{\lim}^{AB} \div \left(\frac{1}{C}\right)_{\lim}^{\mathrm{NaCl}} \tag{6-24}$$

用上述四种天然水型与人工配制的 NaCl 水型的溶液进行大量的极限电流试验，然后把数据校正到相同的温度，可统计计算出不同天然水的水型系数(表6-7)。

表 6-7　常温下的极限电流水型系数参考数据

水型	NaCl	一价水型	二价水型	混合价水型	碳酸氢盐型
水型系数 Φ	1.00	0.95	0.66	0.70	0.59

这样推算极限电流的经验公式(在误差±5%以内)可改写为

$$I_{\lim} = kC^m v^a K_T \Phi \tag{6-25}$$

5. 沉淀结垢的防治

控制操作电流，使电渗析器在极限电流之内运行，是防止极化、避免沉淀结垢的根本保证。但是，由于水流分布不均匀，或悬浮物堵塞，水在各个隔室的流速不尽相同，势必会使膜表面发生一定程度的局部极化。在实际操作过程中，还常会遇到各种因素(如流量、浓度、温度及电源波动等)的变化。所以，即使没有超极限电流运行，膜堆层间沉淀亦是难以完全避免。防治沉淀结垢的方法，主要有以下几种：

1) 定期倒换电极法

倒换电极就是改变电流方向。电极倒换以后，浓水室和淡水室亦相互倒换。于是阴膜一侧的沉淀物逐渐溶解，而阴膜的另一侧则逐渐沉积，一般可每 4～8 小时倒换一次。如采用适当的超极限电流运行，则倒换电极的周期应适当缩短。倒换电极法是采用最多、最普遍的方法，是防治沉淀结垢行之有效的方法。

2) 定期酸洗法

倒换电极能消除初期沉淀，对溶解结垢物有明显作用，但不能彻底消除极化沉淀。运行中总会有少量沉淀沉积物，累积到一定程度，就需要用酸洗法作一次清理。一般采取不拆设备进行定期清洗是消除沉淀物的简便有效方法，采用浓度为 1%～2%的盐酸液洗。酸洗间隔时间视结垢情况而定，可采用每周(或每月)一次不等。

3) 将原水进行预软化

产生沉淀结垢的主要是 $CaCO_3$ 和 $Mg(OH)_2$，即水中的硬度。所以对于硬度(Ca^{2+}、

Mg^{2+}含量)高的水,可预先进行软化处理,去除大部分硬度。特别是碳酸盐硬度[$Ca(HCO_3)_2$、$Mg(HCO_3)_2$]高的水,用较简易的石灰软化法去除,减少电渗析器中的沉淀结垢。

4) 投加螯合剂或分散剂

在原水中投加螯合剂或分散剂,进行缓垢处理。

5) 加强隔板的湍流作用

为避免沉淀物的大量产生,要求操作电流必须小于极限电流;但另一方面,电流越大,离子迁移量越多,出水水质越好。这就构成了矛盾对立的统一体。很明显,超极限电流运转不是解决矛盾的途径,因此要依靠改善隔板结构等来完成。

增加通水道中水流的湍流作用,既可提高极限电流,又可防止或减少沉淀结垢。因湍流作用愈强,离子扩散作用愈强,愈能弥补离子交换膜附近的离子"亏空"现象或不出现离子"亏空",则就很少使 H_2O 电离成 H^+ 和 OH^- 或不产生电离,那么就很少产生 $Mg(OH)_2$ 等沉淀或不产生沉淀。同时可使电量充分利用在迁移离子上,可防止"极化现象"的产生。

增加隔板流水道湍流作用的办法主要为以下两方面:

(1) 在一定流量之下减小隔板厚度,增加水流速度。流量不变,隔板厚度减小就是使过水断面减小,以利于离子透过膜层,避免极化的产生。但隔板不能太薄,否则易被污物淤塞,或使膜面相贴而使水流断路。一般经验,厚度采用 1～2 mm。另外流速也不宜太大,太大了使水头损失增加;膜面的机械强度会受到影响;水泵扬程高,易产生漏水。流速一般宜控制 10 cm/s 左右。

(2) 在隔板流水道中嵌焊"菱形鱼鳞网"(或其他形式),使水流湍动,增加离子扩散作用。

6.1.7 电流效率及最佳电流密度

1. 电流效率

电渗析脱盐是靠电能来完成的,根据法拉第电解定律,当施加 1 F(法拉第)即 26.806 安培·小时(96 500 库仑电量)时,透过每对的电解质应为 1 克当量。也就是电流全部用在水中离子的迁移上,则电流效率为 100%。但在电渗析器工作过程中,有部分电能消耗在:克服膜的电阻、溶液的电阻、电极反应、极化时消耗 H_2O 的电解、漏电等,因此电渗析的电流效率小于 100%。

电流效率实际上就是脱盐效率,是实际脱盐量与理论脱盐量的比值,即:

$$\text{电流效率}\ \eta=\frac{\text{实际除盐量}}{\text{理论除盐量}}\times 100\% \tag{6-26}$$

1) 水流通过一张隔板时理论除盐量

通过一张隔板的电流就是隔板上的平均电流密度(i)与隔板有效面积($L\cdot b$)的乘积,将通过一张隔板的电流被法拉第常数去除,就可得到水流经过一张隔板时每秒的理论除盐量,用式(6-27)表示为

$$\text{理论脱盐量}=\frac{L\cdot b\left(\frac{i}{1\,000}\right)}{F}\quad(\text{meq/s}) \tag{6-27}$$

式中 L——一张隔板的流水道长度(cm)；

b——隔板流水道宽度(cm)；

i——平均电流密度(mA/cm^2)；

F——96.5 C/meq。

式中 $L \cdot b$——代表隔板中水流断面积；

$i/1\,000$——将电流把毫安化为安培单位。

2) 水流通过一张隔板时的实际脱盐量

进水含盐量浓度为 C_0，出水含盐量浓度为 C_n，$C_0 - C_n$ 为除去的含盐量浓度。将 $C_0 - C_n$ 乘上流经一张隔板的流量(流量$= v \cdot b \cdot t$)，可得一张隔板的实际脱盐量：

$$\text{实际脱盐量} = (C_0 - C_n)\frac{v \cdot b \cdot t}{1\,000} \quad (\text{meq/s}) \tag{6-28}$$

式中 C_0，C_n——分别为淡水室进、出含盐量浓度(meq/L 或 mmol/L)；

v——隔板流水道(槽)流速(cm/s)；

b——隔板流水道(槽)宽度(cm)；

t——隔板厚度(也就是流水槽深度)(cm)。

式中，$v \cdot b \cdot t$ 的单位为 cm^3/s，除以 1 000 转化成 L/s。

3) 电流效率(脱盐效率)

按上述分析，电流效率 η 为式(6-28)与式(6-27)的比值，即为

$$\eta = \frac{(C_0 - C_n)vbt}{\dfrac{L \cdot b \cdot i}{F}} = \frac{(C_0 - C_n)v \cdot t \cdot F}{L \cdot i} \times 100\% \tag{6-29}$$

式(6-29)也可写成：

$$\eta = \frac{96.5Q(C_0 - C_n)}{3.6NI} \times 100\% \tag{6-30}$$

式中 96.5——法拉第常数(C/meq)；

Q——处理水量(m^3/h)；

N——隔板对数(即膜对数)；

I——电渗析器运转电流(A)。

2. 最佳电流密度

电渗析器的设计和运行应使它的除盐费用最低。除盐费用包括造价(电渗析器及附属设备费用，其中以膜的费用最贵)及运行费用(电能及维护管理费等)两部分。

电流密度是电渗析除盐费用的一个决定因素。在除盐的水量、水质要求一定的情况下，采用较大的电流密度，就可减少膜的面积，降低造价，但电耗费用会增加。反之，降低电流密度虽然可以降低运行费用，但由于膜的面积必须加大，所以造价就会增加。在上述两种情况之间，存在着一个使造价和运行费之和为最小的电流密度，称为最佳电流密度。

最佳电流密度的计算式为

$$i_0 = \left[\frac{61.3 \times 10^{-4}\left(\dfrac{d_m}{y\beta}\right)}{26.8 \times 10^{-3} rd_p/m}\right]^{1/2} \times 10^3 = \left(\frac{22.9d_m \cdot m}{y\beta rd_p}\right)^{1/2} \tag{6-31}$$

式中　i_0——最佳电流密度(mA/cm^2)；

d_m——阴膜和阳膜(膜对)的平均价格(元/m^2)；

m——整流器效率(%)，为 95%～98%；

y——膜的使用年限；

β——膜面积利用率(有效面积占总面积的百分数)(%)；

d_p——电价[元/(kW·h)]；

r——膜对的面电阻率($\Omega \cdot cm^2$)：

$$r = K_{mo} \cdot K_s \delta (r_d + r_n) \tag{6-32}$$

K_s——水层电阻系数，采用鱼鳞状网时，苦咸水淡化 K_s=1.7，淡水除盐 K_s=1.9；

K_{mo}——膜电阻系数，聚乙烯异相膜，K_{mo}=1.2～1.4；聚乙烯醇异相膜，K_{mo}=2.2～2.4；

r_d——淡水平均电阻率($\Omega \cdot cm$)；

r_n——浓水平均电阻率($\Omega \cdot cm$)。

水的电阻率主要取决于总含盐量，同时与水中离子组分、水温、电导率等有关。按前述的四种水型分别进行电阻率计算，然后绘成图。详见《给水排水设计手册》4 中的附录 1。

6.1.8　电渗析器工艺设计和计算

1. 电渗析水处理的四种工艺形式

1) 一次式脱(除)盐工艺流程

这是指使用单台电渗析器就能达到制水产量和水质要求的一种简单工艺流程。优点是可连续供水，辅助设备少，动力消耗省。膜堆多采用一级多段或多级多段组装。这种工艺流程形式对产水量和脱盐率的调节能力低，故多在产水量、脱盐率要求较高的情况下采用。如一次式小型海水淡化装置、制取纯水、高纯水时用电渗析脱盐预处理。

2) 多级连续式脱盐工艺流程

多级连续式脱盐工艺流程如图 6-12 所示。进水经多台单级式或多台多级式串联的电渗析器后，一次脱盐可达到给定的脱盐要求，直接排出成品水。此工艺流程具有连续出水、管路简单等优点。动力耗电在总耗电中比例较小。缺点是操作弹性小，在进水含盐量变化时适应性较差。此工艺流程常采用定电压操作，是最常用的形式之一。根据产水量、原水水质和出水水质等要求，可采用单系列多台串联或多系列并联的工艺流程，使用于中、大型脱盐。

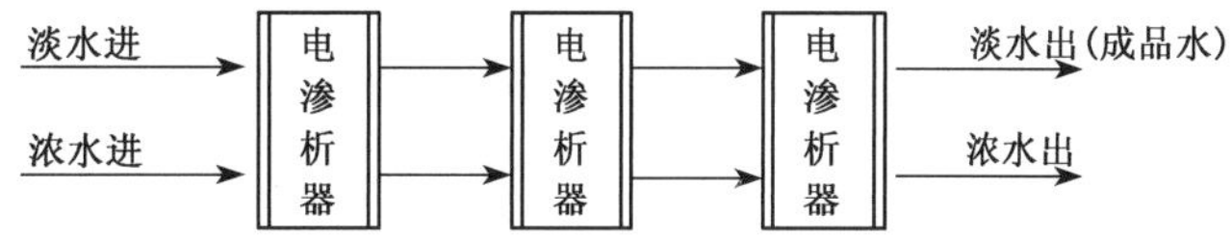

图 6-12　多级连续式脱盐工艺流程

3) 部分循环脱盐工艺流程

部分循环脱盐工艺流程如图 6-13 所示。即电渗析器脱盐系统出口的脱盐水(成品水)部分地返回到电渗析系统进水槽，使进水浓度降低，从而可减少串联的级(段)数。当进水浓度或成品水水质要求有较大的波动时，此工艺流程可通过调节补给水流量、成品水回流量和操作电流密度等来适应其变化。

显然，此工艺中电渗析器的淡水流量不等于产水量，可根据具体的设计项目的要求选定合适的回流比。此脱盐工艺流程比一次连续式灵活，在进水浓度有明显波动的情况下，仍能达到成品水水质要求。但管路较复杂，动力耗电比一次式要大。此工艺流程常采用定电流操作，电流强度取决于进水浓度和流速。

4) 循环式脱盐工艺流程

循环式脱盐工艺流程如图 6-14 所示。它是将一定量的原水注入淡水循环槽内，经电渗析器多次反复脱盐。当循环脱盐到给定的成品水水质指标后，输送至成品水水槽。此工艺流程适用于脱盐深度大，并要求成品水水质稳定的水型脱盐站。此工艺流程适应性较强，既可用于高含盐量水的脱盐，也适用于低含盐水的脱盐，特别适用于给水水质经常变化的场合，始终能提供合格的成品水。如流动式野外淡化水、船用脱盐装置等多采用此工艺流程。其次，也常用于小批量工业产品料液的浓缩、提纯、分离和精制。但它需要较多的辅助设备，动力耗电大，且只能间歇供水。实际装置一般采用定电压操作，即以脱盐终止时极限电流所对应的电压作为操作电压，可保证在整个脱盐过程操作电流密度低于极限电流密度。

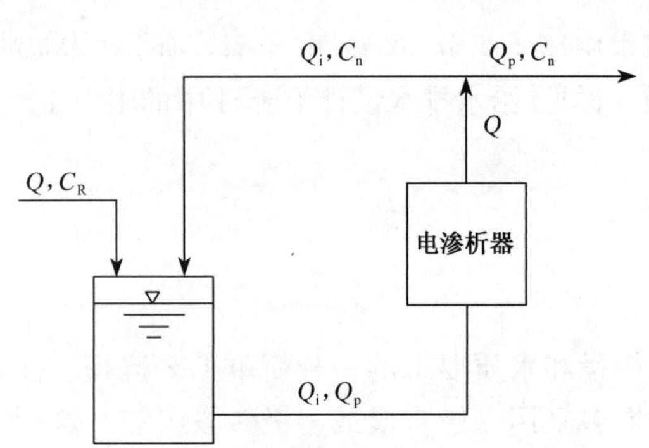

图 6-13　部分循环连续式脱盐物料平衡图

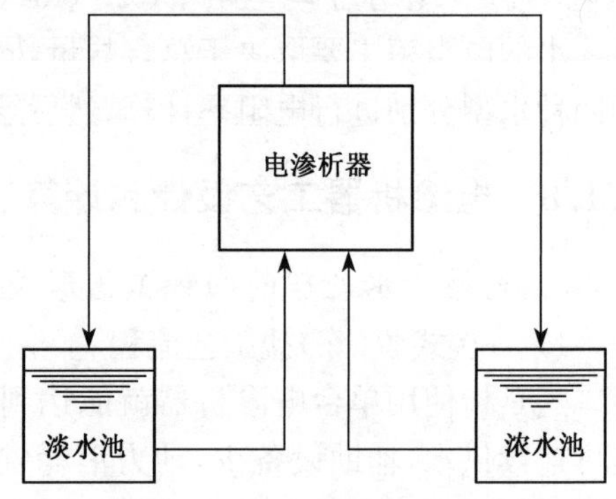

图 6-14　循环式脱盐工艺流程

2. 电渗析器工艺设计计算任务与方法

1) 已知条件和设计计算任务

电渗析器设计计算的已知条件一般为：原水水质（总含盐量）；脱盐处理水量淡水（成品水）含盐量等。

设计计算的任务为：①电渗析设备系统、台数、每台的组装尺寸；②需要的总供水量，每台设备的产水量，供应水压；③总供水量、直流电流，直流电压和整流器的选择等。

2) 设计计算方法

计算的主要根据是：按极限电流工作状态考虑，也即必须满足式(6-14)，即 $iK=vc$。这里，c 和 K 是已知的，v 和 i 是互相牵制的，因此有以下两种计算方法。

(1) 先定最佳电流密度 i_0，再根据 $vc=Ki$ 定流速 v。最佳电流密度按式(6-31)计算。此法计算的缺点是往往使膜堆的最大水压大于 0.4 MPa，在这样大的水压力运行，如果操作不当，会使膜的两侧压力不等，容易破坏膜。

(2) 先定膜堆允许的最大水压力（一般为 0.2 MPa），按 $\Delta p=v^n$ 经验公式求流速 v（Δp 为水压力，以 MPa 计；v 为流速，以 cm/s 计；n 为与设备构造有关的常数，根据测定，采用有鱼鳞网的厚度为 2 mm 的隔板，$n=1.43$）。这种方法较为方便。根据经验，流速可定在 5～10 cm/s。此法是目前常用的方法。

3. 工艺流程设计计算

1）一次式脱盐工艺流程

对于一级一段组装的电渗析器，可从给定的产水量计算所组装的膜对数 N：

$$N=\frac{1\,000Q}{tbv} \tag{6-33}$$

式中　Q——淡水流量(L/s)；

t——隔室流水道(隔板)厚度(cm)；

b——隔室流水道宽度(cm)；

v——淡水流速(cm/s)。

也可从产水量和水质计算膜对数 N：

$$N=\frac{(C_0-C_n)QF}{\eta iA} \tag{6-34}$$

式中　Q——淡水流量(L/s)；

C_0——进水浓度(meq/L 或 mmol/L)；

C_n——出水淡水浓度(meq/L 或 mmol/L)；

F——法拉第常数(96.5 C/meq 或 96.5 C/mmol)；

η——电流效率；

i——操作电流密度(A/cm²)；

A——单张膜的有效通电面积(cm²)。

2）多段连续式脱盐工艺流程

对于多级连续式脱盐工艺流程来说，如果串联在一级一段电渗析器的膜对数相等，隔室流速相同，则在极限电流下每级的脱盐率基本不变，在计算上可认为常数处理。

假如单级的脱盐率为 R_p，要求脱盐系统的总脱盐率为 R_s，则串联级数 n 的计算式为

$$N=\frac{\lg(1-R_s)}{\lg(1-R_p)} \tag{6-35}$$

3）部分循环脱盐工艺流程

部分循环脱盐工艺流程如图 6-13 所示。进入电渗析器的水中浓度 C_0 不等于原水浓度 C_R，且随回流量 Q_i 的增加而减低；电渗析器的流量也不等于产水量的流量 Q_p。部分水回流的目的在于提高脱盐率，使其大于电渗析器的脱盐率，降低成品水浓度 C_n。使物料平衡可得出下列计算式：

电渗析器进水浓度：

$$C_0=\frac{C_r\cdot Q_p+C_n\cdot Q_i}{Q_p+Q_i} \tag{6-36}$$

回流量 Q_i：

$$Q_i=\frac{(R_s-R_p)Q_p}{R_p(1-R_s)} \tag{6-37}$$

产水量 Q：

$$Q = \frac{\frac{C_0}{C_n} - 1}{\frac{C_r}{C_n} - 1}(Q_i + Q_p) \tag{6-38}$$

式中　C_r——原水浓度(meq/L 或 mmol/L)；

C_n——进电渗析器水的浓度(meq/L 或 mmol/L)；

C_0——电渗析器出水浓度(meq/L 或 mmol/L)；

Q_i——回流水量(L/s 或 m^3/h)；

Q_p——成品水产水量(L/s 或 m^3/h)；

Q——电渗析器产水量(L/s 或 m^3/h)；

R_s——总脱盐率(%)；

R_p——单级脱盐率(%)。

4) 循环式脱盐工艺流程

循环式脱盐过程中，随着淡水循环槽浓度的变化，系统主要工艺参数不是常数，为简化计算，采用对数平均电流密度 i_m 作为一个批量的操作电流，并假定电流效率不高，则所需要的膜对数为

$$N = \frac{(C_0 - C_n)Q_p \cdot F}{\eta i_m A} \tag{6-39}$$

$$i_m = \frac{i_0 - i_n}{2 \cdot 3\lg \frac{i_0}{i_n}} \tag{6-40}$$

式中　C_0——进水浓度(meq/L 或 mmol/L)；

C_n——出水浓度(meq/L 或 mmol/L)；

Q_p——产水量(L/s 或 m^3/h)；

F——法拉第常数(96.5 C/meq 或 96.5 C/mmol)；

η——电流效率(%)；

i_m——对数平均电流密度(A/cm^2)；

A——单张膜的有效通电面积(cm^2)；

i_0——循环起始电流密度(A/cm^2)；

i_n——循环终止电流密度(A/cm^2)。

在讨论各种脱盐工艺流程所需要的膜对数时，没有考虑膜的物理性能在应用过程中的降低，也忽略了盐的浓度扩散和电渗失水。当处理高浓度原水时，是不容忽略的，产水量中应考虑水迁移项。

4. 设计计算有关公式

1) 设计水量

(1) 电渗析装置产水量

电渗析装置的产水量可由下式确定：

$$Q_p = r_1 r_2 r_3 \overline{Q_p} \tag{6-41}$$

式中　Q_p——电渗析器设计产水量(m^3/h)；

$\overline{Q_p}$——用水高峰期电渗析器平均产水量(m^3/h)；

r_1——安全稳定运行系数，取 $r_1=1.1\sim1.3$；

r_2——温度系数，按表 6-8 经验数据采用；

r_3——自用水量系数，包括膜堆清洗、倒极、泄漏等用水，取 $r_3=1.05$。

表 6-8　　温度系数经验 (t=20℃，r_2=1)

脱盐率 ╲ 温度 20℃时	5℃	10℃	15℃	20℃	25℃	30℃	35℃	40℃
51.5%	1.36	1.20	1.08	1	0.90	0.84	0.77	0.71
59%	1.23	1.14	1.06	1	0.94	0.87	0.80	0.75
83%	1.13	1.08	1.04	1	0.97	0.93	0.90	0.87
93%	1.08	1.05	1.03	1	0.98	0.97	0.95	0.94

除采用部分连续循环式系统设计外，对于较好的固定系统设计，电渗析装置产水量的调节能力是不大的，一般限定在$\dfrac{\overline{Q_p}}{Q_p}\leqslant1.25$，否则难以保证出水水质。对于用水量波动大的场合，应考虑设计备用系列或备用台数。

(2) 预处理水量

一般原水需经过预处理后才能进入电渗析器，预处理水量的设计可按下式确定：

$$Q_O=(Q_P+Q_C+Q_e)\times\alpha \tag{6-42}$$

式中　Q_O——总预处理水量(m^3/h)；

Q_P——电渗析产水量(m^3/h)；

Q_C——电渗析浓水排放量(m^3/h)；

Q_e——电渗析极水排放量(m^3/h)；

α——预处理设备自用水量系数，一般取 $\alpha=1.05\sim1.10$。

极水的排放与极水组分、极框设计和运行条件有关。一般可取淡水产量的 5%～20%。

(3) 原水回收率

电渗析装置的原水回收率若以预处理水量为基准进行计算应该更为合适。由于预处理自用水量相差较大，习惯上常以进入电渗析器的各路水量为依据进行计算，原水回收率用 Y 表示，则计算式为

$$Y=\frac{Q_P}{Q_P+Q_C+Q_e}\times100\% \tag{6-43}$$

式中，符号同上。

2) 平均电流密度

(1) 膜的平均电流密度

设隔板厚度为 t(cm)，流水道宽度为 b(cm)，电流强度 I(A)，隔板流程长度 l(cm)，膜的有效面积 bl(cm^2)，则平均电流密度为

$$i=\frac{1000I}{bl}\quad(mA/cm^2) \tag{6-44}$$

(2) 平均极限电流密度($i_{\lim}$)

$$i_{\lim} = Kv^{\alpha}C_{p} \quad (\text{mA/cm}^2) \tag{6-45}$$

式中,C_p为淡水平均含盐量(meq 或 mmol/L);其余符号同前。

3) 除盐流程长度(L)

由式(6-29) 得除盐流程长度为

$$L = \frac{(C_0 - C_n)vt \cdot F}{\eta i} \tag{6-46}$$

式中 L——除盐流程长度(cm);

C_o——进水浓度(meq/L 或 mmol/L);

C_n——出水浓度(meq/L 或 mmol/L);

i——平均电流密度,(0.7～0.9)$i_{\lim}$(mA/cm^2);

F——法拉第常数(96.5 C/mmol);

t——淡水室隔板厚度(cm);

v——淡水流速(cm/s);

η——电流效率(%),一般 80%～95%。

极限电流状态下运行时的除盐流程长度:

$$L_{\lim} = \frac{2.3tFk}{\eta}\lg\frac{C_n}{C_o} \tag{6-47}$$

式中,$L_{\lim}$为极化临界状态下的除盐流程长度(cm);其他符号同前。

4) 串联段数

$$N_e = L/l \tag{6-48}$$

式中 N_e——串联段数;

L——隔板流程总长度;

l——每块隔板流程长度。

5) 每段的膜对数

$$N = 278\frac{Q_p}{tbv} \tag{6-49}$$

式中,符号同前。

6) 水流速度的计算与校核

从式(6-49)得水流速度为

$$v = 278\frac{Q_p}{tbN} \tag{6-50}$$

7) 电流、电压、电耗计算

(1) 电流

$$I = is10^{-3} \tag{6-51}$$

式中 I——电流(A);

s——离子交换膜的有效面积(cm^2)；

i——一般采用平均电流密度即式(6-44)，但用最佳(经济)电流密度即式(6-31)计算则更好。

(2) 电压计算

$$V = V_j + V_m \tag{6-52}$$

式中 V——一级的总电压(V)；

V_j——极区电压降(V)，15～20 V；

V_m——膜对电压降(V)：

$$V_m = K_{MO} \cdot K_S \cdot t \cdot i(r_d + r_n)N_1 \cdot 10^{-3} \tag{6-53}$$

t——淡水室隔板厚度(cm)；

N_1——一级的膜对数；

K_{mo}，K_s，r_α，r_n——见式(6-32)。

在膜对电压的计算中，K_{mo}，K_s 等经验数据的选取对计算结果影响较大。选取不当会产生较大误差。在极限电流条件下运行时，膜对电压经验数值可按表6-9选用。

表 6-9　膜对电压经验数值

用途	进水含盐量范围/($mg \cdot L^{-1}$)	不同隔板厚度的膜对电压/($V \cdot 对^{-1}$)	
		0.5～1.0 mm	1～2 mm
苦咸水淡化	4 000～2 000	0.3～0.6	0.6～1.2
	2 000～500	0.4～0.8	0.8～1.6
水的深度除盐	500～100	0.6～1.2	1～2

当几级并联供电时，总电压应取最大的计算极间电压值。

若电渗析器全部并联组装有中间电极(即二级一段)，电路并联连接则二级电压相等，总电流为二级电流之和。

(3) 支流电耗计算

$$W = UI \times 10^{-3}/Q_p \tag{6-54}$$

式中 W——每立方米水消耗的电能($kW \cdot h/m^3$)；

U——总电压降(V)；

I——总电流(A)；

Q_p——产水量(m^3)；

10^{-3}——毫安(mA) 化为安(A)。

6.1.9 设计计算实例

1. 计算实例一：计算效率

1) 已知条件

淡水产量：$Q=5\ m^3/h$；

原水(进水含盐量)：$C_0=4.0\ meq/L$；

淡水(出水)含盐量：$C_n=0.5$ meq/L；

膜对数(隔板数)：$n=130$；

工作电压：$U=200$ V；

运行电流：$I=5$ A；

整流器效率：$m=90\%$。

2) 设计计算

(1) 除盐率 $\eta_{盐}$

$$\eta_{盐}=\frac{C_0-C_n}{C_0}\times 100\%=\frac{4.0-0.5}{4.0}\times 100\%=87.5\%$$

(2) 电流效率 $\eta_{电流}$

$$\eta_{电流}=\frac{96.5\cdot Q(C_0-C_n)}{3.6nI}\times 100\%=\frac{96.5\times 5\times(4.0-0.5)}{3.6\times 130\times 5}\times 100\%$$
$$=72.2\%$$

(3) 耗电量 $W_{实}$

$$W_{实}=\frac{UI}{Qm}\times 10^{-3}=\frac{200\times 5}{5\times 0.9}\times 10^{-3}=0.22(\mathrm{kW\cdot h/m^3})$$

(4) 电能效率 $\eta_{电能}$

理论耗电量为 $W_{理}=0.03$ kW·h/m³，则电能效率为

$$\eta_{电能}=\frac{W_{理}}{W_{实}}=\frac{0.03}{0.22}\times 100\%=13.6\%$$

2. 计算实例二:最佳电流密度和极限电流密度等计算

1) 已知条件

淡水产量：$Q=14$ m³/h；

原水(进水)含盐量：$C_0=5.5$ meq/L；

淡水(出水)含盐量：$C_n=0.8$ meq/L；

膜的利用率：$\beta=0.7$；

膜的使用年限：$y=4$ 年；

膜对面电阻：$r=312$ Ω·cm²；

膜的平均价格：$d_m=103.4$ 元/m²；

流水道宽度：$b=6.8$ cm；

流水道深(隔板厚)：$t=0.2$ cm；

整流器效率：$m=0.95$；

电价：$d_p=0.6$ 元/度。

2) 设计计算

(1) 最佳(经济)电流密度 i_0

$$i_0=\left(\frac{22.9d_m\cdot m}{y\beta rd_p}\right)^{\frac{1}{2}}=\left(\frac{22.9\times 103.4\times 0.95}{4\times 0.7\times 312\times 0.6}\right)^{\frac{1}{2}}=2.1(\mathrm{mA/cm^2})$$

(2) 极限电流密度 $i_{\lim}$

$$i_{\lim}=\frac{Cv}{K}$$

v 为淡水隔板流水道水流速度，一般为 5～10 cm/s，本题取 $v=10$ cm/s；K 为与电渗析器构造有关的水力特征系数，隔板厚 2 mm、流水道内粘鱼鳞状隔网、聚乙烯异相膜 $K=33.3$；C 为对数平均浓度(meq/L)，即：

$$C=\frac{C_0-C_n}{2.3\lg\frac{C_1}{C_2}}=\frac{5.5-0.8}{2.3\times\lg\frac{5.5}{0.8}}=2.43\ \text{meq/L}$$

上述资料代入上式得：

$$i_{\lim}=\frac{2.44\times 10}{33.3}=0.73\ \text{mA/cm}^2$$

上述计算结果得 $i_0\neq i_{\lim}$，故运行时只能选用小值，即 $i_{\lim}=0.73\ \text{mA/cm}^2$。

(3) 流水道长度 $L_{\lim}$

采用极限电流运行时，流水道长度为

$$L_{\lim}=\frac{2.3FKt\lg\frac{C_0}{C_n}}{\eta}=\frac{2.3\times 96.5\times 33.3\times 0.2}{0.9}\lg\frac{5.5}{0.8}=1\ 375\ \text{cm}$$

取 $L_{\lim}=1\ 380$ cm。

(4) 每层淡水室流量 q

$$q=bvt\times 10^{-3}=6.8\times 10\times 0.2\times 10^{-3}=13.6\times 10^{-3}\ \text{L/s}$$

(5) 淡水室层数(并联膜对数) N

$$N=\frac{Q\times 10^3}{3\ 600q}=\frac{278Q}{bvt}=\frac{278\times 14}{6.8\times 10\times 0.2}=286\ 对$$

(6) 膜面积

流水道面积 f_1

$$f_1=L\times b=1\ 380\times 6.8=9\ 384\ \text{cm}^2$$

膜的毛面积 f_2

$$f_2=f_1/\beta=9\ 384/0.7=13\ 406\ \text{cm}^2$$

采用 800×1 600 mm 离子交换膜，面积为

$$80\times 160=12\ 800\ \text{cm}^2$$

3. 计算实例三：膜对电阻和膜对面电阻的计算

1) 已知条件

隔板厚度：$t=0.2$ cm；

膜对数：$n=16$；

膜的有效面积：$S=1\ 562\ \text{cm}^2$；

水的比电阻：$\rho_w=\frac{1.4\times10^3}{0.62}$（0.62 为 260 型电极常数）；

淡水室进口含盐量：$C_0=5.5$ meq/L；

淡水室出口含盐量：$C_n=0.8$ meq/L；

浓水室进口含盐量：$C_0{}'=5.5$ meq/L；

浓水室出口含盐量：$C_n{}'=10.2$ meq/L；

电渗析器工作电压：$U=43$ V；

电渗析器操作电流：$I=3.4$ A。

2）设计计算

（1）一个膜对水中的电阻 R_w

$$R_w=\rho_w\cdot\frac{2t}{S}=\frac{1.4\times10^3}{0.62}\times\frac{2\times0.2}{1\,562}=0.58\ \Omega$$

（2）膜对电阻 R_p

$$R_p=\frac{U}{nI}=\frac{43}{16\times3.4}=0.79\ \Omega$$

（3）阴膜和阳膜的电阻 R_{A+C}

$$R_{A+C}=R_p-R_w=0.79-0.58=0.21\ \Omega$$

（4）阴膜和阳膜的面电阻 r_{A+C}

$$r_{A+C}=R_{A+C}\cdot S=0.21\times1\,562=328\ \Omega$$

（5）膜对的面电阻 $r_{面}$

$$r_{面}=r_{A+C}+k(\rho_{浓}+\rho_{淡})t$$

式中 k——电阻增大倍数，鱼鳞网隔板取 1.9；

$\rho_{浓}$——浓水的平均比电阻（Ω·cm），即与浓水的对数平均含盐量所相当的比电阻；

$\rho_{淡}$——淡水的平均比电阻（Ω·cm），即与淡水的对数平均含盐量所相当的比电阻。

浓水的对数平均含盐量为

$$C_{浓}=\frac{C_0'-C_n'}{2.3\lg\frac{C_n'}{C_0'}}=\frac{10.2-5.5}{2.3\times\lg\frac{10.2}{5.5}}=7.6\ \text{meq/L}$$

按 $C_{浓}$ 值查《给水排水设计手册》4 中附录 I 得 $\rho_{浓}=1\,700$ Ω·cm。

淡水的对数平均含盐量 $C_{淡}$ 为

$$C_{淡}=\frac{C_0-C_n}{2.3\lg\frac{C_0}{C_n}}=\frac{5.5-0.8}{2.3\times\lg\frac{0.8}{5.5}}=2.44\ \text{meq/L}$$

按 $C_{淡}$ 值查《给水排水设计手册》4 中附录 I 得 $\rho_{淡}=5\,500$ Ω·cm。

则得：

$$r_{面}=328+1.9\times(1\,700+5\,500)\times0.2=3\,064\ \Omega\cdot\text{cm}^2$$

4. 计算实例四：一级一段设计计算

1) 已知条件

处理淡化水量：Q=7 m^3/h(7 000 L/3 600=1 940 cm^3/s)；

原水(进水) 浓度：C_0=4.6 meq/L；

要求出水浓度：C_n=0.95 meq/L；

隔板厚度：t=0.2 cm；

流水道宽度：b=6.5 cm；

流水道流速：取 V=10 cm/s；

电流效率：取 η=0.8。

2) 设计计算

(1) 隔板所需要流程长度

$$L = \frac{(C_0 - C_n)vtF}{\eta i}$$

$$i = vc/k$$

对数平均浓度 C 为

$$C = \frac{C_0 - C_n}{2.3\lg\dfrac{C_n}{C_0}} = \frac{4.6 - 0.95}{2.3 \times \lg\dfrac{4.6}{0.95}} = 2.32\ \text{meq/L}$$

$$i = 10 \times 2.32/33.3 = 0.7\ \text{mA/cm}^2$$

$$L = \frac{(4.6 - 0.95) \times 10 \times 0.2 \times 96.5}{0.8 \times 0.7} = 1\ 260\ \text{cm}$$

为安全计，采用 L=1 260×1.1=1 380 cm。

(2) 所需要隔板(膜) 对数 N

$$N = Q/btv = 1\ 940/(6.5 \times 0.2 \times 10) = 150(\text{对})$$

用隔板 150 对、阳膜 151 张、阴膜 150 张。(注：极框边加 1 张阳膜)

(3) 计算隔板(或膜) 面积 ω

$$\omega = L \cdot b/P$$

P 为隔板(膜) 的有效面积(占总面积的百分数)，取 P=70%，则得

$$\omega = 138 \times 6.5/0.7 = 12\ 800\ \text{cm}^2$$

采用隔板规格为 800 cm×1 600 cm。

5. 计算实例五：并联(二级一段) 设计计算

1) 已知条件(原水水质)

淡水处理水量：Q=2 000 m^3/d=83.33 m^3/h；

原水(进水) 含盐浓度：C_0=13.61 meq/L；

总硬度：H_o=1.80 meq/L；

总碱度：M=6.40 meq/L；

蒸发残渣：P=834 mg/L；

淡水含盐量 $C_n' < 200$ mg/L。

2) 设计计算

(1) 淡水系统出口含盐量(当量浓度)C_n

$$C_n = \frac{C_0}{P} \cdot C'_n = \frac{13.61}{834} \times 200 = 3.26 \text{ meq/L}$$

(2) 总流程长度 L_{lim}

$$L_{lim} = \frac{2.3Fkt}{\eta} \times \lg \frac{C_0}{C_n} = \frac{2.3 \times 96.5 \times 33.3 \times 0.2}{0.8} \times \lg \frac{13.61}{3.26} = 1\,146 \text{ cm}$$

(3) 系统选择

根据题意，其除盐范围和幅度不大，流程长度又较短($L_{lim}=1\,146$ cm)，而产水量较大，根据此特点，采(选)用全部并联单级一次除盐工艺流程。

(4) 隔板设计计算

隔板尺寸为 800 mm×1 600 mm×2 mm，总除盐流程长度全部布置在一张隔板上。隔板上每条流水道的平均长度按 $l=150$ cm 计算，则每块隔板上流水道的条数为

$$n' = L_{lim}/l = 1\,146/150 = 7.64$$

取 $n'=7$。因原水硬度低、碱度高，为提高设备的产水能力，当采用定期倒换电极极性和酸洗除垢措施后，可使设备在适当超极限电流密度下运行。

隔板设计的示意图见图 6-15，隔板资料见表 6-10。

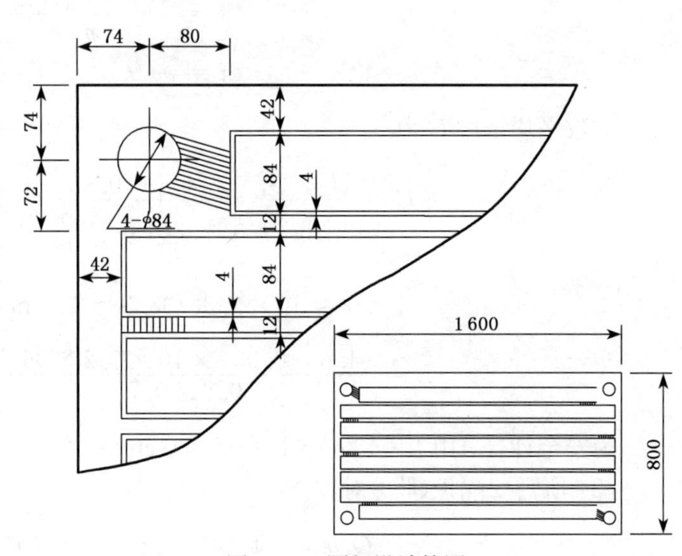

图 6-15　隔板设计简图

表 6-10　　800 mm×1 600 mm 隔板有关资料

项　　目	单　位	数　据
流程长度 L	cm	1 011
流水道宽度 b	cm	8.4
厚度 t	cm	0.2
有效面积 S	cm^2	8 491
面积利用率 Φ	%	66.4

(5) 水流速度 v

水流速度可根据提供的水压计算求得，也可按经验 $v=5\sim10$ cm/s 选取。电渗析器进口水压，一般不宜超过 39.2×10^4 Pa。

当隔板厚度为 2 mm，流水道中有鱼鳞状网时，除盐流程长度上总的压力损失计算式为

$$\Delta P = 2.56Lv^2 \quad (\text{Pa}) \tag{6-56}$$

由式(6-56)可以估算出淡水隔板流水速道中的水流的最大计算速度：

$$v = \left(\frac{\Delta P}{2.56L}\right)^{\frac{1}{2}} \quad (\text{cm/s}) \tag{6-57}$$

设可以提供的水压力 17.66×10^4 Pa，则代入式(6-57)得：

$$v = \left(\frac{17.66\times10^4}{2.56\times1\,011}\right)^{\frac{1}{2}} = 8.26\ \text{cm/s}$$

(6) 每层隔膜流量 q

$$q = btv = 8.4\times0.2\times8.26 = 13.88\ \text{cm}^3/\text{s}$$

(7) 单台电渗析器组装方式和产水量 Q

每台的膜(隔板) 对数 $N=120$ 对，中间有共电极，组成二级一段方式，见图6-16，产水量为

$$\begin{aligned} Q_0 &= N\cdot q\times3\,600\times10^{-6} = 120\times13.88\times3\,600\times10^{-6} \\ &= 6\ \text{m}^3/\text{h} \end{aligned}$$

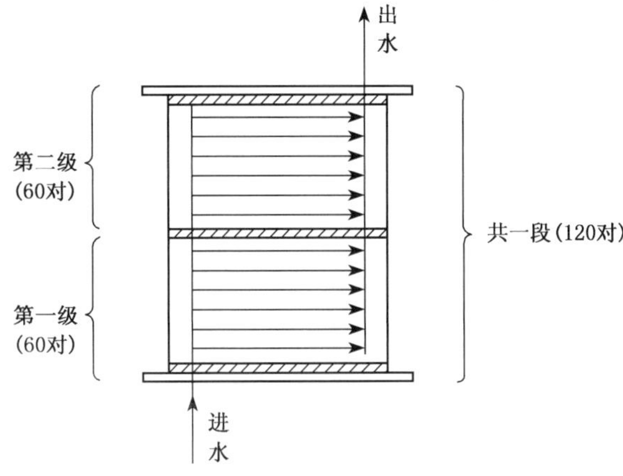

图 6-16　二级一段并联组装示意图

(8) 台数 n

运行台数为

$$n = Q/Q_0 = 83.33/6 = 13.9\ 台$$

取 $n=14$ 台，另外 2 台备用，总共 16 台。

(9) 电流密度 i

$$\begin{aligned} i &= \frac{(C_0 - C_n)t\cdot v\cdot F}{L\eta} = \frac{(13.61-3.26)\times0.2\times8.26\times96.5}{1\,011\times0.75} \\ &= 2.176\ \text{mA/cm}^2 \end{aligned}$$

(10) 总电流 I

由于有共电极，总电流应为两极电流之和：

$$I(iS\times 10^{-3})\times 2=(2.176\times 8\,491\times 10^{-3})\times 2=37\ \text{A}$$

(11) 电压

① 隔室水层电阻率 ρ 计算：

淡水室的平均对数含盐量为

$$C_d=\frac{C_0-C_n}{2.3\lg\dfrac{C_0}{C_n}}=\frac{13.61-3.26}{2.3\times\lg\dfrac{13.61}{3.26}}=7.26\ \text{meq/L}$$

查《给水排水设计手册》4 中附录Ⅰ得相应的淡水电阻率 $\rho_d=1\,850\ \Omega\cdot\text{cm}^2$。

当浓水与淡水流量相等，浓水直接排放时，浓水室的平均含盐量为

$$C_e=2C_0-C_d=2\times 13.61-7.26=19.96\ \text{meq/L}$$

查《给水排水设计手册》4 中附录Ⅰ得相应的浓水电阻率 $\rho_e=680\ \Omega\cdot\text{cm}^2$。

则隔室水层的电阻率 ρ 为

$$\rho=\rho_d+\rho_e=1\,850+680=2\,530\ \Omega\cdot\text{cm}^2$$

② 膜堆电压 V_{mu} 计算

按二级一段方式组装，则膜堆电压 V_{mu} 为段电压 V_{du} 的一半，即 $V_{mu}=V_{du}/2$，V_{du} 为

$$V_{du}=K_S k_{mo} ti(\rho_d+\rho_e)n\times 10^{-3}$$

式中，K_S 为水层电阻系数，取 $K_S=1.7$；$K_{mo}=1.2$，代入上式得：

$$\begin{aligned}V_{mu}&=\frac{1}{2}V_{du}=\frac{1}{2}\times 1.7\times 1.2\times 0.2\times 2.176\times(1\,850+680)\times 120\times 10^{-3}\\&=135\ \text{V}\end{aligned}$$

③ 总电压 V 计算

由于二级一段采用并联供电，故两级电压相等。采用普通石墨电极或铅电极、极水为原水并直接排放时，电极与极框的电压可近似取 $V_{qu}=15$ V，则总电压为

$$V=V_{qu}+V_{du}=15+135=150\ \text{V}$$

(12) 每台电渗析器总耗水量

设计时，直接排放的流量比可采用淡水∶浓水∶极水＝1∶1∶0.2。这样，水的利用率为 45%。因为：淡水流量 $q_{淡}=q_{浓}=6\ \text{m}^3/\text{h}$；极水流量 $q_{极}=0.2\,q_{淡}=0.2\times 6=1.2\ \text{m}^3/\text{h}$。

可见，制取 1 m^3 的淡水，需耗原水 2.2 m^3。

(13) 单位体积淡水的直流电耗量 W

$$W=UI/(Q_0\times 10^3)=150\times 37/(6\times 1\,000)=0.925\ \text{kW}\cdot\text{h/m}^3$$

该实例的电渗析工艺流程见图 6-17。

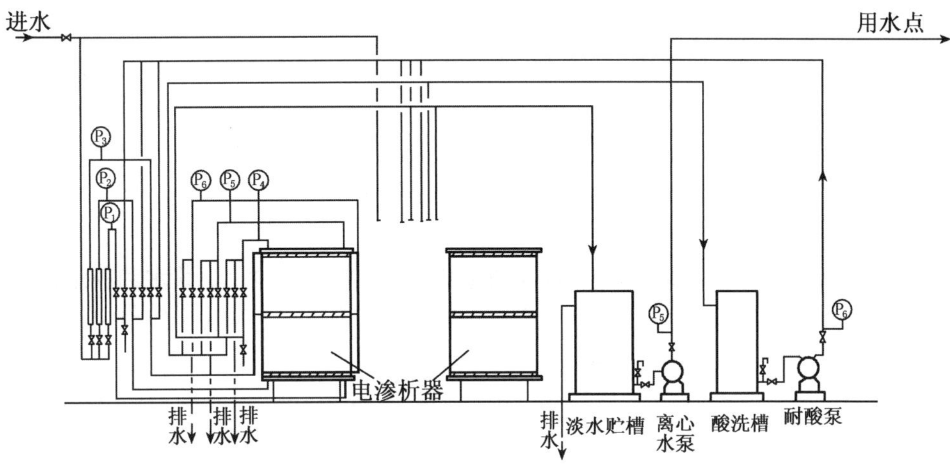

注：P_1—P_6 为压力计。

图 6-17　电渗析工艺流程

6.1.10　电渗析器的运行与管理

电渗析器的制作较细致精密，组装较费时，造价相对较贵，其运行和管理重点要注意以下三方面：一是不容许在停水情况下通电，因这时没有充分的离子供应，只能依靠 H_2O 的离解（$H^+ + OH^-$）来实现电流，因而产生严重的极化现象；二是预防和消除水垢。不能在超极限电流密度下运转，平时定期倒换电极和定期酸洗；三是淡浓水压力要相等，以免压破离子交换膜。现对电渗析器的运行措施、操作要点、原水利用和安全措施等简述以下。

1. 稳定运行措施

(1) 严格进行原水预处理，使之达到电渗析器的进水水质指标（表 6-3）。

(2) 控制工作电流低于极限电流。

(3) 定期倒换电极极性：倒换电极的间隔时间一般为 2～8 h（也有 2～4 h）。常采用降压后倒换电极。

(4) 频繁倒换电极。对于高硬度苦咸水脱盐，频繁倒换电极能有效地防止极化污垢的积累，运行稳定，提高水回收率。

(5) 酸洗：酸洗是消除沉淀、去垢的有效方法，酸洗周期一般为 1～4 周一次，浓度为 1%～2%，大于 3%的会使离子交换膜受损。一般采用循环酸洗法：浓水、淡水与极水室酸洗分开进行，防止电极大块沉淀物冲进膜堆。酸洗系统设酸洗槽和耐酸泵。酸洗时间为 1～2 h 或酸洗到进出电渗析器的酸液 pH 值不变为止。酸洗后用清水冲洗到进出水的 pH 值相等为止。清洗结束后，把淡水、浓水和极水阀门缓慢开启，调整到额定流量值，然后再升高电压到工作电压值，淡水经检验合格后即可继续供水。

(6) 对有机污染物和有机沉淀物进行碱洗或盐碱洗。食盐碱洗液由 9%NaCl 和 1% NaOH 组成，碱洗时间 30～90 min，升温到 30～35℃效果更好，结束后应用清水冲洗到进出口水 pH 值基本上不变为止。

碱洗后如进行酸洗，必须在碱洗后，用清水清洗合格后才能进行。碱洗可利用酸洗系统设备进行，一般不必另设装置。

(7) 为防止阴极室和膜堆结垢，可在阴极室和浓水流（池）中连续定量地加盐酸，使 pH 值达到 4～6。

(8) 当原水硬度较高时,钙、镁离子易与氢氧根或硫酸根结合,在电渗析器内部生成水垢,影响电渗析运行效率,可考虑预软化处理以去除硬度。对于高矿化度的苦咸水,预软化处理更为重要。

(9) 定期拆卸清洗膜对和电极;采用倒极、碱洗和酸洗等不能恢复除盐率时,应把电渗析器拆开清洗,重新组装。一般一年电渗析器需拆洗一次。

2. 电渗析器的操作要点

(1) 设备启动时应先通水后通电,停运时应先停电后停水。浓水、淡水和极水的阀门应做到同时缓慢启闭,并使压力接近。通电时,电压应逐渐升高,直到电流值稳定在工作电流值为止。

(2) 倒换电极时,先停电排水,然后缓慢倒换浓水、淡水和极水阀门,待正常后再通电,收水。当整流器许可直接倒换电极时,则应先开淡水排水阀,而后倒极,正常后收水。

(3) 运行期间,定时监测并记录电渗析器的各项参数。对水泵每小时作一次全面记录(水温、流量、水压、电压、电流、水质分析等)。

(4) 暂停运行时,应保持膜堆处于湿润状态,以防膜收缩变形。停泵时先关闭浓、淡、极水阀门,停泵后把回流阀及时关闭,防止水泵进气。

3. 原水利用

原水应尽可能地加以充分利用,特别是设法减少浓水排放量,以节省用水。

1) 减少浓水排放量

电渗析器的浓、淡水隔板设计相同,也就是说在电渗析器中,浓水和淡水的流量相等。若将浓水全部排放,则原水回收率仅为 40%左右。提高原水回收率的关键是减少浓水排放量。

在工程设计中通常采用浓水部分循环的方式来减少浓水排放量。一种方式是将浓水出水部分返回浓水池,部分作高浓度废水排放,运行时维持浓水池浓度基本不变,浓水排出量恒定,补充到浓水池中经预处理的原水量与浓水排放量相等。采用这种方式时,极水通常为一个独立的系统,并对极水采用酸化等措施。另一种方式是浓水部分循环,但不直接排放浓水废水,而是将浓水废水部分返回浓水池,部分返回极水池,用浓水作极水,最后以极水废水排放。采用这种方式时极室多采用较高的流速,若极水排放量不够,仍需从极水池排出少量浓极水,典型的浓水部分循环系统示意图见图 6-18。

浓水池中的浓度 C_r 由下式计算:

$$C_r = \frac{(Q_m \cdot R_s + Q_e + Q_c)C_0}{Q_e + Q_c} \tag{6-58}$$

式中 C_r——浓水池浓度(mg/L);

C_0——原水浓度(mg/L);

R_s——电渗析脱盐率(%);

Q_m——浓水循环量(m^3/h);

Q_e——极水排放量(m^3/h);

Q_c——多余浓水排放量(m^3/h)。

电渗析器淡水系统或浓水系统纯流量 Q 为

$$Q = Q_m + Q_e + Q_c \tag{6-59}$$

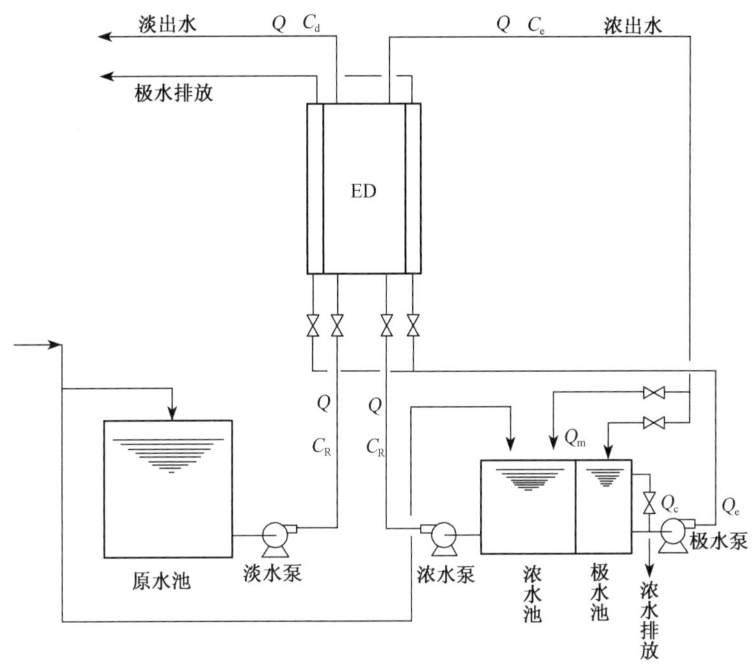

图 6-18　典型的浓水部分循环系统示意

由式(6-59)得：

$$Q_e + Q_c = Q - Q_m \tag{6-60}$$

式中，$Q_e + Q_c$ 为浓水总排放量(m^3/h)，有时 Q_c 可取零。

若定义浓缩倍率为

$$CF = \frac{C_C}{C_0} \tag{6-61}$$

式中　C_C——浓水排出浓度(mg/L)；

C_0——原水浓度(mg/L)。

则得

$$CF = 1 + \frac{QR_S}{Q_e + Q_c} \tag{6-62}$$

可见，提高浓缩倍率是提高原水利用率的关键，而这个关键在于减少浓水排放量。浓水排放量是由电渗析浓水系统所允许的最高浓度所限定。天然水中 Ca^{2+}、HCO_3^- 等在电渗析过程中得到进一步浓缩，达到一定浓度后会在离子交换膜面产生沉淀结垢。常用朗格利尔(Langelier)饱和指数 I_L 作为浓水浓度的控制指标。I_L 为正值时，则水溶液为结垢型；I_L 为负值时，表明水溶液不会结垢，但有腐蚀性倾向。常规电渗析系统，浓水 I_L 值一般不大于零。EDR 系统的 I_L 值可允许高达 2.2。在电渗析系统中，可通过降低脱盐率或增加浓水排放量来减少 I_L 值。在预处理中除去 Ca^{2+}、Mg^{2+}、HCO_3^- 或浓水系统加入化学药品，如防垢剂和酸等，也可以降低 I_L 值。

处理高硬度高硫酸根型的天然水时，要十分注意控制 $CaSO_4$ 的沉淀。$CaSO_4$ 称为石膏，难以酸洗去除。在预处理中去除部分 Ca^{2+}、SO_4^{2-} 或在浓水中添加六偏磷酸钠可以在较小浓水排放量下保证膜堆不结垢。六偏磷酸钠的投加量为 5～10 mg/L。

2）减少极水排放量

极水流速的选取应考虑有利于冲出电极反应的产物，并保持极水压力与浓、淡水压力相平衡。极水流速一般选取 20～40 cm/s，在海水或高硬苦咸水淡化中，若极水不加酸化措施，甚至可用于 50 cm/s 以上。使用极状电极时，常增设湍流促进器，可减少极框的厚度或减少极水的排放量，并可降低极区的电压。

在天然水除盐装置中极水的选用常见有以下两个方式：

(1) 原水作极水。在天然水电渗析器脱盐中这种方式较少采用。若采用这种方式，则预处理水量大，原水回收率低，仅在原水水源丰富且原水为高硬、高硫酸根水型时采用。海水淡化、海水浓缩制盐时，电渗析器极水多选用原海水。

(2) 浓水作极水。天然水脱盐中常用浓水作极水(图 6-18)。这也是提高水回收率的措施之一。

采用阴极水单独循环的方式，常向极水中加入 HCl 或 H_2SO_4，调至 pH 为 2～3，以防止阴极室产生沉淀结垢。

4. 电渗析装置应采取的安全措施

电渗析器阳极排出的 O_2 及阴极排出的 H_2 积累到一定的浓度，遇到明火即可爆炸。加之考虑到 Cl_2 的有害影响，电渗析装置所在车间在设计上应保证其具良好的通风条件，中、大型场所应安装排气设备。电渗析极水出口可置于室外，或将极水废水进行中和处理以及采用废气吸收等措施。

还有“频繁倒极电渗析装置”和“填充床电渗析装置”等，这里不作论述。

6.2 反渗透除盐技术

6.2.1 概述

RO 膜处理系统通常包括预处理、膜处理和后处理，RO 预处理工艺取决于原水水质以及膜的应用条件。原水成分复杂，含有过量的污染物质，未能满足膜对进水水质的要求，就需要较高级或复杂的预处理工艺。简单的预处理，包括加酸调整 pH 和投加阻垢剂，以防止盐分在 RO 膜表面上发生沉淀。后处理包括水质的进一步脱盐、消毒、pH 再次调整以及水质的稳定化处理等。RO 处理全过程如图6-19所示。

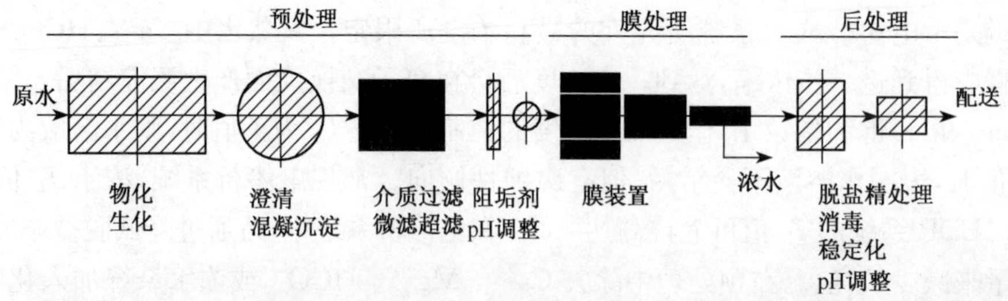

图 6-19 膜处理系统

RO 是当今膜研究与开发的高技术的代表，具有设备简单，能量消耗较少，应用范围较广的特点。它最初应用丁海水、苦咸水淡化处理，以后扩展到化工、制药、净化等工业部门的物质分离、浓缩等生产过程，同时还应用在工业给水软化与脱盐、工业废水回收利用和净化处理系统中。值得一提的是，目前，水源水质的复杂性、污染的普遍性与加剧性，常规水处理工艺的局限性，水质检测技术的非普及性、非及时性甚至滞后性，均造成了令人格外关注的饮用水的“安全、卫生、健康”等问题。在实际中，“安全、卫生、健康”暂时无法顾全时，保证应用水的“安全与卫生”应该是第一目标，以彻底避免“致癌、致畸、致突变”后果。RO、NF、UF等工艺，尤其RO，是实现“第一目标”的首选技术，这是因为几乎所有饮用水中的污染物都可采用膜工艺去除，在发达国家，譬如美国，膜技术已成为处理大多数饮用水源的理想的安全工艺。

RO膜的真正研究、发展与应用可简述为：1953年初，C. E. Reid建议美国内务部把RO的研究纳入国家计划。1956年，S. T. Yuster提出从膜表面撇出所吸附的纯水作为脱盐过程的可能性。1960年，S. Loeb和S. Sourirajan制造了世界上第一张高脱盐率、高通量的不对称醋酸纤维素RO膜。

1970年，美国DuPont公司制造了芳香族聚酰胺中空纤维“Permasep”B-9渗透器，主要用于苦咸水脱盐，之后又开发了B-10渗透器，用于海水一级脱盐。与此同时，美国Dow公司和日本TOYOBO公司先后开发出三醋酸纤维素渗透器，用于海水和苦咸水淡化，以及美国UOP公司成功推出实用性的卷式RO元件。

RO复合膜的研究真正开始于1960年以后，直到1980年，美国Filmtec公司才推出性能优异的、实用的FT-30复合膜，实现了具有高脱盐率性能的全芳香族聚酰胺复合膜的工业化。1990年以后，超低压高脱盐率的全芳香族聚酰胺复合膜得到开发，并全面进入市场至今。

我国RO研究始于1965年，NF始于1990年左右，投入市场上的一些国产化膜产品，其性能与国外相比仍有较大差距。

6.2.2 渗透和反渗透

半透膜是一种能够有效分离盐分的膜，理想的半透膜是只能通过溶剂而不能透过溶质的膜，工业上使用的多是高分子聚合物的近似理想的半透膜。

1. 渗透现象与渗透压

利用半透膜隔开两种不同浓度的溶液，溶剂将自发从低浓度溶液侧透过半透膜，向高浓度溶液侧流动，这种现象称渗透(Osmosis)。若此过程中溶剂是水，溶质是盐分，用理想半透膜隔开不同浓度的盐溶液，则水就会自发从低浓度侧透过半透膜，向高浓度侧流动。低浓度侧的水流入高浓度侧，造成高浓度侧的液位逐渐上升，出现液位差。当液位差恒定时，水通过膜的净流量等于零，渗透过程达到平衡。与恒定的液位差对应的压力，称为渗透压(Osmotic Pressure)，代号π。渗透过程如图6-20(a)、(b)、(c)所示。

渗透现象是一种自发过程，但必须有半透膜才能表现出来。根据热力学原理，在给定的温度压力下盐水的化学位为

$$\mu = \mu^0 + RT\ln x \tag{6-63}$$

式中 μ——在指定的温度、压力下，溶液中水的化学位；

μ^0——在指定的温度、压力下，纯水的化学位；

R——摩尔气体常数，等于8.314 J/(mol·K)；

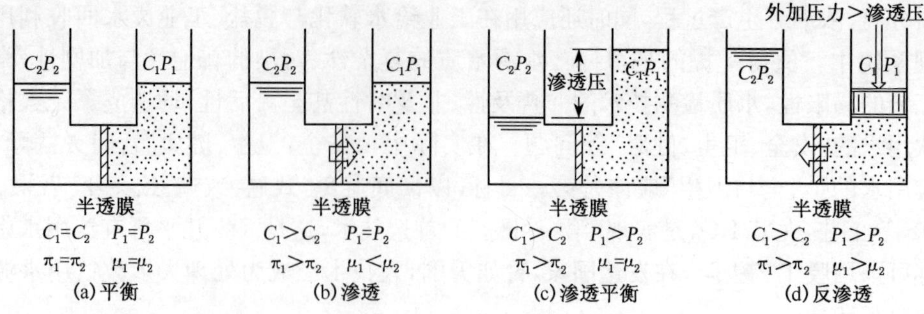

图 6-20 渗透和反渗透

T——热力学温度，K[$T = 273 + t$(℃)]；

x——溶液中水的摩尔分数。

由于 $x < 1$，$\ln x$ 为负值，故 $\mu^0 > \mu$，即溶液中水的化学位 μ 低于纯水的化学位 μ^0，所以水分子便向化学位低的一侧渗透。可以说，渗透现象如同其他自发过程，譬如水从高处流向低处，热从高温对流到低温等，水的化学位的大小决定着质量传递的方向。

在渗透过程中，溶液一侧水位上升，导致液位差，产生压力 p，因此增加了溶液中水的化学位，化学位与压力有如下关系：

$$\frac{d\mu}{dp} = \bar{V}_m \tag{6-64}$$

式中，$\bar{V}_m$ 为水的偏摩尔体积，等于 $0.018 \times 10^3\ m^3/mol$。

积分得

$$\mu_2 = \int_0^{\pi} \bar{V}_m dp = \pi \bar{V}_m \tag{6-65}$$

平衡状态下，溶液中水的化学位有如下关系：

$$\mu = \mu_1 + \mu_2 = \mu^0 + RT\ln x_1 + \pi \bar{V}_m \tag{6-66}$$

且 $\mu = \mu^0$，则 $\pi \bar{V}_m = -RT\ln x_1$。又因

$$\ln x_1 = \ln(1 - x_2) \approx -x_2 \approx -(n_2/n_1)$$

式中 x_1，x_2——分别为溶液中水、溶质的摩尔分数；

n_1，n_2——分别为 1 L 溶液中水和溶质的摩尔数。

由上述得

$$\pi \bar{V}_m = RT(n_2/n_1) \tag{6-67}$$

在稀溶液中，$n_1 \bar{V}_m$ 实际即为溶液的容积 V，n_2/V 即是浓度 c，故式(6-67)可写成

$$\pi = cRT \tag{6-68}$$

式(6-68)称为渗透压的 Vant Hoff 方程。

对 1 mol/L NaCl 溶液来说，按式(6-68)计算，得 π=24.2 atm，但实测为45 atm，相差近一倍。这一现象可解释为 1 mol NaCl 离解成 Na^+ 和 Cl^- 各为1 mol，故式(6-68)中浓度 C，

应按 2 mol/L 计算，得 π=48.4 atm，比较接近实际，相应的实际差值在于 Na^+ 和 Cl^- 的活度值。

因此，对电解质溶液，式(6-68)可写成

$$\pi = iCRT \tag{6-69}$$

式中，i 为系数，对于海水，约等于 1.8。

实际上，渗透压的大小取决于溶液的种类、浓度和温度，若干常见溶液的渗透压见表 6-11。

表 6-11　若干常见溶液的渗透压(25℃)

化合物名称	浓度 /(mg·L^{-1})	渗透压力 /MPa	化合物名称	浓度 /(mg·L^{-1})	渗透压力 /MPa
氯化钠(NaCl)	1 000	约 0.77	氯化镁($MgCl_2$)	1 000	约 0.070
	5 000	约 0.461	氯化钙($CaCl_2$)	1 000	约 0.056
	35 000	约 2.834			
碳酸氢钠($NaHCO_3$)	1 000	约 0.091	蔗糖	1 000	约 0.007 4
硫酸钠(Na_2SO_4)	1 000	约 0.042		5 000	约 0.036 5
硫酸镁($MgSO_4$)	1 000	约 0.028		35 000	约 0.257

2. 反渗透过程

如图 6-20(d)所示，当盐溶液浓度较高一侧，施加的压力 p 大于渗透压 π，致使其化学位升高，并超过浓度较低的一侧，则水分子就从浓度较高一侧反向透过半透膜到低浓度一侧，这种现象称作反渗透(Reverse Osmosis，简写为 RO)。海水淡化即基此过程与原理。

理论上，利用 RO 法从海水中生产单位体积淡水所耗费的最小能量，即理论耗能量，可通过以下推导过程得出。

用 RO 膜隔开海水和淡水，在海水侧施加的压力 p 大于 π，海水中容积为 dV 的水量通过 RO 膜进入淡水一侧，海水容积减少 dV，引起盐浓度和渗透压增加。对于每一无限小的压缩步骤，压力 p 所作的功为 $-\pi$dV。海水从原体积 V_1 缩小到 V_2 过程中，每产生单位体积淡水所需作的功 W 为

$$W = \frac{1}{(V_1 - V_2)}\int_{V_1}^{V_2}(-\pi)\mathrm{d}V \tag{6-70}$$

用 $\pi\overline{V}_m = -RT\ln x_1$ 代入得

$$W = \frac{RT}{\overline{V}_m(V_1 - V_2)}\int_{V_1}^{V_2}(\ln x_1)\mathrm{d}V \tag{6-71}$$

由拉乌尔定律，得

$$\ln x_1 = \ln\left(\frac{p}{p^\circ}\right) \tag{6-72}$$

式中　p°——淡水的蒸汽压；

p——海水的蒸汽压。

将式(6-72)代入式(6-71)得

$$W=\frac{RT}{\overline{V}_{\mathrm{m}}(V_1-V_2)}\int_{V_1}^{V_2}\left[\ln\left(\frac{p}{p^{\circ}}\right)\right]\mathrm{d}V \tag{6-73}$$

海水的蒸汽压 p 与淡水 p 的关系可表示为

$$p=p_0(1-AS) \tag{6-74}$$

式中 S——海水的盐度，一般为 34.3‰，计算时仅用分子数值代入式中；

A——系数，等于 0.000 537。

因 AS 很小，故 $\ln(1-AS)\approx -AS$，并令 S_1 为海水原体积 V_1 时的盐浓度，则体积变化为 V 时的盐浓度 S 应等于 $S_1(V_1/V)$，故式(6-73)变化为

$$W=\frac{-ARTS_1V_1}{\overline{V}_{\mathrm{m}}(V_1-V_2)}\int_{V_1}^{V_2}\frac{\mathrm{d}V}{V} \tag{6-75}$$

积分整理得

$$W=\left(\frac{ARTS_1}{\overline{V}_{\mathrm{m}}}\right)\cdot\left(\frac{V_1}{V_2-V_1}\right)\ln\frac{V_2}{V_1} \tag{6-76}$$

在 $V_2\to V_1$ 过程，从体积为 V_1 的海水中仅反渗透无穷小容积 $\mathrm{d}V$ 的淡水，可取

$$\ln\frac{V_2}{V_1}=\ln\left(1-\frac{V_1-V_2}{V_1}\right)\approx\frac{V_2-V_1}{V_1} \tag{6-77}$$

将式(6-77)代入式(6-76)，可得利用 RO 法从海水中生产单位体积淡水所耗费的最小能量式

$$\lim_{V_2\to V_1}W=\frac{ARTS_1}{\overline{V}_{\mathrm{m}}} \tag{6-78}$$

以海水含盐量 $S_1=34.3‰$，$T=298\ \mathrm{K}(25\ ℃)$，$R=8.314\ \mathrm{J/(mol\cdot K)}$，$\overline{V}_{\mathrm{m}}=0.018\ \mathrm{L/mol}$ 和 A 值代入式(6-78)，可得从海水中生产 1 m³ 的淡水所需的最小理论能量。

$$\begin{aligned}\lim_{V_2\to V_1}W&=\frac{0.000\,527\times 8.314\times 298\times 34.3}{0.018}=2\,535(\mathrm{J})\\&=\frac{2\,535\times 1\,000}{1\,000\times 3\,600}=0.7\ (\mathrm{kWh/m^3})\end{aligned}$$

由于 1 kWh 等于 $3.6\times 10^6\ \mathrm{Pa\cdot m^3}$，故

$$0.7\left(\frac{\mathrm{kWh}}{\mathrm{m^3}}\right)\times 3.6\times 10^6\left(\frac{\mathrm{Pa\cdot m^3}}{\mathrm{kWh}}\right)=2.52\ \mathrm{MPa}$$

该值亦即海水的渗透压。

实际 RO 过程，海水盐分不断增高，其相应的渗透压也随之增大，为了达到一定规模的生产能力，还需施加更高的压力，所以海水淡化实际耗能量和操作压力要比理论值大，如对海水加压产出淡水，回收率为 50%，浓缩达 2 倍，则操作压力至少在 $2\times 2.52=5.04$ MPa，即 50 个大气压以上。

3. 膜脱盐机理

目前，阐述 RO 膜脱盐机理，主要有三种理论：氢键理论，选择性吸附—毛细流动理论，溶解扩散理论。

1）氢键理论

氢键理论最早由 Reid 等提出，现以醋酸纤维素膜为例解释。由于氢键和范德华力的作用，醋酸纤维膜中的大分子之间，存在牢固结合并平行排列的晶相体结构区域，以及大分子之间完全无序的非晶相体结构区域。水和溶质不能进入晶体区域，但可进入非晶体区域。如图 6-21 所示水分子在醋酸纤维素膜中传递的氢键—结合水空穴有序扩散模型。

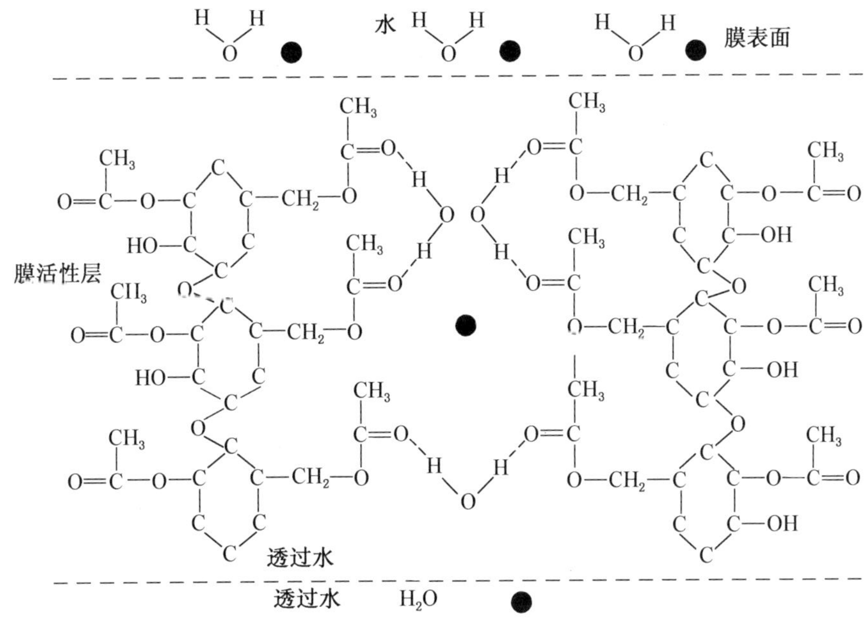

图 6-21　氢键—结合水空穴有序扩散模型

水分子能与酸酸纤维半透膜的羰基上的氧原子形成氢键，即形成所谓的“结合水”。在 RO 力的作用下，与氢键结合进入膜的水分子能够由上一个氢键断裂而转移到下一个位置，形成另一个新的氢键。这些水分子通过一连串的形成氢键和断裂氢键而不断移位，透过并离开膜的表皮致密活性层，进入多孔性支撑层，依据这些多孔性结构构成的大量毛细管，畅通流出膜外，产生源源不断的淡水。实际上，膜表皮致密层存在某些缺陷，少量溶质会透过膜，使膜的溶质分离率达不到百分之百。

氢键理论解释了许多溶质的分离现象，正确地指出，作为 RO 膜材料应具有亲水性，并能与水形成氢键，但是，这种理论把水和溶质在膜中的迁移仅归结于氢键作用，忽略了溶质、溶剂、膜材料之间实际存在的各种相互作用力，同时也缺乏更多的关于传质的定量描述。

2）优先吸附—毛细管流理论

Sourirajan 首先提出了优先吸附—毛细管流理论，是 RO 海水脱盐的膜传递理论之一。该理论基于 Gibbs 吸附方程，并将它用于高分离多孔膜，其描述性方程如下：

$$\Gamma = -\frac{1}{RT}\left(\frac{\partial\sigma}{\partial\ln\alpha}\right)_T = -\frac{\alpha}{RT}\left(\frac{\partial\sigma}{\partial\alpha}\right)_T \tag{6-79}$$

式中 Γ——单位界面上溶质的吸附量；

R——气体常数；

T——绝对温度(K)；

σ——溶液的表面张力；

α——溶质的活度。

当水溶液与高分子多孔膜接触时，膜的化学性质对溶质有$\left(\frac{\partial \sigma}{\partial \alpha}\right)_T>0$，则由式(6-79)得，$\Gamma<0$，表明为负吸附；对水有$\left(\frac{\partial \sigma}{\partial \alpha}\right)_T<0$，则$\Gamma>0$，表明为正吸附，即膜对水优先吸附，并在膜表面上形成一层被膜吸附的纯水层，其厚度 t 符合以下关系式：

$$t=\frac{1\,000\,\alpha}{2RT}\left[\frac{\partial \sigma}{\partial(rC)}\right]=\frac{1\,000\,\alpha}{2RT}\left(\frac{\partial \sigma}{\partial a}\right) \tag{6-80}$$

式中 r——溶质的活度系数；

C——溶质的摩尔浓度；

α——比例系数。

纯水层厚度与溶液性质及膜表面的化学性质有关，理论计算为$(5\sim10)\times10^{-10}$ m 或 0.5～1.0 nm(相当于1～2个水分子层)。

对于高分子多孔膜，在施加的外压力，即 RO 压力作用下，在膜表面面上形成厚度为 1 个水分子厚(0.5 nm)的纯水层，盐类溶质则被排斥离开膜面，化合价愈高的被排斥愈远。实际的膜表面层具有大小不同的极细孔隙，孔隙为纯水层厚度一倍(约 1 nm)的孔径，称为膜的临界孔径，该孔径具有理想的脱盐性能。当膜表层孔径在临界范围以内时，孔隙周围的水分子就会在外力的推动下，通过孔隙源源不断地流出纯水，达到脱盐的目的，如图 6-22 所示。当膜的孔隙大于临界孔径时，透水性增加，但盐分容易从孔隙中漏过，导致脱盐率下降。

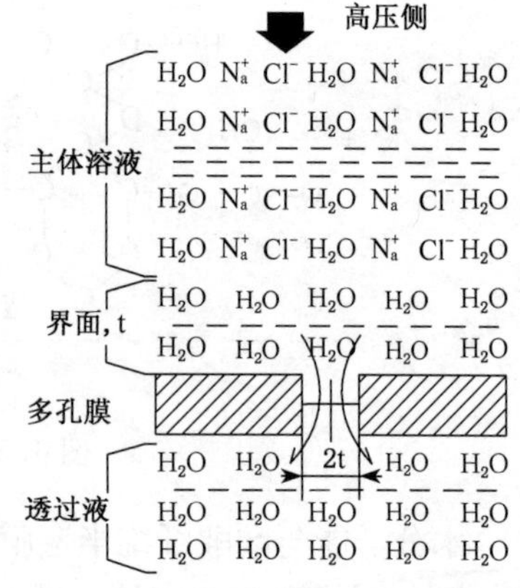

图 6-22 优先吸附—毛细管流模型

优先吸附—毛细管流理论建立的传递方程，包括水的流动传递、溶质的扩散传递和边界层的薄膜理论，基本内容如下：

水通量
$$J_w=A_1\times(\Delta p-\Delta\pi) \tag{6-81}$$

盐通量
$$J_s=\frac{D_s}{Kl}(c_1-c_2) \tag{6-82}$$

式中 J_w——膜的水通量[$cm^3/(cm^2\cdot s)$]；

J_s——膜的盐通量[$mg/(cm^2\cdot s)$]；

A_1——膜的纯水渗透常数；

ΔP——两侧外压力差(MPa)；

$\Delta\pi$——两侧渗透压差(MPa)；

c_1，c_2——两侧盐浓度(mg/cm^3)；

D_s——膜的盐份扩散系数(cm^2/s)；

l ——膜厚度(cm)；

K ——膜内外溶质分配平衡常数。

$$A_1 = \frac{(PWP)}{3\,600 \times \Delta p \times S \times M_w} \tag{6-83}$$

式中　PWP——表示在净操作压力 ΔP、有效膜面积 S 条件下，单位时间内的纯水透量。

M_w——水的分子量。

常数 A_1 反映了膜的纯水透过性，即表示在未发生浓差极化时的纯水透过速率，与溶质无关。该理论认为膜是有孔的，说明 A 是膜总孔隙度的一个量度。

同时 A_1 也反映了膜的压实效应，即在施加的压力下，高分子多孔膜均具有某种程度的压实，孔隙率发生变化。A_1 值与压力、温度的影响关系如下：

$$A_1 \propto A_0 \times \exp(-a_0 \Delta p) \quad (水温\ T\ 一定) \tag{6-84}$$

$$A_1 \times \mu_w = k \quad (施加压力\ \Delta p\ 一定) \tag{6-85}$$

式中　A_0，α_0——常数；

k ——常数；

μ_w——水的粘度。

式(6-84)表明，随压力增加，A 值下降；式(6-85)表明，随温度升高，水的粘度减少，A 值增加。

$\frac{D_s}{Kl}$ 定义为溶质迁移参数，是 RO 膜与水质体系的一个基本量，它是膜材料性质、表面平均孔径和水质的函数，反映了控制 RO 迁移的平衡效应(膜表面附近的优先吸附性)和动态效应(水和盐份通过膜孔的流动性)。对于给定的膜，$\frac{D_s}{Kl}$ 或 D_s 相对较小，表明膜表面的平均孔径相对较小，意味着透过膜的盐份较少，即膜的分离率或脱盐率较高。

在膜表面的平均孔径很小时(A 值小)，只要膜表面层足够坚硬，则在一个很宽的压力范围内，$\frac{D_s}{Kl}$ 可视为一常数。在平均孔径很大时(A 值大)，$\frac{D_s}{Kl}$ 与压力的影响关系如下：

$$\frac{D_s}{Kl} \propto P^{-\beta} \tag{6-86}$$

式(6-86)表明，随压力增加，$\frac{D_s}{Kl}$ 值下降，膜的脱盐率上升。

同样，在给定压力下，$\frac{D_s}{Kl}$ 与温度的影响关系如下：

$$\frac{D_s}{Kl} \propto \exp(k \times T) \tag{6-87}$$

式中　k——常数；

T——溶液温度。

式(6-87)表明，随温度升高，$\frac{D_s}{Kl}$ 值升高，膜的脱盐率下降。

另外，溶质迁移参数 $\frac{D_s}{Kl}$ 与盐份浓度和流速无关，将维持一个常数。

该模型提出有其理论依据，而传质公式是基于试验给出的，公式推导中的一些假设，仅限于一定的条件，有其适应性。

3）溶解扩散理论

溶解扩散理论由 Lonsdale 等提出，该理论认为溶质和溶剂都能溶解于均质的理想膜内，在化学势推动下扩散通过膜，依靠膜的选择性，使溶质和溶剂得以分离，同时认为物质的渗透能力，不仅取决于扩散系数，还取决于在膜中的溶解度。以盐份的水溶液为例，如图 6-23 所示，说明该理论内容。

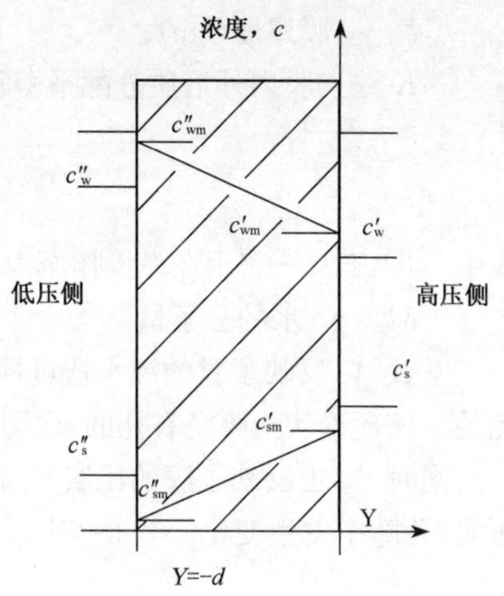

图 6-23　溶解扩散模型—膜内及两侧溶液中浓度剖面

在高压侧溶液—膜界面的溶液相及膜相的水和盐份浓度分别为 C'_w、C'_s 和 C'_{wm}、C'_{sm}，在低压侧溶液 — 膜界面的溶液相及膜相的水和盐份浓度分别为 C''_w、C''_s 和 C''_{wm}、C''_{sm}，同时设溶液和膜面之间的水和盐存在平衡关系并遵循分配定律：

$$\frac{C'_{wm}}{C'_w}=\frac{C''_{wm}}{C''_w}=K_w \tag{6-88}$$

$$\frac{C'_{sm}}{C'_s}=\frac{C''_{sm}}{C''_s}=K_s \tag{6-89}$$

式中，K_w 和 K_s 分别为水和盐分在膜相与溶液相间的分配系数。

溶液中任意组分的通量 J_t 主要取决于化学位梯度：

$$J_i=-\frac{D_iC_i}{RT}\frac{d\mu_i}{dy}=-\frac{D_iC_i}{RT}\left[\left(\frac{\partial\mu_i}{\partial C_i}\right)_{p,\,T}\frac{dC_i}{dy}+\bar{V}_i\frac{dp_i}{dy}\right] \tag{6-90}$$

式中　J_i——组分 i 的通量（$mol/cm^2\cdot s$）；

D_i——组分 i 在膜内扩散系数（cm^2/s）；

C_i——组分 i 的浓度（mol/cm^3）；

$\frac{d\mu_i}{dy}$，$\frac{dC_i}{dy}$，$\frac{dp_i}{dy}$——分别为化学梯度、浓度梯度和压力梯度；

$\bar{V}_i$——组分 i 的偏摩尔体积。

式(6-90)表示，组分 i 传质动力有浓度梯度和压力梯度两部分。

对于水的传递，水通量 J_w 可导出：

$$\begin{aligned}J_w&=-\frac{D_{wn}C_{wm}}{RT}\left[-\bar{V}_w\frac{d\pi}{dy}+\bar{V}_w\frac{dp}{dy}\right]=-\frac{D_{wm}C_{wm}\bar{V}_w}{RT\delta}(\Delta p-\Delta\pi)\\&=-A(\Delta p-\Delta\pi)\end{aligned} \tag{6-91}$$

式中　J_w——为水的通量[$mol/(cm^2\cdot s)$]；

D_{wn}——水在膜内扩散系数（cm^2/s）；

C_{wm}——水在膜内的浓度（mol/cm^3）；

Δp——膜两侧的操作压力差（MPa）；

$\Delta\pi$——膜两侧溶液的渗透压差(MPa)；

A——膜的水渗透性常数[mol/(cm^2·s·MPa)]。

对于盐的传递，盐通量 J_s 可导出：

$$\begin{aligned} J_s &= -\frac{D_{sm}C_{sm}}{RT}\left[\left(\frac{\partial\mu_s}{\partial C_{sm}}\right)_{P,T}\frac{dC_{sm}}{dy}+\bar{V}_s\frac{dp}{dy}\right]=-\frac{D_{sm}C_{sm}}{RT\delta}\Delta\mu_s \\ &= -\frac{D_{sm}C_{sm}}{RT\delta}\left(RT\ln\frac{C'_s}{C''_s}+\bar{V}_s dp\right)=-\frac{D_{sm}K_s}{\delta}\Delta C_s \\ &= -B\Delta C_s \end{aligned} \tag{6-92}$$

式中　J_s——膜的盐通量[mol/(cm^2·s)]；

D_{sm}——盐在膜内扩散系数(cm^2/s)；

C_{sm}——盐在膜内的浓度(mol/cm^3)；

B——膜对盐的透过性常数(cm/s)；

ΔC_s——膜两侧溶液中盐浓度之差(mol/cm^3)。

该模型基本上定量描述了水和盐分透过膜的传递内容，但推导中一些假设并不符合真实情况，另外传递过程中水、盐分和膜之间相互作用也没考虑。

6.2.3　反渗透膜

1. 膜分类及构形

1) 按驱动力分类

膜分离的推动力可以是膜两侧的压力差、电位差或浓度差。各种膜分离法的推动力与分离物质对象见表 6-12。

表 6-12　按驱动力对膜的分类

方法	推动力	分离对象
渗析	浓度差	离子、小分子
电渗析	电位差	离子
反渗透	压力差	离子、小分子
纳滤	压力差	适用于分子尺寸 2 nm 左右物质
超滤	压力差	大分子、粒径几十到几百埃的微粒
微滤	压力差	截留悬浮物、微粒、胶体、大分子有机物及细菌

不同类型膜的工业应用不断受到关注，但是迄今为止，水处理工业级膜应用仍是以压力差作为驱动力的膜(如 RO 膜)为主。

2) 按材料分类

任何膜工艺都必须考虑膜的这些重要特性，即膜的选择性、渗透性、机械稳定性、化学稳定性和热稳定性，该特性在很大程度上受材料的种类和制造工艺中控制变量的影响。

最基本的膜材料包括几种改性天然醋酸纤维素和一些合成材料。这些合成材料主要由聚酰胺、聚砜、乙烯基聚合物、聚呋喃、聚苯并眯唑、聚碳酸酯、聚烯烃和聚乙内酰脲组成。

通过均相聚合物溶液沉淀作用而制造的有孔合成材料的膜，称为转相膜。基本制造过程包括：①制备均相聚合物溶液；②浇铸成聚合物薄膜；③蒸发聚合物薄膜内的部分溶剂；④置换薄膜内析出物；⑤置于加热的槽液中处理并重新构形。任何制造条件的改变都会导致膜结构的混乱，影响膜性能。由转相法制成的膜，按材料结构分为对称与不对称膜。

对称膜，是指其聚合物的整体结构均一；不对称膜，则是整体结构特性不均一。在不对称膜的生产过程中，膜表面会形成一亚微米厚度的起选择分离作用的致密活性层。该致密活性层由多孔的支撑层支持。活性层厚度的减小，保证了通过不对称膜的水力损失将比同类厚度的对称膜大大减少。因此，这种结构使膜具有较严格的选择性和良好的机械稳定性以及较高的透水效率。RO 膜的成功应用来自于不对称结构膜的发展。

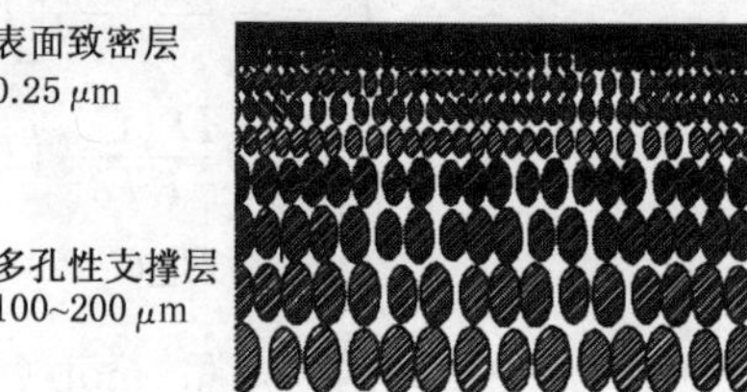

图 6-24　不对称 CA 膜断面结构示意

图 6-24 为不对称醋酸纤维素膜（简称 CA 膜）的断面结构示意。它是由表面致密活性层（制膜时与空气接触的一面）和多孔性支撑层构成，总厚度约 100 μm，表面层约 0.25 μm，表面层中布满微孔，孔径 0.5～1.0 nm，支撑层的孔径则很大。

CA 膜在较高压力下，会发生压密而降低膜的透水率和透盐率；易水解，且水解速度随水温的升高而增快；在 pH 值为 4.5～5.0 时，水解速度最小；一些微生物和细菌能降解膜材料，破坏表面致密活性层，造成膜的脱盐率性能下降。CA 膜对低分子的非解离性的有机化合物、低分子量的非电解质和溶解气体脱除效果均较差。实际中，对进水杀菌、调节 pH 值、恒定水温等要求严格，以保证膜性能的正常。

另一类型是复合膜，它的表面致密活性层，即分离层，与支撑层不是同一种材料。它是将活性层（如全芳香高交联度聚酰胺材料）叠合在支撑层（如聚砜材料）上制成的。图 6-25 为复合膜的断面结构示意。膜的总厚度约 100 μm（不包括增强材料），表面层 0.1～0.25 μm。

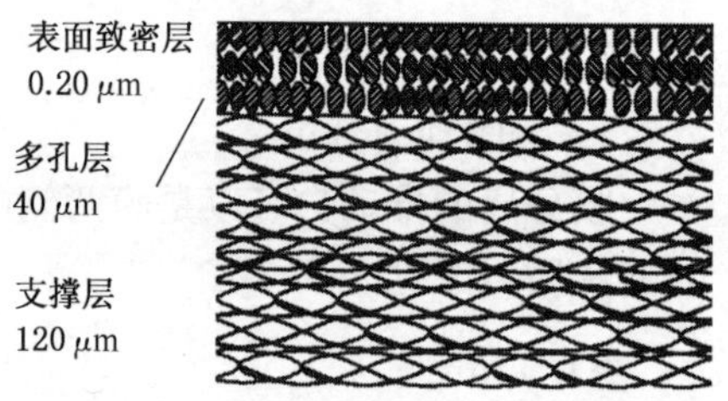

图 6-25　复合膜断面结构示意

复合膜是膜材料与结构方面上的一个进步，它的性能具体表现在：①操作压力低，水通量大；②对二价和一价离子的脱除率均很高，对有机物和二氧化硅也有相当高的脱除率；③机械性能、耐压密和耐菌类污染性能好；④有良好的耐化学性能，pH 值稳定范围大；⑤有一定的耐热性。

目前，复合膜取代了 CA 膜，已经成为最广泛使用的膜品种。这类膜的不足之处是抗氧化性差，譬如氯化水进入 RO 装置之前必须脱氯。另外，在膜清洗过程，采用酸碱（如 HCl）调整 pH 值应按要求操作，防止膜分解。如图 6-26 所示，为复合膜活性层聚合成分结构式。

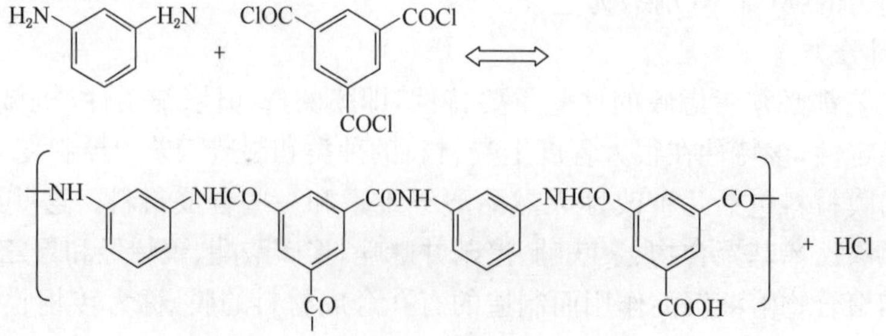

图 6-26　复合膜活性层聚合成分结构式

3) 按几何学分类

实际应用的 RO 膜由不同的材料制成，且具有不同的构型。材料和构型均可影响膜的性能。目前，按几何学分类，RO 膜主要有板式、管式、中空纤维式和卷式四种。

(1) 板式

板式 RO 膜可以组装成板框式 RO 装置，它主要由脱盐板(两边粘有板式 RO 膜的承压板，由几块或几十块组成)、上下压盖、螺栓和密封环等部分组成，基本结构类似普通的压滤机。其优点：结构简单，装置牢固；缺点：水流状态差，易形成浓差极化，设备费用高。

(2) 管式

管式 RO 膜主要分内压和外压两种形式。管式 RO 装置是一定数量的管式 RO 膜以串联或并联方式连续装配而成的成组设备。

将膜衬在具有微孔的耐压套管内壁，在管内的压力作用下，水从管内透过膜，并通过套管的微孔壁渗出管外，这种形式称为管式内压 RO 膜。若将膜涂刮在耐压管外壁，在管外的压力下，水从管外透过膜，并通过套管的微孔壁渗入管内，称为管式外压 RO 膜。

另外，还有一种套管式，即每套管内有内膜和外膜的多孔管各一根，内膜管径小，外膜管径大，两根管子套起来以减小组件体积。

相对来讲，管式内压 RO 膜的优点：进水流动状态好，易安装、易清洗、易拆换。缺点：单位体积内的膜面积较小，装置体积较大。

(3) 中空纤维式

中空纤维式 RO 膜是一种很细的中空纤维管，外径一般为 70～100 μm，内径为外径的 1/2，将数十万至上百万根中空纤维管捆在一起，弯成 U 形，装入耐压容器内，纤维端用胶粘剂(常用环氧树脂)严密黏合，形成端板，以 O 形环与耐压容器密封，组成中空纤维式 RO 装置。

在压力作用下，水经耐压容器的一端流经纤维束外壁，并透过纤维膜至中空部位，汇流到容器的一端，作为淡化水流出，浓水从容器另一端的浓水口排出。

中空纤维式的优点：单位体积内膜装填面积很大，填充密度高，无须支撑材料，结构紧凑，设备简单，安装方便。缺点：容易堵塞，清洗困难，对进水水质要求高。

(4) 卷式

目前，水处理系统使用的 RO 膜绝大多数是卷式膜元件，与上述三种构型相比较，卷式 RO 膜在给水通道抗污染能力、设备空间、投资和运行费用等方面具有最佳的综合指标。

卷式膜的构型说明：

(1) 在二层 RO 膜片中间夹入一层支撑材料，即渗透水导流网，并用胶粘剂密封三面边缘，形成三条密封边界，再在一层膜面上铺设一层浓水隔网，构成一副膜袋组件；

(2) 将一副膜袋的非密封边界的两膜片边缘，分别粘合在渗透水集水管上的一条集水孔两侧，集水孔与支撑材料贯通，将集水管内部、集水孔、支撑材料部分构成一个渗透水连通密封容器，使浓水与渗透水与浓水完全隔开；

(3) 将另一副膜袋按同样方式与集水管粘合；

(4) 将集水管绕同一方向卷成筒状，经外皮封装后，构成卷式 RO 膜元件。

图 6-27 为卷式 RO 膜元件构型示意，膜件断面多层材料应为膜 11/支撑材料 1/膜 12/浓水隔网 1/膜 21/支撑材料 2/膜 22/浓水隔网 2/膜 11 等形式。图 6-28为渗透水集水管结合构造部分示意。

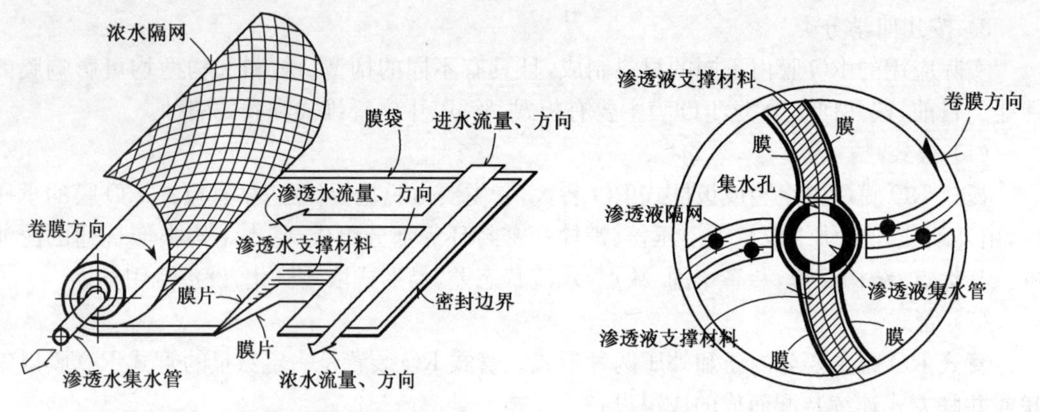

图 6-27　卷式 RO 膜元件构型示意　　　图 6-28　渗透水集水管结合构造部分

渗透水集水管(淡水收集管)可采用聚氯乙烯或其他塑料管材,渗透水导流网可采用树脂增强的涤纶织物等材料,浓水隔网一般采用聚丙烯材料。

卷式的优点:单位体积内的膜面积较大,水流动状态好,渗透水率较大,结构紧凑体积小,安装方便。缺点是:密封边缘较大,压力损失较大,清洗较困难。

在实际应用中,将卷式膜组件装入圆筒形的耐压容器中,即外壳压力容器,进水依靠操作压力,通过隔网空间沿着膜表面流动,透过膜的渗透水经透过支撑材料螺旋地流向中心管,汇集后导出 RO 装置外。将几个卷式 RO 膜元件串联起来,装在外壳压力容器内,便组成卷式 RO 膜基本组件,如图 6-29 所示六只装卷式 RO 膜组件(PV 组件)。

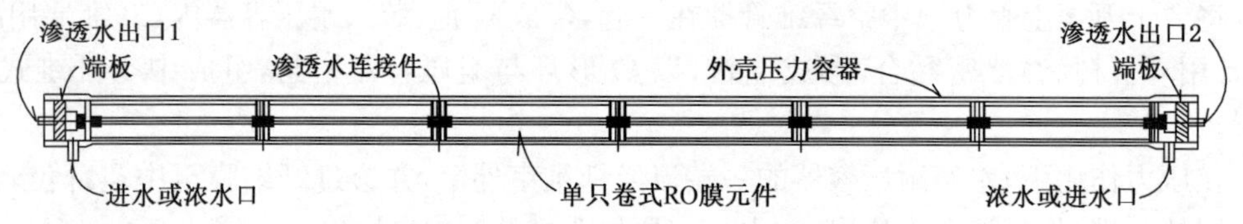

图 6-29　卷式 RO 膜组件(PV 组件)

广泛采用的卷式 RO 膜元件外形尺寸有两种:直径 10.16 cm,长度 101.6 cm;直径 20.32 cm,长度 101.6 cm(常用规格)或 152.4 cm。

卷式 RO 元件主要类型和性能见后述的表 6-18—表 6-21。

2. 膜性能指标

通常用脱盐率、水通量、年衰减速度等指标,表述 RO 膜元件的性能,而这些指标与测定条件(如压力、温度、回收率、pH 值、含盐量和运行时间等)有关。因此,在选择使用膜元件时,应注意膜元件性能指标以及测定条件。

水渗透传质系数(A):反映水透过膜的特性,其值大表示水透过膜的速率大,它与溶质、膜材料的物化性质、膜的结构形态及操作条件等有关,可通过实验测定。

盐份传质参数($\frac{D_s}{Kl}$,即 B):反映盐分透膜的特性,其值小表示溶质透过膜的速率小,表明对溶质的分离效率高,它与溶质、材料的物化性质、膜的结构形态及操作条件(温度与压力)等有关,可通过实验测定。

脱盐率或截留率或分离率(*SR*):表明膜脱除溶质或盐的性能,它与膜材料和工艺运行条件等有关。

水通量或水透过率(J_w):它是膜的物理性质(厚度、化学成分、孔隙度)和运行条件(如温度、膜两侧的压力差、膜面盐浓度及横扫流速)的函数,J_w 值越大,膜的产能越高。

盐通量或盐分透过速率(J_s):它是膜的物理性质(厚度、化学成分、孔隙度)和系统的条件(如温度、膜面盐浓度及横扫流速)的函数,J_s 值越小,膜的脱盐率越高。

压密系数(m):较高的操作压力与温度能促使膜材料性质发生变化,引起膜本体的压密(实)现象,造成水透过速率逐渐下降,其表达式如下:

$$\lg \frac{J_{w1}}{J_{w2}} = -m \lg t \tag{6-93}$$

式中　J_{w1},J_{w2}——分别为第 1 小时和第 t 小时的纯水透过率;

t——运行操作时间;

m——由专门装置测定,m 越小越好,对常用 RO 膜而言,m 值应以不大于 0.03 为宜。

流量衰减系数(水透率的下降斜率,即 m'):指膜因压密和浓差极化而引起的流量随时间衰减的程度,其表达式:

$$J_t = J_1 \cdot t^{m'} \tag{6-94}$$

式中　J_t,J_1——分别为运行 t h 和 1 h 的透过流量;

t——运行时间。

式(6-94)两边取对数,得到以下线性方程:

$$\lg J_t = \lg J_1 + m' \lg t \tag{6-95}$$

根据式(6-95),通过双对数坐标系作图线,可求得直线的斜率 m'。

流量衰减系数 m' 与压密系数 m 的两表达式实质相同,但前者包含了膜的实际压密和浓差极化的双重效应,而后者仅系膜的压密效应,它是用纯水进行测试,显然前者的数值应大于后者。

3. 膜运行条件的影响因素

膜生产厂家规定了膜元件的使用条件,它包括操作压力、压力差(水头损失)、进水流量、温度、pH 值范围、浊度、SDI、余氯、浓水量与渗透水量(产水量)的比例等,要求 RO 装置的设计与运行必须符合这些条件,以保证其长期稳定安全运行。

操作压力:膜元件的机械强度有一定界限,要求 RO 装置必须在规定的最高压力以下运行。海水淡化膜的最高运行压力为 8.0 MPa,其他为 4.0 MPa。大多数情况下,RO 装置的实际运行操作压力小得多。较高的操作压力会导致膜压密、破裂或密封边界破坏。

进水流量:限制最高进水流量,主要在于避免造成膜元件末端凸出、隔网变形,损坏膜元件。对于清洁的膜元件,较高的进水流量将造成较大的压降。

浓水流量:限制最小浓水流量,是保证膜表面上的浓水流速不至于太小,一方面避免产生严重的浓差极化,另一方面避免水体携带杂质能力的下降,避免膜污染速度加剧。表 6-13 为常用卷式 RO 膜元件所规定的流量值。

表 6-13　最高进水流量和最低浓水流量表

膜元件直径/in	4	6	8	8.5
最高进水流量/($m^3 \cdot h^{-1}$)	3.6	8.8	17.0	19.3
最小浓水流量/($m^3 \cdot h^{-1}$)	0.7	1.6	2.7	3.2

温度：提高水温有利于产水量的增加、操作压力的降低等，但过高的水温将导致膜高分子材料的分解以及机械强度的下降。根据材料的耐温能力，常用的卷式RO膜的最高使用温度一般不超过45℃。

pH值范围：控制进水pH值在于防止膜高分子材料水解。醋酸纤维素膜(CA膜)使用的pH范围比较窄，一般为5～6；芳香族聚酰胺(PA膜)为2～10，不同的厂商所规定的同类产品的pH值范围存在一些差异。

浊度：控制进水浊度在于防止膜污堵，不同形式的RO膜元件对浊度要求从严到宽的顺序：中空纤维膜＞卷式膜＞板式膜＞管式膜。卷式膜元件对浊度一般要求小于0.1～0.2NTU以下。

SDI_{15}值，称淤塞指数或污染指数：它是表示水中固体颗粒含量的水质指标。测定浊度一般采用光学法、测定SDI值为过滤法。当水中固体颗粒浓度很小时，光学法灵敏度不够，而过滤法比较适用。相对浊度，SDI_{15}值是常用卷式膜对进水要求的重要指标，通常要求SDI值小于3～5。

进水余氯：限制进水余氯量在于防止膜的氧化分解。CA膜比PA膜的抗氧化能力稍强，常用的卷式RO膜要求余氯含量小于0.1以下。

单支膜元件的浓水量与渗透水量(产水量)的比例：当进水流量恒定时，降低浓水量与渗透水量的比例，可以提高装置出力，但是浓水量的降低，会加剧浓差极化，增大膜元件污染与结垢的危险性，所以应该限制这一比例，使其不至低于规定值。常规的卷式膜元件的比例不低于5∶1，这相当于单支膜元件的水回收率不超过16.7%。表6-14为常规卷式膜组件的最大回收率规定值。降低浓水量与渗透水量的比例，与回收率有直接关系。比例小，回收率高；比例大，回收率低。

在实际RO装置应用中，回收率相对直观，通过规定的比例值，得到适合的回收率，以控制浓水排放量和膜表面上的污染程度。

表6-14　　常规卷式膜组件的最大回收率

串联膜元件个数		1	2	3	4	5	6
8221 HR	最大回收率(规定值)	16.9%	29%	38%	44%	49%	53%
	最大回收率(理论值)	16%	29.4%	40.7%	50.2%	58.2%	64.9%
8231 HR	最大回收率(规定植)	20%	36%	47%	55%		
	最大回收率(理论值)	20%	36%	49%	59%		

单支膜元件压力损失：常规卷式RO膜元件的“进水—浓水”最高压力降规定值为0.07 MPa(10 psi)。膜表面的污染或(和)进水流量较大，是造成压降较高的主要原因。对于实际的同一台RO装置而言，较高的压降将使前后膜元件的实际操作压力存较大差别，造成膜之间的水通量不均匀，加速部分膜元件的污染速度。

允许渗透水通量：限制水通量主要在于减缓膜表面上的污染速度，延长膜的使用寿命，表6-15为常规卷式膜元件允许渗透水通量的规定值。

浓差极化现象：在运行过程中，RO膜表面上盐分迁移与扩散的传质过程如下：①膜的选择渗透性，使水份子透过膜，而盐份溶质被截留在膜表面上，造成膜表面上的盐份浓度升高，属于水流主动迁移的传质过程；②较高浓度的膜表面上盐分向较低浓度的主体水流本体扩散，属于浓度扩散传质过程。当两种传质过程处于动态平衡时，膜表面上浓度C_s高于

主体水流 C_f，这种现象称为浓差极化。

表 6-15　　常规卷式膜元件允许渗透水通量

规格	透水量/($m^3 \cdot d^{-1}$)			
外径×长度/in	市政废水	河水	井水	RO 渗透水
4×40	2.4～3.6	3.0～4.2	5.1～6.1	6.1～9.1
4×60	3.6～5.5	4.5～6.4	7.7～9.1	9.1～13.6
8×40	10～15	12～17.2	21～25	25～37
8×60	16～24	20～28	34～40	40～60

浓差极化对 RO 过程的影响主要表现在：①膜表面上浓度 C_s 升高，使渗透压升高，产水净驱动力相对降低，造成水通量降低；②膜表面上浓度 C_s 高于主体水流 C_f，产水浓度 C_p 相对较小且比较恒定，造成膜的脱盐率由真实脱盐率降为表观脱盐率；③膜表面上浓度 C_s 升高，极易产生微溶盐（$CaCO_3$、$CaSO_4$、$BaSO_4$、$SrSO_4$、CaF_2 等）沉淀，增加膜的透水阻力和流道压力降，使膜的渗透水通量和脱盐率进一步降低，极化现象严重将导致 RO 膜性能急剧恶化，直至不可修复的程度。

浓差极化现象的程度由极化度（极化因子，即 CPF）来表征，浓差极化度定义为膜表面上浓度 C_s 与主体水流浓度 C_f 的比值，即 $CPF=\dfrac{C_s}{C_f}$。图 6-30 为薄膜理论模型所描述的浓差极化过程现象。

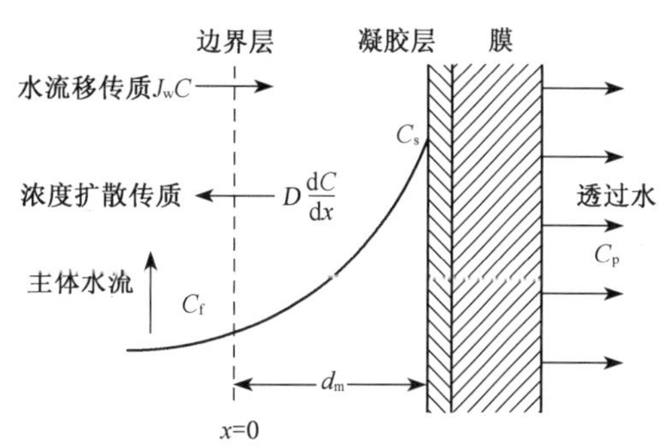

图 6-30　浓差极化过程

在稳定状态下，厚度为 d_m 的边界层内浓度剖面是恒定的，则一维传质微分方程式(6-96)成立，即

$$J_w \frac{dC}{dx} - D_s \frac{d^2C}{dx^2} = 0 \tag{6-96}$$

积分得

$$J_wC - D_s \frac{dC}{dx} = c_a \tag{6-97}$$

式中　J_w——渗透水通量；

D_s——盐分在水中的扩散系数；

C——主体水流盐分浓度；

c_a——积分常数。

在式(6-97)中，J_wC 为水流主动移动传质通量；$D_s\dfrac{dC}{dx}$ 为浓度扩散传质通量，在稳定下其差值等于透过膜的溶质通量 J_s，即

$$J_s = J_wC - D_s \frac{dC}{dx} \tag{6-98}$$

又

$$J_s = J_wC_p \tag{6-99}$$

式中，C_p 为产水盐分浓度。

将式(6-99)代入式(6-98)，根据边界条件积分可得

$$C_s - C_p = (C_f - C_p)\exp\left\{\frac{J_w(d_m)}{D_s}\right\} = (C_f - C_p)\exp\left\{\frac{J_w}{b(V^n)}\right\} \tag{6-100}$$

式中 b——与传质系数有关；

V——膜表面上的浓水流速(cm/s)；

n——紊流指数。

针对 RO 膜的脱盐性能，产水浓度 C_p 较小，由式(6-100)可知，极化因子 CPF 又可表述为式(6-101)。

$$CPF = \frac{C_s}{C_f} = \exp\left\{\frac{J_w}{b(V^n)}\right\} \tag{6-101}$$

由此，当浓水流速 $V \to \infty$，即浓水流量极大、回收率极小时，极化因子 CPF 接近 1，浓水侧的浓度基本上是均一的，几乎不存在浓差极化。通常 RO 过程中，流速 V 不可能太高，在规定的操作流速(浓水流量)下，存在一定的浓差极化。

实际 RO 膜的浓差极化是不可避免的，也是不能消除的，但是，可以通过一些措施以降低其极化程度，减轻由此造成的影响，譬如：①完善 RO 膜元件构造，使内部水流分布均匀，促进湍流等；②在规定范围，调整操作流速，改善流动状态，降低边界层厚度；③适当提高温度，以降低水体粘度和提高溶质的扩散能力。

6.2.4 RO 工艺方程

1. 基本方程式

1）渗透压

渗透压 π 取决于溶质种类、浓度和温度等，计算表达式较多，可根据实际情况选用。图 6-31 为卷式 RO 膜错流脱盐工艺示意。

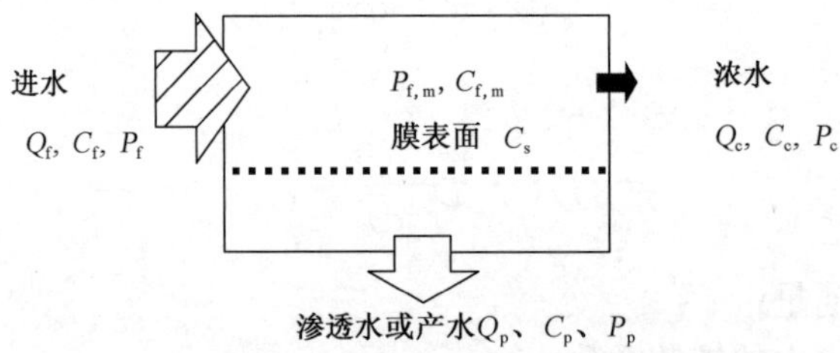

图 6-31 RO 膜错流脱盐工艺示意

(1) 渗透压计算式一

$$\pi = \Phi RTC = \Phi RT\sum M_i \tag{6-102}$$

式中 π——渗透压(MPa)；

C——溶质摩尔浓度；

Φ——渗透压系数，对稀溶液可取 0.93；

M_i——i 溶质摩尔浓度。

(2) 渗透压计算式二

$$\pi = 0.174 \times (TDS)_f \times 10^{-4} \tag{6-103}$$

式中 π——渗透压(MPa)；

$(TDS)_f$——进水含盐量(mg/L)。

(3) 渗透压计算式三

$$\pi = K_0 \times (T + 273) \times c_f \tag{6-104}$$

式中 π——渗透压(MPa)；

K_0——系数，$(2\sim4)\times10^{-5}$；

T——进水温度(℃)；

c_f——进水含盐量(mg/L)。

2) 产水通量和流量平衡

$$J_w = A \times (\Delta p - \Delta\pi) = A \times (NDP)_f \tag{6-105}$$

式中 J_w——产水通量(渗透水能量)；

A——水的渗透性常数；

Δp——膜两侧外加压力差(MPa)；

$\Delta\pi$——膜两侧渗透压力差(MPa)；

$(NDP)_f$——净驱动压力，可按下式计算：

$$(NDP)_f = p_f - \frac{1}{2}(p_f - p_c) - p_p - (\bar{\pi}_f - \bar{\pi}_p)$$

$$= \frac{1}{2}(p_f + p_c) - p_p - (\bar{\pi}_f - \bar{\pi}_p) \tag{6-106}$$

式中 p_f——进水操作压力(MPa)；

p_c——浓水出口压力(MPa)；

p_p——产水压力(MPa)；

$\bar{\pi}_f$——进水测渗透压力(MPa)；

$\bar{\pi}_p$——产水侧渗透压力(MPa)；

$p_f - p_c$——浓水侧水力压降，即进水压力与浓水出口的压力差，表示为 $\Delta P_{f,c} = p_f - p_c$。

$$Q_p = A \times S \times (NDP)_f \tag{6-107}$$

式中 Q_p——平均产水量(m^3/h)。

S——膜面积(cm^2)。

$$Q_f = Q_p + Q_c \tag{6-108}$$

式中 Q_f——平均进水量(m^3/h)；

Q_c——平均浓水量(m^3/h)。

3) 盐通量

$$J_s = B \times (C_s - C_p) = B \times (\Delta C_s) \tag{6-109}$$

式中 J_s——盐通量；

B——盐透过性常数；

C_s——进水侧膜面上盐浓度(mg/L)；

C_p——产水侧盐浓度；

ΔC_s——膜两侧盐浓度差。

$$Q_s = B \times S \times (\Delta C_s) \tag{6-110}$$

式中 Q_s——盐透量；

S——膜面积(cm^2)。

4）产水盐浓度

$$C_p = \frac{J_s}{J_w} \tag{6-111}$$

式中，C_p 为产水盐浓度。

5）盐透过率

$$SP = \frac{C_p}{C_{f,m}} \times 100\% \tag{6-112}$$

式中 SP——盐透过率或透盐率；

$C_{f,m}$——进水侧平均盐浓度。

6）脱盐率

$$SR = \frac{C_{f,m} - C_p}{C_{f,m}} \times 100\% = 1 - SP \tag{6-113}$$

式中，SR 为脱盐率或除盐率。

7）回收率

$$Y = \frac{Q_p}{Q_f} \times 100\% \tag{6-114}$$

式中，Y 为表观总回收率。

8）浓缩系数

$$CF = \frac{1}{1-Y} \tag{6-115}$$

式中，CF 为浓缩系数。

9）浓差极化因子

$$CPF = \frac{C_s}{C_{f,c}} = K_p \exp \frac{q_p}{q_{favg}} = K_p \exp \frac{2y_i}{2-y_i} \tag{6-116}$$

式中 CPF——浓差极化因子；

$C_{f,c}$——主体流浓水盐浓度；

K_p——膜元件的构造常数；

q_p——膜元件产水量；

q_{favg}——膜元件平均进水量；

y_i——膜元件回收率。

对直径 20.32 cm、长 100 cm 卷式 RO 膜元件，回收率 15%，CPF 取 1.2。

10）温度校正因子

$$TCF = \exp\left[K_i \times \left(\frac{1}{273+T} - \frac{1}{298}\right)\right] \tag{6-117}$$

式中　TCF——温度校正因子；

K_i——与膜材料有关的常数。

11）实际产水量

$$Q_{p,o} = Q_{p,s} \times (TCF) \times \frac{(NDP)_{f,o}}{(NDP)_{f,s}} \tag{6-118}$$

式中　$Q_{p,o}$——实际条件下的产水量；

$Q_{p,s}$——标准条件下的产水量；

$(NDP)_{f,o}$——实际条件下的净驱动力或压力；

$(NDP)_{f,s}$——标准条件下的操作净驱动力或压力。

12）实际产水盐浓度

$$C_{p,o} = C_{f,m} \times (SP)_s \times (CF) \times \frac{(NDP)_{f,s}}{(NDP)_{f,o}} \tag{6-119}$$

式中　$C_{p,o}$——实际条件下的产水盐浓度；

$(SP)_s$——标准条件下的透盐率。

2. 膜组合排列

RO 装置是由基本工作单元，即膜组件，按照一定组合排列的配置方式组装而成。卷式膜组件是将一个或多个卷式膜元件串联起来，放置在外壳压力容器组件内组成。中空纤维膜组件，是指众多中空纤维膜直接装配在压力容器组件内组成。

膜组件的组合排列意义主要有：

（1）保护膜元件，充分发挥膜性能，具体内容包括：保证所有膜元件水通量符合规定值；平衡膜元件之间的流量；保证膜元件进出水流量比值和回收率符合规定值；保证膜元件处于足够的紊动状态中，将污染/结垢倾向减至最低；尽量降低压差，均衡操作压力等。

（2）设计条件，如进水组份、浓度、温度、操作压力等符合膜元件规定时，根据膜性能与排列组合形式，可推知 RO 装置的性能，包括回收率、脱盐率、产水量及质量等。

卷式 RO 膜装置组合形式，取决于进水水质、产水水质、回收率、膜性能等因素，一般情况下，它的组合形式遵照多段锥形排列的原则。

1）单级单段组合

所谓段，是指膜组件的浓水流经下一个膜组件处理，流经 n 组膜组件，称 n 段。所谓级，是指膜组件的产品水再经膜组件处理，流经 n 组膜组件，称 n 级。

卷式膜组件通常内装四只或六只卷式膜元件，将一只或多只膜组件并联起来构成 RO 装置，即为单级单段组合形式，本装置的回收率一般为 15%～50%。海水的初级淡化装置就是单级单段形式。

2）单级多段组合

针对一般含盐量的原水，为了获得较高的回收率，可采用多段组合形式。将第一段浓水作为第二段进水，必要时还可将第二段浓水作为第三段的进水，产水量是三段产水量之和，该装置称单级多段组合形式。图 6-32 为一级三段形式的 RO 装置。

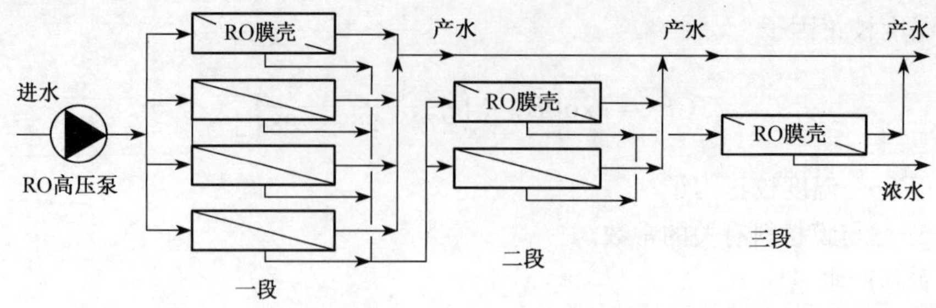

图 6-32　一级三段组合形式

每段进水的一部分成为产水，则后一段进水量就会减少，因此，后段膜组件的数量应比上一段少，以保证不低于最小浓水流量。通常，每段的数量比为 2∶1 或 4∶2∶1，形成多段锥形排列，此内容在以下有详细论述。单级多段 RO 装置的回收率一般为 50%～90%。

在多段装置中，浓水含盐量逐段增加，则渗透压增高、净驱动力降低，造成前后段膜的渗透水通量不均衡，为了避免或减轻这种不均衡程度，采取的主要措施为：①段间设置增压泵以提高后段的净驱动力；②相对于后段，前段采用渗透水阻力较大的膜元件，降低其渗透水通量。

3）多级多段组合

当原水含盐量较高，单级 RO 产水水质未能满足用水要求时，需采用多级多段的组合形式，即将第一级 RO 装置的产水作为第二级的进水，以第二级 RO 装置的产水再为第三级的进水，多级多段 RO 装置的产水量为最后级的产水量。

根据实际应用条件、不同要求，遵循有关膜的性能与良好经济性的原则，可将上述组合形式进行必要的调整与变化。

3. 工艺特征方程

目前，普通的苦咸水 RO 脱盐装置为一级二段组合形式，它是最常用的工艺流程。如图 6-33 所示，装置排列比 4∶2，每段内装六只卷式 RO 膜元件。根据膜的基本工艺参数和装置的物料衡算，可导出一级二段装置的工艺特征方程。

1）符号说明

标号 Q，C，P，Y，SR 分别代表流量、浓度、净操作压力、回收率、脱盐率；下标 f，p，c 分别代表进水、产水、浓水；下标 1，2 分别代表一段、二段；i 表示段内膜元件串联序号。

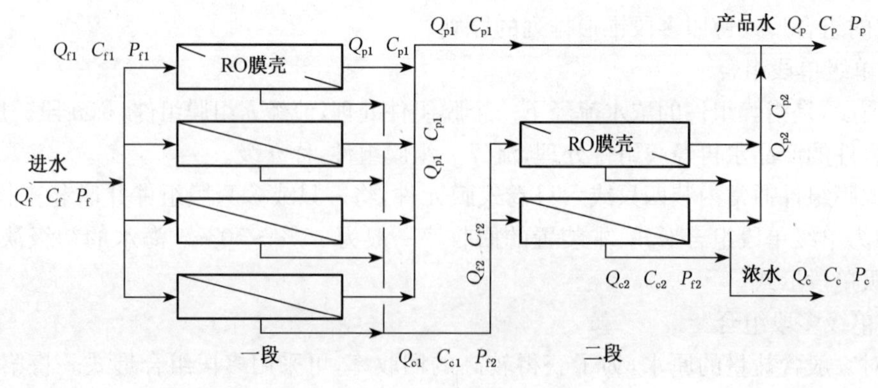

图 6-33　一级二段组合形式

2）流量

各种流量关系如下：

$$Q_f = Q_p + Q_c \quad (Q_f = Q_{f1})$$

$$Q_{f1} = Q_{p1} + Q_{c1} \quad (Q_{c1} = Q_{f2})$$

$$Q_{f2} = Q_{p2} + Q_{c2} \quad (Q_{c2} = Q_c)$$

$$Q_p = Q_{p1} + Q_{p2}$$

$$Q_{p1} = \prod_{i=1}^{6}(n_i \times Q_{pi}) \tag{6-120}$$

$$Q_{p2} = \prod_{i=7}^{12}(n_i \times Q_{pi}) \tag{6-121}$$

$$Q_{f1} = Q_f = \frac{Q_p}{Y} = \frac{Q_{p1}}{Y_1} = \frac{Q_{p1}}{Y'_1} \quad (Y_1 = Y'_1) \tag{6-122}$$

$$Q_{f2} = (1 - Y_1) \times Q_{f1} = (1 - Y'_1) \times Q_{f1} \tag{6-123}$$

$$Q_{c1} = Q_{f2} = (1 - Y_1) \times \frac{Q_p}{Y} - (1 - Y'_1) \times \frac{Q_p}{Y} \tag{6-124}$$

$$Q_{c2} = Q_c = (1 - Y'_1) \times (1 - Y'_2) \times \frac{Q_p}{Y} \tag{6-125}$$

式中，Y'_1，Y'_2分别为一、二段的真实回收率。

3）回收率

各种回收率关系如下：

装置表观回收率 $$Y = \frac{Q_p}{Q_f} = \frac{Q_f - Q_c}{Q_f}$$

一段表观回收率 $$Y_1 = \frac{Q_{p1}}{Q_f}$$

一段真实回收率 $$Y'_1 = \frac{Q_{p1}}{Q_{f1}}$$

二段表观回收率 $$Y_2 = \frac{Q_{p2}}{Q_f}$$

二段真实回收率 $$Y'_2 = \frac{Q_{p2}}{Q_{f2}}$$

膜元件真实回收率 $$Y'_i = \frac{Q_{pi}}{Q_{fi}} = \frac{Q_{fi} - Q_{ci}}{Q_{fi}} \quad (i = 1, 2, \cdots, 12) \tag{6-126}$$

联立以上式子，可解得：

$$Y = Y_1 + Y_2 \tag{6-127}$$

$$1 - Y = (1 - Y'_1) \times (1 - Y'_2) \tag{6-128}$$

$$1-y'_1=(1-y'_1)\times(1-y'_2)\times\cdots\times(1-y'_6)=\prod_{i=1}^{6}(1-y'_i) \tag{6-129}$$

$$1-Y'_2=\prod_{i=7}^{12}(1-y'_i) \tag{6-130}$$

故装置回收率 y 可以由每只膜元件真实回收率表示：

$$1-Y=\prod_{i=1}^{12}(1-y'_i) \tag{6-131}$$

由上述回收率 $Y_1 \sim Y'_2$ 计算式，可得：

$$Y=Y_1+Y_2=Y'_1+(1-Y'_1)\times Y'_2 \quad (Y_1=Y'_1) \tag{6-132}$$

由此得二段表观回收率与真实回收率的关系式：

$$Y_2=(1-Y'_1)\times Y'_2 \tag{6-133}$$

4）脱盐率

装置表观脱盐率：
$$SR=\frac{C_f-C_p}{C_f} \tag{6-134}$$

一段真实脱盐率：
$$(SR)'_1=\frac{C_{f1}-C_{p1}}{C_{f1}} \tag{6-135}$$

二段真实脱盐率：
$$(SR)'_2=\frac{C_{f2}-C_{p2}}{C_{f2}} \tag{6-136}$$

单只膜元件真实脱盐率：
$$(SR)'_i=\frac{C_{fi}-C_{pi}}{C_{fi}} \quad (i=1,2,\cdots,12) \tag{6-137}$$

5）浓度

针对一级二段RO装置，沿程的膜回收率和脱盐率逐渐变化，其相应浓度表达计算式如下：

一段产水浓度
$$C_{p1}=C_f\times\frac{1-(1-Y'_1)^{1-(SR)'_1}}{Y'} \quad (C_{f1}=C_f) \tag{6-138}$$

一段浓水浓度
$$C_{c1}=C_f\times(1-Y'_1)^{-(SR)'_1} \tag{6-139}$$

二段产水浓度
$$\begin{aligned}C_{p2}&=C_{f2}\times\frac{1-(1-Y'_2)^{1-(SR)'_2}}{Y'_2} \quad (C_{f2}=C_{c1})\\&=C_f\times(1-Y'_1)^{-(SR)'_1}\times\frac{1-(1-Y'_2)^{1-(SR)'_2}}{Y'_2}\end{aligned} \tag{6-140}$$

二段浓水浓度

$$\begin{aligned}C_{c2}&=C_{f2}\times(1-Y'_2)^{1-(SR)'_2}\\&=C_f\times(1-Y_1')^{-(SR)'_1}\times(1-Y'_2)^{1-(SR)'_2}\end{aligned} \tag{6-141}$$

装置进水侧的平均浓度 $\overline{C}_f$，由以下式子求得：

$$\overline{C}_f=\frac{1}{y}\times\int_0^y C_i\mathrm{d}y \tag{6-142}$$

由式(6-139)改写为：　$C_i = C_f \times (1 - y_i)^{-(SR)}$　(6-143)

将式(6-143)代入式(6-142)，并积分，即

$$\overline{C}_f = C_f \times \frac{1-(1-y)^{(1-SR)}}{(1-SR)\times y} \tag{6-144}$$

式中，y，SR 分别为膜元件的真实回收率和真实脱盐率。

产水侧的平均浓度 $\bar{c}_p$，由以下式子求得：

物料衡算式：　$(Q_{p1}+Q_{p2})\times\overline{C}_p = Q_{p1}\times C_{p1}+Q_{p2}\times C_{p2}$　(6-145)

将式(6-136)、式(6-140)代入式(6-145)，设回收率、脱盐率均取单只膜元件的平均值，即

$$\overline{C}_p = C_f \times \frac{1-(1-y)(1-SR)}{y} \tag{6-146}$$

6) 产水量、回收率、排列比之间的关系

以一级三段 RO 装置为例，同理可得出三段装置的总回收率 Y 计算式：

$$1-Y = (1-Y'_1)\times(1-Y'_2)\times(1-Y'_3) \tag{6-147}$$

$$1-Y'_3 = \prod_{i=13}^{18}(1-y'_i) \tag{6-148}$$

式中　Y'_3——第三段的真实回收率；

i——每段内装配的膜元件序数，常规设计为每只外壳压力容器装 4 个或 6 个卷式膜元件；

y'_i——单个膜元件的真实回收率。

若设计产量为 Q_p，一、二、三段产水量分别为 Q_{p1}，Q_{p2}，Q_{p3}，则

$$Q_p = Q_{p1}+Q_{p2}+Q_{p3} \tag{6-149}$$

$$Q_{p1} = Q_{f1}\times Y_1 = Q_f\times Y'_1 \tag{6-150}$$

$$Q_{p2} = Q_{f1}\times Y_2 = Q_f\times(1-Y'_1)\times Y'_2 \tag{6-151}$$

$$Q_{p3} = Q_{f1}\times Y_3 = Q_f\times(1-Y'_1)\times(1-Y'_2)\times Y'_3 \tag{6-152}$$

在实际 RO 膜配置设计中，每段各外壳压力容器内的膜个数相等，以求统一配置，并认为每个膜的真实回收率 y'_i 与产水量 q_{si} 均取平均值 y 与 q_s，即每段真实回收率 $Y'_1=Y'_2=Y'_3=\overline{Y}$，$\overline{Y}$ 为段平均值。因此，一、二、三段的外壳压力容器数量计算式如下：

$$N_{v1} = \frac{Q_{p1}}{q_i\times N} \tag{6-153}$$

$$N_{v2} = \frac{Q_{p2}}{q_i\times N} \tag{6-154}$$

$$N_{v3} = \frac{Q_{p3}}{q_i\times N} \tag{6-155}$$

$$N_{v1} : N_{v2} : N_{v3} = 1 : (1-\overline{Y}) : (1-\overline{Y})^2 \tag{6-156}$$

式中，N_{v1}，N_{v2}，N_{v3}分别一、二、三段的外壳压力容器数量，即组件数；N为单只压力窗口内的膜个数。

针对单只外壳压力容器装6个膜元件，即$N=6$，则$n=18$，由式(6-147)、式(6-148)得$(1-\overline{Y})^3=(1-\overline{y'_i})^{18}$，其中，$\overline{y'_i}$为膜元件平均回收率，则

$$1-\overline{Y}=(1-\overline{y'_i})^6 \tag{6-157}$$

单只膜元件回收率小于15%，平均值通常为10%左右，由式(6-157)，得各段回收率平均值约50%，即$\overline{Y}=50\%$，由式(6-156)可得，$N_{v1}:N_{v2}:N_{v3}$排列可取4：2：1，装置总回收率$Y\geqslant87.5\%$，各段回收率分配见表6-16。

表6-16　　6 m长膜组件的每段回收率

段数	第一段	第二段	第三段
每段相对于系统回收率	50%	25%	12.5%

针对单只外壳压力容器装4个膜元件，即$N=4$，则$n=12$，同理得$(1-\overline{Y})^3=(1-\overline{y'_i})^{12}$，则

$$1-\overline{Y}=(1-\overline{y'_i})^4 \tag{6-158}$$

各段回收率平均值约40%，即$\overline{Y}=40\%$，由式(6-156)可得，$N_{v_1}:N_{v_2}:N_{v_3}$排列可取3：2：1，装置总回收率$Y\geqslant75\%$，各段回收率分配如表6-17所示。

表6-17　　4 m长膜组件的每段回收率

段数	第一段	第二段	第三段
每段相对于系统回收率	40%	24%	14.4%

同理，以一级二段RO装置为例，单只外壳压力容器装6个膜元件，即$N=6$，则$n=12$，即得$(1-\overline{Y})^2=(1-\overline{y'_i})^{12}$，则式(6-157)同样成立。

各段回收率平均值约50%，即$\overline{Y}=50\%$，则$N_{v1}:N_{v2}$排列可取2：1，装置总回收率$Y\geqslant75\%$。

6.2.5　RO工艺设计

1. 基础资料

RO工艺设计所需基础资料至少应包括内容为：①用水目标，包括设计产水量、产水水质、回收率(期望值、保证值)等；②水源特征，仅指进入RO装置的水质，可以为地下水、地表水、海水、市政废水、工业废水、微滤超滤产水、反渗透产水(再次脱盐)、软化水等；③预处理工艺内容，包括工艺流程、设备组成、技术参数、药剂品种、控制方式以及实际运行效果等，该工艺的目的，就是为RO装置提供合格质量的进水以保证其稳定运行。

2. 水质分析

鉴于实际情况的差异，各种水处理工艺对原水水质了解的侧重面不同。目前，RO装置的原水多样化，尤其是中水回用，要求对水质成分以及含量有一个准确全面的了解。

针对RO装置而言，所掌握的水质指标内容应该包括：污染指数SDI_{15}值，pH，NH_4^+，水中各种阴阳离子组合成分H_2S，SiO_2，TDS，浊度，色度，细菌(个数/ml)，TOC，COD

(BOD)，游离氯(C_{12})等。

3. 膜元件选择

目前，各生产厂家均有多种不同类型的膜元件，表 6-18 和表 6-19 是东丽公司膜产品的内容。根据进水类型、脱盐率、操作压力、设计能力等要求，从中可以选择合适的膜元件。

1) 膜型号说明

东丽内接式膜元件(通用)型号：TM(1-1)(2-2)(3-3)—(4-4)。

(1-1)膜元件类型：7：低压 RO 膜，8：高压 RO 膜，G：超低压 RO 膜，H：极超低压 RO 膜，L：低污染 RO 膜，N：纳滤膜。

(2-2)膜元件直径：10：4 英寸(10.16 cm)，20：8 英寸(20.32 cm)。

(3-3)主要功能特征：-：标准型，H：高压型，L：高产水量型，R：高脱盐率型。

(4-4)膜元件有效面积：—370：370 平方英尺，—400：400 平方英尺，—430：430 平方英尺。

注：TM 系列直径 10.16 cm(4 英寸)膜元件均为外接式膜元件。

东丽外接式膜元件型号：SU(5-5)(6-6)(7-7)。

(5-5)膜元件类型：6：纳滤膜，7：低压 RO 膜，8：高压 RO 膜。

(6-6)膜元件直径：10：4 英寸(10.16 cm)，20：8 英寸(20.32 cm)。

(7-7)主要功能特征：-：标准型，F：高膜面积，L：高产水量型，LF：高膜面积高产水量，R：高脱盐率型，P：低溶出型，FA：高膜面积。

2) 东丽反渗透/纳滤膜产品(表 6-18)

表 6-18　　东丽反渗透/纳滤膜产品一览表

膜元件型号	使用特征	性能参数		测试条件		
		标准脱盐率	透过水量①	操作压力②	测试液浓度 NaCl /(mg·L^{-1})	单支元件回收率或浓水流量
SU610	低压纳滤	55%	1 200(4.5)	50(0.35)	500	20 L/min
SU620	低压纳滤	55%	4 800(18)	50(0.35)	500	80 L/min
SU620F	低压纳滤	55%	5 800(22)	50(0.35)	500	80 L/min
TMH10	极低压苦咸水淡化	99.3%	2 800(10.5)	100(0.69)	500	15%
TMH20-370			115 000(44)			
TMH20-400			12 000(46)			
TMGl0	超低压苦咸水淡化	99.5%	2 400(9)	110(0.76)	500	15%
TMG20-400			10 200(39)			
TMG20-430			11 000(42)			
TM720L-400	低压	99.5%	8 500(32)	150(1.00)	2 000	15%
TM720L-430	高通量苦咸水淡化		9 200(35)			
TM710	低压苦咸水淡化	99.7%	2 400(9)	25(1.55)	2 000	15%
TM720-370			9 500(36)			
TM720-400			10 200(39)			
TM720-430			11 000(42)			

（续表）

膜元件型号	使用特征	性能参数		测试条件		
		标准脱盐率	透过水量①	操作压力②	测试液浓度 NaCl /(mg·L^{-1})	单支元件回收率或浓水流量
TL10	低压抗污染	99.7%	1 800(7)	55(1.55)	2 000	15%
TML20-370			9 500(36)			
TML20-400			10 200(39)			
TM810L	高通量型海水淡化	99.7%	1 600(6)	800(5.5)	32 000	8%
TM820L-370			9 000(34)			
TM820L-400			10 000(38)			
TM810		99.75%	1 200(4.5)	800(5.5)	32 000	8%
TM820-370			6 000(23)			
TM820-400			6 500(25)			
TM820E-400	高效型海水淡化	99.75%	7 500(28)	800(5.5)	32 000	8%
TM820H-370	高压型海水淡化	99.75%	5 600(21)	800(5.5)	32 000	8%
TM820H-400			6 000(23)			

注：① 流量单位 gpd，（美）加仑每天，括弧内转化为 m^3/d 的数据。
② 压力单位 psi，括弧内转化为 MPa 的数据。

3）东丽反渗透/纳滤膜产品用途分类（表 6-19）

表 6-19　东丽反渗透/纳滤膜产品用途分类

膜元件型号	直径/in	特长使用	主要用途				
			饮料水精制-纯净水-食品用水	纯水超纯水-电子工业-锅炉用水	海水淡化	废水回用循环冷却用水工业计市政废水	有价物回收分离精制浓缩
SU610	4	极超低压软化脱盐	◎				◎
SU620	8						
SU620F	8						
TMHl0	4	极低压节省能源	◎	◎		○	○
TMH20-370	8						
TMH20-400	8						
TMG10	4	低压节省能源	◎			○	○
TMG20-400	8						
TMG20-430	8						
TM720L-400	8	低压高产水量	◎	◎		○	○
TM720L-430	8						
TM710	4	高脱盐率高产水量	◎	◎		◎	○
TM720-370	8						
TM720-400	8						
TM720-430	8						

（续表）

膜元件型号	直径 /in	特长使用	主要用途				
			饮料水精制-纯净水-食品用水	纯水超纯水-电子工业-锅炉用水	海水淡化	废水回用循环冷却用水工业计市政废水	有价物回收分离精制浓缩
TML20-370	8	低压抗污染	◎	◎		◎	○
TML20-400	8						
TM810L	4	低运行压力高脱盐率	◎		◎	○	◎
TM820L-370	8						
TM820L-400	8						
TM810	4	低运行压力高产水量	◎		◎	○	◎
TM820-370	8						
TM820-400	8						
TM820E-400	8	高脱盐率高产水量	◎		◎		◎
TM820H-370	8	高浓度海水高脱盐率	◎		◎		◎
TM820H-400	8						

说明：◎表示适合应用，○表示可以应用。

4）TMG20-400 RO 膜元件

TMG20-400 为超低压，直径 20.32 cm(8 in)，有效膜面积 400 平方英尺，标准型卷式 RO 膜元件。它具有超低的运行压力(在较低的操作压力下，如测试压力 0.76 MPa，即可达到较高的产水量)和很高的产水量，可以节省装置的运行费用。适用于含盐量约 2 000 ppm 以下的苦咸水、地表水、废水再生利用、中水回用等的脱盐处理。广泛用于电子工业超纯水、发电厂锅炉补给水、饮料用水等各种行业。TMG20-400RO 膜元件性能见表 6-20 及说明。

表 6-20　膜元件性能规范

膜元件型号	标准脱盐率	透过水量	有效膜面积	给水流道宽度/mil
TMG20-400	99.5%	10 200 gpd(39 m^3/d)	400 ft^2(37 m^2)	28

测试条件：操作压力 110 psi(0.76 MPa)、测试液温度 77°F(25℃)、测试液浓度 500 mg/L (as NaCl)、单只膜元件水回收率 15%、测试液 pH=7；单支膜元件最低脱盐率 99.0%；最小透水量 8 200 gpd(31m^3/d)；使用极限条件：最高操作压力 365 psi(2.5 MPa)；最高进水流量 70 gpm(382 m^3/d)；最高进水温度 104°F(40 ℃)；最大进水 *SDI*=5；进水自由氯浓度，检测不到；连续运行 pH 范围 2～11；化学清洗 pH 范围 1～12；单个膜元件最大压力损失 20 psi(0.14 MPa)；单个膜组件最大压力损失 60 psi(0.42 MPa)。

膜元件尺寸见图 6-34。

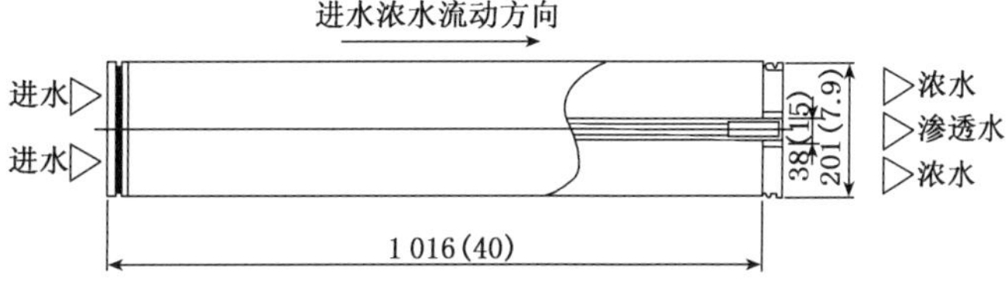

图 6-34　膜元件尺寸示意

4. 膜应用设计导则

针对选定的膜元件，在RO装置设计时，应严格遵循RO膜的设计导则。表6-21所列有关参数和运行的数值，是基于膜的性能以及运行经验而确定的，主要包括进水性质、污染指数 SDI_{15} 值、平均水通量、最高回收率、最大水通量、最高进水量、最低浓水量等。

表 6-21　　东丽膜应用设计导则

运行参数		RO产水	井水/软化水	地表水		废水三级处理水		海水	
				MF/UF	多介质	MF/UF	多介质	沙滩井	明渠流
最大进水污染指数(SDI_{15})		<1	<3	<3	<4	<3	<5	<3	<4
单支元件最大水回收率		<30%	<20%	<17%	<15%	<13%	<12%	<12%	<10%
系统平均水通量(flux)	范围($1/(m^2 \cdot h^{-1})$)	30～39	25～32	23～29	18～23	13～19	9～13	15～19	12～16
	最高($1/(m^2 \cdot h^{-1})$)	<45	<34	<30	<25	<21	<14	<20	<17
首支元件最大水通量($1/(m^2 \cdot h^{-1})$)		<48	<43	<39	<31	<25	<19	<35	<28
盐透率(sp)递增系数/(%·年$^{-1}$)		>5	>10	>11	>15	>15	>20	>10	>15
污堵系数(Fouling Allowance)	0年	1.00	1.00	1.00	1.00	1.00	1.00	1.00	1.00
	1年	0.97	0.90	0.90	0.87	0.85	0.82	0.94	0.92
	3年	0.95	0.85	0.85	0.81	0.77	0.73	0.88	0.85
	5年	0.94	0.80	0.80	0.75	0.70	0.65	0.84	0.80
单支元件最大给水流量①	4英寸	16(3.6)	15(3.4)	14(3.2)	12(2.8)	12(2.8)	11(2.6)	14(3.2)	12(2.8)
	8英寸	75(17)	70(16)	66(15)	57(13)	57(13)	53(12)	66(15)	57(13)
单支元件最小浓水流量①	4英寸	2(0.5)	3(0.6)	3(0.6)	3(0.7)	3(0.7)	3(0.7)	3(0.7)	3(0.7)
	8英寸	10(2.4)	13(3.0)	13(3.0)	16(3.6)	16(3.6)	16(3.6)	16(3.6)	16(3.6)
浓水量与产水量最小比	4英寸	3∶1	5∶1	5∶1	5∶1	10∶1	8∶1	5∶1	6∶1
	8英寸								
单支膜元件最大透过水量②									
TMG10		2 400 (9.2)	2 200 (8.3)	2 000 (7.5)	1 600 (6.0)				
TM710		2 400 (9.2)	2 200 (8.3)	2 000 (7.5)	1 600 (6.0)				
TM810		2 100 (8.1)	1 900 (7.2)	1 700 (6.5)	1 400 (5.2)			1 600 (5.9)	1 200 (4.7)
TMG20-400		11 300 (43)	10 000 (38)	9 200 (35)	7 300 (28)				
TMG20-430		12 200 (46)	10 900 (41)	9 800 (37)	7 900 (30)				
TM720-370		10 500 (40)	9 200 (35)	8 500 (32)	6 600 (25)				

（续表）

运行参数	RO 产水	井水/软化水	地表水		废水三级处理水		海水	
			MF/UF	多介质	MF/UF	多介质	沙滩井	明渠流
TM720-400	11 300 (43)	10 100 (38)	9 200 (35)	7 300 (28)				
TM720-430	1 200 (46)	10 900 (41)	9 800 (37)	7 900 (30)				
TML20-370	10 500 (40)	9 200 (35)	8 500 (32)	6 600 (25)	5 400 (20)	4 100 (16)		
TML20-400	11 300 (43)	10 100 (38)	9 200 (35)	7 300 (28)	5 900 (22)	4 500 (17)		
TM820-370	10 500 (43)	9 200 (35)	8 500 (32)	6 600 (25)			7 600 (29)	6 100 (23)
TM820-400	11 300 (43)	10 100 (38)	9 200 (35)	7 300 (28)			8 300 (31)	6 600 (25)

注：① 流量单位 gpm，括弧内转化为 m^3/h 的数据。
② 最大透过水量单位 gpd，括弧内转化为 m^3/d 的数据。
③ gpm=（美）加仑每分钟；gpd=（美）加仑每天；1（美）加仑=3.79 升。

RO 设计主要关注的是进水水质对膜的潜在污染的问题。水中颗粒、胶体、有机物以及细菌等，会随着水的逐渐浓缩而累积在膜表面，造成这些杂质的浓差极化程度远高于无机盐，极易引起膜污染与污堵。

进水的污染指数 SDI_{15} 值，又称淤泥密度指数，与水中这些杂质的含量有相当好的对应关系。SDI_{15} 值高，指明这些杂质含量高，表明 RO 膜受污染的风险高。表 6-21 列出了不同进水水质的 SDI_{15} 值，上限值为 5。RO 预处理的目的，是保证 SDI_{15} 值满足规定要求，并力求降低。然而，SDI_{15} 值的高低，与预处理工艺的完善程度和投资以及运行成本有直接关系。在获得适当的 SDI_{15} 值和尽量减少膜污染的情况下，应从整体考虑 RO 系统的优选优化问题，以取得较佳的经济性。

膜元件平均通量，与膜总有效膜面积有直接关系，是 RO 装置的设计特征参数。与 SDI_{15} 值不同，水通量取值范围变化幅度较大，水质较好（SDI_{15} 值较小）、较差分别采用较高、较低的设计水通量，采用较高的水通量意味着膜元件数量较少，装置投资较少。对于同一水质，根据取值范围与预处理的完善程度，关注初期投资，可以选择较高的设计水通量值，而关注长期运行和维护成本，应选择较低值。

操作压力取决于水通量值的大小，选取通量值越大，操作压力就越高。海水膜与苦咸水膜不同，在最大的操作压力下，通量值相对还是较小；对于苦咸水膜，在最高操作压力 4.10 MPa 下，通量值将会成倍增加，而实际的操作压力不可能接近此值。

在实际装置中，操作压力沿流程逐渐降低，会造成水通量也逐渐减小，因此平均水通量值选取不当，则会使前部膜元件的通量值超限。在 SDI_{15} 较高的情况下，前部膜元件极易发生污堵，造成操作压力和压差升高，恶化装置性能，也造成化学清洗极为困难。

表 6-21 所列的水通量取值范围，是经过实践的典型取值界限，但并不代表不能突破。根据 RO 膜的脱除物质的性能，对于同一种合格的进水，不同的水通量，则膜表面上拦截与

累积的杂质量就不同，换句话讲，高通量意味着膜表面上杂质就较多，潜在的污染程度也较大。因此，正确选取水通量的大小是 RO 装置设计的重要内容。

回收率是 RO 装置设计的另一个特征参数。如表 6-21 所示为单个膜元件的上限值。回收率与水通量有直接的关系。水质较好，单个膜元件回收率较高，水通量较大。对于同一水质，相对较高的回收率，会增大膜污染的风险。值得注意的是，装置表观回收率、段表观回收率与装置内单个膜元件的真实回收率有着本质的区别，应该保证单个真实的回收率不应超过所规定的上限值。

表 6-21 对不同膜元件规定了最小浓水流量，是保证膜表面上应有一定的横扫流速，以减轻浓差极化程度、降低污染、排泄浓缩成分。膜元件最大进水流量，主要是保证膜元件压降符合规定，即单个膜元件的最大允许压降为 0.1 MPa，组件的最大允许压降为 0.35 MPa，以避免膜元件损害。在设有循环回流的 RO 装置中，这点应尤其注意。

总之，设计正确的 RO 装置应该保证每个膜元件均处于导则规定的运行条件范围内。

5. 膜元件、组件数量与组合排列

1）膜水通量（$q_{p,m}$）的确定

根据膜设计导则，如表 6-21 所示，选取膜的通量值，单位为 L/(m^2 · h)（或 gfd）。

2）膜元件数量（N）的确定

$$N = \frac{1\,000 \times Q_P}{q_{p,m} \times s} \tag{6-159}$$

式中 Q_p——设计产水量（m^3/h）；

s——单只膜元件的面积（m^2）。

3）膜组件数量（N_v）的确定

$$N_v = \frac{N}{n_v} \tag{6-160}$$

式中，n_v 为单只组件装配单个膜元件数量，取值为 1～7 个，通常为 6 或 4 个，N_v 取较高的一个整数。

4）组件排列

根据设计产水量（Q_p）、回收率（y）、脱盐率（SR）等，根据第 6.2.4 节内容，设定 RO 组件排列形式。

6. 膜装置性能与参数计算

具体 RO 装置的性能与参数取决于进水条件、选定的膜元件性能、组件的组合排列形式等，以下为最常用的一级二段 RO 装置的性能与参数计算过程。

1）平均渗透压

由式（6-103）、式（6-144）和式（6-146）得

进水侧平均渗透压（$\bar{\pi}_f$）：$\bar{\pi}_f = 0.714 \times C_f \times \dfrac{1-(1-y)^{(1-SR)}}{(1-SR)y} \times 10^{-4}$ (MPa)

产水侧平均渗透压（$\bar{\pi}_p$）：$\bar{\pi}_p = 0.714 \times C_f \times \dfrac{1-(1-y)^{(1-SR)}}{y} \times 10^{-4}$ (MPa)

式中，c_f 为进水含盐量（mg/L）。

2）水量

根据前述的“各种流量关系”式，可得装置各种流量，包括平均进水量、产水量、浓水量

以及各段水量。

3）回收率

根据“各种回收率关系”式(6-126)—式(6-133)，可得装置各种回收率，包括表观总回收率、各段回收率。

根据式(6-131)，膜元件平均回收率为$\overline{y'_i}$，即

$$\overline{y'_i} = 1 - (1 - Y)^{\frac{1}{12}} \tag{6-161}$$

4）脱盐率、透盐率

根据式(6-113)和式(6-134)—式(6-137)，可得装置表观脱盐率、透盐率以及各段脱盐率、透盐率。

5）产水、浓水浓度

根据式(6-136)—式(6-146)，可得装置各种产水、浓水浓度，以及进水侧平均浓度。

6）浓缩因子

设透盐率 $SR=0$，装置的浓缩因子 CF 可由简化式(6-115)计算求得。

7）浓差极化因子

浓差极化因子 CPF 可由式(6-116)计算求得，在实际中，对卷式 RO 膜元件(长 101.6 cm)，回收率 18%时，CPF 取 1.2。

8）温度校正因子

温度校正因子 TCF 可由式(6-117)或式(6-162)计算求得：

$$TCF = \frac{q_T}{q_{25}} = \theta^{(T-25)} \tag{6-162}$$

式中　q_{25}——水温 25 ℃下膜的水通量；

q_T——水温 T ℃下膜的水通量；

θ——水和膜的温度有关，一般仅考虑粘度随温度变化时，取 1.026。

9）实际操作压力

实际净驱动压力$(NDP)_{\mathrm{f}}$，即$(NDP)_{\mathrm{f,o}}$，经式(6-118)变换求得：

$$(NDP)_{\mathrm{f,o}} = (NDP)_{\mathrm{f,s}} \times \left(\frac{1}{TCF}\right) \times \frac{Q_{\mathrm{p,o}}}{Q_{\mathrm{p,s}}} \tag{6-163}$$

式中　$NDP_{\mathrm{p,s}}$——膜的测试标准条件下的净驱动压力(MPa)；

$Q_{\mathrm{p,s}}$——产水量(m^3/h)。

实际操作压力 p_{f}，即 $p_{\mathrm{f,o}}$，由式(6-106)变换求得：

$$p_{\mathrm{f,o}} = (NDP)_{\mathrm{f,o}} + \frac{1}{2} \times \Delta p_{\mathrm{f,c}} + p_{\mathrm{p}} + (\bar{\pi}_{\mathrm{f}} - \bar{\pi}_{\mathrm{p}}) \tag{6-164}$$

$$\Delta p_{\mathrm{f,c}} = (p_{\mathrm{f}} - p_{\mathrm{c}}) = n \times k \times (\bar{q}_n)^2 \tag{6-165}$$

式中　k——单只膜元件摩阻，由选定的膜元件产品性能得知；

$\bar{q}_n$——单只膜元件平均进水量(m^3/h)；

n——膜元件沿程串联的数量。

6.2.6 RO 装置设计

1. 考虑因素

装置设计能力、回收率、脱盐率、膜类型；膜数量、膜组件、组合排列：配置设备；工艺管道与各类阀体；材质；仪器仪表检测与控制等。

2. 膜元件

在前几节里，膜元件已经作为重点给予了介绍。根据设计条件，通过经济技术比较，从表 6-19 和表 6-20 中，选出合适的膜元件以满足设计应用需要。

3. 压力容器组件

膜组件是 RO 装置的基本脱盐单元。针对卷式 RO 膜元件，基本脱盐单元实际上就是外壳压力容器组件(简称 PV 组件)。

常用的外壳压力容器直径 10.16 cm(ϕ4 in)和 20.32 cm(ϕ8 in)；长度由所装的膜元件数量确定，20.32 cm(ϕ8 in)外壳压力容器可内装 1～7 个膜元件，10.16 cm(ϕ4 in)可内装 1～4 个膜元件；工作压力分为 1.03 MPa(150 psi)、1.72 MPa(250 psi)、2.06 MPa(300 psi)、2.75 MPa(400 psi)、4.13 MPa(600 psi)、5.51 MPa(800 psi)、6.89 MPa(1 000 psi)等；连接方式分为端连式和侧连式。

外壳压力容器主体材料通常由玻璃钢构成，具有变形量小、质量轻、抗疲劳性能好、耐腐蚀性能强等优点，在苦咸水、海水淡化中得到广泛应用。

外壳压力容器规格选型，主要取决于所选的膜元件类型、排列组合形式、操作压力大小、以及工艺连接管道设计等内容。图 6-35 为单只装 6 个膜元件 20.32 mm (ϕ8 in) PV 组件的 RO 装置图。在 RO 装置设计安装位置时，注意 PV 组件两段必须有足够的空间，以方便安装和卸下膜元件以及更换 PV 组件。

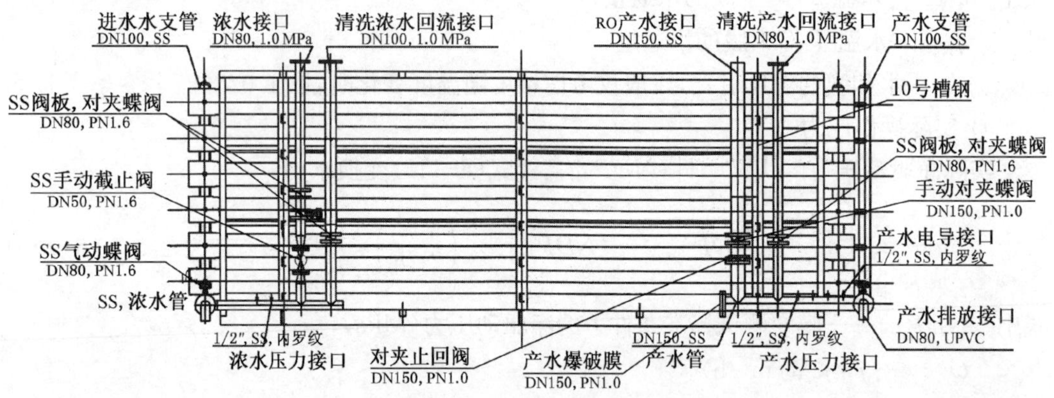

图 6-35 RO 装置正立面图

当前，各种品牌的外壳压力容器不仅与同类的膜元件有较好的适配性，而且还能与不同品牌的膜元件进行混装，也就是说，容器与膜元件和不同容器之间的适配性和通用性，已经不存在技术问题。值得一提的是，国产外壳压力容器的制造技术得到迅猛发展，产品得到了广泛认可与使用，其性能质量(如抗腐蚀性能、质量、绝热性能、抗老化性能、内表面光洁度、直线度)均能满足设计与使用要求。表 6-22 为国产乐普外壳压力容器的规格参数。

表 6-22　外壳压力容器规格参数(直径 20.32 mm)

序号	质量/kg	工作压力/psi	筒身外径	端部外径	A	S	E	产水出口
1	$24+5\times(N-1)$	150	210	241	151	DN40	DN40	NPTDN25
2	$26+6.6\times(N-1)$	250	212	241	151	DN40	DN40	NPTDN25
3	$28+8\times(N-1)$	300	214	241	151	DN40	DN40	NPTDN25
4	$36+10\times(N-1)$	400	220	245	153	DN40	DN40	NPTDN25
5	$44+16\times(N-1)$	600	226	256	158	DN40	DN40	NPTDN25
6	$52+20\times(N-1)$	800	232	260	161	DN40	DN40	NPTDN25
7	$62+26\times(N-1)$	1 000	238	266	164	DN40	DN40	NPTDN25

注　① N 为膜元件的数量，A 为侧连式原水/浓水的端面与容器轴心的距离，S 为侧连式原水/浓水口的连接尺寸，E 为端连式原水/浓水口的连接尺寸。

② 表中无注明尺寸单位的均为 mm。

4. 高压泵

高压泵是 RO 装置动力设备，为进入 RO 膜元件的原水提供足够的操作压力，以克服渗透压和运行阻力。高压泵的主要参数为设计流量(Q_f)和给水压力(P_f)，其设计计算见第 8.2.5 节内容。针对 RO 装置，应注意以下内容：

(1) 流量为 RO 系统设定值，扬程则是逐年增加的，且第 1 年与第 5 年所需扬程相差较大(如 300～500 kPa)，同时该扬程的设计值与水温也有关系，在 RO 系统未设加热系统时，为弥补水温较低带来的产水量降低的问题，需依靠加压来提高产水量，其扬程变化差也较大(100～500 kPa)。由 $H_f=H_p+SQ_f^2$ 可知，H_p 为达到设计水量的工作压力，Q_f 为设计水量，S 为管路阻抗(局部和沿阻抗的总值)，H_f 为水泵扬程。因此，选取高压泵主要以 H_f 和 Q_f 这两个参数来确定。

(2) 运行工况选取点，即流量(Q_f)和给水压力(P_f)，应在水泵的高效段范围内，并且所选取的水泵在此段工作曲线应较陡，以保证在各种情况所要求的不同的操作压力下，尽可能稳定设计流量。这种情况与预处理的水泵选型恰好相反，即所选取的水泵性能曲线在此工作段应较平缓，以保证在设备(如过滤器等)进行正洗或排污时，不致使压力有较大波动而影响 RO 装置的运行，造成停机。

(3) 对于苦咸水脱盐，一般选择离心泵，海水有时也选用柱塞泵。改变泵的运行工况有变速调节和阀门调节。泵的出口装设电动慢开门或软启动(或变频起动)，以避免起动时产生瞬间高压对膜元件造成冲击损坏(即水锤现象)。启动时间规定：操作压力从零升至额定值的时间应控制在 20～30 s 以上。另外，还设有压力保护装置，与高压泵连锁，以防止泵缺水空转或超压运行。

5. 保安过滤器

保安过滤器，即微孔过滤器，精度属于微米级，过滤方式为深层过滤，因此它不仅能截留住颗粒性杂质，在一定程度上也能去除浊度和胶体铁，降低 SDI_{15} 值。但是，它承担降低 SDI_{15} 值的任务，将会迅速增大滤芯的更换频率和维护量以及运行成本，而实际并不希望如此。这也要求 SDI_{15} 值的测定点应设在该过滤器的进水管处。

微孔过滤器设置在 RO 高压泵前面，仅起保安作用，以防止水中的颗粒性杂质进入高压泵和膜元件内，故名保安过滤器。

对于卷式 RO 膜装置，微孔过滤器精度通常为 5 μm，即滤元件过滤精度公称为 5 μm 的滤芯，其结构有线绕式、蜂房式、熔喷式、折叠式以及袋式等。常用的滤芯类型有聚丙烯线绕式管状滤芯(ϕ65 mm×250 mm)和折叠式(ϕ70 mm×254 mm)，建议单只线绕式滤芯的过滤水量取 0.5～1.0 m³/h，使用压差小于 50 kPa。滤芯数量(N_f)按下式计算：

$$N_f = \frac{Q_f}{q_{f,n}} \tag{6-166}$$

式中，$q_{f,n}$为单个滤元件标准过滤水量。

保安过滤器不推荐可反洗的结构，以保证过滤精度。滤元件安装形式为蜡烛式，不宜采用悬吊式，以避免滤元件脱落。图 6-36 为保安过滤器设计构造内容。

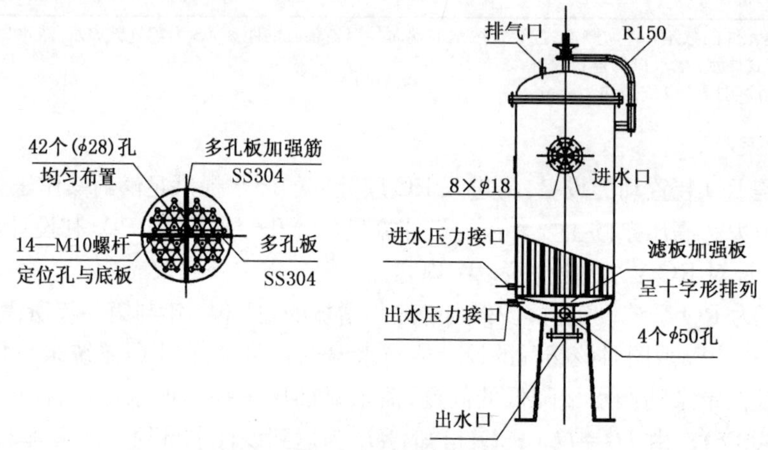

图 6-36　保安过滤器立面与多孔板图

根据保安过滤器作用性能以及预处理的目标要求，按滤元件标准过滤量设计的保安过滤器，其跨膜压差初始值极小，且增长速度也较缓慢。实际运行表明，滤元件达到更换条件，即跨膜压差在 50～100 kPa 时，运行时间一般在 3～4 个月或更长的时间。

6. 工艺管道及阀体

RO 装置工艺管道包括给水、浓水、产水、以及清洗管等。管材选取应考虑实际压力大小、氧化性、腐蚀性以及震动强度、温度等因素。表 6-23 为工艺管道的建议流速。

表 6-23　工艺管道的建议流速

名称	给水管	段浓水管	浓水管	产水管	清洗给水管	清洗产水回流管	清洗浓水回流管
流速 /(m·s⁻¹)	2～3	1.5～2.5	2.5～3.5	<1.2	1.0～2.0	<1.2	1.0～2.0

本体装置上的阀体包括调节阀、止回阀、蝶阀等，如图 6-35 所示。

本体装置工艺管道设计的注意事项：

(1) 配水均匀性问题。配水流速合理选择，干管流速选值较小，支管流速值较大，尽量使各段每只压力容器的进水压力相等，保证进水配水的均匀性。产水支管和干管的水流速度宜取较低值，尽量稳定产水系统内的水流状态，避免流速过高，在 RO 装置停止时，产生水锤现象，使背压增高，破坏 RO 膜元件。

(2) 排气问题。RO 装置启动时，低压冲洗的目的，是置换装置内的积水和排出气体。实际上，积水易排，积气难排，因此，要求浓水排放管、低压冲洗排放管、产水管、产水排放管等垂直向上高于 RO 装置引出，同时将一段、二段或三段设置为从底部向上排列的方式，并且进水配水支管应从每只压力容器侧向上面接入，以利于迅速向上排气。否则，其他方式的设计，不仅可能使RO装置内存有气体，开机后，可以发现RO装置噪声大，管道振动也较大，而且低压冲洗时，极有可能将RO装置内的水排空。若排放管向上引出位置并不高于RO装置，同样能造成将RO装置内的水部分排放掉，使其内部存有气体。

(3) 虹吸问题。RO装置设计位置较高，排水沟渠较低，停机时，极容易发生虹吸现象，将装置内部的水排放掉，使RO膜处于无水状态。为了防止虹吸现象，应按上述"其(2)"的要求设计所有排放管，并且在高出RO装置再向下设置排放管时，在这些排放管上部设置一套异径漏斗，切断虹吸系统，漏斗后的排放管管径应大于上级排放管管经1号或2号规格。在RO装置高于产水调节水箱或中间产水箱时，产水管也应按此要求设计。

(4) 对于三段RO装置，鉴于一段和二段的清洗流量相并较大，可将一段、二段与三段清洗配管分段设计为宜，以简化RO装置配管。

(5) 相对进水或浓水管，产水或清洗管属于低压工艺管线。当采用UPVC或ABS管材时，低压管与高压连接处所采用的阀门应为体积小、水力损失小的非对夹蝶阀。若采用对夹蝶阀，低压管侧应采用强度较高的调节段，否则，对夹蝶阀的低压处因压力等级不足，极易造成RO装置在运行过程中发生漏水现象。

7. *装置本体框架*

RO装置的本体框架是承载PV组件(膜元件、压力容器)、本体管道、阀体、就地操作盘、监测仪表箱等的架子，如图6-35、图6-37所示。

图6-37　RO装置车间

小型装置(产水量小于20～30 m^3/h)，则可以将高压泵、保安过滤器、药剂投加以及清洗等设施设置在本体框架上。大型装置一般设计为并列几组，应根据实际要求和功能区分设置这些设施。

RO装置框架尺寸和材质应根据承载内容、安装位置、装运条件和要求确定。本体框架必须有足够的强度和刚度，以防止有损害的位移发生。小型装置，选用槽钢；大型RO，可选用工字钢。在框架上，可做对角线支撑以保持平衡与稳固。装置的起吊应使用框架底座上的支点。对于较重的框架，要求框架有起吊眼，起吊眼应分布在RO装置的重力中心。

8. *材质*

本体框架、保安过滤器、泵、管道、阀体、清洗水箱、仪表接口等，应选择合适的材质以避免腐蚀造成的污染。

框架一般采用碳钢，也可采用不锈钢材质。碳钢框架应作必要处理，如喷砂、化学清洗、涂防锈漆等，外表面应涂环氧漆或瓷釉漆。

RO装置的低压管道、阀体与清洗水箱等，一般选用PVC、U-PVC、ABS、衬胶衬塑或不锈钢材质。

保安过滤器、高压泵和高压管道、阀体，应根据原水含盐量的不同，选择不同的不锈钢材质，即含盐量小于2 000 ppm时，选用304材质不锈钢(0Cr18Ni9、1Cr18Ni9Ti等)；含盐量在2 000～5 000 ppm时，选用含碳量小于0.08%的316不锈钢材质；含盐量在5 000～7 000 ppm时，选用含碳量小于0.03%的316 L不锈钢材质；含盐量在7 000～30 000 ppm时，选用含钼量4.0%～5.0%的904 L不锈钢材质；含盐量在32 000 ppm以上时，选用含钼量大于6.0%的254SMO不锈钢材质。

在设计和制造过程中，不锈钢管道应采用惰性气体保护焊接，加工制作完成后，应积极实施酸洗、钝化等保护措施。

9. 仪表监测和控制

1）仪表监测内容

（1）SDI_{15}值：SDI_{15}值是重要的检测项目之一，是判断进水水质是否合格的重要参数。目前采用经济性较好的专用SDI_{15}测定仪，进行人工检测。

（2）氧化还原电位值(ORP)：它能反映进水中氧化性杀菌剂(如余氯)的残存量。常用的RO膜元件是不耐氯氧化的，进水中的余氯必须完全消除。消除的方法有活性炭吸附与药剂还原两种。还原反应为瞬间过程，反应结果可通过氧化还原电位表(ORP表)在线监测。

（3）pH值：通过pH表在线检测进水pH值，并设有上、下限报警值，保护RO膜元件性能。

（4）温度：进水温度对RO装置的产水量影响较大。实际中，常设置加热装置，水温通过温度显示控制仪在线控制、检测、记录。

（5）压力：在线监测、记录保安过滤器的进、出口压力降，以判断滤芯的运行状况；在线监测、记录高压泵的进、出压力；在线监测、记录各段压力降，以判断膜元件是否污染或结垢。

（6）流量：产水流量和浓水流量是RO装置的重要指标。通过流量仪在线检测、记录。在大型装置中，设置进水流量仪，输出流量信号，自动调节加药量，间或设置段间产水流量仪，监测各段的运行状况。

（7）电导率：在线监测进水和产水的电导率值，可反映RO装置脱盐率的大小。

以上运行参数需要进行检测，以了解与控制RO装置是否处于最佳状态。温度、压力、流量是相互关联的三个参数，与pH值、电导率值相结合，通过标准化后，可以评价RO装置性能，了解RO装置是否正常，是否受到污染，是否需要清洗等。因此，监测、记录、保存这些所检测的运行参数，是RO装置的重要技术资料。

2）控制内容

（1）RO装置一般采用PLC(可编程逻辑控制器)程序自动控制，要求PLC应有较强的抗干扰能力、丰富的程序指令、较快的运算速度，以保证控制系统的安全稳定。

（2）PLC控制内容：①高压泵的控制。进出口设置压力限制值，控制高压泵的运行状态。变频高压泵，通过频率调节，控制泵的运行状态。海水淡化应设置能量回收装置与控制，节省电耗。②RO装置的程序启动和停止。由PLC控制，自动完成包括计量泵、高压泵、电动慢开门等程序起动和停止，并与水箱液位、流量、压力等连锁。③RO装置的表面低压冲洗。停运时，自动控制冲洗阀门、冲洗水泵，完成膜表面低压冲洗过程。④运行参数的检测、报警。PLC自动监测高压泵、计量泵、电动阀门等设备的运行状况，并输出故障报警信号，自动检测温度、流量、压力、液位、电导率、氧化还原电位、pH值等运行参数，异常运行状态时报警，并根据实际情况，决定RO装置的运行状态。⑤加药量的自动控制调节。PLC依据流量、pH值、氧化还原电位等测量仪表输出的4～20 mA信号或脉冲信号，自动调节各种药品投加量。

（3）计算机系统、PLC系统、现场执行器及仪表，为常用的控制结构。

计算机监控系统一般由工控计算机、显示器、打印机、UPS 电源和工业监控软件组成。通过组态监控软件完成：与现场 PLC 进行双向通信，读写现场有关数据；进行数据处理，如量程转换、上下限报警等；对现场各种设备，在计算机显示屏上进行远程监视、控制，实现系统操作的软件化；显示三维(3D)动态流程图、设备运行状态、运行参数、历史数据及趋势图；显示报警画面，对异常状态进行故障报警及报警处理；定时或随时打印报表等。

PLC 是执行控制程序的主体，主要功能包括：完成对设备的程序操作；各仪表参数的数据采集；与计算机通信，执行计算机传送的操作指令。PLC 和计算机通常通过 DH485、RS232、以态网等区域网相连。对于较复杂的系统，可以设一台主 PLC 单元，与下级各分控制单元形成现场总线的控制模式。

6.2.7　RO 预处理系统

1. 进水水质要求(表 6-24)

表 6-24　　RO 膜对进水水质的一般要求

项目		SDI_{15}	浊度 /NTU	含铁量 /(mg·L^{-1})	游离氯 /(mg·L^{-1})	水温 /℃	水压 /MPa	pH 值
卷式醋酸纤维素膜对反渗透进水水质的要求	建议值	<4	<0.2	<0.1	0.2～1	25	2.5～3.1	5～6
	最大值	4	1	0.1	1	40	4.1	6.5
中空纤维式聚酰胺膜对进水水质的要求	建议值	3	0.2	<0.1	0	25	2.4～2.8	4～11
	最大值	3	0.5	0.1	0.1	40	2.8	11
常规卷式复合膜对进水水质的要求	建议值	<4	<0.2	<0.1	0	15～30	1.0～1.6	3～10
	最大值	5	1	0.1	0.1	45	4.1	11
超低压卷式复合膜对进水水质的要求	建议值	<4	<0.2	<0.1	0	15～30	1.05	3～10
	最大值	5	1	0.1	0.1	45	4.1	11

2. 预处理工艺

主要 RO 预处理工艺单元汇总列表 6-25。RO 系统由预处理、RO 装置、后处理三部分组成，它的水源主要有地下水、地表水以及各种污水废水(中水回用)，预处理的作用是去除水中杂质，使进水水质符合 RO 膜的要求，以防止膜的污染、堵塞和损害、保持膜性能以及安全运行。

表 6-25　　预处理工艺单元

方法	悬浮物	胶体	有机物	微生物	氧化剂	*SDI*	$CaCO_3$	$CaSO_4$	$BaSO_4$	$SrSO_4$	SiO_2	CaF_2	Fe	Al
离子交换			△				□	□	□	□	□	□	□	□
药剂软化		△	//			//	○	○	○	○	○	○	○	○
酸法							□						△	
阻垢剂							○	○	○	○	○	○	△	△

（续表）

方法	悬浮物	胶体	有机物	微生物	氧化剂	*SDI*	$CaCO_3$	$CaSO_4$	$BaSO_4$	$SrSO_4$	SiO_2	CaF_2	Fe	Al
接触过滤	○	○	△	△		○							○	
氧化过滤			○	○									○	
混凝沉淀	○	○	△	○		○							△	△
微滤超滤	○	○	△	○		○							△	△
生化	△	△	○			○								
强氧化			△			○								○
GAC 吸附	△	△	○		○	○								
化学清洗		○	○				○	△	△	△	△	○	△	○
杀菌剂				○										

注：○表示实用，□表示有效，△表示可用，//表示可能。

水源不同，预处理组成内容不一样，图 6-38 是目前常用的预处理基本工艺流程。

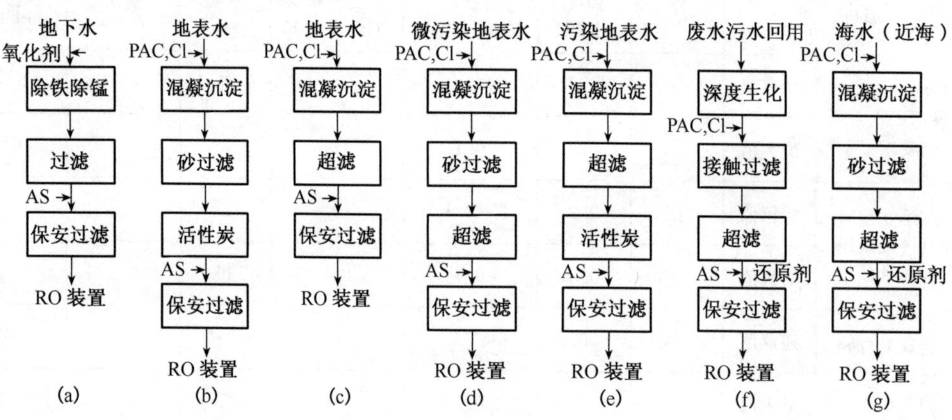

图 6-38　预处理基本工艺流程

图 6-38 的基本原理可以概括为吸附、氧化、生物降解、膜滤等四种作用。超滤已成为 RO 预处理的主流技术，不仅对浊度的去除率近乎 100%，还能去除相当数量的有机物和微生物，是保证 SDI_{15} 值达标的最有效手段。

回用水作为 RO 系统的水源，一般是经过正常处理的市政污水、工业废水，因此，回用水质具有一些特殊性质，如：微生物多，含盐量、硬度，硫酸盐、硅、碱度等含量高，成分相对其他水源复杂等。这类预处理工艺内容与上述污染地表水的深度处理类似，它的主要目标就是进一步降低水中的有机物，防止 RO 膜受到有机物污染。在“三高”，即碱度、硬度在 500 mg/L（以 $CaCO_3$ 计）、硅在 100 mg/L（以 SiO_2 计）左右的情况下，依据 RO 设计条件，可适当增加物化处理工艺，如药剂软化，以降低 RO 膜结垢的风险程度。

海水特点：含盐量高，其中氯化物含量最高，平均为 35 000 ppm，约占总含盐量 89%；含硫化物次之，再次为碳酸盐；其他盐类含量极少。另外，海水中各种盐类或离子的重量比例基本上一定，这是与其他天然水源所不同的一个显著特点。故其预处理工艺主要包括预氯化、混凝澄清、介质过滤、超滤等内容。去除的目标包括悬浮物、胶体、有机物、微生物等。

3. 悬浮物和胶体的问题

水中悬浮物和胶体等固体颗粒，很容易聚集成大颗粒沉积在膜表面发生污染，影响膜性能。如表6-25所示 SDI_{15} 值，是防止和控制这种污染的重要指示性指标。

1) 污染指数

淤泥密度污染指数(SDI_{15})和修正污染指标(MFI)，是采用水质量化指标和膜污染潜能的基本阻力模型来定义的，是衡量RO装置进水水质的一个常用的重要指标，以判定膜污染程度以及作为预处理设计的特定依据。

水质 SDI_{15} 值测试与普通的浊度仪测试，是从不同的角度反映水质情况的检测措施。浊度仪的主要工作原理是用光敏法和比色法来确定水中微粒的含量，但对于不感光的胶体和微粒不敏感。SDI_{15} 值是在标准压力和时间间隔内，测定一定体积的水样通过孔径为0.45 μm滤膜的阻塞率。在测试过程中，凡是大于0.45 μm的微粒、胶体、细菌等被截留在滤膜面上，滤膜对这些杂质颗粒的截留作用具有绝对性。因此，采用 SDI_{15} 值衡量水中胶体和悬浮物等微粒的多少，比浊度仪要准确得多。SDI_{15} 测试装置和仪表如图6-39所示。SDI_{15} 值计算公式如下：

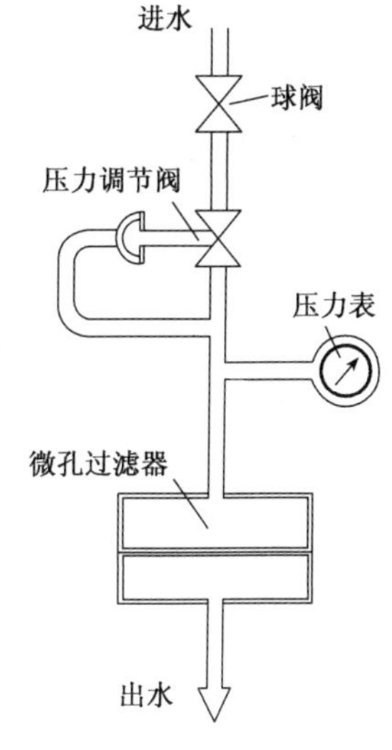

图6-39　SDI_{15} 测试装置

$$SDI_{15}=\frac{100[1-(t_1/t_{15})]}{t} \tag{6-167}$$

式中　t_1——取最初500 mL试样的时间；

t_{15}——取最终500 mL试样的时间；

t——试验的总运行时间，15 min。

SDI_{15} 测试方法如下：

(1) 将0.45 μm膜片正面向上放在测试膜盒内，用少许水润湿膜片，拧紧“O”形密封圈的压盖，垂直放置膜盒；

(2) 调节进水压力至210 kPa(30 psi)后，计量开始过滤500 mL水样所需的时间，记作 t_0；

(3) 保持进水压力210 kPa(30 psi)，连续过滤15 min；

(4) 再次计量过滤500 mL水样所需的时间，记作 t_{15}；

(5) 根据式(6-167)，计算 SDI_{15} 值。

测试过程应注意：通过调节恒定进水压力210 kPa(30 psi)；避免膜片上存有气囊或气泡；保留使用过的膜片。

RO设计导则要求 $SDI_{15}<5$，如表6-26所示，SDI_{15} 值的大小与水质污染程度高低的关系。

表6-26　SDI_{15} 值与污染程度的关系

SDI_{15} 值	<3	3～5	>5
污染程度	低污染	一般污染	高污染

在实际现场，无论地表水还是地下水，SDI_{15} 测定值的大小不仅是对RO装置进水水质的综合控制评价指标，而且也能依据使用过的膜片，简单直观地断定预处理装置的运行情

况，其大致断定方法：①膜片呈黄色或浅黄色，轻微擦拭不掉，可被稀酸(HCl)洗掉，说明混凝剂投加量过大，应调整其投加量；②膜片呈浅黄色或土质色，可以轻微擦拭去除，说明膜片上的累积物可能为水中悬浮物，混凝剂投加量过小，应增大混凝剂投加量；③膜片呈灰色或黑色，可以轻微擦拭除去，说明水中含有大量细菌体，应加强灭菌措施；④膜片呈浅水草色，呈鱼腥气味，且可以轻微擦拭除去，说明水中藻类较多，应加强灭藻措施。一般来说，符合要求的 SDI_{15} 值，其膜片应该是本色。

2）修正污染指数

水质修正污染指数(MFI)，可采用与 SDI_{15} 相同的装置和步骤来确定，不同的仅是在 15 min 过滤时间内，每 30 s 就需记录取样体积，以平均流量的倒数与累积过滤水量作图，得直线段的斜率值，即为 MFI 值，以下为其意义的表述过程。

SDI_{15} 值实质上取决于 15 min 内的最初与最终取样 500 mL 水样所确定的过滤阻力的大小，进一步说，该阻力的大小决定着测试数据 t_0 和 t_{15} 的大小。因此，SDI_{15} 值的大小是非动态测试的结果，仅能衡量最初与最终处的静态阻力，未体现测试过程各段的阻力大小以及其变化速率，不能真实反映连续运行的膜污染过程，其敏感性较小，故提出 MFI 的概念。

根据 MFI 值的测试过程，0.45 μm 滤膜面上的污染层，即滤饼层，其厚度与过滤的水体积成比例，过滤总阻力为滤膜阻力和滤饼阻力之和，则过滤方程式可用 Darcy 定律描述：

$$\frac{\mathrm{d}V}{\mathrm{d}t}=\left(\frac{\Delta p}{\mu}\right)\left(\frac{A}{R_{\mathrm{f}}+R_{\mathrm{k}}}\right) \tag{6-168}$$

式中 V——过滤水体积(m^3)；

t——过滤时间(s)；

Δp——跨膜及滤饼层的压差(Pa)；

μ——绝对粘度；

A——滤膜面积(m^2)；

R_{f}——滤膜阻力；

R_{k}——滤饼阻力。

在工程应用中，对于不可压缩滤饼，滤饼阻力(R_{k})表示为滤液总体积与过滤面积的函数：

$$R_{\mathrm{k}}=I\left(\frac{V}{A}\right) \tag{6-169}$$

式中，I 为污染潜能的衡量值(L^2/t)。

将式(6-169)代入式(6-168)，可得：

$$\frac{\mathrm{d}V}{\mathrm{d}t}=\left(\frac{\Delta P}{\mu}\right)\left[\frac{A}{R_{\mathrm{f}}+I\times(V/A)}\right] \tag{6-170}$$

在过程开始时，$t=0$，$V=0$，则积分式(6-170)，得：

$$t=\frac{\mu R_{\mathrm{f}}}{A\Delta p}\times V+\left(\frac{\mu I}{2A^2\Delta p}\right)\times V^2 \tag{6-171}$$

由式(6-171)可知，系数 $\frac{\mu R_{\mathrm{f}}}{A\Delta p}$，$\frac{\mu I}{2A^2\Delta p}$ 均为常数，因此可改写为如下形式：

$$\frac{t}{V}=\frac{\mu R_f}{A^2\Delta p}+\left(\frac{\mu I}{2A^2\Delta p}\right)\times V \tag{6-172}$$

$$\frac{1}{Q}=a+bV \tag{6-173}$$

由式(6-173)可知，系数 $a=\frac{\mu R_f}{A\Delta p}$ 为截距，$b=\frac{\mu I}{2A^2\Delta p}$ 为斜率。在实际过滤过程中，此斜率 b 为定值，表示不仅 Darcy 定律成立，而且滤饼阻力(R_k)与滤液总体积(V)存在正比的关系。因此，以实测值平均流量(Q)的倒数为纵坐标、累积过滤水量(V)为横坐标，直线段的斜率 b 值定义为修正污染指数(MFI)值。

由图 6-40 可见，滤饼的形成、累积、压实和破坏可分为三个明显区域。第一区域，即膜阻碍过滤，无杂质颗粒或纯水的过滤过程属于此区域，过滤阻力仅为滤膜本体阻力，这种情况对于一般实际水质是不会出现的，当然，在开始过滤的极短时间内，会出现该区域，已无实际意义；第二区域，即滤饼过滤，在此过程中，水中悬浮和胶体等颗粒沉积在膜表面上，颗粒之间发生架桥累积现象，并依此在膜表面形成滤饼层，该滤饼层内的颗粒之间结构性质在开始至结束保持一致，此过滤过程符合上述理论，过滤工况点可以表现生产性运行情况；第三区域，即滤饼失效过滤，也就是说，过滤过程已经不符合上述一些假设，滤饼已经压实或破坏，压实区所对应的点为生产周期终点。

对于悬浮和胶体颗粒含量较低的水质，图中 MFI 曲线中的直线段不仅斜率较小、直线平缓，而且线段也较长，即生产性运行时间较长。当斜率发生改变时，说明滤饼失效，若过滤过程仍进行下去，斜率瞬时发生增加直至无限大，这时已经无过滤过程，此段时间一般相对较短。相反，相对水质较差的水，其直线段斜率较大、线段较短，生产性运行时间较短，很容易进入滤饼失效阶段，若水质非常恶化，直线段将会缩聚到一点，成为拐点，使第二区域瞬间消失，进入第三区域，滤饼的阻力与滤液总体积呈现非正比的关系。

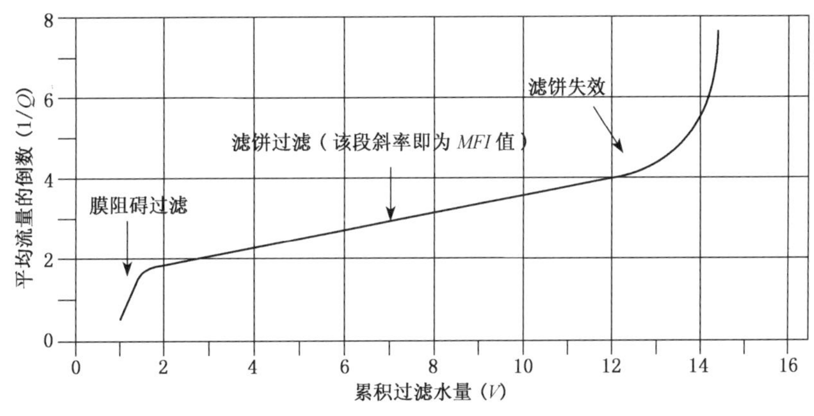

图 6-40　典型 MFI 曲线

针对 RO 工艺，尽可能提高膜通量和回收率是设计与运行的倾向主观目标，但是，膜通量和回收率取值大小与进水水质状况有关，水质较好，可以提高膜通量和(或)回收率，相反亦然。

在实际的 RO 膜表面上，存在过滤主流和错流，通量提高，意味着过滤主流量，过滤流速增加，回收率提高，会使错流量，即横扫流速降低。水中悬浮物和胶体等杂质颗粒，依靠过滤主流很容易沉积在膜上形成污染层，即滤饼层，这种主流过滤形成滤饼层的过程与 MFI 值测试的过程类似，但是，RO 膜表面上的错流在一定范围有可能扫除或部分扫除这种污染层，使过程处于某种平衡状态。

前文已经论述，水质较好的直线段斜率较小、直线平缓，且线段也较长，即在第二区域内，滤饼层内杂质颗粒之间架桥性质均一，形成的滤饼层阻力与滤液总体积成正比的关系。对 RO 而言，此滤饼层的性质由进水水质、过滤主流量决定。如果进水水质较好，即 *MFI* 值较小，直线段较长，以及过滤主流量设计值合理，使滤饼层处于第二区域，这时错流设计值也合理，则横扫流速很容易扫除架桥性质均一的滤饼，从而使 RO 膜表面上的杂质颗粒沉积量和扫除量处于动态平衡，保持正常生产运行。如果盲目提高膜通量和(或)回收率，将会破坏这种平衡，致使滤饼层厚度增加，直至压实滤饼，使运行状态处于第三区域，最终造成污染。

如果水质的 *MFI* 值较大，直线段较短，即使过滤主流量和借流量设计值合理，达到动态平衡，但是，这种平衡性较差，主要原因就是较短的直线段与选取合理的过滤主流量和错流量难于统一起来，尤其 *MFI* 值大，水质恶化，第二区域缩聚成为拐点，实际上就更难做到统一。

至此，可以理解 *MFI* 作为修正污染指数预测值，对 RO 膜装置的设计、运行操作，当然包括膜污染过程，所具有的真实的指导意义。

目前，针对 RO 和 NF 膜，所要求的进水 *MFI* 值与 SDI_{15} 值基本相同，即 *MFI* 值小于 3～5，但是，应注意两者有着本质上的区别。实际上，SDI_{15} 值仍广泛使用，主要原因在于：①SDI_{15} 值大小也能直观反映水中悬浮和胶体等杂质颗粒的多少；②SDI_{15} 值与污染有关，SDI_{15} 值大，或超标，仍能表明污染风险性大；③SDI_{15} 值测试快速简便。

3）技术措施

实践证明，预氯化、混凝、沉淀(澄清)介质过滤、介质吸附、膜法(UF、MP)、pH 调整以及生化处理，是降低进水 SDI_{15} 值的有效技术。

4. 有机物的问题

1）有机物及危害

水中有机物种类繁多，现有的分析技术难以对其区分并定量，目前常用灼烧减量、TOC、UV_{254} 吸光度、COD 等指标，表征水中有机物含量的多少。

通常可以将水分析中的灼烧减量(将蒸发残渣在 800℃下灼烧的残渣)看作为水中有机物的含量(除去碳酸盐分解部分)，此种方法对含盐量较低的比较近似。

水中有机物呈悬浮、胶体和溶解三种形态。天然水中的有机物是十分复杂的分子集合体。其中，可溶物与部分可溶物、胶体的分子结构是以苯环为基本骨架，由醚链(R-O-R′)连接起来，带有羧基、酚基、酮基、醇基、羰等，另外还存在有金属(铁、铝)氧化物、硅酸盐的络合体，被大分子有机物包裹的颗粒，以及生物态颗粒和油的乳浊液，有的则是溶解态的物质。

市政污水、工业废水经处理后，作为工业给水的水源具有以下特性：①相对其他水源，所含有机物成分复杂，受废水来源、处理工艺状况等因素影响较大；②有机物可生化性较低、分子量较小；③溶解性有机物含量相对较高，总有机物含量通常在 50～60 mg COD/L 以上，对 RO 膜仍能造成有机物污染。

污染危害主要表现在：①第一段产水量降低，第一段压差增加，脱盐率可能升高；②有机物作为营养物，促进微生物的大量迅速繁殖，极易导致膜片之间受挤压，产生膜元件严重变形现象；③化学清洗频繁且困难，加速膜性能衰减；④有机物种类较多，存在与膜的相容性问题，当其含量浓缩到一定程度后，有可能溶解有机膜材料。

2）有机物的沉积

SDI_{15}、TOC 值，是选择膜通量的关键指标。相对于 TOC 值，SDI_{15} 值规定性较强，针对不同预处理工艺，膜生产厂家规定 SDI_{15} 值与膜通量有详细直接的关联，最大值小于 5。TOC 值规定应低于 5 mg/L，也有的建议应低于 3 mg/L。SDI_{15} 值是衡量水中悬浮颗粒和胶体多少的指标，TOC 值是衡量有机物的指标，在实际中，超出通量规定的 SDI_{15} 值，会使 RO 膜遭受相当程度的污染，这种现象的出现是一定的、迅速的。但是，对 TOC 指标，在 SDI_{15} 值满足要求下，常表现在较高的 TOC 值，如 10 mg/L 左右，有机物对 RO 膜的污染程度与所规定的 TOC 值大小并不统一。关于这一点，可以由以下内容来进一步说明。

首先以水中杂质颗粒在膜表面沉积为例，水中杂质颗粒滞留在 RO 膜表面上，达到动态平衡时，颗粒受力情况可由式(6-174)表达。

$$\sum F = \sum F_1 + \sum F_2 = 0 \tag{6-174}$$

式中　$\sum F$——颗粒的合力，颗粒达到动态平衡时，合力为零；

$\sum F_1$——颗粒趋向黏附膜表面上的分合力，称趋向黏附分合力，包括过滤水体的主流迁移力、颗粒之间的静电力、颗粒表面吸附力等，其中，主流迁移力大，说明过滤水体水流量大，回收率高；

$\sum F_2$——颗粒趋离膜表面上的分合力，称趋离分合力，包括布朗扩散力、惯性扩散力、剪切扩散力等。

在实际膜分离过程，如图 6-31 所示，膜表面存在一定流量的错流，或称横流。按流态性质，错流可分为层流和紊流。靠近膜表面的错流可看作层流，离膜表面较远的水流，因隔网作用，呈现紊流状态，称为紊流。层流实为剪切流，存在剪切扩散力，同时，层流又是表面流、错流，能产生惯性扩散力，这两种力能避免杂质间黏结与聚集和沉积量的增加。紊流是表面流的主体，起输送排除水中杂质颗粒的作用，达到整体进出水中杂质颗粒的平衡。另外，层流中的颗粒浓度高于紊流层，存在布朗运动以及布朗扩散力。因此，剪切扩散力、惯性扩散力与布朗扩散力在膜分离技术过程中是普遍性存在的，这三种力的大小决定着这三种扩散速率的高低，对剥离累积黏附在膜表面上的颗粒物质有直接影响，决定着杂质颗粒是否沉积在膜表面上。

（1）布朗扩散速率：

$$V_B = \frac{KT}{3\pi\mu \times r_0 d_p} \tag{6-175}$$

式中　V_B——布朗扩散速率(cm/s)；

K——波兹曼常数(1.38×10^{-10} J/K)；

T——开尔文温度(K)；

r_0——中空纤维膜半径(cm)；

μ——动力学粘度($N\cdot s/m^2$)；

d_p——颗粒直径(μm)。

(2) 惯性扩散速率：

$$V_L = \frac{u_0^2 \times d_p^3}{32\mu \times r_0^2} \tag{6-176}$$

式中 V_L——惯性力扩散速率(cm/s)；

u_0——中空纤维膜中心轴处的最大水流速度(cm/s)；

μ——动力学粘度(cm^2/s)。

(3) 剪切扩散速率：

$$V_S = \frac{0.05u_0 \times d_p^2}{4r_0^2} \tag{6-177}$$

式中，V_S 为剪切扩散速率(cm/s)。

依据式(6-175)—式(6-177)，可以得出以下结论：

(1) 杂质颗粒粒径越小，颗粒的布朗扩散速率越高，惯性力扩散速率和剪切扩散速率越小，布朗扩散速率占主要作用，趋离分合力$\sum F_2$ 的大小主要由布朗扩散力决定。杂质颗粒是否沉积在膜表面上，取决于趋向黏附分合力$\sum F_1$ 和布朗扩散力之间的对抗结果。粒径越小，颗粒之间的静电力和颗粒表面吸附力等将起主要作用，并呈现出更复杂化。

膜表面流速对布朗扩散速率无影响，但惯性力扩散速率和剪切扩散速率有影响。膜表面流速增大，即横扫流速增大，惯性扩散力、剪切扩散力会增大，致使紊流层增厚并紊流程度会加剧，层流层变薄，可缩短布朗扩散距离以有利于扩散。同时，在一定的进水流量下，增大横扫流速势必使过滤主体流速减小，即主流迁移力会减小，造成$\sum F_1$ 有减小趋势，有利于减少颗粒的沉积量。

(2) 粒径越大，颗粒的布朗扩散速率越小，但惯性扩散速率和剪切扩散速率越大，这两种力在趋离分合力$\sum F_2$ 中起主要作用。粒径越大，趋向黏附分合力$\sum F_1$中颗粒之间的静电力，甚至颗粒表面吸附力将趋向微弱，主流迁移力将会凸现。惯性力、剪切力与主流迁移力之间的大小，决定着水中杂质颗粒沉积在膜表面上的量的多少。横扫流速的增大，会使$\sum F_2$ 增大、$\sum F_1$ 减小，有利于减少颗粒的沉积量。

RO 装置运行结果表明，在进水 $SDI_{15}<5$、$TOC<3$ mg/L 的条件下，选取的规定膜通量，均能得到满意的运行效果；在有机物含量较高，如 *TOC* 值在 5～10 mg/L的情况下，一些装置运行正常，另一些则出现有机物污染现象比较严重。这说明水中有机物的多少以及成分性质，对 RO 膜造成有机污染具有特殊性。

构成 TOC 值的水中有机物质呈溶解性、胶体、颗粒等三种状态。水源水质不同，三种状态的物质含量不同，并且物质性质也会不同。根据上述结论，这些有机物在 RO 膜表面上能否发生沉积、造成污染，主要取决于颗粒粒径以及操作运行条件等，其中，胶体在层流状态中聚集在膜表面上时，因本身带电性质，产生静电斥力，减少趋向黏附分合力$\sum F_1$ 至零，从而避免这种物质的在膜面上的聚集和沉积。因此，微粒、胶体状态的有机物含量相对较多的情况下，较高的 *TOC* 值，产生有机污染的机会较少。

相比之下，水中溶解性的有机物造成 RO 膜有机污染的过程和机理较复杂，主要表现在：①溶解性的有机物并不能体现颗粒、胶体那样的共性，因有机物种类较多，情况性质多有不同；②有机物与水分子的作用，或水化作用，以及本身之间的电负性问题；③有机物的电负性与 RO 膜表面电负性的问题；④有机物与水中金属离子的螯合问题；⑤RO 装置操作条件；等等。这些内容均能影响溶解性有机物在膜面上的聚集和沉积结果以及污染程度。

但是，已经陈述的颗粒沉积在膜表面上的受力情况分析，仍有实际的指导性意义，如，针对小分子溶解性有机物，在层流中，存在浓度级差，浓度扩散仍起作用；提高惯性扩散、剪切扩散程度，增大$\sum F_2$，减小$\sum F_1$，即增大横扫流速，减小主流迁移量，这在实际中是常用的防治有机物污染的措施。

总之，根据膜制造商提供的设计导则，以及实际运行情况分析，RO 进水以 SDI_{15} 值与 TOC 值作为表征有机物污染的指标还有其不足之处，需要进一步研究和确定，如有机物成分、性质以及与水中其他物质的相互影响。毋庸置疑，SDI_{15} 值、TOC 值处于较高数值，作为预知有机物污染的高风险性，仍有一定的参考价值。

3）常用的处理技术

根据不同的水源，以及有机物种类、特性，为了降低水中有机物含量（TOC 值），常用的处理技术有：预氯化、混凝、沉淀（澄清）介质过滤；介质吸附-活性炭；膜法（UF、MF）；深度生化；药剂软化和 pH 调整等工艺。

5. 结垢控制

1）结垢过程

水质结垢是 RO 装置最普遍的现象。在运行过程中，进水一部分透过 RO 膜成为低含盐量的产品水，另一部分未透过去的成为高含盐量的浓水，整个过程称为 RO 膜脱盐。通常，在脱盐率 97%和回收率 75%的设计条件下，浓水离子浓度接近进水的 4 倍，并且浓水 pH 值趋向升高，其结果为水中溶解的各种物质极易失稳析出，沉积在膜表面上，造成膜污染与污堵。因此，采用有效的技术措施，阻止水质结垢，是确保 RO 膜性能与装置正常运行的基础。

化学结垢物大致可分为两类：

一类是 $CaCO_3$、$CaSO_4$、$BaSO_4$、$SrSO_4$、CaF_2、$Ca_3(PO_4)_2$ 等无机盐垢类。在 RO 膜脱盐过程中，浓水中某种盐类的离子积大于相同温度下的溶度积时，该盐类物质就会失稳析出。盐类物质具体析出多少、何时析出，受很多因素的制约和影响。

另一类是 Fe、Al、Mn、SiO_2 及其他胶体物质。实践表明，SiO_2 的析出受多种因素影响，如 Fe、Al、Mn、水温、pH 值等。Fe、Al、Mn 除了本身能形成胶体垢之外，还与硅酸盐一起形成难溶的复盐，形成过程也较为复杂。因此，凡是 Fe、Al、Mn、SiO_2 中有一个或多个指标偏高的系统，应仔细斟酌选择合适的处理工艺，包括加药处理措施。

防止 RO 膜结垢的方法主要有：①降低回收水率，避免浓缩倍数过大；②钠离子交换为软化水质，以去除水中 Ca^{2+}、Mg^{2+}、Ba^{2+} 和 Sr^{2+} 等易结垢离子；③加酸调节 pH，以降低 CO_3^{2-} 及 HCO_3^- 浓度，防止 $CaCO_3$ 结垢；④投加阻垢分散剂，防止 $CaCO_3$、$CaSO_4$、$BaSO_4$、$SrSO_4$、CaF_2、$Ca_3(PO_4)_2$、SiO_2 等结垢。

降低回收率，浪费水资源，经济性较差，仅适用于小型 RO 装置；离子交换软化，投资较高，实际上已经很少采用；加酸调节 pH 值，仅能降低 $CaCO_3$ 结垢风险，对 $CaSO_4$、$SaSO_4$、$SrSO_4$、CaF_2 等结垢没有控制作用，且其操作条件差，环境污染大，维护也复杂。目前，投加阻垢分散剂，是较普遍的经济实用的方法。优良的阻垢分散剂，具有防止 $CaCO_3$、$CaSO_4$、$BaSO_4$、$SrSO_4$、CaF_2、$Ca_3(PO_4)_2$、SiO_2 等结垢，同时对水中其他杂质，包括有机物、胶体，还具有分散作用，阻止这些杂质在膜表面上沉积，以减轻膜污染的程度。

2）阻垢原理

无机垢的形成过程可分为形成过饱和溶液、生成晶核、晶核成长与形成晶体。这三个过程一个遭到破坏，结垢即被减缓或抑制。阻垢剂通过以下作用，有效破坏其中的一个或几个过程，以达到阻垢目的。

螯合增溶作用：是指阻垢剂与 Ca^{2+} 、Mg^{2+} 、Sr^{2+} 、Ba^{2+} 等高价金属离子，络合成稳定的水溶性螯合物，使水中游离态 Ca^{2+} 、Mg^{2+} 的浓度相应降低，这样就好像使 $CaCO_3$ 等物质的溶解度增大了，本来会析出的 $CaCO_3$ 等物质实际上并没有析出与沉淀。

阻垢剂的阈限效应，是指向溶液中加入少量的阻垢剂，就能稳定溶液中大量的结垢离子，它们之间不存在严格的化学计量关系。当阻垢剂的投加量增至过大时，其阻垢效果并无明显增加。通常，阻垢剂具有这种阈限效应的阻垢性能。

晶格畸变作用：晶体正常形成，是微粒子（离子、原子或分子）按一定排列规则的方式，形成外形规则、熔点固定、致密坚固物质结构的过程。晶格畸变，是指在晶体生长的过程中，常常会由于晶体外界的一些原因，使晶体存在空位、错位或形成镶嵌构造等现象，造成同一晶体内各晶面发育差异。实际上，这种差异会导致晶体内部的应力，从而使晶体不稳定，当环境发生某些变化时，晶体极易会碎裂成更小的晶体。

阻垢分散剂分子吸附在晶体活性生长的晶格点阵上，使晶体不能按照晶格排列正常生长而发生畸变，同时晶体内部的应力增大，导致晶体破裂难以沉积成垢，阻垢剂的晶格畸变过程如图 6-41 和图 6-42 所示。

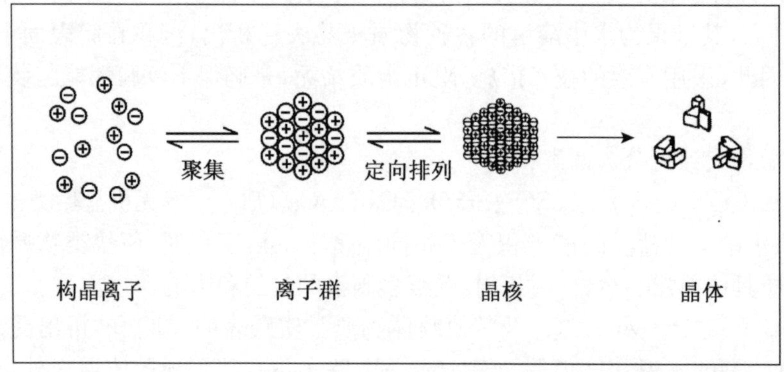

图 6-41　晶体生长过程

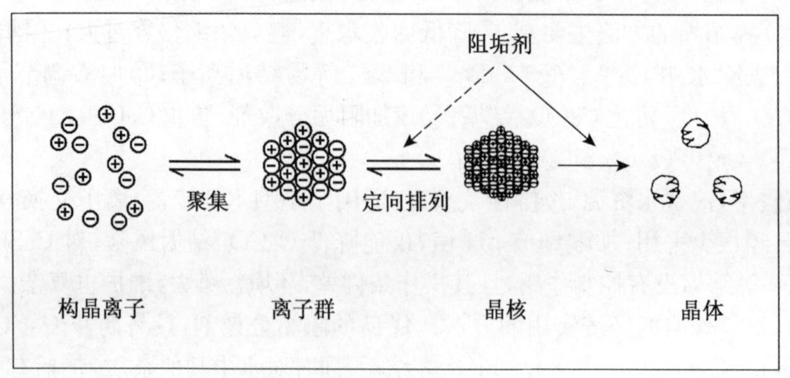

图 6-42　阻垢剂对晶体生长的影响

吸附分散作用：阻垢分散剂，属于阴离子有机化合物，能吸附于微晶颗粒表面上，改变原有的电荷状况，形成新的双电层，因同性电荷相排斥而使微晶颗粒处于稳定分散状态。

确定 RO 装置是否发生化学结垢现象，以及采取何种阻垢措施，首先需要对水质进行结垢倾向计算。所谓结垢倾向计算，是指对结垢对象，选用特定的判断标准，对所涉的工艺参数进行计算，从而判断水中物质结垢的可能性。通常，结垢倾向计算内容包括 $CaCO_3$、$CaSO_4$、$BaSO_4$、$SrSO_4$、CaF_2、SiO_2 等部分。

3) $CaCO_3$ 结垢倾向计算

一般情况下，进水中均含有较多的钙离子(Ca_2^+)与碳酸氢根离子(HCO_3^-)，其中 CO_2、HCO_3^-、CO_3^{2-}、H^+ 构成碳酸平衡。针对 RO 脱盐过程，由于膜的选择性，浓水中构成碳酸的各成分与 pH 值发生了较大的变化，容易使 $CaCO_3$ 结晶析出。因此，$CaCO_3$ 结垢倾向计算是必须的。

判断 $CaCO_3$ 结垢倾向，通常采用朗格里尔指数(LSI)和斯蒂夫和大卫饱和指数($S\&DSI$)法则，LSI 值和 $S\&DSI$ 值分别由式(6-178)和式(6-179)确定。

$$LSI = pH_c - pH_s \quad (TDS \leqslant 10\,000 \text{ mg/L}) \tag{6-178}$$

$$S\&DSI = pH_c - pH_{ss} \quad (TDS > 10\,000 \text{ mg/L}) \tag{6-179}$$

式中　pH_c——运行温度下，水的实际 pH 值；

pH_s，pH_{ss}——$CaCO_3$ 饱和时，水的 pH 值。

根据浓水 LSI 值，判断浓水 $CaCO_3$ 结垢倾向的法则如下：若 $LSI<0$，则有 $CaCO_3$ 溶解倾向；若 $LSI=0$，则 $CaCO_3$ 处于饱和状态；若 $LSI>0$，则有 $CaCO_3$ 结垢倾向。

在 $CaCO_3$、$CaSO_4$、$BaSO_4$、$SrSO_4$、CaF_2、SiO_2 等结垢倾向计算前，需要建立如下前提条件：

① 浓水温度(t_c)等于进水温度(t_f)。

② 浓水离子强度(μ_c)等于进水离子强度(μ_f)乘以浓缩系数(CF')，即

$$\mu_c = CF' \times \mu_f \tag{6-180}$$

$$\mu_f = \frac{1}{2}\sum C_i z_i^2 \approx 2.5 \times 10^{-5} \times (TDS) \tag{6-181}$$

$$\lg f_A = -0.5 \times [Z_A] \times \frac{\sqrt{\mu}}{1+\sqrt{\mu}} \tag{6-182}$$

式中，f_A 为 A 离子的活度系数。

③ 浓缩系数(CF')由下式求得：

$$CF' = CPR \times \frac{1 - Y \times [1 - (SR)']}{1 - Y} \tag{6-183}$$

浓差极化因子(CPF)由式(6-116)求得，即 $CPF = \frac{C_s}{C_f} = 1.2$。

④ 浓水$[HCO_3^-]_c$ 和进水$[HCO_3^-]_f$ 关系，即

$$[HCO_3^-]_c = \frac{1 - Y \times (SP)}{1 - Y} \times [HCO_3^-]_f \tag{6-184}$$

式中，SP 为 HCO_3^- 对 RO 膜的透过率(%)，针对芳香族聚酰胺复合膜，与 pH 值关系如图 6-43所示。

⑤ CO_2 及其他气体的问题，即 RO 膜对 CO_2 及其他气体无脱除性能，故浓水$[CO_2]_c$与进水$[CO_2]_f$ 相同，即

$$[CO_2]_c = [CO_2]_f \tag{6-185}$$

(1) 浓水 pH_s 值

$$pH_s = (9.30 + A + B) - (C + D) \tag{6-186}$$

$$A = \frac{\lg([TDS]_c) - 1}{10} \tag{6-187}$$

$$B = -13.12 \times \lg(t_c + 273) + 34.55 \tag{6-188}$$

$$C = \lg([Ca^{2+}]_c) - 0.4 \tag{6-189}$$

$$D = \lg([ALK]_c) \tag{6-190}$$

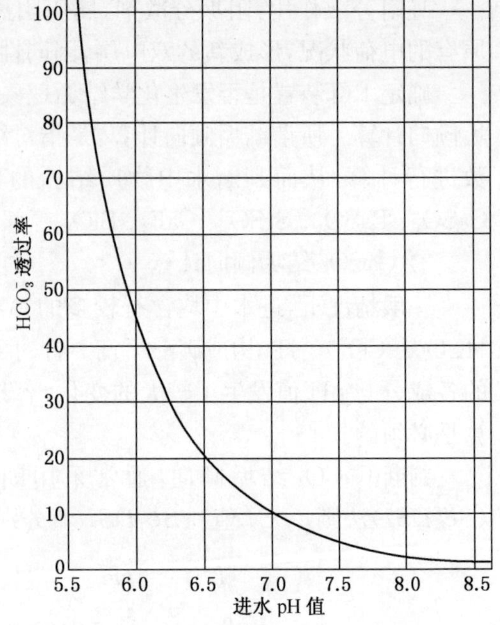

图 6-43　HCO_3^- 透过率与 pH 值的关系

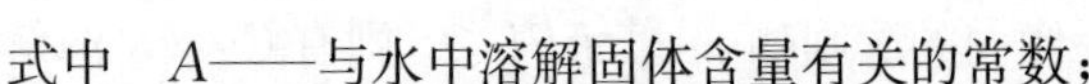

式中　A——与水中溶解固体含量有关的常数；

$[TDS]_c$——总溶解固体含量(mg/L)；

B——与水的温度有关的常数；

t_c——水温(℃)；

C——与水中钙硬度有关的常数；

D——与水中全碱度有关的常数；

$[ALK]_c$——碱度(mg/L，以 $CaCO_3$ 计)。

浓水 pH_s 值计算步骤如下：

① 浓水总溶解固体$[TDS]_c$ 含量计算：

$$[TDS]_c = CF' \times [TDS]_f \tag{6-191}$$

故由式(6-187)得出 A 值。

② 浓水温度(t_c)取进水温度(t_f)，由式(6-188)得出 B 值。

③ 浓水钙浓度$[Ca^{2+}]_c$ 计算：

$$[Ca^{2+}]_c = CF' \times [Ca^{2+}]_f \tag{6-192}$$

故由式(6-189)得出 C 值。

④ 浓水碱度$[ALK]_c$ 计算：

$$[ALK]_c = [HCO_3^-]_c + [CO_3^{2-}]_c + [OH^-]_c \tag{6-193}$$

$$[CO_3^{2-}]_c = CF' \times [CO_3^{2-}]_f \tag{6-194}$$

$[HCO_3^-]_c$ 由式(6-184)求得，$[OH^-]_c$ 取决于浓水 pH 值，相对较小，可忽略。故由式

(6-190)，得出 D 值。

⑤ 由式(6-186)计算浓水 pH_s 值。

(2) 浓水 pH_c 值

实际运行中，由于 RO 膜对水中的 CO_2、HCO_3^- 和 CO_3^{2-} 透过率不同和浓缩的原因，浓水 CO_2、HCO_3^- 和 CO_3^{2-} 浓度以及沿程 pH 值均发生变化，浓水碳酸成分沿程构成不同平衡，使 pH_c 值的计算变得较为复杂。控制 pH_c 值的平衡包括碳酸电离平衡、水电离平衡、电荷平衡、质量守恒等四种平衡。

① 碳酸电离平衡 K_1，K_2

$$H_2CO_3 = H^+ + HCO_3^- \tag{6-195}$$

$$HCO_3^- = H^+ + CO_3^{2-} \tag{6-196}$$

$$K_1 = \frac{[f_{c1}H^+]_c \times [f_{c1}HCO_3^-]_c}{[H_2CO_3]_c} = \frac{[f_{c1}H^+]_f \times [f_{c1}HCO_3^-]_f}{[H_2CO_3]_f} \tag{6-197}$$

$$K_2 = \frac{[f_{c1}H^+]_c \times [f_2CO_3^{2-}]_c}{[f_{c1}HCO_3^-]_c} = \frac{[f_{c1}H^+]_f \times [f_2CO_3^{2-}]_f}{[f_{c1}HCO_3^-]_f} \tag{6-198}$$

② 水电离平衡 K_w

$$H_2O = H^+ + OH^- \tag{6-199}$$

$$K_w = [H^+]_c \times [OH^-]_c \tag{6-200}$$

③ 电荷守衡 $\sum me = K'$

$$\begin{aligned}&[HCO_3^-]_c + 2 \times [CO_3^{2-}]_c + [OH^-]_c - [H^+]_c = \\ &CF \times ([HCO_3^-]_f + 2 \times [CO_3^{2-}]_f + [OH^-]_f - [H^+]_f)\end{aligned} \tag{6-201}$$

④ 质量守衡 $\sum M = K''$

$$\begin{aligned}&61 \times (1-Y)(1-SP)[HCO_3^-]_c + 60 \times (1-Y)[CO_3^{2-}]_c + 44 \\ &\times [CO_2]_c + 61 \times Y \times SP[HCO_3^-]_c \\ &= 61 \times [HCO_3^-]_f + 60 \times [CO_3^{2-}]_f + 44 \times [CO_2]_f\end{aligned} \tag{6-202}$$

利用式(6-195)—式(6-202)，求解$[HCO_3^-]_c$、$[CO_3^{2-}]_c$、$[CO_2]_c$、$[H^+]_c$、$[OH^-]_c$ 各值，浓水 $pH_c = lg[H^+]_c$ 值。

同理，也可求解产水 pH_p 值。

根据实际情况，若进水$[CO_2]$值较低，且浓度变化不大，认为浓水$[H_2CO_3]_c$ 等于进水$[H_2CO_3]_f$，按下述方式简化计算浓水 pH_c 值。

由式(6-197)，且式(6-184)成立，则

$$[H^+]_c = [H^+]_f \times \left[\frac{1-Y}{1-Y \times (SP)}\right] \times \frac{f_{f1}^2}{f_{c1}^2} \tag{6-203}$$

$$pH_c = pH_f + lg\left[\frac{1-Y \times (SP)}{1-Y}\right] + 2 \times lg f_{c1} - 2 \times lg f_{f1} \tag{6-204}$$

针对通常水源水质，若考虑 f_{f1}，f_{f2}，SP 等因素，对实际情况影响较小，可进一步简化，

浓水 pH_c 值按下式计算：

$$pH_c = pH_f + \lg\left(\frac{1}{1-Y}\right) \tag{6-205}$$

由此可以得出，在通常水质含有碱度的情况下，浓水 pH_c 值的变化大小，主要与进水 pH_f、RO 装置回收率 y 有关。在回收率 75%时，浓水 pH_c 值要比进水 pH_f 高约 0.6 个单位，这与多数情况基本相同。

由式(6-179)，计算浓水 $LSI = pH_c - pH_s$ 值。

(3) 判断 $CaCO_3$ 结垢倾向

① 未加阻垢剂情况：若 $LSI<0$，有 $CaCO_3$ 溶解倾向；若 $LSI>0$，有 $CaCO_3$ 溶解倾向。

② 加阻垢剂情况。若选用国产 TJ-100 和 TJ-200 阻垢分散剂，则判断依据如下：TJ-100 药剂允许在 $LSI\leqslant 3.2$ 的情况下，可控制 $CaCO_3$ 结垢；TJ-200 药剂允许在 $LSI\leqslant 3.5$ 的情况下，可控制 $CaCO_3$ 结垢。

4) $CaSO_4$、$BaSO_4$、$SrSO_4$、CaF_2、$Ca_3(PO_4)_2$ 结垢倾向计算

(1) 难溶盐在水中存在如下平衡：

$$A_nB_m = n[A^{+m}] + m[B^{-n}] \tag{6-206}$$

溶度积 K_{sp}，是多相离子平衡的平衡常数，计算式如下：

$$K_{sp} = [A^{+m}]^n \times [B^{-n}]^m \tag{6-207}$$

水中常见的 $CaSO_4$、$BaSO_4$、$SrSO_4$、CaF_2 和 $Ca_3(PO_4)_2$ 等难溶盐 K_{sp}，详见表 6-27。作为估算，pH 和温度对 K_{sp} 的影响可忽略不计。

离子积 IP_c，是指溶液中难溶盐离子实测浓度的乘积，若离子浓度较高，应考虑离子活度，IP_c 计算式如下：

$$IP_c = [f_m A^{+m}]^n \times [f_n B^{-n}]^m \tag{6-208}$$

(2) 浓水 $CaSO_4$ 结垢倾向计算步骤：

① 浓水$[Ca^{2+}]_c$、$[SO_4^{2-}]_c$ 计算：

$$[Ca^{2+}]_c = CF' \times [Ca^{2+}]_f \tag{6-209}$$

$$[SO_4^{2-}]_c = CF' \times [SO_4^{2-}]_f \tag{6-210}$$

② 考虑浓水中其他离子的影响，计算浓水离子强度。由式(6-180)—式(6-182)得 μ_c，μ_f，f_{c2} 各值。

③ 浓水离子积 IP_c 计算：

$$IP_c = (f_{c2} \times [Ca^{2+}]_c) \times (f_{c2} \times [SO_4^{2-}]_c) \tag{6-211}$$

表 6-27　难溶盐溶度积

化合物	分子式	温度/℃	溶度积 K_{sp}	$-\lg K_{sp}$
氢氧化铝	$Al(OH)_3$	25	3×10^{-34}	33.5
磷酸铝	$AlPO_4$	25	9.84×10^{-21}	20
碳酸钡	$BaCO_3$	25	2.58×10^{-9}	8.6

（续表）

化合物	分子式	温度/℃	溶度积 K_{sp}	$-\lg K_{sp}$
硫酸钡	$BaSO_4$	25	1.1×10^{-10}	10
碳酸钙	$CaCO_3$	25	方解石：3.36×10^{-9} 文石：6×10^{-9}	8.5 8.2
氟化钙	CaF_2	25	3.45×10^{-11}	10.5
磷酸钙	$Ca_3(PO_4)_2$	25	2.07×10^{-33}	32.7
硫酸钙	$CaSO_4$	25	4.93×10^{-5}	4.3
氢氧化亚铁	$Fe(OH)_2$	25	4.87×10^{-17}	16.3
硫化亚铁	FeS	25	8×10^{-19}	18.1
氢氧化铁	$Fe(OH)_3$	25	2.79×10^{-39}	38.6
水合磷酸铁	$FePO_4\cdot2H_2O$	25	9.91×10^{-16}	15
碳酸铅	$PbCO_3$	25	7.4×10^{-14}	13.1
氟化铅	PbF_2	25	3.3×10^{-8}	7.5
硫酸铅	$PbSO_4$	25	2.53×10^{-8}	7.6
氨化磷酸镁	$MgNH_4PO_4$	25	2.5×10^{-13}	12.6
碳酸镁	$MgCO_3$	12 25	2.6×10^{-5} 6.82×10^{-6}	4.58 5.17
氟化镁	MgF_2	18 25	7.1×10^{-9} 5.16×10^{-11}	8.15 10.3
氢氧化镁	$Mg(OH)_2$	18 25	1.2×10^{-11} 5.16×10^{-12}	10.9 11.25
磷酸镁	$MG_3(PO_4)_2$	25	1.04×10^{-24}	24
氢氧化锰	$Mn(OH)_2$	18 25	4.0×10^{-14} 2×10^{-13}	13.4 12.7
碳酸锶	$SrCO_3$	25	5.6×10^{-10}	9.25
硫酸锶	$SrSO_4$	17.4	3.8×10^{-7}	6.42
碳酸锌	$ZnCO_3$	25	1.46×10^{-10}	9.84

（3）判断 $CaCO_3$ 结垢倾向

① 未加阻垢剂情况：$IP_c > K_{sp}$，过饱和溶液，有结垢倾向；$IP_c < K_{sp}$，不饱和溶液，无结垢倾向，有溶解倾向；$IP_c = K_{sp}$，饱和溶液，离子与沉淀物之间处于化学平衡状态。为慎重起见，一般要求 $IP_c \leqslant 0.8\,K_{sp}$。

② 加阻垢剂情况。若选用国产 TJ-500 和 TJ-708 型阻垢分散剂，则判断依据如下：TJ-500 药剂允许在 $IP_b < 3.5\,K_{sp}$ 的情况下，可控制 $CaSO_4$ 结垢；TJ-708 药剂允许在 $IP_b < 10\,K_{sp}$ 的情况下，可控制 $CaSO_4$ 结垢；$BaSO_4$、$SrSO_4$、CaF_2 和 $Ca_3(PO_4)_2$ 等结垢倾向计算，可参照上述步骤。

5）硅结垢倾向计算

水中硅含量通常以全硅和活性硅（可溶硅）来表示，非活性硅（胶体硅）由全硅减去活性硅可得，硅含量单位为 $mg(SiO_2)/L$。

水中硅较为复杂，它能以不同形态和方式在 RO 膜表面上形成硅垢。实践证明，沉积在 RO 膜表面上的硅垢时间越长，化学清洗难度越大，恢复膜性能越困难。因此，防止硅污染是极其重要的。

(1) 硅的存在形式

在 pH<8 时,溶解硅以硅酸形式存在。硅酸形式多种多样,其组成随形成条件而不同,常以通式 $x\mathrm{SiO_2} \cdot y\mathrm{H_2O}$ 表示。现已证实,具有一定稳定性并能独立存在的,有偏硅酸 $\mathrm{H_2SiO_3}$($x=1$, $y=1$)、二偏硅酸 $\mathrm{H_2Si_2O_5}$($x=2$, $y=1$)、正硅酸 $\mathrm{H_4SiO_4}$($x=1$, $y=2$)和焦硅酸 $\mathrm{H_6Si_2O_7}$($x=2$, $y=3$)。当改变条件(浓缩或添加其他电解质)时,硅酸将逐渐缩合形成多硅酸的胶体溶液(即硅酸溶胶或硅酸盐)或生成含水量较大,软而透明,有弹性的硅酸凝胶。

硅酸沉积通式:

$$x\mathrm{SiO_2} \cdot y\mathrm{H_2O} \rightarrow x\mathrm{SiO_2} + y\mathrm{H_2O} \tag{6-212}$$

水中溶解硅以 $\mathrm{Si(OH)_4}$ 为主的沉积式:

$$\mathrm{SiO_2} \cdot 2\mathrm{H_2O} \rightarrow \mathrm{Si(OH)_4} \rightarrow \mathrm{SiO_2} + 2\mathrm{H_2O} \tag{6-213}$$

pH>8 时,此时硅酸电离为硅酸根,硅的溶解度增加。若水中含有金属阳离子,将形成硅酸盐。硅酸盐可分为可溶性和不溶性两大类,钠、钾硅酸盐是溶解盐,其他一些是不溶性的,或溶解度较低。

SDI_{15} 值小于 5,表明水中含有的硅主要是溶解性的,即硅酸或硅酸盐。在 RO 运行中,由于膜的拦截和浓缩作用,膜表面上的硅、pH 值、含盐量均是逐渐增高的,溶解性硅酸在 RO 膜上形成多硅酸的胶体、或与已经被浓缩的金属离子形成硅酸盐;同样,溶解性的硅酸盐在膜上被浓缩很容易超过其溶解度而发生沉淀,或与水中的三价离子结合极难溶的复合硅酸盐,这些均是 RO 膜遭受硅污染的主要原因。

对胶体硅而言,常规水处理工艺是非常有效的处理技术,对于溶解硅,主要途径有两种:①药剂软化法,降低水中硅含量;②添加阻垢分散剂法,防止硅沉积。第二种最常用,具有设施简单、运行成本低、操作维护简便等优点,若此方法超出控制范围,才考虑采用第一种,或联用。

(2) 硅的溶解度

图 6-44、图 6-45 分别表示温度和 pH 值对 $\mathrm{SiO_2}$ 溶解度的影响情况。在 15 ℃和中性 pH 时,硅的溶解度为 106 mg ($\mathrm{SiO_2}$)/L。当硅酸浓度大于 106 mg/L 时,硅开始析出沉积。一些实际情况显示,硅的结晶析出是一个缓慢的过程,许多 RO 浓水的硅酸浓度达 140 mg/L 左右时,仍可安全运行。从这一点上,可以看出保证 RO 膜面上有足够的横扫流速是非常必要的。

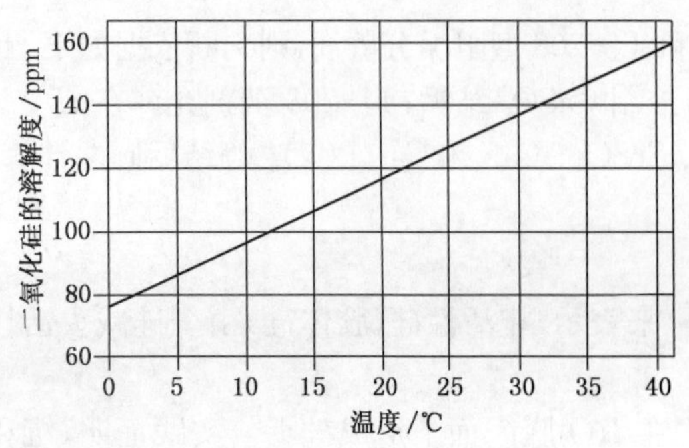

图 6-44 温度对 $\mathrm{SiO_2}$ 溶解度的影响

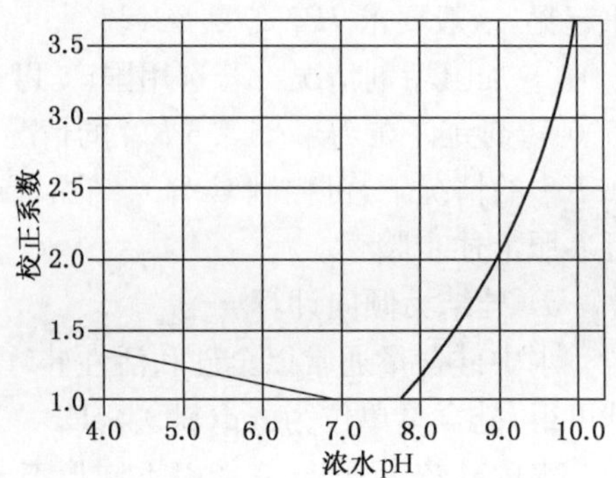

图 6-45 $\mathrm{SiO_2}$ 溶解度的 pH 值校正系数

但是，应该注意到，硅污染非常复杂，影响因素也很多，过饱和状态是极不稳定的，硅垢化学清洗较困难，对此应有足够的认识。

(3) 浓水 SiO_2 计算

浓水 SiO_2 含量：

$$[SiO_2]_c = CF' \times [SiO_2]_f \tag{6-214}$$

浓水 SiO_2 溶解极限值 $[SiO_2]_{lit}$：

$$[SiO_2]_{lit} = [SiO_2]_t \times \alpha \tag{6-215}$$

式中　$[SiO_2]_t$——与温度有关的溶解度，参见图 6-44；

α——与 RO 浓水 pH 值有关的校正系数，参见图 6-45。

(4) 判断 SiO_2 结垢倾向

① 未加阻垢剂情况：当 $[SiO_2]_c \leqslant [SiO_2]_{lit}$ 时，未产生 SiO_2 沉淀；当 $[SiO_2]_c > [SiO_2]_{lit}$ 时，产生 SiO_2 沉淀。

② 加阻垢剂情况。若选用国产 TJ-500 和 TJ-708 型阻垢分散剂，则判断依据如下：TJ-500，$[SiO_2]_c \leqslant 280$ mg/L，不会产生 SiO_2 沉淀；TJ-708，$[SiO_2]_c \leqslant 300$ mg/L，不会产生 SiO_2 沉淀。

6) 阻垢剂的应用

(1) 阻垢剂的种类

阻垢剂对防止难溶盐在 RO 膜表面上析出沉淀(即结垢)是十分有效的。对阻垢剂的一般要求：阻垢效率高，与膜、混凝剂具有兼容性，货源充足，价格低廉。目前应用的阻垢剂有以下几类：

六偏磷酸钠是传统的低成本的阻垢剂，但阻垢效率一般，成分不稳定，在使用中，会水解成正磷酸盐，在 pH 中性或碱性状态下，极易与钙离子形成磷酸钙沉淀，该药剂已逐渐被有机类型的阻垢剂所替代。

低分子量的有机磷酸(盐)药剂，具有阻垢效率高、物化性能稳定的优点，是目前常用的阻垢剂。

高分子量的聚丙烯酸酯药剂(分子量 6 000～25 000)，具有阻垢效率高、分散性好、物化性能稳定的优点。

以下列举两种国产 TJ 系列 RO 阻垢剂以供参考使用。

TJ-100 型 RO 阻垢剂是一种高效阻垢剂，适用范围宽，特别适用于金属氧化物、硅和无机垢类含量高的水质，且与混凝剂(絮凝剂)具有良好的兼容性。

性能特点：

① 适合于不同类型 RO 膜、NF 膜。

② 在较宽的浓度范围内，可有效地控制碳酸钙结垢，最大 *LSI* 允许值为 2.8。

③ 能有效地控制铁、铝和其他重金属，反渗透进水侧铁的浓度允许达 8 ppm。

④ 能有效地控制硅的析出，浓水侧硅的浓度允许达 290 mg/L(以"SiO_2"计)。

⑤ 在进水 pH 值很大范围内均有效，适应于各种水质，能安全用于饮用水处理系统。

⑥ 物化性能稳定，不易分解，不会助长装置中微生物繁殖。

主要理化指标：

① 标准溶液：澄清浅棕色液体，pH 1.5±0.5，比重 1.08±0.05；

② 浓缩溶液：澄清无色透明液体，pH 2.5±0.5，比重 1.45±0.05。

TJ-300 型 RO 阻垢剂性能特点：

① 适合于不同类型 RO 膜、NF 膜。

② 能有效地控制碳酸钙、硫酸钙、硫酸钡、硫酸锶、氟化钙等，浓水中 *LSI* 最大允许值为 3.2，硫酸钙浓度允许达 10 倍 K_{sp}（溶度积），硫酸钡浓度允许达 2 500 倍 K_{sp}、硫酸锶浓度允许达 1 200K_{sp}、氟化钙浓度允许达 13 000 K_{sp}；在进水 pH 值很大范围内均有效，适应于各种水质，能安全用于饮用水处理系统。物化性能稳定，不易分解，不会助长装置中微生物繁殖。

主要的理化指标：

① 标准溶液：澄清浅棕色液体，pH(2.0±0.5)，相对密度(1.10±0.05)；

② 浓度溶液：澄清浅棕色液体，pH(10±0.5)，相对密度(1.30±0.05)。

(2) 配置与投加

根据水质资料分析，按照药剂说明，或通过软件计算分析，确定阻垢剂品种和加药量，例如将设计参数输入"TJ 药剂 TJ-RODOSE PRO 2.800 软件"，可迅速得出所需结果。TJ 系列 RO 阻垢剂的典型加药量为 1～5 mg/L（以标准药液计），即每升进水中投加 1～5 mg（标准溶液量）的阻垢剂。若药剂为 8 倍浓缩液，即稀释八倍为标准液。

投加设备包括计量泵、计量箱、搅拌器、注入阀等。

RO 阻垢剂采用液体投加方式。以标准液计，配制浓度一般为 10%～30%，配置水为 RO 产水或脱盐水。

溶液计量箱容积由式(6-216)计算：

$$V = k \times \frac{24 \times 100 \times q \times Q_f}{1\,000 \times 1\,000 \times C \times n \times \rho} \tag{6-216}$$

式中 V——溶液计量箱容积(m^3)；

Q_f——进水流量(m^3)；

q——加药剂量(mg/L)；

p——阻垢剂标准液密度(g/L)；

C——溶液配制浓度，一般取 10%～30%；

n——配制次数，一般取 3～6 天一次；

k——安全系数，一般取 1.1～1.2。

计量泵最大投加量由式(6-217)计算：

$$Q_q = z \times \frac{q \times Q_f}{1\,000 \times x \times y} \tag{6-217}$$

式中 Q_q——计量泵最大出力(L/h)；

Q_f——进水流量(m^3/h)；

q——加药剂量(mg/L)；

x——计量泵冲程(%)；

y——计量泵频率(speed)；

$x \cdot y$——一般取 20%～80%；

z——稀释倍数，一般取 3～10 倍。

6. pH 值调整

为了防止高分子膜水解，需要控制进水 pH 值。CA 膜的 pH 范围比较小，一般为 5～6，PA 膜为 2～10。通常情况下，水源水质的 pH 值不会超过 PA 膜的 pH 规定范围。

目前，CA 膜使用极少，调整 pH 值，主要是从 PA 膜的防垢、CO_2 透过率以及产水水质等方面考虑的。pH 值调低，水质稳定性较好，对防垢有积极作用，但腐蚀性增加，CO_2 透过率提高，产水质量相对较差。pH 调高，能降低有机物的污染程度，但水质稳定性差，$CaCO_3$ 在系统中，尤其在水流急变处，很容易析出沉淀。长期使 pH 接近上下限，对 PA 膜来讲，相当于膜的酸洗或碱洗，这样将产生负面影响，会缩短膜的使用年限。另外，一般的水源均含有相对较高的碱度，即 HCO_3^- 进水属于缓冲水溶液，改变 pH 值需要较多的酸（HCl），成本较高，操作环境也不理想。因此，在实际中，应慎重从事 pH 值调整行为。

对一级 RO 装置，采用加酸调低进水的 pH 值以控制 $CaCO_3$ 结垢，加酸与阻垢剂联用以控制无机盐结垢的措施，已经被优异的阻垢分散剂所取代，主要原因在于投加一定量的阻垢剂，具有防止各种无机盐的结垢共性与分散性的优点（详见“TJ-300 型阻垢剂性能”）。对于二级 RO，鉴于二级进水含盐量，且 HCO_3^- 相对较低（相对缓冲能力小），以及提高二级脱盐率和产水质量，加碱调整二级进水的 pH 值是常用的方法。

7. 温度调节

RO 膜均有一个使用温度范围，一般为 5℃～45℃，在实际中，提高水温的目的在于稳定产水量和提高化学清洗的效果。

由式(6-117)和式(6-118)可知，水温低，膜的透水量会降低，通常条件下，水温每降低 1℃，透水量会降低 2%～3%。在温度降幅不太大以及时间较短的情况下，可以考虑提高操作压力，以保持设计产水量。操作压力的提高会加大膜的压密程度，长期会使膜的恢复性能降低。因此，对于温度较低且时间较长的情况，应考虑进水加热的问题。加热程度取决于产水量、操作压力、压密程度、热媒的来源与用量等。一般情况下，5℃ 地表水加热至 15℃～20℃ 是较合理经济的。

8. 脱氧化剂—脱氯

1）氯化

水中加氯气或投加可生成次氯酸化合物的过程称为水的氯化，主要作用如下：①消毒、灭菌、抑制微生物繁殖；②氧化有机物、无机物（如铁和锰）；③提高混凝效果，以及去除臭味等。

在水处理中，氯气、次氯酸钠作为杀菌剂，广泛应用于水处理中。原水氯化，即预氯化，是用于工业水处理领域中，提高混凝去除水中杂质效果的有效技术，也是保证 *SDI* 值达标的有效措施之一。

2）余氯

表征水中氯含量的有余氯（或残余氯）、化合氯、游离氯、有效氯等。余氯是指水中氯的总和，即化合氯与游离氯之和；化合氯是指一种或多种氯胺化合物，若水中含有氨氮，采用氯化工艺会产生如下反应：

$$Cl_2 + H_2O \Leftrightarrow HOCl + HCl \tag{6-218}$$

$$NH_3 + HOCl \Leftrightarrow NH_2Cl + H_2O \tag{6-219}$$

$$NH_2Cl + HOCl \Leftrightarrow NHCl_2 + H_2O \tag{6-220}$$

$$NHCl_2 + HOCl \Leftrightarrow NCl_3 + H_2O \tag{6-221}$$

从式(6-218)—式(6-221)可见，次氯酸 HOCl、一氯胺 NH_2Cl、二氯胺 $NHCl_2$ 和三氯胺 NCl_3 都存在，它们在平衡状态下的含量比例决定于氯、氨的相对浓度、pH 值和温度。一般讲，当 pH 值大于 9 时，NH_2Cl 占优势；当 pH 值为 7.0 时，NH_2Cl 和 $NHCl_2$ 同时存在，近似等量；当 pH 值小于 6.5 时，主要是 $NHCl_2$；而 NCl_3 只有在 pH 低于 4.5 时才存在。

在实际中，较多的地表水以及中水回用的水源，均含有一定的有机污染和氨氮，图 6-38 提供了对这类水的处理工艺。其中，氯化起提高混凝效果和杀菌作用，但氯化成分复杂，活性炭起吸附有机物和脱氯作用。活性炭对水中的游离氯的脱除是极为迅速的，1～5 min 即可，但对氯胺较为缓慢，脱除率较低，往往使出水中含有氯胺成分。根据式(6-218)—式(6-221)，依据水质条件，氯胺可能向右移动，使 HOCl 增加，即游离氯增加，造成 RO 装置进水的实测游离氯含量大于0.1 mg/L，对前端膜造成危害，这在实践中已有不少经验与教训。因此，出于安全考虑，对于此类情况，应补加还原药剂以脱氯，将水中余氯含量（包括氯胺）彻底去除为零。

3）脱氯

去除水中余氯有活性炭法和药剂还原法。

（1）活性炭法

活性炭脱氯不是单纯的物理吸附作用，而是在炭表面发生了催化作用，其反应如下：

$$C + 2HOCl \longrightarrow 2HCl + CO_2 \tag{6-222}$$

实际反应结果表明，活性炭脱除游离氯的速度较快，并且彻底，脱氯仅损失少量炭，不存在饱和问题。因此，用于去除有机物的活性炭过滤器，可兼用于脱氯。

（2）药剂法

常用的药剂有亚硫酸钠(Na_2SO_3)和焦亚硫酸钠($Na_2S_2O_5$)，焦亚硫酸钠溶于水即为亚硫酸氢钠(Na_2HSO_3)，其反应式如下：

$$Na_2SO_3 + HClO = Na_2SO_4 + HCl \tag{6-223}$$

$$NaHSO_3 + HClO = NaHSO_3 + HCl \tag{6-224}$$

Na_2SO_3 具有较强的还原性，能与水中的溶解氧发生反应，其反应式如下：

$$2Na_2SO_3 + O_2 = 2Na_2SO_4 \tag{6-225}$$

投加量按下式估算：

$$[Na_2SO_3] = 63 \times \alpha \times \left\{ \frac{[O_2]}{8} + \frac{[\overline{Cl_2}]}{71} \right\} \tag{6-226}$$

式中 $[Na_2SO_3]$——亚硫酸钠投加量(mg/L)；

α——加药系数，可取 2～3；

$[O_2]$——水中溶解氧浓度(mg/L)；

$[\overline{Cl_2}]$——水中余氯含量(mg/L)；

63，8，71——$\frac{1}{2}Na_2SO_3$，$\frac{1}{2}O_2$，Cl_2 的摩尔质量。

$NaHSO_3$ 是液态产品，Na_2SO_3、$Na_2S_2O_5$ 是固态颗粒产品，$Na_2S_2O_5$ 溶于水时，会产生有刺激的烟雾。表 6-28 为 Na_2SO_3 的储存期限。

在线检测水中余氯，可采用余氯表或氧化还原电位计(ORP 计)。

表 6-28　　Na_2SO_3 储存期限

浓度（质量百分比）	最大储存期限	浓度（质量百分比）	最大储存期限
2	3 天	20	1 个月
10	1 周	30	6 个月

9. 微生物的控制

1）微生物污染及危害

RO 膜的微生物污染是系统经常出现的问题之一，防止这种污染是预处理工艺的主要任务。地表水、中水回用水等含有杂质较多，其中有机物、生物活性突出，造成污染现象较为严重。

污染严重影响膜和装置的性能，表现在：①RO 装置第一段压差升高，第二段及第三段压差逐渐升高，致使总操作压力升高，总压差增大，造成产水通量不均衡，加剧膜污染；②在 RO 膜表面能形成致密凝胶层，改变膜表面性能，使膜通量降低、脱盐率降低；③产水检测出一定量的细菌，影响产水品质；微生物对膜污染有别于其他杂质，在于具有较强的繁殖能力，若不及时采取措施加以控制与消除，即使在停运状态，也因微生物的繁殖，导致膜片之间受挤压、膜元件变形，直至膜外层爆皮、断裂。

2）污染的性状及形成

在自然环境中，微生物黏附于占据物体表面，是一种求得生存的普遍方式。在适合的水环境中，微生物会黏附在 RO 膜表面上，并逐渐形成黏膜或生物层。

研究表明，RO 膜上的微生物种类较多，包括细菌、藻类、真菌、病毒和其他高等生物。细菌的尺寸一般为 1～3 μm，藻类、真菌比细菌大很多。

鉴定微生物，有燃烧法和特殊染料试验法，污染物燃烧的气味与毛发燃烧的相似。

微生物在反渗透膜和(或) 隔网上形成的膜呈均匀或不均匀，其厚度随着营养物、时间和空间的改变而发生变化。微生物黏膜的组成特点：水含量高（70%～95%）、有机物含量高(70%～95%)、碳水化合物及蛋白质含量高、菌落形成单元(CFU)和细胞数高(微观计数)、三磷酸腺苷(ATP) 含量高、无机物含量低等。

微生物污染黏膜形成主要与以下因素有关：原水水质指标，如温度、pH 值、无机物、有机物、微生物等；预处理工艺和处理效果；膜材料性质和膜元件构造等；RO 装置运行参数，如操作压力、压差、水通量、回收率等；药剂种类，如混凝剂、助凝剂、杀菌剂、还原剂、阻垢剂等。

3）微生物污染的控制

微生物污染的控制途径主要有：①针对 RO 膜本体，优化膜材料性能和膜元件构造，尽量减轻微生物的黏附程度；②针对 RO 系统，采取有效措施阻止微生物的大量繁殖，将其控制在容忍范围内。一般所说的微生物污染的控制途径是指第二种情况。

防治方法：混凝、活性炭吸附、杀菌、超滤、紫外线杀菌、电子除菌、定期消毒等。

氧化性杀菌剂，如 Cl_2、NaClO 等，采用连续性投加方式，或根据实际需要，采用间歇性方式。控制 RO 膜上的微生物大量繁殖，要求进水中有机物、微生物含量越低越好。一般情况下，除深层地下水，即卫生条件较好以外，采用预氯化＋脱氯工艺以控制微生物，目前是最经济的，也是常用的方法。但该方法所产生的问题是，RO 装置的进水中不含抑菌能力的物质，有可能还会使微生物在膜上再次繁殖起来。

非氧化型杀菌剂，如异噻唑啉酮、2，2-双溴代-3-次氮基-丙酰胺等，通常采用间歇性投加方式，对RO膜进行定期杀菌与消毒，效果较好、安全性较高，但成本费用高。

紫外线杀菌或电子除菌，即安装在预处理系统中的设备，实现RO进水的在线杀菌，但因其杀菌效果受外界条件和自身性能影响较大，截至目前很少单独使用。

针对混凝、澄清和砂过滤而言，应强化常规处理工艺，尽可能降低出水的浊度、色度，以保证出水中有机物、微生物含量最低，以减少RO膜表面上微生物大量滋生的风险。

活性炭吸附设施有去除有机物和脱氯的两种作用。活性炭脱氯速度较快，吸附去除有机物的速度相对较慢，微生物很容易在炭层下部繁殖，使出水含有大量微生物。解决方法就是充分保证活性炭反洗效果，并附有添加杀菌剂的措施。

超滤装置能有效去除水中的浊度、微生物以及部分有机物，为了保持超滤的这些性能，应正确设计、严格操作、加强管理等，其中，超滤膜的清洗实效，包括快速冲洗、反洗、药洗和杀菌尤显得重要。目前，超滤装置是高级预处理设施，在防止RO膜污染方面，已呈现巨大的应用潜能。

6.2.8 RO膜的清洗

1. 概述

无论整体RO系统设计与运行操作管理如何完善，膜表面上沉积污垢，受到污染，造成膜性能下降，严格讲，是不可避免的。RO膜的清洗，是除去这种污垢、恢复膜元件性能的必要措施。

实际上，RO装置停运或重新开机时，常利用RO产水对装置进行低压冲洗，以置换积水和剥离冲掉膜表面上的沉积物。从广义角度来看，这种低压冲洗也属于膜的清洗范畴，但是，仅靠RO产水低压冲洗的措施，无法清除长期高压下膜上的沉积物，使膜性能得到恢复。若在低压冲洗时，调节pH值，则已经属于膜化学清洗，即酸洗、碱洗等方法。UF装置由于运行方式不同，设计有这种低压清洗方式，取得了较好的效果，而RO装置却很少采用。因此，对RO膜的清洗，仅指通过专门设置的清洗装置，对膜进行的循环的化学清洗过程。

RO膜的污染物主要为无机盐垢、金属氧化物、微生物、胶体颗粒和有机物等。RO装置出现下列情况之一时，并判定是污染物造成的，应对其实施循环化学清洗：①运行数据标准化后，系统产水量比初始值下降15%以上；②运行数据标准化后，脱盐率比初始值下降10%以上；③运行数据标准化后，段间压差比初始值增加15%以上。

RO膜的清洗可分为在线化学清洗和离线化学清洗。在线化学清洗（CIP）：利用专门的RO清洗装置，通过一定配比的化学药品溶液（化学清洗剂）的循环，对RO装置内的膜元件所进行的化学清洗过程。除特别指明的以外，所指的化学清洗均指在线化学清洗，简称清洗。离线化学清洗：从RO装置内取出膜元件，利用独立的清洗装置，通过化学清洗剂的循环，分别依次对单只或多只膜元件所进行的化学清洗过程。

在线化学清洗可分为不分段清洗和分段清洗。针对一级多段RO装置，一次性对其所进行的清洗过程，故称不分段清洗；若分段，分别依次对其所进行的，故称分段清洗。分段清洗应注意清洗流量的控制，第一段最小，最后段最大，其值大小均应符合RO膜元件的规定。分段清洗着重点在于高速循环清洗流量的概念，但应注意，在清洗液出口处于完全卸压状态下，避免每段各外壳压力容器内清洗流量的不均衡性，避免流量超过膜元件的规定值。

膜元件的清洗流量，即单只压力容器的起端流量可分为高、中、低三种。无论在线还是离线，分段还是不分段，应根据实际情况，均可依据这三种流速进行化学清洗。高速的循环化学清洗是常用的措施，与低速相比，一般认为高速清洗具有很好的冲刷排除污染物的水力效果。

当膜元件污堵严重，在线清洗效果不好，且确认污堵主要是由杂质颗粒造成；或遴选最佳化学清洗剂，判定清洗效果时，宜采取离线化学清洗。

膜元件的清洗是一项技术要求高、操作要求严谨的工作，那种通过清洗并没有达到目标，反而造成膜性能下降的，是一件令人非常沮丧的事情。因此，在实施清洗时，充分掌握 RO 系统技术参数，包括膜元件的技术性能，了解 RO 历史运行状况，制定完整的清洗方案和措施，掌握清洗技术与安全作业程序等，是必须做到的工作内容。

2. 清洗装置组成及设计

RO 清洗装置由清洗泵、清洗溶液箱（含搅拌和加热器）、清洗微孔过滤器、管道、阀门和控制仪表如 pH 值、温度计、流量表等组成，如图 6-46 所示。

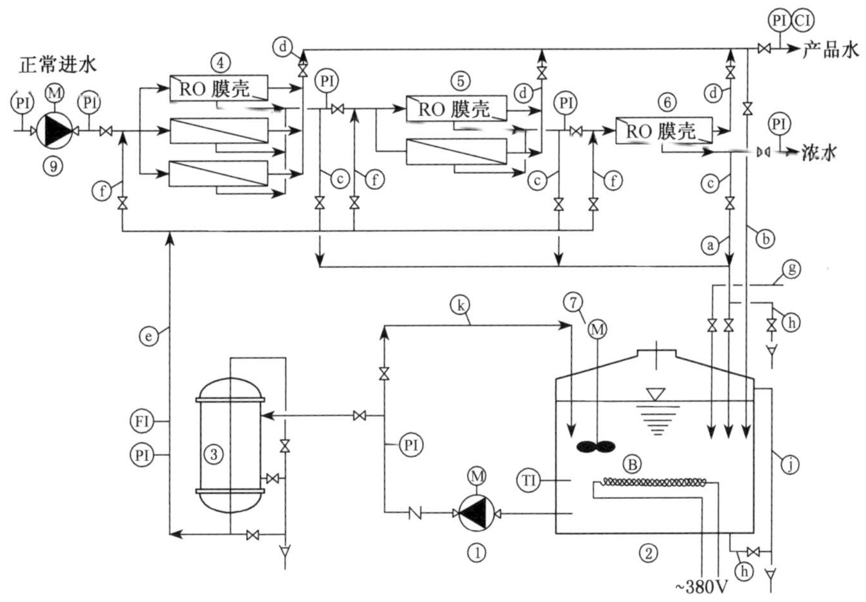

图 6-46　一级三段卷式膜元件反渗透系统清洗装置

表 6-29　　**编号与图例说明**

①	循环清洗泵	ⓐ	清洗液回流总管	FI	流量计
②	清洗箱	ⓑ	清洗透过液回流总管	PI	压力计
③	保安过滤器	ⓒ	一、二、三段（分段清洗）清洗液回流管	TI	温度计
④	一段膜元件	ⓓ	一、二、三（分段清洗）清洗透过液回流管	M	配载电动机
⑤	二段膜元件	ⓔ	清洗液进液总管	CI	电导率计
⑥	三段膜元件	ⓕ	一、二、三段（分段清洗）清洗液进液管	LI	液位计

（续表）

⑦	搅拌机	ⓖ	配置用水进水管	ⓅⒽ	pH 计
⑧	电加热器	ⓗ	排放管	—⋈—	各类阀门
⑨	反渗透高压泵	ⓘ	放空管	—↗N—	止回阀
		ⓙ	取样管	Y	排水收集
		ⓚ	溢流管		
		ⓝ	回流管		
		ⓜ	排气管		

1）清洗溶液箱

清洗箱容积可按下式计算：

$$V = (V_1 + V_2 + V_3) \times k \tag{6-227}$$

式中 V——清洗溶液箱容积(m^3)；

V_1——外壳压力容器实际体积之和(m^3)；

V_2——清洗微孔过滤器实际体积(m^3)；

V_3——循环管路实际体积之和(m^3)；

k——安全系数，取值 20%～50%。

配置要求：①清洗液 pH 值范围通常在 2～12 之间，清洗箱材料可选用聚丙烯、玻璃钢、钢衬橡胶等；②设置加热或冷却装置，控制清洗液温度以达到最佳清洗效果；③设置溶解搅拌设施，或设置清洗泵至清洗箱的循环回流管以代替；④循环回流管应延伸到清洗液位下，避免在泵吸入口正上方，以免回流液挟带气泡进入泵体；⑤设置安全固定的操作平台和上下通道，以利于药液配制和清洗操作与观察。

2）清洗微孔过滤器

构造与 RO 保安过滤器相同，用于去除循环清洗液中的杂质污染物。设计流量应满足 RO 装置最大清洗流量的要求，滤芯数量按式(6-166)计算。对于小型装置，可与 RO 保安过滤器共用。

3）清洗泵

膜元件的清洗流量，可根据 RO 制造商规定确定，表 6-30 是常用直径20.32 cm卷式 RO 膜元件的清洗流量控制值。

表 6-30　直径 20.32 cm 卷式 RO 膜元件的清洗流量控制值　单位：m^3/h

清洗方式	高速	中速	低速
清洗流量	8～12	5～6	2～3

清洗泵流量计算：

$$Q = N_1 \times q \tag{6-228}$$

式中 Q——清洗泵流量(m^3/h)；

N_1——单套 RO 装置第一段的压力容器总数(个)；

q——直径 20.32 cm 卷式 RO 膜元件的清洗流量，选取表 6-30 高速值(m^3/h)。

一级两段，排列 2∶1，浓水流道总长度 12 m，是一般的 RO 装置形式。在正常高压运行时，总压差通常在 200～300 kPa，考虑高速清洗流量与正常运行近似，因此，清洗水泵扬程确定在 400 kPa 左右较为合适。泵材质应具有耐腐性，不应低于 1Cr18Ni9T$_i$ 不锈钢的等级。泵出口应设置回流管路、阀门，根据不同清洗方式，调节清洗流量。

4）清洗管路

清洗管道，包括清洗进液管、清洗产水管、清洗浓水回流管，相关工艺流速如表 6-23 所示。清洗管道运行压力较小，清洗液化学侵蚀性一般，使用频率较低，考虑经济因素，清洗管道建议采用非金属材料，如 UPVC 管材即可。

5）监测设施

清洗箱、循环进液管路内应设温度指示计，并装设温度调节装置，以便控制清洗液的温度。清洗箱装设液位计，并宜装设低液位控制器，保安过滤器出口装设流量计，进口、出口装设压力表。

3. 清洗前准备工作

了解工艺系统设计的正确性，掌握设计参数、运行参数，掌握系统操作、管理、维护状况等；根据原水水质分析报告以及掌握的系统实际状况，预测发生各种污垢的可能性以及污染趋势；推测 SDI_{15} 微孔滤膜膜面上所截留的污物，或保安过滤器滤芯上的污染物，判断 RO 膜上的可能性的污染物；针对实际的 RO 装置，分别打开各段的两端端板，观察污染状况，推测污染物；根据需要，通过解剖膜元件进行膜面及垢样分析。

4. 判定污垢种类

通过对 RO 装置的全面调查，可粗略判别污垢的种类，为清洗方案的制定提供依据。

实践表明，污染物不是单一性的，通常是以一类物质为主的多元性的复杂沉积物，这些沉积污有可能包含诸如泥砂、微粒、胶体、难溶盐、脂肪、油、蛋白质、高分子多聚糖等物质。若对污染物无法鉴定，或需要进一步明确污染成分，这就需要借助原子吸收光谱、电镜扫描、傅立叶红外光谱、X 线衍射、色谱质谱联用以及 DNA 检测等科学的检测技术。

这里值得一提的是，导致 RO 装置性能下降的主要原因有：①污染物沉积的污垢；②机械损伤。机械损伤造成的运行参数变化情况有时类似污垢的情况。污垢可依靠有效的化学清洗去除，以恢复装置的性能。因机械损伤或其他原因造成的，则不能通过化学清洗来恢复。

5. 清洗方案制订

1）清洗药剂的选择（表 6-31）

根据确定的污垢性质，选择化学清洗剂，如表 6-31 所示为常用的化学药剂。

表 6-31　　清洗剂的选择

污垢种类	清洗液	使用条件	备注
碳酸盐垢	0.2%盐酸	温度≤45℃ pH>2	清洗效果最好
	0.5%磷酸	温度≤45℃	清洗效果可以
	2.0%柠檬酸	温度≤45℃ 用氨水调节 pH 值为 3.0	清洗效果可以
硫酸盐垢	0.1%氢氧化钠 1.0%EDTA 四钠	温度≤30℃ pH≤12	清洗效果最好
	0.1%氢氧化钠 0.025%十二烷基苯磺酸钠	温度≤30℃ pH≤12	清洗效果可以

（续表）

污垢种类	清洗液	使用条件	备注
金属氧化物	1.0%焦亚硫酸钠		清洗效果最好
	0.5%磷酸	温度≤30℃ pH>2	清洗效果可以
	2.0%柠檬酸	温度≤30℃ 用氨水调节 pH 值为 3.0	清洗效果可以
胶体物	0.1%氢氧化钠 0.025%十二烷基苯磺酸钠	温度≤30℃ pH≤12	清洗效果最好
有机物	0.1%氢氧化钠 0.025%十二烷基苯磺酸钠 0.2%盐酸	温度≤30℃ 第一步≤12 第二步 pH>2	用 NaOH 和十二烷基苯磺酸钠作第一步清洗；再用 HCl 清洗作第二步清洗
	0.1%氢氧化钠 1.0%EDTA 四钠 0.2%盐酸	温度≤30℃ 第一步 pH≤12 第二步 pH>2	清洗效果可以用 NaOH 和 EDTA 四钠作第一步清洗；再用 HCl 清洗作第二步清洗
微生物	0.1%氢氧化钠 0.025%十二烷基苯磺酸钠	温度≤30℃ pH≤12	清洗效果最好
	0.1%氢氧化钠	温度≤30℃ pH≤12	清洗效果可以

根据 RO 清洗装置的容积和污垢状况，确定各种清洗药剂用量和清洗次数。

2）清洗方式的确定

采取不分段清洗方式时，各段清洗流速分别为低、中、高，最后段的流速为控制值，应小于最高流速。采取分段清洗时，分段清洗流量按膜元件规定的高、中、低流速确定，一般情况下宜选用高速清洗方式，流量大小可以通过阀门调节以满足不同段的高速清洗的要求。

就实际的清洗对象而言，清洗方式取决于 RO 装置的设计形式。

对于设有分段形式的，根据污染物、污染程度、药剂溶垢能力，可选择分段或不分段的清洗方式。分段清洗能够保持各段均可以实施高速清洗。不分段，经济性较好，但这完全要取决于药剂应具有优异的溶垢能力，而不是倚重高速冲洗的能力。

对于未分段的，只能采用不分段清洗的方式，这对否能遴选出性能优异的清洗药剂的工作，将是一个考验。

3）清洗温度的确定

根据表 6-24 规定与实际状况，确定最佳清洗温度。一般来讲，温度较高，清洗效果较佳，但温度不能超过膜元件规定的最高值。

4）确定清洗顺序

一般是先酸洗后碱洗。当生物污垢严重时，宜先酸洗，再杀菌，最后碱洗。根据实际应用情况，可变化清洗顺序，可能会取得更佳的效果。

6. 清洗步骤

（1）低压冲洗。根据制定的清洗方式，将 RO 装置切换到清洗状态，用 RO 产水或脱盐水低压（0.3～0.35 MPa）冲洗 RO 与清洗装置，待确认冲洗干净，排空装置内的水。

（2）严密性试验。调整好阀门到清洗状态，以 RO 产水进行循环试漏，确定管路畅通无漏点，阀门位置正确后，开始正式清洗操作程序。

(3) 配制清洗液。根据装置容积，计算化学药剂的用量，用 RO 产品水在清洗溶液箱中配制清洗液，务必将药剂溶解混合均匀。

(4) 加热清洗剂。将清洗液加热升温至清洗设计温度。

(5) 置换装置内原水。以低速和尽可能低的压力置换膜元件内的原水，压力应低至不会产生明显的产水，视情况排放部分浓水以防止清洗液被稀释。或直接将装置内的膜两侧的积水同时排放泄空。

(6) 低速循环清洗。实施低速循环清洗液，时间 30～60 min，保持浓水和产水同时回流至清洗溶液箱，并保持清洗液温度恒定。

(7) 浸泡。对于难以清洗的污垢或污染程度严重的，可以采取浸泡方式。浸泡时间视情况而定，有些污垢浸泡 1 h，有些可能需要 10 h。若需要长时间浸泡才能达到良好的清洗效果时，为了维持浸泡清洗液溶解能力和温度，可以采取很低的流速，间歇实施循环清洗液的措施。

(8) 高速循环清洗。实施高速循环清洗液，时间视污染情况而定，保持浓水和产水同时回流至清洗溶液箱，并保持清洗液温度恒定。

(9) 清洗终点的判断。待清洗液颜色、pH 不再变化，系统循环水量、压力、压差等参数接近平稳时，视力清洗终点。

(10) 置换清洗液。用 RO 产水以低速、低压冲洗系统，直至清洗液彻底排尽。或直接将装置内的膜两侧的清洗液和产水同时排放泄空，再实施低压冲洗，直至排出液为中性。

7. 清洗效果指标

在了解 RO 装置工艺设计、运行工况的基础上，根据膜元件性能以及相应的规定条件，综合评价清洗效果。若条件允许，根据膜元件规定的方法，将清洗后的运行参数标准化，并与初始参数对比，评价清洗效果。

8. 关于清洗方面的一些注意事项

(1) 在实际清洗中，应注意流速（流量）的实际值不要超过单只膜元件的规定值。对于在线清洗，不分段清洗是常用的方式。在不分段清洗过程中，最后端处于高速清洗，前段则处于低速，盲目提高前段流速，会使后端处于过高速状态，极易造成膜元件的损坏，主要原因在于：最后端的浓水通过浓水管直接循环至清洗药箱，与大气连同，造成后端膜元件压差陡变，流量剧增。对于分段清洗，不同段的流速显然不同，尤其 3∶2∶1 排列装置，流速值相差三倍，因此，注意及时正确调整循环清洗泵的出流量。

(2) 清洗药剂选择应注重实际性，最实用有效的方法：取一些污垢物放入清洗剂中，间歇轻轻晃动液体，时间 30～60 min，若污垢被完全溶解，说明清洗剂非常有效，宜采用不分段清洗的方式，其效果与分段清洗相同；若污垢被部分溶解，并且残留物呈松软悬浮性，说明清洗剂仍有效，分段清洗或不分段清洗均可；若部分溶解，但残留物比较坚硬性，则需要谨慎从事，涉及的内容见第(4)条。污垢物应是 RO 外壳压力容器内的不同部位处的物质，保安过滤器内部的污垢，可以作为参考。总之，这种工作，结果直接明了，说服性极强，并且简单便捷，极容易重复进行。

(3) 清洗药剂首先要排除它不能具有氧化性能，并注意在清洗过程中，pH 值的高低对 RO 膜的分解作用。pH 值在实际往往疏于严格测试、控制，造成清洗后膜性能下降，尤其脱盐率极易下降，从而置疑清洗药剂的性能。除氧化性、pH 值以外，一般不呈现纯溶剂或纯试剂的化学清洗药品，通常对膜的性能不会造成损害，因此，药品种类的选择范围应是很大的，并不局限于膜商的推荐，以及专业清洗商制定的产品，而无谓增加清洗成本。

(4) 清洗药剂的重要性能在于它对污垢较强的溶解性。强调高速清洗，其实在强调它的高速冲洗作用，但应该明白一个事实：压力容器内膜元件是串联形式，两膜之间的空间处直径约 200 mm，流速无法与膜表面上的清洗流速相比。如果清洗剂对污垢溶解性不强，仅靠高速水力，冲刷剥离的污垢，会聚集在两膜之空间处。待正常开机后，这些污垢会腾起进入下游膜元件内，造成某一膜元件压差增高。其结果，该压差值远离平均值，膜元件性能损耗极快。因此，可以说，一味追求和强调高速清洗并不全面，清洗药剂溶垢性的好坏，才是本质上的内容。当然，针对单只膜元件的离线清洗，高速清洗另当别论。

(5) 在清洗过程中，为保证清洗效果，保证膜表面上的横扫流速，建议关闭产水阀门的做法，特别要慎重。以一级两段 RO 装置为例，说明这种做法的不妥之处。如图 6-47 所示在关闭产水阀门的清洗过程中，水压与水头损失变化趋势。

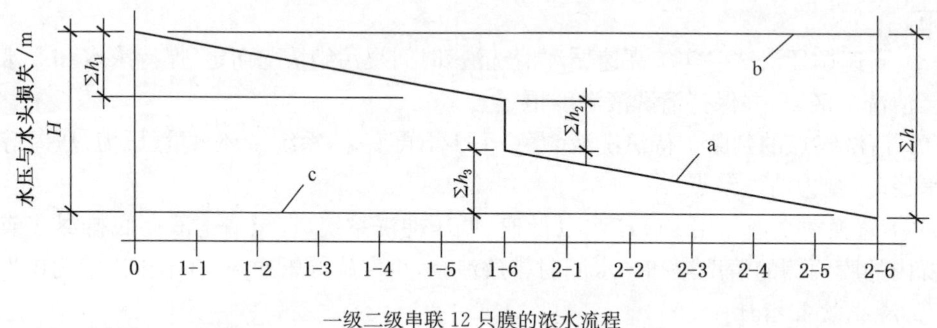

图 6-47　水压与水头损失沿程变化趋势

如图 6-47 所示，折线 a 代表膜浓水侧的水压变化线，水平线 b 为清洗进液压力线，水平线 c 为大气压力线。水压、水头损失存在如下关系：

$$H = \sum h_1 + \sum h_2 + \sum h_3 \tag{6-229}$$

式中　H——膜浓水侧的总水头损失(kPa)；

$\sum h_1$，$\sum h_3$—— 一段、二段的浓水侧的水头损失(kPa)；

$\sum h_2$—— 段间的浓水局部水头损失(kPa)。

在清洗过程中，提高膜上横扫流速，浓水阀门全开，保证浓水尽快泄流到清洗水箱内，因此，在二段出口处的浓水压力将被泄至大气压为止。

针对 RO 装置，一、二段产水的连接管道是相互连接的，产水管作为连通容器，使一、二段内任何处的产水压力均相等。正常清洗的实际压力 300 kPa，清洗液的渗透压一般较低，小于 100 kPa，故产水是必然的。关闭产水阀，造成产水压力上升至 100 kPa 以上，形成二段膜元件的背压超限。其结果，很容易损害膜元件。

(6) 一些清洗程序与要求，不可简单化，不可省略。譬如，拆开压力容器的前后端板，或选取一支容器，循环推出一支膜元件，刮去污染物，以断定污染物种类与污染量多少，是极其有意义的。当污染物较多时，首先依次推出膜元件，利用 RO 产水着重对膜两端的污物进行体外冲洗，并同时冲洗压力容器和端板，然后复位，进行正常的在线清洗程序。

在清洗过程中，坚持观察清洗液的 pH 值以及颜色的变化。pH 值的高低对清洗效果和膜的性能非常重要,应及时利用酸或碱,调整 pH 至目标值。

在清洗现场,迅速检测清洗液中的物质成分,一般是无法及时实现的,但是,清洗液的颜色会随着循环过程发生一定变化,这为确定清洗效果以及其中的物质成分多少提供了一定参考作用。由于清洗微孔过滤器的作用,当清洗液颜色变化至恒定,且呈透明状态时,说明清洗接近终点;否则,应重复配制清洗药剂,再次实施清洗过程,无嫌麻烦。

(7) 针对微生物污染,当 RO 膜上的生物薄膜层、凝胶层和固化层完全形成后,清洗效果较难预计。为使污染的影响减至最小,实施定期清洗与杀菌,例如温度较高季节,每 3～6 d一次,采取在线冲击式杀菌措施,温度较低季节,每 30 d 一次,是最好的方式。

在线冲击式杀菌方式:杀菌剂 2, 2-双溴代-3-次氮基丙酰胺,液体,有效成分 20%,投加标准 50～100 mg/L,即每升水 50～100 mg 有效成分浓度,低压冲洗过程,以计量泵注入,杀菌时间 30 min 左右。

循环杀菌清洗方式:内容同化学清洗方式,先后秩序:首先采用循环杀菌,杀菌剂同上,然后采用化学碱性循环清洗。高速清洗,增强横扫流速所具有的剪切力,通常能取得较满意的效果。因此,循环杀菌清洗应采用分段清洗的方式。

(8) 对于不同性质的循环清洗,在每次结束后,应将 RO 装置以及清洗装置残液排放,并利用 RO 产水漂洗至排水无色透明、pH 值不变为止。其原因在于:酸洗后,RO 装置内存在酸洗的溶解物质,在碱性条件下,将产生沉积的可能,同时,残留的酸性物质会降低碱性清洗药剂的性能,从而降低整个清洗效果。反之亦然。

6.2.9　应用实例——RO 装置设计

1. 基础资料

地表水,经工业水厂净化后,供水至本系统,供水压力 0.4 MPa,供水量满足要求。

水质资料:pH: 7.96,总硬度:293.29 mg/L(以 $CaCO_3$ 计),暂时硬度199.03 mg/L(以 $CaCO_3$ 计),永久硬度:94.26 mg/L(以 $CaCO_3$ 计),碱度:199.03 mg/L(以 $CaCO_3$ 计),Na^+: 99.50 mg/L, Ca^{2+}: 66.42 mg/L, Mg^{2+}: 30.93 mg/L,总 Fe: 0.013 mg/L, NH_4^+: 1.01 mg/L, Ba^{2+}: 0.17 mg/L, Sr^{2+}:1.4 mg/L, Cl^-: 106.47 mg/L, SO_4^{2-}:144.97 mg/L, HCO_3^-: 242.58 mg/L, SiO_3^{2-}: 5.08mg/L, NO_3^-: 17.62 mg/L, F^-: 1.50 mg/L,总阳离子:9.71 mmol/L,阴离子:10.42 mmol/L,浊度: 1.77NTU, COD_{Mn}: 3.00 mg/L,溶解固形物:725.75 mg/L,悬浮物:11.33 mg/L,冬季水温 5℃。

设计目标:超滤系统:产水量≥280 m^3/h,水温 20℃,SDI 指数≤3,回收率≥90%;反渗透装置:产水量 200 m^3/h,除盐率≥97%,回收率≥75%;终端要求:产水电导率≤0.2 μs/cm (25℃),二氧化硅(SiO_2)≤20 μg/L,供水压力 1.0 MPa。

除盐水处理流程:原水→换热器→加药→多介质过滤器→UF 保安过滤器→UF 装置→UF 水箱→UF 产水泵→加药→RO 保安过滤器→RO 高压泵→RO 装置→脱碳器→RO 产水箱→中间水泵→阳床→阴床→混床→除盐水箱→除盐水泵→用水点。

附属系统:多介质过滤器反洗、UF 装置(化学)反洗、RO 装置低压冲洗及化学清洗、(阳床、阴床、混床)酸碱再生、废液中和等。

工艺设备:多介质过滤器六台;70 m^3/h UF 装置四套、100 m^3/h RO 装置两套;阳床、阴床各三台、混床两台;混凝剂加药装置、氧化剂加药装置、还原剂加药装置、阻垢剂加药装置、加酸装置各一套;各类水箱,以及所需监测仪器、仪表、工艺连接管道、阀门、附件等。相关内容参见图 6-48—图 6-58 所示。

以下为单套 100 m^3/h RO 装置的设计计算过程。

2. 膜元件、组件与组合排列设计

根据预处理工艺、RO 膜设计导则(表 6-21),膜水通量规定为 23～29 $L/(m^2 \cdot h)$,设计取 25$L/(m^2 \cdot h)$,选取 TMG20-400 型膜,性能见表 6-20 所述。

1) 膜元件数量(N)确定

由式(6-159),得:

$$N = \frac{1\,000 \times Q_p}{q_{p,m} \times s} = \frac{1\,000(L/m^3) \times 100(m^3/h)}{25(L/(m^2 \cdot h)) \times 37(m^2/\text{只膜元件})}$$
$$= 108.1(\text{只膜元件}),\text{设计取 108 只膜元件}$$

2) 膜组件数量(N_v)确定

由表 6-22,选取 28+8(6-1)型六只装外壳压力容器。

由式(6-160),得:

$$N_v = \frac{N}{n_v} = \frac{108(\text{只膜元件})}{6(\text{只膜元件 / 单只外壳})} = 18(\text{只外壳})$$

RO 装置设计为一级二段，由 6.2.4-(6)节内容，$N_{v1} : N_{v2}$ 排列比可取 2∶1,则 $N_{v1} + N_{v2} = 18, \frac{N_{v1}}{N_{v2}} = 2$,故 $N_{v1} = 12$, $N_{v2} = 6$, 即一段膜组件数量 12 只外壳压力容器,二段 6 只,一、二段真实平均回收率 $\overline{Y}'=50\%$,一段表观平均回收率 $\overline{Y}'_1=50\%$,二段 $\overline{Y}'_2=25\%$,总表观回收率 $Y=75\%$。

3. 装置性能参数计算过程

1) 平均渗透压

进水侧平均渗透压($\overline{\pi}_f$)确定:

由式(6-103)、式(6-144)和式(6-146),得:

$$\overline{\pi}_f = 0.714 \times c_f \times \frac{1-(1-Y)^{1-SR}}{(1-SR) \times Y} \times 10^{-4} \quad (MPa)$$
$$= 0.714 \times 725.75 \times \frac{1-(1-0.75)^{1-0.99}}{(1-0.99) \times 0.75} \times 10^{-4}$$
$$= 95.12 \times 10^{-3}(MPa)$$

产水侧平均渗透压($\overline{\pi}_p$)确定:

$$\overline{\pi}_p = 0.714 \times C_f \times \frac{1-(1-Y)^{1-SR}}{Y} \times 10^{-4}(MPa)$$
$$= 0.714 \times 725.75 \times \frac{1-(1-0.75)^{1-0.99}}{0.75} \times 10^{-4}$$
$$= 0.951 \times 10^{-3}(MPa)$$

以上式中,C_f 为进水的含盐量(mg/L); Y 为装置回收率; SR 为装置脱盐率。

2) 水量

装置设计产水量 $Q_p=100\ m^3/h$,装置进水量(Q_f),由式(6-122),得:

$$Q_f = \frac{Q_p}{Y} = \frac{100}{0.75} = 133.33(m^3/h)$$

浓水流量(Q_c)，由式(6-108)、式(6-114)，得：

$$Q_c = (1-Y) \times Q_f = (1-0.75) \times 133.33(m^3/h) = 33.33(m^3/h)$$

3) 回收率

装置表观回收率(Y)，由式(6-114)，得：

$$Y = \frac{Q_p}{Q_f} \times 100\% = \frac{100(m^3/h)}{133.33(m^3/h)} \times 100\% = 75.00\%$$

单个膜元件平均回收率($\bar{y}_i'$)，由式(6-161)，得：

$$\bar{y}_i' = 1-(1-Y)^{\frac{1}{n}} = 1-(1-0.75)^{\frac{1}{12}} = 0.11,\text{即 } 11\%$$

式中，n 为一、二段串联的膜元件总数。

4) 脱盐率、透盐率

装置表观脱盐率(SR)，由式(6-134)，得：

$$SR = \frac{C_f - C_p}{C_f} \times 100\% = \frac{725.75-13.32}{725.75} \times 100\% = 98.16\%$$

式中，C_f 和 C_p，分别见原水指标和以下计算。

5) 产水、浓水浓度

一段产水浓度(C_{p1})，由式(6-138)，得：

$$C_{p1} = C_f \times \frac{1-(1-Y'_1)^{1-(SR)'_1}}{Y'_1},\quad (C_{f1} = C_f)$$

$$= 725.75 \times \frac{1-(1-0.5)^{1-0.99}}{0.5} = 10.03(mg/L)$$

一段浓水浓度(c_{c1})，由式(6-139)，得：

$$C_{c1} = C_f \cdot (1-Y'_1)^{-(SR)'_1} = 725.75(mg/L) \times (1-0.5)^{-0.99}$$
$$= 1\,441.47(mg/L)$$

二段产水浓度(C_{p2})，由式(6-140)，得：

$$C_{p2} = C_{f2} \times \frac{1-(1-Y'_2)^{1-(SR)'_2}}{Y'_2},\quad (C_{f2} = C_{c1})$$

$$= 1\,441.47 \times \frac{1-(1-0.25)^{1-0.99}}{0.25} = 16.56(mg/L)$$

二段浓水浓度(C_{c2})，由式(6-141)，得：

$$C_{c2} = C_{f2} \cdot (1-Y'_2)^{-(SR)'_2} = 1\,441.47 \times (1-0.5)^{-0.99}$$
$$= 2\,863.03(mg/L)$$

进水和浓水(进水侧)平均浓度($\bar{C}_f$)，由式(6-144)，得：

$$\bar{C}_f = C_f \times \frac{1-(1-Y)^{1-(SR)'}}{(1-SR)\times Y}$$

$$= 725.75 \times \frac{1-(1-0.75)^{1-0.99}}{(1-0.99)\times 0.75} = 1\,332.22(\text{mg/L})$$

产水(产水侧)平均浓度($\bar{C}_p$),由式(6-146),得:

$$\bar{C}_p = C_f \times \frac{1-(1-Y)^{1-(SR)'}}{Y}$$

$$= 725.75(\text{mg/L}) \times \frac{1-(1-0.75)^{1-0.99}}{0.75} = 13.32(\text{mg/L})$$

6) 浓差极化因子

针对 TMG20-400 型膜,浓差极化因子(CPF),由式(6-116),得:

$$CPF = \frac{C_s}{C_f} = 1.2$$

7) 浓缩系数

浓缩系数(CF'),由式(6-183),得:

$$CF' = CPR \times \frac{1-Y\times[1-(SR)']}{1-Y} = 1.2 \times \frac{1-0.75\times(1-0.99)}{1-0.75} = 4.76$$

表观简化浓缩系数(CF),由式(6-115),得:

$$CF = \frac{1}{1-Y} = \frac{1}{1-0.75} = 4.00$$

8) 温度校正因子 TCF

针对 TMG20-400 型膜,温度校正因子(TCF),取 $\theta=1.026$,设计温度 $T=15$℃,得:

$$TCF = \frac{q_T}{q_{25}} = \theta^{(T-25)} = 1.026^{(15-25)} = 0.77$$

9) 操作压力

针对 TMG20-400 型膜,测试条件为 2 000 mg/L,25℃,操作压力 1.55 MPa,运行渗透压约 0.14 MPa,净操作压力 1.41 MPa,单只膜元件产水量39 m^3/d=1.625 m^3/h,标准脱盐率 99.7%。

实际 RO 装置产水量 100 m^3/h,共 108 只膜元件,单只产水量 0.926 m^3/h,污染系数取 0.85。

装置运行净操作压力(NDP_f),由式(6-163),得:

$$(NDP)_{f,o} = (NDP)_{f,s} \times \left(\frac{1}{TCF}\right) \times \left(\frac{q_p}{\alpha \times q_{ps}}\right)$$

$$= 1.41 \times \left(\frac{1}{0.77}\right) \times \left(\frac{0.926}{0.85\times 1.625}\right) = 1.23(\text{MPa})$$

进水侧平均渗透压($\bar{\pi}_f$):95.12×10^{-3} MPa。

产水侧平均渗透压($\bar{\pi}_p$):0.951×10^{-3} MPa。

运行压差(Δp),由式(6-165),得:

$$\Delta p_{f,c} = p_f - p_e = n \times k \times (\bar{q}_n)^2$$
$$= 12 \times 2.4 \times 10^{-4} \times \left(\frac{11.11 + 5.56}{2}\right)^2$$
$$= 0.20(\text{MPa})$$

产水压力(p_p)：取 0.05 MPa。

实际操作压力(p_f)，由式(6-164)，得：

$$p_{f,o} = (NDP)_{f,o} + \frac{1}{2} \times \Delta p_{f,c} + p_p + (\bar{\pi}_f - \bar{\pi}_p)$$
$$= 1.23 + \frac{1}{2} \times 0.20 + 0.05 + (95.12 \times 10^{-3} - 0.951 \times 10^{-3})$$
$$= 1.39(\text{MPa})$$

即实际 RO 装置产水量 100 m^3/h，共 108 只膜元件，运行温度 15℃，污染系数 0.85(3 年后)，回收率 75%，表观脱盐率大于 97%，实际操作压力 1.39 MPa。

10) 相关参数核算

一段单只外壳压力容器内的膜元件最大进水量：$\frac{133.33}{12} = 11.11(m^3/h)$，小于 15 m^3/h，符合设计导则(表 6-21)规定。

一段膜元件最小浓水量：$\frac{50\% \times 133.33}{12} = 5.56(m^3/h)$，大于3.0 m^3/h，符合设计导则(表 6-21)规定。

一段单只外壳压力容器内，最大回收率的膜元件位于末端，其值为

$\frac{100 \div 108}{5.56} \times 100\% = 16.65\% < 17\%$，符合设计导则(表 6-21)规定。

一段单只外壳压力容器内，最小回收率的膜元件位于始端，其值为

$\frac{100 \div 108}{11.11 - 100 \div 108} \times 100\% = 9.10\% < 17\%$，符合设计导则(表 6-21)规定。

本装置单个膜元件平均回收率 11%。

平均单只膜元件水通量：

$\frac{1\,000 \times 100}{108 \times 37} = 25.03[L/(m^2 \cdot h)]$，符合设计规定值(23～29L/($m^2$・h))。

一段单只外壳压力容器内，最大产水量的膜元件位于始端，其值约为

$0.926 \times \frac{1.39}{1.23} = 1.05$ [m^3/(h・只膜元件)] = 25.2(m^3/(d・只膜元件)) < 35 [m^3/(d・只膜元件)]，符合设计导则(表 6-21)规定。

同理，核算二段相关参数，结果均符合设计导则(表 6-21)规定。

4. 清洗装置设计计算

1) 清洗微孔过滤器

RO 装置排列 12：6，采取分段清洗方式。根据表 6-30，单只外壳压力容器清洗流量取 9.0 m^3/h，清洗流量为 $12 \times 9\ m^3/h = 108\ m^3/h$，设计取 120 m^3/h。

设计一台 ϕ700 微孔过滤器，滤元件公称过滤精度为 5 μm 的滤芯，单只处理水量 1.8 m^3/h，结构为蜂房式线绕式，长度 1 m，材质聚乙烯，数量(N_f)，由式(6-166)，得：

$$N_f = \frac{Q_f}{n_{f,n}} = \frac{120}{1.8} = 66.66(\text{只})\text{，设计取 66 只}$$

2）清洗箱

外壳压力容器体积之和(V_1)：

单只体积：$V'_1 = \frac{1}{4} \times \pi \times D^2 \times L = \frac{1}{4} \times 3.14 \times 0.2^2 \times 6.0 = 0.188(m^3)$，设膜元件占外壳容器体积为 30%，则 18 只外壳压力容器冲水体积 $V_1 = 2.37\ m^3$。

清洗微孔过滤器体积(V_2)：

直径 ϕ700，有效高度 1.35 m，单台冲水体积

$$V_2 = \frac{1}{4} \times \pi \times D^2 \times H = \frac{1}{4} \times 3.14 \times 0.7^2 \times 1.35 = 0.519(m^3)$$

循环管道体积之和(V_3)：

直径 DN100 长度 50 m，循环管道冲水体积

$$V_3 = \frac{1}{4} \times \pi \times D^2 \times L = \frac{1}{4} \times 3.14 \times 0.1^2 \times 50 = 0.393(m^3)$$

清洗箱容积计算(V)，由式(6-227)，得：

$V = (V_1 + V_2 + V_3) \times k = (2.37 + 0.519 + 0.393) \times 1.5 = 4.923(m^3)$，考虑本清洗装置与 UF 装置共用，则清洗箱容积取 6 m^3(PE)，外形尺寸 ϕ1 900×H2 440 mm，箱内配置电加热装置，功率 10 kW。

(3) 清洗泵

选择一台 IH100-65-200 型化工离心泵，性能参数：Q=120 m^3/h，H=0.44 MPa，n=2 900 r/min，N=22 kW，采用机械密封。

5. 还原剂投加设计计算

RO 进水余氯以 0.5～1 mg/L(以有效氯计)计，还原剂采用亚硫酸氢钠($NaHSO_3$)不考虑水中溶解氧，投加量[$NaHSO_3$]，由式(6-226)，得：

$$[NaHSO_3] = 52 \times a \times \frac{[Cl_2]}{71} = 52 \times 3 \times \frac{1}{71} = 2.2(mg/L)$$

投加采取一对一方式，单套 RO 装置进水量 133.33 m^3/h，投加量为 4.3 L/h(以 10% $NaHSO_3$ 计)，并与 RO 装置进水流量、ORP 值成比例联锁。

选用 B716 型计算泵三台，二用一备，单台性能：Q_{max}=6.1 L/h，H=1.03 MPa。配置一台脉冲缓冲器，三台安全背压阀。一台 PT-500L 型还原剂计量箱，PE 材质，有效容积 0.5 m^3，配制两天一次，规格 $\phi \times H$=800 mm×1 250 mm。

6. 阻垢剂投加设计计算

1）基础参数

进水温度等于浓水温度。

进水离子强度(μ_f)，由式(6-181)，得

$$\mu_f = \frac{1}{2} \sum C_i Z_i^2 \approx 2.5 \times 10^{-5} \times (TDS) = 2.5 \times 10^{-5} \times 725.75 = 0.018$$

浓水离子强度(μ_c)，由式(6-180)，得

$$\mu_c = CF' \times \mu_f = 4.76 \times 0.018 = 0.086$$

进水一价离子的活度系数(f_{f1})，由式(6-182)，得

$$\lg f_{f1} = -0.5 \times [Z_A]^2 \times \frac{\sqrt{\mu}}{1+\sqrt{\mu}}$$

$$= -0.5 \times [1]^2 \times \frac{\sqrt{0.018}}{1+\sqrt{0.018}} = -0.0591，则\ f_{f1} = 0.87$$

同理，进水二价离子的活度系数 $f_{f2}=0.58$，浓水一价离子的活度系数 $f_{c1}=0.77$，浓水二价离子的活度系数 $f_{c2}=0.35$。

浓差极化因子(CPF)，由式(6-116)，得

$$CPF = \frac{C_s}{C_f} = 1.2$$

浓缩系数(CF')，由式(6-183)，得

$$CF' = CPR \times \frac{1-Y\times(1-(SR)')}{1-Y}$$

$$= 1.2 \times \frac{1-0.75\times(1-0.99)}{1-0.75} = 4.76$$

表观简化浓缩系数(CF)，由式(6-115)，得

$$CF = \frac{1}{1-Y} = \frac{1}{1-0.75} = 4.00$$

实际 pH 变化较小，认为浓水$[CO_2]_c$ 与进水$[CO_2]_f$、产水$[CO_2]_p$ 相同。

2) $CaCO_3$ 结垢倾向计算

(1) 浓水 pH_s 值

浓水 pH_s 值，由式(6-186)，得

$$pH_s = (9.30 + A + B) - (C + D)$$
$$= (9.30 + 0.25 + 2.28) - (2.50 + 2.98) = 6.35$$

式中，A、B、C、D 各值由式(6-187)—式(6-190)，按以下方程式计算求得。

A 值计算：$A = \dfrac{\lg([TDS]_c)-1}{10} = \dfrac{\lg(CF' \times [TDS]_f)-1}{10}$

$$= \frac{\lg(4.76 \times 725.75)-1}{10} = 0.25$$

B 值计算：$B = -13.12 \times \lg(t+273) + 34.55$

$$= -13.12 \times \lg(15+273) + 34.55 = 2.28$$

C 值计算：$C = \lg([Ca^{2+}]_c) - 0.4 = \lg(CF' \times [Ca^{2+}]_f) - 0.4$

$$= \lg(4.76 \times 165.72) - 0.4 = 2.50$$

D 值计算：$D = \lg([ALK]_c) = \lg(CF' \times [ALK]_f)$

$$= \lg(4.76 \times 199.03) = 2.98$$

(2) 浓水 pH_c 值

浓水 pH_c 值，由式(6-204)，得：

$$pH_c = pH_f + \lg\left(\frac{1 - Y \times SP}{1 - Y}\right) + 2 \times \lg f_{c1} - 2 \times \lg f_{f1}$$

$$= 7.96 + \lg\left(\frac{1 - 0.75 \times 0.05}{1 - 0.75}\right) + 2 \times \lg 0.77 - 2 \times \lg 0.87 = 8.38$$

(3) 判断 $CaCO_3$ 结垢倾向

浓水 LSI 值，由式(6-179)，得

$LSI = pH_b - pH_s = 8.38 - 6.35 = 2.03 > 0$，说明 RO 装置在运行过程中有 $CaCO_3$ 结垢倾向，应投加阻垢剂以防止其结垢。

3) $CaSO_4$、$BaSO_4$、$SrSO_4$、CaF_2 结垢倾向计算

(1) 浓水 $CaSO_4$ 结垢倾向计算

浓水离子积 IP_c，由式(6-211)，得

$$\begin{aligned} IP_c &= [f_{c2} \times [Ca^{2+}]_c] \times [f_{c2} \times [SO_4^{2-}]_c] \\ &= [CF' \times f_{c2} \times [Ca^{2+}]_f] \times [CF' \times f_{c2} \times [SO_4^{2-}]_f] \\ &= (4.76 \times 0.35 \times 6.63 \times 10^{-3}) \times (4.76 \times 0.35 \times 6.03 \times 10^{-3}) \\ &= 11.1 \times 10^{-5} \end{aligned}$$

判断 $CaSO_4$ 结垢倾向：

$CaSO_4$ 溶度积 $K_{sp} = 4.93 \times 10^{-5}$，浓水离子积 $IP_c = 11.1 \times 10^{-5}$，即 2.25 倍 K_{sp}，说明浓水为过饱和水溶液，有 $CaSO_4$ 结垢倾向，应投加阻垢剂以防止其结垢。

(2) 浓水 $BaSO_4$ 结垢倾向计算

浓水离子积 IP_c，由式(6-211)，得

$$\begin{aligned} IP_c &= [f_{c2} \times [Ba^{2+}]_c] \times [f_{c2} \times [SO_4^{2-}]_c] \\ &= [4.76 \times 0.35 \times 0.004 \times 10^{-3}] \times [4.76 \times 0.35 \times 6.03 \times 10^{-3}] \\ &= 6.70 \times 10^{-8} \end{aligned}$$

判断 $BaSO_4$ 结垢倾向：

$BaSO_4$ 溶度积 $K_{sp} = 1.10 \times 10^{-10}$，浓水离子积 $IP_c = 6.70 \times 10^{-8}$，即 609 倍 K_{sp}，说明浓水为过饱和水溶液，有 $BaSO_4$ 结垢倾向，应投加阻垢剂以防止其结垢。

(3) 浓水 $SrSO_4$ 结垢倾向计算

浓水离子积 IP_c，由式(6-211)，得

$$\begin{aligned} IP_c &= [f_{c2} \times [Sr^{2+}]_c] \times [f_{c2} \times [SO_4^{2-}]_c] \\ &= [4.76 \times 0.35 \times 0.064 \times 10^{-3}] \times [4.76 \times 0.35 \times 6.03 \times 10^{-3}] \\ &= 1.07 \times 10^{-6} \end{aligned}$$

判断 $SrSO_4$ 结垢倾向：

$SrSO_4$ 溶度积 $K_{sp} = 3.80 \times 10^{-7}$，浓水离子积 $IP_c = 1.07 \times 10^{-6}$，即 2.82 倍 K_{sp}，说明浓水为过饱和水溶液，有 $SrSO_4$ 结垢倾向，应投加阻垢剂以防止其结垢。

(4) 浓水 CaF_2 结垢倾向计算

浓水离子积 IP_c，由式(6-211)，得

$$\begin{aligned} IP_c &= [f_{c2} \times [Ca^{2+}]_c] \times [f_{c1} \times [F^-]_c]^2 \\ &= [CF' \times f_{c2} \times [Ca^{2+}]_f] \times [CF' \times f_{c1} \times [F^-]_f]^2 \\ &= [4.76 \times 0.35 \times 6.63 \times 10^{-3}] \times [4.76 \times 0.77 \times 0.079 \times 10^{-3}]^2 \\ &= 9.26 \times 10^{-10} \end{aligned}$$

判断 CaF_2 结垢倾向：

CaF_2 溶度积 $K_{sp}=3.45\times10^{-11}$，浓水离子积 $IP_c=9.26\times10^{-10}$，即 26.84 倍 K_{sp}，说明浓水为过饱和水溶液，有 CaF_2 结垢倾向，应投加阻垢剂以防止其结垢。

4) 硅结垢倾向计算

浓水$[SiO_2]_c$，由式(6-214)，得

$$[SiO_2]_c = CF' \times [SiO_2]_f = 4.76 \times 5.08 = 24.18(\text{mg/L})$$

设计温度 15℃，溶解度$[SiO_2]_t=106$ mg/L，浓水 pH=8.38，校正系数 $\alpha=1.35$，则由式(6-215)，得溶解极限值$[SiO_2]_{lit}$为

$$[SiO_2]_{lit} = [SiO_2]_t \times \alpha = 106 \times 1.35 = 143.10(\text{mg/L})$$

判断 SiO_2 结垢倾向：

浓水$[SiO_2]_c=24.18$ mg/L，小于溶解极限值$[SiO_2]_{lit}=143.10$ mg/L，说明浓水不会产生 SiO_2 结垢。

5) 阻垢剂选用说明

针对水质分析计算，选用同济水处理公司生产的 TJ-300 型高效 RO 阻垢剂，其性能特点如下：

适合于不同类型 RO 膜、NF 膜。

能有效地控制 $CaCO_3$、$CaSO_4$、$BaSO_4$、$SrSO_4$、CaF_2 等结垢，浓水中 *LSI* 最大允许值为 3.2，$CaSO_4$ 浓度允许达 10 倍 K_{sp}，$BaSO_4$ 浓度允许达 2 500 倍 K_{sp}、$SrSO_4$ 浓度允许达 1 200 倍 K_{sp}，CaF_2 浓度允许达 13 000 倍 K_{sp}等。

在进水 pH 值较大范围内均有效，适应于各种水质，能安全用于饮用水处理系统。在水中性质稳定，不易分解，不会助长装置中微生物繁殖。

主要的理化指标：

标准溶液：澄清浅棕色液体，pH(2.0±0.5)，相对密度(1.10±0.05)；

浓缩溶液：澄清浅棕色液体，pH(1.0±0.5)，相对密度(1.35±0.05)。

TJ-300 型高效 RO 阻垢剂加药量为 1.5 mg/L(以标准药液计)，即每升进水中加入 1.5 mg标准药液重量的阻垢剂。投加设备包括计量泵、计量箱、搅拌器以及注入阀等。

7. 工艺设备设计选型说明

1) 管壳式换热器

冬季原水温度 5℃左右，需要对原水加热，提高 RO 装置产水量以及降低操作压力。

管壳式换热器两台，单台性能参数：设计水量 150 m^3/h，进水温度 5℃，出水温度≥15℃～20℃，蒸汽量 5.4 T/h，换热面积 35 m^2，热媒参数为温度 158℃，压力0.5 MPa，蒸汽走管程，原水走壳程，材质不锈钢，外形尺寸规格$\phi\times L=600\text{ mm}\times3\,000\text{ mm}$。

2）混凝剂加药装置

采用接触过滤工艺，以去除原水的浊度、悬浮物、有机物等。混凝剂采用碱式氯化铝(PAC)，投加标准 2～5 mg/L(以固态有效成分计)，配制 10%溶液投加，最大投加量 15 L/h。

C726 型计量泵三台，两用一备，单台性能参数：Q_{max}=15.1 L/h、H=0.69 MPa，配置两台脉冲缓冲器，三台安全背压阀，计量泵运行受进水流量、浊度等控制。PT-1 000L 型混凝剂计量箱两台，配置两台 JBY-200-750 搅拌装置，配制频率两天一次，单台计量箱规格 $\phi\times H$=800 mm×1 250 mm，总有效容积 1.0 m^3，PE 材质。

3）NaClO 加药装置

对原水进行预氯化，以提高絮凝效果和有机物的去除率。氧化剂采用NaClO，投加标准 0.5～1.0 mg/L(有效氯计)，以含 10%有效氯的溶液投加，最大投加量 3.2 L/h。

P756-y型计量泵三台，两用一备，单台性能参数：Q_{max}=3.8 L/h、H=0.76 MPa，配置两台脉冲缓冲器，三台安全背压阀，计量泵运行受进水流量控制。PT-500L 型 NaClO 计量箱一台，配制频率两天一次，规格 $\phi\times H$=800 mm×1 250 mm，有效容积 0.5 m^3，PE 材质。

4）管道混合器

混合设施选用管道混合器，它具有构造简单、无活动部件、安装方便、混合快速而均匀等特点。

管道混合器一台，水处理能力 300 m^3/h，流速>1.0 m/s，水头损失≤0.05 MPa，混合速度梯度 700～1 000 s^{-1}，直径 ϕ=250 mm，长度 L=1 500 mm，进口设置两个加药接口，管径为 DN15，出口设置上下两个取样阀，钢制内衬橡胶。

5）多介质过滤器

接触过滤工艺的主体设备，结合预氯化，有效净化水质，减轻 UF 装置负荷和延长反洗周期。

多介质过滤器六台，并联运行，总处理能力 300 m^3/h，运行滤速 6.2 m/h，反洗时强制滤速为 7.5 m/h。单台处理能力 50 m^3/h，直径 ϕ=3 200 mm，直边高度h=1 800，总高度为 H=4 500；承托层石英砂 d_{min}=2，d_{max}=3，厚 h=200 mm；过滤层石英砂 d_{min}=0.6，d_{max}=1.0，厚 h=500 mm；无烟煤 d_{min}=1.0，d_{max}=1.6，厚 h=500 mm；填料总高度 1 200 mm。

空气擦洗强度 18 L/(m^2·s)，擦洗时间 3 分钟；水冲洗强度 14 L/(m^2·s)，冲洗时间 10 分钟；空气流量 8.7 m^3/min，反洗水流量 405.1 m^3/h。冲洗方式：空气擦洗，水反冲洗，最后正洗。反冲洗采用 RO 浓水，节约用水。

全自动运行，单台制水周期根据产水流量、或出水水质、运行经验时间等确定。每台设置进水流量计、进出水压力表。阀体配管包括进水管、排水管、反冲洗进水管、反冲洗进气管、反冲排水管、正洗排水管、排气管等。下部布水方式采用多孔板安装 PP 滤头，上部布水为穿孔管缠绕不锈钢网。本体设备钢制内衬橡胶。

6）多介质反冲洗水泵

IS200-150-250 型卧式单级离心泵两台，一用一备，单台性能参数：Q=400 m^3/h、H=200 kPa、n=1 450 r/min、N=37 kW，机械密封。

7）压缩贮气罐

气源为压缩空气，经减压后用于多介质过滤器气擦洗。压缩贮气罐一台，有效容器 6 m^3，外形尺寸 $\phi\times H$=1 500 mm×4 000 mm。

8）UF保安过滤器

拦截进水中的颗粒杂质，以免UF中空纤维丝端头堵塞，或尖锐颗粒划伤膜表面。YF-150型管道式过滤器两台，公称通径DN150，过滤精度≤100 μm，过水能力≥160 m^3/h，采用不锈钢双层滤网。

9）UF装置

去除水中胶体、大分子有机物，保证出水 $SDI_{15}\leq 3$。UF装置四套，单套性能参数：进水量75 m^3/h，产水量68 m^3/h，单套回收率90%，SXL-225-UFC-0.8型聚醚砜中空纤维卧式超滤膜组件24支，ROPV-4W-150型外壳6只，UF膜水通量70.9 L/(m^2·h)，使用寿命3年以上。

制水方式：死端过滤，制水时间25～30 min；反冲洗时间60 s，反冲洗前后进行10 s的正冲洗；每制水超过24 h，化学反冲洗一次；UF装置制水与反洗过程，分别能实现手动、半自动及自动控制。

单套UF装置均设置进水气动阀、出水气动阀、反洗进水气动阀、反洗排水气动阀、化学反洗排水气动阀以及进水流量气动薄膜调节阀等，并均设置进水流量计，进水、产水压力传感器、压力表、取样点等。图6-48、图6-49为UF装置构造设计简图。

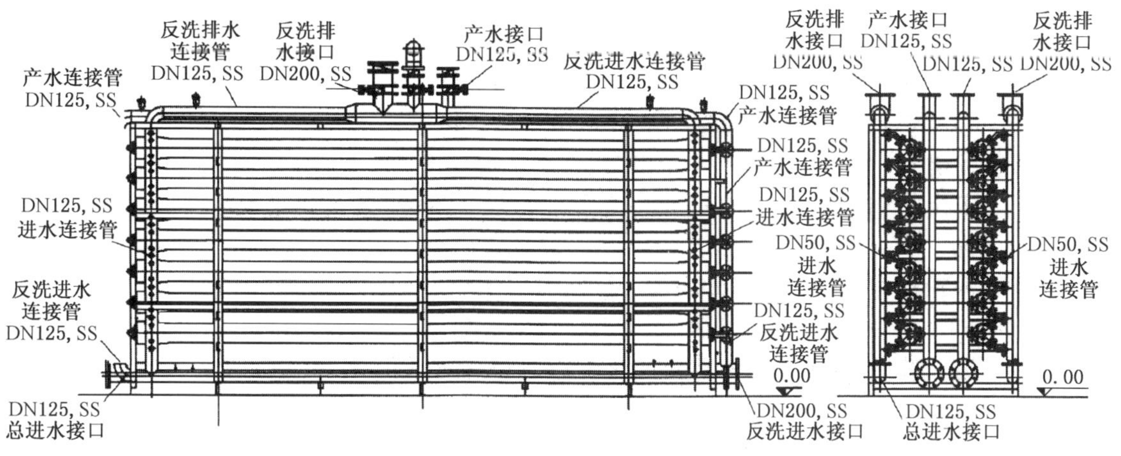

图6-48　UF装置正立与侧立面图

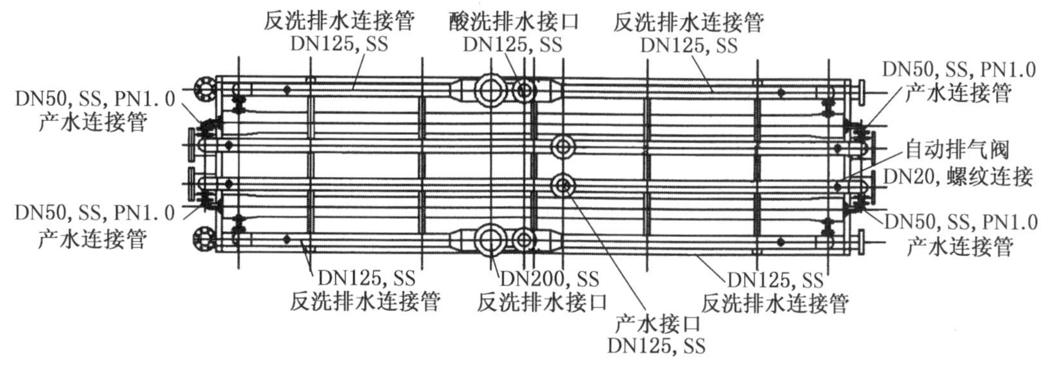

图6-49　UF装置平面图

10）UF 水箱

RO 与 UF 装置之间的调节水箱，兼做 UF 反冲洗水箱。UF 水箱一座，分两格，有效容积 180 m^3，钢筋混凝土结构，内环氧防腐。

11）DUF 反洗水泵

单套 UF 装置反冲洗流量为正常产水量 3～4 倍，化学反冲洗流量为 2 倍，反洗压力均不超过 300 kPa。AZ150-315B 型化工离心泵两台，一用一备，单台性能参数：Q＝340 m^3/h，H＝0.26 MPa，n＝1 450 r/min，N＝37 kW，机械密封。运行方式：变频控制。

12）UF 反洗加药装置

（1）NaClO 加药装置

单台 UF 装置化学反冲洗，NaClO 投加标准为 200 mg/L（以有效氯计），反洗流量 140 m^3/h，NaClO 投加量为 280 L/h（10％有效氯浓度）。

GM0330 型计量泵两台，一用一备，单台性能参数：Q_{max}＝315 L/h，H＝0.5 MPa，配置脉冲缓冲器一台，安全背压阀两台。

NaClO 计量箱与原水 NaClO 计量箱共用。

（2）NaOH 加药装置

NaOH 投加标准为 450 mg/L，反洗流量 140 m^3/h，NaOH 投加量为 140 L/h（45％ NaOH 溶液）。

GM0170 型计量泵两台，一用一备，单台性能参数：Q_{max}＝170 L/h，H＝0.7 MPa，配置脉冲缓冲器一台，安全背压阀两台。

PT-500L 型 NaOH 计量箱一台，配制频率两天一次，PE 材质，有效容积 0.5 m^3，规格 $\phi \times H$＝800 mm×1 250 mm。

（3）HCl 加药装置

HCl 投加标准为 450 mg/L，反洗量 140 m^3/h，HCl 投加量为 200 L/h(31％HCl 溶液)。

GM0240 型计量泵两台，一用一备，单台性能参数：Q_{max}＝240 L/h，H＝0.7 MPa，配置脉冲缓冲器一台，安全背压阀两台。

13）UF 产水泵

与 RO 装置总进水量相同，即 266.7 m^3/h，供水压力取 0.35 MPa。AZ80-200C 型化工离心泵三台，两用一备，单台性能参数：Q＝135 m^3/h，H＝0.35 MPa、n＝2 900 r/min，N＝22 kW。

14）还原剂加药装置

投加 $NaHSO_3$ 还原水中余氯，避免 RO 膜元件被氧化。投加点设置在 RO 保安过滤器之前，保证充分还原反应。考虑安全性，水中余氯以 0.5～1 mg/L（以有效氯计）计，$NaHSO_3$ 投加量取 2～3 mg/L，保证还原后的水中余氯小于 0.05 mg/L。投加采取一对一方式，单套 RO 装置进水量 135 m^3/h，投加量为 4.3 L/h（以 10％$NaHSO_3$ 计），并与 RO 装置进水流量、ORP 值成比例联锁。

B716 型计量泵三台，二用一备，单台性能：Q_{max}＝6.1 L/h，H＝1.03 MPa，配置脉冲缓冲器一台，安全背压阀三台。PT-500L 型还原剂计量箱一台，配制频率两天一次，PE 材质，有效容积 0.5 m^3，规格中 $\phi \times H$＝800 mm×1 250 mm，并配置JBY-200-750 型搅拌装置一台。

15）阻垢剂加药装置

阻垢剂投加点设置在 RO 保安过滤器之前。阻垢剂投加标准为 1.5～3.0 mg/L（以

TJ-300 型标准溶液计），投加采取一对一方式，单套投加量为 4.3 L/h（以 10%标准液计）。

B716 型计量泵三台，二用一备，单台性能：$Q_{max}=6.1$ L/h，$H=1.03$ MPa，配置脉冲缓冲器一台，安全背压阀三台。PT-500L 型还原剂计量箱一台，配制频率两天一次，PE 材质，有效容积 0.5 m^3，规格 $\phi\times H=800$ mm×1 250 mm，并配置 JBY-200-750 型搅拌装置一台。

16）RO 保安过滤器

拦截进水中的颗粒杂质，以避免 RO 高压泵和膜损坏；微孔过滤器两台，与 RO 装置一一对应。单台性能参数：直径 ϕ800，水处理量 140 m^3/h，内装 80 只聚丙烯熔喷式滤芯，过滤精度 5 μm，滤芯长度 1 000 mm，运行滤速不大于 10 m^3/(m^2 · h)，运行方式为压差控制，当压差大于设定值 150～200 kPa 时，更换滤芯，滤芯为可更换卡式安装。

配置进出水压差计或压力表，进水管、出水管、排气管、排污管，以及相应阀体等，本体材质为 SS304 不锈钢。

17）RO 高压泵

与 RO 装置一一对应，单台高压泵供水量 133.3 m^3/h，扬程 1.39 MPa 左右。PWT125-80-315S 型离心泵两台，单台性能参数：$Q=135$ m^3/h，$H=1.40$ MPa，$n=2\,900$ r/min，$N=75$ kW，泵材质 SS304 不锈钢，机械密封。泵进水口设压力低开关，泵出口设电动慢开阀门和压力高开关。

18）RO 装置

RO 装置两套，单套性能参数：进水量 133.5 m^3/h，产水量 100 m^3/h，回收率 75%，表观脱盐率大于 97%。

单套 RO 装置配置：TML20-400 型膜元件 108 只，单只膜面积 400 ft^2，标准脱盐率 99.5%；国产乐普 R8040C30S-6(W)型外壳 18 只；排列为一级二段，12∶6 排列，膜通量约 25.03 L/(m^2 · h)。

制水方式：连续 24 小时运行，两套均能独立运行，制水与低压冲洗过程，分别能实现手动、半自动及自动控制。

单套 RO 装置均设置浓水排放流量调节阀，低压冲洗浓水、产水排放气动阀以及分段清洗切换阀门；设置产水、浓水流量计，进水、产水电导仪，进水 pH 计、ORP 表，各段压力表；各压力容器产水取样阀，产品水爆破膜，进水管和产品水管取样阀。

装置机架稳同性能满足构造、运行、组件膨胀、抗震烈度等要求。图 6-50、图6-51为 RO 装置构造设计简图。

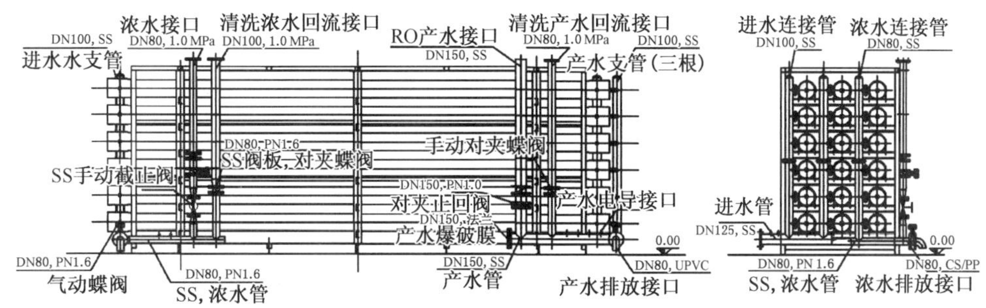

图 6-50　RO 装置正立与侧立面图

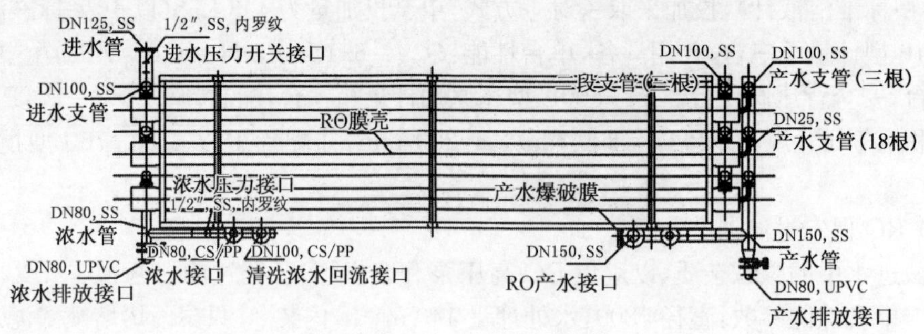

图 6-51　RO装置平面图

19）脱碳器

脱碳塔一台，性能参数：水处理量 200 m^3/h，进水 CO_2 50 mg/L 左右，出水 $CO_2 \leqslant 5$ mg/L，淋水密度$\leqslant 60\ m^3/(m^2 \cdot h)$，塔直径 ϕ2 000 mm，聚丙烯多面体空心球填料，高度2 000 mm，塔总高度 4 000 mm，风机风量 5 000 N·m^3/h，风压 1 960 Pa，功率 7.5 kW。

配置总进水管、出水管、检修人孔、窥视镜、爬梯等，塔体材质钢衬胶，衬胶层厚大于3 mm，并接受$\geqslant$20 kV 伏电火花试验等。

20）RO 产水箱

脱碳塔与离子交换设备之间的调节水箱，兼做 RO 装置低压冲洗水箱。RO 产水箱一座，有效容积 100 m^3，外形尺寸 5 500 mm×5 000 mm×4 000 mm，钢筋混凝土结构，内衬花岗岩防腐。

21）RO 浓水箱

贮存 RO 浓水，作为多介质过滤器反冲洗用水，节约水资源。RO 产水箱一座，有效容积 100 m^3，外形尺寸 5 500 mm×5 000 mm×4 000 mm，钢筋混凝土结构，内衬花岗岩防腐。

22）RO 冲洗水泵

冲洗流量取 100 m^3/h，进水压力 300 kPa。IH100-80-160 型化工离心泵两台，一用一备，单台性能参数：Q=100 m^3/h，H=320 kPa，n=2 900 r/min、N=15 kW，机械密封。

23）RO 清洗装置。

（1）清洗水箱一台，有效容器 6 m^3、材质 PE，外形尺寸 $\phi \times H$=1 900 mm×2 440 mm，配置电加热装置，功率 10 kW。

（2）IH100-65-200 型化工离心泵一台，性能参数：Q=120 m^3/h，H=0.44 MPa，n=2 900 r/min，N=22 kW，机械密封。

（3）微孔过滤器一台，性能参数：直径 ϕ700，水处理量 120 m^3/h，内装 66 只聚丙烯熔喷式滤芯，过滤精度 5 μm，滤芯长度 1 000 mm，运行滤速不大于10 $m^3/(m^2 \cdot h)$，运行方式为压差控制，当压差大于设定值 150～200 kPa 时，更换滤芯，滤芯为可更换卡式安装。

清洗装置仍配置进出水压力表，流量计，进水管、出水管、排气管、排污管，以及相应阀体等，本体材质为 SS304 不锈钢。

24）中间水泵

IH100-65-200 型化工离心泵三台，两用一备，单台性能参数：Q=100 m^3/h，H=0.50 MPa，n=2 900 r/min，N=22 kW，采用机械密封。

25）后处理工艺部分

该部分属于离子交换除盐工艺，以下仅列出设备的主要内容，有关详细技术说明见本书第 7 章（离子交换除盐水设备章节）。

(1) 阳床三台，两用一备，单台处理能力 100 m^3/h，直径 ϕ2 200，无顶压逆流再生固定床，体内再生。

(2) 阴床三台，两用一备，单台处理能力 100 m^3/h，直径 ϕ2 200，无顶压逆流再生固定床，体内再生。

(3) 混床两台，一用一备，单台处理能力 200 m^3/h，直径 ϕ2 200，同步体内再生。

(4) 除盐水箱两座，单座有效容积 1 000 m^3，外形尺寸为 $\phi \times H$ = 11 500 mm × 10 000 mm（直边高度），碳钢内表面喷涂聚脲（SPUA）弹性体材料防腐。

(5) 除盐水泵 PWT125-100-250S 型单级不锈钢离心泵三台，两用一备，单台性能参数：Q=280 m^3/h，H=1.0 MPa，N=110 kW，n=2 965 r/min。

(6) 酸碱再生装置：IH65-50-160 型酸碱再生水泵两台，性能参数：Q=25 m^3/h，H=0.32 MPa，N=5.5 kW，n=2 900 r/min；QCP-80/40R 型酸碱喷射器两台，工作压力 200～400 kPa，进出口 DN80，药液进口 DN40，材质 FRP；酸碱浓度监测仪表各一台；酸碱计量箱各一台，单台有效容积 1 m^3，钢衬胶；酸碱贮槽各一台，单台有效容积 10 m^3，钢衬胶；TJSX-500 型酸雾吸收塔一台，清水进出口 DN40，气口 DN40，UPV 材质。

(7) 酸碱中和池两座，单座有效容积 100 m^3，空气混合，钢砼内部玻璃钢防腐。

(8) 废水泵，80AWFB-A 型立式自吸泵两台，一用一备，单台性能参数：Q=50 m^3/h，H=0.26 MPa，N=11 kW，n=2 900 r/min，杜邦氟合金材质。

26）阀门

装置气动蝶阀、电动蝶阀采用美国 BRAY 产品，气动隔膜阀采用上阀五厂产品，自动阀门均带限位装置和信号反馈装置。

27）管路材质选择

原水进水、多介质过滤器进水及反冲洗系统，采用碳钢管道；多介质过滤器出水至 RO 保安过滤器进水，采用衬塑管道；UF 装置采用 UPVC 管材；RO 保安过滤器出口至 RO 装置产水，采用 SS304 不锈钢管道；RO 产水至中间水泵、至阳床、至阴床、至混床、至除盐水箱等，采用衬塑管道；再生、酸碱，采用网孔钢骨架塑料复合管；加药采用 UPVC 管道；RO 清洗系统、废水中和系统，采用衬塑管道；中和池气体混合，采用 UPVC 管道；压缩空气、蒸汽采用碳钢管道。

28）在线仪器仪表

设置进水温度仪、压力表、浊度计、流量计；每台过滤器及交换器进口流量计；各贮罐、水箱及计量箱液位计；UF 进水、产水压力表；UF 进水流量计；RO 各段压力表、进水/产水电导仪、进水 pH 及 ORP 表；终端 pH 表、电导仪、流量计；中和池 pH 表；阳床出口 Na 表、阴床出口电导表、混床出口电导表。

6.3　纳滤水处理技术

6.3.1　纳滤技术特点

纳滤与超滤、微滤等为新发展的水处理技术，均为膜处理。纳滤简称 NF，它介于反渗透（RO）与超滤（UF）之间的一种压力驱动膜的处理过程。

NF适用于分离分子量在200 g/mol以上，分子尺寸1～2 nm的物质。基于纳滤膜的特点和性能，纳滤可截留小分子有机物而使盐透过，即集分离浓缩与透析于一体；同时由于盐可透过纳滤膜，渗透压低，则操作压力比反渗透法要低得多。图6-52表明了各物质尺寸的大小和微滤、超滤、纳滤及反渗透各自能除去的物质和能透过膜的物质，纳滤能除去悬浮物、细菌、病毒、胶体等高、低摩尔物量，可透过盐和水。

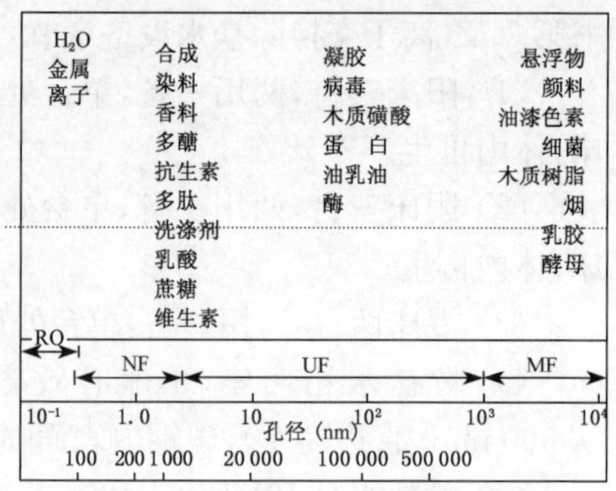

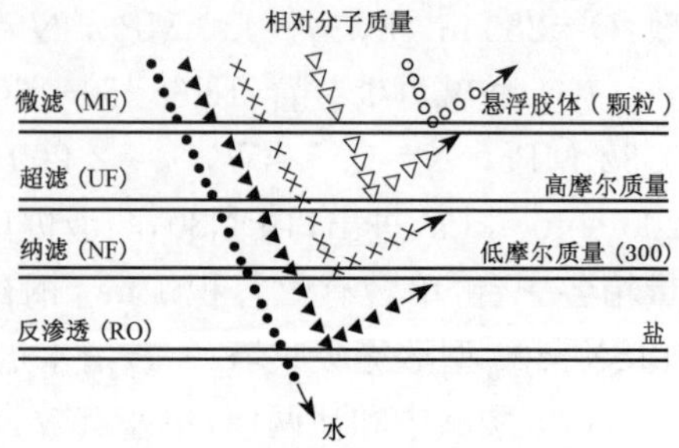

图6-52 纳滤在膜分离中的位置

鉴于纳滤的特点，主要用膜法进行水的软化、净化、相对分子质量在百级的物质分离、分级和浓缩等，包括染料、抗生素、多肽、多糖等化工和生物工程产物的分级、浓缩、脱色、去异味、废水处理的资源回收等。这里主要论述水的净化、软化处理。

6.3.2 纳滤膜的品种和性能

纳滤膜是在反渗透研究基础上衍生而来，膜和组件于20世纪80年代开始形成商品化。纳滤膜的孔径范围在纳米级，其对分子品质截留范围也在nm级(为数百道尔顿)。不少纳滤膜表面为负电荷，对不同电荷和不同价数的离子有相当不同的Donann电位，纳滤膜的孔径和表面特征决定其独特的性能。

1. 纳滤膜品种和制备方法

由于纳滤膜是从反渗透膜基础上发展而来，所以在膜材料品种和制备工艺上，基本上与反渗透膜相同。主要膜材料为CA、CA-CATA、S-DS、S-PES和芳香族聚酰胺复合材料。纳滤膜的制备工艺有相转化法、稀溶液涂层法、界面聚合法、热诱导相转法、化学改性法、等离子聚合法和无机膜用的溶胶-凝胶法等。目前使用的大多数纳滤膜是以界面聚合法制备的。

2. 纳滤膜性能

(1) 纳滤膜由于结构和表面性能的不同而使性能各异，难以用一个标准来评价其优劣和性能特征。但绝大多数膜用NaCl截留率作为性能指标之一。一般截留率在10%～90%之间，见表6-32。

表6-32 一些NF膜的性能

膜型号	厂商	性能		实验条件	
		脱盐率	通量/[$L\cdot(m^2\cdot h^{-1})^{-1}$]	压力/MPa	进料 NaCl/($mg\cdot L^{-1}$)
Desal-5	Desal	47%	46	1.0	1 000
NF-40	Filmtec	45%	43	1.0	2 000
NF=70	Filmtec	80%	43	0.6	2 000
NTR-7410	Nitto	15%	500	1.0	5 000
NTR-7450	Nitoo	551%	92	1.0	5 000

（续表）

膜型号	厂商	性　能		实验条件	
		脱盐率	通量/[L·(m^2·h^{-1})$^{-1}$]	压力/MPa	进料 NaCl/(mg·L^{-1})
SU-600	Toray	55%	28	0.35	500
SU-200NF	Toray	50%	250	1.50	1 500
AMM™	Trisep	40%	40	0.70	1 000
PVDI	Hydranautics	60%	60	1.0	1 500
MPT-10	Memb. prod.	63%	30	1.0	2 000

(2) 截留离子的顺序。由于有的纳滤膜带有电荷(多数为负电荷)，通过静电作用可阻碍多价离子(特别是多价阴离子)的透过性。就多数纳滤膜而言，对于阴离子的截留率按下列顺序递增：NO_3^-、Cl^-、OH^-、SO_4^{2-}、CO_3^{2-}；而对于阳离子的截留率递增顺序为 H^+、Na^+、Ca^{2+}、Mg^{2+}、Cu^{2+}。一些纳滤膜的分离特性见表 6-33，试验条件见表 6-34。

表 6-33　一些 NF 膜的分离特性

溶质	膜　型　号							
	NF-40	NF-70	NTR-7450	NTR-7410	NTR-7250	SU-600	SU-200	AMM™
NaCl	40	70	51	15	60	80	65	40
Na_2SO_4	—	—	92	55	99	—	99.7	—
$MgCl_2$	2	—	13	4	90	—	99.4	—
$MgSO_4$	95	98	32	9	99	99	99.7	98
乙醇	—	—	—	—	26	10	—	—
异丙醇	—	—	—	—	43	35	17	—
葡萄糖	90	98	—	—	94	—	—	—
蔗糖	98	99	36	5	98	99	99	97

表 6-34　试验条件

进料浓度	0.20%	0.20%	0.10%	0.10%
压力/MPa	0.40	1.00	0.75	0.70
温度/℃	25	25	25	25

(3) 截留率的浓度相关性主要是由道南平衡引起的。根据道南平衡，进料溶液中的离子浓度越高，微孔中的浓度也越高。因此最终在透过液体中的浓度也越高，即膜的截留率随着浓度的增加而下降。这种主要是对一价盐类而言，见图6-53。

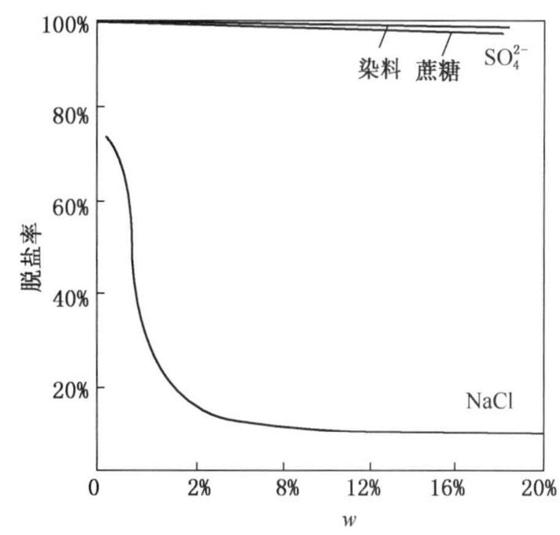

图 6-53　不同组料浓度下某些 NF 膜的脱盐率示意

6.3.3　纳滤组器技术性能

纳滤组器形式和反渗透装置类同，有板式、管式、和中空纤维式等结构形式。其中，卷式组件用得最普遍。在粘度和浓度较高的场合，管式组件较适合。部分卷式膜组件和管式膜的性能见表 6-35 和表 6-36。

表 6-35　　部分卷式纳滤膜组件性能

膜材料	厂商	组件规格/(cm×cm)	溶质	测试条件	产量/(m^3・d^{-1})	脱除率
交联芳香族聚酰胺(含哌嗪的聚酰胺)	Filmtec	S-NF-70-400［101.6×20.3］	$MgSO_4$	2 000 mg/L，0.48 MPa，25 ℃	47	95%
		S-NF-90-400［101.6×20.3］	$MgSO_4$	2 000 mg/L，0.48 MPa，25 ℃	39	>95%
	Hydranautics	ESNA-4040-VHY［101.6×10.2］	NaCl	500 mg/L，0.52 MPa，25 ℃，Y=15%	6.4	>85%
		ESNA-4040-VHY［101.6×10.2］	NaCl	500 mg/L，0.52 MPa，25 ℃，Y=15%	30.4	>85%
		ESNA-4040-VHY［101.6×10.2］	NaCl	500 mg/L，0.52 MPa，25 ℃，Y=15%	34.1	>85%
	Trisep	8040-TS-80-TSA［101.6×20.3］	NaCl	500 mg/L，0.7 MPa，25 ℃，Y=15%	41.7	40.0%
			$MgSO_4$	500 mg/L，0.7 MPa，25 ℃，Y=15%	41.7	98.0%
			庶糖	500 mg/L，0.7 MPa，25 ℃，Y=15%	41.7	98.0%
		8040-TS-80-TSA［101.6×20.3］	NaCl	2 000 mg/L，0.7 MPa，25 ℃，Y=15%	30	85.0%
交联芳香族聚酰胺(含哌嗪的聚酰胺)	Torany	US-220［101.6×20.3］	NaCl	500 mg/L，0.75 MPa，25 ℃，Y=15%	44.0	60.0%
		SU-620［101.6×20.3］	NaCl	500 mg/L，0.75 MPa，25 ℃，Y=15%	36.0	65.0%
	Desal	KD8040K［101.6×20.3］	$MgSO_4$	1 000 mg/L，0.75 MPa，25 ℃，Y=15%	30.28	96%
		KD8040K［101.6×20.3］	$MgSO_4$	1 500 mg/L，1.5 MPa，25 ℃，Y=15%	30.86	94%
	Nitto	NTR-7450［101.6×20.3］	NaCl	1500 mg/L，1.5 MPa，25℃，Y=15%	48	60%
S-PES	Nitto	NTR-7450［101.6×20.3］	NaCl	2 000 mg/L，1.0 MPa，25 ℃，Y=15%	13	50%
		NTR-7410［101.6×20.3］	NaCl	2 000 mg/L，1.0 MPa，25 ℃，Y=15%	25	10%

表 6-36　　**MPW 公司部分管式膜性能**

膜型号	溶质	测试条件	通量/［L・(m^2・h^{-1})$^{-1}$］	脱除率
MPT-10	NaCl	浓度 2%，3.1 MPa，25 ℃	100	62%
MPT-20			130	18%
MPT-30			140	20%
MPT-40			40	75%

6.3.4　纳滤系统工艺设计及计算

1. 常用的水净化和膜软化

通常用的水净化和膜软化的工艺设计、要求和计算，与反渗透部分相近似，可参见反渗透有关部分，多为一级连续流程，故这里不再重述。

2. 渗流纯化和浓缩

将稀释与膜选择透过相结合的纯化过程叫渗滤。该过程可使大分子物质与小分子溶质分离到所需要的程度。

1）非连续批量恒容除盐

在该过程中，物料初始体积 V_f，盐浓度为 C_f；每次稀释后，物料体积变为 V_d，纳滤后体积又变为 V_f；重复 n 次，达到最终除盐效果(盐浓度为 C_r)，其过程如图6-54所示。

若膜对盐没有截留，则每次稀释后盐的浓度为

$$C_{i+1} = C_i V_f / V_d \tag{6-230}$$

经过 n 次渗滤后，盐分最终浓度为

$$C_p = C_f \left(\frac{V_f}{V_d} \right)^n \tag{6-231}$$

若要求最终浓度为 C_f，则渗滤次数 n 为

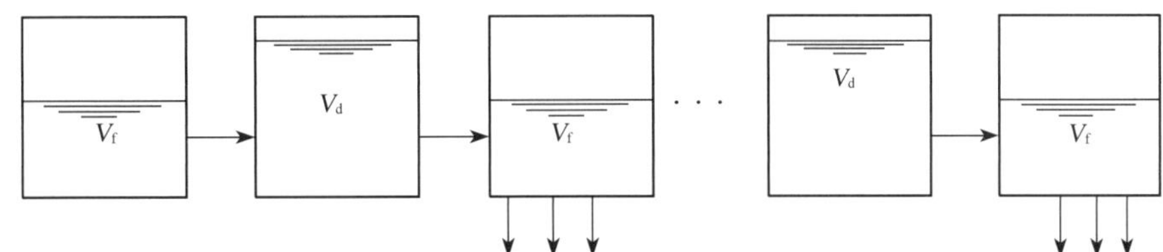

图 6-54　非连续批量除盐过程

$$n = \frac{\ln\left(\frac{C_p}{C_f}\right)}{\ln\left(\frac{V_t}{V_d}\right)} \tag{6-232}$$

若膜对盐截留率为 R，则每次稀释后盐的浓度：

$$C_{i+1} = C_i \left(\frac{V_f}{V_d} \right)^{1-R} \tag{6-233}$$

经 n 次渗滤后，盐分最终浓度为

$$C_p = C_f \left(\frac{V_f}{V_d} \right)^{n(1-R)} \tag{6-234}$$

若要求最终盐浓度为 C_p，则渗滤次数为

$$n = \frac{\ln\left(\frac{C_p}{C_f}\right)}{\left[(1-R) \ln \frac{V_f}{V_d} \right]} \tag{6-235}$$

2）连续批量恒容除盐

在连续批量恒容除盐过程中，渗滤溶剂连续加入体系中，其加入的量与经纳滤膜透过液的量相等，从而使体系总体积保持不变。其过程见示意图 6-55。

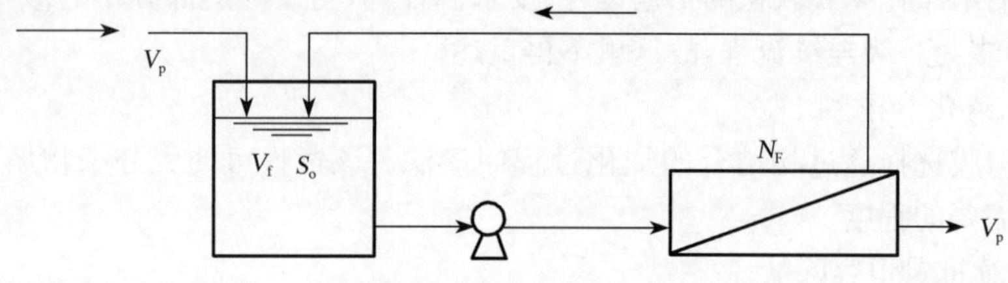

图 6-55　连续批量除盐过程

根据物料平衡可得：

$$V_f d_c = -C(1-R)\mathrm{d}V \tag{6-236}$$

经积分后得：

$$\frac{C_r}{C_f} = \exp\left[(R-1)\frac{V_p}{V_f}\right] \tag{6-237}$$

式中　V_p——为所加渗滤溶剂的体积，即为透过液的体积(L)；

V_f——被处理料液(水)的体积(L)；

C_f——料液(水)中盐的浓度(mg/L)；

C_r——最终料液(水)中盐浓度(mg/L)。

为达到一定的除盐效果(即一定的 C_r/C_f 值)，其与所需渗滤溶液剂量 V_p 和所选纳滤膜对盐的截留率 R 有关。R 越小，V_p 就越小。选择纳滤时，首先应保证对物料中被精致、纯化组分的全部截留。图6-56所给出了用不同脱盐率的纳滤膜，进行恒容除盐时，除盐效果 C_r/C_f 与所许要渗滤溶剂量(水)V_p 之间的关系。

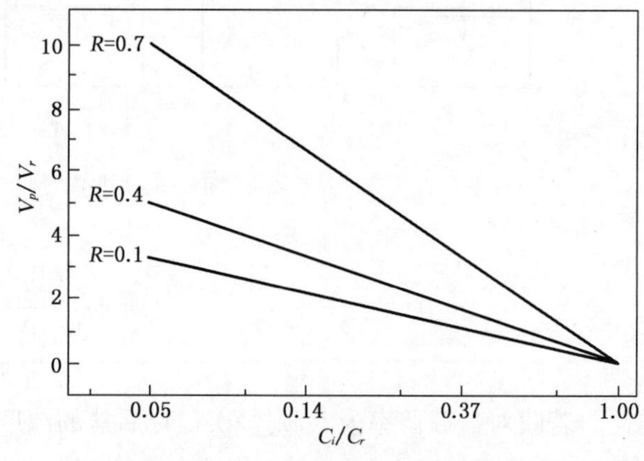

图 6-56　连续批量纳滤除盐过程性能曲线

若大分子完全截留，小分子完全透过，则：

$$\frac{C_f}{C_p} = \exp\left[\frac{V_p}{V_f}\right] \tag{6-238}$$

3）逆流连续纳滤恒容除盐

在逆流连续纳滤除盐过程中，后一级纳滤的透过液(水)作为前一级纳滤进料稀液，而整个体系所需的渗滤溶剂 P 则在最后一级纳滤的进料处加入，图 6-57 为该工艺示意图。

该工艺过程中，除盐效果 C_r/ C_f 与物料流量 Q、渗滤溶剂流量 P、膜对盐的脱除率 R 及纳滤系统级数 N 之间关系，可用下式表示：

$$\frac{C_r}{C_f}=\frac{1}{\sum_{i=0}^{N}[P/Q(1-R)]^i} \tag{6-239}$$

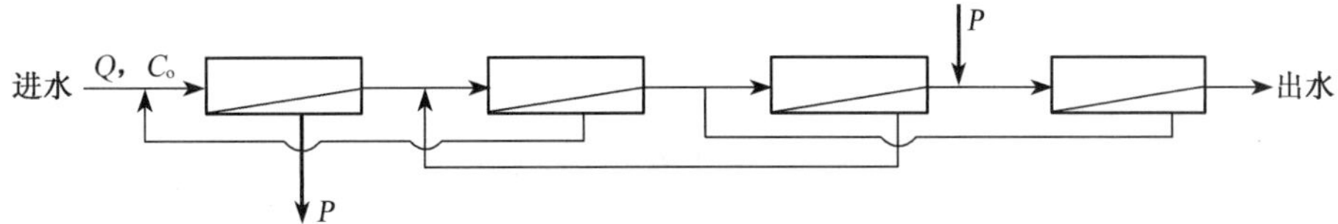

图 6-57　逆流连续纳滤除盐

4）并流连续纳滤恒容除盐

在并流连续纳滤除盐过程中，物料(Q)在进入每级纳滤前，均被等量的渗滤溶剂(P/N)稀释，其工艺过程见示意图 6-58。

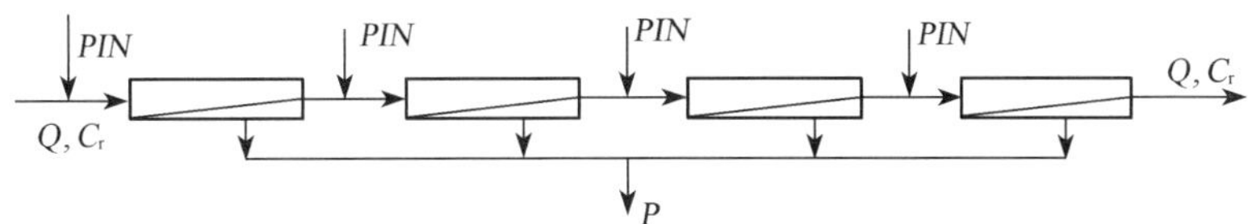

图 6-58　并流连续纳滤除盐过程

该工艺过程中，除盐效果 C_r/C_f 与物料量 Q、渗滤溶剂量 P、膜对盐的截留率 R 及纳滤系统级数 N 之间的关系，可用下式表示：

$$\frac{C_r}{C_f}=\frac{1}{1+\left[\frac{P}{QN}\right][1-R]^N}\cdots\cdots \tag{6-240}$$

纳滤渗透压远比反渗透膜要低，有的也直被称为低压或超低压反渗透。纳滤膜组件的操作压力一般为 0.7 MPa 左右，最低为 0.3 MPa。

通常水净化和膜软化，其运行管理与反渗透相同；纳滤系统的清洗、消毒和再生，基本上也与反渗透相类同，这里不作论述。

6.3.5　纳滤在水处理中的应用

1. 水的软化处理

在膜技术对水的软化处理已成为主要的工艺，其特有的优点是：不需要再生，无污泥产生，完全除去悬浮物，同时除去有机物，操作简便，占地面积小等，具有潜在的竞争力。

常用于软化的纳滤膜对二价离子 SO_4^{2-}、Ca^{2+}、Mg^{2+} 有相当高的脱盐率，特别对二价阴离子脱除率最高。所以膜软化特别适用于高 SO_4^{2-} 含量的水。

膜软化处理过程考虑的主要因素为：进水水质和水量、处理后的水质和水量(水的回收率)；据进水水质和回收率确定是否投加防垢剂及投加量；所需的膜组件数量及分级或分段；按膜污染的实际情况，选择清洗剂配方、清洗方法和周期；根据产品水最终用途，决定产品水的后处理工艺等。

膜软化水处理的基本工艺流程如图 6-59 所示。

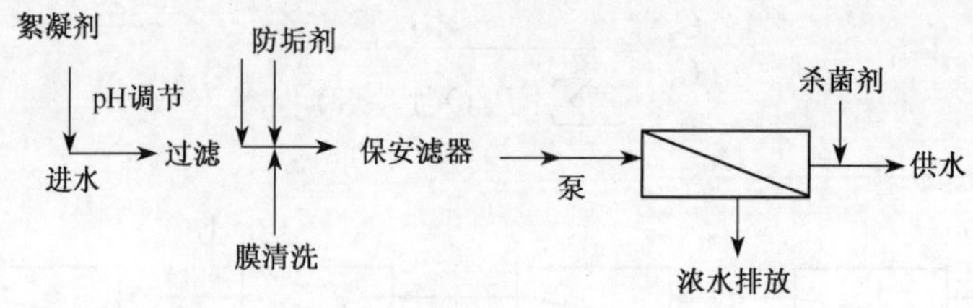

图 6-59　膜软化工艺流程

2. 纯水制备

纳滤与反渗透组合制取初级纯水，是被实践证明为完全可靠的，具体流程与二级反渗透制取纯水相同，可参见反渗透有关部分。

3. 饮用水净化

欧、美、日等发达国家用纳滤处理来把关饮用水水质，如日本的 MAC-21 计划，将膜处理技术作为水净化的最有效手段，特别是纳滤。因可去除消毒附产物、痕量的除草和杀虫剂、重金属和部分硬度等，故备受重视。

其工艺流程大致为：进水→预处理（即水厂常规处理）→MF（UF）→NF→出水。

6.4　超滤水处理技术

6.4.1　超滤概述

1. 超滤过滤原理

超滤（Ultra-filtration）又称为超过滤，是一种介于纳滤（NF）与微滤（MF）之间的膜分离技术，在静压差的推动力作用下进行的液相分离过程。当含有高分子溶质和低分子溶质的混合溶液流过膜表面时，溶剂和小于膜孔径的低分子溶质（如无机盐等）可以透过膜，成为滤液被收集；大于膜孔径的高分子溶质（如有机胶体、微生物等）则被截留，作为浓缩液被收集。

超滤膜对溶质的分离过程主要是膜表面的机械筛分作用、膜孔阻塞、阻滞作用和膜表面的吸附作用，一般认为以筛分作用为主（图 6-60）。其操作静压差一般为 0.1～0.5 MPa，截留组分的直径大约在 0.001～0.1 μm 范围内（切割分子量-MWCO）为 1 000～500 000 Dalton，一般为分子量 1 000～300 000 的大分子和胶体粒子。

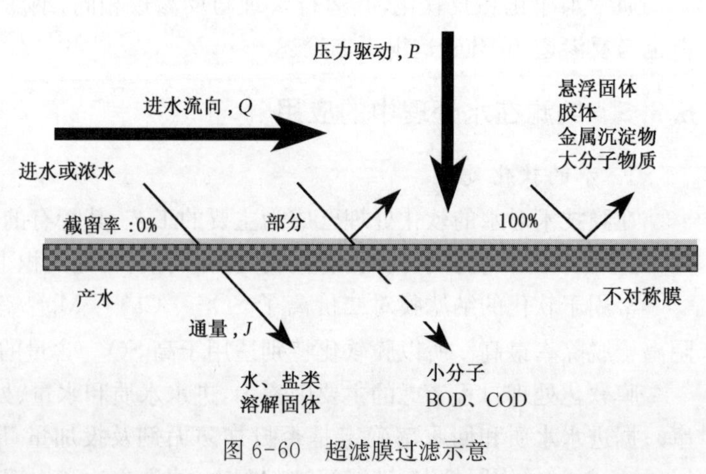

图 6-60　超滤膜过滤示意

在实际应用中，超滤主要用于从液相物质中分离大分子化合物（蛋白质、核酸聚合物、淀粉、天然胶、酶等）、胶体分散液（黏土、颜料、矿物料、微生物等）和乳液（润滑脂-洗涤剂以及油-水乳液）。此外采用超滤也可用来分离溶液中的低分子量溶质，从而实现某些含有各种小分子量可溶性溶质和高分子物质（蛋白质、酶、病毒）等溶液的浓缩、分离、提纯和净化。

2. 超滤分离的特征

（1）分离过程不发生相变化，耗能量少。

（2）分离过程可在常温下进行，适合一些热敏性物质如果汁、生物制剂及某些药品等浓缩或提纯。

（3）分离过程仅以低压泵的压力作为推动力，设备及工艺流程简单，易于操作、管理和维修。

（4）应用范围广，凡溶质分子量在 500～500 000 道尔顿或溶质尺寸大小为50～1 000 Å，均可以用超滤技术进行分离。同时，采用系列化不同截留分子量的膜，能将不同分子量溶质的混合液中各组分实行分子量分级。

3. 超滤的应用

（1）工业废水的处理：①同收电泳涂漆废水中的涂料；②各种含油废水的处理。

（2）纺织工业上浆料的回收。

（3）造纸工业废液处理。

（4）采矿及冶金工业废水的处理。

（5）城市污水处理：家庭污水处理和地沟污水处理。

（6）饮用水的生产和半导体工业高纯水的制备。

（7）食品工业的应用：①回收乳清中的蛋白质；②牛奶超滤以增加奶酪收率；③果汁的澄清；④食用油的精练。

（8）医药产品的除菌。

（9）生物技术工业：①各种酶的提取；②激素的提取；③从血液中提取血清蛋白回收病毒；④从发酵液中分离菌体。

6.4.2　超滤膜的性能和装置

1. 超滤膜材料

超滤膜的物理结构具有不对称性，分为两层，一层是超薄活化层，0.25 μm 厚，孔径为 5.0～20 nm。对溶液的分离起主要作用；另一层是多孔层，约 75～125 μm 厚，孔径为 0.4 μm，具有很高的透水性，只起支撑作用。目前流行的超滤膜有以下几种：

（1）醋酸纤维素超滤膜（CA 膜）：CA 膜是最常见的超滤膜之一，其孔径分布和孔隙率的大小可以通过改变加工工艺参数来控制，因此可以制得切割分子量变化范围较大的各种 CA 超滤膜，且价格低廉，至今仍广泛使用。

代表产品：Aqouasurce。

（2）聚砜超滤膜（PS 膜）：PS 膜是继 CA 膜后主要发展的一种超滤膜，具有优良的抗氧化性、稳定性和机械强度、可以耐酸或碱溶液的腐蚀，由于聚砜具有疏水特性，不能像 CA 膜那样具有较宽的孔径范围。

代表产品：KOCH。

（3）PES（聚醚砜）

代表产品：Hydranautics/X-flow/Inge。

（4）SPES（磺化聚醚砜）

代表产品：Membrana、IMT。

(5) PAN(聚丙烯腈)

代表产品：Toray。

(6) PVDF(聚偏氟乙烯)

代表产品：Zenon/Toray/Hyflux/Omexcell/旭化成。

(7) PVC(聚氯乙烯)

代表产品：海南立升。

(8) PTFE(聚四氟乙烯)

代表产品：膜天。

(9) PP(聚丙烯)

代表产品：U. S. FILTER/CMF。

各种膜材料的优缺点如表 6-37 所示。

表 6-37　各种膜材料的优缺点比较

膜材料	优点	缺点
CA	耐氯性，便宜、比 PA 更能耐污染	在 pH>6 的碱性条件下易水解，易生物降解，热稳定性和化学稳定性差，选择渗透性差(脱盐率约 95%)，渗透通量偏差。
PA	各方面的稳定性以及选择渗透性都较 CA 好	耐氯局限性很大(<0.1 mg/L)
PAN	较高的耐水性和耐氯性	需要共聚物制成不易破碎的膜
PS, PES	有很好的稳定性和机械强度	疏水性
PVDF	相当高的化学性	较高的疏水性
PTFE	稳定性好，较高的热稳定性	有限的机械强度，有限的固有渗透率，较昂贵
PEI	较高的化学稳定性，很高的热稳定性和机械强度	耐融性较 PVDF 差，耐碱性较 PSU 或 PAN 差
PP, PVC	价格便宜	疏水性

从表 6-37 中可知，当超滤用于水处理时，其材质的化学稳定性和亲水性是两个最重要的性质。化学稳定性决定了材料在酸碱、氧化剂、微生物等的作用下的寿命，它还直接关系到清洗可以采取的方法；亲水性则决定了膜材料对水中有机污染物的吸附程度，影响膜的通量。

但大多数高分子膜材料只能忍耐中等 pH 范围的溶液，除醋酸纤维素外，对大多数的有机溶剂的耐受能力很有限。在这一点上，只有 PVDF 和 PTFE 有较高的稳定性。根据极端 pH 值，能提高高分子耐受氧化侵蚀和水解降解的性能。大多数刚性分子的局限性是疏水性，这就使得这些高分子膜极易吸附水中的疏水性污染物，从而降低膜的渗透性。这些污染现象对所有膜过程的运行都会产生重要的影响。许多膜厂家采用膜表面改性的方法制得了具有较好的化学性能、力学性能和亲水性表面膜。

2. 超滤膜装置分类

超滤装置同反渗透装置相类似，根据处于工作状态时膜的形状可分为平板式膜、管式、卷式和中空纤维式四种结构形式。

(1) 板式膜：历史上第一类超滤膜式为平板式膜，因为难以保证膜表面适当的流速及复杂的密封问题，这类膜的应用有限，前处理要求不高。

代表产品：日本 TORAY、日本旭化成、美国 GE 公司的 MBR 产品(膜生物反应器)、浸没式超滤等，材质 PVDF。结构示意图见图 6-61。

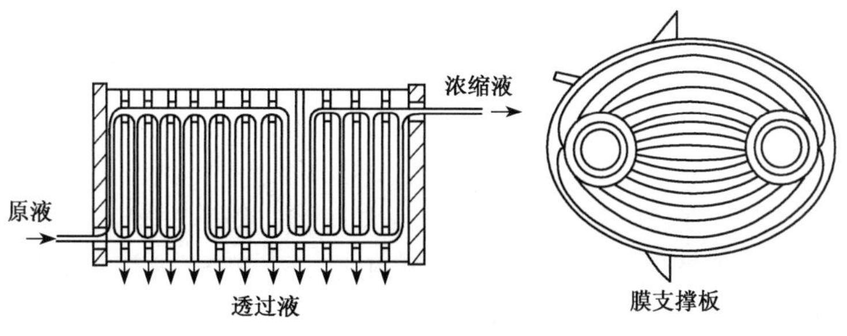

图 6-61　板框式超滤装置结构示意

(2) 管式：管式组件可以在很大的范围内改变料液的流速，有利于控制浓差极化和膜污染的现象，可以处理含高浓度悬浮颗粒的料液，且膜污染严重时可以采用泡沫塑料刷子或海绵进行强制清洗。其缺点是投资和操作费用较高，膜的比表面积较小。示意图见图 6-62—图 6-64。

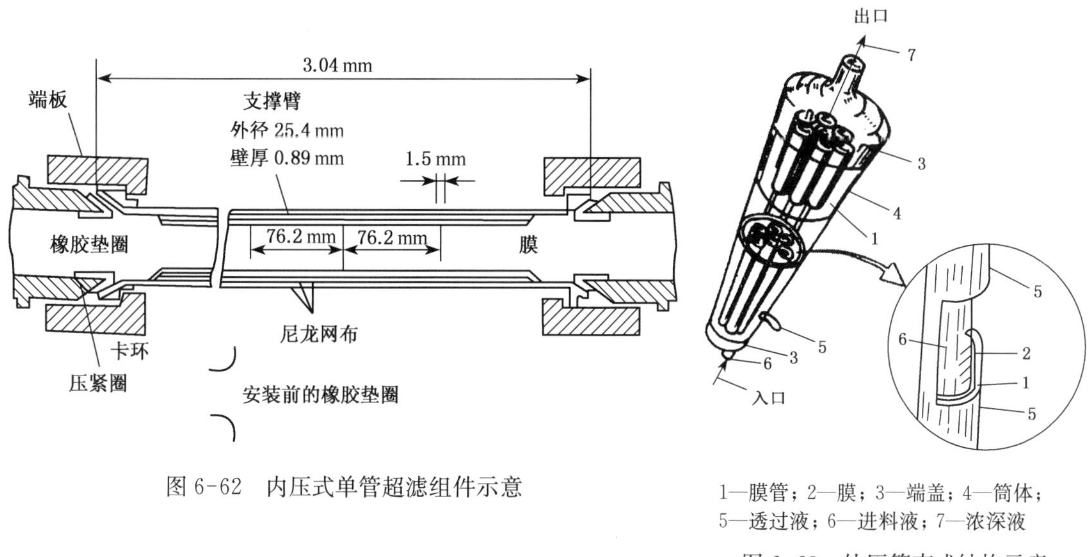

图 6-62　内压式单管超滤组件示意

1—膜管；2—膜；3—端盖；4—筒体；5—透过液；6—进料液；7—浓深液

图 6-63　外压管束式结构示意

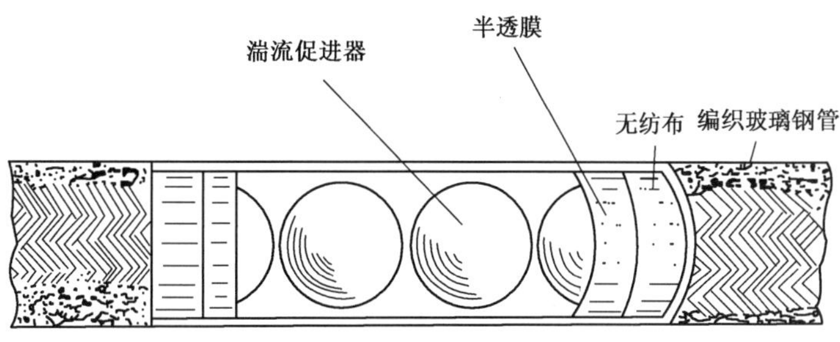

图 6-64　带湍流促进器管膜示意

(3) 卷式：利于板式膜作为起点，因为卷式膜的格网带来死点及无法反洗，通常不适用于工业原水预处理，它们适用于高温、高压物料分离及物料稳定的其他应用，前处理要求最严格。

代表产品：美国 HYDRANAUTICS 公司 RS 超滤膜，美国 OSMONIC 公司。

(4) 中空纤维式：它是由直径为 0.5～1.5 mm 的许多根中空纤维膜经集束封头后组成的。根据工作面是在纤维管的内壁还是外壁，分为内压式和外压式两种，内压式纤维管的外径为 0.4～0.5 mm，外压式为 0.8～1.2 mm。它们的外径与内径之比为 2∶1 左右。这种组件结构紧凑，单位体积内膜装密度和比表面积大，且料液流动状态好，浓差极化现象易于控制，能耗少通量高，且能反洗，投资较低，所以在水处理中得到广泛的应用。

代表产品：荷兰 NORIT X-FLOW(PES，内压式，水平布置)；德国 MEMBRANA(SPES，内压式，垂直布置)；美国 HYDRANAUTICS(PES，内压式，垂直布置)；美国 KOCH(PS，内压式，垂直布置)；德国 INGE(PES，内压式，垂直布置，七孔膜)；加拿大 ZENON(PVDF，抽负压浸没式)；日本 TORAY(PVDF/PAN，加压外压式)。

注：因为中空纤维膜应用最广泛，后面资料中除共同点外，其他均以中空纤维膜为例进行说明和介绍。

上述四种不同结构类型的超滤装置，各有其特点，因而在不同领域都得到广泛地应用。它们的特点比较见表 6-38。

表 6-38　各种组件结构类型特点比较

组件类型 / 比较项目	管式	甲板式	卷式	中空纤维式
组件结构	简单	非常复杂	较复杂	较复杂
膜充填密度 /($m^2 \cdot m^{-3}$)	33～330	160～500	650～1 600	5 000～10 000
膜支撑结构	简单	复杂	简单	不需要
膜清洗	内压式易，外压式难	易	难	内压式易，外压式难
膜更换	更换膜	更换膜	更换元件	更换组件
膜更换难易	外压式易，内压式难	较易	易	易
膜更换费用	低	中	较高	较高
对供水要求	低	较低	较高	高
要求泵功率	大	中	较小	小
安装工作量	大	中	小	小
适合应用范围	废水处理浓缩	浓缩特殊溶液分离	净水工程特殊溶液分离	净水工程特殊溶液分离

6.4.3　超滤相关术语定义

1. 相关术语定义(表 6-39)

表 6-39

序号	名词术语	定　义
1	泡点测试 Bubble point test[BP]	泡点是用来测试监控膜性能及膜组件完整性的一种常用方法，泡点是指膜完全浸润并浸泡在液体中，从膜的一边加以一定压力的气体，从膜的另一边开始出现连续气泡时的最低压力。泡点测试也常常被用于检测膜的最大孔径
2	错流过滤 Cross-flow filtration	指进水平行于膜表面流动，透水垂直于进水流动方向透过膜，被截留物质富集于剩余水中，沿进水流动方向排出组件，返回进水箱，于原水合并循环返回超滤系统。循环水量越大，错流切速越高，膜表面截留物质覆盖层越薄，膜的污堵越轻

（续表）

序号	名词术语	定　　义
3	死端（全流）过滤 Dead-end filtration	指液料以垂直膜表面的方式透过膜流动，并全部透过膜得到产水，水中的污染物被膜截留而沉积于膜表面
4	不对称膜 Anisotropic Membrane	一种人工合成聚合中空纤维，由一层很紧、很薄内膜及自我支撑的海绵状外层结构构成。这层内膜起着半透水超滤膜的作用
5	跨（透）膜压差 TFans-membrane Pressure[TMP]	表示水透过膜的实际所需的驱动压力，计算为原水侧的平均压力与产水侧平均压力的差，即： 跨膜压差 $= [(P_{进} + P_{出})/2] - P(产水)$
6	反洗 Back-flush	将超滤透过液从膜丝产水侧在一定压力作用下流向膜丝进水侧
7	胶质污染 Colloidal Fouling	在中空纤维内侧膜表面形成微粒沉淀层
8	疏水性（憎水性） Hydrophobic	膜材料对水的排斥特性，疏水膜材料具有很低的吸水性能，因此在表面水常成颗粒状。
9	亲水性 Hydrophilic	亲水性膜材料对水有较强的吸引力，它们的表面很自然地具有润湿的化学特性
10	浓缩或排放液 Concentrate or Reject	原水中不能透过膜的那部分，它包含了比原水浓度高的颗粒、胶体、细菌和热原体等杂质
11	浓差极化 Concentration Polarization	引起被截留的悬浮物在膜表面聚集的现象。通常提高膜丝表面液体的切向流速可以有效降低浓差极化的现象
12	错流过滤 Cros Flow	浓水沿平行于有效膜面方向流动，有助于冲刷掉膜表面的污染物碎片
13	原水 Feed	进入超滤系统的水，然后分为产水及浓缩液
14	通量（透水率） Flux	产水透过膜的流率，通常表达为每小时每平方英尺膜面积产多少加仑的水(gfd)，gfd = lmh x 0. 59
15	凝胶层 Gel Layer	在运行的超滤膜有效进水侧表面形成的一层高浓度或固体沉淀物层，通常为高分子物质。往往是凝胶层的渗透性而不是过滤膜的渗透性决定了超滤水通量（这会导致与实际滤膜的截留分子量相比更紧密的过滤效果）
16	截流分子量 Molecular Weight Cutoff	膜的一种特性，描述对一种已知进料体系中溶质的公称截留率，即被截留污染物的最小尺寸
17	切割分子量 Molecular	超滤膜的孔径通常用它截留物质的分子量大小来定义，将能截留 90％的物质的分子量称为膜的切割分子量。通常用典型的已知分子量的球形分子如葡萄糖、蔗糖、杆菌肌、肌红蛋白、胃蛋白酶、球蛋白等作基准物进行此种测试
18	公称截留 Nominal Cut Off	在一已知溶质的单一溶液体系中，对溶质截留率达到最大（通常为 90％）时对应的膜孔径大小
19	透过液，产水 Permeate	透过滤膜的那部分水，基本上无胶体、颗粒和微生物
20	回收率 Recovery	产水占总原水的百分比____％回收率=（产水/原水）×100
21	滞留物 Retentate	也称为浓缩物。进水中无法通过滤膜的部分，包括有浓度高于其进水中含量的被截留固体物
22	滞留物排放 Retentate Bleed	滞留物中自超滤单元排放掉的或再循环的部分。此排放过程防止被截留固体物在膜过滤侧发生积累
23	交错流 Reversal Flow	液体交错进入膜管内。水从上进液管进入膜管内，过一段时间后改成从下进入，这样交错变化以改进膜内流动条件

2. 超滤相关概念介绍

1) 超滤膜的孔分布

现有超滤膜不是单一孔径，而是按一定孔径分布存在，其孔径分布范围从纳米到微米。各厂家生产不同孔径的膜，更确切地讲是生产了不同孔径分布的膜。显然，孔径分布越窄，其分离性能越佳。若膜的分离皮层存在过多过大的孔，虽然膜的透水能力由于大孔提供更大的透量而增加，但是由于分离性能劣化，将导致产水水质下降、膜孔易堵塞，膜通量衰减很快，反洗效率低，最终由于清洗困难而不能使用。因此，判断超滤膜优劣不仅视其水透过能力，更主要要看其孔径分布的宽窄和有无大孔缺陷的存在。

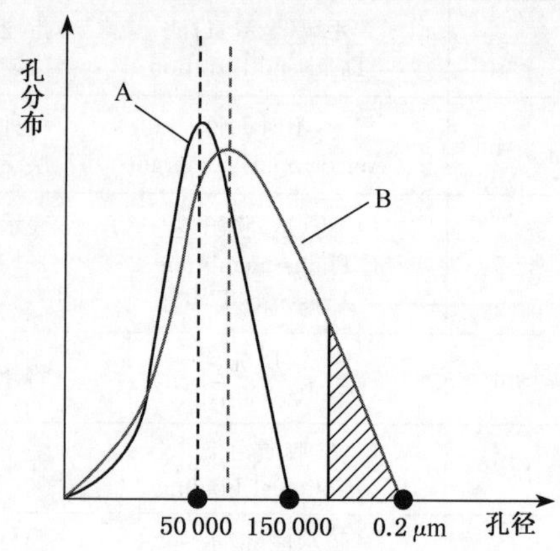

图 6-65　膜的质量曲线

优质超滤膜的表现：①孔分布窄(图 6-65 中 A 线)；② 没有大孔缺陷(图 6-65 中阴影部分)。

A：为质量好的超滤膜

B：为质量差的超滤膜实际应用中的具体表现

A：膜形成表面污染，透量易恢复

B：膜易形成孔污染，透量不易恢复

A：膜透量衰减得慢

B：膜衰减得快

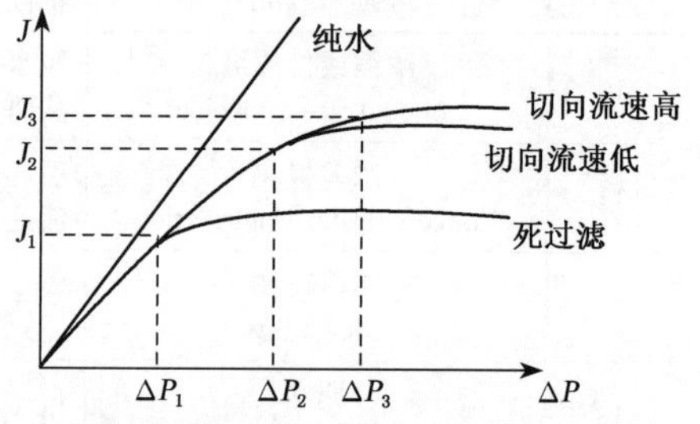

图 6-66　不同操作模式下“临界流量”与“临界压力”值

2) 关于临界压力临界流量的概念(图 6-66)

“临界流量”及“临界压力”的核心意思就是针对含有污染物的不同的水质，其膜的通量或跨膜压差(TMP)在低于“临界流量”或“临界压力”的条件下膜的污染是可逆污染，膜表面积累的污染物可以通过简单反洗就能得到有效恢复；而膜的通量或跨膜压差(TMP)高于“临界流量”或“临界压力”的条件下膜的污染层是致密的甚至是不同逆污染，膜表面积累的污染物必须通过化学清洗的方式才能得到恢复，这样虽然可以降低系统投资，但危害却是长期的，不仅提高了运行成本，而且也大大降低了膜的使用寿命。

3) 亲水性与疏水性的比较

若膜表面呈亲水性，在水处理中它具有更好抗污染能力，因为水中绝大多数污染物如蛋白质、脂肪等都是疏水性物质。当制膜材料为亲水材料(如醋酸纤维、聚丙烯腈、聚乙烯醇)制成，这类膜被称为亲水性超滤膜。这类膜虽具有较好抗污染性，但其化学稳定性稍差，只允许在较窄 pH 范围内使用。聚砜、聚醚砜、聚偏氯乙烯等疏水高分子聚合物材料制成的疏水膜，其化学性能更稳定，机械强度高，而被广泛采用。为改进疏水膜的抗污染能力，现各厂家采用不同的化学改性方法，使其原疏水膜改性为偏亲水性膜。这类膜也被称为亲水性超滤膜。目前，常被采用的多属这类改性的亲水超滤膜，其亲水改性程度因各厂家改性方法不同而不同。

亲水性与非亲水性膜的过滤及反洗效果比较见图 6-67。

亲水性往往采用接触角衡量，如图6-68所示。

接触角的含义如图所示，值越大，表明材料越疏水，当等于零时，表明液体(水)能浸润固体表面，表 6-40 是一些数据。

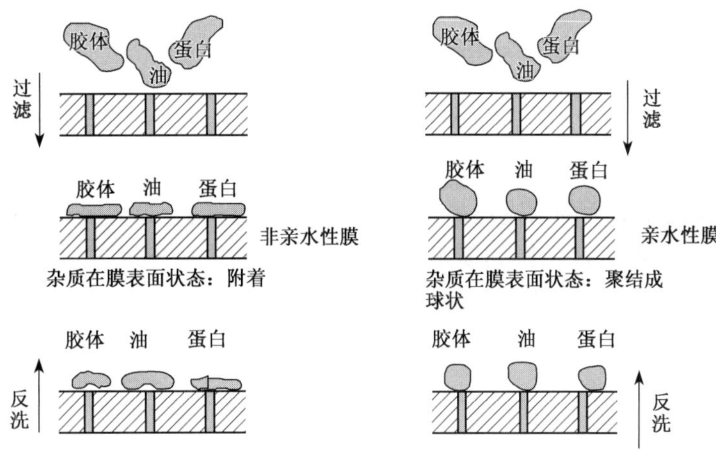

图 6-67　亲水性与疏水性膜的污染、反洗比较

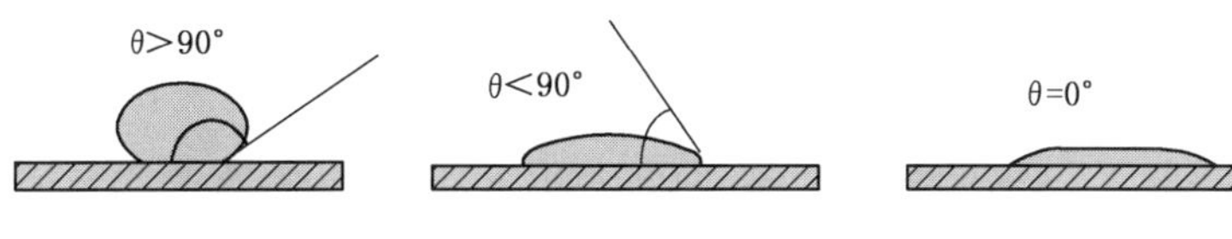

图 6-68　接触角示意图

表 6-40　　不同超滤膜材料的接触角数据

膜材料	接触角
纤维素	12°～45°
聚醚砜	44°～81°
聚丙烯	108°
聚砜	38°～81°
PVDF	30°～66°

大量的研究结果发现，用接触角来评价膜的抗污染性有一定的局限性。这是由于一方面接触角的测定数据本身不够准确，它受到被测材质表面的光滑程度、水的纯度以及测定技术的影响；另一方面，当浓差极化等问题突出时，膜本身性质的影响则退居其位。

4）超滤膜的操作模式（表 6-41 和图 6-69）

表 6-41

序号	模式	流向	时间
1	产水		15～90 min
	错流操作	A 至 B，C	
	死过滤	A 至 C	
2	正洗	A 至 B	5～15 s
3	反洗		40～120 s
	反洗 1	C 至 A	20～60 s
	反洗 2	D 至 B	20～60 s
4	化学反洗	C 至 A，B	1～10 min
5	化学清洗	A 至 B，C	>60 min
6	完整性监测	D 至 B	

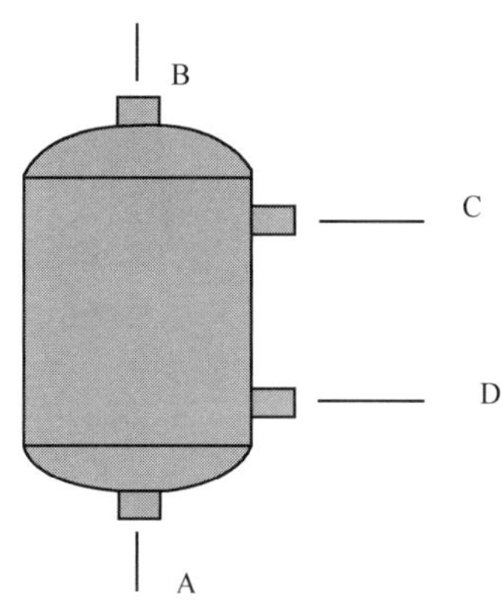

图 6-69　膜操作模式示意图

(1) 错流过滤(Cross-flow filtration)

错流过滤可以增大膜表面的液体流速,使膜表面凝胶层厚度降低,从而可以有效降低膜的污染。因此一般用在水质较差的条件下。错流过滤的浓水流量与产水流量的比称为回流比,一般在 10%~100%之间,也可选择更高的回流比,但必须考虑液体在膜丝内的流速以及在膜丝方向上的压降,防止膜表面的污染不均匀。虽然采用错流过滤可以降低膜的污染倾向,但由于需要更大的水输送量,因此相对于死端过滤需要更大的能耗。

一般错流过滤的浓水都是回到原水箱或到预处理的入口再经过预处理后重新进入超滤系统过滤处理,也有为了提高膜丝表面水流速而添加循环泵的方式。

图 6-70 为错流过滤工艺流程示意图。

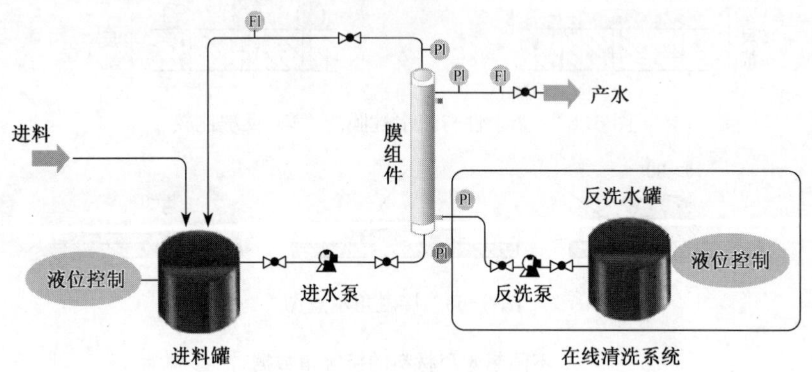

图 6-70　错流过滤工艺流程示意图

还有一种错流过滤称之为微错流过滤(micro-cross-flowfiltration),其特点为浓水回流比的范围一般在 1%~10%(进水量的 1%~8%),这部分浓水全部排放而不是回流。这种工艺的特点介于错流过滤死端过滤之间,兼顾了污染和能耗的因素,缺点是降低了水的回收率。

图 6-71 为微错流过滤工艺流程示意图。

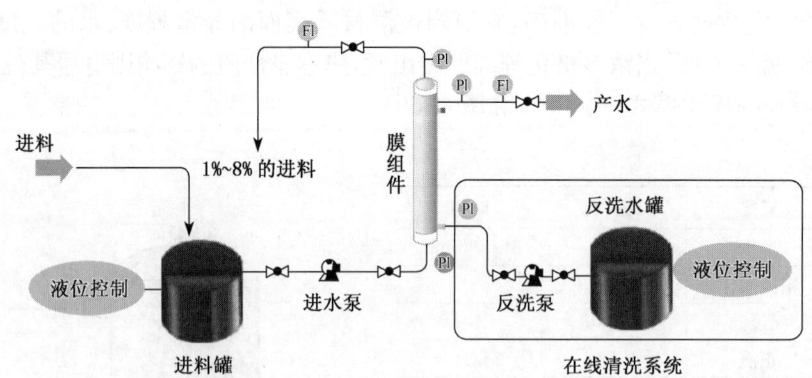

图 6-71　微错流过滤工艺流程示意图

(2) 死端过滤(dead-end filtration)

死端过滤(或称全量过滤)的操作方式主要适用场合为所处理的水质较好(通常指其浊度小于 10 NTU),其膜上的被截留物不能通过浓水带出,只能采用周期性反洗操作由反洗水带出。这种操作方式因省去循环泵而能耗较低,但在相同水质条件下,选用死端过滤的操作方式一般需要更大的膜面积。

图 6-72 为死端过滤工艺流程示意图。

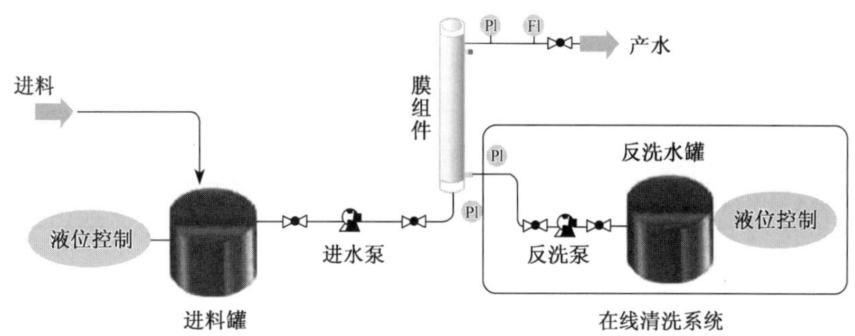

图 6-72　死端过滤流程示意图

错流与死端过滤能耗比较见图 6-73。

处理相同水质时，在确保同样的使用效能和寿命的条件下，相比死端过滤，采用错流过滤可以选择更高的膜通量，即所需要的膜面积错流可以比采用死端过滤所需要的膜面积少，从而可以适当节省一次性的投资费用，但运行费用较采用错流过滤会略高，且根据回流比不同而不同。

5）超滤组件的设计

按照运行方式分类，超滤膜可分为内压膜、外压膜及浸没式超滤膜三种。内压式与外压式见图 6-74。

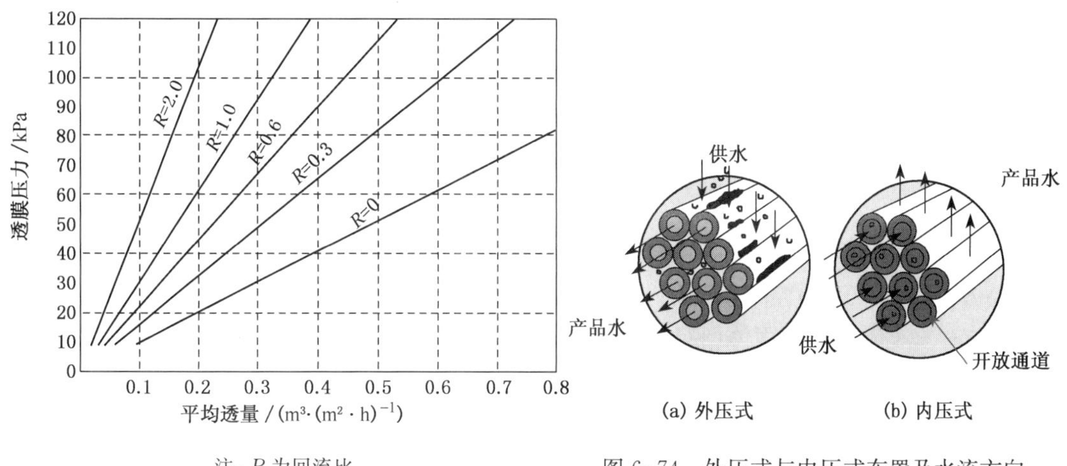

注：R 为回流比。

图 6-73　错流和死端过滤能耗的比较

图 6-74　外压式与内压式布置及水流方向

外压式膜的进水流道在膜丝之间，膜丝存在一定的自由活动空间，因而更适合于原水水质较差、悬浮物含量较高的情况；内压式膜的进水流道是中空纤维的内腔，为防止堵塞，对进水的颗粒粒径和含量都有较严格的限制，因而适合于原水水质较好的工况。浸没式超滤膜过滤的推动力是膜管内部的真空与大气压之间的压力差，对于过滤精度要求较高的超滤膜，这一压差通常不易满足所需过滤推动力的要求，因此浸没式超滤适合过滤精度要求较低的工况，例如污水深度处理。

内压式与外压式对进水水质要求见表 6-42。

表 6-42　　通常外压式和内压式超滤对进水水质的要求

项　目	超滤 A	超滤 B	超滤 C
过滤形式	内压	内压	外压
纤维丝外径/内径/mm	1.3/0.7	13/0.8	1.25/0.7
预过滤精度要求/μm	100	150	300
进水最大浊度/NTU	50	100	300

6) 微观结构和孔径

(1) 超滤膜的不对称结构(图 6-75)

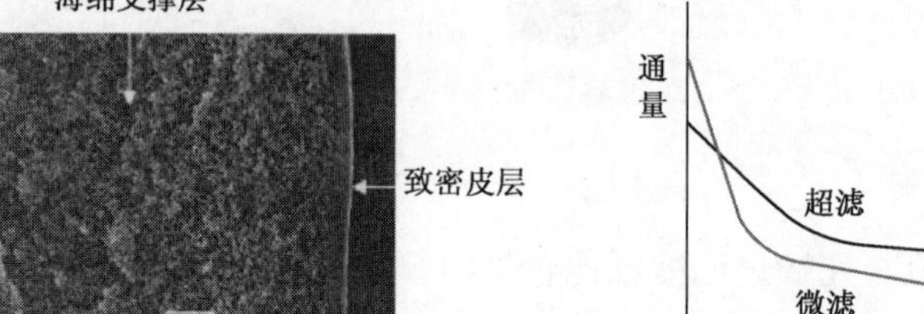

(a) 不对称结构　　(b) 超滤与微滤能量比较

图 6-75　超滤膜结构及与微滤比较曲线

超滤膜通常采用不对称结构,即由致密的皮层和多孔的海绵支撑层构成,通常支撑层的孔径要比皮层高一个数量级以上。这种结构有以下的优点:①致密的皮层提高了过滤的精度;②多孔的支撑层降低了过滤的阻力,并且使得穿过皮层的微小杂质被截留的几率降低到最小。这些优点使得超滤基本实现了表面过滤,清洗恢复性比微滤有明显的改善,因而其长期通量更稳定。

(2) 超滤膜的孔径

超滤膜的孔径有很多种测定和表征方法。其中泡点法是实施最为简便的一种。

泡点法理论基础是毛细现象,有如下的定量公式:

$$P = \frac{4\delta\cos\theta}{D} \tag{6-241}$$

式中　P——泡点压力;膜在水中一侧的气压下,气泡连续从另一侧溢出时的气压为泡点压力(MPa);

δ——液体(水)/空气的表面张力(Pa);

θ——液体(水)与固体(膜)之间的接触角(°);

D——毛细管的孔径(mm)。

从以上公式可以得知:①泡点测定方法测得的实际是膜上的最大孔径;②膜孔径,即毛细管直径 D 越小,泡点压力越大。理论上,这个关系和膜的材质无关。

这一原理在超滤中的一个重要应用是完整性检测。在超滤膜的一侧为液体(水),另一侧通入压缩空气。通过观察气体侧压力下降的速率,或者观察液体侧是否出现连续气泡,来判断膜的完整性。

同时进一步拓展该原理的“气体渗透法”不仅可以测定膜的最大孔径,而且能够测定膜的孔径分布。

7) 超滤膜的完整性检测

完整性检测用于测试膜丝的完整状态或是破损位置,便于后续的修复。对超滤系统而言,完整性由两部分组成:一是超滤组件的完整性;二是配套管道、阀门及连接件的完整性。

可采用压力衰减试验法(以下简称为 PDT)和气泡观察法两种方法检测系统的完整性。

(1) 压力衰减试验法

① 采用干净的压缩空气,以低于 0.1 MPa 的气压,将超滤膜中孔腔内的水排净,如图 6-76 所示。

② 对超滤膜中孔腔加压至 0.1 MPa,超滤膜的渗透侧与大气连通,计时观察超滤膜中空腔内气压的衰减速度(图 6-77)。

③ 如果压力衰减速度太快,超出设计要求。根据漏气声响确定漏点或有问题的组件,然后进行修补。压力衰减速度与截留效果的关系见表 6-43。

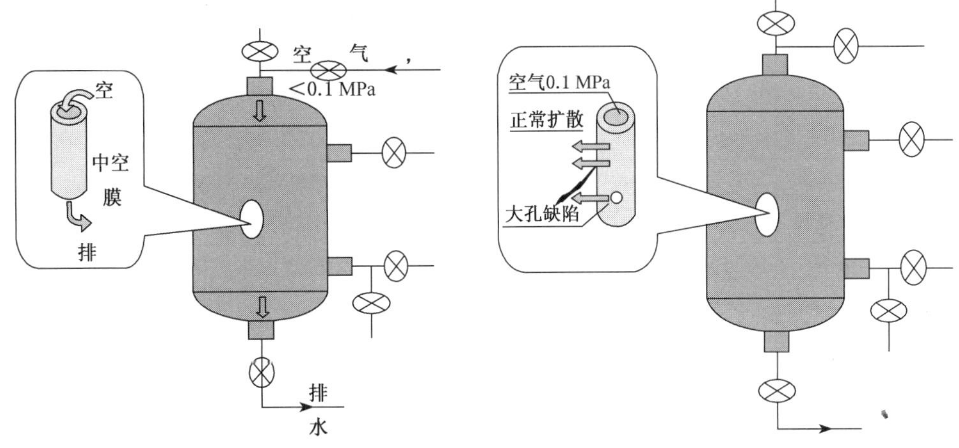

图 6-76　中空腔体排水　　　图 6-77　检测压力衰减速率

表 6-43　　压力衰减速度与节流效果的关系

压力衰减速度/(kPa · min^{-1})	截留效果(以鞭毛虫为例)
1.2	>4.9 log
5	>4 log

采用 PDT 法,要求每个组件都可被隔离(通过阀门或堵头)。这样,才能确定有问题的膜组件,进而对其进行修补。

(2) 气泡观察法

在设计超滤系统时,在每支组件的上端口(回流口)连接管路上加一段透明管(如透明 PVC 或有机玻璃管),可视长度约为 100 mm。

当干净的压缩空气压入组件式,空气会从组件的产水口进入组件内,再经中空纤维膜外侧的破裂处或大孔缺陷处,漏入中空纤维内腔,气泡通过纤维内腔经上端流入透明管,即可观察到泄露的气泡,进而确定有问题的膜组件。具体步骤如下:

① 关闭进水和渗透侧下方端口阀门。

② 打开回流排水阀门。

③ 将空气导入膜组件的侧面上端口(上产水口),缓慢增压至 0.1 MPa,并将空气压力保持在 0.1 MPa,保压时间为 10 min。

④ 仔细观察透明管,如果膜丝有破裂或大孔缺陷,压缩空气就会从纤维丝外侧进入纤维丝内腔,上升至透明管,这样,就会在透明管中看到连续气泡,即可确定有问题的膜组件。

⑤ 修补膜组件中有断裂、大孔缺陷的纤维丝。

注:膜组件在进行完整性检测时,无论新、旧膜组件,在检测前都应将组件经过纯水的完全浸透式浸泡(或在装置上工作过),特别是膜孔道里的气体尽量赶净,避免假象。

6.4.4 超滤膜的性能

1. 膜元件的操作范围

表 6-44、表 6-45 为工业水处理中常用品牌超滤的性能参数。

表 6-44 内压式中空纤维超滤膜性能参数

	膜元件制造商	美国 KOCH	荷兰 NORIT	荷兰 IMT	德国 MEMBRANA	德国 INGE	美国 Hydranautics
基础资料	膜元件型号	V1072-35-PMC	SXL225 FSFC PVC	10060 UF/MB	Ultra-FLUX61	Dizzer5000 plus	HYDRAcap60
	膜元件	内压式	内压式	内压式	内压式	内压式	内压式
	类型	中空纤维	中空纤维	中空纤维	中空纤维	中空纤维	中空纤维
	膜元件材质	PS	PES	SPES	SPES	PESM	PES
	膜壳材质	PVC	FRP	PVC	FRP	PVC-U	FRP
规格	外径/长度	ϕ10″/72″	ϕ8″/60″	ϕ250/1 682 mm	ϕ308/1 714 mm	ϕ250/1 680 mm	ϕ250.8/1 708 mm
	标准膜面积/m^2	80.9	40	50	61	50	46
	纤维外径/mm	1.5	1.5	4.2	1.25	4.3	1.3
	纤维内径/mm	0.9	0.8	0.9	0.8	0.9	0.8
性能	截留分子量/孔径	100 kD	150 kD	100 kD	80 kD	100 kD	150 kD
	设计通量/l mh	50~102	60~135	70~120	60~120	60~140	51~128
	反洗通量/l mh	170~250	250~300	250	约 3 倍进水量	200~250	170~255
	悬浮固体去除率	99%	<0.5 mg/L	—	—	—	—
	胶体去除率	99%	*包含于悬浮固体	—	—	—	—
	TOC 去除率	≈30%	—	—	—	25%~60%	
	微生物去除率	5log	6log	—	—	5log	5log
使用条件	最高进水压力/bar	3.1	1.0~2.0	7.5	3.5	5	5
	最高进气压力/bar	1.0(检测)	1.0(检测)	/	1.0(检测)	1.0(检测)	
	进水温度/℃	0~40	1~40	0~40	0~40	0~40	0~40
	运行透膜压差(TMP)/bar	0.1~2.0	0.1~1.0	0.5~1.0	0.1~0.7	0.1~0.8	0.14~1.4
	最大反洗压力/bar	2.0	3.0	—	2.0	0.3~2.5	1.4
	连续运行 pH 范围	1.5~13	1~13	3~10	2~13	3~10	4~10
	最大总耐氯能力	250 000 ppm.h	250 000 ppm.h	—	250 000 ppm.h	200 000 ppm.h	200 000 ppm.h
	瞬时耐氯浓度/ppm	200 (pH 10.5)	500 (0~40℃)	200	200	200	100

表 6-45 **外压式中空纤维超滤膜性能参数表**

	膜元件制造商	德国 SIEMENSE	美国 GE	日本 Asahi KASEI	日本 TORAY	美国 DOW	中国山东招金膜天	新加波 Hyflux	新加坡 EMSTAR
基础资料	膜元件型号	L20V	ZeeWeed1500	UNA-620A	HFS-2020	SFP-2860	UOF1616	KRISTAL600B	UF-0615ED
	膜元件类型	外压式中空纤维	外压中空纤维	外压中空纤维	外压中空纤维	外压式中空纤维	外压式中空纤维	外压式中空纤维	外压式中空纤维
	膜元件材质	PVDF	PVDF	PVDF	PVDF	H-PVDF	PVDF	PES	PVDF
	膜壳材质	尼龙	—	ABS	PVC	PVC-U	—	PVC	ABS
规格	外径/长度	ϕ119/1 800mm	ϕ17″/75″	ϕ165/2 388mm	216/2 160mm	225/1 860mm	ϕ160/1 730mm	ϕ8″/80″	ϕ160/1 730mm
	标准膜面积/m^2	38.1	51.1	50	72	51	40	70	38
	纤维外径/mm	—	0.9	—	—	1.3	1.1	1.15	1.2
	纤维内径/mm	—	0.47	—	—	0.7	0.6	0.6	0.6
性能	截留分子量/孔径	0.04 μm	0.02 μm	0.1 μm	0.02 μm	0.03 μm	30 kD	60 kD	0.1 μm
	设计通量/1 mh	—	—	40～200	12 m^3/h(max)	40～120	5.8～6.2 m^3/h	135	1.9～5 t
	反洗通量/1 mh	8 m^3/h. mod（擦洗）	—	—	13.5 m^3/h(max)	100～150	—	—	7 t
	悬浮	—	<1 mg/L	—	—	—	<1 mg/L	—	99.99
	固体去除率								
	胶体去除率	—	—	—	—	—	—	—	—
	TOC 去除率	—	50%～90%	—	—	—	—	—	—
	微生物去除率	—	4log	—	—	—	<2 mg/L	5log	
使用条件	最高进水压力/bar	7.0	—	3.0	3.0	6.0	2.0	2.5	3.0
	最高进气压力/bar	2.0(工艺)0.2～0.25(擦洗)	—	—	* 9 N m^3/h(max)	2.5	0.4～0.5(擦洗)	—	—
	进水温度/℃	0～40	0～40	0～40	0～40	1～40	5～45	5～40	5～45
	最大运行透膜压差（TMP）/bar	1.5	2.75	—	—	2.1	—	0.2～2.0	1.5
	最大反洗压力/bar	无	—	—	—	2.5	—	—	0.5～0.8
	连续运行 pH 范围	2～10	5～10	1～0	1～10	2～11	2～10	2～11	1～10
	最大总耐氯能力	1 000 000 ppm. h	—	—	—	—	—	—	—
	瞬时耐氯 浓度/ppm	1 000	1 000	—	—	2 000	—	500	—

2. 超滤组件的截留性能

1）对 MS2 噬菌体的截留

对病毒 MS2 噬菌体的截留比较难以确定。如果要在浓度很小的时候检测这种生物体，就需要特殊的微生物检测技术。另一方面，要在足够长的时间中使较高浓度的噬菌体混合流入原水中，也很难。

由于膜的净化效率很高，所以要能测量出噬菌体的截留，原水中它的浓度至少要达到每毫升 10 万个。在通常情况下，超滤滤液中找不到噬菌体。

因此，对噬菌体的截留在 99.999%或者说对数级 5 以上。

2）对隐孢子体(Kryptosporidien)的截留

精确的检测表明超滤膜对隐孢子体(大小为 4～6 μm)的截留超过对数级 6。

3）对微粒的截留

利用超滤，能把最小的微粒引起的浑浊度降低到规定的界限以下。无论原水的质量怎样，滤液的浑浊度通常都能降到 0.1 NTU 以下。因此，在原水的浑浊度会突然增大的情况下，使用超滤特别合适。

4）降低污染指数

污染指数(*SDI*)是在纳米过滤和反渗透时用到的卷式过滤装置对水的过滤能力的一个衡量尺度。

污染指数是由于在过滤过程中逐渐形成覆盖层、滤液通量降低而产生的。

除了水中的微粒外，还有胶体物质以及真正溶解于水中的有机物质共同形成水的污染指数。

微粒和大部分胶体能够通过超滤去除。而对真正能溶解的有机质的截留则与分子量有关。

对大多数的水(包括海水)，超滤之后污染指数都能降到 1 以下。如果污染指数是由可溶性物质导致的，那么在极少数情况下污染指数也可能在 1 以上。

5）对有机质的截留

有机质包括微粒状、胶体和能溶于水的有机物质。

由于超滤对不同类型的有机质的截留能力不同，因此净化效率就取决于水中有机质的成分组成。

在超滤前加入聚凝剂可以部分地清除能溶于水的有机质。

与传统的方式相比，用超滤的方法既不必考虑沉淀作用，也不必注意凝聚物的可过滤性，因为超滤的净化效率与凝聚物的形状和密度无关。

是否絮凝及聚凝的效果与原水的水质不同，对有机质的截留在 40%～60%之间。

6.4.5 膜的相关性能指数和计算公式

1. 滤液通量

又称为：膜过滤通量、渗透通量

滤液体积流量即单位时间内过滤出的水的体积，与过滤所用的膜面积之比，就是滤液通量。

超滤时常用前期试验确定出滤液通量，一定的水流量和一定的膜面积会产生稳定的膜过滤通量，这是一个非常重要的参数。用它可以计算出要净化预定的水流量所需要的膜面积。

$$Flux = Q/A \tag{6-242}$$

式中　$Flux$——滤液通量[1/(m²/h 或者 1 mh)]；

Q——滤液体积流量(1/h)；

A——膜面积(m²)。

2. 跨膜压差

又称为透膜压差。跨膜压差(TMP)是膜的进水一侧与滤液一侧的压强差。在恒流过滤时要特别注意膜上的压降。

$$TMP = P_f - P_p \tag{6-243}$$

式中　TMP——跨膜压差(bar)；

P_f——进水压力；

P_p——产水压力。

3. 透过率

又称为渗透率、比滤液通量、比渗透通量。要判断膜或者膜技术的性能、确定过滤定量的水所需要的膜内外压差，就要用到透过率这个值。用滤液通量除以所需的压差，得到的值就是透过率。

$$Pe = Flux/TMP = Q/A \times TMP \tag{6-244}$$

式中，Pe 为透过率(1 mh/bar)。

4. 温度修正的透过率

由于透过率和温度相关，所以要用于比较，需要借助温度修正因子，将它转化为常温(20℃)的透过率。

$$Pe = \frac{Flux}{TMP \cdot TCF} \tag{6-245}$$

式中，TCF 为温度修正因子(—)。

温度修正用于比较膜过滤性能数据时不受进水温度的影响。因为随着温度的降低水的粘度增加，当保持恒定的通量时，跨膜压差(TMP)将要相应的增加。

在给定温度下，温度修正总是与净水的粘度有关的。这种情况计算水的粘度不会一直补偿实际的水粘度，因为进水中含有的物质(特别是大分子量物质)和由温度改变而作用于膜本身的任何影响不是一体的。然而由于缺乏更好的修正因子，因此一般用净水粘度。水的粘度计算公式如下：

$$\eta_c = 1\,794 - 0.055 \cdot T + 0.000\,76 \cdot T^2 \tag{6-246}$$

式中　η_c——粘度(m・Pa・s)；

T——温度(℃)。

实际测量粘度相对于温度的变化时得到的数值与用粘度变化计算出来的数值大多会有一些差异(图 6-78)。对于 X-Flow UFC 超滤膜来说，在实验室条件下，表观粘度通过式(6-247)得出：

$$\eta_a = 1\,855 - 5\,596 \cdot 10^{-2} \cdot T + 6\,533 \cdot 10^{-4} \cdot T^2 \tag{6-247}$$

根据上述两式绘制的曲线见图 6-78。

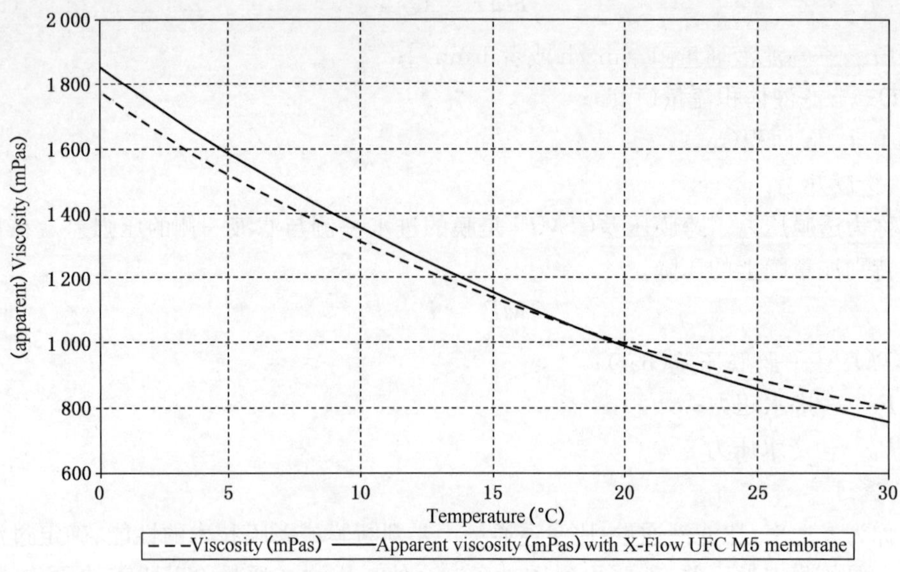

图 6-78　膜粘度和表观粘度与温度的关系

温度修正因子计算公式如下：

$$TCF=\frac{1\,855-5\,596\times10^{-2}\cdot T_{r}+6\,533\times10^{-4}\cdot {T_{r}}^{2}}{1\,855-5\,596\times10^{-2}\cdot T_{m}+6\,533\times10^{-4}\cdot {T_{m}}^{2}} \tag{6-248}$$

式中　TCF——温度修正因子；

T_m——测量温度(℃)；

T_r——参考温度(℃)。

一般温度修正因子选取的参考温度是 20℃，则 $TCF20$ 的计算公式如下：

5. 回收率

$$TCF20=\frac{0.997}{1\,855-5\,596\times10^{-2}+6\,533\times10^{-4}\times T^{2}} \tag{6-249}$$

回收率时过滤出的滤液与原水的体积比。在计算滤液和原水的体积时必须考虑反向冲洗和快速冲洗时所消耗的水量。

$$R=(V_{p}—V_{bw})/(V_{p}+V_{cc}+V_{f})\times100\% \tag{6-250}$$

式中　R——回收率(—)；

V_p——滤液体积(m^3)；

V_{bw}——反向冲洗用水体积(m^3)；

V_{cc}——错流排放水体积(m^3)；

V_f——快速冲洗用水体积(m^3)。

6.4.6　超滤系统及设计

1. 超滤常规配置

常规中空纤维超滤膜(内压式)系统见图 6-79。

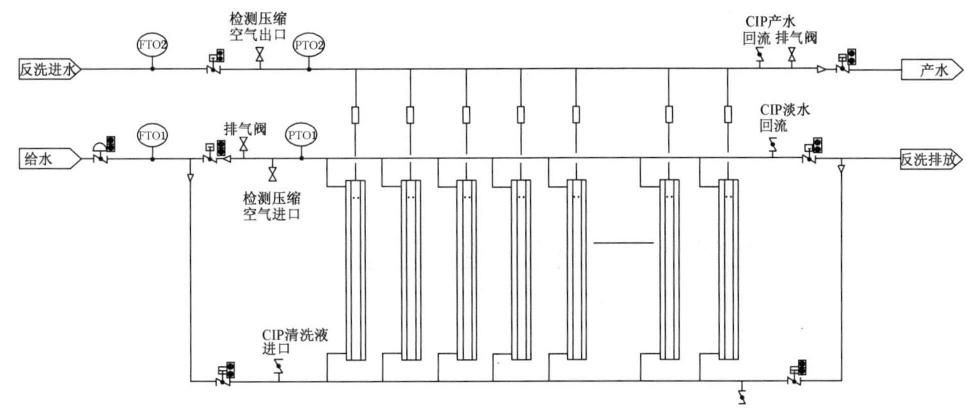

图 6-79　超滤装置图

1）超滤膜组件

超滤膜组件主要有膜壳及膜元件组成，常规膜壳均由膜厂家配置，每只膜配套一支膜壳，材质多为玻璃钢（FRP）或 PVC，少数卧式超滤需另外单独配置膜壳（例如滨特尔 X-Flow 公司的 XIGA 超滤膜，采用类似反渗透的卧式安装方式，需要另配膜压力容器，最多每支膜压力容器安装 4 支 XIGA 超滤膜，长度约为 6 m）。

目前，生产厂家均有多种类型的膜元件，表 6-46 是滨特尔 X Flow 公司超滤膜技术参数及操作条件，可根据进水水质选用不同的通量。

TRAGA®系列水处理常用 10″中空纤维膜组件参数。

表 6-46　　滨特尔 X-Flow 超虑膜元件主要技术参数及操作条件

膜组件型号	XIGA SXL225 FSFC PVC	Aquaflex HP 0.8 mm PVC
安装形式	卧式	立式
运行方式	全流	错流/全流
单支膜过滤面积	40 m^2	55 m^2
膜元件尺寸	ϕ200 mm×1 527.5 mm	ϕ220 mm×1 537.5 mm
膜组件重量	25 kg	34 kg
膜组件装满水重量	51 kg	66 kg
膜材质	PES/PVP 共混	
膜壳材质	PVC	
密封	环氧树脂/PU 树脂	
膜孔径	标称 10 nm	
过滤分子量	150 000 Dalton	
进水温度	0～40℃	
pH 范围	1～13	
NaOCl 耐受浓度	最大 500 ppm，累积耐受量 250 000 ppmh	
运行跨膜压差	≤200 kPa（最大 500 kPa）	
运行系统进水压力	10～80 kPa（最大 300 kPa）	
反洗进水压力	≤300 kPa	
反洗跨膜压差	≤300 kPa	
SDI	≪3.0	
浊度	≤0.1 NTU	

表 6-47 所示内容为根据超滤进水中总固体悬浮物(TSS)(mg/L)的含量选用 X-Flow 公司生产的 XIGA™与 AquaFlex™HP 超膜产品的参考选择标准。在选择应该使用这两类产品中的哪一类时，表 6-47 中所列选择标准是进行初选的首要原则。最终选择时，再衡量原水水质参数，如浊度、总有机碳(TOC)、生化需氧量(BOD)、化学需氧量(COD)、腐殖酸含量(UV_{254})、硬度、碱度等。

表 6-47　滨特尔 X-Flow 超滤膜元件主要技术参数及操作条件

选用 XIGA™与 AquaFlex™HP 的标准(仅供参考)： 基于总固体悬浮物含量(TSS)(mg/L)		
应　用	XIGA™ SXL-225 FSFC	AquaFlex™ HP 0.8 mm PVC
井水/泉水	<50[2]	—
地表水/海水	<50	50～100
WWTP 排水/市政用水	<30	30～100
WWTP 排水/工业用水	—	<100
冲洗水[3](一级超滤)	<100	100～200

注：1. 如果处于标准的边界线上，适用以下条件：
(1) 原水水质变化较大时优先选择 AquaFlex HP。
(2) 对于高产量系统，XIGATM(带预处理)优先于 AquaFlexTM HP 0.8 mm。
2. 井水/泉水的最大预期总固体悬浮物(TSS)。
3. 一级超滤的冲洗水，将用二级超滤系统的回收处理。

2) 反洗单元：用反洗水泵、反洗超滤膜

超滤装置在运行一段时间后，由于水中无机物、有机物及微生物的污染，超滤的透膜压差(TMP)会上升。透膜压差(TMP)是衡量超滤膜性能的一个重要指标，它是指中空丝内侧平均给水压力与渗透液压力之间的差值，它能够反映膜表面的污染程度。一个新组件在20℃开始运行时，其温度修正透膜压差为 3～6 PSI。随着污染物在膜表面的积累，透膜压差随之增大。这时就需要对超滤膜进行反洗，反洗能使透膜压差降低，但是反洗不能达到100%的恢复效果，到达一定程度时(如反洗后运行压差下降有限时)，需采用化学加强反洗。

3) 空气擦洗单元

部分超滤需在反洗时同时通入压缩空气或是罗茨风机来气进行气水混洗，一般是外压式超滤需要单独设置一路气体，气体来源可以采用压缩空气，也可以单独设置罗茨风机。空气擦洗的超滤其膜丝机械强度较高，方可保证气体的冲击、振荡下不易出现断丝现象。

4) 化学增强反洗单元：采用溶药箱、计量泵、管道混合器

超滤装置在运行中，固体颗粒物在膜表面积累，通过正常的反洗不能彻底恢复超滤膜组件的性能，需要对超滤膜进行化学增强反洗(CEB)或维护性清洗(MW)，这样不仅可以获得更好的反洗效果，而且可以适当延长超滤膜组件化学清洗的周期。化学增强反洗是指在反洗水中加入一定浓度的药剂，并浸泡一段时间后，再用超滤产水冲洗至出水 pH 呈中性。对于污染物以有机物为主的给水，加入的药品通常是次氯酸钠或氢氧化钠：对于铁、锰、钙、镁、铝等对膜的污染，通常需要加入酸。加药浸泡反洗的频率可以一天几次到一周一次之间。

5) 超滤化学清洗单元：采用清洗水箱、清洗水泵、清洗保安过滤器

超滤装置在运行一段时间后，由于水中无机物、有机物及微生物的污染，虽然每隔一定

的周期即进行反洗，但是透膜压差不能做到 100%恢复。当透膜压差达到一定数值时（可根据运行记录确认），需进行化学清洗。化学清洗（CIP）或称为就地清洗，其清洗频率根据压差上升情况而定，具体采用何种药剂取决于膜面上的污染物的类型。

超滤膜组件的污染通常有 3 种，一是无机物污染，一是有机物污染，另一是微生物污染；对应常采用以下配方，低 pH 值柠檬酸溶液，高 pH 值的 NaOH 溶液，一定浓度的氯（具体 pH 值及加氯量与不同材质的膜有关）。

CIP 通常采用清洗循环的模式，溶液建议用软化水或者 RO 产水配置，一般步骤如下：

(1) 将系统阀门设置为过滤出水和浓水返回清洗箱状态，将管路接好。

(2) 配置清洗溶液，加热至 30℃～35℃。

(3) 产水阀全开，浓水阀半开，进水侧保持一定的压力。

(4) 启动清洗泵循环 60 min。

(5) 浸泡 60～120 min。

(6) 再次启动清洗泵循环 60 min。

(7) 对超滤膜进行反洗。

2. 工艺流程及设计计算

1) 部分循环式工艺流程

该工艺流程如图 6-80 所示，其特点为：

(1) 运行过程中，不断补充新的料液。

(2) 超滤后的浓缩液部分返回到原液槽或增压泵进口，另外一部分浓缩液排放，透过水则连续引出。

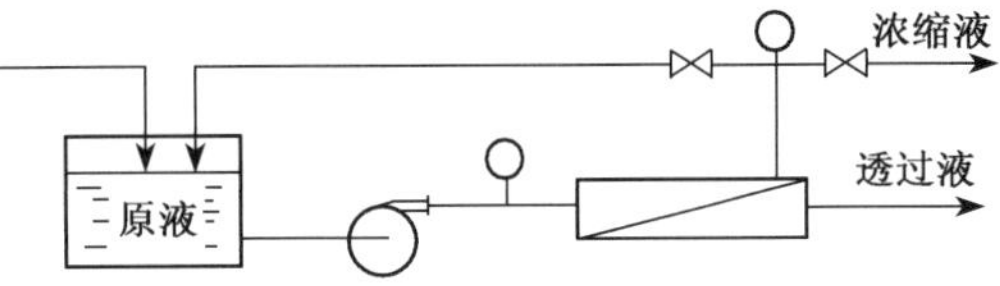

图 6-80　部分循环连续式工艺流程

无循环连续式和部分循环连续式是目前常用的两种工艺的设计流程。

2) 透水量计算

关于超滤膜水通量的计算，至今尚没有一个准确完整的计算公式。因影响膜水通量的因素太多，而建立一个数学模型往往需要引入一些与实际情况有出入的假设条件和设置测定或待定系数，并且计算过程也相当麻烦。

目前在实际超滤工程设计中，建立一个简易的计算公式进行计算。一般情况下，由一批组件构成的一套超滤装置的透水量，往往小于各组件的标称透水量之和，这主要是由于水力分布等方面原因造成的。如果把组装后的超滤组件的实际初始透水量(q_1)与标称透水量(q_m)之比称为组装系数(K_m)，则：

$$K_m = q_1/q_m \tag{6-251}$$

或者

$$q_1 = K_m q_m \tag{6-252}$$

根据经验，K_m 取值范围为 0.9～1.0，对于一般小型装置（如小于 20 个组件），K_m＝0.95；中、大型装置（如大于 20 个组件），K_m＝0.9；如果只有一个组件，K_m＝1。

超滤组件透水量随着运转时间的延长会逐渐下降。但当下降到一定程度时，又会出现一个相对稳定期，在此期间，超滤组件的透水量虽然仍有下降的趋势，但经过清洗再生后，基本上可恢复到某一相对稳定值。把组件的稳定透水量(q_s)与其标称透水量(q_m)之比称为稳定系数 K_W，则得：

$$K_W = q_s/q_m \tag{6-253}$$

或者

$$q_s = K_W q_m \tag{6-254}$$

根据经验，K_W 取值范围为 0.70～0.95，对于城市自来水，经 10～20 精密过滤器过滤后的水作为供水，$K_W=0.8$；地面水仅经水厂常规处理，$K_W=0.7$；如果超滤组件用作高纯水的终端处理 $K_W=0.95$。

用于超滤装置初始透水量(Q_I)稳定透水量(Q_S)的计算分别为

$$Q_I = K_m \sum_{i=1}^{n} q_{im} \tag{6-255}$$

$$Q_S = K_W Q_i = K_W K_m \sum_{i=1}^{n} q_{im} \tag{6-256}$$

式中，q_{im}为第 i 个组件的标称透水量(L/h)。其他符号含义同前。

如果设计某一稳定透水量的超滤水处理工程所需要超滤组件的数量，可用下式计算：

$$n = \frac{Q_S}{q_S} = \frac{Q_S}{K_m K_W q_{im}} \tag{6-257}$$

式中，Q_S 为设计稳定透水量(L/h)；其他符号含义同前。

如果实际操作温度不是 25℃，则按式(6-258)计算 Q_T 的透水量。

$$Q_T = Q_{25}(1+0.0215)^{T-25} \tag{6-258}$$

式中，T 为实际操作温度(℃)。

现举例来运用上述公式进行计算。

某一超滤水处理工程，设计稳定透水量为 8 m^3/h，以城市自来水经 10 μm 精密过滤器过滤后作为供水水源，操作温度为 25℃，操作压力为 0.1 MPa，拟选用规格为 ϕ90 mm×1 100 mm，截留分子量为 50 000 道尔顿的中空纤维超滤组件，已知该组件的性能参数如下：截留分子量，50 000 道尔顿；纯水透过量(q)，700 L/h；测试压力，0.1 MPa；测试温度，25℃；测试液，蒸馏水。要求计算：①该水处理系统需要组装多少个超滤组件？②组装完成后，该系统的实际初始透水量和稳定透水量各为多少？③如果实际运行温度为 20℃或 28℃时，该系统的初始透水量和稳定透水量各为多少？

按题意计算如下：

(1) 求所需要的膜组件数量

$Q_S=8\ m^3/h$：ϕ90×1 100 组件的透水量 $q=0.7\ m^3/h$，取组件系数 $K_m=0.95$，稳定系数 $K_W=0.8$，用式(6-257)计算膜组件个数为

$$n = Q_S/q = \frac{8}{K_m K_W q} = 8/(0.95 \times 0.8 \times 0.7) = 15(\text{个})$$

(2) 求该水处理系统的实际初始透水量和稳定透水量

$K_m=0.95$，$n=15$，$q_{im}=0.7\ m^3/h$，$K_W=0.8$，分别代入式(6-255)、式(6-256)，得：

$$Q_I = K_m \sum_{i=1}^{n} q_{im} = 0.95 \times 0.7 \times 15 = 9.98\ m^3/h$$

$$Q_S = K_W Q_I = 0.8 \times 9.98 = 7.98\ m^3/h$$

该水处理系统的实际初始透水量 Q_I=9.98≈10 m^3/h，稳定透水量 Q_S=7.98 m^3/h，接近设计稳定透水量 8 m^3/h。

(3) 求初始透水量和稳定透水量

操作温度为 20℃和 28℃时的初始透水量和稳定透水量分别用 Q_{I20}、Q_{S20}、Q_{I28}、Q_{S28} 表示，利用式(6-258)计算得：

$$Q_{I20} = Q_I(1+0.0215)^{T-25} = 9.98 \times (1.0215)^{-5} = 8.97\ m^3/h$$

$$Q_{S20} = Q_S(1+0.0215)^{T-25} = 7.98 \times (1.0215)^{-5} = 7.18\ m^3/h$$

$$Q_{I28} = Q_I(1+0.0215)^{T-25} = 9.98 \times (1.0215)^{3} = 10.6\ m^3/h$$

$$Q_{S28} = Q_S(1+0.0215)^{T-25} = 7.98 \times (1.0215)^{3} = 8.5\ m^3/h$$

20℃时，初始和稳定透水量分别为 8.97 m^3/h 和 7.18 m^3/h；28℃时，初始和稳定透水量分别为 10.6 m^3/h 和 8.5 m^3/h。

3. 超滤设计步骤

完整的超滤系统设计，应包含初步设计、中试实验及详细设计

(1) 初步设计：①确定原水来源(自来水/地表水/地下水/废水)；②确定产水水量；③确定膜元件型号；④确定操作方式(错流过滤/死端过滤)；⑤暂定过滤通量范围；⑥暂定操作压力。

(2) 中试实验：①确定最佳设计通量、反洗通量、空气擦洗流量及回收率等；②确定反洗频率；③最适合的操作压力选择；④合理的化学清洗，包括化学清洗药剂的选择、化学清洗流量的确定等。

(3) 详细设计(实施设计)：①确定控制系统；②设计清洗系统及加药辅助系统；③确定操作方式及操作步序；④计算投资和运行成本(视具体设计是否需要而定)。

4. 超滤本体设计

1) 装置本体框架

UF 装置的本体框架是承载膜组件(膜元件、压力容器)、本体管道、阀门、就地操作盘、监测仪表箱等的设施，见图 6-81、图 6-82。

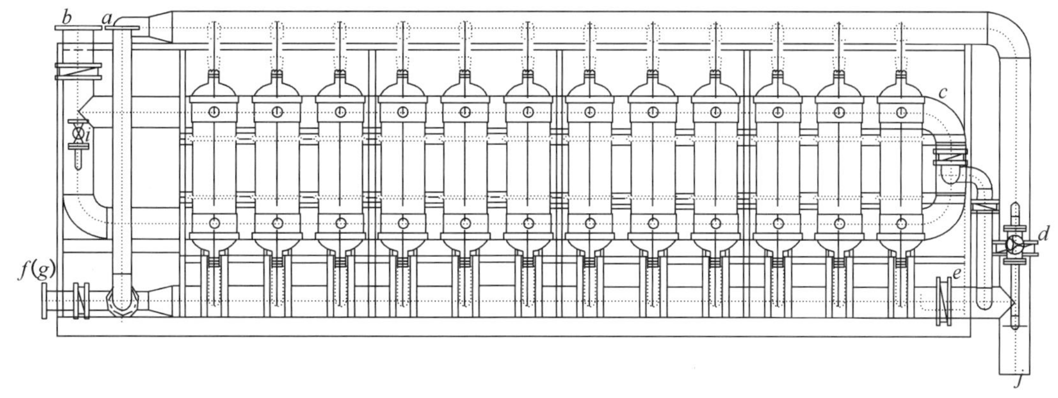

图 6-81　超滤本体框架图

图 6-82 运行(实例)超滤本体框架图

UF 装置框架尺寸和材质应根据承载内容和要求确定,包括压力容器类型(如外形尺寸、受力支撑点)、本体管道、阀门、就地操作盘、监测仪表箱等,还要考虑实际场地限制内容。框架材质一般采用 A_3 钢,表面喷涂防锈漆,小型装置也有采用不锈钢材质的。本体框架必须有足够的强度和刚度,以防止有损害的位移发生。

框架的底座可选用槽钢或方钢。一般小型系统,选用槽钢;大型 UF 系统,选用方钢。在框架上可做对角线支撑,以保持框架的平衡,方便装运。框架底座应做良好设计,以便叉车能容易地移动 UF 系统(装置)。对于大型的 UF 系统,需使用起重机,把装置吊在平板卡车上。装置的起吊可使用框架底座上的支点;对于较重的框架,要求框架有起吊眼,起吊眼应分步在 UF 装置的重力中心。

框架的设计要注意不要与管路打架,并且要保证膜元件及管路上阀门的操作及拆装,框架设计注意高度是否便于运输。

碳钢框架应做一些处理,如抛砂、化学清洗、涂防锈漆等,外表面应涂环氧漆或瓷釉漆。

2) 系统材质

所有过流部分的腐蚀问题都要加以考虑,包括过滤器、泵、水箱、管道、阀门、仪表接口等,都要选择合适的材质,以避免腐蚀造成的污染。

UF 框架内管道一般采用化工级 UPVC 管道或不锈钢管管道。需考虑化学加强反洗时加药浸泡时的腐蚀。

3) 工艺管道及阀门

(1) UF 装置工艺管道包括膜装置的进水、浓水、产水、反洗水以及清洗水等管道,选取材料应考虑实际压力大小、氧化性、腐蚀性以及震动、温度等因素。

(2) 工艺管道建议流速:满足相关设计规程要求。

(3) 阀体包括调节阀、止回阀、蝶阀、隔膜阀、截止阀等,如果系统要求全自动运行,部分阀门还需考虑采用自动阀门。自动阀门的设置根据选用的超滤膜品牌的不同而不一致。

4) 系统仪表监测及控制

超滤系统运行过程主要通过进出水压差、进出水流量及产水浊度来监测超滤是否已经污堵或是出现故障,常规仪表设置如下:

(1) 给水浊度:给水浊度是重要的检测项目之一,是判断给水水质是否合格的重要参数。

(2) 给水流量、产水流量:通过监测给水流量产水流量,可以控制和调节超滤的系统回收率。必要时可在超滤进水口设置调节阀或是超滤提升泵采用变频设置,已保证超滤的恒流运行。

(3) 产水浊度:产水浊度是超滤产水水质的重要监测指标,是判断产水水质是否合格的重要参数。同时可在产水侧设置 SDI 测点,必要时可人工抽检超滤产水水质情况。

(4) 温度:给水温度影响超滤装置的产水量。

(5) 压力:要监测并记录超滤装置的进出口压降,以判断超滤的运行状况,以判断膜元件是否污染或结垢,可判断是否需要进行化学清洗。

5）超滤系统的控制

（1）系统控制方式

超滤系统一般采用 PLC(可编程逻辑控制器)程序自动控制方式。选择的 PLC 应保证有较强的抗干扰能力、丰富的程序指令、较快的运算速度，以保证控制系统的安全稳定。

（2）PLC 控制内容

PLC 的控制内容应包括如下方面：

① 超滤提升泵的变频控制(如有)：超滤启动时变频启动提升泵，可防止水流对膜元件的冲击。启动后，变频与超滤产水流量连锁，保证超滤产水量的恒定。

② 超滤装置的程序启动和停止。超滤装置由 PLC 控制，自动完成包括计量泵、调节阀(如有)等按顺序起动和停止。超滤装置与产品水箱水位连锁的高停低启。

③ 超滤固定周期的正冲/反洗。超滤装置运行一段时间后，自动进入正冲/反洗状态。

④ 异常运行状态的检测、报警。在超滤装置运行过程中，PLC 自动对各设备如提升泵、计量泵、自动阀门等的运行状况进行监测，并输出故障报警信号。PLC 自动对温度、流量、压力、液位、浊度等运行参数进行检测，异常运行状态时报警，并根据不同的情况决定是否停运超滤装置。

⑤ 加药量的自动控制调节。通过超滤给水管道上的流量或超滤反洗管道上的 pH 值等测量仪表输出的 4～20 mA 信号或脉冲信号，自动调节计量泵的输出投加药剂量，实现加药量的按比例自动调节。

5. *超滤预处理基本工艺*

超滤法在广泛应用的水处理工艺过程中，常作为深度净化设备。根据中空纤维超滤膜的特性，对超滤供水前处理有一定的要求。因为水中的悬浮物、胶体、微生物和其他杂质会附于膜表面，而使膜受到污染。超滤供水温度、pH 值和浓度等也会对超滤的运行产生影响。因此对超滤供水必须进行适当的预处理和调整水质，满足供水要求条件，以延长超滤膜的使用寿命，降低水处理的费用。

1）微生物(细菌、藻类)的杀灭

当原水为地表水或其他中水来水时，水中含有的微生物会粘附在超滤膜表面而生长繁殖，可能使微孔和中空纤维内腔完全堵塞。微生物的存在对中空纤维超滤膜的危害性是极为严重的。除去原水中的细菌及藻类等微生物必须重视。在水处理工程中通常在超滤进水前加入 NaClO、O_3 等氧化剂，浓度一般为 1～5 mg/L，并保持超滤产水含有一定的余氯量，保证后续超滤产水箱内不会有微生物滋长。在实验室中对中空纤维超滤膜组件进行灭菌处理，可以用双氧水(H_2O_2)或者高锰酸钾水溶液循环处理 30～60 min。这种处理方法仅可杀灭微生物，但并不能从水中去除微生物，仅仅防止了微生物的滋长。

2）进水浊度的控制

当水中含有悬浮物、胶体、微生物和其他杂质时，都会使水产生一定程度的混浊，混浊会对透过光线产生阻碍作用，这种光学效应与杂质的多少、大小及形状有关。并规定 1 mg/L SiO_2 所产生的浊度为 1 度，度数越大，说明含杂量越多。颗粒的大小、数量和形状均会影响测定，浊度与悬浮物固体的关系是随机的。对于小于若干微米的微粒，浊度并不能反映。

在膜法处理中，精密的微结构，截留分子级甚至离子级的微粒，用浊度来反映水质明显是不精确的。为了预测原水污染的倾向，可用 *SDI* 值来表示。

SDI 值主要用于检测水中胶体和悬浮物等微粒的多少，是表征系统进水水质的重要指

标。水中 *SDI* 值的大小大致可反映胶体污染程度。当原水 *SDI* 过大时，特别是较大颗粒对中空纤维超滤膜有严重的污染，在超滤工艺中，必须进行预处理，即采用石英砂、活性炭或装有多种滤料的过滤器过滤，至于采取何种处理工艺尚无固定的模式，这是因为供水来源不同，因而预处理方法也各异。例如，对于具有较低浊度的自来水或地下水，采用 50～200 μm 的精密过滤器(如蜂房式、熔喷式及 PE 烧结管)或自清洗式过滤器等，一般可降低 *SDI* 到 5 左右。在精密过滤器之前，还必须投加絮凝剂和放置双层或多层介质过滤器过滤。

3) 进水中悬浮物和胶体物质的去除

对于粒径 5 μm 以上的杂质，可以选用 5 μm 过滤精度的滤器去除，但对于0.3～5 μm 间的微细颗粒和胶体，利用上述常规的过滤技术很难去除。虽然超滤对这些微粒和胶体有绝对的去除作用，但对中空纤维超滤膜的危害是极为严重的。特别是胶体粒子带有电荷，是物质分子和离子的聚合体，胶体所以能在水中稳定存在，主要是同性电荷的胶体粒子相互排斥的结果。向原水中加入与胶体粒子电性相反的荷电物质(絮凝剂)以打破胶体粒子的稳定性，使带电荷的胶体粒子中和成电中性而使分散的胶体粒子凝聚成大的团块，而后利用过滤或沉降便可去除。常用的絮凝剂有无机电解质，如硫酸铝、聚合氯化铝、硫酸亚铁和氯化铁。有机絮凝剂如聚丙稀酰胺、聚丙稀酸钠、聚乙稀亚胺等。由于有机絮凝剂高分子聚合物能通过中和胶粒表面电荷，形成氢键和“搭桥”使凝聚沉降在短时间内完成，从而使水质得到较大改善，故近年来高分子絮凝剂有取代无机絮凝剂的趋势。

在絮凝剂加入的同时，可加入助凝剂，如 pH 调节剂石灰、碳酸钠、氧化剂氯和漂白粉，加固剂及吸附剂聚丙稀酰胺等，提高混凝效果。

絮凝剂常配制成水溶液，利用计量泵加入，也可使用安装在供水管道上的水射器直接将其加入水处理系统。

4) 可溶性有机物的去除

可溶性有机物用絮凝沉降、多介质过滤以及超滤均无法彻底去除。目前多采用氧化法或者吸咐法。

(1) 氧化法：利用氯或次氯酸钠($NaClO$)进行氧化，对除去可溶性有机物效果比较好，另外臭氧(O_3)和高锰酸钾($KMnO_4$)也是比较好的氧化剂，但成本略高。

(2) 吸附法：利用活性炭或大孔吸附树脂可以有效除去可溶性有机物。但对于难以吸附的醇、酚等仍需采用氧化法处理。

5) 供水水质调整

(1) 供水温度的调整

超滤膜透水性能的发挥与温度高低有直接的关系，超滤膜组件标定的透水速率一般是用纯水在 25℃条件下测试的，超滤膜的透水速率与温度成正比，温度系数约为 0.02/1℃，即温度每升高 1℃，透水速率约相应增加 2.0%。因此当供水温度较低时(如小于 5℃)，可采用某种升温措施，使其在较高温度下运行，以提高工作效率。但当温度过高时，同样对膜不利，会导致膜性能的变化，对此，可采用冷却措施，降低供水温度。

(2) 供水 pH 值的调整

用不同材料制成的超滤膜对 pH 值的适应范围不同，例如醋酸纤维素适合 pH＝4～6，PAN 和 PVDF 等膜，可在 pH＝2～12 的范围内使用，如果进水超过使用范围，需要加以调整，目前常用的 pH 调节剂主要有酸(HCl 和 H_2SO_3)和碱($NaOH$)。

故简单而言，超滤的预处理可以从以下几方面来考虑：

① 当原水是污水处理厂的排放水时，絮凝沉淀工艺通常是必要的；

② 当原水是污染较严重的河水时，微絮凝和砂过滤通常可以为超滤系统提供必要的保障。特别是在原水水质发生巨大变化时提供一个抗拒冲击的屏障；

③ 当原水是水库水、地下水或优质回用水时，预处理可以是简单的丝网过滤器或是叠片式过滤器；

在超滤和砂滤器、多介质或活性炭过滤器与超滤之间，非常有必要安装100 μm丝网过滤器，可以有效的避免颗粒物质对超滤膜的划伤。

6. 超滤操作参数的控制

正确的掌握和执行操作参数对超滤系统的长期稳定运行是极为重要的，操作参数一般包括流速、压力、压力降、浓水排放量、回收比和温度。

1）流速

流速是指原液（供给水）在膜表面上的流动的线速度，是超滤系统中的一项重要操作参数。流速较大时，不但造成能量的浪费和产生过大的压力降而且会影响到超滤膜性能的发挥而影响透水量。反之，如果流速较小，截留物在膜表面形成的边界层厚度增大，引起浓度极化现象，既影响了透水速率，又影响了透水质量。最佳流速是根据实验来确定的。中空纤维超滤膜，在进水压力维持在 0.2 MPa 以下时，内压膜的流速仅为 0.1 m/s，该流速的流型处在完全层流状态。外压膜可获得较大的流速。毛细管型超滤膜，当毛细管直径达3 mm时，其流速可适当提高，对减少浓缩边界层有利。必须指出两方面问题：其一是流速不能任意确定，由进口压力与原液流量有关；其二是对于中空纤维或毛细管膜而言，流速在进口端是不一致的，当浓缩水流量为原液的 10%时，出口端流速近似为进口端的 10%，此外提高压力增加了透过水量，对流速的提高贡献极微。因此增加毛细管直径，适当提高浓缩水排量（回流量），可以使流速获得提高。

在允许的压力范围内，提高供给水量，选择最高流速，有利于中空纤维超滤膜性能的保证。

2）压力和压力降

中空纤维超滤膜的工作压力范围为 0.1～0.6 MPa，是泛指在超滤的定义域内处理溶液通常所使用的工作压力。分离不同分子量的物质，需要选用相应截留分子量的超滤膜，则操作压力也有所不同。对塑壳中空纤维内压膜，其外壳耐压强度小于 0.3 MPa，中空纤维耐压强度一般也低于 0.3 MPa，因而工作压力应低于 0.2 MPa，而膜的两侧压差应不大于 0.1 MPa。外压中空纤维超滤膜耐压强度可达0.6 MPa，但对于塑壳外压膜组件，其工作压力亦为 0.2 MPa。必须指出，由于内压膜直径较大，当用作外压膜时，易于压扁并在粘结处切断，引起损坏，因此内外压膜不能通用。

当需要超滤液具有一定压力以供下一工序使用时，应采用不锈钢外壳超滤膜组件，该超滤膜组件使用压力达到 0.6 MPa，而提供超滤液的压力可达 0.3 MPa，但必须保持中空纤维超滤膜内外两侧压差不大于 0.3 MPa。

在选择工作压力时除根据膜及外壳耐压强度为依据外，必须考虑膜的压密性，及膜的耐污染能力，压力越高透水量越大，相应被截留的物质在膜表面积聚越多，阻力越大，会引起透水速率的衰减。此外进入膜微孔中的微粒也易于堵塞通道。总之，在可能的情况下，选择较低工作压力，对膜性能的充分发挥是有利的。

中空纤维超滤膜组件的压力降，是指原液进口处压力与浓缩液出口处压力之差。压力降与供水量、流速及浓缩水排放量有密切关系。特别是对于内压型中空纤维或毛细管型超滤膜，沿着水流方向膜表面的流速及压力是逐渐变化的。供水量、流速及浓缩水排量越大，则压力降越大，形成下游膜表面的压力不能达到所需的工作压力。膜组件的总的产水量会受到一定影响。在实际应用中，应尽量控制压力降值不要过大，随着运转时间延长，由于污垢积累而增加了水流的阻力，使压力降增大，当压力降高出初始值 0.05 MPa 时应当进行清洗，疏通水路。

3）回收比和浓缩水排放量

在超滤系统中，回收比与浓缩水排放量是一对相互制约的因素。回收比是指透过水量与供给量之比率，浓缩水排放量是指未透过膜而排出的水量。因为供给水量等于浓缩水与透过水量之和，所以如果浓缩水排放量大，回收比较小。为了保证超滤系统的正常运行，应规定组件的最小浓缩水排放量及最大回收比。在一般水处理工程中，中空纤维超滤膜组件回收比为 50%～90%。其选择根据为进料液的组成及状态，即能被截留的物质的多少，在膜表面形成的污垢层厚度，及对透过水量的影响等多种因素决定回收比。在多数情况下，也可以采用较小的回收比操作，而将浓缩液排放回流入原液系统，用加大循环量来减少污垢层的厚度，从而提高透水速率，有时并不提高单位产水量的能耗。

（4）工作温度

超滤膜的透水能力随着温度的升高而增大，一般水溶液其粘度随着温度的升高而降低，从而降低了流动的阻力，相应提高了透水速率。在工程设计中应考虑工作现场供给液的实际温度。特别是季节的变化，当温度过低时应考虑温度的调节，否则随着温度的变化其透水率有可能变化幅度在 50%左右，此外过高的温度亦将影响膜的性能。通常情况下中空纤维超滤膜的工作温度应在 25℃±5℃，需要在较高温度状态下工作则可选用耐高温膜材料及外壳材料。

6.4.7 超滤装置的调试、运行、维护

1. 调试前的准备工作

（1）检查超滤进水是否符合要求，进水浊度是否在超滤进水要求范围之内；

（2）调试药品具备并符合设计要求，调试工具仪表已具备；

（3）工艺调试用的水、电、气系统具备连续供应能力，排水沟具备排放条件；

（4）与超滤相关的水箱清洗干净；

（5）检查所有相关的配管及是否按设计图纸要求连接完毕，管道支吊架是否安装牢固；

（6）按 PID 图检查所有的压力表、液位开关、流量计、SDI 仪、浊度仪等数量及安装是否与设计相符；

（7）MCC 柜、PLC 柜及就地控制柜是否已查线、校线完毕，是否可以上电；

（8）超滤仪表控制箱所用气源管路是否已吹扫干净；

（9）超滤气洗管路是否气洗；

（10）所有电机是否已试运转（超滤提升泵、反洗水泵、罗茨风机）；

（11）加药装置配管是否已按设计要求连接完毕，配管固定支架安装牢固；

（12）计量箱已吹洗，清除杂质，计量泵已校核，无异常；

（13）所有的自动阀是否能正常开关，阀门开关的快慢程度是否已调整；

(14) 工艺管道是否已经试压，无泄漏。

2. 超滤装置的调试与运行

一般情况下超滤膜连续工作的操作程序为：产水—反洗—正洗—…产水—反洗（化学加强反洗）—正洗—产水—反洗—正洗…循环进行，这些工程的选用及组合根据水质、操作条件的不同来选择，操作过程由于切换相对频繁，为了安全及长期稳定运行，一般都采用自动模式。

不同厂家品牌的超滤膜其操作及运行略有不同，具体可参见膜厂家技术手册。

3. 超滤系统故障排除（表 6-48）

表 6-48　　超滤系统故障排除

故障现象	故障原因	解决办法
高透膜压力	超滤单元受污染，准备清洗	进行适当清洗，其后单元转回至产水模式
	反向逆流情况	为应对反向逆流时的问题，修改反洗加药方案，降低系统回收率，减小反洗间隔
低气压	空压机故障	检查空压机，修正问题
	阀门关闭	沿空气管路检查，开启关闭阀门
进口压力高	超滤进水泵控制故障	检查 PID 控制，如需要进行调整
	压力指示仪表故障	对不正常指示仪表监控数据并做检查
进口压力低	超滤进水泵故障	检查超滤进水泵
	阀门故障	检查进口阀门操作
高透过液压力	反冲洗控制故障	检查 PID 控制，按需要进行调整
	超滤单元受污染，准备清洗	进行适当清洗，其后单元转回至产水模式
	反向逆流情况	为应对反向逆流时的问题，修改反冲洗加药方案，降低回收率，减少反洗间隔
高或低 pH 报警	pH 仪表故障	校准仪表，在已知标准条件下测试
	化学清洗后超滤单元未充分漂洗	进行更多漂洗
高水温	软化的 CIP 清洗水在升温	检查 CIP 供水温度
	温度传感器故障	最可能故障：如果仪表指示满量程，更换传感器
	CIP 加热器未关闭	检验运行情况，控制好 CIP 加热器
电机故障	电机未给电	检查 MCC 状态，如果关闭，开启电机
	VFD 变频故障	检查 VFD 显示，修正问题，清除故障
	电机过载	检查安培过载设定。测量泵的安培数。如果超过限定，请联系制造商
完整性测试失败	膜泄漏	进行完整性测试；监测膜件上端水帽中的气泡。修补泄漏膜丝，重新进行完整性测试
阀门未开启/关闭	阀门未开启/关闭	检查压缩空气压力是否为 85 PSI(5.9 KGF/CM^2)。强制调节阀门自线圈控制到检验运行状态。拆掉阀门上激励执行器进行测试。用扳手扳住阀杆检查阀门操作
	开关转换限定故障	检查红色开关限定指示灯，如都无动作，更换电控箱内保险。检查电控箱内 24 V 电源
清洗箱液位高	进口阀门故障	修理好故障阀门
	液位指示器故障	监测液位指示器操作
产品水浊度高	有空气进入浊度仪	自管路内排出空气。分析空气是如何进入仪表中，消除气源
	膜泄漏	进行完整性测试。如发现泄漏进行修补

6.4.8 应用实例(以滨特尔 X-Flow XIGA 超滤膜为例)

上海某热电厂锅炉补给水预脱盐系统中,采用内压式中空纤维超滤膜系统作为反渗透预处理工艺,热电厂预脱盐系统的流程如图 6-83 所示。

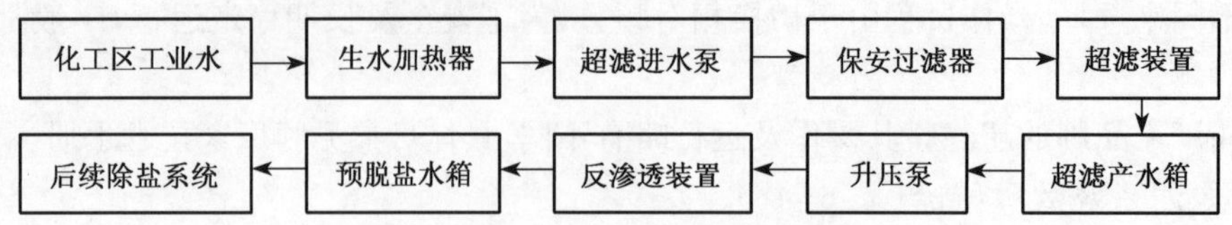

图 6-83 热电厂预脱盐系统的流程

预脱盐系统内的超滤系统总产水量为 1 250 m^3/h,设计超滤水的回收率≥90%,共设置 4 套能够独立运行的超滤装置,因此每套产水量为 312.5 m^3/h(20℃)。该超滤项目经过中试验证后,最终采用滨特尔 X-Flow 公司的 XIGA 卧式超滤膜组件。

1. 原水分析

水源:微污染地表水,经过混凝沉淀处理的工业水部分水质指标见表 6-49。

表 6-49 经过预处理的地表水部分水质指标

序　号	名　称	单　位	含　量
1	pH(25℃)		6.5～8.5
2	COD_{Cr}.	mg/L	30
3	TOC	mg/L	7.0
4	浊度	NTU	3.0
5	固体悬浮物	mg/L	20.0
6	二氧化硅	mg/L	6.0
7	总硬度(以 $CaCO_3$ 计)	mg/L	250.0
8	碱度(以 $CaCO_3$ 计)	mg/L	225.0
9	铁离子	mg/L	0.2
10	锰离子	mg/L	0.5

2. 预处理的选择

预处理条件根据原水水质选择,由于从水厂输送至热电厂的原水已经经过混凝沉淀处理,因此超滤前采用 70 μm 保安过滤器,防止管道内的大颗粒杂质进入超滤设备。

3. 选择膜材料及膜组件型号

经过中试验证,最终选用滨特尔 X-Flow 公司的 XIGA S-225 FSFC(单支膜面积 35 m^2)内压式全流过滤超滤膜。

4. 膜通量和回收率的确定

参考表 6-49 中的水质数据,结合中试结果,此项目选用的设计运行通量为911 mh,设计温度 20℃。

本实例水量和超滤膜堆计算具体如下。

(1) 设计产量的计算

选定每 24 min(t_1) 进行一次反洗,反洗持续时间 40 s(t_2),安装此型号的膜装置反洗前后不进行正冲，每天进行一次 CEB，CEB 持续时间为 24 min(t_3)。

每天反洗次数为

$$M=(3\,600\times24-t_3\times60)/(t_1\times60+t_2)=(3\,600\times24-24\times60)/(24\times60+40)=57\text{ 次}$$

每天反洗时间为

$$t_{BW}=t_2\times M=40\times57=2\,280\text{ s}$$

每天的真正产水时间为

$$t=24\times3\,600-t_{BW}-t_3\times60=24\times3\,600-2\,280-24\times60=82\,680\text{ s}=1\,378\text{ min}$$

因为每天的实际产水时间只有 1 378 min，而客户需要连续产水为 $Q=1\,250\text{ m}^3/\text{h}$，因此每小时产水量 Q_{need} 为

$$Q_{need}=Q\times24\times60/t=1\,250\times24\times60/1\,378=1\,306\text{ m}^3/\text{h}$$

本工艺采用超滤产水进行反洗，回收率 R 为 90%，则超滤每小时真正产水量 Q_{feed} 为

$$Q_{feed}=Q_{need}/R=1\,306/90\%=1\,451\text{ m}^3/\text{h}$$

(2) 超滤膜组件计算

已知超滤每小时真正产水量，以及设计运行通量 Flux 为 931 mh，X-Flow 公司的 XIGA S-225 FSFC 超滤膜单支膜面积为 35 m^2，则需要的膜组件总数量为

$$n=Q_{feed}\times1\,000/F/A=1\,451\times1\,000/93/35=446\text{ 支}$$

由于超滤系统需要设置 4 套超滤装置，因此实际需要的膜组件数量为 448 支，每套超滤设备安装的膜数量为

$$n_s=n/4=448/4=112\text{ 支}$$

(3) 超滤原水泵的选择

超滤装置前的原水泵的扬程选择约为 20 m(0.20 MPa)，若选用恒流控制模式，用变频器控制原水泵，如果原水泵与超滤之间增加保安过滤器，则要考虑保安过滤器及前后管路的压力损失。

(4) 超滤反洗泵的选择

此方案选定每 24 分钟反洗一次，反洗时间 40 s，反洗水为超滤产水。设计反洗通量 $Flux_{BW}$ 为 2 501 mh，则单套超滤设备的反洗泵流量为

$$\begin{aligned}Q_{BW}&=F_{BW}\times A/1\,000\times n_s=250\times35/1\,000\times112\\&=980\text{ m}^3/\text{h}\end{aligned}$$

反洗泵的扬程为 25～30 m。

(5) 超滤 CEB 加药计量泵的选择。

CEB 加药计量泵流量 Q_{cp} 计算公式为

$$Q_{cp}\times C_{tank}=C_{soak}\times Q_{CEB}$$

式中　C_{tank}——药剂药箱内浓度；

　　　C_{soak}——药剂浸泡浓度；

Q_{CEB}——CEB 加药反洗流量。

CEB 加药计量泵的压力至少为 0.4 MPa。

药剂药箱内浓度和浸泡浓度以及加药泵流量计算结果见表 6-50。

表 6-50

药剂名称	NaOCl	NaOH	HCl
药箱内浓度/(g·L^{-1})	103(9%)	398(30%)	345(30%)
浸泡浓度/(mg·L^{-1})	200	525	450
加药计量泵流量/(L·h^{-1})	951	646	439

(6) CIP 耐腐蚀水泵的选择

设计 CIP 清洗溶液通量 $Flux_{CIP}$ 为 251 mh，故单套超滤装置 CIP 水泵流量为

$$Q_{CIP} = Flux_{CIP} \times A/1\,000 \times n_s = 25 \times 35/1\,000 \times 112 = 98\ m^3/h$$

CIP 耐腐蚀水泵的扬程为 15～20 m。

6.5 微孔滤膜水处理技术

6.5.1 微孔滤膜过滤的原理和特征

1. 基本原理

(1) 微孔滤膜过滤是一种以压力为推动力，以膜的截留作用为基础的高精密度过滤技术。在压力的作用下，它可阻止水中的悬浮物、微粒和细菌等大于膜孔径的杂质透过，以达到水质净化的目的，同时保留了水中对人体有益的矿物元素。

(2) 微孔滤膜过滤如同筛网，因而它的分离作用属于筛分过程，膜的孔径范围为0.1～70 μm，操作压力一般小于 0.3 MPa，常用工作压力，多数情况下为 0.05～0.1 MPa。

2. 主要特征

(1) 孔径大小比较均匀，过滤精度高。微孔滤膜的孔径大小可做得比较均匀，即孔径分布范围比较窄，能够把孔径大的微粒、细菌等杂质截留于膜表面，是一种可靠的精密过滤技术。图 6-84 是微孔滤膜典型的孔径分布曲线。

(2) 孔隙率高，过滤速度快微孔滤膜的孔隙率(即小孔的体积所占膜体积的百分比率)高，可达 70%～80%，孔的数目约 1×10^7 个/cm^2。同时膜又很薄，流道短，对流体的阻力小，因而过滤速度很快。

(3) 膜很薄，吸附容量小。微孔滤膜的厚度一般为 0.10～0.20 mm，这样薄的膜纳物量极少，因而可用于微量溶液及贵重物料的过滤，损失量少。

(4) 无介质脱落，保证滤液洁净。常用的微孔滤膜多为高分子聚合物制成的均匀连续体，无碎屑、纤维等任何杂质

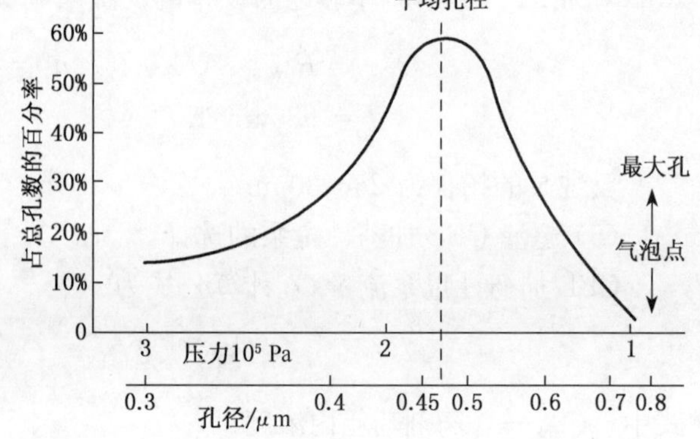

图 6-84　气泡压力法测出的孔径分布曲线

脱落，而其他深层过滤介质就很难有此保证。因此有的国家规定，在药物生产中不得再使用石棉作为过滤介质，必须采用微孔滤膜。

(5) 微孔滤膜品种多，应用面广。微孔滤膜有纤维素膜和非纤维素膜两大类十多种品种。这些膜除用于过滤水溶液外，有些膜可过滤有机溶剂，还有些膜可用来过滤酸或碱溶液。另外，每一种材质的膜又能够作成具有系列化的孔径。因而，微孔滤膜具有广泛的用途，各个有关领域均有应用。

(6) 微孔滤膜过滤无污染浓缩水排放。微孔膜过滤类似于机械过滤，水中的微粒和细菌等物质几乎全部被截留，除少量杂质渗入到膜孔外，大量杂质堆积于膜表面。因此，膜孔易被堵塞，导致透水量下降。故对原水必须进行预处理，以防堵塞及延长膜使用寿命。

6.5.2 微孔滤膜的分类、性能及应用

1. 微孔滤膜的分类

微孔滤膜可按以下不同情况进行分类：

(1) 按膜表面的化学特征，可分为疏水膜和亲水膜两大类。

(2) 按制膜的材质，可分为有纤维素和非纤维素两大类。如醋酸纤维素、醋酸硝酸混合纤维素、聚丙烯、尼龙和聚四氟乙烯等有十几种。

(3) 按膜孔径的形状，可分为筛网状、锥形孔状及圆筒形孔等。

(4) 按制膜的工艺过程，可分为溶剂蒸发凝胶法、浸渍凝胶法、温差凝胶法、粒子溶出法、拉伸法、烧结法和粒子轰击刻蚀法等制膜方法。

(5) 按特殊用途，可分为印格膜、有色膜、边缘疏水膜及在医疗、卫生、环境保护、检测等领域的专用膜。

2. 微孔滤膜的技术性能

微孔滤膜的水通量 Q，随着膜两侧压力差 P 的增大而增加。但不同材质或者不同孔径的膜其变化规律不尽相同。图 6-85—图 6-88 表示常用几种膜的这种变化，可供参考。测试膜芯规格均为直径为 70 mm，长度为 250 mm。

微孔滤膜的水通量与膜孔径大小成正比变化，对于直径为 70 mm，长度为 250 mm 的膜滤芯来说，在 0.02 MPa 压力下，其变化规律如表 6-51 所示。

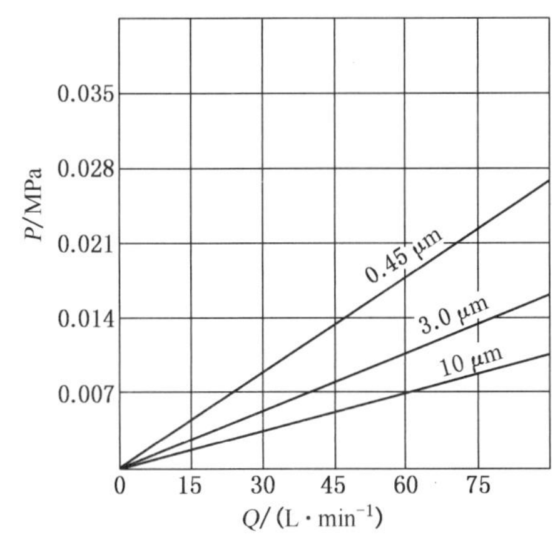

图 6-85　聚丙烯膜

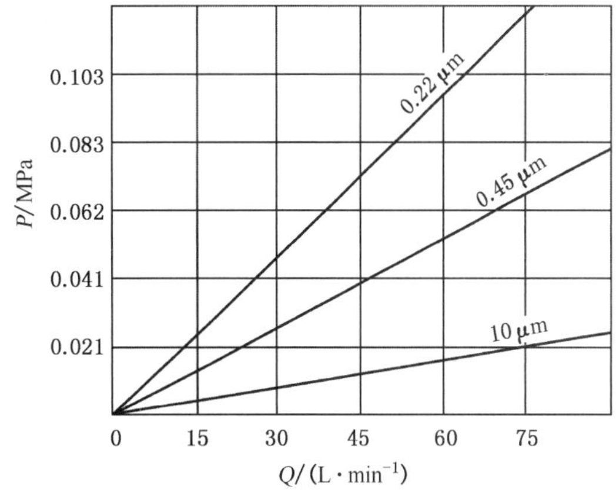

图 6-86　混纤维膜

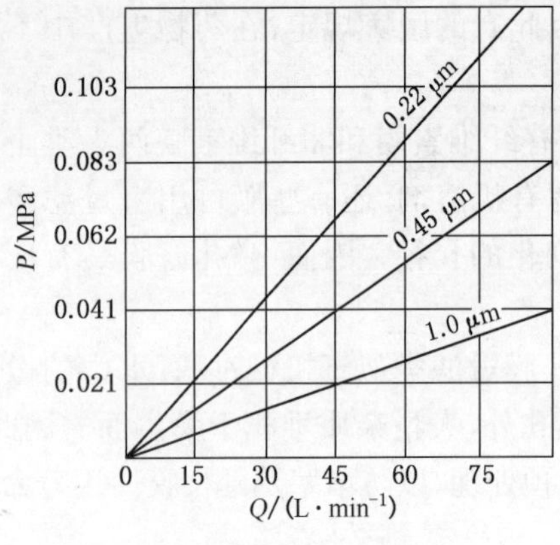

图 6-87　聚偏氟乙烯膜

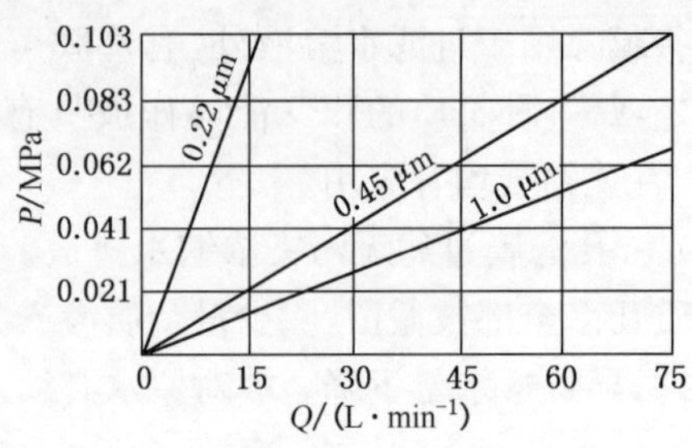

图 6-88　尼龙膜

表 6-51　膜滤芯水通量值

孔径/μm	0.10	0.22	0.45	1.0	3.0	5.0	10.0
材质	水通量/($m^3 \cdot h^{-1}$)						
PP	0.3	0.5	0.7	1.0	1.5	2.0	3.0
CN-CA	0.1～0.3	0.2～0.5	0.3～0.7	0.5～1.0	0.7～1.5	1.0～2.0	1.5～3.0
N_6	0.1～0.3	0.2～0.5	0.3～0.7	0.5～1.0	0.7～1.5	1.0～2.0	1.5～3.0
PVDF	0.1	0.2	0.3	0.5	0.7	1.0	1.5

3. 应用范围

微孔滤膜的应用，一是去除微粒和细菌等杂质，起净化作用；二是检测微粒和细菌，即定量的检测一定量溶液中的微粒及细菌数量。

微孔滤膜的应用范围：

1）在水处理中的应用

(1) 水中微生物测定。主要检测饮用水中生命力较强的大肠杆菌和普通存在于水中的细菌。取一定量的水样，用一定孔径的微孔滤膜过滤，再将膜移至含有培养基的衬垫上，经过一定温度和时间的培养，再作相应的染色处理，在显微镜下计数。

(2) 高纯水的净化。在高纯水制备工艺流程中，目前多用微孔过滤器作为终端把关设备，截留前处理设备、管道等可能脱落的杂质及破碎的树脂碎屑，确保高纯水水质。

(3) 膜蒸馏。用膜蒸馏法分离水溶液，是靠膜的疏水性和温度差来完成，如图 6-89 所示。当用疏水性微孔膜隔开两种不同温度的水溶液时，膜的疏水性阻止了膜两侧水蒸汽的压力差，热溶液在膜孔表面蒸发的蒸汽会扩散通过膜孔，进入空气层并在冷却板上凝结成水。很显然，温度差越大、微孔滤膜越薄或膜的孔隙率越大，则水通量也越大。膜蒸馏法是近几年发展起来的一种节能型膜分离技术。

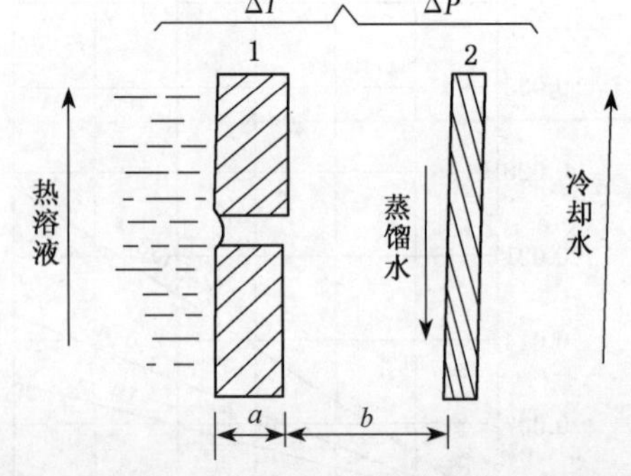

a—膜厚度；b—空气层厚度；1—微孔膜；2—冷却板

图 6-89　膜蒸馏原理示意

2）在其他方面的应用

微孔滤膜还在医疗、医药卫生，生化制剂，饮料生产，气体净化过滤等方面得较为广泛的应用，这里一概不作详述。

6.5.3 微孔滤膜过滤器

1. 平板式微孔滤膜过滤器

1）单层板式膜过滤器

单层板式膜过滤器结构，主要由盖板、底板、支撑板、微孔滤膜、O形密封圈、进出口接头、放气接头、紧固螺栓及螺母等构成，如图6-90所示。盖板和底板的材质为工程塑料或不锈钢，支撑板为多孔性材质，主要作用是支撑膜并汇集输出透过水。产品规格尺寸有直径为100 mm、150 mm、300 mm等型号。

2）多层板式膜过滤器

多层板式膜过滤器类似于压滤机。其结构主要由微孔滤膜、支撑板、隔板和封板、紧固件及进出口连接件等构成，见图6-91。支撑板用来支撑微孔滤膜和汇集输出透过水，隔板是为原水提供流道空间。进水口及透过水引出口均设在封板上。这些板，可用硬质工程塑料或不锈钢材质制成。常规产品有直径为150 mm、200 mm、300 mm三种规格，大多数由10层膜板组成。

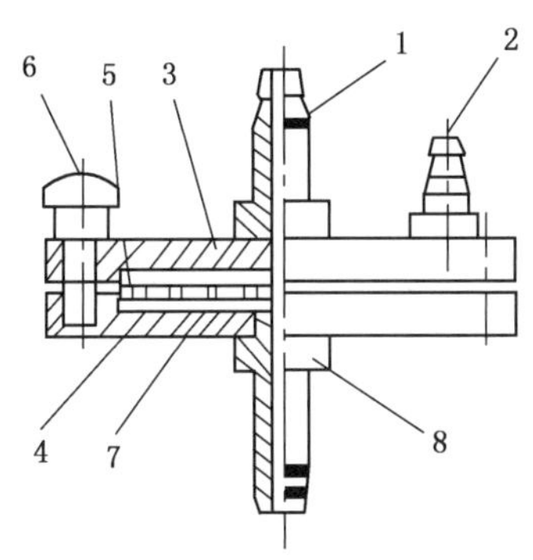

1—进口接头；2—放气接头；3—上盖；4—底座；5—O形密封圈；6—螺栓；7—支撑板；8—出口接头

图6-90　板式膜过滤器

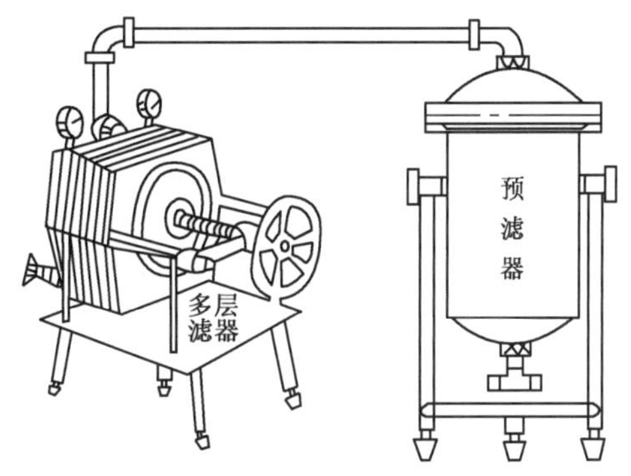

图6-91　多层板式膜过滤器

多层板式膜过滤器，通常用于中等液量的过滤，去除微粒和细菌等杂质。

2. 折叠式膜过滤器

折叠式膜过滤器也称为百褶裙式，主要由滤芯（俗称膜芯）和与之相配的压力容器组成。滤芯是膜过滤器的核心部件，主要由微孔滤膜、聚丙烯多孔芯管、聚丙烯网布、聚丙烯保护网和O形密圈等组成，如图6-92所示。膜折叠后的端头可用胶粘剂粘接密封，但目前普遍采用热溶焊接密封技术。

滤芯的规格为：直径平均为70 mm，长度分为250 mm、500 mm、750 mm、1 000 mm四种。

压力容器可用不锈钢或硬质工程塑料制成。目前中大型的膜过滤器多用不锈钢制作，每个容器内装入膜滤芯的数量根据实际需要而定。从数个到数十个不等。

折叠式膜过滤器由于体小，过滤面积大，适合中、大型水处理工程使用。目前在高纯水制备及饮用净水处理中，都是采用膜过滤器作为终端把关设备。另外，在医药、食品饮料、酒类和矿泉水等生产中，也得到广泛应用。

膜过滤器使用失效后，一般不能再生重复使用，而是更换滤芯。

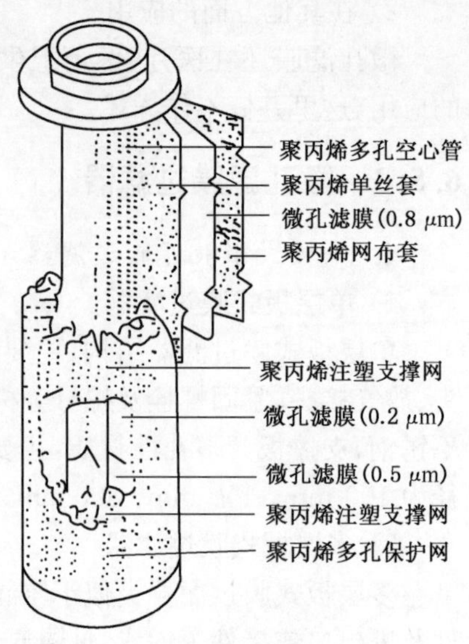

图 6-92　折迭式膜滤芯构造

6.5.4　微孔过滤器设计中应注意的问题

微孔滤膜过滤器已有系列化、规格化产品，用户根据处理水量的大小，配套选择，故这里不再论述设计计算的实例。

1. 根据截留溶质的大小选择滤膜孔径

滤膜孔径的大小，通常是以公称孔径表示，是所有微孔孔径的平均值。根据微孔滤膜孔径分布的规律，必然有一些孔大于公称孔径。一些与膜公称孔径大小相近的溶质便可能透过膜而影响过滤水水质。因此，应选用孔径略小于溶质的微孔过滤膜。

2. 根据被处理液的种类选择膜的材料

对于一般水溶液、油类、饮料、酒类等，可选用醋酸纤维膜或醋酸-硝酸混合纤维素膜。对于酸、碱较大的溶液，应选用聚偏氟乙烯、聚四氟乙烯或聚氯乙烯膜。对大多数有机溶剂，可选用聚酰胺(尼龙)、聚丙烯及含氟类膜。过滤气体或需要高温消毒，则选用聚偏氟乙烯或聚四氟乙烯膜。

总之，选择膜的原则是，在保证过滤质量和运行安全的前提下，尽量选择价格低廉的膜。

3. 根据滤液量的多少选择膜过滤器的大小

膜过滤器大小的选择，取决于处理水量的多少。如微量液体过滤选择针头过滤器。少量液体可选用单层膜的板式过滤器。中等液体量可选用多层膜的板式过滤器或折叠式过滤器。而过滤流量大的则选用多芯的折叠式过滤器。

4. 根据运行的间断或连续性决定是否设置在线备用膜过滤器

对于间歇式的运转，一般可不设置在线备用膜过滤器，因在停产期间有足够的时间更换失效的膜滤芯。但对于一些不能停顿，必须连续运行的系统，则应设置并联两套膜过滤器，其中一套运行，另一套备用。两套膜过滤器轮流使用，以保持过滤系统连续性。

5. 被处理液应预处理

微孔滤膜过滤的主要特点之一是无浓缩水排放。为防止膜孔被堵塞而导致透水量下降，对微孔滤膜的原水需进行预处理，以减轻滤膜的负担，延长使用寿命。

6. 高纯水制备系统中的管道、阀门

高纯水是纯溶剂，在微孔过滤后所接的管道不应使用含有增塑剂、防老剂等添加剂和不耐腐蚀、易脱落杂质或碎屑材料。微孔过滤器无特殊情况，一般不设阀，以防引起水质受到污染。

第7章　水的循环冷却设备

7.1　水的循环冷却概述

水是生命之源，是人类生存必需和无法取代的物质。人类社会的历史，可以说是人依靠水而繁衍生长、生存和发展的历史。水的重要性在于：水是无法替代的，不像能源那样，煤用完了用石油替代，石油用完了用核能，核能用完了用太阳能。世界上还没有，将来也不可能有制造 H_2O 的工厂。水资源的紧缺性和重要性越来越引起世界各国的关注和重视。我国水资源贫乏、紧缺，水污染严重，已经成为我国经济、社会高速持续发展的制约瓶颈。因此以科学发展观分析水问题，合理科学地利用水资源，维护生态环境，人与自然和谐相处，水与经济和社会协调发展，节约用水、循环用水、一水多用，已成为缓解水资源、解决水危机、平衡供需矛盾的重要措施。

7.1.1　冷却水用水量

1. 冷却水应用的范围及行业

凡需要冷却生产设备和产品的企业，都要用水作为冷却介质进行冷却，否则会影响生产设备的正常运行和产品的质量。如发电厂汽轮机，在发电过程中温度升高，为保证发电机的正常发电，就要用水来不断地冷却发电机；又如炼油厂，为了使热的油冷却到一定的温度，炼成各种油类产品，必须用低于30℃的水通过冷却器，用水来吸收热油中的热量，把油的温度降低下来；再如各集中式空调系统，在空调制冷的过程中，制冷机温度升高，为保证空调系统正常运行，使制冷机维持在规定的温度范围内，就要用水来连续不断地冷却制冷机。因为用来冷却生产设备、产品的水是连续循环使用的，所以称为循环冷却水。

冷却水的使用范围面广量大，纺织系统、制药行业、冶金系统、石化系统、发电系统、化肥行业等工业生产；影剧院、体育馆、宾馆、饭店、地铁、综合楼等民用空调系统。一般来说民用空调系统循环冷却水量相对较小，但点多而分散；工业系统循环冷却水量相对较大而集中。而工业系统循环冷却水，制药、纺织等行业的水量较小，故采用的是中小型冷却塔较多（与民用冷却塔接近）；而发电厂、化肥厂、石化厂（含化纤厂）的循环冷却水的水量较大，因此水冷却的构筑物大而集中。

如上所述，水在冷却油的全过程中，油的温度降低了，但水自身的温度从原来的≤30℃经冷却器后升高到≥40℃，那么要把水继续用水去冷却油，进行循环使用，则必须把水温再降低到≤30℃，这叫循环水的冷却。把循环水水温降低下来的设备，总称为冷却构筑物，而通常用的是冷却构筑物中的冷却塔。

2. 冷却水用水量

现代工业和国民经济的不断增加，工业用水量也越来越大。从万元产值的用水量来衡量，现已大幅度下降。从全国平均来看，由20世纪80年代的500多 m^3/万元下降到目前的210 m^3/万元，有地方小于100 m^3/万元，向世界先进水平靠拢。但因产值成倍增加，国民经济增长迅速，故总的用水量仍呈增加趋势。

钢铁厂轧一吨钢，需要耗水200～250吨，那么一天轧500吨钢，需要耗水10万～12.5万吨水；生产一吨氮肥需要1 000吨水，那么一天生产100吨氮肥需要10万吨水；生产一吨纸，需要1 000～2 000吨水（纸类不同，用水量不同），则每天生产100吨纸需要10万～20万吨水。一个发电量100万kW的原子能发电站，每小时循环冷却水量达60万吨；上海石化总厂第一期工程需要循环冷却水每小时达7万吨，第二期工程后每小时循环冷却水量超过10万吨。一些企业的用水分配见表7-1。

表7-1　　一些工业企业的用水分配率

工业名称	用途及分配比率					
	冷却水	锅炉房	洗涤水	空调	工艺用水	其他
石油	90.1%	3.9%	2.8%	0.6%		2.6%
化工	87.3%	1.5%	5.9%	3.2%		2.1%
冶金	85.4%	0.4%	9.8%	1.7%		2.7%
机械	42.8%	2.7%	20.7%	12.8%		21.0%
纺织	5.0%	5.1%	29.7%	51.8%		8.4%
造纸	9.9%	2.6%	82.1%	1.3%		4.1%
食品	48.0%	4.4%	30.4%	5.7%	6.0%	5.5%
电力	99.0%	1.0%				

7.1.2　冷却水循环使用的意义

1. 节省水资源，缓解水危机

如前所述，我国的水资源是贫乏紧缺的，各地先后不同程度地出现了水危机，有些地方还出现了农业用水、工业与城镇用水、水运、渔业等相互争水问题。

目前我国工业用水约605亿立方米/年，冷却用水按75%计为454亿立方米/年。如直接排放是对水资源的极大浪费，会增加水资源紧缺矛盾和水危机，如采用冷却后循环使用，则仅补充蒸发、排污、渗漏的水量，一般不超过3%，即每年仅补充水量小于13.62亿立方米水，节省水资源440.4亿立方米/年。一个年产数万吨的化肥厂，每小时用水量为6 000～10 000 m^3。采用循环水回用后，每小时仅需补充新鲜水100～150 m^3。

循环冷却水的水质要求并不高（表7-2）。如果把污、废水处理后达到冷却水的水质标准，回用于循环冷却水，则不仅没有占用水资源，而且开辟了第二水源——污废水回用，同时减少了排污量，有利于环境保护和生态平衡。这方面已不少的成功经验，早在1990年太原市北效污水厂，二级处理（A^2/O法）水量1.5万吨/天，其中1万吨/天回用于太原钢铁厂的循环冷却水；1991年大连春柳河污水厂，二级处理（常规曝气）水量6万吨/天，其中1万吨/天用于化工厂循环冷却水的补充水；1993年大连开发区污水厂，二级处理（A/O法）水量6万吨/天，其中3万吨/天用于热电厂循环冷却水；1995年北京方庄小区污水厂，二级处理（A/O法）水量4万吨/天，其中2万吨/天用于热电厂循环冷却水。著名的北京高碑店污水处理厂，规划二级处理（常规曝气）100万吨/天，计划90%以上回用，其中主要回用于高碑店发电厂的循环冷却水。1996年之后，大连马栏河污水厂（A^2/O法）、邯郸市污水厂（三沟式氧化沟)、大同市东郊污水厂、西安市污水处理厂、鞍山市污水厂等，处理后均回用于循环冷却水。

污水回用首先出现在大连、青岛、北京等水资源紧缺地区，以后逐渐向全国发展，回用的大户是循环冷却水。对于我国水资源贫乏、紧缺、普遍出现水危机的情况下，把用水大户——冷却水进行循环使用，这对于缓解水危机、水资源供需矛盾和使国民经济高速持续发展，是重大的措施和有力的保证。

2. 节能节电、节省投资

冷却水循环利用节省水资源，同时节能节电、节省投资。这些是以冷却水循环利用与直接排放进行比较的。为说清楚问题，以冷却水量 1 万吨/天(416 t/h)为例，进行以下方面比较。

1) 节能节电比较

虽然冷却水的水质与自来水相比，要求不高，但如果采用冷却后直接排放，则对地面水水源来说，需建水厂净化处理后才能使用。现建水厂的投资暂先不计，先计其节能节电、节省电费的比较。设从水源取水送至水厂净化处理构物的一级泵站扬程为 20 m；从水厂清水池取水送至冷却塔内配水系统的二级泵站扬程为30 m。则电耗按式(7-1)计算：

$$E = \frac{Y \cdot Q \cdot H}{102\eta}T \tag{7-1}$$

式中　E——一天的电耗(kW/d)；

Y——水的容量(kg/m^3)；

H——水泵扬程(m)；

Q——水泵流量(m^3/h 或 m^3/s)；

η——电机与水泵的效率(%)；

102——单位换算 1 kW=102 kg · m/s。

取 $\eta = 75\%$，$Q = 10\,000/24 \times 3\,600 = 0.115\,741$ m^3/s，$T = 24$ 代入得：

$$E = 1\,000 \times 0.115\,741 \times 50 \times 24/(102) \times 0.75 = 1\,815.55 \text{ kW/d}$$

一年电耗为 1 816×365=662 840 kW/a，电费按 10 年前 1 kW 0.6 元计，则一年电费为 39.77 万元。冷却水循环使用不需要水厂，故不需要一、二级泵站，仅需要 2 台 200 t/h 的冷却塔，逆流式 200 t/h 冷却塔配水系统的高约 4 m，加上水头损失和出水余压，以 8 m 计，则一天的电耗为

$$E_1 = 1\,000 \times 0.115\,741 \times 8 \times 24/102 \times 0.75 = 290.5 \text{ kW/d}$$

一年的电耗为 106 028 kW/年，一年的电费为 6.362 万元，每年节电 556 812 kW，节省电费 33.534 万元。

2) 水处理药剂费及工资

药剂费和人员工资也按 10 年前计费则水厂水处理药剂费以每吨水 0.05 元计，则 1 年的药剂费为 14.6 万元。

1 万吨/天水厂，三班制，包括干部、水质化验人员、门卫、驾驶员、还应考虑轮休，以 24 人计，平均工资以 1 500 元/(人・月)计，则一年的工资为 43.2 万元。

上述两项为 57.8 万元。

3）造价比较

建造产水量为1万吨/天的水厂，按目前的投资，偏低的估算为1 000元/吨水，则1万吨/天水厂需投资1 000万元。加上土地费、道路、绿化、通电等，远超过1000万元。而2台冷却水量为200 t/h的冷却塔，售价仅为6万元左右，因此投资（或造价）是无法比较的。

不计水厂造价，仅计上述的电费、药剂费、工资费，循环水冷却与直接排放相比较，每年可节省91.334万元，10年为913.34万元。每天循环冷却水1万吨/天是很小的水量，相当于一般规模的宾馆、饭店的冷却水。对于大型化肥厂、化纤厂、发电厂、钢铁厂等来说，冷却水量在20万吨/天、30万吨/天以上，则节能、节电、节省经费是很大很可贵的。

3. 有利于环境保护和生态平衡

冷却水冷却生产设备、产品、制冷机等，水的自身温度可升到40℃，50℃以上，而水体的温度（江、河、湖泊等水温）一般10℃～25℃，则直接排入水体，不仅会产生温差引起的异重流，而且使水体面上产生雾汽，更主要的是水体水温升高，使水体中的鱼类、水生物及水生植物等逐渐死亡，使水体及水体周围的生态平衡遭到破坏。同时排放水中含有一定量的污染物，会使水体受到一定的污染。而冷却水循环使用，就不存在热水的排放，也不存在上述的热污染。

7.1.3 循环冷却水水源与水质

1. 循环冷却水水源

地面水、地下水、海水等都可以作为冷却水水源。但作为循环冷却水，不同的工业、不同的生产设备、产品、不同的换热器等，其循环冷却水的水质要求也有所不同，不论哪种水源，都应进行净化处理，达到符合水质要求。现将有关水源的特点简述如下。

1）地面水资源

这里指的地面水不包括含盐高的海水，是指地表淡水。地面水包括江、河、湖泊、水库等水。选择水源的原则是：水源水质良好，水量充沛，便于保护。地面水是循环冷却水的主要水源。地面水的特点是浊度较高，硬度较低，有机物和细菌含量高，水质和水温随季节性变化大，易受人为污染。但地面水取用相对较方便，管理较集中，水量能满足冷却水量的需要。山区性河流水量受季节变化大，洪水期与枯水期会相差几十倍之多，洪枯水位的变幅（水位差）竟达30 m以上，给取水造成很大困难；沿海地区河段会受咸潮的影响；西北、东北的流河会受冰凌及浮冰的影响；有些河段受草、植物等漂浮的影响，这些都会对取水构筑物造成复杂性。

不同的地面水，其水质也存在着差异。江河水一般浑浊度、含砂量、悬浮物较高，平原地区河流易受生活污染、工业废水、农田农药等污染，一般水质较差；湖泊水常规来说比江河水水质好，因湖泊相当于一个天然沉淀池，经过沉淀自净作用，去除了部分物质。但湖泊水流缓慢，春、夏会有藻类繁殖，有些湖泊如安徽的巢湖、“包孕吴越”的太湖等，藻类繁殖相当严重，富营养化大幅度上升，夏季水明显发臭，对水处理造成很大困难；水库水是于众多的山区小溪汇集而成，水质一般清晰透明，通常浊度≤5 NTU，有时小于3 NTU，只有暴雨洪水期浊度大些，但经水库沉淀自净后又会较好。虽然春夏也会有藻类繁殖，但富营养不严重，水库水是地面水中水源水质最好的水。

地面水环境质量标准应按GB 3838—88执行。依据水域使用目的和保护目标，将地面水划分为以下5类：

Ⅰ类：主要适用于源头水、国家自然保护区。

Ⅱ类：主要适用于集中式生活饮用水水源地一级保护区、珍贵鱼类保护区、鱼吓产卵场等。

Ⅲ类：主要适用于集中式生活饮用水水源地二级保护区、一般鱼类保护区及游泳区。

Ⅳ类：主要适用于一般工业用水区及人体非直接接触的娱乐用水区。

Ⅴ类：主要适用于农业用水区及一般景观要求水域。

Ⅲ类水体的水质受到了较轻的污染，少量水质指标不合要求，但超标值不大；Ⅳ类水体的水质部分指标超标，水体受到了明显污染；Ⅴ类水体已受到了严重污染。5类水体的水质标准见《地面水环境质量标准》。为避免与城镇供水、渔业用水等争水，循环冷却水的水源应取自Ⅳ类水体。

2）地下水水源

地下水埋藏于地下含水层中，由地面水经渗流补给，因在地层中缓慢地渗流，经过地层的自然过滤，水质透明无色，一般不需要处理，作为生活饮用水仅需要消毒；与地面水相比，生物或有机物含量很少，但在渗流过程中溶解了不同的矿物质（注：有些矿物质对人体有益），其溶解性固体物含量高于地面水；地下水不易直接受地面污染物的污染，卫生条件较好；地下水埋藏在含水层中，水温低，基本上不受气温的影响，常年水温变化不大，是冷却用水和空调用水最为理想的水源，因水温低，冷却效率高，用水量小。

因地下水在渗流过程中溶解了各种矿物质，故含盐量和硬度较高，特别是硬度（Ca^{2+}，Mg^{2+}），用作冷却水来说，在水温升高的过程中更容易形成 $CaCO_3$，$Mg(OH)_3$ 而沉淀结垢，产生危害。因此对于硬度高的地下水用作冷却用水时，需要进行适当的软化处理或实施防垢、阻垢、除垢的措施。

3）海水

海水是量最大的水资源，可以说“取之不完，用之不尽”。但海水含盐量高，平均为35 000 mg/L，腐蚀性特别强，如一般的水泵叶片，使用3个月就被腐蚀穿透。对海水进行淡化处理成本很高，我国目前还较难以承受。只有某些沿海和岛屿地方，实在没有淡水源，地下水也为苦咸水（注：我国西北地区不少地下水也是苦咸水，需淡化处理），为解决饮用水问题才配备了小水量的海水淡化装置。中东海湾地区的国家，因产石油，经济实在雄厚，建造海水淡化水厂来解决淡水资源紧缺的矛盾，大的海水淡化处理厂的处理水量已达20万立方米/天。

把海水用作冷却水在世界很多国家采用，如美国、英国、法国、日本等。我国沿海地区淡水资源紧缺，而冷却水量又大，故不少地方也用海水冷却，如浙江秦山核电厂、上海金山石化总厂的发电厂等。用海水冷却必须注意两点：一是直流式冷却，即热水直接排入海中，不存在循环使用；二是设备一定要严格地做好防腐蚀处理。

对于冷却水量大的企业，往往自建自来水厂，从水源取水经水厂净化处理后供循环冷却水的补充水、其他生产用水和生活用水等；对于民用冷却水（影剧院、体育馆、宾馆饭店、综合办公楼等）相对较少，往往直接采用城镇自来水（含初次水和补充水）；有些纺织厂、制药厂等的冷却水采用地下水，为防止水位下降而造成地面下沉，往往采取“冬灌夏取”的方法保持地下水水量平衡。

2. 循环冷却水水质

冷却水在循环系统的循环过程中会产生以下问题：

（1）循环水在冷却塔内的冷却过程中，与空气进行充分接触，使水中的溶解氧不断得到补充而达到饱和，水中充足的溶解氧会对循环系统中的金属造成电化学腐蚀。

（2）水在冷却塔冷却过程中不断蒸发，使循环水中含盐量不断浓缩而增加，再加上水中二氧化碳在塔中解析逸出，使水中 $CaCO_3$，$Mg(OH)_3$ 在传热面上结垢的倾向增加。

（3）冷却水在塔中冷却过程中与大量空气进行热交换，空气中的灰尘、泥沙、微生物及其孢子等溶入水中，使系统的污泥增加而产生沉淀，成为泥垢。

（4）水在冷却塔中受到光照、适宜的温度、充足的氧和养分，有利于细菌和藻类的繁殖生长，不断地新陈代谢而使系统中黏泥增加，不仅在换热器中沉淀下来，而且会产生微生物腐蚀。

系统中物质的沉淀结垢、设备的腐蚀、微生物的滋生，造成换热器效率降低、能量浪费；过水断面缩小、阻力增加、通水能力降低；设备、管道腐蚀而造成危害。因此不仅对循环水水质要有标准，而且要进行水质稳定处理。循环冷却水的水质标准见表 7-2。

表 7-2　　循环冷却水的水质标准

序号	项目	单位	要求和使用条件	允许值	危害
1	悬浮物	mg/L	根据生产工艺要求确定	≤20	过量会导致污泥危害和腐蚀
			换热器为板式、翅片管式、螺旋板式	≤10	
2	pH 值		根据药剂配方确定	7.0～9.2	
3	甲基橙碱度（以 $CaCO_3$ 计）	mg/L	根据药剂配方及工况条件确定	≤500	
4	Ca^{2+}	mg/L	根据药剂配方及工况条件确定	30～200	结垢
5	Fe^{2+}	mg/L		<0.5	
6	Cl^-	mg/L	碳钢换热器	≤1 000	强烈促进腐蚀反应，加速局部腐蚀，主要是缝隙腐蚀、点蚀和应力腐蚀开裂
			不锈钢换热器	≤300	
7	SO_4^{2-}	mg/L	$[SO_4^{2-}]$与$[Cl^-]$之和	≤1 500	是硫酸盐还原菌的营养源、浓度过高会出现硫酸钙的沉积
			对系统中混凝土材质的要求按现行的《岩土工程勘察规范》GB 50021—94 的规定执行		
8	硅酸	mg/L		≤175	出现污泥沉积及硅垢
			$[Mg^{2+}]$与$[SiO_2]$的乘积	<15 000	
9	游离氯	mg/L	在回水总管处	0.5～1.0	
10	石油类	mg/L		<5（此值不应超过）	附于管壁，妨碍传热，阻止缓蚀剂与金属表面接触，是污垢粘结剂，营养源
			炼油企业	<10（此值不应超过）	
11	含盐量（以电导率计）	μs/cm		≤3 000	腐蚀，结垢随含盐量增加而递增
12	Mg^{2+}	mg/L	$[Mg^{2+}]$与$[SiO_2]$乘积	<15 000	产生类似蛇纹石组成污垢，黏性很强
13	铁和锰（总铁量）	mg/L	补充水中（特别是预膜时）	≤0.2～0.5	催化结晶过程，本身可成为黏性很强的污垢，导致局部腐蚀

（续表）

序号	项目	单位	要求和使用条件	允许值	危害
14	Cu^{2+}	mg/L	补充水中（碳钢设备）	≤0.1	产生点蚀导致局部腐蚀
		μg/L	补充水中（铝材）	≤40	
15	Al^{3+}	mg/L	补充水中	≤1～3	起粘结作用，促进污泥沉积
16	PO_4^{3-}	mg/L		根据磷酸钙饱和指数进行控制	引起磷酸钙沉淀
17	异养菌	个/mL		$<5\times10^5$	产生污泥和沉积物，带来腐蚀，破坏冷却塔木材
18	黏泥量	mL/m^3		<4	

注：表中硅酸以 SiO_2 计，Mg^{2+} 以 $CaCO_3$ 计。

7.2　水冷却设施的分类与组成

7.2.1　冷却构筑物分类

在循环冷却水系统中，降低水温的设备或构筑物称为冷却设备或冷却构筑物，也可称为循环水冷却设施。

按水冷却方法，分为自然冷却法和机械冷却法；按循环水是否与空气直接接触，可分为密闭式循环冷却水系统和敞开式循环冷却水系统，简要分述以下。

1. 密闭式循环水冷却系统

密闭式循环冷却水系统中，水密闭循环，并交替冷却和加热，不与空气直接接触。其主要设备为密闭式冷却塔，基本原理是依靠向被冷却的水管喷洒水滴，由被冷却水管表面水膜的蒸发而把热水传至管壁的热量带走，流动空气与管壁的接触也起到了对流散热作用，从而使管内的热水得到冷却。

密闭式循环系统的特点是介质洁净、冷效高、噪声低。适用于要求介质洁净的电子、食品、医药和空气污染严重的冶金（如安徽马鞍山钢铁公司）、纺织和矿山等单位。因密闭式循环冷却水系统相对来说，用的较少，故这里不作进一步介绍。

2. 敞开式循环冷却水系统

敞开式循环冷却水系统，根据需要降温的热水与空气接触的控制方法的不同，可分为水面冷却构筑物（水库、湖泊、海湾、河道、人工冷却池），喷水冷却池和冷却塔（自然通风冷却塔和机械通风冷却塔）等。敞开式冷却设施见图 7-1。

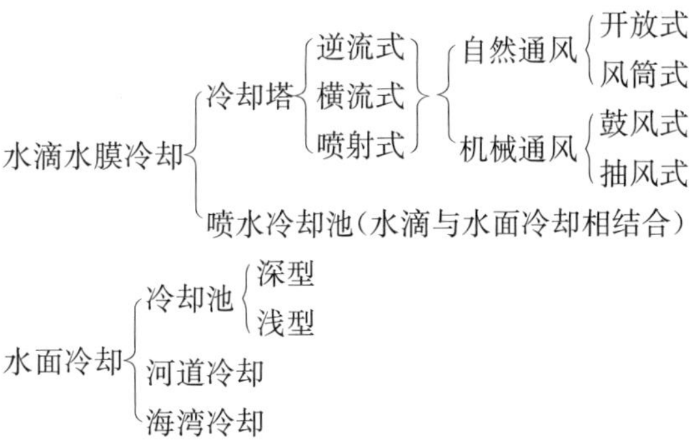

- 水滴水膜冷却
  - 冷却塔
    - 逆流式、横流式、喷射式
      - 自然通风
        - 开放式
        - 风筒式
      - 机械通风
        - 鼓风式
        - 抽风式
  - 喷水冷却池（水滴与水面冷却相结合）
- 水面冷却
  - 冷却池
    - 深型
    - 浅型
  - 河道冷却
  - 海湾冷却

图 7-1　敞开式冷却构筑物

3. 影响水面冷却的因素

水面冷却是利用与空气接触的水体表面，通过蒸发散热、对流传热和辐射传热来降低水温。但主要是蒸发散热，其次是对流传热，辐射散热很小，有时忽略不计。

水面冷却构筑物包括热水排放口、取水口和冷却水面。设计水面冷却构筑物时，应考虑热水排入对环境的影响和冷却水体的综合利用。属于第一类和第二类海水水质的海域不应用于水面冷却；江、河、湖泊、水库等地面水水体的环境水温变化，应符合国家标准《地面水环境质量标准》(GB 3838)的规定。

影响水面冷却的因素为：

(1) 水域范围内的地貌、水文、水面面积、水源、几何形状、生态。

(2) 气温、相对湿度、水面综合散热系数、风向、风速、自然水温等。

(3) 热水排水口与取水口工程平面布置、形式、尺寸及设计深度。

(4) 排入水域的热负荷。

(5) 外水注入、排放的水量与温度。

水面冷却的冷却效率低、效果差：占地面积(水面)大；热水排入水体产生大量的雾霾，恶化环境；热水使水体水温升高，使鱼类、水生物、水生植物等逐渐死亡，使水体及周围环境遭到破坏……有些地方禁止采用水面冷却，目前已很少采用，故这方面内容不作论述，主要讨论冷却塔。

7.2.2 冷却塔分类

冷却塔的分类见图 7-2。

1. 按通风方式分

(1) 自然通风冷却塔；

(2) 机械通风冷却塔；

(3) 混合通风冷却塔。

2. 按空气与热水的接触方式分

(1) 干式冷却塔；

(2) 湿式冷却塔；

(3) 干湿式冷却塔。

3. 按空气与热水的流动方式分

(1) 逆流式冷却塔；

(2) 横流式冷却塔；

(3) 混流式冷却塔。

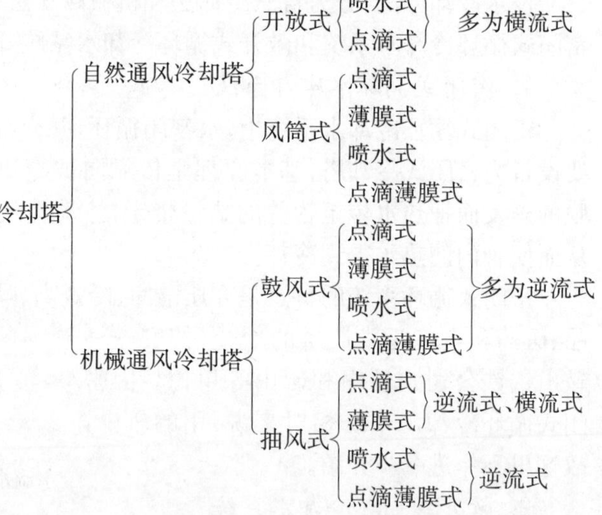

图 7-2 冷却塔分类

4. 按冷却水温的大小分

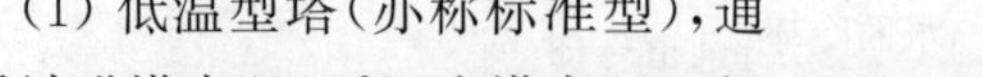

(1) 低温型塔(亦称标准型)，通常设计进塔水温 37℃，出塔水温 32℃，温差$\Delta t=5$℃；

(2) 中温型塔，通常设计进塔水温 43℃，出塔水温 33℃，温差 $\Delta t=10$℃；

(3) 高温型塔，通常进塔设计水温 55℃，出塔水温 35℃，温差 $\Delta t=20$℃。

上述进出塔水温一般是指长江流域和南方地区，各地气象条件和干湿球温度的不同，进出塔水温也是不同的。

5. 按冷却塔的噪声大小分

(1) 标准型塔,噪声≥70 dB(A 声级),多数用于工矿企业,对噪声要求不高,故亦称工业型塔;

(2) 低噪声塔,噪声≤65 dB(A 声级),多用于民用;

(3) 超低噪声塔,噪声≤60 dB(A 声级),用于民用和对噪声要求高和严的场所,如高级宾馆、医院等。

上述噪声值均指距塔体一倍直径距离,离地面高 1.5 m 处测得的值。

还有喷射式冷却塔、转盘提升冷却塔等。

7.2.3　冷却塔的构造与组成

冷却塔塔体一般由上、中、下三部分组成,其内部构造自上而下为风机(指机械通风逆流式冷却塔)、收(除)水器、配水系统、淋水填料、进风窗、底盘(或水池)组成。几种不同的冷却塔见图 7-3—图 7-9。各组成部分的作用如下。

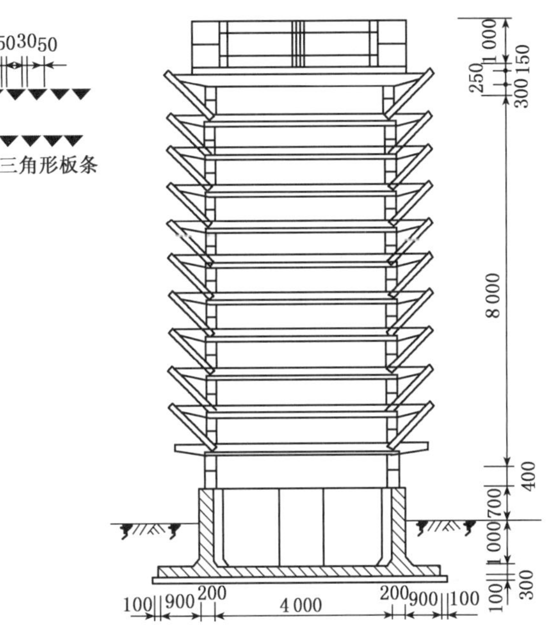

图 7-3　开放点滴式冷却塔

1. 淋水填料

料水填料是热水在塔内冷却的主要部件,称为“肠胃系统”。需要冷却的热水经多次溅散成水滴或水膜,增加水与空气的接触面积和延长接触时间,促使热水与空气进行热交换,使水得到冷却。

2. 配水系统

配水系统的作用是将热水均匀地分布在整个填料上。热水分布是否均匀,对冷却效果影响很大。如水量分布不均匀,不仅直接降低水的冷却效果,也会造成部分冷却水滴飞溅而飘逸出塔外,增加水量损失。

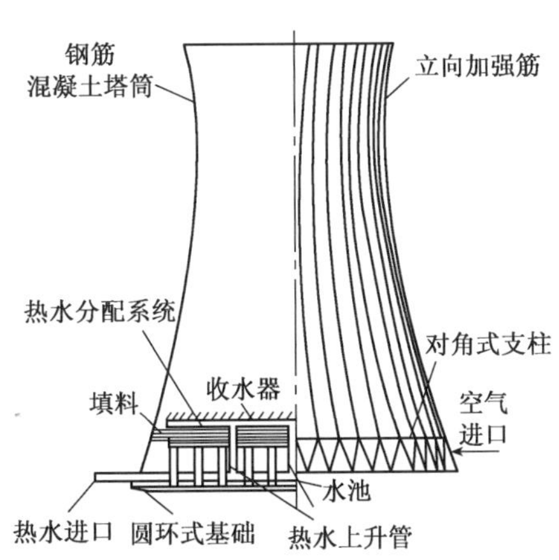

图 7-4　自然通风逆流湿式冷却塔

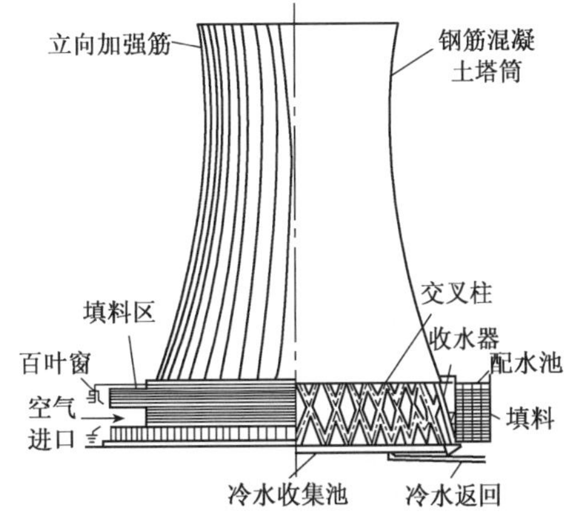

图 7-5　自然通风横流湿式冷却塔

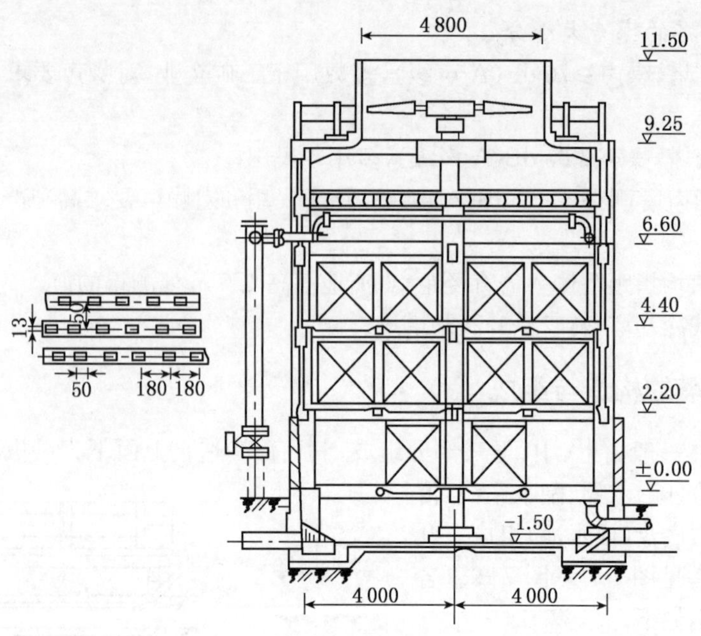

图 7-6　抽风逆流点滴式冷却塔

3. 通风设备

在抽风式机械通风冷却塔的上塔体风筒内，设置用电机带动的风机(鼓风式设在下部)，利用风机转动产生设计的空气流量(即风量)，以保证足够的空气与水进行热交换，达到冷却。

4. 空气分配装置

空气分配装置是指进风口、百叶窗及导风板等，目的是引导空气均匀地分布于冷却塔的整个截面上，不使空气在塔内产生不均匀及涡流、回流等，保证水与空气均匀地接触。

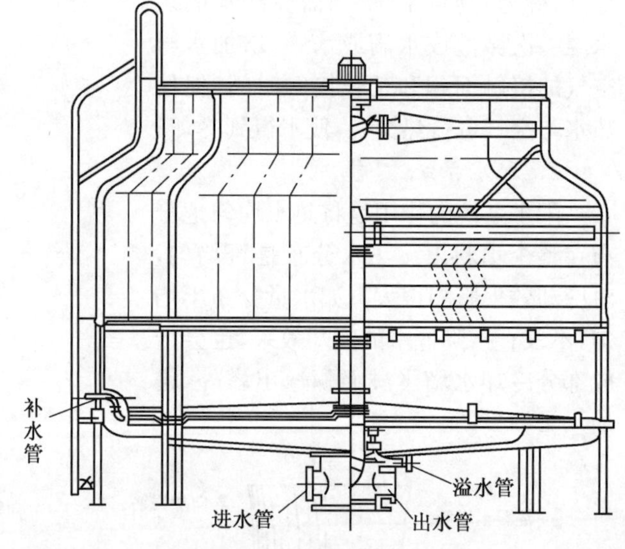

图 7-7　抽风逆流式冷却塔

5. 通风筒

通风筒简称风筒，其作用是创造良好的空气动力条件，减少通风阻力，把排出冷却塔的湿空气送入高空，防止或减少湿热空气回流。

机械通风冷却塔的风筒，目前基本上均采用玻璃钢(FRP)制作。风筒式自然通风冷却塔的风筒，直径大而高(图 7-4、图 7-5)，起通风和把湿空气送往高空的作用，用钢筋或钢丝网浇作而成。

6. 除(收)水器

除水器亦称收水器，其作用是将要排出塔外的湿空气中所携带的水滴，在塔内利用收水器把水滴与空气分离，减少逸出(飘失)水量的损失和对周围环境的影响。

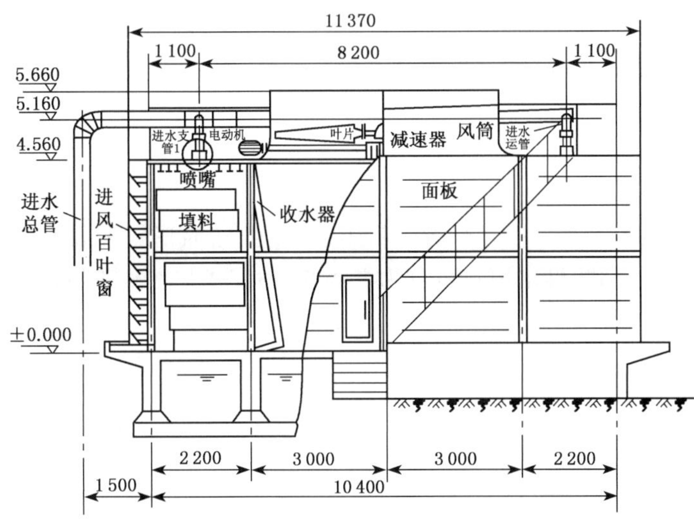

图 7-8　抽风横流式冷却塔

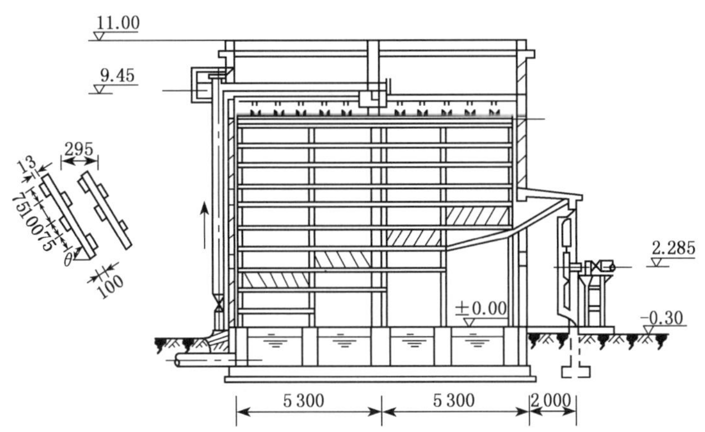

图 7-9　鼓风逆流点滴式冷却塔

7. 塔体

塔体是指冷却塔的外壳体，机械通风冷却塔（图 7-6—图 7-8）和风筒式自然通风冷却塔（图 7-4、图 7-5）的塔体是封闭的，其作用是起到支承、围护和组织合式的气流功能；开放式冷却塔（图 7-3）的塔体沿塔高做成开敞的，使空气自然进入塔内。

8. 集水池

设在冷却塔下部（对于中小型塔有的下部设底盘而不设集水池），用于汇集多台塔从淋水填料落下来的冷却水。集水池具有一定容积，有时还起到调节水量的作用。

9. 进、出水管

进水管把热水输送到冷却塔的配水系统，进水管上设阀门，以调节进塔水量。出水管（中小型塔设在底盘下）把冷却水送往用水点或水池。大型塔无出水管，冷却水直接下落到水池，则一般是指水泵从水池抽水送至用水点的输水管。

集水池还设有补充水管、溢流管、排污管及放空管等。

7.3 冷却塔各部分的功能特性和要求

7.3.1 淋水填料

淋水填料又称淋水装置，可用不同材料组成，它的断面形式和排列方式也各不相同。按塔内水冷却的表面形式，淋水填料可分为点滴式、薄膜式和点滴薄膜式三种。

1. 点滴式淋水填料

点滴式淋水填料主要依靠水在溅落过程中形成的小水滴进行散热。在板条中，大水滴自上至下地不断掉到下层板条上被溅散成许多细小水滴而与空气接触散热而得到冷却。

在三角形板条作为淋水填料中，热水主要依靠以下三部分面积进行散热：水在环绕板条流动形成的水膜表面散热、在板条下部下降的大水滴散热、大水滴掉到板条上溅散成小水滴表面散热（水滴小、表面积大、散热效果好），其过程如图 7-10 所示。

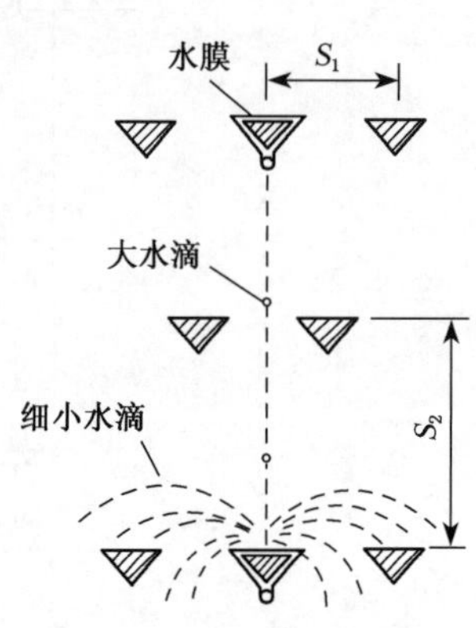

图 7-10 水在板条间的溅散过程

点滴式淋水填料散热效果与淋水填料中板条的断面形状、板条间距、上下层板条的垂直间距、水力负荷、空气流速等有关。

1）板形与排列

① 常用板形有三角形、矩形、弧形、十字形、M 形和 Ω 形等。

② 常用排列形式有倾斜式、棋盘式等，如图 7-11 所示。

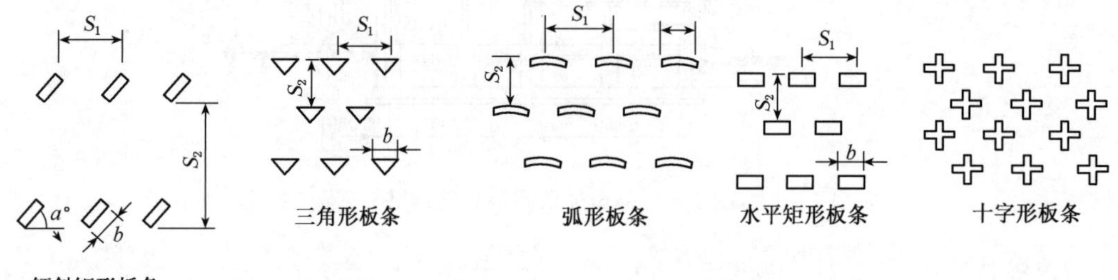

图 7-11 点滴式淋水填料中板条的几种排列形式

三角形板条的宽面大多朝上排列，这种布置虽然固定不太方便，但有利于水滴的溅散，在逆流式冷却塔中可以减少通风阻力，因此应用范围广泛。矩形板条如果宽面呈水平布置，则水滴的溅散效果较好，但在逆流式冷却塔中，水平矩形板条会减少气流通道的面积，从而增加阻力。把矩形板条呈倾斜布置（倾角一般为 45°，也有采用 60°），既可减少通风阻力又可利用倾角起导流作用。

2）构造尺寸

(1) 常用点滴式淋水填料的构造尺寸见表 7-3。

(2) 点滴式淋水填料基本上均应用于大塔中，因此层数越多，高度较高。其层数和高度为：机械通风冷却塔为 13～33 层；开放点滴式冷却塔为 10～23 层。逆流式机械通风冷却塔淋水填料高度一般为 6～8 m。

表 7-3　　常用点滴式淋水填料的构造尺寸

填料名称	使用塔型	构造尺寸/mm			备注
		S_1	S_2	b	
倾斜式板条	逆流式、开放式 逆流式	100 100	200～350 200～350	50 120	木 钢丝网水泥板
三角形板条	开放式 开放式	150 150	150～350 150～350	60～80 50～60	钢筋水泥条 木条
矩形板条	开放式 横流式	180 150	600～900 一般 750 150	50 50	木条 木条
	逆流式	100～150	300	50	钢筋水泥板条
弧形板条	横流式	300	300	110	石棉水泥板

(3) 50 mm 板宽的窄板溅水条件好，阻力较小，是点滴式淋水填料常用板宽尺寸。在横流塔中一般采用水平放置，逆流塔中板条可以水平或倾斜(倾角一般为 60°)布置。倾斜布置可增大板条正反面水膜面积，有利于水的冷却。板条垂直距离的增大可使小水滴数目增多。

3) 材料

板条材料有木材、竹片、钢丝网(或钢筋)、水泥板、塑料板等。

(1) 钢丝网水泥板条：经久耐用，但制作要求高，平面不露钢筋，有一定保护厚度。现有钢丝网或钢筋水泥单块板条或组合整块式钢筋水泥板，如图 7-12 所示。这种板条如出现裂缝水分渗入后，易加速钢筋锈蚀。

(2) 塑料板条：大多用硬聚氯乙烯制作成十字架或 T 字形板条，多用于中小型冷却塔。用硬聚氯乙烯制作的弧形板条，可用于较大的冷却塔。塑料板条耐腐蚀性能优良。

(3) 木质淋水板条：表面不必抛光，以利形成水膜。木板条要用煤酚杂油进行防腐处理。最好用无钉开孔结构组合，亦可用镀锌铁钉或竹企口结合。

(4) 竹制板条：选用生长多年的毛竹或淡竹、苦竹，以毛竹强度大。加工前要风干，板条加工后用煤酚杂油进行防腐处理。组装竹片先钻孔再钉，竹青面朝上。

宜尽量采用塑料板、钢丝网或钢筋水泥板，少用或不用木材。

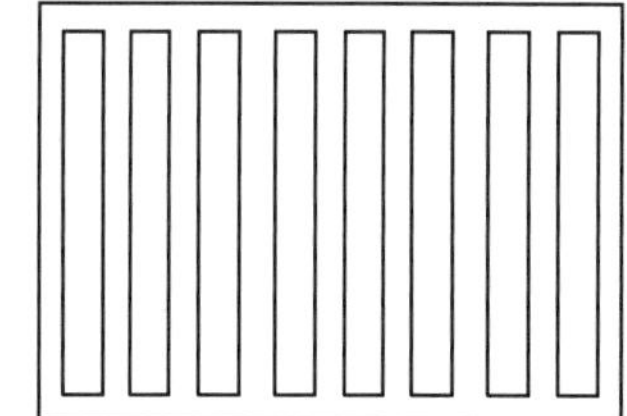

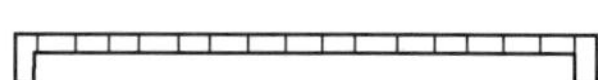

图 7-12　组合式整块钢筋水泥板条

2. 薄膜式淋水填料

为提高水的冷却效果，对薄膜式填料研究较多，一度进展较快，取得较显著成绩，如斜波交错填料，被广泛地在逆、横塔中使用。

在薄膜式淋水填料中，热水以水膜状态流动，增加了水与空气的接触面积，从而提高了热交换能力。薄膜式淋水填料的散热由三部分组成：水膜表面散热，约占 70%；格网间隙中的水滴表面散热，约占 20%；水由上层流到下层溅散成水滴散热，约占 10%。因此提高水膜表面积是增强水冷却的主要途径。

薄膜式淋水填料可分为平膜板式、波形膜板式、网格形膜板式、凸凹形膜板式等；是目前使用较多的淋水填料，在机械通风和自然通风冷却塔中被广泛采用。

1）平膜板式淋水填料

常用的有木板条的小间距平板淋水填料（图7-13），用钢丝网水泥砂浆制作成的钢丝网水泥平板式淋水填料（图7-14），板厚8～12 mm，或用细钢筋水泥砂浆制作的板厚12～20 mm。这种板取材容易，表面润湿性良好，使用期较长，但板厚度厚，重量大，厚度太薄施工困难并易挠曲出现裂缝。因此一般采用宽度不大于50 mm，长度不大于1 200 mm的薄板，砂浆浇捣注意密实，否则水分易渗入板内，使钢筋（钢丝网）腐蚀。

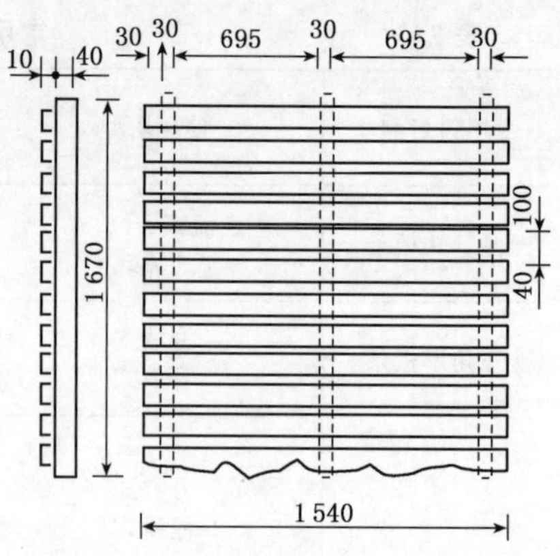

图7-13　小间距薄膜式淋水填料

其水冷却的基本原理是：热水沿板表面下流，形成很薄的水膜，通过接触传热和蒸发散热作用，将水的热量传递给空气，使水得到冷却。

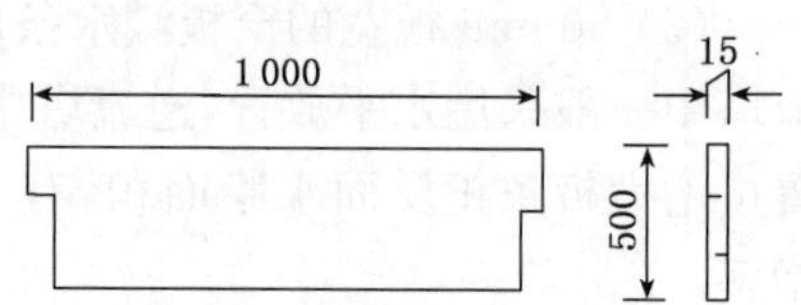

图7-14　钢丝网水泥平板薄膜式淋水填料

2）凸凹形膜板淋水填料

由于水在平板膜上流动快，降落迅速，也容易集结成较大的水股流，减少了水膜表面积，影响冷却效果。凸凹形膜板淋水填料可延缓水流下降速度，又有利于水膜的一次又一次破碎和重新分布，提高了水的冷却效果。

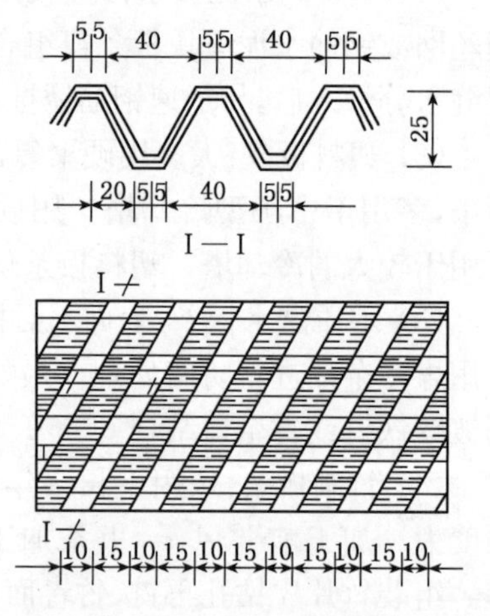

图7-15　梯形斜波填料

此类淋水填料有梯形斜坡、斜波交错、折波、点波、双向波、双斜波、双梯波等，前三种淋水填料见图7-15—图7-17。此类淋水填料大多用硬聚氯乙烯片或聚丙烯片加热压制而成，片厚为0.3～0.5 mm，填料形状的设计，基本上需考虑以下方面：

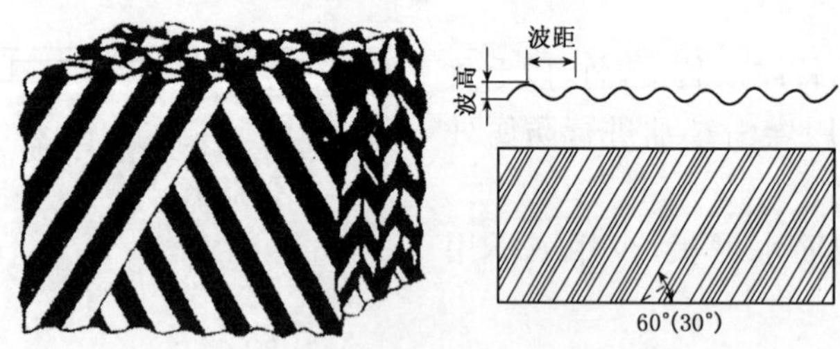

图7-16　斜波交错填料

（1）有利于使水流破碎均匀分布于整个填料表面，形成均匀的水膜。

（2）便于加工成规定样式，结构强度较好，加工、生产、安装成本低。

（3）有一定的耐水温能力，一般硬聚氯乙烯填料片耐水温不超过50℃，聚丙烯（改性）填料可用于65℃高水温场合。

（4）通风阻力小，气流畅通。

（5）斜波交错填料经久耐用，自重较轻，运输安装方便。

系用硬质薄片(聚氯乙烯片、聚丙烯片、玻璃钢片、薄铝片等)压成斜波形。斜波倾角有 30°, 45°, 60°, 75°等,组装时相邻二片斜波倾角交错排列,故常称斜交错波纹填料。通常使用的规格有 35 mm×15 mm－60°, 50 mm×15 mm－60°(波距×波高－60°)两种。前者散热效率高,但孔眼小、阻力大、易堵塞;后者散热效率虽稍差,但孔眼大、阻力小、不易堵塞。斜交错波纹填料是机械通风冷却塔中应用最多最广的填料。逆流塔多用 60°倾角斜波填料,横流塔多用 30°倾角斜波填料。

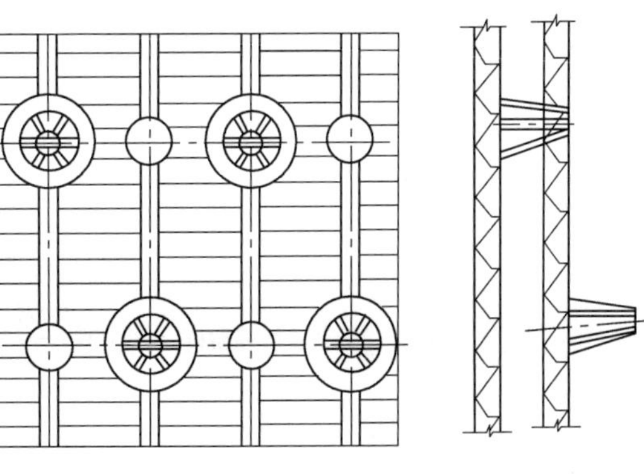

图 7-17　折波填料

冷却塔应采用阻燃型塑料填料,阻燃性能氧指数不得低于 28。

部分硬聚氯乙烯凹凸形淋水填料的规格见表 7-4。

表 7-4　部分硬聚氯乙烯凹凸形淋水填料规格

名称	规格 波距×波高/mm	单位体积冷却面积 /($m^2 \cdot m^{-3}$)	单位体积自重 /($kg \cdot m^{-3}$)
点波	39×14	160	50
	38	55×18	86
斜波	35×15	230	40～55
	40×20		46
	50×20		40
	50×18	148	35
	75×30	100	30
折波	片锥体高 25		18～20
梯形波	133×25		32～36

淋水填料应具有热力特性好、通风阻力小、组装刚度好、承载能力强、通道尺寸大、通畅性好、不易堵塞等基本特性。硬聚氯乙烯淋水填料的物理力学性能见表 7-5。

表 7-5　硬聚氯乙烯淋水填料的物理力学性能

序号	项目名称		单位	指标	
				平片	成形片
1	密度		g/cm^3	≤1.55	≤1.55
2	加热纵向收缩率		%	≤3.0	
3	拉伸强度	纵向	MPa	≥42.0	≥42.0
		横向		≥38.0	≥38.0
4	断裂伸长度	纵向	%	≥60	
		横向		≥35	

（续表）

序号	项目名称		单位	指标	
				平片	成形片
5	撕裂强度	纵向	kN/m	≥150	≥150
		横向		≥160	≥160
6	低温对折试验耐寒温度	普通型	℃	≤−22	≤−8
		耐寒型		≤−35	≤−18
7	湿热老化试验后的低温对折耐寒温度	普通型	℃	≤−8	
		耐寒型		≤−18	
8	氧指数			≥40	≥40

注：本表摘引自我国电力行业标准《冷却塔塑料塔芯部件技术规定》(送审稿)。

3. 点滴薄膜式淋水填料

该填料由上部点滴式和下部薄膜式组成的混合形式。居于这类填料的有陶瓷网格、塑料网格板、水泥网格板及六角峰窝填料等，大型冷却塔中采用较多。

1）水泥格网板

水泥格网板（图 7－18）大多做成 50 mm×50 mm 方程子板，板高 50 mm，壁厚 5 mm，上缘宽 8 mm，用镀锌铁丝水泥砂浆制成。水泥格网板具有以下几方面特点：

（1）材料来源易得，强度高，使用时间长，散热性能较好，通风阻力较小。

（2）运输损耗大，加工制作效率低，一般均在现场制作。

（3）一般可适用于较浑浊的循环水系统。

水泥格网板搁置在横梁上，各层板间的接缝布置应相互错开，约为板宽的 1/2 或 1/3，常用布置尺寸见表 7-6。

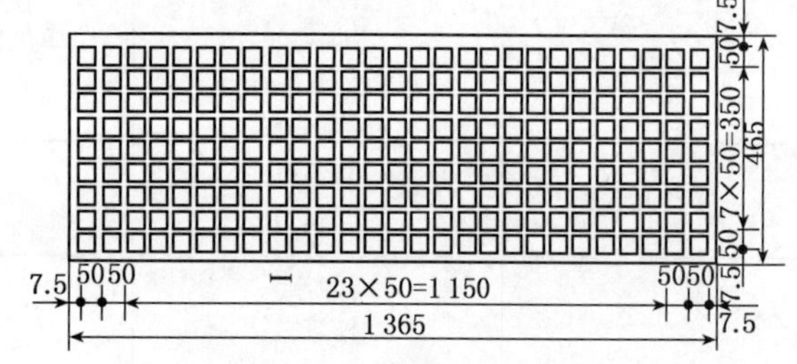

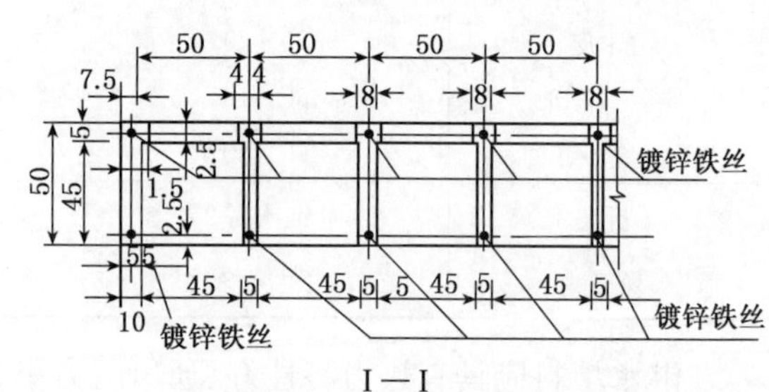

图 7-18　水泥格网板

表 7-6　**常用水泥格网板布置尺寸**

序号	层数	格网孔尺寸 /mm	格网板高 /mm	格网板间距 /mm	代　号
1	12	50×50	50	300	$H=12\times50-300$
2	16	50×50	50	50	$H=16\times50-50$

2）塑料格网板

塑料格网板用聚氯乙烯、聚丙烯等材料高压注成，规格尺寸各生产厂家不同。用不锈钢圆棒（或管）或其他耐腐蚀钢圆棒把塑料格网悬吊于塔内，也可采用其他构造形式的安装方法。

与水泥格网板相比，具有重量轻、安装方便、工厂机械化生产、效率高、产品质量稳定、耐腐蚀等优点，并不易燃烧。在生产维护中可定期用高压水冲洗以去除填料上的附着物。

3）陶瓷格网

陶瓷格网淋水填料分大小两种正方格网柱体：大块外尺寸 250 mm×250 mm，格网净孔尺寸为 55 mm×55 mm，高为 100 mm；小块（垫块）外尺寸为 128 mm×128 mm，格网净孔尺寸与大块相同，高为 50 mm。两种格网块四周及孔壁厚均为 6 mm。为尽可能地增加填料的表面积，减缓水膜下移速度、延长气、水热交换时间，提高填料散热性能，在格网四周及孔壁表面压制深 3 mm，宽 4 mm 与下移水流平行的凹凸槽。陶瓷格网填料在挤压成形中，加入适量的发泡剂，提高填料的亲水性，并减轻自重。

陶瓷格网淋水填料分为错半孔、孔对孔连续布置和间隔（层间加垫块）错半孔布置三种形式。见填料具有良好的散热性能、耐热性能和热稳定性，抗压强度高，使用寿命长。适用于冶金企业的高温水冷却、石化系统含有酸碱或其他腐蚀性水质的冷却，以及核电冷却塔和寒冷地区的冷却塔使用。

4）蜂窝淋水填料

蜂窝淋水填料用玻璃钢（FRP）或塑料制成，如图 7-19 所示。其孔径规格见表 7-7。

表 7-7　　蜂窝填料形状与尺寸

孔径/mm	12	14	18	20
孔形/mm	12；6 4 6	14；5 7 5	18；9 8 9	20；8.5 9.5 8.5
单位体积冷却表面积/($m^2 \cdot m^{-3}$)	350	286	218	217.5

蜂窝淋水填料仅适用于逆流冷却塔，填料直接搁置钢支架上，各层填料垂直连续叠加放置。

蜂窝淋水填料具有以下特点：

（1）散热表面积较大，能以较轻的材料、较小的体形提供较大的散热面积。

（2）重量轻、通风阻力相对较小。

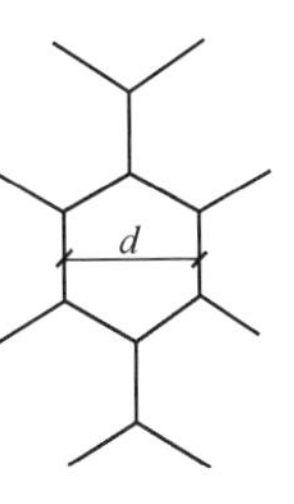

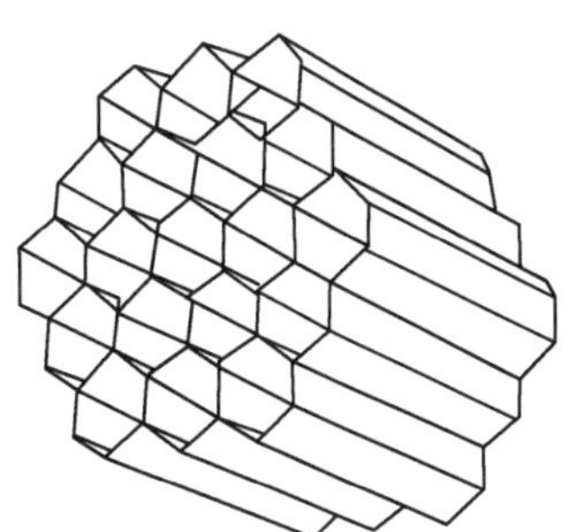

图 7-19　蜂窝淋水填料

4. 淋水填料的散热特性

1）板条表面的散热

水膜在冷却塔内各种形状的板条表面流动时，要直接测量水膜冷却的散热系数和散质系数是很困难的，但研究稳定的热交换和物质交换过程的准则方程时，可以用相似理论的方程来分析热交换微分方程，并取得准则方程如下：

$$N_u = CRe^m \tag{7-2}$$

式中　N_u——表征相界上交换强度的努谢尔特性准则及扩散准则；

Re^m——雷诺数。

C 及幂指数 m 均为常数，通过实验确定。它是根据水和气流在管道和沟槽内的直径或

宽度为 $d=u/\pi$ 的条件下作为定形尺度，u 为板条截面的周长，求得三角形及矩形截面的板条以不同方式成束排列时的 C 值及 m 值，代入式(7-2)进行计算。

适用于水膜横向绕流的三角形和矩形板条的常数 C 及 m 值见表 7-8。

表 7-8 适用于水膜横向绕流的三角形和矩形板条的常数 C 及 m 值(Re 自 3 000～2 000)

板条截面形状	板条成束排列的方法	S_1/d	S_2/d	常数	
				C	m
三角形 1∶1∶1.4	错列式布置	2.60	2.76	0.159	0.75
	错列式布置	2.60	4.42	0.117	0.72
	错列式布置	2.60	5.52	0.166	0.72
	错列式布置	2.60	11.60	0.151	0.72
	错列式布置	3.70	6.63	0.147	0.72
	顺列式布置	2.60	6.63	0.156	0.72
	串列式布置	6.50	8.28	0.125	0.75
	单列式布置	—	—	0.218	0.61
	错列式布置	2.10	6.28	0.179	0.72
矩形 2∶1	阶梯式布置	3.14	6.28	0.163	0.72
	单根板条	—	—	0.234	0.66

注：m 值适用于已经确定的空气紊流区(不包括最初的 1～3 次资料。研究结果表明，当 $S_2/d>6.5～7$ 时，进一步增大每列板条之间的间距，实际上对散热系数不再发生影响。

(2) 液膜的散热和散质

当被冷却的热水流散成薄膜层时，交换系数主要取决于热水沿着流动表面的形状。从水膜沿圆形及矩形截面的垂直流道内表面流动时的散热和散质情况的研究中可以得出结论。当与水流动方向相反的空气流为流体力学上的稳定紊流时($Re>5\,000\sim13\,000$；$L/d\geqslant50$)，L 为管道或沟槽的长度并且当表征介质物理性质的普兰特尔热准则及扩散准则时，P_r 为 0.72 及 Pr_D 为 0.63 时，对界面上的热交换与物质交换准则可用下列公式来表示：

$$N_U=0.020Re^{0.8} \tag{7-3}$$

$$N_{UD}=0.019Re^{0.8} \tag{7-4}$$

此时，空气的流速是按薄膜表面的相对速度来计算的，即在逆流时

$$w_0=w_1+w_2 \tag{7-5}$$

式中 w_1——空气的绝对速度(m/s)；

w_2——水膜的流速(m/s)。

当水流从一种流态流到另一种流态时，适用于水膜在矩形流道内流动场合下的交换准则为：

$$N_{UD}=CRe^m \tag{7-6}$$

准则 Re 及式(7-6) 中的常数 C 及 m 的数值列于表 7-9 中，这些数据是在 L/d 为24.4 时用实验方法求得的。N_{UD} 随水温的升高而有所减小，如图 7-20 所示，其原因部分是由于在试验

中，水流表面的水蒸气分压力是按水的平均温度来确定的，但未考虑到水面温度下降的情况，热流密度愈大则对其低估的程度亦愈大。

表 7-9　适用于矩形流道内水膜流动(逆流时)的式(7-6)中的常数 C 及 m 的数值

状态(一组试验的平均条件)			Re^*	过渡区($Re < Re^*$)		旺盛的紊流区($Re > Re^*$)	
水的温度/℃	水和空气的温度差/℃	水蒸气分压力差		C	m	C	m
18	~0	0.014	7 300	(0.001)	(1.18)	0.029 4	0.8
30	8	0.020	9 400	0.000 86	1.18	0.028 0	0.8
40	15	0.050	12 500	0.000 74	1.18	0.026 7	0.8

可见不仅要了解热交换强度而且还要熟悉容积散质系数的概念是非常必要的。在一般情况下不能将有限水面的蒸发和散热的实验结果直接应用于实践中，而是需要通过实验获得数据供设计中采用。

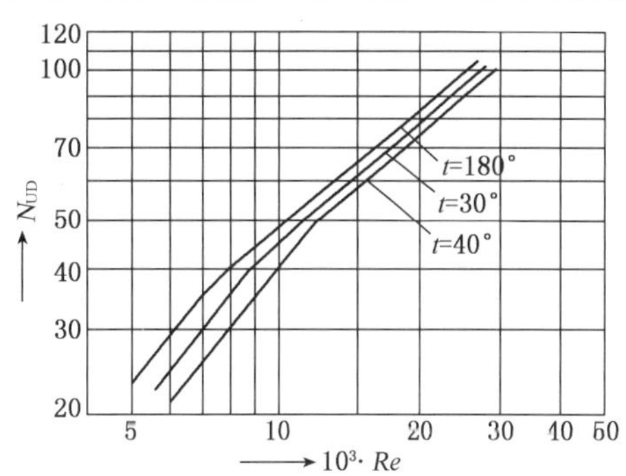

图 7-20　水体蒸发时流动水膜表面的散质系数曲线

除了淋水填料的断面形式不同影响交换表面散热效果外，淋水填料的布置，即纵横向的间隔(或孔径)、水力负荷及空气流动速度都直接关系到蒸发冷却和散热效果。

淋水板条的垂直间距 S_2 减少即可增加淋水填料中板条的层数，同时也可增加一些水膜面积。如果减小淋水填料的横向间距或孔径、波距等，也能达到同样的效果，但过分地减小间距不仅不能增加散热而且收不到预期的效果，反而使通风阻力及材料消耗指标随之增加，在经济上是不合理的。

淋水填料中的空气速度增大，可以使水滴降落及水膜流动时间延长，从而提高冷却能力。蜂窝、点波、斜交错、水泥格网、小波纹板等填料，具有较大的比表面积、孔隙率小等优点，故采用较高的淋水密度，并提高了填料中的风速，一般采用2.5~3.5 m/s。与此同时，大量细小水滴可能随高速气流吹出塔外，增大了水量损失及动力消耗。机械通风点滴式冷却塔中风速一般取 1.5~2.0 m/s 为宜，建议不大于 2.8 m/s，塔式冷却塔中风速一般采用 0.5~1.5 m/s。

5. 淋水填料的选择

淋水填料选用是否恰当，直接关系到冷却效果。应根据塔形、热力性能、阻力性能、通风条件、材质、检修、填料的支承方式和结构、循环水水温与水质以及造价等综合因素，通过技术经济比较后选择。

1) 不同塔的不同填料要求

不同塔所要求的填料形式是不同的。如大中型逆流式冷却塔中，普遍采用塑料斜波、梯形斜波、水泥格网和塑料折波等；横流式冷却塔中普遍采用塑料斜波和水泥弧形板条等。即使对于逆、横流塔均适用的填料，也要注意在不同塔形中使用时的要求。如斜波填料在逆流式塔中采用 60°斜波，而在横流式塔中采用 60°斜波。

2) 要求有较高的热交换性和亲水性

选用的填料亲水性能要好，要有较高的热交换性能，容许有较大的淋水负荷。塑料片制成的填料使淋水填料轻型化，体积缩小，单位体积的冷却表面积增大，可容许较大的淋水负荷，其热交换性能有很大提高。

希望气流流经淋水填料的阻力要小，气流分布要均匀。

3）填料的材料

要易得，使用寿命长，安装和运输方便，价格便宜，容易维修。

4）塑料淋水填料的注意点

(1) 当循环水水质较差、未经处理、在填料表面易结垢时，不宜采用填料片间距较小的斜波、蜂窝等形式的淋水填料。

(2) 塑料材质应达到规定的性能指标：

① 在65℃条件下不发生几何变形；

② 在设计最低温度下不破碎、不脆裂；

③ 在正常运行、使用条件下，其寿命不少于20年；

④ 具有良好的阻燃性能。

5）设计填料支撑系统时的运行重量

(1) 淋水填料自重；

(2) 填料表面结垢及沉积物重量；

(3) 填料表面水膜重量，按填料片两侧表面各厚为0.5～1.0 mm计；

(4) 寒冷地区淋水填料下层可能形成挂冰荷载，视情况可采用150～250 kg/m^2。

6. 横流式冷却塔填料布置

横流式冷却塔淋水填料的径深和高度，应根据工艺对冷却水温的要求、塔的通风形式、塔的造价和经常运行费用等因素，进行一系列技术经济比较后确定。淋水填料径深与高度之比值，一般可采用以下数值：

(1) 机械通风冷却塔不宜大于0.5。

(2) 风筒式冷却塔：淋水面积>1 000 m^2，宜为0.7～1.0。淋水面积≤1 000 m^2，宜为0.4～0.7。

7.3.2 配水系统

配水系统是冷却塔的重要组成部分，均匀布水是提高冷却效果的首要条件。设计配水系统时应尽量减少动能消耗，并注意维护管理和水量调节方便，供水水压低，通风阻力小。

配水系统的设计流量适应范围为冷却水量的80%～110%。

配水系统可分为固定式和旋转式两种。固定式配水系统又有管式、槽式、盘式（或池式）三种。

1. 固定式管式配水系统

管式配水系统由环状或树状配水管上装喷嘴组成，它需要较高的水压（喷嘴前水压一般为3～7 m），当水量发生变化时会影响布水的均匀性。与槽式配水相比，配水均匀、气流阻力小、施工安装容易且质量保证，但对水质要求较高，以防止喷嘴堵塞。

1）形式

(1) 树枝状：一般用于小型塔或两格冷却塔共用一根干管，如图7-21所示。

(2) 环状：一般冷却塔面积较大时采用，布水均匀性较好，如图7-22所示。

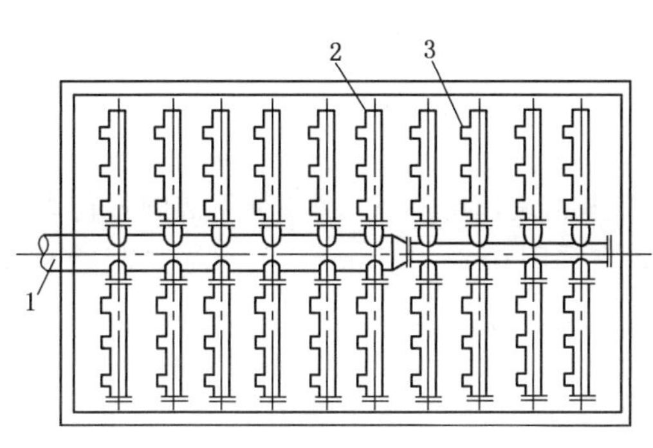

1—配水干管；2—配水支管；3—喷嘴

图7-21　树枝状布置示意

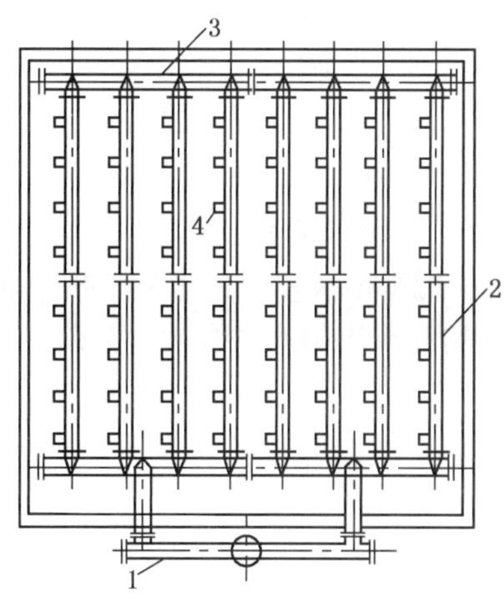

1—配水干管；2—配水支管；3—喷嘴环形管；4—喷嘴

图7-22　环状布置示意

2）管式配水系统的要求

(1) 配水干管起始断面设计流速宜采用1.0～1.5 m/s。

(2) 大、中型冷却塔在布置配水管时，应利用支管使配水干管连通成环网。

(3) 配水干管的末端必要时设排污管。

2. 固定式槽式配水系统

槽式配水系统在大型冷却塔及水质相对较差时采用较普遍。槽式配水系统维护管理方便，供水压力低，可减少动力消耗。槽式配水系统通常由主配水槽、配水槽、管嘴、溅水碟组成。热水经主配槽流入配水支槽，从喷嘴落下，冲击在溅水碟上。水流以重力加速度冲击溅水碟，将水流粉碎为均匀的小水滴洒在淋水填料上，水在溅水碟上的半径随着溅水碟与溢水管嘴之垂直距离(即落水高度)的增大而增大。此距离一般为0.5～0.8 m。喷嘴在平面上布置成方格或梅花形，水平为0.5～1.0 m。

1）形式

配水槽分树枝状和环状布置两种，如图7-23、图7-24所示。

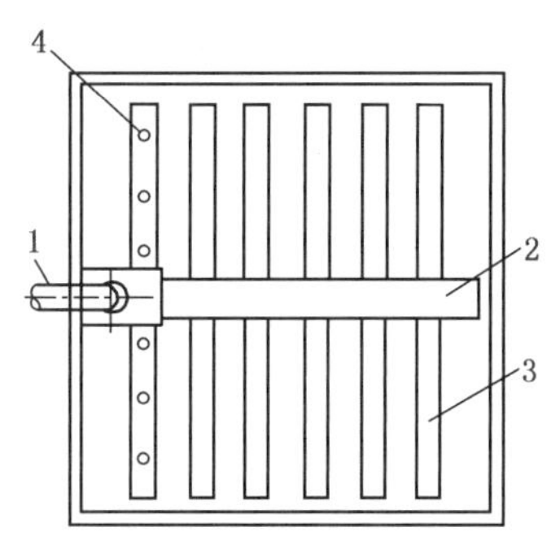

1—进水管；2—配水主槽；
3—工作水槽；4—喷嘴

图7-23　树枝状槽式配水

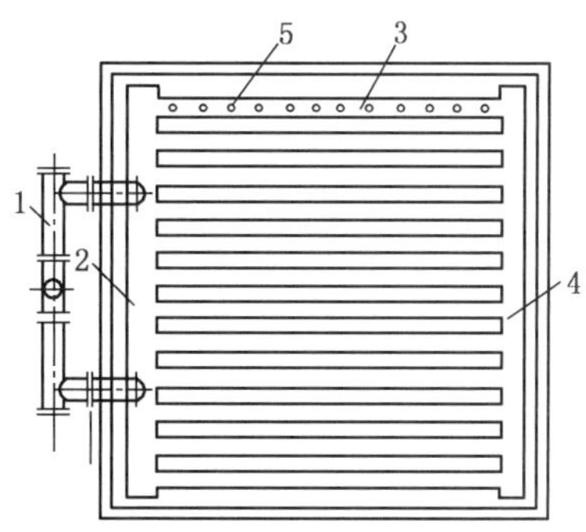

1—进水管；2—配水水槽；
3—工作水槽；4—环形槽；5—喷嘴

图7-24　环状槽式配水

(1) 树枝网：规模较小的中小型塔采用。

(2) 环状:配水较树枝网均匀,适用于大型冷却塔。

2) 材质

配水槽可采用木质、钢筋混凝土、玻璃钢等制作,视具体情况而定。如要求防酸碱腐蚀的,则采用玻璃钢。通常采用木质较多。

3) 槽式配水系统的要求

(1) 配水槽尺寸根据水量和槽中流速确定,槽内水流速度不宜太大,避免槽内水位差太大而影响配水均匀。主水槽的起始断面设计流速宜采用 0.8~1.2 m/s,配水槽的起始断面流速宜采用 0.5~0.8 m/s。运行中水槽的水位差不宜大于50 mm。

(2) 配水槽高度不宜大于 350~450 mm,超高不宜小于 100 mm。宽度不宜小于 120 mm。但也不宜过宽,以免增加通风阻力。当水量很大时,为使水槽布置不致过密,水槽高度可增至 600~800 mm。

(3) 配水槽内正常水深应大于溅水喷嘴内径的 6 倍,且应不小 150 mm。主水槽、配水槽底均宜水平设置,水槽连接处应圆滑,水流转角不宜大于 90°。

槽式配水通风阻力较大,槽内易沉积污物,施工复杂。故也有用槽式与管式相结合的配水方式,热水经主水槽到配水槽进入配水支管,或采用配水竖井和配水槽的形式。

3. 固定式池式(盘式)配水系统

池水配水系统由配水管、流量控制阀、消能箱、配水底板及水池组成,如图7-25、图 7-26 所示。

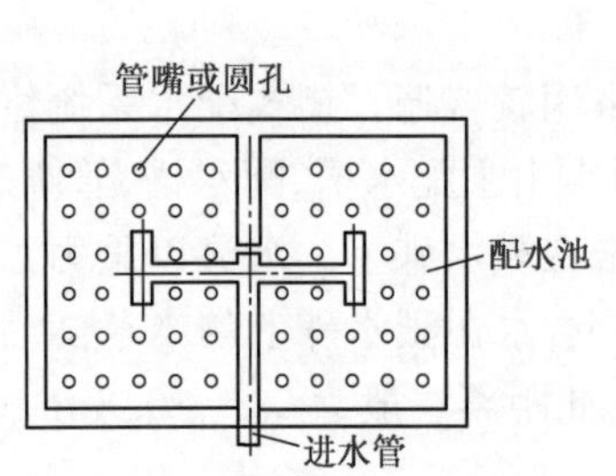

图 7-25　池式配水布置(一)

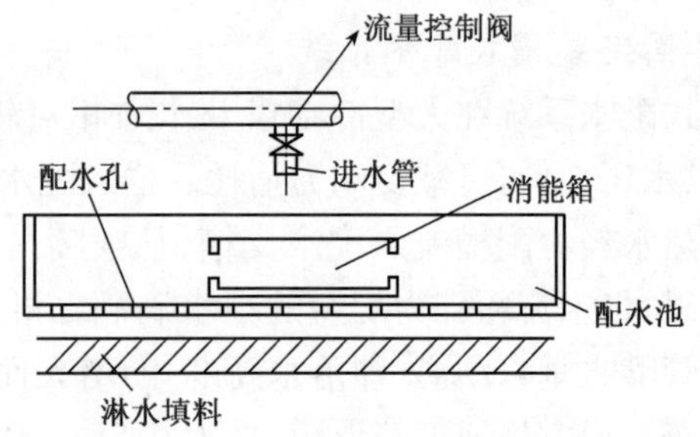

图 7-26　池式配水布置(二)

配水底板有两种形式,一种是开孔,孔径为 5~9 mm,在配水系统下面设置流量分配板;一种是在配水底板装设低压喷嘴,通过喷嘴将水溅散成小水滴落向填料。流量控制阀起到调节流量的作用,使各配水池维持相同水深(10~20 cm),这种配水系统只适用于中型以上横流式配水易受大气污染,如灰尘、藻类繁殖等。

为使各配水孔或管嘴出水均衡,需维持配水池中水位稳定。要求配水池水平、入口光滑,积水深度不得小于 50 mm。

1) 池式配水系统的特点

供水压头低,布水系统简单,清理方便,在大型横流塔中为了改善池式配水的喷溅效果,则在配水池底部可安装配水管嘴。

2) 池式配水系统的要求

(1) 配水池内的水深在设计水量时应大于溅水喷嘴内径或配水底孔直径的 6 倍,池壁起高不宜小于 0.1 m,池底宜水平设置。

(2) 池顶宜设盖板,以免水池在光照下孳生微生物或藻类,也可防止灰尘、杂物进入。

4. 喷溅装置

1）喷嘴性能

（1）喷水角度大。

（2）水滴较小。

（3）布水均匀，无中空现象。

（4）供水压力低，流量系数大。

（5）不易堵塞。

（6）坚固耐用，价格便宜。

2）喷嘴的类型

喷嘴基本上可以分成两类：一类是靠冲击力将成股的水扯成水滴；另一类是旋转型，靠离心力将水流扯开，洒向四周。前者要求的水压较低，多用于槽式或池式配水；后者要求的水压较高，多用于管式配水。常用的喷嘴有管-碟式、单（多）层溅水式、反射式、离心式等。

（1）管-碟式喷嘴

这种喷嘴由喷管和溅水碟两部分组成，如图 7-27 所示。溅水碟安装在喷管出口下方 0.5～0.6 m，与喷管对中，固定在填料上。我国早期的冷却塔，大多采用这种喷嘴。其缺点是会产生中空，即溅水碟附近水很少；另一个缺点是经过一段时间运行后，溅水碟位置易变动，形成与喷管不对中，致使喷溅效果大大降低。为了改善这种情况，产生了管碟合一的喷嘴。

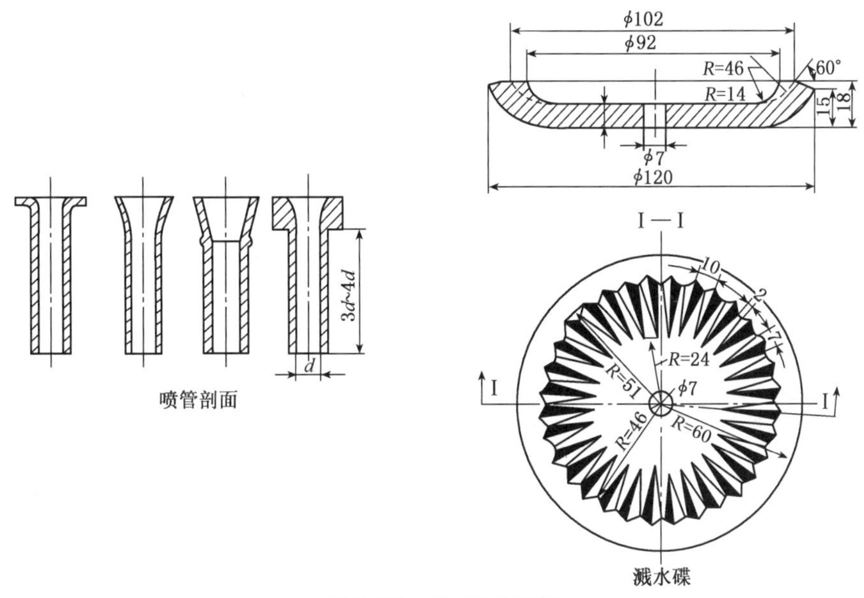

图 7-27　管-碟式喷嘴

（2）单层溅水喷嘴

单层溅水喷嘴如图 7-28 所示，喷溅方式与管—碟式喷溅相同，但避免了管碟式喷溅在运行过程中产生的位移，使管、碟不对中的缺点。另一种单层溅水喷嘴如图 7-29 所示，溅水碟是旋转的。

溅水碟分成两半，用缝隔开，靠水流的冲击力旋转，并将水甩开，方向如图 7-29 中所示。部分水从缝隙流到盘下，所以不会形成中空，淋水分布也较均匀。

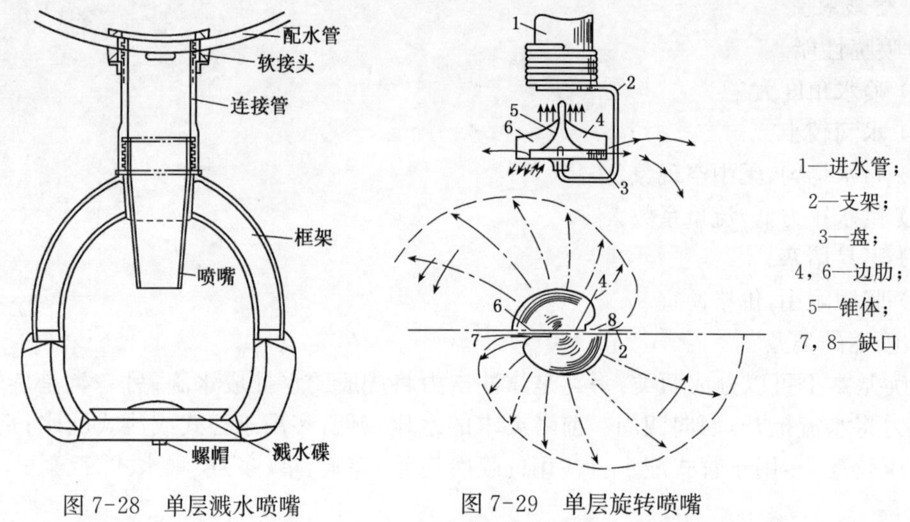

图 7-28　单层溅水喷嘴

图 7-29　单层旋转喷嘴

(3) 多层溅水喷嘴

如图 7-30(a)所示，是一种三层溅水喷嘴，由塑料制成。图 7-30(b)是另一种三层溅水喷嘴。水流由喷口喷出后，经 3 个不同半径的溅水盘边层溅散，使水滴的分布比较均匀。上层到下层的水流由盘中间的圆孔流下，圆孔的大小可控制下落的水量。图 7-30(b)的最下层盘中心处也开孔，使喷头中间部分也有水。图 7-30(a)则在最下一层盘中心处不开孔，通过一个弓形凸体来达到溅水和防止中空目的。图 7-31 是花篮式喷嘴中的一种。

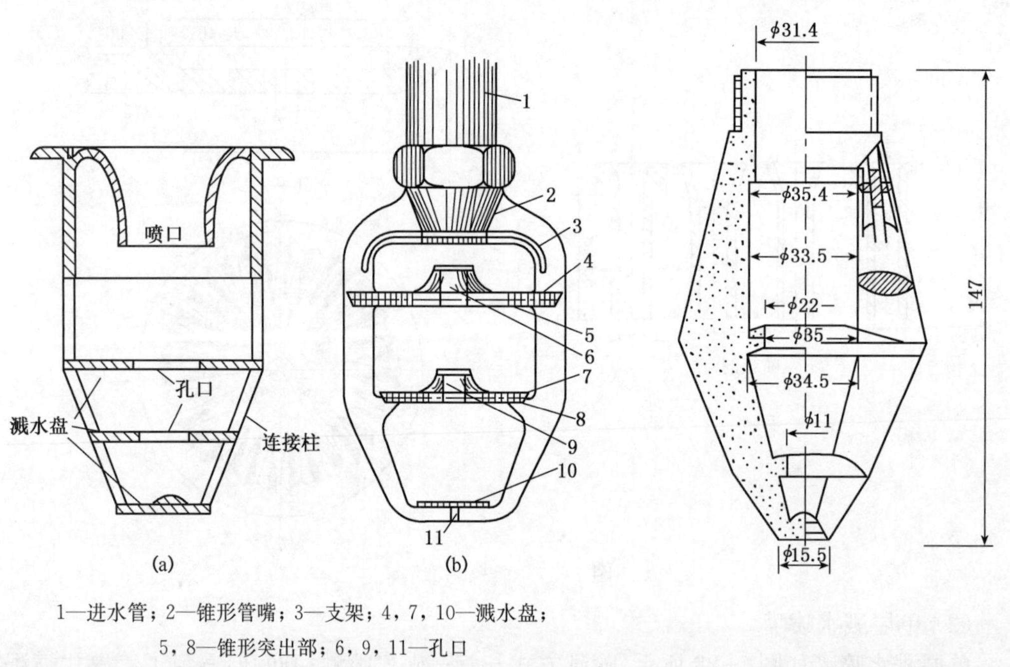

1—进水管；2—锥形管嘴；3—支架；4，7，10—溅水盘；
5，8—锥形突出部；6，9，11—孔口

图 7-30　三层喷嘴

图 7-31　花篮式喷嘴

(4) 反射喷头

反射喷头有反射Ⅰ型(适用于横流式冷却塔)、反射Ⅱ型、反射Ⅲ型(适用于逆流式冷却塔)等规格,如图 7-32、图 7-33 所示。反射Ⅲ型喷嘴是将Ⅱ型的上下盘间距加大,改变下盘造型而制成。

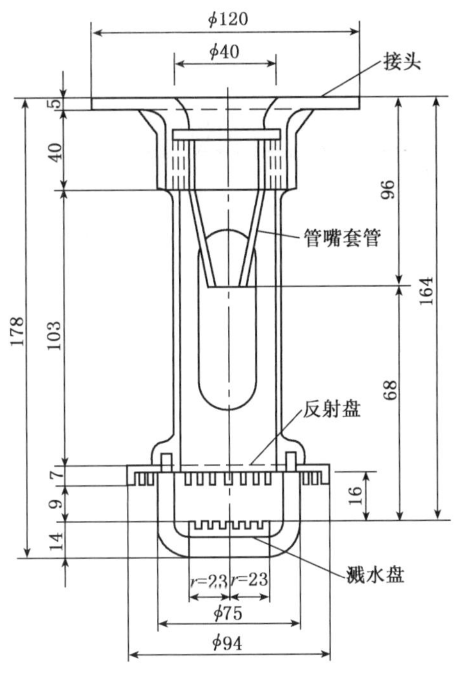

图 7-32　反射Ⅰ型喷嘴

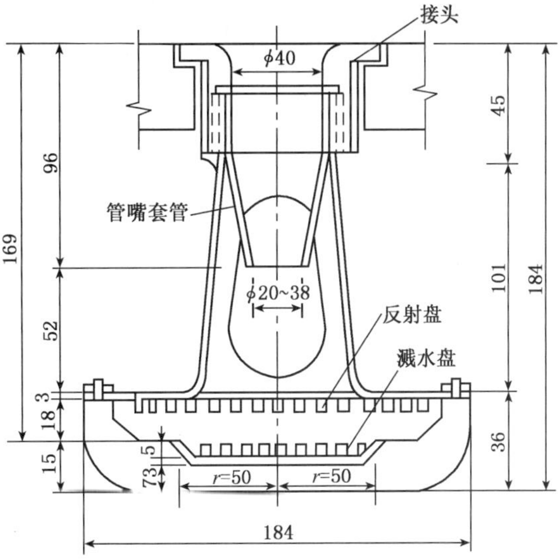

图 7-33　反射Ⅱ型喷嘴

反射型喷嘴喷溅的水滴在不同的水位高度 h 和不同落下高度 y 有不同的喷溅半径 R,如图 7-34 所示。反射Ⅲ型由于加大上下盘间距,当配水槽内水位(或配水管内水头)较低时也能保持水流喷溅均匀,并有较大溅散半径。在同样喷嘴至填料高度下,反射Ⅲ型喷嘴的喷溅半径要比反射Ⅱ型大 20%~30%。反射Ⅰ型、Ⅱ型喷嘴的喷溅半径可根据图 7-35 中曲线查得。

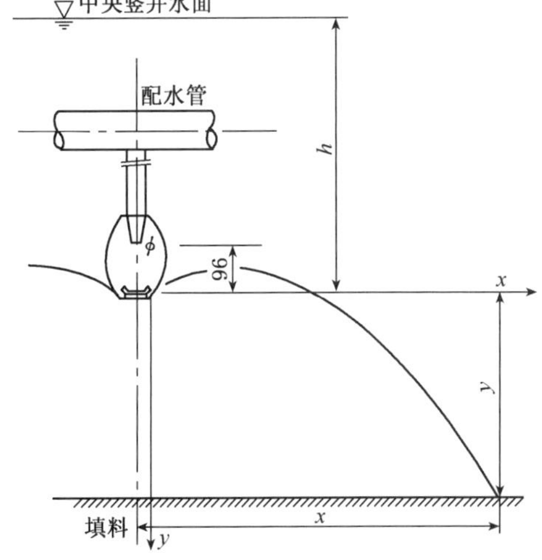

图 7-34　反射型喷嘴的溅水轨迹

反射型喷嘴常用于低水压管式配水和槽式配水系统中。

(5) 离心式喷嘴

这种喷嘴一般用在管式配水,要求水压力较大。依靠水压作用使水流成旋转状离开喷头出口,在离心力作用下向四周洒开,喷洒半径较大,水滴也较细。如图 7-36 所示为渐伸线式喷嘴,水从进水口进入喷嘴后,过水断面逐渐减小,水流速加大,进入旋转室高速旋转后从出水口喷出。图 7-37 为杯式喷嘴,图 7-38 为瓶式喷嘴。图 7-39 为单旋流式喷嘴,图 7-40 为双旋流式喷嘴。

图 7-39 所示为单旋流式喷嘴与上述形式的离心式喷嘴不同,出水与进水方向一致。水从进水口进入,经过导叶产生旋转水流,然后从出口喷出。

图 7-40 所示为双旋流式喷嘴,在喷嘴内形成两股施流,然后汇成一股喷出,效果更好。

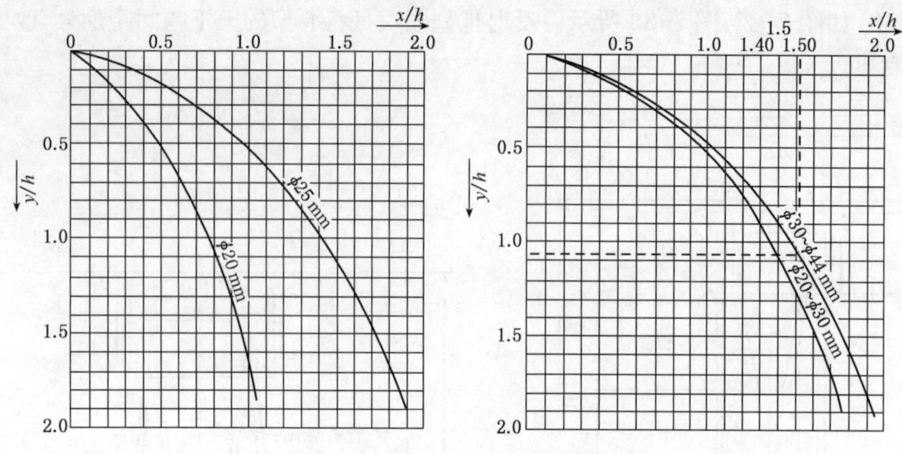

图 7-35　反射Ⅰ型，Ⅱ型喷嘴$\frac{y}{h}\sim\frac{x}{h}$关系曲线

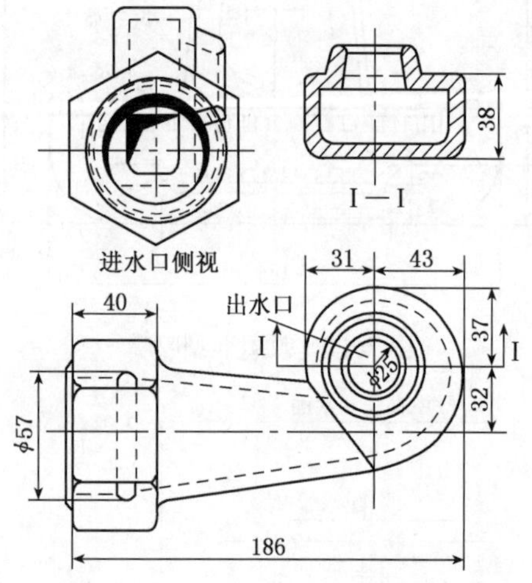

图 7-36　离心式切线型(渐伸线型)喷嘴

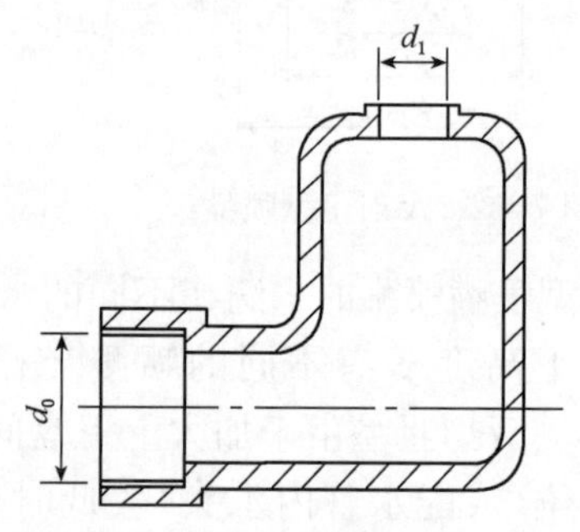

图 7-37　杯式喷嘴

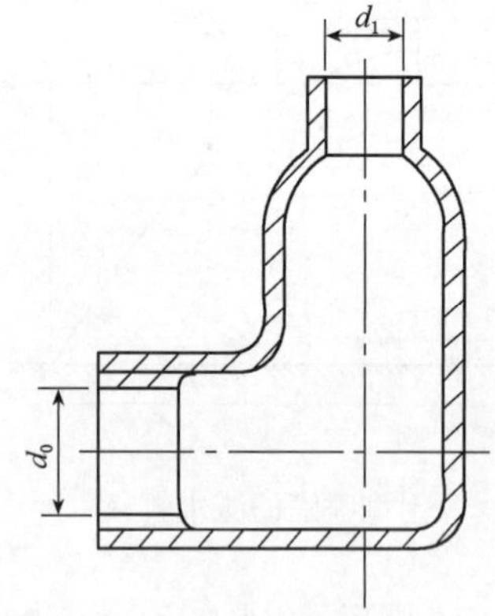

图 7-38　瓶式喷嘴

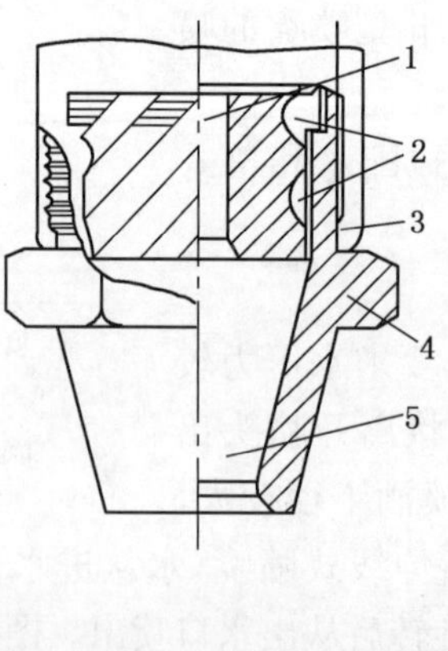

1—中心孔；2—螺旋槽；3—芯子；
4—壳体；5—导锥

图 7-39　单旋流-直流式喷嘴

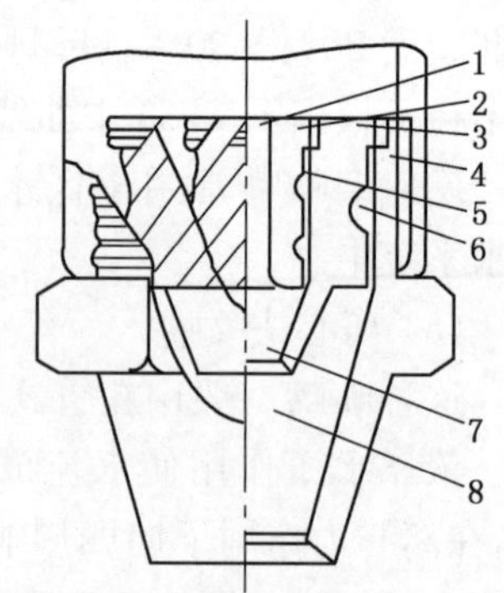

1—中心孔；2—内芯子；
3—外芯子；4—外壳；
5—内螺旋槽；6—外螺旋槽；
7—内导锥；8—外导锥

图 7-40　双旋流-直流式喷嘴

(6) 上喷式喷嘴

上述各形式喷溅装置都是将水流向下喷溅，而上喷式喷嘴将水向上喷射，经反射后再使水流洒落到填料上。这种喷嘴如图 7-41 所示，水流从进水口进入，通过分流器，冲在散水器上部反射下来，部分穿过散水器，经顶板反射或自由下落，洒到填料上。这种喷头可减小从喷头到填料的空间。但需要足够的水压力，只能用于管式配水。

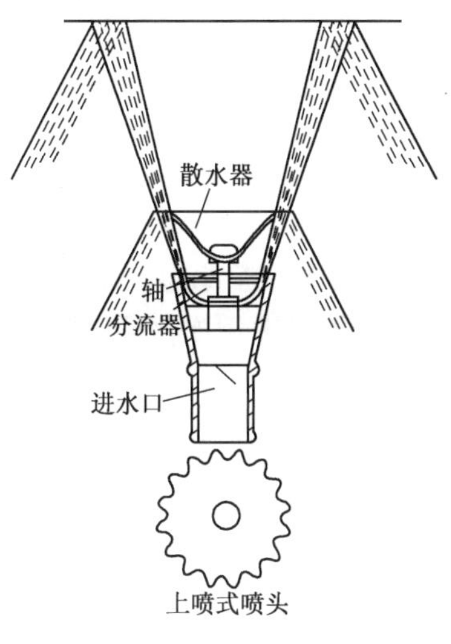

图 7-41　上喷式喷嘴

(7) 靶式管嘴

图 7-42 所示为靶式管嘴。靶式管嘴由一个同管嘴连在一起的溅水碟组成，这种管嘴的喷溅半径内有中空现象。

3) 喷嘴布置要点

(1) 喷口向下朝淋水填料喷射(上喷式喷嘴和部分开放式冷却塔有喷口向上喷射布置)，喷嘴喷射投影面圆心相切布置。

(2) 喷嘴在冷却塔平面上的排列呈梅花形、方格形等，如图 7-43 所示，务使喷出水滴相互交叉布满平面。

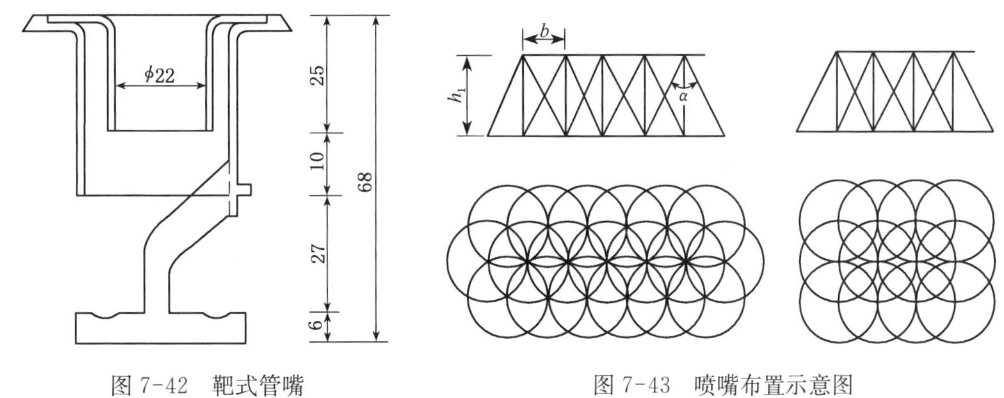

图 7-42　靶式管嘴　　　　图 7-43　喷嘴布置示意图

(3) 喷嘴出口高出淋水填料面一般不小于 0.6～0.8 m。喷嘴的间距由安装高度和喷水角度计算确定，一般选用 1.0 m×1.0 m，最大不超过 1.25 m×1.25 m。喷嘴间距可按下式计算：

$$b = \tan\frac{\alpha}{2}h_1 \tag{7-7}$$

式中　b——喷嘴间距(m)；

α——喷嘴喷射角(°)；

h_1——喷嘴离淋水填料高度(m)。

(4) 在保持喷水均匀分布满整个淋水填料平面的要求下，选用喷水量较大的喷嘴，以减少接管。

(5) 安装在边角部位的喷嘴，为避免喷溅水滴被遮挡的可能，应采取加长管降低喷嘴位置，或选用溅散高度小的喷嘴。喷嘴离筒壁距离不大于 500 mm。

(6) 槽式配水系统应选用低水头型喷嘴，以保证溅散效果；或采用加长管增加水头，但下面应留有一定的溅落高度。

4) 喷嘴的技术要求

(1) 喷嘴及其附件的外观、规格、结构

① 表面光洁，塑化良好，色泽一致，不得有裂纹、孔洞、汽泡、凹陷和明显的杂质。

② 各部件的尺寸均应符合设计规格要求，溅散元件的尺寸及角度必须准确，喷嘴出口直径的允许偏差为±0.3 mm。

③ 各螺纹连接件之间应配合良好、松紧适度、进退自如。

(2) 喷嘴及其附件的材质

材质必须满足安装运行要求，具有良好的耐热、耐老化、耐水流冲刷等性能。喷嘴材料有铸铁、铸铝、铸铜、塑料等。采用ABS塑料及聚丙烯(PP)塑料制作的喷嘴，其物理力学性能应符合表7-10中的各项指标。

表7-10　　采用ABS及PP塑料制作的喷嘴的物理力学性能指标

序号	项目名称		单位	指标	
				ABS	PP
1	拉伸强度	热水老化前	MPa	≥40.0	≥30.0
		热水老化后		≥36.0	≥30.0
2	悬臂梁缺口冲击强度	热水老化前	10^{-2} kJ/m	≥10.0	≥4.0
		热水老化后		≥4.0	≥4.0
3	维卡软化温度		℃	≥90	≥150

注：本表摘自电力行业标准《冷却塔塑料塔芯部件技术规定》。

5) 各种配件形式的比较

各种配件形式的比较见表7-11。

表7-11　　配件形式的比较

配水系统形式	优点	缺点
管式配水	配水均匀，水滴细小，冷却效果好，易于保证安装质量，管内不易生长藻类，占用塔内通风面积小	水质差会堵塞管道喷嘴
槽式配水	供水压力低，清理较方便	槽内易淤积及生长灌类，构造复杂，占用较大的塔断面空间，气流阻力大
池式配水	配水较均匀，清理方便，供水压力低，构造简单	池内易淤积及生长藻类

各种配件形式都应采用适合于本系的喷嘴，有些喷嘴既适合于管式配水，也适用于槽式或池式配水。设计时应了解喷解的水力特性和喷水密度、喷溅范围等，以便正确选用。

5. 旋转式配水系统

旋转式配水系统在配水管上开有出水孔或扁形出水缝，利用水喷出时的反作用力推动配水管旋转，使淋水填料表面得到轮流而均匀的布水，如图7-44、图7-45所示。单组旋转配水系统(图7-44)适用于小型玻璃钢逆流式冷却塔；中型或中偏大冷却塔则可采用多组旋转配水装置(图7-45)，视具体情况而定。

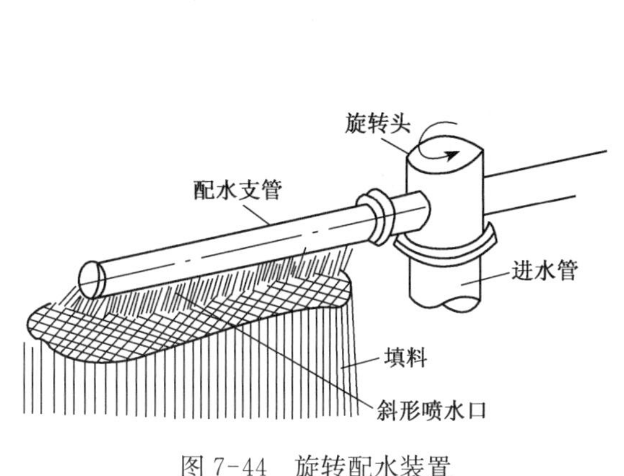

图 7-44　旋转配水装置

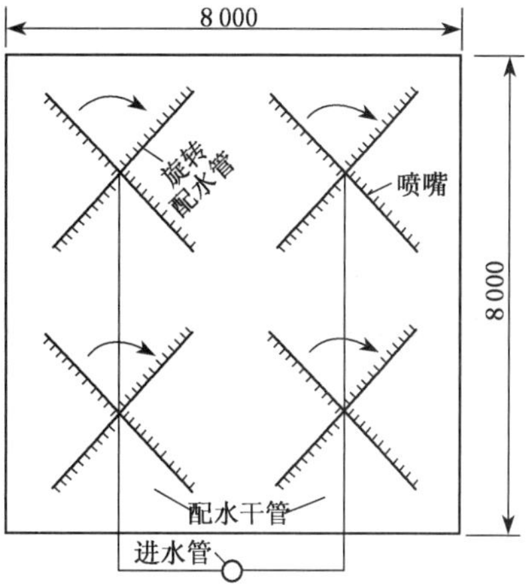

图 7-45　64 m^2 旋转布水管道平面图

(1) 旋转式配水系统的特点：

① 供水压力高于槽式、池式配水和部分低压管式配水。

② 改变喷水口的喷水角度可调节配水管转速(喷角一般在 30°～60°之间)。

③ 布水均匀性好，但布水是间歇的(特别是塔径较大时更明显)。

④ 在配水管设置挡水板，具有一定的促进配水均匀和除水作用。

⑤ 孔口较易堵塞。

(2) 旋转配水器大都采用尼龙、铜或铝合金制作，配水管采用玻璃钢管或塑料管，在保证强度的前提下，重量要轻，有利于旋转和节能。由于有运动部件故加工要求较高，维护比较困难。

(3) 采用旋转布水时，应保证配水器正常运转，管上开孔角度和方向正确，孔口光滑，管端与塔体间隙以 20 mm 为宜，管底与填料间隙不小于 50 mm。

6. 配水系统的选择

对于配水系统，除要求配水均匀、通风阻力小、能耗低和便于维护修理外，还应结合塔型、循环水量和水质等条件加以考虑，一般为：

(1) 逆流式冷却塔可采用槽式、管式或管槽结合的配水方式。

(2) 横流式冷却塔宜采用池式配水。

(3) 圆形中小型逆流式机械通风冷却塔多采用旋转布水方式。

(4) 水质较差时宜采用槽式配水系统。

大型冷却塔的循环水水量大，采用槽式配水固然可以降低供水能耗，但水槽将占用较大的通风面积(按横流塔断面计一般占 25%～35%)，增加了通风阻力，直接影响冷却效果。为了改善冷却塔的通风条件，减少配水槽所占的通风面积，降低通风阻力，可以采用低压管式配水系统或槽管结合的配水系统，宜多做几个方案进行技术经济比较后确定。

7.3.3 通风设备

自然通风冷却塔中，水冷却所需要的风量由周围空气供给。风筒式冷却塔中风量是由高大的通风筒所产生的抽力来完成。而在机械通风冷却塔中，则由风机抽风来供给。冷却塔用的风机主要是轴流式风机，其特点是：风量大，通风压力在 20 mm H_2O 左右，通过调节叶片角度来改变风量和风压，耐水雾和大气腐蚀，在户外可长期连续运转无故障，噪声也不大、能耗低、可正反向旋转。

风机应选用风量足够、噪声低、重量轻、强度大、安装可靠、耐腐蚀、安装及维护方便，符合标准的产品。风筒的直径比轴流风机叶片直径大1%～2%（大风机取小值，小风机取大值）。在小型风机中，叶尖与筒壁之间的距离最小值为8 mm。该距离过大会造成局部涡流，降低风机效率。

1. 鼓风式风机

当冷却水有较大腐蚀性时，为了避免腐蚀风机（叶片用铝合金、钢材制作）而采用鼓风冷却方式。

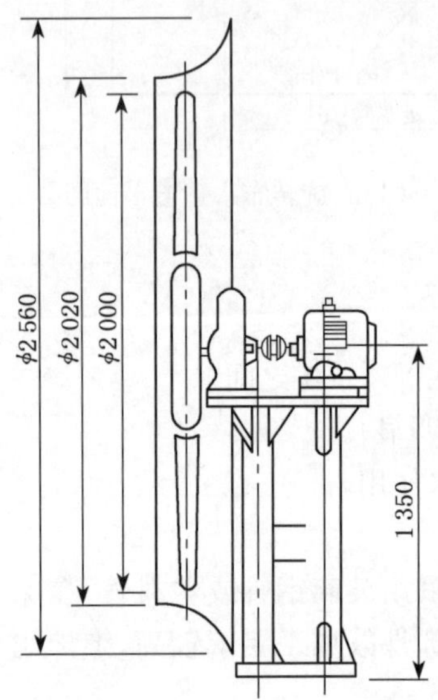

图7-46　鼓风式轴流风机外形

鼓风式轴流风机如图7-46所示。为不使冷却塔塔体过高，鼓风式风机直径一般小于4 m，风机与塔体距离通常不小于2 m，以防止冷却塔内水滴对风机的影响。

目前采用轴流式风机鼓风冷却已经很少，原因为：一是风机效率和冷却效果与抽风式相比，均偏低；二是防腐蚀的玻璃钢轴流风机的诞生和应用，逐渐代替铝合金、钢材制作的风机。该风机具有重量轻、能耗低、耐酸碱腐蚀等特点。故遇到有较大腐蚀性冷却水时，可采用抽风式玻璃钢轴流风机。

2. 抽风式风机

抽风式风机安装在冷却塔上部的风筒内，风机叶片水平安装。小型塔的风机为电动机直接驱动，电动机安装在风筒中央的风机上部，防湿性能要求较高，电动机外壳要有严密防湿措施。电气接线盒处要密封防水，电源线应用套管接到电动机上，电动机轴伸出处也要有防水措施，如图7-47所示。风机叶片采用薄板叶形，材质为铝合金或璃璃钢。叶片用铆接方式与轮壳十字架固定，十字架可用铝、玻璃钢、钢材制作，叶轮装配应作静平衡校验。

中型塔风机减速装置分齿轮减速和皮带减速。电动机基本上仍在风筒内，电动机和减速装置等均应有防湿措施。齿轮减速装置要有添加润油油孔，皮带减速装置要有皮带调紧和保护皮带的措施。

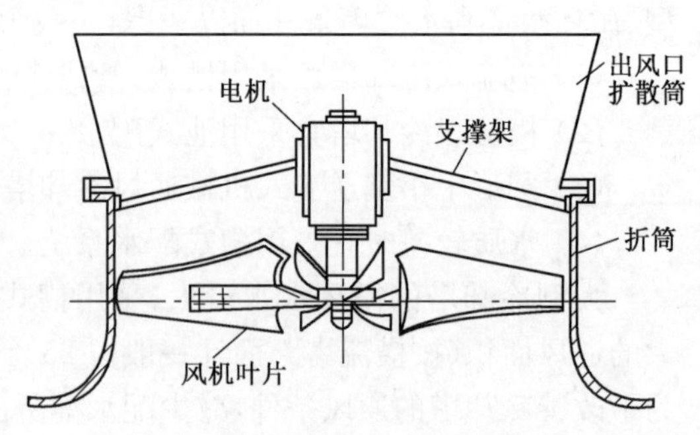

图7-47　小型冷却塔直联风机

大型塔风机的电动机大都安装在风筒外或专门电动机室内，采用传动轴及齿轮减速装置同风机轮壳叶片连接，并有与之配套的润滑油系统，如图7-48所示。

立式减速机是将减速机与电动机设施等安装在塔底中央，通过长轴驱动安装在上部风筒内的风机叶片，减轻了塔体的负重。

1）风机叶片

冷却塔风机的叶形有薄板型和机翼型两种。薄板型的优点是制作简单、强度高。大型风机采用机翼型叶片。

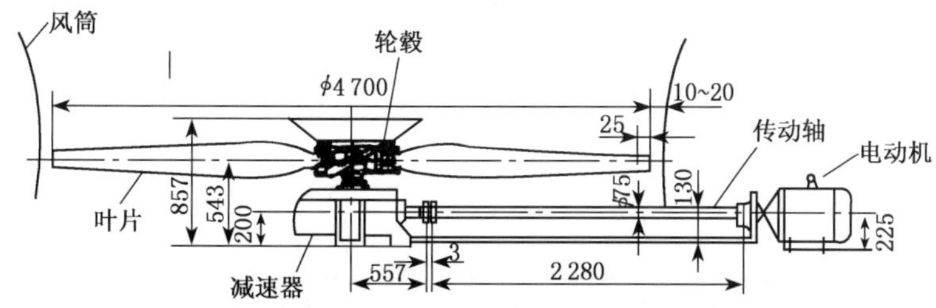

图 7-48　大型冷却塔抽风轴流风机

任何材质的风机叶片均要求强度高、表面光洁、各截面过渡均匀、无裂纹、缺口、毛刺等缺陷。

冷却塔轴流风机的叶片数通常为 4～12 片。

薄板型叶片常用铝合金板、玻璃钢板、钢板等制作。机翼型叶片常用铝合金蒙皮钢结构或玻璃钢等材料，较小的机翼型叶片用铸铝合金式工程塑料作为叶片材料。

2) 常用风机

我国用于冷却塔配套的抽风式风机主要有以下系列：

(1) LF、L 型冷却塔风机

LF、L 型风机风量大，用作大中型冷却塔的配套风机，风机叶片直径 2.4～9.14 m。该系列风机叶片采用高强度环氧玻璃钢模压而成，外型设计为机翼型，轮壳采用双板结构形式。该系列风机直径在 4.7～9.14 m 范围内均有广泛采用。

(2) JXLF 系列冷却塔风机

JXLF 系列风机叶片采用铝合金浇涛，叶片形状为机翼型，具有风量大、效率高、噪声低、强度大、使用寿命长、运行平衡、振动小等优点，适用于各类冷却塔在不同情况条件下和各种环境中连续运行。

该系列风机可配置 FZ 系列主式减速机。立式减速机由风机座、传动轴、联轴器、减速机、电动机等组成。叶片安装在冷却塔的上部风筒内，减速机和电动机等安装在塔底部中央，通过长轴驱动风机叶片。适用于大中型玻璃钢冷却塔或钢筋混凝土冷却塔。FZ 系列立式减速机如图 7-49 所示。

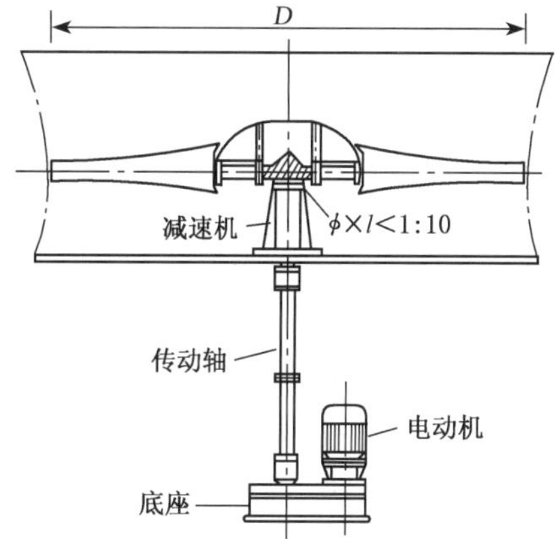

图 7-49　FZ 系列立式减速机

立式减速机特点：①减轻塔体负重、使塔运行平衡；②观察、维护、检修方便；③可降低冷却塔风机传动装置的噪声。

JXLF 系列冷却塔风机及 FZ 系列立式减速机的主要性能见表 7-12。LF、L 型等风机性能详见生产厂风机样本。

(3) 中小型冷却塔用薄板型风机

一般冷却水量在 150 m^3/h 以下的，风机大都采用低速电动机直接驱动；冷却水量在 200 m^3/h 以上的风机大都装设减速器，叶片为铝合金板模压成型并热处理定型，或采用空腹玻璃钢风机。具有加工方便、强度大、重量轻、耐腐蚀等特点；噪声可达到低噪声标准。

表 7-12　**JXLF 系列冷却塔铸造铝合金风机和 FZ 系列立式减速机主要性能**

<table>
<tr><th rowspan="2">风机型号</th><th rowspan="2">叶轮直径 D/mm</th><th rowspan="2">风量 ×10³/(m³·h⁻¹)</th><th rowspan="2">全压 /Pa</th><th rowspan="2">叶轮转速/(r·min⁻¹)</th><th rowspan="2">叶片安装角度/(°)</th><th rowspan="2">叶片数</th><th rowspan="2">轴功率 /kW</th><th rowspan="2">减速机型号</th><th rowspan="2">电动机功率 /kW</th><th colspan="2">机组质量/kg</th></tr>
<tr><th>风机</th><th>减速机</th></tr>
<tr><td>JXLF-40</td><td>4 000</td><td>270～450</td><td>88～175</td><td>180～305</td><td>8～15</td><td>4</td><td>9.4～18.7</td><td rowspan="4">FZ-350</td><td rowspan="4">15～37</td><td>465</td><td rowspan="4">105</td></tr>
<tr><td>JXLF-47</td><td>4 700</td><td>318～640</td><td>85～178</td><td>180～280</td><td>8～15</td><td>6</td><td>12.7～31.5</td><td>615</td></tr>
<tr><td>JXLF-50</td><td>5 000</td><td>415～700</td><td>78～166</td><td>135～255</td><td>8～15</td><td>6</td><td>15.7～38</td><td>873</td></tr>
<tr><td>JXLF-60</td><td>6 000</td><td>500～900</td><td>78～160</td><td>135～240</td><td>10～18</td><td>6</td><td>18～46.7</td><td>1 105</td></tr>
<tr><td>JXLF-65</td><td>6 500</td><td>550～1 200</td><td>80～175</td><td>120～215</td><td>10～18</td><td>6</td><td>25.5～47.1</td><td rowspan="3">FZ-500</td><td rowspan="3">37～90</td><td>1 588</td><td rowspan="3">1 350</td></tr>
<tr><td>JXLF-70</td><td>7 000</td><td>600～1 500</td><td>85～178</td><td>120～180</td><td>10～18</td><td>6</td><td>26.3～64</td><td>2 363</td></tr>
<tr><td>JXLF-77</td><td>7 700</td><td>830～1 900</td><td>90～180</td><td>100～160</td><td>12～22</td><td>6～8</td><td>32.2～76.5</td><td>2 537</td></tr>
<tr><td>JXLF-80</td><td>8 000</td><td>980～2 400</td><td>95～186</td><td>80～145</td><td>12～22</td><td>6～8</td><td>38.2～94</td><td rowspan="2">FZ-650</td><td rowspan="2">55～160</td><td>2 610</td><td rowspan="2">1 950</td></tr>
<tr><td>JXLF-85</td><td>8 500</td><td>1 200～2 600</td><td>98～192</td><td>80～136</td><td>12～22</td><td>8</td><td>63.5～136</td><td>2 723</td></tr>
</table>

关于风机的详细性能、外形尺寸及选用请查阅有关样本。

(4) 风机的选择

风机的设计运行工况点应根据冷却塔的设计风量和计算的总阻力确定。风机运行的工况点应有较高的效率。

风机电动机的功率可按下式计算：

$$E = (\Delta P_s - \Delta P_c)\frac{G}{\eta} \tag{7-8}$$

式中　ΔP_s——风机静压(Pa)；

ΔP_c——风机动压(Pa)；

G——风量(m^3/s)；

η——电动机效率(%)。

在静压和风量不变的情况下，要想降低风机的功率消耗，可加大风机的直径，减小通过风机的风速，即减小动压 ΔP_c。

当环境噪声要求较高时，可采用较大直径叶片的风机，减低风机转速，使噪声降低。

风机的减速器应配有油温监测和报警装置，当采用稀油润滑时配有油位指示装置；大型风机应配有振动监测、报警和防振保护装置。

7.3.4　空气分配装置

气流的均匀分布对逆流式冷却塔来说是十分重要的，因此需设空气分配装置，通常包括进风口和导风装置两部分。对横流式冷却塔来说，仅是进风口这部分，但具有导流作用。

1. 进风口

进风口的外形和面积大小对整个填料面积上的气流分布的均匀性和空气动力阻力有很大影响。当进风口面积大(即进风口高度高)，则进口风速小，塔内空气分布均匀，塔内气流总阻力也小，有利于水的冷却；但塔增高，造价也会增大。反之，进风口面积减小，则风速增大风量分布不均匀、进风口涡流区大，影响冷效。

逆流式冷却塔的进风口高度应结合进风口空气动力阻力、塔内空气流场分布、冷却塔塔体的各部分尺寸及布置淋水填料类型、空气动力阻力等因素，通过综合性的技术经济比较后确定。

逆流式冷却塔进风口与淋水面积之比一般数值为：机械通风冷却塔不宜小于0.5(50%)，当小于0.4时，应在进风口上缘设导风板。进风口上下缘处风速相对较小，中间风速较大，进风口的平均风速一般在2.2～2.8 m/s之间；风筒式自然通风冷却塔的进风口与淋水面积之比宜为0.35～0.40。横流式冷却塔进风口与淋水填料高度相同，但是倾斜面。

过去逆流式机械通风冷却塔进风口均设置百叶窗，如图7-50所示，百叶窗的安装角度α一般为30°～50°。叶片的宽度和间距视塔的大小而不同，叶片材料有玻璃钢、塑料、木材等，可以是平板，也可以是波纹板。百叶窗的作用主要起空气导流作用及防止淋水溅出塔外和减少淋水噪声。寒冷地区可把百叶窗做成转动式，冬天可局部关闭，减少进风量，防止结冰。

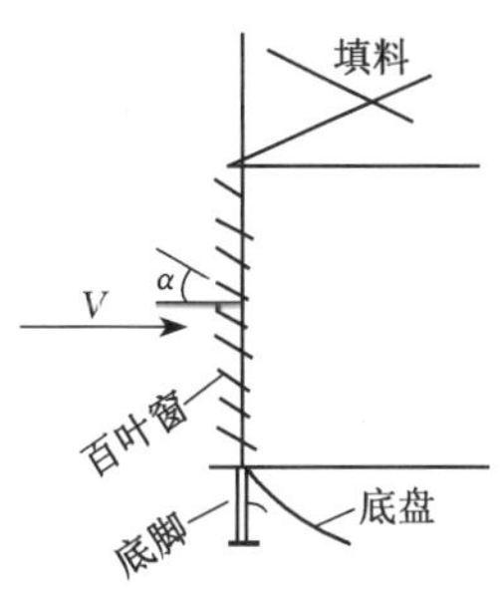

图7-50　逆流塔进风百叶窗

目前逆流塔基本上不设百叶窗(少数及用户要求仍可设)，因实践证明设百叶窗导流在塔壁处形成的空气涡流大于不设百叶窗，空气分布反而不均匀；因进塔空气(风向)是沿圆周360°倾向塔内的，底盘直径又大于塔体，故不会溅水到塔外；不设百叶窗又减少了进风的阻力，减少了用材和造价等。

横流式冷却塔进风口均设百叶窗导风装置。

2. 导风装置

有些逆流式冷却塔中采用90°角度挡风板及填料采用斜形和梯形布置来达到布气均匀性，以提高冷却效果，如图7-51所示。

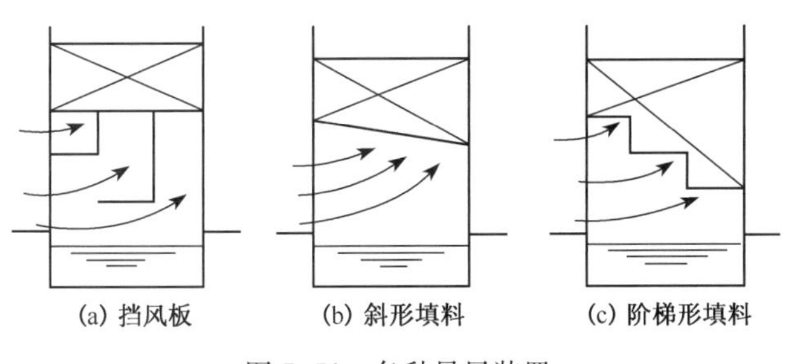

图7-51　各种导风装置

当进风口高度较小时，为了避免气流流线突变形成涡流区，可在进风口上部装弧形导流板，如图7-52所示。填料底部尽量靠近进风口上缘，以减少进风口直角产生的“尖端效应”，缩小涡流区，以促使气流进入填料周边。

不设进风百叶窗的逆流式冷却塔，均在沿进风口360°设置通过圆心的数块垂直导风机，如图7-53所示。小塔为3块，夹角120°，中塔、大塔有4块(夹角90°)、6块(夹角60°)、8块(夹角45°)等。其作用除防止产生气流旋涡使布气均匀之外，还防止当风向改变、风速较大时气流穿过塔体。

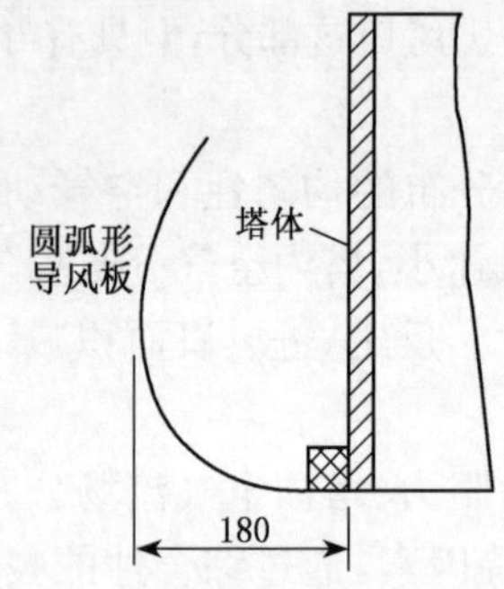

图 7-52　进风口上缘弧形导风板

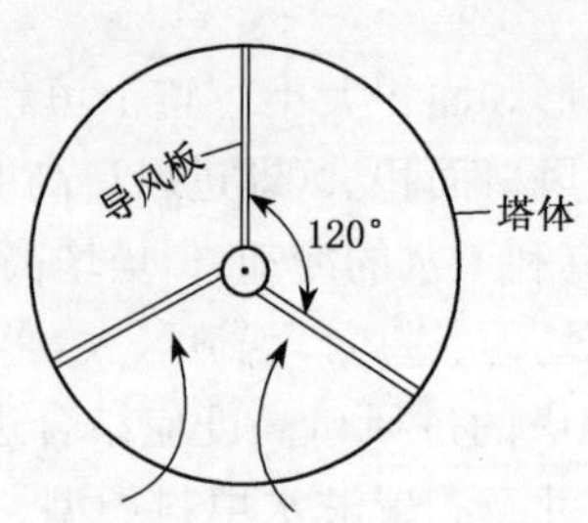

图 7-53　圆形逆流塔平面导风板示意($\alpha=120°$)

7.3.5　通风筒

1. 冷却塔通风筒的作用

(1) 减少气流进出口的动能损失；

(2) 减少或防止从塔排出的湿热空气又回流到塔进风口而进入塔内，影响冷却效果；

(3) 减低风机及振动噪声。

风筒的组成见表 7-13。

表 7-13　　**风筒组成**

塔　形	组　成
鼓风式冷却塔	进风喇叭口、扩散筒、空气排出口风筒
抽风式冷却塔	进风收缩段、风筒、出风口(扩散筒)
风筒式冷却塔	配水系统以上段均为风筒，多数为双曲线风筒

2. 通风筒的要求

(1) 为使气流平稳地被压缩而进入风筒，逆流塔在填料顶面上至风机风筒进口之间有一定高度和适合的收缩段(角)。气流收缩段要符合以下规定：

① 当塔顶盖板为平顶时，气流收缩段的顶角不宜大于 90°；当塔顶设有导流圈时，气流收缩段的顶角可采用 90°～110°。

② 当塔顶盖板自配水装置以上为收缩型时，盖板收缩段的顶角宜采用 90°～110°。收缩段的高度按下式计算：

$$L_j=\frac{D_1-D_0}{2\tan\frac{\alpha_j}{2}}\tag{7-9}$$

式中　L_j——收缩段高度(m)；

α_j——收缩顶角(°)；

D_0——风机内筒直径(m)；

D_1——填料层塔体直径(m)，当塔不是圆形时的 D_1 计算式为

$$D_1=2\sqrt{F_1/\pi}\tag{7-10}$$

F_1——填料层塔的截面积(m^2)。

(2) 收缩段与风机风筒的连接(风筒进口处)应设置流线型的导流图,使气流平稳地进入风机风筒,避免气流与风筒边壁分离而产生涡流,以减少阻力。

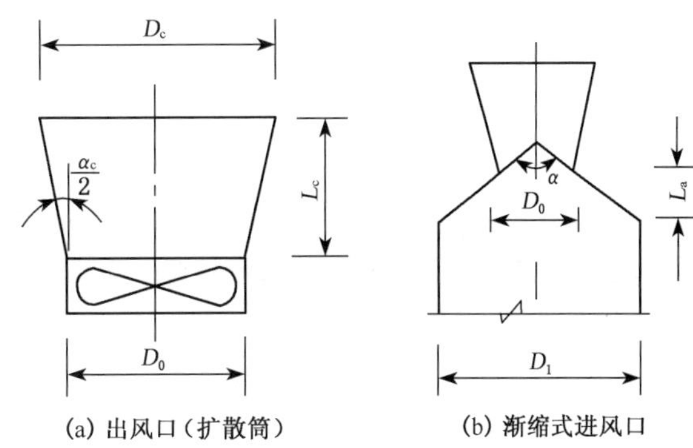

(a) 出风口(扩散筒)　(b) 渐缩式进风口

图 7-54　抽风式冷却塔扩散筒和进风口

(3) 为减少塔动能损失和减轻出塔湿热空气向塔回流,常在风机的风筒出口设扩散筒。可使出塔气流速度减小,气流动能损失减小;在电动机功率不变的条件下,能量损失减小能使有效的风机动压和静压增大,风量增加。但扩散筒高度与增加风量不成线型关系,同时扩散筒高度过大,受外界风压很大,使风筒造价增加。一般扩散筒高度采用(0.4～0.5)D_0,扩散筒中心角 α_c 宜采用 14°～18°,如图 7-54 所示。

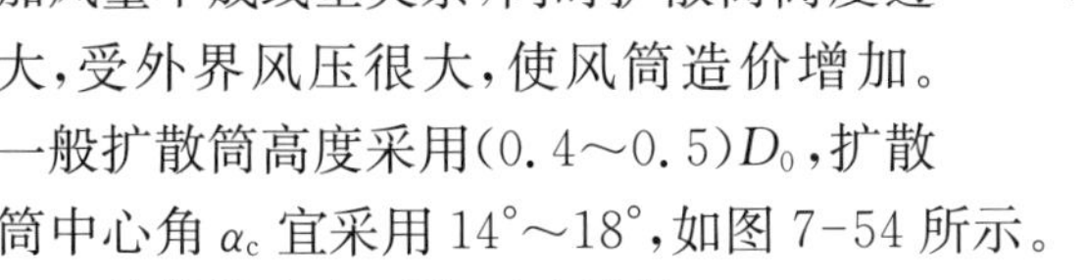

扩散筒高度可按下式计算:

$$L_c = \frac{D_c - D_0}{2\tan\frac{\alpha_c}{2}} \tag{7-11}$$

式中　D_0——风机风筒直径(m);

D_c——扩散筒出口直径(m);

α_c——扩散筒中心角(14°～18°);

L_c——扩散筒高(m)。

7.3.6　除水器

从冷却塔内排出的湿热空气中所携带的水分中,一部分是混合于空气中的水蒸气,它是不能用机械的方法从空气中分离出来的;另一部分是随气流带出的细小水滴,通常可用除水器来捕获这部分水分。

排出湿空气中所挟带的水滴多与少,同塔内的风速、风筒内风速和淋水密度有关。在选择除水器形式时,应根据对水量损失要求的严格程度和通风压力损失的要求等因素来确定,一般不允许有明显的飘现象。冷却塔的风吹损失量占进入冷却塔循环水量的百分数(又称风吹水损失率)应按冷却塔的塔形和设计选用的除水器逸出水率以及从塔进风口吹失的水损失率确定。当缺乏除水器的逸出水率等数据时,在设置除水器条件下,机械通风冷却塔风吹损失率应≤0.1%;风筒式自然通风冷却塔应≤0.05%。

除水器应具备以下基本特性:

(1) 除水效率高,通风阻力小。在风速 $V = 1\ \mathrm{m/s}$、淋水密度 $q = 8\ \mathrm{m^3/(m^2 \cdot h)}$ 时,除水器的截收效率 η 应不小于 75%(硅胶法),阻力应不大于 $0.13(\mathrm{Pa \cdot m^2})/\mathrm{N}$。

(2) 具有足够的组装刚度,在正常运行的使用条件下,其几何形状应保持长期稳定,确保除水器保持长期稳定的高效低阻力运行效果。

(3) 具有耐腐蚀、抗老化、不变形的优良性能。

(4) 除水器组装块应有足够的刚度和强度。简支条件下净跨 1 300 mm 的试件在 300 $\mathrm{N/m^2}$(38℃, 72 h)的均布荷载下,支承处和加荷面应无明显变形,最大挠度≤5.0 m。

(5) 构造简单,易于加工,经济耐用。

除水器一般是由一排或二排倾斜布置板条或弧形叶板条组成,也有采用三层板条的。采用塑料斜交错板条作为除水器的特点是重量轻、阻力小、除水效果好。采用板条时,板条的宽面与空气流动方向呈 45°~70°,由上下两层板条反向倾斜布置。

由于塔式冷却塔中的气流速度较小及具有很高的塔筒,被气流带出的水滴较少,为减少通风阻力,故一般不设除水器。开放式冷却塔是由进风口处的百叶窗来承担除水器的使命。几乎在所有机械通风冷却塔中均设除水器。

旋转布水时,配水管管臂上设挡板代替除水器;管式配水系统除水器设在配水管之上;槽式配水时设在配水槽中间或槽的上部空间。

在横流式冷却塔中,一般采用横向竖向排列的百叶板作除水器,除了除水作用之外,在横流塔中还兼有导风作用。竖式除水器如图 7-55 所示,一般安装在中小型横流塔上,由于这种竖向百叶窗式除水器的板距上部较小、下部较大,故能更好地均衡填料上下部的气流。

除水器的安装应注意使除水器出口气流与整塔气流平顺衔接,不要使塔内气流形成旋流或涡。目前常用的除水器形式、优缺点及适用范围如表 7-14 所示。几种除水器的主要性能见表 7-15。

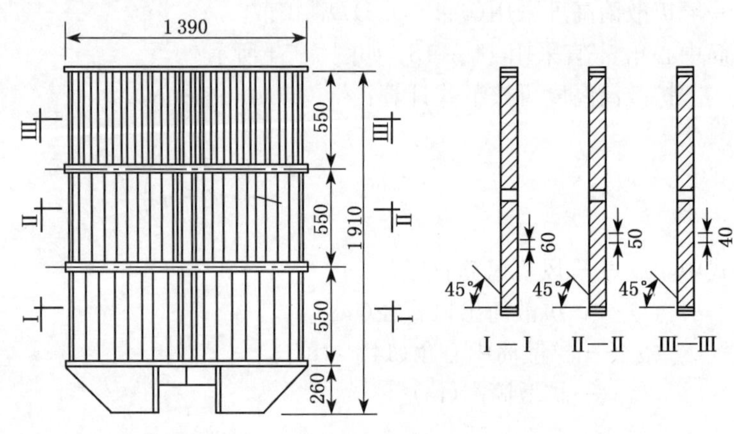

图 7-55 横流塔不等距除水器

表 7-14 除水器形式、优缺点及适用范围

序号	形式	优缺点及适用范围
1	BO型	除水效率高,通风阻力小,逆流式冷却塔中采用
2	HC型	除水效率高,通风阻力小,横流式冷却塔中采用
3		气流阻力小,除水能力好,但制作困难,一般在逆流式冷却塔中采用
4		气流阻力仅为双层布置除水器的 1/3 左右,除水能力较差,宜用于对水量损失要求不严的场合
5		通风阻力最大,适用于通风阻力较小的机械通风喷水式和横流式点滴式冷却塔中

表 7-15　　几种除水器主要性能

塔形	除水器型号	风速 /(m·s^{-1})	淋水密度 [m^2·(m^2·h)$^{-1}$]	除水效率	阻力系数 ξ	测试单位
逆流	BO-50/160	1.60 2.00	14.0	86.1% 88.7%	1.84 1.67	西北电力设计院，西安热工研究所
	BO-42/140	1.60 2.00	-	99.0% 99.0%	1.46 1.47	
	BO-50/170	1.50 2.00	16.0 17.0	96.5% 99.4%	1.25 1.30	水利水电科学研究院冷却水研究所，河南省电力设计院
	BO-45/160	1.50 2.00	17.0 17.0	95.4% 99.0%	1.00 1.13	
横流	HC-150-50	1.50 2.00	15.0 20.0	97.3% 98.6%	0.66 0.77	水利水电科学研究院冷却水研究所，河南省电力研究院
	HC-150-45	1.50 2.00	15.0 20.0	94.1% 95.0%	2.10 2.24	
	HC-130-50	1.50 2.00	15.0 20.0	97.1% 98.0%	1.16 1.56	
	ZO-40/150 折板型除水器	1.50 2.00 2.50	12.5～20.5	99.4% 99.0% 98.3%	4.76 4.65 4.47	东北电力设计院冷却水研究所

除水器材料可用木板、钢丝网水泥板、塑料、玻璃钢等。用斜交错填料作为除水器效果良好，其阻力方程为：

$$35\times15\times15^\circ \qquad \Delta h/r=0.5898V^{1.77} \tag{7-12}$$

$$35\times15\times60^\circ \qquad \Delta h/r=0.2446V^{1.58} \tag{7-13}$$

$$50\times20\times60^\circ \qquad \Delta h/r=0.1685V^{1.74} \tag{7-14}$$

7.3.7　塔体

自然通风冷却塔大多采用钢筋混凝土结构和木结构，也有钢结构外加玻璃钢等其他材料护面。

大型机械通风冷却塔一般采用钢筋混凝土结构或钢结构(用玻璃钢板围护)，也有防腐处理的木结构。塔体一般分为上壳体(主要为风筒)、中壳体(塔身)和下壳体组成，大塔为减轻塔的自重、减小阻力和防腐蚀等，目前大多数把上壳体采用玻璃钢风筒。

中小型机械通风冷却塔目前一般用玻璃钢制作塔体，如用型钢作为塔体材料，则外壁用聚酯玻璃钢、塑料板、带隔热层彩钢板或不锈钢板作为围护。

根据不同塔形和具体条件，冷却塔应有下列设施：

(1) 大型塔应有通向塔内的人孔或门。

(2) 从地面通向塔内、塔顶的扶梯或爬梯。

(3) 配水系统顶部(大塔)设人行道和栏杆。

(4) 大塔塔顶设避雷保护装置和指示灯。

(5) 设必要的运行监测仪器仪表。

根据上述条件,把各部分按规定的位置组装起来,则逆流式机横通风冷却塔如图 7-56、图7-57所示;横流式机械通风冷却塔如图 7-58、图 7-59 所示。其中,图 7-59 为三台大型横流式冷却塔组合而成。

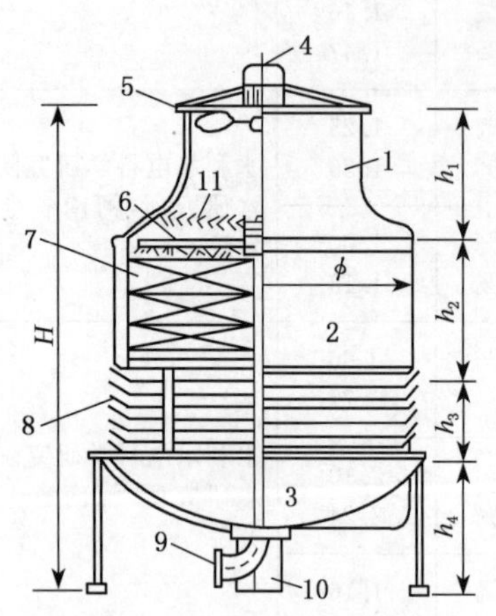

1—风筒(上壳体);2—中壳体;3—底盘;
4—配风机的电机;5—通风机;6—配水管与喷嘴;
7—淋水装置(填料);8—进风百叶窗;9—进水管;
10—出水管;11—收水器

图 7-56　逆流式玻璃钢冷却塔正、剖面图

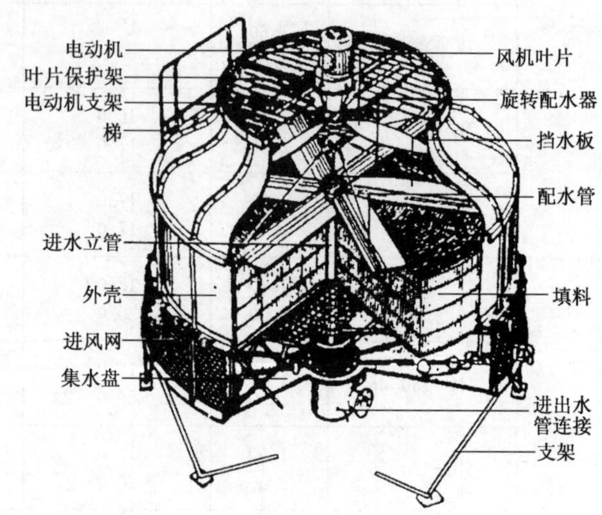

图 7-57　逆流式玻璃钢冷却塔轴测剖面图

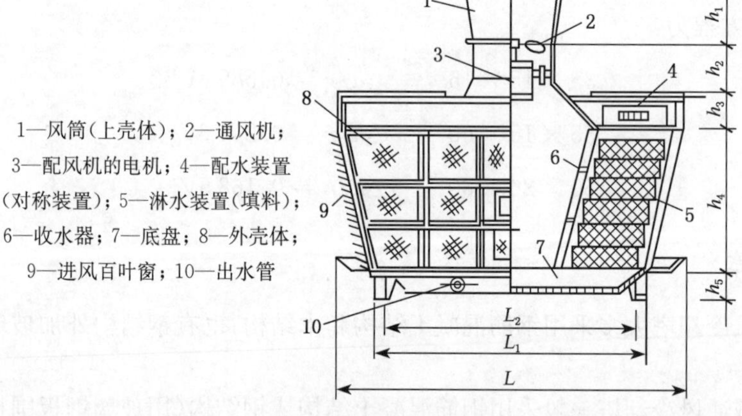

1—风筒(上壳体);2—通风机;
3—配风机的电机;4—配水装置
(对称装置);5—淋水装置(填料);
6—收水器;7—底盘;8—外壳体;
9—进风百叶窗;10—出水管

图 7-58　单台横流式冷却塔正、剖面图

7.3.8　集水池

经淋水填料冷却落下来的水汇集到集水池内,集水池起贮存和调节水量的作用,在少数情况下,还可把集水池兼作冷却水泵的集水井使用。如不需考虑贮存或调节水量时,可在塔下部设计成集水底盘。目前逆流式中小型玻璃钢冷却塔常设计成集水盘形式,集水池可在塔外另设。集水池的容积约为每小时循环水量的1/4。当循环冷却水采用阻垢剂、缓蚀剂处理时,集水池的容积应满足水处理药剂在循环冷却水系统内允许停留时间的要求。

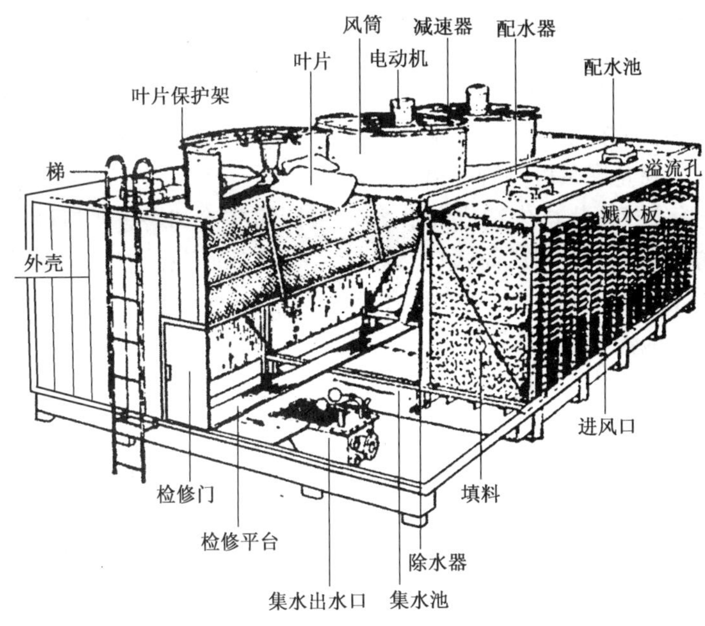

图 7-59　多台组合横流式冷却塔轴测剖面图

冷却塔的集水池应符合以下要求：

(1) 池水深不宜大于 2.0 m，一般为 1.2～1.5 m。池底设有集水坑，坑深为0.3～0.5 m，为便于排污和放空池水，池底应不小于 0.5%的坡度，坡向集水坑。

(2) 集水池应设溢流管。集水坑内设排污管和出水管，必要时在排污管和出水管入口处设格栅，拦截污物。

(3) 逆流式冷却塔集水池超高(干舷)不小于 0.3 m，小型机械通风冷却塔不得小于 0.15 m；横流式冷却塔池壁超高应适当加大。

(4) 集水池周围应设回水台，宽度宜 1.0～3.0 m，坡度宜 3%～5%。回水台外围应有防止周围地面水流入集水池的措施。沿池壁周围宜设安全防护栏杆。

(5) 开放式冷却塔的集水池外形尺寸，应大于百叶窗的外缘尺寸；多格冷却塔组合成排布置时，集水池也应分成相应的格数。每格集水池可设单独出水管、排水管和溢流管等，也可利用其中一格或两格水池作为深水池，其余做深度为 250～350 mm 的集水盘，集水盘底坡坡向深水池。

(6) 机械鼓风冷却塔共用一套出水管时，为避免底部漏风，宜用隔墙将水池分格，在水面以下接近池底处，以孔洞与相邻水池连通。

7.3.9　防冻措施

南方(一般指长江以南)地区，冬季冰冻相对来说并不严重，因此防冻主要是对北方气候严寒地区来说的。这些地区的冷却塔在冬季会发生结冰现象，严重结冰不仅封堵进风口，甚至造成淋水填料局部或全部倒塌。

寒冷及严寒地区的冷却塔，根据当地情况，宜采取以下措施：

(1) 在进风口上缘设置向塔内喷射热水的管子，热水喷射按冬季设计水量的 20%～40%计。

(2) 在塔的进水干管上宜设通过部分循环水的旁流管。冷却塔的进水阀门及管道有防冻放水管或其他保温措施。

(3) 配水系统宜采用分区配水,冬季可加大淋水填料外围部分的淋水密度。

(4) 机械通风冷却塔可采用停止风机运行、减小风机叶片的安装角度(即减小风量),或采用变速电动机以及允许风机倒转等措施。

(5) 为防止冷空气侵入塔内造成淋水填料结冰,可在冷却塔进风口设置挡风板,这是目前比较有效的防冻措施。大型风筒式自然通风冷却塔应配备摘、挂挡风板的机械设备。

(6) 当塔的台数较多时,可减少塔的运行台数。停止运行塔的集水池应保持一定量的热水循环或采取其他保温措施。

(7) 逆流式自然通风冷却塔的进风口上缘内壁宜设挡水檐,檐宽宜采用 0.3～0.4 m,檐与内壁夹角宜为 45°～60°。

(8) 机械通风冷却塔的风机减速器有润滑油循环系统时,应有加热润滑油的设施。

7.4 冷却塔的选择与布置

7.4.1 冷却塔选择考虑的主要因素

1. 冷却水的水量、水温、水质及运行方式

水量的大小关系到选择大中小三种塔型,水量<500 t/h 的采用逆流式机械通风较多;水量>500 t/h 的多数采用单台或多台并联横流塔,或逆横流多台组合机械通风塔。

进出塔水温差($\Delta t = t_1 - t_2$),关系到选择低温塔(Δt=5℃)、中温塔(Δt=10℃)、还是高温塔(Δt=20℃)。一般 $\Delta t \geqslant$6℃以中温塔选择;$\Delta t \geqslant$11℃以高温塔选择。

木质的好与差及水中所含有的物质成分,关系到循环水水质稳定处理和旁流处理,并关系到采用何种水处理药剂。

运行方式主要是指全年运行还是间断运行,它关系到冷却塔的维护管理和维修。

2. 所在地区气象条件和参数、工程地质和水文地质条件

各地设计的冷却塔气象参数(θ, τ, ϕ 等)是不同的,选用冷却塔的设计气象参数应与所在地气象参数基本一致,或优于所在地气象参数,以保证水的冷却效果。

工程地质和水文地质条件主要关系到冷却塔的基础设计和水池设计,特别是大小量的大塔关系更为密切。

3. 交通运输、水、电供应现状

冷却塔从外地运输到所在地,根据塔体的大小,可以整体运输与散装运输(到现场组装),运输交通工具分卡车与火车两种,视具情况而定。

冷却塔安装所在地必须先通路、通水、通电,即“三通”,否则无法安装。

4. 现场场地、标高、供冷却塔布置面积的大小

现场场地和面积的大小关系到采用何种塔型。因冷却塔安装按规范对周围构筑物及塔之间的距离均有规定值,如果采用多台圆型逆流式冷却塔的间距达不到要求时,则就有可能改用多台方塔组合或横流塔多台并联组合布置。有的宾馆、饭店把冷却塔布置在裙房屋顶上,则根据冷却塔的自重和运行荷载,屋顶的结构能否承受,需要实施那些加强措施等。

冷却塔位置的标高，关系到热水靠重力流流入冷却塔还是冷却水靠重力流流入车间去冷却设备或产品。前者要建造冷水池，后者要建造热水池。

5. 设备材料的供应情况和施工安装条件

设备材料的供应包括风机、电机、淋水填料，配水系统及安装时的起吊设备、电源等。

6. 技术经济指标

技术指标主要有以下方面：

(1) 热负荷 H：是指冷却塔每平方米有效面积上单位时间内所能散发的热量 [kJ/(m^2 · h)]。

(2) 水负荷 q：冷却塔每平方米有效面积上单位时间内所能冷却的水量[m^3/(m^2 · h)]，即为淋水密度。热负荷与水负荷之间的关系为

$$H = 1\,000\Delta t \cdot C_w \cdot q = 4\,187\Delta t \cdot q \ [\text{kJ/(m}^2 \cdot \text{L)}] \tag{7-15}$$

式中，C_w 为水的比热，C_w=4.187 kJ/(kg · ℃)。

热负荷或水负荷越大，冷却水量越多。

(3) 水冷却温差($\Delta t = t_1 - t_2$)：它反映温降绝对值的大小，但不反映冷却效果与外界气象条件的关系。Δt 值大，说明散热多，但不说明冷却后水温很低。

(4) 冷幅高 $\Delta t'$：出冷却塔水温 t_2 与当地当时湿球温度 τ 之差。$\Delta t'$ 越小，t_2 越接近于 τ 值，冷却效果越佳。

(5) 冷却塔的冷却效率 η：简称冷效，常用冷却效率系数 η 来衡量，表示式为

$$\eta = \frac{t_1 - t_2}{t_2 - \tau} = \frac{1}{\dfrac{t_2 - \tau}{\Delta t}} \tag{7-16}$$

Δt 一定时，η 是冷幅 $t_2 - \tau$ 的函数，这说明 t_2 越接近理论冷却极限值 τ，则冷率系数 η 值越高，冷却效果越好。

技术指标与经济指标密切相关，一般来说技术越先进、效率越高则越经济。如能采用第 8 章中论述的水动风机冷却塔，则节能、节电，经济效益明显。

7. 周围环境现状和要求

一般是指通风、热源、噪声、水雾等条件和要求。冷却塔对环境的污染主要是热污染、噪声、飘水(含水雾)。如果冷却塔周边是居民点、办公室(楼)，则要考虑上述几方面对居民、办公的影响，要实施隔热、隔雾、降噪等措施。

8. 运行、维护和检修能力

冷却塔运行管理和维修要有技术熟悉的专业专门人员，内容包括机电、管路、淋水填料等。但不少单位(企业)缺少这方面人员，故要专门的进行培训、实习。

9. 工艺对冷却水可靠性要求

这主要是冷却塔的设计和选用问题及系统工艺设计，保证在设计水量下达到冷却效果。

7.4.2　机械通风玻璃钢冷却塔的优缺点

凡是玻璃钢冷却塔都是机械通风，它与其他材料的冷却塔(如钢筋混凝土塔)相比具有明显优特点，现普遍采用，故主要介绍该塔的优缺点。

1. 优点

(1) 冷却效果高,运行比较稳定;

(2) 布置紧凑,占地面积小;

(3) 风吹的水量损失小(即飘水损失少);

(4) 温差 Δt 较大,冷幅高可实现比较低(3℃~5℃,指中、低温塔),负荷常年较稳定;

(5) 可设置在建筑物(使用点)和原站附近;

(6) 造价较低,材料消耗少并可采用新型、价廉的材料;

(7) 施工周期短、上马快;

(8) 因塔体工厂化、规格化生产,运输方便。

2. 缺点

(1) 耗电较多,风机及电力成本较高;

(2) 机械设备(主要是风机、电机、传动装置)维护较复杂,维护费大些;

(3) 噪声较大,有时对环境和居民有一定影响;

(4) 当风筒出风口靠近地面时,湿热空气会产生回流,使环境温度增加,从而降低冷却效果,并造成对周围环境的热污染。

3. 适用条件

目前在我国,除大型火力发电厂、大型汽车制造企业(如一汽)等采用双曲线风筒式自然通风冷却塔之外,大多数采用抽风式机械通风冷却塔,在大中型冷却塔中,明显的趋势是玻璃钢冷却塔替代钢筋混凝土冷却塔。对于旧的在使用的钢筋混凝土塔的风筒,不少均改为玻璃钢风筒。

机械通风冷却塔的适用条件主要为:

(1) 气温(θ 及 τ),湿度较高的地区;

(2) 冷却水温要求高、稳定要求严格的地方与单位(企业);

(3) 占地面积有限、场地较狭窄。

7.4.3 逆流式与横流式冷却塔的比较

逆流式与横流式冷却塔的选型引起人们的关注。两种塔的优缺点比较见表7-16。一般情况下,逆流式冷却塔可准确有效地控制冷却水温度,占地面积小,并可达到比较小的 $t_2-\tau$ 和比较大的 Δt。其缺点是,由于底部进风面积受到限制,空气进口速度大,增加了风机的功率消耗,热水系统不易维护。相反认为横流式冷却塔空气静压损失小,配水系统维护方便,在一定的塔情况下,能够达到较高的水负荷。缺点是热交换效率比逆流式差。温差 Δt 愈大,$t_2-\tau$ 愈小,逆流式冷却塔的优点愈显著,为此横流塔比逆流塔需要更大的占地面积。

表 7-16　逆流式与横流式冷却塔的比较

项　目	塔　　型	
	逆流式冷却塔	横流式冷却塔
效率	水与空气逆流(对流)接触,热交换效率好(高),理论分析简单	如水量和 β_{xv} 相同,填料容质要比逆流塔大 15%~20%,理论分析较复杂
配水设备	对气流有阻力,所以风机功率大,维护检修不便	对气流无阻力影响,与风机动力无关,构造简单,维护检修方便

（续表）

项　目	塔　　型	
	逆流式冷却塔	横流式冷却塔
给水压力（水泵扬程）	进风口高度高使给水（配水）压力增加	给水压力比逆流塔低
塔内气气分布	为了减少进风口的阻力，往往提高进风口高度以减小进风速度，并取消进风百叶窗（大中型塔进风速度平均 4 m/s 左右，中小型塔平均进风速度 2.5～3.0 m/s，塔内气流不受进风口高度影响）	填料高度接近于塔高，也是进风口的高度，所以平均风速可低些，一般为 2～2.5 m/s，气流分布随塔的增高而变化
风机功率	因水与空气逆流（对流）流动，所以空气阻力大，故风机功率大	因水与空气基本上垂直流动，故空气阻力和风机功率比逆流塔低
塔的高度	由于进风口高度、收水器水平布置、塔底盘等因素，塔的整个高度略高	填料高度接近塔高，收水器不占高度，塔的总高度低
总面积	塔的横断面积，也是淋水填料面积，即热交换面积	塔的横断面积还包括了通风机的进风室面积，故比较大
水池水湿	集水池内水温较均匀	池内水温度不够均匀，从外至池中心部分逐渐增高
排出空气的回流循环	少	两侧吸入高温、多湿的回流湿空气，比例较大

在进行逆流式、横流式冷却塔塔型选择时，必须考虑冷却塔的造价。而冷却塔的造价又受到交换数 N、气水比 λ 和冷却水量 Q 的影响，在条件相同的情况下，虽然两者造价相差不多，但风机、水泵及辅助设施等的成本很难准确计算，原设计的工作点有此高彼低的情况，所以风机和冷水温度要实行自动调节。

据有关方面介绍，在进行单位成本分析时引入了“塔单位”这个概念，用来计量冷却塔的单位成本，具有较小的波动。从国外几十台机械通风冷却塔的实际运行分析（水量均大于 34 000 t/h），其造价单位成本分别以单位热负荷计，单位水流量或以每“塔单位”来计量时，它们的波动范围分别为±24%，±20%，±12%。根据观察认为，在调整冷却塔的运行期间，它们的风机运转，往往采用恒温器来控制，达到所要求的冷水温度，风机就能自动停止。

在上述的计量方法内，被称为“需要的塔单位”在数值上等于“难易度”乘以水流量（l/min）所得。“难易度”是以温度进行积分的交换数 N 和气水比 λ 的函数，由专门的难易度曲线图查得。

7.4.4　海拔高度对冷却过程的影响

不同的海拔高度，则大气压力、空气的含湿量等不同，影响水的冷却，应进行修正。

若冷却塔布置在海拔相当高的地方，则在计算冷却能力时，要考虑两个因素：一是 1 m^3 空气的重量较在海平面处小；二是单位重量的空气中，在饱和状态时，含有较多的水分。

“空气相对湿度计算图”是按大气压力为 745 mmHg 制作的，在其他的大气压力下，“空气相对湿度计算图”中数值不能保证所需的精确度。当大气压力差别不大时，误差不大，但是当大气压力有明显的降低情况下，如处在很高的海拔高度，则应在计算冷却塔时进行修正。修正系数见图 7-60。

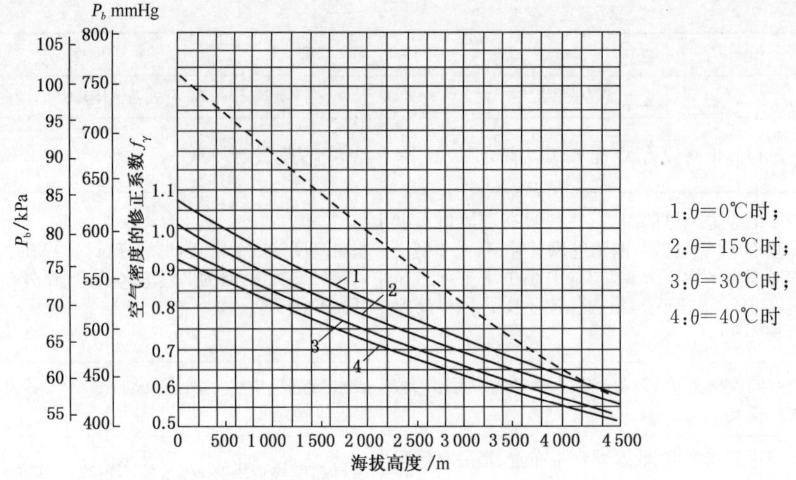

图 7-60　修正系数 f_γ 对海拔高度的关系

大气的干球温度 θ_1 与绝对含湿量 x_1 一定时,空气的热焓值与大气压力无关。但是空气的含湿量随压力的降低而变化,从而水与空气的重量比(绝对含湿量)在饱和状态下是变化的。因此,随着冷却塔所在地海拔高度的增高,被水蒸汽饱和的空气热焓也增大。图 7-61 绘出了被蒸汽饱和的空气热焓值的修正系数对大气压力及温度的关系曲线,当大气压力为 760 mmHg (101.3 kPa)时,空气热焓需要按校正数增加。

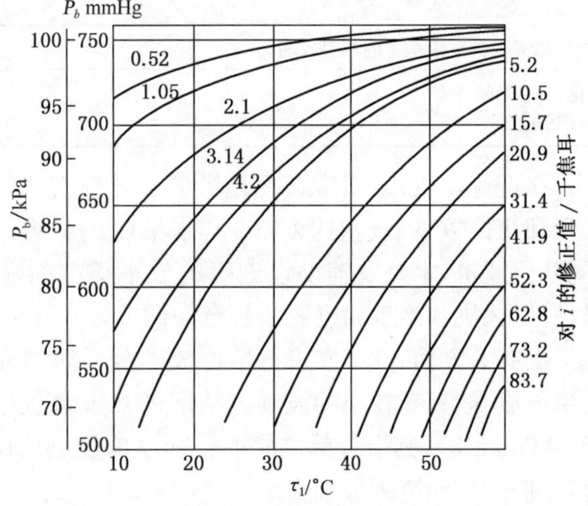

图 7-61　被蒸汽饱和的空气热焓 i'' 的修正系数与温度和大气压力关系曲线

当被蒸汽饱和的空气热焓增加时,热量质量交换过程的"推动力"也应该增大,这使相同计算条件下冷却塔的尺寸减少。但是以公斤计的风量将由于密度的降低而减少。图 7-60 绘出了在 15℃并在海平面处大气压力为 760 mmHg 条件下计算的空气密度的修正系数 f_γ 曲线(海拔高度与大气压力之间的关系曲线以虚线表示)。当冷却塔布置在海拔很高的位置及计算的空气温度不等于 15℃的情况下,建议将空气密度值乘以相应的系数 f_γ,同样按图 7-61 中的曲线修正被蒸汽饱和的空气的热焓。

7.4.5　湿热空气的再循环

湿热空气的再循环又称湿热空气的回流,指冷却塔顶部从风筒排出的湿空气,一部分又被吸入塔内,使进入冷却塔空气的焓热量增加,造成冷却塔本身的冷却效果降低。所以要预先计算冷却塔回流湿热空气的影响,以便确切地掌握进入冷却塔的环境参数。

实践证明,在冷却塔运行中湿热空气再循环不但存在,而且有时是严重的,也就是说,进入冷却塔的湿球温度比远离冷却塔的气象亭中所测得的湿球温度将高出 0.5℃～1.2℃,

这种现象尤以冷却塔下风向更显得明显。其影响范围和程度与塔群单列布置的长度及主导风向、风速和风筒的高度有关。

为了鉴定冷却塔的效果，许多规程规定："干、湿球温度测点应设在集水池边以上大约 1.6 m 离塔迎风面不小于 17 m 或大于 34 m 处，于气流进入范围内测三点取其平均值。

回流不仅会使塔的本身受到不良影响，而且还会由一个或一列冷却塔排出来的湿热空气进入到其他塔中去，造成互相干扰，降低冷却塔的实际冷却效果。

造成湿空气回流的原因有以下几种：①进风口太小，使该处流速加大引起附近空气的扰动；②冷却幅高($t_2-\tau$)小，特别是外界空气的湿球温度低，相对湿度大；③空气相对流量小(即气水比 λ 小)；④冷却温度变化范围较大的时候；⑤风筒高度小(低)。

湿热空气回流的影响计算为：设大气热焓为 i_1，考虑回流因素，按回到冷却塔内的空气和水的热平衡关系建立方程为

$$Gi'_1=G_r i_2+(G-G_r)i_1 \tag{7-17}$$

移项，得

$$i'_1=i_1+\frac{G_r}{G}(i_2-i_1) \tag{7-18}$$

同理

$$Gx'_1=G_r x_2+(G-G_r)x_1 \tag{7-19}$$

$$x'_1=x_1+\frac{G_r}{G}(x_2-x_1) \tag{7-20}$$

式中　G——进冷却塔空气总量(kg/h)；

G_r——回流空气量(kg/h)；

i_1，x_1——分别为空气的焓和含湿量(kcal/kg 和 kg/kg)；

i_2，x_2——分别为回流空气的焓和含湿量(kcal/kg 和 kg/kg)；

i'_1，x'_1——考虑回流混合进塔空气的焓和含湿量(kcal/kg 和 kg/kg)。

G_r/G 称为循环率(或回流系数)，用 R_c 表示。

由于水所放出的热量全部被空气所吸收，由如下平衡关系可知：

$$G(i_2-i_1)=Q(t_1-t_2)+Q_u t_2 \tag{7-21}$$

式中，Q_u 为蒸发水量，并与热负荷成正比，其值为

$$Q_u=0.000\,85Q(t_1-t_2) \tag{7-22}$$

由方程式(7-18)和式(7-22)代入式(7-21)可得：

$$\begin{aligned} i'_1&=i_1+\frac{R_c}{1-R_c}\cdot\frac{Q}{G}\cdot(t_1-t_2)(1+0.000\,85t_2)\\ &=i_1+(1+0.000\,85t_2)\cdot\frac{R_c}{1-R_c}\cdot\frac{\Delta t}{\lambda}\end{aligned} \tag{7-23}$$

同理由 $Q_u=G(x_2-x'_1)$ 和式(7-20) 可得：

$$\begin{aligned} x'_1&=x_1+\frac{R_c}{1-R_c}\frac{Q}{G}0.000\,85(t_1-t_2)\\ &=x_1+\frac{0.000\,85R_c}{1-R_c}\cdot\frac{\Delta t}{\lambda}\end{aligned} \tag{7-24}$$

这样就可以进行冷却塔回流影响的计算，其中再循环率或回流系数 R_c 一般按下式计算：

$$R_c = \frac{0.22l}{1+0.012l}\% \tag{7-25}$$

式中，l 为冷却塔的总长度(m)。

【例 7-1】 塔群回流对气象参数的影响。

设塔群总长度 $l = 120\,\mathrm{m}$，$i = 21.7\,\mathrm{kcal/kg}$，$t_2 = 32℃$，$\Delta t = 9℃$，$x_1 = 0.024\,\mathrm{kg/kg}$，$\lambda = 1.0$。求 i_1' 和 x_1'，θ_1' 和 τ_1'。

【解】 根据上海气象局近 7 年的气象资料汇编，选用夏季 90% 的保证率，设计采用的气象参数为：干球温度 $\theta_1 = 30.4℃$，湿球温度 $\tau_1 = 28.2℃$，塔群长度 $l = 120\,\mathrm{m}$，考虑回流存在，进塔实际空气参数应作相应修正。

回流系数 R_c 计算：

$$R_c = \frac{0.22l}{1+0.012l} = \frac{0.22\times 120}{1+0.012\times 120} = 11\%$$

把已知条件分别代入式(6-7)、式(6-8)得：

$$\begin{aligned} i_1' &= 21.7 + (1+0.000\,85\times 32)\times\frac{0.11}{1-0.11}\times\frac{9}{1.0} \\ &= 22.84\,\mathrm{kcal/kg} \end{aligned}$$

$$x_1' = 0.024 + \frac{0.000\,85}{1-0.11}\times\frac{9}{1.0} = 0.024\,9\,\mathrm{kg/kg}$$

因为 $$i_1' = 0.24\theta_1 + (595+0.47\theta_1)x_1'$$

所以 $$22.84 = 0.24\theta_1 + (595+0.47\theta_1)0.024\,9$$

移项，得 $$\theta_1' = 8.04/0.252 = 31.9℃$$

由 $\theta_1' = 31.9℃$，$i_1' = 22.84\,\mathrm{kcal/kg}$，查有关图表得 $\phi' = 0.84$，$\tau_1' = 29.2$(或由 $\theta_1' = 31.9℃$，$x_1' = 0.024\,9\,\mathrm{kg/kg}$ 查有关图表，其结果同上)。

设计时所采用的冷却塔入口混合气象参数应为：$\theta_1 = 31.9℃$，$\tau_1 = 29.2℃$，$\phi_1 = 84\%$。

可见，由于湿热空气的回流造成冷却塔混合气象参数，比原统计的气象参数提高了很多：干球温度 θ 提高了 1.5℃，湿球度 τ 提高了 1.0℃，如不加以重视，将使冷却塔达不到预定的冷却效果。

7.4.6 冷却塔的计算机选型

冷却塔的塔型较多，其计算涉及大气条件(P，θ，τ 等)、冷却水量(Q)、进出塔水温(t_1，t_2)以及冷却塔形式、填料种类及规格、风机性能等多方面条件与因素，计算工作大而繁。国内部分单位根据循环冷却水工程的实际需要和不同情况，编制了一些冷却塔的设计计算程序。有的程序用于冷却塔的设计计算，有的程序用于冷却塔的选型。采用计算机计算，既提高了设计计算的准确性，又节省了计算的工作量和时间，是必然发展的趋势。

化工部第三设计研究院针对化工系统编制的数种冷却塔通风图(主要为大塔，包括钢筋混凝土塔)，编制了逆流式机械通风冷却塔的选型程序。该程序采用麦克尔焓差法编制，将逆流式机械通风冷却塔的计算，归纳为“四线二点”的求解。由填料的热力特性曲线和由气象条件、水温计算的冷却塔的操作曲线的交点，可求得气水比 λ 和冷却任务数 N；由风机的特性曲线和塔的通风阻力曲线的交点，可求得风机的工作点的风量 G。由工作点和风量 G 和气水比 λ，即可求得冷却水量 Q。

计算机计算程序简化框图如图 7-62 所示，该程序将冷却塔的参数数据库设计成开放式可随时增加、删除或修改。可根据用户的要求，自行将新的冷却塔塔型、各种填料、风机和气象参数加入数据库中。这样可不断地更新数据库，使计算程序更具有适应性和实用性。

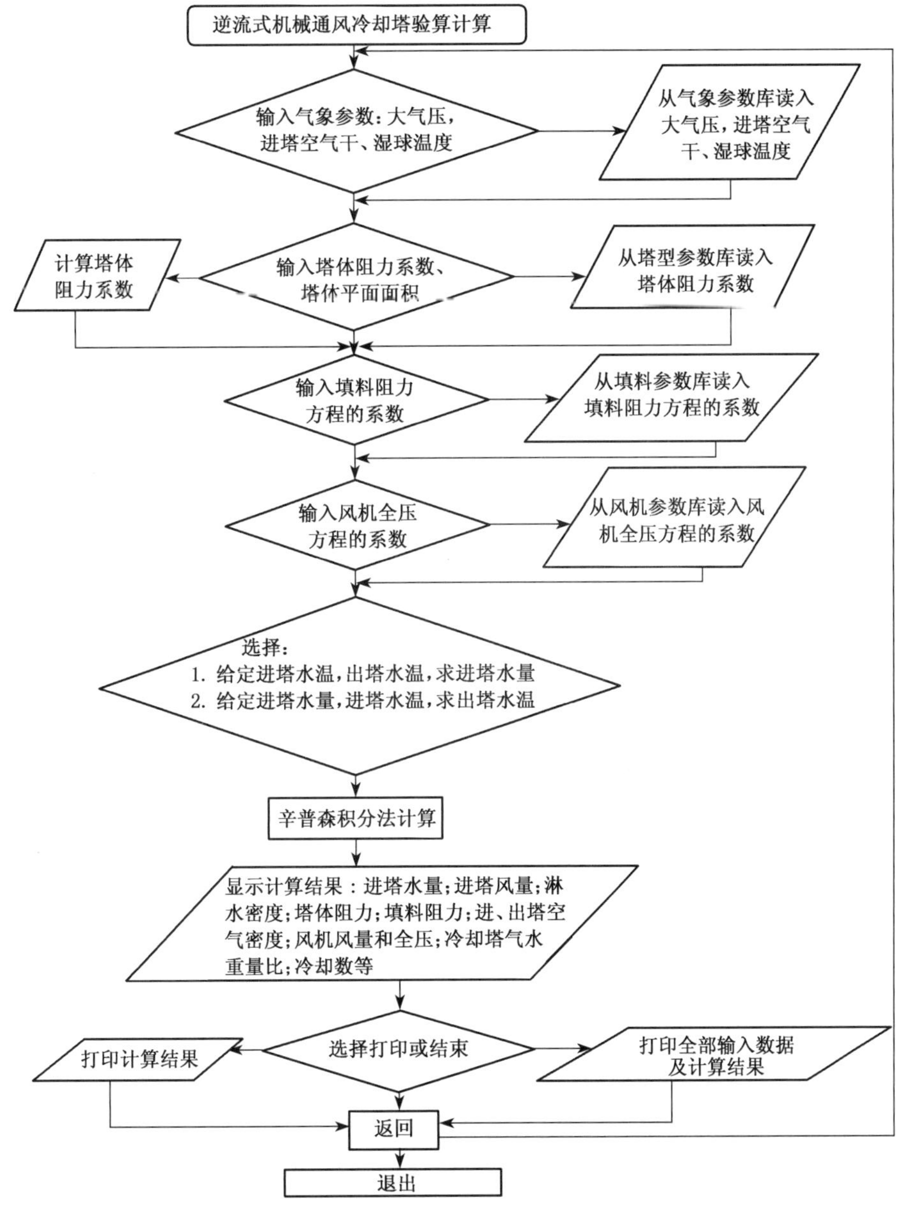

图 7-62　计算机计算程序简化框图

7.4.7 冷却塔的平面布置

1. 冷却塔平面布置的原则和要求

(1) 为了避免或减轻飘滴、雾和噪声对厂区、居住区及建筑物的影响,冷却塔应布置在下风向,并应有适当的距离。冷却塔间净距及冷却塔与附近建筑物的距离应按表 7-17 执行,符合表 7-17 的规定要求。

(2) 应尽量避免布置在热源、废气和烟气发生点、化学品堆放处(含仓库)以及煤与废弃物等的堆放处附近。

表 7-17　冷却塔与建筑物的最小间距　单位:m

建筑物 / 冷却塔	丙、丁、戊类建筑耐火等级	屋外配电装置	露天卸煤装置或贮煤场	厂外铁路(中心线)	厂内铁路(中心线)	厂外道路(路边)
自然通风冷却塔	20	40	30	25	15	25
机械通风冷却塔	35	60	45	35	20	35

建筑物 / 冷却塔	厂内道路(路边)	行政、生活、福利及丙、丁、戊类建筑	其他建筑	围墙	自然通风冷却塔	机械通风冷却塔
自然通风冷却塔	10	30	20	10	$0.5D^*$	40～50
机械通风冷却塔	15	35	25	15	40～50	**

注:1. D 为逆流式自然通风冷却塔零 m 处的直径,取相邻较大塔的直径。
2. 机械通风冷却塔之间的间距:
① 当盛行风向平行于塔群长边方向时,根据塔群前后错开的情况,可取 0.5～1.0 倍塔长。
② 当盛行风向垂直于塔群长边方向且两列塔呈一字形布置时,塔端净距不得小于 9 m。
3. 表中“其他建筑”包括锻工、铸工、铆焊车间、制氢站,制氧站,乙炔站,危险品库,露天油库。
4. 当冷却塔不设除水器时,与建筑物的净距可根据具体情况适当增大。
5. 本表摘自《火力发电厂水工设计技术规定》(NDGJ 5—88)和《小型火力发电厂设计技术规范》(GBJ 49—83),其他部站尚无明确的规定,设计时可参照本表执行。

(3) 冷却塔之间、冷却塔与其他建筑物之间的距离应满足冷却塔的通风要求,并应满足管、沟、道路、建筑的防火和防爆要求,以及冷却塔和其他建筑物的施工和检修场地要求。

(4) 开放式冷却塔的长边应与夏季主导风向垂直,与周围建筑物的净距宜大于 30 m。

(5) 多格毗连的机械通风冷却塔的平面宜采用正方形或矩形。当塔的平面为矩形时,边长比不宜大于 4∶3,进风口宜设在长边。

(6) 当机械通风冷却塔格数较多时,宜分成多排布置。每排的长度和宽之比不宜大于 5∶1。

(7) 机械通风冷却塔的进风口,宜符合下列要求:

① 单侧进风的塔进风口宜面向夏季主导风向。

② 双侧进风的塔进风口宜平行于夏季主导风向。

(8) 相邻的冷却塔之间的净距应符合下列规定:

① 逆流式自然通风冷却塔之间,不应小于塔的进风口下缘的塔筒半径。横流式自然通

风冷却塔之间，不应小于塔的进风口高的3倍。当相邻两塔几何尺寸不同时，应按较大的塔计算。

② 周围进风的机械通风冷却塔之间，不应小于塔的进风口高的4倍。长轴位于同一直线上的机械通风冷却塔塔排之间，不宜小于9 m。长轴不在同一直线上相互平行布的机械通风冷却塔塔排之间距离，可采用0.5～1.0倍塔排长度；并不应小于塔的进风口高的4倍。

③ 周围进风的机械通风冷却塔与建筑物的净距，应大于进风口高度的2倍。

④ 自然通风冷却塔与机械通风冷却塔之间距离，不宜小于风筒式自然通风冷却塔进风口高的2倍加0.5倍机械冷却塔(或塔排)的长度。

⑤ 当无法满足表6-2要求时，应采取相应措施：计算在设计条件下塔体相互干扰对进塔空气湿球温度的影响；考虑进风阻力的影响；对相邻建筑物采取必要的防冻、隔声措施，使满足当地环保部门的要求。

(9) 为了减少湿热空气的回流，应尽量避免冷却塔多排布置，尽量避免使冷却塔夹在高大建筑物中间的狭长地带。

2. 供货或选用时应考虑的方面

目前中小型冷却塔基本上为工厂化、规模化生产，由厂商向使用单位供货，无论是使用单选用冷却塔，还是生产单位供应冷却塔，均应考虑和满足以下方面：

(1) 热力性能应满足使用要求，包括鉴定和测试技术资料在内，这是首要的也是主要的方面。

(2) 生产厂方提供必要的技术资料和运行实测数据，供使用方设计使用。

(3) 塔体的结构材料，包括塔体结构的稳定性、防大气和水的腐蚀性、经久耐用性和组装配合的精确性。

(4) 配水均匀性好，壁流较少，不易堵塞。

(5) 收水器除水效能正常，飘水量少。

(6) 淋水填料、喷溅装置、除水器等应满足下列要求：

① 在设计的最高水温下不软化变形。

② 在设计的最低气温条件下不破碎、不破裂。

③ 具有足够的刚度和强度及良好的耐老化性能。

④ 具有良好的阻燃性能，满足国家和地方的有关标准及规定。

(7) 风机匹配，在额定的风量和转速条件下，长期运行无故障，无振动和异常噪声。叶片耐水侵蚀性好并有足够强度。

(8) 运行噪声符合当地环境保护要求。

(9) 电耗较低、节电节能。

(10) 造价低、重量轻、便于运输。

(11) 易安装，经常维护管理方便。

(12) 冷却塔进塔水温一般≤46℃，若高于此温度应提出要求，实行相应措施。

(13) 进水水质应符合循环冷却水水质标准，不应对填料和喷嘴等造成堵塞。

7.5　冷却塔的运行与维护

冷却塔在热力性能方面的正常运行主要包括进塔的循环水量、空气量和热传导特性等三个因素,其中任何一个或几个条件发生变化时,塔的运行工作就会受到影响。

为使冷却塔的性能良好,应保持塔的清洁及配水的均匀性和风量分布的均匀,以便能获得连续的较理想的冷却能力。切勿使污垢、藻类、苔藓等积聚,以免堵塞配水系统或排(出)水系统,还应保持测量孔板无碎屑以保证正确计量与控制。

引起空气流量的变化有以下几方面:变更风机工作点的静压点,变更风机的转速或者改变风机翼片的倾斜角。除此之外在填料或收水器上聚结水垢、油脂、藻类,以及流进填料的水负荷过大亦会造成空气流量的减少。

安装在风筒内的风机,如受到损害后会使翼片顶端到风筒内壁的间隙增加而降低风机的效率,塔的壳体板坠落后空气漏入亦会使流径填料的空气量降低。

填料变形脱落、喷嘴阻塞、配水管道内杂质物沉积都是造成传热效果不良的重要因素。

上述这些问题如不及时得到应有的维护,那么对于气流、水流和热传导等方面均会造成较严重的危害。然而对冷却塔的维护管理往往不够重视,被人们所疏忽。这个问题一度是普遍存在,主要原因是对冷却塔维护的重要性及必要认识不足,不予重视,故造成冷却塔运行过程中不正常或发生故障。

7.5.1 冷却塔部件的维护保养

1. 运行记录

冷却塔建造或安装完工投入运行时,设计单位或生产制造厂家应提供冷却塔的全部特性数据,包括热力特性、阻力特性、水负荷、热负荷、环境温度(干、湿球温度)、冷却范围、空气流率、功率消耗、风吹损失、蒸发水量、补充水量、浓缩倍率、风机动力消耗、进塔的水压等,使用单位的有关分管部门应根据上述各项内容做好运行记录。

2. 测量仪器和方法

为了检测冷却塔的运行效果,或评价冷却能力的大小,就必须进行室内试验研究或生产现场对运行中的冷却塔进行鉴定性测试。因此,不仅要有冷却塔试验研究的科技人员,还要有一整套较完整又符合规范的测试方法,而且必须配备一套测试仪器及仪表(有的要有备用),如温度计、风速仪、微压计、压力计、声级仪等,详见“冷却塔测试”一章。

3. 冷却水集水池

冷水集水池应保持水池的水深,防止发生气蚀现象,集水池的干舷高度为15～30 cm,以下为水池的有效容积,水池的水位应维持一定的水平,否则需调节补充水阀门。对于横流式冷却塔而言,如运行水位低于设计要求时,应在原水面以下安装空气挡板,防止空气旁流。冷水池应进行不定期的清扫以去除沉积于池底的淤泥及粘着物,清除填料及其支架掉落的碎屑,保持水泵吸水口的格栅清洁,不定期地检查集水池的泄漏,如需要修补时,必须要注意酸、氯、水质稳定药剂分配装置是否正常运行。

补充水量、排泥量与循环水的水质控制密切相关,应根据系统的要求,投药量及时调节。

4. 热水分配系统

为保持热水配水系统的清洁畅通,包括调节阀、稳压装置、输配水管、喷嘴、溅水器、调节分配池内各水槽的水流,使其得到同样的水深(水深均在100～150 cm之间),若进塔的循环水量有大的变化,则配水管、喷嘴应作相应调整。

5. 风机及其传动装置

风机及传动轴——定期检查风机叶片表面有无损伤或异常情况,检查传动轴与联轴节时，应保持水平直线。

齿输减速器——定期检查齿轮减速器里的油位和油湿，并利用季节性临时停车，将油调换，检查各个零部件。

电动机——电动机和风机、减速器相同，均需按有关制造厂的保养要求进行润滑与维护，如采用二挡的电机，则在高速线圈断电后及在低速线圈供电前应至少有 20 min 延迟时间（以消除变速的极大应力），当改变转动方向时，在风机、电机给电前至少有 2 min 延迟时间。

冷却塔部件的定期检查和维护项目见表 7-18。

表 7-18　　检查与维护项目表

序号	检查和维护项目	风机	电动机	传动轴	减速箱	填料	冷水池	热水池	控制阀	结构件	壳体	浮球阀	吸入滤网	通风筒
1	检查是否堵塞								W				W	
2	不正常噪声或振动	D	D	D	D									
3	检查电键与键槽		S	S	S									
4	检查通气口是否打开				S									
5	润滑（润滑脂）		Q						M					
6	检查油密封				S									
7	检查油液面				W									
8	检查油中含水及油污渣				M									
9	换油至少次数				S									
10	检查风机叶片稍间隙	S												
11	检查水位（液面）						D	D						
12	检查泄漏				W		S	S						
13	检查一般情况	S	S	S	S	Y	Y	S	S	S	Y	Y		S
14	检查松动螺栓	S	S	S	S									
15	清洗	R	R	R	R	R	S	R	R			R	W	
16	再涂料	R	R	R	R									
17	重新平衡	R			R									
18	全部开启与关闭								S					

注：D—每日；W—每周；M—每月；Q—每季；S—季节性或及时适合时间；R—当需要时。

6. 水池产生泡沫

新塔运转初期时，集水池中容易产生大量的泡沫，经过相当短的操作时间后，泡沫一般会减少，以致全部消失。但有时也会由于水中某些溶解固体的浓度增加，空气溶入浮化水面成泡沫，或由循环水与泡沫产生泡沫化合物时，可采用清除法或增加排放量（增加排放次数或延长排放时间），以减少永久性泡沫。但在某些情况下，必须在系统中加入抑止泡沫的化学药品——消泡剂。

7. 冬季操作

在我国海南、广东、广西、台湾、福建等地，冬季温度基本上在10℃以上，对冷却塔的运行操作影响不大。但我国大部分地方冬季均会出现零度以下天气，“三北”地区常处在－10℃以下，出现冰冻或严重冰冻，这使冷却塔的运行变得明显复杂化。

冰冻会使淋水填料装置变形和破坏而造成事故。冷却塔冰冻常先发生在进入冷却塔的冷空气与水量较少的接触地方。在进风口，沿塔体内壁流下水结成一根根水柱，然后冻结成密实的冰帘子，把整个进风口封住。当进风口形成冰帘子时，进入冷却塔的空气量急剧减少，塔内水温升高。此外，淋水装置上严重冰冻，会使塔体结构产生危险振动。内部结冰是危险的，只是在淋水装置被破坏以后才可能发现。因此，在冬季不允许热力和水力负荷发生波动，必须在淋水装置范围内均匀地分布冷却水，并且不允许在个别地段降低淋水密度。

为了防止冷却塔大量结冰，必须或者定期打掉冷却塔进风口上的冰，或者减少进入冷却塔的冷空气。进风温度越低塔中热负荷越小，空气量应该越小。如果进风量适当调节，使塔内冷却水温度不低于12℃～15℃，则冷却塔结冰现象一般不多，并且不超出允许的限度。

减少进入冷却塔的冷空气量，可采用关闭风机，或减少转速改变风机的工作，或者减小叶片的安装角度等方法做到。此外，为了调整风速可在塔的进风口安装闸板。

为了使冷却塔“解冻”，去除冻结的冰，还可以定期地使风机倒转，这样把热空气从淋水装置吹到塔的进风口，熔化冷却塔的冰。

为了减轻大型(多格)机械通风冷却塔进风口的冰冻现象，推广了各种喷淋装置，其中有专用的缝隙式喷头；还可以只向部分格供应全部水量，而对其他各格完全停水，有时还可采用减少循环水量的办法。

为预防横流式机械通风冷却塔进风口百叶窗结冰，可在冬天适当地关掉端头几排配水装置的短管或喷头，并且关掉百叶窗的上面部分。

在风机工作的条件下，因为有收水器和向上升的热空气，排除了风机本身结冰的可能性。但是在关掉冷却塔各格内的风机，由于蒸汽在其表面凝结成水，接着被冷凝水结成的冰盖住。在这样情况下，风机重新工作前，必须清理掉冰块和放进水去加热冷却塔。

在冬季当冷却塔不运行时，为了避免在基础上结冰，集水池应充满水，并保证池子里的水循环；冷却塔进风口要严密封闭。对那些冬季停止运行的冷却塔池子，可用排放少量水到下水道去的方法确保其中水的循环。

7.5.2 故障及排除

冷却塔常见的故障、产生的原因及排除的方法见表7-19，该表仅总结一些典型冷却塔的运行操作经验，对于不同类型的冷却塔还应根据不同的条件增加维护检修的内容。

表7-19　　冷却塔故障处理一览表

故障	原因	解决方法
配水不均匀	喷嘴或配水管道断裂或堵塞；配水槽盘不平，水负荷过大	损坏部件的修理或更换，清除配水系统及水泵吸入口滤网，调整水负荷，消除喷嘴的涡流，使配水设施的水压和液位稳定在设计条件

（续表）

故障	原　　因	解　决　方　法
冷水温度过高	过量的水负荷，填料装置不正常，空气量不足	调整水流量，使其达到设计条件，检查填料是否保持完整良好的安装位置，校检电动机的功率，填料及除水器是否需要清扫，各进出口处有无杂物堵塞
过多的水滴漂流损失	配水系统故障，除水器损坏或短路，风机叶片的螺距超过许可值，水负荷过大	喷嘴等的清洁或更新，检查所有的填料和除水器位置是否完好，风机翼片螺距调整到设计要求，降低水流量符合塔的设计流量范围
电机不转	电线故障、接头失效，电源差错、接线错误、电压低、电机绕组露头，负载过大，电机或风机传动轴卡住转子有缺陷	检查控制装置与电机之间所有接线及接触点，必需有超负荷与短路保护装置。 按线路图来检查电机及控制装置接线是否有误，检查铭牌电压与电源电压，检查开路的定子绕组。断开电动机自由负荷并试电动机
电机发热	超载、电压不稳、电力频率不适当，轴承润滑过度，轴承润滑油不当，转子摩擦定子膛孔，单向运转，通风不良，绕组漏电，电机轴弯曲，润滑剂变质或掺入外来杂质，轴承损坏	检查所有三线电压及电流，按铭牌检查电力供应，电机的每分钟转数，排除过多的油脂，适当调换润滑剂，如若不是加工不良，可更换已损坏的轴承，停止电动机并再试运转，如系单相，则电机不能启动，检查线路，控制系统及电机。清扫电机，检查通风机，加强通风换气，使用欧姆检查，使轴校直或更换，拆下油孔，冲洗轴承，重新加入润滑剂，调换轴承
电机异常噪声	电动机单相运转，电机导线连接不正确，滚珠轴承磨损，电流波动，间隙不均匀，转子不平衡	解决办法同上述。 对照电机线路图，检查电机的联结，检查润滑系统，调换坏的轴承，检查所有三线电压、电流必要时进行校正，检查与调整托架的配合，重新平衡
电机达不到转速	由于线路压降引起的电机接线端电压太低	变压或降低负荷
	转子棒断裂，相序弄错	查找电棒裂纹，需要时更换转子，变换三根电机引线上任何两根
变速箱出现噪声	轴承与齿轮组的摩损，齿轮被翘曲，油位太低，油脂被污染积污垢，防护罩与齿轮箱相摩擦，轴承疲劳	检查油位与油质，防油罩位置的调整，更换已损坏的轴承、油封、或齿轴组，检查齿轮牙的接触面，如有需要酌加油量。 齿轮箱如果是新设备，待观察运转一星期后，杂音是否消除，如若仍有杂音，说明经排油、冲洗重新上油无效，即应更换。 调整齿合、调换坏的蜗杆，调换齿轮与不啮合的牙齿间距和结构
主轴与联轴节上的震动	联轴节没对中，联轴节内有杂物粘附，地轴失去平衡、弯曲、或离开中心，齿轮组内有磨损	重新“直线对准”并于30天后校对一下，紧固电机和变速箱的安装螺栓更换磨损轴承
风机传动系统不正常振动	螺栓及埋头螺钉松动	检紧所有机械设备及支座上螺栓及埋头螺钉
	传动轴不平衡或联轴节磨损	注意电机及减速箱轴的对中是否正确，配接记号是否接正。修理或更换已损坏的联轴节借增加或减少做为配重用的埋头螺钉以重新平衡传动轴
	风机及叶片安装不符合要求	要叶片正确地安装在其插孔位置上（见配接记号）应使所有叶片及防罩与风机中心距相同，所有风机叶片节距应相同，清洗聚集在叶片上的沉积物
风机噪声	风机毂套盖松动，风筒组件松动或叶片夹件螺栓松动	检紧毂套盖及其他的紧固件

7.5.3 风机叶片倾角测量

目前机械通风冷却塔风机翼片材料有钢板（含不锈钢板）、铝合金及玻璃钢等，各有优缺点，但玻璃钢风机的优点更为显著，其翼型为空心薄壁结构，空腔内填泡沫塑料，以增加强度。玻璃钢叶片不仅可节省大量的铝合金和钢材，而且具有许多金属叶片达不到的优点，如体积小，风量大，效率高，重量轻，制作工艺简单，成型方便，投资小，可以制造较为复杂的叶型，表面光滑，具有优良的抗酸碱腐蚀能力，不会在湿热空气下造成气蚀等。实践证明，玻璃钢叶片少需要维护，降低了维护费用，提高了风机安全运行的可靠性。但玻璃钢风机的弹性模量较低，因此对叶型的设计要求严格，否则容易产生刚度小的弱点。

在机械通风冷却塔中，目前三种材质的风机均有采用，但钢板风机相对采用较少；在中小型冷却塔中，采用铝合金风机的多于玻璃钢风机；而在大型冷却塔中，目前基本上多采用玻璃钢风机，铝合金很少采用。

1. *冷却塔内气流能量及阻力*

在冷却塔的工作条件下，风机的通风量决定于冷却塔的全部空气动力阻力，而这一阻力等风机的全风压力。风机的工作点是以风机的特性曲线与冷却塔的空气动力阻力性能曲线的交点来表示。

1）能量方程

气体在冷却塔内的流动如同管道内流动相似。其连续性方程式是质量守恒原理在流体运动中的表现形式。气体在进行稳定流动时，从某段一端流入的质量等于另一端流出的质量，如图 7-63 所示，即单位时间内流过每一截面的流体质量为一常数，表示为

$$\rho_1 \cdot v_1 \cdot F_1 = \rho_2 \cdot v_2 \cdot F_2 = \text{常数} \tag{7-26}$$

式中　ρ_1, v_1, F_1——表示断面 1—1 处气体的密度[$kg/(s^2 \cdot m^{-4})$]、面积（m^2）和流速（m/s）；

ρ_2, v_2, F_2——表示断面 2—2 处的气体密度、面积和流速。

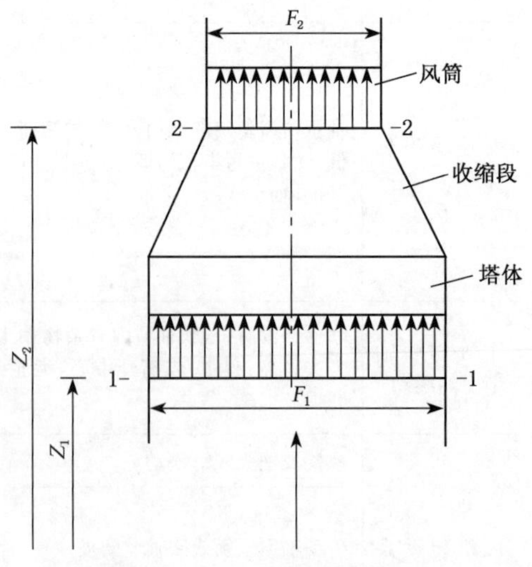

图 7-63　空气在塔体内流动示意

式(7-26)称为“连续性方程式”。对于空气来说，虽然压缩性很大，但在冷却塔中流动时，通风阻力较小，一般为10～30 mmWg，前后压力变化很小，这些变化可认为忽略不计，故可当作不可压缩来看待，即 $\rho_1 = \rho_2$，则式(9-12) 可变成为 $v_1 F_1 = v_2 F_2 = \text{常数}$。

如图 7-63 所示，气体在塔内流动的能量方程主要描述气体流时的压能、动能及位能三者相互变化的规律，这个规律表明理想气体在塔内作无扰动现象流动时，任何一个截面的压能、动能、位能三者之和是一个常数，即伯努利方程：

$$\frac{P_1}{\gamma} + \frac{v_1^2}{2g} + Z_1 = \frac{P_2}{\gamma} + \frac{v_2^2}{2g} + Z_2 = \text{常数} \tag{7-27}$$

式中　P_1, P_2——截面 1—1，2—2 上的压力（kg/m^2）；

γ——气体的重量(kg/m^3)；

v_1，v_2——截面 1—1，2—2 上的流速(m/s)；

g——重力加速度，9.81 m/s^2；

Z_1，Z_2——截面 1—1，2—2 距基准面(0—0)的高度(m)。

实际气体在塔内流动时，是有压力损耗的，使总能逐渐减小，如果用 $\sum H$ 表示阻力损耗的能量，则空气在塔内流动时的实际能量方程为

$$\frac{P_1}{\gamma}+\frac{v_1^2}{2g}+Z_1=\frac{P_2}{\gamma}+\frac{v_2^2}{2g}+Z_2+\sum H \tag{7-28}$$

等式两边同乘以 γ，可写成：

$$P_1+\frac{v_1}{2g}\gamma+Z_1\gamma=P_2+\frac{v_2^2}{2g}\gamma+Z_2\gamma+\sum H\gamma \tag{7-29}$$

式中，P，$Z\gamma$，$\frac{v^2}{2g}\gamma$ 分别被称为静压、位压(位能)、速压(动能)；而 $\sum H\gamma=\sum \Delta P$，表示压力损失总和。

静压是冷却塔内气体垂直作用在物体上的压力，可正可负；位压亦叫位能，由重力作用引起，距地面越高，位能越大；速压亦称动能又称速度头，由速度引起，随速度大小而变化，它的方向与速度方向一致，永远是正值。

静压与动压在一定条件下会互相转化，并且可用来克服塔内的阻力。以圆型逆流式机械通风冷却塔来说，中塔体和风筒(不是扩散风筒)的截面是不变的，收缩段的截面是变化的，如果气流均匀分布，则气体在截面不变段流动时，如果流速不变则动压不变，所以阻力只能用压能(静压)的消耗来克服；气体在截面变化段流动时，如果要保持静压不变，就必须利用动压的变化来补偿阻力损失。能量的转化可用下式计算：

$$\frac{v_1^2-v_2^2}{2g}\gamma=\sum \Delta P \tag{7-30}$$

可见，由于流速降低而增加的静压力等于阻力损失，即静压增加值全部消耗在克服阻力上。

2) 冷却塔的压力损失

(1) 动压力损失

在塔内流动的空气，因具有速度故要消耗部分动能，即动压力，其值计算为

$$\Delta P_d=\frac{\gamma\cdot v^2}{2g}\ (\text{mmWg}) \tag{7-31}$$

式中　v——空气的流速(m/s)，一般来说，冷却塔的风量是不变的，但风经过的断面是变化的，故风速也是变化的，其变化的范围为 20 m/s$>v>$1 m/s；

γ——空气的比重(kg/m^3)，根据 ϕ 等参数查有关图表。

(2) 局部阻力

局部阻力可分为两类：一是流量不变时产生的局部阻力；二是流量改变时产生的局部阻力，冷却塔属于前种。但局部阻力都可按下式计算：

$$\Delta P_2 = \xi \frac{v^2 \cdot \gamma}{2g} \tag{7-32}$$

式中 ΔP_2——各部件的局部阻力(kg/m^2 或 mmWg);

ξ——局部阻力系数,表示部分动压消耗在克服部件阻力上;一般用实验方法确定。

(3) 总局部阻力

冷却塔通风阻力包括沿程摩阻、局部阻力和动压损失三个部分。总的局部阻力如冷却塔的设计与计算一章所述,由进风口、导流设施、淋水装置、配水系统、收水器、风筒、气流的收缩、扩大、转弯等组成。总局部阻力表达式为

$$h = \sum \Delta P_2 = \sum \xi_i \frac{v_i^2 \cdot \gamma_i}{2g} \tag{7-33}$$

式中 ξ_i——局部阻力系数;

v_i——相应部位的空气流速(m/s);

γ_i——相应部位的空气比重(kg/m^3);

g——重力加速度(9.81 m/s^2)。

2. 风机的全压及安装角度

1) 风机的全压及转速

风机具有的总压力称为全压,是由风机具有的静压力和动压力两者组成(两者之和)。常用毫米水柱(mmWg)表示。在风机型号及样本中,有的用全压表示,而有的用静压表示。如 LF 型、L 型等风机主要性能介绍中为"全压",而 JY-L2 风机等主要性能介绍中的"静压"。风机的全压一般在 8～19 mmWg 之间;风机的静压通常在 4～10 mmWg 之间。如用压力 Pa 表示,则单位为 kg/m^2。

小型风机由电动机直接驱动(机械效率为 100%),因此叶轮转速较快。一般风机叶轮直径≤2 000 mm 的,转速均在 300 r/min 以上,最高的可达 960 r/min(叶轮直径仅 600 mm);风机直径>2 000 mm 的,一般转速小于 320 r/min,风机叶轮直径越大,转速越小,如风机叶轮直径为 9 140 mm,风量 2 730 000 m^3/h 时,转速仅为 110 r/min。同一直径的风机,其安装角度和转速不同,则风量也不同,而风量的不同,则全压和静压也随之不同。也就是说,为改变风量(增加或减少风量),可采取改变风机安装角度与改变风机转速来解决。

2) 风机的安装角度与测量

风机铭牌上一般表明三挡风量,不同风量其全压和叶片的安装角度也随之相应不同,其共同点是随着风量增加,则叶片安装角度增大,全压增大,电机轴功率也增大。有的风机铭牌(样本)上只标明一种叶片的安装角度及其相应的风量(含全压),风机的这一工作点就是风机的特性曲线与冷却塔空气动力阻力性能曲线的交点。

风机的安装角度和风量不是可任意(无限)变化的,仅局限在一定的范围内,通常风机叶片的安装角度变化范围在 8°～24°之间,角度太小则风量不足,不能充分发挥风机的潜力和作用;安装角度太大,则振动和噪声增大,影响塔体与风机的寿命。多数冷却塔通常的风机叶片安装角度为 8°～15°之间,安装角度在 20°以上的相对来说较少。

冷却塔在试运行之前,必须检查风叶片的倾角(安装角度)和叶片端头距风筒内壁的间隙大小(距离),风机安装在风筒内的下部分,风筒直径比风机叶片直径大 1%～2%(大风机

取小值，小风机取大值）。在小型风机中，叶片端头与风筒内壁间隙距离最小值为 8 mm。间隙距离过大会造成局部涡流，降低风机效率。

风机全部叶片应安装得相同，保持要求的角度。在试转之间，按风机生产厂提供的要求和规定，对风机叶片的倾角进行测量。现以风机直径 5 m 和 7 m，其倾斜角的测量方法为：沿叶片边缘作两个记号，其位置在离端点 500 mm（5 m 风机）或者 700 mm（7 m 风机）处，把这两个记号垂直向下引到下面框架的同梁上，再测量出离开梁的垂直距离 H_1 及 H_2 和相互间的水平距离 L，即离端点的距离处的叶片宽度。则叶片的倾斜角 α 按下式计算：

$$\sin\alpha = \frac{H_2 - H_1}{L} \tag{7-34}$$

第 8 章　冷却塔的计算与设计

8.1　冷却水的循环系统

8.1.1　冷却水的循环系统及组成

循环冷却水系统由冷、热水池、泵房(站)、被冷却的设备或产品、冷却设备、管路系统等组成。示意图如图 8-1 所示。

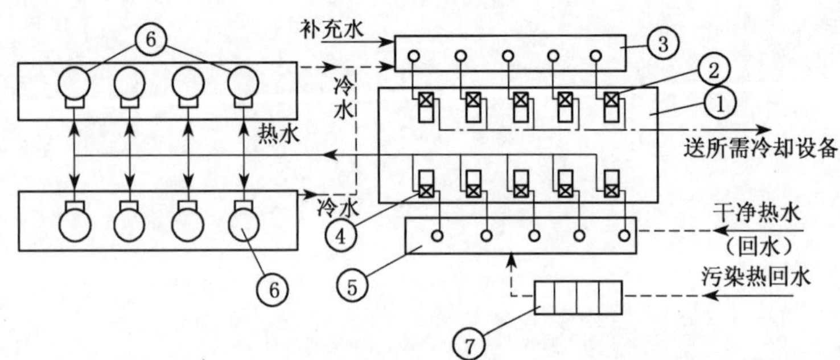

1—冷热水泵房；2—冷水泵；3—冷水池；4—热水泵；
5—热水池；6—冷却设备(冷却塔)；7—旁流需净化处理水设备

图 8-1　循环水冷却系统示意图

图 8-1 的工艺流程为：冷却设备或产品后温度升高的热水流入热水池，经热水泵提升后流入冷却塔进行冷却，经冷却后的冷水流入冷水池，再经冷水泵提升送入需要冷却的设备或产品进行冷却，水温提高的热水又流入热水池，这样连续不断地进行往复循环。同时，由于蒸发散热和传导散热、漏损、排污、漂水等造成的水量损失，需要向冷水池补充 1%～3%的水量。冷却循环水在不地循环使用过程中，水质会受到一定的污染，为保持循环冷却水的水质，有部分热水经旁流净化设备处理后再流入热水池，与未被处理的水混和，以保持循环水水质。

“旁流处理”分两种情况：一种是上面所述有部分水专门进行净化处理后与原水混和；另一种如图 8-1 所示，有部分冷却水冷却设备或产品后受到了污染，需经净化处理后才能继续循环使用，则这部分受污染的热水流入图 8-1 中⑦进行净化处理，然后流入热水池。这部分处理的水质远优于循环水水质，在这种情况下就不必再另设旁流处理设备，受污染水处理设备⑦代替了旁流处理。

图 8-1 中设 8 台逆流式机械通风冷却塔，各 4 台对称布置。泵站设 10 台水泵，冷、热水泵各 5 台也对称布置。热水流入热水池经热水泵提升送入冷却塔进行冷却；冷却后的水流入冷水池经冷水泵提升送入车间去冷却设备或产品，然后热水又回流到热水池。可见图 8-1 是一个较完整的循环冷却水系统。

在实际中为简化系统、减小占地、节省投资，可省去热水池(含热水泵站)或省去冷水池

(含冷水泵站),以下分两种情况进行论述。

8.1.2　被冷却的设备位置高于冷却塔

被冷却的设备或产品的位置高于冷却塔,高差水头(压力)大于热水管路的水头损失值条件下,则冷却设备或产品后热水可直接流入冷却塔进行冷却,冷却后的水进入冷水池,水泵从冷水池抽水,送至车间冷却设备或产品,如图8-2、图8-3所示。与图8-1相比,省去了热水池和热水泵站,不仅减少了占地面积、节省了投资,而且因省去了热水水泵而降低了日常运行成本和管理维修费用。

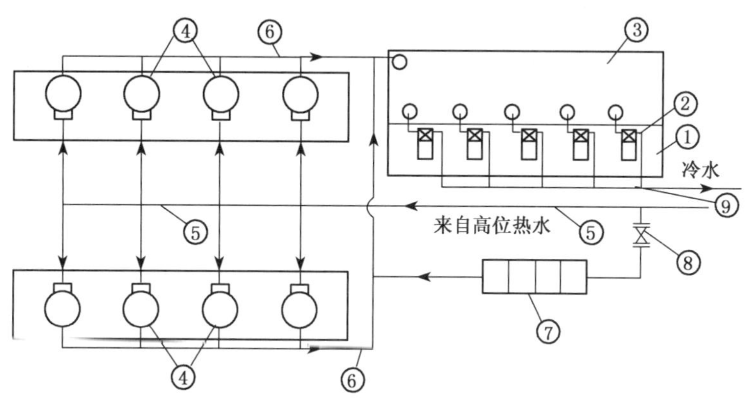

1—冷水循环泵站；2—冷水循环泵；3—冷水池；4—逆流式(圆型)机械通风冷却塔；
5—热水管路；6—冷水管路；7—旁流处理构筑物(设备)；
8—阀门；9—冷水至车间管路(输水管)

图8-2　逆流式冷却塔位置低于被冷却设备循环系统布置

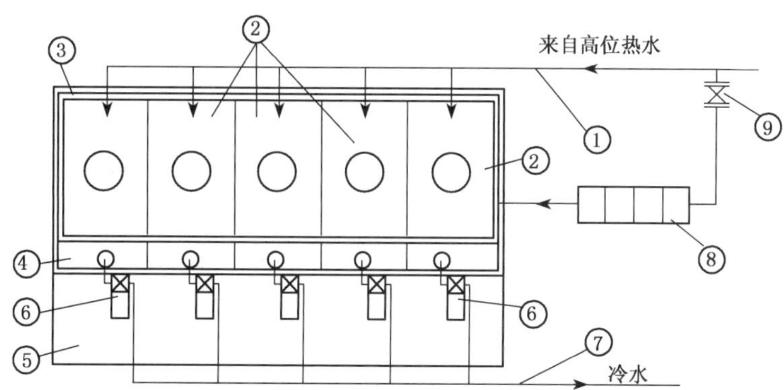

1—热水管路；2—五台组合横流式机械通风冷却塔；
3—设在塔下部的冷水池(分五格)；4—水泵吸水井；
5—冷水泵房(站)；6—水泵；7—冷却水管路；
8—旁流水处理构筑物；9—调节阀门

图8-3　五台组合横流式冷却塔位置低于被冷却设备循环系统布置

图8-2是采用8台对称布置的逆流式机械通风冷却塔(与图8-1相同),每台冷却塔底为存水盘,冷却后的水经底盘出水管流入冷水池(冷水池内不分格)。水泵再从冷水池吸水,提升至被冷却设备或产品的车间。图8-3为5台并联组合的大型横流式机械通风冷却塔,冷却池设在冷却塔下部,分成5格和5个吸水井,池的外围尺寸略大于塔的外围尺寸,以减少水量损失。与图8-2相比,虽设冷水池但又省去了冷水池的占地面积。

由于现场的具体情况和实际条件不同，系统布置也各有不同，图 8-1—图 8-3 仅表示系统布置的基本方法和平面示意。

8.1.3 被冷却的设备位置低于冷却塔

冷却塔的位置高于被冷却的设备或产品，则其循环系统的布置与上述相反，增设热水池省去冷水池，其循环过程为：热水池→水泵提升→冷却塔冷却→车间冷却设备或产品→热水回流至热水池(部分热水经旁流处理后回热水池)，如此往复循环，如图 8-4 所示。

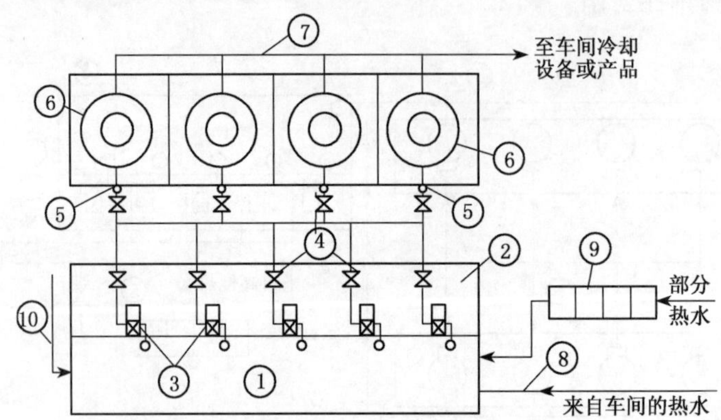

1—热水池；2—泵站；3—水泵(4 用 1 备)；4—调节阀门；
5—竖管；6—逆流式机械通风冷却塔；7—至车间冷水管；
8—热水管路；9—旁流处理设备；10—补充水管

图 8-4 四台逆流式冷却塔位置高于被冷却设备的循环系统布置

此循环系统的特点是：冷却塔与车间被冷却设备(或产品)的高差大于沿程(包括局部)的阻力损失条件下，冷却塔冷却后的水经塔底盘出水管沿总输水管路直接供被冷却设备或产品。

一般来说要注意以下方面：

(1) 水泵要有备用，图 8-4 中是“4 用 1 备”共 5 台泵，而图 8-3 是 1 台塔与对应的 1 台泵同时备用的。

(2) 水泵出水管上和冷却塔进水管上应设置阀门，根据春夏秋冬冷却水量的变化及备用泵的轮换，用阀门进行调节水量或关闭阀门。如果泵轴与冷却塔配水系统的高差大于 20 m，则水泵出水管上还应设单向阀。

(3) 热水池与泵站一般均设在地面，而冷却塔设在高处，则必然要设竖管(当然有可能根据坡度设倾斜进水管)，有时可能要多处设竖管，设在何处、如何设应根据具体情况和条件而设计。图 8-4 是设在进塔前，它仅表示需设置竖管。

横流式冷却塔的位置高于被冷却设备的循环系统布置与图 8-4 相似，不再重述。

8.2 水冷却的基本原理

热水通过冷却设备把水温降低下来的现象，在日常生活中也会经常遇到。如一杯开水用两只杯子把开水倒来倒去，不久水温就降低了，这就是使水形成水膜层或水滴，加大热水与空气的接触面积，增加水的蒸发散热的作用，加快了水的冷却速度，因而较快地把开水变成了温水。又如夏天游泳时，刚从水中出来，被风一吹觉得很凉，这也是由于身体上的水珠蒸发而带走大量的热量而引起的。

水的冷却实际上蒸发散热、接触散热和辐射散热三个过程的共同作用。蒸发散热和接触散热是主要的，辐射散热很小。

8.2.1　为什么用水来冷却设备或产品

自然界中存在大量的气体和各种液体，为什么用水冷却设备或产品呢？理由有以下三点：

(1) 水的比热大：其比热为 1 kcal/(kg・℃)，就是说 1 kg 水温度升高或降低 1℃，可吸收或放出 1 000 卡(1 kcal)热量。则用 1 kg H_2O 去冷却设备或产品时，水温升高 5℃，理论上可吸收设备或产品 5 000 卡热量。

(2) 水的价格相对较便宜，一般来说，只要提升水的水泵电费和水的净化处理费。水与其他液体、气体相比，不但价格便宜、货源也相对充足。

(3) 水的汽化热大：在 0℃时，1 kg 水的汽化热为 597.3 kcal，什么叫汽化热？就是说 1 kg 0℃的水变为 0℃的水蒸气时所吸收的热量称汽化热。那么汽化热有什么意义呢？就是说 1 kg 0℃的水，其蒸发 1%的水量(1 kg 中的 1%)可使 1 kg 水水温降低 6℃。

水与酒精及其他液体的比热与汽化热比较见表 8-1。可见水的比热和汽化热最大，用水进冷却效果最好。

表 8-1

介质	比热/[kcal・(kg・℃)$^{-1}$]	汽化热/(kcal・kg^{-1})
水	1	597.3(0℃)
酒精	0.572	202
其他液体	0.5 左右	50～150
气体	0.3 左右	<100

用水去冷却生产设备和产品，使生产设备和产品的温度降低了，把热量传给了水，使水温升高了，这个过程就是传导散热。

水在冷却塔中进行冷却的过程中，把水形成很小的水滴或极薄的水膜，扩大水与空气的接触面积和延长接触时间，是加强水的蒸发汽化，带走水中的大量热量，所以水在冷却塔中冷却的过程是传导散热和蒸发散热的过程。

空气中能容纳一定量的水蒸汽，当空气中水蒸气少的时候，气候很干燥，天气也较好；当空气中水蒸气多时，会感到很潮湿；当空气中水蒸气很多时，会出现很小露点。这说明空气能接纳水蒸气，同时说明空气接纳水蒸气是有一定限度的。当空气中出现小露点时，说明空气接纳的水蒸气已经“满”了，不能再接受了，即空气中的水蒸气达到了饱和，称为饱和水蒸气。

水在冷却过程中，只要空气中的水蒸气还未达到饱和，则热水表面直接与空气接触时，就会不断地散发出水蒸气跑到空气中去。热水表面的水分子在化为水蒸气的过程中，将从水中吸收热量，使水得到冷却。

8.2.2 水的蒸发散热

从分子运动理论来说，水的表面蒸发是由分子热运动而引起的，分子的运动又是不规则的，各分子的运动速度大小不一样，波动范围很大。当水表面的某些水分子的动能足以克服水内部对它的内聚力时，这些水分子就从水面逸出，进入空气中去，这就是蒸发。由于水中动能较大的水分子逸出，那么余下来的其他水分子的平均动能减小，水的温度也随之降低，使水得到冷却，这就是蒸发散热的主要原因。所以水的蒸发散热是水分子运动的结果。

水的蒸发散热可以在沸腾时进行，也可以在低于沸点的温度下进行，而自然界中的蒸发散热大都是属于低于沸点的温度下进行的蒸发。如湿衣服晾干、潮湿地面变成干燥以及热水在冷却塔内的冷却等都是低于沸点的情况下进行的蒸发现象。所以说，当水温低于气温的情况下，水照样会得到冷却，其道理就在于低于沸点下的蒸发散热。

从水面逸出去的水分子相互之间可能进行碰撞，或者逸出去的水分子与空气中已有的水分子之间进行相互碰撞，那么又可能重新进入到水中。如果在单位时间内逸出水分子多于回到水面中来的水分子，那么水就不断地蒸发，水温也就不断地降低，水就得到冷却。

水的表面蒸发因在水温低于沸点的情况下进行的，这时，水和空气的相交面上存在着蒸汽的压力差，一般认为水与空气的接触中，在其交界面处存在着一层极薄的饱和气层，称为水面饱和气层。水首先蒸发到饱和气层中去，然后再扩散到空气中去。

设水面饱和气层的温度为 t'，水面的温度为 t_f，水滴越小或水膜越薄，那么 t' 与 t_f 就越接近。设水面饱和气层的饱和水蒸气分压力为 P''_q，而远离水面的空气中，温度为 θ 时（θ 为干球温度）水蒸气的分压力为 P_q，那么它们的分压力差为：

$$\Delta P_q = P''_q - P_q \tag{8-1}$$

这个 ΔP_q 就是水分子向空气中蒸发扩散的推动力，只要存在 $P''_q > P_q$（即 ΔP_q 为正值），那么水的表面一定产生蒸发，水一定会冷却，而与水面的温度 t_f 是高于还是低于水面以上的空气温度 θ 无关。如果说蒸发所消耗热量用 H_β 表示，那么在 $P''_q > P_q$ 的条件下，蒸发的热量 H_β 总是由水面跑向空气、水中的热量总是减小的。

为加快水的蒸发散热速度，在冷却塔内要采取以下两条措施：

(1) 增加热水与空气之间的接触面积。接触面积越大，水分子逸出去的机会越多，蒸发散热就越快。而水与空气的接触主要在冷却塔内的淋水填料中进行，则一方面要求水在淋水填料中形成的水滴越小越好、水膜越薄越好；另一方面要求填料本身越薄越好，即填料的面积越大越好（填料越薄，总面积越大）。

(2) 提高填料中水膜（或水滴）水面空气流动的速度，使从水面逸出的水蒸气分子迅速地扩散到冷却塔外部的空气中去，维持扩散的推动力为常数，就是不使 ΔP_q 降低下来。如果不迅速地排除逸出水蒸气分子，就会使空气中的水蒸气分压力 P_q 升高，使 $\Delta P_q = P''_q - P_q$ 值变小（蒸发推动减小），不利于蒸发。所以要保持一定的风量和风速。

水的蒸发散热量可用式(8-2)计算：

$$H_\beta = \lambda q_\beta \tag{8-2}$$

式中　H_β——蒸发散热量[kcal/(m² · h)]；

q_β——蒸发量[kg/(m^2 · h)]；

λ——汽化热(kcal/kg,1 kg 水的汽化热为 597.3 kcal)。

8.2.3　水的传导散热和对流散热

传导散热也称接触散热,有时也称接触传导散热。这种散热是指热水水面与空气直接接触时的传热过程,包括传导和对流两种传热形式。如水的温度与空气温度不一样,将会产生传热过程。当水温高于空气温度时,水就把热量传给空气,空气自身的温度就逐渐升高,使水面以上周围空气内部的温度不均匀,这样冷空气与热空气之间就产生对流作用(注:对流只发生在流体中,而传导是指传热的分子之间无混合现象),对流的结果是使空气本身各点的温度达到一致,最后到水面温度与空气温度一致时传导散热停止,上述可见,传导和对流是同时发生的,总称为"接触散热"。

从上述讨论可见:传导散热的推动力为温度差 $\Delta t = t_f - \theta$(水面温度与空气温度差),温差越大,传热效果越好。传热量可用下式表示:

$$H_\alpha = \alpha(t_f - \theta) \tag{8-3}$$

式中　H_α——单位面积上的接触传递热量[kcal/(m^2 · h)]；

t_f——水面温度(℃)(水气交界面温度)；

θ——空气温度(℃)；

α——传热系数[kcal/(m^2 · h)]。

只要 $t_f > \theta$,H_α 始终从水面传导给空气;反过来,当 $t_f < \theta$ 时,H_α 就从空气传导给水。

8.2.4　水的辐射散热

辐射散热不需要传热介质的作用,是一种由电磁波的形式来传播热能的现象。如平时见到的火炉烤得很热、太阳晒得很热等都是辐射热。辐射散热只有在大面积的冷却池中才起作用,在其他类型的冷却设备中(含各类冷却塔),可以忽略不计。

从水的冷却理论来说,水在冷却过程中,同时存在蒸发、传导对流、辐射三种散热现象,因辐射散热在冷却塔中很小,故常不计在内。蒸发散热与接触散热那个起主导作用,视不同季节的水气温差而定。在一年的春夏秋三季中,水与空气的温差相对较小,以蒸发散热为主,特别是炎热的夏天,蒸发散热占总散热量的 80%～90%,而接触传热仅占 10%～20%;到了冬季,水与空气的温差较大,蒸发散热量减小,接触散热会提升到主导作用,其传热量会到总散热量的 50%以上,在寒冷地区,可达到 70%。其实长江以北地区(含部分长江南岸地区),冬季不开风机,自然冷却即可。

8.2.5　不同温度的蒸发与传导散热

从上述讨论可知,水的冷却过程是通过蒸发散热和传导散热两个综合作用的结果。现按图 8-5 在不同温度下,论述其蒸发散热与传导散发的不同情况。

1. 图 8-5 中①,$t_f > \theta$

在 $t_f > \theta$ 的条件下,蒸发散热与传导散热同时存在,并都从水面向空气一个进行(存在 Δt 和 ΔP_q 均为正值),两者的总散热量用 H 表示,则单位时间内从水面散发的总热量为:

$$H = H_\alpha + H_\beta \tag{8-4}$$

这种情况下同时在 ΔP_q 和 Δt 为推动力的散热，图中 Q_u 是蒸发散热时被蒸发掉的水量，蒸发了多少水量 Q_u 就带走了多少热量 H_β，故 Q_u 与 H_β 成正比($Q_u \infty H_\beta$)。

2. 图 8-5 中②，$t_f = \theta$

在 $t_f = 0$ 的条件下，说明 $\Delta t = 0$，不存在温度差引起的传导散热的推动力，即传导散热 $H_\alpha = 0$，水没有热量传递给空气，空气也没有热量传递给水，只存在蒸发散热量 H_β，故得：

$$H = H_\beta(\text{传导散热保持平衡}) \tag{8-5}$$

3. 图 8-5 中③，$t_f < \theta$

$t_f < \theta$时，则 $t_f - \theta = -\Delta t$，说明空气的热量传给水面，所以存在 H_α 值，但不是水面传给空气，而相反。但只要存在水面的蒸发散热 H_β，并且 $H_\beta > H_\alpha$，那么总散热量 H 为正值，即：

$$H = H_\beta - H_\alpha > 0 \tag{8-6}$$

虽然总散热量减小了，但水温还是继续下降，水仍得到冷却，但冷却是缓慢的，或者说，水的冷却效果差。

4. 图 8-5 中④，$t_f = \tau < \theta$

τ 是湿球温度，水冷却的极限值。在图 8-5③ 中，$t_f < \theta$，但还没有达到 $t_f = \tau$，虽然水冷却很缓慢，但还是冷却的，现在到了 $t_f = \tau < \theta$，水的温度就停止下降了，其理由从散热量来说，因为这时候，水向空气的蒸发散热量 H_β 与空气传导给水的热量 H_α 处于平衡状态(平衡状态是指两者传导的速度相等，不是处于停止状态)，即 $H_\alpha = H_\beta$，而使 $H = 0$，这时水面的温度 t_f 就是空气的湿球温度 τ，温度 τ 称为水的冷却极限。

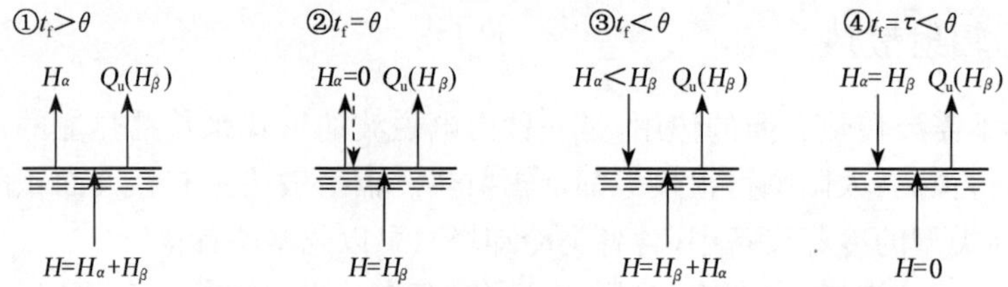

t_f—水面温度(℃)；θ—空气温度(℃)；τ—湿球温度(℃)(冷却极限)；
H_α—传导散热消耗(产生)的热量[kcal/(m² · h)]；
H_β—蒸发散热消耗(产生)的热量[kcal/(m² · h)]

图 8-5 不同温度的蒸发与传导散热

从上述分析的四种情况可见：希望水在冷却塔中的冷却属于第一种情况图 8-5①，因为既有蒸发散热 H_β 又有传导散热 H_α，水的冷却效果好；在无法达到图 8-5① 要求时，则希望水的冷却状况为图 8-5②，虽然这时 $H_\alpha = 0$，但存在 $H = H_\beta$，即以蒸发散热为主，而夏天炎热的情况下，水面温度 t_f 与空气干球温度 θ 比较接近，故传导散热在总散热量 H 中仅占 10%～20%，而蒸发散热在 H 中占 80%～90%，所以夏天水在冷却塔中的冷却基本上属于图 8-5② 的情况。冷却塔的设计也是按夏季的情况即不考虑传导散热量($H_\alpha = 0$)、只考虑蒸发散热量 H_β 进行的，通常指的标准型冷却塔 $\Delta t = t_1 - t_2 = 5℃$，就是只考虑蒸发散热的结果，没有考虑传导散热 H_α。

图 8-5③的情况，一般来说不希望出现，但少数地区是存在的，如重庆、武汉、南京、杭州、南昌等地，夏季空气温度很高，t_f 与 θ 更为接近，故按上海的气象参数(一般 $\tau = 28℃$，$\theta = 31.5℃$) 设计的冷却塔，在这些地方，夏天的冷却效果达不到 $\Delta t \neq 5℃$，即 $t_1 - t_2 = \Delta t <$

5℃，但水还是得到冷却的，就是冷却效果差。如果这些地方夏季要达到 $\Delta t=5$℃，那么塔体要放大，填料要增高，风量要增加等是非常不经济的。

图中 8-5 中④是没有意义的，因冷却效果＝0。

在冬季 t_f 与 θ 之间温差很大(即 $\Delta t=t_f-\theta$ 很大)，这就是温差引起的传导散热的推动力很大，故传导散热量 H_α 在总散热量 H 中可达 50%，严冬时可达 70%，在冬季，$H_{\alpha冬}>H_{\alpha夏}$，$H_{\beta冬}>H_{\beta夏}$，所以总散热量 $H_{冬}>H_{夏}$，冬季冷却效果特别好。

但无论如何，对冷却塔来说，夏天通常为 $H_\beta>H_\alpha$，冬季 $H_\beta\approx H_\alpha$，H_β 越大，效果好，这是因为水的气化热为 597.3 kcal(1 kg 0℃ 的水汽化为 0℃ 的水蒸气放出的热量)，而水的比热为 1 kcal/kg，这就是说 1 kg 水全部被汽化可带走几乎为 600 kcal 的热量，那么 1 kg 水中有 1% 被汽化(即 $Q_u=1/100$ kg) 可带走 6 kcal 的热量，则可以使 1 kg 水的温度降低 6℃。

8.3　湿空气的性质

8.3.1　湿空气热力学参数

湿空气是由干空气和水蒸气组成的混合气体(湿空气＝干空气＋水蒸气)，所谓的干空气是指完全不含水蒸气的空气，而平时呼吸和接触到的空气中或多或少都含有一定量的水蒸气，问题是湿度大与小的区别，所以严格地讲，平时讲的空气均是湿空气，循环水的冷却就是依靠湿空气作为介质进行冷却的。

平时指的大气压力 P_a 是由空气中的干空气分压力 P_g 和湿空气的分压力 P_q 所组成，在通常的大气压(P_a)下，空气中的水蒸气含量很少(南方及沿海地区含量相对多些，故湿度大些；北方及西北地区含量少，故干燥)，处于过热状态(却不饱和状态，空气还能接纳很多的水蒸气)，所以空气中的水蒸气分压力 P_q 很低，过热程度相当高。在通常空气中的水蒸气分压力比达到饱和时水蒸气分压力远远地小很多，所以把湿空气中的水蒸气或者说湿空气本身(即通常指的空气)看作为理想气体是可以的，是足够正确的。

理想气体状态的方程为：

$$\frac{PV}{T}=\text{常数} \tag{8-7}$$

式中　P——气体(大气)压力(kg/cm^2 或 MPa)；

V——气体的体积(称气体的摩尔体积)(m^3)；

T——气体的绝对温度，其数值是在 0℃ 时 $T=273.15$ K(开尔文)，通常取 $T=273$ K。

近似符合理想气态方程中的气体是指不容易被液化的气体，易液化的为非气体，在常温下大气中最容易液化的是水蒸气，其他气体要使它液化必须在高压、低温下才可能完成。

所谓空气处于“过热状态”是指空气中的水蒸气没有达到饱和程度，故也称“过热蒸气”，在这种情况下水继续蒸发到空气中去是不易液化的，待空气中的水蒸气达到饱和时，再蒸发就液化了，水的蒸发量＝凝结量。只要稍降温，就会变成雾或结露。它与温度、压力等有关，压力一定时，饱和蒸汽温度不变；温度一定时，饱和蒸气压力不变。

8.3.2 湿空气的压力

这里指的压力是指通常情况下的空气压力，即大压气力 P_a。

对于冷却塔的冷却水来说，进塔空气和出塔空气都是湿空气，不同的是进塔空气中的水蒸气含量很小，出塔空气因在塔内接纳了较多的水蒸气，故快要接近于饱和状态。进塔空气中水蒸气含量越少，说明可接纳的水蒸气越多，水中跑到空气中去的热量也越多，冷却效果越好，即 $\Delta t = t_1 - t_2$ 较大。北方地区空气中水蒸气含量少，故按南方气象参数设计的冷却塔，到北方使用效果都很好。反之，北方塔到南方使用效果就差。

1. 湿空气的总压力

按照道尔顿的气体压力定律，在一定容积内混合气体的总压力等于其中各气体单独占据这个容积时的分压力之和。则设干空气的分压力为 P_g，水蒸气的分压力为 P_q，得湿空气的总压力为

$$P = P_g + P_q \tag{8-8}$$

根据气体方程式，气体的压力(P)、温度(T)和容积(V)之间的关系为

$$P \cdot V = G' \cdot R \cdot T \times 10^{-4} \tag{8-9}$$

式中 P——气体压力(即大气压)(Pa, MPa, kg/cm^2)；
V——混合气体体积(m^3)；
G'——混合气体重量(kg/m^3)；
T——气体的绝对温度(K)($T = 273$ K)；
R——气体常数(kg·m/(kg·℃)或J/(kg·K))。注：1 kgm=9.8 J。

由于干空气和水蒸气的容重不同，因此它们的气体常数也不同，根据实验，温度为0℃，压力为1个大气压的标准情况下，1 m^3 水蒸气重为 $G'_q = 0.805$ kg；1 m^3 干空气重为 $G'_g = 1.293$ kg，它们的气体常数可用公式计算出来。其水蒸气常数为

$$P_q \cdot V = G'_q \cdot T \cdot R_q \cdot 10^{-4} \tag{8-10}$$

得
$$\begin{aligned} R_q &= P_q \cdot V \cdot 10^4 / G'_q \cdot T = 1.033 \times 1 \times 10^4 / 0.805 \times 273 \\ &= 47.1\ \text{kg} \cdot \text{m}/(\text{kg} \cdot ℃) = 47.1 \times 9.8 = 461.58\ \text{J}/(\text{kg} \cdot \text{K}) \end{aligned}$$

干空气气体常数为

$$P_g \cdot V = G'_g \cdot T \cdot R_g \cdot 10^{-4} \tag{8-11}$$

得
$$\begin{aligned} R_g &= P_g \cdot V \cdot 10^4 / G'_g \cdot T \\ &= 1.033 \times 1 \times 10^4 / 1.293 \times 273 \\ &= 29.3\ \text{kg} \cdot \text{m}/(\text{kg} \cdot ℃) = 29.3 \times 9.8 = 287.14\ \text{J}/(\text{kg} \cdot \text{K}) \end{aligned}$$

水蒸气的容重 $\gamma_q = G'_q/V$、干空气的容重 $\gamma_g = G'_g/V$ 分别代入分压力中，则得：

$$P_q = \frac{G'_q}{V} \cdot R_q \cdot T \cdot 10^{-4} = 47.1\gamma_q T \cdot 10^{-4}(\text{kg/cm}^2) \tag{8-12}$$

$$P_g = \frac{G'_g}{V} \cdot R_g \cdot T \cdot 10^{-4} = 29.3\gamma_g \cdot T \cdot 10^{-4}(\text{kg/cm}^2) \tag{8-13}$$

或用焦尔(J/(kg·K))代入，得

$$P_q = 461.58 \cdot \gamma_q \cdot T \cdot 10^{-4}(\text{Pa}) \tag{8-14}$$

$$P_g = 287.14 \cdot \gamma_g \cdot T \cdot 10^{-4}(\text{Pa}) \tag{8-15}$$

2. 饱和水蒸气的分压力

空气在一定温度下吸湿能力(即吸收水蒸气能力)达到了最大值时,这时空气中的水蒸气处于饱和状态,则称为饱和空气。在饱和状态下的水蒸气分压力称为饱和蒸汽分压力,用 P''_q表示。

湿空气中所含的水蒸气数量,不会超过在该温度下达到饱和状态时的水蒸气含量,最多是等于该温度下饱和时的水蒸气含量。所以空气中水蒸气的分压力 P_q 也不会超过该温度下达到饱和时的水蒸气分压力 P''_q,最多等于 P''_q,故 $P_q \leqslant P''_q$,P_q 的变化范围在 $0 \sim P''_q$之间。

当空气的温度(即干球温度)$\theta = 0℃ \sim 100℃$ 之间变化时,在通常的大气压力范围,饱和蒸汽的分压力可按下式计算:

$$\lg P''_q = 0.014\,196\,6 - 3.142\,305 \times \left(\frac{10^3}{T} - \frac{10^3}{373.16}\right) + 8.2\lg\left(\frac{373.16}{T}\right) - 0.002\,840\,4 \times (373.16 - T) \tag{8-16}$$

式中　P''_q——饱和水蒸气分压力;

T——绝对温度为 273℃(K),计算空气温度为干球温度 θ 时,到达饱和的蒸汽分压力 P''_q时,$T = 273 + \theta$ 代入;计算空气温度为湿球温度 τ 时,到达饱和的蒸气压力 P''_q时,$T = 273 + \tau$ 代入。

从式(8-16)分析可见:

(1) 饱和蒸汽压力 P''_q只与空气温度 θ(或者说 T)有关,而与大气压力 P_a 的大小无关,空气温度 θ(或 T)越高,水的蒸发越多;

(2) 式(8-16)中,$3.142\,305\left(\frac{10^3}{T} - \frac{10^3}{373.16}\right)$中的 T 越大,则该项数值越小,那么前项(即 0.014 196 6)减去该项的数所得的相对就大,所以说明该项的 T 与P''_q成正比;式中 $8.2\lg\left(\frac{373.16}{T}\right)$项中的 T 越大,那么该值越小,则第一项加该项值相对也小,说明该项的 T 与 P''_q成反比,这是不利的,但该项数值是成对数关系增、减的,故相对来说变化就小了;式中 $0.002\,480\,4(373.16 - T)$项中的 T 值越大,那么该项数值越小,那么 P''_q就越大,说明该项的 T 与 P''_q是成正比的。综合上述,有 2 项 T 与 P''_q成正比,1 项成反比,而是对数关系成反比,故总的来说,T 与 P''_q还是成正比的。

(3) 这里讲的是在一定(某一)温度下达到饱和时的饱和蒸汽分压力,如果温度升高,那么原来已经达到饱和的空气就不饱和了,又能容纳水蒸气了;反过来,如果原来不饱和的空气,当温度降低到某一值时,则不饱和的空气就成为饱和了,因此可得 $P''_q = f(T)$,即 P''_q是 T 的函数。(注:得 $\lg P''_q$后再查反对数得 P''_q值,也可查有关图)

8.3.3　湿度

1. 绝对湿度

每 m^3 湿空气中所含有的水蒸气的重量称为空气的绝对湿度,所以绝对湿度就是水蒸

气的容重 γ_q，其值为：

$$\text{绝对湿度} = \gamma_q = \frac{\text{水蒸气重量}}{\text{湿空气体积}}$$

按式(8-12)得：

$$\gamma_q = \frac{P_q}{R_q \cdot T} \times 10^4 = \frac{P_q}{47.1T} \times 10^4 (\text{kg/m}^3) \tag{8-17}$$

式(8-15)是湿空气温度为 T 时，未达到饱和的情况下得到的绝对湿度值（未饱和时的水蒸气分压力为 P_q）；那么湿空气温度为 T 时，达到饱和情况下绝对湿度γ''_q值为

$$\gamma''_q = \frac{P''_q}{R_q \cdot T} \times 10^4 = \frac{P''_q}{47.1T} \times 10^4 \tag{8-18}$$

2. 相对湿度

在一定的温度下，湿空气中，没有达到饱和时的水蒸气分压力 P_q 与达到饱和时的水蒸气分压力 P''_q之比称为相对湿度，用公式表示为

$$\phi = P_q / P''_q \tag{8-19}$$

因为 $P_q \leqslant P''_q$，故 $\phi \leqslant 1$，即 $\phi = 0 \sim 1$ 之间。按前述讨论和式(3-6)，代入式(8-18)得：

$$\phi = \frac{\gamma_q \cdot R_q \cdot T \cdot 10^4}{\gamma''_q \cdot R_q \cdot T \cdot 10^4} = \frac{\gamma_q}{\gamma''_q} \tag{8-20}$$

因为 $P''_q \geqslant P_q$，$\gamma''_q \geqslant \gamma_q$，可见：相对湿度是表示湿空气接近饱和的程度。$\phi$ 小说明空气较干燥，吸收水蒸气能力强，冷却塔内水冷却效果好；反之，ϕ 大，空气中的含湿量高，吸收水蒸气的能力差，则水的冷却效果也差。

空气的总压力 $P = P_g + P_q$，得 $P_g = P - P_q$，从式(8-19)得 $P_q = \phi P''_q$，则得干空气的分压力为

$$P_g = P - P_q = P - \phi P''_q \tag{8-21}$$

式(8-21)说明了干空气分压力与饱和水蒸气分压力 P''_q与相对湿度 ϕ 之间的关系。

为求得相对湿度 ϕ 的计算式，现来讨论以下有关的系数。在空气流速较高的情况下，通过实验得到温度差为 1℃时的关系为

$$\frac{\alpha}{\gamma \beta_P} = 0.000\,662P[\text{kg/(cm}^2 \cdot ℃)] \tag{8-22}$$

式中 α——温度差为 1℃的传导散热系数[kcal/(m² · h · ℃)]。

β_P——压力差引起的面积蒸发散质系数[kg/(m² · h · 大气压)]，其意思是在一个大气压下，每小时每平方米上蒸发的水量。

γ——水的汽化热（kcal/kg），$\gamma = \gamma_0 + 0.47\theta$，$\gamma_0 = 597.3$ kcal（即吸收 597.3 kcal 热量），0.47 是 1 kg 0℃的水蒸气温度每升高 1℃所吸收的热量，称为汽化热，单位为 kcal/(kg · ℃)，那么 1 kg 水蒸气从 0℃升高到 θ℃时，共需要的热量为 0.47θ。

在远离水面的空气温度为 θ 时，水蒸气的分压力为 P_q，当 $t_f = \tau < \theta$ 时（图 8-5④，即第

四种情况)，水蒸发散热量 H_β = 空气向水的传导热量 H_α，达到了动态平衡，因为 $\theta > \tau$，那么达到动态平衡时空气与水面的温度差为 $\theta - \tau$，这时的分压力差为

$$\Delta P = 0.000\,662P(\theta - \tau) \tag{8-23}$$

同时，达到动态平衡时空气中的水蒸气分压力为 P_q，水面达到饱和时的水蒸气分压力为 P''_q，因这时 $t_f = \tau$，故这时水面达到饱和时的水蒸气分压力为 P''_τ，即这时 $P''_q = P''_\tau$，那么水面饱和分压力 P''_τ 与空气中水蒸气分压之差为

$$\Delta P = P''_\tau - P_q \tag{8-24}$$

因为这时的情况为 $H_\beta = H_\alpha$，达到动态平衡，所以 $\Delta P = P''_\tau - P_q = 0.000\,662P(\theta - \tau)$，移项得：

$$P_q = P''_\tau - 0.000\,662P(\theta - \tau) \tag{8-25}$$

空气温度为 θ 时，达到饱和时的水蒸气分压力为 P''_θ（这时 P''_q 就是 P''_θ），则式(8-25)代入式(8-19)中，得：

$$\phi = \frac{P_q}{P''_q} = \frac{P_q}{P''_\theta} = \frac{P''_\tau - 0.000\,662P(\theta - \tau)}{P''_\theta} \tag{8-26}$$

此相对湿度计算公式中，P''_θ 可以按式(8-16)求得，$T = 273 + \theta$ 是知道的，而此式中的 P''_τ 同样按式(8-16)求得，T 中 τ 代入，即 $T = 273 + \tau$。P（大气压）、θ、τ 都是实测的，则 ϕ 可按式(8-26)计算而得。同时 ϕ 值根据测得的 θ、τ 值可查“空气相对湿度计算曲线图”而得(图 8-6)。

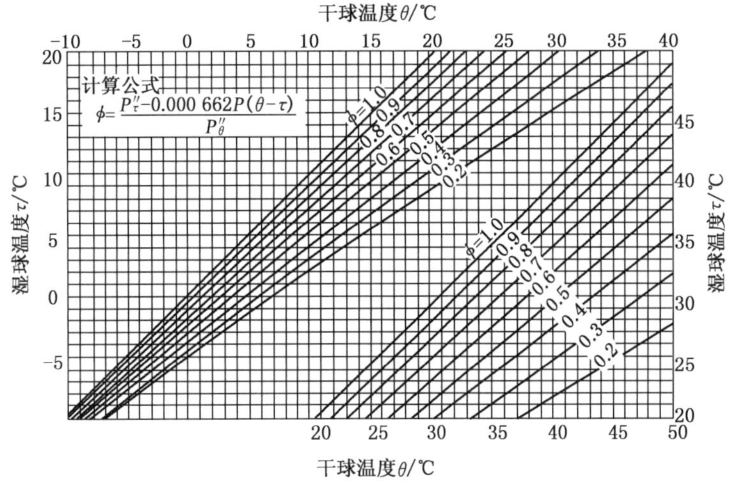

图 8-6　空气相对湿度计算图(大气压力 P=745 mmHg)

3. 含湿量(x)

湿空气中，每 1 kg 干空气所含有的水蒸气重量为 x kg，称为湿空气的含湿量，也称为比湿。

具体地讲：1 kg 干空气和 x kg 的水蒸气组成为湿空气，就是说，湿空气的重量是 1 kg 干空气 + x kg 水蒸气所组成，x kg 就是含湿量，就是一定要明确含湿量是指湿空气中每

1 kg干空气所含有的湿汽重量。

湿空气的含湿量定义为：

$$x=\frac{\text{水蒸气重量}}{\text{干空气重量}}=\frac{G_{汽}/V(\text{湿空气体积})}{G_{干}/V(\text{湿空气体积})}$$
$$=\frac{\gamma_q(\text{kg 水蒸气}/\text{m}^3\ \text{湿空气})}{\gamma_g(\text{kg 干空气}/\text{m}^3\ \text{湿空气})}=\frac{\gamma_q}{\gamma_g}(\text{kg/kg 干空气}) \tag{8-27}$$

用式(8-12)和式(8-13)代入式(8-27)中得：

$$x=\frac{\gamma_q}{\gamma_g}=\frac{P_q\times10^4/47.1T}{P_g\times10^4/29.3T}=\frac{29.3P_q}{47.1P_g}=0.622\frac{P_q}{P_g} \tag{8-28}$$

式(8-28)是空气中水蒸气没有达到饱和时情况，因为$P=P_g+P_q$，所以$P_g=P-P_q$，代入式(8-28)得：

$$x=0.622\frac{P_q}{P-P_q} \tag{8-29}$$

从式(8-29)可见：在一定的大气压力P(不变)条件下，空气中的含湿量x值随着空气中水蒸气的分压力P_q的增加而增大，那么在一定的温度下，湿空气中的水蒸气含量达到饱和时，则水蒸气的分压力P_q也达到最大值，即成为P''_q，从相对湿度中可知$P_q=\phi P''_q$，这时干空气的分压力为$P_g=P-P_q=P-\phi P''_q$，代入式(8-29)中得饱和时含湿量：

$$x=0.622\frac{P_q}{P-P_q}=0.622\frac{\phi P''_q}{P-\phi P''_q} \tag{8-30}$$

在一定的温度下，湿空气中的水蒸气分压力P_q是随着含湿量x的增加而增大的，$P_q\leqslant P''_q$，当湿空气中的含湿量达到饱和时，则$P_q=P''_q$，这时的相对湿度$\phi=P_q/P''_q=1$，则饱和时的含湿量x由式(8-30)成为：

$$x''=0.622\frac{P''_q}{P-P''_q} \tag{8-31}$$

式中，x''表示湿空气达到饱和时的含湿量。

从上述讨论中，可得出以下三点结论：

(1) 在一定的温度下，如果空气中的含湿量x等于x''时，说明湿空气已经达到饱和状态，它不能再吸收水蒸气了，用这种空气进入冷却塔去冷却水，其冷却效果等于0。

(2) 如果含湿量$x<x''$，说明这时的湿空气仍能吸收水蒸气，其每公斤干空气能够吸收(即允许增加)的水蒸气数量为$(x''-x)$，用这种空气进入冷却塔去冷却水是有效果的，即能使水的温度得到下降。

(3) $(x''-x)$的值越大，说明空气越干燥，能吸收水蒸气的数量越大，用这种空气进入冷却塔去冷却水，水温降低就越大，效果好；$(x''-x)$值越小，说明空气能吸收的水蒸气数量越小，空气潮湿，用这种空气进入冷却塔去冷却水效果就差。

如果已经知道空气未达到饱和时的含湿量x和达到饱和时的含湿量x''，则根据式(8-25)和式(8-17)可分别求得未达到饱和时的分压力P_q和达到饱和时分别压力P''_q。

$$\left.\begin{aligned} P_q &= \frac{x}{0.622+x}\cdot P \\ P''_q &= \frac{x''}{0.622+x''}\cdot P \end{aligned}\right\}(\text{MPa}) \tag{8-32}$$

8.3.4　湿空气的容重

湿空气的容重 γ 等于每立方米空气中所含的干空气重量(容重)与水蒸气容重之和,即:

$$\gamma = \gamma_g + \gamma_q(\text{kg/m}^3) \tag{8-33}$$

用式(8-12)、式(8-13)代入式(8-33)得:

$$\gamma = \gamma_g + \gamma_q = \frac{P_g}{R_g + T}\cdot 10^4 + \frac{P_q}{R_q\cdot T}\cdot 10^4 \tag{8-34}$$

因为 $\left.\begin{aligned} &P_q = \phi P''_q,\ P_g = P - P_q = P - \phi P''_q \\ &R_g = 29.3,\ R_q = 47.1,\ T = 273+\theta \end{aligned}\right\}$ 代入式(8-34)得

$$\gamma = \frac{P-\phi P''_q}{29.3\times(273+\theta)}\times 10^4 + \frac{\phi P''_q}{47.1\times(273+\theta)}\times 10^4 \tag{8-35}$$

从式(8-35)可见:

(1) 湿空气的容重 γ 随大气压 P 的增大而增加,随大气压 P 的降低而减小;

(2) 湿空气的容重 γ 随温度 T(或 θ)的升高而减小,随温度 T(或 θ)的降低而增大。

γ 一般按式(8-35)进行计算,但在设计和冷却塔热工性能测试过程中,常用查图而得,就是说已按干球温度 θ 和相对湿度 ϕ,按式(8-35)计算后绘成“湿空气容重计算图”,如图 8-7 所示。

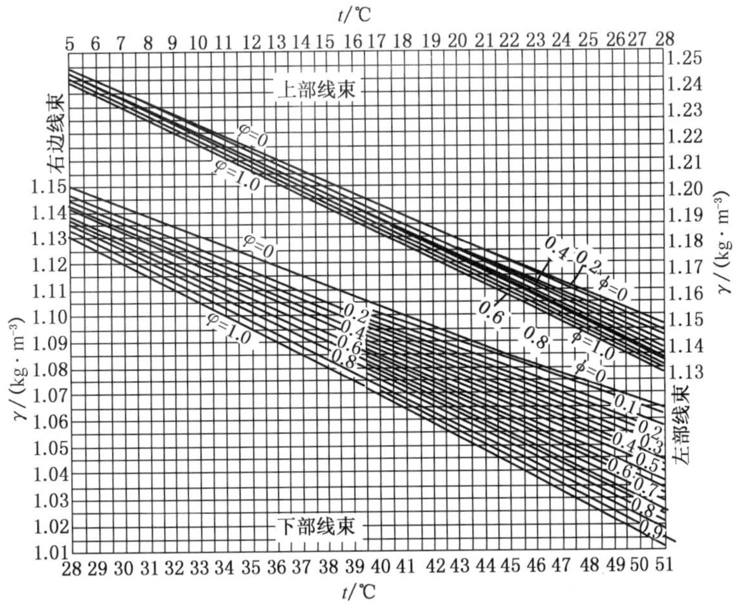

图 8-7　湿空气表现密度计算图(大气压力 P=745 mmHg)

3. 湿空气的比热(C_{sh})

湿空气比热的定义为:含有 1 kg 干空气的湿空气,温度升高 1℃所需要的热量(或降低 1℃放出的热量),叫做湿空气的比热,用 C_{sh}表示,其值为

$$C_{sh} = 0.25\ \text{kcal/(kg} \cdot ℃)$$

这里,把有关的比热归纳如下:水的比热 $C = 1$ kcal/(kg · ℃); 干空气比热 $C_g = 0.24$ kcal/(kg · ℃); 水蒸气比热 $C_q = 0.47$ kcal/(kg · ℃)。

这些比热均以 1 kg 每升高或降低 1℃,其增加或减少的热量。现设有 1 kg 干空气的湿空气中,有水蒸气 x kg,那么温度升高 1℃时应该是:湿空气增加的热量=干空气增加的热量+水蒸气增加的热量,用式子表示为

$$(1+x) \cdot C_{sh} = C_g \times 1 + C_q \times x \tag{8-36}$$

则得湿空气的比热 C_{sh}为

$$C_{sh} = (C_g + C_q \cdot x)/(1+x) \tag{8-37}$$

在一般的通常情况下,含有 1 kg 干空气的湿空气中,水蒸气含量非常小,仅为 $x = 2.13\% = 0.021\,3$,即 $x \ll 1$,所以分母中的$(x+1) = 1.0213 \approx 1$,那么式(3-31)成为:

$$C_{sh} = C_g + C_q x \tag{8-38}$$

用 $C_g = 0.24$, $C_q = 0.47$ 代入得:

$$\begin{aligned} C_{sh} &= 0.24 + 0.47x = 0.24 + 0.47 \times 0.021\,3 \\ &= 0.24 + 0.01 = 0.25\ \text{kcal/(kg} \cdot ℃) \end{aligned}$$

这就是 $C_{sh} = 0.25$ kcal/(kg · ℃) 的来历。

8.4 湿空气的焓

8.4.1 焓的概念

什么叫焓? 表示和象征含热量大小的数值叫焓,用 i 表示。

什么叫湿空气的焓? 含有 1 kg 干空气的湿空气中所含热能的总量,称为湿空气的焓值,即为:$i = 1$ kg 干空气所含的热量+含湿量为 x kg 水蒸气所含的热量。用 i_g 表示干空气焓(kcal/kg);用 i_q 表示水蒸气焓(kcal/kg),则湿空气焓为

$$i = 1i_q + xi_q\ (\text{kcal/kg}) \tag{8-39}$$

(注:这里热=能量,只能相对计算)

国际水蒸气会议规定:在水蒸气热量计算中,以水温为 0℃的水,其热量为零作为热量计算的基点。干空气的比热 $C_g = 0.24$ kcal/(kg · ℃)(或 1 kJ/(kg · ℃))以 2.34×10^{-3} kcal 为 9.806 7 J 换算而来,这里以 kcal 表示,不用 kJ 表示,特说明),温度为 θ 时 1 kg 干空气的焓为:

$$i_g = C_g \cdot \theta = 0.24\theta(\text{kcal/kg}) \tag{8-40}$$

8.4.2　水蒸气的焓

水蒸气的焓是由以下两部分组成的：

(1) 1 kg0℃的水变为 0℃的水蒸气时，所要吸收的热量，即汽化热(γ_0)，$\gamma_0 =$ 597.3 kcal/kg。

(2) 1 kg 水蒸气由 0℃升高 θ℃时所需要的热量，其值为水蒸气的比热 $C_q \times \theta$，$C_q =$ 0.47，则为 0.47θ。现为 x kg 水蒸气，则其焓为：

$$i_q \cdot x = (597.3 + 0.47\theta)x \tag{8-41}$$

用式(8-40)、式(8-41)代入式(8-39)得：

$$\begin{aligned} i &= 1i_g + i_q x = 0.24\theta + (597.3 + 0.47\theta)x \\ &= \underbrace{(0.24 + 0.47x)}_{C_{sh}}\theta + \underbrace{597.3}_{\gamma_0}x \\ &= C_{sh}\theta + \gamma_0 x \end{aligned} \tag{8-42}$$

式中　C_{sh}——湿空气的比热(0.25 kcal/(kg·℃))，$C_{sh} \cdot \theta$ 与温度有关，称为湿空气显热；

γ_0——汽化热(597.3 kcal/kg)，$\gamma_0 \cdot x$ 与温度无关，称为湿空气潜热；

x——含湿量，其值按式(8-30)计算。

用式(8-30)代入式(8-42)得：

$$\begin{aligned} i &= 0.24\theta + (597.3 + 0.47\theta)x \\ &= 0.24\theta + (597.3 + 0.47\theta) \times 0.622\,\frac{\phi P''_q}{P - \phi P''_q} \end{aligned} \tag{8-43}$$

令 $C = 0.622 \times (597.3 + 0.47\theta)$，代入式(8-43)得：

$$i = 0.24\theta + C\,\frac{\phi P''_q}{P - \phi P''_q} \tag{8-44}$$

在空气温度 θ 达到水蒸气饱和时，这时水面饱和汽层温度 $t_f = \tau$，$\phi = 1$，则得：

$$i = 0.24\theta + C\,\frac{P''_q}{P - P''_q} \tag{8-45}$$

8.4.3　空气含热量计算图

在冷却塔计算和热力性能测试中，可查“空气含热量计算图”(图 8-8)，在已知大压力 P、相对湿度 ϕ 及干球温度 θ，按图 8-8 可查得湿空气焓 i 值。查图的顺序为：根据 P 值→垂直向上对准 ϕ 值→水平方向对准 θ 值→再垂直向下查得 i 值。图 8-8 分上下两部分，现举两个例子来加以说明。

(1) 查图 8-8 上部分的例子：$P = 745$ mmHg，$\phi = 0.60$，$\theta = 30°$，按上述查图顺序得 $i = 17.1$ kcal/kg。

(2) 查图 8-8 下部分的例子：大气压力 $P = 700$ mmHg，$\phi = 0.90$，$\theta = 40$℃，按上述查图顺序得 $i = 38.5$ kcal/kg。

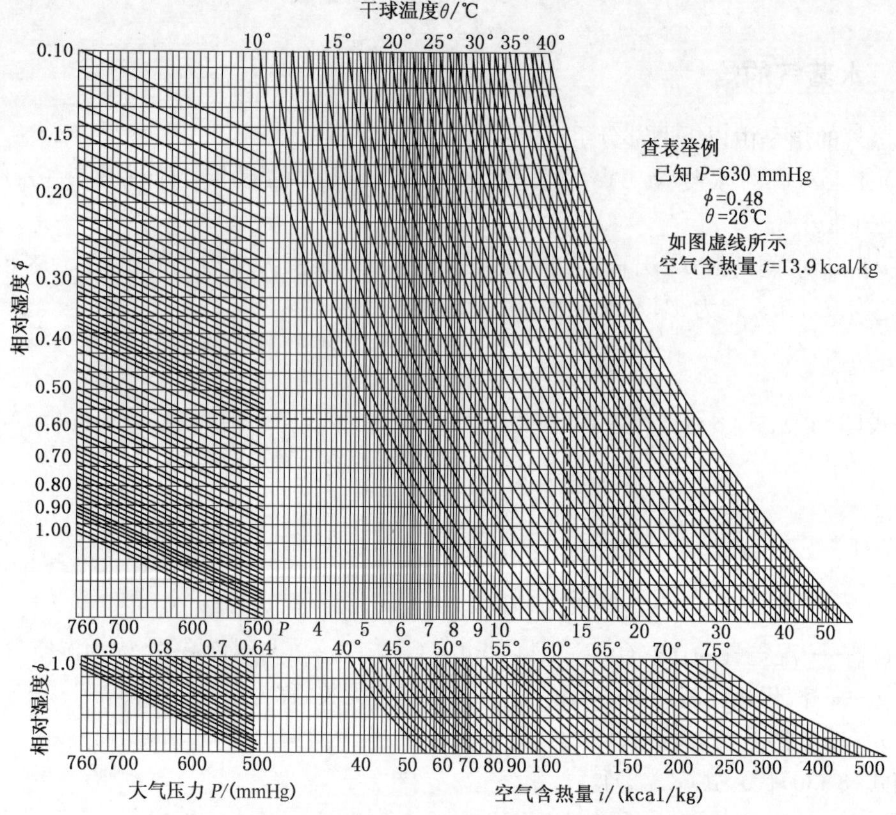

图 8-8　空气含热量计算图(θ=10℃～75℃)

8.4.4　干、湿球温度及水冷却的理论极限

干、湿球温度(θ和τ)是冷却塔设计的主要气象参数，它们是反映空气温度的物理参数。

1. 湿球温度计的原理及相对湿度

1) 湿球温度计原理

测θ与τ的干、湿度温度计见图 8-9。干球温度θ是用一般温度计测得的(图 8-9 的左边一支)。而测湿球温度的温度计(图 8-9 中的右边一支)，它的水银球上包一层湿纱布(纱布的下端浸入在充水的容器之中)，使空气与水不直接接触，测得的温度称为湿球温度，用τ表示，该温度实际上是在当地当时的气温条件下，水被冷却所能达到的最低温度。

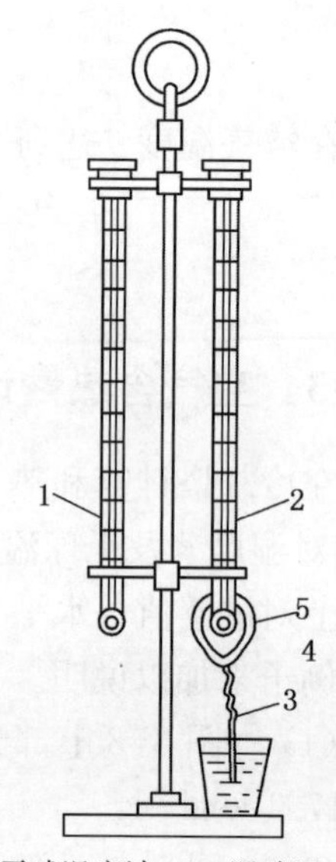

1—干球温度计；2—湿球温度计；3—纱布；4—水层；5—空气层

图 8-9　干、湿球温度计

湿球温度计上的纱布在毛细管的作用下，纱布表面吸收了一层水，在空气不饱和的情况下，这层表面的水不断蒸发，蒸发所需要的热量由水中取得，因而水温逐渐降低。这里存在着两种散热：一种是空气向水进行传导散热；另一种是水向空气进行蒸发散热，现分析在$t_f > \theta$时的水向空气传热。

空气向水的传导散热：设刚开始时，纱布上表面这层水的

温度为 t_f，空气温度为 θ，开始时因 $t_f > \theta$，水向空气传热，当 t_f 下降后，在 $t_f = \theta$ 时，$H_\alpha = 0$，当 t_f 再下降，到 $\theta > t_f$ 时存在着 $\theta - t_f$ 的温度差，这个温度差是空气向水传导散热的推动力，这样，空气向纱布与空气的交界面传递热量，再通过纱布把空气的热量传给水。设水银球上盖的湿纱布面积为 F，传热系数为 α，则空气向湿纱布交界面传递的热量为 $\alpha(\theta - t_f)F$，此值随 t_f 的下降而增加。同时纱布交界面的水也在不断地向空气传递热量，进行蒸发散热，使水温 T 不断下降，当纱布层水温 T 降低到 τ 时($t_f = \tau < \theta$)，水层的温度不再下降了，这时：水的蒸发散热＝空气传递给水的热量，处于动态平衡状态。这时候纱布水层上的温度 τ 称为湿球温度，这时空气向水层传递的热量达到最大值，即为 $\alpha(\theta - \tau)F$。

那么这时候水层向空气蒸发散热量是多少呢？当纱布水层温度达到 τ 时($t_f = \tau < \theta$)，水层交界面达到饱和蒸汽，其饱和蒸汽分压力为 P''_τ，而空气温度为 θ 时的蒸汽分压力为 P_θ，$P''_\tau > P_\theta$，它们的蒸汽分压力差为($P''_\tau - P_\theta$)，这个分压力差就是纱布水层继续向空气蒸发散热的推动力。就是说这时存在着空气向水进行传导散热的推动力是($\theta - \tau$) 的温度差；水向空气进行蒸发散热的推动力是($P''_\tau - P_\theta$) 分压力差。

空气向水进行传导散热量为 $\alpha(\theta - \tau)F$，而这时的蒸发散热量是多少？设水的汽化热为 γ(kcal/kg)，$\gamma = \gamma_0 + 0.47$，汽化热 $\gamma_0 = 597.3$ kcal/kg。设 β_P 为压差蒸发散热系数，代表单位蒸汽压力下，单位面积上水汽蒸发量[kg/(m^2 · h · 大气压)]。那么水层温度降到 τ 时，纱布水层的蒸发散热量为：$\gamma\beta_P(P''_\tau - P_\theta)F$，因为这时空气向水的传导散热＝水层向空气的蒸发散热，处于动态平衡状态，则得：

$$\alpha(\theta - \tau)F = \gamma\beta_P(P''_\tau - P_\theta)F \tag{8-46}$$

则可得空气中水蒸气的分压力 P_θ 为：

$$P_\theta = P''_\tau - \frac{\alpha(\theta - \tau)}{\gamma\beta_P} \tag{8-47}$$

通过实验得 $\alpha/\gamma\beta_P = 0.000\,662P$，代入式(8-47)得：

$$P_\theta = P''_\tau - 0.000\,62P(\theta - \tau) \tag{8-48}$$

相对湿度 $\phi = P_\theta / P''_\theta$，$P_\theta = \phi P''_\theta$ 代入式(8-48)得：

$$\phi = \frac{P''_\theta - 0.000\,662P(\theta - \tau)}{P''_\theta}$$

这就是前面论述的式(8-26)的由来。

2) 精确测定湿球温度 τ 要注意的问题

(1) 必须保证水银球完全被湿纱布覆盖；

(2) 空气的速度(风速)必须要足够大，一般要求风速在 3～5 m/s 以上，这样周围环境传来的轴射热的影响可忽略不计，只存在空气传递来的热量对湿球温度 τ 的影响。

(3) 补充水的水温应与湿球温度 τ 相等。

满足上述三条后，空气流速(风速)可以在较大范围内变化(即不一定要在 3～5 m/s 之内)，从而不影响湿球温度的测定值。

在现场实际测定时，把阿斯曼通风干、湿球温度计放在搭好的棚内(即要求通风而又不在太阳下)，温度计应放在距地面 2.0 m 处，又要距冷却塔有一定的距离，防止冷却塔出来的湿空气凝结水滴的影响，但也不要太远。测定读数间隔时间为 10～20 min 一次。测点布置的数目，中小型冷却塔可布置 2 个以上测点；大型冷却塔要求布置 4 个以上测点，然后取各测点相加后的算术平均值。但一般玻璃钢冷却塔的测试往往都只布置一个测点。

3）湿球温度对水蒸发散热冷却的意义

湿球温度 τ 对水蒸发冷却的意义主要有以下两条：

(1) 湿球温度 τ 代表当地当时的气温条件下，水可能被冷却的最低温度，即冷却塔出水温度 t_2 的理论极限值(即在理论上冷却塔的出水温度 t_2 可达到 τ 的温度)。当要求冷却后的水温 t_2 越接近湿球温度时，冷却越困难，要使 t_2 接近于 τ，则冷却塔的尺寸和体积会增加很多，就会大幅度地增加造价而很不经济。一般冷却塔的出水温度 t_2 等于或大于 τ 加 3℃ ~ 5℃(即 $t_2-\tau \geqslant$ 3℃ ~ 5℃)，$(t_2-\tau)$ 称为冷幅高，是衡量冷却塔冷却效果好与差的重要指标。上海地区设计的标准型(低温塔)冷却塔出水温度 $t_2=32$℃，设计采用的 τ 为 28℃，则 $t_2-\tau=4$℃。

(2) 先阐述一下绝热饱和温度 θ_B 的概念。当空气温度 θ 不变时，湿空气焓 i 和相对湿度 ϕ 均随含湿量 x 的增加而增加，随 x 的含量减少而减少。当含湿量 x 增加到使湿空气达到饱和时，则湿空气就不再吸收水蒸气了，就是说拒绝吸收水中蒸发出来的散热量。这时空气中的水蒸气分压力从 P_θ 上升到 P''_θ，$\phi=1$，x 和 i 值都达到了最大值。这时的 x 和 θ 分别称为“饱和含湿量”和“饱和温度”，而此时湿空气拒绝吸收水中蒸发的热量，故这时的“饱和温度”称为“绝热饱和温度”，用 θ_B 表示。

湿球温度 τ 与湿空气的绝热饱和温度 θ_B 在物理概念上是完全不同的，但湿球温度的数值与空气的绝对饱和温度的值是相等的，即 $\tau=\theta_B$，这一性质使得水的最低冷却温度与空气的绝热饱和温度相等。在空气含热量计算图中(图 8-8)与 $\phi=1$ 相交的温度 θ_B 就等于湿球温度 τ，因此，冷却过程的理论分析，可以根据湿空气的焓湿图来进行。

2. 湿空气焓湿图的应用

湿空气中的相对湿度 ϕ、含湿量 x、含热量 i 和温度 $t(\theta)$ 是 4 项重要的热力学参数，其计算工作量大而且繁琐，除试验或实测得到之外，为计算方便，把 ϕ、x、i、t 这 4 项的相互关系绘制成图 8-10，利用图 8-10，可根据已知的两项热力学参数，就可直接查出另两项，简化了计算工作。

如何应用图 8-10，以图 8-11 来加以说明，按图 8-11 中所示，已知温度 t_P 和相对湿度 $\phi=0.6$，按 t_P 点垂直向上与 $\phi=0.6$ 曲线交于 P 点，由 P 点水平向右移动得含湿量 x_P；由 P 点与 i 线平行向左上角移动，得热焓 i_P。焓湿图是冷却塔热力计算的基本图表，从焓湿图分析可以得出下列关系。

(1) 当温度 t 不变时，如图 8-11 中 Bt_B 线所示，热焓 i 和相对湿度 ϕ 均随含湿量 x 的增减而增减，当相对湿度 $\phi=1$ 的最大值时，则 x 与 i 在该温度下也均达到最大值，这时 x_B 及 t_B 分别称为饱和含湿量和饱和温度。

(2) 当 x 为常数时，如图 8-11 中的 Bx_B 线所示，i 随着 t 的增减而增减，而 ϕ 随着 t 的降低而增加(即 t 增加 ϕ 减小)，当 t 降到 $\phi=1$ 的时候，空气达到饱和，即达到露点，这时的 t 为最小值。这就是前面讲到的，在一定温度下，原来没有达到饱和的空气(即 P_q 没有达到 P''_q)，当温度下降到某一值时达到了饱和，使 $\phi=1$，$P_q=P''_q$；反过来，在一定温度下已达到饱和的空气，当温度升高后就不饱和了，可继续接受水蒸气。

(3) 当 i 为常数时，如图 8-11 中的 BC 线所示，这时湿空气的散热量与吸热量相等，热力学上称为绝对条件。这就是前面讨论的“湿球温度(τ)的数值与空气的绝热饱和温度值相

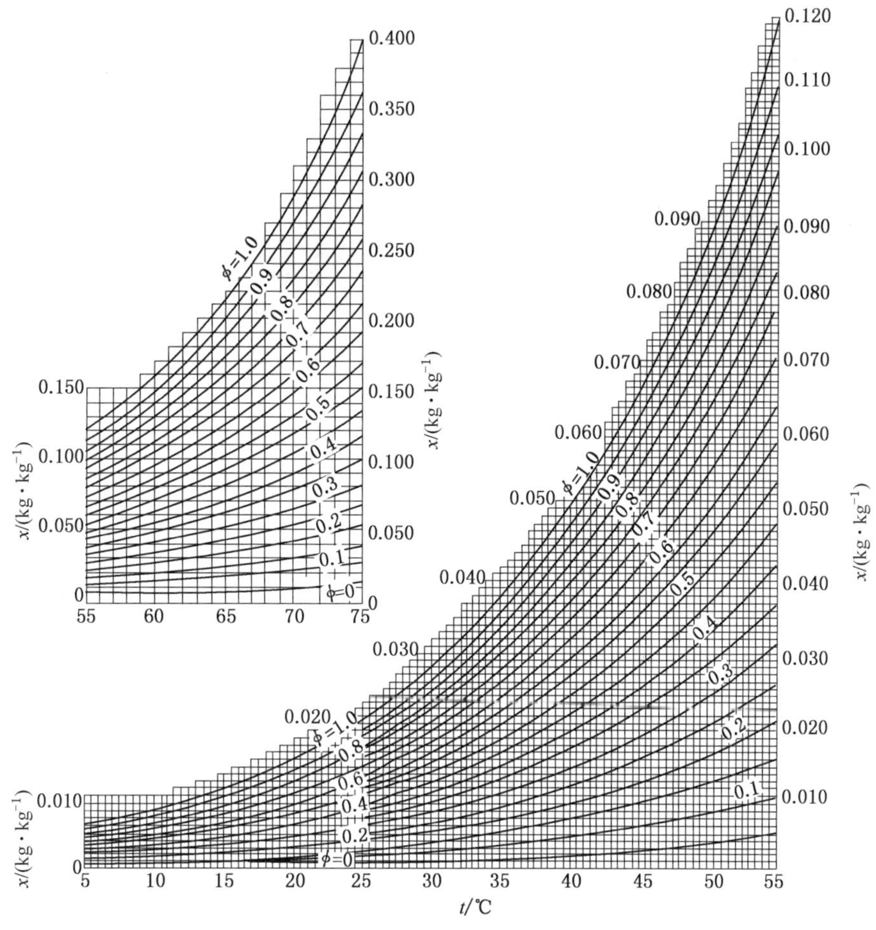

图 8-10　湿空气的焓湿图

等”，当空气按绝热过程降低温度时（即沿 BC 线移动），它与饱和线 $\phi=1$ 相交的温度 t_B 就等于湿球温度 τ。从图中 BC 线可见：ϕ 随 x 的增加而增加，而 t 随 x 的增加而降低，当 x 增加到 x_B 时，$\phi=1$，即 x 与 ϕ 均达到了最大值，而 t 降低到了最低值 t_B，即湿空气处于饱和状态，$t_B=\tau$，$\phi=1$，$x=x_B$。

（4）当相对湿度 ϕ 不变时，则 t，x，i 都是同时增加或同时减小。

（5）根据图 8-11，可以说明冷却塔的冷却工作原理。如进入冷却塔的为新鲜空气，其参数如图 8-11 中的 P 点（P 点相应的参数为 ϕ_P，i_P，t_P 及 x_P），通过冷却塔后由风筒口排出的湿空气参数如图中的 A 点（这里 A 点的 $\phi=1$，实际上未达到饱和，一般 $\phi=97\%\sim98\%$，接近于 $\phi=1$，这里是把出塔空气假定达到了饱和），A 点相应的参数 ϕ、i_A、t_A、x_A 均达了最大值，其 i，t，x 的增加值分别为：湿空

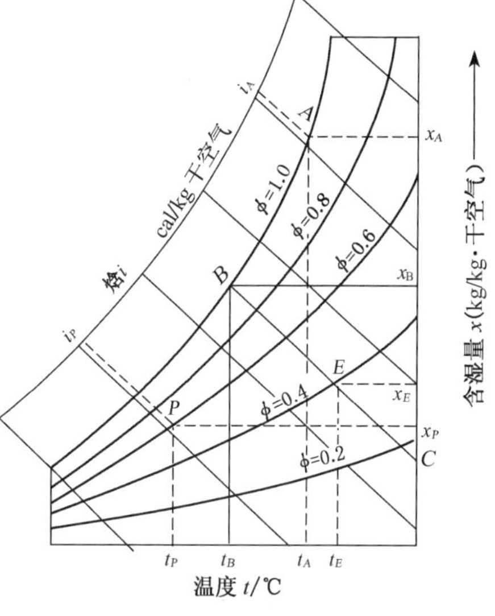

图 8-11　湿空气焓湿图的应用

气温度增加值为($t_A - t_P$)℃;含湿量增加值为($x_A - x_P$)kg/kg 干空气;热焓增加值为($i_A - i_P$)kcal/kg 干空气。

也就是说进入冷却塔的新鲜空气每公斤可吸取水蒸气($x_A - x_P$)kg 和($i_A - i_P$)kcal 热量,从而使热水得到冷却。

8.4.5 设计气象参数的确定

前面讨论中,空气的干球温度θ和湿球温度τ,是冷却塔设计和热水在冷却塔中的冷却,是非常重要的两个气象参数,直接关系到水的冷却效果和冷却塔的造价。前面讲到的冷幅高 $t_2 - \tau = 3℃ \sim 5℃$,是对低温塔(也称标准型塔,其冷却温差 $\Delta t = t_1 - t_2 = 5℃$)和中温塔($\Delta t = t_1 - t_2 = 10℃$)的设计标准来说的,对于高温型塔就不适用了。如上海地区(实为代表除山东省外的华东地区),设计采用的 $\theta = 31.5℃$,$\tau = 28℃$,低温塔进水温度 $t_1 = 37℃$,出塔温度 $t_2 = 32℃$,$t_2 - \tau = 32℃ - 28℃ = 4℃$;中温塔设计进塔水温 $t_1 = 43℃$,出塔水温 $t_2 = 33℃$,$t_2 - \tau = 33℃ - 28℃ = 5℃$,均符合 3℃ ~ 5℃ 之间,但高温塔就不符合了,高温塔设计进塔温度 $t_1 = 55℃$,出塔水温 $t_2 = 35℃$,则 $t_2 - \tau = 35℃ - 28℃ = 7℃ > 5℃$。因此冷幅高为 3℃ ~ 5℃ 主要是对标准型的低温塔来说的。

我国地域辽阔,东南西北中各地气温相差较大,因此按地区来划分,各大区冷却塔设计采用的气象参数是不同的。因此南方设计的塔可适用于北方,冷却效果好,但反之,北方设计的塔就不适用于南方了。在现代冷却塔设计中,按夏季不利的气象条件下,只考虑蒸发散热量 H_β,不考虑传导散热量 H_α(即 $H_\alpha = 0$)进行的。那么设计冷却塔的气象参数是如何确定的呢?下面给予较详细的论述。

1. 确定气象参数的基本原则

冷却塔设计计算所需要的气象参数包括干、湿球温度(θ与τ)、相对湿度 ϕ;大气压力(mmHg);风向、风速及冬季最低气温等。影响水冷却效果的主要是θ与τ及ϕ。

冷却塔设计的气象参数是按夏季不利的气象条件下设计计算的,但是如果采用夏季的最高温度和湿度来进行设计也是不合理的,因为最高的温度和湿度在一年中出现的次数并不很多,仅占很短的时间,如果按夏季最高温度和湿度进行冷却塔设计,那么必然会使设计的冷却塔尺寸很大,使冷却塔的造价和日常的电耗大大增加,这是不经济的,得不偿失的。反过来,如果设计采用的温度和湿度太低,那么较多时间内冷却塔的出塔水温 t_2 达不到符合冷却生产设备和产品所需要的温度,会引起热交换设备运转条件的恶化,或使生产工艺过程遭到破坏,造成巨大的损失,或空调系统工作的破坏等。因此冷却塔设计采用的干、湿球温度的基本原则为:既不能采用夏季的最高干、湿球温度,又要满足生产工艺对冷却设备和产品对水温的要求,按一定的保证率来确定。或按 5%~10%的频率(P)来确定,两种方案都有采用。

空气干、湿球温度一般以近期连续不少于 5 年的资料,每年最热时间(3 个月)的频率为 5%~10%的昼夜平均干、湿球温度作为设计依据。我国石油、化工、机械工业多采用 5%的频率;冶金、电力和民用采用 10%的频率;对于生产工艺要求很高的,计算频率要采用 1%。

2. 气象参数的计算统计与确定方法

1) 气象参数的计算统计

气象参数一般均采用当地气象部门记录的数据为依据,把 5 年以上实测记录的日平均干、湿球温度按表 8-2 所列项目进行统计(干球温度与湿球温度分开统计,表格内容相同),

然后按表 8-2 的 θ、τ 数据绘制干、湿球温度频率曲线，如图8-12所示。

表 8-2　　**干球或湿球温度计算统计**

序号	干球或湿球温度/℃	一年中该温度出现的天数							共出现天数	累积天数	平均每年温度超过规定值的天数	每种温度频率/%
		1999	2000	2001	2002	2003	2004	2005				

气象参数取在设计频率的湿球温度值及与湿球温度相应的干球温度和大气压力的日平均值。按图 8-12，取设计频率为10%，则查得湿球温度为 24.9℃，干球温度为 29.6℃；取设计频率为 5%，得 $\tau = 25.6$℃，$\theta = 30.5$℃；取设计频率为 1% 时，得 $\tau = 26.9$℃，$\theta = 32$℃。一般常采用 5%的设计频率。

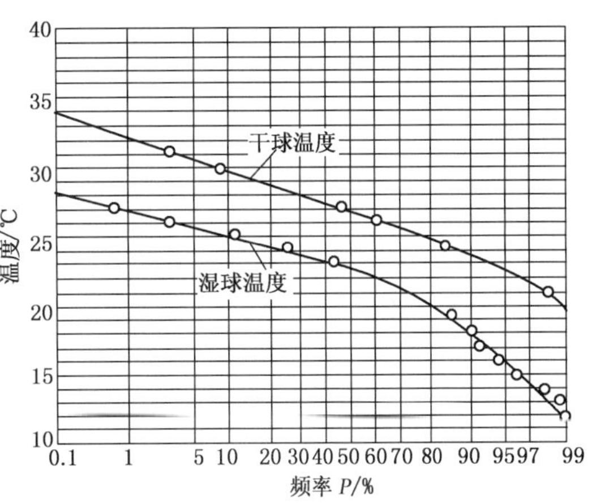

图 8-12　干湿球温度频率曲线

2) 气象参数的确定方法

目前设计冷却塔选用的气象参数分为三种情况进行计算。

第一种情况：根据夏季平均每年超过最热的 20 天的昼夜平均干、湿球温度进行计算，要求气象资料不少于 5～10 年，其保证率为 94.4%。这种适用于设计要求比较低的情况下采用。

94.4%保证率的意思是指：夏季 6 月、7 月、8 月三个月共 92 天，不能保证达到设计所规定的冷却效果的时间(天数)为 92×(1－94.4%)＝4.55 天，其余时间都能达到设计所规定的冷却效果。

第二种情况：根据夏季平均每年超过最热的 10 天昼夜平均干、湿球温度进行设计计算，其保证率为 97.3%，一年中不能达到设计规定的冷却效果天数为 92×(1－97.3%)≈2.5 天。目前我国设计的冷却塔基本上都是按照这第二种情况进行设计的。

第三种情况：采用 5 天的昼夜平均气温或者采用白天下午 1 时(或 2 时)的平均温度值进行设计，这种设计的要求较高，保证率达 98.6%，也就是说一年中不能达到设计规定的冷却效果天数仅为 92×(1－98.6%)≈1.3 天。

关于夏天平均每年超过 10 天(或 20 天)昼夜干湿球温度如何取用和整理，常用的有以下四种方法。

(1) 取用历年夏季(6 月、7 月、8 月)或 5 月 15 日至 9 月 15 日每天下午 2 时(即 14 时)的干、湿球温度的观测值直接编制保证率曲线。

(2) 取用历年夏季或 5 月 15 日至 9 月 15 日每天 8 时、14 时、20 时干、湿球温度三次观测平均值编制保证率曲线，即称为“三点法”。

(3) 取用历年夏季或 5 月 15 日至 9 月 15 日每天第 2 时、8 时、14 时、20 时的干、湿球温度四次观测平均值编制保证率曲线，即称为“四点法”。

表 8-3　有关城市平均年超过下列天数的气象统计资料

城市名称	日平均干球温度/℃			日平均湿球温度/℃			第13时干球5 d的温度/℃	第13时湿球5 d的温度/℃	风速/(m·s^{-1})	大气压力/mmHg
	5 d	10 d	15 d	5 d	10 d	15 d				
北　京	31.1	30.1	29.5	26.4	25.6	25	34.6	27.3	0.79	749.0
天　津	31.0	30.1	29.5	27.1	26.3	25.7	34.1	28.0	1.65	753.2
石家庄	31.9	31.0	30.5	26.6	25.7	25.0	35.8	27.2	0.89	748.0
太　原	29.3	28.5	27.7	23.3	22.5	22.0	33.5	24.5	1.16	688.3
呼和浩特	27.0	26.2	25.5	20.7	19.8	19.4	30.7	21.7	0.97	666.8
上　海	32.4	31.5	31.0	28.6	28.0	27.7	36.2	29.5	1.58	753.0
南　京	33.6	32.6	31.8	28.6	28.2	27.7	36.7	29.6	1.55	749.5
济　南	33.8	32.8	32.0	26.7	26.2	25.6	36.8	27.7	1.86	748.0
合　肥	33.0	32.2	31.5	28.5	28.0	27.6	36.5	29.2	1.74	751.7
杭　州	33.2	32.5	31.8	28.7	28.3	28.0	36.9	29.8	1.10	753.0
福　州	32.1	31.5	31.3	27.8	27.5	27.1	36.7	29.2	1.62	722.0
沈　阳	29.4	28.2	27.5	25.5	24.6	24.0	32.7	26.5	1.71	750.3
长　春	28.5	27.4	26.5	24.0	23.1	22.5	31.8	25.2	1.70	735.0
哈尔滨	28.8	27.7	26.8	24.1	22.9	22.0	32.5	25.1	1.67	741.5
汉　口	34.0	33.4	32.7	28.5	28.1	27.7	36.7	28.8	1.50	751.0
郑　州	33.5	32.5	31.5	27.5	27.0	26.5	37.5	28.5	1.56	744.0
长　沙	33.7	33.1	32.6	28.0	27.5	27.3	36.7	28.4	1.41	748.0
南　昌	34.0	33.4	33.0	28.4	27.6	27.0	37.0	28.5	1.88	749.0
广　州	31.6	31.3	31.0	27.8	27.5	27.4	34.5	28.6	1.13	754.0
南　宁	31.9	31.6	31.0	27.7	27.5	27.3	35.6	28.5	1.08	745.0
重　庆	34.0	33.0	32.2	27.7	27.3	27.0	37.5	28.2	0.81	730.0
成　都	30.0	29.5	29.0	26.5	26.0	25.7	32.5	27.3	0.84	711.0
昆　明	24.4	23.5	23.0	19.9	19.6	19.1	27.8	20.9	1.03	606.0
贵　阳	27.5	26.5	26.5	23.0	22.7	22.5	31.0	23.8	1.11	665.6
拉　萨	20.5	19.9	19.5	13.2	12.7	12.5	24.0	14.4	1.29	429.3
西　安	33.0	32.0	31.3	25.8	25.1	24.5	37.0	26.8	1.58	718.5
兰　州	28.3	27.1	26.4	20.2	19.4	18.8	32.2	21.3	0.85	632.4
银　川	27.9	27.2	26.5	22.0	21.1	20.5	31.0	22.5	1.13	663.0
西　宁	22.2	31.2	20.5	16.5	15.6	15.0	26.5	17.5	1.10	528.0
乌鲁木齐	29.6	28.5	27.6	18.1	17.6	17.3	33.4	19.0	1.78	681.8
大　连	27.8	27.0	26.5	25.7	25.0	24.3	30.4	26.5	2.52	747.5

(4) 取用历年夏季或 5 月 15 日至 9 月 15 日每天第 2 时、8 时、14 时、20 时的干、湿球温度四次观测值，并将每次观测值按四分之一折算，然后再编制保证率曲线。

过去常采用三点法，现基本上均采用四点法，因一昼夜四次标准时间(2 时、8 时、14 时、20 时)测定值的算术平均值是国家气象部门规定的标准法。表 8-2 是我国部分城市的平均每年超过一定天数的温度数值统计。

根据表 8-2，上海地区按夏季平均每年超过最热的 10 天昼夜平均干、湿球温度进行设计(保证率为 97.3%)，则得上海地区设计的气象参数为：干球温度 $\theta = 31.5$℃；湿球温度

$\tau=28$℃；相对应的大气压力 $P_a=753$ mmHg；风速为 $v=1.58$ m/s。

目前华东地区(除山东省部分外)的冷却塔设计基本上均采用上海的气象设计参数。

3. 空气风速及大气压力

(1) 空气风速

冷却塔计算中的外界空气风速，常采用多年夏季6月、7月、8月的平均风速。计算风速一般为距地面2 m高度为准，当不符合要求时(实测时往往离地面高度不同)，可按奥伯宁斯基近似公式进行换算：

$$v_h=v_0\left(\frac{h}{h_0}\right)^{0.3} \tag{8-49}$$

式中　v_h——距地面高度 h m处风速(m/s)；

v_0——气象台风速仪安装高度 h_0 m处的速速(m/s)；

h_0——气象台风速仪安装高度(风标高度)(m)。

风速的大小影响到冷却塔的冷却效果、塔结构的计算和是否需要实行有关的措施。

2) 大气压力

大气压力通常采用夏季平均气压或最热月平均气压，表8-2部分城市的大气压力为夏季的平均气压数值。当大气压单位为毫巴时，应换算为毫米汞柱。1毫巴$=\frac{3}{4}$mmHg。

总之，在选用气象参数时，要因地制宜，不能盲目套用建设地区附近的气象台资料(未经统计过的某些数值)，特别是对地形变化较大地区的冷却塔的设计与布置，如山区的多变小气候更应慎重考虑。同时对于冷却塔群布置时，要考虑和估计湿空气回流的影响及冷却塔接近热源或高大建筑物受到气温升高和自然风速减少等不利条件。

8.5　冷却塔的热力计算

冷却塔的热力计算，分逆流式和横流式两种。其计算方法由于影响因素较多，国内外很多研究学者，根据各自不同的试验和假定条件，提出了多种计算方法，主要是有理论分析计算与简化计算。这里介绍的主要是具有普遍意义的、常用的、符合计算精度的计算方法与计算公式。

8.5.1　散热量

冷却塔的总散热量是传导散热量与蒸发散热之和。

1. 单位时间内的传导散热量

在传热学中，牛顿冷却公式为：当 $t_f>\theta$ 时，$t_f-\theta$ 是水向空气传导散热的推动力，水的比热 $C=1$ kcal/(kg·℃)，则单位时间、单位面积(F)上传导散热量 h_α 为

$$h_\alpha=\alpha(t_f-\theta)\cdot C\cdot F=\alpha(t_f-\theta)\cdot F\quad(\text{kcal/h 或 }10^3\text{ J/h}) \tag{8-50}$$

如用在单位时间内通过水与空气接触的微元面积 $\mathrm{d}F$(m²) 来表示传导热量 $\mathrm{d}H_\alpha$，则 $h_\alpha=\mathrm{d}H_\alpha/\mathrm{d}F$，$\mathrm{d}H_\alpha/\mathrm{d}F=\alpha(t_f-\theta)$，得：

$$\mathrm{d}H_\alpha=\alpha(t_f-\theta)\mathrm{d}F\quad(\text{kcal/h 或 }10^3\text{ J/h}) \tag{8-51}$$

式中　$t_f-\theta$——水与空气的温度差(℃)，传导散热的推动力；

α——温度差引起的传导散热系数[kcal/(m^2·h·℃)或 10^3 J/(m^2·h·℃)]；

dF——水与空气接触的微小面积(m^2)；

dH_α——水与空气接触的微小面积上单位时间的传导散热量(kcal/h 或10^3 J/h)。

2. 单位时间内的蒸发散热量

在前面讨论中已知 $P''_q>P_q$，$\Delta P_q=P''_q-P_q$，ΔP_q 是蒸发散热的推动力，ΔP_q 越大，单位时间里蒸发水量 dQ_u 越多，则蒸发散热量 dH_β 也越多，单位时间内蒸发水量 dQ_u 与 ΔP_q 成正比，比例系数为 β_P(即称 ΔP_q 引起的蒸发散质系数)(注：有些书上蒸发散热量用 Q_u 表示，有的用 H_β 表示，Q_u 与 H_β 之间的关系是 $H_\beta=\gamma\cdot Q_u$，故两种表示都是可以的)。现按传质定律得蒸发散热量为

$$dQ_u=\beta_P(P''_q-P_q)dF\quad(\text{kg/h})\tag{8-52}$$

或

$$dH_\beta=\gamma\beta_P(P''_q-P_q)dF\quad(\text{kcal/h 或 }10^3\text{ J/h})\tag{8-53}$$

式中　γ——水的汽化热(kcal/kg 或 10^3 J/kg)；

P''_q——与水温 t_f 相应的水面饱和水蒸气分压力(kg/cm^2 或 kPa)；

P_q——空气中水蒸气分压力(kg/cm^2 或 kPa)；

P''_q-P_q——水蒸气分压力差的平均值(kg/cm^2 或 kPa)；

β_P——分压力差的蒸发散质系数[kg/(m^2·h)]。

为了推导和计算方便，在应用中，往往以空气的含湿量差($x''-x$)来替代水蒸气的分压力差(P''_q-P_q)，但不用面积蒸散质系数 β_P，而用相应的含湿量差引起的蒸发散质系数 β_x 来代替，则得：

$$dQ_u=\beta_x(x''-x)dF\quad(\text{kg/h})\tag{8-54}$$

式中　x''——与水温 t_f 相应的饱和空气含湿量(kg/kg 干空气)；

x——空气中的含湿量(kg/kg 干空气)；

β_x——含湿量差引起的面积蒸发散质系数[kg/(m^2·h)]。

则得 $\beta_P(P''_q-P_q)dF=\beta_x(x''-x)dF$。

两边均除 dF，得：

$$\beta_P(P''_q-P_q)=\beta_x(x''-x)\tag{8-55}$$

用式(8-30)代入式(8-52)得：

$$\beta_x(x''-x)=\beta_P\left(\frac{x''}{0.622+x''}\cdot P-\frac{x}{0.622+x}\cdot P\right)$$

经推导整理得 β_x 为

$$\beta_x=P\cdot\beta_P\left[\frac{1.607}{1+1.607(x''+x)}\right](\text{kg/(m}^2\cdot\text{h))}\tag{8-56}$$

用 x''是与水温 t_f 相应的水面饱和汽层含湿量，水温是变化的，对冷却塔来说水温 t_f 的变化范围为 $t_1\sim t_2$(进、出塔水温)，故相对应的含湿量变化范围为 $x''_1\sim x''_2$，则：x''_1为与 t_1 相应的水面饱和汽含湿量(kg/kg 湿空气)；x''_2为与 t_2 相应的水面饱和汽含湿量(kg/kg 湿空气)；x_1 为与进塔时空气温度 θ_1 时含湿量(kg/kg 干空气)；x_2 为与出塔时空气温度 θ_2 时含

湿量(kg/kg 干空气)。

取平均含湿量 $x''=(x''_1+x''_2)/2$、$x=(x_1+x_2)/2$ 代入得：

$$\beta_x = P\beta_P\left[\frac{1.61}{1+0.8(x''_1+x''_2+x_1+x_2)}\right]=\frac{1.61P}{1+0.8\sum x}\cdot\beta_P \tag{8-57}$$

$$\sum x = x''_1+x1''_2+x_1+x_2$$

在蒸发冷却时，单位时间内的蒸发散热量 $\mathrm{d}H_\beta$ 等于蒸发水量与水汽化热 γ 的乘积：

$$\begin{aligned}\mathrm{d}H_\beta &= \gamma\mathrm{d}Q_\mathrm{u} = \gamma\beta_P(P''_\mathrm{q}-P_\mathrm{q})\mathrm{d}F\\ &= \gamma\beta_x(x''-x)\mathrm{d}F \quad (\mathrm{kcal/h}\ 或\ 10^3\ \mathrm{J/h})\end{aligned} \tag{8-58}$$

式中，γ 为水的汽化热(kcal/kg 或 10^3 J/kg)。

8.5.2　总散热量

1) 单位时间内蒸发冷却散发的总热量

在单位时间内蒸发冷却散发的总热量 $\mathrm{d}H$ 等于传导散热量 $\mathrm{d}H_\alpha$ 和表面蒸发散热量 $\mathrm{d}H_\beta$ 之和：

$$\mathrm{d}H = \mathrm{d}H_\alpha + \mathrm{d}H_\beta = \alpha(t_\mathrm{f}-\theta)\mathrm{d}F + \gamma\beta_x(x''-x)\mathrm{d}F \tag{8-59}$$

淋水填料全部接触表面积 F 的总散热量 H 为

$$\begin{aligned}H &= \int_0^H \mathrm{d}H = \int_0^F \alpha(t_\mathrm{f}-\theta)\mathrm{d}F + \int_0^F \gamma\beta_x(x''-x)\mathrm{d}F\\ &= \alpha(t_\mathrm{f}-\theta)_\mathrm{m}F + \gamma\beta_x(x''-x)_\mathrm{m}F\end{aligned} \tag{8-60}$$

式中　$(t_\mathrm{f}-\theta)_\mathrm{m}$——冷却塔内水面温度与空气温度差的平均值(℃)；

$(x''-x)_\mathrm{m}$——饱和含湿量与空气中含湿量差的平均值(kg/kg 空气)。

2) 容积法计算总散热量

上述讨论中，用式(8-60)计算总散热量 H 时，必须知道 F(即塔内水滴、水膜与空气接触的表面积)，在水膜式淋水装置中，F 取决于淋水填料的表面积，点滴或装置取决于水的自由表面积，因此要具体地确定其散热总面积十分困难。但是对某一固定的填料来说，一定量的填料体积相应地含有一定量的面积，故实际计算中不用水与填料接触面积，而用填料体积法计算，即用填料容积 V 来确定自由面积 F(因某一填料的单位容积有多少自由表面积是可以知道的)。采用容积法后，α、β_P、β_x 都不用了，采用相应的冷却塔的单位有效容积传导散热系数 α_V、分压力差容积蒸发散质系数 β_{PV}、含湿量差容积蒸发散质系数 β_{xV}。则得传导散热量：

$$H_\alpha = \alpha(t_\mathrm{f}-\theta)\cdot F = \frac{\alpha F}{V}(t_\mathrm{f}-\theta)_\mathrm{m}\cdot V = \alpha_V(t_\mathrm{f}-\theta)_\mathrm{m}V \quad (\mathrm{kcal/h}\ 或\ \mathrm{kJ/h}) \tag{8-61}$$

得蒸发水量(或蒸发散热量)：

$$\begin{aligned}Q_\mathrm{u} &= \beta_P(P''_q-P_q)F = \frac{\beta_P\cdot F}{V}(P''_q-P_q)_\mathrm{m}V\\ &= \beta_{PV}(P'_q-P_q)V \quad (\mathrm{kg/h})\end{aligned} \tag{8-62}$$

或 $$Q_u = \beta_x(x'' - x)_m \cdot F = \frac{\beta_x \cdot F}{V}(x'' - x)_m \cdot V$$
$$= \beta_{xV}(x'' - x)_m V \quad (\text{kg/h}) \tag{8-63}$$

因 $H_\beta = \gamma Q_u$ 代入得 H_β 为

$$H_\beta = \gamma\beta_{xV}(x'' - x)_m V \quad (\text{kcal/h 或 kJ/h}) \tag{8-64}$$

式中 α_V——容积传导散热系数[kcal/(m³·h)]，$\alpha_V = \alpha F/V$；

β_{PV}——分压力差引起的容积蒸发散质系数[kg/(m³·h·大气压)]，$\beta_{PV}=\beta_P \cdot F/V$；

β_{xV}——含湿量差引起的容积蒸发散质系数[kg/(m³·h)]，$\beta_{xV}=\beta_x \cdot F/V$；

V——填料体积(m³)。

得总散热量 H 为

$$H = \alpha_V(t_f - \theta)_m V + \gamma\beta_{xV}(x'' - x)_m V \quad (\text{kcal/h 或 kJ/h}) \tag{8-65}$$

根据实验，循环水冷却的系数 α 与 β 之间近似存在如下比例关系：

$$\alpha/\beta_P = 0.33 \sim 0.35[\text{kcal/(kg·℃)}]$$

$$\alpha/\beta_x = \alpha_V/\beta_{xV} = C_{sh} = 0.25[\text{kcal/(kg·℃)}]$$

式中，C_{sh} 为湿空气的比热，称路易斯(Lewis)数。

β_{xV} 反映了单位时间内每立方米填料体积所能蒸发的水量，其值越大越好，其值大蒸发散热量也大。所以 β_{xV} 是评定冷却塔效果好与差的主要指标之一。

8.5.3 热力计算法

热力计算方法繁多，这里介绍常用的方法。

冷却塔的热力计算可按蒸发理论公式、经验公式、计算图表等进行。

1. 理论公式计算法

理论公式计算法是以蒸发散热的冷却理论为基础，根据传热和传质的关系及冷却过程中热量与含湿量的平衡而推导出的冷却过程方程式。冷却过程方程式的求解方法有多种。常有以下几种计算法：①辛普森近似积分法；②梯形近似积分法；③抛物线积分法；④平均焓差法。

采用何种计算方法，应根据设计任务、性质、条件、塔型、设计资料等决定。其中平均焓差法计算比较简单，能满足计算精度，不少试验资料又多用法整理，而且逆流塔、横流塔均适用，故采用较、应用较普遍。平均焓差法在温差(Δt)小于 15℃时，计算结果较为精确(不超过 3%～3.5%)；但在较大温差时，相对误差增大，可能达到 10%～60%。

辛普森近似积分法和梯形近似积分法计算时，水温差 Δt 的温度间隔划分越小越能达到较高精度。当计算条件完全相同时，辛普森法较梯形法更为精确。但是当 Δt 较大、计算温度间隔划分过小时，这两种方法计算过程均较繁琐，因此相对采用较少。

抛物线积分法适用于各种温差条件下的冷却计算，计算方法也较简便，其精确性被认为仅次于辛普森法，相对误差小。

2. 经验计算法

经验计算方法是根据实际冷却塔的试验资料，按主要因素之间关系编制经验冷却曲线或经验公式来进行计算。冷却塔所需要的淋水面积计算以及冷却塔与其他特征尺寸之间的比例关系等，都可以根据同样结构的冷却塔实测经验曲线来表示。故这些曲线和公式都有其特定的使用条件。

3. 变量分析法

变量分析法分三个变量和两个变量分析法。

1) 三个变量分析法(t, θ, P_q)

取冷却塔中淋水填料中某一微小高度 dz(图 8-13)进行分析，其相应的体积为 dV。

水温：进口 $t_1 \xrightarrow{\text{降低}}$ 出口 t_2；

气温：进口 $\theta_1 \xrightarrow{\text{升高}}$ 出口 θ_2；

分压力：进口 $P_{q1} \xrightarrow{\text{增大}}$ 出口 P_{q2}。

可见存在 t, θ, P_q 三个变量，需要建立三个非线性微分方程：

$$\frac{d\theta}{dF} = \frac{\alpha(t-\theta)}{G \cdot C_{sh}} \tag{8-66}$$

$$\frac{dP_q}{dF} = \frac{\beta_P \cdot P}{0.622G}(P''_q - P_q) \tag{8-67}$$

$$\frac{dt}{dF} = \frac{\alpha}{Q}(t-\theta) + \frac{\gamma_0 \cdot \beta_P}{Q}(P''_q - P) \tag{8-68}$$

方程式(8-66)是根据显热 $C_{sh} \cdot \theta$ 与温度有关，而按传热＝空气显热量的增加得来的。方程式(8-67)是按蒸发散热量＝空气潜热 $\gamma_0 x$ 的增加得来的。方程式(8-68)是按总散热量＝水热量的减少得来的。

因三个变量法要用三元一次联立微分方程求解，而且是非线性方程，计算非常繁琐和困难，因此一般不采用。

2) 两个变量分析法(t, i)

两个变量法是用参数焓(i)来代替空气温度 θ 和分压力 P_q。在冷却塔中，空气参数虽然有两个(θ 和 P_q)，反映这两个参数变化的还有空气的相对湿度 ϕ、含湿量 x 等，都是反映空气中“热”的变化。麦克尔(Merkel)引用“焓”的概念，建立了焓差方程，利用焓差方程和水温降低的热量平衡关系，求解水温 t 和空气焓 i。此法具有简化计算的优点，称麦克尔法，国内外广泛应用，故主要介绍麦克尔的焓差法。

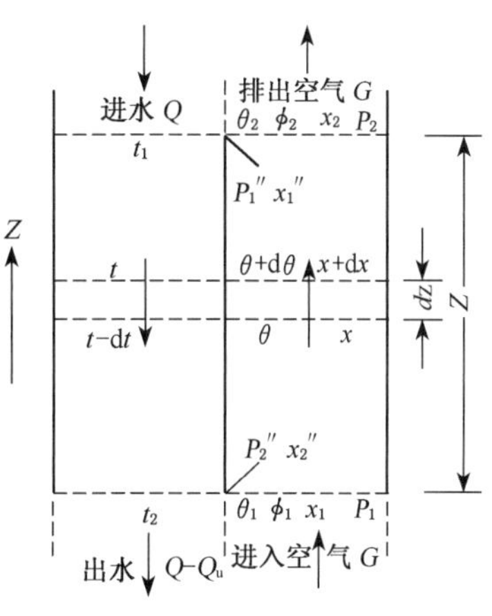

图 8-13　逆流式冷却塔中水冷却过程

8.5.4　焓差法热力计算基本方程

1. 麦克尔焓差方程

在总散热量讨论中，已得到用容积法计算总散热量公式为

$$dH = dH_\alpha + dH_\beta = \alpha_V(t_f - \theta)dV + \gamma\beta_{xV}(x'' - x)dV \tag{8-69}$$

麦克尔在此式中引进了路易斯(Lewis)数和焓的概念，有效地简化了冷却塔的热力计

算。路易斯经过大量的实验和研究，提出了在前面提到的 α 与 β 之间的近似比例关系为 $\alpha/\beta_x=\alpha_V/\beta_{xV}=C_{sh}=0.25(\text{kcal}/(\text{kg}\cdot ℃))$，称路易斯数，而麦克尔从实验获得的 α/β_x 并不严格的等于 0.25 kcal/(kg・℃)，但麦克尔仍认为 $\alpha/\beta_x=C_{sh}$ 是对的，而 $C_{sh}=0.25$ kcal/(kg・℃)，这说明麦克尔方程是近似的，这个"近似" 指的是 $\alpha/\beta_x\approx 0.25$ kcal/(kg・℃)，故称麦克尔"焓差法近似计算法"。

空气温度为 θ 时湿空气的焓为

$$i=C_{sh}\theta+\gamma_0 x$$

水面饱和气层的温度为 t_f(等于水温 t)时，其含湿量为 x''，则焓为

$$i''=C_{sh}t_f+\gamma_0 x'' \tag{8-70}$$

为求出 C_{sh}，i，i'' 三个参数，把式(8-69)总散热计算公式作适当变换，得水面饱和层向空气散发的总热量为

$$\begin{aligned}\mathrm{d}H&=\mathrm{d}H_\alpha+\mathrm{d}H_\beta=\alpha_V(t_f\cdot\theta)\mathrm{d}V+\gamma\beta_{xV}(x''-x)\mathrm{d}V\\&=\beta_{xV}\left[\frac{\alpha_V}{\beta_{xV}}(t_f-\theta)+\gamma(x''-x)\right]\mathrm{d}V\\&=\beta_{xV}[(C_{sh}t_f+\gamma x'')-(C_{sh}\theta+\gamma x)]\mathrm{d}V\\&=\beta_{xV}(i''-i)\mathrm{d}V\quad(\text{kcal/h 或 }10^3\ \text{J/h})\end{aligned} \tag{8-71}$$

式(8-68)就是麦克尔焓差计算方程式。简略地说，由于蒸发散热和传导散热，冷却塔内任何部位产生的总散热量与塔内该点的饱和空气焓(i'')和塔内该点的空气焓(i)之差成正比。

2. *逆流式冷却塔热力平衡方程*

1) 逆流式冷却塔水冷却的热力过程

图 8-13 为逆流式机械通风冷却塔，Z 为淋水装置高，A 为断面积，F 为水与空气的总接触面积，冷却水量为 Q(kg/h)，进塔水温为 t_1 冷却到出塔水温为 t_2，与水流相反方向进塔空气量为 G(kg/h 或 m^3/h)，空气的参数由进塔处的 θ_1，ϕ_1，x_1，P_1，变化到出口处的 θ_2，ϕ_2，x_2，P_2，空气的焓由底部进口的 i_1，到顶部出口增加到 i_2。

研究逆流式冷却塔内水与空气之间热量交换(变化)的目的，是为了计算水因降温及蒸发所失去的水量。

2) 逆流冷却塔中热力平衡方程

已得知水的总散热量=水的热量减少，水的热量减少为 $Q\times c\times \mathrm{d}t$($Q$ 为总水量，c 为水的比热，$\mathrm{d}t$ 为温度)。从麦克尔焓差计算方程得总散热量为 $\mathrm{d}H=\beta_{xV}(i''-i)\mathrm{d}V$，两者相等得：

$$\begin{aligned}&\beta_{xV}(i''-i)\mathrm{d}V=Q\cdot c\cdot \mathrm{d}t=Q\cdot\mathrm{d}t\quad(\text{因 }c=1)\\&\frac{\beta_{xV}}{Q}\int_0^V\mathrm{d}V=\int_{t_2}^{t_1}\frac{\mathrm{d}t}{i''-i}\\&\frac{\beta_{xV}}{Q}V=\int_{t_2}^{t_1}\frac{\mathrm{d}t}{i''-i}\end{aligned} \tag{8-72}$$

式(8-69)就是按热力平衡求介的最早使用的焓差法热力学基本方程，称麦克尔方程，此式的缺陷是"水的热量减少"中，没有考虑到因蒸发等原因造成的水量损失 Q_u，即 Q 没有变。

3）麦克尔方程的修正

别尔曼(Бериан)对麦克尔方程进行了修正，引入了考虑因蒸发水量而带走热量的系数 $\dfrac{1}{K}$，把式(8-72)修正为式(8-73)：

$$\frac{\beta_{xV}}{Q}V = \frac{1}{K}\int_{t_2}^{t_1}\frac{\mathrm{d}t}{i''-i} \tag{8-73}$$

根据图 8-13，以 dz 单元层厚度来研究水散发的热量。进入 dz 层的水量为 Q，水温为 t，进 dz 层的热量为 Qct，在 dz 层中蒸发掉的水量为 dQ，水温降低 dt，则出 dz 层水中的热量为 $(Q-\mathrm{d}Q)c(t-\mathrm{d}t)$。在 d$z$ 中水减少的热量用 dH_s 表示，则上述两部分之差为

$$\begin{aligned}\mathrm{d}H_s &= Qct - [(Q-\mathrm{d}Q)(t-\mathrm{d}t)c] \\ &= Qct - (Qct - t\mathrm{d}Q\cdot c - Qc\mathrm{d}t + c\cdot \mathrm{d}Q\mathrm{d}t)\end{aligned}$$

略去二阶微量项 dQdt，以 $c = 1$ kcal/(kg·℃) 代入。

得

$$\mathrm{d}H_s = Q\mathrm{d}t + t\mathrm{d}Q \tag{8-74}$$

同时，空气流过 dz 层时，其含热量也提高了，设提高值为 di，空气流量为 G(kg/h)，在 dz 层内空气吸收的总热量用 dH_k 表示，则得 d$H_k = G$di。因热交换是稳定的，在 dz 层中水温散失的热量 dH_s 应等于空气所吸收的热量 dH_k，则得：

$$\mathrm{d}H_k = \mathrm{d}H_s，即\ G\mathrm{d}i = Q\mathrm{d}t + t\mathrm{d}Q$$

移项及变换得：$G\mathrm{d}i - t\mathrm{d}Q = Q\mathrm{d}t$，$G\mathrm{d}i\left(1-\dfrac{t\mathrm{d}Q}{G\mathrm{d}i}\right) = Q\mathrm{d}t$，$G\mathrm{d}i = \dfrac{Q\mathrm{d}t}{1-\dfrac{t\mathrm{d}Q}{G\mathrm{d}i}}$。令 $K = 1-\dfrac{t\mathrm{d}Q}{G\mathrm{d}i}$，得 $G\mathrm{d}i = \dfrac{1}{K}Q\mathrm{d}t$。此式是根据水、气热交换平衡所得的结果，称水、气热交换平衡方程。K 值称为蒸发水量带走的热量系数，单位为(℃·kg/kcal)。在冷却塔的 dz 层中，水的总散热量 dH 应近似地等于空气吸收的热量 dH_k，则为 dH = dH_k，d$H = \beta_{xV}(i''-i)\mathrm{d}V$，d$H_k = G\mathrm{d}i = \dfrac{1}{K}Q\mathrm{d}t$，得：

$$\beta_{xV}(i''-i)\mathrm{d}V = \frac{1}{K}Q\mathrm{d}t$$

$$\frac{\beta_{xV}\mathrm{d}V}{Q} = \frac{1}{K}\cdot\frac{\mathrm{d}t}{i''-i}$$

$$\int_0^V\frac{\beta_{xV}\mathrm{d}V}{Q} = \frac{1}{K}\int_{t_2}^{t}\frac{\mathrm{d}t}{i''-i}$$

$$\frac{\beta_{xV}V}{Q} = \frac{1}{K}\int_{t_2}^{t_1}\frac{\mathrm{d}t}{i''-i}\ (无量纲) \tag{8-75}$$

这里的 β_{xV} 为平均值。此式就是别尔曼对麦克尔公式修正后的热力学基本方程，引进了蒸发水量带走的热量系数 K，是建立在麦克尔的 $(i''-i)$ 焓差为推动力的基础上。

4）对 $G\mathrm{d}i = \dfrac{1}{K}Q\mathrm{d}t$ 方程的讨论

(1) 此水气热交换平衡方程是根据 dz 层中水量减少的热量等于空气吸收的热量 dH_k

得到的，现对此方程积分：

$$G\int_{i_1}^{i_2} \mathrm{d}i = \frac{1}{K}\int_{t_2}^{t_1} Q\mathrm{d}t$$

得：

$$G(i_2 - i_1) = \frac{1}{K}Q(t_1 - t_2)$$

$$\frac{G(i_2 - i_1)}{Q} = \frac{1}{K}(t_1 - t_2)$$

$i_2 - i_1 = \dfrac{(t_1 - t_2)}{K\dfrac{G}{Q}}$； $\lambda = \dfrac{G}{Q}$，称气水比，代入

$$i_2 = i_1 + \frac{(t_1 - t_2)}{K\lambda} = i_1 + \frac{\Delta t}{K\lambda} \tag{8-76}$$

$$i_1 = i_2 - \frac{(t_1 - t_2)}{K\lambda} = i_2 - \frac{\Delta t}{K\lambda} \tag{8-77}$$

从式(8-76)、式(8-77)可见，在已知 K，λ，t_1，t_2 的情况下，知道 i_1，则可求得 i_2，反之，知道 i_2，可求得 i_1。

(2) 蒸发水量带走的热量系数 K 值的计算。

在 $G\mathrm{d}i = Q\mathrm{d}t/\left(1 - \dfrac{t\mathrm{d}Q}{G\mathrm{d}i}\right)$ 中，$K = 1 - \dfrac{t\mathrm{d}Q}{G\mathrm{d}i}$，从理论上来说，$K$ 值应按此式进行积分求得，但在水的冷却中，一般是取淋水装置全过程来推导的，就是说，K 值是随水温 $t_1 \sim t_2$ 而变化的，从 $G(i_2 - i_1) = \dfrac{1}{K}Q(t_1 - t_2)$ 得：

$$K = \frac{Q(t_1 - t_2)}{G(i_2 - i_1)}\ (℃ \cdot \mathrm{kg/kcal}) \tag{8-78}$$

水在冷却塔内的冷却全过程中，其蒸发水量为 Q_u，水在淋水装置中散失的热量应是进、出热量之差，即得

$$\underbrace{\underset{\text{进水总热量}}{cQt_1} - \underset{\text{出水总热量}}{c(Q - Q_u)t_2}}_{\text{水在淋头装置中散失热量}} = \underbrace{\underset{\text{水温降低散失热量}}{cQ(t_1 - t_2)} + \underset{\text{蒸发水量带走热量}}{Q_u t_2 \cdot c}}_{\text{右边从左边得来}}$$

左右两边的 c 均可去除，从平衡关系得知：水减少的热量 = 空气吸收的热量 = 总散热量，而空气吸收的热量为 $G(i_2 - i_1)$，则得 $Q(t_1 - t_2) + Q_u t_2 = G(i_2 - i_1)$，左右两边除 $G(i_2 - i_1)$ 得

$$\frac{Q(t_1 - t_2)}{G(i_2 - i_1)} + \frac{Q_u t_2}{G(i_2 - i_1)} = 1 \tag{8-79}$$

把式(8-79)移项，并结合式(8-78)得：

$$\frac{Q(t_1 - t_2)}{G(i_2 - i_1)} = 1 - \frac{Q_u t_2}{G(i_2 - i_1)} = K \tag{8-80}$$

总散热量 $H = H_\beta + H_\alpha$ = 水的热量减少 = 空气的吸收热量，则 $H = H_\alpha + H_\beta = G(i_2 - i_1)$，$H_\beta = Q_u(\gamma_0 + ct) = Q_u\gamma(\gamma = \gamma_0 + ct)$，$Q_u = H_\beta/\gamma$，代入式(8-74)中得

$$K = 1 - \frac{\dfrac{H_\beta}{\gamma} \cdot t_2}{H_\alpha + H_\beta} = 1 - \frac{t_2}{\gamma(H_\alpha + H_\beta)/H_\beta}$$

令 $\varepsilon = \dfrac{H_\alpha}{H_\beta}$，得

$$K = 1 - \frac{t_2}{\gamma(1+\varepsilon)} \tag{8-81}$$

在夏季，冷却塔中主要是蒸发散热 H_β，传导散热 H_α 很小，故 $\varepsilon = H_\alpha / H_\beta \approx 0$，则得：

$$K = 1 - \frac{t_2}{\gamma} \tag{8-82}$$

γ 取决淋水装置中的平均水温汽化热值，在一般冷却条件下，γ 值变化不大，在 0.9～1.0 之间，实际计算时采用 t_2 的 γ 值，按式(8-82)绘制的 $K=f(t_2)$的图如图 8-14 所示，t_2 在 0°～60℃之间，按 t_2 可查得 K 值。

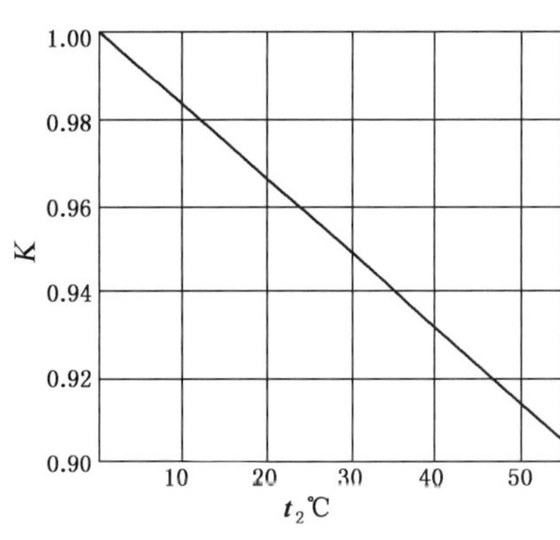

图 8-14　K 值与冷却水温 t_2 的关系

8.5.5　焓差的物理意义

1. 水面饱和层的饱和焓曲线

图 8-15 中，以 t 为横座标，i 为纵座标，在横座标上标出进塔水温 t_1、出塔水温 t_2、空气湿球温度 τ 及 t_m。因水面有一层很簿的饱和气层，这层的相对湿度 $\phi = 1$(即 $\phi = 1$ 不变)，而水的温度从 t_1 降低到 t_2，那么在焓湿图中按 $\phi = 1$ 不变，而 t 从 t_1 到 t_2 可以找到i''_1 到i''_2 及与变化的 t_x 有相应的i''_x，把找到的$i''_1 \rightarrow i''_2$ 各点的i''_x 绘制到图 8-15 上去，得到一条 B'—A' 曲线，B'—A' 曲线称为"水面饱和气层的饱和曲线"，通常称为"空气饱和焓曲线"。

按横座标上的 t_1、t_2、平均温度 t_m 作垂线，交于 B'—A'曲线上的 B_1(即图中 A'点)、B_2、B_m，则得到相应的饱和焓i''_1、i''_2及i''_m。

B'—A'曲线上的B'点相对应的焓 i_1，相当于空气湿球温度 τ 时的焓值i_1，i_1 是进塔湿空气原有的焓值(进塔空气的焓值)。

2. 空气操作线 A—B_1

以 B'点向右边引水平线与水温t_2 的垂线交于 A 点，A 点把塔底出水温度 t_2 与进入塔底的空气焓值 i_1 联系起来，反映了塔底的热交换关系。

从上述单元层中水减少的热量＝空气的吸热量，气、水交换平衡方程 $G\mathrm{d}i = \dfrac{1}{K}Q\mathrm{d}t$ 中，可得 $\mathrm{d}i/\mathrm{d}t = \dfrac{1}{K}\dfrac{Q}{G}$，令 $G/Q = \lambda$(气水比)，得：

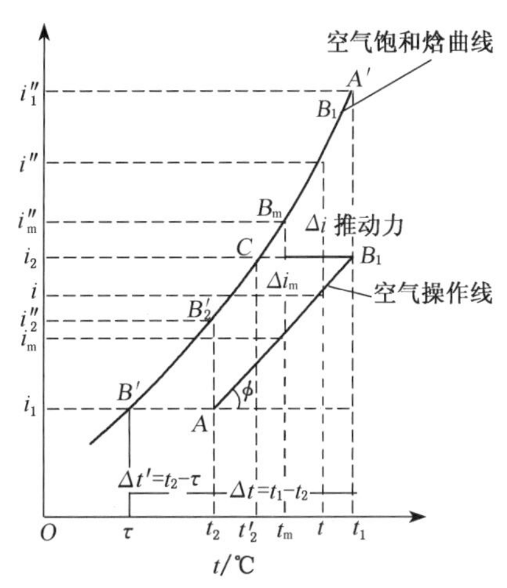

图 8-15　气、水热交换基本图式(i—t 图)

$$\frac{\mathrm{d}i}{\mathrm{d}t}=\frac{1}{K\lambda}=\tan\phi \tag{8-83}$$

则按斜率 $1/(K\lambda)$ 过 A 点作斜线交于 t_1A 垂线上于 B_1 点，AB_1 为空气操作线，是一条直线，过 B_1 点向左作水平线得 i_2 值，i_2 为出塔(塔顶)空气焓。这样，B_1 点把塔顶的进水温度 t_1 与出塔空气焓 i_2 联系起来了。由于 AB_1 直线反映了塔内空气焓与水温变化的关系，因此把 AB_1 直线称为空气操作线或叫工作线，该线上的任一点坐标反映了各单元层中水温和空气焓的数值。

i_2 与空气饱和焓曲线 $B'A'$ 上交于 C 点，其所对应的温度为 t_2'，这 t_2' 相当于空气排出冷却塔温度，也就是焓热量为 i_2 时的湿球温度。

3. 焓差的物理意义

从图 8-15 可见，在 AB_1 直线上，任一个水温 t_x 所得到的 i_x 就是该水温下空气的焓。在 $A'B'$ 曲线上任一点相应于水温 t_x 得到的该点，水、气交界面上饱和层的焓 i''_x，因此两条线之间的垂直距离 $\Delta i_x=i''_x-i_x$ 就是热交换的推动力，称为焓差推动力，水与空气的热交换就靠此推动力进行的。Δi_x 越大，推动力越大，热交换效果越好。

图 8-15 中，平均水温为 t_m，相应得到空气焓为 i_m 和水面饱和气层焓 i''_m，得平均焓差值为 $\Delta i_m=i''_m-i_m$，此 Δi_m 就是水温从 $t_1\rightarrow t_2$ 之间的平均焓差值。

把图 8-15 与式(8-72)结合起来，对图 8-15 中两条线的相对位置进行分析，可得如下三点物理意义。

(1) $A'B'$ 曲线与 AB_1 直线离开得越大，则 $\Delta i_x=i''_m-i_m$ 值越大，推动力也越大，那么式(8-72)右边分母中 $i''-i$ 越大，右边的 $\frac{1}{K}\int_{t_2}^{t_1}\frac{\mathrm{d}t}{i''-i}$ 值越小，式的左右两边是相等的，则左边值也相应减小，左式中 Q 是不变的，那么填料体积 V 减小，冷却塔体积也可减小了，Δi_x 越大，$\Delta t=t_1-t_2$ 值也越大，冷却效果好。

(2) 如果把 AB_1 空气操作线的终点 A 向左边移，就是说缩小冷幅高 $\Delta t'=t_2-\tau$ 值，由于饱和焓曲线的斜率是先小后大(即坡度先平缓后陡)，$\Delta t'$ 缩小，饱和焓与操作线之间的焓缩小，那么以焓差为冷却推动力也小了，水的冷却就困难。这与前面讨论的 τ 为冷却的理论极限的意义相符合，即 t_2 越接近 τ，冷却越困难，填料的体积越大，越不经济，故定为 $\Delta t'=t_2-\tau=3℃\sim5℃$。

(3) 空气操作线 AB_1 是根据斜率 $\tan\phi=\frac{1}{K\lambda}$ 作出的，$\lambda=G/Q$，那么不同的气、水比 λ，就有不同的斜率 $\tan\phi$，就会得到不同的空气操作线。当 K 值一定时，λ 值越大，则 $1/(K\lambda)$ 值越小，那么 AB_1 线的坡度越小(斜率小)，操作线平缓($\tan\phi$ 小)，那么 $i_x=i''_x-i_x$ 值越大，冷却的推动力越大，冷却越容易(冷却好)。但 λ 越大，则风量 G 大，电耗增大，风速大、风的阻力也大。故设计时 λ 值不能无限增大，应作全面考虑，一般情况下，λ 值在 0.6～1.5 之间。

8.5.6 交换数 $N=\frac{1}{K}\int_{t_2}^{t_1}\frac{\mathrm{d}t}{i''-i}$ 的求解

1. 对热力学基本方程 $\frac{\beta_{xV}V}{Q}=\frac{1}{K}\int_{t_2}^{t_1}\frac{\mathrm{d}t}{i''-i}$ 的分析

(1) 方程右边 $\mathrm{d}t$ 的积分就是进塔水温 t_1 与出塔水温 t_2 之差，即 $\Delta t=t_1-t_2$，所以右边的积分表示冷却任务的大小。此冷却任务的大小与 i 等空气参数有关，而与冷却塔的构造、尺寸无关，称为冷却数或交换数，用 N 表示，则：

$$N = \frac{1}{K}\int_{t_2}^{t_1} \frac{\mathrm{d}t}{i'' - i}\ (\text{无量纲}) \tag{8-84}$$

式(8-84)是按水温 t 积分而得的冷却数，对于不同形式、不同布置的淋水装置，在气水比 $\lambda = G/Q$ 相同时，N 值越大，表明要散发的热量越多。因此 N 实际上是要研究的冷却课题。

(2) 方程式左边 $\beta_{xV}V/Q$ 表示冷却塔本身所具有的冷却能力，它取决于淋水装置的构造、尺寸、散热性能、水(Q)、气(G) 流量等。它反映了冷却塔的特性，称为冷却塔的特性数，用N' 表示，即$N' = \beta_{xV}V/Q$，每台冷却塔都有一条特性曲线，表示出该塔在各种水(Q)、气(G) 流量下所能供应的冷却数N'。冷却塔的设计就是要使 $N = N'$。

(3) 交换数 $N = \frac{1}{K}\int_{t_2}^{t_1} \mathrm{d}t/(i'' - i)$ 中的($i'' - i$) 是指水面饱和空气层的含热量i'' 与外界空气的含热量 i 之差($\Delta i = i'' - i$)，Δi 越小，说明 i 越接近 i''，则水的散热越困难，塔就要大；Δi 越大，则相反，($i'' - i$) 是焓差为冷却的推动力。

(4) 含湿量差引起的容积散质系数β_{xV}($\mathrm{kg/(m^3 \cdot h)}$)反映了淋水装置的散热能力，是衡量冷却塔冷却效果好与差的重要数据。它与水、气的物理性质、相对速度、水滴大小、水膜表面形状等有关。如果对焓差($i'' - i$) 取平均值为 Δi_{m}，取冷却塔进、出水温差($t_1 - t_2$) = Δt，那么可近似表示为

$$\frac{\beta_{xV}V}{Q} = \frac{1}{K}\,\frac{\Delta t}{\Delta i_{\mathrm{m}}} \tag{8-85}$$

由式(8-85)得：

$$\beta_{xV} = \frac{1}{K}\,\frac{Q\Delta t}{\Delta i_{\mathrm{m}}V} \tag{8-86}$$

式(8-86)中 $Q\Delta t$ 是淋水装置的散热量，因此，β_{xV}的物理含义可理解为："单位容积的淋水装置 V，在单位焓差 Δi_m 的推动作用下，所能散发的热量"。β_{xV}越大，说明冷却塔散热能力越好，冷却塔体积可小。

应注意的是：式中每个参数都是与单元层紧密联系的，从整个淋水装置看，从上而下每个参数都是逐层变化的，变化较明显的是：β_{xV}、K、Q 积分时都看作为常数。

2. 交换数 $N = \frac{1}{K}\int_{t_2}^{t_1} \frac{\mathrm{d}t}{i'' - i}$ 的求解

基本方程的求解如前述的主要为平均焓差法等四种，在目前的数学运算中，由于空气焓与温度的函数极为复杂，直接积分求解是不可能的，故一般采用近似求解法。这里主要介绍近似积分法和平均焓差法。

(1) 辛普森(Simpson)近似积分法

在温差 $\Delta t = t_1 - t_2$ 的范围内，将 Δt 分成n 等分(n 为偶数)，每等分为 $\mathrm{d}t = \Delta t/n$，求出相应水温 t_2，$t_2 + \frac{\Delta t}{n}$，$t_2 + 2\frac{\Delta t}{n}$，$t_2 + 3\frac{\Delta t}{n}$，…，$t_2 + (n-1)\frac{\Delta t}{n}$ 和 $t_2 + n\frac{\Delta t}{n} = t_1$ 时的焓差($i'' - i$)，其值分别为 Δi_0，Δi_1，Δi_2，…，Δi_{n-1} 和 i_n。将各点的温度及相应的焓差倒数点绘在图8-16上，得 AB 曲线，由 ABt_1t_2 面积近似解得出：

$$N=\frac{\mathrm{d}t}{3K}\Big(\frac{1}{\Delta i_0}+\frac{4}{\Delta i_1}+\frac{2}{\Delta i_2}+\frac{4}{\Delta i_3}+\frac{2}{\Delta i_4}+\cdots+\frac{2}{\Delta i_{n-2}}+\frac{4}{\Delta i_{n-1}}+\frac{1}{\Delta i_n}\Big) \tag{8-87}$$

式中，Δi_0，Δi_1，…，Δi_{n-1}，Δi_n代表水温分别为t_2，$t_2+\mathrm{d}t$，…，$t_2+(n-1)\mathrm{d}t$，$t_2+n\mathrm{d}t$时的相应焓。

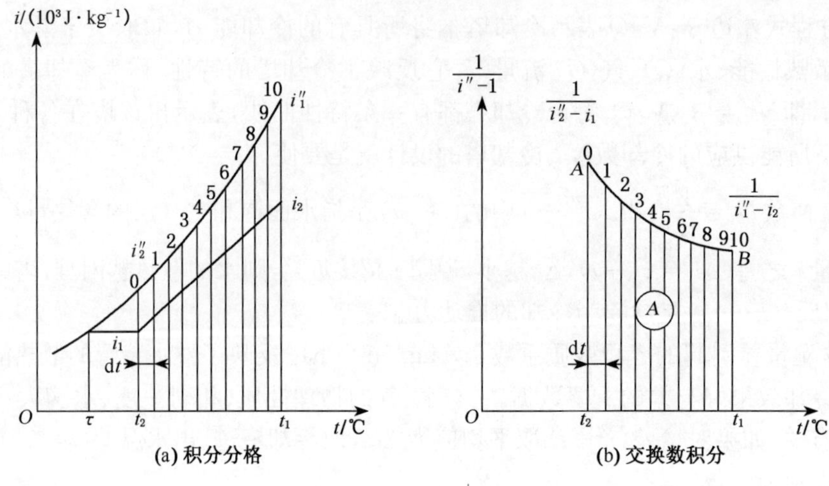

图 8-16　交换数积分

此法是计算每项分母Δi_n（$\Delta i_n=i_n''-i_n$）中的i_n值。由式(8-87)可知，i与i_{n-1}的关系为

$$i_n-i_{n-1}=\frac{1}{K\lambda}\cdot\frac{\Delta t}{n} \tag{8-88}$$

近似积分法计算过程如表 8-4 所示。

表 8-4　近似积分法计算

i	i''	K	i	Δi	$\frac{1}{\Delta i}$	N_i
$t_{(0)}=t_2$	$i''_{(0)}=f(t_{(0)},P)$	—	$i_{(0)}=i_1=f(\theta_1,\varphi_1,P_0)$	$\Delta i_0=i''_{(0)}-i_{(0)}$	$\frac{1}{\Delta i_0}$	$\frac{1}{\Delta i_0}$
$t_{(1)}=t_{(0)}+\mathrm{d}t$	$i''_{(1)}=f(t_{(1)},P)$	$K_{(1)}=f(t_{(0)})$	$i_{(1)}=i_{(0)}+\frac{\mathrm{d}t}{K_{(1)}\lambda}$	$\Delta i_1=i''_{(1)}-i_{(1)}$	$\frac{1}{\Delta i_1}$	$\frac{4}{\Delta i_1}$
$t_{(2)}=t_{(1)}+\mathrm{d}t$	$i''_{(2)}=f(t_{(2)},P)$	$K_{(2)}=f(t_{(1)})$	$i_{(2)}=i_{(1)}+\frac{\mathrm{d}t}{K_{(2)}\lambda}$	$\Delta i_2=i''_{(2)}-i_{(2)}$	$\frac{1}{\Delta i_2}$	$\frac{2}{\Delta i_2}$
$t_{(3)}=t_{(2)}+\mathrm{d}t$	$i''_{(3)}=f(t_{(3)},P)$	$K_{(3)}=f(t_{(2)})$	$i_{(3)}=i_{(2)}+\frac{\mathrm{d}t}{K_{(3)}\lambda}$	$\Delta i_3=i''-i_{(3)}$	$\frac{1}{\Delta i_3}$	$\frac{4}{\Delta i_3}$
⋮	⋮	⋮	⋮	⋮	⋮	⋮
$t_{(n-1)}=t_{(n-2)}+\mathrm{d}t$	$i''_{(n-1)}=f(t_{(n-1)},P)$	$K_{(n-1)}=f(t_{(n-2)})$	$i_{(n-1)}=i_{(n-2)}+\frac{\mathrm{d}t}{K_{(n-1)}\lambda}$	$\Delta i_{(n-1)}=i''_{(n-1)}-i_{(n-1)}$	$\frac{1}{\Delta i_{n-1}}$	$\frac{4}{\Delta i_{n-1}}$

（续表）

i	i''	K	i	Δi	$\frac{1}{\Delta i}$	N_i
$t_{(n)}=t_{(n-1)}$ $+\mathrm{d}t$ $=t_1$	$i_{(n)}=$ $f(t_{(n)},P)$	$K_{(n)}=$ $f(t_{(n-1)})$	$i_{(n)}=i_{(n-1)}+$ $\frac{\mathrm{d}t}{K_{(n)}\lambda}$	$\Delta i_n=i''_{(n)}-i_{(n)}$	$\frac{1}{\Delta i_n}$	$\frac{\frac{1}{\Delta i_n}}{\sum_1^n N_1}$
						$N'=\frac{\mathrm{d}t}{3}\sum_1^n N_i$

当计算精度要求不高，$\Delta t<15$℃时，可用以下简化计算：

$$N=\frac{\Delta t}{6K}\left(\frac{1}{i''_1-i_2}+\frac{4}{i''_m-i_m}+\frac{1}{i''_2-i_1}\right) \tag{8-89}$$

式中　Δt——进出水温度差(℃)；

i''_1-i_2——进水温度的饱和空气焓与排出塔的空气焓(i_2)之差(kJ/kg 或 kcal/kg)；

$i''_{\mathrm{m}}-i_{\mathrm{m}}$——进出水平均温度下的饱和空气焓与进出塔的平均空气焓的差(kJ/kg 或 kcal/kg)，即 i_{m} 为 i_1+i_2 的平均值，i''_{m} 为水温 $t_{\mathrm{m}}=\frac{t_1+t_2}{2}$ 时的饱和空气焓；

i''_2-i_1——出水温度下的饱和空气焓与进入塔内的空气焓的差(kJ/kg 或 kcal/kg)。

【例 8-1】　已知：冷却水量 500 t/h；冷却水温差 $\Delta t=8$℃；空气干球温度 $\theta=31.5$℃；空气湿球温度 $\tau=28$℃；大气压力 $P=745$ mmHg。

采用逆流式机械通风冷却塔，淋水填料采用 50×20—60°斜波交错填料，高1 000 mm。实际淋水面积为 $F=50\ \mathrm{m}^2$。轴流风机风量 $G=382\,500\ \mathrm{m}^3/\mathrm{h}$。求冷却塔出水温度。

【解】　由 $\theta_1=31.5$℃ 和 $\tau=28$℃ 及 $P=745$ mmHg 经式(8-14) 计算 P''_τ 和 P''_Q 值，再代入式(8-26) 计算得 $\varphi=0.77$。相对湿度 φ 也可查图 8-6 求得。大气压 $P=745$ mmHg，在横坐标上查得 $\theta=31.5$℃ 垂直向上，在右边纵坐标上找到 $\tau=28$℃ 水平向左，得交点为 $\varphi=0.77$。

由 θ 和 φ 查图 8-7 得空气容重 $\gamma_1=1.12\ \mathrm{kg/m^3}$。同样 γ_1 也可用式(8-35) 计算求得。则得 $\gamma_{\mathrm{m}}=0.98\gamma_1=0.98\times1.12=1.098\ \mathrm{kg/m^3}$。

根据 F 和 G 求塔内的风速为

$$W_{\mathrm{m}}=\frac{G}{F}=\frac{382\,500}{50\times3\,600}=2.125\ \mathrm{m/s}$$

查有关表得 50×20×60—1 000 塑料斜波交错淋水装置的冷却特性数 N' 为

$$N'=1.59\lambda^{0.67}$$

$q=500/50=10\ \mathrm{m^3/(m^2\cdot h)}$，气水比 λ 为

$$\lambda=\frac{\gamma_{\mathrm{m}}W\cdot3\,600}{q\times1\,000}=\frac{1.098\times1.125\times3\,600}{10\times1\,000}=0.84$$

则得塔能达到的冷却效果为

$$N'=1.59\times0.84^{0.67}=1.415$$

设 $t_2 = 31℃$，$32℃$，$33℃$ 三种，因 t_2 变化不大，查图 8-14，取统一值 $K = 0.95$。

$$t_m = \frac{1}{2}(t_1 + t_2) = \frac{1}{2}(t_2 + \Delta t + t_2)$$

由 τ_1，P，$\varphi = 0.77$ 查图 8-8 求得 i_1，由 $t_1 \to i''_1$，$t_2 \to i''_2$，$t_m \to i''_m$（用 $\varphi = 1$、P），计算 $i_2 = i + \frac{\Delta t}{K\lambda}$，$\Delta i_m = \frac{1}{2}(i_1 + i_2)$。同样 i_1、i''_1、i''_2、i''_m 也可用式(8-44)或式(8-45)计算求得，但计算 i''_1、i''_2、i''_m 时用 $\varphi = 1$ 代入。

令
$$Y_1 = \frac{1}{i''_2 - i_1}；Y_2 = \frac{1}{i''_1 - i_2}；X = \frac{1}{i''_m - i_m}$$

则
$$N = \frac{\Delta t}{6K}(Y_1 + \Delta Y_m + Y_2)$$

用气水比 $\lambda = 0.84$，求相应的 N 值，计算结果见表 8-5。

表 8-5　**N 值计算(P=745 mmHg)**

条　件	t /℃		i''		i		$Y = \frac{1}{i'' - i}$		N
$\lambda = 0.84$ $\Delta t = 8℃$ $K = 0.95$	t_2	31	i''_2	25.40	i_1	21.6	Y_1	0.263	1.8
	t_m	35	i''_m	31.22	i_m	26.62	Y_m	0.217	
	t_1	39	i''_1	38.24	i_2	31.63	Y_2	0.151	
	t_2	32	i''_2	26.75	i_1	21.6	Y_1	0.194	1.34
	t_m	36	i''_m	32.85	i_m	26.62	Y_m	0.161	
	t_1	40	i''_1	40.22	i_2	31.63	Y_2	0.116	
	t_2	33	i''_2	28.17	i_1	21.6	Y_1	0.152	1.05
	t_m	37	i''_m	34.56	i_m	26.62	Y_m	0.126	
	t_1	41	i''_1	42.30	i_2	31.63	Y_2	0.094	

将表 8-5 的计算结果绘制 i_2-N 曲线，如图 8-17 所示。由塔的实际运行的淋水填料冷却特性数 $N = 1.41$，得冷却塔出水温度 $t_2 = 31.75℃$。

2. 平均焓差法

平均焓差法是求 Δi_m 值，称别尔曼平均焓差计算法。从式(8-84)得到交换数 $N = \frac{1}{K}\frac{\Delta t}{\Delta i_m}$。现在的问题是 Δi_m 等于多少？如何求得？

图 8-18 为饱和空气焓曲线展直图，图中饱和空气焓曲线为 $\widehat{AEB}$，用展直的直线来代替为 $\overline{A'B'}$。绘制的方法为：连接直线 $\overline{AB}$，取其平均水温 $t_m = (t_1 + t_2)/2$，在横坐标上得 t_m 点，过 t_m 点作垂线与 $\overline{AB}$ 线交于 E' 点，与 $\widehat{AB}$ 交于 E 点，再取 EE' 的中点 E''，过 E'' 点作 $\overline{AB}$ 的平行线，得 $\overline{A'B'}$ 直线，这样以 $\overline{A'B'}$ 直线来代替 $\widehat{AEB}$ 曲线。

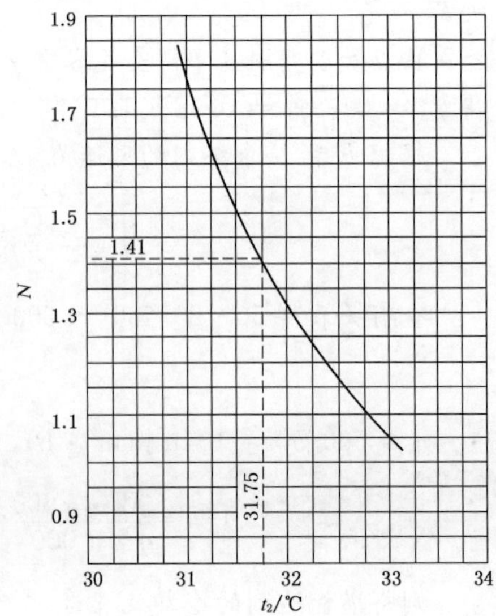

图 8-17　t_2 - N 曲线

这样，原来的淋水装置水温为 t_2 的水面饱和焓i''_2，这时水温仍为 t_2，而水面饱和气层焓即为i''_K；塔顶部水温 t_1 的原水面饱和焓i''_1，这时即为i''_H，则这两处的焓值为

$$i''_K = i''_2 - \delta i''$$
$$i''_H = i''_1 - \delta i''$$

而 $\delta i''$如何求得？从图 8-18 中可见：

$$E'E'' = \frac{1}{2}E'E = \delta i'' = \frac{1}{2}\left(\frac{i''_1 + i''_2}{2} - i''_m\right)$$，得

$\delta i''$ 为

$$\delta i'' = \frac{i''_1 + i''_2 - 2\,i''_m}{4} \qquad (8\text{-}90)$$

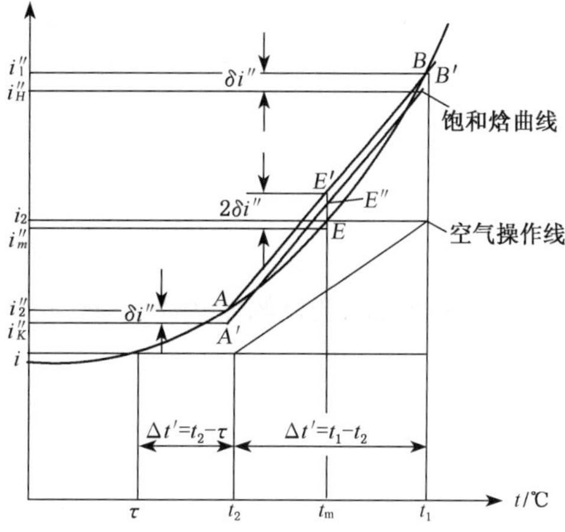

图 8-18　饱和空气焓曲线展直图

经修正后塔底的焓差 Δi_K 为

$$\Delta i_K = i''_K - i_1 = i''_2 - \delta i'' - i \text{ (kcal/kg)} \qquad (8\text{-}91)$$

经修正后塔顶的焓差 Δi_H 为

$$\Delta i_H = i''_H - i_2 = i''_1 - \delta i'' - i_2 \quad \text{(kcal/kg)} \qquad (8\text{-}92)$$

$\Delta i = i'' - i$，Δi 值在 t_1 到 t_2 之间的范围内变化。

当 $t = t_1$ 时，$\Delta i = \Delta i_H$，i''_1 改为$i''_H = i''_1 - \delta i$；

当 $t = t_2$ 时，$\Delta i = \Delta i_K$，i''_2 改为$i'_K = i''_2 - \delta i$。

而平均焓差 Δi_m 是在 Δi_H 与 Δi_K 之间，而i''与 i 也是随 t 而变化：当 $t = t_2$ 时，得$i'' = i''_2$，$i = i_1$(空气进塔)；当 $t = t_1$ 时，得$i'' = i''_1$，$i = i_2$(空气出塔)。

按不定积分定理，经过推导得 Δi_m 为

$$\Delta i_m = \frac{\Delta i_H - \Delta i_K}{\ln \dfrac{\Delta i_H}{\Delta i_K}} = \frac{\Delta i_H - \Delta i_K}{2.3 \lg \dfrac{\Delta i_H}{\Delta i_K}} \qquad (8\text{-}93)$$

代入，得

$$N = \frac{1}{K}\int_{t_2}^{t_1} \frac{dt}{i'' - i} = \frac{1}{K}\,\frac{\Delta t}{\dfrac{\Delta i_H - \Delta i_K}{2.3 \lg \dfrac{\Delta i_H}{\Delta i_K}}}$$

$$= \frac{1}{K}\,\frac{2.3\Delta t \cdot \lg \dfrac{\Delta i_H}{\Delta i_K}}{\Delta i_H - \Delta i_K} \qquad (8\text{-}94)$$

8.5.7　冷却塔的性能

冷却塔不同类型的淋水装置热力特性和阻力特性是通过试验测得的，一般采用经验式。

1. 含湿量差容积散质系数 β_{xV} 的求定

β_{xV} 反映淋水装置散热能力，取决于填料的材料、构造、尺寸、布置、高度等，也与水力条件（淋水密度 q）、空气动力条件（风量）、水温（t）及气象因素（θ、τ）等有关。在塔的尺寸和填料一定时，β_{xV} 是下列因素的函数：

$$\beta_{xV} = f(g \cdot q \cdot t_1 \cdot \tau) \tag{8-95}$$

上述因素的变化幅度较小时，β_{xV} 可表示为

$$\beta_{xV} = A g_K^m q_s^n t_1^{-P} [\text{kg}/(\text{m}^3 \cdot \text{h})] \tag{8-96}$$

但目前国内外都采用的为下式：

$$\beta_{xV} = A \cdot g_K^m \cdot q_s^n [\text{kg}/(\text{m}^3 \cdot \text{h})] \tag{8-97}$$

式中 g_K——空气流量密度 $g_K = \gamma_m W_m [\text{kg}/(\text{m}^2 \cdot \text{s})]$；

γ_m——冷却塔内平均空气容重，$\gamma_m = 0.98\gamma_1$（kg/m³）在机械通风冷却塔计算中用 γ_1 代替 γ_m 已满足精度；

γ_1——进冷却塔空气容重（kg/m³）；

W_m——淋水装置整个断面上的空气风速（m/s）；

q——淋水密度（kg/(m²·s)）；

A，m，n——试验常数，取决于淋水装置构造、形式及尺寸等。

系数 A 和幂数指数 m，n 对于一定的淋水装置来说是常数，见表 8-6、表 8-7。设计中应考虑设计条件与试验条件的差别，尽可能采用与设计塔条件相同或相似的实际使用塔的测定资料进行设计。当缺乏实际塔的测定资料时，常采用试验塔的试验资料设计，但应对试验塔的试验资料进行修正，修正系数可取 0.8～1.0，视试验塔与设计塔的具体不同条件而定。

表 8-6　逆流冷却塔部分淋水装置散热特性试验数据

序号	型号及规格	片厚	尾部高度	试验范围							$N' = A'\lambda^m$		$\beta_{xV} = A g_k^m q^n$		
				塔内风速	θ_1	τ_1	P_0	q	t_1	t_2					
		mm	mm	m/s	℃	℃	mmHg	$\frac{\text{m}^3}{\text{m}^2 \cdot \text{h}}$	℃	℃	A'	m	A	m	n
1	塑料点波 2.5×12×45°－1 000	0.4	5 000	1.42	30.0	24.1		14	40.0	32.0	2.12	0.512	6 610	0.384	0.368
2	塑料点波 28.5×14×45°－800	0.4	5 200	1.62	30.0	24.1		14	40.0	32.0	1.50	0.527	3 200	0.343	0.549
3	塑料斜波 35×15×60°－800	0.4～0.5	5 200	1.40	30.0	24.1		14	40.0	32.0	1.80	0.299	2 750	0.331	0.762
4	塑料斜波 36×15×60°－1 260	0.4～0.5	4 700	1.37	30.0	24.1		14	40.0	32.0	2.13	0.416	1 950	0.482	0.714
5	塑料斜波 55×12.5×60°－1 000			1.59	30.0	24.1		14	40.0	32.0	1.55	0.17	3 390	0.43	0.48
6	塑料斜波 50×20×60°－1 000			1.97	30.0	24.1		14	40.0	32.0	1.59	0.67	2 180	0.39	0.62

（续表）

序号	型号及规格	片厚	尾部高度	试验范围							$N'=A'\lambda^m$		$\beta_{xV}=Ag_k^m q^n$		
				塔内风速	θ_1	τ_1	P_0	q	t_1	t_2					
		mm	mm	m/s	℃	℃	mmHg	$\frac{m^3}{m^2\cdot h}$	℃	℃	A'	m	A	m	n
7	塑料折波 $h=1.50$ m	0.35～0.4	4 800	0.77～0.2	30.4～36.3	23.8～28.5	726～734	4～12	36.9～43.0	26.4～34.9	1.86	0.66	2 633	0.73	0.39
8	塑料折波 $h=1.2$ m	0.35～0.4	4 800	1.0～2.0	29.5～32.1	23.5～25.6	718～723	4～12	40.3～42.6	26.1～36.0	1.57	0.74	2 370	0.97	0.40
9	塑料折波 $h=1.0$ m	0.35～0.4	4 800	0.8～2.0	26.4～32.4	23.4～24.3	722	4～12	40.5～42.4	26.6～36.7	1.44	0.64	2 765	0.75	0.44

表 8-7　　横流冷却塔淋水装置散热特性试验数据

型号及规格	试验范围					特性方程		
	θ_1	τ_1	t_1	t_2	q	$\beta_{rV}=Ag_k^m q^n$		
	℃	℃	℃	℃	$m^3/m^2\cdot h$	A	m	n
菱形花纹片距 25	29.5	23.0	39.1	27.8	25.1	846.5	0.722	0.052

2. 特性数 N' 及阻力特性的求定

1）特性数 N' 的求定

设 Z 为冷却塔淋水装置（填料）的高度，由式（8-75）得知：

$$N'=\frac{\beta_{xV}V}{Q}=\beta_{xV}\frac{Z}{q_s} \tag{8-98}$$

式中，$V/Q=ZF/Q=\dfrac{Z}{Q/F}=Z/q_s$。

用式（8-97）代入式（8-98）得

$$N'=Ag_k^m\cdot q_s^n\frac{Z}{q}=AZg_k^m\cdot q_s^{n-1} \tag{8-99}$$

当 $m+n=1$ 时，式（8-99）可写成为：

$$N'=AZ\left(\frac{g_k}{q_s}\right)^m=A'\lambda^m \tag{8-100}$$

式中　Z——填料高度；

λ——气水比（空气与水的重量比），$\lambda=G/Q$；

A'，m——淋水填料的实验常数，$A'=AZ$。

2）阻力特性

淋水装置中的风压损失，不仅随风速而变化，而且与淋水密度有关，不同淋水密度的淋水装置阻力特性公式为

$$\frac{\Delta P}{\gamma_1} = AW_{\mathrm{m}}^{m} \tag{8-101}$$

式中 ΔP——淋水装置的风损失(mmWg)；

γ_1——进塔空气容重(kg/m^3)；

W_m——淋水装置中的平均风速(m/s)；

A，m——由试验求得的系数。

表 8-8 为不同类型的淋水填料阻力特性试验数据。

表 8-8　　部分淋水装置阻力特性

序号	淋水填料型号及规格	淋水填料高度/m	阻力特性 $\frac{\Delta P}{\gamma} = Aw_{\mathrm{m}}^{m}$ (mmH₂O/(kg·m³))									
			q=6 m³/(m²·h)		q=8 m³/(m²·h)		q=10 m³/(m²·h)		q=12 m³/(m²·h)		q=14 m³/(m²·h)	
			A	m	A	m	A	m	A	m	A	m
1	梯形斜波 T 25—60°	0.8	0.72	1.82	0.79	1.78	0.85	1.71	0.99	1.63	1.06	1.55
2	梯形斜波 T 25—60°	1.2	1.01	1.92	1.09	1.86	1.16	1.80	1.31	1.73	1.39	1.68
3	梯形斜波 T 25—60°(光面)	1.0	0.78	1.73	0.92	1.62	1.07	1.80	1.20	1.45	—	—
4	梯形斜波 T 33—60°	1.2	0.79	1.49	0.93	1.58	1.05	1.65	1.22	1.76	—	—
5	梯形斜波 T 25—90°	1.2	0.39	1.53	0.51	1.39	0.61	1.35	0.73	1.33	—	—
6	折波 s=30 mm	1.6	1.74	1.91	1.97	1.78	2.30	1.66	2.52	1.62	—	—
7	折波 s=33 mm	1.2	1.03	1.57	1.17	1.50	1.31	1.44	1.47	1.41	—	—
8	折波 s=33 mm	1.6	1.13	1.60	1.31	1.57	1.44	1.54	1.55	1.51	—	—
9	玻璃钢斜波 50×20—60°	1.25	0.92	1.58	0.99	1.55	1.04	1.53	1.10	1.50	—	—

3. 气水比 λ 的选择

气水比是冷却每公斤水需要的空气公斤数。未饱和的空气进入冷却塔后，不断增加温度湿度，如出塔时空气含湿量恰好达到饱和($\phi=1$)，此时的空气流量称为理论空气需要量，它与水流量之比称为理论气水比 λ_T，根据式(8-77)可知：

$$\lambda_T = \frac{\Delta t}{K(i''_2 - i_1)} \tag{8-102}$$

式中，i''_2 是出塔空气达到饱和($\phi=1$)的焓；其余符号同前。

i''_2 由 $\phi=1$ 及出塔空气温度 θ_2 求得。θ_2 可按以下近似式求得：

$$\theta_2 = \theta_1 + (t_{\mathrm{m}} - \theta_1)\frac{i_2 - i_1}{(i''_2 - i_1)} \tag{8-103}$$

如果按理论式(8-102)计算 λ_T 值，则对自然通风冷却塔来说宜接近理论值，对机械通风冷却塔来说可高于理论值。

一般在计算时，选择几个不同的气水比，求出相应的交换数 N，绘制成交换数 N 曲线，并把选定的淋水装置特曲线绘制在同一坐标图上，两条曲线的交点 P 就是要求得的工作点，见图 8-19，此法称为交换数 N 与特性数 N' 的统一。

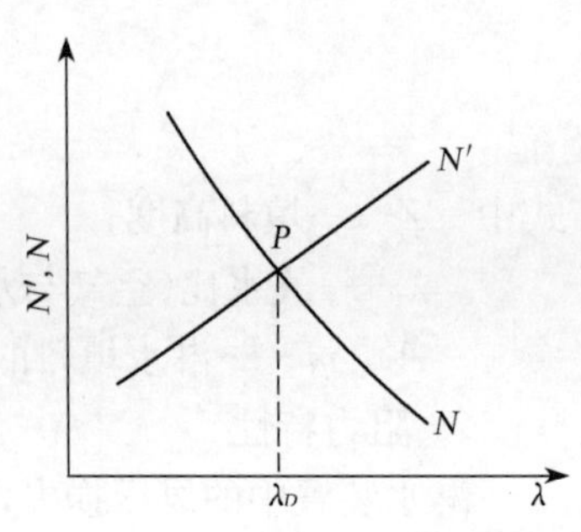

图 8-19　工作点的确定

一般情况下，$\lambda=0.6\sim1.5$ 之间，实际计算可根据冷却塔水温差 Δt 选择一定范围的 λ 值，见表 8-9。

表 8-9　λ 值选择范围

Δt/℃	3	5	10	15
λ	0.3～0.7	0.5～0.9	0.9～1.2	1.2～2.1

8.5.8　横流式冷却塔的热力计算

1. 基本方程

在逆流式冷却塔中，水与空气的参数在垂直方向上变化，在横流式冷却塔中，则在垂直(y)和水平(x)两个方向上同时变化，故计算要复杂得多。设空气平行于 x 轴方向流动，水沿 y 轴方向流动。淋水装置的宽、高、长分别为 x、y、z，如图8-19所示。假如在 z 轴方向上，空气和水的温度、流量及焓不变，则水温沿 y 方向不断下降，而空气向 x 方向升温、增湿和增焓。

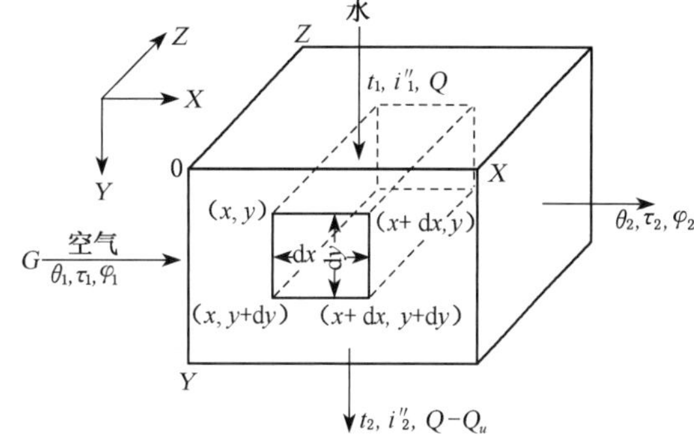

图 8-20　横流式冷却塔分析简图

现取淋水装置内的微元体宽 dx，高 dy (图 8-20)、长 z 的容积 $zdxdy$ 的热量交换进行研究。沿 y 方向的淋水密度为 q，进水温度为 t_1；沿 x 方向的气流均匀进入，其重量流量为 g，焓为 i_1。根据热水散发的热量等于空气吸收的热量原理，可得出微元体 $zdxdy$ 的热平衡方程式。

水所散发的热量 dH_s 为

$$dH_s=-z\frac{q}{K}\cdot\frac{\partial t}{\partial y}\cdot dx\cdot dy \tag{8-104}$$

空气所吸收的热量 dH_k：

$$dH_k=zg\frac{\partial i}{\partial x}\cdot dx\cdot dy \tag{8-105}$$

式中　$\frac{\partial t}{\partial y}$——在 dy 距离内的水温变化；

$\frac{\partial i}{\partial x}$——在 dx 距离内的焓变化。

其他符号同前。

根据麦克尔(Merkel)方程，对于微元 dx，dy 而言，热交换方程式为

$$dH=z\beta_{xV}(i''-i)dxdy \tag{8-106}$$

因 $dH_s=dH_k=dH$，将式(8-104)、式(8-105)代入式(8-106)中得：

$$-\frac{q}{K}\cdot\frac{\partial t}{\partial y}\cdot dx\cdot dy=g\frac{\partial i}{\partial x}\cdot dx\cdot dy=\beta_{xV}(i''-i)dxdy$$

经过变换得：

$$-\int_0^y\int_0^x \frac{1}{i''-i}\cdot\frac{\partial t}{\partial y}\cdot \mathrm{d}x\mathrm{d}y=\int_0^y\int_0^x \frac{K\beta_{xv}}{q}\mathrm{d}x\mathrm{d}y \tag{8-107}$$

式(8-107)为横流式冷却塔热力计算基本方程式，右边表示冷却塔的冷却能力，左边是冷却任务对冷却塔的要求。

2. 基本方程的求解

这里主要介绍采用较普遍的平均焓差法。将式(8-107)中的 $\mathrm{d}x$ 改为填料深度 L，$\mathrm{d}y$ 改为填料高度 H，则式(8-107)的左边的积分式为

$$-\int_0^H\int_0^L \frac{1}{i''-i}\frac{\partial t}{\partial y}\cdot \mathrm{d}x\mathrm{d}y=\frac{\Delta t}{(i''-i)_\mathrm{m}}L=\frac{\Delta t}{\Delta i_\mathrm{m}}\cdot L$$

式(8-107)右边的积分式为

$$\int_0^H\int_0^L \frac{K\beta_{xV}}{q}\mathrm{d}x\mathrm{d}y=\frac{K\beta_{xV}}{q}HL$$

则式(8-107)可改为

$$N=\frac{\Delta t}{\Delta i_\mathrm{m}}=\frac{K\beta_{xV}}{q}\cdot H \tag{8-108}$$

当温差 $\Delta t=t_1-t_2$，平均焓差 Δi_m 已知时，即可求得 N 值。Δi_m 的求解为

$$\Delta i_\mathrm{m}=x(i''_1-\delta i''-i_1) \tag{8-109}$$

式中 $x=f(\eta\cdot\xi)$

η, ξ, $\delta i''$值为

$$\eta=\frac{i''_1-i''_2}{i''_1-\delta i''-i_1} \tag{8-110}$$

$$\xi=\frac{i_2-i_1}{i''_1-\delta i''-i_1} \tag{8-111}$$

$$\delta i''=\frac{i''_1+i''_2-2\,i''_m}{4} \tag{8-112}$$

根据计算所得的 η, ξ 值，查图 8-21 求得 x 值，然后按式(8-109)求得 Δi_m 值，再按式(8-108)计算 N 值。

3. 横流塔热力计算步骤

(1) 由已知条件 Q、τ、t_1、t_2、t_m 及 D、ϕ，利用公式(8-86)计算或查图 8-11，求得 i_1，i''_1，i''_2，i''_m；由式(8-82)计算或查图 8-14 求得 K 值；由 θ 及 ϕ 利用式(8-35)计算或查图求得湿空气容重 γ 值。

(2) 由式(8-112)求得 $\delta i''$ 值，由式(8-111)求得 ξ 值，由式(8-110)求得 η 值。

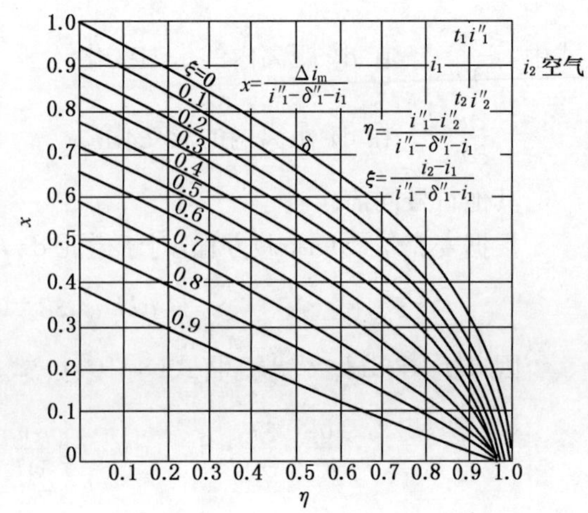

图 8-21 横流塔平均焓差计算曲线

表 8-10　　**λ 值及 N 值的计算**

λ 值	$i_2 = i_1 + \frac{\Delta t}{K\lambda}$	η 值 按式(8-110) 求得	ξ 值 按式(8-111) 求得	x 值 查图 8-21 求得	Δi_m 按式(8-109) 求得	$N = \frac{\Delta t}{\Delta i_m}$ 按式(8-108) 求得
$\lambda_1 =$ $\lambda_2 =$ $\lambda_3 =$ ⋮						

(3) 用列表(表 8-9)法计算 λ 值和 N 值。

(4) 在选定填料的 $N' = f(\lambda)$ 的曲线图上，绘制由表 8-10 算结果绘制 N 值，求得工作点的 N_D 和 λ_D 值，如图 8-22 所示。

表 8-11　　**λ 与 N，N' 计算结果**

假定的 λ 值	1.3	1.5	1.7	1.9
$N = \frac{1}{K} \cdot \frac{\Delta t}{\Delta i_m}$	1.332	1.274	1.233	1.204
$N' = \frac{\beta_{xV} \cdot V}{Q}$	1.139	1.212	1.282	1.346

(5) 由已知的 N_D 值，按式(8-108)求淋水装置体积：

$$N_D = \frac{K\beta_{xV}}{\frac{Q}{Lz}} H = \frac{K\beta_{xV}}{Q} V$$

$$V = \frac{Q}{K\beta_{xV}} N_D$$

从而求得塔的面积。

(6) 由已知 λ_D，求风量 G。

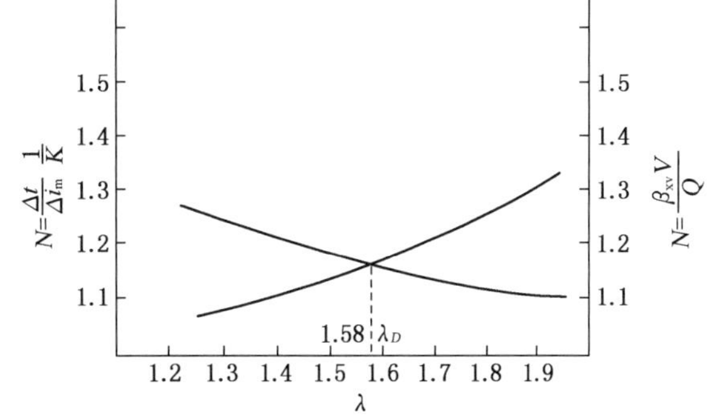

图 8-22　用图解法求 λ 值

$$G = \frac{Q\lambda_D}{\gamma} \times 10^3 (\mathrm{m^3/h})$$

横流式冷却塔热力计算还有有限差分法分段计算和近似积分法求解等，因目前采用的基本上均为平均焓差法，故不作介绍。

【例 8-2】 已知横流式冷却塔淋水面积为 40 m^2，冷却水量为 600 m^3/h，进塔水温 $t_1 = 45℃$，出塔水温 $t_2 = 35℃$，塔内平均风速 $w_m = 2.5$ m/s，$\theta = 30℃$，$\tau = 24℃$，$\phi = 0.6$，$P = 745$ mmHg。

采用塑料菱形淋水装置，片距 25 mm，容积分质系数为

$$\beta_{xV} = 846.5 g_k^{0.722} q^{0.052}$$

求需要的淋水装置体积 V。

【解】 由 $\theta = 30℃$，$\phi = 0.6$，查图 8-7 得 $\gamma = 1.131$ kg/m^3。

$$q = 600/40 = 15\ \mathrm{m^3/(m^2 \cdot h)}$$

$$g_k = 2.5 \times 0.98 \times 1.131 = 2.771\ \mathrm{kg/(m^2 \cdot s)}$$

$$\beta_{xV} = 846.5 g_k^{0.722} q^{0.052} = 846.5 \times (2.771)^{0.722} \times 15^{0.052} = 2\,034$$

由 $P = 745$，$\phi = 0.6$，$\theta = 30℃$，查图 8-8 得 $i = 17.1$ kcal/kg。

$$t_m = \frac{t_1 + t_2}{2} = \frac{45 + 35}{2} = 40℃$$

表 8-12—表 8-14 分别为大气压 $P = 745$ mmHg、750 mmHg、760 mmHg 时的饱和空气含热值。查表 8-11($P = 745$ mmHg) 得：$t_1 = 45℃$，$i''_1 = 51.72$ kcal/kg；$t_2 = 35℃$，$i''_2 = 31.22$ kcal/kg；$t_m = 40℃$，$i''_m = 40.22$ kcal/kg。

选用气水比 $\lambda = 1$，由 $t_2 = 35℃$ 查图 8-14 得 $K = 0.939$。

表 8-12　　饱和空气的含热值(压力为 745 mmHg)

t/℃	含热量 i/(kcal·kg^{-1})									
	0.0	0.1	0.2	0.3	0.4	0.5	0.6	0.7	0.8	0.9
15	10.13	10.20	10.26	10.33	10.39	10.46	10.53	10.59	10.66	10.72
16	10.84	10.91	10.98	11.05	11.12	11.19	11.26	11.33	11.40	11.48
17	11.55	11.62	11.69	11.77	11.84	11.91	11.99	12.06	12.14	12.21
18	12.29	12.36	12.44	12.51	12.59	12.67	12.74	12.82	12.89	12.98
19	13.05	13.13	13.21	13.29	13.37	13.45	13.53	13.61	13.69	13.78
20	13.86	13.94	14.02	14.10	14.19	14.27	14.36	14.44	14.52	14.61
21	14.69	14.78	14.87	14.95	15.04	15.13	15.21	15.30	15.40	15.49
22	15.57	15.66	15.75	15.84	15.93	16.02	16.11	16.21	16.29	16.39
23	16.48	16.57	16.67	16.76	16.85	16.95	17.05	17.14	17.24	17.34
24	17.43	17.53	17.63	17.73	17.82	17.93	18.03	18.13	18.23	18.33
25	18.42	18.53	18.63	18.73	18.83	18.94	19.04	19.15	19.25	19.36
26	19.46	19.57	19.68	19.79	19.89	20.00	20.11	20.22	20.33	20.44
27	20.55	20.66	20.77	20.88	21.00	21.11	21.22	21.33	21.45	21.56
28	21.68	21.80	21.91	22.03	22.15	22.27	22.38	22.50	22.62	22.74
29	22.86	22.98	23.11	23.23	23.35	23.48	23.60	23.73	23.85	23.98
30	24.10	24.23	24.35	24.48	24.61	24.74	24.87	25.00	25.13	25.26
31	25.40	25.53	25.66	25.80	25.93	26.07	26.20	26.34	26.48	26.61
32	26.75	26.89	27.03	27.17	27.31	27.45	27.60	27.74	27.88	28.03
33	28.17	28.32	28.46	28.61	28.76	28.91	29.06	29.21	29.36	29.51
34	29.66	29.81	29.97	30.12	30.27	30.43	30.59	30.74	30.90	31.06
35	31.22	31.38	31.54	31.70	31.86	32.02	32.19	32.36	32.52	32.68
36	32.85	33.02	33.19	33.36	33.53	33.70	33.87	34.04	34.21	34.39
37	34.56	34.74	34.92	35.09	35.23	35.45	36.63	35.81	35.99	36.17
38	36.36	36.54	36.73	36.91	37.10	37.29	37.48	37.67	37.86	38.05
39	38.24	38.44	38.63	38.83	39.02	39.22	39.42	39.62	39.82	40.02

（续表）

t/℃	含热量 i/(kcal · kg^{-1})									
	0.0	0.1	0.2	0.3	0.4	0.5	0.6	0.7	0.8	0.9
40	40.22	40.42	40.63	40.83	41.05	41.25	41.45	41.66	41.87	42.08
41	42.30	42.51	42.73	42.94	43.16	43.37	43.60	43.83	44.04	44.26
42	44.48	44.70	44.93	45.15	45.38	45.60	45.84	46.07	46.30	46.54
43	46.77	47.01	47.24	47.48	47.72	47.96	48.20	48.45	48.69	48.94
44	49.18	49.43	49.68	49.93	50.18	50.43	50.69	50.94	51.20	51.46
45	51.72	51.98	52.24	52.50	52.77	53.03	53.30	53.57	53.84	54.11
46	54.38	54.65	54.95	55.21	55.49	55.77	56.05	56.34	56.62	56.91
47	57.19	57.48	57.77	58.07	58.36	58.65	58.95	59.24	59.54	59.85
48	60.15	60.45	60.76	61.07	61.38	61.69	62.00	62.31	62.63	62.94
49	63.26	63.59	63.90	64.23	64.55	64.88	65.21	65.54	65.87	66.21
50	66.54	66.88	67.22	67.55	67.89	68.24	68.59	68.94	69.29	69.65

$$i_2 = i_1 + \frac{\Delta t}{K\lambda} = 17.1 + \frac{10}{0.939 \times 1.0} = 27.75\ \text{kcal/kg}$$

表 8-13　　饱和空气的含热值(压力为 750 mmHg)

t/℃	含热量 i/(kcal · kg^{-1})									
	0.0	0.1	0.2	0.3	0.4	0.5	0.6	0.7	0.8	0.9
15	10.09	10.18	10.24	10.31	10.36	10.44	10.50	10.57	10.63	10.70
16	10.77	10.86	10.93	11.00	11.07	11.14	11.21	11.28	11.35	11.43
17	11.50	11.57	11.64	11.72	11.79	11.86	11.94	12.01	12.09	12.16
18	12.24	12.31	12.38	12.46	12.53	12.61	12.69	12.76	12.84	12.92
19	12.99	13.07	13.15	13.23	13.31	13.39	13.47	13.55	13.64	13.72
20	13.80	13.88	13.96	14.04	14.13	14.21	14.29	14.38	14.46	14.54
21	14.63	14.71	14.80	14.89	14.97	15.06	15.15	15.24	15.33	15.41
22	15.50	15.59	15.86	15.77	15.86	15.95	16.04	16.13	16.22	16.31
23	16.41	16.50	16.59	16.69	16.78	16.87	16.97	17.07	17.16	17.26
24	17.35	17.45	17.55	17.65	17.75	17.85	17.95	18.06	18.16	18.27
25	18.34	18.44	18.54	18.65	18.75	18.85	18.95	19.05	19.16	19.26
26	19.37	19.48	19.58	19.69	19.80	19.91	20.02	20.12	20.23	20.34
27	20.45	20.57	20.68	20.79	20.90	21.01	21.12	21.23	21.34	21.46
28	21.58	21.69	21.81	21.92	22.04	22.16	22.27	22.39	22.51	22.63
29	22.75	22.87	23.00	23.12	23.24	23.36	23.49	23.61	23.73	23.86
30	23.99	24.11	24.23	24.36	24.49	24.62	24.75	24.88	25.01	25.14
31	25.28	25.41	25.54	25.67	25.80	25.94	26.07	26.21	26.35	26.48
32	26.62	26.76	26.90	27.04	27.18	27.32	27.46	27.60	27.74	27.89
33	28.03	28.18	28.32	28.17	28.62	28.77	28.92	29.07	29.22	29.36
34	29.51	29.66	29.82	29.97	30.12	30.28	30.43	30.58	30.74	30.90
35	31.06	31.22	31.37	31.54	31.70	31.86	32.02	32.19	32.35	32.51
36	32.68	32.85	33.02	33.18	33.35	33.52	33.69	33.86	34.03	34.21
37	34.38	34.56	34.73	34.91	35.09	35.26	35.41	35.62	35.80	35.98
38	36.17	36.35	36.53	36.72	36.90	37.09	37.23	37.47	37.66	37.84

（续表）

t/℃	含热量 i/(kcal·kg^{-1})									
	0.0	0.1	0.2	0.3	0.4	0.5	0.6	0.7	0.8	0.9
39	38.04	38.24	38.43	38.62	38.81	39.01	39.21	39.41	39.60	39.80
40	40.00	40.20	40.41	40.60	40.82	41.02	41.23	41.44	41.64	41.85
41	42.06	42.28	42.49	42.70	42.92	43.13	43.35	43.57	43.79	44.01
42	44.23	44.45	44.67	44.90	45.13	45.35	45.58	45.81	46.03	46.27
43	46.51	46.74	46.97	47.21	47.45	47.69	47.93	48.17	48.41	48.65
44	48.90	49.14	49.39	49.64	49.89	50.14	50.39	50.65	50.91	51.16
45	51.42	51.68	51.93	52.20	52.46	52.72	52.99	53.25	53.52	53.79
46	54.06	54.34	54.61	54.89	55.16	55.44	55.72	56.00	56.28	56.56
47	56.85	57.14	57.43	57.82	58.01	58.30	58.59	58.89	59.18	59.48
48	59.78	60.08	60.38	60.69	61.00	61.31	61.62	61.92	62.24	62.55
49	62.87	63.19	63.50	63.82	64.15	64.47	64.80	65.13	65.46	65.79
50	66.13	66.46	66.80	67.13	67.47	67.81	68.16	68.51	68.86	69.21

$$\delta i'' = \frac{i''_1 + i''_2 - 2i''_m}{4} = \frac{51.72 + 31.22 - 2 \times 40.22}{4} = 0.61\ \text{kcal/kg}$$

$$\eta = \frac{i''_1 - i''_2}{i''_1 - \delta i'' - i_1} = \frac{51.72 - 31.22}{51.72 - 0.61 - 17.1} = 0.60$$

表 8-14　　饱和空气的含热值(压力为 760 mmHg)

t/℃	含热量 i/(kcal·kg^{-1})									
	0.0	0.1	0.2	0.3	0.4	0.5	0.6	0.7	0.8	0.9
15	10.00	10.13	10.19	10.26	10.32	10.39	10.45	10.52	10.58	10.65
16	10.74	10.77	10.84	10.91	10.98	11.05	11.12	11.19	11.26	11.33
17	11.40	11.47	11.54	11.61	11.69	11.76	11.83	11.90	11.98	12.05
18	12.13	12.20	12.27	12.35	12.42	12.50	12.58	12.65	12.73	12.81
19	12.88	12.96	13.04	13.12	13.20	13.27	13.35	13.43	13.51	13.59
20	13.67	13.76	13.84	13.92	14.00	14.08	14.17	14.25	14.33	14.42
21	14.50	14.58	14.67	14.76	14.84	14.92	15.01	15.10	15.19	15.27
22	15.36	15.45	15.54	15.63	15.72	15.81	15.90	15.99	16.08	16.17
23	16.26	16.35	16.44	16.54	16.63	16.72	16.82	16.91	17.01	17.10
24	17.19	17.29	17.39	17.49	17.58	17.68	17.78	17.88	17.98	18.07
25	18.17	18.27	18.37	18.47	18.56	18.67	18.78	18.88	18.99	19.09
26	19.19	19.30	19.40	19.51	19.61	19.72	19.83	19.94	20.04	20.15
27	20.26	20.37	20.48	20.59	20.70	20.81	20.92	21.03	21.14	21.26
28	21.37	21.49	21.60	21.72	21.83	21.95	22.06	22.19	22.30	22.42
29	22.53	22.65	22.78	22.90	23.02	23.14	23.26	23.38	23.50	23.63
30	23.75	23.88	24.00	24.13	24.26	24.38	24.51	24.64	24.77	24.90
31	25.03	25.16	25.29	25.42	25.55	25.68	25.82	25.95	26.09	26.22
32	26.36	26.49	26.63	26.77	26.91	27.05	27.18	27.33	27.47	27.61
33	27.75	27.89	28.04	28.18	28.33	28.47	28.62	28.77	28.91	29.06
34	29.21	29.36	29.51	29.66	29.82	29.97	30.12	30.27	30.43	30.58
35	30.74	30.90	31.06	31.22	31.37	31.53	31.69	31.86	32.02	32.18
36	32.34	32.51	32.67	32.84	33.00	33.17	33.34	33.51	33.68	33.85
37	34.02	34.20	34.37	34.54	34.72	34.89	35.07	35.25	35.42	35.60
38	35.78	35.96	36.15	36.33	36.51	36.69	36.88	37.07	37.25	37.44
39	37.63	37.84	38.01	38.20	38.39	38.59	38.78	38.98	39.18	39.37
40	39.57	39.77	39.97	40.17	40.37	40.57	40.78	40.98	41.19	41.39

（续表）

t/℃	含热量 i/(kcal·kg^{-1})									
	0.0	0.1	0.2	0.3	0.4	0.5	0.6	0.7	0.8	0.9
41	41.60	41.81	42.02	42.23	42.44	42.66	42.83	43.09	43.31	43.52
42	43.74	43.96	44.18	44.40	44.62	44.85	45.07	45.30	45.52	45.75
43	45.99	46.22	46.45	46.68	46.91	47.15	47.39	47.63	47.86	48.10
44	48.34	48.59	48.83	49.08	49.32	49.57	49.82	50.07	50.32	50.57
45	50.83	51.09	51.34	51.59	51.85	52.11	52.38	52.64	52.90	53.17
46	53.43	53.70	53.97	54.25	54.52	54.79	55.06	55.34	55.62	55.90
47	56.18	56.46	56.75	57.03	57.32	57.61	57.90	58.19	58.48	58.79
48	59.07	59.37	59.67	59.97	60.27	60.57	60.88	61.18	61.49	61.80
49	62.11	62.43	62.74	63.05	63.37	63.69	64.01	64.34	64.66	64.99
50	65.31	65.64	65.97	66.30	66.69	66.98	67.32	67.66	68.00	68.35

$$\xi = \frac{i_2 - i_1}{i''_1 - \delta i'' - 1} = \frac{27.75 - 17.1}{51.72 - 0.61 - 17.1} = 0.31$$

由求得的 η, ξ 值，查图 8-21 得 $x = 0.48$。

$$\Delta i_{\mathrm{m}} = x(i''_1 - \delta i'' - i_1) = 0.48 \times (51.72 - 0.61 - 17.1) = 16.32\ \mathrm{kcal/kg}$$

所需要的淋水装置体积为

$$V = \frac{Q\Delta t}{K\beta_{xV}\Delta i_{\mathrm{m}}} = \frac{600 \times 10^3 \times (45 - 35)}{0.939 \times 2\,034 \times 16.32} = 193\ \mathrm{m}^3$$

设计计算时，可再设几个气水比，求出相应的 N 值，绘制 λ-N 曲线，再根据选用的淋水装置特性数 N' 方程作出 λ-N' 曲线，两条曲线的交点为所求的工作点。

8.5.9　水量损失

冷却塔的水量损失包括蒸发损失、风吹损失及排污损失。

1. 蒸发损失水量

(1) 初步确定冷却塔的补充水量，可按下式计算：

$$Q_e = (0.001 + 0.000\,2\theta)\Delta tQ = K\Delta tQ \tag{8-113}$$

式中　Q_e——蒸发损失水量(m^3/h)；

Δt——冷却塔进出水的温度差(℃)；

Q——循环水水量(m^3/h)；

K——系数(1/℃)，见表 8-15。

表 8-15　K 值

气温/℃	−10	0	10	20	30	40
K/(℃$^{-1}$)	0.000 8	0.001	0.001 2	0.001 4	0.001 5	0.001 6

(2) 精确确定蒸发水量时，可按下式计算：

$$Q_e = G(x_2 - x_1) \tag{8-114}$$

式中　G——进冷却塔的干空气量(kg/h)；

x_1，x_2——分别为进塔与出塔空气的含湿量(kg/kg)。

2. 风吹损失水量

对于有除(收)水器的机械通风冷却塔，风吹损失水量为(0.2%～0.3%)Q。Q为循环水量(m^3/h)。

3. 排污损失水量

与循环冷却水的水质、处理方法、补充水的水质及循环水的浓缩倍数等有关。冷却水通过冷却不断蒸发，冷却水中的盐类不断被浓缩，为控制冷却水的浓缩，需放掉一部分水量称为排污水，并补充新鲜水称为补充水。补充水的含盐量与经浓缩后循环冷却水中的含盐量之比，称为浓缩倍数N。

$$N = C_r / C_m \tag{8-115}$$

式中 C_r——循环冷却水的含盐量(mg/L)；

C_m——补充水的含盐量(mg/L)。

在一般情况下，N值在2～4之间，最高不超过6。

蒸发水量为Q_e，风吹损失水量为Q_w，渗漏损失和排污损失水量为Q_b，则补充水量必须等于上述三者损失之和：

$$Q_m = Q_e + Q_w + Q_b \tag{8-116}$$

在三种水量损失中，渗漏与排污损失水量最大，在通常情况下，一般占补充水量的60%～70%。

8.6 冷却塔的设计与计算

设计与计算的任务主要为以下三方面：

(1) 已知水负荷和热负荷，在特点的气象条件下，根据水的冷却要求，确定冷却塔的淋水面积及需要的淋水装置的冷却表面积或一定结构的淋水装置容积。

(2) 已知冷却塔的各项条件，验收在给定的水负荷、热负荷及气象条件下，冷却后水的温度或淋水密度。

(3) 进行通风系统的阻力计算和配水系统的水力计算以及有关设备的选用。

8.6.1 设计计算的基础资料

1. 冷却水量

冷却水量Q是设计的主要资料之一和设计的主要对象，决定冷却塔塔体的大小，因此应尽可能地统计准确。按要求一般为±5%，但多数是留有适当余地，以适应水量增加的需要。

2. 冷却水温(Δt)

进冷却塔的热水温度为t_1，经冷却后的出塔水温为t_2，则水的冷却温度$\Delta t = t_1 - t_2$。Δt的大小决定于塔的形式和大小、采用的通风方式和填料等。应由生产工艺根据水所冷却的设备和产品的特性，经热工计算后确定。最重要的最确定生产工艺过程的最佳温度t_0和冷却塔出水温度t_2，如果t_0确定后，选择较低的t_2值，则可使热交换设备尺寸减小，而使冷却塔尺寸增大；如果增大 t_2 值或 t_2 值不变，增大t_0-t_2 值，则使 t_0 值升高，对生产或产品造成不利影响。

3. 气象参数

(1) 干球温度 θ(℃)。

(2) 湿球温度 τ(℃)或相对湿度 ϕ。

(3) 大气压力 P(mmHg 或大气压)。

(4) 风速(m/s)、风向。

(5) 冬季最低气温。

空气干、湿球温度是冷却塔热力计算的主要依据之一，各地的气象参数不同(即 θ 与 τ 不同)，故按不同地方(区)冷却塔设计采用的 θ 和 τ 也不同。相同的是，θ 与 τ 均以近期连续不少于 5 年，每年最热时间的三个月频率为 5%～10%的昼夜平均 θ 与 τ 作为依据。

4. 淋水填料的试验与运行资料

主要是淋水填料的热力特性和阻力特性。以便按经验公式(或图表) 计算容积散质系数 β_{xV}($\beta_{xV}=Ag_{\mathrm{k}}^{m}\cdot q^{n}=Bq_{\mathrm{s}}^{n}g_{\mathrm{k}}^{m}$) 和特性数 $N'=A'\lambda^{m}$，以及阻力特性$\Delta P/\gamma_1=AW_{\mathrm{m}}^{m}$。这些计算公式及符号在第 4 章中已详细阐述，这里不再重述。

5. 冷却塔设计计算内容

冷却塔的设计计算内容应包括热力计算，配水系统水力计算、通风阻力计算及塔体结构计算等。由于塔体结构(主要是钢结构)专门由搞结构工程技术人员设计计算，故这里不进行讨论。

8.6.2　通风阻力的计算

通风阻力计算的目的是根据设计风量和风压，以确定风筒高度或选用适当的风机。

在冷却塔的工作条件下，风机的通风量决定于冷却塔的全部空气动力阻力，而这一阻力等于风机的全风压。风机的工作点可用风机的特性曲线与冷却塔的空气动力阻力性能曲线的交点来表示。

通风阻力计算的方法有按经验公式计算和采用同型塔实测数据计算。

1. 经验公式

经验法是将塔内各部件进行单独计算阻力，各部件阻力之和为全塔总阻力，在此计算中没有考虑各部件之间的相互影响。但实际上，塔内各部件紧密相关，互有影响，因此必然会造成计算上的误差，使计算的总阻力往往偏小，按这样计算结果选用风机，在实际运行中，风量往往达不到设计要求。在新塔设计时，应尽可能采用相似同型塔的实测总阻力系数或进行专门的模型试验以求得较精确的数据来进行新塔的空气动力设计。

经验公式通风阻力计算分机械通风冷却塔和风筒式(自然通风)冷却塔，后者关系不密切，故这里主要讨论机械通风冷却塔的阻力计算。

1) 通风阻力

机械通风冷却塔内通风总阻力等于塔内各部件阻力的总和。

$$H=\sum h_i=\sum \xi_i\frac{\gamma_{\mathrm{m}}w_i^2}{2g}\quad(\mathrm{kg/m^2}\text{ 或 mmHg})\tag{8-117}$$

式中　h_i——各部件的气流阻力(公斤/米^2 或毫米水柱，即为 kg/m^2，mmWg)；

ξ_i——各部件的阻力系数；

w_i——气流通过冷却塔各部件的风速(m/s)；

γ_m——冷却塔内湿空气的平均容重(kg/m^3)，$\gamma_m = 0.98\gamma_1$；

γ_1——进入冷却塔的空气容重(kg/m^3)；

g——重力加速度($9.81\ m/s^2$)。

毫米水柱与压力之间的关系为：1 个工程大气压＝1 kg/cm^2＝10 000 kg/m^2，压力的单位常可用水柱或水银柱高度表示，10 米水柱高度＝1 个工程大气压＝1 kg/cm^2或 1 毫米水柱＝1 kg/m^2。则 1 个大气压＝760 mmHg＝10 000×760/735.5＝10 333 kg/m^2＝1.033 3 kg/cm^2＝1.033 3 工程大气压。则通风的总阻力用压力表示为

$$\Delta P = \sum \Delta P_i = \sum \xi_i \frac{\gamma_m w_i}{2} \quad (\mathrm{Pa}) \tag{8-118}$$

式中，符号同式(8-117)。

机械通风冷却塔各部件的局部阻力系数 ξ_i 的计算公式以下。

塔进风口阻力系数：$\xi_1 = 0.55$。

导风装置：

$$\xi_2 = (0.1 + 0.025q)l \tag{8-119}$$

式中 q——淋水密度($m^3/(m^2 \cdot h)$)；

l——导风装置长度(m)。

淋水填料处气流转弯：$\xi_3 = 0.5$。

淋水填料支撑梁的阻力系数：

$$\xi_4 = \left[0.5\left(1 - \frac{F_5}{F_0}\right) + \left(1 - \frac{F_5}{F_0}\right)^2\right] \tag{8-120}$$

式中 F_0——淋水填料中气流通过的有效面积(m^2)；

F_5——气流通过的淋水填料支撑梁处净通流面积(m^2)。

淋水填料进口突然收缩：

$$\xi_5 = 0.5\left(1 - \frac{F_0}{F_1}\right) \tag{8-121}$$

式中，F_1 为淋水填料的截面积，等于塔体内横截面积(m^2)。

淋水填料：

$$\xi_6 = \xi_0 (1 + K_q) h_1 \tag{8-122}$$

式中 ξ_0——单位高度淋水填阻力系数；

K_q——系数，查“各种淋水填料阻力系数 ξ 的试验数据表(手册 4、附表 3)”；

h_1——淋水填料高度(m)，一般采用试验资料(已包括进口突然收缩和出口突然放大的阻力)：

$$\frac{\Delta P}{\gamma} = A W_m^m$$

A，m——试验系数；

W_m——通过填料的风速(m/s)。

淋水填料出口突然放大：

$$\xi_7=\left(1-\frac{F_0}{F_1}\right)^2 \tag{8-123}$$

配水装置：

$$\xi_8=\left[0.5+1.3\left(1-\frac{F_3}{F_1}\right)^2\right]\left(\frac{F_1}{F_2}\right)^2\text{（或查图 8-23）} \tag{8-124}$$

式中，F_3 为配水装置中气流通过的有效截面积（m^2），（未考虑水流对气流的阻力）。

除水器：

$$\xi_9=\left[0.5+2\left(1-\frac{F_2}{F_1}\right)^2\right]\left(\frac{F_1}{F_2}\right)^2\text{（或查图 8-23）} \tag{8-125}$$

式中　F_2——除水器中气流通过的有效截面积（m^2），一般可采用试验资料：

$$\frac{\Delta P}{\gamma}=A_1W^{m_1} \tag{8-126}$$

A_1，m_1——系数；

W——通过除水器风速（m/s）。

风机阻力计算：

风机进风口渐缩段形状，按不同进口条件计算，见图 8-24 中(a)、(b)、(c)三种条件。锥形收缩的阻力系数 ξ_{10} 可查表 8-15；塔顶圆弧收缩与风筒相接 ξ_{10} 可查表 8-16；塔体与风筒圆弧光滑曲线连接阻力系数按式(8-127)计算：

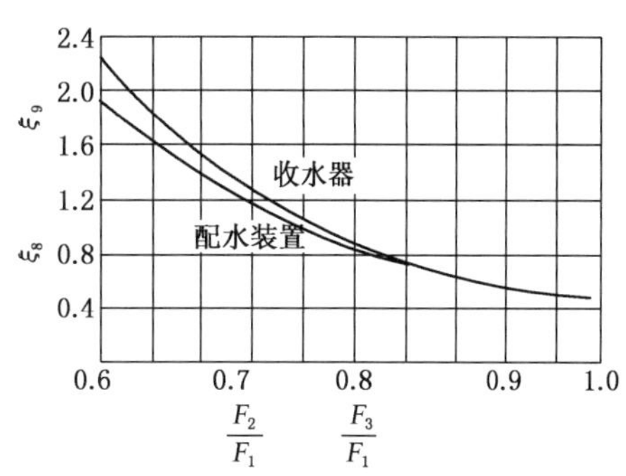

图 8-23　除(收)水器与配水装置的阻力系数

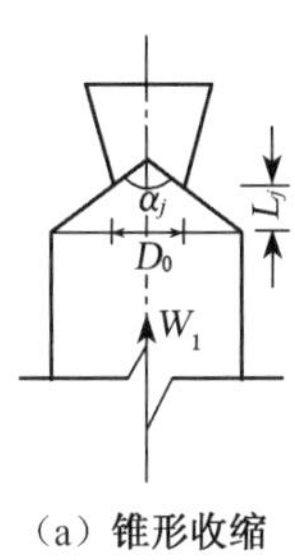

(a) 锥形收缩

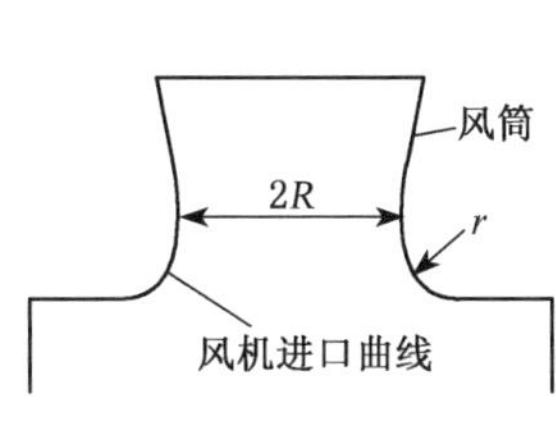

(b) 塔顶圆弧收缩与风筒连接

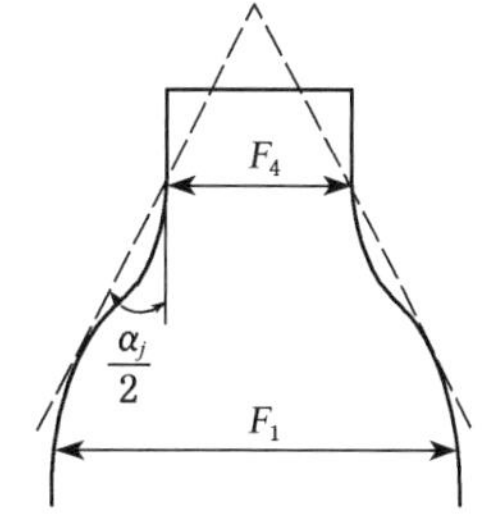

(c) 塔体与风筒圆弧光滑曲线连接
（多用于玻璃钢冷却塔）

图 8-24　风机进风口形状示意图

$$\xi_{10}=\frac{\lambda_a\left[1-\left(\frac{F_4}{F_1}\right)^2\right]}{8\sin\frac{\alpha_j}{2}} \tag{8-127}$$

风筒扩散段阻力系数(图 8-25)：

$$\xi_{11}=\xi\left[1-\left(\frac{W_2}{W_1}\right)^2\right] \tag{8-128}$$

或

$$\xi_{11}=\xi\left[1-\left(\frac{R}{R_1}\right)^4\right] \tag{8-129}$$

式中，ξ 可查表 8-18。

风筒出口：$\xi_{12}=1.0$，相当于风筒出口处风筒风速阻力系数。

上述式(8-114)—式(8-133)的有关说明：

(1) 导风装置的风速采用冷却塔进风口处风速的 1/2。

(2) 空气导风装置的长度，对于逆流式冷却塔取其长度的 1/2；对于横流式冷却塔取其全长度(m)。

(3) 除(收)水器支架的阻力系数设计时，可参照淋水填料支架的阻力系数。

(4) 公式(8-127)适用于塔体与风筒圆弧光滑曲线连接(多用于玻璃钢冷却塔)，当塔顶圆弧收缩与风筒相接时，可通过查表 8-16、表8-17得 ξ_{10}。

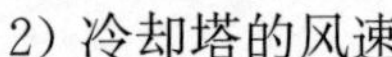

2) 冷却塔的风速

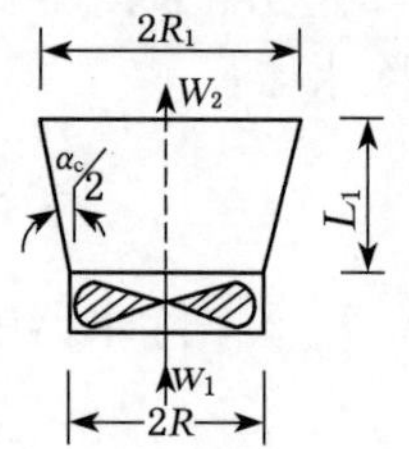

图 8-25　风机出风口(扩散筒)形状示意图

冷却塔中的风速是影响冷却塔设计的主要因素之一。风速过大，虽然可增加热交换强度，但相应增大了通风阻力。风速与阻力应进行统一考虑与平衡，使之达到较好的技术和经济的效果。

表 8-16　风机进风口为锥形收缩的摩擦阻力系数 ξ_{10}

L_j/D_0	$\alpha_j/(°)$								
	0	10	20	30	40	60	100	140	180
0.025	1.0	0.96	0.93	0.90	0.86	0.80	0.69	0.59	0.50
0.050	1.0	0.93	0.86	0.80	0.75	0.67	0.58	0.53	0.50
0.075	1.0	0.87	0.75	0.65	0.58	0.50	0.48	0.49	0.50
0.100	1.0	0.80	0.67	0.55	0.48	0.41	0.41	0.44	0.50
0.150	1.0	0.76	0.58	0.43	0.33	0.25	0.27	0.38	0.50
0.250	1.0	0.68	0.45	0.30	0.22	0.17	0.22	0.34	0.50
0.600	1.0	0.46	0.27	0.18	0.14	0.13	0.21	0.33	0.50
1.000	1.0	0.32	0.20	0.14	0.11	0.10	0.18	0.30	0.50

表 8-17　塔顶圆弧收缩与风筒相连的摩擦阻力系数 ξ_{10}

$\frac{r}{2R}$	0	0.01	0.02	0.03	0.04	0.05	0.06	0.08	0.10	0.12	0.16	≥0.20
ξ_{10}	0.5	0.43	0.36	0.31	0.26	0.22	0.20	0.15	0.12	0.09	0.06	0.03

表 8-18　风筒扩散段阻力系数 ξ

α_c/℃	2	5	10	12	15	20	25	30
ξ	0.03	0.04	0.08	0.10	0.16	0.31	0.40	0.49

机械通风冷却塔的风速，可由式(8-130)计算确定。

$$W_i=\frac{G}{3\,600F_i\gamma_m}\quad (\mathrm{m/s}) \tag{8-130}$$

式中　G——空气量(m^3/h)，由风机特性曲线高效区查得；

F_i——气流通过冷却塔各部件的截面积(m^2)。

在未确定通风机型号时，通过冷却塔填料内的风速一般为：溅水式或点滴式为 1.3～2.0 m/s；薄膜式为 2.0～3.0 m/s。

2. 采用同类塔的经验数据

实践表明，采用经验公式计算有一定误差，而采用同型冷却塔的实测总阻力系数则较为合理。但只有当新设计的冷却塔的结构与实际使用的冷却塔近似时，采用实测数据作为参考才有一定精度。若干冷却塔的实测数据见表 8-19，可供参考。通风阻力公式为

$$H = \xi \frac{\gamma_m W_m^2}{2g} \quad (\text{mmWg 或 kg/m}^2) \tag{8-131}$$

或

$$\Delta P = \xi \frac{\gamma_m W_m^2}{2} \quad (\text{Pa}) \tag{8-132}$$

式中，ξ 为总阻力系数；其余符号同前。

表 8-19　　几种典型冷却塔实测总阻力系数 ξ 参考值

序号	冷却塔形式	淋水密度 /[$m^3\cdot(m^2\cdot h)^{-1}$]	平均风速 w_m/ ($m\cdot s^{-1}$)	总阻力		总阻力系数 ξ
				H /mmWg	ΔP/Pa	
1	ϕ8.5 m 风机横流塔平直波型塑料淋水填料	40	3.34	10.72	105.16	16
2	ϕ8.53 m 风机横流塔 M 型塑料淋水填料	25	2.86	12.03	118.01	26
3	ϕ9.14 m 风机逆流塔格网型点滴塑料淋水填料	16	2.46	16.30	159.90	47
4	ϕ8 m 风机横流塔菱形花纹塑料淋水填料	24.5	2.89	12.93	126.84	27
5	ϕ8 m 风机逆流塔斜波交错塑料淋水填料	7.5	2.12	14.50	142.25	56
6	中小型圆型玻璃钢冷却塔通用型(Q=100 m^3/h)	14.2	2.73	13.00	127.53	30
7	ϕ4.7 m 风机逆流塔斜波交错淋水填料	15.6	1.95	10.40	102.02	48
8	中小型横流斜交错冷却塔通用型(Q=100 m^3/h)	20	2.20	12.00	117.72	43
9	16 m^2 逆流点滴式冷却塔	3～8	1.7	9.3～12	91.23～117.72	55～70
10	16 m^2 逆流薄膜式冷却塔	3～8	2.0	8.3～11.7	81.42～114.78	35～50
11	64 m^2 逆流点滴式(水泥板)冷却塔	3～6	1.75～1.68	10.6～11.5	103.99～112.82	60～70

注：表系整理数种冷却塔实测资料而得，仅供设计参考。

【例 8-3】 求机械抽风逆流式冷却塔的空气动力阻力。已知条件以下：冷却塔面积 $F_1 = 8 \times 8 = 64\ m^2$，采用斜波交错淋水填料，填料高度 1.5 m；淋水密度 $q = 10\ m^3/(m^2 \cdot h)$；湿空气平均容重(密度)$\gamma_m = 1.15\ kg/m^3$；导风装置长度 $L = 4$ m(取 1/2 塔的长度)；进风口断面面积 $F_z = 32\ m^2$；配水装置中气流通过有效截面积 $F_3 = 51.4\ m^2$；除水器中气流通过有效截面积 $F_2 = 40.7\ m^2$；风筒收缩后截面积 $F_4 = 17.35\ m^2$；风机为 03-11N047 型；空气(风) 量 $G = 120\ m^3/s$。

【解】 计算的通风阻力见表8-19。

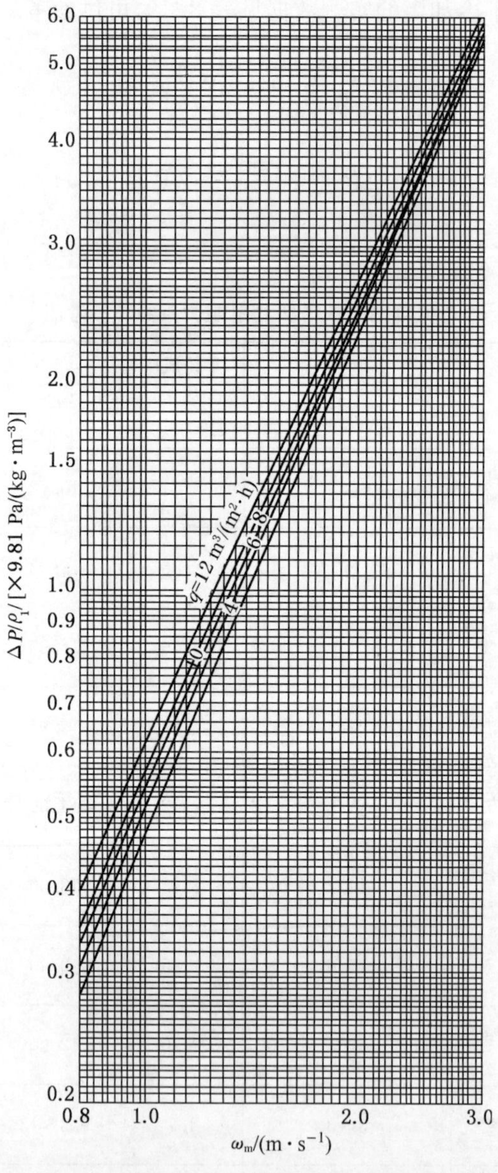

图 8-26 塑料斜波 50×20×60°-1 500 型阻力曲线

3. 通风机的选择

1) 使用工况(温度、大气压、介质容重)

当在非标准状态时，风机所产生的风压、风量和轴功率等均应按表8-21中的公式换算。

表 8-20　**通风阻力计算**

序号	部位名称	阻力系数 ξ_i	风速 $\omega_i/(\mathrm{m\cdot s^{-1}})$	$\Delta P_i=\xi_i\dfrac{\rho_m\omega_i^2}{2}$/Pa	$H_i=\xi_i\dfrac{\gamma_m\omega_i^2}{2g}$/mmWg
1	进风口	$\xi_1=0.55$	$\omega_1=\dfrac{120}{32}=3.75$	$\Delta P_1=0.55\times1.15\times\dfrac{(3.75)^2}{2}=4.45$	$H_1=0.55\times\dfrac{1.15\times(3.75)^2}{2\times9.81}=0.45$
2	导风装置	$\xi_2=(0.1+0.025q)l=(0.1+0.025\times10)\times4=1.4$	$\omega_2=0.5\omega_1=1.88$	$\Delta P_2=1.4\times1.15\times\dfrac{(1.88)^2}{2}=2.85$	$H_2=1.4\times\dfrac{1.15\times(1.88)^2}{2\times9.81}=0.29$
3	进入淋水填料气流转弯	$\xi_3=0.5$	$\omega_3=\dfrac{120}{64}=1.88$	$\Delta P_3=0.5\times1.15\times\dfrac{(1.88)^2}{2}=1.02$	$H_3=0.5\times\dfrac{1.15\times(1.88)^2}{2\times9.81}=0.104$
4	淋水填料		$\omega_4=1.88$	查图 15-80 填料高度 1.5 m 时 $\Delta P/p=2.15\times9.81=21.09$ $\Delta P_4=21.09\times1.15=24.254$	查图 15-80 填料高度 1.5 m 时 $\Delta P/\gamma_g=2.15$ $H_4=2.15\times1.15=2.473$
5	配水装置	$\xi_5=\left[0.5+1.3\left(1-\dfrac{F_3}{F_1}\right)^2\right]\left(\dfrac{F_1}{F_3}\right)^2=\left[0.5+1.3\left(1-\dfrac{51.4}{64}\right)^2\right]\times\left(\dfrac{64}{51.4}\right)^2=0.85$	$\omega_5=\dfrac{120}{51.4}=2.33$	$\Delta P_5=0.85\times1.15\times\dfrac{(2.33)^2}{2}=2.65$	$H_5=0.85\times\dfrac{1.15\times(2.33)^2}{2\times9.81}=0.271$
6	除水器	$\xi_6=\left[0.5+2\left(1-\dfrac{F_2}{F_1}\right)^2\right]\left(\dfrac{F_1}{F_2}\right)^2=\left[0.5+2\left(1-\dfrac{40.7}{64}\right)^2\right]\times\left(\dfrac{64}{40.7}\right)^2=1.89$	$\omega_6=\dfrac{120}{40.7}=2.95$	$\Delta F_6=1.89\times1.15\times\dfrac{(2.95)^2}{2}=9.46$	$H_6=1.89\times\dfrac{1.15(2.95)^2}{2\times9.81}=0.964$
7	风机进风口(渐缩管形)	当 $L_j/D_0=0.41$，$\alpha=110°$ 时，用内插法求得 $\xi_7=0.275$	$\omega_7=\dfrac{120}{17.35}=6.92$	$\Delta P_7=0.275\times1.15\times\dfrac{(6.92)^2}{2}=7.57$	$H_7=0.275\times\dfrac{1.15(6.92)^2}{2\times9.81}=0.772$
8	风机风筒出风口(扩散筒)	$\xi_8=1.0$ 风筒扩散角 $\alpha_c=18°$	$\omega_8=\dfrac{120}{\dfrac{\pi}{4}\times(6.35)^2}=3.79$	$\Delta P_8=1.0\times1.15\times\dfrac{(3.79)^2}{2}=8.26$	$H_8=1\times\dfrac{1.15(3.79)^2}{2\times9.81}=0.842$
				$\sum\Delta P=60.574\ \mathrm{kg/m^2}$	$\sum H=6.166\ \mathrm{mmWg}$

注：表中计算未包括气流通过淋水填料及除水器支撑梁的阻力损失。

表 8-21　　通风机性能参数的相互关系

改变容重 γ、转速 n 时的换算公式	改变转速 n、大气压力 P、气温 t 时的换算公式
$\frac{G_1}{G_2}=\frac{n_1}{n_2}$	$\frac{G_1}{G_2}=\frac{n_1}{n_2}$
$\frac{H_1}{H_2}=\left(\frac{n_1}{n_2}\right)^2\cdot\frac{\gamma_1}{\gamma_2}$	$\frac{H_1}{H_2}=\left(\frac{n_1}{n_2}\right)^2\cdot\left(\frac{P_1}{P_2}\right)^2\cdot\left(\frac{273+t_2}{273+t_1}\right)$
$\frac{N_1}{N_2}=\left(\frac{n_1}{n_2}\right)^3\cdot\frac{\gamma_1}{\gamma_2}$	$\frac{N_1}{N_2}=\left(\frac{n_1}{n_2}\right)^3\left(\frac{P_1}{P_2}\right)\left(\frac{273+t_2}{273+t_1}\right)$

表 8-21 中 6 个公式中的符号说明如下：

G——空气流量(m^3/h)；

H——全压(mmWg)；

N——轴功率(kW)；

n——转数(r/min)；

t——温度(℃)；

P——大气压力(mmHg)；

γ——容重(kg/m^3)。

2) 电动机的轴功率

$$N=\frac{GH}{102\eta\eta_s 3\,600}\times K \tag{8-133}$$

式中 G——空气流量(m^3/h)；

H——全压(mmWg)；

η——全压效率；

η_s——机械效率，电机直接驱动 $\eta_s=1$；联轴器驱动 $\eta_s=0.98$；三角皮带传动 $\eta_s=0.95$；

K——电机容量安全系数，0.5 kW 以下 $K=1.5$；0.5～1.0 kW，$K=1.4$；1～2 kW，$K=1.3$；2～5 kW，$K=1.2$；75 kW 以上，$K=1.15$。

3) 选择风机注意要点

(1) 根据空气性质，工作环境条件(如易燃、易爆、腐蚀性气与水、潮湿等)，选择不同性质符合要求的风机，如防腐蚀可选用玻璃钢风机。

(2) 根据所需的风量、风压(包括系统中的阻力特性)确定风机的类型、性能曲线及特征数据，选用所需要的风机。

(3) 选择风机时，如系统连接不够严密，会造成漏风，或阻力计算不够严密，则计算空气量必须考虑安全系数，一般取 5%～10%。

(4) 工程中对噪声有一定要求的，应选用低噪声风机。

(5) 在满足设计风量的前提下，尽可能选用重量轻、转速低、耐水滴冲刷、安装角度调幅大等的风机。

表 8-22　**各种喷嘴性能**

类别	规格 ϕ/mm	流量系数 $A_u=q/\sqrt{H}$	喷口压力 H/m　流量 q/($m^3 \cdot h^{-1}$)　喷口喷角 α/(°)														
			H_1	Q_1	α_1	H_2	Q_2	α_2	H_3	Q_3	α_3	H_4	Q_4	α_4	H_5	Q_5	α_5
渐伸式	10/20	0.59	2.33	0.90	60°47′	3.71	1.15	63°34′	5.22	1.36	64°33′	6.75	1.54	66°03′	8.15	1.69	67°57′
渐伸式	12/25	0.92	2.09	1.32	56°54′	3.78	1.79	62°30′	5.25	2.11	50°10′	6.74	2.38	57°33′	8.35	2.65	58°50′
渐伸式	14/25	1.01	2.23	1.52	55°45′	3.77	1.95	55°17′	5.19	2.33	57°35′	6.80	2.65	57°35′	8.34	2.92	59°47′
渐伸式	16/32	1.73	2.17	2.54	60°41′	3.67	3.32	60°49′	5.04	3.91	62°03′	6.62	4.45	64°09′	8.04	4.92	65°51′
渐伸式	18/32	2.05	2.32	3.14	61°09′	3.75	3.91	61°31′	5.16	4.66	62°13′	6.62	5.27	62°51′	8.01	5.83	63°12′
渐伸式	20/40	1.90	2.16	2.80	61°04′	3.78	3.72	61°41′	5.59	4.48	63°11′	6.76	4.93	66°41′	8.25	5.44	66°27′
渐伸式	22/40	2.81	2.16	4.16	58°34′	3.67	5.33	66°18′	5.15	6.43	69°37′	6.53	7.13	69°17′	8.15	8.01	71°22′
渐伸式	24/40	3.16	2.16	4.68	72°16′	3.76	6.06	72°33′	5.10	7.14	73°30′	6.46	8.03	75°14′	8.05	9.00	76°12′
渐伸式	25/50	3.02	2.06	4.34	77°10′	3.79	5.81	81°34′	5.15	6.83	82°02′	6.54	7.79	86°27′	7.85	8.57	86°46′
渐伸式	27/40	3.23	2.32	4.94	67°58′	3.72	6.26	68°16′	5.19	7.27	68°22′	6.69	8.39	70°28′	8.10	9.14	64°22′
渐伸式	30/50	4.03	2.15	5.82	74°14′	3.71	7.76	76°48′	5.10	9.13	77°21′	6.67	10.54	78°07′	7.92	11.35	78°59′
渐伸式	33/50	4.30	2.27	6.50	76°18′	3.72	8.32	77°15′	5.19	9.76	78°26′	6.61	12.48	78°43′			
瓶式(喇叭口)	16/32	2.30	2.11	3.43	58°01′	3.73	4.28	59°17′	5.17	5.23	58°14′	6.51	5.87	61°14′	8.07	6.53	61°29′
瓶式(圆口)	16/32	2.15	2.33	3.27	54°38′	3.69	4.18	54°45′	5.22	4.92	48°55′	6.70	5.54	47°34′	8.18	6.09	46°41′
瓶式	16/32	1.99	2.15	2.92	43°54′	3.64	3.84	44°14′	5.20	4.53	45°17′	6.69	5.15	46°24′	8.15	5.68	46°56′
杯式(圆口)	18/40	2.07	2.27	3.10	81°22′	4.18	4.35	79°54′	6.15	5.07	80°47′	8.11	5.82	74°26′			
杯式(圆口)	22/40	2.12	2.25	3.27	99°15′	3.76	4.17	99°37′	5.27	4.92	101°08′	6.72	5.45	101°15′	8.17	5.85	89°17′
杯式	22/40	2.21	2.24	3.35	76°50′	3.69	4.26	85°35′	5.22	5.02	84°55′	6.65	5.68	77°03′	7.99	6.22	77°20′
双旋流-直流式	23.6/50	4.30	2.53	6.93	90°00′	4.17	8.82		5.52	10.16		6.97	11.38		8.36	12.17	
双离心-直流式	21/45	4.26	2.17	6.32	81°12′	3.72	8.30		5.25	9.73		6.72	10.88		8.15	12.18	
双离心-直流式	21/45	5.11	2.23	7.80	71°00′	3.82	10.05		5.30	11.64		6.68	13.10		8.03	14.40	
花篮三层盘式		7.91	1.00	7.72	约 160°00′	1.49	9.52		2.04	11.40		3.03	13.97		4.55	17.26	

8.6.3 配水系统水力计算

配水系统设计要求冷却水在整个淋水面积上均匀分配，以达到较好的、设计所要求的冷却效果。如前所述，常用的配水系统有管式配水(固定式、旋转式)、槽式配水和池式配水。根据塔型和冷却水量的大小选择配水类型及确定喷嘴的数量与口径，并进行计算布置。

冷却塔的配水系统应满足配(布)水均匀(同一淋水密度的配水区域内)、通风阻力小、能量消耗低、不易阻塞和便于维修等要求；应根据塔型、水量、水质等条件，按以下规定选择：①逆流式冷却塔宜采用管式、槽式或管槽结合的配水方式；②横流式冷却塔宜采用池式或管式。

1. 管式配水

1) 固定式管式配水

(1) 配水管起始断面的流速一般不大于 1～1.5 m/s，配水系统水流总阻力不宜大于 0.5 m。

(2) 尽可能利用支管使配水管连通成环网。环形布置配水管道水压较均衡，配水均匀性相对较好。

(3) 配水干管的末端必要时应设排污及放空管。

(4) 喷嘴应选用结构合理、流量系数大、喷溅均匀和不易堵塞的型式。喷嘴的布置和工作压力，除应满足淋水填料的配水要求外，并应考虑尽量减少壁流并降低循环水泵的供水水头。喷嘴的规格及性能见表 8-22。每个喷嘴的出水量可按下式计算：

$$q = A_u \sqrt{H} \quad (m^3/h) \tag{8-134}$$

式中 H——喷嘴前水压(m)；

A_u——流量系数，见表 8-23。

表 8-23　　单旋流直流式喷嘴流量系数

型号	进口直径×喷嘴出口直径/mm	流量系数 A_u
1	50×23.6	4.6
2	40×19	3.0
3	32×15	1.7
4	25×12	1.1

单旋流直流式、双旋流直流式、反射式、靶式、固定溅水碟式等喷嘴前水压一般宜采用 4～7 m。尽可能避免槽式配水，因配水槽占用冷却塔断面积较大，则不仅阻力大，而且使塔内气流不均匀。

单旋流直流式喷嘴布水均匀，中空现象少。这种喷嘴现有产品有四种规格，见表 8-23，流量特性见图 8-27。

反射型喷嘴基本型号有反射Ⅰ型、反射Ⅱ型和反射Ⅲ型。Ⅰ型主要用于横流式冷却塔池式配水，也可用于逆流式冷却塔管式配水。Ⅱ型主要用于逆流式冷却塔槽式和管式配水。反射Ⅰ型和Ⅱ型喷嘴流量及水压特性见图 8-28。这两种喷嘴布水均匀性较好，安装方便，要求水压低。这种形式喷嘴的喷口与溅水碟距离加长后有反射Ⅰ-1 型、反射Ⅱ-1 型两种喷嘴，其喷嘴流量及水压特性曲线见图 8-29。

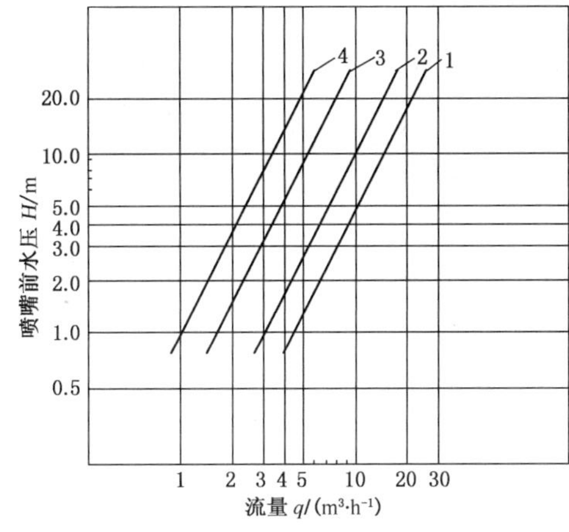

1—进口直径 50 mm，喷嘴出口直径 23.6 mm；
2—进口直径 40 mm，喷嘴出口直径 19 mm；
3—进口直径 32 mm，喷嘴出口直径 15 mm；
4—进口直径 25 mm，喷嘴出口直径 12 mm

图 8-27　单旋流直流式喷嘴流量-压力特性

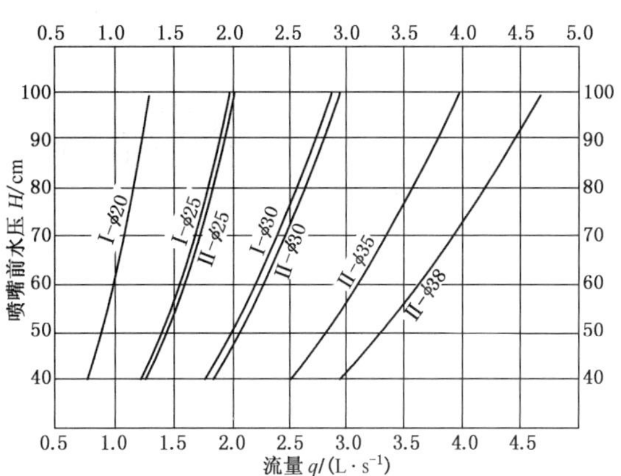

图 8-28　反射Ⅰ型、Ⅱ型喷嘴流量-压力特性

反射Ⅰ-1 型、Ⅱ-1 型喷嘴流量特性式为

$$q = 11\,522\phi^2 \sqrt{H} \times 10^{-6} (\mathrm{m^3/h}) \tag{8-135}$$

式中　ϕ——喷嘴出口直径(mm)；

H——喷咀出口截面水深(m)。

该喷嘴流量特性也可由图 8-29 查得。

靶式喷嘴造型工艺较简单，水力特性也较差，在靶下直径近 200 mm 处中空无水，其水力特性见图 8-30。套管 $\phi22$ 靶式喷嘴水力特性见图 8-31，固定溅水碟式喷嘴(如第 7 章中图 7-34)有大喷嘴($\phi28$、$\phi30$、$\phi32$ mm)和小喷嘴($\phi20$、$\phi22$、$\phi24$ mm)两种。大喷嘴套管较短、管径较大，适用于高水压管式配水；小喷嘴套管较长、管径较小，适用于低水压及槽式配水，这两种喷嘴的水力特性如下。

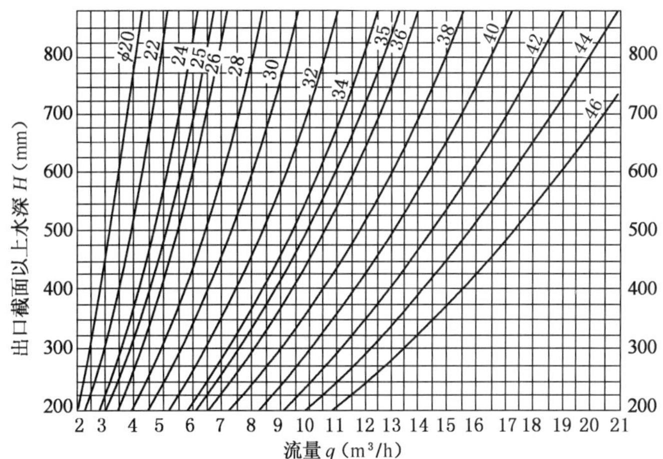

图 8-29　反射Ⅰ-1、Ⅱ-1 型喷嘴流量-水压特性曲线

大喷嘴：

$$q = 12\,012\phi^2 \sqrt{H} \times 10^{-6} \quad (\mathrm{m^3/h}) \tag{8-136}$$

小喷嘴：

$$q = 11\,265\phi^2 \sqrt{H} \times 10^{-6} \quad (\mathrm{m^3/h})$$

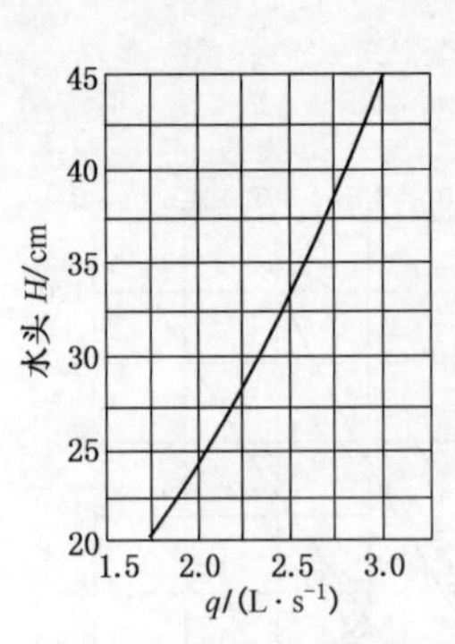

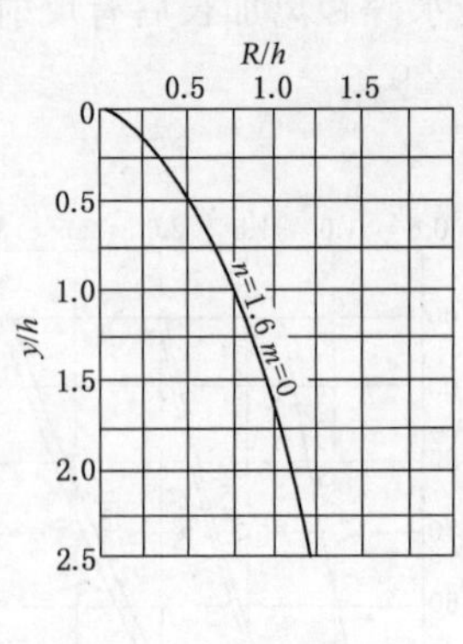

注：x，y 与 h 的关系见图 7-34。

图 8-30　ϕ40 靶式喷嘴水力特性

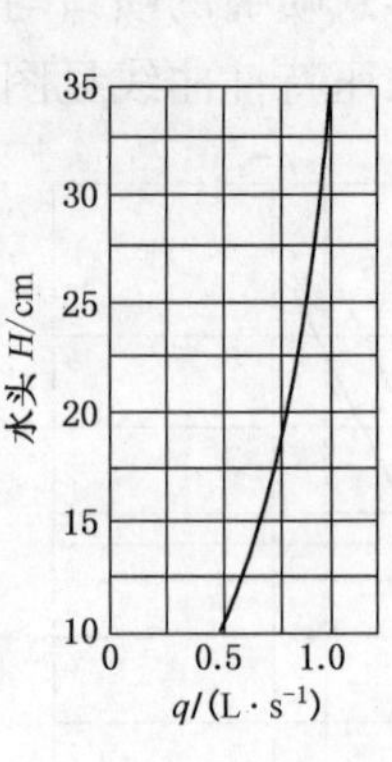

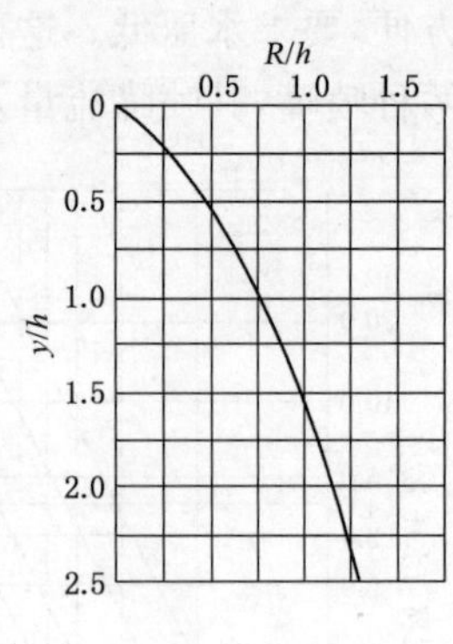

注：x，y 与 h 的关系见图 7-34。

图 8-31　套管 ϕ22 靶式喷嘴水力特性

2）旋转式管式配水

计算步骤如下：①根据配水流量和假定开孔（或缝）的孔径和孔距计算孔口前水压；②计算水平推力和旋转力矩；③计算配水管末端（最大）线速度和旋转速度。

旋转配水管系统由接管（连接进水管及安装轴承）、轴承（承受配水器全部重量，由轴承箱和两个锥形轴承及盖板组成）、密封箱（用以连接配水器旋转部件与固定部件的密封作用）和配水管组成。冷却水通过进水管引入接管内，流入配水管，然后通过配水管上的缝隙形成水帘或经配水管的管嘴形成股流，喷在溅水板上成水帘，洒于冷却塔内填料上。

旋转管布水孔口前的水压力 H 计算公式如下：

$$H=\left(\frac{Q}{\mu f}\right)^2\Big/2g\quad(\text{m})\tag{8-137}$$

式中　Q——流量（m^3/s）；

f——旋转布水孔总面积（m^2）；

μ——流量系数，圆孔 $\mu=0.82$，矩形孔 $\mu=0.75$。

旋转管的水平推力 P 及力矩 M 计算公式如下：

$$P=\frac{Hf_1}{10}\cos\alpha\quad(\text{kg})\tag{8-138}$$

$$M=P\sum l\quad(\text{kg}\cdot\text{m})\tag{8-139}$$

式中　f_1——布水孔的面积（cm^2）；

α——布水孔中心线与水平夹角（°），一般为 35°～45°；

$\sum l$——各布水孔至旋转轴中心距离之和。

旋转管喷水反力分析见图 8-32。

如果旋转管上的布水孔面积大小不一，则旋转管力矩应为各布水孔的水平推力与其相应孔至旋转轴中心距离乘积的总和。

旋转管的有效力矩 M' 计算公式如下：

$$M'=\frac{M}{1.2}\quad(\text{kg}\cdot\text{m})$$

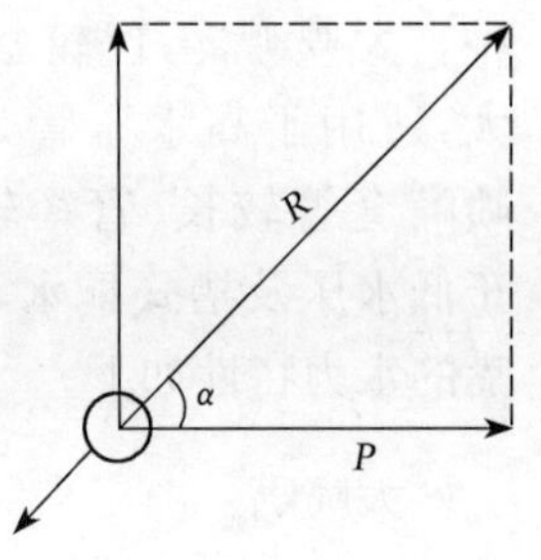

图 8-32　喷水反力分析

旋转管末端线速度计算公式如下：

$$V=\sqrt[3]{\frac{n_c M'}{kf}} \quad (\text{m/s}) \tag{8-140}$$

式中　n_c——旋转管根数；

k——系数，$k=1.2\gamma/2g$；

f——管臂投影面积(m^2)；

γ——空气容重(kg/m^3)。

旋转管转速计算公式如下：

$$n=\frac{60v}{2\pi l} \quad (\text{r/min}) \tag{8-141}$$

式中，l 为旋转管管长(m)。

为使整个冷却塔断面上获得均匀配水，旋转管上的配水孔一般可用不等间距开孔布置，越接近于旋转管末端，孔眼间距越小，也可以采用不同宽度的斜长条形喷水口。目的是使旋转布水器的转速和孔口设计在塔的整个填料断面上形成均匀连续的配水。转速过低，对配水的均匀性不利；而转速过高，水滴会向四周飞溅，造成壁流，影响冷却效果。配水管根数，小塔一般为4～6根，大塔为6～12根，为偶数组合。

配水器的转速也可通过旋转配水管上出水孔的角度进行调节(整)。

在圆型逆流式玻璃钢冷却塔中，有在旋转布水器配水管上加装溅水板，溅水板的作用为：①使配水管喷水成片状均布分布。②收集部分喷溅在淋水填料面上的水滴。

加溅水板后，所需水压比不加溅水板约大3倍。就是说，在相同水压力作用下，加溅水板后，配水器的转速降低了。

旋转布水方式多用于逆流式小型圆塔，由于喷口口径较小，应注意采用措施以预防阻塞。

2. 槽式配水

配水槽计算一般按照规定流速确定水槽断面，计算槽中水力坡度。

1) 水槽流速

主水槽起始断面流速为0.8 m/s左右，槽内流速一般为0.8～1.2 m/s；配水槽起始断面流速0.5 m/s左右，槽内流速一般为0.5～0.8 m/s。

2) 水槽尺寸

(1) 当进入冷却塔的流量为设计流量时，配水槽内的水深应大于溅水喷嘴内径的6倍，且不得小于0.15 m。

(2) 当进入冷却塔的流量为60%设计水量时，配水槽内的水深应大于0.05 m。

(3) 在可能出现超过设计水量的工况下(一般按110%设计水量计)，配水槽不应产生溢流。在设计水量时，槽壁超高不应小于0.10 m。

(4) 配水槽的断面净宽不应小于0.12 m。

(5) 为施工方便计，主水槽和配水槽底均宜水平设置。

水槽连接处应圆滑，水流转弯角应合理，一般不大于90°。按上述流速确定的水槽断面，运行中水槽的水位差一般仅为0.05 m左右，靠水面坡降可正常运行。

3）水力坡度

槽内阻力损失：

$$i = \frac{1\,000V^2}{C^2R} \quad (\mathrm{mm/m}) \tag{8-142}$$

式中 V——水槽内流速(m/s)；

R——水力半径(m)；

C——系数，$C = \dfrac{87\sqrt{R}}{\sqrt{R}+B}$；

B——系数，刨平木水槽及水泥抹面的钢筋混凝土水槽采用 0.06，未刨平木水槽采用 0.16。

4）喷嘴流量

采用喷嘴配水，则应按喷嘴的流量系数计算。

3. 池式配水

(1) 池式配水应符合以下要求：

① 池内水流平稳，在设计水量时，配水池内的水深应大于溅水喷嘴内径或配水底孔直径的 6 倍，且不得小于 0.15 m。

② 池壁超高不宜小于 0.1 m，在可能出现的超过设计水量工况下(一般按 110%设计水量)不会产生溢流。

③ 池底宜水平设置，池顶宜设盖板或采取防止光照下滋长菌藻的措施。

(2) 通过孔口或喷嘴的流量计算公式如下：

$$q_0 = \mu f\sqrt{2gH} \quad (\mathrm{m^3/s}) \tag{8-143}$$

式中 μ——流量系数，孔口 $\mu = 0.67$，若为喷嘴则按喷嘴的流量系数计算；

f——孔口面积(m^2)；

H——配水池中水深(m)。

(3) 配水池的孔口数：

$$n = \frac{Q}{3\,600q_0} \tag{8-144}$$

式中，Q 为配水量(m^3/h)。

在中小型横流式冷却塔中多采用孔板配水系统。孔板配水系统的关键是合理地选择布水孔孔径和池中有稳定的水位，一般在配水池中设有稳压箱保持孔板上有稳定水面。要使配水均匀，最好孔数多些；但孔数过多、孔径过小则热变形影响大、容易堵塞和加工麻烦。

8.7 设计计算示例

8.7.1 100 t/h 机械通风逆流式冷却塔设计计算

1. 主要设计参数

按上海频率为 5%昼夜平均干、湿球温度为依据。

干球温度：$\theta = 31.5$℃；

湿球温度：$\tau = 28$℃；

大气压力：Pa=753 mmHg；

进塔水温：$t_1 = 37$℃；

出塔水温：$t_2 = 32$℃；

进、出塔温差：$\Delta t = 5$℃，为标准型低温塔；

冷却水量：$Q = 100\ m^3/h$；

噪声：≤62 dB(A 声级)；

冷幅高：$t_2 - \tau = 32℃ - 28℃ = 4℃$；

冷却热负荷(却冷却能力)：冷地 1 kg 水降低 1℃水温，放出 1 kcal 热量(却空气吸收 1 kcal 热量)，则 100 m^3/h 水降低 5℃放出 的热量总量为 5×10^5 kcal/h，就是说提供的风量(空气量)G 应吸收 5×10^5 kcal/h 热量。

2. 热力计算

1) 计算相对湿度 ϕ

$$\phi = \frac{P''_{\tau_1} - 0.000\,662\text{Pa}(\theta - \tau)}{P''_{\theta}}\%$$

先求出P''_{τ_1} 和P''_{θ}，并把大气压 Pa 化成工程大气压后代入计算 ϕ 式中。

$$\lg P''_{\tau_1} = 0.014\,196\,6 - 3.142\,305 \times \left(\frac{10^3}{T} - \frac{10^3}{373.16}\right) + 8.2\lg \times \left(\frac{373.16}{T}\right) - 0.002\,480\,4 \times (373.16 - T)$$

$T = 273 + \tau_1 = 273 + 28 = 301$ 代入上式得：

$$\begin{aligned}\lg P''_{\tau_1} &= 0.014\,196\,6 - 3.142\,305 \times \left(\frac{10^3}{301} - \frac{10^3}{373.16}\right) + 8.2\lg \times \left(\frac{373.16}{301}\right) \\ &\quad - 0.002\,480\,4 \times (373.16 - 301) \\ &= 0.014\,196\,6 - 2.018\,753 + 0.765\,294 - 0.178\,986 \\ &= -1.418\,284\end{aligned}$$

求反对数得：

$$P''_{\tau_1} = 0.038\,169\,459$$

$$\begin{aligned}\lg P''_{\theta} &= 0.014\,196\,6 - 3.142\,305 \times \left(\frac{10^3}{273 + 31.5} - \frac{10^3}{373.16}\right) - 8.2\lg \\ &\quad \times \left(\frac{373.16}{273 + 31.5}\right) - 0.002\,480\,4 \times (373.16 - 304.5) \\ &= -1.330\,742\,4\end{aligned}$$

求反对数得：

$$P''_{\theta} = 0.046\,693\,626。$$

$$\begin{aligned}\phi &= \frac{0.038\,169\,459 - 0.000\,662 \times \dfrac{753}{735.5} \times (31.5 - 28)}{0.046\,693\,626} \\ &= 0.766\,64 \\ &= 0.767(76.7\%\ 或\ 77\%)\end{aligned}$$

2）求空气比重 γ_g

$$\gamma_g=\frac{(P_a-\phi P''_\theta)\times 10^4}{29.27\times(273+\theta)}+\frac{\phi P''_\theta\times 10^4}{47.06\times(273+\theta)}$$

$$=\frac{(753/735.5-0.767\times 0.046\,693\,626)\times 10^4}{29.27\times 304.5}+\frac{0.767\times 0.046\,693\,626\times 10^4}{47.06\times 304.5}$$

$$=1.108\,5+0.024\,993=1.133\,5=1.134\ \mathrm{kg/m^3}$$

3）求风量 G 或气水比 λ

$$\lambda=\frac{G\gamma_g}{Q\times 1\,000}$$

可见知道风量 G 可求气水比 λ 值，或知道 λ 值可求 G 值。在冷却塔测试中，风量 G 是实测得到的，故可直接求得 λ 值；在冷却塔设计中，空气与水的重量比 λ 值，对于 $t_1-t_2=\Delta t=5$℃ 的低温塔来说，一般 λ 在 0.5～0.9 之间，常规、常温（低温）冷却塔根据设计经验为 0.70 左右。

λ 值也常用下式计算：

$$\lambda=\frac{g_k}{q_s}=\frac{\gamma_m V_m}{q_s}\approx\frac{\gamma_g V_m}{q_s}$$

式中 g_k——空气重量速度（$\mathrm{kg/(m^2\cdot s)}$）；

γ_m——冷却塔内平均空气容重（$\mathrm{kg/m^3}$），$\gamma_m=0.98\gamma_g$，γ_g 为进入冷却塔的空气容重（$\mathrm{kg/m^3}$），在机械通风冷却塔计算中，以 γ_g 代入已可满足精度。

$q_s=q/3.6(\mathrm{kg/(m^2\cdot s)})$，$q$ 为淋水密度（$\mathrm{m^3/(m^2\cdot s)}$）。

现按常规的气水比求风量 G，取 $\lambda=0.7$ 代入

$$G=\lambda\cdot Q\cdot 1\,000/\gamma_g=0.7\times 100\times 1\,000/1.134=61\,730\ \mathrm{m^3/h}$$

取 $G=62\,000\ \mathrm{m^3/h}$，则 λ 值为

$$\lambda=62\,000\times\frac{1.134}{100\times 1\,000}=0.703$$

4）求蒸发水量带走的热量系数 K 值

$$K=1-\frac{t_2}{597.2-0.559t_2}=1-\frac{32}{597.2-0.559\times 32}$$

$$=0.945$$

5）求进塔空气焓 i_1

$$i_1=0.24\theta+(371.521+0.274\times\theta)\frac{\phi P''_\theta}{P_a-\phi P''_\theta}$$

$$=0.24\times 31.5+(371.521+0.274\times 31.5)\times\frac{0.77\times 0.046\,7}{753/735-0.77\times 0.046\,7}$$

$$=21.4\ \mathrm{kcal/kg}$$

6）求出塔空气焓 i_2

$$i_2=i_1+\frac{\Delta t}{K\lambda}=21.4+\frac{5}{0.945\times 0.703}$$

$$=28.93\ \mathrm{kcal/kg}$$

7）求塔内空气的平均焓 i_m

$$i_m = i_1 + \frac{\Delta t}{2K\lambda} = 21.4 - \frac{5}{2 \times 0.945 \times 0.703} = 25.2 \text{ kcal/kg}$$

8）空气温度 t_1 时饱和空气焓i''_1

$$i''_{t_1} = 0.24t_1 + (371.521 + 0.27t_1)\frac{P''_{t_1}}{P_a - P''_{t_1}}$$

$$\begin{aligned}\lg P''_{t_1} &= 0.0141966 - 3.142305 \times \left(\frac{10^3}{273+37} - \frac{10^3}{373.16}\right) + 8.2\lg\left(\frac{373.16}{273+37}\right) - \\ &\quad 0.0024804 \times [373.16 - (273+40)] \\ &= 0.0141966 - 1.71566696 + 0.6603738 - 0.1492209 \\ &= -1.1833082\end{aligned}$$

求反对数得 $P''_{t_1} = 0.065568$，代入i''_1 计算式：

$$\begin{aligned}i''_{t_1} &= 0.24 \times 37 + (371.521 + 0.27 \times 37) \times \frac{0.065568}{753/735 - 0.065568} \\ &= 34.97 \text{ kcal/kg}\end{aligned}$$

9）求温度为 t_2 时饱和空气焓i''_2

$$\begin{aligned}\lg P''_{t_2} &= 0.0141966 - 3.142306 \times \left(\frac{10^3}{273+32} - \frac{10^3}{373.16}\right) + 8.2\lg\left(\frac{373.16}{273+32}\right) - \\ &\quad 0.0024804 \times [373.16 - (273+32)] \\ &= 0.0141966 - 1.881841 + 0.71828 - 0.169064 = -1.31843\end{aligned}$$

求反对数得：

$$P''_{t_2} = 0.048036$$

$$\begin{aligned}i''_{t_2} &= 0.24 \times 32 + (371.521 + 0.27 \times 32) \times \frac{0.048036}{753/735 - 0.048036} \\ &= 26.4 \text{ kcal/kg}\end{aligned}$$

10）求平均水温 t_m 时的饱和空气焓 i''_m

$$t_m = \frac{37+32}{2} = 34.5℃$$

$$\begin{aligned}\lg P''_{t_m} &= 0.0141966 - 3.142305 \times \left(\frac{10^3}{273+34.5} - \frac{10^3}{373.16}\right) + 8.2\lg\left(\frac{373.16}{273+34.5}\right) \\ &\quad - 0.0024804 \times [373.16 - (273+34.5)] \\ &= 0.0141966 - 1.798079995 + 0.6892097 - 0.162863044 \\ &= -1.257536759\end{aligned}$$

求反对数得：

$$P''_{t_m} = 0.055267$$

$$\begin{aligned}i''_{t_m} &= 0.24 \times 34.5 + (371.521 + 0.27 \times 34.5) \times \frac{0.055267}{753/735 - 0.055267} \\ &= 29.92 \text{ kcal/kg}\end{aligned}$$

11）求热焓修正值δ''_i

$$\delta''_i=\frac{i''_1+i''_2-2i''_m}{4}=\frac{34.97+26.4-2\times29.92}{4}=0.3825\ \text{kcal/kg}$$

$$\Delta i_H=i''_1-\delta''_i-i_2=34.97-0.3825-28.93=5.6575\ \text{kcal/kg}$$

$$\Delta i_K=i''_2-\delta''_i-i_1=26.4-0.3825-21.4=4.6175\ \text{kcal/kg}$$

12）求平均焓差 Δi_m

$$\Delta i_m=\frac{\Delta i_H-\Delta i_K}{2.3\lg\dfrac{\Delta i_H}{\Delta i_K}}=\frac{5.6575-4.6175}{2.3\lg\dfrac{5.6575}{4.6175}}=5.126\ \text{kcal/kg}$$

13）求交换数 N(或 Ω)

$$N(\text{或}\ \Omega)=\frac{1}{K}\cdot\frac{\Delta t}{\Delta i_m}=\frac{5}{0.945\times5.126}=1.0322$$

注:在冷却塔设计中，对于低温塔的 N(或 Ω) 一般在 1 左右，当然 $N(\Omega)\geqslant1$ 为好。

3. 求容积散质系数 β_{xV}

$$\beta_{xV}=\frac{Q\Delta t}{VK\Delta i_m}=\frac{Q}{V}N$$

式中，V 为填料体积(m^3)。

100 m^3/h 低噪声塔的淋水密度取(设)12.5 $m^3/(m^2\cdot h)$，则总面积为100/12.5=8 m^2，则塔体内径 $D=\sqrt{8/0.785}=3.192$ m，取 $D=3.2$ m $=3\,200$ mm，实际淋水密度为 $100/(0.785\times3.2^2)=12.44\ m^3/(m^2\cdot h)$。填料高度为 $H=1\,000$ mm，则体积为

$$V=0.785\times D^2\times H=0.785\times3.2^2\times1=8.0384\ m^3$$

$$\beta_{xV}=Q\frac{N}{V}=100\,000\times1.0322/8.0384=12\,841\ \text{kg}/(m^3\cdot h)$$

β_{xV}的物理意义在第 4 章中已阐述，表示单位容积淋水填料(V)在单位焓差(Δi_m)的推动力作用下所能散发的热量。在冷却塔其他因素不变的条件下，β_{xV}越大，冷却塔散热能力越大，塔的体积可小；或者塔的体积不变，则冷却水量可增加。

我国设计的冷却塔，其β_{xV}值一般均大于或等于 10 000 kg/($m^3\cdot h$)，少数接近于 10 000 kg/($m^3\cdot h$)。日本设计的塔，β_{xV} 值较小，仅要求 $\beta_{xV}>8\,000$ kg/($m^3\cdot h$)。因此，严格来说，日本的标准和要求比我国低。这里计算所得的 $\beta_{xV}=12\,841$ kg/($m^3\cdot h$) 偏高，此塔的热力性能是较好的。

在一定的淋水填料和塔型条件下，冷却塔本身具有的冷却能力，称为冷却塔的特性数，常用 N'(或 Ω')表示，在冷却塔设计中，还应计算冷却塔本身具有的特性数，来校核是否满足理论计算值的要求。

$$N'(\Omega')=\beta_{xV}\cdot V/Q$$

它与淋水填料的特性、几何尺寸、散热性能以及气水比等有关。特性数 $N'(\Omega')$越大，则塔的性能越好。冷却塔热力性能的计算，就是要使生产上要求的冷却任务 $N(\Omega)$与所设计的冷却塔的冷却能力 $N'(\Omega')$相等，即为

$$\frac{\beta_{xV} \cdot V}{Q} = \frac{C_w}{K}\int_{t_2}^{t_1} \frac{dt}{i'' - i}$$

式中，β_{xV}值并不是前述的计算所得，是与含湿量差有关的淋水填料的容积散质系数表达式，国内外均采用下式计算：

$$\beta_{xV} = Ag^m q^n (\mathrm{kg/m^3 \cdot h})$$

式中　g——空气流量密度(kg/(m^2·h))；

q——淋水密度(kg/(m^2·h))；

A, m, n——试验常数，不同填料其值不同。

按此式计算所得的 β_{xV} 值再代入 $N' = \beta_{xV}V/Q$ 中。

淋水填料试验所得的特性数为

$$N'(\Omega') = A' \cdot \lambda^m$$

式中，A', m 为不同填料所得的试验常数。

采用塑料斜波交错(得称“斜交错”)淋水填料，规格为 55×12.5×60°-1000 型，其试验所得参(常)数为：$A' = 1.55$，$m = 0.47$，气水比 $\lambda = 0.7$，代入得：

$$N'(\Omega) = 1.55 \times 0.70^{0.47} = 1.31$$

则 $N' = 1.31 > N = 1.0322$。实际的交换数大于设计计算的交换数，故是安全的，能保证设计所要求的冷却效果。

$Q = 100\,000$ kg，$V = 0.785 \times D^2 \times H = 0.785 \times 3.2^2 \times 1 = 8$ m^3，则：

$$\beta_{xV} = \frac{N' \times Q}{V} = \frac{1.31 \times 100\,000}{8}$$

$$= 16\,385\ \mathrm{kg/(m^3 \cdot h)} > \text{设计计算值}\ 12\,841\ \mathrm{kg/(m^3 \cdot h)}$$

上述计算结果，冷却塔本身具有的冷却能力远大于设计值，故是安全和符合要求的。但试验塔所得的 A'、m 等数受试验条件的影响(如试验装置中空气和水的分布比较均匀等)，其值稍高于设计的实际使用冷却塔，故特性数 $N'(\Omega')$ 和 β_{xv} 值应高于设计计算值。但如果高得太多，则可适当调整设计参数，重新设计计算或另选淋水填料。

4. 通风阻力计算

通风阻力计算的目的是根据设计风量和风压，确定风筒高度或选用风机。在冷却塔的工作条件下，风机的风量决定于冷却塔的全部空气动力阻力，而这一阻力等于风机的全风压。风机的工作点以风机的特性曲线与冷却塔的空气动力阻力性能曲线的交点来表示。

通风阻力计算分经验公式和同型塔实测数据计算两种，在冷却塔设计计算中，基本上均采用经验公式计算。机械通风冷却塔内通风总阻力等于各部件阻力的总和，按式(8-114)计算。

各部件的阻力计算如下。

1) 进风口阻力 H_1

设进口平均风速 $V_1 = 2.50$ m/s，总进风量(空气量)$G = 62\,000$ m^3/h $= 17.22$ m^3/s。

阻力系数 $\xi_1 = 0.55$，空气容重 $\gamma_g = 1.134$ kg/m^3。

$$H_1 = \xi_1 \frac{\gamma_g V_1^2}{2g} = 0.55 \times \frac{1.134 \times 2.5^2}{2 \times 9.81} = 0.198\,69\ \text{mmWg} = 0.2\ \text{mmWg}$$

以下附进风口面积和高度计算。

进风口面积 S：

$$S = \frac{G}{V_1} = \frac{17.22}{2.5} = 6.89\ \text{m}^2$$

冷却塔直径 $D = 3.2\ \text{m}$，则圆周长 l 为

$$l = \pi \cdot D = 3.141\,6 \times 3.2 = 10.053\ \text{m}$$

进风口高度 h_1 为

$$h_1 = \frac{6.89}{10.053} = 0.685\,4\ \text{m}，取\ h_1 = 0.7\ \text{m} = 70\ \text{cm}$$

则实际进风平均风速为

$$V_1 = \frac{17.222}{0.7 \times 10.053} = 2.45\ \text{m/s}$$

2）导风装置阻力 H_2

$$l = \frac{D}{2} = \frac{3.2}{2} = 1.6\ \text{m}$$

$$q = 12.5\ \text{m}^3/\text{h}（淋水密度：100/8 = 12.5）$$

$$\xi_2 = (0.1 + 0.025q)l = (0.1 + 0.025 \times 12.5) \times 1.6 = 0.66$$

风速 $V_2 = 0.5V_1 = 0.5 \times 2.45 = 1.23\ \text{m/s}$

$$H_2 = 0.66\,\frac{1.134 \times (1.23)^2}{19.62} = 0.059\,6 = 0.06\ \text{mmWg}$$

3）进入淋水填料气流转弯阻力

$$\xi_3 = 0.5,\ V_3 = \frac{17.222}{0.785 \times 3.2^2} = 2.142\,5\ \text{m/s}$$

$$H_3 = 0.5 \times \frac{1.134 \times (2.142\,5)^2}{19.62} = 0.133\ \text{mmWg}$$

4）淋水装置进口突然收缩 H_4

$$\xi_4 = 0.5 \times \left(1 - \frac{F_0}{F_1}\right)$$

$$F_1 = \frac{\pi}{4}D^2 = 0.785 \times 3.2^2 = 8.038\,4 = 8\ \text{m}^2$$

斜交错塑料填料厚度 $\delta = 0.2 \sim 0.3\ \text{mm}$，空隙率为 $0.96 \sim 0.95$，取 0.95，则 F_0 为

$$F_0 = 0.95F_1 = 0.95 \times 8.038\,4 = 7.636\,48\ \text{m}^2$$

$$\xi_4 = 0.5 \times \left(1 - \frac{7.636\,48}{8.038\,4}\right) = 0.025$$

$$V_4 = 17.222/7.636\,48 = 2.255\ \text{m/s}$$

$$H_4 = 0.025 \times \frac{1.134 \times (2.255)^2}{19.62} = 0.007\,35\ \text{mmWg}（可忽略不计）$$

注:因该项阻力值很小,一般在设计中此项阻力不进行计算。

5) 淋水装置(填料)阻力 H_5

$$V_5=\frac{G}{3\,600F_0\gamma_m}=\frac{62\,000}{36\,000\times7.636\,48\times0.98\times1.134}=\frac{62\,000}{30\,552}=2.03\ \mathrm{m/s}$$

查斜交错填料 55×12.5×60°-1000 型(即填料高 1 m)有关附图的阻力曲线,得 $\Delta P/\gamma_g=2.05$。

$$H_5=2.05\times2\times1.134=4.65\ \mathrm{mmWg}$$

6) 淋水装置出口突然扩大阻力 H_6

$$\xi_6=\left(1-\frac{F_0}{F_1}\right)^2=\left(1-\frac{7.636\,48}{8.038\,4}\right)^2=0.002\,5$$

$$H_6=0.002\,5\times\frac{1.134\times(2.255)^2}{19.62}$$

$$=0.000\,73\ \mathrm{mmWg}\quad(\text{可忽略不计,故可不计算})$$

7) 配水装置阻力 H_7

$$\xi_7=\left[0.5+1.3\left(1-\frac{F_3}{F_1}\right)^2\right]\left(\frac{F_1}{F_3}\right)^2$$

式中,F_3 为配水装置中气流通过的有效截面积(m^2)。

注:未考虑水流对气流的阻力。

6 根布水管的投影面积为 $0.069\times9.3=0.642\ \mathrm{m}^2$,则

$$F_3=F_1-0.642=8.038\,4-0.642=7.396\,4\ \mathrm{m}^2$$

$$\xi_7=\left[0.5+1.3\times\left(1-\frac{7.396\,4}{8.038\,4}\right)^2\right]\times\left(\frac{8.038\,4}{7.399\,4}\right)^2$$

$$=(0.5+0.008\,23)\times1.18=0.6$$

$$H_7=0.6\times\frac{1.134\times(2.03)^2}{19.62}=0.143\ \mathrm{mmWg}$$

8) 除(收)水器阻力 H_8

$$\xi_8=\left[0.5+2\left(1-\frac{F_2}{F_1}\right)^2\right]\left(\frac{F_1}{F_2}\right)^2$$

$$=\left[0.5+2\times\left(1-\frac{5.812}{8.038\,4}\right)^2\right]\times\left(\frac{8.038\,4}{5.812}\right)^2=1.458$$

$$V_8=\frac{17.22}{5.812}=2.963\ \mathrm{m/s}$$

$$H_8=1.458\times\frac{1.134\times(2.963)^2}{19.62}=0.74\ \mathrm{mmWg}$$

9) 风机进风口渐缩段阻力 H_9

$$\xi'_9=\xi_9\left(1-\frac{F_4}{F_1}\right)+\xi_m$$

$$\xi_m=\frac{\lambda\left[1-\left(\frac{F_4}{F_1}\right)^2\right]}{8\sin\frac{\alpha}{2}}$$

式中　F_4——收缩后截面积(m^2)，$F_4 = 0.785 \times 2.1^2 = 3.462\ m^2$；

ξ_m——摩擦阻力系数；

λ——摩擦系数，宜采用 0.03；

α——收缩段顶角(图 8-33)，一般 90°～110°，取 $\alpha = 110°$；

ξ_9——系数。

ξ_9'可按“示意图”中 L/D_0 值和 α 角查风机进风口为渐缩管形的摩阻系数ξ_9'表，用内插法而得，可不按上述两式计算。当然按上述计算也可以。

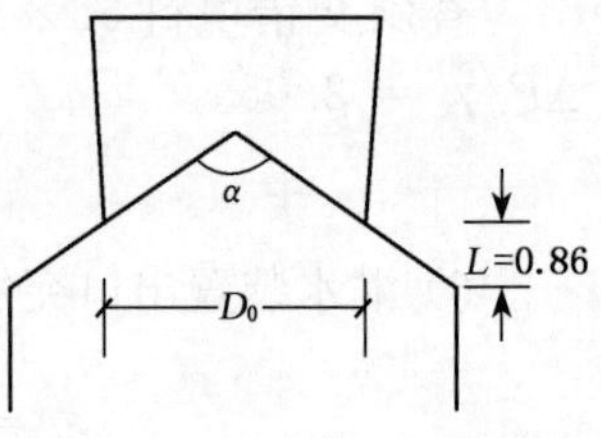

图 8-33　进风口示意图

现 $L = 0.86\ m$，$D_0 = 2.1\ m$，$\alpha = 110°$，$L/D_0 = 0.86/2.1 = 0.41$。查表 8-15，并用内插法得$\xi_9' = 0.2454$。

$$V_9 = 17.22/3.462 = 4.975\ m/s$$

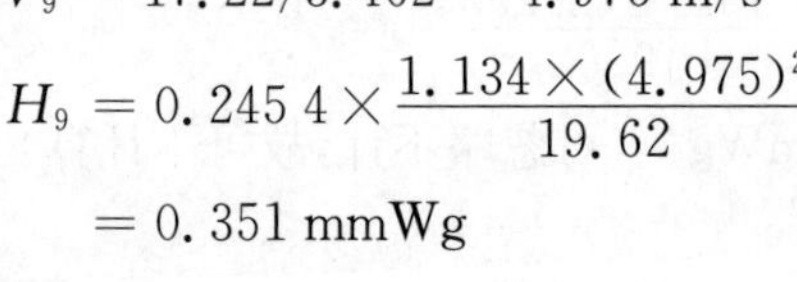

$$H_9 = 0.2454 \times \frac{1.134 \times (4.975)^2}{19.62} = 0.351\ mmWg$$

10) 风筒出口阻力 H_{10}

$$\xi_{10} = (1+\delta)\xi_9$$

式中　δ——风筒出口速度分布不均匀系数，查有关图表；

ξ_9——出风口阻力系数查有关表。

$L/D_0 < 1$，查有关图表得 $\delta = 0.48$，$\xi_p = 1$。

$$\xi_{10} = (1+0.48) \times 1 = 1.48$$

$$H_{10} = 1.48 \times \frac{1.134 \times (4.975)^2}{19.62} = 2.12\ mmWg$$

$$H = \sum H_i = 0.2 + 0.06 + 0.133 + 0.0074 + 4.65 + 0.0073 + 0.143 + 0.74 + 0.351 + 2.12 = 8.412\ mmWg$$

按风量 $G = 62\,000\ m^3/h$ 和计算所得的通风阻力为 $H = 8.412\ mmWg$，风机直径 $\phi = 2\,000\ mm$，选择有关风机(玻璃钢风机或铝合金风机等)。按式(8-130) 计算电动机额定功率 N。

5. 配水系统设计计算

配水系统的设计，要求达到冷却水在整个淋水填料面积上配水均匀，以达到较好的冷却效果。

本例题的冷却水量仅为 100 m^3/h，故采用管式配水中的旋转管布水进行设计计算，设计计算的步骤为：①根据配水流量和开孔孔径及孔距计算孔口前水压；②计算水平推力和旋转力矩；③计算配水管末端线速度与旋转速度。

1) 基本数据

流量：$Q = 100\ m^3/h$。

旋转布水器直径(长)：$D = 3\,100\ mm$。

布水旋转管根数：$n = 6$ 根，每根 $D_N = 65\ mm$。

2）配水管设计

沿水平方向在旋转管上开孔，孔口与水平呈 45°角（向下倾角），孔口中心距为 150 mm，孔口直径为 $\phi = 17$ mm，单孔面积为 $f = 0.785 \times (0.017)^2 = 0.000\,226\,856\ \text{m}^2$，单孔流量为 $q = Q/n = 0.027\,7/60 = 0.000\,462\,963\ \text{m}^3/\text{s}$，孔口流速 $v = q/f = 0.000\,462\,963/0.000\,226\,856 = 2.041\ \text{m/s}$。

开孔总面积 $F = 0.000\,226\,856 \times 60 = 0.013\,611\,9\ \text{m}^2$。

孔眼布置及尺寸见图 8-34。

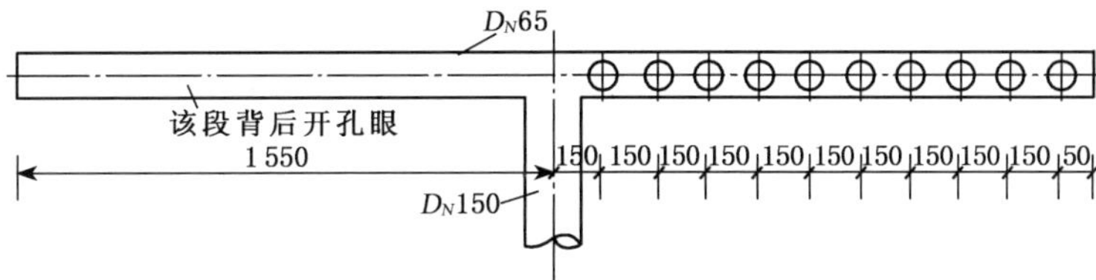

图 8-34　孔眼布置及尺寸示意图

3）喷前管内水压计算

$$H = \left(\frac{Q}{\mu F}\right)^2 \Big/ 2g$$

式中　Q——流量（m^3/s）；

F——旋转布水孔眼总面积（m^2）；

μ——流量系数，圆孔 $\mu = 0.82$，矩形孔 $\mu = 0.75$。

$$H = \left(\frac{0.027\,77}{0.82 \times 0.013\,611\,9}\right)^2 \Big/ 19.62 = 0.315\,666\,4\ \text{m} = 0.32\ \text{m}$$

4）旋转管的水平推力计算

水平推力 P：

$$P = \frac{Hf\cos\alpha}{10} = \frac{0.32 \times 2.268\,62 \times 0.760\,4}{10} = 0.055\,2\ \text{kg}$$

力矩 M：

$$\begin{aligned} M &= P \cdot \sum l \\ &= 0.055\,2 \times (1.5 + 1.35 + 1.2 + 1.05 + 0.9 + 0.75 + 0.6 + 0.45 + 0.3 + 0.15) \\ &= 0.055\,2 \times 8.25 = 0.455\,4\ \text{kg} \cdot \text{m} \end{aligned}$$

5）旋转管的有效力矩 M'

$$M' = \frac{M}{1.2} = \frac{0.455\,4}{1.2} = 0.379\,5\ \text{kg} \cdot \text{m}$$

6）旋转管末端线速度

$$V = \sqrt[3]{\frac{n_c M'}{Kf}},\ K = \frac{1.2\gamma}{2g},\ \gamma = 1.134\ \text{kg/m}^3$$

管子外径为 71 mm，管臂投影总面积 f 为

$$f = 0.071 \times 1.55 \times 6 = 0.6603\ \text{m}^2$$

$$V = \sqrt[3]{\frac{6 \times 0.3795}{\frac{1.2 \times 1.134}{19.62} \times 0.6603}} = 3.677\ \text{m/s}$$

7）旋转管转速 n

$$n = \frac{60V}{2\pi l} = \frac{60 \times 3.677}{2 \times 3.1416 \times 1.55} = 22.65\ \text{r/min}$$

6. 冷却塔基本尺寸的确定(图 8-35)

塔体内径：$\phi_1 = 3200$ mm。

风筒内径：$\phi_2 = 2100$ mm。

进风口(窗)高度：$h_1 = 700$ mm。

填料高度：$h_2 = 1000$ mm。

填料顶至配水管下缘：$h_3 = 300$ mm。

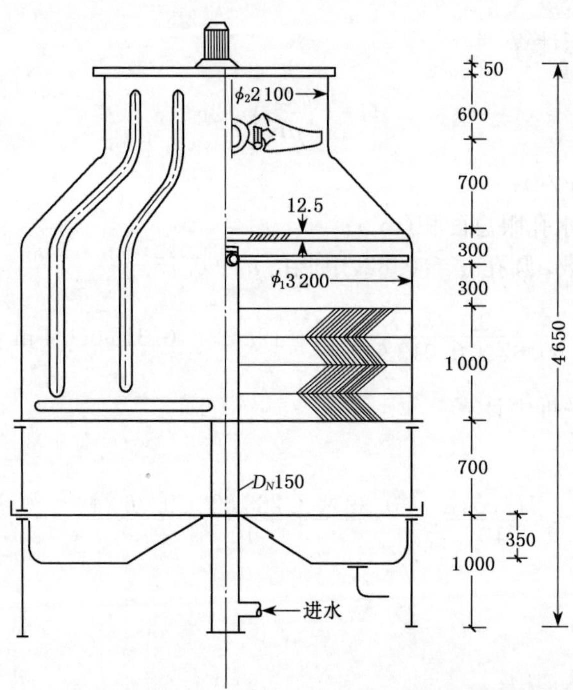

图 8-35　Δt=5℃，100 m³/h 塔尺寸图(示意图)

配水管上缘至收缩段：$h_4 = 300$ mm，其中包括 12.5 mm 的除(收)水器高度。

收缩段高：$h_5 = 700$ mm。

风筒高：$h_6 = 600$ mm。

塔体总高度：$H = \sum h_i = 4650$ mm。

淋水填料及收(除)水器：采用塑料斜波交错填料，规格为 55×12.5×60°-1000 型，片厚为 $\delta = 0.2 \sim 0.3$ mm，比表面积为 330 m²/m³，空隙率为 0.96～0.95，波纹倾角 60°，每层高为 250 mm(25 cm)，共 4 层为 1 000 mm。

除水器选用普遍采用的单(或双)波塑料(或玻璃钢)收水器,用钢筋穿孔、螺母固定连接。

进、出塔水管:选用钢管或球墨铸铁管，进水管直径为 $D_N = 150$ mm,则过水断面积为 $0.785 \times (0.15)^2 = 0.017\,663$ m²，$Q = 0.027\,7$ m³/s,得管内流速 $V_1 = Q/f = 0.027\,7/0.017\,663 = 1.573$ m/s。

出塔管可选用与进塔管直径相同，如选用 $D_N = 200$ mm,则过水断面积为0.031 4 m²，管内流速 $V_2 = 0.885$ m/s。

7. 水泵需要的压力(扬程)H

水泵所需要的扬程(压力)有以下部分组成:

$$H = H_0 + \sum h_s + \sum h_d + h$$

式中　H_0——热水池最低水位至塔内配水管的净高度,称净扬程;

$\sum h_s$——从水泵吸水管至压水管整个管路长度沿程水头(压力)损失的总和;

$\sum h_d$——指水泵吸水管及压水管上底阀、单向阀、闸阀、弯头、三通、渐缩管等局部压力损失的总和;

h——富余水头(压力),中、小型塔一般考虑 4～6 m。

设地面标高为+0.00,水泵在热水池吸水的最低水位为−3.50 m,冷却塔设在二楼平顶上,平顶标高为+6.60 m;管路长度见图 8-36 平、立图中标出的尺寸,按管路总长度计算沿程水头损失;局部阻力损失依序为吸水管底阀、90°弯头、阀门、单向阀、三只 90°弯头、分配管入口、孔眼出口等。现分别计算以下:

1) 净扬程 H_0

最低水位距地面为 3.5 m,地面至二楼顶为 6.6 m,二楼顶至配水管高度为(1+0.7+1+0.3)=3.0 m,则得净扬程为 $H_0 = 3.5 + 6.6 + 3.0 = 13.1$ m 。

2) 沿程水头(压力)损失 h_s

假设水泵吸水管径与压(出)水管管径相同，均为 $D_N = 150$ mm，则沿程管径、流量、流速均没有变化,不存在分段计算。

按平、立图计,管路的总长为

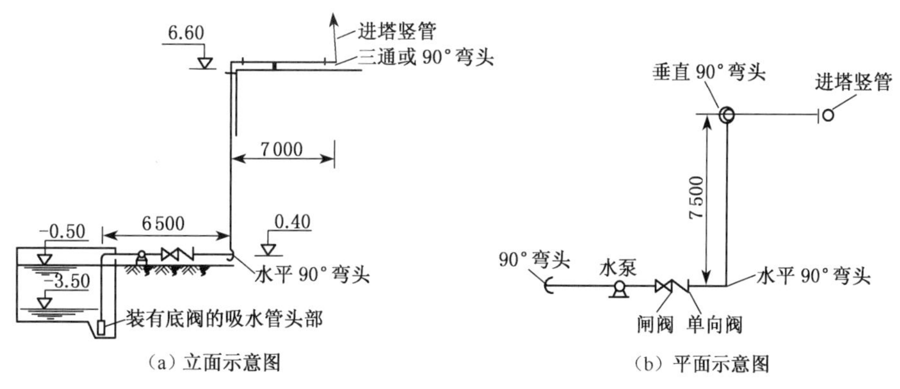

图 8-36　管路平、立面示意图

$$L = \sum l = 4.0 + 6.5 + 7.5 + 7.0 + 3.0 = 28 \text{ m}$$

其水力坡度计算水头损失的计算公式为

$$i = \lambda \frac{1}{D_N} \cdot \frac{V^2}{2g} \tag{8-145}$$

式中 i——水力坡度；

λ——摩阻系数；

D_N——管子计算内径(m)；

V——平均水流速度(m/s)；

g——重力加速度，为 9.81(m/s²)。

应用式(8-145)时，必须先确定求取系数 λ 值。对于旧的钢管和铸铁管，当$\frac{V}{\nu} \geqslant 9.2 \times 10^5 \frac{1}{m}$时，$\nu$ 为液体的运动粘滞度(m²/s)，则：

$$\lambda = \frac{0.0210}{D_N^{0.3}} \tag{8-146}$$

当$\frac{V}{\nu} < 9.2 \times 10^5 \frac{1}{m}$时，则：

$$\lambda = \frac{1}{D_N^{0.3}}\left(1.5 \times 10^{-6} + \frac{\nu}{V}\right)^{0.3} \tag{8-147}$$

或采用 $\nu = 1.3 \times 10^{-6}$ m²/s(水温为 10℃) 时，则：

$$\lambda = \frac{0.0179}{D_N^{0.3}}\left(1 + \frac{0.867}{V}\right)^{0.3} \tag{8-148}$$

将式(8-146)、式(8-147)求得的 λ 值，代入式(8-145)中，得出以下计算公式。

当 $V \geqslant 1.2$ m/s 时：

$$i = 0.00107 \frac{V^2}{D_N^{0.3}} \tag{8-149}$$

当 $V < 1.2$ m/s 时

$$i = 0.00012 \frac{V^2}{D_N^{1.3}}\left(1 + \frac{0.867}{V}\right)^{0.3} \tag{8-150}$$

按比阻计算水头损失时，由式(8-150)求得比阻公式为

$$A = \frac{i}{Q^2} = \frac{0.001736}{D_N^{5.3}} \tag{8-151}$$

按式(8-149)、式(8-150)公式计算已制成钢管、铸铁管水力计算表；按式(8-151)公式计算已制成钢管、铸铁管 A 值表。一般设计计算时，不按上述公式进行计算，而是根据 Q、D_N、V 查水力计算表得 $1000i$ 换算而得。

现

$$Q = 100 \text{ m}^3/\text{h} = 27.778 \text{ L/s}$$
$$D_N = 150 \text{ mm}$$
$$V = 0.02778/0.78 \times (0.15)^2 = 1.573 \text{ m/s}$$

采用钢管，查钢管水力计算表得 $1000i = 35$ m，现 $L = \sum l = 28$ m，则 h_i 为

$$h_i = 35 \times 0.028 = 0.98\ \text{m} = 1.0\ \text{m}$$

3）局部阻力损失 h_d

局部阻力损失计算公式为

$$h_{\text{d}i} = \xi \frac{V^2}{2g} \tag{8-152}$$

式中，ξ 为局部阻力系数(查表)；其他符号同前。

(1) 吸水管底阀 h_{d1}：

$D_N = 150$ mm，查表得 $\xi = 6.0$。

$$h_{\text{d1}} = 6 \times \frac{1.573^2}{19.62} = 0.76\ \text{m}$$

(2) 阀门 h_{d2}

查表得 $D_N = 150$，全开启时 $\xi = 0.1$，开启度为 90% 时 $\xi = 0.2$，为安全取0.2 计算。

$$h_{\text{d2}} = 0.2 \times \frac{1.573^2}{19.62} = 0.025\ \text{m}$$

(3) 单向阀局部损失 h_{d3}

查表得升降式止回阀 $\xi = 7.5$。

$$h_{\text{d3}} = 7.5 \times \frac{1.573^2}{19.62} = 0.95\ \text{m}$$

(4) 水泵入口 h_{d4}

水泵入口 $\xi = 1.0$，因入口 D_N 小 1 ～ 2 挡，以 $D_N = 100$ 计 $V_1 = 0.027\,78/\,0.785 \times (0.1)^2 = 3.54$ m/s。

$$h_{\text{d4}} = 1 \times \frac{3.54^2}{19.62} = 0.64\ \text{m}$$

(5) 4 只 90°弯头损失 h_{d5}

查表得钢制焊接 90° 弯头 $\xi = 0.72$，

$$h_{\text{d5}} = 4 \times 0.72 \frac{1.573^2}{19.62} = 0.363\ \text{m}$$

(6) 配水支管突然缩小 h_{d6}：

$$D_N/d = 150/65 = 2.31$$

$$V = \frac{0.027\,78/6}{0.785 \times (0.065)^2} = 1.34\ \text{m/s}$$

查表得 $\xi = 0.4$。

$$h_{\text{d6}} = 0.4 \times \frac{(1.34)^2}{19.62} = 0.067\ \text{m}$$

4）孔眼出流阻力损失 h_{d7}

孔眼流速 $V = 2.041$ m/s，查表得 $\xi = 5.9$。

$$h_{\text{d7}} = 5.9 \frac{2.041^2}{19.62} = 1.25\ \text{m}$$

根据上述计算得 h_d 为

$$h_d = h_{di} = 0.76 + 0.025 + 0.95 + 0.64 + 0.363 + 0.067 + 1.25 = 4.055\ \text{m}$$

考虑管道系统的腐蚀、结垢等使粗糙系数 n 值增大及计算漏项等误差，故选择泵时考虑安全富余(裕)水头为 4 m，则水泵所需要的扬程(压力)为

$$H = H_0 + \sum h_s + \sum h_d + 4 = 13.1 + 1 + 4.055 + 4 = 22.2\ \text{m}$$

即为 2.22 kg/cm^2。

选用 IS100-80-100A，单级单吸悬臂式离心泵，其主要参数为：在高效段范围内 $Q = 58 \sim 112\ \text{m}^3/\text{h}$，$H = 27 \sim 22\ \text{m}$；当 $Q = 100\ \text{m}^3/\text{h}$，$H = 23\ \text{m}$，电机功率 $N = 11\ \text{kW}$，型号为 Y160M_1-2，$\eta = 77\%$，转速 $n = 2\,900\ \text{r/min}$。

5) 风机电机功率计算

$$N = \frac{G \cdot H}{102\eta\eta_j} \times K$$

将 $G = 62\,000\ \text{m}^3/\text{h}$，$H = 8.412\ \text{mmWg}$，$K = 1.15$，$\eta = 0.80$，$\eta_j = 0.95$，代入得 $62\,000/3\,600 = 17.222\ \text{m}^3/\text{s}$。

$$N = 17.222 \times 8.412 \times 1.15/102 \times 0.8 \times 1.95 = 2.15\ \text{kW} = 2.2\ \text{kW}$$

采用水输机推动风机转动，则可节省 2.2 kW。计算得 $N = 2.2\ \text{kW}$，则选用电动机功率应 $N > 2.5\ \text{kW}$。

8.7.2 大型机械通风冷却塔设计计算

1. 设计的主要参数(按当地气象参数)

干球温度：$\theta = 25.7℃$；

湿球温度：$\tau = 22.8℃$；

大气压力：$P = 745\ \text{mmHg}$；

进塔水量：$Q = 4\,560\ \text{m}^3/\text{h} = 1.266\,7\ \text{m}^3/\text{s}$；

进塔水温：$t_1 = 40.2℃$；

出塔水温：$t_2 = 32℃$；

进出塔温差：$\Delta t = 40.2℃ - 32℃ = 8.2℃$；

冷幅高：$\Delta t' = 32℃ - 22.8℃ = 9.2℃$；

冷却热负荷(冷却能力)：$4\,560 \times 1\,000 \times 8.2 = 3.739\,2 \times 10^7\ \text{kcal/h}$，即提供的风量应吸收 $3.739\,2 \times 10^7\ \text{kcal/h}$ 的热量。

2. 热力计算：

1) 计算交换数 N 值

$\Delta t = 8.2℃$；$t_m = (40.2℃ + 32℃)/2 = 36.1℃$，查图 8-14 中“$K$ 值与冷却水温 t_2 关系”，当 $t_2 = 32℃$ 时，得 $K = 0.94$。

由“8.4.3”中“空气含热量曲线图”查得饱和空气焓为：$t_1 = 40.2℃$ 时，$i''_1 = 40.8\ \text{kcal/kg}$；$t_m = 36.1℃$ 时，$i''_m = 33.1\ \text{kcal/kg}$；$t_2 = 32℃$ 时，$i''_1 = 26.8\ \text{kcal/kg}$；进塔空气 $\theta = 25.7℃$ 时，其焓 $i_1 = 20.6\ \text{kcal/kg}$。

按水气比 Q/G 值，分三个假定数求交换数(冷却数) N，$Q/G=2$，$Q/G=1.7$，$Q/G=1.1$。按第 4 节阐述的塔内任一点温度为 t 的相应空气焓的计算式为：$i=i_1+(t-t_2)\lambda$，分别计算三个 Q/G 值时的 i_2 和 i_m 值。

$Q/G=2$：　$i_2=i_1+\dfrac{\lambda_1}{K}(t_1-t_2)=20.6+\dfrac{2\times 8.2}{0.94}=38.05\ \text{kcal/kg}$

$i_m=\dfrac{1}{2}(i_1+i_2)=(20.6+38.05)/2=29.3\ \text{kcal/kg}$

$Q/G=1.7$：　$i_2=20.6+\dfrac{1.7}{0.94}\times 8.2=35.4\ \text{kcal/kg}$

$i_m=(20.6+35.4)/2=28\ \text{kcal/kg}$

$Q/G=1.1$：　$i_2=20.6+1.1\times 8.2/0.94=30.2\ \text{kcal/kg}$

$i_m=(20.6+30.2)/2=25.4\ \text{kcal/kg}$

按焓差法近似积分法，当 $\Delta t<15$℃ 时，可用下式简化计算交换数 N 值：

$$N=\frac{\Delta t}{6K}\left(\frac{1}{i''_1-i_2}+\frac{4}{i''_m-i_m}+\frac{1}{i''_2-i_1}\right) \tag{8-153}$$

式中　Δt——进出塔水温差(℃)；

i''_1-i_2——进塔水温下饱和空气焓与出塔空气焓 i_2 的差(kcal/kg)；

i''_m-i_m——进出塔平均水温下的饱和空气焓与出塔的平均空气焓的差(kcal/kg)；

i''_2-i_1——出塔水温下的饱和空气焓与进塔空气焓的差(kcal/kg)。

计算结果见表 8-24。

表 8-24　　**交换数(冷却数) N 计算表**

水气比，Q/G	2	1.7	1.1
进、出塔水温差℃，$\Delta t=t_1-t_2$	8.2	8.2	8.2
系数 K 值	0.94	0.94	0.94
出塔水温 t_2/℃	32	32	32
平均水温 t_m/℃	36.1	36.1	36.1
进塔水温 t_1/℃	40.2	40.2	40.2
进塔饱和空气焓 i''_1	26.8	26.8	26.8
平均饱和空气焓 i''_m	33.1	33.1	33.1
出塔饱和空气焓 i''_2	40.8	40.8	40.8
进塔空气焓 i_1	16.5	16.5	16.5
平均空气焓 i_m	29.3	28	25.4
出塔空气焓 i_2	38.05	35.4	30.2
$\Delta i_1=i''_2-i_2$	2.75	5.4	10.6
$\Delta i_m=i''_m-i_m$	3.8	5.1	7.7
$\Delta i_2=i''_1-i_1$	10.3	10.3	10.3
$\dfrac{1}{\Delta i_1}=\dfrac{1}{i''_2-i_2}$	0.364	0.185	0.094
$\dfrac{1}{\Delta i_m}=\dfrac{1}{i''_m-i_m}$	0.263	0.196	0.130
$\dfrac{1}{\Delta i_2}=\dfrac{1}{i''_1-i_1}$	0.097 1	0.097 1	0.097 1
交换数(冷却数) N	2.068	1.457	0.972

$Q/G = 2$ 时 N 值：

$$N = \frac{\Delta t}{6}\left(\frac{1}{\Delta i_1} + \frac{4}{\Delta i_m} + \frac{1}{\Delta i_2}\right) = \frac{8.2}{6} \times (0.364 + 4 \times 0.263 + 0.0971)$$
$$= 2.068$$

$Q/G = 1.7$ 时 N 值：

$$N = \frac{8.2}{6} \times (0.185 + 4 \times 0.196 + 0.0971) = 1.457$$

$Q/G = 1.1$ 时 N 值：

$$N = \frac{8.2}{6} \times (0.094 + 4 \times 0.130 + 0.0971) = 0.972$$

2) 求气水比及计算风量 G

将表 8-24 中三个 N 值在图 8-37 上按 G/Q 值找到三个点，绘成 N-G/Q 曲线。采用的填料为蜂窝填料 d20，$Z = 10 \times 100$ mm 特性数曲线绘在同一图上交于 P 点，得气水比 $\lambda = 0.77$。按 P 点水气比 $\frac{Q}{G} = \frac{1}{0.77} = 1.3$。按水气比为 1.3 求交换(冷却) 数得 $N = 1.134$(计算略)。

$$G = \lambda \cdot Q = 0.77 \times 4\,560$$
$$= 3\,511.2\ \text{t/h}$$

或 $G = 3\,511.2 \times 1\,000/3\,600 \times 1.145$
$= 851.8\ \text{m}^3/\text{s}$

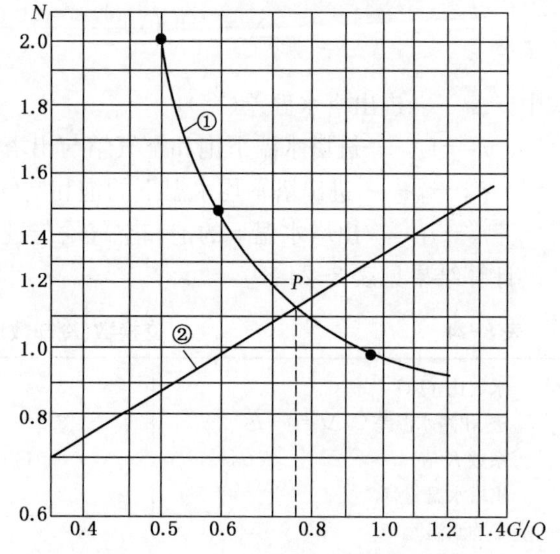

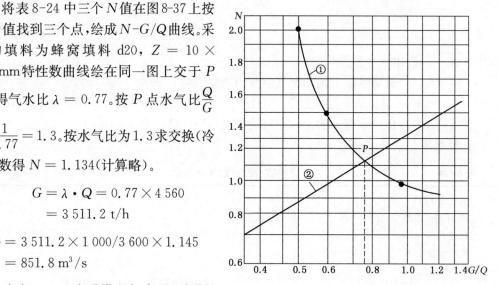

① 为 N—G/Q 曲线；② 为 d20-1000 mm 纸蜂窝淋水填料特性数曲线

图 8-37　N-G/Q 曲线图

式中 1.145 为进塔空气容重，由“湿空气焓湿图”查得相对湿度 $\phi = 0.8$，再查湿空气容重计算图得 $\gamma = 1.145\ \text{kg/m}^3$。

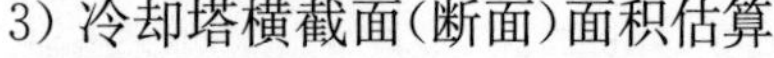

3) 冷却塔横截面(断面)面积估算

通过冷却塔填料内的风速一般为：喷水式或点滴式，1.3～2.0 m/s；薄膜式，2.0～3.0 m/s。

现采用六角蜂窝填料，基本上薄膜式，故设塔内风速为 $V = 2.2$ m/s，则塔所需要的面积 $F = G/V = 852/2.2 = 387.3\ \text{m}^2$，取 $F = 388\ \text{m}^2$。

采用 4 格 10×10 m 组合冷却塔，则总面积 $F = 4 \times 10 \times 10 = 400\ \text{m}^2$。

则塔内实际风速 $V = 852/400 = 2.13$ m/s。

3. 通风阻力计算

冷却塔每格横断面面积 $F_1 = 100\ \text{m}^2$；

淋水密度为 $q = 4\,560/100 \times 4 = 11.4\ \text{m}^3/(\text{m}^2 \cdot \text{h})$；

每格的风量为 $852/4 = 213\ \text{m}^3/\text{s}$；

设进风口平均风速 $V_1 = 3.0\ \text{m/s}$,则进风口面积 $F_1 = 213/3 = 71\ \text{m}^2$；

配水设备气流通过净断面积 82 m^2，风速为 $V_2 = 213/82 = 2.6\ \text{m/s}$;

收水器气流通过净断面积为 75 m^2，风速为 $V_3 = 213/75 = 2.84\ \text{m/s}$;

风筒收缩后断面积＝40.7 m^2，$V_4 = 213/40.7 = 5.2\ \text{m/s}$;

导风装置长度 $L = 4.8\ \text{m}$。

塔内湿空气的比重＝0.98×1.145＝1.13 kg/m^3(0.98 是考虑空气进入塔内,温度升高及分布不均匀等的系数)。

1）进风口阻力 H_1

$$\xi_1 = 0.55,\ V_1 = 3.0\ \text{m/s},\ \gamma_g = 1.13\ \text{kg/m}^3$$

$$H_1 = \xi_1 \frac{\gamma_g V_1^2}{2g} = 0.55 \times 1.13 \times (3.0)^2/19.62 = 0.285\ \text{mmWg}$$

2）导风装置阻力 H_2

淋水密度 $q = 11.4\ \text{m}^3/(\text{m}^2 \cdot \text{h})$，$L = 4.8\ \text{m}$。

$$\xi_2 = (0.1 + 0.025q)L = (0.1 + 0.025 \times 11.4) \times 4.8 = 1.84$$

风速 $V_2 = 0.5V_1 = 1.5\ \text{m/s}$

$$H_2 = \xi_2 \frac{\gamma_g V^2}{2g} = 1.84 \times 1.13 \times (1.5)^2/19.62 = 0.24\ \text{mmWg}$$

3）淋水填料气流转弯处阻力 H_3

$$\xi_3 = 0.5$$

$$V_3 = 213/100 = 2.13\ \text{m/s}$$

$$H_3 = 0.5 \times 1.13 \times (2.13)^2/19.62 = 0.131\ \text{mmWg}$$

注:淋水填料进口突然收缩的阻力很小,这里忽略不计。

4）淋水装置(填料)阻力 H_4

填料有效断面积 $F_0 = 0.95 \times 100 = 95\ \text{m}^2$。

$$V_4 = 213/95 = 2.24\ \text{m/s}$$

淋水密度为 $q = 11.4\ \text{m}^3/(\text{m}^2 \cdot \text{h})$,查 d20 厚 10×100 蜂窝填料阻力曲线,得阻力 $\Delta P/\gamma_1 = 2.9\ \text{mmWg}/(\text{kg} \cdot \text{m}^{-3})$。

$$H_4 = 2.9 \times 1.13 = 3.3\ \text{mmWg}$$

注:淋水装置出口突然扩大的阻力非常小,故忽略不计。

5）配水装置阻力 H_5

$$V_5 = 2.6\ \text{m/s},\ F_1 = 100\ \text{m}^2,\ F_3 = 82\ \text{m}^2$$

$$\begin{aligned}\xi_5 &= \left[0.5 + 1.3\left(1 - \frac{F_3}{F_1}\right)^2\right]\left(\frac{F_1}{F_3}\right)^2 \\ &= \left[0.5 + 1.3 \times \left(1 - \frac{82}{100}\right)^2\right] \times \left(\frac{100}{82}\right)^2 = 0.542\,12 \times 1.487\,21 \\ &= 0.806\end{aligned}$$

$$H_5 = 0.806 \times 1.13 \times (2.6)^2/19.62 = 0.314\ \text{mmWg}$$

6）收水器阻力 H_6

$$V = 2.84\ \text{m/s},\ F_2 = 75\ \text{m}^2,\ F_1 = 100\ \text{m}^2$$

$$\begin{aligned}\xi_6 &= \left[0.5 + 2\left(1 - \frac{F_2}{F_1}\right)^2\right]\left(\frac{F_1}{F_2}\right)^2 \\ &= \left[0.5 + 2\times\left(1 - \frac{75}{100}\right)^2\right]\times\left(\frac{100}{75}\right)^2 = 1.375\times 1.7778 \\ &= 2.4444\end{aligned}$$

$$H_6 = 2.4444\times 1.13\times(2.84)^2/19.62 = 1.1355\ \text{mmWg}$$

7）风机进风口阻力 H_7

根据 $\alpha = 0$ 由手册查得 $\xi_7 = 1.0$。风速 $V = 5.2\ \text{m/s}$。

$$H_7 = 1.0\times 1.13\times(5.2)^2/19.62 = 1.56\ \text{mmWg}$$

8）风机风筒出口阻力 H_8

$$\xi_8 = (1+\delta)\xi_p$$

式中 δ——风筒出口速度分布不均匀系数；

ξ_p——出风口阻力系数。

现 $L/D_0 < 1$，查有关图表得 $\delta = 0.48$，$\xi = 1$。

$$\xi_8 = (1+0.48)\times 1 = 1.48$$

$$H_8 = 1.48\times 1.13\times(5.2)^2/19.62 = 2.305\ \text{mmWg}$$

总阻力 $H = 0.285 + 0.24 + 0.131 + 3.3 + 0.314 + 2.444 + 1.56 + 2.305$

$= 10.579 = 10.6\ \text{mmWg}$

4. 选用风机

把 $G = 213\ \text{m}^3/\text{s}$ 换算成容重为 $1.2\ \text{kg/m}^3$ 的空气流量：

$$213\times\frac{1.13}{1.2} = 201\ \text{m}^3/\text{s}$$

根据 $H = 10.6\ \text{mmWg}$，风量 $G = 201\ \text{m}^3/\text{s}$，选用 30E_2-11-N047 铝合金轴流风机，其主要参数为：

叶片个数:4 片;安装角度:10°～25°;

减速机:蜗轮蜗杆;联轴节:弹性联轴节;

效率:50%～70%;风量:50～230 m^3/s;

风压:6～21(kg/m^2);转速:n=190 r/min。

本题风机安装角度 $\alpha = 21°$，$\eta_1 = 66\%$；$\eta_2 = 90\%$；$K = 1.15$；$G = 201\ \text{m}^3/\text{s}$。

$$\begin{aligned}N &= \frac{GH}{102\eta_1\eta_2}K = 201\times 10.6\times 1.15/102\times 0.66\times 0.90 \\ &= 40.44\ \text{kW}\end{aligned}$$

采用 $N > 45\ \text{kW}$ 的电机。

采用管式固定式或槽式配水，计算略。

第 9 章　冷却塔测试

水冷却的设备种类繁多，但主要可分为自然冷却和机械通风冷却两大类。冷却塔测试主要是对机械通风冷却塔来说的，特别是机械通风玻璃钢冷却塔，本章将对冷却塔测试的目的意义、测试内容与仪器设备、测试资料的整理、测试结果的评价等进行论述和讨论。

9.1　测试的目的意义及内容

9.1.1　测试的目的意义

机械通风冷却塔测试的目的与意义在于验证设计的工艺条件，在热力性能、噪声、振动等方面是否达到设计规定的参数和要求；现场观察塔的性能是否完善，发现问题，总结提高；根据测试资料及整理结果，进行分析研究，对被测试的冷却塔进行初步的技术鉴定，提出合理可行的建议和希望，为该塔的鉴定和工程选用提供资料。

冷却塔的测试是直接影响产品声誉的极其严肃的工作，因此要有高度的责任感，在测试过程中要认真负责、深入细仔、实事求是，严格遵守操作程序和规定。要全面系统地检查与校正测试仪器，并较熟练地操作使用，对每一个测试数据都要完整地做好记录，读数要认真仔细、迅速准确，以便计算和分析研究。

9.1.2　冷却塔测试的内容

1. 热力性能测试

热力性能测试是冷却塔的核心问题，冷却塔主要的任务是保证水的冷却效果。因此冷却塔的热力性能测试十分重要。其内容包括当地当时的气象参数（干、湿地温度 θ 与 τ，大气压力 Pa、外界的风速风向）；进冷却塔的风速和风量 G；进塔干湿球温度 θ_1 与 τ_1 和出塔干、湿球温度 θ_2 与 τ_2；冷却水量 Q；进塔水温 t_1 与出塔水温 t_2；冷却塔各部分风压损失与总风压损失；水量损失与补充水量；进塔水压；风机电机功率等。

测试后把资料汇总，进行系统的整理和进行热力性能计算，然后进行分析，对该塔的热力性能作出评价。

2. 噪声测试

按测点布置的规定和要求，用 ND_2 型精密声级计测 A 声级噪声，按"噪声评价曲线"对该塔噪声作出评价，并写好"噪声测试报告"，作为"鉴定会"或"评审会"资料。

3. 振动测试

按测点布置的规定和要求，用 ND_2 型精密声级计附有的一套测振动的附件或用 ZDS-4 闪光动平衡仪、平秤、橡皮泥进行振动测试，写好"测试报告"，作"鉴定会"或"评审会"资料。

9.1.3　冷却塔测试分类

目前对于冷却塔的测试，根据不同的测试目的和要求，一般分为两种类型。

1. 工业塔与民用塔的现场性能测试

工业塔是指用于工矿企业的塔，包括标准型（$\Delta t=5$℃）、中温塔（$\Delta t=10$℃）、高温塔（$\Delta t=20$℃），对噪声的要求一般不高；民用塔是指用于宾馆、影剧院、体育馆、综合办公楼等的塔。对于工业塔、民用塔的测试，根据不同的目的和要求又可分为以下两种。

(1) 冷却塔的性能鉴定测试。这类测试主要是对新设计投入运行后的塔或经过改造的老塔进行冷却效果的鉴定。通过测试，验证新设计的塔或改造后的塔，其冷却效果是否达到设计或改造要求，以及对设计不合理或施工不符合要求之处提出改进意见与建议。

(2) 冷却塔的特性测试。这种测试主要是为了获得某一塔型和结构的条件下完整的热力及阻力特性。有时也测定配水、配风的均匀程度，以便为采用该结构塔型提供设计与经济运行的依据。

2. 试验塔中的性能测试

对于现场性能测试受到生产条件和季节的限制，在结构更改与参数调整均不易进行的情况下，则建造试验塔，这种塔便于调整水量、水温，为了调整进塔空气参数，还可建造空调室。试验测试的目的主要为了比较不同类型淋水装置（填料）的热力与阻力性能，以及同一淋水装置而不同布置形式下的热力与阻力特性，并探讨其各影响因素对理论计算的影响。

9.2 玻璃钢冷却塔及选用曲线

9.2.1 玻璃钢冷却塔简述

在冷却设备中，玻璃钢冷却塔以冷却效率高、耐腐蚀、重量轻、工厂化生产、质量保证等特点，在国内外得到广泛应用。玻璃钢是玻璃纤维增强塑料的俗称，主要是由玻璃纤维与合成树脂两大类材料组合而成。目前冷却塔分为逆流式（圆形塔）、横流式（梯形塔）、逆横流式（方塔及组合式）三大系列，玻璃钢冷却塔是指这三个系列塔的塔体由玻璃钢材料制作而成。塔体结构轻巧、刚度好、耐腐蚀、耐老化，表面采用胶衣树脂，光洁度好，使用寿命长。

逆流式冷却塔（图 9-1）空气由下向上，热水由上向下形成对流，故也称对流式；横流式冷却塔（图 9-2）水自上而下，空气横向垂直水流流入，故也称交流式；方形组合式冷却塔（图 9-3），空气先从塔的左右两侧水平横向流入塔内，再由下向上与水自上而下进行热交换，故称逆横流式。在一般情况下，水与空气逆流接触是最好的方式，具有最大的平均温差和平均分压差。水与空气逆流可以充分发挥空气的蓄热能力，得到最大的焓差，因此可以达到比较小的冷幅高和较大的温差。

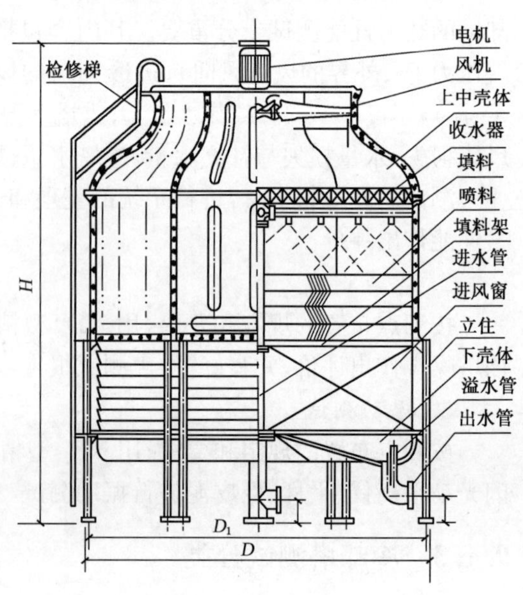

图 9-1 逆流式玻璃钢冷却塔立剖面图

横流式冷却塔冷却效果低于逆流式，但供水的水泵扬程比逆流式低，可节省电耗，以空气流径填料的压力降而言，横流式小于逆流式，从而可降低塔的高度，节省投资，运行管理比较方便。

方塔组合逆横流式冷却塔，在民用建筑物中，与建筑物比较协调，也比较美观，冷却效果比逆流式差些，与横流式相近，主要缺点是四只角布水布气不均匀，有时气流在角处会产生涡流。增加阻力影响冷却效果，组合式塔中，两端两台塔三边进风，中间塔均两侧进风。组合式减少了塔的占地面积，对设置冷却塔面积小的用户很受欢迎，易解决地方小的困难。

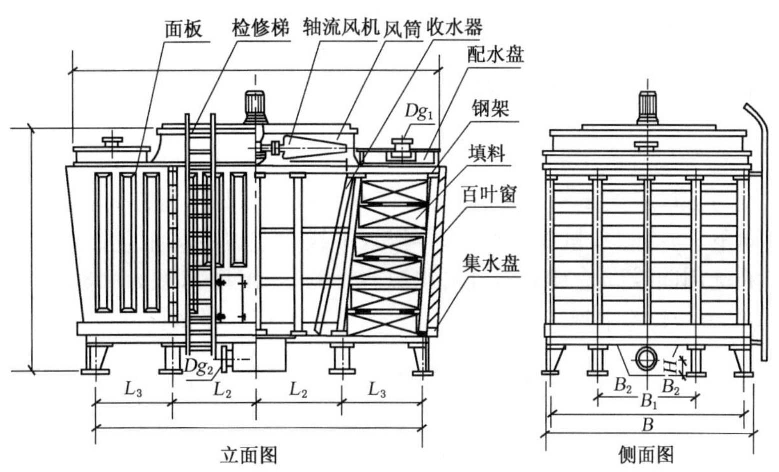

图9-2　横流式玻璃钢冷却塔立侧面图

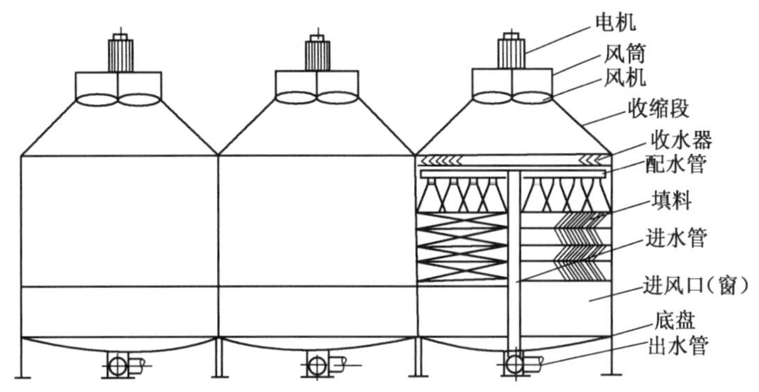

图9-3　方形组合式逆横流式冷却塔

三种类型的冷却塔均有标准型、低噪声、超低噪声。逆流式从温差又可分为高温塔、中温塔、低温塔三个系列，横流塔与方塔一般为中温塔、低温塔两个系列。$\Delta t=5$℃的圆型逆流式冷却塔最大冷却水量不大于1 000 m^3/h，方塔、横流式及其组合单台最大冷却水量可达4 000 m^3/h。关于冷却塔的结构和组成在前几章中已论述，也可见图9-1—图9-3。

9.2.2　玻璃钢冷却塔的符号说明

玻璃钢冷却塔各系列均由用符号编制的型号，如5NB-100、5HB-200、10BNB-300等，以10BNB-300为例，其符号的意义为：10—冷却水温差为$\Delta t=10$℃；B－玻璃钢；N－逆流式；B－标准型；300－冷却水量为300 m^3/h。各冷却塔生产厂(或公司)所用的符号和符号顺序是有所不同的，有的用汉语拼音的第一个字母，如“逆”的拼音为“ni”，故用N表示逆流式；有的用英语中拼音的第一个字母。我国目前用的符号基本上均为汉语拼音的第一个字母。可能遇到的符号说明以下：

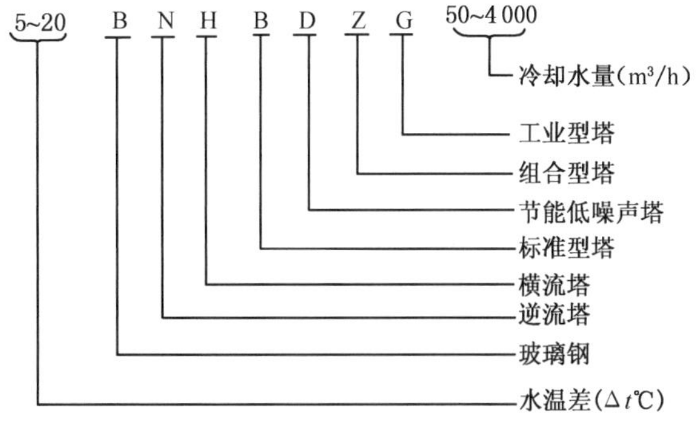

有时符号中还可能出现T表示超低

噪声塔等。

9.2.3 冷却塔的选用曲线

冷却塔选用曲线如图 9-4、图 9-5 所示，由三部分曲线组成。查时根据进水温度 t_1 垂直与湿球温度 τ 相交，通过交点作水平线向右与水温差 Δt 曲线相交，再按 Δt 曲线交点垂直向下，与冷却水量曲线相交，再作水平线向左得冷却水量（m^3/h）。如图 9-4 所示为 $\Delta t=5$℃的选用曲线（$\Delta t=5$℃是进塔水温 $t_1=37$℃，出塔水温 $t_2=32$℃），现要选用一台冷却水量为 600 m^3/h 的中温塔（$\Delta t=42$℃-32℃$=10$℃），那么在图 9-4 中按 $\Delta t=5$℃能否找到一台代

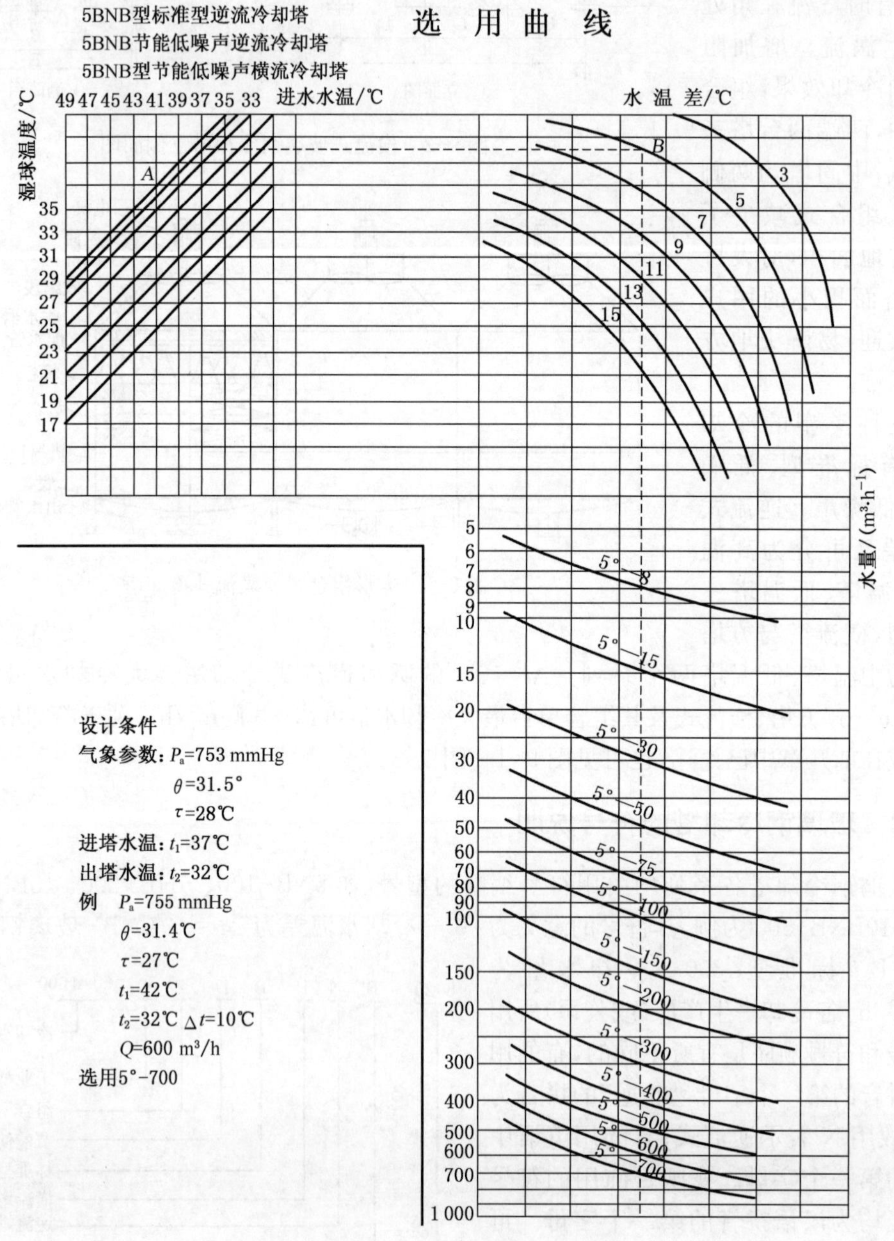

图 9-4 $\Delta t=5$℃塔选用曲线

用塔呢？按 $\Delta t=5$℃的查法为：按进塔水温 $t=37$℃垂直向下交于湿球温度 τ 曲线于 A 点，过 A 点作水平线与 $\Delta t=5$℃曲线交于 B 点，过 B 点向下作垂线与 5℃-600 曲线正交，向左作水平线得 600 m^3/h。这是指 $\Delta t=5$℃的 600 m^3/h 冷却水量，现在是 $\Delta t=10$℃，如选用 $\Delta t=5$℃的600 m^3/h水量塔当然达不到 $\Delta t=10$℃，故垂线继续向下移，正好与 5℃-700 曲线正交，这说明可选用温差 $\Delta t=5$℃、冷却水量为 700 m^3/h 的塔代替 $\Delta t=10$℃、冷却水量为 600 m^3/h的中温塔。图 9-5 是 $\Delta t=10$℃的选用曲线，选用方法与上述方法相同。

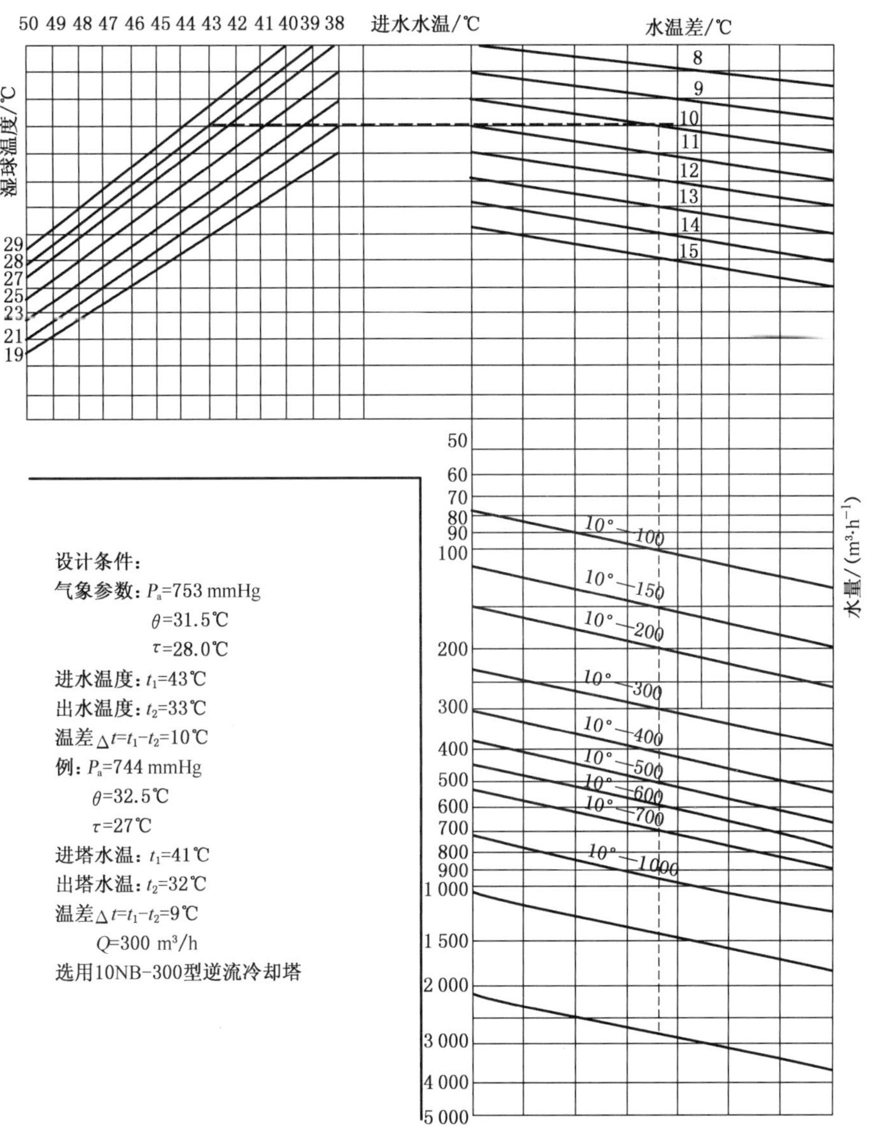

图 9-5　$\Delta t=10$℃塔选用曲线

9.3 热工性能测试

9.3.1 测试前的准备工作

因测试塔的类型、测试的目的要求不同,准备工作也有所不同,这里主要简述"冷却塔性能鉴定测试"的准备工作。

(1) 仔细阅读有关测试指示资料,了解测试塔的性能、原理;测试用的仪器、设备;测试的目的、要求;测试的方法、步骤;资料整理的方法步骤、计算公式、图表等。

(2) 对现场运行中的冷却塔现状及运行情况作详细的调查研究,根据测试目的和要求,确定测试项目,编写测试提纲。

(3) 消除冷却塔中的缺陷,检修设备,清理测试现场,保持冷却塔在良好的工况条件下正常运行。

(4) 选定测点位置,加工制作测试必要的附件与配套设备,如测气像参数需要的伞、亭子等,作好测试的准备工作。

(5) 详细阅读测试仪器设备的说明书,了解和掌握仪器设备的性能、操作及注意问题,并对仪器、设备进行校验。

(6) 编制必要的曲线、图表,编印记录和整理表格,落实和培训测试工作人员,并进行分工。

9.3.2 对测试工作的要求

对于测试工作的要求归纳为以下方面。

1. 测试时间

一般要求在夏季进行(5 月 15 日—9 月 15 日),当阴天、下雨天或外界风速大于 4 m/s 时,不应进行测试。

工业与民用塔现场性能测试,最好是冷却塔投入运行后 12 个月之内测定。

装有空调设备的试验塔,测试时间不受限制。

2. 性能鉴定测试

对于冷却塔的性能鉴定测试,运行状态应尽量接近设计条件,进水温度变化最好不大于±2℃。正常状态的允许变化范围如表 9-1 所示。

表 9-1　允许变化范围

项　目	工业与民用塔性能测试	试验塔性能测试
干球温度 θ	±5%以内	±1%以内
进塔水温 t_1	±1℃以内	±0.5℃以内
出塔水温 t_2	±1℃以内	±0.5℃以内

3. 测定次数与间隔时间

冷却塔应在达到正常运转状态且稳定半小时左右开始测定。冷却水量大的塔稳定时间可适当延长。

每一工况测定项目的测试次数与时间间隔见表 9-2。测定之值采用算术平均值,如发现测定值有错误,应增加测定次数,消去误差值后进行算术平均。每一工况可重复 2～3 次。

横流式冷却塔(含方形组合塔)的测定次数和时间间隔可适当增多、增长。

表 9-2　　**测定次数与间隔时间**

项　目	工业与民用冷却塔				试验塔(逆流式)	
	机械通风逆流式塔		风筒型(工业)塔			
	测定次数	间隔/min	测定次数	间隔/min	测定次数	间隔/min
$t_1 \cdot t_2$	8	10	8	15	5	5
θ	8	10	8	15	5	5
G	4	30	4	60	5	5
$\theta_1 \cdot \tau_1$	8	10	8	15	5	5
$\theta_2 \cdot \tau_2$	2	45	2	75	5	5
Pa	4	30	4	60	2	20
Δh	4	15	6	15	5	5
$\vec{V}$	2	45	2	60		

注:Δh 为空气各部分阻力;$\vec{V}$为外界风速风向。

4. 测定顺序

根据水的流程,一般先测进塔水温 t_1,再测进塔空气量 G 及干湿球温度 θ 和 τ,最后测出塔气态参数及出塔水温 t_2,测定时应有一定的时间间隔,一般出塔水温的读数应比进塔水温读数迟 0.5～1.5 min,视塔大小而定。

5. 测试工况安排

仅作鉴定性能测试的,工况可以相对少一些,而为获得完整的热力特性和阻力特性,测定工况宜安排在 20 个左右。

为获得气水比 λ 和交换数 Ω(或 N)的关系曲线,如图 9-6 所示,根据不同温度(标准型、中温、高温)的塔,气水比应在各自的范围内。根据图 9-6,λ 一般在0.3～1.5 之间,Ω 为 0.6～1.5 之间。

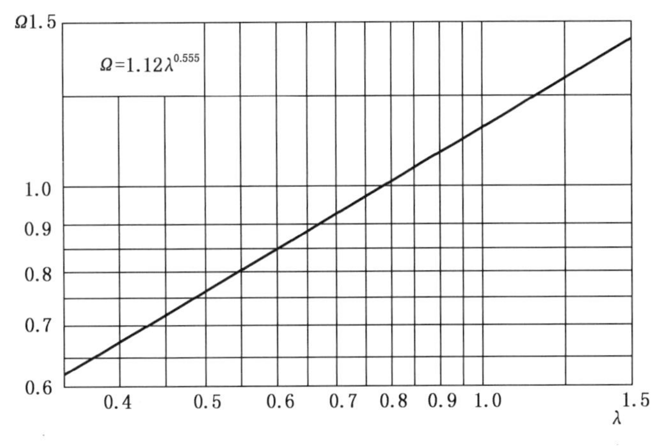

图 9-6　λ 与 Ω 关系曲线

6. 测试报告应满足下述要求

(1) 写明测试的目的要求。

(2) 附上冷却塔工艺简图,说明采用淋水装置的材料、规格尺寸、风机型号、配水形式等,并应有标明测点位置的工艺流程图。

(3) 说明资料整理的方法、所采用的计算公式与应用的图表。

(4) 各工况测定数据和成果汇总表,以及整理出的公式与曲线。

(5) 对测试结果进行分析,作出评价;对存在或出现的问题找出原因,在分析的基础上加以必要的说明。

(6) 报告应写明测试的时间、地点、参加单位与工作人员。

9.3.3 测试项目、仪器设备及测试方法

1. 进塔空气干、湿球温度(θ, τ)

采用最小刻度值为0.2℃的电动(或机动)DHM_2 型阿斯曼通风干、湿球温度计测定。

测点布置在冷却塔周围气流畅通的地方,要避免冷却塔湿空气凝结水滴的影响。距塔不应太远,离地面高度2 m,为了不受阳光照射,温度计应挂在气象亭(或专门搭建的棚)内。测定的时间间隔为10~20 min一次。

测点布置的数目,对中小型机械通风冷却塔可布置2个以上测点;大型的(含风筒式)冷却塔应布置4个以上测点,然后取各测点相加后的算术平均值。

测试时先将包有纱布的水银球用吸水管蘸湿,然后接通电源(或上紧弦),等湿球温度下降到最低值(风扇转动4~5 min)时,立即进行读数,记录温度。

对于带有空调系统的试验塔,采用最小刻度为0.1℃的遥测通风干湿表。测点布置在靠近进风口的风道内。

2. 外界风速风向($\vec{V}$)

一般采用带有风向标的轻便旋杯式风速计进行测量。风速计和风速标均应安装在冷却塔附近空旷地方,垂直放置,离地面高度2 m,风向标的方位和字标必须安置正确。

3. 大气压力(P_a)

采用福连式大气压力表或空盒式(DYM_3 型)薄膜式大气压力表进行测量。空盒式大气压力表使用前应根据福连式大气压力表调整指针的位置。大气压力表上均附有温度计,用以对测得的大气压进行温度修正。

4. 进塔空气(风)量(G)

风量测定仪有:旋桨式风速计、QDF-2型热球风速仪和毕托管加 DJM_9 补偿式微压计三种。在进风口处测平均风速,然后根据进风口平均风速和进风口面积换算成风量。

平均风速的测定是将进风口分成若干块小面积,两边上部其测点适当加密,求各测点风速的算术平均值。测点布置不应小于9点。

测点布置的原则是沿着2~4个直径方向按等面环划分测点,等面环视塔断面的大小可分成5~30个(相当于每个直径方向取10~60个测点),各个等面环上的测点位置的确定,可按式(9-1)计算:

$$R_n = R\sqrt{\frac{2n-1}{m}} \tag{9-1}$$

式中 R_n——从塔中心到各测点的距离(m);

R——布置测点断面半径(m);

n——从塔中心算起测点的编号;

m——塔断面划分等面环数目。

测得各环风速之和,乘上等环的面积即可求出风量 G。

测风速时,人与仪器应保持一定距离,以免人体影响气流。

5. 出塔空气干、湿球温度(θ_2 及 τ_2)

采用阿斯曼通风干、湿球温度计测定。由于排出空气水滴较多,故比较难测准。一般是由风机将空气引出径除水器把水滴除去后进行测定。

6. 冷却水量(Q)

采用的仪表为毕托管、孔板流量计、堰板(三角堰)、转子流计、水表、U形水银压差计等,均可测定。

用水表测流量的计算为

$$Q=\frac{Q_n}{t}\times 3\,600 \quad (\mathrm{m^3/h}) \tag{9-2}$$

式中　Q_n——相应时间水表读数($\mathrm{m^3}$);

t——测定时间(s)。

用三角堰测流量的计算为

$$Q=m\sqrt{2g}H^{5/2} \tag{9-3}$$

H为三角堰堰口水位:$H=0.02\sim0.20$ m时,$Q=1.4H^{5/2}(\mathrm{m^3/s})$;$H=0.310\sim0.350$ m时,$Q=1.343H^{2.47}(\mathrm{m^3/s})$;$H=0.201\sim0.30$ m时,Q取上述两式的平均值。

毕托管测流量宜用在管径大于500 mm时使用,小水量一般不采用。采用毕托管的方法是测出管内水流的动压值(全压—静压),然后换算出流速,再计算出流量。

流速:
$$V=\sqrt{2gh} \quad (\mathrm{m/s}) \tag{9-4}$$

式中　g——重力加速度,等于9.81 $\mathrm{m/s^2}$;

h——水流的动压力(m)。

管内的平均流速为

$$V_{\mathrm{cp}}=K_{\mathrm{v}}\cdot\sqrt{2gh_0}=4.43K_{\mathrm{v}}\sqrt{n_0} \tag{9-5}$$

式中　K_{v}——管内的流速分布系数;

h_0——管道中心点处的动压力(m)。

流量Q的计算为

$$Q=3\,600\,\frac{\pi}{4}D^2\cdot V_{\mathrm{cp}}=3\,600\cdot F\cdot V_{\mathrm{cp}}(\mathrm{m^3/h}) \tag{9-6}$$

式中,D为管子内径(m)。

7. 进塔水温(t_1)

采用最小刻度值为0.1℃的0℃～50℃标准温度计测量。测点布置在靠近冷却塔的压力管道内,在管道内应事先焊上染温度计的套管,内装少许机油以便传热均匀。在直径大于500 mm的管道上测水温可布置2个点。

8. 出塔水温(t_2)

采用最小刻度值为0.1℃的0℃～50℃标准温度计测量。测点布置在回水管(即冷却塔出水管)或回水沟里。在回水沟测水温时,为了保护温度计,应把温度计装在温度计套管里,同时应检查回水沟内冷却后水温分布是否均匀,以便选择温度计在断面上安放位置。

进、出塔水温测定时间间隔一般为2～3 min一次。

9. 淋水装置风压损失

采用全压管(即测压管)和倾斜式(或补偿式)微压计测量。全压管为 15～25 mm的钢管(或塑料管),全压孔的直径 3～5 mm。钢管的缺点是易锈蚀和堵塞孔眼。为了防止淋水堵塞全压孔眼,在孔上可焊锥形帽。

全压管布置在淋水装置的上下,将各管之全压引至连箱,并从联箱引出全压,接在微压计上,如图 9-7 所示。

全压管的根数视塔的大小而定,一般不少于 3 根。

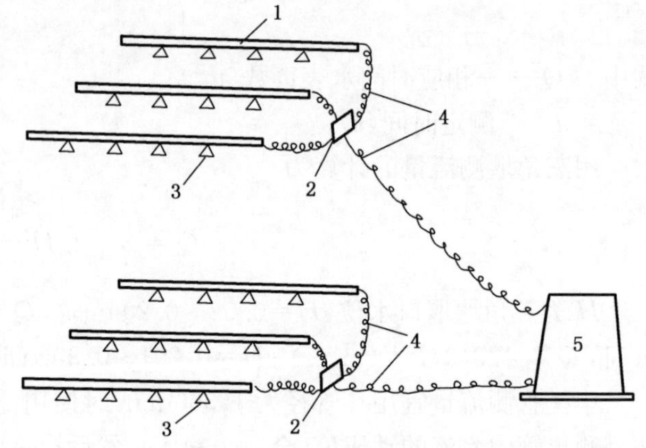

1—全压管；2—联箱；3—锥形帽；4—连接胶管；5—微压管

图 9-7 风压损失测定、全压管安装示意图

10. 补充水量测定

与冷却水量测定相同。

11. 补充水水温测定

与进塔水温测定相同。

12. 淋水密度分布

通常在冷却塔底盘(水池)上安放小集桶,测量装满水桶的时间,换算成淋水密度。

13. 冷却后水温的分布

大塔往往与淋水密度分布一起进行,在桶内同时测出水温。

14. 进水管水压

可以在进水管上安装压力表测定。

15. 槽式配水系统的槽中水位

用尺子直接量出。

16. 塔内风速分布

在机械通风冷却塔中(含水动风机冷却塔),需进入塔内测定风速,但一般是在不淋水的情况下进行。风筒型冷却塔在测定风量时也就同时测了风速分布。

17. 塔内空气温度分布

可在塔内吊装若干组温度计加以测定。

18. 冷却塔其余各部分风压损失

测定方法与测淋水装置风压损失相同。

19. 冷却塔总风压损失

测定方法也与测淋水装置风压损失相同。

20. 机械通风冷却塔的风机电机测定项目

电机功率:采用功率表测定(也可用秒表),定转数,测量换算,计算功率。

电机功率因素:由电机制造厂或专门实验室测定 $\cos\alpha$。

电机转速:用电转速表测定或采用闪光测速法。

风机叶片安装角度:由量角仪器测定。

风机进出口压力:与测淋水装置风压损失方法相同。

21. 水质分析

主要目的是了解水质对设备结垢和腐蚀的情况。分析项目主要有 pH 值、总硬度、暂时硬度、总碱度、总酸度、溶解氧、氯根。应按有关水质分析的规程和要求进行分析。

9.3.4　测试资料的整理

由于冷却塔的测试目的、要求不同，故资料整理也不完全相同，这里介绍的主要是逆流式、横流式玻璃钢冷却塔的测试资料的计算与整理。

1. 风量(空气量)G 值的计算：

(1) 等环面计算，采用前述式(9-1)，即

$$R_n = R\sqrt{\frac{2n-1}{m}} \tag{9-7}$$

式中，符号同前述。

(2) 采用毕托管测风量计算，风速 V 为

$$V = \sqrt{\frac{2g}{V_a}} \cdot H \quad (\mathrm{m/s}) \tag{9-8}$$

式中，H 为平均动压，即空气在各等面环上动消耗的平均值，其值为 $H = \frac{\sum \sqrt{h_n}}{n}$，故得

$$V - \sqrt{\frac{2g}{V_a}} \cdot \frac{\sum \sqrt{h_n}}{n} = 4.43\sqrt{\frac{h_{cp}}{V_a}} \tag{9-9}$$

风量 G：

$$G = V \cdot F \cdot 3\,600(\mathrm{m^3/h}) \tag{9-10}$$

式中，F 为进风口总面积($\mathrm{m^2}$)或断面面积。

(3) 采用热球风速仪测量风量的计算式同式(9-10)，内速$\overline{V}$采用进风口处的算术平均值(m/s)；F 为进风口总面积($\mathrm{m^2}$)，则

$$G = \overline{V} \cdot F \cdot 3\,600 \quad (\mathrm{m^3/h})$$

2. 电动机功率计算

(1) 按测定的电流(I)、电压(V)值换算为电功率(N)进行计算：

$$N = \frac{\sqrt{3} \cdot I \cdot V \cdot \cos\phi \cdot \eta}{1\,000} \quad (\mathrm{kW}) \tag{9-11}$$

式中　N——实耗电功率(kW)；

I——电流(A)；

V——电压(V)；

$\cos\phi$——功率因数；

η——电机效率。

(2) 采用三相电度表进行计算：

$$N = \frac{3\,600 \cdot n}{t \cdot x\text{转}/\mathrm{kW}} \tag{9-12}$$

式中　n——相应时间的电表读数；

t——用秒表计时秒数；

x 转/kW——电表铭牌上换算值，例 60 r/kW，表示电表指针转 60 转为1 kW。

3. 水量(Q)计算

计算公式同式(9-2)—式(9-6)。

4. 冷却塔进、出水温(t_1 与 t_2)

在测试记录过程中可能有不合理的数据，则应删去，取相应时间里的进、出水温读数作为热工计算的数据。

5. 热工资料的整理与计算

1) 测试资料汇总

在进行热工资料计算整理之前，首先要把如下的测试资料进行汇总：进塔干空气量 G (m^3/h)；水量 Q(m^3/h)；气水比 λ；大气压力 P_a(mmHg)；空气干球温度 θ(℃)；空气湿球温度 τ(℃)；空气容量 γ_g(kg/m^3)；进出塔水温 t_1, t_2(℃)；进出塔水温差 $\Delta t = t_1 - t_2$(℃)；冷幅高($t_2-\tau$)(℃)以及 $\Delta t/(t_2-\tau) \cdot \Delta t/(t_1-\tau)$等。

2) 测试工况点的选舍

每一工况测试完后是否有错误，应作热平衡计算。水所放出的热量 H_s 为

$$H_s = Q(t_1 - t_2) \quad (\text{kcal/h}) \tag{9-13}$$

空气吸收的热量 H_k 为

$$H_k = G(i_2 - i_1) \quad (\text{kcal/h}) \tag{9-14}$$

根据热量平衡原理，水所放出的热量(注：1 kg 水温度降低 1℃，放出 1 kcal 热量)应全部被空气所吸收，则应 $H_s = H_k$。但由于测试上的误差，使 $H_s \neq H_k$，取点时应控制在 $(H_s - H_k)/H_s$ 在±5%以内，当超过 10%的数据应舍去。

计算中的 Q, t_1, t_2, G, i_1 等均采用实测数据，而出塔空气焓 i_2，由于出塔干球温度 Q_2 一般不易测准，故采用出塔湿球温度 τ_2 时的饱和空气焓来代替出口空气焓 i_2，在计算精度上并不会有多大影响。

冷却塔测试分逆流塔、横流塔及方形的逆横流塔等，根据实测资料(数据)均要进行热力计算。热力计算的内容为：进塔空气相对湿度 ϕ_1；饱和空气中水蒸汽分压力 P''($\lg P''$)；进塔空气比重 γ_g(即容重 γ_1)；气水比 λ；蒸发水量带走的热量系数 K；进塔空气焓 i_1；出塔空气焓 i_2；塔内空气的平均焓 i_m；空气温度为 t_1 时的饱和空气焓 i''_1；空气温度为 t_2 时饱和空气焓 i''_2；空气温度为平均水温 t_m 时的饱和空气焓 i''_m；交换数 Ω(N，注：采用辛普逊的近似积分法或别尔曼的平均焓差法进行计算)；容积散质系数 β_{xv}。上述数据的求解，基本上均采用公式计算，但有的也可查有关图表求得，使用的计算公式和图表在第 4 章和第 7 章中已进行了详述，这里不再重复，热力计算的实例及计算过程见第 7 章中的计算实例。

9.3.5 鉴定测试的评价及淋水装置的比较

1. 鉴定测试的评价

经过测试，测得了当地当时气象条件下，在一定进水量的某一进水温度(t_1)下，有一个对应的出水温度 t_2。但由于测试时的条件(含气象参数)无论如何是不可论与设计条件完全相同的的，所以仅看测得出水温度是不够的。其比较的方法是把实测的工况条件、气象参数、进风量、冷却水量和进水温度 t_1 代入计算公式，计算出水温度 t_2，而淋水装置的特性采用设计时所选用的特性，这样计算出来的出水温度 t_2 如果比实测出水温度 t_2 好，则说明新

设计的塔冷却效果好，反之则冷却效果差。

2. 淋水装置的性能比较

主要是比较其热力特性和风压损失特性。

1）热力特性比较

将同一塔测试相同，高度不同的淋水装置得到的散热特性曲线绘制在同一图上，以比较其优劣。

图 9-8 表示淋水装置不同，其重量风速相同，在一个定数的情况下，容积散质系数 β_{xv} 与淋水密度 q 的关系曲线，当淋水密度 q 相同时，容积散质系数 β_{xv} 大，则表示淋水装置散热效果好。

图 9-9 是以交换数 Ω 表示淋水装置的优劣。将同一高度、不同类型淋水装置的交换数 Ω 与气水比 λ 的关系曲线绘制在同一图上，当气水比 λ 值相同时，交换数 Ω 高（大）的，说明散热特性好，否则相反。

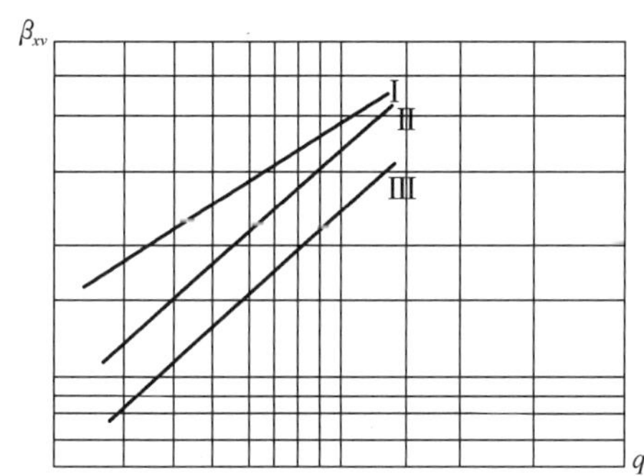

图 9-8　不同淋水装置散热特性比较

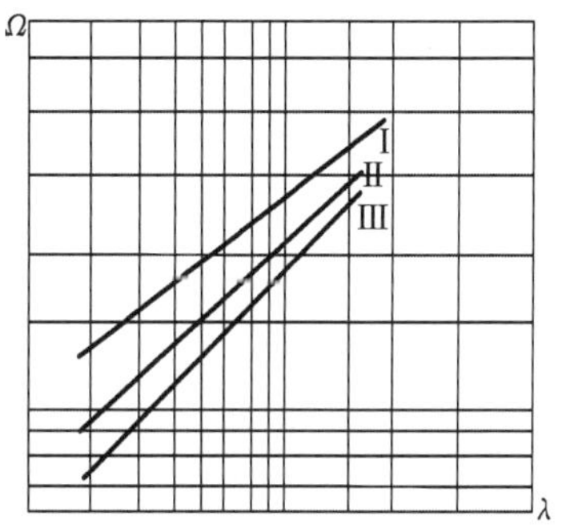

图 9-9　不同淋水装置散热特性比较

2）风压损失特性比较

当淋水密度相同，将同一高度、不同种类的淋水装置的单位比重阻力 $\Delta h/\gamma_1$ 与塔内平均风速 V_m 的关系曲线，绘制在同一图上，如图 9-10 所示。则风速相同，其单位比重阻力大的，则性能差；阻力小的，则性能好。

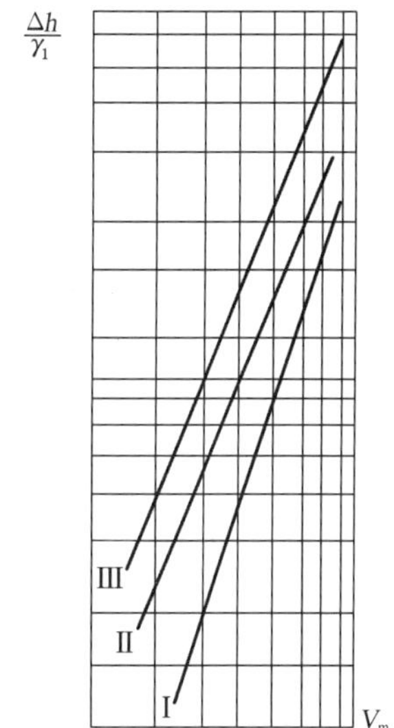

图 9-10　阻力特性比较图

9.3.6　实测横流塔热力计算举例

1. 实测数据

冷却水量：$Q=102\ m^3/h$。

进塔水温：$t_1=42.25$℃。

出塔水温：$t_2=33.2$℃。

温差 t_1-t_2：$\Delta t=9.05$℃。

湿球温度：$\tau=27.8$℃。

干球温度：$Q=32.4$℃。

大气压力：$P_a=752\ mmHg$。

2. 塔型及尺寸

塔型号：HB-100 型横流式玻璃钢冷却塔。

塔　长：5 100 mm。

塔　宽：2 300 mm。

塔　高：3 769 mm。

填　料：$2\times L\times B\times h=2\times 2\times 2\times 1.1=8.8\ \mathrm{m}^3$。

风　量：$G=70\,000\ \mathrm{m}^3/\mathrm{h}$。

淋水密度：$q=23.18\ \mathrm{m}^3/(\mathrm{m}^2\cdot\mathrm{h})$。

风机直径：$\phi=1\,500$ mm。

电机型号：JO_3-140。

3. 热力计算

(1) 求相对湿度 ϕ

$$\phi=\frac{P''_{\tau_1}-0.000\,66P_a(\theta-\tau)}{P''_\theta}\%$$

$$\begin{aligned}\lg P''_\tau&=0.014\,196\,6-3.142\,305\times\left(\frac{10^3}{T}-\frac{10^3}{373.16}\right)+\\&\quad 8.2\lg\left(\frac{373.16}{T}\right)-0.002\,480\,4\times(373.16-T)\\&=0.014\,196\,6-3.142\,305\times\left(\frac{10^3}{273+27.8}-\frac{10^3}{373.16}\right)+\\&\quad 8.2\lg\left(\frac{373.16}{273+27.8}\right)-0.002\,480\,4\times(373.16-300.8)\\&=0.014\,196\,6-2.025\,694\,683+0.767\,661\,47-0.179\,481\,744\\&=-1.423\,318\,357\end{aligned}$$

$$P''_\tau=0.037\,729\,552$$

$$\begin{aligned}\lg P''_\theta&=0.014\,196\,6-3.142\,305\times\left(\frac{10^3}{305.4}-\frac{10^3}{373.16}\right)+\\&\quad 8.2\lg\left(\frac{373.16}{305.4}\right)-0.002\,480\,4\times(373.16-305.4)\\&=-1.308\,610\,414\end{aligned}$$

$$P''_\theta=0.049\,134\,845$$

$$\begin{aligned}\phi&=\frac{0.037\,729\,552-0.000\,662\times\frac{752}{735.5}\times(32.4-27.8)}{0.049\,134\,845}\\&=0.69=69\%\end{aligned}$$

亦可根据 $\theta=32.4$℃、$\tau=27.8$℃，查空气相对湿度计算曲线图得 ϕ 值。

(2) 求空气比重 γ_g

$$\begin{aligned}\gamma_g&=\frac{(P_a-\phi P''_\theta)\times10^4}{29.27\times(273+\theta)}+\frac{\phi P''_\theta\times10^4}{47.06\times(273+\theta)}\\&=\frac{(752/735.5-0.69\times0.049\,134\,845)\times10^4}{29.27\times(273+32.4)}+\frac{0.69\times0.049\,134\,845\times10^4}{47.06\times(273+32.4)}\\&=1.125\ \mathrm{kg/m}^3\end{aligned}$$

亦可按 $\theta=32.4$℃，$\phi=0.69$ 查湿空气客重计算图得 γ_g 值。

(3) 求气水比 λ 值

$$\lambda = G \cdot \gamma_g / Q \cdot 1\,000 = 70\,000 \times 1.125/102\,000 = 0.772$$

(4) 求蒸发水量带走的热量系数 K 值

$$K = 1 - \frac{t_2}{597.2 - 0.559t_2} = 1 - \frac{33.2}{597.2 - 0.559 \times 33.2} = 0.942$$

(5) 求进塔空气焓 i(即外界空气焓 i)

$$\begin{aligned} i_1 &= 0.24\theta + (371.52 + 0.274\theta)\frac{\phi P''_\theta}{P_a - \phi P''_\theta} \\ &= 0.24 \times 32.4 + (371.52 + 0.27 \times 32.4) \times \frac{0.69 \times 0.049\,134\,845}{752/735.5 - 0.69 \times 0.049\,135} \\ &= 21.2\ \text{kcal/kg} \end{aligned}$$

亦可按 $P_a = 752$ mmHg，$\phi = 0.69$，$\theta = 32.4$℃，查空气含热量图表(压力为 500～760 mmHg)。

(6) 出塔空气焓 i_2

$$i_2 = i_1 + \frac{\Delta t}{k \cdot \lambda} = 21.2 + 9.05/0.942 \times 0.772 = 33.64\ \text{kcal/kg}$$

(7) 塔内空气的平均焓 i_m

$$\begin{aligned} i_m &= i_1 + \Delta t / 2k \cdot \lambda = 21.2 + 9.05/2 \times 0.942 \times 0.772 \\ &= 27.4\ \text{kcal/kg} \end{aligned}$$

(8) 空气温度为 t_1 时饱和空气焓 i''_1

$$i''_1 = 0.24t_1 + (371.521 + 0.27t_1)\frac{P''_{t_1}}{P_a - P''_{t_1}}$$

$$\begin{aligned} \lg P''_{t_1} &= 0.014\,196\,6 - 3.142\,305 \times \left(\frac{10^3}{273 + 42.25} - \frac{10^3}{373.16}\right) + \\ &\quad 8.2\lg\left(\frac{373.16}{273 + 42.25}\right) - 0.002\,480\,4 \times [373.16 - (273 + 42.25)] \\ &= -1.075\,741\,125 \end{aligned}$$

$$P''_{t_1} = 0.083\,996\,052$$

$$\begin{aligned} i''_1 &= 0.24 \times 42.25 + (371.521 + 0.27 \times 42.25) \times \frac{0.083\,996\,052}{\frac{752}{735.5} - 0.083\,996\,052} \\ &= 43.5\ \text{kcal/kg} \end{aligned}$$

亦可按 $\phi_1 = 1$，$P_a = 752$ mmHg，$t_1 = 42.25$(用 t_2 代替 θ) 查“空气含热量图表(压力为 500～760 mmHg)”而得。

(9) 求温度为 t_2 时饱和空气焓 i''_2

$$\lg P''_{t_2} = 0.0141966 - 3.142305 \times \left(\frac{10^3}{273+33.2} - \frac{10^3}{373.16}\right) + 8.2\lg\left(\frac{373.16}{273+33.2}\right) - 0.0024804 \times [373.16 - (273+33.2)] = -1.2890474$$

$$P''_{t_2} = 0.051398755$$

$$i''_2 = 0.24 \times 33.2 + (371.521 + 0.27 \times 33.2) \times \frac{0.051398755}{\frac{752}{735.5} - 0.051398755} = 29.2\ \text{kcal/kg}$$

亦可查“空气含热量图表”而得 i''_2 值。

(10) 求平均水温 t_m 时饱和空气焓 i''_m

$$t_m = \frac{42.25 + 33.2}{2} = 37.725℃$$

用上述同样公式和方法求得 $\lg P''_{t_m}$ 值，用反对数法得 P''_{t_m} 值，代入后得 $i''_m = 36.2\ \text{kcal/kg}$。

(11) $\Delta t/(t_2 - \tau) = 9.05/(33.2 - 27.8) = 1.676$

(12) $\Delta t/(t_1 - \tau) = 9.05/(42.25 - 27.8) = 0.626$

(13) 求热焓修正值 δ''_i

$$\delta''_i = \frac{i''_1 + i''_2 - 2i''_m}{4} = \frac{43.5 + 29.2 - 2 \times 36.2}{4} = 0.075$$

(14) $\eta = \dfrac{i''_1 - i''_2}{i''_1 - \delta''_i - i_1} = \dfrac{43.5 - 29.2}{43.5 - 0.075 - 21.2} = 0.643$

$$\xi = \frac{i_2 - i_1}{i''_1 - \delta''_i - i_1} = \frac{33.64 - 21.2}{43.5 - 0.075 - 21.2} = 0.56$$

按 $\eta=0.643$ 和 $\xi=0.56$，查图 8-20 得 $x = 0.335$ 。

(15) 求交换数 Ω

$$\Omega = \frac{\Delta t}{kx(i''_1 - \delta''_i - i_1)} = \frac{9.05}{0.945 \times 335 \times (43.5 - 0.075 - 21.2)} = 1.295$$

(16) 求容积散质系数 β_{xv}

填料容积为 $V = 2 \times 2 \times 2 \times 1.1 = 8.8\ \text{m}^3$

$$\beta_{xv} = \frac{\Omega \cdot Q}{V} = \frac{\Delta t \cdot Q}{V \cdot K \cdot \Delta i_m} = \frac{1.295 \times 102000}{8.8} = 15010\ \text{kg/(m}^3 \cdot \text{h)}$$

从计算所得的 Ω 和 β_{xv} 值看，该横流式冷却塔是较好的，属中温型冷却塔，能保证冷却效果，达到设计要求。

9.4 对测试冷却塔的修正和评价

冷却塔测试时的气象参数和工况条件与冷却塔设计的气象参数和工况条件往往不同，如干、湿球温球 θ 和 τ；进塔的风量(G)、水量(Q)；进出塔的水温(t_1 与 t_2)等，有时相差较大，则如何来说明测试塔符合设计工况和达到与满足水冷却的要求，需对测试塔的有关参数进行修正，作出评价。目前采用的主要为“冷却水量对比法”和“冷却水温对比法”两种。

9.4.1 冷却水量对比法

此法根据实测工况参数，求出修正到设计工况条件下的气水比 λ_c 值和冷却水量 Q_c，再与设计水量 Q_d 相比，评价指标 η_s 的计算为

$$\eta_s = \frac{G_t}{Q_i\lambda_c} = \frac{Q_c}{Q_d} \times 100\% \tag{9-15}$$

式中　η_s——评价指标(%)；

G_t——实测进塔空气流量(kg/h)；

Q_d——设计冷却水流量(kg/h)；

λ_c——修正到设计工况下的气水比；

Q_c——修正到设计工况下进塔水流量(kg/h)。

(1) 当已知设计工况参数及塔的热力性能曲线(或公式)，修正气水比 λ_c 的计算为：根据实测进塔水流量 Q_t 和进塔空气量 G_t，求测试气水比 λ_t；根据气水比 λ_t 和实测工况参数计算实测工况的特性数 Ω_t'；将气水比 λ_t 和特性数 Ω_t'点绘在修正气水比计算图上求得 b 点，如图 9-11 所示，图中Ⅰ为该塔热力性能曲线，Ⅱ为工作特性曲线；过 b 点引热力性能曲线Ⅰ的平行线Ⅲ，与工作特性曲线Ⅱ相交于 c 点，其相应的气水比 λ_c 即为所求值。

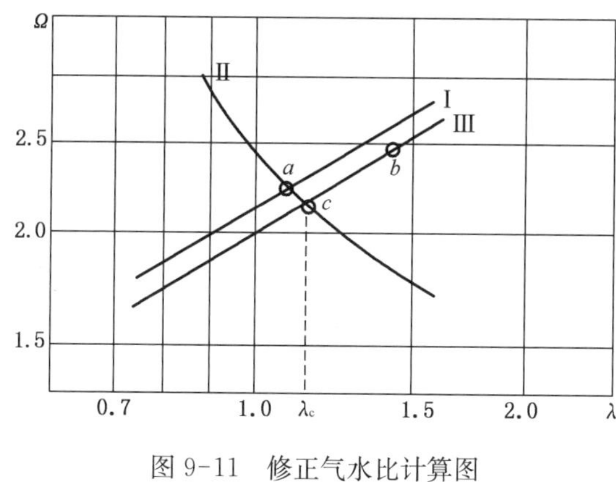

图 9-11　修正气水比计算图

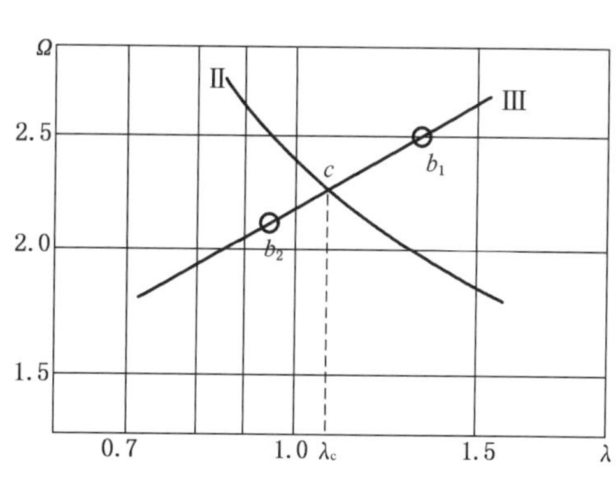

图 9-12　修正气水比计算图

(2) 当知道设计工况参数，而未提供塔的热力性能曲线(或公式)，修正气水比 λ_c 的计算为：取两组不同工况参数分别求出气水比 λ_t 和特性数 Ω_t'；将求得的两组气水比 λ_t 和特性数 Ω_t'分别点绘在修正气水比计算图上，得 b_1 和 b_2 两点，如图 9-12 所示；连接 b_1 和 b_2 点得直线Ⅲ，直线Ⅲ与工作特性曲线Ⅱ相交于 c 点，其相应的气水比 λ_c 即为所求值。

9.4.2 冷却水温对比法

根据实测工况参数，按提供的冷却塔热力性能曲线或公式，计算出实测参数下冷却水温差 Δt_d 与该工况下的实测冷却水温差 Δt_t 之比，并按下式计算评价指标：

$$\eta_s = \Delta t_t / \Delta t_d \times 100\% \tag{9-16}$$

式中 η_s——评价指标(%)；

Δt_t——实测冷却水温差(℃)；

Δt_d——计算水温差(℃)。

按此方法评价时，应提供该塔的热力性能曲线或公式。水温差 Δt_d 的计算步骤如下：假定出塔水温 t_2，根据实测工况参数大气压 P_t，空气干湿球温度 θ，τ，进塔水流量 Q，进塔水温 t_1，进塔空气量 G，计算相应的冷却数 Ω，共假定 3 组出塔水温 t_2，计算出 3 组相应的冷却数 Ω 值；把 3 组出塔水温 t_2 和相应的冷却数 Ω，点绘在以水温 t_2 为横坐标，冷却数 Ω 为纵坐标的方格纸上，并给出 $\Omega = f(t_2)$ 关系曲线，如图 9-13 所示；根据该塔的热力性能曲线或公式，由实测气水比 λ_t 求得相应的特性数 Ω'，并在图 9-13 上由特性数 Ω' 引水温坐标的平行线，与图中 $\Omega = f(t_2)$ 曲线相交于 a 点，其水温为 t_a，则该水温 t_a 与进塔水温 t_1 之差，即为计算水温差 Δt_a。

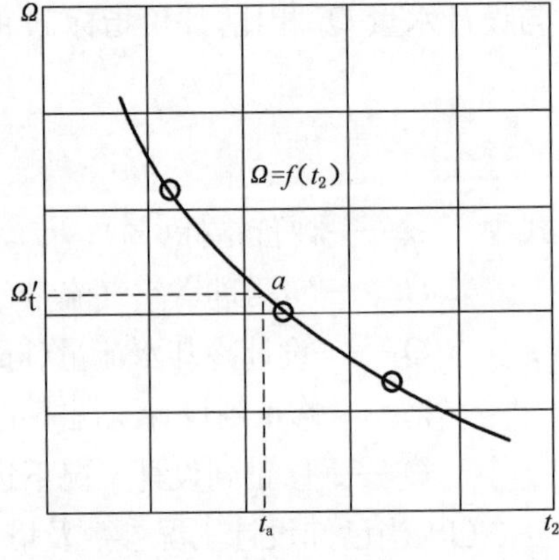

图 9-13 出塔水温计算图

9.4.3 评价指标及计算例题

1. 冷却能力评价指标

通过修正和计算，冷却塔的实测冷却能力达到设计冷却能力的 95%及以上时，视为达到设计要求的评价指标，即评价指标的下限为达到设计冷却能力≥95%，上限为≤105%；当达到>105%以上时，视为超过设计要求。

当评价指标达不到 95%时，应分析其原因，并会同有关各方提出改进意见及措施，改进后的冷却塔可再进行一次测试。如果测试再达不到要求，则视为不合格产品。

2. 冷却水量对比法评价计算例题

(1) 已知逆流式机械通风冷却塔的设计和实测工况参数如表 9-3 所示，设计塔热力性能曲线Ⅰ，工作特性曲线Ⅱ，如图 9-14 所示，试对该塔进行评价。

表 9-3 设计工况与实测工况参数

项目名称	设计工况	实测工况
进塔空气干球温度 θ/℃	30.0	26.8
进塔空气湿球温度 τ/℃	27.6	22.6
进塔水流量 $Q/(t\cdot h^{-1})$	Q_d=2 271.0	Q_t=2 078.0
进塔水温 t_1/℃	t_{1d}=46.1	t_{1t}=40.4
出塔水温 t_2/℃	t_{2d}=29.5	t_{2t}=26.5

（续表）

项目名称	设计工况	实测工况
风机轴功率 N/kW	$N_d=175.0$	$N_t=157.0$
进塔空气流量 $G/(t\cdot h^{-1})$	$G_d=2\,641.2$	
气水比 λ	$\lambda_d=1.16$	
大气压力 k_{P_a}/P_a	9.8×10^4	9.8×10^4

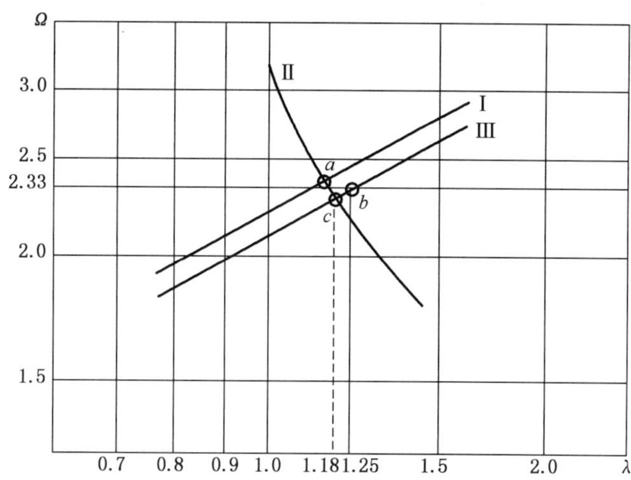

Ⅰ—冷却塔热力性能曲线；Ⅱ—工作特性曲线

图 9-14　修正气水比计算图

实测进塔空气流量根据风机轴功率，按式(9-17)计算：

$$G_t = G_d\left(\frac{v_d}{v_t}\right)\cdot\left(\frac{N_t}{N_d}\right)^{1/3}\left(\frac{\gamma_d}{\gamma_t}\right)^{1/3} \tag{9-17}$$

式中　G_t，G_d——实测与设计进塔空气流量，本题 $G_d=2\,641.2$(t/h)；

N_t，N_d——实测与设计风机轴功率(kW)，按表 9-3 为 $N_t=157$ kW，$N_d=175$ kW；

γ_t，γ_d——实测与设计空气密度(kg/m³)。根据实测与设计的 θ，τ，Pa，查图 8-6“空气相对湿度计算图”得 φ_t 和 φ_d；再查图 8-7“湿空气表观密度计算图”，得 $\gamma_t=1.127$ kg/m³，$\gamma_d=1.112$ kg/m³。相对湿度 ϕ 也可用公式计算而得，用式(8-16)分别计算 P''_t 和 P''_d，再代入式(8-26)分别得 ϕ_t 和 ϕ_d，再用式(8-35)计算得 γ_t 和 γ_d 值。

v_t，v_d——实测与设计空气比容(m³/kg)，可用下式计算：

$$v=\frac{0.461\,5T}{P}(0.622+x) \tag{9-18}$$

x——空气含湿量(kg/kg)；

T——空气绝对温度(K)；

P——大气压力(kPa)。

按式(9-18)，得 $v_t=0.919$(m³/kg)，$v_d=0.901$(m³/kg)。

$$G_t = 2\,641.2 \times \left(\frac{0.919}{0.901}\right) \times \left(\frac{157.5}{175.0}\right)^{1/3} \times \left(\frac{1.112}{1.127}\right)^{1/3} = 2\,589.4(\mathrm{t/h})$$

气水比为实测空气量 G_t 与进水量 Q_t 之比，得：

$$\lambda_t = G_t/Q_t = 2\,589.4/2\,078.0 = 1.25$$

特性数的计算有以下几种方法和公式：

① 辛普森近似积分法。

这里指的特性数 Ω 就是变换数 N，计算为：

$$\Omega = \frac{C\Delta t}{3kn}\left(\frac{1}{\Delta i_0} + \frac{4}{\Delta i_1} + \frac{2}{\Delta i_2} + \frac{4}{\Delta i_3} + \frac{2}{\Delta i_4} + \cdots + \frac{2}{\Delta i_{n-2}} + \frac{4}{\Delta i_{n-1}} + \frac{1}{\Delta i_n}\right)$$

当计算精度要求不高，$\Delta t<15$℃时，可用以下简化计算：

$$\Omega = \frac{\Delta t}{6k}\left(\frac{1}{i'' - i_2} + \frac{4}{i''_m - i_m} + \frac{2}{i''_2 - i_1}\right) \tag{9-19}$$

式中 Δi_0，Δi_1，…，Δi_{n-1}，Δi_n——水温分别为 t_2，$t_2+\Delta t$，…，$(n-1)\Delta t$，$t+n\Delta t$ 时的相应焓；

Δt——进入塔水温差(℃)；

C——水的比热，$C=1$ kcal/(kg·℃)，故式中往往不写上去；

$i''_1 - i_2$——进水温度的饱和空气焓与排出塔的空气焓 i_2 的差(kJ/kg 或 kcal/kg)；

$i''_{\mathrm{m}} - i_{\mathrm{m}}$——进出水平均温度下的饱和空气焓与进出塔的平均空气焓差(kJ/kg 或 kcal/kg)；

$i''_2 - i_1$——出水温度下的饱和空气焓与进入塔内的空气焓的差(kJ/kg 或 kcal/kg)。

② 切比雪夫积分法计算式为

$$\Omega_n = \frac{C\Delta t}{4k}\left(\frac{1}{\Delta i_1} + \frac{1}{\Delta i_2} + \frac{1}{\Delta i_3} + \frac{1}{\Delta i_4}\right) \tag{9-20}$$

式中，Δi_1，Δi_2，Δi_3，Δi_4 分别表示各分点空气温度等于水温时饱和空气焓与相应空气焓之差(kJ/kg 或 kcal/kg)。

③ 平均焓差法为

$$\Omega_n = \frac{1}{k} \cdot \frac{\Delta t}{\Delta i_{\mathrm{m}}} \tag{9-21}$$

经推导得的 $\Delta i_{\mathrm{m}} = \dfrac{\Delta i_{\mathrm{H}} - \Delta i_{\mathrm{k}}}{2.3\lg\dfrac{\Delta i_{\mathrm{H}}}{\Delta i_{\mathrm{k}}}}$，代入式(9-21)得：

$$\Omega_n = \frac{1}{k}\,\frac{2.3\Delta t \cdot \lg\dfrac{\Delta i_{\mathrm{H}}}{\Delta i_{\mathrm{k}}}}{\Delta i_{\mathrm{H}} - \Delta i_{\mathrm{k}}} \tag{9-22}$$

式中 k——蒸发水量带走的热量系数；

Δt——进出塔水温差(℃)；

Δi_{m}——平均焓差；

Δi_{H}——塔顶的焓差；

Δi_{k}——塔底的焓差。

现按辛普森近似积分法式(9-18)计算，得特性数 $\Omega_t'=2.33$。根据气水比 λ_t 和实测工况参数计算的特性数 Ω_t'，点绘在图 9-14 中得 b 点。过 b 点引热力性能曲线Ⅰ的平行线Ⅲ，与工作特性曲线Ⅱ交于 c 点，得相应的气水比 $\lambda_c=1.18$。根据 λ_c 值进行评价计算。

$$\eta_s=\frac{G_t}{Q_d\cdot\lambda_c}=\frac{2\,589.4}{2\,271.0\times1.18}\times100\%=96.63\%\approx97\%$$

可见，根据计算，该冷却塔实测的冷却能力达到设计冷却能力的 96.6%(>95%)，故达到设计要求。

(2) 某逆流式机械通风冷却塔的设计工况及实测工况参数如表 9-4 所示，设计单位未给出设计塔的热力性能曲线，试对该塔进行评价。

表 9-4　设计工况及实测工况参数

项　　目	设计工况	实测工况Ⅰ	实测工况Ⅱ
进塔空气干球温度 θ/℃		24.4	26.3
进塔空气湿球温度 τ/℃	24.7	20.8	21.6
进塔水流量 $Q/(\mathrm{t\cdot h^{-1}})$	550.0	738.15	508.0
进塔水水温 t_1/℃	40.0	45.3	42.2
出塔水水温 t_2/℃	30.0	30.6	28.2
气水比 λ		0.93	1.34
特性数 Ω'		1.10	1.37
大气压力 Pa	9.8×10^4	9.8×10^4	10.04×10^4

根据设计工况参数，假定不同的气水比 λ，计算相应的冷却数 Ω 如表 9-5 所示，根据假定的气水比 λ 和冷却数 Ω 绘制工作特性曲线Ⅱ，如图 9-15 所示。把两组实测工况的气水比和特性数分别点绘在图 9-15 上，得实测工况点 b_1 和 b_2，连接 b_1b_2 两点的直线Ⅲ与工作特性曲线Ⅱ交于 c 点，得相应的气水比 $\lambda_c=1.14$。

表 9-5　冷却数计算表

λ	0.6	0.8	1.0	2.0
Ω	2.34	1.56	1.35	1.08

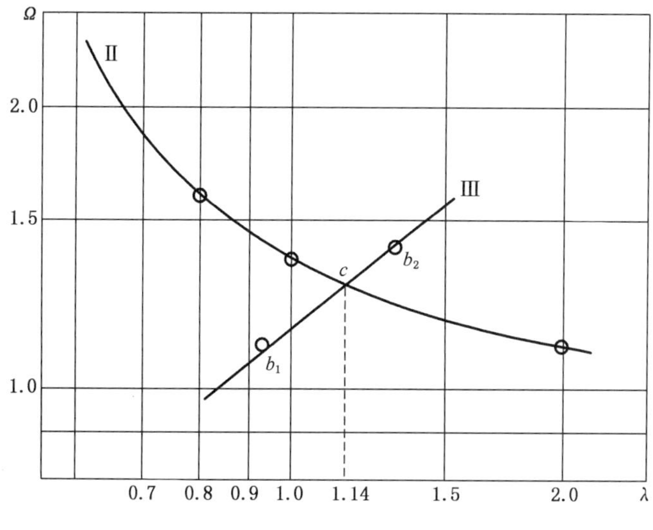

图 9-15　修正气水比计算图

由实测Ⅰ得进塔水量 $Q_{t_1}=738.15$ t/h，$\lambda_{t_1}=0.93$，则：

$$G_{t_1}=Q_{t_1}\cdot\lambda_{t_1}=738.15\times0.93=686.48\ \text{t/h}$$

$$\eta_{s_1}=G_{t_1}/(Q_d\cdot\lambda_c)\times100\%=\frac{686.48}{550\times1.14}\times100\%=109.5\%$$

由实测工况Ⅱ得：

$$G_{t_2}=Q_{t_2}\cdot\lambda_{t_2}=508.0\times1.34=680.72\ \text{t/h}$$

$$\eta_{s_2}=\frac{G_{t_2}}{Q_d\cdot\lambda_c}\times100\%=\frac{680.72}{550\times1.14}\times100\%=108.6\%$$

评价：冷却塔实测冷却能力为109.0%，已大于105%，超过设计冷却能力。

(3) 某逆流式机械通风冷却塔，实测工况如表9-6所示，提供的冷却塔热力性能公式为 $\Omega'=1.48\lambda^{0.57}$。用冷却水温对比法进行评价。

表 9-6　**实测工况参数**

项　　目	数　值	项　　目	数　值
进塔空气湿球温度 τ/℃	23.9	出塔水水温 t_2/℃	28.0
出塔水流量 Q/(kg·h^{-1})	352.6×10^3	进出塔水温差 Δt/℃	11.4
进塔空气流量 G/(kg·h^{-1})	405.5×10^3	气水比 λ	1.15
进塔水水温 t_1/℃	39.4	大气压力/Pa	9.8×10^4

在测定参数条件下，假定3个不同的出塔水温 t_2，计算相应的3个冷却数 Ω，计算结果见表9-7(计算较繁，计算过程从略)，$\Omega=f(t_2)$，把计算结果的3组 t_2 与 Ω 值点绘在图9-16上(即 a，b，c 三点)，连接 a，b，c 成特性曲线Ⅱ。按提供的冷却塔热力性能公式 $\Omega'=1.48\lambda^{0.57}$，$\lambda=1.15$ 代入，得：

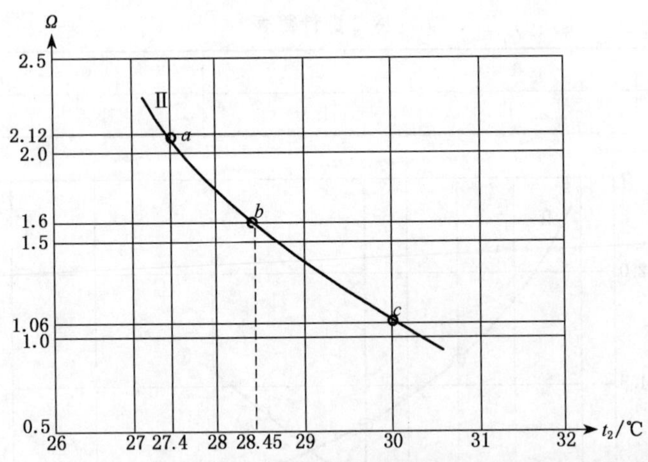

图 9-16　冷却水温计算图

表 9-7　**冷却数 Ω 值计算表**

t_2/℃	27.4	28.4	30
Ω	2.12	1.59	1.06

$$\Omega' = 1.48 \times (1.15)^{0.57} = 1.6$$

根据图 9-16,$\Omega'=1.6$ 时,出塔水温 $t_2=28.45$℃,则水温差为

$$\Delta t = t_1 - t_2 = 39.4 - 28.45 = 10.95℃$$
$$\eta_s = \Delta t_t / \Delta t_d = 11/10.95 = 100\%$$

该冷却塔实测冷却能力 100%达到设计要求。

从上述 3 个对冷却塔实测实例评价可见:冷却塔实际测试时的气象参数和工况条件,往往与设计的气象与工况参数不同,实测所得的数据较难说明该塔是否达到或符合设计要求,则可采用水量对比法或水温差对比法作出评价,是否符合(或)达到设计能力。

对于自然通风冷却塔以及小型玻璃钢冷却塔 ,也同样可采用上述方法进行评价,但修正方法各有所不同,这里不作进一步论述。

9.5 噪声与振动测试

9.5.1 噪声测试

广义来说,凡人们不欢迎的声音通称为噪声。冷却塔的噪声主要包括风机(含振动)和淋水而产生的两部分。抽风式冷却塔的风机设在塔体上部的风筒内,一般来说是主要噪声源。当风机转动时,叶片间的空气引起压力波动和机械振动而产生噪声,并通过排风口和塔体向四周传播。同时冷却水在下落过程及与塔体底盘的存水撞击中又产生了淋水噪声,其噪声的大小与落水的高度、流量的大小有关。这两股噪声会“污染”周围环境,影响人们的学习、工作和休息。所以,在冷却塔的设计中,应从风机和淋水两方面来控制噪声,使冷却塔产生的噪声降低在尽可能低的范围内。

在声学中,声强、声压、声功率三者的大小都用分贝(dB)来表示,它是声学中的常用单位,是两个量比值的常用对数。冷却塔的测定属于声压级。因声压变化范围非常大,数量相差很多,用绝对单位表示极不方便,所以,人们把空气中参考声压 $P_{ref}=2\times10^{-5}$ N/m^3(即称“帕”)作为测定声压的零级标准(2×10^{-5}帕此数值,是正常人耳对 1 千赫声音所能觉察的声压值,低于此值就不能觉察到了,故把该值作为声压级中的零分贝)。声压级以符号 L 表示,其定义为将待测声压有效值 P_e 与参考声压 P_{ref}的比值取常用对数,再乘以 20,即:

$$L = 20\lg \frac{P_e}{P_{ref}} (\text{dB}) \tag{9-23}$$

平时人耳所能经受的声压级约 140 dB,最高的声压级可高达 180 dB。10~20 dB 的属于极轻响度;20~40 dB 的属于轻响度;40~60 dB 属正常响度;60~80 dB 属于响的响度;80~100 dB 属于极响度;100~120 dB 属于震耳响度。对居住的安静小区来说,要求白天<55 dB,晚上<50 dB。目前冷却塔的噪声,以离地面 1.5 m,距塔 1 倍直径(圆型逆流塔)为基准测得的噪声值。标准型塔在65~75 dB;低噪声型塔为 62~72 dB;超低噪声型塔 57~67 dB。可见,基本上都属于“响的响度”范围之内。

1. 测试仪器及测点布置

1) 测试仪器

(1) 丹麦 B&K 公司制造的精密声级计,或仿丹麦 B&K 公司的国产 ND_2 型精密声级计。

(2) 丹麦 B&K 公司制造的倍频程滤波器，或仿丹麦 B&K 公司的国产倍频滤波器(与 ND_2 型声级计配套)。

(3) 丹麦 B&K 公司制造的 1/2″电容话筒，或仿丹麦 B&K 公司的国产 1/2″电容话筒(与 ND_2 型声级计配套)。

(4) NX_6 型活塞发声器校正。

(5) 测试仪器系统图见图 9-17。

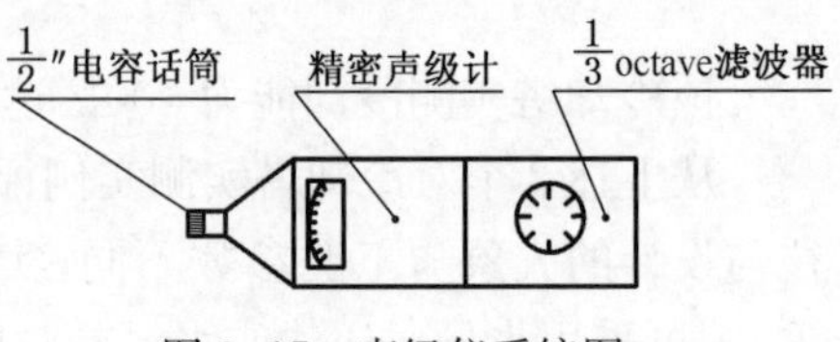

图 9-17 声级仪系统图

传声器加前置放大器构成传声器单元，传声器单元再加上测量放大器则组成声级计。电容传声器(即电容话筒)是灵敏度和精度较高的声-电换能器，用来检测声音讯号。滤波器是噪声频普分析的核心。在滤波器中配上前、后放大器及检波、表头电路就组成为分析仪器。

2) 测点布置

以机械通风逆流式玻璃钢冷却塔为例，其测点布置如图 9-18 所示。可取定 6 个测点，第 1 点布置在冷却塔风筒出口 45°方向，距离为 D_f(即为风机直径)，第 2 点至第 6 点布置在离地面 1.5 m 高处，距离分别为 D(塔体直径)、5 m、10 m、15 m、20 m。当测试横流式冷却塔时，第 2 点距离 D 的计算式为：$D=1.13\sqrt{a\cdot b}$，a 为 1/2(塔顶部长度＋塔底部长度)，b 为塔宽度。方塔因四条边相等，可采用 $D=1.13a$，a 为边长。

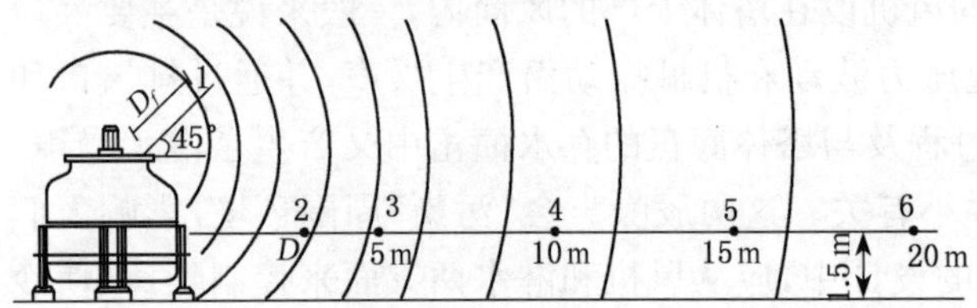

图 9-18 机械通风逆流玻璃钢冷却塔测点布置图

按上述测点布置，噪声测试时分淋水与不淋水两种情况进行。淋水时测得的为冷却塔的总噪声；不淋水时测得的是风机(含电机)的噪声。两种情况的测试结果都应汇总到记录表中。必要时可进行频谱分析。

2. 噪声值的修正

在冷却塔噪声测试时，经常会遇到环境噪声(称背景噪声或本底噪声)很大，而背景噪声又以 n 个噪声源所组成。这种情况下冷却塔测得噪声是由背景噪声与冷却塔噪声组合成的混合噪声，冷却塔的实际噪声比测得的噪声值要低，故要进行修正。而噪声值的修正要使用到有关噪声的计算公式和曲线，故这里作简要介绍。

1) 分贝的“相加”修正

如果一台机器在某点产生的声压级为 80 dB，另一台机器为 85 dB，那么这点的总声压级是多少分贝，这不是简单的算术相加，而应该用声能量叠加的概念和原理，两个声源在该产生的总声压 P_T 应有：

$$P_T^2 = P_1^2 + P_2^2 \tag{9-24}$$

式中，$n=2$，P_1 和 P_2 分别为两个声源单独在测点产生的声压，都为有效值。

由声压级(L)的定义和对数法则得：

$$P = P_0 \times 10^{\frac{L_p}{20}} \tag{9-25}$$

或

$$P^2 = P_0^2 \times 10^{0.1 \times L_{\&}} \tag{9-26}$$

将它代入式(9-24)得：

$$10^{0.1L_{pT}} = 10^{0.1L_{p_1}} + 10^{0.1L_{p_2}} \tag{9-27}$$

将式(9-19)推广到 n 个噪声源时得：

$$10^{0.1L_{pT}} = \sum_{i=1}^{n} 10^{0.1L_{p_i}} \tag{9-28}$$

这样得总声压级为

$$L_{pT} = 10\lg\left(\sum_{i=1}^{n} 10^{0.1L_{p_i}}\right) \quad (\text{dB}) \tag{9-29}$$

对于仅为 $n=2$ 的声压级相叠加，总声压级为

$$L_{pT} = 10\lg(10^{0.1L_{p_1}} + 10^{0.1L_{p_2}}) \quad (\text{dB}) \tag{9-30}$$

将上述的 $L_{p_1} = 80$ dB, $L_{p_2} = 85$ dB 代入式(9-30)，得总声压级为 $L_{pT}=86.2$(dB)，即得 80 dB“加”85 dB 等于 86.2 dB。

式(9-30)也可以从两个声压级 L_{p_1} 与 L_{p_2} 的差值 $\Delta L_p = L_{p_1} - L_{p_2}$（假定 $L_{p_1} \geqslant L_{p_2}$）求出合成的声压级。因 $L_{p_2} = L_{p_1} - \Delta L_p$，代入式(9-30)得：

$$L_{pT} = 10\lg[10^{0.1L_{p_1}} + 10^{0.1(L_{p_1} - \Delta L_p)}] \tag{9-31}$$

由对数和指数运算法则得：

$$L_{pT} = L_{p_1} + 10\lg(1 + 10^{-0.1\Delta L_{p_1}}) = L_{p_1} + \Delta L' \tag{9-32}$$

$$\Delta L' = 10\lg(1 + 10^{-0.1\Delta L_{p_1}}) = 10\lg[1 + 10^{-0.1(L_{p_1} - L_{p_2})}] \tag{9-33}$$

由式(9-33)绘制成曲线如图 9-19 所示，这里假定 $L_{p_1} \geqslant L_{p_2}$，这样，用图 9-19 可不经过对数和指数运算便可很方便而快速地查出两个声压级叠加后的总声压级。

如已知一个声压级比另一个声压级高出 2.5 dB，即 $\Delta L_p = L_{p_1} - L_{p_2} = 2.5$ dB，则从图 9-19 横坐标 2.5 dB 处向工作垂线与曲线交于一点，该点的纵坐标值为 2.0 dB，则得 $\Delta L' = 2.0$ dB，即总声压级比第一个声压级 L_{p_1} 高出 2.0 dB。

从图 9-19 中曲线可以看出：两个声压级相差越大，即 ΔL_p 越大，则叠加后的总声压级比其中大的一个声压级增加得越小，即 $\Delta L'$ 越小。如 $\Delta L_p=9$ dB（比上述 $\Delta L_p=2.5$ dB 大 7.5 dB），查图 9-19 曲线得 $\Delta L'=0.5$ dB（比上述 $\Delta L'=2.0$ dB 小 1.5 dB）。故当两个声压级相差值达到 10 dB 以上时，增加值可忽略不计。对于多于两个（即 $n>2$）的声压级叠加，除用式(9-29)计算外，也可以利用两个声压级叠加方法求得，就是把其中两个声压级先叠加，将叠加结果再与第三个声压级叠加，如此一直叠加到最后一个声压级。为简便起见，常常从其中较大的声压级开始，这样在叠加过

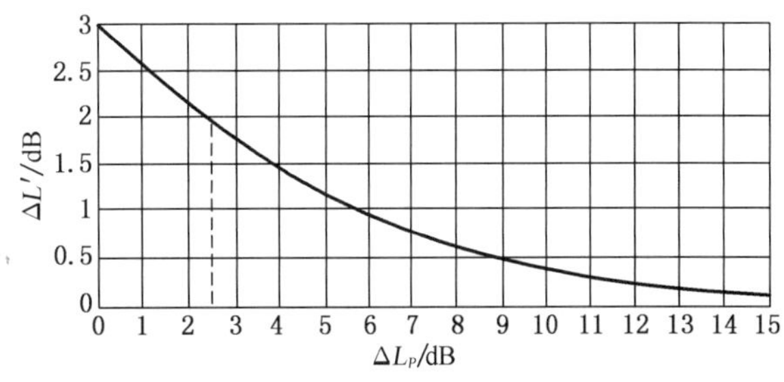

图 9-19　分贝相加曲线

程中当叠加声压级大于后面尚未叠加的声压级 10 dB 以上时，如果未叠加的声压级数目不多，则后面的这些声压级就可略去不计了。

2）分贝的“相减”修正

在冷却塔测试噪声的过程中，常受背景噪声的干扰。如果包括背景噪声在内测得的冷却塔总声压级为 L_{pT}(dB)，则冷却塔停止运行时，测得的背景噪声声压级为 L_{pB}(dB)，那么如何从这一测试结果中得出冷却塔的真实声压级，这是求 L_{pT}(dB)中扣去因 L_{pB}(dB)所引起的增加值等于多少，即分贝“相减”修正问题。

由式(9-31)可得到被测冷却塔的声压级为

$$L_{pS} = 10\lg(10^{0.1L_{pT}} - 10^{0.1L_{pB}}) \quad (dB) \tag{9-34}$$

如果令总声压级 L_{pT}与背景噪声声压级的差值 $\Delta L_{pB} = L_{pT} - L_{pB}$，则总声压级 L_{pT}与被冷却塔声压级 L_{pS}的差值 ΔL_{pS}可从式(9-34)中得出：

$$\begin{aligned}\Delta L_{pS} &= L_{pT} - L_{pS} = -10\lg[1 - 10^{-0.1\Delta L_{pB}}] \\ &= -10\lg[1 - 10^{-0.1\times(L_{pT}-L_{pB})}] \quad (dB)\end{aligned} \tag{9-35}$$

如 $L_{pT} = 91$ dB，$L_{pB} = 83$ dB，则按式(9-34)计算得 $L_{pS}=90.3$ dB。如果按式(9-35)计算，$\Delta L_{pB}=L_{pT}-L_{pB}=8$ dB，求得 $\Delta L_{pS}=0.7$ dB，从而得 $L_{pS} = L_{pT} - \Delta L_{pS} = 90.3$ dB。

例如：测得某冷却塔的综合总声压级为 74 dB，冷却塔停止运行时背景噪声声压级为 68 dB，求此冷却塔的实际声压级。

现 $L_{pT}=74$ dB，$L_{pB}=68$ dB，按式(9-35)计算为

$$\Delta L_{pS} = -10\lg[1-10^{-0.1\times(74-68)}] = 1.26 \text{ dB}$$

所以：

$$L_{pS} = L_{pT} - \Delta L_{pS} = 74 - 1.26 = 72.74 \text{ dB}$$

查图 9-20，由 $\Delta L_{pB}=74-68=6$ dB，在图中横坐标 6 向上作垂线与曲线支点，得 $\Delta L_{pS}=1.25$ dB，则得：

$$L_{pS} = L_{pT} - \Delta L_{pS} = 72.75 \text{ dB}$$

如果测试的是多频率复合噪声的声压级，则在测背景噪声和冷却塔噪声时，应分别按各个频进行测试，对每一频带声压级逐一加以修正。

冷却塔噪声测试中，基本上均采用分贝“相减”修正法。测得总声压级 L_{pT}值和背景声压级 L_{pB}值后，一般均采用查图 9-20 曲线得冷却塔的实际声压级值 L_{pS}。

这里论述的是采用能量叠加的概念和原理，故关于分贝“相加”和“相减”的计算公式和曲线也都适用于声强级和声功率级，不仅局限于声压级。

3. 噪声评价标准

声压随时间变化都是正弦形式的，则这声音是只含有单一频率的纯音。而在冷却塔测试中，噪声都是由许多频率声波组合的复合声。而采用频谱分析后再进行噪声评价很复杂。

目前国内外采用两种评价噪声的标准：一是用 A 声级，单位是 dB(A)，它测定容易、直观，是目前冷却塔噪声测试中最常用的，都是以 A 声级来表明冷却塔

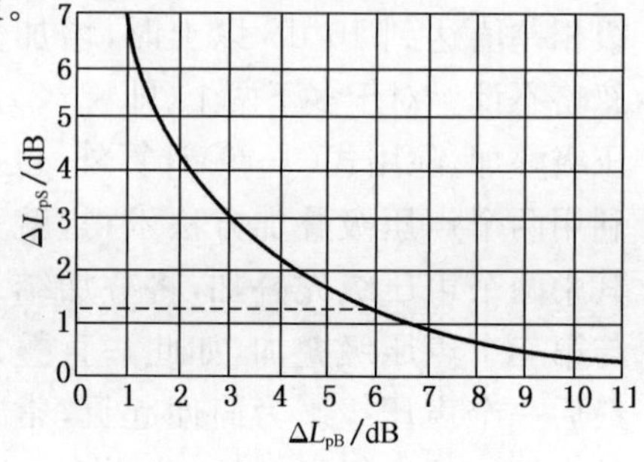

图 9-20　分贝相减曲线

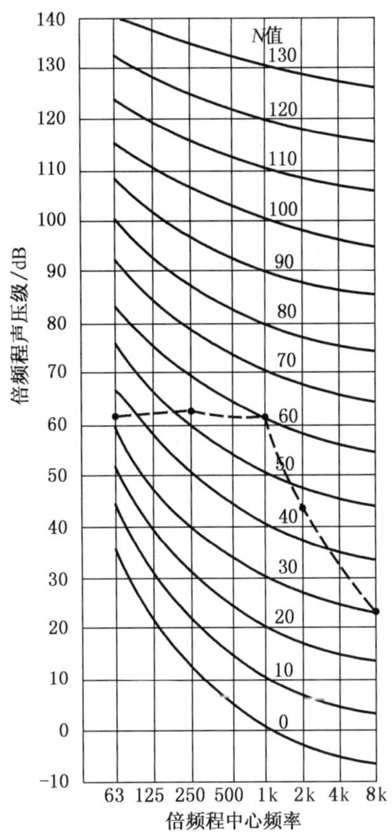

图9-21　噪声评价曲线

噪声的大小。但由于A声级是所有频率的综合反映，同一个A声级的两种噪声频谱可以大不相同，因而引起的干扰也就不同。为此，就采用第二种评价标准——“噪声评价曲线”(或称“噪声评价指数”)。图9-21是目前应用比较广泛的国际标准化组织(ISO)推荐的噪声评价曲线，N值等于中心频率为1 000 Hz时倍频程声压级的分贝数。曲线已考虑到高频噪声比低频噪声对人们的影响严重些的因素，故在同一曲线上的各倍频噪声级，可以认为具有相同程度的干扰。显然，用“噪声评价曲线”来评定冷却塔噪声就显得更为精确、合理。按“噪声评价曲线”进行噪声评定是把某一测点，按图中不同的“倍频程中心频率”测得相应的“倍频程声压级”(dB值)，然后把测得的各值点到“评价曲线”图上，再把各点连接起来成曲线，来分析和评价该冷却塔的噪声。如按图9-21中“倍频程中心频率”63～8 k，在测点2测得的声压级分别为61 dB、61 dB、62.5 dB、61 dB、61 dB、43.5 dB、32 dB、23 dB，则绘到“噪声评价曲线”上如虚线所示，则该点的噪声评价符合N60。

4. 噪声测试报告

噪声测试报告包括以下内容：

(1) 委托单位：写明委托单位全名称。

(2) 测试对象：写明冷却塔的型号、水量、配用的风机及电机(含电机功率)。

(3) 测试内容：噪声测试。

(4) 工况：淋水与不淋水。

(5) 使用仪器：测试仪器及型号。

(6) 环境条件：测试当地、当时的环境噪声，温度湿度，风向风速等。

(7) 测试地点：

(8) 测试人员：

(9) 测试时间：

(10) 测点布置：附上测点布置图

(11) 测试仪器系统图：

(12) 测试记录表：见表9-9，即“噪声特性测定结果”。并在“倍频程评价曲线”上选代表性的测点绘出“倍频程中心频率”与“倍频程声压级”曲线。

(13) 分析与建议：对测定结果与国内外同类型冷却塔进行比较，作出评价及提出建议。对测试中出现或存在的问题进行分析。

9.5.2　振动测试

早期国内在冷却塔测试中，对振动没有引起重视，没有列入测试项目中。现列为冷却塔测试项目之一，因它关系到冷却塔的动平衡问题及声音的固体传播问题，引起同行们的关注和重视。但对冷却塔的振动与平衡测试，目前还没有一个统一的规范和检验标准，故也还没有一个评定好与差的标准，只是与同类冷却塔进行相对比较而言。

1. 测试仪器

丹麦 B & K 公司制造的精密声级计，或仿 B & K 公司制造的国产 ND_2 型精密声级计，都附有一套测振动的附件，振动测定就用该套附件进行。亦可用 ZDS-4 闪光动平衡仪、平秤、橡皮泥进行测定。

2. 测点布置

因为对冷却塔的振动与平衡测试还没有一个统一的规范和标准，所以在测点布置上也还没有一个统一的要求。一般情况下，对逆流式冷却塔代表性的测点布置如图 9-22 所示。在正常情况下，测得的振幅值自上而下逐渐减小。振幅值是以 μ(微米)为单位表示的。测点 4 是主要部位，该处振幅(包括水平方向和垂直方向)越小，说明整机运转平稳，振动属于良好状态。

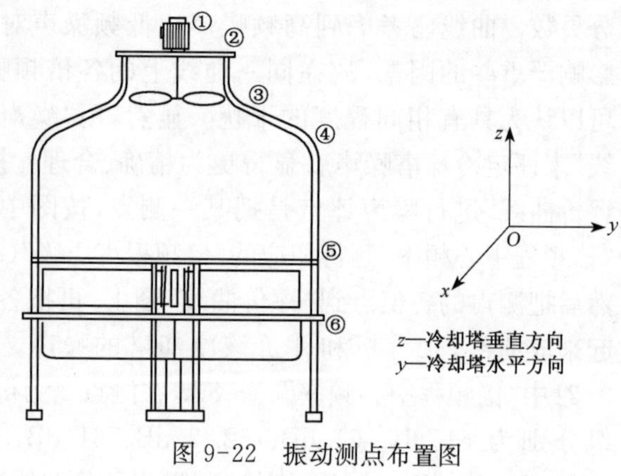

图 9-22　振动测点布置图

3. 测试报告

委托单位：

测试对象：

测试内容：

工艺条件：

使用仪器：

测试地点：

测试人员：

测试日期：

测点布置：附上测点布置图

测试数据：附上按布置测点测得的数据记录表(表 9-8)。有必要时进行频普分析。

表 9-8　　**振动测试记录表**

测试方向 / 测试位置	水平测点(μ)		垂直测点(z)(μ)
	x 方向	y 方向	
1			
2			
3			
4			
5			

分析与建议：

对测定结果与同类塔的振动与平衡进行比较，作出适当的评价。对测试中出现的问题进行分析，并提出建议。

表 9-9 为噪声特性测定结果表，表 9-10 为热工测定记录整理汇总表。

表 9-9　　______玻璃钢冷却塔噪声特性测定结果

测点及条件		倍频程中心频率/Hz									总声级/dB			
		31.5	63	125	250	500	1 000	2 000	4 000	8 000	A	B	C	Z_{im}
风机出风口 45°　m	测点①													
	测点②													
	平均值													
距进风口 1 m 处														
	测点③													
距进风口　m 处	测点④													

表 9-10　热工测定记录整理汇总表

序号	时间	进塔干空气量 G_B/($m^3 \cdot h^{-1}$)	水量 Q/($m^3 \cdot h^{-1}$)	气水比 λ	气象参数				进出水温		Δt/℃	$t_2-\tau$/℃	$\frac{\Delta t}{t_2-\tau}$	总阻力系数 ξ	电机输入功率 N/kW	交换数 Ω	容积散质系数 β_{xv}/[kg·($m^3 \cdot h$)$^{-1}$]	备注
					P_a/mmHg	θ/℃	τ/℃	r_g/($kg \cdot m^{-3}$)	t_1/℃	t_2/℃								

测试地点：　　　　　　　　日期：　　年　　月　　日

第 10 章　循环冷却水处理

10.1　循环冷却水处理的任务和方法

10.1.1　循环过程中的水质变化

水在循环使用和冷却过程中，会不断地产生问题，引起循环水水质的变化。主要有以下方面。

1. CO_2 含量的降低

循环水在循环过程中和在冷却塔中与空气接触，水中游离及溶解的 CO_2 大量散失，引起水质不稳定，产生 $CaCO_3$ 等沉淀结垢。这可从反应式(10-1)得到理解：

$$Ca(HCO_3)_2 \rightleftharpoons CaCO_3 \downarrow + CO_2 \uparrow + H_2O \tag{10-1}$$

反应式(10-1)达到平衡时，水中 $CaCO_3$、CO_2 和 $Ca(HCO_3)_2$ 量保持不变，$CaCO_3$ 不会产生沉淀结垢，称为稳定的水或称水质稳定。现反应式右边的 CO_2 不断散失，左边的 $Ca(HCO_3)_2$ 不断分解，则不断地产生 $CaCO_3$ 沉淀结垢。

同时水中 CO_2 的含量与水温密切相关，水温越高，CO_2 含量越少，如表 10-1 所示。水在冷却设备或产品后水温升上，则水中 CO_2 含量很少，易产生 $CaCO_3$ 沉淀，这就是换热器中形成结垢的主要原因之一。

表 10-1　　水温与 CO_2 含量关系

水温/℃	10	20	30	40	50
游离 CO_2/(mg·L^{-1})	14.5	7.7	3.5	1.5	0

2. 含盐量的增加

由于水在循环和冷却的过程中，水量不断被蒸发，水中含盐量不断被浓缩而增加。

水量损失以循环水量的百分比(%)计，设蒸发损失水量为 P_1，风吹飘失水量为 P_2，漏失水量为 P_3，排污损失水量为 P_4，则总损失水量(即要补充的新鲜水量)为

$$P = P_1 + P_2 + P_3 + P_4 \tag{10-2}$$

设补充水单位体积的含盐量为 α_0(mg/l)，循环水单位体积的含盐量为 α(mg/l)，则补充水量进入系统的盐量为 $Q(P_1+P_2+P_3+P_4)\alpha_0$($m^3$/h)，因蒸发水量损失并未造成盐量损失，则水量损失造成的含盐量损失为 $Q(P_2+P_3+P_4)\alpha$(m^3/h)。α 与 α_0 之比称为循环水系统的浓缩倍数，用 N 表示，则：

$$N = \alpha/\alpha_0 \tag{10-3}$$

由于进入的补充水盐量与损失水的盐量应相等，则可得：

$$Q(P_1 + P_2 + P_3 + P_4)\alpha_0 = NQ(P_2 + P_3 + P_4)\alpha_0 \tag{10-4}$$

左右两边消去 $Q\alpha_0$，得浓缩倍数计算式为

$$N = \frac{P_1 + P_2 + P_3 + P_4}{P_2 + P_3 + P_4} = 1 + \frac{P_1}{P_2 + P_3 + P_4} \tag{10-5}$$

设 $P = P_1 + P_2 + P_3 + P_4$，则式(10-5)可成为：

$$N = \frac{P_1 + P_2 + P_3 + P_4}{P_2 + P_3 + P_4} = \frac{P}{P - P_1} \tag{10-6}$$

在水量损失量 P 中，只有排污水量 P_4 是可以变化的，为尽可能减少补充水量，只有通过排污量的办法才能达到，则含盐量必增加，浓缩倍数 N 也会增大。

在实际运行中，循环系统中 Cl^- 仅仅从补充水进入，并无其他来源时，由于氯化物溶解度很大，在系统中不会沉淀下来，系统中氯化物浓度在全部溶解盐类浓度中所占比例不会变化，所以 Cl^- 浓度与补充水的 Cl^- 浓度之比也代表了含盐量之比，则浓缩倍数可写成：

$$N = \frac{\text{循环水的 } Cl^- \text{ 浓度}}{\text{补充水的 } Cl^- \text{ 浓度}} \tag{10-7}$$

3. pH 值的变化

循环水的 pH 值变化与水中的碱度、温度有关，并高于补充水的 pH 值。

补充水进入循环冷却水系统中之后，水中游离的和溶解的 CO_2 在塔内等处曝气过程中逸入大气中而散失，故冷却水的 pH 值逐渐上升，直到冷却水中的 CO_2 与大气中的 CO_2 达到平衡为止。此时的 pH 值称为冷却水的自然平衡 pH 值。冷却水的自然平衡 pH 值通常在 8.5～9.3 之间。

为计算出温度变化而引起的 pH 值变化，可以把室温(20℃计)下测得的 pH 值与另一温度下的 pH 值之间写成下式表示

$$pH_t = pH_{20} - \alpha_t \tag{10-8}$$

式中　pH_{20}——在水温为 20℃时测得的 pH 值；

pH_t——在水温为 t℃时的 pH 值；

α_t——温度 t℃时的 pH_t 校正值。

在水温为 20℃时，不同的碱度在水温为 t℃时校正值 α_t 与对应的 20℃的 pH 已制成表(这里略)，查得后按式(10-8)得 pH_t 值。如查得碱度 0.5 毫克当量/升，pH_{20}＝9.0 时，50℃时的 α_{50}＝0.4，故得 50℃的 $pH_{50} = pH_{20} - \alpha_t = 9.0 - 0.4 = 8.6$。

4. 浊度的增加

循环水中沉淀物可分为泥垢、结垢和黏垢三类，通称为污垢。主要成分为泥土、胶体等悬浮物引起的沉淀物称为泥垢；主要成分为溶解盐类[如 $CaCO_3$、$Mg(OH)_2$]引起的沉淀物称结垢；由微生物(塔内微生物的自然生长和铁细菌等的腐蚀)所引起的黏状沉淀物称为黏垢。这三类污垢在循环水中都存在，而且不断浓缩增加，则浊度也必然增加。

除上述之外，循环水在冷却塔中不断与空气接触，使空气中的尘埃不断地带入循环水中；水在塔内与空气接触，使空气中的氧不断地溶入水中，对换热器会进行氧化腐蚀；水中含有富营养化物质，塔内水中氧气充分，水温适宜，有利于微生物繁殖，并不断地新陈代谢。

这些都会增加循环水的浊度。

5. 溶解氧的增加

水在冷却塔内冷却的过程中，实际上也是不断喷洒曝气的过程，水中溶解大量的氧，可达到或接近该温度与压力下氧的饱和浓度，这是很不利的，会增加循环水对被冷却设备、换热器等腐蚀。

6. 微生物含量的增加

微生物含量增加主要有以下方面：冷却水的水质标准(表 1-2)远低于自来水，富营养化成分丰富，为微生物生长繁殖提供了营养物质基础；由于水中有充足的溶解氧，为微生物提供耗氧繁殖；适宜的水温在日光照射部分及塔内会产生藻类繁殖；水中溶解的氧对设备的氧化腐蚀又会产生微生物。因此水在循环过程中不同微生物的量均会增加。

7. 有害气体的溶入

循环水在冷却塔内如果与受污染空气接触时，空气中的 SO_2，H_2S，NH_3 等有害气体不断地溶入循环水中，会对钢、铜、铜合金的腐蚀性增大。

8. 工艺泄漏物的溶入

冷却水在循环过程中，系统中的换热器可能发生泄漏，从而使工艺物(如炼油厂的油类、合成氨厂的氨等)进入循环水中，使水质恶化或水的 pH 值发生变化，增加循环水对设备、换热器等的腐蚀、结垢或微生物生长。

10.1.2　循环冷却水处理的任务

循环水系统分为敞开式和密闭式两种，分别如图 10-1 与图 10-2 所示。

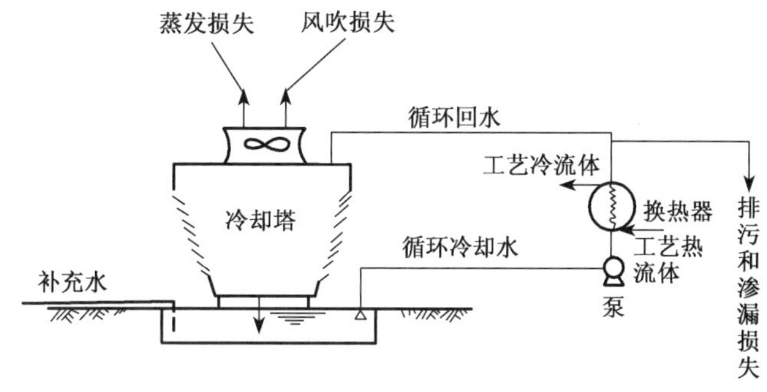

图 10-1　敞开式循环冷却水系统

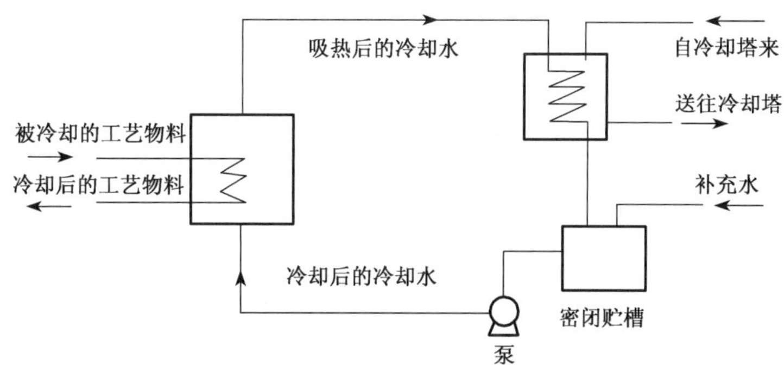

图 10-2　密闭式循环冷却水系统

密闭循环系统采用的通常为软水(去钙、镁离子水)、脱盐水或蒸汽冷凝水,水质远优于表 7-2 的水质指标。该系统中水不与空气接触,不受阳光照射、结垢、微生物生长繁殖等因素的影响。除非泄漏、补充水带入氧气、不同金属引起电偶腐蚀和微生物。因此密闭式循环水不是水处理的主要对象。

敞开式循环冷却水系统中,水吸收热量后在冷却塔冷却过程中直接与大气接触,如上所述,水中 CO_2 散失,溶解氧和浊度增加,水中溶解盐类增加及工艺介质泄漏等,使水质恶化,给系统造成结垢、腐蚀、菌藻繁殖等问题。在循环冷却水中普遍采用的为敞开式,本章讨论的循环冷却水处理主要是对敞开式系统来说的。

沉积物的附着、设备的腐蚀、微生物的滋生、钙镁的结垢,造成换热器的换热效率降低,能耗增加、能源浪费,管道过水断面减少,阻力增大,通水能力降低,甚至使设备、管道腐蚀穿孔,造成危害及事故。

循环冷却水处理的任务是消除或减少结垢、腐蚀、微生物生长、污垢等危害,使系统安全可靠地运行。同时节省水资源,减少对环境的污染。

10.1.3 循环冷却水处理的方法

循环冷却水的处理,可概括为去除悬浮物、污垢(泥垢、黏垢、结垢)、控制腐蚀及微生物等四个方面。其处理内容和方法见表 10-2。

表 10-2　　循环冷却水的处理方法

处理问题	说　明	处理方法
1. 水中悬浮物: (1) 粗大的悬浮杂质; (2) 灰尘、泥土; (3) 藻类、微生物; (4) 矾花; (5) 其他无机及有机的杂质	悬浮物的主要来源: 1. 从空气及补充水中进入; 2. 补充水处理后的生成物残余部分; 3. 生产过程中对循环水的污染; 4. 在循环系统中,由于化学反应及其他作用产生的悬浮物,如腐蚀产物及黏垢脱落等	1. 对粗大悬浮物采用格网过滤; 2. 混凝沉淀; 3. 对细小悬浮物采用过滤设备; 4. 采用杀菌灭藻剂
2. 管道及设备上的沉积物: (1) 泥垢。 (2) 盐垢: ① $CaCO_3$; ② $CaSO_4$; ③ $Ca_3(PO_4)_2$; ④ $MgSiO_3$。 (3) 污垢	1. 泥垢是以悬浮杂质泥土等为主要成分的沉积物; 2. 盐垢是以盐类为主要成分的沉积物,由于循环水中盐类的浓缩、投加磷酸盐以及工艺物料渗漏引起盐类成分沉淀产生的; 3. 污垢是以微生物繁殖为根本原因所产生的沉积物	1. 泥垢的控制: (1) 加分散剂; (2) 加混凝剂、沉淀、过滤。 2. 盐垢的控制: (1) 加酸; (2) 加二氧化碳; (3) 软化或除盐; (4) 加阻垢分散剂; (5) 采用电子式(内磁式)水处理器。 3. 污垢控制用杀菌剂
3. 金属腐蚀及木材腐蚀: (1) 金属腐蚀,由电化学、微生物、酸引起; (2) 木材腐蚀等	1. 金属酸腐蚀是由于从空气中进入水的 H_2S、SO_2 等腐蚀性气体以及酸的污染所引起。 2. 木材由于真菌及氯的氧化作用引起腐朽	1. 金属腐蚀的控制: (1) 加缓蚀剂; (2) 加杀菌剂。 2. 木材进行防腐处理及杀菌

10.2　换热器及水质分析

10.2.1　换热器

为选择确定水处理工艺和药剂，应了解换热器的结构形式及材料、被冷却工艺介质的温度、性质等数据和资料。

常用的换热器结构形式有以下两类：

1. 水与物料直接接触

这种类型相对较少，如化肥厂造气系统的半水煤气洗涤塔、洗涤箱；钢厂的高炉煤气洗涤等。

2. 水与物料间接接触

这种形式换热器使用最为普遍和广泛。分为列管式、套管式、板式、喷淋排管式等。除喷淋排管式换热器之外，其他类型换热器按水流流程位置分壳程和管程；按水与物料的流向可分为顺流和逆流。

3. 换热器的工艺操作条件

被冷却介质的温度、换热器水侧流速、循环水出口水温、热流密度、年污垢热阻值、年腐蚀率等与循环水处理有密切关系。一般规定如下：

(1) 冷却水侧流速：管程不宜低于 0.9 m/s；壳程不应低于 0.3 m/s。

(2) 循环水出口温度：不宜高于 50℃(特殊情况不受此限制)。

(3) 热流密度：不宜大于 58.2 kW/m^2。

(4) 污垢热阻值：应根据企业性质、生产特点和换热设备的要求确定。当无规定时可按如下指标执行：①敞开式循环冷却水系统为 $1.72\times10^{-4}\sim3.44\times10^{-4}$ $(m^2\cdot K)/W$。②密闭式循环冷却水系统宜小于 0.86×10^{-4} $(m^2\cdot K)/W$。

(5) 年腐蚀率：①普通碳钢宜小于 0.125 mm/a。②钢和铜合金、不锈钢宜小于 0.005 mm/a。

(6) 异养菌总数：宜小于 5×10^5 个/mL。

(7) 粘泥量：用 180 目生物过滤网法，应小于 4 mL/m^3 水。

(8) 换热器工艺介质泄漏：换热器工艺介质常会出现泄漏，泄漏物中若含有氨、二氧化碳、油等物质，会使循环水水质恶化、菌藻滋生。

换热器材质有碳钢、铜、铝、不锈钢等，不同材质的换热器对水及所采用药剂会有不同要求。

10.2.2　水质常规分析

循环水水质状况如何，采用哪种水处理工艺和使用药剂，只有对水质进行分析才能掌握，因此水质分析是水处理取得良好效果的重要保证。

水质分析分全面(所有项目)的测定分析和常规的测定分析，对于循环冷却水来说，进行常规分析基本上可满足需要和符合要求了，对于个别不属常规分析项目，确需要测定分析的，则应加以补充测定。对于循环冷却水来说，常规水质分析项目为以下方面。

1. pH 值测定

pH 值采用电位法测定。将规定的指示电极和参比电极浸入同一被测溶液中，成一原电池，其电动势与溶液的 pH 值有关，通过测量原电池的电动势即可得出溶液的 pH 值。

2. 溶解性固体测定

溶解性固体是指水过滤后，仍然溶于水中的各种无机盐类、有机物等，水中溶解性固体高时，水的导电性增大，容易发生电化学作用，增大腐蚀电流使腐蚀增加。

溶解性固体采用重量法测定。取过滤后的一定量水样，在指定温度下干燥至恒重。其测定步骤为：将测试水量用慢速定量滤纸或滤板孔径为 2～3 μm 的玻璃砂芯漏斗过滤。用移液管移取 100 ml 过滤后的水样，置于(103±2)℃干燥至恒重的蒸发皿中。将蒸发皿置于沸水浴上蒸发至干，再将蒸发皿于(103±2)℃下干燥至恒重。

水样中溶解性固体的质量浓度 x 的计算式为

$$x = \frac{(m_2 - m_1) \times 10^6}{100} \quad (\text{mg/L}) \tag{10-9}$$

式中 m_1——蒸发皿重量(g)；

m_2——蒸发皿与残留物重量(g)。

3. 水中钙、镁离子的测定

水中的硬度包括碳酸盐硬度[$Ca(HCO_3)_2$，$Mg(HCO_3)_2$]和非碳酸盐硬度($CaSO_4$，$CaCl_2$，$MgSO_4$，$MgCl_2$)。两者之和称为总硬度，前者加热可去除称暂时硬度，后加热不能去除称为永久硬度。Ca^{2+}，Mg^{2+} 是循环冷却水中经常要分析的项目，它是判定水的结垢、腐蚀倾向的一项重要指标。

钙离子测定在 pH 值为 12～13 时进行，以钙—羧酸为指示剂，用 EDTA 标准溶液测定水中钙离子含量。滴定时 EDTA 与溶液中游离的钙离子形成络合物，溶液颜色由紫红色变为亮蓝色时即为终点。

镁离子测定在 pH 值为 10 时进行，以铬黑 T 为指示剂，用 EDTA 标准滴定溶液测定钙、镁离子合量，溶液颜色由紫红色变为纯蓝色时即为终点，由测得的钙镁离子合量减去钙离子量即为镁离子量。

测得的钙镁离子计算式如下：

钙离子质量浓度 x_1 的计算式为

$$x_1 = \frac{cV_1 \times 0.04008}{V} \times 10^6 \ (\text{mg/L}) \tag{10-10}$$

式中 V_1——滴定钙离子时，消耗 EDTA 标准滴定溶液的体积(mL)；

c——EDTA 标准滴定溶液的物质的量浓度(mol/L)；

V——所取水样的体积(mL)；

0.040 08——与 1.00 ml EDTA 标准溶液[c(EDTA)＝1.000 mol/L]相当的以克表示的钙重量。

镁离子质量浓度 x_2 的计算式为

$$x_2 = \frac{c(V_2 - V_1) \times 0.02431}{V} \times 10^6 \ (\text{mg/L}) \tag{10-11}$$

式中 V_2——滴定钙、镁合量时，消耗 EDTA 标准滴定溶液的体积(mL)；

V_1——滴定钙离子量时，消耗 EDTA 标准滴定溶液的体积(mL)；

c——EDTA 标准滴定溶液的物质的量浓度(mol/L)；

V——所取水样的体积(mL)；

0.024 31——与 1.00 ml EDTA 标准溶液[c(EDTA)=1.000 mol/L]相当的以克表示的镁的重量。

4. 碱度测定

水中碱度是指能与强酸即 H^+ 发生中和作用的物质总量，可分为酚酞碱度和甲基橙碱度。总碱度是由碳酸盐和重碳酸盐组成。水的碱度常影响到水质特性，碱度是最常用的一个水质指标。

以酚酞和溴甲酚绿-甲基红为指示液，用盐酸标准滴定溶液滴定水样，测得酚酞碱度及甲基橙碱度(又称总碱度)。

1) 酚酞碱度的测定

移取 100 mL 水样于 250 mL 锥形瓶中，加 4 滴酚酞指示液，若水样呈现红色，用盐酸标准滴定溶液滴定至红色刚好褪去，即为终点。如果加入酚酞指示液后，无出现红色，则表示水样的酚酞碱度为零。

酚酞碱度 x_1 的计算式为

$$x_1 = \frac{V_1 C \times 0.100\,1/2}{V} \times 10^6 = \frac{V_1 C \times 0.100\,1}{2V} \times 10^6 \ (\text{mg/L}) \tag{10-12}$$

式中 V_1——滴定酚酞碱度时，消耗盐酸标准滴定溶液的体积(ml)；

C——盐酸标准滴定溶液的物质的量的浓度(mol/L)；

V——水样的体积(ml)；

0.100 1——与 1.0 ml 盐酸标准溶液[c(HCl)=1.0 mol/L]相当的以克表示的碳酸钙($CaCO_3$)的重量。

2) 甲基橙碱度的测定

在测定的酚酞碱度水样中，加 10 滴溴甲酚绿-甲基红指示液，用盐酸标准滴定溶液滴定至溶液由绿色变为暗红色。煮沸 2 min，冷却后继续滴定至暗红色，即为终点。

甲基橙碱度 x_2 的计算式为

$$x_2 = \frac{V_2 C \times 0.100\,1/2}{V} \times 10^6 = \frac{V_2 C \times 0.100\,1}{2V} \times 10^6 \ (\text{mg/L}) \tag{10-13}$$

式中 V_2——滴定甲基橙碱度时，消耗盐酸标准滴定溶液的体积，包括滴定酚酞碱度时消耗盐酸标准滴定溶液体积(mL)；

C，V，0.100 1——同式(10-12)。

5. 磷含量的测定

水中主要有聚磷、有机磷、磷羧酸等。为达到阻垢、缓蚀的作用，循环水中必须维持一定的此磷化合物的浓度，因此循环冷却水中磷含量是日常测定的重要项目。

磷含量的测定采用钼酸铵分光光度法。

1) 正磷酸盐含量的测定

从试样中取 20 mL 试验溶液，于 50 mL 容量瓶中，加入 2 mL 钼酸铵溶液，3 mL 抗坏血酸溶液，用水稀释至刻度，摇匀，室温下放置 10 min。在分光光度计710 nm处，用 1 cm 吸收池，以不加试验溶液的空白调零测吸光度。

正磷酸盐(以 PO_4^{3-} 计)的质量浓度 x_1 计算式为

$$x_1 = \frac{m_1}{V_1}\ (\text{mg/L}) \tag{10-14}$$

式中　m_1——从绘制的工作曲线上查得的以 μg 表示的 PO_4^{3-} 量；

V_1——移取试验溶液的体积(mL)。

2) 总无机磷酸盐含量的测定

从试样中取 10 mL 试验溶液于 50 mL 容量瓶中，加入 2 mL 硫酸溶液(1＋3)，用水调整容量瓶中溶液体积至约 25 mL，摇匀，置于已煮沸的水浴中 15 min，取出后使水冷却至室温。用滴管向容量瓶中加 1 滴酚酞溶液，然后滴加氢氧化钠溶液至溶液显微红色，再滴加硫酸溶液(1＋35)至红色刚好消失。加入 2 mL 钼酸铵溶液、3 mL 抗坏血酸溶液，用水稀释至刻度，摇匀，在室温下放置 10 min。在分光光度计 71 nm 处，用 1 cm 吸收池，以不加试验溶液的空白调零吸光度。

总无机磷酸盐(以 P_4^{3-} 计)质量浓度 x_2 计算式为

$$x_2 = \frac{m_2}{V_2}\ (\text{mg/L}) \tag{10-15}$$

式中，m_2，V_2 符号同式(10-14)。

三聚磷酸钠($Na_5P_3O_{10}$)质量浓度 x_3 计算式为

$$x_3 = 1.291 \times \left(\frac{m_2}{V_2} - \frac{m_1}{V_1}\right)\ (\text{mg/L}) \tag{10-16}$$

式中　1.291——系 PO_4^{3-} 换算为三聚磷酸钠的系数；

m_1——正磷酸盐测定中，从绘制的工作曲线上查得的以 μg 表示的 PO_4^{3-} 量；

m_2——总无机磷酸盐测定中，从绘制的工作曲线上查得的以 μg 表示的 PO_4^{3-} 量；

V_1——正磷酸盐测定中，移取试验溶液的体积(mL)；

V_2——总无机磷酸盐测定中，移取试验溶液的体积(mL)。

六偏磷酸钠[$(NaPO_3)_6$]质量浓度 x_4 的计算式为

$$x_4 = 1.074 \times \left(\frac{m_2}{V_2} - \frac{m_1}{V_1}\right)\ (\text{mg/L}) \tag{10-17}$$

式中　1.074——系 PO_4^{3-} 换算为六偏磷酸钠的系数；

m_1，m_2，V_1，V_2 符号同式(10-16)。

3) 总磷含量的测定

在酸性溶液中，用过硫酸钾作分解剂，将聚磷酸盐和有机磷转化为正磷酸盐，正磷酸盐与钼酸铵反应生成黄色的磷钼杂多酸，再用抗坏血酸还原或磷钼蓝，于710 nm最大吸收波长处用分光光度法测定。步骤以下：

从试样中取 5 mL 试验溶液于 100 mL 锥形瓶中，加入 1 mL 硫酸溶液(1＋35)、5 mL过硫酸钾溶液，用水调整锥形瓶中溶液体积至约 25 mL，置于可调电炉上缓缓煮沸 15 分钟至溶液快蒸干为止。取出后流水冷却至室温，定量转移至 50 mL 容量瓶中。加入 2 mL 钼酸铵溶液、3 mL 抗坏血酸溶液，用水稀释至刻度，摇匀，于室温下放置 10 min。在分光光度计 710 nm 处，用 1 cm 吸收池，以不加试验溶液的空白调零测吸光度。

(1) 总磷(以 PO_4^{3-})质量浓度 x_5 的计算式为

$$x_5 = m_3/V_3 \quad (\text{mg/L}) \tag{10-18}$$

式中，m_3，V_3 符号同前。

(2) 1-羟基亚乙基二磷酸(HEDP)质量浓度 x_6 计算式为

$$x_6 = 1.085 \times \left(\frac{m_3}{V_3} - \frac{m_2}{V_2}\right) \quad (\text{mg/L}) \tag{10-19}$$

式中　1.085——系 PO_4^{3-} 换算为 1-羟基亚乙基二磷酸的系数

m_2，m_3，V_3，V_2 符号同前。

(3) 1-羟基亚乙基二磷酸钠(HEDPS)质量浓度 x_7 计算式为

$$x_7 = 1.548 \times \left(\frac{m_3}{V_3} - \frac{m_2}{V_2}\right) \quad (\text{mg/L}) \tag{10-20}$$

式中　1.548——系 PO_4^{3-} 换算为 1-羟基亚乙基二磷酸钠的系数；

m_3，m_2，V_3，V_2 符号同上。

(4) 氨基三亚甲基磷酸(ATMP)质量浓度 x_8 计算式为

$$x_8 = 1.050 \times \left(\frac{m_3}{V_3} - \frac{m_2}{V_2}\right) \quad (\text{mg/L}) \tag{10-21}$$

式中　1.050——系 PO_4^{3-} 换算为氨基三亚甲基磷酸系数；

m_3，m_2，V_3，V_2 符号同上。

(5) 乙二胺四亚甲基磷酸(EDTMP)质量浓度 x_9 计算式为

$$x_9 = 1.148\left(\frac{m_3}{V_3} - \frac{m_2}{V_2}\right) \quad (\text{mg/L}) \tag{10-22}$$

式中　1.148——系 PO_4^{3-} 换算为乙二胺四亚甲基磷酸系数；

m_3，m_2，V_3，V_2 符号同上。

(6) 乙二胺四亚甲基磷酸钠(EDTMPS)质量浓度 x_{10} 计算式为

$$x_{10} = 1.611\left(\frac{m_3}{V_3} - \frac{m_2}{V_2}\right) \quad (\text{mg/L}) \tag{10-23}$$

式中　1.611——系 PO_4^{3-} 换算为乙二胺四亚甲基磷酸钠系数；

m_3，m_2，V_3，V_2 符号同前。

6. 硫酸盐含量的测定

循环冷却水中都含有一定量的硫酸盐，当 SO_4^{2-} 离子含量高时，一方面会产生 $CaSO_4$ 垢。另一方面会为硫酸盐还原菌的繁殖提供条件，而硫酸盐还原菌的存在，会增加水的腐蚀性，造成设备的腐蚀。

采用重量法测定硫酸盐。在酸性条件下硫酸盐与氯化钡反应，生成硫酸钡沉淀，经过滤干燥称重后，根据硫酸钡重量求出硫酸根含量。其操作步骤如下：

用慢速滤纸过滤试样，然后用移液管移取一定量过滤后的试样，置于 500 mL 烧坏中。加 2 滴甲基橙指示液，滴加盐酸溶液至红色并过量 2 mL，加水至总体积为 200 mL。煮沸 5 min后，搅拌下缓慢加入 10 mL 热的(约 80℃)氯化钡溶液，于 80℃水浴中放置 2 h。

用已于(105±2)℃干燥恒重的坩埚式过滤器过滤。用水洗涤沉淀，直至滤液中无氯离子为止(用硝酸银溶液检验)。将坩埚式过滤器在(105±2)℃下干燥至恒重。

硫酸盐的质量浓度(以 SO_4^{2-} 计)x 计算式为：

$$x=\frac{(m-m_0)\times 0.411\,6\times 10^6}{V_0}\quad (\text{mg/L}) \tag{10-24}$$

式中 m——坩埚式过滤器和沉淀的质量(g)；

m_0——坩埚式过滤器质量(g)；

V_0——所取水样的体积(mL)；

0.4116——硫酸钡沉淀换算成 SO_4^{2-} 的系数。

7. 氯离子的测定

循环冷却水中如 Cl^- 离子含量较高，一方面增加了水的腐蚀性，另一方面对金属换热器会引起腐蚀，因此 Cl^- 离子的测定对指导水处理技术有重要意义。

采用硝酸银滴定法测定氯离子，以铬酸钾为指示剂，在 pH 值为 5～9 的范围内用硝酸银标准滴定溶液直接滴定。操作步骤如下：

用移液管移取 100 mL 水样于 250 mL 锥形瓶中，加入 2 滴酚酞指示剂，用氢氧化钠溶液和硝酸溶液调节水样的 pH 值，使红色刚好变为无色。加入 1 mL 铬酸钾指示剂，在不断摇动情况下，用硝酸银标准滴定溶液滴定，直至出现砖红色为止。记下消耗的硝酸银标准滴定溶液的体积 V_1。同时作空白试验，记下消耗的硝酸银标准滴定溶液的体积 V_0。

氯离子质量浓度 x_1 的计算式为

$$x_1=\frac{(V_1-V_0)c\times 0.035\,45}{V}\times 10^6\quad (\text{mg/L}) \tag{10-25}$$

式中 V_1——滴定水样时消耗硝酸银标准滴定溶液的体积(mL)；

V_0——空白试验时消耗硝酸银标准滴定液的体积(mL)；

V——水样的体积(mL)；

c——硝酸银标准滴定溶液的物质的量浓度(mol/L)；

0.035 45——与 1 mL $AgNO_3$ 标准溶液[$c(AgNO_3)=1$ mol/L]相当的以克表示的氯的质量。

8. 铁含量的测定

地面水中的铁以 Fe^{3+} 形态存在；地下水中的铁以 Fe^{2+} 存在，经氧化也为 Fe^{3+}，成为氢氧化铁沉淀或胶体颗粒。含铁高的水易促使铁细菌繁殖，加速管道、设备腐蚀，因此对循环水中的铁需进行监测。

铁含量的测定采用邻菲啰啉分光光度法。铁(Ⅱ)菲啰啉络合物 pH 值在2.5～9 之间是稳定的，颜色的强度与铁(Ⅱ)存在量成正比。在铁浓度为 5 mg/L 以下时，浓度与吸光度呈线性关系。

含铁量的测定按以下步骤进行。

1) 总铁

(1) 直接测定

取 50 mL 酸化后的水样作试样。如果存在不溶铁、铁氧化物或铁络合物，则将试样转移至 100 mL 锥形瓶中并按以下②“分解后的总铁”方法进行预处理。

① 氧化：加 5 mL 过硫酸钾溶液，微沸约 40 min，剩余体积不低于 20 mL。冷却后转移至 50 mL 比色管中，并补水至 50 mL。

② 还原成铁(Ⅱ)：加 1 mL 盐酸羟胺溶液并充分均匀，加 2 mL 乙酸缓冲溶液使 pH 值为 3.5～5.5，最好 4.5。

③ 显色：加 2 mL 1，10 -菲啰啉溶液并放在暗处 15 min。

④ 光度测量：用分光光度计于 510 nm 处以水为参比，测定 c 溶液的吸光度。

(2) 分解后的总铁

移取 50 mL 酸化后的试样于 100 mL 烧杯中，加 5 mL 硝酸和 10 mL 盐酸并将该混合物加热微沸。30 min 后加 2 mL 硫酸并蒸发该溶液至出现白色的氧化硫烟雾，避免煮干。冷至室温后转移至 50 mL 比色管中并补水至 50 mL。以下按(1)“直接测定”中的②—④步骤进行。

2) 可溶性铁的测定

移取 50 mL 水样，过滤后将滤液酸化至 pH＝1，至于 50 mL 比色管中，按(1)“直接测定”中的②—④步骤进行。

3) 铁(Ⅱ)的测定

移取 50 mL 水样于加 1 mL 硫酸的一个氧瓶中，避免与空气接触，再于 50 mL 比色管中。按(1)“直接测定”中的②—④步骤进行(不加盐酸羟胺溶液)。

4) 空白试验

用 50 mL 水代替试样，按与测定试样相同的步骤测吸光度。

5) 校准

(1) 参比溶液的制备：准确移取一定体积的铁标准溶液Ⅰ和Ⅱ于一系列50 mL 比色管中，制备一系列浓度范围的含铁参比溶液，参比溶液的浓度范围应与待测试液含铁浓度相适应。加 0.5 mL 硫酸溶液于每一个比色管中，并用水稀释至 50 mL。按照每一种已确定形式的铁的相应步骤，用与处理试样相似的方法对参比溶液进行处理。

(2) 绘制校准曲线：以铁离子浓度(mg/L)为横坐标，所测吸光度为纵坐标绘制校准曲线。绘制的曲线铁离子浓度与吸光值呈线性关系。

含铁的质量浓度 ρ 的计算式为

$$\rho = f(A_1 - A_0) \quad (\mathrm{mg/L}) \tag{10-26}$$

式中　f——校正曲线的斜率；

A_1——试样的吸光度；

A_0——空白试样的吸光度。

9. 二氧化硅(SiO_2)含量的测定

二氧化硅不能直接溶解于水，水中二氧化硅主要来源是溶解的硅酸盐。循环水中二氧化硅含量过高，水中硬度又较大时，则 SiO_2 易于与水中的 Ca^{2+} 或 Mg^{2+} 离子生成硅酸钙或硅酸镁水垢，因此对二氧化硅含量的测定，是避免和防治钙镁硅酸盐垢的重要措施。

二氧化硅的测定采用分光光度法。用慢速滤纸过滤水样，用移液管移取一定量过滤后的水样，置于 50 ml 比色管中，用水稀释至刻度，混匀。1 min 后加入2 mL 1 -氨基- 2 -萘酚- 4 -磺酸溶液，混匀，放置 10 min。使用分光光度计，以试剂空白为参比，在 640 nm 波长处，用 1 cm 吸收池测定吸光度。

二氧化硅含量 x 的计算式为

$$x=\frac{m}{V}\times 1\,000\quad (\mathrm{mg/L}) \tag{10-27}$$

式中　m——根据测得的吸光度从工作曲线上查得的二氧化硅的量(mg)；

V——所取水样的体积(mL)。

10. 浊度的测定

水中浊度由悬浮物、胶体、泥沙等组成，是泥垢、腐蚀及菌藻滋生的主要因素，会使换热器的寿命和效率降低，故循环冷却水中的浊度应严格控制。

浊度测定采用散射光法。按浊度仪说明书调试仪器。选用一种其浊度值与被测水样接近标准对照溶液。重复调零、定位，直至稳定为止。摇匀水样，待气泡消失后，将水样注入浊度仪的试管中进行测定，直接从仪器上读取浊度值。

11. 游离氯和总氯的测定

循环冷却水处理中，常用投加氯来进行杀菌和氧化有机物，并需要保持一定的余氯，即游离态氯。

当 pH 值为 6.2～6.5 时，在过量碘化钾存在下，试样中总氯与 N，N-二乙基-1，4-苯二胺(简称为 DPD)反应，生成红色化合物。用硫酸亚铁铵标准溶液滴定到红色消失为终点。

游离氯的测定：在 250 mL 锥形瓶中，加入 5 ml 缓冲溶液和 5 ml DPD 溶液混匀，随后加 100 mL 试样溶液混匀，立即用硫酸亚铁铵标准溶液Ⅱ滴定到无色为终点。记录所消耗滴定液的体积 V_1。

总氯的测定：在 250 mL 锥形瓶中，加入 5 mL 缓冲溶液和 5 mL DPD 溶液混匀，随后加 100 mL 试样溶液混匀，再加入 1 g 碘化钾混匀，显色 2 min 后，立即用硫酸亚铁铵标准溶液Ⅱ滴定到无色为终点。若 2 min 内返色，继续滴定至无色为终点。记录所消耗滴定液的体积 V_2。

锰氧化物干扰的测定：在 250 mL 锥形瓶中，加入 100 mL 试样溶液和 1 mL 硫代乙酰胺溶液混匀，随后加 5 mL 缓冲溶液和 5 mL DPD 溶液混匀，立即用硫酸亚铁铵标准溶液Ⅱ滴定到无色为终点。记录试样溶液中锰氧化物消耗滴定液的体积 V_3。

游离氯质量浓度 x_1 的计算式为

$$x_1=\frac{c(V_1-V_3)\times 0.035\,45}{V}\times 10^6\ (\mathrm{mg/L}) \tag{10-28}$$

式中　c——硫酸亚铁铵标准溶液Ⅱ的物质的量浓度(mol/L)；

V_1——测定游离氯所消耗硫酸亚铁铵标准溶液Ⅱ的体积(mL)；

V_3——测定锰氧化物所消耗硫酸亚铁铵标准溶液Ⅱ的体积(mL)；

V——移取试样溶液的体积(mL)；

0.035 45——与 1 mL 硫酸亚铁铵标准溶液$\{c[(NH)_2Fe(SO_4)_2\cdot 6H_2O]=1\ \mathrm{mol/L}\}$相当的，以克表示氯的质量。

总氯浓度的计算式为

$$x_2=\frac{c(V_2-V_3)\times 0.035\,45}{V}\times 10^6\quad (\mathrm{mg/L}) \tag{10-29}$$

式中　V_2——测定总氯所消耗硫酸亚铁铵标准溶液Ⅱ的体积(mL)；

c，V_3，V，0.035 45 符号意义同上。

12. 铝离子的测定

天然水中存在少量铝离子，在水处理因投加铝盐等絮凝剂而增加了部分铝离子。当铝离子过量(>3 mg/L)时，会产生黏结作用，促进污泥沉积，影响循环冷却水的水质及设备正常运行。故有必要对铝离子进行测定。

测定铝离子采用邻苯二酚紫分光光度法。在pH值为5.9±0.1时，铝与邻苯二酚紫反应得蓝色络合物。在波长580 nm处测量其吸光度。

依据比色皿光程长度和分光光度计的灵敏度，分析步骤包括两个范围。当样品中含铝量低于100 μg/L时，用50 mm比色皿(低范围)；样品中含铝量为100～500 μg/L时，用10 mm比色皿(高范围)。

测定时吸取25 ml试样，置于100 ml烧杯中。如需要，可用酸化水稀释样品。然后进行显色，读取吸光值A_s。

铝的质量浓度计算式为

$$\rho_{Al} = f(A_s - A_{s0}) \quad (\mu g/L) \tag{10-30}$$

式中　A_s——试样的吸光值；

A_{s0}——空白的吸光值；

f——校正曲线的斜率，即以铝离子质量浓度(μg/L)为横坐标，所测吸光度为纵坐标绘制标准曲线，呈线性关系。

13. 亚硝酸盐的测定

亚硝酸盐是硝化细菌的营养物质，硝化细菌对水质危害很大，尤其是反应产物中的亚硝酸根，与氯反应，大大降低氯的杀菌效果，也就不能有效地控制微生物生长，使水浊度上升，水质变黑，系统粘泥增加，造成水质恶化，影响传热、堵塞管道、使设备腐蚀。

用分光光度法测定亚硝酸盐。其原理为：在pH=1.9和磷酸存在下，试料中的亚硝酸盐与4-氨基苯磺酰胺试剂反应生成重氮盐，再与N-(1-萘基)-1，2-乙二胺二盐酸盐溶液(与4-氨基苯磺酰胺试剂同时加入)反应形成一种粉红色的染料。在540 nm处测量其吸光度。

操作过程为：移取适当体积的试样至50 mL容量瓶中，用水稀释至约40 mL。加入1 mL显色剂，混匀并稀释至刻度，摇匀后静置。20 min后以水作参比，于540 nm处用合适光程长度的比色皿测量溶液的吸光度。然后在“吸光值与亚硝酸盐质量曲线”(称“标准曲线”是呈线性关系的直线)上查得相应的亚硝酸盐质量(μg)。

试样校正后的吸光度A_r为

$$A_r = A_s - A_b \tag{10-31}$$

若已进行了色度校正，则为

$$A_r = A_s - A_b - A_c \tag{10-32}$$

式中　A_s——试样的吸光度；

A_b——空白的吸光度；

A_c——校正色度的配制溶液的吸光度。

亚硝酸盐(以氮计)的质量浓度 c_N 计算式为

$$c_N = m_N/V \quad (\text{mg/L}) \tag{10-33}$$

式中 m_N——与校正吸光度(A_r)对应的亚硝酸盐(以氮计)含量的数值(μg);

V——试样的体积数值(mL)。

质量浓度可用 C_N 表示,也可用亚硝酸根的质量浓度 $C_{NO_2^-}$(mg/L)或亚硝酸根的物质量 $C_{NO_2^-}$(μmol/L)表示。三者的换算系数见表 10-3。

表 10-3　亚硝态氮浓度的表示方法及换算关系

亚硝态氮浓度表示方法	$C_N/(\text{mg}\cdot\text{L}^{-1})$	$C_{NO_2^-}/(\text{mg}\cdot\text{L}^{-1})$	$C_{NO_2^-}/(\mu\text{mol}\cdot\text{L}^{-1})$
C_N=1 mg/L	1	3.29	71.4
$C_{NO_2^-}$=1 mg/L	0.304	1	21.7
$C_{NO_2^-}$=1 μmol/L	0.014	0.046	1

14. *溶解氧的测定*

循环冷却水在循环和冷却过程中溶入大量的氧,是造成设备腐蚀的主要因素,应了解和掌握水中溶解氧,以防治腐蚀。

溶解氧的测定采用典量法。基原理为:在碱性溶液中,二价锰离子被水中溶解的氧氧化成三价或四价的锰,然后酸化溶液,再加入碘化钾,三价或四价锰又被还原成二价锰离子,并生成与溶解氧相等物质量的碘。用硫代硫酸钠标准滴定溶液滴定所生成的碘,便可求得水的溶解氧。

操作的大致过程为:用洗净的 A、B 两个取样瓶取水样,置于洗净的取样桶中。用一根细长的玻璃管吸 1 mL 左右的硫酸锰溶液,将玻璃管插入 A 瓶的中部,放入硫酸锰溶液。然后再用同样的方法加入 5 mL 碱性碘化钾混合液、2 mL 高锰酸钾标准溶液,将 A 瓶置于取样桶水层下,待 A 瓶中沉淀后,于水下打开瓶塞,再在 A 瓶中加入5 mL硫酸溶液(1+1),盖紧瓶塞,取出摇匀。在B瓶中首先加入 5 mL 硫酸溶液(1+1),然后在加入硫酸的同一位置再加入 1 mL 左右的硫酸锰溶液、5 mL碱性碘化钾混合液、2 mL 高锰酸钾标准溶液。不得有沉淀产生,否则重新测试。盖紧瓶塞,取出、摇匀,将 B 瓶置于取样桶水层下。

将 A、B 瓶中溶液分别倒入 2 只 600 mL 或 1 000 mL 烧杯中,用硫代硫酸钠标准滴定溶液滴至淡黄色,加入 1 mL 淀粉溶液继续滴定,溶液由蓝色变无色,用被滴定溶液冲洗原 A、B 瓶,继续滴至无色为终点。

溶解氧的质量浓度计算式为

$$x_1 = \frac{0.008 \times V_1 \cdot c}{V_A - V'_A} - \frac{0.008 \times V_2 \cdot c}{V_B - V'_B} \times 10^6 \ (\text{mg/L}) \tag{10-34}$$

式中 c——硫代硫酸钠标准滴定溶液的物质的量浓度(mol/L);

V_1——滴定 A 瓶水样消耗的硫代硫酸钠标准滴定溶液的体积(mol);

V_A——A 瓶的容积(mol);

V'_A——A 瓶中所加硫酸锰溶液、碱性碘化钾混合液、硫酸及高锰酸钾溶液的体积之和(mL);

V_B——B 瓶的容积(mL);

V_2——滴定 B 瓶水样消耗的硫代硫酸钠标准滴定溶液的体积(mL);

V'_B——B瓶中所加硫酸锰溶液、碱性碘化钾混合液、硫酸及高锰酸钾溶液的体积之和(mL);

0.008——与1 mL硫代硫酸钠标准溶液[$c(Na_2S_2O_3)=1$ mol/L]相当的以克表示的氧的含量。

如果水样需要进行预处理,则溶解氧的质量浓度 x_2 的计算式为

$$x_2=\left(\frac{V}{V-V'}\right)x_1\ (\text{mg/L}) \tag{10-35}$$

式中 V——“水样预处理”中1 000 mL带塞瓶的真实容积(mL);

V'——硫酸铝钾溶液和氨水体积(mL);

x_1——由式(10-34)计算所得的值(mg/L)。

10.2.3 结垢与腐蚀产物的分析

在正常运行时,只对监测换热器或挂片进行垢层分析;在大检修时,对换热器、冷却塔池壁、填料及塔体结构进行垢层分析。

1. 垢层分析内容

垢层包括盐垢、污垢,内容为:氧化钙(CaO);氧化镁(MgO);三氧化二铁(Fe_2O_3);三氧化硫(SO_3);总硫(S);硫化亚铁(FeS);二氧化碳(CO_2);五氧化二磷(P_2O_5);氧化锌(ZnO);氧化铜(CuO);氧化铝(Al_2O_3);酸不溶解物(以 SiO_2 计);灼烧减量(450℃);固体残渣(900℃)等。可用“垢层和腐蚀产物分析报告”表形式。

2. 垢层分析项目意义

(1) SiO_2:表示悬浮物含量。二氧化硅在水中存在形式很多,有悬浮硅、活性硅、溶解性硅酸盐、聚硅酸盐等。二氧化硅不能直接溶解于水,故可用来表示悬浮物含量。

(2) Fe_2O_3:表示腐蚀程度。

(3) CaO, MgO, P_2O_5, CO_2:联系起来分析,可看出 $CaCO_3$, $MgSO_4$, $Ca_3(PO_4)_2$ 的危害程度。

(4) SO_3^{2-}:表示硫酸盐还原存在与否。

(5) 灼烧减量:表示生物和有机物的污染程度。

10.3 结垢与腐蚀

10.3.1 循环冷却水系统的结垢

结垢是污垢中的一种,泥垢、黏垢是指悬浮物、泥砂、微生物等引起的。结垢是指无机盐类的沉积物,较硬而结实,这里指的结垢就是此沉积物。

1. 碳酸钙硬度

固体在水中的溶解达到饱和状态的溶液称为饱和溶液。饱和溶液中溶质的浓度称为溶解度。固体的溶解度随温度而变化,其中绝大多数的无机盐的溶解度是随温度的升高而增加。但有些盐类的溶解度却随温度的升高而降低,如表10-4所示对水质影响较大的几种钙化合物。

表 10-4　几种钙化合物溶解度

化合物	在 0℃时的溶解度/($mg \cdot L^{-1}$)	说明
$Ca(HCO_3)_2$	2 630	随温度上升而降低，并分解出 $CaCO_3$
$CaCO_3$	27	随温度升高而降低
$CaSO_4$	2 120	在 100℃时，溶解度为 1 700 mg/l

从表 10-4 可见，$Ca(HCO_3)_3$ 的溶解度比 $CaCO_3$ 要大 100 倍左右，因此水中的钙硬主要是指 $Ca(HCO_3)_2$。现在来讨论一下，在循环水系统中为什么新鲜的补充水不析出钙硬，而在循环过程中会造成结垢的问题。

在前述讨论"CO_2 含量的降低"中，用反应式(10-1)来加以说明，现讨论钙硬结垢的平衡方程式的平衡移动过程仍用此式来说明。综合有关因素和平衡移动的条件，式(10-1)可写成：

$$Ca^{2+}+HCO_3^- \xrightarrow{\text{加热、pH}\uparrow\text{、}CO_2\uparrow\text{、浓缩}} CaCO_3\downarrow+CO_2+H_2O \tag{10-36}$$

在敞开式循环冷却水系统中，方程式的平衡会随着循环过程而向右移动，原因为：

(1) 水中 CO_2 的溶解度随温度的升高而降低，0℃时的溶解度为 1 710 mg/L，到 30℃时为 665 mg/L，降低了 61%，这一变化对水的结垢影响很大。CO_2 因受热而溶解度降低，在冷却塔中逸出，使平衡向右移，形成 $CaCO_3$ 沉淀。

(2) $CaCO_3$ 本身的溶解度随水温升高而降低，在受热过程中 $CaCO_3$ 沉淀析出，也使平衡向右移动。

(3) 由于水的浓缩，使水中的 Ca^{2+} 和 HCO_3^- 的浓度增加，促使平衡向右移动，形成 $CaCO_3$ 沉淀。

(4) 水的 pH 值随着循环过程而升高。一般工业用水的 pH 值在 7.5 左右，当浓缩 1 倍时 pH 值会升高到 8～9。pH 值的升高即 OH^- 离子浓度增加，使 HCO_3^- 离子离解，根据水的碳酸平衡使方程平衡向右移。

2. 腐蚀产物形成的锈层结垢

铁腐蚀后最初形成的是 $Fe(OH)_2$ 沉淀，以后会被水中的溶解氧氧化成$Fe(OH)_3$沉淀。$Fe(OH)_3$ 可脱水而成 Fe_2O_3 变垢。腐蚀产物和钙垢是往往黏在一起形成灰黑色的硬垢。

综合上述，结垢与水中溶解盐的浓度、温度等因素有关，循环水比直流水的结垢要严重得多。结垢的部位主要在热交换器的管壁，结垢必然会影响传热效率，从而降低生产效率。同时，结垢不均匀会导致危害性极大的局部腐蚀。因此，防垢和防腐是循环冷却水水质稳定处理的主要内容。

3. 极限碳酸盐硬度

所谓极限碳酸盐硬度 H_j 是指在一定水质条件和温度下，水中游离的 CO_2 没有或很少时，使 $CaCO_3$ 不析出的临界值，一般在循环冷却水中为 2～4.5 mg 当量/L。用经验公式计算为：

$$H_j=\frac{1}{2.8}\left[8+\frac{[O]}{3}-\frac{t-40}{5.5-\frac{[O]}{7}}-\frac{2.8H_f}{6-\frac{[O]}{7}+\left(\frac{t-40}{10}\right)^3}\right]\quad(\text{mg 当量 /L}) \tag{10-37}$$

式中　H_j——循环水极限碳酸盐硬度(mg 当量/L)；

[O]——补充水的耗氧量(mg/L O_2)；

t——循环水的最大温度，如果 $t<40℃$，仍用 40℃；

H_f——补充水的非碳酸盐硬度(mg 当量/L)。

式(10-37)只适用于循环水水温 t 满足 $30℃<t<65℃$ 及 [O]<25 mg/L。

10.3.2　腐蚀概述

1. 腐蚀的概念

金属材料与周围介质接触和相互作用，发生化学、电化学、微生物等反应，使金属材料遭受破坏或性能恶化的过程称为腐蚀。腐蚀反应发生在金属材料与溶液(水)相接触的界面上，从界面开始逐渐向内部延伸。

金属材料的腐蚀结垢，给国民经济造成很大的损失。在循环冷却水系统中，管道内壁粗糙度增加，过水断面缩小，能耗损失增加，会产生系统的不利影响。

腐蚀可以有以下几方面定义：

(1) 由于金属材料与环境反应引起的破坏或变质；

(2) 除了单纯机械破坏以外的金属材料的一切破坏；

(3) 从冶金的角度来讲，腐蚀也可以视为冶金的逆过程。

2. 腐蚀的分类

腐蚀的分类有多种，一种是将腐蚀分为低温腐蚀和高温腐蚀；另一种是将腐蚀分为化学腐蚀(单纯由直接化合或氧化等化学作用引起的腐蚀，如金属与干燥气体接触时在金属表面上生成相应的化合物)和电化学腐蚀。

在循环冷却水系统中的腐蚀，通常分为电化学腐蚀和微生物腐蚀两种。而微生物腐蚀又分为有氧(好氧菌)和无氧(厌氧菌)条件下的两种腐蚀。以下将分别论述。

10.3.3　电化学腐蚀

1. 电化学电池的形成

电化学腐蚀是最基本、最常见的一种腐蚀形式。电化学的腐蚀过程也就是一个原电池(电化学电池)的工作过程。如通常所见的电路一样，必须具备阳极、阴极、内电路和外电路。外电路可以是阳极和阴极的连接，内电路可以是阳极和阴极接触的电解质溶液，分下列三种情况：

(1) 不同金属相互接触；

(2) 金属内部组成的不均匀或金属表面液体浓度有差异；

(3) 金属表面不均匀。

上述三种的任意一种条件下电化学电池的形成见示意图 10-3。

对于金属来说，水作为一种电解液，具有明显的电化学性质。而金属本身含有较多杂质，金属与杂质之间存在着电位差，在水的介质中形成了无数微腐蚀电池，在金属表面某一部位，因铁被腐蚀成离子进入水中成为阳极，所释放出来的电子(e^-)传递到金属表面的另一部分而成为阴极，这就形成了电化学电池，腐蚀便会发生，当水中存在足够的溶解氧时，腐蚀会不断地进行下去。

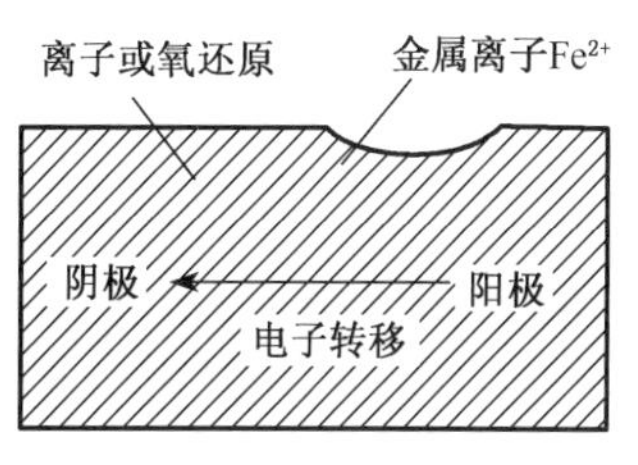

图 10-3　腐蚀电池示意图

2. 电化学腐蚀过程

金属的腐蚀过程与所接触水的温度和水质有关，特别是与水的 pH 值的关系更为密切，有时也与所受压力有关。现按通常的水质和水温条件对腐蚀过程进行论述。实际上循环冷却水的水质远比自来水差，溶解氧多，pH 值高，因此电化学腐蚀更为复杂和严重。

金属的电化学腐蚀过程如图 10-4 所示。图 10-4(a)表示金属表面某个部位的金属原子溶解于水中，产生了氧化反应，构成了一个腐蚀电池的阳极，并释放出电子，其氧化反应式为

$$Fe \longrightarrow Fe^{2+} + 2e^- \tag{10-38}$$

阳极释放出来的电子在金属内沿一条阻力小的路线到达阴极部位，溶解的 Fe^{2+} 也要向阴极部位运动，在酸性条件下氢离子的还原反应为

$$2H^+ + 2e^- \longrightarrow 2H \rightarrow H_2 \tag{10-39}$$

在中性水的条件下，氧的还原反应为

$$O_2 + 2H_2O + 4e^- \longrightarrow 4OH^- \tag{10-40}$$

进而溶液中的金属离子(Fe^{2+})在阴极与氢氧根离子(OH^-)反应生成氢氧化合物，即图 10-4(b)：

$$Fe^{2+} + 2OH^- \longrightarrow Fe(OH)_2 \tag{10-41}$$

当水中没有氧时，则反应式(10-40)不存在，没有 OH^- 产生，反应到式(10-39)及式(10-41)就停住了，这时阴极部位的表面为 H_2 或 $Fe(OH)_2$ 所遮盖，就会阻止电子继续转移，金属的表面不再和水直接接触，反应式(10-39)及式(10-41)就不再继续发生，反过来抑制了反应式(10-38)的发生，金属离子(Fe^{2+})不再溶解于水，也无电子流动，保护金属不再腐蚀，如图 10-4(a)、图 10-4 (b)所示。反应式(10-38)是分两步进行的，第一步氢离子(H^+)得到了 1 个电子还原成为氢原子附着在阴极的金属表面形成保护膜，使金属不再被腐蚀；第二步在酸性或缺氧条件下，氢离子通常形成氢分子(H_2)而逸出，从而失去了氢原子的保护膜。通常把阴极氢原子层的形成称作极化，氢原子层的去除称为去极化。

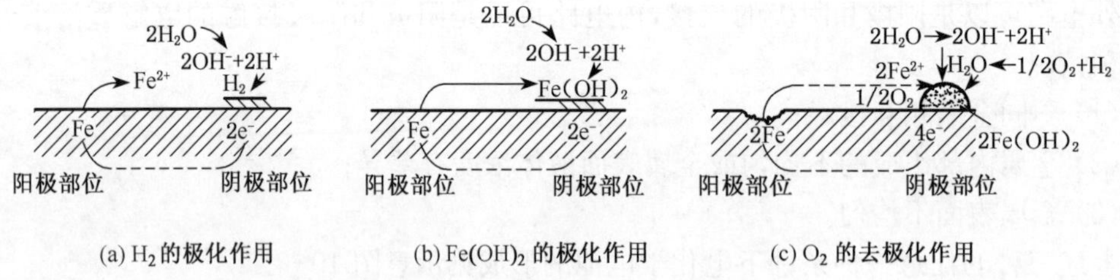

图 10-4 金属的电化学腐蚀过程

天然水体或 pH 值接近中性的水中均含有溶解氧，循环冷却水中的溶解氧相当充足(饱和溶解氧量 8～14 mg/L)，阴极部位的反应必将继续进行下去。H 原子保护层和 Fe(OH) 保护层不再存在，金属继续被腐蚀。反应为：

$$2H + O_2/2 \longrightarrow H_2O \tag{10-42}$$

$$4Fe(OH)_2 + O_2 + 2H_2O \longrightarrow 4Fe(OH)_3 \downarrow \tag{10-43}$$

反应生成的氢氧化物 $Fe(OH)_3$ 沉积在金属表面，形成铁锈。由于水中存在着氧而产生反应式(10-42)及式(10-43)，使反应式(10-39)—式(10-41)必然还要继续下去，因而反过来推动式(10-38)的进行，金属就会不断溶解于水，也就是不断受到腐蚀，如图 10-4(c)所示。

在电化学腐蚀过程中，溶液中的溶解氧和 pH 值对金属腐蚀进程起着至关重要的作用。当溶液中无溶解氧时，阴极反应以式(10-39)进行。这时，反应生成的原子态 H 和氢气(H_2)会覆盖在阴极表面上，产生超电压的极化作用。只有当溶液的 $pH<4$ 时，H^+ 离子成为决定性因素，电极反应才能持续进行，当 $pH>5$ 时，腐蚀作用就会停止下来。在溶液中存在溶解氧时，情况就不同了，在酸性条件下，按反应式(10-42)进行而成生成水，不会产生极化作用；在中性条件下，可完全按式(10-40)进行反应，使腐蚀作用加强。实际上，当 $pH>6$ 时，溶解氧是决定腐蚀的主要因素。当溶液的 $pH>9$ 时，金属的腐蚀速度会降低。

从上述反应式和图 10-4 可见，阳极部位是受腐蚀部位，阴极部位是腐蚀生成物堆积的部位。当腐蚀在整个金属表面基本均匀地进行时，腐蚀的速度较慢，危害相对较小，这种腐蚀称为全面腐蚀；当腐蚀集中于金属表面的某些部位时称局部腐蚀，局部腐蚀的速度很快，容易锈穿，危害性也大。无论哪种腐蚀，对循环冷却水水质均会造成污染和结垢。

3. 酸、碱腐蚀产生的铁锈

水的酸度是水中给出质子物质的总量，水的碱度是水中接受质子物质的总量。酸度和碱度都是水的一种综合性的度量，只有当水中的化学成分已知时，才能被解释为具体的物质。循环冷却水水质标准规定的 pH 值为 7～9.2，即从中性到碱性，是根据药剂配方确定的。

酸度包括强无机酸(如 HNO_3、HCl、H_2SO_4 等)，弱酸(如碳酸、醋酸、单宁酸等)和水解盐(如硫酸亚铁、硫酸铝等)。酸不仅有腐蚀性，而且对化学反应速率、化学物品的形态和生物过程等有影响。酸度的测定可反映水质的变化情况。测定的酸定数值大小与所用指示剂和滴定终止的 pH 值有关。用 mg/l(以 $CaCO_3$ 计)表示。

循环冷却水中除投加处理药剂之外，主要存在的是弱碳酸(H_2CO_3)。按碳酸平衡中，离解生成 CO_3^{2-}，CO_3^{2-} 在水中的反应为

$$CO_3^{2-}+H_2O \longrightarrow 2OH^-+CO_2\uparrow \tag{10-44}$$

生成 OH^- 碱度，成为碱腐蚀。

碱度包括水中重碳酸盐碱度(HCO_3^-)、碳酸盐碱度(CO_3^{2-})和氢氧化合物碱度(OH^-)，水中这三种离子的总和称为总碱度。一般水中仅含有 HCO_3^- 碱度，碱性强的水中才会有 CO_3^{2-}、OH^- 碱度。循环冷却水的 $pH>7$，故三种碱度都存在。弱碱 HCO_3^- 根据碳酸平衡和式(10-44)反应，生成强碱 OH^-，造成对铁的腐蚀为

$$Fe^{3+}+3OH^- \longrightarrow Fe(OH)_3\downarrow \tag{10-45}$$

腐蚀的结果与电化学腐蚀相同，仍为铁锈，从而污染水质。

10.3.4　微生物腐蚀

微生物腐蚀是指于微生物直接或间接地参加腐蚀过程所引起的破坏作用。一般来说微生物腐蚀很难单独存在，往往总是和电化学腐蚀同时发生，两者很难截然分开。引起腐

蚀的微生物一般为细菌及真菌，但也有藻类及原生动物等。许多产生粘垢的微生物，虽然不直接参加腐蚀过程的反应，但粘垢盖在金属表面，为腐蚀反应创造了条件，是引起间接腐蚀的原因。

在发生微生物腐蚀的部位，一定有大量的微生物生长，同时也是产生粘垢物的部位。在一个微生物生长的体系内，微生物的种类是很多的，同时随着微生物生长的过程及生存条件的变化，微生物的种类也会不断变化，因此在发生微生物腐蚀的条件下，很难确定哪几种微生物是产生腐蚀的因素。在显微镜下检验粘垢时，同样也只能得到其中的微生物的局部观念。这些说明，目前对于微生物腐蚀有关的微生物知识还是不够的，因此对微生物的腐蚀尚没有完整的知识。目前还停留在当发现某些细菌和真菌时，才根据经验认为微生物腐蚀有可能发生。

1. 厌氧腐蚀

微生物腐蚀理论可分为厌氧腐蚀和需氧腐蚀两类。在空气中或者自由氧中才能生长的细菌称为需氧菌，反之称为厌氧菌。厌氧腐蚀是由厌氧菌引起的，最典型的硫酸盐还原菌的腐蚀作用，同时也是微生物腐蚀中研究得较清楚的内容。硫酸盐还原菌的腐蚀过程如下。

在阳极部位发生铁的溶解：

$$4Fe \longrightarrow Fe^{2+} + 3Fe^{3+} + 8e^- \tag{10-46}$$

阴极部位的反应较复杂，因阴极部位没有自由氧，阴极的去极化靠硫酸盐还原菌的氢化酶作用，反应为

$$8H_2O \longrightarrow 8H^+ + 6OH^- + 2OH^- \tag{10-47}$$

$$8H^+ + 8e^- \longrightarrow 8H \tag{10-48}$$

$$8H^+ + SO_4^{2-} \xrightarrow{\text{氢化酶}} S^{2-} + 4H_2O \tag{10-49}$$

$$Fe^{2+} + S^{2-} \longrightarrow FeS \tag{10-50}$$

$$3Fe^{2+} + 6OH^- \longrightarrow 3Fe(OH)_2 \tag{10-51}$$

反应式(10-49)为硫酸盐的还原反应，六价的硫还原为两价的硫，在还原过程中起到了去极化作用。细菌得到了生长的能量。腐蚀的生成物为 FeS 及 $Fe(OH)_2$。

当水中有 CO_2 时，S^{2-} 和 Fe^{2+} 的反应为

$$S^{2-} + 2H_2CO_3 \longrightarrow H_2S + 2HCO_3^- \tag{10-52}$$

$$Fe^{2+} + H_2S \longrightarrow FeS + 2H^+ \tag{10-53}$$

反应式(10-52)、式(10-53)代替了反应式(10-50)，在反应过程中产生 H_2S。

硫酸盐还原菌引起的腐蚀过程如图 10-5 所示。

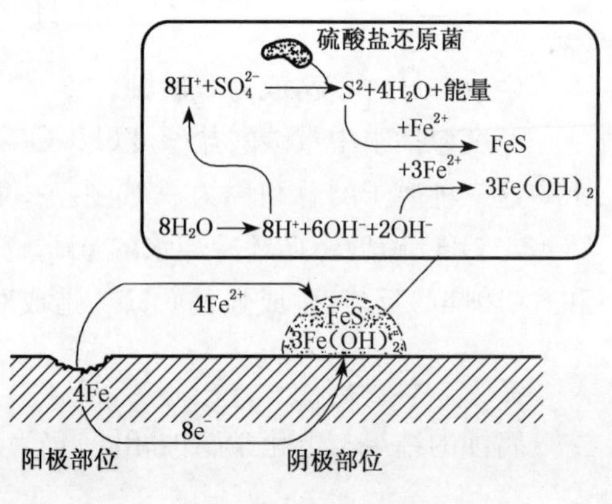

图 10-5　硫酸盐还原菌的腐蚀过程

2. 需氧腐蚀

需氧微生物腐蚀的典型例子是与铁细菌有关的腐蚀。铁细菌是一种分布比较广的细菌,一般认为只有在含纯无机铁质的水里才会大量生长,而在有机物很多的水里,即使铁的含量相当高,也没有铁细菌。铁细菌吸取水中的两价铁离子,分泌出氢氧化铁,一般在微酸性水中发育最为有利。铁细菌分泌的氢氧化铁可在金属材料上形成铁瘤,铁瘤及金属材料上的铁细菌丛可以引起光气差的腐蚀电池,在铁瘤及菌丛内部,由于缺乏溶解氧往往又出现厌氧腐蚀。

铁细菌可分线状铁细菌和普通铁细菌两种。线状铁细菌分为纤发菌和泉发菌两属。这种铁细菌呈线状,包在由线体分泌物氢氧化铁构成的金属材料中,称为衣鞘。线状铁细菌属的一些菌种的发育过程中,不断分泌氢氧化铁制造衣鞘,又不断爬出衣鞘,直到最后落壳,所遗留的铁质成为“锈水”的来源。铁细菌属常以固定在管壁及金属板上的菌丛出现,线体外也有衣鞘,铁细菌的危害大都是这属铁细菌引起。

普通铁细菌分嘉氏铁柄杆菌、鞘铁细菌及链球铁细菌3属。嘉氏铁柄杆菌也是常提到的一种腐蚀细菌,但目前的一种解释是,在这种细菌大量生长所形成的密实覆盖物下面,厌氧的硫酸盐还原菌直接参与了腐蚀过程;鞘铁细菌一般在水生植物表面或水面以薄膜状出现;链球铁细菌则定居在线状藻类表面。

《铁细菌》一书的作者霍洛得尼认为典型的铁细菌具有3个生理特征,一是对Fe^{2+}氧化成Fe^{3+}有催化作用;二是利用反应获取生长所需的能量;三是分泌形成某种定形结构的大量氢氧化铁,其总量超过细菌原生质很多倍。这一狭义的铁细菌定义,成为霍洛得尼对铁细菌种类评价的依据。

另一个极端的铁细菌定义是:凡是能从各亚氧化铁和氧化铁溶液中沉淀氢氧化铁的细菌,统名为铁细菌。

铁细菌的营养分为自养的、异养的、兼性的三种。在微生物学中把细菌的化学成分写成$C_5H_7NO_2$,这是一种粗糙的表达方法,但方便、实用。C, O, N, H四种元素分别约占细菌于重成分的50%、20%、14%、8%(总计占92%),细菌生长最需要、量最多的是C元素。当$C_5H_7NO_2$中的C必须由含碳的动植物提供,同时又是生长限制的营养物时,这种细菌称为异养菌;而当$C_5H_7NO_2$中的C是以无机碳CO_2作为唯一来源,而生长限制的营养物则为别的元素(如NH_4^+-H, Fe^{2+}、Mn^{2+})时,这种细菌称为自养菌;而当$C_5H_7NO_2$中的C既可有机物提供,也可由CO_2提供时,这种细菌称为兼性菌。一般来说,$C_5H_7NO_2$中的N和O则分别由水中的NH_4^+-N中的N和O提供,不属于生长限制的营养物。

需氧腐蚀菌中还有一种硫杆菌,其代谢过程中所产生的硫酸,浓度可达5%~10%。细菌和真菌的代谢过程中,往往产生很多有机酸,这些酸也会引起腐蚀。

球衣菌、细枝发菌、纤发菌、泉发菌、嘉利翁氏菌等这几个属的铁细菌都属于氧化铁的细菌。这些属的铁细菌中,赭色纤发菌、生发纤发菌、锈色嘉利翁氏菌、小嘉利翁氏菌和大嘉利翁氏菌5种属于自养性铁细菌,必须在含亚铁的水中才能生长。厚鞘纤发菌则属于兼性营养菌,在含亚铁和不含亚铁的水中都能生长。多孢铁细菌的需铁状态可能界乎自养和兼性营养之间。至于铁单胞菌属,其营养类型还尚不清楚。

10.4 结垢和腐蚀的判别

10.4.1 饱和指数法

水质稳定的水是指既不会形成水垢又无腐蚀的水。反之称为水质不稳定的水，会产生结垢和腐蚀两种危害。水的腐蚀性和结垢性可看作水——碳酸盐系统的一种行为表现。当水中的碳酸钙含量超过其饱和值时，会出现碳酸钙沉淀而结垢；反之，当水中的碳酸钙含量低于饱和值时，则水对碳酸钙具有溶解能力，能将已沉淀的 $CaCO_3$ 溶解于水中。前者称为结垢型水，后者称为腐蚀型水，总称为不稳定的水。为了对水质的腐蚀性和结垢性进行控制，必须有一个能对水质的稳定性进行判别的指数。

1936 年郎格利尔(Langelier)根据水中碳酸钙平衡关系，提出了饱和 pH 指数概念，称为郎格利尔饱和指数(Langelier Saturation Index，LSI)，以此判别碳钙为代表水垢是否会析出，并以水的实际 pH 值(用 pH_0 表示)与饱和 pH 值(用 pH_s 表示)的差值来判断水垢析出，此差值称饱和指数，即郎格利尔指数，用公式表示为

$$LSI = pH_0 - pH_s \tag{10-54}$$

式中 LSI——饱和指数；

pH_0——水的实测 pH 值；

pH_s——水的碳酸钙饱和平衡时 pH 值。

根据饱和指数 LSI 值，可对水的特性进行以下判别：当 $LSI=pH_0-pH_s>0$ 时，结垢；当 $LSI=pH_0-pH_s=0$ 时，不结垢，不腐蚀，称为水质稳定；当 $LSI=pH_0-pH_s<0$ 时，腐蚀。

1. 饱和 pH(pH_S)的计算

$$pH_s = pK_2 - pK_s + p'_{Ca} + p'[A] \tag{10-55}$$

式中 pK_2——碳酸的二级电离常数的负对数；

pK_s——碳酸钙的浓度积的负对数；

p'_{Ca}——水中钙离子含量的负对数；

$p'[A]$——水中碱度值的负对数。

2. 饱和 pH 值(pH_s)的简化计算

(1) 式(10-55)使用较麻烦，为简便起见，将式(10-55)绘成图 10-6 进行查算。

(2) 为简化饱和 pH_s 值的计算，根据淡水的 pH 值、水的总碱度、钙硬度以及总溶解固体的化学分析值和水温，利用表 10-4—表 10-6 查得相应的常数代入式(10-56)，计算出 pH_s 值。

$$pH_s = (9.7 + N_s + N_t) - (N_H + N_A) \tag{10-56}$$

式中 N_s——溶解固体常数，查表 10-5；

N_t——温度常数，查表 10-6；

N_H——钙硬度常数，查表 10-7；

N_A——总碱度常数，查表 10-7。

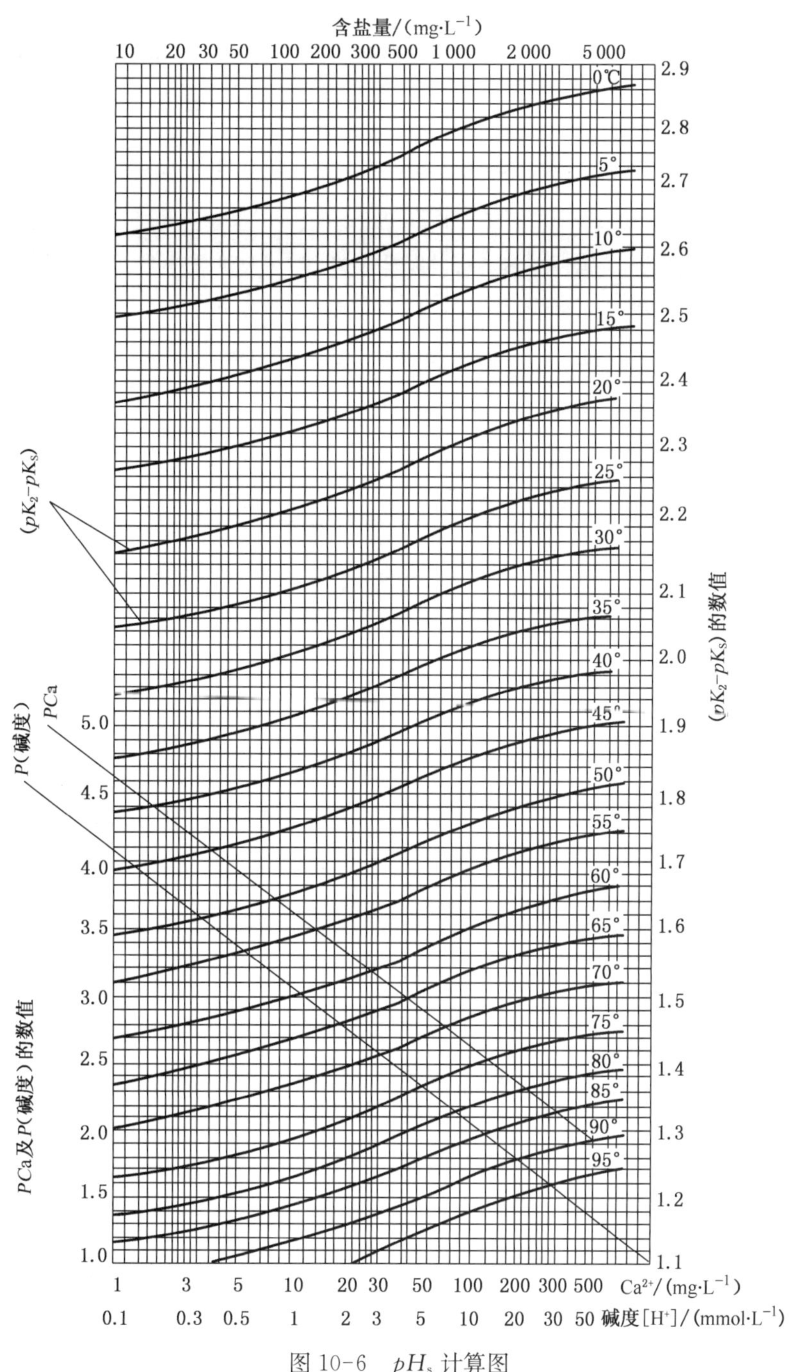

图 10-6　pH_s 计算图

表 10-5　　N_s 值

总溶解固体/(mg·L^{-1})	45	60	80	105	140	175	220	275	340	420	520	640	800	1 000
N_s	0.07	0.08	0.09	0.10	0.11	0.12	0.13	0.14	0.15	0.16	0.17	0.18	0.19	0.20
总溶解固体/(mg·L^{-1})	1 250	1 650	2 200	3 100	≥4 000 ≤13 000									
N_s	0.21	0.22	0.23	0.24	0.25									

表 10-6　　N_t 值

水温/℃	尾数									
	0	1	2	3	4	5	6	7	8	9
0	2.60	2.57	2.54	2.52	2.49	2.47	2.44	2.42	2.39	2.37
10	2.34	2.31	2.29	2.26	2.24	2.21	2.19	2.16	2.14	2.11
20	2.09	2.07	2.05	2.02	2.00	1.98	1.96	1.94	1.92	1.90
30	1.88	1.86	1.84	1.83	1.81	1.79	1.78	1.76	1.74	1.73
40	1.71	1.70	1.68	1.66	1.65	1.63	1.61	1.60	1.59	1.57
50	1.55	1.53	1.52	1.50	1.49	1.48	1.46	1.44	1.43	1.42
60	1.40	1.39	1.37	1.36	1.35	1.33	1.32	1.31	1.30	1.28
70	1.27	1.26	1.25	1.24	1.23	1.22	1.21	1.20	1.18	1.17

表 10-7　　N_H 或 N_A 值

钙硬度或碱度/($mg \cdot L^{-1}$)(以 $CaCO_3$ 计)	尾数									
	0	1	2	3	4	5	6	7	8	9
0		0.00	0.30	0.48	0.60	0.70	0.78	0.85	0.90	0.95
10	1.00	1.04	1.08	1.11	1.15	1.18	1.20	1.23	1.26	1.28
20	1.30	1.32	1.34	1.36	1.38	1.40	1.42	1.43	1.45	1.46
30	1.48	1.49	1.51	1.52	1.53	1.54	1.56	1.57	1.58	1.59
40	1.60	1.61	1.62	1.63	1.64	1.65	1.66	1.67	1.68	1.69
50	1.70	1.71	1.72	1.72	1.73	1.74	1.75	1.76	1.76	1.77
60	1.78	1.79	1.79	1.80	1.81	1.81	1.82	1.83	1.83	1.84
70	1.85	1.85	1.86	1.86	1.87	1.88	1.88	1.89	1.89	1.90
80	1.90	1.91	1.91	1.92	1.92	1.93	1.93	1.94	1.94	1.95
90	1.95	1.96	1.96	1.97	1.97	1.98	1.98	1.99	1.99	2.00
100	2.00	2.00	2.01	2.01	2.02	2.02	2.03	2.03	2.03	2.04
110	2.04	2.05	2.05	2.05	2.06	2.06	2.06	2.07	2.07	2.08
120	2.08	2.08	2.09	2.09	2.09	2.10	2.10	2.10	2.11	2.11
130	2.11	2.12	2.12	2.12	2.13	2.13	2.13	2.14	2.14	2.14
140	2.15	2.15	2.15	2.16	2.16	2.16	2.17	2.17	2.17	2.17
150	2.18	2.18	2.18	2.18	2.19	2.19	2.19	2.20	2.20	2.20
160	2.20	2.21	2.21	2.21	2.21	2.22	2.22	2.22	2.23	2.23
170	2.23	2.23	2.24	2.24	2.24	2.24	2.25	2.25	2.25	2.25
180	2.26	2.26	2.26	2.26	2.26	2.27	2.27	2.27	2.27	2.28
190	2.28	2.28	2.28	2.29	2.29	2.29	2.29	2.29	2.30	2.30
200	2.30	2.30	2.30	2.31	2.31	2.31	2.31	2.32	2.32	2.32

（续表）

钙硬度或碱度 /(mg·L^{-1})(以 $CaCO_3$ 计)	尾数									
	0	10	20	30	40	50	60	70	80	90
200		2.32	2.34	2.36	2.38	2.40	2.42	2.43	2.45	2.46
300	2.48	2.49	2.51	2.52	2.53	2.54	2.56	2.57	2.58	2.59
400	2.60	2.61	2.62	2.63	2.64	2.65	2.66	2.67	2.68	2.69
500	2.70	2.71	2.72	2.72	2.73	2.74	2.75	2.76	2.76	2.77
600	2.78	2.79	2.79	2.80	2.81	2.81	2.82	2.83	2.83	2.84
700	2.85	2.85	2.86	2.86	2.87	2.88	2.88	2.89	2.89	2.90
800	2.90	2.91	2.91	2.92	2.92	2.93	2.93	2.94	2.94	2.95
900	2.95	2.96	2.96	2.97	2.97	2.98	2.98	2.99	2.99	3.00

10.4.2　稳定指数法(*RSI*)

LSI 饱和指数在实际应用中有两点不足之处，一是对同样的两个 *LSI* 值不能进行稳定性的比较。例如，pH 值分别为 7.5 和 9.0 两个水样，其 pH_s 分别为6.65 和 8.14，计算结果得 *LSI* 分别为＋0.85 和＋0.86，即都是 *LSI*＞0，则两者应都是结垢性的，但实际上第一个水样是结垢的，而第二个水样却是腐蚀性的；二是当 *LSI* 值在 0 附近时，容易得出与实际相反的结论。1946 年雷兹纳（Ryznar）通过实验，提出了经验的稳定指数（Ryznar Stalility Index，RSI），以弥补 *LSI* 的不足之处，稳定指数 *RSI* 的表达式为

$$RSI = 2pH_s - pH_0 \tag{10-57}$$

式中　*RSI*——稳定指数，即雷兹纳指数

pH_s，pH_0——同式(10-54)。

利用稳定指数对水的特性进行判断分析见表 10-8。

表 10-8　用稳定指数对水的特性进行判断分析

稳定指数	水的倾向
$2pH_s - pH_0 < 3.7$	严重结垢
$3.7 < 2pH_s - pH_0 < 6.0$	轻度结垢
$2pH_s - pH_0 \cong 6.0$	基本稳定
$6.0 < 2pH_s - pH_0 < 7.5$	轻微腐蚀
$7.5 < 2pH_s - pH_0$	严重腐蚀

10.4.3　临界 pH 值

晶体生长理论认为，对微溶性盐如碳酸钙在沉淀前，必须出现一定的饱和度才能析出沉淀。析出沉淀时与饱和度相应的 pH 值称为临界 pH，它可与饱和 pH 进行比较。1972 年法特诺(Feitler)用实验的方法测出结垢时水的真实 pH 值，即临界 pH 值，用 pH_c 表示。

当水的实际 pH 值超过它的 pH_c 时，即结垢；小于 pH_c 时，不发生结垢。临界 pH 相当

于饱和指数中的 pH_s，不同的是 pH_s 是计算值，而 pH_c 是实验测定值。pH_s 在计算时许多因素未考虑进去，而实验的 pH_c 将各种影响因素全包括在实验测定值中，其数值显然要比 pH_s 大，一般 $pH_c=pH_s+(1.7\sim2.0)$。

临界 pH_c 高于饱和 pH_s 值，这就是说临界 pH_c 允许冷却水在更高的钙离子浓度和碱度下运转，不过在实际操作时应考虑到临界 pH 值是表示水在发生结垢前允许的最高碳酸钙含量，而循环冷却水系统在运行中，水温和水质等往往有波动和变化，因此不能在这个极限值上运行，应当采用适当安全因素的临界 pH 值。而且饱和指数值的控制还应当根据实际运行情况，及时加以调整。

10.4.4 磷酸钙饱和指数(I_P)

在循环冷却水处理中常投加聚磷酸盐，聚磷酸盐在水中会水解成正磷酸盐，使水中有 PO_4^{3-} 离子存在，与钙离子结合，会生成溶解度很低的磷酸钙析出，如附着在传热表面上，就会形成磷酸钙水垢，影响传热效果，且不易清除。在投加有聚磷酸盐药剂的循环冷却水系统中，需要注意磷酸钙水垢生成问题。磷酸钙析出与否，可用磷酸钙饱和指数判断。磷酸钙饱和指数用 I_P 表示：

$$I_P = pH_0 - pH_P \tag{10-58}$$

式中 pH_0——循环水的 pH 值；

pH_P——磷酸钙饱和时的 pH 值。

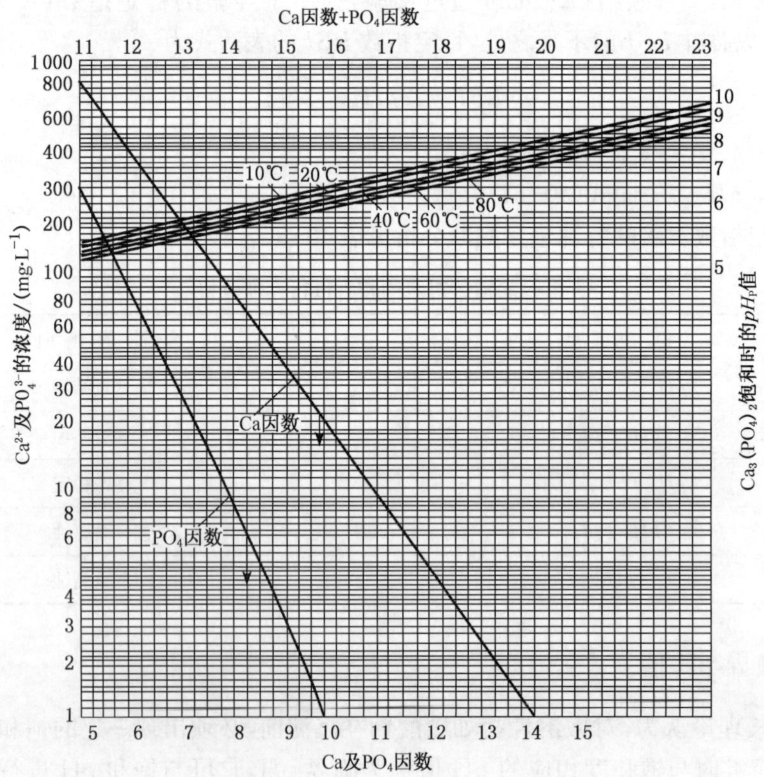

图 10-7 Ca^{2+}，PO_4^{3-} 浓度与 pH_P 的关系

$Ca_3(PO_4)_2$ 的溶解度和水的 pH 值有密切关系，$Ca_3(PO_4)_2$ 的结垢可按图10-7所给的 Ca^{2+}，PO_4^{3-} 及 pH_P 三者的关系来控制，pH_P 代表 $Ca_3(PO_4)_2$ 溶解饱和时的 pH 值。图的下半部查钙及磷酸盐因数，图的上部为钙及磷酸盐两因数之和与 pH 值的关系。当水的 pH 值小于查出的 pH_P 值时，不发生磷酸钙结垢；当水中的 pH 值大于查出的 pH_P 值时，就是当磷酸钙指数 $I_P = pH_0 - pH_P > 0$，即发生 $Ca_3(PO_4)_2$ 结垢。循环水中加入聚磷酸盐阻垢剂后，可控制 $I_P < 1.5$，以避免生成磷酸钙垢。

10.5　循环冷却水处理

10.5.1　结垢控制与处理

循环水中最常见、量最大，危害最大的是碳酸钙垢，但产生盐垢的还有硫酸钙、磷酸钙、碳酸镁、氢氧化镁、硅酸钙等。除盐之外，还有其他物质沉淀形成的污垢。水中添加不同的药剂，水垢的成分也会发生变化，如用磷系配方，水垢中磷酸钙、磷酸铁成分增多；使用硅系配方，会出现硅酸盐水垢。水垢会导致热交换器效率严重下降，必须给于控制。防治盐垢方法可采用以下几种：

1. 软化法

软化方法分为药剂软化法和离子交换软化两类，目的都是去除水中的 Ca^{2+}，Mg^{2+} 离子而防止结垢。离子交换法是利用 Ca^{2+}，Mg^{2+} 的选择性把树脂上的阳离子 H^+ 或 Ma^+ 交换下来，Ca^{2+} 和 Mg^{2+} 吸附树脂上去，而达到去除水中钙镁离子的目的。如果树脂上可交换的阳离子的 H^+，则交换后水中生成的是 H_2CO_3，H_2SO_4，HCl；如果树脂可交换的阳离子是 Na^+，则水中产生的是溶解度很大的中性钠盐。由于 H^+ 交换产生酸，腐蚀性大，故常采用 Na^+ 交换软化。因离子交换软化成本高、投资大、设备复杂、管理操作工作量大。再说循环水中主要为碳酸盐硬度(暂时硬度)，非碳酸盐硬度(永久硬度)很少，故离子交换软化法在循环水处理中基本上不采用。

药剂软化法中有石灰软化法、苏打(Na_2CO_3)软化法、石灰苏打软化法。因水中主要是碳酸盐，故基本上采用经济实惠的石灰软化法。石灰是把石灰石($CaCO_3$)经煅燃制取生石灰 CaO，再把 CaO 与水作用(称"消化")放出热量成为"熟石灰"即为 $Ca(OH)_2$(软化药剂)。其软化反应为

$$Ca(HCO_3)_2 + Ca(OH)_2 \longrightarrow 2CaCO_3 \downarrow + 2H_2O \tag{10-59}$$

$$Mg(HCO_3)_2 + 2Ca(OH)_2 \longrightarrow 2CaCO_3 \downarrow + Mg(OH)_2 \downarrow \tag{10-60}$$

去除 1 mg 当量/L 的 $Ca(HCO_3)_2$ 需要 1 mg 当量/L 的 $Ca(OH)_2$，而去除1 mg当量/L 的 $Mg(HCO_3)_2$ 需要 2 mg 当量/L 的 $Ca(OH)_2$，前者为1∶1，后者为 1∶2。石灰软化不能去除永久硬度，如 $Ca(OH)_2$ 与镁硬 $MgCl_2$，$MgSO_4$ 反应，生成等当量的钙硬 $CaCl_2$，$CaSO_4$。因此石灰软化用来去除水中的碳酸盐硬度，不能去除非碳酸盐硬度。

1) 石灰软化法的适用条件

(1) 补充水暂时硬度较高，而采用药剂法投加量大或酸化法在系统中产生硫酸钙垢时，可考虑采用石灰软化法处理补充水。

(2) 为了锅炉用水或其他目的，需建石灰软化站时，可适当取用部分软水作为循环水系

统的补充水。

2) 石灰软化法的优缺点

石灰是一种廉价的工业原料，又易得到，软化成本低，因此用来软化碳酸盐硬度高而非碳酸盐硬度低的水是合理的。同时可以与混凝沉淀工艺处理一起进行，不必增设沉淀设备。

石灰软化的主要缺点为：

(1) 石灰软化操作条件差，排渣量大，沉淀又不容易脱水。

(2) 水的 pH 值升高，可达 10～11，如用磷系配方药剂会加速聚磷盐水解，降低氯的杀菌效果。

(3) 钙离子大量减少，这对于防腐蚀来说是不利的。在利用磷系配方时，对钙离子含量有一定要求，故需酌情考虑。

2. 排污法

从式(10-5)可见，提高排污量 P_4，可降低浓缩倍数 N 值，以 H_B 表示补充水碳酸盐硬度，H_j 为极限碳酸盐硬度，则 N 值的降低，从而降低了 NH_B，使至满足$NH_B<H_j$，使水质处理稳定状态。此法的优点是无须增添设备，操作简便。但补充水量大，一般认为经济排污量不宜超过 3%～5%，常控制在 3%之内。此法的适用条件为：① 碳酸盐硬度较低的水质；② 循环水量小或水资源丰富的地区。

排污量的计算式为

$$P_4=\frac{H_jP_1}{H_j-H_B}-P_z(\%) \tag{10-61}$$

式中 P_4——为防垢所必需的最低排污量，占循环水量的百分比(%)；

H_j——循环水的极限碳酸盐硬度(mmol/L)；

H_B——补充水的碳酸盐硬度(mmol/L)；

P_1——蒸发损失水量(%)；

P_z——除排污之外的所有损失水量，即 $P_z=P_1+P_2+P_3$。

从式(10-61)可见：

(1) 补充水碳酸盐度小于循环水极限碳酸盐硬度(即 $H_B<H_j$)时，P_4 为正值，需要排污；如 P_4 为负值时，不需要排污。

(2) 当 $H_B=H_j$ 时，P_4 值为无穷大，排污不起作用。

(3) 当 $H_B>H_j$ 时，结垢不但不减少，反而会增加。

此计算适用于单独使用排污法，如果排污法与其他药剂法配合使用时，则排污量另行计算。

3. 加酸法

在补充水中投加酸，将碳酸盐硬度转变为溶解度大的非碳酸盐硬度，使循环水的碳酸盐硬度降低到极限碳酸盐硬度以下，避免了水垢的产生。酸化反应为

$$Ca(HCO_3)_2+H_2SO_4\longrightarrow CaSO_4+2CO_2+2H_2O \tag{10-62}$$

$$Mg(HCO_3)_2+H_2SO_4\longrightarrow MgSO_4+2CO_2+2H_2O \tag{10-63}$$

由于循环水的不断蒸发，使含盐量不断提高，因此采用酸化法后还得排污，但排污量比

单采用排污法少得多。

1）酸化法的适用条件

(1) 补充水的碳酸盐硬度较大。

(2) 如果采用硫酸，则酸化后生成的硫酸钙应小于其相应水温时的溶解度。

酸化法中常用的是硫酸，采用其他酸时应注意其性能及副作用：如盐酸使水中氯离子增加，使腐蚀性增强；硝酸是一种强氧化剂会引起腐蚀，而且最终产物为亚硝酸盐和硝酸盐，是细菌的营养物；氨基磺酸在一定条件下（温度在 68℃以下），会水解成硫酸氢铵，腐蚀系统内的铜质部件。

加酸处理一般控制 pH 为 7.2～7.8。硫酸是强氧化剂，操作中应遵守安全规则。

2）加酸的计算

用极限碳酸盐硬度（H_j）来确定加酸量是基于用酸中和补充水碱度，使其经循环水浓缩后，恰好与极限碳酸盐硬度相等。而加酸计算只考虑补充水加酸，未考虑系统中其他因素所起的酸耗，所以计算结果会偏低，应根据具体情况进行调整。

(1) 加酸量计算式如下：

$$G = \frac{E(H_B - H'_B)Q_m}{1\,000\alpha} \quad (\text{kg/h}) \tag{10-64}$$

$$H'_B = \frac{H_j}{N} \quad (\text{mmol/L}) \tag{10-65}$$

式中　G ——加酸量（kg/h）；

E——酸的毫摩尔质量$\left(\frac{1}{2}H_2SO_4: E=49,\ HCl: E=36.5\right)$；

H_B——补充水碳酸盐硬度（mmol/L）；

H'_B——补充水加酸处理后的碳酸盐硬度（mmol/L）；

Q_m——循环水系统的补充水量（m^3/h）；

N——浓缩倍数；

H_j——循环水系统极限碳酸盐硬度（mmol/L）；

α——酸浓度，代表工业品酸纯度。

(2) 加酸后的极限碳酸盐硬度。不加阻垢剂时，循环水加酸后的极限碳酸盐硬度的计算与式(10-37)基本相同，把补充水的非碳酸盐硬度用加酸后的非碳酸盐硬度代替，并把 mg 当量/l 用 mmol/L 代替，则计算式为

$$H_j = \frac{1}{2.8}\left(8 + \frac{[O]}{3} - \frac{t-40}{5.5-\frac{[O]}{7}} - \frac{2.8H'_f}{6-\frac{[O]}{7}+\left(\frac{t-40}{10}\right)^3}\right) \quad (\text{mmol/L}) \tag{10-66}$$

式中　[O]——耗氧量（mg/l）；

t——循环水水温（℃）；

H'_f——补充水加酸处理后的非碳酸盐硬度（mmol/L），$H'_f = H_B + H_f - H'_B$；

H_f——补充水的非碳酸盐硬度（mmol/L）；

其他符号同前。

(3) 加酸处理与投加阻垢剂配合使用时,应按所投加的阻垢剂种类选用 H_j。

(4) 计算加酸量应根据浓缩倍数和排污量的关系(式(10-67)),对不同的排污量,可得不同的浓缩倍数,也就得到不同的加酸量。采用加酸处理防垢,无论是单独使用还是与其他方法配合使用,均应将排污量尽量减少和节省加酸量。浓缩倍数(N)与排污量的关系式为

$$N=\frac{Q_m}{Q_m-Q_e}=\frac{Q_m}{Q_b+Q_w}=\frac{P}{P-P_1} \tag{10-67}$$

式中 Q_m——补充水量(m^3/h);

Q_e——蒸发损失水量(m^2/h);

Q_b——排污和渗漏损失水量(m^3/h);

Q_w——风吹损失水量(m^3/h);

P——以循环水量的百分比计算的补充水量;

P_1——以循环水量的百分比计算的蒸发水量。

4. 物理水处理法

目前,国内在小型循环冷却水系统的阻垢中,采用物理水处理法的有内磁水处理器和电子式水处器等,分别简要介绍如下。

1) 内磁水处理器

内磁水处理器是水以一定的流速切割磁线,使各种分子、离子都获得一定的磁能而发生形变,改变其晶体结构使生成松散的软垢,破坏了它的结构能力。经过磁化的水作为冷却水能使水管中结垢的钙镁等离子变成松散软垢随水流失,以达到防止水垢产生和除去水垢的目的。

其适用条件一般为:pH 值 7～11;水温 0℃～80℃;垢型为碳酸盐垢;流速≥2 m/s。

2) 电子式水处理器

利用高频电磁场、高压静电场、低压电场等物理场对循环冷却水进行处理,达到阻垢等目的。电子式水处理器由电极筒体和电控器组成。高频电磁场是指大于 3 MHz 的电磁场,高压静电场是指大于 1.5 kV 的静电场,低压电场是指小于 45 V 的电场。

其适用条件为:水温<90℃,压力<1.6 MPa;总硬度($CaCO_3$ 计)<700 mg/L;总碱度(碳酸盐硬度,以 $CaCO_3$ 计)<500 mg/l;悬浮物<50 mg 或根据换热器对水质的要求而定;油<5 mg/L;pH>6.5;Fe^{2+}<0.5 mg/L。

5. 投加阻垢分散剂

向循环水中投加阻垢、分散剂是防止循环水中盐类结垢的主要方法。通常采用的阻垢剂有聚磷酸盐、有机膦酸(盐)、聚丙烯酸等。

1) 对阻垢剂的要求

(1) 阻垢效果好。即使在 Mg^{2+}、Ca^{2+}、SiO_2 含量较大时,仍有较好的阻垢效果。

(2) 化学稳定性好。在高浓度倍数和高温条件下,以及与缓蚀剂、杀生剂并用时,阻垢效果也不明显下降。与缓蚀剂、杀生剂并用时,不影响缓蚀效果和杀菌灭藻效果。

(3) 无毒或低毒,易被生物降解。

(4) 配制、投加、操作等简便。

(5) 原料易得,价格低廉,制备、运输、贮存方便。

2）聚磷酸盐

聚磷酸盐是总称，主要是指聚磷酸钠，通用的是六偏磷酸钠（也称聚偏磷酸钠）和三聚磷酸钠。对胶体颗粒具有分散稳定作用，对钙、镁等离子螯合能力也很强。聚磷酸钠不仅是阻垢剂，而且还是缓蚀剂，它是阻垢缓蚀作用，随分子式$[NaPO_3]_n$结构中 n 值不同而稍有差异。六偏磷酸钠的分子式为$(NaPO_3)_6ONa_2$，是偏磷酸钠（$NaPO_3$）聚合体的一种，用它作为阻垢剂时，循环水的极限碳酸盐硬度的估算式为

$$H_j = 6 - 0.15H_y \ (\text{mmol/L}) \tag{10-68}$$

式中　H_j——极限碳酸盐硬度（mmol/L）；

H_y——补充水的非碳酸盐硬度（mmol/L）。

六偏磷酸钠的投加量，一般控制在 1～5 mg/L 范围。碳酸盐硬度高的水可取上限值。

三聚磷酸钠（分子式 $Na_5P_3O_{10}$）有较强的螯合钙离子的能力，其投加量一般按 2～5 mg/L计算。其极限碳酸盐硬度约为 5 mmol/L。

聚磷酸盐在水中分解生成正磷酸盐的现象称为聚磷酸盐水解。影响水解的因素有pH、温度、时间、微生物等。随水温的增加和水中时间的增长，水解度也增大，但较缓慢，水解率在 11%～35%之间。

3）有机膦酸（盐）

有机膦酸及其盐类具有良好的阻垢作用，还具有很好的缓蚀效果，因此既是阻垢剂，又是缓蚀剂。它的许多性质与聚磷酸盐相似，但比聚磷酸盐稳定，即使在较高温度下也不易水解。有机膦酸是中等强度的酸，有很好的水溶性，极易吸潮，纯净的结晶体有很好的流动性。对铜有腐蚀性，故应注意循环冷却水系统中对铜制部件的防腐问题。

目前国内使用的具有代表性有机膦酸（盐）主要有氨基三甲叉膦酸（ATMP）、羟基乙叉二膦酸（HEDP）、乙二胺四甲叉膦酸（EDTMP）。作为阻垢剂与磷系药剂配合使用时，有机膦酸（盐）可与聚磷酸盐同时使用，获得增效作用。即一方面可提高循环水的极限碳酸盐硬度，另一方面可以降低每种药剂的用量。

采用有机膦酸（盐）阻垢剂时，应控制循环水的碳酸盐硬度不超过该种有机膦酸（盐）所能保持极限碳酸盐硬度。一般在采用有机膦酸（盐）作为阻垢剂使用时，投加量为 1～5 mg/L。当投加量投近 5 mg/L（有效成分）左右时，其所能维持的极限碳酸硬度增加值已有限，因而过分加大剂量意义不大。

三种有机膦酸（盐）的极限碳酸盐硬度的参考值为：ATMP 极限碳酸盐硬度 9 mmol/L；EDTMP 极限碳酸盐硬度 8 mmol/L；HEDP 极限碳酸盐硬度 8 mmol/L。

有机膦酸（盐）的优点：有良好的热稳定性，在温度较高时仍有阻垢作用；不易水解，不会因水解生成正磷酸而导致细菌过度繁殖；在较高 pH 值（7.0～8.5）时，仍有阻垢作用。

有机膦系配方在循环冷却水处理中得到广泛的应用，它与多种药剂共同使用时具有良好的协同效应，即在总剂量不变的情况下，药剂各自单独使用的效果，不如二者混合在一起使用的好。水处理中常选择具有最佳协同效应的复合配方使用，同时复合配方允许冷却水系统在更高的 pH 值（碱性条件下）运行，即碱性运行法，或称低磷酸盐-高 pH 值法。

4）聚羧酸类聚合物

这类阻垢剂是含有羧酸功能团（羧基）或羧酸衍生物的聚合物。羧酸盐 COOM 决定了这些聚合物的特性，其中 M 代表一价的阳离子、氢或氨基，投入水中后 COOM 便离解为

COO^- 和 M^+，起阻垢作用的是 COO^-。

这类阻垢剂是靠分散作用和晶格畸变效应实现阻垢，故其聚合链不能过长。以聚丙烯酸为例，当聚合度 $n=10\sim15$，分子量范围在 10^3 左右，阻垢效果较好。链长再增加时，阻垢作用变差。

聚羧酸类聚合物阻垢剂用量一般按循环水中保持 1～5 mg/L 考虑。适用条件为：循环水系 pH 值的自然平衡值为 7.0～8.5 时，均有阻垢能力；温度可达45℃～50℃。

常用的聚羧酸有：

(1) 聚丙烯酸(简称 PAA)。PAA 是阴离子型聚合物，不仅具有良好的阻垢性能，还能对非晶状的泥土、粉尘、腐蚀产物及生物碎屑等起分散作用，它同时是一种良好的絮凝剂。在与磷系药剂配合使用时，聚丙烯钠的用量一般为 1～5 mg/L。

(2)聚甲基丙烯酸。也是阴离子型聚合物，其阻垢和分散性能与聚丙烯酸相似，耐温更高，但价格较贵，故使用少。

(3) 丙烯酸与丙烯酸羟丙酯共聚物。它抑制碳酸钙结垢的性能较差，但对磷酸钙、磷酸锌、氢氧化锌、水合氧化铁等有非常好的抑制和分散作用。用该共聚物替代聚丙烯酸，与磷酸盐等复配可收到显著的缓蚀和阻垢效果，国内使用较为广泛。

(4) 丙烯酸与丙烯酸酯共聚物。由两种单体共聚而成，对磷酸钙和氢氧化锌有良好的抑制和分散作用，常与聚磷酸盐、膦酸酯和锌盐等复配使用。

(5) 水解聚马来酸(酐)。阻垢性能优于聚丙烯酸和聚甲基丙烯酸。能在 175℃的高温下保持良好的阻垢性和高 pH 值下阻垢。但价格较昂贵，在循环水处理中除特殊情况外，一般不使用。表 10-9 介绍两种运行结果。

表 10-9　聚马来酸(PMA)复合配方运行结果

序号	配方/$(mg \cdot L^{-1})$	水　质	腐蚀率/(mm·年$^{-1}$)	污垢热阻/$[(m^2 \cdot K) \cdot W^{-1}]$
1	HEDP：PMA：Zn^{2+} =5：5：2	总硬度(以 $CaCO_3$ 计)100 mg/L Ca^{2+}(以 $CaCO_3$ 计)75 mg/L Mg^{2+}(以 $CaCO_3$ 计)25 mg/L 总碱度($CaCO_3$ 计)80 mg/L 总溶解固体 150 mg/L Cl^-　10 mg/L SiO_2　7 mg/L 浊度　6 mg/L pH　8.0	0.03	1.46×10^{-4}
2	HEDP：PMA：Zn^{2+} =4：4：2		0.07	1.38×10^{-4}

(6) 还有马来酸(酐)-丙烯酸共聚物和苯乙烯磺酸-马来酸(酐)共聚物等，阻垢性能基本相似，不再论述。

5) 膦羧酸(PBTCA)

由于膦羧酸分子结构中同时含有磷酸基和羧基两种基团，在这两种基团的共同作用下，在高温、高硬度、高 pH 的水质条件下，具有比常用有机膦酸(盐)更好的阻垢性能。与有机膦酸(盐)相比，不易形成难溶的有机膦酸钙，并且还具有缓蚀作用。

6) 有机膦酸酯

有机膦酸酯根据不同的配比可制得膦酸一酯、膦酸二酯和多元醇膦酸酯等；有机膦酸酯抑制硫酸钙垢的效果好，但抑制碳酸钙垢的效果较差；毒性小，排放后3～4 d 可自然降解，不会造成环境污染；

在采用阻垢、分散剂处理的循环冷却水系统中，碳酸盐硬度可稳定在 6～8 mmol/L，而剂量一般控制在 2～5 mg/L。在水质较差、浓缩倍数较高时，须和其他阻垢措施配合使用。同时应考虑某些药剂对铜合金具有腐蚀作用，需加强铜的缓蚀处理，如加巯基苯并噻唑等。

某研究所对国内常用的若干种药剂不同剂量的稳定效果进行了试验，试验结果如图10-8所示。试验水质条件：溶解固形物 237 mg/L，总碱度为3.2 mmol/L，总硬度为3.6 mmol/L，Ca^{2+} 56 mg/L，Mg^{2+} 8.0 mg/L，Cl^- 12 mg/L，SO_4^{2-} 32 mg/L，SiO_3^- 16 mg/L，pH＝7.6。由图10-8可见：有机膦与聚羧酸类药剂，随着剂量的增加，其稳定的极限碳酸盐硬度值也相应增加，但有机膦达到一定剂量值后，增加值趋于缓慢。而无机磷稳定剂，随着药剂量的增加，其稳定的极限碳酸盐硬度值增加甚微，故以无机磷稳定剂处理时，应以低剂量投加。

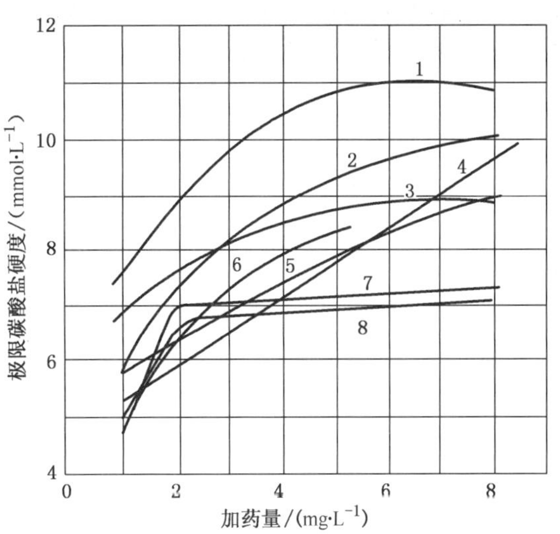

1—ATMP；2— EDTMP；3—HEDP；4—聚丙烯酸；5—聚丙烯酸钠；6—聚马来酸；7—三聚磷酸钠；8—六偏磷酸钠

图 10-8　常用的几种药剂效能

7）其他盐垢的防止

（1）硫酸钙：聚磷酸盐、有机膦酸（盐）、聚羧酸类聚合物，对硫酸钙都具有阻垢作用。但聚磷酸盐及有机膦酸（盐）中的 HEDP 对硫酸钙垢的抑制作用较差。

硫酸钙的溶解度和水温成反比，当水温 100℃时，其溶解度急剧下降。为避免生成硫酸钙垢，循环水温度不宜过高，尤其是局部流速低的地方，应防止水过热。

（2）磷酸钙：一般采用限制磷酸钙饱和指数的方法防止磷酸钙垢。但在用饱和指数控制有困难时，也可采用阻垢剂进行控制。

（3）氢氧化铁：聚磷酸盐、有机膦酸盐（氨基膦酸盐除外）对氢氧化铁沉淀都有良好的抑制作用，剂量为 1～2 mg/L。

10.5.2　污垢控制与处理

这里指的污垢是指除盐垢之外的所有垢，在循环水系统中污垢会对正常运行造成危害，有时会较严重。它使换热效率下降、能耗增加、减少过水断面、增加水流阻力、使缓蚀剂不能发挥作用、滋生微生物，加剧垢下腐蚀等。前述讲的“结垢控制”主要是盐垢，实际上污垢也是结垢中的一部分，但没有盐垢坚硬、结实。一般来说，污垢的量比盐垢大得多，防止污垢是循环水系统中极为重要的问题，常采取以下三种方法。

1. 减少或切断污染源

（1）减少随补充水进入循环水系统的污染物。补充水源不同，水质也不同，所含的污染物也不同。地下水作为补充水，则水温变化小，悬浮物少，形成的污垢也少。但含盐量高，会产生盐垢；用沉淀水作为补充水，虽然水质符合循环冷却水标准，但相对来说悬浮物较多,易形成污垢沉淀;自来水是经过沉淀、过滤的水,含盐量比地下水低,悬浮物比沉淀水少,因此产生盐垢、污垢也少,故有条件时尽可能采用自来水作为补充水。

(2) 加强维修管理,减少换热器泄漏造成的污染。这里指的"加强维修管理"是整个循环冷却水系统,维修、运行管理是相当重要的,关键是严格执行维修和运行管理规章制度以及守则。

(3) 恰当地布置冷却塔,以减少外界空气中进入循环水系统的污染物。冷却塔既要布置在宽广、空气流通的地方,以利水的冷却,又要是空气所含尘埃少的地方,防止水质污染。有些冷却塔布置在马路、公路旁,空气中尘土飞翔,进入冷却塔后水质易受污染。

2. 旁滤处理

旁滤处理是指在循环系统以外连续处理部分循环水的过滤装置,一般循环水系统均设置旁流装置,目的是去除水中部分悬浮物等杂质,保持循环水质。旁滤处理后的水仍回到循环水系统中。

旁滤处理水量通过计算或参考类似单位的经验确定。通常按循环水量的1%～5%考虑,小水量系统取上限值,大水量系统取下限值。

3. 投加分散剂

用于阻垢的各种分散剂,对于污垢来说同样具有良好的分散作用。分散剂是通过吸附而起分散作用的,剂量一般不大。常用的分散剂有木质素、丹宁、淀粉和纤维素等。投加量根据水质经计算确定。

10.5.3 腐蚀控制与处理

如前所述,循环水系统中的金属腐蚀分为化学腐蚀、电化学腐蚀和微生物腐蚀三种。腐蚀的形式有均匀腐蚀、电偶腐蚀、点蚀、侵蚀、选择性腐蚀、垢下腐蚀、缝隙腐蚀、应力腐蚀破裂等。

1. 影响腐蚀的因素

(1) 水中溶解固体和悬浮物。溶解固体影响水的电导度,含盐浓度增加,水电导度也增加,因而加快腐蚀;悬浮物引起侵蚀和机械磨蚀,或沉积在金属表面形成局部腐蚀。

(2) 氯离子。氯离子腐蚀是通过破坏金属保护氧化膜而产生的。氯离子对氧化膜破坏力很强,导致金属尤其是不锈钢产生点蚀。碳钢的腐蚀速度随氯离子浓度的增加而加快。

(3) pH值。水的pH值在4.3～10之间,一般不会影响腐蚀速度。当pH<4.3时,腐蚀速度也会迅速加快。

(4) 溶解气体。水中溶解气体有氧、二氧化碳、氨、硫化氢等。水中溶解的氧既作为去极剂促进腐蚀又作为纯化剂促使金属表面形成纯化膜防止腐蚀。在被空气饱和的水中,开始时金属腐蚀的速度是比较大的,随后因逐渐在金属表面形成氧化膜阻碍了氧向金属表面的扩散腐蚀下降。冷却水中溶解氧一般在6～8 mg/L,促进纯化作用并不明显。但如果处于水、空气混流状态,纯化现象就可能出现。pH=6～7,则水中溶解氧无助于形成纯化膜,腐蚀速度随氧的浓度增加而增加。氧的不均匀扩散可引起并促进金属腐蚀。二氧化碳溶于水就生成碳酸,使水的pH值下降;由于 HCO_3^- 分解,生成很多微小气泡,造成局部浓差电池。氨为专门腐蚀以铜为主体的材料。

硫化氢加速铜、钢、合金钢腐蚀,促进电偶腐蚀。

(5) 电偶。两种不同金属相连接,产生电位差构成一个腐蚀电池或电偶,其腐蚀速率主要决定阴、阳极面积的比率。阳极面积越小，越易形成穿孔性点蚀。

(6) 温度。水温升高，水的黏滞性降低，引起氧扩散速度加快，使腐蚀加剧，金属部件内部温度差异也将导致腐蚀。

(7) 流速。水流沿着金属表面有一层很薄的层流水膜层，此层流层存在着阻碍溶解氧扩散到金属表面的作用。当流速增大，氧扩散速度增加，腐蚀也随之增大。这种情况是指没有使用缓蚀剂的碳钢和水体系的均匀腐蚀。对于有缓蚀剂的循环冷却水系统，适当增加流速一般是有利的。

(8) 微生物。污泥积聚是产生微生物腐蚀的主要原因，如前所述分为厌氧与耗氧两种，这里不再详述。

(9) 络合剂。络合剂又称配体。冷却水中常遇到的络合剂有 NH_3、CN^-、EDTA 和 ATMP等。它们能与水中的金属离子(如铜离子)生成可溶性的络离子(配离子)，使水中金属离子的游离浓度降低，金属的电极电位降低，使金属腐蚀速度增加。

(10) 硬度。钙、镁离子含量高时，如前所述，易产生碳酸钙、氢氧化镁、磷酸钙、硅酸钙(镁)结垢，引起垢下腐蚀。

(11) 金属离子。冷却水中少量的铜、银、铅等重金属离子，通过对钢、铝、镁、锌几种常用金属的置换作用，以较多的小阴极的形式析出在比它们活泼的基体金属表面，形成许多微电池而引起基本金属的腐蚀。

2. 腐蚀的评定

对循环冷却水处理缓蚀效果的评定，最常用的是失量法。判断循环冷却水系统的腐蚀，一般采用动态模拟试验法和挂片法。腐蚀反应进行的快慢，以腐蚀速度表示，按下式计算：

$$V = K\frac{W_1 - W_2}{Ft\gamma} \tag{10-69}$$

式中　V——腐蚀速度；

W_1——试片未腐蚀前质量(mg)；

W_2——试片经过腐蚀并除去表面产物的质量(mg)；

F——试片暴露在冷却水中的表面积(cm^2)；

t——试片受腐蚀的时间(h)；

K——所采用单位常数，K 值见表 10-10；

γ——金属的密度(g/cm^3)，见表 10-11。

表 10-10　　几种单位的 *K* 值

单位	常数 K	单位	常数 K
mil/a	3 450	mg/(dm^2 · d)	2 400×γ
mm/a	87.6		

表 10-11　　几种常用金属的密度

金属	密度 γ/($g \cdot cm^{-2}$)	金属	密度 γ/($g \cdot cm^{-2}$)
碳钢	7.85	黄铜 H80	8.65
紫铜	8.92	不锈钢	7.92

表 10-12 为几种常用腐蚀速度换算。

表 10-12　　几种常用腐蚀速度换算

给定单位＼换算单位	g/(m²·h)	mg/(dm²·d)	mm/a	mil/a	in/a	g(m²·d)
g/(m²·h)	1	240	8.76/γ	345/γ	0.365/γ	24
mg/(dm²·d)	0.004 2	1	0.036 5/γ	1.44/γ	0.001 44/γ	0.1
mm/a	γ/8.76	27.4γ	1	39.4	0.039 4	2.74γ
mil/a	0.002 9γ	0.696γ	0.025 4	1	0.001	0.069 6γ
in/a	2.9γ	696γ	25.4	1 000	1	69.6γ
g/(m²·d)	0.042	10	0.365/γ	14.4/γ	0.014 4/γ	1

注：$mil=\frac{1}{1\,000}in=0.025\,4\ mm$。

腐蚀速度在新设备投入使用的第一年较大，以后逐年会减少，特别是经一年使用进行清洗处理后更如此(与金属表面状态有关)。中国石化总公司系统规定的冷却水腐蚀控制指标为＜5 mpy(指挂片数据)，即小于 0.127 mm/a。这意味着一台水冷器的 ϕ19×2 mm 管束在均匀腐蚀条件下可使用 10 年。原对大化肥系统提出用监测换热器的管程试管的评定指标值为：

级别	腐蚀速度/mpy	垢沉积速度/(mg·cm²·月)
优良	＜5	＜20
良好	5～10	20～38
差	＞10	＞38

评定腐蚀的方法还有电化学测定法、容量法等，但用得较少。用失量法测得的腐蚀数据是均匀腐蚀速度。但有些情况下，特别是缓蚀剂对点蚀抑制效果不大时，点蚀就会严重，因此，根据金属腐蚀失量而算出来的平均腐蚀深度并不能代表点蚀的深度，所以在点蚀发生较多的情况下，除测定均匀腐蚀速度外，还应测出最大点蚀深度和点蚀数目，并求最大点蚀深度与平均腐蚀速度之比，若比值为 1，则表示腐蚀是均匀的，比值越大则点蚀越严重。

3. 防止腐蚀的方法

解决循环冷却水系统的腐蚀问题，通常可采用以下的方法和途径：

(1) 选用有效的缓蚀剂。

(2) 确定合适的工艺指标。

(3) 阴极保护法或阳极保护法。

(4) 合理选材和正确的结构设计。

(5) 选用防腐涂料涂覆。

(6) 提高冷却水的 pH 值。

目前循环冷却水系统中普遍采用的有效措施是选用合适的缓蚀剂。其特点是在中性或偏碱性介质的冷却水中，缓蚀剂投加量少，一般在 10～20 mg/L 以内。

缓蚀剂的定义为：在腐蚀环境中，能对金属腐蚀具有良好抑制作用的药剂称为缓蚀剂。缓蚀剂又名腐蚀抑制剂或阻蚀剂。

对于一定的金属腐蚀介质体系，只要在腐蚀介质中加入少量的缓蚀剂，使金属表面生成一层致密而连续的保护膜，就能有效地阻止或降低该金属的腐蚀速度。缓蚀剂是否有

效，可用腐蚀率是否降低来评估。缓蚀剂的效果(E)的表达式为

$$E = \frac{(E_0 - E_1)}{E_0} \times 100 \tag{10-70}$$

式中　E_0——未加抑制(缓蚀)剂的腐蚀率；

E_1——已加抑制剂的腐蚀率。

腐蚀率表示腐蚀发展的速度，通常是平均值。可用质量变化和腐蚀深度两种方法表示。

质量变化表示法：用单位时间内单位面积上质量变化来表示腐蚀量，如常用的每天每平方分米减少的质量(mg)来表示，简写为 mdd。

腐蚀深度表示法：用单位时间内腐蚀的深度来表示腐蚀速度。常用的腐蚀深度以每年腐蚀深度(mm/a)表示，也有用密耳/年(mil/a 或 mpy)表示。

腐蚀速度的计算中，均匀腐蚀速度的计算一般采用失量法。是以单位时间内单位面积上金属损失掉的质量来计算，或换算成腐蚀深度表示。可按下式计算：

$$K_W = \frac{\Delta W}{ST} \quad [\mathrm{g/(m^2 \cdot h)}] \tag{10-71}$$

或

$$K_{W_1} = \frac{\Delta W}{ST} \times \frac{1}{d} \times \frac{24 \times 365}{1\,000} = \frac{K_W}{d} \times 8.76 \tag{10-72}$$

式中　K_W，K_{W_1}——腐蚀速度；

ΔW——腐蚀试验前后试样的质量失量(g)；

S——试样面积(m^2)；

T——腐蚀试验时间(h)；

d——金属材料密度(g/cm^3)；

8.76——单位时间的换算系数。

4. 缓蚀剂的分类及缓蚀机理

1) 缓蚀剂的分类

按缓蚀剂的作用机理分类为阳极缓蚀剂、阴极缓蚀剂、双极缓蚀剂。

按缓蚀剂成膜的特性分类为纯化膜型、沉淀膜型、有机系吸附膜型，见表10-13。

表 10-13　缓蚀剂按膜的特性分类

膜　型		主要形式的腐蚀抑制剂	特　性
纯化膜型(氧化膜型)		铬酸盐 钼酸盐、钨酸盐、亚硝酸盐	致密、膜薄(3～10 nm) 防腐性好
沉淀膜型	水中离子型	聚磷酸盐 有机磷酸盐(酯)类 硅酸盐 锌盐 苯甲酸盐、肌氨酸	多孔质，膜薄，与金属表面粘附性差
	金属离子	巯基苯并噻唑 苯并三氮唑	比较致密，膜薄

(续表)

膜　　型	主要形式的腐蚀抑制剂	特　　性
有机系吸附膜型	胺类 硫醇类 高级脂肪酸类 葡萄糖酸类 木质素类	在酸性、非水溶液中形成好的皮膜，在非清洁的表面上通常吸附性差

按缓蚀剂是无机化合物还是有机化合物可分为无机缓蚀剂和有机缓蚀剂。

无机盐类缓蚀剂通常会影响阳极反应，也就是金属离子溶入溶液中的速度降低了，这些缓蚀剂通常能减少金属表面的腐蚀反应。但即使反应速率降低了，侵蚀的程度也可能增加。就像阳光照射在纸上，如用透镜将光线集中于一点时，仍有可能导致燃烧的现象一样。

阴极抑制剂以干扰氧化还原反应的步骤来降低其腐蚀率。此系列的抑制剂可降低腐蚀率及腐蚀强度。

抑制剂可单一使用或混合使用。混合使用的抑制剂，其缓蚀效果往往有相乘的功率。

2）缓蚀剂的缓蚀机理

缓蚀剂的种类繁多，作用机理也各有不同，尚没有公认的见解。按保护膜类型可分为成膜理论和吸附理论。

成膜理论认为，缓蚀剂与金属作用生成氧化膜(或称纯化膜)，或缓蚀剂与介质中的离子反应生成沉淀膜，从而使金属的腐蚀速度减慢。

吸附理论认为，缓蚀剂在金属表面具有吸附作用，生成了一种吸附在金属表面的吸附膜，从而使金属的腐蚀速度减慢。

现从缓蚀剂形成的三种保护膜来阐述缓蚀机理。

(1) 氧化膜型缓蚀剂

这类缓蚀剂以缓蚀剂本身作氧化剂或以介质中的溶解氧作氧化剂，使金属表面形成纯态的氧化膜来减缓金属的腐蚀速度，故氧化膜型缓蚀剂也称为纯化膜型缓蚀剂。如铬酸钠本身就具有氧化性，在中性水溶液中它可将铁氧化生成 $\gamma\text{-}Fe_2O_3$ 金属氧化物的膜，它紧密牢固地黏附在金属素面，改变了金属的腐蚀电势，并通过纯化现象降低腐蚀反应的速度。

$$2Fe + 2Na_2CrO_4 + 2H_2O \longrightarrow Fe_2O_3 + Cr_2O_3 + 4NaOH \tag{10-73}$$

又如苯甲酸钠本身不具有氧化性而是必须要有溶解氧的操作下才起缓蚀作用。

氧化膜型缓蚀剂按其作用的电极反应过程又可分为阳极抑制剂和阴极去极化型两种。

氧化膜型缓蚀剂在成膜过程中会被消耗掉，故在投加这种缓蚀剂的初期时，需加入较高剂量，待成膜后可以减少用量，加入的剂量只是用来修补被破坏的氧化膜。氯离子、高温及高的水流速度都会破坏氧化膜，故应用时要考虑适当提高缓蚀剂浓度。

(2) 沉淀膜型缓蚀剂

这类缓蚀剂能在金属表面形成沉淀膜，它可由缓蚀剂与水中某些离子相互作用形成，也可由缓蚀剂与腐蚀介质中存在的金属离子反应形成一层难溶的沉淀物或络合物。沉淀膜比氧化膜要厚，一般有几十纳米到一百纳米。沉淀膜的电阻大，并能使金属和腐蚀介质隔离，因而起到抑制腐蚀的作用。由于这种防蚀膜没有与金属表面直接结合，它是多孔的，常表现出对金属表面的附着不好，因此这种缓蚀剂的缓蚀效果要稍差于氧化膜型。这类缓蚀剂根据其抑制电极过程的不同，可以分为阴极抑制型和混合抑制型两种。

（3）吸附膜型缓蚀剂

吸附膜型缓蚀剂多数是有机缓蚀剂，它们都具有N，S，O等官能团的极性化合物，能吸附在金属表面上。起缓蚀作用的是分子结构中具有可吸附在金属表面的亲水基团和遮蔽金属表面的疏水基团。亲水基团定向吸附在金属表面，而疏水基团则阻碍水及溶解氧向金属表面扩散，从而起到缓蚀作用。当金属表面呈活性或清洁状态的时候，吸附膜型缓蚀剂能形成满意的吸附膜，表现出良好的缓蚀效果。但如果金属表面已有腐蚀产物或有垢沉积物覆盖，就很难形成满意的吸附膜，此时可适当加入少量表面活性剂，以帮助缓蚀剂成膜。

5. 常用缓蚀剂

1）铬酸盐

含有铬酸根CrO_4^{2-}的盐类，通称铬酸盐。常用的铬酸盐缓蚀剂是铬酸钠和铬酸钾，为纯化膜型缓蚀剂。

（1）铬酸钠或重铬酸钠

分子式：$Na_2CrO_4 \cdot 10H_2O$，$Na_2Cr_2O_7 \cdot 2H_2O$

是黄色单斜晶体，易潮解。相对密度1.483。熔点19.9℃。溶于水和甲醇，微溶于乙醇。水溶液呈碱性。无水物的相对密度为2.723，溶点392℃。有氧化作用。

（2）铬酸钾或重铬酸钾

分子式：K_2CrO_4，$K_2Cr_2O_7 \cdot 2H_2O$

是黄色斜方晶体。相对密度为2.732（18℃），熔点968℃。溶于水，不溶于乙醇。有氧化作用。

铬酸盐用作水处理缓蚀剂的特点是：①成膜迅速、牢固，缓蚀率；②对水中离子宽容度大，即对不同的水质适应性强；③没有细菌微生物繁殖问题；④价格便宜。

铬酸盐或重铬酸盐属于阳极缓蚀剂。单独使用需用量为200～500 mg/L（敞开式循环系统），如用量不足，在沉淀和缝隙处会有加速腐蚀的趋势。常与阴极缓蚀剂配合，具有增效作用，此时用量可下降。最好的配方是铬酸盐＋聚磷酸盐＋锌盐，70年之前几乎代替所有抑制配方，占据了统治地位。1970年后，由于禁铬法律的实施，才被迫放弃此配方，但国外仍有部分单位使用铬酸盐的复合配方。

2）亚硝酸钠

分子式：$NaNO_2$，相对分子量：69.00

白色或微黄色斜方晶体。易溶于水和液氨中。水溶液呈碱性（pH＝9），常温下在空气中氧化极为缓慢，加热到350℃以上分解出N_2、O_2、NO，最终生成Na_2O。吸湿性很强。与有机物接触易燃烧和爆炸，贮存时需加注意。

亚硝酸钠有毒，人致死量为2 g，皮肤接触$NaNO_3$溶液的极限浓度为1.5%（质量分数），大于此浓度时皮肤会发炎，出现斑疹。亚硝酸钠水溶液的相对密度随质量百分数提高而增加。如1%相对密度为1.005 8，10%为1.067 5，20%为1.139 4。

亚硝酸钠是一种不需要有溶解氧存在即可使金属纯化的阳极抑制剂，多用于密闭式循环系统中，用量为300～1 000 mg/L。一般至少要与氯化物的量相等，并应超过硫酸盐250～500 mg/L。亚硝酸盐可以与磷酸盐共用，具有增效作用，在pH值7～9系统中，亚硝酸盐的缓蚀效果好。当pH值低于6.5时，亚硝酸盐易分解而失去缓蚀效果，促使金属腐蚀；当水中有硝化细菌存在时，亚硝酸盐易被氧化而生成硝酸盐，缓蚀作用消失。因此，在此情况下必须有杀菌与亚硝酸钠同时使用，并控制 pH 值在 7～9。

3）钼酸盐

钼酸盐为阳极抑制剂，常用的钼酸盐为钼酸钠、钼酸铵、磷钼酸。它们的分子式和分子量分别为：

钼酸钠：$Na_2MoO_4 \cdot 2H_2O$　　　分子质量　　241.95

钼酸铵：$(NH_4)_6Mo_7O_{24} \cdot 4H_2O$　　　1 235.86

磷钼酸：$H_3PO_4 \cdot 12MoO_3 \cdot 30H_2O$　　　2 365.71

以钼酸钠为例简述其性能。钼酸钠为白色结晶粉末，溶于水。在 100℃或较长时间加热就会失去结晶水。

钼酸钠是属于阳极抑制剂。为能确定保护碳钢，钼酸钠的质量浓度需超过某一限定值。在氯化物质量浓度为 200 mg/L 的情况下，钼酸钠的质量浓度至少需要达 1 000 mg/L。在 30 mg/L NaCl 及 70 mg/L Na_2SO_4 的稀释液中，200 mg/L 的钼酸钠即能对腐蚀反应造成干扰。氨化物及硫化物极易吸附于金属表面而干扰钝化膜的形成，这些侵蚀性离子的存在能够改变离子溶解的反应机理。

钼酸钠为非氧化性抑制剂，须与一合适的氧化剂相互配合使用以促使保护膜的形成。在开放式通气系统中，最佳的氧化剂即为氧气。在密闭系统中，则须配以氧化盐类如亚硝酸钠($NaNO_2$)。在系统中 Na_2MoO_4 ∶ $NaNO_2$ 最佳的质量比为 60 ∶ 40。使用钼酸钠时，pH 值控制在 5.5～8.5，效果最佳。钼酸钠对电解质的浓度极为敏感，并受侵蚀性离子(如氧化物及硫化物)的影响。

已发现钼酸盐在腐蚀抑制作用上等于或超过高浓度的铬酸盐或亚硝酸盐。它在阳极上生成亚铁—高铁—钼氧化物的络合物纯化膜，这种膜的缓蚀效果接近高浓度铬酸盐或硝酸盐所形成的钝化膜，但在成膜过程中，它又与聚磷酸盐相似，必须要有溶解氧存在。钼酸盐或钨酸盐钝化作用较铬酸盐低，其吸附性也较低，形成钝化膜所需的时间长。钼酸盐形成钝化膜所需的临界浓度为铬酸盐所需要的临界浓度的数倍，即质量浓度需要 750 mg/L。钼酸盐及钨酸盐单独使用时，虽然可以得到足够的缓蚀效果，但一定要在高浓度条件下进行，为了减少钼酸盐的投加浓度，降低处理费用和提高缓蚀效果，可与其他药剂如聚磷酸盐、葡萄糖酸盐、锌盐等共用，具有很好的缓蚀效能。

4）钨酸盐

钨酸盐中常用为钨酸钠，分子式为 $Na_2WO_4 \cdot 2H_2O$，相对分子量为 329.86。

钨酸钠为白色具有光泽的片状结晶或结晶粉末，溶于水呈微碱性。不溶于醇，微溶于氨，在空气中风化。加热到 100℃失去结晶水而成水物。遇强酸分解为溶于水的钨酸，有毒。

钨酸盐属于钝化膜型缓蚀剂。是我国研制开发的非铬非磷缓蚀阻垢剂，其性能类似钼酸盐。它能吸附于金属表面与两价铁离子形成非保护性络合物。二价铁被溶解氧氧化成三价铁，从而使亚铁—钨酸盐络合物转化为钨酸铁，在金属上形成钝化保护膜，但必须有溶解氧存在。

用单一的钨酸盐作缓蚀剂时加药量较大，需 WO_4^{2-} 200 mg/L 以上，费用较高。故钨酸盐推广应用的关键是降低投加量，开发优良的钨系复合配方。钨酸钠与葡萄糖酸钠复合药剂的缓蚀阻垢效果好，有时可加入少量锌或聚羧酸(水解聚马来酸酐或聚丙烯酸)。这种配方能使 WO_4^{2-} 用量减少，但日常运行配方中不宜低于 20 mg/L。钨酸盐与有机酸有协同效应，与有机膦酸（盐）复合效果也较好。

钨酸盐的优点：无公害；缓蚀性能优于钼系及磷系，可在碱性条件下运行，操作方便；对碳钢、紫铜、铜合金、铝、锌均有缓蚀作用；对防止氯离子对碳钢腐蚀及对不锈钢的应力腐蚀均有很好作用；我国钨矿资源丰富，钨酸盐水质稳定剂具有较广阔的发展前景。

钨酸盐类缓蚀剂的缺点是价格较高。

5）硅酸盐

硅酸盐中常用的缓蚀剂为硅酸钠，为阳极缓蚀剂。硅酸钠又称水玻璃、泡花碱。

分子式为 $Na_2O \cdot nSiO_2$。

SiO_2 与 Na_2O 的分子比 n 称为模数。模数 n 在3以上的称为“中性”水玻璃，模数 n 在3以下的称为“碱性”水玻璃。

硅酸钠在水中能发生水合作用而生成水合水玻璃，溶解度随即大大增加，水溶液呈碱性。

硅酸钠的缓蚀作用是由带负电荷的 SiO_2 微粒与水中的金属离子结合而形成保护膜。在保护膜未形成之前，金属表面必须先有轻微腐蚀，带负电荷的硅酸钠会在阳极位置转化为硅胶而与金属氢氧化物（如氢氧化铁）的沉淀物共同形成一保护膜。当 pH＝6～7 时，硅酸钠使用的质量浓度应是 20 mg/L；pH＝9 时，硅酸钠使用的质量浓度应是 8～16 mg/L。用量不足时有点蚀的危险性。要注意钙硬度较高时水中有产生硅酸钙沉淀物的危害。含镁量高时对硅酸盐的缓蚀作用有害。当镁硬度大于 250 mg/L（以 $CaCO_3$ 计）时，一般不采用硅酸盐防腐。硅酸盐对碱土金属氧化物的质量比为 2.5～3 时，抑制效果甚佳。此比值越高越好。

硅酸盐在水溶液中以简单的离子形式至复杂的胶质系统存在。其对碳钢的腐蚀抑制受 pH 值、水温、溶液中含有的成分的不同而有所影响。

在高溶解固体物浓度（高离子强度）下，由于胶质系统的不稳定，使得硅酸盐的抑制效果无法发挥。在低盐类质量浓度的状况下（约 500 mg/L 或更少），硅酸盐对碳钢的腐蚀抑制效果甚佳。在静态溶液中的硅酸盐的质量浓度必须高于在流动状态下，通常 25～40 mg/L（以 SiO_2 表示）。由于硅酸盐为阳极抑制剂，当低添加量时会有点蚀现象发生，但其侵蚀的程度比低浓度的亚硝酸盐或铬酸盐小。

硅酸盐的缓蚀作用据认为是硅酸钠在水中呈一种带电荷的胶体微粒，与金属表面溶解下来的 Fe^{2+} 离子结合，形成硅酸等凝胶，覆盖在金属表面而起到缓蚀作用，故硅酸盐是沉淀膜型缓蚀剂。溶液中的腐蚀产物 Fe^{2+} 是形成沉淀膜必不可少的条件，因此在成膜过程中，必须是先腐蚀后成膜，一旦形成膜，腐蚀也就减缓。

硅酸盐作为缓蚀剂的最大优点是操作容易，没有危险；在正常使用浓度下完全无毒，因为加入水中的都是天然水中本来就有的物质，所以不会产生排污水污染问题；药剂来源丰富，价格低廉。

6）锌盐

常用的锌盐为硫酸锌和氯化锌。硫酸锌的分子式为 $ZnSO_4 \cdot H_2O$、$ZnSO_4 \cdot 7H_2O$，其相对分子量分别为 179.45 和 287.54。

一水硫酸锌为白色流动粉末，在空气中极易潮解，易溶于水，微溶于醇，不溶于丙酮。由氧化锌或氢氧化锌与硫酸反应而成。

七水硫酸锌为无色正交晶体，颗粒或粉末，在干空气中会粉化。加热到100℃失去6分子水，在280℃失去7分子水。能溶于水，微溶于醇、甘油。由氧化锌或氢氧化锌与硫酸反应而成。

氯化锌分子式为$ZnCl_2$，相对分子量为136.28。

氯化锌为白色粉末或块状、棒状，属于六方晶系。潮解性强，能在空气中吸收水分而溶化。易溶于水；极易溶于甲醇、乙醇、甘油、丙酮、乙醚等含氧有机溶剂；易溶于吡啶、苯胺等含氮溶剂。有毒，密闭贮存。

锌盐是阴极缓蚀剂。因效果不好，很少单独使用，但可使许多缓蚀增效。锌盐的点蚀作用通常归因于氢氧化锌在阴极区沉淀，而这又是局部pH值升高的结果。它生成膜的速度很快，但不耐久。有毒但毒性不高。锌盐在pH值大于8时易生成沉淀。

在磷系配方中加入锌盐能较大地增加缓蚀能力，在低钙水中加入锌盐，可大大增强缓蚀膜的形成。因排水标准规定Zn的排放浓度≤5 mg/L。故锌盐的用量低于5 mg/L(以Zn计)为宜。在使用有锌盐的配方时，水系统的pH值不宜超过8，但是，如在该配方中加入锌盐稳定剂(如有机膦酸酯)，则pH值可提高到8.3。

在循环冷却水系统中，锌盐是最常用的阴极型缓蚀剂，起作用的是锌离子。在阴极部位，由于pH值的升高，锌离子能迅速形成$Zn(OH)_2$沉积在阴极表面，起到了保护膜作用。锌盐的阴离子一般不影响它的缓蚀性能，氯化锌、硫酸锌、硝酸锌都可选用。

锌盐成膜迅速但不耐久，是一种安全但低效的缓蚀剂，不宜单独使用，与其他缓蚀剂如聚磷酸盐、低浓度的铬酸盐、有机膦酸酯等联合使用时，可取得很好的缓蚀效果，因为锌能加速这些缓蚀剂的成膜作用，同时又能保持这些缓蚀剂所形成的膜的耐久性。

7) 聚磷酸盐

聚磷酸盐是目前使用最广泛，而且最经济的缓蚀剂之一。最常用的聚磷酸盐是六偏磷酸钠和三聚磷酸钠。聚磷酸盐是一种无机聚合磷酸盐类，是阴极型缓蚀剂。

六偏磷酸钠的分子式为$(NaPO_3)_6ONa_2$，相对分子量为673.75。是偏磷酸钠($NaPO_3$)聚合体的一种，透明玻璃片状或白色粒状晶体。在水中溶解度较大，但溶解速度较慢，水溶液呈酸性。在温水、酸或碱溶液中易水解成正磷酸盐。水解过程为一不可逆反应，除了同溶液的pH值有关外，也和溶液的浓度及温度有关。

三聚磷酸钠又名磷酸五钠、焦偏磷酸钠。分子式为$Na_5P_3O_{10}$，相对分子量为367.86。

三聚磷酸钠为白色粉末，能溶于水，具有良好的络合金属离子(Ca^{2+}、Mg^{2+}、Fe^{2+}等)能力，生成可溶性的络合物。

聚磷酸盐分子吸附或钙离子生成胶体的微粒，形成带正电荷的微粒移动至阴极生成薄膜。聚磷酸盐在形成缓蚀膜时，需要一定浓度的溶解氧。当存在大量溶解氧时则生成含有氧化物的缓蚀膜。当聚磷酸盐与Ca^{2+}、Zn^{2+}等金属离子共存时可提高其缓蚀性能，这里由于聚磷酸与水中金属离子生成不溶性的金属盐，沉积附着在金属表面上起缓蚀膜的作用。这种膜具有一定的致密性，能阻挡溶解氧扩散到阴极，从而阻止腐蚀反应的进行。当沉淀膜逐渐加厚时，腐蚀电流逐渐减少，沉积也就逐渐减弱。聚磷酸盐也具有较弱的阳极效应(这就是有人认为聚磷酸盐是阴阳极缓蚀剂的原因)，能把金属离子包含在膜内。1～5 mg/L低剂量的聚磷酸盐，具有良好的阻垢作用，而在大多数情况下，是作为缓蚀剂使用。

使用聚磷酸盐的关键是尽可能避免其水解或正磷酸盐以及生成溶度积很小的磷酸钙

垢。单独使用时，在敞开式循环冷却水系统中，聚磷酸盐的使用浓度通常为 20～25 mg/L，pH＝6～7。为了提高其缓蚀效果，聚磷酸盐通常与铬酸盐、锌盐、有机膦酸(盐)等缓蚀剂联合使用。

聚磷酸盐的优点：缓蚀效果好；用量较小，成本较低；除有缓蚀作用外，还兼有阻垢作用；冷却水中的还原性物质不影响其缓蚀效果；没有毒性。

聚磷酸盐的缺点：易于水解，水解后与水中的钙离子生成磷酸钙垢；易促进藻类的生长，使排放水体产生富营养化污染；对铜及铜合金有侵蚀性。

聚磷酸盐在使用上的注意点：

(1) 水中必须有一定的溶解氧(大于 2 mg/L)和二价金属离子(Ca^{2+} 浓度大于 50 mg/L)。

(2) 要求有一个活化的清洁的金属表面。

(3) 聚磷酸盐不宜单独使用。

(4) 水温或壁温过高时，易水解生成正磷酸盐从而引起磷酸盐结垢。

(5) pH 值通常控制在 6～7。

8) 有机膦酸(盐)

有机膦酸(盐)即起阻垢作用又起缓蚀作用，是一种有效的缓蚀阻垢剂。在循环冷却水处理中得到广泛的应用，最常用的有氨基三甲叉膦酸(ATMP)、羟基乙叉二膦酸(HEDP)和乙二胺四甲叉膦酸(EDTMP)等。有机膦酸不易水解和有较好的化学稳定性。

(1) 氨基三亚甲基膦酸(ATMP)

是淡黄色稠状液体，pH 值 2～3，相对密度 1.3～1.4，固含量(质量分数)50%，正磷酸≤5%，亚磷酸≤5%。

ATMP 的价格在有机磷酸盐中是最低的，应用也越来越广。可以与 Ca^{2+} 及其他多价金属的阳离子形成络合物，是非常好的胶溶剂和分散剂。它能使 $CaCO_3$ 与 $CaSO_4$ 保持在稳定的饱和状态。对于提高 $CaCO_3$ 的过饱和溶液临界 pH 值，ATMP 比 HEDP、EDTMP 的作用更大。

ATMP 对氯敏感，因此要和非氧化性杀菌剂联用。

如作为缓蚀剂，ATMP 需与其他缓蚀剂共用。如与锌盐或铬酸盐配合，有良好效果。在含铜的材质上，单独使用 ATMP 具有腐蚀性，若与锌盐配合形成络合物，可克服这个倾向，此时 Zn 至少应为 20%(质量分数)。ATMP－Zn 对 pH 不敏感，在 pH＝4～8.5 时，对铁和钢有防腐作用。但 pH 值不能更高。

(2) 羟基亚乙基二膦酸(HEDP)

HEDP 的化学稳定性好，不易被酸酐所破坏，也不易水解，能够耐较高的温度，对一些氧化剂也有一定程度的耐氧化能力。

HEDP 的阻垢性能主要是由于它具有良好的螯合性能。HEDP 在水溶液中能离解成 H^+ 和酸根负离子。负离子及分子中的氧原子可以与许多金属离子生成稳定的螯合物。

由 HEDP 与金属离子形成的六元环螯合物具有相当稳定的结构。表 10－14 是常用的有机膦酸盐和金属离子形成螯合物的稳定常数。稳定常数越高，阻垢性能越好。

HEDP 同时具有缓蚀性能，是阴极型缓蚀剂，特别是在高剂量下，它的阴性缓蚀效果更为突出。在实际应用中常与其他缓蚀剂如锌盐、铬酸盐、无机磷酸盐共用。HEDP 与锌盐的混合物缓蚀性能尤佳，比 ATMP－Zn 的性能更好。

表 10-14　　有机膦酸盐螯合物稳定常数

金属离子＼药剂	HEDP	EDTMP	ATMP	EDTPMP①
Mg^{2+}	6.55	5.0	6.49	8.11
Ca^{2+}	6.04	4.95	6.68	7.91
Fe^{2+}	9.05			
Cu^{2+}	12.48	11.14		18.5
Zn^{2+}	10.37	9.90		16.85
Al^{3+}	15.29			
Fe^{3+}	16.21			22.46

① EDTPMP 为二乙烯三胺五亚甲基膦酸。

(3) 乙二胺四甲叉膦酸(EDTMP)

EDTMP 与 HEDP 性能相似,故不再论述,但对氯也不稳定。

有机膦酸及其盐类与聚磷酸盐有许多相似方面。都有低浓度阻垢作用,对钢铁都有缓蚀作用。但是有机膦酸及其盐类不像聚磷酸那样易水解为正磷酸盐,这是它的一个很突出优点。与聚磷酸盐相比,它的缓蚀阻垢效果好,使用量也低,已成功地用于硬度、温度、pH 值较高的循环冷却水系统的腐蚀和结垢控制中。

有机膦酸(盐)常与铬酸盐、锌盐、钼酸盐或聚磷酸盐等复合使用,产生协同效应,提高缓蚀阻垢效果,表 10-15 为聚磷酸盐与有机膦酸(盐)的缓蚀增效作用。单独作缓蚀剂使用时的浓度常为 15～20 mg/L,复合缓蚀剂浓度可降低。

表 10-15　　聚磷酸盐与有机膦酸(盐)的缓蚀增效作用

配　方	腐蚀率/($nm \cdot a^{-1}$)	配　方	腐蚀率/($nm \cdot a^{-1}$)
六磷酸钠 20 mg/L	0.187	六磷酸钠 15 mg/L＋HEDP 3 mg/L	0.095
六磷酸钠 20 mg/L＋HEDP 3 mg/L	0.087	六磷酸钠 10 mg/L＋HEDP 3 mg/L	0.096

有机膦酸(盐)的优点:不易水解,特别适用于高硬度、高 pH 值和高温下运行的冷却水系统;同时具有缓垢作用和阻垢作用;能使锌盐稳定在水中。

有机膦酸(盐)的缺点:对铜及其合金有较强的侵蚀性;价格较贵,运行成本较高。

有机膦酸(盐)的适合条件和场合:①循环水硬度高,碱度大;②循环水中钙离子和正磷酸根高,超过了磷酸钙饱和指数,当降低正磷酸根而改用一部分有机膦酸(盐)代替磷酸盐;③在碱性条件下操作,使用有机膦酸(盐)代替聚磷酸盐;④作为增效剂,掺入复合抑制剂中。

9) 巯基苯并噻唑、苯并三氮唑

(1) 巯基苯并噻唑(MBT)

纯的 MBT 为淡黄色粉末,有微臭和苦味,相对密度为1.42,熔点 178℃～180℃。它在水中溶解度较小,使用时需用碱中和为钠盐。用量一般为 1～2 mg/L。它是铜金属的良好缓蚀剂,在 pH＝8～11 的冷却水系统中,MBT 的效果较好。MBT 的保护膜主要由 MBT 的负离子与铜离子结合生成十分稳定的络合物,这种铜盐络合物在水中几乎不溶解。同样,MBT 也可以与金属铜表面上的活性铜离子或铜原子产生螯合作用,形成的螯合物也可能与金属表面的氧化亚铜再发生化学吸附作用而形成致密的保护膜。

MBT 是循环冷却水系统中对铜及铜合金最有效的缓蚀剂之一。其缓蚀作用主要是依靠与金属铜表面上的活性铜原子或铜离子产生一种化学吸附作用，或进而发生的螯合作用从而形成一层致密和牢固的保护膜。使钢材得到良好的保护，同时也相应地保护了钢材。

MBT 是一种很好的铜的阳极型缓蚀剂。在 pH＝3～10 范围内具有很好的缓蚀效果。其缺点是会干扰聚磷酸盐的缓蚀作用，在水中容易被氧化。在磷系配方中必须加锌以抵消 MBT 对聚磷酸盐的干扰。在用氯杀菌时，应先投加 MBT 形成膜后，再投加氯，这样不致破坏 MBT 的缓蚀作用。

在复合有机膦酸(盐)缓蚀剂中加入 MBT 有明显地抑制水中 Cu^{2+} 的产生。如水中投加 3 mg/L EDTMP有铜离子 164 μg/L，而再投加 1 mg/L MBT 后，水中铜离子降至 64 mg/L。

(2) 苯并三氮唑(BZT)

BZT 也是对铜及铜合金一种很有效的缓蚀剂。其缓蚀的原理一般认为是它的负离子和亚铜离子形成一种不溶性的极稳定的络合物。这种络合物吸附在金属表面上，形成了一层稳定的、惰性的保护膜从而使金属得到保护。

当 BZT 剂量为 1 mg/L，缓蚀效果便全面发挥出来。pH 值使用范围为 5.5～10。对氧化作用的抵抗力很强，它与聚磷酸盐复合使用不会干扰。但当有氯存在时，对铜的缓蚀作用就消失；而氯消失之后，其缓蚀作用又可恢复。

由于价格和来源问题，不如 MBT 应用广泛。

10) 苯并三唑(BTA)和甲基苯并三唑(TTA)

(1) 苯并三唑(BTA)

BTA 是一种很有效的铜和铜合金缓蚀剂。不仅能抑制设备上的铜溶解进入水中，而且还能进入水中的铜离子钝化，防止铜在钢、铝、锌及镀锌铁等金属上的沉积和黄铜的脱锌。此外，BTA 对铁、镉、锌、锡也有缓蚀作用。

BTA 在 pH＝6～10 之间的缓蚀率最高。

BTA 的性能与 BZT 有相似，能耐氧化作用。当冷却水中有游离氯存在时，它的缓蚀性能被破坏；但在游离氯消耗完后，缓蚀作用又会恢复。

(2) 甲基苯并三唑(TTA)

分子式为 $C_7H_7N_3$，相对分子量 133.16。

亮黄色粉末，溶点 82.8℃，溶于甲醇、异丙醇和乙二醇等有机溶剂中。难溶于水，在常温下水中的溶解度仅为 0.55%，60℃时为 1.8%。

用作铜和铜合金的缓蚀剂，对黑色金属也有缓蚀作用。用于循环冷却水系统与 BTA 同样的缓蚀效果，但在中性氯化物溶液中的效果略差。

TTA 可与聚磷酸盐、有机膦酸盐、钼酸盐、硅酸盐等配合使用，有协同作用。与胺类、氨基醇类配合使用可提高对碳钢的缓蚀效果。

TTA 与 MBT 复配使用，可因 MBT 成膜快、TTA 成膜慢、两者相辅相成使成膜保持持久性，两者协同效应提高了对水中游离氯的阻抗能力，降低了氯对铜合金的腐蚀作用；以及利用 MBT 可与水中铜离子络合成不溶物，从而解决了 TTA 因能与水中铜离子络合成溶解物，而增加 TTA 投加量的缺陷。

BTA 和 TTA 常用于制作复合缓蚀和用于有铜或铜合金冷却设备的密闭循环冷却水系统中。

BTA 和 TTA 的优点为：对铜和铜合金的缓蚀效果好；能耐受氯的氧化作用。缺点是价格较高。

从上述所论述的药剂可知，大多数药剂既有阻垢作用，又有缓蚀作用，而且可组成复合配方。现把上述药剂综合于表10-16中。

表10-16　　常用阻垢缓蚀剂一览表

系列	种类	特性	pH值范围	温度范围	投加浓度	备注
聚磷酸盐	六偏磷酸钠 三聚磷酸钠	有阻垢、缓蚀双重作用； 有明显的表面活性； 易与钙生成络合物； 是阴极缓蚀剂，在金属阴极表面以电沉积生成耐久的保护膜	<7.5	<50℃	用于阻垢为1～5 mg/L 用于缓蚀为20～25 mg/L	易于水解成正磷酸盐，作缓蚀剂使用要控制钙离子浓度大于50 mg/L，是微生物营养源
有机膦酸（盐）	氨基三甲叉膦酸(ATMP) 乙二胺四甲叉膦酸(EDTMP) 羟基乙叉二膦酸盐(HEDP)	有缓蚀、阻垢的双重作用； 有良好的表面活性、化学稳定性和耐高温性； 不易水解和降解； 有溶限效应和协同效应，用药量小； 作为缓蚀是阴极性缓蚀剂，作为阻垢是和许多金属离子形成络合物； 无毒	7.0～8.5	50℃	用于阻垢为1～5 mg/L 用于缓蚀为15～20 mg/L	与聚磷酸盐同时使用有增效作用； 由于使用中pH值偏高，水结垢倾向增加，要注意阻垢、分散剂的配合； 铜制换热器要注意加强缓蚀措施
聚羧酸类聚合物	聚丙烯酸 聚甲基丙烯酸 聚马来酸(PMA)	系金属离子优异的螯合剂； 对碳酸钙有分散作用，耐温度性能好，无毒	7.0～8.5	45℃～50℃	1～3 mg/L	要控制一定的分子量范围，聚丙烯酸以1 000左右为好； PMA与锌盐复合使用； 阻垢性能好，且沉积物是软垢
铬酸盐	铬酸钾 铬酸钠 重铬酸钾 重铬酸钠	阳极钝化膜型缓蚀剂，形成γ-Fe_2O_3膜而减少了腐蚀电流，成膜牢固迅速，缓蚀效率高； 对不同水质适应性强； 不会引起细菌繁殖	7.5～9.5	200～250 mg/L	毒性强，敞开式系统基本不用 与聚磷酸盐、锌盐复合使用可大大减少剂量	
钼酸盐	钼酸钠 杂聚钼酸盐	低毒，毒性比铬酸盐约低1 000倍 不会引起微生物滋生	8～8.5	温度80℃仍有90%缓蚀率	复合使用量100 mg/L	与有机酸盐复合可减少剂量，Cl^- + SO_4^{2-}≤400 mg/L
锌盐	硫酸锌 氯化锌	阴极缓蚀剂 成膜快	不大于8		2～4 mg/L	对水生物有毒性，pH>8有沉淀，复合使用有明显增效作用
硅酸盐	硅酸钠	阳极缓蚀作用 成膜慢无毒	6.5～7.5		开始用较高浓度，正常维持30～40 mg/L（以SiO_2计）	当镁硬度>250 mg/L时一般不用硅酸盐要求一定高的SiO_2浓度，但要小于175 mg/L； 与氯化锌配合效果好； 控制严格，否则生成硅垢很难处理，宜复合使用

（续表）

系列	种类	特性	pH 值范围	温度范围	投加浓度	备注
巯基苯并噻唑（MBT）	杂环化合物	与铜离子及铜原子产生化学吸附作用，螯合作用，形成保护膜，是铜及铜合金最有效的缓蚀剂	3～10		1～2 mg/L	在磷系配方中使用要加锌，否则会损害聚磷酸盐的缓蚀作用，氧化剂氯和铬酸盐会破坏 MBT，用碱性水溶液投加
苯并三氮唑（BZT）	杂环化合物	其负离子和亚铜离子形成极稳定的络合物，并吸附在金属表面上，形成稳定而有惰性的保护膜；耐氧化	5.5～10		1 mg/L	加氯会使缓蚀率降低，不损害聚磷缓蚀作用； 价格贵，货源少
苯并三唑（BTA） 甲基苯并三唑（TTA）	杂环化合物	不但能抑制设备基体上的铜溶解进入水中，还能使进入水中的铜离子纯化，耐氧化作用	6～10			水中游离氯会使缓蚀率降低，但游离氯消耗后缓蚀作用恢复； 价格较高

10.5.4　阻垢、缓蚀剂复合配方

1. 复合配方的特点

采用两种以上药剂组成缓蚀剂或阻垢剂称为复合配方。复合配方比单用某一药剂的缓蚀或阻垢效果好且用量少，这一现象叫做缓蚀剂或阻垢剂的增效作用或协同效应。

1）复合配方的优点

与单一的某种药剂相比较，复合配方具有以下方面优点：

（1）复合配方中的缓蚀剂与缓蚀剂之间、缓蚀剂与阻垢剂之间，存在较为显著的协同作用或增效作用。

（2）可以同时控制多种金属材料的腐蚀。

（3）可以同时控制腐蚀、水垢、污垢的形成。

（4）可以减少药剂用量，简化加药手续。

复合配方在循环冷却水处理中，受到国内外的重视和广泛使用，有效地控制循环冷却水系统中的腐蚀、结垢和沉积物。

2）复合配方中各药剂之间应注意问题

（1）各种药剂之间的协同效应，优先采用有增效作用明显的复合配方，以增强药效，降低药耗。

（2）药剂之间不应有相互对抗作用。

（3）有些药剂有毒性，复合配方后毒性应降低。

（4）复合配方后药剂，在处理过程中及排放，应符合国家规定的排放标准，不应对环境造成危害。

2. 配方的方法和方案

目前，碱性冷却水处理技术已在实践中得到广泛应用。该技术可少加酸或不加酸，使冷却水系统在较高的 pH 值和较高的浓缩倍数下运行，补充水量和排污水量较小，药剂消耗量小。

碱性冷却水处理按所用主缓蚀剂可分为金属系、无机磷酸盐和全有机三大系列，其中

的金属系方案包括铬酸盐-锌、碱性钼酸盐与碱性锌盐配方。而无机磷酸盐方案分稳定磷酸盐和扩大磷酸两种方案。

全有机方案的主要特点是利用有机酸(盐)取代无机磷酸盐做缓蚀剂，抑制碳酸钙结垢，从而避免了无机磷酸盐方案中潜在的产生污垢的危险。与金属系和无机磷酸盐方案相比，全有机方案没有毒性物质，不会污染环境，能在自身平衡的高 pH 条件下运行，避免加酸操作带来的隐患，并简化了操作过程，没有聚磷的水解问题，故无磷酸钙垢的危险，允许药剂停留时间较长(可达 100 小时以上)；全有机配方的主要缺点是处理费用较高，膜的抗腐蚀力较弱。

3. 冷却水处理的几种复合配方

1) 铬酸盐-锌盐

铬酸盐是一种阳极型缓蚀剂，当它与适当的阴极型缓蚀剂复合使用时，可以得到满意而经济的缓蚀效果，故铬酸盐常与属于阴极型缓蚀剂中的锌盐复合使用。

铬酸盐-锌盐复合缓蚀剂对温度在正常范围内的变化和水的腐蚀性变化不敏感。使用这种复合缓蚀剂时，敞开式循环冷却水运行的 pH 值范围可从 5.5～7.5，通常采用 pH 值为 7.0。在冷却水中，其推荐的控制条件为：

pH 值：7.0～7.5

$[CrO_4^{2-}]$：20～25 mg/L

$[Zn^{2+}]$：3.0～3.5 mg/L

钙硬度：≤800 mg/L($CaCO_3$ 计)。

虽然铬酸盐-锌盐复合缓蚀剂有不少优点，也有许多缺点，主要有：

(1) 对碳酸钙和硫酸钙等水垢没有低浓度阻垢作用。

(2) 对与冷却水接触的金属表面没有清洗作用，而循环冷却水中的缓蚀剂又必须在被保护的金属表面上没有沉积物(水垢和污垢)时才能与之作用，从而发挥其缓蚀作用。

(3) 当 pH＞7.5 时，复合缓蚀剂中的锌离子将转变为不溶性的碱式锌盐沉淀。

(4) 铬酸盐和锌盐的排放有严格的标准，有可能给环境保护造成不良影响。

2) 铬酸盐-锌盐-有机膦酸(盐)

铬酸盐-锌盐复合配方中的前三个缺点可以通过在此配方中加入有机膦酸(盐)来克服。有机膦酸(盐)能抑制敞开式循环冷却水中碳酸钙和硫酸钙垢的生长，提高冷却水中锌盐的稳定性，从而使冷却水运行的 pH 值范围扩展到 pH＝9。有机膦酸(盐)还有清洗作用，它可以使循环冷却水中的金属表面处于清洁状态。

铬酸盐-锌盐并不是冷却水中的微生物生长的营养剂，所以使用铬酸盐-锌盐复合缓蚀剂可以减轻微生物引起的腐蚀和黏泥。加入有机膦酸(盐)中的ATMP(氨基三甲叉膦酸)后，在高 pH 值时锌离子可以稳定在水中。与此同时，锌离子可提高 ATMP 抵抗冷却水中氯引起的降解的能力。

3) 聚磷酸盐-锌盐

锌盐加至聚磷酸盐中，不会改变聚磷酸盐的特性，而增进了金属表面形成保护膜的速度，提高了系统腐蚀抑制的效果，其使用量比单独投加聚磷酸盐时更低。

聚磷酸盐-锌盐复合配方具有以下特点：

(1) 对冷却水中电解质浓度的变化不敏感。

(2) 对碳酸钙和硫酸钙垢有低浓度的阻垢作用。

(3) 既能保护碳钢，又能保护有色金属。

(4) 对被保护的金属表面具有清洗作用。

聚磷酸盐-锌盐复合配方是一种阴极型缓蚀剂。锌离子能加速保护膜的形成，抑制腐蚀，直到金属表面上生成一层致密和耐久的保护性薄膜为止。

在处理配方中，锌盐对聚磷酸盐的比例为10%～20%(质量)。图10-9为聚磷酸盐-锌盐的比例对碳钢腐蚀的影响。图中CALGON为聚磷酸盐商品。

聚磷酸盐-锌盐使用时，冷却水的pH值应控制6.8～7.2。冷却水在这个pH值范围内运行，可防止它对铜基合金的腐蚀。这种复合配方对冷却水水体温度的变化并不敏感。

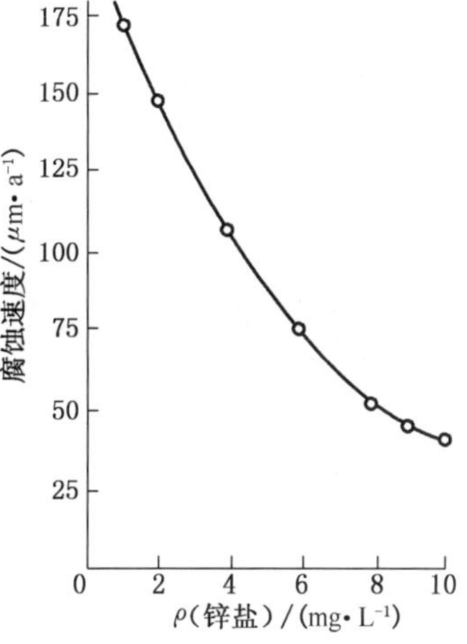

条件：ρ(CALGON)为8 mg·L^{-1}；pH6.8；41℃

图10-9　聚磷酸盐/锌盐的比例对碳钢腐蚀的影响

4) 聚磷酸盐-有机膦酸(盐)-聚羟酸盐

聚磷酸盐-羟基乙叉二膦酸(HEDP)复合缓蚀剂是一种阴极型缓蚀剂，正常使用浓度为15 mg/L。如果冷却水系统进行适当的预处理，则此浓度还可降低。由于聚磷酸盐易水解，故产生正磷酸盐的问题仍然存在。如果磷酸钙的沉淀问题能得到控制，则水解产生的正磷酸盐将有助于其缓蚀作用。

聚磷酸盐-有机膦酸(盐)常与羧酸的均聚物组成复合配方联合使用。其中的有机膦酸(盐)不但具有缓蚀作用，而且还具有阻垢作用；羧酸的均聚物或共聚物例如丙烯酸/丙烯酸羟丙酯(AA/HDA)共聚物则主要起分散作用。这种复合配方的特点是：可在较宽的pH值范围内使用，尤其能在碱性条件下有效地阻止碳酸钙的沉淀。

5) 锌盐-有机膦酸(盐)

与单独使用有机膦酸(盐)相比较，锌盐-有机膦酸(盐)复合配方后会大大增进抑制腐蚀作用，特别是提高有机膦酸(盐)对碳钢的缓蚀作用。

锌盐加至有机膦酸(盐)中的控制质量比率为20%～80%，最好为30%～60%。当系统中有铜金属时，处理方案必须含有锌盐。锌盐-有机膦酸(盐)复合配方缓蚀剂对循环冷却水中电解质的浓度并不敏感，温度的影响也很小。故锌盐-有机膦酸(盐)复合配方缓蚀剂适用的水质条件范围很宽，适应的pH值可放宽为6.5～9。而且在使用ATMP有机膦酸(盐)时，加锌盐还可防止氯对ATMP的分解作用，因锌盐妨碍C-P键在氧化环境中断裂的机会。图10-10为ATMP-锌盐复合配方的比例对碳钢腐蚀的影响。

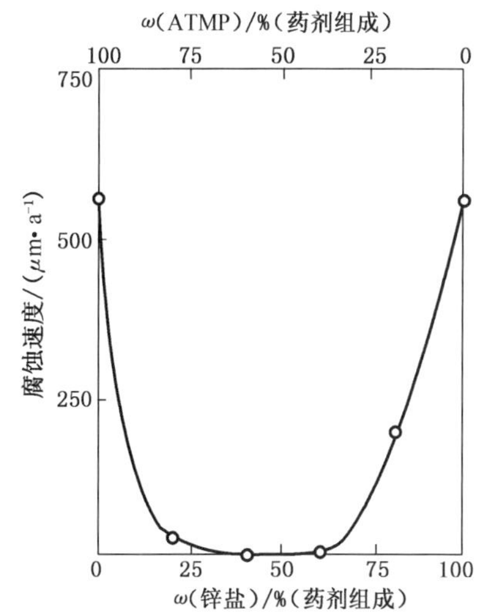

条件：ρ(药剂总量)为15 mg·L^{-1}；pH7.0；35℃

图10-10　ATMP/锌盐的比例对碳钢腐蚀的影响

有机膦酸(盐)是一类具有低浓度阻垢作用的阻垢剂。因此，锌盐-有机膦酸(盐)组成的复合配方，不但具有优良的缓蚀作用，而且还具有很好的阻垢作用。

6）锌盐-膦羟酸-分散剂

锌盐-膦羧酸-（高聚物）分散剂组成的复合配方是近几年来为敞开式循环冷却水在高pH值下运行而开发的锌系复合水处理剂。

试验认为：要使锌系复合水处理剂能有效地控制敞开式循环冷却水中金属的腐蚀，冷却水中至少需要保持2 mg/L锌离子。当冷却水的pH＞8.0时，传统的锌盐-有机膦酸（盐）复合配方往往不易理想地使足够的锌离子保持在冷却水中有效地控制金属的腐蚀。而锌盐-膦羧酸-分散剂组成的复合配方却可做到，甚至在冷却水的pH值为9.5时也行。

在循环冷却水中，锌离子是一种阴极型缓蚀剂，膦羟酸是一种阳极型缓蚀剂，而锌盐-膦羧酸-分散剂组成的复合配方是一种混合型缓蚀剂。它既能降低金属阳极溶解过程的速度，又能降低溶解氧阴极还原过程的速度，从而能大大降低金属的腐蚀速度。

因膦羧酸还具有低浓度阻垢作用，而高聚物分散还有分散作用和晶格畸变作用，故冷却水在高pH值下运行时仍能使换热器的金属换热表面保持清洁，便于复合水处理剂到达金属表面产生缓蚀作用和防止垢下腐蚀。

7）锌盐-多元醇磷酸酯-磺化木质素

多元醇磷酸酯和有机膦酸（盐）一样，在碱性冷却水条件下能有效地控制冷却水中的污垢和水垢。

在锌盐-多元醇磷酸酯-磺化木质素复合水处理剂中，锌盐是缓蚀剂，磺化木质素是一种芳香族高分子化合物，是污垢和铁垢的有效分散剂。多元醇磷酸酯除了有阻垢作用和缓蚀作用外，还能使锌离子稳定在水中而不析出，从而与锌盐、磺化木质素一起，组成了“分散性缓蚀剂”，在碱性条件下的冷却水处理中使用。这种复合配方的使用量通常为30～50 mg/L（以溶液量计），使用的pH值为7.8～8.3。

锌盐-多元醇磷酸脂复合配方与聚丙烯酸联合使用时，常常可以更好地控制冷却水系统中的硬垢和污垢。

8）有机膦酸（盐）-聚羧酸盐-唑类

有机膦酸（盐）-聚羧酸盐-唑类复合配方是以聚羧酸盐分散剂为主剂，以有机膦酸（盐）为阻垢缓蚀剂和唑类为缓蚀剂的一种水处理剂，是一种全有机配方。

冷却水的结垢控制是依靠聚羧酸盐的阻垢分散作用和有机膦酸（盐）的阻垢作用来实现的，而冷却水中金属腐蚀的控制一方面是依靠有机膦酸（盐）和唑类的缓蚀作用；另一方面是依靠提高水的pH值和降低水的腐蚀性来实现的。这类配方对循环水的水质有一定要求。如我国引进的一种有机膦酸（盐）-聚羧酸盐-唑类复合水处理剂对循环水的水质条件和要求为：

pH值：8.0～9.3；

钙硬度：60～160 mg/L；

总碱度：90～240 mg/L；

$[Cl^-]+[SO_4^{2-}]$：＜1 000 mg/L；

$[SiO_2]$：＜130 mg/L；

悬浮物：＜20 mg/L。

可见，此水处理剂是利用循环水的高碱度、高硬度和高pH值来降低水的腐蚀性。

这类复合配方在使用时不需要向冷却水中加酸调节循环水的pH值，可消除冷却水系统正常运行中发生低 pH 值飘移带来危险，该水处理剂通常以溶液的形式供应，使用方便，操作简单。

9）钼酸盐-正磷酸盐（或有机膦酸盐）-唑类

单一的使用钼酸盐缓蚀剂用量太大，费用太高，故未能在敞开式循环冷却水系统中得到广泛应用。而钼酸盐系的复合缓蚀剂在高温下稳定性好，适用于较宽的 pH 值范围和多种水质条件，对多种金属起缓蚀作用，对抑制点蚀有良好的效果，可与多种药剂一起使用。既可用于敞开式循环冷却水处理，也可用于密闭式循环冷却水处理。近几年来，钼酸盐系复合配方得到较快发展。

已开发的钼酸盐系复合配方有钼酸盐-正磷酸盐-唑类、钼酸盐-有机膦酸盐-锌盐、钼酸盐-有机膦酸盐-唑类、钼酸盐- HEDP -唑类-锌盐、钼酸盐-有机膦酸（盐）混合物-唑类、钼酸盐-葡萄糖酸钠-锌盐-有机膦酸（盐）-聚丙烯酸钠等。其中钼酸盐、正磷酸盐、锌盐是碳钢的缓蚀剂，唑类是铜和铜合金的缓蚀剂，而有机膦酸（盐）是阻垢缓蚀剂，它们之间有明显的协同作用。

以钼酸盐-有机膦酸盐-锌盐复合配方来说，若将有机膦酸盐（HEDP）和锌盐（硫酸锌）加入钼酸盐中组成三元体系，三者的投加量分别为：钼酸盐为13.3 mg/L，HEDP 为 10 mg/L，锌盐（以 Zn^{2+} 计）为 4.5 mg/L，其相应的腐蚀率为 25.8 μm/a。如果各自单独使用，则从图 10-11 可见，腐蚀率均较高。

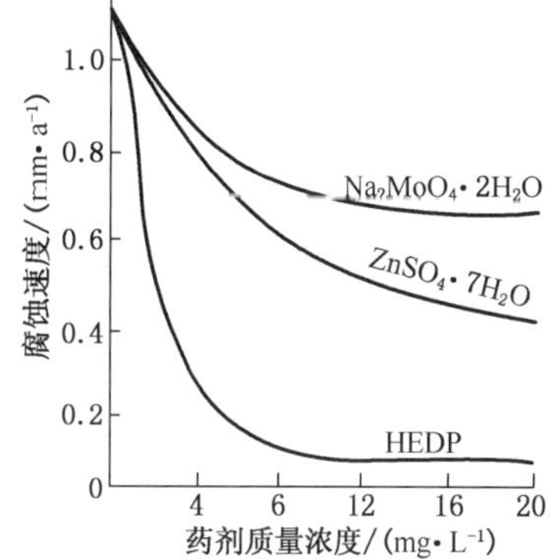

图 10-11　腐蚀速度与单一缓蚀剂质量浓度的关系

4. 复合配方的选择

1）复合配方选择应考虑的因素

（1）是否适用于该循环冷却水系统运行的 pH 值范围。

（2）能否使循环冷却水的浓缩倍数达到规定值之内。

（3）运行的费用和用户的经济条件，不仅要考虑水处理剂的费用，而且要考虑原水预处理和排污处理的费用以及对工艺生产带来的影响。

（4）复合配方水处理剂或其中各组成药剂的供应来源及价格与运输。

（5）操作管理是否方便。

（6）当地环保部门的规定和对周围环境可能造成的影响和污染。

（7）工艺生产发生事故时，泄漏物料对水处理剂作用的干扰。

（8）复合配方中的缓蚀剂、阻垢剂和配用的杀生剂的相溶性。

（9）使用的换热器的结构、材质以及预膜、涂料的处理情况。

2）实验筛选

选择复合配方，在考虑上述因素的基础上，根据水质特性通过模拟试验筛选并确定出适宜于该水质的配方。实际生产运行过程中，视其效果再调整复合配方中各组分的配比及投加量。

3）复合配方选择图

图 10-12 是根据稳定指数值选复合配方水处理剂的参考图。可根据所用循环冷却水的稳定指数（横坐标）或可能发生的问题（纵坐标）选择对应于坐标方程中的水处理复合配方药剂。由于该图中所列的药剂品种不全，故不宜作为选择药剂的标准方法，但可以作为

循环冷却水水处理方案时的参考。

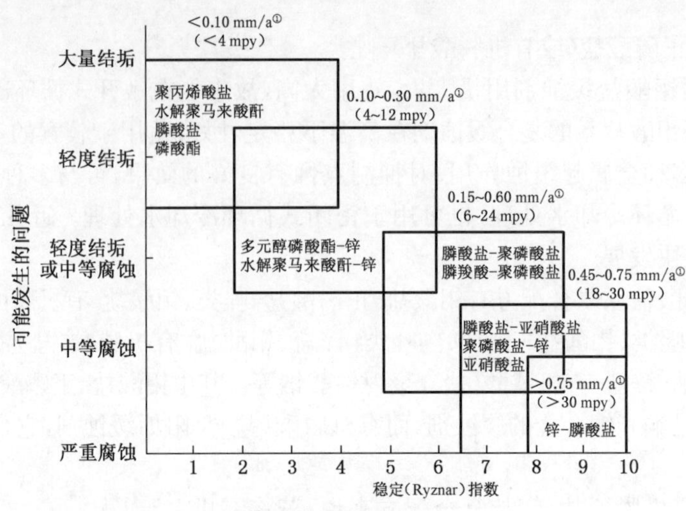

①未经处理时的腐蚀速率。

图 10-12 稳定指数与阻垢、缓蚀剂选择关系

10.5.5 微生物控制与处理

在循环冷却水中都含有无机物和有机物，特别是敞开式循环冷却中有充足的溶解氧，足够的有机物和无机物的营养物，水温为 25℃～40℃的适宜温度，为微生物的生长繁殖提供了合适的条件。在水质稳定处理中，采用磷系配方较普遍，而"磷"元素又是微生物生长繁殖的重要营养成分，有利于水栖菌藻的滋生，因此，对于磷系水质稳定技术的正确掌握，杀菌灭藻是关键因素。

要控制循环冷却水系统微生物，首先要了解微生物。从广义来说，微生物包括菌类、病毒、单细胞藻类和原生动物；从狭义讲，主要是菌类和病毒。

微生物的特点是：分布广、种类多；代谢快、繁殖快；易于变异、易于培养。

1. 循环冷却水中常见的微生物及危害

循环冷却水中常见为藻类、真菌、细菌和原生动物四类。藻类又分为蓝藻、绿藻、硅藻等。细菌又分为异养菌和自养等。其危害分别见表 10-17—表 10-19。

表 10-17 冷却水系统中常见的细菌及其危害

类型	举例	生长条件		危害
		温度/℃	pH	
好氧性荚膜细菌	气杆细菌 黄杆菌属 普遍变形杆菌 铜绿色假单孢菌 赛氏杆菌属 产碱杆菌属	20～40	4～8 最佳为 7.4	形成严重的细菌黏泥
好氧芽孢细菌	枯草芽孢杆菌	20～40	5～8	产生难以消灭的细菌黏液芽孢
好氧硫细菌	嗜硫氧化杆菌	20～40	0.6～6	氧化硫化物为硫或硫酸

（续表）

类　型	举　例	生长条件		危　害
		温度/℃	pH	
厌氧硫酸盐还原菌	去硫弧菌属	20～40	4～8	在好氧菌黏泥下生长，引起腐蚀导致硫化氢的形成
铁细菌	铁锈菌属 纤毛铁细菌属 嘉氏铁柄杆菌属	20～40	7.4～9.5	在细菌的外膜沉淀氢氧化铁形成大量的黏泥沉积物

表10-18　冷却水系统中常见的真菌及其危害

真菌类型	特　性	生长条件		危　害
		温度/℃	pH	
丝状霉菌	黑、兰、黄、绿、白、灰、棕、黄褐等色	0～38	2～8 最适宜在5.6	木材表面腐烂，产生细菌状黏泥
酵母菌	革质或橡胶状，一般带有色素	0～38	2～8 最佳为5～6	产生细菌状粘泥使水和木材变色
担子菌属	白或棕色	0～38	2～8 最佳为5～6	木材内部腐烂

表10-19　冷却水系统中常见的藻类及其危害

种　类	举　例	生长条件		危　害
		温度/℃	pH	
绿藻	丝藻，水绵 毛枝藻，小球藻 栅列藻，绿球藻	30～50	5.5～8.9	常在冷却塔内蔓延滋生或附着在壁上，或浮在水中
兰藻	颤藻，席藻 微鞘藻 微囊藻	32～40	6.0～8.9	在冷却塔壁上形成厚覆盖物，由于细胞中产生恶臭的油类和环醇类，死亡后释放出而使水恶臭
硅藻	尖针杆藻，华丽针杆藻，细美舟形藻，细长菱形藻	18～36	5.5～8.9	形成水花
裸藻	静裸藻，小眼虫 尖尾裸藻 附生柄裸藻			出现裸藻说明循环水中含氮量增加，作指示生物

细菌中危害最大的为铁细菌、硝化细菌、硫细菌、硫酸盐还原菌、反硝化菌及其他好氧异氧菌。见本章“10.3，结垢与腐蚀”节。

微生物的生长繁殖不仅影响循环冷却水水质，而且与其他有机物和无机物杂质形成粘垢，会在循环冷却系统造成以下方面危害：

（1）黏泥附着在换热器部位的金属表面上，降低水的冷却效果。

（2）大量的黏泥会堵塞换热器中水的通道，减小管道的过水断面积，从而降低冷却水的流量和冷却效果，增加动力消耗。

（3）黏泥集积在冷却塔填料表面或填料间，堵塞水冷却通道，并造成分布不均匀，降低冷却塔的水冷却效果。

(4) 黏泥覆盖在换热器内的金属表面，阻止缓蚀剂和阻垢剂到达金属表面发挥其缓蚀和阻垢作用，阻止杀生剂杀灭粘泥中和粘泥下的微生物，降低药剂的功效。

(5) 黏泥覆盖在金属表面，形成浓厚腐蚀电池，引起金属设备的腐蚀。

(6) 大量的黏泥和藻类存在于全系统中，严重时会影响循环冷却水系统的运行。并且影响系统的外观。

2. 危害的判断

微生物危害的判断一般采用泥量的指标进行。粘泥量在 4 mL/m^3 以下，不会产生微生物的危害。

必须控制水中的细菌总数≤10^5 个/mL，一旦超过此数值就有黏泥的危害或有产生危害的可能性，就需要增加或更换杀菌剂的用量和品种。

控制循环冷却水系统中微生物危害可采用表 10-20 中的指标。

表 10-20　　循环冷却水系统中微生物控制指标

监测项目	控制指标	监测频率
异养菌	<5×10^5 个/mL(平皿计数法)	2～3 次/周
真菌	<10 个/mL	1 次/周
硫酸盐还原菌	50 个/mL	1 次/月
铁细菌	<100 个/mL	1 次/月
粘泥量	<4 mL/m^3(生物过滤网法)	1 次/d
	<1 mL/m^3(碘化钾法)	1 次/d

为防止微生物的危害，在循环冷却水系统中常采取以下措施和方法：

(1) 改善冷却塔周围的环境和整个循环系统的整洁。

(2) 防止日光直接照射。

(3) 采用沉淀、过滤等进行原水预处理。

(4) 进行旁滤处理，使循环水浊度降低到 10 mg/L 以下。

(5) 对循环系统的金属设备材料及木质冷却塔进行防腐处理。

(6) 投加杀菌灭藻剂。

3. 杀菌灭藻剂的杀生机理

杀菌剂对菌类的影响是多方面的，通常通过影响菌的生长分裂，孢子萌发并产生呼吸受到抑制、细胞膨胀、细胞质体的瓦解和细胞壁的破坏等，达到抑制或杀灭菌藻的目的。

药剂的杀菌或抑菌作用主要与化合物的性质、使用浓度和作用时间等有关。

1) 破坏细胞结构

(1) 损坏细胞壁

杀菌剂使细胞壁纤维及结构形变，从而不能完成正常的生理功能。有的使细胞壁形成受阻，而使细胞壁崩解致使细胞质体裸露。

(2) 破坏细胞膜

杀菌剂可使膜的“镶嵌”处及疏水链中裂缝增加或变大，或者杀菌剂分子的杀脂部分溶解膜上的脂质部分使成微孔。季铵盐类杀菌剂就是这种作用，甚至膜上的金属离子被螯合破坏。

2）破坏线粒体的机能

线粒体是细胞呼吸贮能的重要所在，酚类可以抑制和氧化有关的酶和辅酶，双氯酚可以与—SH 反应作用于辅酶 A 使脂肪氧化受阻，醌类能干扰电子传递。有些杀菌剂破坏了菌体内氧化磷酸化偶联反应，酚类杀菌剂有此作用。

3）核酸代谢受阻

DNA、RNA 和 mRNA 是遗传和蛋白质合成的物质基础，杀菌剂可以“搀假”到核酸中去，还可能抑制蛋白质合成。

4）对酶系作用

杀菌剂使酶的含量减少或使酶的活性降低，致使物质代谢失去平衡。如酚类在低浓度下可使部分酶失活，而另一些酶则提高活性，从而加剧不正常代谢，或者造成人工反馈性抑制而使细菌中毒。

5）与细胞内组分的作用

主要是指代谢分子中功能团与杀菌剂作用，如与细胞内反应最多的功能基—SH反应、与—NH_2 反应，干扰细胞内氧化还原过程；或者螯合细胞内的微量元素使有的酶失去活性。

4. 常用的杀菌灭藻剂

杀菌灭藻剂简称杀生剂，用来杀灭或抑制微生物。

1）杀生剂应具备的条件

（1）广谱、高效、低毒（或无毒），对黏泥有分散和剥离作用。

（2）不与水系统内的阻垢剂、缓蚀剂等发生反应，不产生干扰作用。

（3）对循环冷却水系统的金属无腐蚀作用。

（4）pH 值、水温、漏料对药剂的活性无明显影响。

（5）排放后的残毒易于降价。

（6）使用方便、安全，价格低。

2）杀生剂的分类

（1）按化学成分可分为无机杀生剂和有机杀生剂两类。

无机杀生剂：氯、二氧化氯、臭氧、氯胺、次氯酸钠、硫酸铜、溴、次氯酸钙等。

有机杀生剂：氯酚类、季胺盐类、氯胺类、丙烯类、氨基甲酸酯、二硫氢基甲烷类、溴化物、胺类、乙基大蒜素等。

（2）按杀生剂的机理可分为氧化型杀生剂和非氧化型杀生剂两类。

氧化型杀生剂：氯、二氧化氯、臭氧、氯胺、次氯酸钠、次氯酸钙、溴及溴化物等。

非氧化型杀生剂：氯酚类、季铵盐类、丙烯醛、二硫氰基甲烷、乙基大蒜素、乙基硫代磺酸乙酯、重金属盐、西维因、洗必泰、有机氮化物等。

3）氧化型杀生剂

（1）氯及次氯酸钠、次氯酸钙

水解反应：氯气溶于 pH>3.0 的水中，当浓度<1 000 mg/L 在 18℃时，1 s 内就可完成下列水解反应：

$$Cl_2 + H_2O \longrightarrow H^+ + Cl^- + HClO \tag{10-74}$$

由式(10-74)可见，有 1/2 溶于水的氯气成为次氯酸 HClO，它又会发生部分离解：

$$HClO \rightleftharpoons H^{+} + ClO^{-} \tag{10-75}$$

ClO^{-}是次氯酸根，式(10-75)是可逆反应，平衡条件取决于pH值和水温。

次氯酸钠、次氯酸钙在水中溶解后，根据水的pH值，电解产生两种形式：

$$Ca(ClO)_2 \rightleftharpoons Ca^{2+} + 2ClO^{-} \tag{10-76}$$

$$2ClO^{-} + H_2O \rightleftharpoons HClO + OH^{-} \tag{10-77}$$

由上述四个方程可知，无论是使用氯气，还是使用次氯酸盐来进行氯化，都可产生次氯酸HClO和次氯酸根ClO^{-}。次氯酸根因带有电荷，是较弱的杀菌剂，不易扩散进入细胞膜，而次氯酸则可快速进入细胞膜而造成高毒性。它们在水中是以游离氯气，还是以次氯酸或次氯酸根离子形式存在，主要取决于pH值和水温。

式(10-75)的离解常数K为3.2×10^{-8}，因此水中HClO、ClO^{-}的相对比例依其pH值推算出来的关系见表10-21。

表10-21　HClO、ClO^{-}与pH的关系

pH值		4.0	5.0	6.0	7.0	7.5	8.0	8.5	9.0	9.5
0℃	HClO	100%	100%	98.2%	83.3%	61.26%	32.2%	13.7%	4.5%	0.5%
	ClO^{-}	0	0	1.8%	16.7%	38.74%	67.8%	86.3%	95.5%	99.5%
20℃	HClO	100%	99.7%	96.8%	75.2%	48.93%	23.2%	8.75%	2.9%	0.3%
	ClO^{-}	0	0.3%	3.2%	24.8%	51.07%	76.8%	91.25%	97.1%	99.7%

起杀菌作用的主要为HClO，而ClO^{-}的杀菌作用一般只有HClO的1%～2%。水中HClO与ClO^{-}所含氯量称为自由性余氯，水中的氯胺所含氯量称为化合性氯。

从表10-20可见，当pH＝6～8.5时，HClO发生电离。pH＝9.0时，几乎全部以ClO^{-}形成存在，使氯的杀菌效果下降，一般认为pH＝6.5～7.5是氯控制微生物的范围。

因氯杀菌能与较多的阻垢、缓蚀剂配合使用，彼此受干扰少，杀菌效果好，制取方便，价廉，在水处理中得到广泛应用。

为达到最大的杀生效果，使用过程中要注意以下方面：

① 通氯时，水的pH值不能太高，在水中应保持一定的余氯量，一般为0.5～1.0 mg/L。

② 沉淀于水中的污泥，会消耗较多的氯气，要及时排除，保持余氯量在要求范围内。

③ 含油量大的水不宜用氯，油对氯有吸附作用。

④ 防止碱性物质，如氨等的泄漏。

⑤ 注意药剂与氯的反应，铜缓蚀剂疏基苯并噻唑能被氯氧化，避免同时投加。

次氯酸钠、次氯酸钙等与氯有类似作用。溶于水中生成次氯酸。在较高pH值条件下，主要又以次氯酸根形式存在，杀生效果减低。用次氯酸盐作为杀生剂，需适当降低pH值，在贮存、运输时要防止分解失效。

溴水价格贵，在循环水处理中一般不采用。

加药(氯)量：

在循环冷却水处理中，氯的投加量为2～4 mg/L，投加后2 h左右时间内保持余氯在0.5～1.0 mg/L。当循环水水质恶化时，余氯量不能满足杀菌效果情况下，可暂时加大投氯量，使余氯提高至1.5 mg/L。

循环水中的细菌数：冬季小于10^4个/mL，夏季小于10^5个/mL，一般不会产生粘泥危害。如果细菌总数大于 10^6 个/mL，则每天要加两次以上的氯。

投加方式：

投加方式分连续式和间歇式两种。连续投加可经常保持一定的余氯量，提高杀生效果，但加药费用大。间歇式投加较经济，是常用的方法。敞开式循环冷却水系统宜每天投加 1～3 次，余氯量控制在 0.5～1.0 mg/L 之间，每次加氯时间根据实验确定。

在敞开式冷却水系统中，一般投加在水池或水泵的吸水池中，并要求在远离水泵吸水口一边的水面下。严禁加氯点设在回水管上，以免氯气还未进入整个系统就从冷却塔中逸出。液氯投加点宜设在水面以下 2/3 深度处，并应采用氯气均匀分布措施。

投加设备：

一般常采用加氯机，用转子流量计进行加氯计量。氯瓶不得与水射器或冷却水直接连接，当用多台加氯机时，氯瓶通过分气罐装置将氯气分送到各加氯机，以保证供氯安全可靠。

(2) 氨胺

氯与氨的共存性为：

$$HClO + NH_3 \longrightarrow NH_2Cl + H_2O \tag{10-78}$$

生成氯胺的反应亦与水的 pH 值有关，一般都是 NH_2Cl 与 $NHCl_2$ 的混合物，见表 10-21，只有当 pH 值在 4.4 以下时才有 $NHCl_2$ 产生。

表 10-22　　不同 pH 值时 NH_2Cl 与 $NHCl_2$ 的比例

pH 值	5	6	7	8	9
NH_2Cl	16%	38%	65%	85%	94%
$NHCl_2$	84%	62%	35%	15%	6%

$NHCl_2$ 的杀生作用比 NH_2Cl 强，氯胺与氯一样，在杀菌效果上低 pH 值比高 pH 值好。

人们把形成氯胺的氯称为化合性余氯。化合性余氯的氧化性显著降低，与有机物间的反应减慢，这有利于在远离投氯点的地区保持稳定的余氯量。为了使氯胺消毒的效果达到与用游离性余氯的消毒效果，就必须延长接触时间或提高氨的浓度。使用有机氯胺的浓度通常半小时加 20 mg/L。

化合性余氯在正常情况下比游离性余氯更稳定，但还须使水中维持较高的余氯量，如果使 1～2 mg/L 氯胺形式的化合性余氯在水中保持较长的接触时间，就可控制生物污垢。

使用有机氯胺比氯贵，但设备费用比用氯的便宜，对皮肤、粘膜的刺激也小。

(3) 二氧化氯

二氧化氯(ClO_2)是黄绿色到橙色的气体，是一种有效的氧化性杀生剂。它的杀生能力较氯为强，杀生作用较氯为快，且剩余剂量的药性持续时间长。它不仅具有和氯相似的杀生性能，而且还能分解菌体残骸，杀死芽孢和孢子，控制粘泥生长。

ClO_2 是国际上公认的高效消毒剂，可杀灭细菌繁殖体、细菌芽孢、真菌、分枝杆菌、病毒等。

二氧化氯与氯相比，具有以下明显的优点：二氧化氯作为杀孢子药剂和杀病毒时比氯更有效。二氧化氯的杀菌率是氯的 2.5～2.6 倍。在相同条件下、相同时间内达到同样杀菌率所需的消毒剂中，ClO_2 的浓度是最低的；二氧化氯杀菌实际上与 pH 值无关，在 pH 值

6～10 范围内，ClO_2 杀菌效果保持不变，为循环水系统在碱性（pH＞8.0）条件下运行时选用适用的氧化性杀生剂提供了方便；二氧化氯不与氨或大多数胺起反应；有持续药效性，投加 0.5 mg/L 的 ClO_2 作用时间 12 h 对异养菌的杀菌率仍达到 99.9%。它不会与有机物反应生成三氯甲烷。

（4）臭氧（O_3）

O_3 是一种强氧化剂，但不稳定易挥发。在水中没有“余氯”那样作用，易消失，不能持续杀菌。但作为杀生剂，臭氧的作用机理与其他氧化性杀生剂有许多相同之处。和氯一样，臭氧杀生作用的效果也与循环冷却水的 pH 值、温度、有机物含量等因素有关；不同的是用臭氧作杀生剂不会增加水中的氯离子浓度，冷却水排放时不会污染环境。

在连续或间歇投加臭氧的冷却水系统中，残余臭氧浓度应保持在 0.5 mg/L 左右。

在实践使用中，臭氧用于循环冷却水处理不仅具有杀菌灭藻作用，还具有一定的阻垢和缓蚀作用。

（5）溴类杀生剂

与氯相似，溴溶于水中的反应为：

$$Br_2 + H_2O \rightleftharpoons HOBr + HBr \tag{10-79}$$

$$HOBr \rightleftharpoons OBr^- + H^+ \tag{10-80}$$

HOBr 的杀生作用比 HClO 更强，而且 HOBr 的离解常数比 HClO 小，因而它能在更高的 pH 值范围内存在。

HOBr 与 HClO 相比，HOBr 不仅杀生活性高，存在的 pH 值范围广，而且不受氨的影响，因为溴胺与游离次氯酸有同等的杀生作用。此外，HOBr 还有排水毒性低、挥发损失少，抗污染能力强等优点。同时，溴与氯混合使用可降低需要的余氯剂量；溴处理对金属的腐蚀性小；游离溴和溴合物衰变速度快，对环境造成的污染小。

4）非氧化型杀生剂

为使微生物控制范围更广些，常将氧化型杀生剂与非氧化型杀生剂一起使用。在采用间歇加氯处理中，同时每周加 1～2 次非氧化型杀生剂，以进一步改善对微生物的控制。

选择非氧化型杀生剂应符合以下要求：高效、广谱、低毒；pH 值的适用范围较宽；具有较好的剥离微生物黏泥作用；与阻垢剂、缓蚀剂不相互干扰；易于降解并便于处理。

非氧化型杀生剂宜投加在冷却塔集水池的出水口处。目前用于循环水系统的非氧化型杀生剂主要有以下几种。

（1）氯酚类

氯酚及其衍生物是应用得较早的杀生剂，对于杀灭和抑制异养菌、铁细菌、硫酸盐还原菌类及藻类均有效，对真菌的杀生效果尤为显著。氯酚类杀生剂的杀生作用是由于它们能吸附在微生物的细胞壁上，然后扩散到细胞结构中，在细胞质内生成一种胶态溶液，并使蛋白沉淀。不同的氯酚，其杀菌能力见表 10-23。

从表中所列数据可见，G_4 是几种氯酚中杀菌效果最好的一种。G_4 是一种高效低毒药剂，在 pH＝8～9 的碱性条件下，效果仍很显著，对粘泥有较好的剥离作用。

9 氯酚类杀生剂对水生动物和哺乳动物有危害，不易被其他微生物迅速降解，排放入水体易造成环境污染。一般在使用时，循环水系统停止排污，待氯酚在系统中充分降解后才能排放。

表 10-23　　氯酚类控制微生物的能力

名称	浓度/(mg·L^{-1})	杀菌率		
		异养菌	铁细菌	硫酸盐还原菌
邻氯酚	100	50.0%	98.3%	56.0%
对氯酚	100	90.4%	99.8%	100%
2，4-二氯酚	100	90.4%	99.8%	100%
五氯酚钠	100	96.3%	99.9%	99.8%
五氯酚胍	100	100%	99.9%	99.8%
五氯酚胺	100	98.1%	99.4%	99.9%
2，4，5-三氯酚	100	99.3%		99.9%
2，2′-二羟基-5，5′-二氯苯甲烷(G_4)	30	99.9%	99.9%	99.9%

(2) 季胺盐类

季胺盐在循环冷却水系统中，作为杀生剂及污泥剥离剂使用。它是一种有机胺盐，易溶于水，不溶于非极性溶剂。纯品是一种白色的结晶。它具有杀生力强、毒性低，对污泥有剥离作用，化学稳定性好，通常在碱性范围内使用。其杀菌能力见表 10-24。

表 10-24　　季铵盐类的杀菌试验结果

药剂名称	浓度/(mg·L^{-1})	杀菌率		
		异养菌	铁细菌	硫酸盐还原菌
四丁基碘化铵	20	33.8%	92.1%	90.0%
	50	66.3%	92.2%	98.4%
	100	99.2%	99.0%	99.0%
十二烷基二甲基苄基氯化铵(洁尔灭)LPBC	5	98.4%	52.6%	99.2%
	10	98.3%	84.2%	99.7%
	20	99.9%	95.2%	99.8%
	30	99.99%	99.9%	99.8%
十二烷基二甲基苄基溴化铵(新洁尔灭)LDBB	5	98.1%	88.4%	99.9%
	10	98.9%	96.8%	99.9%
	20	99.9%	99.9%	99.9%
十四烷基二甲基苄基氯化铵	5	98.5%	95.5%	99.9%
	10	99.9%	99.0%	99.9%
	20	99.99%	99.6%	99.9%
十六烷基二甲基苄基氯化铵	5	97.4%	99.2%	99.9%
	10	99.9%	99.6%	100%
	20	99.9%	99.6%	100%
十八烷基二甲基苄基氯化铵	5	80.6%	68.8%	59.1%
	10	97.7%	90.0%	99.9%
	20	99.8%	99.0%	99.99%

（续表）

药剂名称	浓度 /(mg·L⁻¹)	杀菌率		
		异养菌	铁细菌	硫酸盐还原菌
十六烷基三甲基溴化铵	10	96.8%	99.0%	99.9%
	20	99.9%	99.0%	99.9%
	40	99.99%	99.9%	99.9%
十六烷基氯化吡啶	1	98.0%	98.7%	66.7%
	5	98.6%	99.7%	99.84%
	10	99.9%	99.9%	99.99%
十六烷基溴化吡啶	1	88.7%	97.0%	68.8%
	2	96.5%	97.4%	75.5%
	5	99.9%	99.9%	99.9%
	10	99.9%	99.9%	100%

使用季胺盐应注意避免与阴离子表面活性剂共用使用，因易沉淀，可与非离子型表面活性剂共用。

① 当水中有机物较多，特别是有各种蛋白质存在时，季胺盐易被有机物吸附，从而消耗了药量，使效果下降。

② 不宜与氯酚类杀生剂共用。

③ 大量的金属离子如 Al^{3+}、Fe^{2+} 等的存在会降低药效，大量的 Ca^{2+}、Mg^{2+} 存在对杀生也有一定影响。

④ 在一定范围内，温度高的杀生力强。50℃时杀生力为常温时的两倍。

⑤ 在 pH=7 时，效果较好。

⑥ 由于起泡多，常配用消泡剂，消除过多泡沫。国内已有无泡和低泡的季胺盐，从而克服了这一缺点。但一定程度的起泡特性，可以使被剥离下来的微生物粘泥和污垢更易悬浮于水中。

在投药时，要求每天少量投药，有利于抑制细菌；每隔数日采用一次冲击式大剂量投药，有利于杀菌。为了杀灭有一定耐药性的微生物，采用与其他药剂交替使用的方式，也可以获得较好的效果。

(3) 二硫氰基甲烷(MT)

这是一种广谱性杀生剂，对细菌、真菌和藻类都有良好的杀灭效果。在循环水系统中，黏泥成为主要障碍的情况下，特别适用。

二硫氰基甲烷的优点：加药量低，对黏泥有一定的剥离效果；一般可与水中其他水处理药剂共存；价格低。

二硫氰基甲烷的缺点：在高温及高 pH 条件下不稳定，适用的 pH=6～7，在 8.0 以上便迅速水解；水溶性低，要同时加入一些溶剂或一些有效的分散剂，如非离子表面活性剂，才能达到最佳效果。毒性大，因此在使用中必须提高出水的 pH 值，使之降解。

(4) 乙基大蒜素

是一种含硫化合物。杀生效果好，当使用浓度为 300 mg/L，其杀生率可达 99%，生物降解性好，不会造成环境污染，因有大蒜的味道，故不大受欢迎。但根据大型化肥厂使用人工合成的大蒜素来看，效果是好的。

(5) 异噻唑啉酮

异噻唑啉酮是一类较新的杀生剂。作为杀生剂，人们通常使用异噻唑啉酮的衍生物，异噻唑啉酮作为循环冷却水系统中杀生剂是十分有效的。表 10-25 中示出了冷却水系统中使用异噻唑啉酮的情况。

表 10-25　　使用异噻唑啉酮前后冷却水中微生物生长的情况

取水样处	微生物	加药前的微生物数/(个·mL^{-1})	微生物数量的降低率		
			经过 3 星期剂量为 9 mg/L	经过 5 星期剂量为 1/mL	经过 5 星期剂量为 0.5 mg/L
集水池	细菌	1.30×10^{6}	75%	53%	86%
	真菌	2.80×10^{2}	94%	93%	91%
	藻类	3.93×10^{2}	96%	88%	—
淋水填料	细菌	2.79×10^{9}	98%	97%	94%
	真菌	1.64×10^{5}	99.5%	94%	99.2%
	藻类	3.44×10^{5}	—	88%	96%
配水箱	细菌	4.58×10^{10}	99.9%	97%	95%
	真菌	4.19×10^{4}	99.4%	93%	93%
	藻类	2.06×10^{7}	>99.99%	92%	99.98%

由表 10-25 可见，即使在浓度很低(0.5 mg/L)时，异噻唑啉酮仍能有效抑制循环冷却水系统各处的细菌、真菌和藻类的生长。故使用异噻唑啉酮作杀生剂可降低冷却水处理的成本。

异噻唑啉酮与微生物接触后，就能迅速地抑制其生长。这种抑制过程是不可逆的，从而导致微生物细胞的死亡。在细胞死亡之前，异噻唑啉酮处理过的微生物就不能再合成酶和分泌有粘附性的和生成生物膜的物质。

异噻唑啉酮能控制冷却水中种类繁多的藻类、真菌和细菌。因此它们是一类广谱的杀生剂。异噻唑啉酮能迅速穿透粘附在冷却水系统中设备表面上的生物膜，对生物膜下面的微生物进行有效的控制。

异噻唑啉酮在较宽的 pH 值范围内都有优良的杀生性能。它们是水溶性的，故能和一些药剂复配在一起。

在通常的使用浓度下，异噻唑啉酮与氯、缓蚀剂和阻垢剂在冷却水中是彼此相容的。例如在有 1 mg/L 游离活性氯存在的冷却水中，加入 10 mg/L 的异噻唑啉酮经过 69 h 后，仍有 9.1 mg/L 的异噻唑啉酮保持在水中，损失很小。

在推荐的使用浓度下，异噻唑啉酮是一种低毒的杀生剂。

(6) 烯醛类化合物

丙烯醛：它是一种易挥发并有强烈刺激味的易燃液体，有极强的催泪性，但有很好的杀生效果。投加量为 10～15 mg/L，即可达到杀生效果。在循环水中不可能长期稳定地存在，故没有毒性积累的问题，价格低。缺点是催泪、易燃。

水杨醛：在结构上与丙烯醛类似，也具有良好的杀生效果。它是不易挥发的固体，没有强烈刺激性味和催泪性，使用剂量比丙烯醛大。

常用的非氧化杀生剂性能、效果见表10-26。

表10-26　常用非氧化杀生剂性能、效果

名称	主要的有效组分	剂量/(mg·L^{-1})	使用效果	备注
洁尔灭 新洁尔灭	季胺盐类 季胺盐类	50～100 50～100	杀菌率93.2% 杀菌率80%～90%	低毒、缓蚀、污泥剥离，性质稳定，投加前要排除有机物污染，pH=7～9为宜； 水中加阴离子阻垢剂，效果受影响；
抗菌剂401	乙基大蒜素	100	2 h杀菌率达99.7%	低毒，高效，但气味难闻易失效
抗菌剂402	乙基大蒜素	25	8 h杀菌率60%以上	
吐温80		100	1 h杀菌率73.2%	
G_4	双氯酚	对藻类 20～50	8 h杀菌率98%	高效，中等毒性，pH以7为宜
		细菌 50～100	对铁细菌有特效	
7012	二硫氰基甲烷	50	24 h杀菌率99%	在高温、高pH时，不稳定低毒，价廉
SQ_8	季胺盐+二硫氰基甲烷	30	异养菌杀菌率>99%	适用的pH范围较宽，易降解
洗必泰	双氯苯双弧 己烷醋酸盐	30	杀菌率99.7%	广谱性杀菌剂，毒性小
西维因	α-甲胺基甲酸萘酯	50	杀菌率65%	和氯酚配合，效果更好，价廉
硫酸铜	$CuSO_4 \cdot 5H_2O$	1～2	对除藻效果较好	
丙烯醛	$CH_2=CH-CHO$	10～15	杀菌效果好	有催泪性，易燃性
水杨醛	类似丙烯醛	50	对铁细菌，硫酸盐还原菌，杀菌效果好	不易挥发，无催泪，易燃性
异噻唑啉酮		20～100， 常用60	杀菌效果好	低毒，适用的pH范围较宽

一些杀生剂对冷却水中微生物的有效性及其特点见表10-27。

表10-27　一些杀生剂对冷却水中微生物的有效性及其特点

杀生剂	细菌				真菌	藻类	特点
	黏泥形成菌		铁沉积细菌	腐蚀性细菌			
	形成芽孢的	不形成芽孢的					
氯	+	+++	+++	O	+	+++	氧化性，搬运时有危险，对金属有腐蚀性，能破坏冷却塔木结构的木质素，高pH值时杀生性能降低
季铵盐	+++	+++	+++	++	+	++	有泡沫生成，阳离子型表面活性剂

（续表）

杀生剂	细菌				真菌	藻类	特　　点
	粘泥形成菌		铁沉积细菌	腐蚀性细菌			
	形成芽孢的	不形成芽孢的					
有机锡化合物—季铵盐	+++	+++	+++	+++	++	+++	有泡沫生成，阳离子型表面活性剂
二硫氰基甲烷	+++	+++	++	++	+	+	pH>7.5 时无效，非离子型
异噻唑啉酮	+++	+++	++	++	++	+++	搬运时有危险，非离子型
铜盐	+	+	+	O	+	+++	将有铜析出在钢设备上，引起电偶腐蚀
溴的有机化合物	+++	+++	+++	++	O	+	水解，必须直接从桶中加入
有机硫化合物	++	+++	++	++	++	O	排污水有毒，使铬酸盐还原，阴离子型

注：+++特别好；++很好；+尚好；O 无效。

5）复合杀生剂

为了增加药剂的杀生效果而降低投加浓度，同时增加杀生剂的广谱性，防止微生物抗药性的产生，通常采用复合杀生剂。复合杀生剂可由一种表面活性剂和另一种高效杀生剂组成，也可由几种互相增效的杀生剂配合而成。目前采用的复合杀生剂有 YS-01，其含季铵盐 18%，酚衍生物 12%，实际使用浓度为 50～100 mg/L，杀菌率可达 99%，在 pH=7～9 范围内都有效，最佳 pH 值为8～9，适用温度范围 20℃～40℃。SDA-1 是一种含氧化性杀生剂的复合药剂，主要成分为三氯异氰脲酸和表面活性剂，实际使用最佳浓度为 20～40 mg/L，对菌类、藻类都有较好的杀生作用。进口药剂 J_{12} 含季铵盐 24%，双三丁基氧化锡(TBTO)5%，使用浓度 50 mg/L 可达 99%的杀菌率，并有较好的清洗剥离效果。

5. 杀生剂选用时应注意的问题

(1) 与分散剂联合使用：杀生剂应与分散剂联合使用能获得最佳的杀生效果，可抑制冷却水系统中的微生物生长。更重要的是应首先从冷却水系统中尽可能地除去微生物和污垢，使它们不会继续成为其他微生物的营养源。

(2) 抗药性：在制定微生物控制方案时应注意，决定杀生剂用量的主要因素是微生物的抗药性。微生物产生抗药性的原因是微生物的细胞膜发生了变化，使杀生剂不能透入；以及微生物发生遗传突变，产生免疫力。

(3) 温度和 pH 值：冷却水的温度与杀生剂作用的关系很大。例如当温度升高时，季铵盐的作用减弱。

循环冷却水的 pH 值对杀生剂的性能有决定性的影响。当 pH>7.5 时，二硫氰基甲烷将发生水解，铜盐将发生沉淀，氯酚将转变为杀菌效果较差的酚盐，2，2-二溴-3-氮川丙酸胺将水解而被破坏，氯在水中将不再生成次氯酸而是生成活性较差的次氯酸盐。与此同时，某些有机硫化合物和季铵盐在碱性冷却水中则工作得很出色。

(4) 投加方式：循环冷却水处理中投加杀生剂常采用间歇投加方式，而不采用连续投加方式，使冷却水系统中微生物的数量急剧降低到一个很低的数值，到这个数值后，微生物就不容易恢复到原来状况。

(5) 浓缩倍数和停留时间：杀生剂在冷却水系统中的停留时间对于微生物控制方案十

分重要。如果冷却水的浓缩倍数低,相应的杀生剂停留时间就短,补偿大量未加杀生剂的补充水进入冷却水系统时对杀生剂有稀释作用,此时必须增加加药量。

10.5.6 SCII 微晶水处理器

前面分别论述了阻垢、缓蚀、杀菌、灭藻、复合配方等药剂,根据需要选用,基本上均属单一的功能作用,其复合配方则同时具有阻垢缓蚀或杀菌灭藻作用。这里介绍的 SCII 微晶水处理器,既有阻垢缓蚀作用,又有杀菌灭藻作用,是综合性多功能水处理设备。

1. SCII 概况

SCII 系统水处理器系列设备是于同济大学高廷耀教授率领的科研组,从上世纪九十年代至本世纪初研究成功国家级科研成果,专门用循环冷却水水质稳定处理。获五项专利,被评为“国家级新产品”,属国际首创;获上海市优秀发明二等奖,上海市科技进步二等奖。现已广泛地用于循环冷却水处理中。

SCII 微晶水处理分为 SCII-F、SCII-G、SCII-FT 三个系统,SCII-F 适用于敞开循环冷却水系统,SCII-G 适用于密闭式循环冷却水系统,SCII-FT 系统两种循环水系统均适应。它们共同的特点是同时具有杀菌、灭藻、阻垢、缓蚀作用,并能去除水中的悬浮物。SCII 微晶水处理器设置在循环冷却水的旁流处理中,经旁流处理达到循环水水质稳定的效果。

2. SCII 系统水处理原理

1) 杀菌、灭藻原理

杀菌、灭藻的原理是水流经 SCII 型处理装置时,水中细菌与藻类的生态环境发生变化,生存条件丧失而死亡,具体体现在以下三方面。

(1) 任何一种生物都有其特定的生存生物场。电荷在生物体内的分布与运动受到生物体外环境电场的影响,从而影响机体的生命运动。微生物一般只能适应并生存的电场强度为 130 V/m 中,改变电场强度,可改变或影响细菌的生理代谢,如基因表达程序、酶活性等,使细菌生存反常是导致细菌死亡的原因之一。

(2) 细菌膜有许多通道,这些通道是由单个分子或分子复合体组成,能让离子通过,改变了调解细胞功能的内腔电流,从而影响细菌的生命。含细菌的水流过强电场,致使瞬间变化电流通过水体,在导电通路上的细菌被高速运动的电子冲击致死,达到杀菌的目的。

(3) 更主要的是电场处理水的过程中,溶解氧得到活化,产生 O_2^-、·OH、H_2O_2 以及 $^1O_2$ 等活性氧(注:O_2^- 是超氧阴离子自由基;·OH 是羟自由基;H_2O_2 是过氧化氢;$^1O_2$ 是单线态氧)。活性氧自由基对微生物机体可产生一系列的有害作用,是造成有机体衰老的主要原因。一是 O_2^- 可损伤重要的生物大分子,造成微生物机体损伤;二是 O_2^- 增加微生物机体膜过氧化,加速衰老。

2) 防垢、除垢工作原理

水经过该处理后,水分子聚合度降低,结构发生变形,产生一系列物理化学性质的微小弹性变化,如水偶极矩增大,极性增加,因而增加了水的水合能力和溶垢能力。

水中所含盐类离子如 Ca^{2+}、Mg^{2+} 受电场引力作用,排列发生变化,难于趋向器壁积聚,从而防止水垢生成。特定的能场改变 $CaCO_3$ 结晶过程,抑制方解石产生,提供产生文石结晶的能量。

处理后水中产生活性氧。活性氧参杂结晶过程,加速胶体脱稳。对于已结垢的系统,活性氧将破坏垢分子间的电子结合力,改变其晶体结构,使坚硬老垢变为疏松软垢,使结垢逐渐剥离，乃至成碎片、碎屑脱落，达到除垢的目的。

同时，在电极作用下，处理器产生大量具有优异防垢功能的微晶，微晶可将水中易成垢离子优先去除，形成疏松方石而排除。

3）防腐蚀工作原理

（1）设备外壳与金属管路、管壁作为共同阴极，抑制了金属管路、管壁的电化腐蚀（外加电流阴极保护）。

（2）活性氧可在新管壁上生成氧化薄膜。

（3）微生物滋生被控制，管路、管壁积垢被消除，使腐蚀的两大原因（微生物腐蚀和沉积腐蚀）被抑制。

4）澄清降浊的工作原理

水中细小的悬浮粒子及胶体，经低压电场处理后降低了 ξ 电位，使它们脱稳絮凝、聚合长大，并趋于沉淀析出，沉淀后被水流冲走或排污去除，使水进一步得到净化。

3. 功能、特点、参数及比较

1）功能

（1）杀死水中的细菌、微生物，主要为：嗜肺军团菌、衣原体、大肠杆菌、金黄色葡萄球菌、枯草杆菌、黑色变种芽孢、痢疾杆菌、脑膜炎双球菌、结核杆菌、肝炎病毒、呼吸道病毒等。

（2）杀灭和抑制水中的藻类，主要为：绿藻（小球藻、栅列藻、裸藻、团藻、实球藻、针连藻、弯月藻、叉星鼓藻、角棘藻）；蓝藻（螺旋藻、微囊藻、硅藻）等。

（3）防止和消除水垢。

（4）防止水循环系统设备、金属、管道的腐蚀。

（5）降低水中浊度；降低铁、锰含量；去除嗅味等。

2）技术特点

（1）SCII 为“低压电场水处理设备”，集各类电子除垢器的优点，具有外加电场杀菌力及外加电流阴极保护，独具防腐蚀能力。

（2）杀菌率达 99.9%以上，各项功能指标效果显著，处理效率高。

（3）工作电压小于 36 V，属安全型设备。

（4）替代化学药剂，无二次污染，有利于环境保护，属环保型设备。

（5）体积小，占地省，易安装，不需要调试，不需要管理，是简便型设备。连续运行功效在 15 年以上。

3）技术参数

输入电源：～220 V，50 Hz。

适用水温：0℃～50℃。

杀菌率：＞99.99%。

灭藻率：＞99.9%。

军团菌：达到国际标准。

电异率：＞40 μs/cm。

抑菌率及抑制细菌时间：抑菌率 100%，抑菌时间＞48 h，如图 10-13 所示，即持续杀菌能力保持在 48 h 以上。

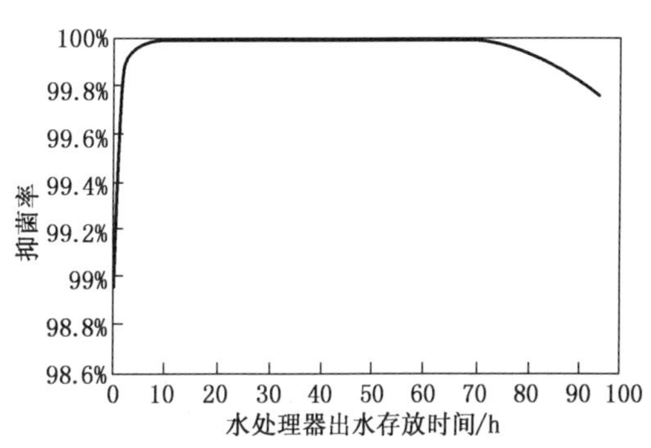

图 10-13　水处理器出水的持续抑菌曲线

4）电杀菌与氯、紫外线、臭氧的比较

消毒杀菌剂种类很多，各有优缺点，使用条件和范围也有所不同，现与常用的氯、紫外线、臭氧的分析比较见表 10-28。

表 10-28　几种杀菌消毒剂的比较

名称/项目	氯	紫外线	臭氧	SCII（电杀菌）
杀菌效果	好	较好	很好	很好
持续抑菌能力	强	无	无	强
三致物质	有（增多）	无	无	无
浊度对细菌影响	无	有	无	无
功　能	杀菌消毒 有助凝作用	单一杀菌	单一杀菌	综合性多功能（见前述）
设备及操作	加氯系统设备复杂、操作麻烦，并易腐蚀损坏	设备简单，但需经常清洗石英管及更换灯管	系统设备多而复杂、操作麻烦并需处理尾气	设备简单、电脑控制、全自动运行，操作简便
安全性	有危险	安全	有危险	安全
运行成本	一般	一般	高	低

4. SCII 水处理构造及安装

1）构造与组件

SCII-F、SCII-G、SCII-FT 系统水处理器的功能、参数、特点、性能等均相同，其构造和组件也相同。SCII-G 用于密闭式循环水系统；SCII-F 用敞开式循环水系统；SCII-FT 特别适用于冷却塔循环水系统的杀菌、灭藻、除垢处理，就是说采用冷却塔冷却水的基本上可均采用 SCII-FT 系列水处理器。

所有组件均组装在壳体内，循环水泵对于处理水量小的组装在壳体内，处理水量大的则循环水泵组装在壳体外，如图 10-14 所示。外部仅为进、出水和排污三根管子的连接接口，因此设备运到现场后，连接三根管子、接通电源后就可工作，非常简单方便。

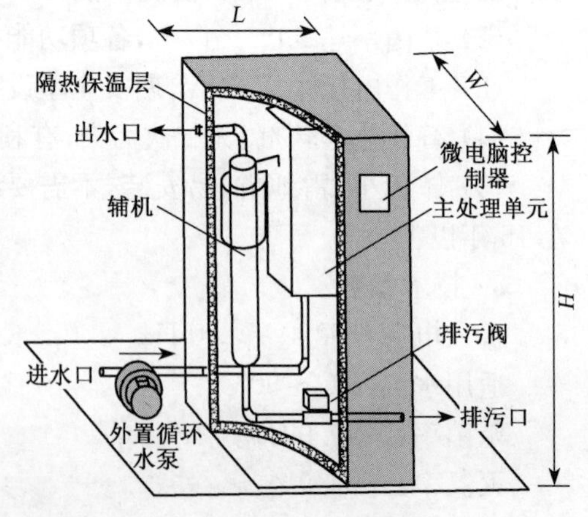

图 10-14　SCII 水处理器构造及组件图

SCII 用循环水旁流处理中，旁流水量仅为循环水量的 1%～5%，处理后又汇集循环水中，持续不定地进行，使循环水保持水质稳定。

2）系统安装图

图 10-15 两种方式的共同点是均在冷却塔出水管中取部分旁流水经 SCII-FT 处理后均汇流到循环水中。不同的为：方式一是 SCII-FT 处理后的水汇集到冷却搓底的水池；方式二是汇集到冷却塔的进水管中，从理论上来说，方式二更利于冷却塔中的杀菌灭藻和填料的除垢、阻垢及防垢。

图 10-16 是将 SCII-G 系统与 SCII-F（含 FT）系统并在一起安装示意图。左边为密闭

式循环水系统，水经冷水机组后水温升高，经风机盘管冷却后，用水泵提升再至冷水机组，水泵提升中有部分旁流水经 SCII-G 处理后又汇入水泵出水管，流入冷水机组，使循环水保持水质稳定。

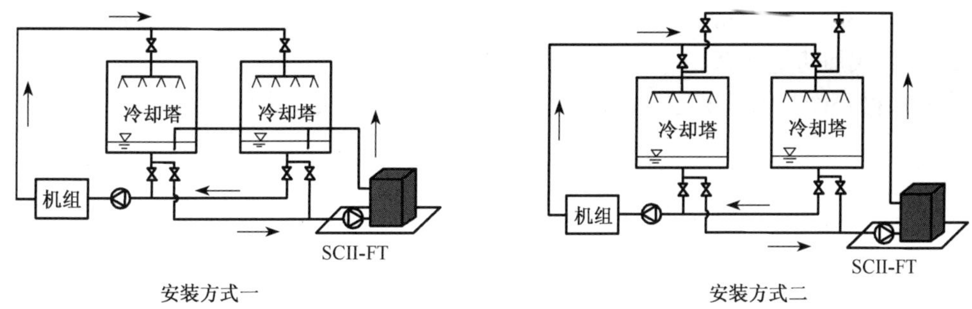

图 10-15　SCII-FT 安装示意图

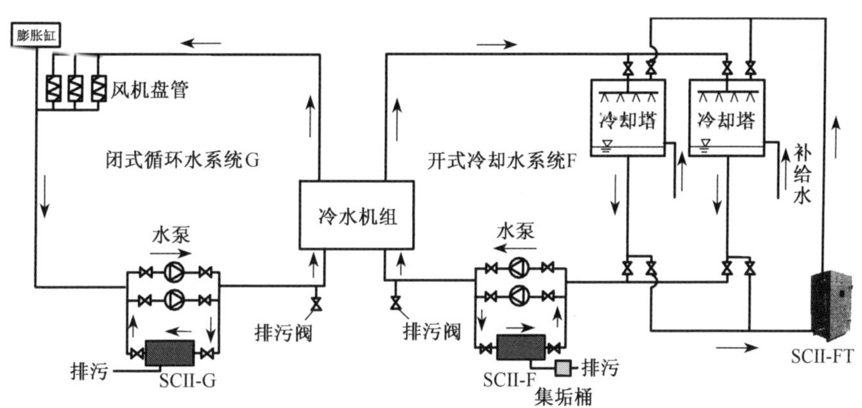

图 10-16　SCII-G、SCII-F 安装示意图

图 10-16 右边，分三种情况说明：一是不考虑采用 SCII-FT，仅采用 SCII-F 水处理器，则情况与左边图相似，水经“冷水机组”后水温升上，经冷却塔冷却后用水泵提升，把水再送入“冷水机组”，水泵提升时部分旁流水经 SCII-F 水处理后汇集至水泵出水管中；二是不考虑采用 SCII-F，而是采用 SCII-FT 水处理器，则其工艺布置及流程就是图 10-15 中的“安装方式二”；三是循环水量大、循环系统庞大而复杂、循环管路长，达到既使“冷水机组”系统杀菌灭藻、除垢阻垢及防腐蚀，又使冷却塔系统杀菌灭藻、除垢阻垢，则 SCII-F 与 SCII-FT 同时使用，其布置就是现在的图 10-16 中右图。

SCII 水处理器完全可以根据实际情况和需要而设置。如单独设旁流循环泵；与变频泵配套使用等，上述几种安装布置示意图仅供参考。

10.5.7　水处理剂的投加量计算

1. 阻垢、缓蚀剂的投药量计算

1）首次加药量计算

循环冷却水系统阻垢、缓蚀剂的首次加药量按下式计算：

$$G_f = Vg/1\,000 \tag{10-81}$$

式中　G_f——系统首次加药量(kg)；

g——单位循环冷却水的加药量(mg/L)；

V——系统容积(m^3)。

2) 敞开式加药量计算

敞开式循环冷却水系统运行时，阻垢、缓蚀剂的加药量按下式计算：

$$G_r = Q_e g/[1\,000(N-1)] \tag{10-82}$$

式中　G_r——系统运行时加药量(kg/h)；

Q_e——蒸发水量(m^3/h)；

N——浓缩倍数。

3) 密闭式加药量计算

密闭式循环冷却水系统运行时，缓蚀剂投加量按下式计算：

$$G_r = Q_m \cdot g/1\,000 \tag{10-83}$$

式中，Q_m 为补充水量(m^3/h)。

2. 药剂浓度与时间关系

投加的药剂，随着补充水进入循环水系统后，由于排污、渗漏、飘水损失等，每天带走部分药剂，使循环水中药剂浓度随时间而下降。从循环水中药剂浓度变化与时间关系，可确定加药量和投加时间，使循环水中保持一定的药量。药剂浓度与时间的关系式为

$$C_T = C_0 e^{-\frac{(Q_b+Q_w)(t-t_0)}{V}} \tag{10-84}$$

式中　C_0——加药完全混合(t_0)时，循环水的药剂浓度(mg/L)；

C_T——t h后循环水中药剂浓度(mg/L)；

V——系统容积(m^2)；

t_0——药剂形成 C_0 浓度时的时间(h)；

t——药剂形成 C_T 浓度时的时间(h)；

Q_b——排污和渗漏损失水量(m^3/h)；

Q_w——风吹损失水量(m^3/h)

3. 杀生剂的投加

(1) 敞开式循环冷却水的菌藻处理目前多数仍采用加氯为主，同时辅助投加非氧化性杀菌灭藻剂。

(2) 敞开式循环冷却水的加氯处理宜采用定期投加，每天宜投加 1～3 次，余氯量宜控制在 0.5～1.0 mg/L 内。每次加氯时间根据实验确定，宜采用 3～4 h。加氯量按下式计算：

$$G_e = Q\,g_c/1\,000 \tag{10-85}$$

式中　G_e——加氯量(kg/h)；

Q——循环冷却水量(m^3/h)；

g_c——单位循环冷却水的加氯量，宜采用 2～4 mg/L。

(3) 非氧化性杀菌灭藻剂，宜每月投加 1～2 次。每次投加量按下式计算：

$$G_n = Vg_n/1\,000 \tag{10-86}$$

式中　G_n——非氧化性杀菌灭藻剂的加药量(kg)；

g_n——单位循环冷却水的杀菌灭藻剂的加药量(mg/L)。

4. 加药系统

1) 药剂仓库

根据循环冷却水系统所用药剂品种、数量与管理要求，应设置全厂性药剂库和车间药剂库。全厂性药剂库贮存量宜按 15～30 d 用量确定；车间药剂库贮存量可按 7～10 d 用量计算。

药剂在库内堆放高度：袋装 1.5～2.0 m；散装 1.0～1.5 m；桶装 0.8～1.2 m。

2) 药剂配制

药剂溶解次数根据投加药剂的溶解性能、用量、配置条件等因素定。一般每日调配 1～3 次。溶解槽的总容积按 8～24 小时的药剂消耗量和 5%～20%的溶液浓度确定。药剂溶液槽的总容积可按 8～24 h 的药剂消耗量和 1%～5%的溶液浓度确定。溶液槽的数量不宜少于 2 个。

药剂的调配浓度应根据药剂的溶解度确定，一般可按重量比：调配浓度 5%～20%，投加浓度 1%～5%。浓度越大则粘度也越大，虽槽的体积可减小，但泵、管道易堵塞，故调配浓度要适当。计量用计量泵或转子流量计。

图 10-17 为较典型的加药系统示意图。

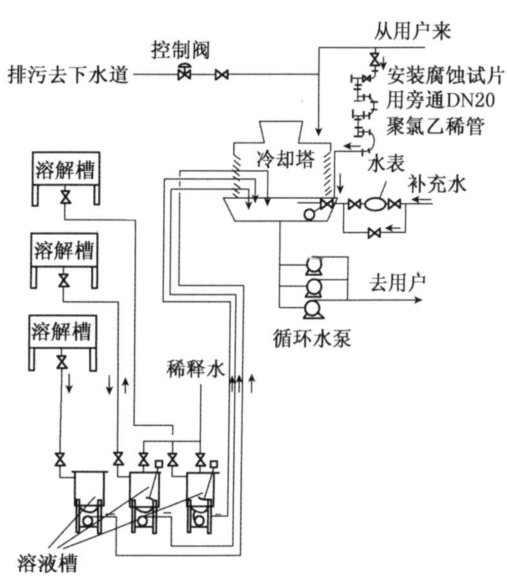

图 10-17　加药系统示意

10.6　补充水、旁流水和排污水处理

10.6.1　补充水处理

循环冷却水系统中，补充水可能是地表水、地下水、澄清水或自来水，所含悬浮物、硬度、碱度、含盐量的多少，将直接影响循环冷却水系统的浓缩倍数和阻垢缓蚀处理效果，应进行必要的处理。

在选择和设计补充水水质处理流程时，应与全厂给水系统中的原水处理相结合。当考虑补充水特殊处理(硬度、碱度、含盐量等)时，还应结合系统中旁流水处理的内容统筹考虑。

补充水中的微生物主要是菌、藻类和某些水生生物，是在进入循环冷却水系统之前杀灭，还是与循环冷却水一起进行杀生处理，应根据补充水水质、水量、操作条件等因素，通过经济技术比较后确定。

混凝澄清与通常的水处理相同，但对混凝剂的选择要与循环冷却水处理中缓蚀阻垢的药剂相对合来考虑。敞开式循环冷却水系统其补充水处理中，若用铝盐、铁盐作混凝剂时，应控制处理后水中铁或铝离子的含量后移。若循环冷却水中有 2 mg/L 的 Fe^{2+} 存在时，能使换热器金属的年腐蚀率增加 6～7 倍，且局部腐蚀加剧。因为 Fe^{2+} 属微溶盐类晶体发育的催化剂，Fe^{2+} 浓度高，结垢物质析出速度加快。此外铁离子给铁细菌繁殖创造有利条件，故一般控制 Fe^{2+} 在 0.5 mg/L 以下。

水中铝离子的存在，会引起浓度增加。不仅产生铝泥沉积，还会导致垢下腐蚀。在用磷酸盐作缓蚀剂的系统中，铝离子还能夺取循环冷却水中的磷酸盐。这不仅增加阻垢剂的耗量，并且妨碍聚磷酸盐到达金属表面，延缓或干扰了保护膜的形成。补充水的铝离子不宜超过 0.5 mg/L(以 Al_2O_3 计)。

密闭式循环冷却水系统中，补充水的处理控制指标应根据生产条件、换热器形式、运行条件、被冷却的工艺物料介质及温度因素确定。补充水系统一般由水泵与压力补水器组成，也可根据具体条件设置高位压力补充水箱。必要时在压力补水器或压力补水箱上部可采用氮气等惰性气体封闭，以防止其他有害气体侵入。

1. 敞开式系统补充水量

敞开式循环冷却水系统的补充水量按下式计算：

$$Q_m = Q_e + Q_b + Q_w = \frac{Q_e N}{N-1} \tag{10-87}$$

式中 Q_m——补充水量(m^3/h)；

Q_e——蒸发损失水量(m^3/h)；

Q_b——排污和渗漏损失水量(m^3/h)；

Q_w——风吹损失水量；

N——浓缩倍数。

2. 密闭式系统补充水量

$$Q_m = \alpha V \tag{10-88}$$

式中 α——经验系数，$\alpha=0.001$；

V——循环冷却水系统容积(m^3)。

密闭式系统补充水管道的输水能力，应在 4～6 h 内将系统充满。

10.6.2 旁流水处理

1. 旁流水处理的目的

旁流水处理的目的是保持循环冷却水水质，使循环水系统在满足浓缩倍数的条件下有效和经济地运行。在高浓缩倍数条件下运行时，可减少补充水量和排污水量，减轻对环境的污染。

旁流水就是取部分循环水量按要求进行处理后，仍返回系统。旁流处理方法可分去除悬浮物和溶解固体二类，其处理方法和一般给水处理的有关方法相同。通常使用的是过滤方法去除悬浮物。其流程如图 10-18 所示。

(1) 循环冷却水处理系统设计中有下列情况时，应考虑设置旁流水处理设施：

① 在设计确定的浓缩倍数(尤其是较高的浓缩倍数)情况下冷却水水质超过允许指标。

② 由于外界(如空气中飘尘等)污染，工艺物料泄漏及其他污染物。

(2) 旁流水处理可根据具体需要去除下列杂质的一项或几项：

① 去除悬浮物、生物黏泥等杂质。

② 去除碱度、硬度或含盐量。

③ 去除其他有害污染物质、油类污物等。

2. 悬浮物的处理

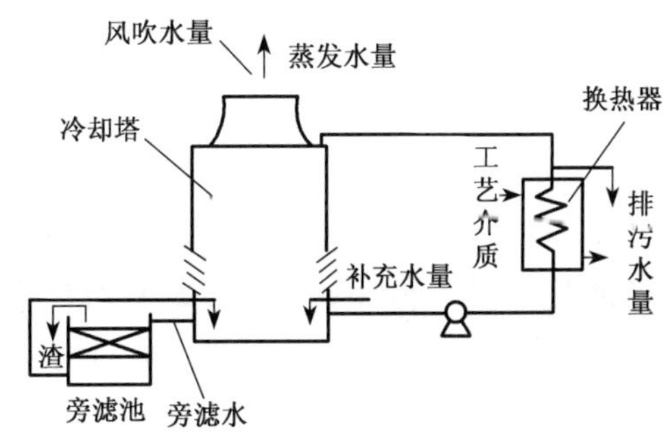

图10-18　旁流水处理流程系统

(1) 敞开式循环冷却水系统采用过滤处理悬浮物时，其过滤水量宜为循环冷却用水量的1%～5%或结合国内运行经验确定，也可按下式计算：

$$Q_S = \frac{Q_m C_m + KR_A C_A - (Q_b + Q_w) C_R}{C_R - C_S} \quad (m^3/h) \qquad (10\text{-}89)$$

式中　Q_S——旁流水处理量(m^3/h)；

Q_m——补充水量(m^3/h)；

C_m——补充水中的悬浮物含量(mg/L)；

C_A——空气中含尘量(g/m^3)；

R_A——冷却塔进气量(m^3/h)；

C_R——循环冷却水中允许的悬浮物含量(mg/L)；

C_S——经旁流过滤后水中的悬浮物含量(mg/L)；

Q_b——排污和渗漏损失水量(m^3/h)；

Q_w——风吹损失水量(m^3/h)；

K——悬浮物沉淀系数，与环境条件、尘埃性质、颗粒大小有关。可通过试验确定，当无资料时，一般选用1/5。

(2) 密闭式循环冷却水系统设旁流水处理设施时，旁流水量一般取循环水量的2%～5%。

3. 溶解离子的去除

当需要去除碱度、硬度、含盐量及其他有害污染物时，可根据浓缩后的水质和污染情况与冷却水允许的各项指标等因素，通过计算确定。当去除溶解离子时，旁流水处理量可按下式计算：

$$Q_S = \frac{Q_m C'_m - (Q_b + Q_w) C'_R}{C'_R - C'_S} (m^3/h) \qquad (10\text{-}90)$$

式中　Q_S——旁流水处理量(m^3/h)；

Q_m——补充水量(m^3/h)；

Q_b——排污和渗漏损失水量(m^3/h)；

Q_w——内吹损失水量(m^3/h)；

C'_m——补充水中的溶解离子含量(mg/L)；

C'_R——循环冷却水中允许的溶解离子含量(mg/L)；

C'_S——经旁流处理后水中溶解离子含量(mg/L)。

当冷却水与工艺物接触而使得冷却水悬浮物或溶解离子增加时，则计算中需将此增加值计入。

10.6.3 排污水处理

循环冷却水的排污水中含有不同程度的悬浮物、各种盐类、金属氧化物、阻垢缓蚀剂、杀生剂等,水质通常超过排放标准,应作必要处理达到排放要求后才能排放。但单独设置处理系统很不经济,如果企业本身有污水处理厂,而循环水系统的排污水水质又符合进污水处理厂的指标,在技术经济上合理时,宜应合并,以节约投资、用地及管理人员。

如果企业本身没有污水处理厂及污水处理系统,排污水水质符合排水城市污水管道,则得到市政有关部门同意后,排入城市污水管道,到城市污水处理厂集中处理。

对于含铬等重金属或有毒污水,不宜同其他污水合并处理时,可考虑进行单独处理,处理到一定水质标准后再排入企业污水处理厂进一步处理或直接排放。

1. 排污水处理流程

排污水处理流程应根据排污水的水量、水质、变化幅度;允许排放的水质标准;重复利用的可能性;结合企业污水处理设施合并处理还是单独处理等综合考虑。

敞开式循环冷却水系统的排污水包括冷却塔水池底的排污、循环回流管的排污、旁滤池反洗水、系统清洗、预膜时的排污、系统清渣排泥等。排污水分连续排放和间断排放两种。正常情况下的排水量在一天内变化不大,因此按连续最大日平均小时排污量设计处理构筑物。

在清洗预膜等特殊情况下,排污水量比正常排污水量增加很多,则可用调节设施进行贮存,再逐步处理或用其他临时措施解决。

密闭式循环水系统,因采用高浓度缓蚀剂,且毒性较大,如在紧急停车需向外排出时,需设临时贮存器或排放处理措施。

处理方法主要是以物化法为主,需要时由生化法相配合,即物化、生化相结合,处理后的水应达到国家规定的排放标准。

2. 特殊处理

特殊处理是指含磷、锌、铬、氯等污水。

(1) 除磷。含磷污水排放到地面水体中会导致水体的富营养化,使微生物及藻类繁殖生长,污染水体及环境。因此循环冷却水处理中不仅应采用低磷和无磷的水处理剂配方,还应使循环水排污水的磷含量符合国家规定的《污水综合排放标准》,如果超过允许值时,对磷系药剂的循环水排污水需要除磷处理。其处理方法有活性污泥法、混凝沉淀法、离子交换法、吸附法等,其中混凝沉淀法最经济、实用。宜采用铁盐为混凝剂,并以石灰作为助凝剂,铁盐投加量为 15~30 mg/L,磷的去除率可达 85%~90%。采用硫酸铝作混凝剂时,用量比铁盐高,一般需加 100 mg/L 以上才能将污水中磷降低到 1 mg/L。

(2) 除锌。污水中锌及其化合物含量应符合国家的《污水综合排放标准》规定值,如果污水中锌含量超过允许值则应除锌。可采用化学沉淀和离子交换法除锌,当然化学沉淀法较为经济,但污泥量较大。

(3) 除氯。由于水中的活性氯会与水中含氮有机物反应,生成氯胺对鱼类有毒,此外余氯对其他水生生物都有危害。地面水中不得析出活氯。当循环水排污水中的余氯可能引起水体中的余氯超过规定时,要考虑脱氯处理。

(4) 除铬。六价铬的排放标准为 0.5 mg/L。在用铬系配方的排污水中往往含有 4~20 mg/L的六价铬。所以要有除铬的措施。

主要参考文献

[1] 严煦世,范瑾初.给水工程[M].北京:中国建筑工业出版社,2004.

[2] 朱月海,郅玉声.水处理技术设备设计手册[M].北京:中国建筑工业出版社,2013.

[3] 朱月海,朱江.循环冷却水[M].北京:中国建筑工业出版社,2008.

[4] 朱月海.饮水与健康[M].北京:中国建筑工业出版社,2009.

[5] 李圭白,刘超.地下水除铁除锰[M].北京:中国建筑工业出版社,1989.

[6] 许保玖,安鼎年.给水处理理论与设计[M].北京:中国建筑工业出版社,1992.

[7] 孙立成,朱月海.工业给水处理[M].同济大学教材,1977.

[8] 崔玉川,袁果.水处理工艺设计计算[M].北京:水利电力出版社,1988.

[9] 汪大翚,雷乐成.水处理新技术及工程设计[M].北京:化学工业出版社,2001.

[10] 中国市政工程西南设计研究院,马遵权.给水排水设计手册第1册[M].北京:中国建筑工业出版社,2000.

[11] 华东建筑设计研究院,冯旭东.给水排水设计手册第4册[M].北京:中国建筑工业出版社,2004.

[12] 上海化工学院,武汉建材学院,哈尔滨建工学院.玻璃钢工艺学[M].北京:中国建筑工业出版社,1979.

[13] 郑书忠.循环冷却水水质及水处理剂标准应用指南[M].北京:化学工业出版社,2003.

[14] 严瑞瑄.水处理剂应用手册[M].北京:化学工业出版社,2003.

[15] 时钧,袁权,主从塔.膜技术手册[M].北京:化学工业出版社,2001.

[16] 王学松.现代膜技术及应用指南[M].北京:化学工业出版社,2005.

[17] 冯逸仙.反渗透水处理系统工程[M].北京:中国电力出版社,2001.

[18] 东丽集团/膜产品事业部.东丽膜产品技术手册/反渗透和纳滤膜[M].上海:东丽(中国)投资有限公司水处理事业部,2007.

[19] 张葆宗.反渗透水处理应用技术[M].北京:中国电力出版社,2004.

[20] 窦照英,张峰,徐平.反渗透水处理技术应用回答[M].北京:化学工业出版社,2004.

[21] AWWA. Water Quality and Treatment[M]. 5th Edition. McGraw-Hill Inc, 1999.

[22] Wes Byrne. Reverse Osmosis-A Practical Guide for Industrial Users[M]. Tall Oaks Publishing,2002.

[23] 陈翼孙,胡斌.气浮净水技术研究与应用[M].上海:科学技术出版社,1985.

[24] 李德兴.冷却塔[M].上海:科学技术出版社,1981.

[25] 格拉特柯夫 B,A.机械通风冷却塔[M].施建中.译.北京:化学工业出版社,1981.

主要参考文献